畜禽屠宰法规
标准选编 （2021版）

中国动物疫病预防控制中心（农业农村部屠宰技术中心）
全国屠宰加工标准化技术委员会秘书处
编

中国农业出版社
农村读物出版社
北 京

前　言

为了更好地服务畜禽屠宰工作，扎实推进畜禽屠宰领域标准化水平，提高畜禽屠宰行业行政执法水平，中国动物疫病预防控制中心（农业农村部屠宰技术中心）、全国屠宰加工标准化技术委员会秘书处结合近年来畜禽屠宰工作相关法规、标准制修订情况，对2016年出版的《畜禽屠宰法规标准选编》进行了修订，组编为《畜禽屠宰法规标准选编（2021版）》。

本书收录了与畜禽屠宰工作密切相关的法律法规、部门规章、规范性文件、国家标准和行业标准八十余件（项）。需要说明的是，2018年农业农村部和商务部联合发布公告（第68号），将商务部涉及屠宰的国内贸易行业标准调整为农业行业标准，标准代号由SB/T改为NY/T，但标准内容未做修改。按照畜禽屠宰标准体系建设需要，全国屠宰加工标准化技术委员会近年来逐步开展了相关标准的修订工作，对于已经修订发布的，本书收录了最新版；对于尚未完成修订的标准，本书中仍然以原国内贸易行业标准形式呈现。本着尊重原著的原则，除明显差错外，对收录的法规、文件、标准所涉及的有关量、符号、单位和编写体例均未做统一改动。

我们希望本书的出版，对从事畜禽屠宰行业监管和屠宰标准化的工作同志能有所帮助。

编　者

2021年8月

目　录

1

下篇　畜禽屠宰标准

一、基础通用

二、产品质量

三、加工技术

四、检验检疫

五、管理控制

六、生产保障

上 篇
畜禽屠宰法规

一 法 律

中华人民共和国食品安全法

(2009 年 2 月 28 日第十一届全国人民代表大会常务委员会第七次会议通过 2015 年 4 月 24 日第十二届全国人民代表大会常务委员会第十四次会议修订，根据 2018 年 12 月 29 日第十三届全国人民代表大会常务委员会第七次会议《关于修改〈中华人民共和国产品质量法〉等五部法律的决定》修正)

第一章 总 则

第一条 为了保证食品安全，保障公众身体健康和生命安全，制定本法。

第二条 在中华人民共和国境内从事下列活动，应当遵守本法：

(一) 食品生产和加工 (以下称食品生产)，食品销售和餐饮服务 (以下称食品经营)；

(二) 食品添加剂的生产经营；

(三) 用于食品的包装材料、容器、洗涤剂、消毒剂和用于食品生产经营的工具、设备 (以下称食品相关产品) 的生产经营；

(四) 食品生产经营者使用食品添加剂、食品相关产品；

(五) 食品的贮存和运输；

(六) 对食品、食品添加剂、食品相关产品的安全管理。

供食用的源于农业的初级产品 (以下称食用农产品) 的质量安全管理，遵守《中华人民共和国农产品质量安全法》的规定。但是，食用农产品的市场销售、有关质量安全标准的制定、有关安全信息的公布和本法对农业投入品作出规定的，应当遵守本法的规定。

第三条 食品安全工作实行预防为主、风险管理、全程控制、社会共治，建立科学、严格的监督管理制度。

第四条 食品生产经营者对其生产经营食品的安全负责。

食品生产经营者应当依照法律、法规和食品安全标准从事生产经营活动，保证食品安全，诚信自律，对社会和公众负责，接受社会监督，承担社会责任。

第五条 国务院设立食品安全委员会，其职责由国务院规定。

国务院食品安全监督管理部门依照本法和国务院规定的职责，对食品生产经营活动实施监督管理。

国务院卫生行政部门依照本法和国务院规定的职责，组织开展食品安全风险监测和风险评估，会同国务院食品安全监督管理部门制定并公布食品安全国家标准。

国务院其他有关部门依照本法和国务院规定的职责，承担有关食品安全工作。

第六条 县级以上地方人民政府对本行政区域的食品安全监督管理工作负责，统一领导、组织、协调本行政区域的食品安全监督管理工作以及食品安全突发事件应对工作，建立健全食品安全全程监督管理工作机制和信息共享机制。

县级以上地方人民政府依照本法和国务院的规定，确定本级食品安全监督管理、卫生行政部门和其他有关部门的职责。有关部门在各自职责范围内负责本行政区域的食品安全监督管理工作。

县级人民政府食品安全监督管理部门可以在乡镇或者特定区域设立派出机构。

第七条 县级以上地方人民政府实行食品安全监督管理责任制。上级人民政府负责对下一级人民政府的食品安全监督管理工作进行评议、考核。县级以上地方人民政府负责对本级食品安全监督管理部门和其他有关部门的食品安全监督管理工作进行评议、考核。

第八条 县级以上人民政府应当将食品安全工作纳入本级国民经济和社会发展规划，将食品安全工作经费列入本级政府财政预算，加强食品安全监督管理能力建设，为食品安全工作提供保障。

县级以上人民政府食品安全监督管理部门和其他有关部门应当加强沟通、密切配合，按照各自职责分工，依法行使职权，承担责任。

第九条 食品行业协会应当加强行业自律，按照章程建立健全行业规范和奖惩机制，提供食品安全信息、技术等服务，引导和督促食品生产经营者依法生产经营，推动行业诚信建设，宣传、普及食品安全知识。

消费者协会和其他消费者组织对违反本法规定，损害消费者合法权益的行为，依法进行社会监督。

第十条 各级人民政府应当加强食品安全的宣传教育，普及食品安全知识，鼓励社会组织、基层群众性自治组织、食品生产经营者开展食品安全法律、法规以及食品安全标准和知识的普及工作，倡导健康的饮食方式，增强消费者食品安全意识和自我保护能力。

新闻媒体应当开展食品安全法律、法规以及食品安全标准和知识的公益宣传，并对食品安全违法行为进行舆论监督。有关食品安全的宣传报道应当真实、公正。

第十一条 国家鼓励和支持开展与食品安全有关的基础研究、应用研究，鼓励和支持食品生产经营者为提高食品安全水平采用先进技术和先进管理规范。

国家对农药的使用实行严格的管理制度，加快淘汰剧毒、高毒、高残留农药，推动替代产品的研发和应用，鼓励使用高效低毒低残留农药。

第十二条 任何组织或者个人有权举报食品安全违法行为，依法向有关部门了解食品安全信息，对食品安全监督管理工作提出意见和建议。

第十三条 对在食品安全工作中做出突出贡献的单位和个人，按照国家有关规定给予表彰、奖励。

第二章　食品安全风险监测和评估

第十四条 国家建立食品安全风险监测制度，对食源性疾病、食品污染以及食品中的有害因素进行监测。

国务院卫生行政部门会同国务院食品安全监督管理等部门，制定、实施国家食品安全风险监测计划。

国务院食品安全监督管理部门和其他有关部门获知有关食品安全风险信息后，应当立即核实并向国务院卫生行政部门通报。对有关部门通报的食品安全风险信息以及医疗机构报告的食源性疾病等有关疾病信息，国务院卫生行政部门应当会同国务院有关部门分析研究，认为必要的，及时调整国家食品安全风险监测计划。

省、自治区、直辖市人民政府卫生行政部门会同同级食品安全监督管理等部门，根据国家食品安全风险监测计划，结合本行政区域的具体情况，制定、调整本行政区域的食品安全风险监测方案，报国务院卫生行政部门备案并实施。

第十五条 承担食品安全风险监测工作的技术机构应当根据食品安全风险监测计划和监测方案开展监测工作，保证监测数据真实、准确，并按照食品安全风险监测计划和监测方案的要求报送监测数据和分析结果。

食品安全风险监测工作人员有权进入相关食用农产品种植养殖、食品生产经营场所采集样品、收集相关数据。采集样品应当按照市场价格支付费用。

第十六条 食品安全风险监测结果表明可能存在食品安全隐患的，县级以上人民政府卫生行政部门应当及时将相关信息通报同级食品安全监督管理等部门，并报告本级人民政府和上级人民政府卫生行政部门。食品安全监督管理等部门应当组织开展进一步调查。

第十七条 国家建立食品安全风险评估制度，运用科学方法，根据食品安全风险监测信息、科学数据以及有关信息，对食品、食品添加剂、食品相关产品中生物性、化学性和物理性危害因素进行风险评估。

国务院卫生行政部门负责组织食品安全风险评估工作，成立由医学、农业、食品、营养、生物、环境等方面的专家组成的食品安全风险评估专家委员会进行食品安全风险评估。食品安全风险评估结果由国务院卫生行政部门公布。

对农药、肥料、兽药、饲料和饲料添加剂等的安全性评估，应当有食品安全风险评估专家委员会的专家参加。

食品安全风险评估不得向生产经营者收取费用，采集样品应当按照市场价格支付费用。

第十八条 有下列情形之一的，应当进行食品安全风险评估：

（一）通过食品安全风险监测或者接到举报发现食品、食品添加剂、食品相关产品可能存在安全隐患的；

（二）为制定或者修订食品安全国家标准提供科学依据需要进行风险评估的；

（三）为确定监督管理的重点领域、重点品种需要进行风险评估的；

（四）发现新的可能危害食品安全因素的；

（五）需要判断某一因素是否构成食品安全隐患的；

（六）国务院卫生行政部门认为需要进行风险评估的其他情形。

第十九条　国务院食品安全监督管理、农业行政等部门在监督管理工作中发现需要进行食品安全风险评估的，应当向国务院卫生行政部门提出食品安全风险评估的建议，并提供风险来源、相关检验数据和结论等信息、资料。属于本法第十八条规定情形的，国务院卫生行政部门应当及时进行食品安全风险评估，并向国务院有关部门通报评估结果。

第二十条　省级以上人民政府卫生行政、农业行政部门应当及时相互通报食品、食用农产品安全风险监测信息。

国务院卫生行政、农业行政部门应当及时相互通报食品、食用农产品安全风险评估结果等信息。

第二十一条　食品安全风险评估结果是制定、修订食品安全标准和实施食品安全监督管理的科学依据。

经食品安全风险评估，得出食品、食品添加剂、食品相关产品不安全结论的，国务院食品安全监督管理等部门应当依据各自职责立即向社会公告，告知消费者停止食用或者使用，并采取相应措施，确保该食品、食品添加剂、食品相关产品停止生产经营；需要制定、修订相关食品安全国家标准的，国务院卫生行政部门应当会同国务院食品安全监督管理部门立即制定、修订。

第二十二条　国务院食品安全监督管理部门应当会同国务院有关部门，根据食品安全风险评估结果、食品安全监督管理信息，对食品安全状况进行综合分析。对经综合分析表明可能具有较高程度安全风险的食品，国务院食品安全监督管理部门应当及时提出食品安全风险警示，并向社会公布。

第二十三条　县级以上人民政府食品安全监督管理部门和其他有关部门、食品安全风险评估专家委员会及其技术机构，应当按照科学、客观、及时、公开的原则，组织食品生产经营者、食品检验机构、认证机构、食品行业协会、消费者协会以及新闻媒体等，就食品安全风险评估信息和食品安全监督管理信息进行交流沟通。

第三章　食品安全标准

第二十四条　制定食品安全标准，应当以保障公众身体健康为宗旨，做到科学合理、安全可靠。

第二十五条　食品安全标准是强制执行的标准。除食品安全标准外，不得制定其他食品强制性标准。

第二十六条　食品安全标准应当包括下列内容：

（一）食品、食品添加剂、食品相关产品中的致病性微生物，农药残留、兽药残留、生物毒素、重金属等污染物质以及其他危害人体健康物质的限量规定；

（二）食品添加剂的品种、使用范围、用量；

（三）专供婴幼儿和其他特定人群的主辅食品的营养成分要求；

（四）对与卫生、营养等食品安全要求有关的标签、标志、说明书的要求；

（五）食品生产经营过程的卫生要求；

（六）与食品安全有关的质量要求；

（七）与食品安全有关的食品检验方法与规程；

（八）其他需要制定为食品安全标准的内容。

第二十七条　食品安全国家标准由国务院卫生行政部门会同国务院食品安全监督管理部门制定、公布，国务院标准化行政部门提供国家标准编号。

食品中农药残留、兽药残留的限量规定及其检验方法与规程由国务院卫生行政部门、国务院农业行政部门会同国务院食品安全监督管理部门制定。

屠宰畜、禽的检验规程由国务院农业行政部门会同国务院卫生行政部门制定。

第二十八条　制定食品安全国家标准，应当依据食品安全风险评估结果并充分考虑食用农产品安全风险评估结果，参照相关的国际标准和国际食品安全风险评估结果，并将食品安全国家标准草案向社会公布，广泛听取食品生产经营者、消费者、有关部门等方面的意见。

食品安全国家标准应当经国务院卫生行政部门组织的食品安全国家标准审评委员会审查通过。食品安全国家标准审评委员会由医学、农业、食品、营养、生物、环境等方面的专家以及国务院有关部门、食品行业协会、消费者协会的代表组成，对食品安全国家标准草案的科学性和实用性等进行审查。

第二十九条 对地方特色食品，没有食品安全国家标准的，省、自治区、直辖市人民政府卫生行政部门可以制定并公布食品安全地方标准，报国务院卫生行政部门备案。食品安全国家标准制定后，该地方标准即行废止。

第三十条 国家鼓励食品生产企业制定严于食品安全国家标准或者地方标准的企业标准，在本企业适用，并报省、自治区、直辖市人民政府卫生行政部门备案。

第三十一条 省级以上人民政府卫生行政部门应当在其网站上公布制定和备案的食品安全国家标准、地方标准和企业标准，供公众免费查阅、下载。

对食品安全标准执行过程中的问题，县级以上人民政府卫生行政部门应当会同有关部门及时给予指导、解答。

第三十二条 省级以上人民政府卫生行政部门应当会同同级食品安全监督管理、农业行政等部门，分别对食品安全国家标准和地方标准的执行情况进行跟踪评价，并根据评价结果及时修订食品安全标准。

省级以上人民政府食品安全监督管理、农业行政等部门应当对食品安全标准执行中存在的问题进行收集、汇总，并及时向同级卫生行政部门通报。

食品生产经营者、食品行业协会发现食品安全标准在执行中存在问题的，应当立即向卫生行政部门报告。

第四章 食品生产经营

第一节 一般规定

第三十三条 食品生产经营应当符合食品安全标准，并符合下列要求：

（一）具有与生产经营的食品品种、数量相适应的食品原料处理和食品加工、包装、贮存等场所，保持该场所环境整洁，并与有毒、有害场所以及其他污染源保持规定的距离；

（二）具有与生产经营的食品品种、数量相适应的生产经营设备或者设施，有相应的消毒、更衣、盥洗、采光、照明、通风、防腐、防尘、防蝇、防鼠、防虫、洗涤以及处理废水、存放垃圾和废弃物的设备或者设施；

（三）有专职或者兼职的食品安全专业技术人员、食品安全管理人员和保证食品安全的规章制度；

（四）具有合理的设备布局和工艺流程，防止待加工食品与直接入口食品、原料与成品交叉污染，避免食品接触有毒物、不洁物；

（五）餐具、饮具和盛放直接入口食品的容器，使用前应当洗净、消毒，炊具、用具用后应当洗净，保持清洁；

（六）贮存、运输和装卸食品的容器、工具和设备应当安全、无害，保持清洁，防止食品污染，并符合保证食品安全所需的温度、湿度等特殊要求，不得将食品与有毒、有害物品一同贮存、运输；

（七）直接入口的食品应当使用无毒、清洁的包装材料、餐具、饮具和容器；

（八）食品生产经营人员应当保持个人卫生，生产经营食品时，应当将手洗净，穿戴清洁的工作衣、帽等；销售无包装的直接入口食品时，应当使用无毒、清洁的容器、售货工具和设备；

（九）用水应当符合国家规定的生活饮用水卫生标准；

（十）使用的洗涤剂、消毒剂应当对人体安全、无害；

（十一）法律、法规规定的其他要求。

非食品生产经营者从事食品贮存、运输和装卸的，应当符合前款第六项的规定。

第三十四条 禁止生产经营下列食品、食品添加剂、食品相关产品：

（一）用非食品原料生产的食品或者添加食品添加剂以外的化学物质和其他可能危害人体健康物质的食品，或者用回收食品作为原料生产的食品；

（二）致病性微生物，农药残留、兽药残留、生物毒素、重金属等污染物质以及其他危害人体健康的物质含量超过食品安全标准限量的食品、食品添加剂、食品相关产品；

（三）用超过保质期的食品原料、食品添加剂生产的食品、食品添加剂；

（四）超范围、超限量使用食品添加剂的食品；

（五）营养成分不符合食品安全标准的专供婴幼儿和其他特定人群的主辅食品；

（六）腐败变质、油脂酸败、霉变生虫、污秽不洁、混有异物、掺假掺杂或者感官性状异常的食品、食品添加剂；

（七）病死、毒死或者死因不明的禽、畜、兽、水产动物肉类及其制品；

（八）未按规定进行检疫或者检疫不合格的肉类，或者未经检验或者检验不合格的肉类制品；

（九）被包装材料、容器、运输工具等污染的食品、食品添加剂；

（十）标注虚假生产日期、保质期或者超过保质期的食品、食品添加剂；

（十一）无标签的预包装食品、食品添加剂；

（十二）国家为防病等特殊需要明令禁止生产经营的食品；

（十三）其他不符合法律、法规或者食品安全标准的食品、食品添加剂、食品相关产品。

第三十五条　国家对食品生产经营实行许可制度。从事食品生产、食品销售、餐饮服务，应当依法取得许可。但是，销售食用农产品，不需要取得许可。

县级以上地方人民政府食品安全监督管理部门应当依照《中华人民共和国行政许可法》的规定，审核申请人提交的本法第三十三条第一款第一项至第四项规定要求的相关资料，必要时对申请人的生产经营场所进行现场核查；对符合规定条件的，准予许可；对不符合规定条件的，不予许可并书面说明理由。

第三十六条　食品生产加工小作坊和食品摊贩等从事食品生产经营活动，应当符合本法规定的与其生产经营规模、条件相适应的食品安全要求，保证所生产经营的食品卫生、无毒、无害，食品安全监督管理部门应当对其加强监督管理。

县级以上地方人民政府应当对食品生产加工小作坊、食品摊贩等进行综合治理，加强服务和统一规划，改善其生产经营环境，鼓励和支持其改进生产经营条件，进入集中交易市场、店铺等固定场所经营，或者在指定的临时经营区域、时段经营。

食品生产加工小作坊和食品摊贩等的具体管理办法由省、自治区、直辖市制定。

第三十七条　利用新的食品原料生产食品，或者生产食品添加剂新品种、食品相关产品新品种，应当向国务院卫生行政部门提交相关产品的安全性评估材料。国务院卫生行政部门应当自收到申请之日起六十日内组织审查；对符合食品安全要求的，准予许可并公布；对不符合食品安全要求的，不予许可并书面说明理由。

第三十八条　生产经营的食品中不得添加药品，但是可以添加按照传统既是食品又是中药材的物质。按照传统既是食品又是中药材的物质目录由国务院卫生行政部门会同国务院食品安全监督管理部门制定、公布。

第三十九条　国家对食品添加剂生产实行许可制度。从事食品添加剂生产，应当具有与所生产食品添加剂品种相适应的场所、生产设备或者设施、专业技术人员和管理制度，并依照本法第三十五条第二款规定的程序，取得食品添加剂生产许可。

生产食品添加剂应当符合法律、法规和食品安全国家标准。

第四十条　食品添加剂应当在技术上确有必要且经过风险评估证明安全可靠，方可列入允许使用的范围；有关食品安全国家标准应当根据技术必要性和食品安全风险评估结果及时修订。

食品生产经营者应当按照食品安全国家标准使用食品添加剂。

第四十一条　生产食品相关产品应当符合法律、法规和食品安全国家标准。对直接接触食品的包装材料等具有较高风险的食品相关产品，按照国家有关工业产品生产许可证管理的规定实施生产许可。食品安全监督管理部门应当加强对食品相关产品生产活动的监督管理。

第四十二条　国家建立食品安全全程追溯制度。

食品生产经营者应当依照本法的规定，建立食品安全追溯体系，保证食品可追溯。国家鼓励食品生产经营者采用信息化手段采集、留存生产经营信息，建立食品安全追溯体系。

国务院食品安全监督管理部门会同国务院农业行政等有关部门建立食品安全全程追溯协作机制。

第四十三条　地方各级人民政府应当采取措施鼓励食品规模化生产和连锁经营、配送。

国家鼓励食品生产经营企业参加食品安全责任保险。

第二节　生产经营过程控制

第四十四条　食品生产经营企业应当建立健全食品安全管理制度，对职工进行食品安全知识培训，加强食品检验工作，依法从事生产经营活动。

食品生产经营企业的主要负责人应当落实企业食品安全管理制度，对本企业的食品安全工作全面负责。

食品生产经营企业应当配备食品安全管理人员，加强对其培训和考核。经考核不具备食品安全管理能力的，不得上岗。食品安全监督管理部门应当对企业食品安全管理人员随机进行监督抽查考核并公布考核情况。监督抽查考核不得收取费用。

第四十五条　食品生产经营者应当建立并执行从业人员健康管理制度。患有国务院卫生行政部门规定的有碍食品安全疾病的人员，不得从事接触直接入口食品的工作。

从事接触直接入口食品工作的食品生产经营人员应当每年进行健康检查，取得健康证明后方可上岗工作。

第四十六条　食品生产企业应当就下列事项制定并实施控制要求，保证所生产的食品符合食品安全标准：

（一）原料采购、原料验收、投料等原料控制；

（二）生产工序、设备、贮存、包装等生产关键环节控制；

（三）原料检验、半成品检验、成品出厂检验等检验控制；

（四）运输和交付控制。

第四十七条　食品生产经营者应当建立食品安全自查制度，定期对食品安全状况进行检查评价。生产经营条件发生变化，不再符合食品安全要求的，食品生产经营者应当立即采取整改措施；有发生食品安全事故潜在风险的，应当立即停止食品生产经营活动，并向所在地县级人民政府食品安全监督管理部门报告。

第四十八条　国家鼓励食品生产经营企业符合良好生产规范要求，实施危害分析与关键控制点体系，提高食品安全管理水平。

对通过良好生产规范、危害分析与关键控制点体系认证的食品生产经营企业，认证机构应当依法实施跟踪调查；对不再符合认证要求的企业，应当依法撤销认证，及时向县级以上人民政府食品安全监督管理部门通报，并向社会公布。认证机构实施跟踪调查不得收取费用。

第四十九条　食用农产品生产者应当按照食品安全标准和国家有关规定使用农药、肥料、兽药、饲料和饲料添加剂等农业投入品，严格执行农业投入品使用安全间隔期或者休药期的规定，不得使用国家明令禁止的农业投入品。禁止将剧毒、高毒农药用于蔬菜、瓜果、茶叶和中草药材等国家规定的农作物。

食用农产品的生产企业和农民专业合作经济组织应当建立农业投入品使用记录制度。

县级以上人民政府农业行政部门应当加强对农业投入品使用的监督管理和指导，建立健全农业投入品安全使用制度。

第五十条　食品生产者采购食品原料、食品添加剂、食品相关产品，应当查验供货者的许可证和产品合格证明；对无法提供合格证明的食品原料，应当按照食品安全标准进行检验；不得采购或者使用不符合食品安全标准的食品原料、食品添加剂、食品相关产品。

食品生产企业应当建立食品原料、食品添加剂、食品相关产品进货查验记录制度，如实记录食品原料、食品添加剂、食品相关产品的名称、规格、数量、生产日期或者生产批号、保质期、进货日期以及供货者名称、地址、联系方式等内容，并保存相关凭证。记录和凭证保存期限不得少于产品保质期满后六个月；没有明确保质期的，保存期限不得少于二年。

第五十一条　食品生产企业应当建立食品出厂检验记录制度，查验出厂食品的检验合格证和安全状况，如实记录食品的名称、规格、数量、生产日期或者生产批号、保质期、检验合格证号、销售日期以及购货者名称、地址、联系方式等内容，并保存相关凭证。记录和凭证保存期限应当符合本法第五十条第二款的规定。

第五十二条　食品、食品添加剂、食品相关产品的生产者，应当按照食品安全标准对所生产的食品、食品添加剂、食品相关产品进行检验，检验合格后方可出厂或者销售。

第五十三条　食品经营者采购食品，应当查验供货者的许可证和食品出厂检验合格证或者其他合格证明（以下称合格证明文件）。

食品经营企业应当建立食品进货查验记录制度，如实记录食品的名称、规格、数量、生产日期或者生产批号、保质期、进货日期以及供货者名称、地址、联系方式等内容，并保存相关凭证。记录和凭证保存期限应当符合本法第五十条第二款的规定。

实行统一配送经营方式的食品经营企业，可以由企业总部统一查验供货者的许可证和食品合格证明文件，进行食品进货查验记录。

从事食品批发业务的经营企业应当建立食品销售记录制度，如实记录批发食品的名称、规格、数量、生产日期或者生产批号、保质期、销售日期以及购货者名称、地址、联系方式等内容，并保存相关凭证。记录和凭证保存期限应当符合本法第五十条第二款的规定。

第五十四条 食品经营者应当按照保证食品安全的要求贮存食品，定期检查库存食品，及时清理变质或者超过保质期的食品。

食品经营者贮存散装食品，应当在贮存位置标明食品的名称、生产日期或者生产批号、保质期、生产者名称及联系方式等内容。

第五十五条 餐饮服务提供者应当制定并实施原料控制要求，不得采购不符合食品安全标准的食品原料。倡导餐饮服务提供者公开加工过程，公示食品原料及其来源等信息。

餐饮服务提供者在加工过程中应当检查待加工的食品及原料，发现有本法第三十四条第六项规定情形的，不得加工或者使用。

第五十六条 餐饮服务提供者应当定期维护食品加工、贮存、陈列等设施、设备；定期清洗、校验保温设施及冷藏、冷冻设施。

餐饮服务提供者应当按照要求对餐具、饮具进行清洗消毒，不得使用未经清洗消毒的餐具、饮具；餐饮服务提供者委托清洗消毒餐具、饮具的，应当委托符合本法规定条件的餐具、饮具集中消毒服务单位。

第五十七条 学校、托幼机构、养老机构、建筑工地等集中用餐单位的食堂应当严格遵守法律、法规和食品安全标准；从供餐单位订餐的，应当从取得食品生产经营许可的企业订购，并按照要求对订购的食品进行查验。供餐单位应当严格遵守法律、法规和食品安全标准，当餐加工，确保食品安全。

学校、托幼机构、养老机构、建筑工地等集中用餐单位的主管部门应当加强对集中用餐单位的食品安全教育和日常管理，降低食品安全风险，及时消除食品安全隐患。

第五十八条 餐具、饮具集中消毒服务单位应当具备相应的作业场所、清洗消毒设备或者设施，用水和使用的洗涤剂、消毒剂应当符合相关食品安全国家标准和其他国家标准、卫生规范。

餐具、饮具集中消毒服务单位应当对消毒餐具、饮具进行逐批检验，检验合格后方可出厂，并应当随附消毒合格证明。消毒后的餐具、饮具应当在独立包装上标注单位名称、地址、联系方式、消毒日期以及使用期限等内容。

第五十九条 食品添加剂生产者应当建立食品添加剂出厂检验记录制度，查验出厂产品的检验合格证和安全状况，如实记录食品添加剂的名称、规格、数量、生产日期或者生产批号、保质期、检验合格证号、销售日期以及购货者名称、地址、联系方式等相关内容，并保存相关凭证。记录和凭证保存期限应当符合本法第五十条第二款的规定。

第六十条 食品添加剂经营者采购食品添加剂，应当依法查验供货者的许可证和产品合格证明文件，如实记录食品添加剂的名称、规格、数量、生产日期或者生产批号、保质期、进货日期以及供货者名称、地址、联系方式等内容，并保存相关凭证。记录和凭证保存期限应当符合本法第五十条第二款的规定。

第六十一条 集中交易市场的开办者、柜台出租者和展销会举办者，应当依法审查入场食品经营者的许可证，明确其食品安全管理责任，定期对其经营环境和条件进行检查，发现其有违反本法规定行为的，应当及时制止并立即报告所在地县级人民政府食品安全监督管理部门。

第六十二条 网络食品交易第三方平台提供者应当对入网食品经营者进行实名登记，明确其食品安全管理责任；依法应当取得许可证的，还应当审查其许可证。

网络食品交易第三方平台提供者发现入网食品经营者有违反本法规定行为的，应当及时制止并立即报告所在地县级人民政府食品安全监督管理部门；发现严重违法行为的，应当立即停止提供网络交易平台服务。

第六十三条 国家建立食品召回制度。食品生产者发现其生产的食品不符合食品安全标准或者有证据证明可能危害人体健康的，应当立即停止生产，召回已经上市销售的食品，通知相关生产经营者和消费者，并记录召回和通知情况。

食品经营者发现其经营的食品有前款规定情形的，应当立即停止经营，通知相关生产经营者和消费者，并记录停止经营和通知情况。食品生产者认为应当召回的，应当立即召回。由于食品经营者的原因造成其经营的食品有前款规定情形的，食品经营者应当召回。

食品生产经营者应当对召回的食品采取无害化处理、销毁等措施，防止其再次流入市场。但是，对因标签、标志或者说明书不符合食品安全标准而被召回的食品，食品生产者在采取补救措施且能保证食品安全的情况下可以继续销售；销售时应当向消费者明示补救措施。

食品生产经营者应当将食品召回和处理情况向所在地县级人民政府食品安全监督管理部门报告；需要对召回的食品进行无害化处理、销毁的，应当提前报告时间、地点。食品安全监督管理部门认为必要的，可以实施现场监督。

食品生产经营者未依照本条规定召回或者停止经营的，县级以上人民政府食品安全监督管理部门可以责令其召回或者停止经营。

第六十四条 食用农产品批发市场应当配备检验设备和检验人员或者委托符合本法规定的食品检验机构，对进入该批发市场销售的食用农产品进行抽样检验；发现不符合食品安全标准的，应当要求销售者立即停止销售，并向食品安全监督管理部门报告。

第六十五条 食用农产品销售者应当建立食用农产品进货查验记录制度，如实记录食用农产品的名称、数量、进货日期以及供货者名称、地址、联系方式等内容，并保存相关凭证。记录和凭证保存期限不得少于六个月。

第六十六条 进入市场销售的食用农产品在包装、保鲜、贮存、运输中使用保鲜剂、防腐剂等食品添加剂和包装材料等食品相关产品，应当符合食品安全国家标准。

第三节 标签、说明书和广告

第六十七条 预包装食品的包装上应当有标签。标签应当标明下列事项：

（一）名称、规格、净含量、生产日期；

（二）成分或者配料表；

（三）生产者的名称、地址、联系方式；

（四）保质期；

（五）产品标准代号；

（六）贮存条件；

（七）所使用的食品添加剂在国家标准中的通用名称；

（八）生产许可证编号；

（九）法律、法规或者食品安全标准规定应当标明的其他事项。

专供婴幼儿和其他特定人群的主辅食品，其标签还应当标明主要营养成分及其含量。

食品安全国家标准对标签标注事项另有规定的，从其规定。

第六十八条 食品经营者销售散装食品，应当在散装食品的容器、外包装上标明食品的名称、生产日期或者生产批号、保质期以及生产经营者名称、地址、联系方式等内容。

第六十九条 生产经营转基因食品应当按照规定显著标示。

第七十条 食品添加剂应当有标签、说明书和包装。标签、说明书应当载明本法第六十七条第一款第一项至第六项、第八项、第九项规定的事项，以及食品添加剂的使用范围、用量、使用方法，并在标签上载明"食品添加剂"字样。

第七十一条 食品和食品添加剂的标签、说明书，不得含有虚假内容，不得涉及疾病预防、治疗功能。生产经营者对其提供的标签、说明书的内容负责。

食品和食品添加剂的标签、说明书应当清楚、明显，生产日期、保质期等事项应当显著标注，容易辨识。

食品和食品添加剂与其标签、说明书的内容不符的，不得上市销售。

第七十二条 食品经营者应当按照食品标签标示的警示标志、警示说明或者注意事项的要求销售食品。

第七十三条 食品广告的内容应当真实合法，不得含有虚假内容，不得涉及疾病预防、治疗功能。食品生产经营者对食品广告内容的真实性、合法性负责。

县级以上人民政府食品安全监督管理部门和其他有关部门以及食品检验机构、食品行业协会不得以广告或者其他形式向消费者推荐食品。消费者组织不得以收取费用或者其他牟取利益的方式向消费者推荐食品。

第四节　特殊食品

第七十四条　国家对保健食品、特殊医学用途配方食品和婴幼儿配方食品等特殊食品实行严格监督管理。

第七十五条　保健食品声称保健功能，应当具有科学依据，不得对人体产生急性、亚急性或者慢性危害。

保健食品原料目录和允许保健食品声称的保健功能目录，由国务院食品安全监督管理部门会同国务院卫生行政部门、国家中医药管理部门制定、调整并公布。

保健食品原料目录应当包括原料名称、用量及其对应的功效；列入保健食品原料目录的原料只能用于保健食品生产，不得用于其他食品生产。

第七十六条　使用保健食品原料目录以外原料的保健食品和首次进口的保健食品应当经国务院食品安全监督管理部门注册。但是，首次进口的保健食品中属于补充维生素、矿物质等营养物质的，应当报国务院食品安全监督管理部门备案。其他保健食品应当报省、自治区、直辖市人民政府食品安全监督管理部门备案。

进口的保健食品应当是出口国（地区）主管部门准许上市销售的产品。

第七十七条　依法应当注册的保健食品，注册时应当提交保健食品的研发报告、产品配方、生产工艺、安全性和保健功能评价、标签、说明书等材料及样品，并提供相关证明文件。国务院食品安全监督管理部门经组织技术审评，对符合安全和功能声称要求的，准予注册；对不符合要求的，不予注册并书面说明理由。对使用保健食品原料目录以外原料的保健食品作出准予注册决定的，应当及时将该原料纳入保健食品原料目录。

依法应当备案的保健食品，备案时应当提交产品配方、生产工艺、标签、说明书以及表明产品安全性和保健功能的材料。

第七十八条　保健食品的标签、说明书不得涉及疾病预防、治疗功能，内容应当真实，与注册或者备案的内容相一致，载明适宜人群、不适宜人群、功效成分或者标志性成分及其含量等，并声明"本品不能代替药物"。保健食品的功能和成分应当与标签、说明书相一致。

第七十九条　保健食品广告除应当符合本法第七十三条第一款的规定外，还应当声明"本品不能代替药物"；其内容应当经生产企业所在地省、自治区、直辖市人民政府食品安全监督管理部门审查批准，取得保健食品广告批准文件。省、自治区、直辖市人民政府食品安全监督管理部门应当公布并及时更新已经批准的保健食品广告目录以及批准的广告内容。

第八十条　特殊医学用途配方食品应当经国务院食品安全监督管理部门注册。注册时，应当提交产品配方、生产工艺、标签、说明书以及表明产品安全性、营养充足性和特殊医学用途临床效果的材料。

特殊医学用途配方食品广告适用《中华人民共和国广告法》和其他法律、行政法规关于药品广告管理的规定。

第八十一条　婴幼儿配方食品生产企业应当实施从原料进厂到成品出厂的全过程质量控制，对出厂的婴幼儿配方食品实施逐批检验，保证食品安全。

生产婴幼儿配方食品使用的生鲜乳、辅料等食品原料、食品添加剂等，应当符合法律、行政法规的规定和食品安全国家标准，保证婴幼儿生长发育所需的营养成分。

婴幼儿配方食品生产企业应当将食品原料、食品添加剂、产品配方及标签等事项向省、自治区、直辖市人民政府食品安全监督管理部门备案。

婴幼儿配方乳粉的产品配方应当经国务院食品安全监督管理部门注册。注册时，应当提交配方研发报告和其他表明配方科学性、安全性的材料。

不得以分装方式生产婴幼儿配方乳粉，同一企业不得用同一配方生产不同品牌的婴幼儿配方乳粉。

第八十二条　保健食品、特殊医学用途配方食品、婴幼儿配方乳粉的注册人或者备案人应当对其提交材料的真实性负责。

省级以上人民政府食品安全监督管理部门应当及时公布注册或者备案的保健食品、特殊医学用途配方食品、婴幼儿配方乳粉目录，并对注册或者备案中获知的企业商业秘密予以保密。

保健食品、特殊医学用途配方食品、婴幼儿配方乳粉生产企业应当按照注册或者备案的产品配方、生产工艺等技术要求组织生产。

第八十三条　生产保健食品，特殊医学用途配方食品、婴幼儿配方食品和其他专供特定人群的主辅食品的企业，应当按照良好生产规范的要求建立与所生产食品相适应的生产质量管理体系，定期对该体系的运行情况进行自查，保证其有效运行，并向所在地县级人民政府食品安全监督管理部门提交自查报告。

第五章　食品检验

第八十四条　食品检验机构按照国家有关认证认可的规定取得资质认定后，方可从事食品检验活动。但是，法律另有规定的除外。

食品检验机构的资质认定条件和检验规范，由国务院食品安全监督管理部门规定。

符合本法规定的食品检验机构出具的检验报告具有同等效力。

县级以上人民政府应当整合食品检验资源，实现资源共享。

第八十五条　食品检验由食品检验机构指定的检验人独立进行。

检验人应当依照有关法律、法规的规定，并按照食品安全标准和检验规范对食品进行检验，尊重科学，恪守职业道德，保证出具的检验数据和结论客观、公正，不得出具虚假检验报告。

第八十六条　食品检验实行食品检验机构与检验人负责制。食品检验报告应当加盖食品检验机构公章，并有检验人的签名或者盖章。食品检验机构和检验人对出具的食品检验报告负责。

第八十七条　县级以上人民政府食品安全监督管理部门应当对食品进行定期或者不定期的抽样检验，并依据有关规定公布检验结果，不得免检。进行抽样检验，应当购买抽取的样品，委托符合本法规定的食品检验机构进行检验，并支付相关费用；不得向食品生产经营者收取检验费和其他费用。

第八十八条　对依照本法规定实施的检验结论有异议的，食品生产经营者可以自收到检验结论之日起七个工作日内向实施抽样检验的食品安全监督管理部门或者其上一级食品安全监督管理部门提出复检申请，由受理复检申请的食品安全监督管理部门在公布的复检机构名录中随机确定复检机构进行复检。复检机构出具的复检结论为最终检验结论。复检机构与初检机构不得为同一机构。复检机构名录由国务院认证认可监督管理、食品安全监督管理、卫生行政、农业行政等部门共同公布。

采用国家规定的快速检测方法对食用农产品进行抽查检测，被抽查人对检测结果有异议的，可以自收到检测结果时起四小时内申请复检。复检不得采用快速检测方法。

第八十九条　食品生产企业可以自行对所生产的食品进行检验，也可以委托符合本法规定的食品检验机构进行检验。

食品行业协会和消费者协会等组织、消费者需要委托食品检验机构对食品进行检验的，应当委托符合本法规定的食品检验机构进行。

第九十条　食品添加剂的检验，适用本法有关食品检验的规定。

第六章　食品进出口

第九十一条　国家出入境检验检疫部门对进出口食品安全实施监督管理。

第九十二条　进口的食品、食品添加剂、食品相关产品应当符合我国食品安全国家标准。

进口的食品、食品添加剂应当经出入境检验检疫机构依照进出口商品检验相关法律、行政法规的规定检验合格。

进口的食品、食品添加剂应当按照国家出入境检验检疫部门的要求随附合格证明材料。

第九十三条　进口尚无食品安全国家标准的食品，由境外出口商、境外生产企业或者其委托的进口商向国务院卫生行政部门提交所执行的相关国家（地区）标准或者国际标准。国务院卫生行政部门对相关标准进行审查，认为符合食品安全要求的，决定暂予适用，并及时制定相应的食品安全国家标准。进口利用新的食品原料生产的食品或者进口食品添加剂新品种、食品相关产品新品种，依照本法第三十七条的规定办理。

出入境检验检疫机构按照国务院卫生行政部门的要求，对前款规定的食品、食品添加剂、食品相关产品进行检验。检验结果应当公开。

第九十四条　境外出口商、境外生产企业应当保证向我国出口的食品、食品添加剂、食品相关产品符合本法以及我国其他有关法律、行政法规的规定和食品安全国家标准的要求，并对标签、说明书的内容负责。

进口商应当建立境外出口商、境外生产企业审核制度，重点审核前款规定的内容；审核不合格的，不得进口。

发现进口食品不符合我国食品安全国家标准或者有证据证明可能危害人体健康的，进口商应当立即停止进口，并依照本法第六十三条的规定召回。

第九十五条　境外发生的食品安全事件可能对我国境内造成影响，或者在进口食品、食品添加剂、食品相关产品中发现严重食品安全问题的，国家出入境检验检疫部门应当及时采取风险预警或者控制措施，并向国务院食品安全监督管理、卫生行政、农业行政部门通报。接到通报的部门应当及时采取相应措施。

县级以上人民政府食品安全监督管理部门对国内市场上销售的进口食品、食品添加剂实施监督管理。发现存在严重食品安全问题的，国务院食品安全监督管理部门应当及时向国家出入境检验检疫部门通报。国家出入境检验检疫部门应当及时采取相应措施。

第九十六条　向我国境内出口食品的境外出口商或者代理商、进口食品的进口商应当向国家出入境检验检疫部门备案。向我国境内出口食品的境外食品生产企业应当经国家出入境检验检疫部门注册。已经注册的境外食品生产企业提供虚假材料，或者因其自身的原因致使进口食品发生重大食品安全事故的，国家出入境检验检疫部门应当撤销注册并公告。

国家出入境检验检疫部门应当定期公布已经备案的境外出口商、代理商、进口商和已经注册的境外食品生产企业名单。

第九十七条　进口的预包装食品、食品添加剂应当有中文标签；依法应当有说明书的，还应当有中文说明书。标签、说明书应当符合本法以及我国其他有关法律、行政法规的规定和食品安全国家标准的要求，并载明食品的原产地以及境内代理商的名称、地址、联系方式。预包装食品没有中文标签、中文说明书或者标签、说明书不符合本条规定的，不得进口。

第九十八条　进口商应当建立食品、食品添加剂进口和销售记录制度，如实记录食品、食品添加剂的名称、规格、数量、生产日期、生产或者进口批号、保质期、境外出口商和购货者名称、地址及联系方式、交货日期等内容，并保存相关凭证。记录和凭证保存期限应当符合本法第五十条第二款的规定。

第九十九条　出口食品生产企业应当保证其出口食品符合进口国（地区）的标准或者合同要求。

出口食品生产企业和出口食品原料种植、养殖场应当向国家出入境检验检疫部门备案。

第一百条　国家出入境检验检疫部门应当收集、汇总下列进出口食品安全信息，并及时通报相关部门、机构和企业：

（一）出入境检验检疫机构对进出口食品实施检验检疫发现的食品安全信息；

（二）食品行业协会和消费者协会等组织、消费者反映的进口食品安全信息；

（三）国际组织、境外政府机构发布的风险预警信息及其他食品安全信息，以及境外食品行业协会等组织、消费者反映的食品安全信息；

（四）其他食品安全信息。

国家出入境检验检疫部门应当对进出口食品的进口商、出口商和出口食品生产企业实施信用管理，建立信用记录，并依法向社会公布。对有不良记录的进口商、出口商和出口食品生产企业，应当加强对其进出口食品的检验检疫。

第一百零一条　国家出入境检验检疫部门可以对向我国境内出口食品的国家（地区）的食品安全管理体系和食品安全状况进行评估和审查，并根据评估和审查结果，确定相应检验检疫要求。

第七章　食品安全事故处置

第一百零二条　国务院组织制定国家食品安全事故应急预案。

县级以上地方人民政府应当根据有关法律、法规的规定和上级人民政府的食品安全事故应急预案以及本行政区域的实际情况，制定本行政区域的食品安全事故应急预案，并报上一级人民政府备案。

食品安全事故应急预案应当对食品安全事故分级、事故处置组织指挥体系与职责、预防预警机制、处置程序、应急保障措施等作出规定。

食品生产经营企业应当制定食品安全事故处置方案，定期检查本企业各项食品安全防范措施的落实情况，及时消除事故隐患。

第一百零三条 发生食品安全事故的单位应当立即采取措施，防止事故扩大。事故单位和接收病人进行治疗的单位应当及时向事故发生地县级人民政府食品安全监督管理、卫生行政部门报告。

县级以上人民政府农业行政等部门在日常监督管理中发现食品安全事故或者接到事故举报，应当立即向同级食品安全监督管理部门通报。

发生食品安全事故，接到报告的县级人民政府食品安全监督管理部门应当按照应急预案的规定向本级人民政府和上级人民政府食品安全监督管理部门报告。县级人民政府和上级人民政府食品安全监督管理部门应当按照应急预案的规定上报。

任何单位和个人不得对食品安全事故隐瞒、谎报、缓报，不得隐匿、伪造、毁灭有关证据。

第一百零四条 医疗机构发现其接收的病人属于食源性疾病病人或者疑似病人的，应当按照规定及时将相关信息向所在地县级人民政府卫生行政部门报告。县级人民政府卫生行政部门认为与食品安全有关的，应当及时通报同级食品安全监督管理部门。

县级以上人民政府卫生行政部门在调查处理传染病或者其他突发公共卫生事件中发现与食品安全相关的信息，应当及时通报同级食品安全监督管理部门。

第一百零五条 县级以上人民政府食品安全监督管理部门接到食品安全事故的报告后，应当立即会同同级卫生行政、农业行政等部门进行调查处理，并采取下列措施，防止或者减轻社会危害：

（一）开展应急救援工作，组织救治因食品安全事故导致人身伤害的人员；

（二）封存可能导致食品安全事故的食品及其原料，并立即进行检验；对确认属于被污染的食品及其原料，责令食品生产经营者依照本法第六十三条的规定召回或者停止经营；

（三）封存被污染的食品相关产品，并责令进行清洗消毒；

（四）做好信息发布工作，依法对食品安全事故及其处理情况进行发布，并对可能产生的危害加以解释、说明。

发生食品安全事故需要启动应急预案的，县级以上人民政府应当立即成立事故处置指挥机构，启动应急预案，依照前款和应急预案的规定进行处置。

发生食品安全事故，县级以上疾病预防控制机构应当对事故现场进行卫生处理，并对与事故有关的因素开展流行病学调查，有关部门应当予以协助。县级以上疾病预防控制机构应当向同级食品安全监督管理、卫生行政部门提交流行病学调查报告。

第一百零六条 发生食品安全事故，设区的市级以上人民政府食品安全监督管理部门应当立即会同有关部门进行事故责任调查，督促有关部门履行职责，向本级人民政府和上一级人民政府食品安全监督管理部门提出事故责任调查处理报告。

涉及两个以上省、自治区、直辖市的重大食品安全事故由国务院食品安全监督管理部门依照前款规定组织事故责任调查。

第一百零七条 调查食品安全事故，应当坚持实事求是、尊重科学的原则，及时、准确查清事故性质和原因，认定事故责任，提出整改措施。

调查食品安全事故，除了查明事故单位的责任，还应当查明有关监督管理部门、食品检验机构、认证机构及其工作人员的责任。

第一百零八条 食品安全事故调查部门有权向有关单位和个人了解与事故有关的情况，并要求提供相关资料和样品。有关单位和个人应当予以配合，按照要求提供相关资料和样品，不得拒绝。

任何单位和个人不得阻挠、干涉食品安全事故的调查处理。

第八章　监督管理

第一百零九条 县级以上人民政府食品安全监督管理部门根据食品安全风险监测、风险评估结果和食品安全状况等，确定监督管理的重点、方式和频次，实施风险分级管理。

县级以上地方人民政府组织本级食品安全监督管理、农业行政等部门制定本行政区域的食品安全年度监督管理计划，向社会公布并组织实施。

食品安全年度监督管理计划应当将下列事项作为监督管理的重点：

（一）专供婴幼儿和其他特定人群的主辅食品；

（二）保健食品生产过程中的添加行为和按照注册或者备案的技术要求组织生产的情况，保健食品标签、说明书以及宣传材料中有关功能宣传的情况；

（三）发生食品安全事故风险较高的食品生产经营者；

（四）食品安全风险监测结果表明可能存在食品安全隐患的事项。

第一百一十条　县级以上人民政府食品安全监督管理部门履行食品安全监督管理职责，有权采取下列措施，对生产经营者遵守本法的情况进行监督检查：

（一）进入生产经营场所实施现场检查；

（二）对生产经营的食品、食品添加剂、食品相关产品进行抽样检验；

（三）查阅、复制有关合同、票据、账簿以及其他有关资料；

（四）查封、扣押有证据证明不符合食品安全标准或者有证据证明存在安全隐患以及用于违法生产经营的食品、食品添加剂、食品相关产品；

（五）查封违法从事生产经营活动的场所。

第一百一十一条　对食品安全风险评估结果证明食品存在安全隐患，需要制定、修订食品安全标准的，在制定、修订食品安全标准前，国务院卫生行政部门应当及时会同国务院有关部门规定食品中有害物质的临时限量值和临时检验方法，作为生产经营和监督管理的依据。

第一百一十二条　县级以上人民政府食品安全监督管理部门在食品安全监督管理工作中可以采用国家规定的快速检测方法对食品进行抽查检测。

对抽查检测结果表明可能不符合食品安全标准的食品，应当依照本法第八十七条的规定进行检验。抽查检测结果确定有关食品不符合食品安全标准的，可以作为行政处罚的依据。

第一百一十三条　县级以上人民政府食品安全监督管理部门应当建立食品生产经营者食品安全信用档案，记录许可颁发、日常监督检查结果、违法行为查处等情况，依法向社会公布并实时更新；对有不良信用记录的食品生产经营者增加监督检查频次，对违法行为情节严重的食品生产经营者，可以通报投资主管部门、证券监督管理机构和有关的金融机构。

第一百一十四条　食品生产经营过程中存在食品安全隐患，未及时采取措施消除的，县级以上人民政府食品安全监督管理部门可以对食品生产经营者的法定代表人或者主要负责人进行责任约谈。食品生产经营者应当立即采取措施，进行整改，消除隐患。责任约谈情况和整改情况应当纳入食品生产经营者食品安全信用档案。

第一百一十五条　县级以上人民政府食品安全监督管理等部门应当公布本部门的电子邮件地址或者电话，接受咨询、投诉、举报。接到咨询、投诉、举报，对属于本部门职责的，应当受理并在法定期限内及时答复、核实、处理；对不属于本部门职责的，应当移交有权处理的部门并书面通知咨询、投诉、举报人。有权处理的部门应当在法定期限内及时处理，不得推诿。对查证属实的举报，给予举报人奖励。

有关部门应当对举报人的信息予以保密，保护举报人的合法权益。举报人举报所在企业的，该企业不得以解除、变更劳动合同或者其他方式对举报人进行打击报复。

第一百一十六条　县级以上人民政府食品安全监督管理等部门应当加强对执法人员食品安全法律、法规、标准和专业知识与执法能力等的培训，并组织考核。不具备相应知识和能力的，不得从事食品安全执法工作。

食品生产经营者、食品行业协会、消费者协会等发现食品安全执法人员在执法过程中有违反法律、法规规定的行为以及不规范执法行为的，可以向本级或者上级人民政府食品安全监督管理等部门或者监察机关投诉、举报。接到投诉、举报的部门或者机关应当进行核实，并将经核实的情况向食品安全执法人员所在部门通报；涉嫌违法违纪的，按照本法和有关规定处理。

第一百一十七条　县级以上人民政府食品安全监督管理等部门未及时发现食品安全系统性风险，未及时消除监督管理区域内的食品安全隐患的，本级人民政府可以对其主要负责人进行责任约谈。

地方人民政府未履行食品安全职责，未及时消除区域性重大食品安全隐患的，上级人民政府可以对其主要负责人进行责任约谈。

被约谈的食品安全监督管理等部门、地方人民政府应当立即采取措施，对食品安全监督管理工作进行整改。

责任约谈情况和整改情况应当纳入地方人民政府和有关部门食品安全监督管理工作评议、考核记录。

第一百一十八条 国家建立统一的食品安全信息平台，实行食品安全信息统一公布制度。国家食品安全总体情况、食品安全风险警示信息、重大食品安全事故及其调查处理信息和国务院确定需要统一公布的其他信息由国务院食品安全监督管理部门统一公布。食品安全风险警示信息和重大食品安全事故及其调查处理信息的影响限于特定区域的，也可以由有关省、自治区、直辖市人民政府食品安全监督管理部门公布。未经授权不得发布上述信息。

县级以上人民政府食品安全监督管理、农业行政部门依据各自职责公布食品安全日常监督管理信息。

公布食品安全信息，应当做到准确、及时，并进行必要的解释说明，避免误导消费者和社会舆论。

第一百一十九条 县级以上地方人民政府食品安全监督管理、卫生行政、农业行政部门获知本法规定需要统一公布的信息，应当向上级主管部门报告，由上级主管部门立即报告国务院食品安全监督管理部门；必要时，可以直接向国务院食品安全监督管理部门报告。

县级以上人民政府食品安全监督管理、卫生行政、农业行政部门应当相互通报获知的食品安全信息。

第一百二十条 任何单位和个人不得编造、散布虚假食品安全信息。

县级以上人民政府食品安全监督管理部门发现可能误导消费者和社会舆论的食品安全信息，应当立即组织有关部门、专业机构、相关食品生产经营者等进行核实、分析，并及时公布结果。

第一百二十一条 县级以上人民政府食品安全监督管理等部门发现涉嫌食品安全犯罪的，应当按照有关规定及时将案件移送公安机关。对移送的案件，公安机关应当及时审查；认为有犯罪事实需要追究刑事责任的，应当立案侦查。

公安机关在食品安全犯罪案件侦查过程中认为没有犯罪事实，或者犯罪事实显著轻微，不需要追究刑事责任，但依法应当追究行政责任的，应当及时将案件移送食品安全监督管理等部门和监察机关，有关部门应当依法处理。

公安机关商请食品安全监督管理、生态环境等部门提供检验结论、认定意见以及对涉案物品进行无害化处理等协助的，有关部门应当及时提供，予以协助。

第九章　法律责任

第一百二十二条 违反本法规定，未取得食品生产经营许可从事食品生产经营活动，或者未取得食品添加剂生产许可从事食品添加剂生产活动的，由县级以上人民政府食品安全监督管理部门没收违法所得和违法生产经营的食品、食品添加剂以及用于违法生产经营的工具、设备、原料等物品；违法生产经营的食品、食品添加剂货值金额不足一万元的，并处五万元以上十万元以下罚款；货值金额一万元以上的，并处货值金额十倍以上二十倍以下罚款。

明知从事前款规定的违法行为，仍为其提供生产经营场所或者其他条件的，由县级以上人民政府食品安全监督管理部门责令停止违法行为，没收违法所得，并处五万元以上十万元以下罚款；使消费者的合法权益受到损害的，应当与食品、食品添加剂生产经营者承担连带责任。

第一百二十三条 违反本法规定，有下列情形之一，尚不构成犯罪的，由县级以上人民政府食品安全监督管理部门没收违法所得和违法生产经营的食品，并可以没收用于违法生产经营的工具、设备、原料等物品；违法生产经营的食品货值金额不足一万元的，并处十万元以上十五万元以下罚款；货值金额一万元以上的，并处货值金额十五倍以上三十倍以下罚款；情节严重的，吊销许可证，并可以由公安机关对其直接负责的主管人员和其他直接责任人员处五日以上十五日以下拘留：

（一）用非食品原料生产食品、在食品中添加食品添加剂以外的化学物质和其他可能危害人体健康的物质，或者用回收食品作为原料生产食品，或者经营上述食品；

（二）生产经营营养成分不符合食品安全标准的专供婴幼儿和其他特定人群的主辅食品；

（三）经营病死、毒死或者死因不明的禽、畜、兽、水产动物肉类，或者生产经营其制品；

（四）经营未按规定进行检疫或者检疫不合格的肉类，或者生产经营未经检验或者检验不合格的肉类制品；

（五）生产经营国家为防病等特殊需要明令禁止生产经营的食品；

（六）生产经营添加药品的食品。

明知从事前款规定的违法行为，仍为其提供生产经营场所或者其他条件的，由县级以上人民政府食品安全监督管理部门责令停止违法行为，没收违法所得，并处十万元以上二十万元以下罚款；使消费者的合法权益受到损害的，应当与食品生产经营者承担连带责任。

违法使用剧毒、高毒农药的，除依照有关法律、法规规定给予处罚外，可以由公安机关依照第一款规定给予拘留。

第一百二十四条　违反本法规定，有下列情形之一，尚不构成犯罪的，由县级以上人民政府食品安全监督管理部门没收违法所得和违法生产经营的食品、食品添加剂，并可以没收用于违法生产经营的工具、设备、原料等物品；违法生产经营的食品、食品添加剂货值金额不足一万元的，并处五万元以上十万元以下罚款；货值金额一万元以上的，并处货值金额十倍以上二十倍以下罚款；情节严重的，吊销许可证：

（一）生产经营致病性微生物，农药残留、兽药残留、生物毒素、重金属等污染物质以及其他危害人体健康的物质含量超过食品安全标准限量的食品、食品添加剂；

（二）用超过保质期的食品原料、食品添加剂生产食品、食品添加剂，或者经营上述食品、食品添加剂；

（三）生产经营超范围、超限量使用食品添加剂的食品；

（四）生产经营腐败变质、油脂酸败、霉变生虫、污秽不洁、混有异物、掺假掺杂或者感官性状异常的食品、食品添加剂；

（五）生产经营标注虚假生产日期、保质期或者超过保质期的食品、食品添加剂；

（六）生产经营未按规定注册的保健食品、特殊医学用途配方食品、婴幼儿配方乳粉，或者未按注册的产品配方、生产工艺等技术要求组织生产；

（七）以分装方式生产婴幼儿配方乳粉，或者同一企业以同一配方生产不同品牌的婴幼儿配方乳粉；

（八）利用新的食品原料生产食品，或者生产食品添加剂新品种，未通过安全性评估；

（九）食品生产经营者在食品安全监督管理部门责令其召回或者停止经营后，仍拒不召回或者停止经营。

除前款和本法第一百二十三条、第一百二十五条规定的情形外，生产经营不符合法律、法规或者食品安全标准的食品、食品添加剂的，依照前款规定给予处罚。

生产食品相关产品新品种，未通过安全性评估，或者生产不符合食品安全标准的食品相关产品的，由县级以上人民政府食品安全监督管理部门依照第一款规定给予处罚。

第一百二十五条　违反本法规定，有下列情形之一的，由县级以上人民政府食品安全监督管理部门没收违法所得和违法生产经营的食品、食品添加剂，并可以没收用于违法生产经营的工具、设备、原料等物品；违法生产经营的食品、食品添加剂货值金额不足一万元的，并处五千元以上五万元以下罚款；货值金额一万元以上的，并处货值金额五倍以上十倍以下罚款；情节严重的，责令停产停业，直至吊销许可证：

（一）生产经营被包装材料、容器、运输工具等污染的食品、食品添加剂；

（二）生产经营无标签的预包装食品、食品添加剂或者标签、说明书不符合本法规定的食品、食品添加剂；

（三）生产经营转基因食品未按规定进行标示；

（四）食品生产经营者采购或者使用不符合食品安全标准的食品原料、食品添加剂、食品相关产品。

生产经营的食品、食品添加剂的标签、说明书存在瑕疵但不影响食品安全且不会对消费者造成误导的，由县级以上人民政府食品安全监督管理部门责令改正；拒不改正的，处二千元以下罚款。

第一百二十六条　违反本法规定，有下列情形之一的，由县级以上人民政府食品安全监督管理部门责令改正，给予警告；拒不改正的，处五千元以上五万元以下罚款；情节严重的，责令停产停业，直至吊销许可证：

（一）食品、食品添加剂生产者未按规定对采购的食品原料和生产的食品、食品添加剂进行检验；

（二）食品生产经营企业未按规定建立食品安全管理制度，或者未按规定配备或者培训、考核食品安全管理人员；

（三）食品、食品添加剂生产经营者进货时未查验许可证和相关证明文件，或者未按规定建立并遵守进货查验记录、出厂检验记录和销售记录制度；

（四）食品生产经营企业未制定食品安全事故处置方案；

（五）餐具、饮具和盛放直接入口食品的容器，使用前未经洗净、消毒或者清洗消毒不合格，或者餐饮服务设施、设备未按规定定期维护、清洗、校验；

（六）食品生产经营者安排未取得健康证明或者患有国务院卫生行政部门规定的有碍食品安全疾病的人员

从事接触直接入口食品的工作；

（七）食品经营者未按规定要求销售食品；

（八）保健食品生产企业未按规定向食品安全监督管理部门备案，或者未按备案的产品配方、生产工艺等技术要求组织生产；

（九）婴幼儿配方食品生产企业未将食品原料、食品添加剂、产品配方、标签等向食品安全监督管理部门备案；

（十）特殊食品生产企业未按规定建立生产质量管理体系并有效运行，或者未定期提交自查报告；

（十一）食品生产经营者未定期对食品安全状况进行检查评价，或者生产经营条件发生变化，未按规定处理；

（十二）学校、托幼机构、养老机构、建筑工地等集中用餐单位未按规定履行食品安全管理责任；

（十三）食品生产企业、餐饮服务提供者未按规定制定、实施生产经营过程控制要求。

餐具、饮具集中消毒服务单位违反本法规定用水，使用洗涤剂、消毒剂，或者出厂的餐具、饮具未按规定检验合格并随附消毒合格证明，或者未按规定在独立包装上标注相关内容的，由县级以上人民政府卫生行政部门依照前款规定给予处罚。

食品相关产品生产者未按规定对生产的食品相关产品进行检验的，由县级以上人民政府食品安全监督管理部门依照第一款规定给予处罚。

食用农产品销售者违反本法第六十五条规定的，由县级以上人民政府食品安全监督管理部门依照第一款规定给予处罚。

第一百二十七条 对食品生产加工小作坊、食品摊贩等的违法行为的处罚，依照省、自治区、直辖市制定的具体管理办法执行。

第一百二十八条 违反本法规定，事故单位在发生食品安全事故后未进行处置、报告的，由有关主管部门按照各自职责分工责令改正，给予警告；隐匿、伪造、毁灭有关证据的，责令停产停业，没收违法所得，并处十万元以上五十万元以下罚款；造成严重后果的，吊销许可证。

第一百二十九条 违反本法规定，有下列情形之一的，由出入境检验检疫机构依照本法第一百二十四条的规定给予处罚：

（一）提供虚假材料，进口不符合我国食品安全国家标准的食品、食品添加剂、食品相关产品；

（二）进口尚无食品安全国家标准的食品，未提交所执行的标准并经国务院卫生行政部门审查，或者进口利用新的食品原料生产的食品或者进口食品添加剂新品种、食品相关产品新品种，未通过安全性评估；

（三）未遵守本法的规定出口食品；

（四）进口商在有关主管部门责令其依照本法规定召回进口的食品后，仍拒不召回。

违反本法规定，进口商未建立并遵守食品、食品添加剂进口和销售记录制度、境外出口商或者生产企业审核制度的，由出入境检验检疫机构依照本法第一百二十六条的规定给予处罚。

第一百三十条 违反本法规定，集中交易市场的开办者、柜台出租者、展销会的举办者允许未依法取得许可的食品经营者进入市场销售食品，或者未履行检查、报告等义务的，由县级以上人民政府食品安全监督管理部门责令改正，没收违法所得，并处五万元以上二十万元以下罚款；造成严重后果的，责令停业，直至由原发证部门吊销许可证；使消费者的合法权益受到损害的，应当与食品经营者承担连带责任。

食用农产品批发市场违反本法第六十四条规定的，依照前款规定承担责任。

第一百三十一条 违反本法规定，网络食品交易第三方平台提供者未对入网食品经营者进行实名登记、审查许可证，或者未履行报告、停止提供网络交易平台服务等义务的，由县级以上人民政府食品安全监督管理部门责令改正，没收违法所得，并处五万元以上二十万元以下罚款；造成严重后果的，责令停业，直至由原发证部门吊销许可证；使消费者的合法权益受到损害的，应当与食品经营者承担连带责任。

消费者通过网络食品交易第三方平台购买食品，其合法权益受到损害的，可以向入网食品经营者或者食品生产者要求赔偿。网络食品交易第三方平台提供者不能提供入网食品经营者的真实名称、地址和有效联系方式的，由网络食品交易第三方平台提供者赔偿。网络食品交易第三方平台提供者赔偿后，有权向入网食品经营者或者食品生产者追偿。网络食品交易第三方平台提供者作出更有利于消费者承诺的，应当履行其承诺。

第一百三十二条 违反本法规定，未按要求进行食品贮存、运输和装卸的，由县级以上人民政府食品安全监督管理等部门按照各自职责分工责令改正，给予警告；拒不改正的，责令停产停业，并处一万元以上五万元以下罚款；情节严重的，吊销许可证。

第一百三十三条 违反本法规定，拒绝、阻挠、干涉有关部门、机构及其工作人员依法开展食品安全监督检查、事故调查处理、风险监测和风险评估的，由有关主管部门按照各自职责分工责令停产停业，并处二千元以上五万元以下罚款；情节严重的，吊销许可证；构成违反治安管理行为的，由公安机关依法给予治安管理处罚。

违反本法规定，对举报人以解除、变更劳动合同或者其他方式打击报复的，应当依照有关法律的规定承担责任。

第一百三十四条 食品生产经营者在一年内累计三次因违反本法规定受到责令停产停业、吊销许可证以外处罚的，由食品安全监督管理部门责令停产停业，直至吊销许可证。

第一百三十五条 被吊销许可证的食品生产经营者及其法定代表人、直接负责的主管人员和其他直接责任人员自处罚决定作出之日起五年内不得申请食品生产经营许可，或者从事食品生产经营管理工作、担任食品生产经营企业食品安全管理人员。

因食品安全犯罪被判处有期徒刑以上刑罚的，终身不得从事食品生产经营管理工作，也不得担任食品生产经营企业食品安全管理人员。

食品生产经营者聘用人员违反前两款规定的，由县级以上人民政府食品安全监督管理部门吊销许可证。

第一百三十六条 食品经营者履行了本法规定的进货查验等义务，有充分证据证明其不知道所采购的食品不符合食品安全标准，并能如实说明其进货来源的，可以免予处罚，但应当依法没收其不符合食品安全标准的食品；造成人身、财产或者其他损害的，依法承担赔偿责任。

第一百三十七条 违反本法规定，承担食品安全风险监测、风险评估工作的技术机构、技术人员提供虚假监测、评估信息的，依法对技术机构直接负责的主管人员和技术人员给予撤职、开除处分；有执业资格的，由授予其资格的主管部门吊销执业证书。

第一百三十八条 违反本法规定，食品检验机构、食品检验人员出具虚假检验报告的，由授予其资质的主管部门或者机构撤销该食品检验机构的检验资质，没收所收取的检验费用，并处检验费用五倍以上十倍以下罚款，检验费用不足一万元的，并处五万元以上十万元以下罚款；依法对食品检验机构直接负责的主管人员和食品检验人员给予撤职或者开除处分；导致发生重大食品安全事故的，对直接负责的主管人员和食品检验人员给予开除处分。

违反本法规定，受到开除处分的食品检验机构人员，自处分决定作出之日起十年内不得从事食品检验工作；因食品安全违法行为受到刑事处罚或者因出具虚假检验报告导致发生重大食品安全事故受到开除处分的食品检验机构人员，终身不得从事食品检验工作。食品检验机构聘用不得从事食品检验工作的人员的，由授予其资质的主管部门或者机构撤销该食品检验机构的检验资质。

食品检验机构出具虚假检验报告，使消费者的合法权益受到损害的，应当与食品生产经营者承担连带责任。

第一百三十九条 违反本法规定，认证机构出具虚假认证结论，由认证认可监督管理部门没收所收取的认证费用，并处认证费用五倍以上十倍以下罚款，认证费用不足一万元的，并处五万元以上十万元以下罚款；情节严重的，责令停业，直至撤销认证机构批准文件，并向社会公布；对直接负责的主管人员和负有直接责任的认证人员，撤销其执业资格。

认证机构出具虚假认证结论，使消费者的合法权益受到损害的，应当与食品生产经营者承担连带责任。

第一百四十条 违反本法规定，在广告中对食品作虚假宣传，欺骗消费者，或者发布未取得批准文件、广告内容与批准文件不一致的保健食品广告的，依照《中华人民共和国广告法》的规定给予处罚。

广告经营者、发布者设计、制作、发布虚假食品广告，使消费者的合法权益受到损害的，应当与食品生产经营者承担连带责任。

社会团体或者其他组织、个人在虚假广告或者其他虚假宣传中向消费者推荐食品，使消费者的合法权益受到损害的，应当与食品生产经营者承担连带责任。

违反本法规定，食品安全监督管理等部门、食品检验机构、食品行业协会以广告或者其他形式向消费者推荐食品，消费者组织以收取费用或者其他牟取利益的方式向消费者推荐食品的，由有关主管部门没收违法所得，依法对直接负责的主管人员和其他直接责任人员给予记大过、降级或者撤职处分；情节严重的，给予开除处分。

对食品作虚假宣传且情节严重的，由省级以上人民政府食品安全监督管理部门决定暂停销售该食品，并向社会公布；仍然销售该食品的，由县级以上人民政府食品安全监督管理部门没收违法所得和违法销售的食品，并处二万元以上五万元以下罚款。

第一百四十一条 违反本法规定，编造、散布虚假食品安全信息，构成违反治安管理行为的，由公安机关依法给予治安管理处罚。

媒体编造、散布虚假食品安全信息的，由有关主管部门依法给予处罚，并对直接负责的主管人员和其他直接责任人员给予处分；使公民、法人或者其他组织的合法权益受到损害的，依法承担消除影响、恢复名誉、赔偿损失、赔礼道歉等民事责任。

第一百四十二条 违反本法规定，县级以上地方人民政府有下列行为之一的，对直接负责的主管人员和其他直接责任人员给予记大过处分；情节较重的，给予降级或者撤职处分；情节严重的，给予开除处分；造成严重后果的，其主要负责人还应当引咎辞职：

（一）对发生在本行政区域内的食品安全事故，未及时组织协调有关部门开展有效处置，造成不良影响或者损失；

（二）对本行政区域内涉及多环节的区域性食品安全问题，未及时组织整治，造成不良影响或者损失；

（三）隐瞒、谎报、缓报食品安全事故；

（四）本行政区域内发生特别重大食品安全事故，或者连续发生重大食品安全事故。

第一百四十三条 违反本法规定，县级以上地方人民政府有下列行为之一的，对直接负责的主管人员和其他直接责任人员给予警告、记过或者记大过处分；造成严重后果的，给予降级或者撤职处分：

（一）未确定有关部门的食品安全监督管理职责，未建立健全食品安全全程监督管理工作机制和信息共享机制，未落实食品安全监督管理责任制；

（二）未制定本行政区域的食品安全事故应急预案，或者发生食品安全事故后未按规定立即成立事故处置指挥机构、启动应急预案。

第一百四十四条 违反本法规定，县级以上人民政府食品安全监督管理、卫生行政、农业行政等部门有下列行为之一的，对直接负责的主管人员和其他直接责任人员给予记大过处分；情节较重的，给予降级或者撤职处分；情节严重的，给予开除处分；造成严重后果的，其主要负责人还应当引咎辞职：

（一）隐瞒、谎报、缓报食品安全事故；

（二）未按规定查处食品安全事故，或者接到食品安全事故报告未及时处理，造成事故扩大或者蔓延；

（三）经食品安全风险评估得出食品、食品添加剂、食品相关产品不安全结论后，未及时采取相应措施，造成食品安全事故或者不良社会影响；

（四）对不符合条件的申请人准予许可，或者超越法定职权准予许可；

（五）不履行食品安全监督管理职责，导致发生食品安全事故。

第一百四十五条 违反本法规定，县级以上人民政府食品安全监督管理、卫生行政、农业行政等部门有下列行为之一，造成不良后果的，对直接负责的主管人员和其他直接责任人员给予警告、记过或者记大过处分；情节较重的，给予降级或者撤职处分；情节严重的，给予开除处分：

（一）在获知有关食品安全信息后，未按规定向上级主管部门和本级人民政府报告，或者未按规定相互通报；

（二）未按规定公布食品安全信息；

（三）不履行法定职责，对查处食品安全违法行为不配合，或者滥用职权、玩忽职守、徇私舞弊。

第一百四十六条 食品安全监督管理等部门在履行食品安全监督管理职责过程中，违法实施检查、强制等执法措施，给生产经营者造成损失的，应当依法予以赔偿，对直接负责的主管人员和其他直接责任人员依法给予处分。

第一百四十七条 违反本法规定，造成人身、财产或者其他损害的，依法承担赔偿责任。生产经营者财产不足以同时承担民事赔偿责任和缴纳罚款、罚金时，先承担民事赔偿责任。

第一百四十八条 消费者因不符合食品安全标准的食品受到损害的，可以向经营者要求赔偿损失，也可以向生产者要求赔偿损失。接到消费者赔偿要求的生产经营者，应当实行首负责任制，先行赔付，不得推诿；属于生产者责任的，经营者赔偿后有权向生产者追偿；属于经营者责任的，生产者赔偿后有权向经营者追偿。

生产不符合食品安全标准的食品或者经营明知是不符合食品安全标准的食品，消费者除要求赔偿损失外，还可以向生产者或者经营者要求支付价款十倍或者损失三倍的赔偿金；增加赔偿的金额不足一千元的，为一千元。但是，食品的标签、说明书存在不影响食品安全且不会对消费者造成误导的瑕疵的除外。

第一百四十九条 违反本法规定，构成犯罪的，依法追究刑事责任。

第十章　附　　则

第一百五十条 本法下列用语的含义：

食品，指各种供人食用或者饮用的成品和原料以及按照传统既是食品又是中药材的物品，但是不包括以治疗为目的的物品。

食品安全，指食品无毒、无害，符合应当有的营养要求，对人体健康不造成任何急性、亚急性或者慢性危害。

预包装食品，指预先定量包装或者制作在包装材料、容器中的食品。

食品添加剂，指为改善食品品质和色、香、味以及为防腐、保鲜和加工工艺的需要而加入食品中的人工合成或者天然物质，包括营养强化剂。

用于食品的包装材料和容器，指包装、盛放食品或者食品添加剂用的纸、竹、木、金属、搪瓷、陶瓷、塑料、橡胶、天然纤维、化学纤维、玻璃等制品和直接接触食品或者食品添加剂的涂料。

用于食品生产经营的工具、设备，指在食品或者食品添加剂生产、销售、使用过程中直接接触食品或者食品添加剂的机械、管道、传送带、容器、用具、餐具等。

用于食品的洗涤剂、消毒剂，指直接用于洗涤或者消毒食品、餐具、饮具以及直接接触食品的工具、设备或者食品包装材料和容器的物质。

食品保质期，指食品在标明的贮存条件下保持品质的期限。

食源性疾病，指食品中致病因素进入人体引起的感染性、中毒性等疾病，包括食物中毒。

食品安全事故，指食源性疾病、食品污染等源于食品，对人体健康有危害或者可能有危害的事故。

第一百五十一条 转基因食品和食盐的食品安全管理，本法未作规定的，适用其他法律、行政法规的规定。

第一百五十二条 铁路、民航运营中食品安全的管理办法由国务院食品安全监督管理部门会同国务院有关部门依照本法制定。

保健食品的具体管理办法由国务院食品安全监督管理部门依照本法制定。

食品相关产品生产活动的具体管理办法由国务院食品安全监督管理部门依照本法制定。

国境口岸食品的监督管理由出入境检验检疫机构依照本法以及有关法律、行政法规的规定实施。

军队专用食品和自供食品的食品安全管理办法由中央军事委员会依照本法制定。

第一百五十三条 国务院根据实际需要，可以对食品安全监督管理体制作出调整。

第一百五十四条 本法自 2015 年 10 月 1 日起施行。

中华人民共和国农产品质量安全法

（2006 年 4 月 29 日第十届全国人民代表大会常务委员会第二十一次会议通过，根据 2018 年 10 月 26 日第十三届全国人民代表大会常务委员会第六次会议《关于修改〈中华人民共和国野生动物保护法〉等十五部法律的决定》修正）

第一章　总　　则

第一条　为保障农产品质量安全，维护公众健康，促进农业和农村经济发展，制定本法。

第二条　本法所称农产品，是指来源于农业的初级产品，即在农业活动中获得的植物、动物、微生物及其产品。

本法所称农产品质量安全，是指农产品质量符合保障人的健康、安全的要求。

第三条　县级以上人民政府农业行政主管部门负责农产品质量安全的监督管理工作；县级以上人民政府有关部门按照职责分工，负责农产品质量安全的有关工作。

第四条　县级以上人民政府应当将农产品质量安全管理工作纳入本级国民经济和社会发展规划，并安排农产品质量安全经费，用于开展农产品质量安全工作。

第五条　县级以上地方人民政府统一领导、协调本行政区域内的农产品质量安全工作，并采取措施，建立健全农产品质量安全服务体系，提高农产品质量安全水平。

第六条　国务院农业行政主管部门应当设立由有关方面专家组成的农产品质量安全风险评估专家委员会，对可能影响农产品质量安全的潜在危害进行风险分析和评估。

国务院农业行政主管部门应当根据农产品质量安全风险评估结果采取相应的管理措施，并将农产品质量安全风险评估结果及时通报国务院有关部门。

第七条　国务院农业行政主管部门和省、自治区、直辖市人民政府农业行政主管部门应当按照职责权限，发布有关农产品质量安全状况信息。

第八条　国家引导、推广农产品标准化生产，鼓励和支持生产优质农产品，禁止生产、销售不符合国家规定的农产品质量安全标准的农产品。

第九条　国家支持农产品质量安全科学技术研究，推行科学的质量安全管理方法，推广先进安全的生产技术。

第十条　各级人民政府及有关部门应当加强农产品质量安全知识的宣传，提高公众的农产品质量安全意识，引导农产品生产者、销售者加强质量安全管理，保障农产品消费安全。

第二章　农产品质量安全标准

第十一条　国家建立健全农产品质量安全标准体系。农产品质量安全标准是强制性的技术规范。

农产品质量安全标准的制定和发布，依照有关法律、行政法规的规定执行。

第十二条　制定农产品质量安全标准应当充分考虑农产品质量安全风险评估结果，并听取农产品生产者、销售者和消费者的意见，保障消费安全。

第十三条　农产品质量安全标准应当根据科学技术发展水平以及农产品质量安全的需要，及时修订。

第十四条　农产品质量安全标准由农业行政主管部门商有关部门组织实施。

第三章　农产品产地

第十五条　县级以上地方人民政府农业行政主管部门按照保障农产品质量安全的要求，根据农产品品种特性和生产区域大气、土壤、水体中有毒有害物质状况等因素，认为不适宜特定农产品生产的，提出禁止生产的区域，报本级人民政府批准后公布。具体办法由国务院农业行政主管部门商国务院生态环境主管部门制定。

农产品禁止生产区域的调整，依照前款规定的程序办理。

第十六条　县级以上人民政府应当采取措施，加强农产品基地建设，改善农产品的生产条件。

县级以上人民政府农业行政主管部门应当采取措施，推进保障农产品质量安全的标准化生产综合示范区、示范农场、养殖小区和无规定动植物疫病区的建设。

第十七条　禁止在有毒有害物质超过规定标准的区域生产、捕捞、采集食用农产品和建立农产品生产基地。

第十八条　禁止违反法律、法规的规定向农产品产地排放或者倾倒废水、废气、固体废物或者其他有毒有害物质。

农业生产用水和用作肥料的固体废物，应当符合国家规定的标准。

第十九条　农产品生产者应当合理使用化肥、农药、兽药、农用薄膜等化工产品，防止对农产品产地造成污染。

第四章　农产品生产

第二十条　国务院农业行政主管部门和省、自治区、直辖市人民政府农业行政主管部门应当制定保障农产品质量安全的生产技术要求和操作规程。县级以上人民政府农业行政主管部门应当加强对农产品生产的指导。

第二十一条　对可能影响农产品质量安全的农药、兽药、饲料和饲料添加剂、肥料、兽医器械，依照有关法律、行政法规的规定实行许可制度。

国务院农业行政主管部门和省、自治区、直辖市人民政府农业行政主管部门应当定期对可能危及农产品质量安全的农药、兽药、饲料和饲料添加剂、肥料等农业投入品进行监督抽查，并公布抽查结果。

第二十二条　县级以上人民政府农业行政主管部门应当加强对农业投入品使用的管理和指导，建立健全农业投入品的安全使用制度。

第二十三条　农业科研教育机构和农业技术推广机构应当加强对农产品生产者质量安全知识和技能的培训。

第二十四条　农产品生产企业和农民专业合作经济组织应当建立农产品生产记录，如实记载下列事项：

（一）使用农业投入品的名称、来源、用法、用量和使用、停用的日期；

（二）动物疫病、植物病虫草害的发生和防治情况；

（三）收获、屠宰或者捕捞的日期。

农产品生产记录应当保存二年。禁止伪造农产品生产记录。

国家鼓励其他农产品生产者建立农产品生产记录。

第二十五条　农产品生产者应当按照法律、行政法规和国务院农业行政主管部门的规定，合理使用农业投入品，严格执行农业投入品使用安全间隔期或者休药期的规定，防止危及农产品质量安全。

禁止在农产品生产过程中使用国家明令禁止使用的农业投入品。

第二十六条　农产品生产企业和农民专业合作经济组织，应当自行或者委托检测机构对农产品质量安全状况进行检测；经检测不符合农产品质量安全标准的农产品，不得销售。

第二十七条　农民专业合作经济组织和农产品行业协会对其成员应当及时提供生产技术服务，建立农产品质量安全管理制度，健全农产品质量安全控制体系，加强自律管理。

第五章　农产品包装和标识

第二十八条　农产品生产企业、农民专业合作经济组织以及从事农产品收购的单位或者个人销售的农产品，按照规定应当包装或者附加标识的，须经包装或者附加标识后方可销售。包装物或者标识上应当按照规定标明产品的品名、产地、生产者、生产日期、保质期、产品质量等级等内容；使用添加剂的，还应当按照规定标明添加剂的名称。具体办法由国务院农业行政主管部门制定。

第二十九条　农产品在包装、保鲜、贮存、运输中所使用的保鲜剂、防腐剂、添加剂等材料，应当符合国家有关强制性的技术规范。

第三十条 属于农业转基因生物的农产品，应当按照农业转基因生物安全管理的有关规定进行标识。

第三十一条 依法需要实施检疫的动植物及其产品，应当附具检疫合格标志、检疫合格证明。

第三十二条 销售的农产品必须符合农产品质量安全标准，生产者可以申请使用无公害农产品标志。农产品质量符合国家规定的有关优质农产品标准的，生产者可以申请使用相应的农产品质量标志。

禁止冒用前款规定的农产品质量标志。

第六章　监督检查

第三十三条 有下列情形之一的农产品，不得销售：

（一）含有国家禁止使用的农药、兽药或者其他化学物质的；

（二）农药、兽药等化学物质残留或者含有的重金属等有毒有害物质不符合农产品质量安全标准的；

（三）含有的致病性寄生虫、微生物或者生物毒素不符合农产品质量安全标准的；

（四）使用的保鲜剂、防腐剂、添加剂等材料不符合国家有关强制性的技术规范的；

（五）其他不符合农产品质量安全标准的。

第三十四条 国家建立农产品质量安全监测制度。县级以上人民政府农业行政主管部门应当按照保障农产品质量安全的要求，制定并组织实施农产品质量安全监测计划，对生产中或者市场上销售的农产品进行监督抽查。监督抽查结果由国务院农业行政主管部门或者省、自治区、直辖市人民政府农业行政主管部门按照权限予以公布。

监督抽查检测应当委托符合本法第三十五条规定条件的农产品质量安全检测机构进行，不得向被抽查人收取费用，抽取的样品不得超过国务院农业行政主管部门规定的数量。上级农业行政主管部门监督抽查的农产品，下级农业行政主管部门不得另行重复抽查。

第三十五条 农产品质量安全检测应当充分利用现有的符合条件的检测机构。

从事农产品质量安全检测的机构，必须具备相应的检测条件和能力，由省级以上人民政府农业行政主管部门或者其授权的部门考核合格。具体办法由国务院农业行政主管部门制定。

农产品质量安全检测机构应当依法经计量认证合格。

第三十六条 农产品生产者、销售者对监督抽查检测结果有异议的，可以自收到检测结果之日起五日内，向组织实施农产品质量安全监督抽查的农业行政主管部门或者其上级农业行政主管部门申请复检。

采用国务院农业行政主管部门会同有关部门认定的快速检测方法进行农产品质量安全监督抽查检测，被抽查人对检测结果有异议的，可以自收到检测结果时起四小时内申请复检。复检不得采用快速检测方法。

因检测结果错误给当事人造成损害的，依法承担赔偿责任。

第三十七条 农产品批发市场应当设立或者委托农产品质量安全检测机构，对进场销售的农产品质量安全状况进行抽查检测；发现不符合农产品质量安全标准的，应当要求销售者立即停止销售，并向农业行政主管部门报告。

农产品销售企业对其销售的农产品，应当建立健全进货检查验收制度；经查验不符合农产品质量安全标准的，不得销售。

第三十八条 国家鼓励单位和个人对农产品质量安全进行社会监督。任何单位和个人都有权对违反本法的行为进行检举、揭发和控告。有关部门收到相关的检举、揭发和控告后，应当及时处理。

第三十九条 县级以上人民政府农业行政主管部门在农产品质量安全监督检查中，可以对生产、销售的农产品进行现场检查，调查了解农产品质量安全的有关情况，查阅、复制与农产品质量安全有关的记录和其他资料；对经检测不符合农产品质量安全标准的农产品，有权查封、扣押。

第四十条 发生农产品质量安全事故时，有关单位和个人应当采取控制措施，及时向所在地乡级人民政府和县级人民政府农业行政主管部门报告；收到报告的机关应当及时处理并报上一级人民政府和有关部门。发生重大农产品质量安全事故时，农业行政主管部门应当及时通报同级市场监督管理部门。

第四十一条 县级以上人民政府农业行政主管部门在农产品质量安全监督管理中，发现有本法第三十三条所列情形之一的农产品，应当按照农产品质量安全责任追究制度的要求，查明责任人，依法予以处理或者提出处理建议。

第四十二条　进口的农产品必须按照国家规定的农产品质量安全标准进行检验；尚未制定有关农产品质量安全标准的，应当依法及时制定，未制定之前，可以参照国家有关部门指定的国外有关标准进行检验。

第七章　法律责任

第四十三条　农产品质量安全监督管理人员不依法履行监督职责，或者滥用职权的，依法给予行政处分。

第四十四条　农产品质量安全检测机构伪造检测结果的，责令改正，没收违法所得，并处五万元以上十万元以下罚款，对直接负责的主管人员和其他直接责任人员处一万元以上五万元以下罚款；情节严重的，撤销其检测资格；造成损害的，依法承担赔偿责任。

农产品质量安全检测机构出具检测结果不实，造成损害的，依法承担赔偿责任；造成重大损害的，并撤销其检测资格。

第四十五条　违反法律、法规规定，向农产品产地排放或者倾倒废水、废气、固体废物或者其他有毒有害物质的，依照有关环境保护法律、法规的规定处罚；造成损害的，依法承担赔偿责任。

第四十六条　使用农业投入品违反法律、行政法规和国务院农业行政主管部门的规定的，依照有关法律、行政法规的规定处罚。

第四十七条　农产品生产企业、农民专业合作经济组织未建立或者未按照规定保存农产品生产记录的，或者伪造农产品生产记录的，责令限期改正，逾期不改正的，可以处二千元以下罚款。

第四十八条　违反本法第二十八条规定，销售的农产品未按照规定进行包装、标识的，责令限期改正；逾期不改正的，可以处二千元以下罚款。

第四十九条　有本法第三十三条第四项规定情形，使用的保鲜剂、防腐剂、添加剂等材料不符合国家有关强制性的技术规范的，责令停止销售，对被污染的农产品进行无害化处理，对不能进行无害化处理的予以监督销毁；没收违法所得，并处二千元以上二万元以下罚款。

第五十条　农产品生产企业、农民专业合作经济组织销售的农产品有本法第三十三条第一项至第三项或者第五项所列情形之一的，责令停止销售，追回已经销售的农产品，对违法销售的农产品进行无害化处理或者予以监督销毁；没收违法所得，并处二千元以上二万元以下罚款。

农产品销售企业销售的农产品有前款所列情形的，依照前款规定处理、处罚。

农产品批发市场中销售的农产品有第一款所列情形的，对违法销售的农产品依照第一款规定处理，对农产品销售者依照第一款规定处罚。

农产品批发市场违反本法第三十七条第一款规定的，责令改正，处二千元以上二万元以下罚款。

第五十一条　违反本法第三十二条规定，冒用农产品质量标志的，责令改正，没收违法所得，并处二千元以上二万元以下罚款。

第五十二条　本法第四十四条，第四十七条至第四十九条，第五十条第一款、第四款和第五十一条规定的处理、处罚，由县级以上人民政府农业行政主管部门决定；第五十条第二款、第三款规定的处理、处罚，由市场监督管理部门决定。

法律对行政处罚及处罚机关有其他规定的，从其规定。但是，对同一违法行为不得重复处罚。

第五十三条　违反本法规定，构成犯罪的，依法追究刑事责任。

第五十四条　生产、销售本法第三十三条所列农产品，给消费者造成损害的，依法承担赔偿责任。

农产品批发市场中销售的农产品有前款规定情形的，消费者可以向农产品批发市场要求赔偿；属于生产者、销售者责任的，农产品批发市场有权追偿。消费者也可以直接向农产品生产者、销售者要求赔偿。

第八章　附　　则

第五十五条　生猪屠宰的管理按照国家有关规定执行。

第五十六条　本法自 2006 年 11 月 1 日起施行。

中华人民共和国动物防疫法

（1997 年 7 月 3 日第八届全国人民代表大会常务委员会第二十六次会议通过，2007 年 8 月 30 日第十届全国人民代表大会常务委员会第二十九次会议第一次修订，根据 2013 年 6 月 29 日第十二届全国人民代表大会常务委员会第三次会议《关于修改〈中华人民共和国文物保护法〉等十二部法律的决定》第一次修正，根据 2015 年 4 月 24 日第十二届全国人民代表大会常务委员会第十四次会议《关于修改〈中华人民共和国电力法〉等六部法律的决定》第二次修正，2021 年 1 月 22 日第十三届全国人民代表大会常务委员会第二十五次会议第二次修订）

第一章 总 则

第一条 为了加强对动物防疫活动的管理，预防、控制、净化、消灭动物疫病，促进养殖业发展，防控人畜共患传染病，保障公共卫生安全和人体健康，制定本法。

第二条 本法适用于在中华人民共和国领域内的动物防疫及其监督管理活动。

进出境动物、动物产品的检疫，适用《中华人民共和国进出境动植物检疫法》。

第三条 本法所称动物，是指家畜家禽和人工饲养、捕获的其他动物。

本法所称动物产品，是指动物的肉、生皮、原毛、绒、脏器、脂、血液、精液、卵、胚胎、骨、蹄、头、角、筋以及可能传播动物疫病的奶、蛋等。

本法所称动物疫病，是指动物传染病，包括寄生虫病。

本法所称动物防疫，是指动物疫病的预防、控制、诊疗、净化、消灭和动物、动物产品的检疫，以及病死动物、病害动物产品的无害化处理。

第四条 根据动物疫病对养殖业生产和人体健康的危害程度，本法规定的动物疫病分为下列三类：

（一）一类疫病，是指口蹄疫、非洲猪瘟、高致病性禽流感等对人、动物构成特别严重危害，可能造成重大经济损失和社会影响，需要采取紧急、严厉的强制预防、控制等措施的；

（二）二类疫病，是指狂犬病、布鲁氏菌病、草鱼出血病等对人、动物构成严重危害，可能造成较大经济损失和社会影响，需要采取严格预防、控制等措施的；

（三）三类疫病，是指大肠杆菌病、禽结核病、鳖腮腺炎病等常见多发，对人、动物构成危害，可能造成一定程度的经济损失和社会影响，需要及时预防、控制的。

前款一、二、三类动物疫病具体病种名录由国务院农业农村主管部门制定并公布。国务院农业农村主管部门应当根据动物疫病发生、流行情况和危害程度，及时增加、减少或者调整一、二、三类动物疫病具体病种并予以公布。

人畜共患传染病名录由国务院农业农村主管部门会同国务院卫生健康、野生动物保护等主管部门制定并公布。

第五条 动物防疫实行预防为主，预防与控制、净化、消灭相结合的方针。

第六条 国家鼓励社会力量参与动物防疫工作。各级人民政府采取措施，支持单位和个人参与动物防疫的宣传教育、疫情报告、志愿服务和捐赠等活动。

第七条 从事动物饲养、屠宰、经营、隔离、运输以及动物产品生产、经营、加工、贮藏等活动的单位和个人，依照本法和国务院农业农村主管部门的规定，做好免疫、消毒、检测、隔离、净化、消灭、无害化处理等动物防疫工作，承担动物防疫相关责任。

第八条 县级以上人民政府对动物防疫工作实行统一领导，采取有效措施稳定基层机构队伍，加强动物防疫队伍建设，建立健全动物防疫体系，制定并组织实施动物疫病防治规划。

乡级人民政府、街道办事处组织群众做好本辖区的动物疫病预防与控制工作，村民委员会、居民委员会予以协助。

第九条 国务院农业农村主管部门主管全国的动物防疫工作。

县级以上地方人民政府农业农村主管部门主管本行政区域的动物防疫工作。

县级以上人民政府其他有关部门在各自职责范围内做好动物防疫工作。

军队动物卫生监督职能部门负责军队现役动物和饲养自用动物的防疫工作。

第十条　县级以上人民政府卫生健康主管部门和本级人民政府农业农村、野生动物保护等主管部门应当建立人畜共患传染病防治的协作机制。

国务院农业农村主管部门和海关总署等部门应当建立防止境外动物疫病输入的协作机制。

第十一条　县级以上地方人民政府的动物卫生监督机构依照本法规定，负责动物、动物产品的检疫工作。

第十二条　县级以上人民政府按照国务院的规定，根据统筹规划、合理布局、综合设置的原则建立动物疫病预防控制机构。

动物疫病预防控制机构承担动物疫病的监测、检测、诊断、流行病学调查、疫情报告以及其他预防、控制等技术工作；承担动物疫病净化、消灭的技术工作。

第十三条　国家鼓励和支持开展动物疫病的科学研究以及国际合作与交流，推广先进适用的科学研究成果，提高动物疫病防治的科学技术水平。

各级人民政府和有关部门、新闻媒体，应当加强对动物防疫法律法规和动物防疫知识的宣传。

第十四条　对在动物防疫工作、相关科学研究、动物疫情扑灭中做出贡献的单位和个人，各级人民政府和有关部门按照国家有关规定给予表彰、奖励。

有关单位应当依法为动物防疫人员缴纳工伤保险费。对因参与动物防疫工作致病、致残、死亡的人员，按照国家有关规定给予补助或者抚恤。

第二章　动物疫病的预防

第十五条　国家建立动物疫病风险评估制度。

国务院农业农村主管部门根据国内外动物疫情以及保护养殖业生产和人体健康的需要，及时会同国务院卫生健康等有关部门对动物疫病进行风险评估，并制定、公布动物疫病预防、控制、净化、消灭措施和技术规范。

省、自治区、直辖市人民政府农业农村主管部门会同本级人民政府卫生健康等有关部门开展本行政区域的动物疫病风险评估，并落实动物疫病预防、控制、净化、消灭措施。

第十六条　国家对严重危害养殖业生产和人体健康的动物疫病实施强制免疫。

国务院农业农村主管部门确定强制免疫的动物疫病病种和区域。

省、自治区、直辖市人民政府农业农村主管部门制定本行政区域的强制免疫计划；根据本行政区域动物疫病流行情况增加实施强制免疫的动物疫病病种和区域，报本级人民政府批准后执行，并报国务院农业农村主管部门备案。

第十七条　饲养动物的单位和个人应当履行动物疫病强制免疫义务，按照强制免疫计划和技术规范，对动物实施免疫接种，并按照国家有关规定建立免疫档案、加施畜禽标识，保证可追溯。

实施强制免疫接种的动物未达到免疫质量要求，实施补充免疫接种后仍不符合免疫质量要求的，有关单位和个人应当按照国家有关规定处理。

用于预防接种的疫苗应当符合国家质量标准。

第十八条　县级以上地方人民政府农业农村主管部门负责组织实施动物疫病强制免疫计划，并对饲养动物的单位和个人履行强制免疫义务的情况进行监督检查。

乡级人民政府、街道办事处组织本辖区饲养动物的单位和个人做好强制免疫，协助做好监督检查；村民委员会、居民委员会协助做好相关工作。

县级以上地方人民政府农业农村主管部门应当定期对本行政区域的强制免疫计划实施情况和效果进行评估，并向社会公布评估结果。

第十九条　国家实行动物疫病监测和疫情预警制度。

县级以上人民政府建立健全动物疫病监测网络，加强动物疫病监测。

国务院农业农村主管部门会同国务院有关部门制定国家动物疫病监测计划。省、自治区、直辖市人民政府农业农村主管部门根据国家动物疫病监测计划，制定本行政区域的动物疫病监测计划。

动物疫病预防控制机构按照国务院农业农村主管部门的规定和动物疫病监测计划，对动物疫病的发生、流行等情况进行监测；从事动物饲养、屠宰、经营、隔离、运输以及动物产品生产、经营、加工、贮藏、无害化处理等活动的单位和个人不得拒绝或者阻碍。

国务院农业农村主管部门和省、自治区、直辖市人民政府农业农村主管部门根据对动物疫病发生、流行趋势的预测，及时发出动物疫情预警。地方各级人民政府接到动物疫情预警后，应当及时采取预防、控制措施。

第二十条 陆路边境省、自治区人民政府根据动物疫病防控需要，合理设置动物疫病监测站点，健全监测工作机制，防范境外动物疫病传入。

科技、海关等部门按照本法和有关法律法规的规定做好动物疫病监测预警工作，并定期与农业农村主管部门互通情况，紧急情况及时通报。

县级以上人民政府应当完善野生动物疫源疫病监测体系和工作机制，根据需要合理布局监测站点；野生动物保护、农业农村主管部门按照职责分工做好野生动物疫源疫病监测等工作，并定期互通情况，紧急情况及时通报。

第二十一条 国家支持地方建立无规定动物疫病区，鼓励动物饲养场建设无规定动物疫病生物安全隔离区。对符合国务院农业农村主管部门规定标准的无规定动物疫病区和无规定动物疫病生物安全隔离区，国务院农业农村主管部门验收合格予以公布，并对其维持情况进行监督检查。

省、自治区、直辖市人民政府制定并组织实施本行政区域的无规定动物疫病区建设方案。国务院农业农村主管部门指导跨省、自治区、直辖市无规定动物疫病区建设。

国务院农业农村主管部门根据行政区划、养殖屠宰产业布局、风险评估情况等对动物疫病实施分区防控，可以采取禁止或者限制特定动物、动物产品跨区域调运等措施。

第二十二条 国务院农业农村主管部门制定并组织实施动物疫病净化、消灭规划。

县级以上地方人民政府根据动物疫病净化、消灭规划，制定并组织实施本行政区域的动物疫病净化、消灭计划。

动物疫病预防控制机构按照动物疫病净化、消灭规划、计划，开展动物疫病净化技术指导、培训，对动物疫病净化效果进行监测、评估。

国家推进动物疫病净化，鼓励和支持饲养动物的单位和个人开展动物疫病净化。饲养动物的单位和个人达到国务院农业农村主管部门规定的净化标准的，由省级以上人民政府农业农村主管部门予以公布。

第二十三条 种用、乳用动物应当符合国务院农业农村主管部门规定的健康标准。

饲养种用、乳用动物的单位和个人，应当按照国务院农业农村主管部门的要求，定期开展动物疫病检测；检测不合格的，应当按照国家有关规定处理。

第二十四条 动物饲养场和隔离场所、动物屠宰加工场所以及动物和动物产品无害化处理场所，应当符合下列动物防疫条件：

（一）场所的位置与居民生活区、生活饮用水水源地、学校、医院等公共场所的距离符合国务院农业农村主管部门的规定；

（二）生产经营区域封闭隔离，工程设计和有关流程符合动物防疫要求；

（三）有与其规模相适应的污水、污物处理设施，病死动物、病害动物产品无害化处理设施设备或者冷藏冷冻设施设备，以及清洗消毒设施设备；

（四）有与其规模相适应的执业兽医或者动物防疫技术人员；

（五）有完善的隔离消毒、购销台账、日常巡查等动物防疫制度；

（六）具备国务院农业农村主管部门规定的其他动物防疫条件。

动物和动物产品无害化处理场所除应当符合前款规定的条件外，还应当具有病原检测设备、检测能力和符合动物防疫要求的专用运输车辆。

第二十五条 国家实行动物防疫条件审查制度。

开办动物饲养场和隔离场所、动物屠宰加工场所以及动物和动物产品无害化处理场所，应当向县级以上地方人民政府农业农村主管部门提出申请，并附具相关材料。受理申请的农业农村主管部门应当依照本法和《中华人民共和国行政许可法》的规定进行审查。经审查合格的，发给动物防疫条件合格证；不合格的，应当通知申请人并说明理由。

动物防疫条件合格证应当载明申请人的名称（姓名）、场（厂）址、动物（动物产品）种类等事项。

第二十六条 经营动物、动物产品的集贸市场应当具备国务院农业农村主管部门规定的动物防疫条件，并接受农业农村主管部门的监督检查。具体办法由国务院农业农村主管部门制定。

县级以上地方人民政府应当根据本地情况，决定在城市特定区域禁止家畜家禽活体交易。

第二十七条 动物、动物产品的运载工具、垫料、包装物、容器等应当符合国务院农业农村主管部门规定的动物防疫要求。

染疫动物及其排泄物、染疫动物产品，运载工具中的动物排泄物以及垫料、包装物、容器等被污染的物品，应当按照国家有关规定处理，不得随意处置。

第二十八条 采集、保存、运输动物病料或者病原微生物以及从事病原微生物研究、教学、检测、诊断等活动，应当遵守国家有关病原微生物实验室管理的规定。

第二十九条 禁止屠宰、经营、运输下列动物和生产、经营、加工、贮藏、运输下列动物产品：

（一）封锁疫区内与所发生动物疫病有关的；

（二）疫区内易感染的；

（三）依法应当检疫而未经检疫或者检疫不合格的；

（四）染疫或者疑似染疫的；

（五）病死或者死因不明的；

（六）其他不符合国务院农业农村主管部门有关动物防疫规定的。

因实施集中无害化处理需要暂存、运输动物和动物产品并按照规定采取防疫措施的，不适用前款规定。

第三十条 单位和个人饲养犬只，应当按照规定定期免疫接种狂犬病疫苗，凭动物诊疗机构出具的免疫证明向所在地养犬登记机关申请登记。

携带犬只出户的，应当按照规定佩戴犬牌并采取系犬绳等措施，防止犬只伤人、疫病传播。

街道办事处、乡级人民政府组织协调居民委员会、村民委员会，做好本辖区流浪犬、猫的控制和处置，防止疫病传播。

县级人民政府和乡级人民政府、街道办事处应当结合本地实际，做好农村地区饲养犬只的防疫管理工作。

饲养犬只防疫管理的具体办法，由省、自治区、直辖市制定。

第三章　动物疫情的报告、通报和公布

第三十一条 从事动物疫病监测、检测、检验检疫、研究、诊疗以及动物饲养、屠宰、经营、隔离、运输等活动的单位和个人，发现动物染疫或者疑似染疫的，应当立即向所在地农业农村主管部门或者动物疫病预防控制机构报告，并迅速采取隔离等控制措施，防止动物疫情扩散。其他单位和个人发现动物染疫或者疑似染疫的，应当及时报告。

接到动物疫情报告的单位，应当及时采取临时隔离控制等必要措施，防止延误防控时机，并及时按照国家规定的程序上报。

第三十二条 动物疫情由县级以上人民政府农业农村主管部门认定；其中重大动物疫情由省、自治区、直辖市人民政府农业农村主管部门认定，必要时报国务院农业农村主管部门认定。

本法所称重大动物疫情，是指一、二、三类动物疫病突然发生，迅速传播，给养殖业生产安全造成严重威胁、危害，以及可能对公众身体健康与生命安全造成危害的情形。

在重大动物疫情报告期间，必要时，所在地县级以上地方人民政府可以作出封锁决定并采取扑杀、销毁等措施。

第三十三条 国家实行动物疫情通报制度。

国务院农业农村主管部门应当及时向国务院卫生健康等有关部门和军队有关部门以及省、自治区、直辖市人民政府农业农村主管部门通报重大动物疫情的发生和处置情况。

海关发现进出境动物和动物产品染疫或者疑似染疫的，应当及时处置并向农业农村主管部门通报。

县级以上地方人民政府野生动物保护主管部门发现野生动物染疫或者疑似染疫的，应当及时处置并向本级人民政府农业农村主管部门通报。

国务院农业农村主管部门应当依照我国缔结或者参加的条约、协定，及时向有关国际组织或者贸易方通报重大动物疫情的发生和处置情况。

第三十四条 发生人畜共患传染病疫情时，县级以上人民政府农业农村主管部门与本级人民政府卫生健康、野生动物保护等主管部门应当及时相互通报。

发生人畜共患传染病时，卫生健康主管部门应当对疫区易感染的人群进行监测，并应当依照《中华人民共和国传染病防治法》的规定及时公布疫情，采取相应的预防、控制措施。

第三十五条 患有人畜共患传染病的人员不得直接从事动物疫病监测、检测、检验检疫、诊疗以及易感染动物的饲养、屠宰、经营、隔离、运输等活动。

第三十六条 国务院农业农村主管部门向社会及时公布全国动物疫情，也可以根据需要授权省、自治区、直辖市人民政府农业农村主管部门公布本行政区域的动物疫情。其他单位和个人不得发布动物疫情。

第三十七条 任何单位和个人不得瞒报、谎报、迟报、漏报动物疫情，不得授意他人瞒报、谎报、迟报动物疫情，不得阻碍他人报告动物疫情。

第四章　动物疫病的控制

第三十八条 发生一类动物疫病时，应当采取下列控制措施：

（一）所在地县级以上地方人民政府农业农村主管部门应当立即派人到现场，划定疫点、疫区、受威胁区，调查疫源，及时报请本级人民政府对疫区实行封锁。疫区范围涉及两个以上行政区域的，由有关行政区域共同的上一级人民政府对疫区实行封锁，或者由各有关行政区域的上一级人民政府共同对疫区实行封锁。必要时，上级人民政府可以责成下级人民政府对疫区实行封锁；

（二）县级以上地方人民政府应当立即组织有关部门和单位采取封锁、隔离、扑杀、销毁、消毒、无害化处理、紧急免疫接种等强制性措施；

（三）在封锁期间，禁止染疫、疑似染疫和易感染的动物、动物产品流出疫区，禁止非疫区的易感染动物进入疫区，并根据需要对出入疫区的人员、运输工具及有关物品采取消毒和其他限制性措施。

第三十九条 发生二类动物疫病时，应当采取下列控制措施：

（一）所在地县级以上地方人民政府农业农村主管部门应当划定疫点、疫区、受威胁区；

（二）县级以上地方人民政府根据需要组织有关部门和单位采取隔离、扑杀、销毁、消毒、无害化处理、紧急免疫接种、限制易感染的动物和动物产品及有关物品出入等措施。

第四十条 疫点、疫区、受威胁区的撤销和疫区封锁的解除，按照国务院农业农村主管部门规定的标准和程序评估后，由原决定机关决定并宣布。

第四十一条 发生三类动物疫病时，所在地县级、乡级人民政府应当按照国务院农业农村主管部门的规定组织防治。

第四十二条 二、三类动物疫病呈暴发性流行时，按照一类动物疫病处理。

第四十三条 疫区内有关单位和个人，应当遵守县级以上人民政府及其农业农村主管部门依法作出的有关控制动物疫病的规定。

任何单位和个人不得藏匿、转移、盗掘已被依法隔离、封存、处理的动物和动物产品。

第四十四条 发生动物疫情时，航空、铁路、道路、水路运输企业应当优先组织运送防疫人员和物资。

第四十五条 国务院农业农村主管部门根据动物疫病的性质、特点和可能造成的社会危害，制定国家重大动物疫情应急预案报国务院批准，并按照不同动物疫病病种、流行特点和危害程度，分别制定实施方案。

县级以上地方人民政府根据上级重大动物疫情应急预案和本地区的实际情况，制定本行政区域的重大动物疫情应急预案，报上一级人民政府农业农村主管部门备案，并抄送上一级人民政府应急管理部门。县级以上地方人民政府农业农村主管部门按照不同动物疫病病种、流行特点和危害程度，分别制定实施方案。

重大动物疫情应急预案和实施方案根据疫情状况及时调整。

第四十六条 发生重大动物疫情时，国务院农业农村主管部门负责划定动物疫病风险区，禁止或者限制特定动物、动物产品由高风险区向低风险区调运。

第四十七条 发生重大动物疫情时，依照法律和国务院的规定以及应急预案采取应急处置措施。

第五章 动物和动物产品的检疫

第四十八条 动物卫生监督机构依照本法和国务院农业农村主管部门的规定对动物、动物产品实施检疫。

动物卫生监督机构的官方兽医具体实施动物、动物产品检疫。

第四十九条 屠宰、出售或者运输动物以及出售或者运输动物产品前，货主应当按照国务院农业农村主管部门的规定向所在地动物卫生监督机构申报检疫。

动物卫生监督机构接到检疫申报后，应当及时指派官方兽医对动物、动物产品实施检疫；检疫合格的，出具检疫证明、加施检疫标志。实施检疫的官方兽医应当在检疫证明、检疫标志上签字或者盖章，并对检疫结论负责。

动物饲养场、屠宰企业的执业兽医或者动物防疫技术人员，应当协助官方兽医实施检疫。

第五十条 因科研、药用、展示等特殊情形需要非食用性利用的野生动物，应当按照国家有关规定报动物卫生监督机构检疫，检疫合格的，方可利用。

人工捕获的野生动物，应当按照国家有关规定报捕获地动物卫生监督机构检疫，检疫合格的，方可饲养、经营和运输。

国务院农业农村主管部门会同国务院野生动物保护主管部门制定野生动物检疫办法。

第五十一条 屠宰、经营、运输的动物，以及用于科研、展示、演出和比赛等非食用性利用的动物，应当附有检疫证明；经营和运输的动物产品，应当附有检疫证明、检疫标志。

第五十二条 经航空、铁路、道路、水路运输动物和动物产品的，托运人托运时应当提供检疫证明；没有检疫证明的，承运人不得承运。

进出口动物和动物产品，承运人凭进口报关单证或者海关签发的检疫单证运递。

从事动物运输的单位、个人以及车辆，应当向所在地县级人民政府农业农村主管部门备案，妥善保存行程路线和托运人提供的动物名称、检疫证明编号、数量等信息。具体办法由国务院农业农村主管部门制定。

运载工具在装载前和卸载后应当及时清洗、消毒。

第五十三条 省、自治区、直辖市人民政府确定并公布道路运输的动物进入本行政区域的指定通道，设置引导标志。跨省、自治区、直辖市通过道路运输动物的，应当经省、自治区、直辖市人民政府设立的指定通道入省境或者过省境。

第五十四条 输入到无规定动物疫病区的动物、动物产品，货主应当按照国务院农业农村主管部门的规定向无规定动物疫病区所在地动物卫生监督机构申报检疫，经检疫合格的，方可进入。

第五十五条 跨省、自治区、直辖市引进的种畜、乳用动物到达输入地后，货主应当按照国务院农业农村主管部门的规定对引进的种用、乳用动物进行隔离观察。

第五十六条 经检疫不合格的动物、动物产品，货主应当在农业农村主管部门的监督下按照国家有关规定处理，处理费用由货主承担。

第六章 病死动物和病害动物产品的无害化处理

第五十七条 从事动物饲养、屠宰、经营、隔离以及动物产品生产、经营、加工、贮藏等活动的单位和个人，应当按照国家有关规定做好病死动物、病害动物产品的无害化处理，或者委托动物和动物产品无害化处理场所处理。

从事动物、动物产品运输的单位和个人，应当配合做好病死动物和病害动物产品的无害化处理，不得在途中擅自弃置和处理有关动物和动物产品。

任何单位和个人不得买卖、加工、随意弃置病死动物和病害动物产品。

动物和动物产品无害化处理管理办法由国务院农业农村、野生动物保护主管部门按照职责制定。

第五十八条 在江河、湖泊、水库等水域发现的死亡畜禽，由所在地县级人民政府组织收集、处理并溯源。

在城市公共场所和乡村发现的死亡畜禽，由所在地街道办事处、乡级人民政府组织收集、处理并溯源。

在野外环境发现的死亡野生动物，由所在地野生动物保护主管部门收集、处理。

第五十九条 省、自治区、直辖市人民政府制定动物和动物产品集中无害化处理场所建设规划，建立政府主导、市场运作的无害化处理机制。

第六十条 各级财政对病死动物无害化处理提供补助。具体补助标准和办法由县级以上人民政府财政部门会同本级人民政府农业农村、野生动物保护等有关部门制定。

第七章 动物诊疗

第六十一条 从事动物诊疗活动的机构，应当具备下列条件：

（一）有与动物诊疗活动相适应并符合动物防疫条件的场所；

（二）有与动物诊疗活动相适应的执业兽医；

（三）有与动物诊疗活动相适应的兽医器械和设备；

（四）有完善的管理制度。

动物诊疗机构包括动物医院、动物诊所以及其他提供动物诊疗服务的机构。

第六十二条 从事动物诊疗活动的机构，应当向县级以上地方人民政府农业农村主管部门申请动物诊疗许可证。受理申请的农业农村主管部门应当依照本法和《中华人民共和国行政许可法》的规定进行审查。经审查合格的，发给动物诊疗许可证；不合格的，应当通知申请人并说明理由。

第六十三条 动物诊疗许可证应当载明诊疗机构名称、诊疗活动范围、从业地点和法定代表人（负责人）等事项。

动物诊疗许可证载明事项变更的，应当申请变更或者换发动物诊疗许可证。

第六十四条 动物诊疗机构应当按照国务院农业农村主管部门的规定，做好诊疗活动中的卫生安全防护、消毒、隔离和诊疗废弃物处置等工作。

第六十五条 从事动物诊疗活动，应当遵守有关动物诊疗的操作技术规范，使用符合规定的兽药和兽医器械。

兽药和兽医器械的管理办法由国务院规定。

第八章 兽医管理

第六十六条 国家实行官方兽医任命制度。

官方兽医应当具备国务院农业农村主管部门规定的条件，由省、自治区、直辖市人民政府农业农村主管部门按照程序确认，由所在地县级以上人民政府农业农村主管部门任命。具体办法由国务院农业农村主管部门制定。

海关的官方兽医应当具备规定的条件，由海关总署任命。具体办法由海关总署会同国务院农业农村主管部门制定。

第六十七条 官方兽医依法履行动物、动物产品检疫职责，任何单位和个人不得拒绝或者阻碍。

第六十八条 县级以上人民政府农业农村主管部门制定官方兽医培训计划，提供培训条件，定期对官方兽医进行培训和考核。

第六十九条 国家实行执业兽医资格考试制度。具有兽医相关专业大学专科以上学历的人员或者符合条件的乡村兽医，通过执业兽医资格考试的，由省、自治区、直辖市人民政府农业农村主管部门颁发执业兽医资格证书；从事动物诊疗等经营活动的，还应当向所在地县级人民政府农业农村主管部门备案。

执业兽医资格考试办法由国务院农业农村主管部门商国务院人力资源主管部门制定。

第七十条 执业兽医开具兽医处方应当亲自诊断，并对诊断结论负责。

国家鼓励执业兽医接受继续教育。执业兽医所在机构应当支持执业兽医参加继续教育。

第七十一条 乡村兽医可以在乡村从事动物诊疗活动。具体管理办法由国务院农业农村主管部门制定。

第七十二条 执业兽医、乡村兽医应当按照所在地人民政府和农业农村主管部门的要求，参加动物疫病预防、控制和动物疫情扑灭等活动。

第七十三条 兽医行业协会提供兽医信息、技术、培训等服务，维护成员合法权益，按照章程建立健全行业规范和奖惩机制，加强行业自律，推动行业诚信建设，宣传动物防疫和兽医知识。

第九章 监督管理

第七十四条 县级以上地方人民政府农业农村三管部门依照本法规定，对动物饲养、屠宰、经营、隔离、运输以及动物产品生产、经营、加工、贮藏、运输等活动中的动物防疫实施监督管理。

第七十五条 为控制动物疫病，县级人民政府农业农村主管部门应当派人在所在地依法设立的现有检查站执行监督检查任务；必要时，经省、自治区、直辖市人民政府批准，可以设立临时性的动物防疫检查站，执行监督检查任务。

第七十六条 县级以上地方人民政府农业农村主管部门执行监督检查任务，可以采取下列措施，有关单位和个人不得拒绝或者阻碍：

（一）对动物、动物产品按照规定采样、留验、抽检；

（二）对染疫或者疑似染疫的动物、动物产品及相关物品进行隔离、查封、扣押和处理；

（三）对依法应当检疫而未经检疫的动物和动物产品，具备补检条件的实施补检，不具备补检条件的予以收缴销毁；

（四）查验检疫证明、检疫标志和畜禽标识；

（五）进入有关场所调查取证，查阅、复制与动物防疫有关的资料。

县级以上地方人民政府农业农村主管部门根据动物疫病预防、控制需要，经所在地县级以上地方人民政府批准，可以在车站、港口、机场等相关场所派驻官方兽医或者工作人员。

第七十七条 执法人员执行动物防疫监督检查任务，应当出示行政执法证件，佩戴统一标志。

县级以上人民政府农业农村主管部门及其工作人员不得从事与动物防疫有关的经营性活动，进行监督检查不得收取任何费用。

第七十八条 禁止转让、伪造或者变造检疫证明、检疫标志或者畜禽标识。

禁止持有、使用伪造或者变造的检疫证明、检疫标志或者畜禽标识。

检疫证明、检疫标志的管理办法由国务院农业农村主管部门制定。

第十章 保障措施

第七十九条 县级以上人民政府应当将动物防疫工作纳入本级国民经济和社会发展规划及年度计划。

第八十条 国家鼓励和支持动物防疫领域新技术、新设备、新产品等科学技术研究开发。

第八十一条 县级人民政府应当为动物卫生监督机构配备与动物、动物产品检疫工作相适应的官方兽医，保障检疫工作条件。

县级人民政府农业农村主管部门可以根据动物防疫工作需要，向乡、镇或者特定区域派驻兽医机构或者工作人员。

第八十二条 国家鼓励和支持执业兽医、乡村兽医和动物诊疗机构开展动物防疫和疫病诊疗活动；鼓励养殖企业、兽药及饲料生产企业组建动物防疫服务团队，提供防疫服务。地方人民政府组织村级防疫员参加动物疫病防治工作的，应当保障村级防疫员合理劳务报酬。

第八十三条 县级以上人民政府按照本级政府职责，将动物疫病的监测、预防、控制、净化、消灭，动物、动物产品的检疫和病死动物的无害化处理，以及监督管理所需经费纳入本级预算。

第八十四条 县级以上人民政府应当储备动物疫情应急处置所需的防疫物资。

第八十五条 对在动物疫病预防、控制、净化、消灭过程中强制扑杀的动物、销毁的动物产品和相关物品，县级以上人民政府给予补偿。具体补偿标准和办法由国务院财政部门会同有关部门制定。

第八十六条 对从事动物疫病预防、检疫、监督检查、现场处理疫情以及在工作中接触动物疫病病原体的人员，有关单位按照国家规定，采取有效的卫生防护、医疗保健措施，给予畜牧兽医医疗卫生津贴等相关待遇。

第十一章　法律责任

第八十七条　地方各级人民政府及其工作人员未依照本法规定履行职责的，对直接负责的主管人员和其他直接责任人员依法给予处分。

第八十八条　县级以上人民政府农业农村主管部门及其工作人员违反本法规定，有下列行为之一的，由本级人民政府责令改正，通报批评；对直接负责的主管人员和其他直接责任人员依法给予处分：

（一）未及时采取预防、控制、扑灭等措施的；

（二）对不符合条件的颁发动物防疫条件合格证、动物诊疗许可证，或者对符合条件的拒不颁发动物防疫条件合格证、动物诊疗许可证的；

（三）从事与动物防疫有关的经营性活动，或者违法收取费用的；

（四）其他未依照本法规定履行职责的行为。

第八十九条　动物卫生监督机构及其工作人员违反本法规定，有下列行为之一的，由本级人民政府或者农业农村主管部门责令改正，通报批评；对直接负责的主管人员和其他直接责任人员依法给予处分：

（一）对未经检疫或者检疫不合格的动物、动物产品出具检疫证明、加施检疫标志，或者对检疫合格的动物、动物产品拒不出具检疫证明、加施检疫标志的；

（二）对附有检疫证明、检疫标志的动物、动物产品重复检疫的；

（三）从事与动物防疫有关的经营性活动，或者违法收取费用的；

（四）其他未依照本法规定履行职责的行为。

第九十条　动物疫病预防控制机构及其工作人员违反本法规定，有下列行为之一的，由本级人民政府或者农业农村主管部门责令改正，通报批评；对直接负责的主管人员和其他直接责任人员依法给予处分：

（一）未履行动物疫病监测、检测、评估职责或者伪造监测、检测、评估结果的；

（二）发生动物疫情时未及时进行诊断、调查的；

（三）接到染疫或者疑似染疫报告后，未及时按照国家规定采取措施、上报的；

（四）其他未依照本法规定履行职责的行为。

第九十一条　地方各级人民政府、有关部门及其工作人员瞒报、谎报、迟报、漏报或者授意他人瞒报、谎报、迟报动物疫情，或者阻碍他人报告动物疫情的，由上级人民政府或者有关部门责令改正，通报批评；对直接负责的主管人员和其他直接责任人员依法给予处分。

第九十二条　违反本法规定，有下列行为之一的，由县级以上地方人民政府农业农村主管部门责令限期改正，可以处一千元以下罚款；逾期不改正的，处一千元以上五千元以下罚款，由县级以上地方人民政府农业农村主管部门委托动物诊疗机构、无害化处理场所等代为处理，所需费用由违法行为人承担：

（一）对饲养的动物未按照动物疫病强制免疫计划或者免疫技术规范实施免疫接种的；

（二）对饲养的种用、乳用动物未按照国务院农业农村主管部门的要求定期开展疫病检测，或者经检测不合格而未按照规定处理的；

（三）对饲养的犬只未按照规定定期进行狂犬病免疫接种的；

（四）动物、动物产品的运载工具在装载前和卸载后未按照规定及时清洗、消毒的。

第九十三条　违反本法规定，对经强制免疫的动物未按照规定建立免疫档案，或者未按照规定加施畜禽标识的，依照《中华人民共和国畜牧法》的有关规定处罚。

第九十四条　违反本法规定，动物、动物产品的运载工具、垫料、包装物、容器等不符合国务院农业农村主管部门规定的动物防疫要求的，由县级以上地方人民政府农业农村主管部门责令改正，可以处五千元以下罚款；情节严重的，处五千元以上五万元以下罚款。

第九十五条　违反本法规定，对染疫动物及其排泄物、染疫动物产品或者被染疫动物、动物产品污染的运载工具、垫料、包装物、容器等未按照规定处置的，由县级以上地方人民政府农业农村主管部门责令限期处理；逾期不处理的，由县级以上地方人民政府农业农村主管部门委托有关单位代为处理，所需费用由违法行为人承担，处五千元以上五万元以下罚款。

造成环境污染或者生态破坏的，依照环境保护有关法律法规进行处罚。

第九十六条　违反本法规定，患有人畜共患传染病的人员，直接从事动物疫病监测、检测、检验检疫，动物诊疗以及易感染动物的饲养、屠宰、经营、隔离、运输等活动的，由县级以上地方人民政府农业农村或者野生动物保护主管部门责令改正；拒不改正的，处一千元以上一万元以下罚款；情节严重的，处一万元以上五万元以下罚款。

第九十七条　违反本法第二十九条规定，屠宰、经营、运输动物或者生产、经营、加工、贮藏、运输动物产品的，由县级以上地方人民政府农业农村主管部门责令改正、采取补救措施，没收违法所得、动物和动物产品，并处同类检疫合格动物、动物产品货值金额十五倍以上三十倍以下罚款；同类检疫合格动物、动物产品货值金额不足一万元的，并处五万元以上十五万元以下罚款；其中依法应当检疫而未检疫的，依照本法第一百条的规定处罚。

前款规定的违法行为人及其法定代表人（负责人）、直接负责的主管人员和其他直接责任人员，自处罚决定作出之日起五年内不得从事相关活动；构成犯罪的，终身不得从事屠宰、经营、运输动物或者生产、经营、加工、贮藏、运输动物产品等相关活动。

第九十八条　违反本法规定，有下列行为之一的，由县级以上地方人民政府农业农村主管部门责令改正，处三千元以上三万元以下罚款；情节严重的，责令停业整顿，并处三万元以上十万元以下罚款：

（一）开办动物饲养场和隔离场所、动物屠宰加工场所以及动物和动物产品无害化处理场所，未取得动物防疫条件合格证的；

（二）经营动物、动物产品的集贸市场不具备国务院农业农村主管部门规定的防疫条件的；

（三）未经备案从事动物运输的；

（四）未按照规定保存行程路线和托运人提供的动物名称、检疫证明编号、数量等信息的；

（五）未经检疫合格，向无规定动物疫病区输入动物、动物产品的；

（六）跨省、自治区、直辖市引进种用、乳用动物到达输入地后未按照规定进行隔离观察的；

（七）未按照规定处理或者随意弃置病死动物、病害动物产品的。

第九十九条　动物饲养场和隔离场所、动物屠宰加工场所以及动物和动物产品无害化处理场所，生产经营条件发生变化，不再符合本法第二十四条规定的动物防疫条件继续从事相关活动的，由县级以上地方人民政府农业农村主管部门给予警告，责令限期改正；逾期仍达不到规定条件的，吊销动物防疫条件合格证，并通报市场监督管理部门依法处理。

第一百条　违反本法规定，屠宰、经营、运输的动物未附有检疫证明，经营和运输的动物产品未附有检疫证明、检疫标志的，由县级以上地方人民政府农业农村主管部门责令改正，处同类检疫合格动物、动物产品货值金额一倍以下罚款；对货主以外的承运人处运输费用三倍以上五倍以下罚款，情节严重的，处五倍以上十倍以下罚款。

违反本法规定，用于科研、展示、演出和比赛等非食用性利用的动物未附有检疫证明的，由县级以上地方人民政府农业农村主管部门责令改正，处三千元以上一万元以下罚款。

第一百零一条　违反本法规定，将禁止或者限制调运的特定动物、动物产品由动物疫病高风险区调入低风险区的，由县级以上地方人民政府农业农村主管部门没收运输费用、违法运输的动物和动物产品，并处运输费用一倍以上五倍以下罚款。

第一百零二条　违反本法规定，通过道路跨省、自治区、直辖市运输动物，未经省、自治区、直辖市人民政府设立的指定通道入省境或者过省境的，由县级以上地方人民政府农业农村主管部门对运输人处五千元以上一万元以下罚款；情节严重的，处一万元以上五万元以下罚款。

第一百零三条　违反本法规定，转让、伪造或者变造检疫证明、检疫标志或者畜禽标识的，由县级以上地方人民政府农业农村主管部门没收违法所得和检疫证明、检疫标志、畜禽标识，并处五千元以上五万元以下罚款。

持有、使用伪造或者变造的检疫证明、检疫标志或者畜禽标识的，由县级以上人民政府农业农村主管部门没收检疫证明、检疫标志、畜禽标识和对应的动物、动物产品，并处三千元以上三万元以下罚款。

第一百零四条　违反本法规定，有下列行为之一的，由县级以上地方人民政府农业农村主管部门责令改正，处三千元以上三万元以下罚款：

（一）擅自发布动物疫情的；

（二）不遵守县级以上人民政府及其农业农村主管部门依法作出的有关控制动物疫病规定的；

（三）藏匿、转移、盗掘已被依法隔离、封存、处理的动物和动物产品的。

第一百零五条 违反本法规定，未取得动物诊疗许可证从事动物诊疗活动的，由县级以上地方人民政府农业农村主管部门责令停止诊疗活动，没收违法所得，并处违法所得一倍以上三倍以下罚款；违法所得不足三万元的，并处三千元以上三万元以下罚款。

动物诊疗机构违反本法规定，未按照规定实施卫生安全防护、消毒、隔离和处置诊疗废弃物的，由县级以上地方人民政府农业农村主管部门责令改正，处一千元以上一万元以下罚款；造成动物疫病扩散的，处一万元以上五万元以下罚款；情节严重的，吊销动物诊疗许可证。

第一百零六条 违反本法规定，未经执业兽医备案从事经营性动物诊疗活动的，由县级以上地方人民政府农业农村主管部门责令停止动物诊疗活动，没收违法所得，并处三千元以上三万元以下罚款；对其所在的动物诊疗机构处一万元以上五万元以下罚款。

执业兽医有下列行为之一的，由县级以上地方人民政府农业农村主管部门给予警告，责令暂停六个月以上一年以下动物诊疗活动；情节严重的，吊销执业兽医资格证书：

（一）违反有关动物诊疗的操作技术规范，造成或者可能造成动物疫病传播、流行的；

（二）使用不符合规定的兽药和兽医器械的；

（三）未按照当地人民政府或者农业农村主管部门要求参加动物疫病预防、控制和动物疫情扑灭活动的。

第一百零七条 违反本法规定，生产经营兽医器械，产品质量不符合要求的，由县级以上地方人民政府农业农村主管部门责令限期整改；情节严重的，责令停业整顿，并处二万元以上十万元以下罚款。

第一百零八条 违反本法规定，从事动物疫病研究、诊疗和动物饲养、屠宰、经营、隔离、运输，以及动物产品生产、经营、加工、贮藏、无害化处理等活动的单位和个人，有下列行为之一的，由县级以上地方人民政府农业农村主管部门责令改正，可以处一万元以下罚款；拒不改正的，处一万元以上五万元以下罚款，并可以责令停业整顿：

（一）发现动物染疫、疑似染疫未报告，或者未采取隔离等控制措施的；

（二）不如实提供与动物防疫有关的资料的；

（三）拒绝或者阻碍农业农村主管部门进行监督检查的；

（四）拒绝或者阻碍动物疫病预防控制机构进行动物疫病监测、检测、评估的；

（五）拒绝或者阻碍官方兽医依法履行职责的。

第一百零九条 违反本法规定，造成人畜共患传染病传播、流行的，依法从重给予处分、处罚。

违反本法规定，构成违反治安管理行为的，依法给予治安管理处罚；构成犯罪的，依法追究刑事责任。

违反本法规定，给他人人身、财产造成损害的，依法承担民事责任。

第十二章 附　　则

第一百一十条 本法下列用语的含义：

（一）无规定动物疫病区，是指具有天然屏障或者采取人工措施，在一定期限内没有发生规定的一种或者几种动物疫病，并经验收合格的区域；

（二）无规定动物疫病生物安全隔离区，是指处于同一生物安全管理体系下，在一定期限内没有发生规定的一种或者几种动物疫病的若干动物饲养场及其辅助生产场所构成的，并经验收合格的特定小型区域；

（三）病死动物，是指染疫死亡、因病死亡、死因不明或者经检验检疫可能危害人体或者动物健康的死亡动物；

（四）病害动物产品，是指来源于病死动物的产品，或者经检验检疫可能危害人体或者动物健康的动物产品。

第一百一十一条 境外无规定动物疫病区和无规定动物疫病生物安全隔离区的无疫等效性评估，参照本法有关规定执行。

第一百一十二条 实验动物防疫有特殊要求的，按照实验动物管理的有关规定执行。

第一百一十三条 本法自 2021 年 5 月 1 日起施行。

中华人民共和国标准化法

第一章　总　　则

第一条　为了加强标准化工作，提升产品和服务质量，促进科学技术进步，保障人身健康和生命财产安全，维护国家安全、生态环境安全，提高经济社会发展水平，制定本法。

第二条　本法所称标准（含标准样品），是指农业、工业、服务业以及社会事业等领域需要统一的技术要求。

标准包括国家标准、行业标准、地方标准和团体标准、企业标准。国家标准分为强制性标准、推荐性标准，行业标准、地方标准是推荐性标准。强制性标准必须执行。国家鼓励采用推荐性标准。

第三条　标准化工作的任务是制定标准、组织实施标准以及对标准的制定、实施进行监督。县级以上人民政府应当将标准化工作纳入本级国民经济和社会发展规划，将标准化工作经费纳入本级预算。

第四条　制定标准应当在科学技术研究成果和社会实践经验的基础上，深入调查论证，广泛征求意见，保证标准的科学性、规范性、时效性，提高标准质量。

第五条　国务院标准化行政主管部门统一管理全国标准化工作。国务院有关行政主管部门分工管理本部门、本行业的标准化工作。县级以上地方人民政府标准化行政主管部门统一管理本行政区域内的标准化工作。县级以上地方人民政府有关行政主管部门分工管理本行政区域内本部门、本行业的标准化工作。

第六条　国务院建立标准化协调机制，统筹推进标准化重大改革，研究标准化重大政策，对跨部门跨领域、存在重大争议标准的制定和实施进行协调。设区的市级以上地方人民政府可以根据工作需要建立标准化协调机制，统筹协调本行政区域内标准化工作重大事项。

第七条　国家鼓励企业、社会团体和教育、科研机构等开展或者参与标准化工作。

第八条　国家积极推动参与国际标准化活动，开展标准化对外合作与交流，参与制定国际标准，结合国情采用国际标准，推进中国标准与国外标准之间的转化运用。国家鼓励企业、社会团体和教育、科研机构等参与国际标准化活动。

第九条　对在标准化工作中做出显著成绩的单位和个人，按照国家有关规定给予表彰和奖励。

第二章　标准的制定

第十条　对保障人身健康和生命财产安全、国家安全、生态环境安全以及满足经济社会管理基本需要的技术要求，应当制定强制性国家标准。国务院有关行政主管部门依据职责负责强制性国家标准的项目提出、组织起草、征求意见和技术审查。国务院标准化行政主管部门负责强制性国家标准的立项、编号和对外通报。国务院标准化行政主管部门应当对拟制定的强制性国家标准是否符合前款规定进行立项审查，对符合前款规定的予以立项。省、自治区、直辖市人民政府标准化行政主管部门可以向国务院标准化行政主管部门提出强制性国家标准的立项建议，由国务院标准化行政主管部门会同国务院有关行政主管部门决定。社会团体、企业事业组织以及公民可以向国务院标准化行政主管部门提出强制性国家标准的立项建议，国务院标准化行政主管部门认为需要立项的，会同国务院有关行政主管部门决定。强制性国家标准由国务院批准发布或者授权批准发布。法律、行政法规和国务院决定对强制性标准的制定另有规定的，从其规定。

第十一条　对满足基础通用、与强制性国家标准配套、对各有关行业起引领作用等需要的技术要求，可以制定推荐性国家标准。推荐性国家标准由国务院标准化行政主管部门制定。

第十二条　对没有推荐性国家标准、需要在全国某个行业范围内统一的技术要求，可以制定行业标准。行业标准由国务院有关行政主管部门制定，报国务院标准化行政主管部门备案。

第十三条　为满足地方自然条件、风俗习惯等特殊技术要求，可以制定地方标准。地方标准由省、自治区、直辖市人民政府标准化行政主管部门制定；设区的市级人民政府标准化行政主管部门根据本行政区域的特殊需要，经所在省、自治区、直辖市人民政府标准化行政主管部门批准，可以制定本行政区域的地方标准。

地方标准由省、自治区、直辖市人民政府标准化行政主管部门报国务院标准化行政主管部门备案，由国务院标准化行政主管部门通报国务院有关行政主管部门。

第十四条 对保障人身健康和生命财产安全、国家安全、生态环境安全以及经济社会发展所急需的标准项目，制定标准的行政主管部门应当优先立项并及时完成。

第十五条 制定强制性标准、推荐性标准，应当在立项时对有关行政主管部门、企业、社会团体、消费者和教育、科研机构等方面的实际需求进行调查，对制定标准的必要性、可行性进行论证评估；在制定过程中，应当按照便捷有效的原则采取多种方式征求意见，组织对标准相关事项进行调查分析、实验、论证，并做到有关标准之间的协调配套。

第十六条 制定推荐性标准，应当组织由相关方组成的标准化技术委员会，承担标准的起草、技术审查工作。制定强制性标准，可以委托相关标准化技术委员会承担标准的起草、技术审查工作。未组成标准化技术委员会的，应当成立专家组承担相关标准的起草、技术审查工作。标准化技术委员会和专家组的组成应当具有广泛代表性。

第十七条 强制性标准文本应当免费向社会公开。国家推动免费向社会公开推荐性标准文本。

第十八条 国家鼓励学会、协会、商会、联合会、产业技术联盟等社会团体协调相关市场主体共同制定满足市场和创新需要的团体标准，由本团体成员约定采用或者按照本团体的规定供社会自愿采用。制定团体标准，应当遵循开放、透明、公平的原则，保证各参与主体获取相关信息，反映各参与主体的共同需求，并应当组织对标准相关事项进行调查分析、实验、论证。国务院标准化行政主管部门会同国务院有关行政主管部门对团体标准的制定进行规范、引导和监督。

第十九条 企业可以根据需要自行制定企业标准，或者与其他企业联合制定企业标准。

第二十条 国家支持在重要行业、战略性新兴产业、关键共性技术等领域利用自主创新技术制定团体标准、企业标准。

第二十一条 推荐性国家标准、行业标准、地方标准、团体标准、企业标准的技术要求不得低于强制性国家标准的相关技术要求。国家鼓励社会团体、企业制定高于推荐性标准相关技术要求的团体标准、企业标准。

第二十二条 制定标准应当有利于科学合理利用资源，推广科学技术成果，增强产品的安全性、通用性、可替换性，提高经济效益、社会效益、生态效益，做到技术上先进、经济上合理。禁止利用标准实施妨碍商品、服务自由流通等排除、限制市场竞争的行为。

第二十三条 国家推进标准化军民融合和资源共享，提升军民标准通用化水平，积极推动在国防和军队建设中采用先进适用的民用标准，并将先进适用的军用标准转化为民用标准。

第二十四条 标准应当按照编号规则进行编号。标准的编号规则由国务院标准化行政主管部门制定并公布。

第三章 标准的实施

第二十五条 不符合强制性标准的产品、服务，不得生产、销售、进口或者提供。

第二十六条 出口产品、服务的技术要求，按照合同的约定执行。

第二十七条 国家实行团体标准、企业标准自我声明公开和监督制度。企业应当公开其执行的强制性标准、推荐性标准、团体标准或者企业标准的编号和名称；企业执行自行制定的企业标准的，还应当公开产品、服务的功能指标和产品的性能指标。国家鼓励团体标准、企业标准通过标准信息公共服务平台向社会公开。企业应当按照标准组织生产经营活动，其生产的产品、提供的服务应当符合企业公开标准的技术要求。

第二十八条 企业研制新产品、改进产品，进行技术改造，应当符合本法规定的标准化要求。

第二十九条 国家建立强制性标准实施情况统计分析报告制度。国务院标准化行政主管部门和国务院有关行政主管部门、设区的市级以上地方人民政府标准化行政主管部门应当建立标准实施信息反馈和评估机制，根据反馈和评估情况对其制定的标准进行复审。标准的复审周期一般不超过五年。经过复审，对不适应经济社会发展需要和技术进步的应当及时修订或者废止。

第三十条 国务院标准化行政主管部门根据标准实施信息反馈、评估、复审情况，对有关标准之间重复交叉或者不衔接配套的，应当会同国务院有关行政主管部门作出处理或者通过国务院标准化协调机制处理。

第三十一条　县级以上人民政府应当支持开展标准化试点示范和宣传工作，传播标准化理念，推广标准化经验，推动全社会运用标准化方式组织生产、经营、管理和服务，发挥标准对促进转型升级、引领创新驱动的支撑作用。

第四章　监督管理

第三十二条　县级以上人民政府标准化行政主管部门、有关行政主管部门依据法定职责，对标准的制定进行指导和监督，对标准的实施进行监督检查。

第三十三条　国务院有关行政主管部门在标准制定、实施过程中出现争议的，由国务院标准化行政主管部门组织协商；协商不成的，由国务院标准化协调机制解决。

第三十四条　国务院有关行政主管部门、设区的市级以上地方人民政府标准化行政主管部门未依照本法规定对标准进行编号、复审或者备案的，国务院标准化行政主管部门应当要求其说明情况，并限期改正。

第三十五条　任何单位或者个人有权向标准化行政主管部门、有关行政主管部门举报、投诉违反本法规定的行为。标准化行政主管部门、有关行政主管部门应当向社会公开受理举报、投诉的电话、信箱或者电子邮件地址，并安排人员受理举报、投诉。对实名举报人或者投诉人，受理举报、投诉的行政主管部门应当告知处理结果，为举报人保密，并按照国家有关规定对举报人给予奖励。

第五章　法律责任

第三十六条　生产、销售、进口产品或者提供服务不符合强制性标准，或者企业生产的产品、提供的服务不符合其公开标准的技术要求的，依法承担民事责任。

第三十七条　生产、销售、进口产品或者提供服务不符合强制性标准的，依照《中华人民共和国产品质量法》、《中华人民共和国进出口商品检验法》、《中华人民共和国消费者权益保护法》等法律、行政法规的规定查处，记入信用记录，并依照有关法律、行政法规的规定予以公示；构成犯罪的，依法追究刑事责任。

第三十八条　企业未依照本法规定公开其执行的标准的，由标准化行政主管部门责令限期改正；逾期不改正的，在标准信息公共服务平台上公示。

第三十九条　国务院有关行政主管部门、设区的市级以上地方人民政府标准化行政主管部门制定的标准不符合本法第二十一条第一款、第二十二条第一款规定的，应当及时改正；拒不改正的，由国务院标准化行政主管部门公告废止相关标准；对负有责任的领导人员和直接责任人员依法给予处分。社会团体、企业制定的标准不符合本法第二十一条第一款、第二十二条第一款规定的，由标准化行政主管部门责令限期改正；逾期不改正的，由省级以上人民政府标准化行政主管部门废止相关标准，并在标准信息公共服务平台上公示。违反本法第二十二条第二款规定，利用标准实施排除、限制市场竞争行为的，依照《中华人民共和国反垄断法》等法律、行政法规的规定处理。

第四十条　国务院有关行政主管部门、设区的市级以上地方人民政府标准化行政主管部门未依照本法规定对标准进行编号或者备案，又未依照本法第三十四条的规定改正的，由国务院标准化行政主管部门撤销相关标准编号或者公告废止未备案标准；对负有责任的领导人员和直接责任人员依法给予处分。国务院有关行政主管部门、设区的市级以上地方人民政府标准化行政主管部门未依照本法规定对其制定的标准进行复审，又未依照本法第三十四条的规定改正的，对负有责任的领导人员和直接责任人员依法给予处分。

第四十一条　国务院标准化行政主管部门未依照本法第十条第二款规定对制定强制性国家标准的项目予以立项，制定的标准不符合本法第二十一条第一款、第二十二条第一款规定，或者未依照本法规定对标准进行编号、复审或者予以备案的，应当及时改正；对负有责任的领导人员和直接责任人员可以依法给予处分。

第四十二条　社会团体、企业未依照本法规定对团体标准或者企业标准进行编号的，由标准化行政主管部门责令限期改正；逾期不改正的，由省级以上人民政府标准化行政主管部门撤销相关标准编号，并在标准信息公共服务平台上公示。

第四十三条　标准化工作的监督、管理人员滥用职权、玩忽职守、徇私舞弊的，依法给予处分；构成犯罪的，依法追究刑事责任。

第六章　附　　则

第四十四条　军用标准的制定、实施和监督办法，由国务院、中央军事委员会另行制定。

第四十五条　本法自 2018 年 1 月 1 日起施行。

二 行政法规

生猪屠宰管理条例

（1997 年 12 月 19 日中华人民共和国国务院令第 238 号公布，2008 年 5 月 25 日中华人民共和国国务院令第 525 号第一次修订，根据 2011 年 1 月 8 日《国务院关于废止和修改部分行政法规的决定》第二次修订，根据 2016 年 2 月 6 日《国务院关于修改部分行政法规的决定》第三次修订，2021 年 6 月 25 日中华人民共和国国务院令第 742 号第四次修订）

第一章 总 则

第一条 为了加强生猪屠宰管理，保证生猪产品质量安全，保障人民身体健康，制定本条例。

第二条 国家实行生猪定点屠宰、集中检疫制度。

除农村地区个人自宰自食的不实行定点屠宰外，任何单位和个人未经定点不得从事生猪屠宰活动。

在边远和交通不便的农村地区，可以设置仅限于向本地市场供应生猪产品的小型生猪屠宰场点，具体管理办法由省、自治区、直辖市制定。

第三条 国务院农业农村主管部门负责全国生猪屠宰的行业管理工作。县级以上地方人民政府农业农村主管部门负责本行政区域内生猪屠宰活动的监督管理。

县级以上人民政府有关部门在各自职责范围内负责生猪屠宰活动的相关管理工作。

第四条 县级以上地方人民政府应当加强对生猪屠宰监督管理工作的领导，及时协调、解决生猪屠宰监督管理工作中的重大问题。

乡镇人民政府、街道办事处应当加强生猪定点屠宰的宣传教育，协助做好生猪屠宰监督管理工作。

第五条 国家鼓励生猪养殖、屠宰、加工、配送、销售一体化发展，推行标准化屠宰，支持建设冷链流通和配送体系。

第六条 国家根据生猪定点屠宰厂（场）的规模、生产和技术条件以及质量安全管理状况，推行生猪定点屠宰厂（场）分级管理制度，鼓励、引导、扶持生猪定点屠宰厂（场）改善生产和技术条件，加强质量安全管理，提高生猪产品质量安全水平。生猪定点屠宰厂（场）分级管理的具体办法由国务院农业农村主管部门制定。

第七条 县级以上人民政府农业农村主管部门应当建立生猪定点屠宰厂（场）信用档案，记录日常监督检查结果、违法行为查处等情况，并依法向社会公示。

第二章 生猪定点屠宰

第八条 省、自治区、直辖市人民政府农业农村主管部门会同生态环境主管部门以及其他有关部门，按照科学布局、集中屠宰、有利流通、方便群众的原则，结合生猪养殖、动物疫病防控和生猪产品消费实际情况制订生猪屠宰行业发展规划，报本级人民政府批准后实施。

生猪屠宰行业发展规划应当包括发展目标、屠宰厂（场）设置、政策措施等内容。

第九条 生猪定点屠宰厂（场）由设区的市级人民政府根据生猪屠宰行业发展规划，组织农业农村、生态环境主管部门以及其他有关部门，依照本条例规定的条件进行审查，经征求省、自治区、直辖市人民政府农业农村主管部门的意见确定，并颁发生猪定点屠宰证书和生猪定点屠宰标志牌。

生猪定点屠宰证书应当载明屠宰厂（场）名称、生产地址和法定代表人（负责人）等事项。

生猪定点屠宰厂（场）变更生产地址的，应当依照本条例的规定，重新申请生猪定点屠宰证书；变更屠宰厂（场）名称、法定代表人（负责人）的，应当在市场监督管理部门办理变更登记手续后 15 个工作日内，向原发证机关办理变更生猪定点屠宰证书。

设区的市级人民政府应当将其确定的生猪定点屠宰厂（场）名单及时向社会公布，并报省、自治区、直辖市人民政府备案。

第十条 生猪定点屠宰厂（场）应当将生猪定点屠宰标志牌悬挂于厂（场）区的显著位置。

生猪定点屠宰证书和生猪定点屠宰标志牌不得出借、转让。任何单位和个人不得冒用或者使用伪造的生猪定点屠宰证书和生猪定点屠宰标志牌。

第十一条　生猪定点屠宰厂（场）应当具备下列条件：

（一）有与屠宰规模相适应、水质符合国家规定标准的水源条件；

（二）有符合国家规定要求的待宰间、屠宰间、急宰间、检验室以及生猪屠宰设备和运载工具；

（三）有依法取得健康证明的屠宰技术人员；

（四）有经考核合格的兽医卫生检验人员；

（五）有符合国家规定要求的检验设备、消毒设施以及符合环境保护要求的污染防治设施；

（六）有病害生猪及生猪产品无害化处理设施或者无害化处理委托协议；

（七）依法取得动物防疫条件合格证。

第十二条　生猪定点屠宰厂（场）屠宰的生猪，应当依法经动物卫生监督机构检疫合格，并附有检疫证明。

第十三条　生猪定点屠宰厂（场）应当建立生猪进厂（场）查验登记制度。

生猪定点屠宰厂（场）应当依法查验检疫证明等文件，利用信息化手段核实相关信息，如实记录屠宰生猪的来源、数量、检疫证明号和供货者名称、地址、联系方式等内容，并保存相关凭证。发现伪造、变造检疫证明的，应当及时报告农业农村主管部门。发生动物疫情时，还应当查验、记录运输车辆基本情况。记录、凭证保存期限不得少于2年。

生猪定点屠宰厂（场）接受委托屠宰的，应当与委托人签订委托屠宰协议，明确生猪产品质量安全责任。委托屠宰协议自协议期满后保存期限不得少于2年。

第十四条　生猪定点屠宰厂（场）屠宰生猪，应当遵守国家规定的操作规程、技术要求和生猪屠宰质量管理规范，并严格执行消毒技术规范。发生动物疫情时，应当按照国务院农业农村主管部门的规定，开展动物疫病检测，做好动物疫情排查和报告。

第十五条　生猪定点屠宰厂（场）应当建立严格的肉品品质检验管理制度。肉品品质检验应当遵守生猪屠宰肉品品质检验规程，与生猪屠宰同步进行，并如实记录检验结果。检验结果记录保存期限不得少于2年。

经肉品品质检验合格的生猪产品，生猪定点屠宰厂（场）应当加盖肉品品质检验合格验讫印章，附具肉品品质检验合格证。未经肉品品质检验或者经肉品品质检验不合格的生猪产品，不得出厂（场）。经检验不合格的生猪产品，应当在兽医卫生检验人员的监督下，按照国家有关规定处理，并如实记录处理情况；处理情况记录保存期限不得少于2年。

生猪屠宰肉品品质检验规程由国务院农业农村主管部门制定。

第十六条　生猪屠宰的检疫及其监督，依照动物防疫法和国务院的有关规定执行。县级以上地方人民政府按照本级政府职责，将生猪、生猪产品的检疫和监督管理所需经费纳入本级预算。

县级以上地方人民政府农业农村主管部门应当按照规定足额配备农业农村主管部门任命的兽医，由其监督生猪定点屠宰厂（场）依法查验检疫证明等文件。

农业农村主管部门任命的兽医对屠宰的生猪实施检疫。检疫合格的，出具检疫证明、加施检疫标志，并在检疫证明、检疫标志上签字或者盖章，对检疫结论负责。未经检疫或者经检疫不合格的生猪产品，不得出厂（场）。经检疫不合格的生猪及生猪产品，应当在农业农村主管部门的监督下，按照国家有关规定处理。

第十七条　生猪定点屠宰厂（场）应当建立生猪产品出厂（场）记录制度，如实记录出厂（场）生猪产品的名称、规格、数量、检疫证明号、肉品品质检验合格证号、屠宰日期、出厂（场）日期以及购货者名称、地址、联系方式等内容，并保存相关凭证。记录、凭证保存期限不得少于2年。

第十八条　生猪定点屠宰厂（场）对其生产的生猪产品质量安全负责，发现其生产的生猪产品不符合食品安全标准、有证据证明可能危害人体健康、染疫或者疑似染疫的，应当立即停止屠宰，报告农业农村主管部门，通知销售者或者委托人，召回已经销售的生猪产品，并记录通知和召回情况。

生猪定点屠宰厂（场）应当对召回的生猪产品采取无害化处理等措施，防止其再次流入市场。

第十九条　生猪定点屠宰厂（场）对病害生猪及生猪产品进行无害化处理的费用和损失，由地方各级人民政府结合本地实际予以适当补贴。

第二十条　严禁生猪定点屠宰厂（场）以及其他任何单位和个人对生猪、生猪产品注水或者注入其他物质。

严禁生猪定点屠宰厂（场）屠宰注水或者注入其他物质的生猪。

第二十一条 生猪定点屠宰厂（场）对未能及时出厂（场）的生猪产品，应当采取冷冻或者冷藏等必要措施予以储存。

第二十二条 严禁任何单位和个人为未经定点违法从事生猪屠宰活动的单位和个人提供生猪屠宰场所或者生猪产品储存设施，严禁为对生猪、生猪产品注水或者注入其他物质的单位和个人提供场所。

第二十三条 从事生猪产品销售、肉食品生产加工的单位和个人以及餐饮服务经营者、集中用餐单位生产经营的生猪产品，必须是生猪定点屠宰厂（场）经检疫和肉品品质检验合格的生猪产品。

第二十四条 地方人民政府及其有关部门不得限制外地生猪定点屠宰厂（场）经检疫和肉品品质检验合格的生猪产品进入本地市场。

第三章　监督管理

第二十五条 国家实行生猪屠宰质量安全风险监测制度。国务院农业农村主管部门负责组织制定国家生猪屠宰质量安全风险监测计划，对生猪屠宰环节的风险因素进行监测。

省、自治区、直辖市人民政府农业农村主管部门根据国家生猪屠宰质量安全风险监测计划，结合本行政区域实际情况，制定本行政区域生猪屠宰质量安全风险监测方案并组织实施，同时报国务院农业农村主管部门备案。

第二十六条 县级以上地方人民政府农业农村主管部门应当根据生猪屠宰质量安全风险监测结果和国务院农业农村主管部门的规定，加强对生猪定点屠宰厂（场）质量安全管理状况的监督检查。

第二十七条 农业农村主管部门应当依照本条例的规定严格履行职责，加强对生猪屠宰活动的日常监督检查，建立健全随机抽查机制。

农业农村主管部门依法进行监督检查，可以采取下列措施：

（一）进入生猪屠宰等有关场所实施现场检查；

（二）向有关单位和个人了解情况；

（三）查阅、复制有关记录、票据以及其他资料；

（四）查封与违法生猪屠宰活动有关的场所、设施，扣押与违法生猪屠宰活动有关的生猪、生猪产品以及屠宰工具和设备。

农业农村主管部门进行监督检查时，监督检查人员不得少于 2 人，并应当出示执法证件。

对农业农村主管部门依法进行的监督检查，有关单位和个人应当予以配合，不得拒绝、阻挠。

第二十八条 农业农村主管部门应当建立举报制度，公布举报电话、信箱或者电子邮箱，受理对违反本条例规定行为的举报，并及时依法处理。

第二十九条 农业农村主管部门发现生猪屠宰涉嫌犯罪的，应当按照有关规定及时将案件移送同级公安机关。

公安机关在生猪屠宰相关犯罪案件侦查过程中认为没有犯罪事实或者犯罪事实显著轻微，不需要追究刑事责任的，应当及时将案件移送同级农业农村主管部门。公安机关在侦查过程中，需要农业农村主管部门给予检验、认定等协助的，农业农村主管部门应当给予协助。

第四章　法律责任

第三十条 农业农村主管部门在监督检查中发现生猪定点屠宰厂（场）不再具备本条例规定条件的，应当责令停业整顿，并限期整改；逾期仍达不到本条例规定条件的，由设区的市级人民政府吊销生猪定点屠宰证书，收回生猪定点屠宰标志牌。

第三十一条 违反本条例规定，未经定点从事生猪屠宰活动的，由农业农村主管部门责令关闭，没收生猪、生猪产品、屠宰工具和设备以及违法所得；货值金额不足 1 万元的，并处 5 万元以上 10 万元以下的罚款；货值金额 1 万元以上的，并处货值金额 10 倍以上 20 倍以下的罚款。

冒用或者使用伪造的生猪定点屠宰证书或者生猪定点屠宰标志牌的，依照前款的规定处罚。

生猪定点屠宰厂（场）出借、转让生猪定点屠宰证书或者生猪定点屠宰标志牌的，由设区的市级人民政府吊销生猪定点屠宰证书，收回生猪定点屠宰标志牌；有违法所得的，由农业农村主管部门没收违法所得，并处5万元以上10万元以下的罚款。

第三十二条　违反本条例规定，生猪定点屠宰厂（场）有下列情形之一的，由农业农村主管部门责令改正，给予警告；拒不改正的，责令停业整顿，处5000元以上5万元以下的罚款，对其直接负责的主管人员和其他直接责任人员处2万元以上5万元以下的罚款；情节严重的，由设区的市级人民政府吊销生猪定点屠宰证书，收回生猪定点屠宰标志牌：

（一）未按照规定建立并遵守生猪进厂（场）查验登记制度、生猪产品出厂（场）记录制度的；

（二）未按照规定签订、保存委托屠宰协议的；

（三）屠宰生猪不遵守国家规定的操作规程、技术要求和生猪屠宰质量管理规范以及消毒技术规范的；

（四）未按照规定建立并遵守肉品品质检验制度的；

（五）对经肉品品质检验不合格的生猪产品未按照国家有关规定处理并如实记录处理情况的。

发生动物疫情时，生猪定点屠宰厂（场）未按照规定开展动物疫病检测的，由农业农村主管部门责令停业整顿，并处5000元以上5万元以下的罚款，对其直接负责的主管人员和其他直接责任人员处2万元以上5万元以下的罚款；情节严重的，由设区的市级人民政府吊销生猪定点屠宰证书，收回生猪定点屠宰标志牌。

第三十三条　违反本条例规定，生猪定点屠宰厂（场）出厂（场）未经肉品品质检验或者经肉品品质检验不合格的生猪产品的，由农业农村主管部门责令停业整顿，没收生猪产品和违法所得；货值金额不足1万元的，并处10万元以上15万元以下的罚款；货值金额1万元以上的，并处货值金额15倍以上30倍以下的罚款；对其直接负责的主管人员和其他直接责任人员处5万元以上10万元以下的罚款；情节严重的，由设区的市级人民政府吊销生猪定点屠宰证书，收回生猪定点屠宰标志牌，并可以由公安机关依照《中华人民共和国食品安全法》的规定，对其直接负责的主管人员和其他直接责任人员处5日以上15日以下拘留。

第三十四条　生猪定点屠宰厂（场）依照本条例规定应当召回生猪产品而不召回的，由农业农村主管部门责令召回，停止屠宰；拒不召回或者拒不停止屠宰的，责令停业整顿，没收生猪产品和违法所得；货值金额不足1万元的，并处5万元以上10万元以下的罚款；货值金额1万元以上的，并处货值金额10倍以上20倍以下的罚款；对其直接负责的主管人员和其他直接责任人员处5万元以上10万元以下的罚款；情节严重的，由设区的市级人民政府吊销生猪定点屠宰证书，收回生猪定点屠宰标志牌。

委托人拒不执行召回规定的，依照前款规定处罚。

第三十五条　违反本条例规定，生猪定点屠宰厂（场）、其他单位和个人对生猪、生猪产品注水或者注入其他物质的，由农业农村主管部门没收注水或者注入其他物质的生猪、生猪产品、注水工具和设备以及违法所得；货值金额不足1万元的，并处5万元以上10万元以下的罚款；货值金额1万元以上的，并处货值金额10倍以上20倍以下的罚款；对生猪定点屠宰厂（场）或者其他单位的直接负责的主管人员和其他直接责任人员处5万元以上10万元以下的罚款。注入其他物质的，还可以由公安机关依照《中华人民共和国食品安全法》的规定，对其直接负责的主管人员和其他直接责任人员处5日以上15日以下拘留。

生猪定点屠宰厂（场）对生猪、生猪产品注水或者注入其他物质的，除依照前款规定处罚外，还应当由农业农村主管部门责令停业整顿；情节严重的，由设区的市级人民政府吊销生猪定点屠宰证书，收回生猪定点屠宰标志牌。

第三十六条　违反本条例规定，生猪定点屠宰厂（场）屠宰注水或者注入其他物质的生猪的，由农业农村主管部门责令停业整顿，没收注水或者注入其他物质的生猪、生猪产品和违法所得；货值金额不足1万元的，并处5万元以上10万元以下的罚款；货值金额1万元以上的，并处货值金额10倍以上20倍以下的罚款；对其直接负责的主管人员和其他直接责任人员处5万元以上10万元以下的罚款；情节严重的，由设区的市级人民政府吊销生猪定点屠宰证书，收回生猪定点屠宰标志牌。

第三十七条　违反本条例规定，为未经定点违法从事生猪屠宰活动的单位和个人提供生猪屠宰场所或者生猪产品储存设施，或者为对生猪、生猪产品注水或者注入其他物质的单位和个人提供场所的，由农业农村主管部门责令改正，没收违法所得，并处5万元以上10万以下的罚款。

第三十八条　违反本条例规定，生猪定点屠宰厂（场）被吊销生猪定点屠宰证书的，其法定代表人（负责人）、直接负责的主管人员和其他直接责任人员自处罚决定作出之日起 5 年内不得申请生猪定点屠宰证书或者从事生猪屠宰管理活动；因食品安全犯罪被判处有期徒刑以上刑罚的，终身不得从事生猪屠宰管理活动。

  第三十九条 农业农村主管部门和其他有关部门的工作人员在生猪屠宰监督管理工作中滥用职权、玩忽职守、徇私舞弊，尚不构成犯罪的，依法给予处分。

  第四十条 本条例规定的货值金额按照同类检疫合格及肉品品质检验合格的生猪、生猪产品的市场价格计算。

  第四十一条 违反本条例规定，构成犯罪的，依法追究刑事责任。

第五章 附 则

  第四十二条 省、自治区、直辖市人民政府确定实行定点屠宰的其他动物的屠宰管理办法，由省、自治区、直辖市根据本地区的实际情况，参照本条例制定。

  第四十三条 本条例所称生猪产品，是指生猪屠宰后未经加工的胴体、肉、脂、脏器、血液、骨、头、蹄、皮。

  第四十四条 生猪定点屠宰证书、生猪定点屠宰标志牌以及肉品品质检验合格验讫印章和肉品品质检验合格证的式样，由国务院农业农村主管部门统一规定。

  第四十五条 本条例自 2021 年 8 月 1 日起施行。

重大动物疫情应急条例

(2005 年 11 月 18 日国务院令第 450 号公布，根据 2017 年 10 月 7 日国务院令第 687 号《国务院关于修改部分行政法规的决定》修订)

第一章　总　则

第一条　为了迅速控制、扑灭重大动物疫情，保障养殖业生产安全，保护公众身体健康与生命安全，维护正常的社会秩序，根据《中华人民共和国动物防疫法》，制定本条例。

第二条　本条例所称重大动物疫情，是指高致病性禽流感等发病率或者死亡率高的动物疫病突然发生，迅速传播，给养殖业生产安全造成严重威胁、危害，以及可能对公众身体健康与生命安全造成危害的情形，包括特别重大动物疫情。

第三条　重大动物疫情应急工作应当坚持加强领导、密切配合，依靠科学、依法防治，群防群控、果断处置的方针，及时发现，快速反应，严格处理，减少损失。

第四条　重大动物疫情应急工作按照属地管理的原则，实行政府统一领导、部门分工负责，逐级建立责任制。

县级以上人民政府兽医主管部门具体负责组织重大动物疫情的监测、调查、控制、扑灭等应急工作。

县级以上人民政府林业主管部门、兽医主管部门按照职责分工，加强对陆生野生动物疫源疫病的监测。

县级以上人民政府其他有关部门在各自的职责范围内，做好重大动物疫情的应急工作。

第五条　出入境检验检疫机关应当及时收集境外重大动物疫情信息，加强进出境动物及其产品的检验检疫工作，防止动物疫病传入和传出。兽医主管部门要及时向出入境检验检疫机关通报国内重大动物疫情。

第六条　国家鼓励、支持开展重大动物疫情监测、预防、应急处理等有关技术的科学研究和国际交流与合作。

第七条　县级以上人民政府应当对参加重大动物疫情应急处理的人员给予适当补助，对作出贡献的人员给予表彰和奖励。

第八条　对不履行或者不按照规定履行重大动物疫情应急处理职责的行为，任何单位和个人有权检举控告。

第二章　应急准备

第九条　国务院兽医主管部门应当制定全国重大动物疫情应急预案，报国务院批准，并按照不同动物疫病病种及其流行特点和危害程度，分别制定实施方案，报国务院备案。

县级以上地方人民政府根据本地区的实际情况，制定本行政区域的重大动物疫情应急预案，报上一级人民政府兽医主管部门备案。县级以上地方人民政府兽医主管部门，应当按照不同动物疫病病种及其流行特点和危害程度，分别制定实施方案。

重大动物疫情应急预案及其实施方案应当根据疫情的发展变化和实施情况，及时修改、完善。

第十条　重大动物疫情应急预案主要包括下列内容：

(一) 应急指挥部的职责、组成以及成员单位的分工；

(二) 重大动物疫情的监测、信息收集、报告和通报；

(三) 动物疫病的确认、重大动物疫情的分级和相应的应急处理工作方案；

(四) 重大动物疫情疫源的追踪和流行病学调查分析；

(五) 预防、控制、扑灭重大动物疫情所需资金的来源、物资和技术的储备与调度；

(六) 重大动物疫情应急处理设施和专业队伍建设。

第十一条　国务院有关部门和县级以上地方人民政府及其有关部门，应当根据重大动物疫情应急预案的要求，确保应急处理所需的疫苗、药品、设施设备和防护用品等物资的储备。

第十二条　县级以上人民政府应当建立和完善重大动物疫情监测网络和预防控制体系，加强动物防疫基础设施和乡镇动物防疫组织建设，并保证其正常运行，提高对重大动物疫情的应急处理能力。

第十三条　县级以上地方人民政府根据重大动物疫情应急需要，可以成立应急预备队，在重大动物疫情应急指挥部的指挥下，具体承担疫情的控制和扑灭任务。

应急预备队由当地兽医行政管理人员、动物防疫工作人员、有关专家、执业兽医等组成；必要时，可以组织动员社会上有一定专业知识的人员参加。公安机关、中国人民武装警察部队应当依法协助其执行任务。

应急预备队应当定期进行技术培训和应急演练。

第十四条　县级以上人民政府及其兽医主管部门应当加强对重大动物疫情应急知识和重大动物疫病科普知识的宣传，增强全社会的重大动物疫情防范意识。

第三章　监测、报告和公布

第十五条　动物防疫监督机构负责重大动物疫情的监测，饲养、经营动物和生产、经营动物产品的单位和个人应当配合，不得拒绝和阻碍。

第十六条　从事动物隔离、疫情监测、疫病研究与诊疗、检验检疫以及动物饲养、屠宰加工、运输、经营等活动的有关单位和个人，发现动物出现群体发病或者死亡的，应当立即向所在地的县（市）动物防疫监督机构报告。

第十七条　县（市）动物防疫监督机构接到报告后，应当立即赶赴现场调查核实。初步认为属于重大动物疫情的，应当在 2 小时内将情况逐级报省、自治区、直辖市动物防疫监督机构，并同时报所在地人民政府兽医主管部门；兽医主管部门应当及时通报同级卫生主管部门。

省、自治区、直辖市动物防疫监督机构应当在接到报告后 1 小时内，向省、自治区、直辖市人民政府兽医主管部门和国务院兽医主管部门所属的动物防疫监督机构报告。

省、自治区、直辖市人民政府兽医主管部门应当在接到报告后 1 小时内报本级人民政府和国务院兽医主管部门。

重大动物疫情发生后，省、自治区、直辖市人民政府和国务院兽医主管部门应当在 4 小时内向国务院报告。

第十八条　重大动物疫情报告包括下列内容：

（一）疫情发生的时间、地点；

（二）染疫、疑似染疫动物种类和数量、同群动物数量、免疫情况、死亡数量、临床症状、病理变化、诊断情况；

（三）流行病学和疫源追踪情况；

（四）已采取的控制措施；

（五）疫情报告的单位、负责人、报告人及联系方式。

第十九条　重大动物疫情由省、自治区、直辖市人民政府兽医主管部门认定；必要时，由国务院兽医主管部门认定。

第二十条　重大动物疫情由国务院兽医主管部门按照国家规定的程序，及时准确公布；其他任何单位和个人不得公布重大动物疫情。

第二十一条　重大动物疫病应当由动物防疫监督机构采集病料。其他单位和个人采集病料的，应当具备以下条件：

（一）重大动物疫病病料采集目的、病原微生物的用途应当符合国务院兽医主管部门的规定；

（二）具有与采集病料相适应的动物病原微生物实验室条件；

（三）具有与采集病料所需要的生物安全防护水平相适应的设备，以及防止病原感染和扩散的有效措施。

从事重大动物疫病病原分离的，应当遵守国家有关生物安全管理规定，防止病原扩散。

第二十二条　国务院兽医主管部门应当及时向国务院有关部门和军队有关部门以及各省、自治区、直辖市人民政府兽医主管部门通报重大动物疫情的发生和处理情况。

第二十三条　发生重大动物疫情可能感染人群时，卫生主管部门应当对疫区内易受感染的人群进行监测，并采取相应的预防、控制措施。卫生主管部门和兽医主管部门应当及时相互通报情况。

第二十四条　有关单位和个人对重大动物疫情不得瞒报、谎报、迟报，不得授意他人瞒报、谎报、迟报，不得阻碍他人报告。

第二十五条　在重大动物疫情报告期间，有关动物防疫监督机构应当立即采取临时隔离控制措施；必要时，当地县级以上地方人民政府可以作出封锁决定并采取扑杀、销毁等措施。有关单位和个人应当执行。

第四章　应急处理

第二十六条　重大动物疫情发生后，国务院和有关地方人民政府设立的重大动物疫情应急指挥部统一领导、指挥重大动物疫情应急工作。

第二十七条　重大动物疫情发生后，县级以上地方人民政府兽医主管部门应当立即划定疫点、疫区和受威胁区，调查疫源，向本级人民政府提出启动重大动物疫情应急指挥系统、应急预案和对疫区实行封锁的建议，有关人民政府应当立即作出决定。

疫点、疫区和受威胁区的范围应当按照不同动物疫病病种及其流行特点和危害程度划定，具体划定标准由国务院兽医主管部门制定。

第二十八条　国家对重大动物疫情应急处理实行分级管理，按照应急预案确定的疫情等级，由有关人民政府采取相应的应急控制措施。

第二十九条　对疫点应当采取下列措施：

（一）扑杀并销毁染疫动物和易感染的动物及其产品；

（二）对病死的动物、动物排泄物、被污染饲料、垫料、污水进行无害化处理；

（三）对被污染的物品、用具、动物圈舍、场地进行严格消毒。

第三十条　对疫区应当采取下列措施：

（一）在疫区周围设置警示标志，在出入疫区的交通路口设置临时动物检疫消毒站，对出入的人员和车辆进行消毒；

（二）扑杀并销毁染疫和疑似染疫动物及其同群动物，销毁染疫和疑似染疫的动物产品，对其他易感染的动物实行圈养或者在指定地点放养，役用动物限制在疫区内使役；

（三）对易感染的动物进行监测，并按照国务院兽医主管部门的规定实施紧急免疫接种，必要时对易感染的动物进行扑杀；

（四）关闭动物及动物产品交易市场，禁止动物进出疫区和动物产品运出疫区；

（五）对动物圈舍、动物排泄物、垫料、污水和其他可能受污染的物品、场地，进行消毒或者无害化处理。

第三十一条　对受威胁区应当采取下列措施：

（一）对易感染的动物进行监测；

（二）对易感染的动物根据需要实施紧急免疫接种。

第三十二条　重大动物疫情应急处理中设置临时动物检疫消毒站以及采取隔离、扑杀、销毁、消毒、紧急免疫接种等控制、扑灭措施的，由有关重大动物疫情应急指挥部决定，有关单位和个人必须服从；拒不服从的，由公安机关协助执行。

第三十三条　国家对疫区、受威胁区内易感染的动物免费实施紧急免疫接种；对因采取扑杀、销毁等措施给当事人造成的已经证实的损失，给予合理补偿。紧急免疫接种和补偿所需费用，由中央财政和地方财政分担。

第三十四条　重大动物疫情应急指挥部根据应急处理需要，有权紧急调集人员、物资、运输工具以及相关设施、设备。

单位和个人的物资、运输工具以及相关设施、设备被征集使用的，有关人民政府应当及时归还并给予合理补偿。

第三十五条　重大动物疫情发生后，县级以上人民政府兽医主管部门应当及时提出疫点、疫区、受威胁区的处理方案，加强疫情监测、流行病学调查、疫源追踪工作，对染疫和疑似染疫动物及其同群动物和其他易感染动物的扑杀、销毁进行技术指导，并组织实施检验检疫、消毒、无害化处理和紧急免疫接种。

第三十六条　重大动物疫情应急处理中，县级以上人民政府有关部门应当在各自的职责范围内，做好重大动物疫情应急所需的物资紧急调度和运输、应急经费安排、疫区群众救济、人的疫病防治、肉食品供应、动物及其产品市场监管、出入境检验检疫和社会治安维护等工作。

中国人民解放军、中国人民武装警察部队应当支持配合驻地人民政府做好重大动物疫情的应急工作。

第三十七条　重大动物疫情应急处理中，乡镇人民政府、村民委员会、居民委员会应当组织力量，向村民、居民宣传动物疫病防治的相关知识，协助做好疫情信息的收集、报告和各项应急处理措施的落实工作。

第三十八条　重大动物疫情发生地的人民政府和毗邻地区的人民政府应当通力合作，相互配合，做好重大动物疫情的控制、扑灭工作。

第三十九条　有关人民政府及其有关部门对参加重大动物疫情应急处理的人员，应当采取必要的卫生防护和技术指导等措施。

第四十条　自疫区内最后一头（只）发病动物及其同群动物处理完毕起，经过一个潜伏期以上的监测，未出现新的病例的，彻底消毒后，经上一级动物防疫监督机构验收合格，由原发布封锁令的人民政府宣布解除封锁，撤销疫区；由原批准机关撤销在该疫区设立的临时动物检疫消毒站。

第四十一条　县级以上人民政府应当将重大动物疫情确认、疫区封锁、扑杀及其补偿、消毒、无害化处理、疫源追踪、疫情监测以及应急物资储备等应急经费列入本级财政预算。

第五章　法律责任

第四十二条　违反本条例规定，兽医主管部门及其所属的动物防疫监督机构有下列行为之一的，由本级人民政府或者上级人民政府有关部门责令立即改正、通报批评、给予警告；对主要负责人、负有责任的主管人员和其他责任人员，依法给予记大过、降级、撤职直至开除的行政处分；构成犯罪的，依法追究刑事责任：

（一）不履行疫情报告职责，瞒报、谎报、迟报或者授意他人瞒报、谎报、迟报，阻碍他人报告重大动物疫情的；

（二）在重大动物疫情报告期间，不采取临时隔离控制措施，导致动物疫情扩散的；

（三）不及时划定疫点、疫区和受威胁区，不及时向本级人民政府提出应急处理建议，或者不按照规定对疫点、疫区和受威胁区采取预防、控制、扑灭措施的；

（四）不向本级人民政府提出启动应急指挥系统、应急预案和对疫区的封锁建议的；

（五）对动物扑杀、销毁不进行技术指导或者指导不力，或者不组织实施检验检疫、消毒、无害化处理和紧急免疫接种的；

（六）其他不履行本条例规定的职责，导致动物疫病传播、流行，或者对养殖业生产安全和公众身体健康与生命安全造成严重危害的。

第四十三条　违反本条例规定，县级以上人民政府有关部门不履行应急处理职责，不执行对疫点、疫区和受威胁区采取的措施，或者对上级人民政府有关部门的疫情调查不予配合或者阻碍、拒绝的，由本级人民政府或者上级人民政府有关部门责令立即改正、通报批评、给予警告；对主要负责人、负有责任的主管人员和其他责任人员，依法给予记大过、降级、撤职直至开除的行政处分；构成犯罪的，依法追究刑事责任。

第四十四条　违反本条例规定，有关地方人民政府阻碍报告重大动物疫情，不履行应急处理职责，不按照规定对疫点、疫区和受威胁区采取预防、控制、扑灭措施，或者对上级人民政府有关部门的疫情调查不予配合或者阻碍、拒绝的，由上级人民政府责令立即改正、通报批评、给予警告；对政府主要领导人依法给予记大过、降级、撤职直至开除的行政处分；构成犯罪的，依法追究刑事责任。

第四十五条　截留、挪用重大动物疫情应急经费，或者侵占、挪用应急储备物资的，按照《财政违法行为处罚处分条例》的规定处理；构成犯罪的，依法追究刑事责任。

第四十六条　违反本条例规定，拒绝、阻碍动物防疫监督机构进行重大动物疫情监测，或者发现动物出现群体发病或者死亡，不向当地动物防疫监督机构报告的，由动物防疫监督机构给予警告，并处 2 000 元以上 5 000 元以下的罚款；构成犯罪的，依法追究刑事责任。

第四十七条　违反本条例规定，不符合相应条件采集重大动物疫病病料，或者在重大动物疫病病原分离时不遵守国家有关生物安全管理规定的，由动物防疫监督机构给予警告，并处 5 000 元以下的罚款；构成犯罪的，依法追究刑事责任。

第四十八条　在重大动物疫情发生期间，哄抬物价、欺骗消费者，散布谣言、扰乱社会秩序和市场秩序的，由价格主管部门、工商行政管理部门或者公安机关依法给予行政处罚；构成犯罪的，依法追究刑事责任。

第六章　附　　则

第四十九条　本条例自公布之日起施行。

兽药管理条例

（2004 年 3 月 24 日国务院第 45 次常务会议通过，国务院令第 404 号公布；2016 年 1 月 13 日国务院第 119 次常务会议修改部分条款，国务院令第 666 号公布）

第一章 总 则

第一条 为了加强兽药管理，保证兽药质量，防治动物疾病，促进养殖业的发展，维护人体健康，制定本条例。

第二条 在中华人民共和国境内从事兽药的研制、生产、经营、进出口、使用和监督管理，应当遵守本条例。

第三条 国务院兽医行政管理部门负责全国的兽药监督管理工作。县级以上地方人民政府兽医行政管理部门负责本行政区域内的兽药监督管理工作。

第四条 国家实行兽用处方药和非处方药分类管理制度。兽用处方药和非处方药分类管理的办法和具体实施步骤，由国务院兽医行政管理部门规定。

第五条 国家实行兽药储备制度。

发生重大动物疫情、灾情或者其他突发事件时，国务院兽医行政管理部门可以紧急调用国家储备的兽药；必要时，也可以调用国家储备以外的兽药。

第二章 新兽药研制

第六条 国家鼓励研制新兽药，依法保护研制者的合法权益。

第七条 研制新兽药，应当具有与研制相适应的场所、仪器设备、专业技术人员、安全管理规范和措施。

研制新兽药，应当进行安全性评价。从事兽药安全性评价的单位应当遵守国务院兽医行政管理部门制定的兽药非临床研究质量管理规范和兽药临床试验质量管理规范。省级以上人民政府兽医行政管理部门应当对兽药安全性评价单位是否符合兽药非临床研究质量管理规范和兽药临床试验质量管理规范的要求进行监督检查，并公布监督检查结果。

第八条 研制新兽药，应当在临床试验前向省、自治区、直辖市人民政府兽医行政管理部门提出申请，并附具该新兽药实验室阶段安全性评价报告及其他临床前研究资料；省、自治区、直辖市人民政府兽医行政管理部门应当自收到申请之日起 60 个工作日内将审查结果书面通知申请人。

研制的新兽药属于生物制品的，应当在临床试验前向国务院兽医行政管理部门提出申请，国务院兽医行政管理部门应当自收到申请之日起 60 个工作日内将审查结果书面通知申请人。

研制新兽药需要使用一类病原微生物的，还应当具备国务院兽医行政管理部门规定的条件，并在实验室阶段前报国务院兽医行政管理部门批准。

第九条 临床试验完成后，新兽药研制者向国务院兽医行政管理部门提出新兽药注册申请时，应当提交该新兽药的样品和下列资料：

（一）名称、主要成分、理化性质；

（二）研制方法、生产工艺、质量标准和检测方法；

（三）药理和毒理试验结果、临床试验报告和稳定性试验报告；

（四）环境影响报告和污染防治措施。

研制的新兽药属于生物制品的，还应当提供菌（毒、虫）种、细胞等有关材料和资料。菌（毒、虫）种、细胞由国务院兽医行政管理部门指定的机构保藏。

研制用于食用动物的新兽药，还应当按照国务院兽医行政管理部门的规定进行兽药残留试验并提供休药期、最高残留限量标准、残留检测方法及其制定依据等资料。

国务院兽医行政管理部门应当自收到申请之日起 10 个工作日内，将决定受理的新兽药资料送其设立的兽药评审机构进行评审，将新兽药样品送其指定的检验机构复核检验，并自收到评审和复核检验结论之日起 60 个工作日内完成审查。审查合格的，发给新兽药注册证书，并发布该兽药的质量标准；不合格的，应当书面通知申请人。

第十条　国家对依法获得注册的、含有新化合物的兽药的申请人提交的其自己所取得且未披露的试验数据和其他数据实施保护。

自注册之日起 6 年内，对其他申请人未经已获得注册兽药的申请人同意，使用前款规定的数据申请兽药注册的，兽药注册机关不予注册；但是，其他申请人提交其自己所取得的数据的除外。

除下列情况外，兽药注册机关不得披露本条第一款规定的数据：

（一）公共利益需要；

（二）已采取措施确保该类信息不会被不正当地进行商业使用。

第三章　兽药生产

第十一条　从事兽药生产的企业，应当符合国家兽药行业发展规划和产业政策，并具备下列条件：

（一）与所生产的兽药相适应的兽医学、药学或者相关专业的技术人员；

（二）与所生产的兽药相适应的厂房、设施；

（三）与所生产的兽药相适应的兽药质量管理和质量检验的机构、人员、仪器设备；

（四）符合安全、卫生要求的生产环境；

（五）兽药生产质量管理规范规定的其他生产条件。

符合前款规定条件的，申请人方可向省、自治区、直辖市人民政府兽医行政管理部门提出申请，并附具符合前款规定条件的证明材料；省、自治区、直辖市人民政府兽医行政管理部门应当自收到申请之日起 40 个工作日内完成审查。经审查合格的，发给兽药生产许可证；不合格的，应当书面通知申请人。

第十二条　兽药生产许可证应当载明生产范围、生产地点、有效期和法定代表人姓名、住址等事项。

兽药生产许可证有效期为 5 年。有效期届满，需要继续生产兽药的，应当在许可证有效期届满前 6 个月到发证机关申请换发兽药生产许可证。

第十三条　兽药生产企业变更生产范围、生产地点的，应当依照本条例第十一条的规定申请换发兽药生产许可证；变更企业名称、法定代表人的，应当在办理工商变更登记手续后 15 个工作日内，到发证机关申请换发兽药生产许可证。

第十四条　兽药生产企业应当按照国务院兽医行政管理部门制定的兽药生产质量管理规范组织生产。省级以上人民政府兽医行政管理部门，应当对兽药生产企业是否符合兽药生产质量管理规范的要求进行监督检查，并公布检查结果。

第十五条　兽药生产企业生产兽药，应当取得国务院兽医行政管理部门核发的产品批准文号，产品批准文号的有效期为 5 年。兽药产品批准文号的核发办法由国务院兽医行政管理部门制定。

第十六条　兽药生产企业应当按照兽药国家标准和国务院兽医行政管理部门批准的生产工艺进行生产。兽药生产企业改变影响兽药质量的生产工艺的，应当报原批准部门审核批准。兽药生产企业应当建立生产记录，生产记录应当完整、准确。

第十七条　生产兽药所需的原料、辅料，应当符合国家标准或者所生产兽药的质量要求。直接接触兽药的包装材料和容器应当符合药用要求。

第十八条　兽药出厂前应当经过质量检验，不符合质量标准的不得出厂。兽药出厂应当附有产品质量合格证。禁止生产假、劣兽药。

第十九条　兽药生产企业生产的每批兽用生物制品，在出厂前应当由国务院兽医行政管理部门指定的检验机构审查核对，并在必要时进行抽查检验；未经审查核对或者抽查检验不合格的，不得销售。强制免疫所需兽用生物制品，由国务院兽医行政管理部门指定的企业生产。

第二十条　兽药包装应当按照规定印有或者贴有标签，附具说明书，并在显著位置注明"兽用"字样。

兽药的标签和说明书经国务院兽医行政管理部门批准并公布后，方可使用。

兽药的标签或者说明书，应当以中文注明兽药的通用名称、成分及其含量、规格、生产企业、产品批准文号（进口兽药注册证号）、产品批号、生产日期、有效期、适应症或者功能主治、用法、用量、休药期、禁忌、不良反应、注意事项、运输贮存保管条件及其他应当说明的内容。有商品名称的，还应当注明商品名称。

除前款规定的内容外，兽用处方药的标签或者说明书还应当印有国务院兽医行政管理部门规定的警示内容，其中兽用麻醉药品、精神药品、毒性药品和放射性药品还应当印有国务院兽医行政管理部门规定的特殊标志；兽用非处方药的标签或者说明书还应当印有国务院兽医行政管理部门规定的非处方药标志。

第二十一条　国务院兽医行政管理部门，根据保证动物产品质量安全和人体健康的需要，可以对新兽药设立不超过 5 年的监测期；在监测期内，不得批准其他企业生产或者进口该新兽药。生产企业应当在监测期内收集该新兽药的疗效、不良反应等资料，并及时报送国务院兽医行政管理部门。

第四章　兽药经营

第二十二条　经营兽药的企业，应当具备下列条件：

（一）与所经营的兽药相适应的兽药技术人员；

（二）与所经营的兽药相适应的营业场所、设备、仓库设施；

（三）与所经营的兽药相适应的质量管理机构或者人员；

（四）兽药经营质量管理规范规定的其他经营条件。

符合前款规定条件的，申请人方可向市、县人民政府兽医行政管理部门提出申请，并附具符合前款规定条件的证明材料；经营兽用生物制品的，应当向省、自治区、直辖市人民政府兽医行政管理部门提出申请，并附具符合前款规定条件的证明材料。

县级以上地方人民政府兽医行政管理部门，应当自收到申请之日起 30 个工作日内完成审查。审查合格的，发给兽药经营许可证；不合格的，应当书面通知申请人。

第二十三条　兽药经营许可证应当载明经营范围、经营地点、有效期和法定代表人姓名、住址等事项。

兽药经营许可证有效期为 5 年。有效期届满，需要继续经营兽药的，应当在许可证有效期届满前 6 个月到发证机关申请换发兽药经营许可证。

第二十四条　兽药经营企业变更经营范围、经营地点的，应当依照本条例第二十二条的规定申请换发兽药经营许可证；变更企业名称、法定代表人的，应当在办理工商变更登记手续后 15 个工作日内，到发证机关申请换发兽药经营许可证。

第二十五条　兽药经营企业，应当遵守国务院兽医行政管理部门制定的兽药经营质量管理规范。

县级以上地方人民政府兽医行政管理部门，应当对兽药经营企业是否符合兽药经营质量管理规范的要求进行监督检查，并公布检查结果。

第二十六条　兽药经营企业购进兽药，应当将兽药产品与产品标签或者说明书、产品质量合格证核对无误。

第二十七条　兽药经营企业，应当向购买者说明兽药的功能主治、用法、用量和注意事项。销售兽用处方药的，应当遵守兽用处方药管理办法。

兽药经营企业销售兽用中药材的，应当注明产地。

禁止兽药经营企业经营人用药品和假、劣兽药。

第二十八条　兽药经营企业购销兽药，应当建立购销记录。购销记录应当载明兽药的商品名称、通用名称、剂型、规格、批号、有效期、生产厂商、购销单位、购销数量、购销日期和国务院兽医行政管理部门规定的其他事项。

第二十九条　兽药经营企业，应当建立兽药保管制度，采取必要的冷藏、防冻、防潮、防虫、防鼠等措施，保持所经营兽药的质量。兽药入库、出库，应当执行检查验收制度，并有准确记录。

第三十条　强制免疫所需兽用生物制品的经营，应当符合国务院兽医行政管理部门的规定。

第三十一条　兽药广告的内容应当与兽药说明书内容相一致，在全国重点媒体发布兽药广告的，应当经国务院兽医行政管理部门审查批准，取得兽药广告审查批准文号。在地方媒体发布兽药广告的，应当经省、自治区、直辖市人民政府兽医行政管理部门审查批准，取得兽药广告审查批准文号；未经批准的，不得发布。

第五章　兽药进出口

第三十二条　首次向中国出口的兽药，由出口方驻中国境内的办事机构或者其委托的中国境内代理机构向国务院兽医行政管理部门申请注册，并提交下列资料和物品：

（一）生产企业所在国家（地区）兽药管理部门批准生产、销售的证明文件；

（二）生产企业所在国家（地区）兽药管理部门颁发的符合兽药生产质量管理规范的证明文件；

（三）兽药的制造方法、生产工艺、质量标准、检测方法、药理和毒理试验结果、临床试验报告、稳定性试验报告及其他相关资料；用于食用动物的兽药的休药期、最高残留限量标准、残留检测方法及其制定依据等资料；

（四）兽药的标签和说明书样本；

（五）兽药的样品、对照品、标准品；

（六）环境影响报告和污染防治措施；

（七）涉及兽药安全性的其他资料。申请向中国出口兽用生物制品的，还应当提供菌（毒、虫）种、细胞等有关材料和资料。

第三十三条　国务院兽医行政管理部门，应当自收到申请之日起 10 个工作日内组织初步审查。经初步审查合格的，应当将决定受理的兽药资料送其设立的兽药评审机构进行评审，将该兽药样品送其指定的检验机构复核检验，并自收到评审和复核检验结论之日起 60 个工作日内完成审查。经审查合格的，发给进口兽药注册证书，并发布该兽药的质量标准；不合格的，应当书面通知申请人。

在审查过程中，国务院兽医行政管理部门可以对向中国出口兽药的企业是否符合兽药生产质量管理规范的要求进行考查，并有权要求该企业在国务院兽医行政管理部门指定的机构进行该兽药的安全性和有效性试验。

国内急需兽药、少量科研用兽药或者注册兽药的样品、对照品、标准品的进口，按照国务院兽医行政管理部门的规定办理。

第三十四条　进口兽药注册证书的有效期为 5 年。有效期届满，需要继续向中国出口兽药的，应当在有效期届满前 6 个月到发证机关申请再注册。

第三十五条　境外企业不得在中国直接销售兽药。境外企业在中国销售兽药，应当依法在中国境内设立销售机构或者委托符合条件的中国境内代理机构。

进口在中国已取得进口兽药注册证书的兽用生物制品的，中国境内代理机构应当向国务院兽医行政管理部门申请允许进口兽用生物制品证明文件，凭允许进口兽用生物制品证明文件到口岸所在地人民政府兽医行政管理部门办理进口兽药通关单；进口在中国已取得进口兽药注册证书的其他兽药的，凭进口兽药注册证书到口岸所在地人民政府兽医行政管理部门办理进口兽药通关单。海关凭进口兽药通关单放行。兽药进口管理办法由国务院兽医行政管理部门会同海关总署制定。

兽用生物制品进口后，应当依照本条例第十九条的规定进行审查核对和抽查检验。其他兽药进口后，由当地兽医行政管理部门通知兽药检验机构进行抽查检验。

第三十六条　禁止进口下列兽药：

（一）药效不确定、不良反应大以及可能对养殖业、人体健康造成危害或者存在潜在风险的；

（二）来自疫区可能造成疫病在中国境内传播的兽用生物制品；

（三）经考查生产条件不符合规定的；

（四）国务院兽医行政管理部门禁止生产、经营和使用的。

第三十七条　向中国境外出口兽药，进口方要求提供兽药出口证明文件的，国务院兽医行政管理部门或者企业所在地的省、自治区、直辖市人民政府兽医行政管理部门可以出具出口兽药证明文件。

国内防疫急需的疫苗，国务院兽医行政管理部门可以限制或者禁止出口。

第六章　兽药使用

第三十八条　兽药使用单位，应当遵守国务院兽医行政管理部门制定的兽药安全使用规定，并建立用药记录。

第三十九条 禁止使用假、劣兽药以及国务院兽医行政管理部门规定禁止使用的药品和其他化合物。禁止使用的药品和其他化合物目录由国务院兽医行政管理部门制定公布。

第四十条 有休药期规定的兽药用于食用动物时，饲养者应当向购买者或者屠宰者提供准确、真实的用药记录；购买者或者屠宰者应当确保动物及其产品在用药期、休药期内不被用于食品消费。

第四十一条 国务院兽医行政管理部门，负责制定公布在饲料中允许添加的药物饲料添加剂品种目录。

禁止在饲料和动物饮用水中添加激素类药品和国务院兽医行政管理部门规定的其他禁用药品。

经批准可以在饲料中添加的兽药，应当由兽药生产企业制成药物饲料添加剂后方可添加。禁止将原料药直接添加到饲料及动物饮用水中或者直接饲喂动物。

禁止将人用药品用于动物。

第四十二条 国务院兽医行政管理部门，应当制定并组织实施国家动物及动物产品兽药残留监控计划。县级以上人民政府兽医行政管理部门，负责组织对动物产品中兽药残留量的检测。兽药残留检测结果，由国务院兽医行政管理部门或者省、自治区、直辖市人民政府兽医行政管理部门按照权限予以公布。动物产品的生产者、销售者对检测结果有异议的，可以自收到检测结果之日起 7 个工作日内向组织实施兽药残留检测的兽医行政管理部门或者其上级兽医行政管理部门提出申请，由受理申请的兽医行政管理部门指定检验机构进行复检。兽药残留限量标准和残留检测方法，由国务院兽医行政管理部门制定发布。

第四十三条 禁止销售含有违禁药物或者兽药残留量超过标准的食用动物产品。

第七章　兽药监督管理

第四十四条 县级以上人民政府兽医行政管理部门行使兽药监督管理权。

兽药检验工作由国务院兽医行政管理部门和省、自治区、直辖市人民政府兽医行政管理部门设立的兽药检验机构承担。国务院兽医行政管理部门，可以根据需要认定其他检验机构承担兽药检验工作。

当事人对兽药检验结果有异议的，可以自收到检验结果之日起 7 个工作日内向实施检验的机构或者上级兽医行政管理部门设立的检验机构申请复检。

第四十五条 兽药应当符合兽药国家标准。

国家兽药典委员会拟定的、国务院兽医行政管理部门发布的《中华人民共和国兽药典》和国务院兽医行政管理部门发布的其他兽药质量标准为兽药国家标准。

兽药国家标准的标准品和对照品的标定工作由国务院兽医行政管理部门设立的兽药检验机构负责。

第四十六条 兽医行政管理部门依法进行监督检查时，对有证据证明可能是假、劣兽药的，应当采取查封、扣押的行政强制措施，并自采取行政强制措施之日起 7 个工作日内作出是否立案的决定；需要检验的，应当自检验报告书发出之日起 15 个工作日内作出是否立案的决定；不符合立案条件的，应当解除行政强制措施；需要暂停生产的，由国务院兽医行政管理部门或者省、自治区、直辖市人民政府兽医行政管理部门按照权限作出决定；需要暂停经营、使用的，由县级以上人民政府兽医行政管理部门按照权限作出决定。

未经行政强制措施决定机关或者其上级机关批准，不得擅自转移、使用、销毁、销售被查封或者扣押的兽药及有关材料。

第四十七条 有下列情形之一的，为假兽药：

（一）以非兽药冒充兽药或者以他种兽药冒充此种兽药的；

（二）兽药所含成分的种类、名称与兽药国家标准不符合的。

有下列情形之一的，按照假兽药处理：

（一）国务院兽医行政管理部门规定禁止使用的；

（二）依照本条例规定应当经审查批准而未经审查批准即生产、进口的，或者依照本条例规定应当经抽查检验、审查核对而未经抽查检验、审查核对即销售、进口的；

（三）变质的；

（四）被污染的；

（五）所标明的适应症或者功能主治超出规定范围的。

第四十八条　有下列情形之一的，为劣兽药：

（一）成分含量不符合兽药国家标准或者不标明有效成分的；

（二）不标明或者更改有效期或者超过有效期的；

（三）不标明或者更改产品批号的；

（四）其他不符合兽药国家标准，但不属于假兽药的。

第四十九条　禁止将兽用原料药拆零销售或者销售给兽药生产企业以外的单位和个人。禁止未经兽医开具处方销售、购买、使用国务院兽医行政管理部门规定实行处方药管理的兽药。

第五十条　国家实行兽药不良反应报告制度。

兽药生产企业、经营企业、兽药使用单位和开具处方的兽医人员发现可能与兽药使用有关的严重不良反应，应当立即向所在地人民政府兽医行政管理部门报告。

第五十一条　兽药生产企业、经营企业停止生产、经营超过 6 个月或者关闭的，由发证机关责令其交回兽药生产许可证、兽药经营许可证。

第五十二条　禁止买卖、出租、出借兽药生产许可证、兽药经营许可证和兽药批准证明文件。

第五十三条　兽药评审检验的收费项目和标准，由国务院财政部门会同国务院价格主管部门制定，并予以公告。

第五十四条　各级兽医行政管理部门、兽药检验机构及其工作人员，不得参与兽药生产、经营活动，不得以其名义推荐或者监制、监销兽药。

第八章　法律责任

第五十五条　兽医行政管理部门及其工作人员利用职务上的便利收取他人财物或者谋取其他利益，对不符合法定条件的单位和个人核发许可证、签署审查同意意见，不履行监督职责，或者发现违法行为不予查处，造成严重后果，构成犯罪的，依法追究刑事责任；尚不构成犯罪的，依法给予行政处分。

第五十六条　违反本条例规定，无兽药生产许可证、兽药经营许可证生产、经营兽药的，或者虽有兽药生产许可证、兽药经营许可证，生产、经营假、劣兽药的，或者兽药经营企业经营人用药品的，责令其停止生产、经营，没收用于违法生产的原料、辅料、包装材料及生产、经营的兽药和违法所得，并处违法生产、经营的兽药（包括已出售的和未出售的兽药，下同）货值金额 2 倍以上 5 倍以下罚款，货值金额无法查证核实的，处 10 万元以上 20 万元以下罚款；无兽药生产许可证生产兽药，情节严重的，没收其生产设备；生产、经营假、劣兽药，情节严重的，吊销兽药生产许可证、兽药经营许可证；构成犯罪的，依法追究刑事责任；给他人造成损失的，依法承担赔偿责任。生产、经营企业的主要负责人和直接负责的主管人员终身不得从事兽药的生产、经营活动。

擅自生产强制免疫所需兽用生物制品的，按照无兽药生产许可证生产兽药处罚。

第五十七条　违反本条例规定，提供虚假的资料、样品或者采取其他欺骗手段取得兽药生产许可证、兽药经营许可证或者兽药批准证明文件的，吊销兽药生产许可证、兽药经营许可证或者撤销兽药批准证明文件，并处 5 万元以上 10 万元以下罚款；给他人造成损失的，依法承担赔偿责任。其主要负责人和直接负责的主管人员终身不得从事兽药的生产、经营和进出口活动。

第五十八条　买卖、出租、出借兽药生产许可证、兽药经营许可证和兽药批准证明文件的，没收违法所得，并处 1 万元以上 10 万元以下罚款；情节严重的，吊销兽药生产许可证、兽药经营许可证或者撤销兽药批准证明文件；构成犯罪的，依法追究刑事责任；给他人造成损失的，依法承担赔偿责任。

第五十九条　违反本条例规定，兽药安全性评价单位、临床试验单位、生产和经营企业未按照规定实施兽药研究试验、生产、经营质量管理规范的，给予警告，责令其限期改正；逾期不改正的，责令停止兽药研究试验、生产、经营活动，并处 5 万元以下罚款；情节严重的，吊销兽药生产许可证、兽药经营许可证；给他人造成损失的，依法承担赔偿责任。

违反本条例规定，研制新兽药不具备规定的条件擅自使用一类病原微生物或者在实验室阶段前未经批准的，责令其停止实验，并处 5 万元以上 10 万元以下罚款；构成犯罪的，依法追究刑事责任；给他人造成损失的，依法承担赔偿责任。

第六十条　违反本条例规定，兽药的标签和说明书未经批准的，责令其限期改正；逾期不改正的，按照生产、经营假兽药处罚；有兽药产品批准文号的，撤销兽药产品批准文号；给他人造成损失的，依法承担赔偿责任。

兽药包装上未附有标签和说明书，或者标签和说明书与批准的内容不一致的，责令其限期改正；情节严重的，依照前款规定处罚。

第六十一条　违反本条例规定，境外企业在中国直接销售兽药的，责令其限期改正，没收直接销售的兽药和违法所得，并处 5 万元以上 10 万元以下罚款；情节严重的，吊销进口兽药注册证书；给他人造成损失的，依法承担赔偿责任。

第六十二条　违反本条例规定，未按照国家有关兽药安全使用规定使用兽药的、未建立用药记录或者记录不完整真实的，或者使用禁止使用的药品和其他化合物的，或者将人用药品用于动物的，责令其立即改正，并对饲喂了违禁药物及其他化合物的动物及其产品进行无害化处理；对违法单位处 1 万元以上 5 万元以下罚款；给他人造成损失的，依法承担赔偿责任。

第六十三条　违反本条例规定，销售尚在用药期、休药期内的动物及其产品用于食品消费的，或者销售含有违禁药物和兽药残留超标的动物产品用于食品消费的，责令其对含有违禁药物和兽药残留超标的动物产品进行无害化处理，没收违法所得，并处 3 万元以上 10 万元以下罚款；构成犯罪的，依法追究刑事责任；给他人造成损失的，依法承担赔偿责任。

第六十四条　违反本条例规定，擅自转移、使用、销毁、销售被查封或者扣押的兽药及有关材料的，责令其停止违法行为，给予警告，并处 5 万元以上 10 万元以下罚款。

第六十五条　违反本条例规定，兽药生产企业、经营企业、兽药使用单位和开具处方的兽医人员发现可能与兽药使用有关的严重不良反应，不向所在地人民政府兽医行政管理部门报告的，给予警告，并处 5 000 元以上 1 万元以下罚款。

生产企业在新兽药监测期内不收集或者不及时报送该新兽药的疗效、不良反应等资料的，责令其限期改正，并处 1 万元以上 5 万元以下罚款；情节严重的，撤销该新兽药的产品批准文号。

第六十六条　违反本条例规定，未经兽医开具处方销售、购买、使用兽用处方药的，责令其限期改正，没收违法所得，并处 5 万元以下罚款；给他人造成损失的，依法承担赔偿责任。

第六十七条　违反本条例规定，兽药生产、经营企业把原料药销售给兽药生产企业以外的单位和个人的，或者兽药经营企业拆零销售原料药的，责令其立即改正，给予警告，没收违法所得，并处 2 万元以上 5 万元以下罚款；情节严重的，吊销兽药生产许可证、兽药经营许可证；给他人造成损失的，依法承担赔偿责任。

第六十八条　违反本条例规定，在饲料和动物饮用水中添加激素类药品和国务院兽医行政管理部门规定的其他禁用药品，依照《饲料和饲料添加剂管理条例》的有关规定处罚；直接将原料药添加到饲料及动物饮用水中，或者饲喂动物的，责令其立即改正，并处 1 万元以上 3 万元以下罚款；给他人造成损失的，依法承担赔偿责任。

第六十九条　有下列情形之一的，撤销兽药的产品批准文号或者吊销进口兽药注册证书：

（一）抽查检验连续 2 次不合格的；

（二）药效不确定、不良反应大以及可能对养殖业、人体健康造成危害或者存在潜在风险的；

（三）国务院兽医行政管理部门禁止生产、经营和使用的兽药。被撤销产品批准文号或者被吊销进口兽药注册证书的兽药，不得继续生产、进口、经营和使用。已经生产、进口的，由所在地兽医行政管理部门监督销毁，所需费用由违法行为人承担；给他人造成损失的，依法承担赔偿责任。

第七十条　本条例规定的行政处罚由县级以上人民政府兽医行政管理部门决定；其中吊销兽药生产许可证、兽药经营许可证、撤销兽药批准证明文件或者责令停止兽药研究试验的，由发证、批准部门决定。

上级兽医行政管理部门对下级兽医行政管理部门违反本条例的行政行为，应当责令限期改正；逾期不改正的，有权予以改变或者撤销。

第七十一条　本条例规定的货值金额以违法生产、经营兽药的标价计算；没有标价的，按照同类兽药的市场价格计算。

第九章 附 则

第七十二条 本条例下列用语的含义是：

（一）兽药，是指用于预防、治疗、诊断动物疾病或者有目的地调节动物生理机能的物质（含药物饲料添加剂），主要包括：血清制品、疫苗、诊断制品、微生态制品、中药材、中成药、化学药品、抗生素、生化药品、放射性药品及外用杀虫剂、消毒剂等。

（二）兽用处方药，是指凭兽医处方方可购买和使用的兽药。

（三）兽用非处方药，是指由国务院兽医行政管理部门公布的、不需要凭兽医处方就可以自行购买并按照说明书使用的兽药。

（四）兽药生产企业，是指专门生产兽药的企业和兼产兽药的企业，包括从事兽药分装的企业。

（五）兽药经营企业，是指经营兽药的专营企业或者兼营企业。

（六）新兽药，是指未曾在中国境内上市销售的兽用药品。

（七）兽药批准证明文件，是指兽药产品批准文号、进口兽药注册证书、允许进口兽用生物制品证明文件、出口兽药证明文件、新兽药注册证书等文件。

第七十三条 兽用麻醉药品、精神药品、毒性药品和放射性药品等特殊药品，依照国家有关规定管理。

第七十四条 水产养殖中的兽药使用、兽药残留检测和监督管理以及水产养殖过程中违法用药的行政处罚，由县级以上人民政府渔业主管部门及其所属的渔政监督管理机构负责。

第七十五条 本条例自 2004 年 11 月 1 日起施行。

国务院关于加强食品等产品安全
监督管理的特别规定

（中华人民共和国国务院令第 503 号，2007 年 7 月 25 日国务院第 186 次常务会议通过）

第一条 为了加强食品等产品安全监督管理，进一步明确生产经营者、监督管理部门和地方人民政府的责任，加强各监督管理部门的协调、配合，保障人体健康和生命安全，制定本规定。

第二条 本规定所称产品除食品外，还包括食用农产品、药品等与人体健康和生命安全有关的产品。

对产品安全监督管理，法律有规定的，适用法律规定；法律没有规定或者规定不明确的，适用本规定。

第三条 生产经营者应当对其生产、销售的产品安全负责，不得生产、销售不符合法定要求的产品。

依照法律、行政法规规定生产、销售产品需要取得许可证照或者需要经过认证的，应当按照法定条件、要求从事生产经营活动。不按照法定条件、要求从事生产经营活动或者生产、销售不符合法定要求产品的，由农业、卫生、质检、商务、工商、药品等监督管理部门依据各自职责，没收违法所得、产品和用于违法生产的工具、设备、原材料等物品，货值金额不足 5 000 元的，并处 5 万元罚款；货值金额 5 000 元以上不足 1 万元的，并处 10 万元罚款；货值金额 1 万元以上的，并处货值金额 10 倍以上 20 倍以下的罚款；造成严重后果的，由原发证部门吊销许可证照；构成非法经营罪或者生产、销售伪劣商品罪等犯罪的，依法追究刑事责任。

生产经营者不再符合法定条件、要求，继续从事生产经营活动的，由原发证部门吊销许可证照，并在当地主要媒体上公告被吊销许可证照的生产经营者名单；构成非法经营罪或者生产、销售伪劣商品罪等犯罪的，依法追究刑事责任。

依法应当取得许可证照而未取得许可证照从事生产经营活动的，由农业、卫生、质检、商务、工商、药品等监督管理部门依据各自职责，没收违法所得、产品和用于违法生产的工具、设备、原材料等物品，货值金额不足 1 万元的，并处 10 万元罚款；货值金额 1 万元以上的，并处货值金额 10 倍以上 20 倍以下的罚款；构成非法经营罪的，依法追究刑事责任。

有关行业协会应当加强行业自律，监督生产经营者的生产经营活动；加强公众健康知识的普及、宣传，引导消费者选择合法生产经营者生产、销售的产品以及有合法标识的产品。

第四条 生产者生产产品所使用的原料、辅料、添加剂、农业投入品，应当符合法律、行政法规的规定和国家强制性标准。

违反前款规定，违法使用原料、辅料、添加剂、农业投入品的，由农业、卫生、质检、商务、药品等监督管理部门依据各自职责没收违法所得，货值金额不足 5 000 元的，并处 2 万元罚款；货值金额 5 000 元以上不足 1 万元的，并处 5 万元罚款；货值金额 1 万元以上的，并处货值金额 5 倍以上 10 倍以下的罚款；造成严重后果的，由原发证部门吊销许可证照；构成生产、销售伪劣商品罪的，依法追究刑事责任。

第五条 销售者必须建立并执行进货检查验收制度，审验供货商的经营资格，验明产品合格证明和产品标识，并建立产品进货台账，如实记录产品名称、规格、数量、供货商及其联系方式、进货时间等内容。从事产品批发业务的销售企业应当建立产品销售台账，如实记录批发的产品品种、规格、数量、流向等内容。在产品集中交易场所销售自制产品的生产企业应当比照从事产品批发业务的销售企业的规定，履行建立产品销售台账的义务。进货台账和销售台账保存期限不得少于 2 年。销售者应当向供货商按照产品生产批次索要符合法定条件的检验机构出具的检验报告或者由供货商签字或者盖章的检验报告复印件；不能提供检验报告或者检验报告复印件的产品，不得销售。

违反前款规定的，由工商、药品监督管理部门依据各自职责责令停止销售；不能提供检验报告或者检验报告复印件销售产品的，没收违法所得和违法销售的产品，并处货值金额 3 倍的罚款；造成严重后果的，由原发证部门吊销许可证照。

第六条 产品集中交易市场的开办企业、产品经营柜台出租企业、产品展销会的举办企业，应当审查入场销售者的经营资格，明确入场销售者的产品安全管理责任，定期对入场销售者的经营环境、条件、内部安全管理制度和经营产品是否符合法定要求进行检查，发现销售不符合法定要求产品或者其他违法行为的，应当及时制止并立即报告所在地工商行政管理部门。

违反前款规定的，由工商行政管理部门处以 1 000 元以上 5 万元以下的罚款；情节严重的，责令停业整顿；造成严重后果的，吊销营业执照。

第七条　出口产品的生产经营者应当保证其出口产品符合进口国（地区）的标准或者合同要求。法律规定产品必须经过检验方可出口的，应当经符合法律规定的机构检验合格。

出口产品检验人员应当依照法律、行政法规规定和有关标准、程序、方法进行检验，对其出具的检验证单等负责。

出入境检验检疫机构和商务、药品等监督管理部门应当建立出口产品的生产经营者良好记录和不良记录，并予以公布。对有良好记录的出口产品的生产经营者，简化检验检疫手续。

出口产品的生产经营者逃避产品检验或者弄虚作假的，由出入境检验检疫机构和药品监督管理部门依据各自职责，没收违法所得和产品，并处货值金额 3 倍的罚款；构成犯罪的，依法追究刑事责任。

第八条　进口产品应当符合我国国家技术规范的强制性要求以及我国与出口国（地区）签订的协议规定的检验要求。

质检、药品监督管理部门依据生产经营者的诚信度和质量管理水平以及进口产品风险评估的结果，对进口产品实施分类管理，并对进口产品的收货人实施备案管理。进口产品的收货人应当如实记录进口产品流向。记录保存期限不得少于 2 年。

质检、药品监督管理部门发现不符合法定要求产品时，可以将不符合法定要求产品的进货人、报检人、代理人列入不良记录名单。进口产品的进货人、销售者弄虚作假的，由质检、药品监督管理部门依据各自职责，没收违法所得和产品，并处货值金额 3 倍的罚款；构成犯罪的，依法追究刑事责任。进口产品的报检人、代理人弄虚作假的，取消报检资格，并处货值金额等值的罚款。

第九条　生产企业发现其生产的产品存在安全隐患，可能对人体健康和生命安全造成损害的，应当向社会公布有关信息，通知销售者停止销售，告知消费者停止使用，主动召回产品，并向有关监督管理部门报告；销售者应当立即停止销售该产品。销售者发现其销售的产品存在安全隐患，可能对人体健康和生命安全造成损害的，应当立即停止销售该产品，通知生产企业或者供货商，并向有关监督管理部门报告。

生产企业和销售者不履行前款规定义务的，由农业、卫生、质检、商务、工商、药品等监督管理部门依据各自职责，责令生产企业召回产品，销售者停止销售，对生产企业并处货值金额 3 倍的罚款，对销售者并处 1 000元以上 5 万元以下的罚款；造成严重后果的，由原发证部门吊销许可证照。

第十条　县级以上地方人民政府应当将产品安全监督管理纳入政府工作考核目标，对本行政区域内的产品安全监督管理负总责，统一领导、协调本行政区域内的监督管理工作，建立健全监督管理协调机制，加强对行政执法的协调、监督；统一领导、指挥产品安全突发事件应对工作，依法组织查处产品安全事故；建立监督管理责任制，对各监督管理部门进行评议、考核。质检、工商和药品等监督管理部门应当在所在地同级人民政府的统一协调下，依法做好产品安全监督管理工作。

县级以上地方人民政府不履行产品安全监督管理的领导、协调职责，本行政区域内一年多次出现产品安全事故、造成严重社会影响的，由监察机关或者任免机关对政府的主要负责人和直接负责的主管人员给予记大过、降级或者撤职的处分。

第十一条　国务院质检、卫生、农业等主管部门在各自职责范围内尽快制定、修改或者起草相关国家标准，加快建立统一管理、协调配套、符合实际、科学合理的产品标准体系。

第十二条　县级以上人民政府及其部门对产品安全实施监督管理，应当按照法定权限和程序履行职责，做到公开、公平、公正。对生产经营者同一违法行为，不得给予 2 次以上罚款的行政处罚；对涉嫌构成犯罪、依法需要追究刑事责任的，应当依照《行政执法机关移送涉嫌犯罪案件的规定》，向公安机关移送。

农业、卫生、质检、商务、工商、药品等监督管理部门应当依据各自职责对生产经营者进行监督检查，并对其遵守强制性标准、法定要求的情况予以记录，由监督检查人员签字后归档。监督检查记录应当作为其直接负责主管人员定期考核的内容。公众有权查阅监督检查记录。

第十三条　生产经营者有下列情形之一的，农业、卫生、质检、商务、工商、药品等监督管理部门应当依据各自职责采取措施，纠正违法行为，防止或者减少危害发生，并依照本规定予以处罚：

（一）依法应当取得许可证照而未取得许可证照从事生产经营活动的；

（二）取得许可证照或者经过认证后，不按照法定条件、要求从事生产经营活动或者生产、销售不符合法定要求产品的；

（三）生产经营者不再符合法定条件、要求继续从事生产经营活动的；

（四）生产者生产产品不按照法律、行政法规的规定和国家强制性标准使用原料、辅料、添加剂、农业投入品的；

（五）销售者没有建立并执行进货检查验收制度，并建立产品进货台账的；

（六）生产企业和销售者发现其生产、销售的产品存在安全隐患，可能对人体健康和生命安全造成损害，不履行本规定的义务的；

（七）生产经营者违反法律、行政法规和本规定的其他有关规定的。

农业、卫生、质检、商务、工商、药品等监督管理部门不履行前款规定职责、造成后果的，由监察机关或者任免机关对其主要负责人、直接负责的主管人员和其他直接责任人员给予记大过或者降级的处分；造成严重后果的，给予其主要负责人、直接负责的主管人员和其他直接责任人员撤职或者开除的处分；其主要负责人、直接负责的主管人员和其他直接责任人员构成渎职罪的，依法追究刑事责任。

违反本规定，滥用职权或者有其他渎职行为的，由监察机关或者任免机关对其主要负责人、直接负责的主管人员和其他直接责任人员给予记过或者记大过的处分；造成严重后果的，给予其主要负责人、直接负责的主管人员和其他直接责任人员降级或者撤职的处分；其主要负责人、直接负责的主管人员和其他直接责任人员构成渎职罪的，依法追究刑事责任。

第十四条　农业、卫生、质检、商务、工商、药品等监督管理部门发现违反本规定的行为，属于其他监督管理部门职责的，应当立即书面通知并移交有权处理的监督管理部门处理。有权处理的部门应当立即处理，不得推诿；因不立即处理或者推诿造成后果的，由监察机关或者任免机关对其主要负责人、直接负责的主管人员和其他直接责任人员给予记大过或者降级的处分。

第十五条　农业、卫生、质检、商务、工商、药品等监督管理部门履行各自产品安全监督管理职责，有下列职权：

（一）进入生产经营场所实施现场检查；

（二）查阅、复制、查封、扣押有关合同、票据、账簿以及其他有关资料；

（三）查封、扣押不符合法定要求的产品，违法使用的原料、辅料、添加剂、农业投入品以及用于违法生产的工具、设备；

（四）查封存在危害人体健康和生命安全重大隐患的生产经营场所。

第十六条　农业、卫生、质检、商务、工商、药品等监督管理部门应当建立生产经营者违法行为记录制度，对违法行为的情况予以记录并公布；对有多次违法行为记录的生产经营者，吊销许可证照。

第十七条　检验检测机构出具虚假检验报告，造成严重后果的，由授予其资质的部门吊销其检验检测资质；构成犯罪的，对直接负责的主管人员和其他直接责任人员依法追究刑事责任。

第十八条　发生产品安全事故或者其他对社会造成严重影响的产品安全事件时，农业、卫生、质检、商务、工商、药品等监督管理部门必须在各自职责范围内及时作出反应，采取措施，控制事态发展，减少损失，依照国务院规定发布信息，做好有关善后工作。

第十九条　任何组织或者个人对违反本规定的行为有权举报。接到举报的部门应当为举报人保密。举报经调查属实的，受理举报的部门应当给予举报人奖励。

农业、卫生、质检、商务、工商、药品等监督管理部门应当公布本单位的电子邮件地址或者举报电话；对接到的举报，应当及时、完整地进行记录并妥善保存。举报的事项属于本部门职责的，应当受理，并依法进行核实、处理、答复；不属于本部门职责的，应当转交有权处理的部门，并告知举报人。

第二十条　本规定自公布之日起施行。

三 部 门 规 章

动物检疫管理办法

第一章 总 则

第一条 为加强动物检疫活动管理，预防、控制和扑灭动物疫病，保障动物及动物产品安全，保护人体健康，维护公共卫生安全，根据《中华人民共和国动物防疫法》（以下简称《动物防疫法》），制定本办法。

第二条 本办法适用于中华人民共和国领域内的动物检疫活动。

第三条 农业部主管全国动物检疫工作。

县级以上地方人民政府兽医主管部门主管本行政区域内的动物检疫工作。

县级以上地方人民政府设立的动物卫生监督机构负责本行政区域内动物、动物产品的检疫及其监督管理工作。

第四条 动物检疫的范围、对象和规程由农业部制定、调整并公布。

第五条 动物卫生监督机构指派官方兽医按照《动物防疫法》和本办法的规定对动物、动物产品实施检疫，出具检疫证明，加施检疫标志。

动物卫生监督机构可以根据检疫工作需要，指定兽医专业人员协助官方兽医实施动物检疫。

第六条 动物检疫遵循过程监管、风险控制、区域化和可追溯管理相结合的原则。

第二章 检疫申报

第七条 国家实行动物检疫申报制度。

动物卫生监督机构应当根据检疫工作需要，合理设置动物检疫申报点，并向社会公布动物检疫申报点、检疫范围和检疫对象。

县级以上人民政府兽医主管部门应当加强动物检疫申报点的建设和管理。

第八条 下列动物、动物产品在离开产地前，货主应当按规定时限向所在地动物卫生监督机构申报检疫：

（一）出售、运输动物产品和供屠宰、继续饲养的动物，应当提前 3 天申报检疫。

（二）出售、运输乳用动物、种用动物及其精液、卵、胚胎、种蛋，以及参加展览、演出和比赛的动物，应当提前 15 天申报检疫。

（三）向无规定动物疫病区输入相关易感动物、易感动物产品的，货主除按规定向输出地动物卫生监督机构申报检疫外，还应当在起运 3 天前向输入地省级动物卫生监督机构申报检疫。

第九条 合法捕获野生动物的，应当在捕获后 3 天内向捕获地县级动物卫生监督机构申报检疫。

第十条 屠宰动物的，应当提前 6 小时向所在地动物卫生监督机构申报检疫；急宰动物的，可以随时申报。

第十一条 申报检疫的，应当提交检疫申报单；跨省、自治区、直辖市调运乳用动物、种用动物及其精液、胚胎、种蛋的，还应当同时提交输入地省、自治区、直辖市动物卫生监督机构批准的《跨省引进乳用种用动物检疫审批表》。

申报检疫采取申报点填报、传真、电话等方式申报。采用电话申报的，需在现场补填检疫申报单。

第十二条 动物卫生监督机构受理检疫申报后，应当派出官方兽医到现场或指定地点实施检疫；不予受理的，应当说明理由。

第三章 产地检疫

第十三条 出售或者运输的动物、动物产品经所在地县级动物卫生监督机构的官方兽医检疫合格，并取得《动物检疫合格证明》后，方可离开产地。

第十四条 出售或者运输的动物，经检疫符合下列条件，由官方兽医出具《动物检疫合格证明》：

（一）来自非封锁区或者未发生相关动物疫情的饲养场（户）；

（二）按照国家规定进行了强制免疫，并在有效保护期内；

（三）临床检查健康；

（四）农业部规定需要进行实验室疫病检测的，检测结果符合要求；

（五）养殖档案相关记录和畜禽标识符合农业部规定。

乳用、种用动物和宠物，还应当符合农业部规定的健康标准。

第十五条　合法捕获的野生动物，经检疫符合下列条件，由官方兽医出具《动物检疫合格证明》后，方可饲养、经营和运输：

（一）来自非封锁区；

（二）临床检查健康；

（三）农业部规定需要进行实验室疫病检测的，检测结果符合要求。

第十六条　出售、运输的种用动物精液、卵、胚胎、种蛋，经检疫符合下列条件，由官方兽医出具《动物检疫合格证明》：

（一）来自非封锁区，或者未发生相关动物疫情的种用动物饲养场；

（二）供体动物按照国家规定进行了强制免疫，并在有效保护期内；

（三）供体动物符合动物健康标准；

（四）农业部规定需要进行实验室疫病检测的，检测结果符合要求；

（五）供体动物的养殖档案相关记录和畜禽标识符合农业部规定。

第十七条　出售、运输的骨、角、生皮、原毛、绒等产品，经检疫符合下列条件，由官方兽医出具《动物检疫合格证明》：

（一）来自非封锁区，或者未发生相关动物疫情的饲养场（户）；

（二）按有关规定消毒合格；

（三）农业部规定需要进行实验室疫病检测的，检测结果符合要求。

第十八条　经检疫不合格的动物、动物产品，由官方兽医出具检疫处理通知单，并监督货主按照农业部规定的技术规范处理。

第十九条　跨省、自治区、直辖市引进用于饲养的非乳用、非种用动物到达目的地后，货主或者承运人应当在24小时内向所在地县级动物卫生监督机构报告，并接受监督检查。

第二十条　跨省、自治区、直辖市引进的乳用、种用动物到达输入地后，在所在地动物卫生监督机构的监督下，应当在隔离场或饲养场（养殖小区）内的隔离舍进行隔离观察，大中型动物隔离期为45天，小型动物隔离期为30天。经隔离观察合格的方可混群饲养；不合格的，按照有关规定进行处理。隔离观察合格后需继续在省内运输的，货主应当申请更换《动物检疫合格证明》。动物卫生监督机构更换《动物检疫合格证明》不得收费。

第四章　屠宰检疫

第二十一条　县级动物卫生监督机构依法向屠宰场（厂、点）派驻（出）官方兽医实施检疫。屠宰场（厂、点）应当提供与屠宰规模相适应的官方兽医驻场检疫室和检疫操作台等设施。出场（厂、点）的动物产品应当经官方兽医检疫合格，加施检疫标志，并附有《动物检疫合格证明》。

第二十二条　进入屠宰场（厂、点）的动物应当附有《动物检疫合格证明》，并佩戴有农业部规定的畜禽标识。

官方兽医应当查验进场动物附具的《动物检疫合格证明》和佩戴的畜禽标识，检查待宰动物健康状况，对疑似染疫的动物进行隔离观察。

官方兽医应当按照农业部规定，在动物屠宰过程中实施全流程同步检疫和必要的实验室疫病检测。

第二十三条　经检疫符合下列条件的，由官方兽医出具《动物检疫合格证明》，对胴体及分割、包装的动物产品加盖检疫验讫印章或者加施其他检疫标志：

（一）无规定的传染病和寄生虫病；

（二）符合农业部规定的相关屠宰检疫规程要求；

（三）需要进行实验室疫病检测的，检测结果符合要求。

骨、角、生皮、原毛、绒的检疫还应当符合本办法第十七条有关规定。

第二十四条 经检疫不合格的动物、动物产品，由官方兽医出具检疫处理通知单，并监督屠宰场（厂、点）或者货主按照农业部规定的技术规范处理。

第二十五条 官方兽医应当回收进入屠宰场（厂、点）动物附具的《动物检疫合格证明》，填写屠宰检疫记录。回收的《动物检疫合格证明》应当保存十二个月以上。

第二十六条 经检疫合格的动物产品到达目的地后，需要直接在当地分销的，货主可以向输入地动物卫生监督机构申请换证，换证不得收费。换证应当符合下列条件：

（一）提供原始有效《动物检疫合格证明》，检疫标志完整，且证物相符；

（二）在有关国家标准规定的保质期内，且无腐败变质。

第二十七条 经检疫合格的动物产品到达目的地，贮藏后需继续调运或者分销的，货主可以向输入地动物卫生监督机构重新申报检疫。输入地县级以上动物卫生监督机构对符合下列条件的动物产品，出具《动物检疫合格证明》。

（一）提供原始有效《动物检疫合格证明》，检疫标志完整，且证物相符；

（二）在有关国家标准规定的保质期内，无腐败变质；

（三）有健全的出入库登记记录；

（四）农业部规定进行必要的实验室疫病检测的，检测结果符合要求。

第五章　水产苗种产地检疫

第二十八条 出售或者运输水生动物的亲本、稚体、幼体、受精卵、发眼卵及其他遗传育种材料等水产苗种的，货主应当提前20天向所在地县级动物卫生监督机构申报检疫；经检疫合格，并取得《动物检疫合格证明》后，方可离开产地。

第二十九条 养殖、出售或者运输合法捕获的野生水产苗种的，货主应当在捕获野生水产苗种后2天内向所在地县级动物卫生监督机构申报检疫；经检疫合格，并取得《动物检疫合格证明》后，方可投放养殖场所、出售或者运输。

合法捕获的野生水产苗种实施检疫前，货主应当将其隔离在符合下列条件的临时检疫场地：

（一）与其他养殖场所有物理隔离设施；

（二）具有独立的进排水和废水无害化处理设施以及专用渔具；

（三）农业部规定的其他防疫条件。

第三十条 水产苗种经检疫符合下列条件的，由官方兽医出具《动物检疫合格证明》：

（一）该苗种生产场近期未发生相关水生动物疫情；

（二）临床健康检查合格；

（三）农业部规定需要经水生动物疫病诊断实验室检验的，检验结果符合要求。

检疫不合格的，动物卫生监督机构应当监督货主按照农业部规定的技术规范处理。

第三十一条 跨省、自治区、直辖市引进水产苗种到达目的地后，货主或承运人应当在24小时内按照有关规定报告，并接受当地动物卫生监督机构的监督检查。

第六章　无规定动物疫病区动物检疫

第三十二条 向无规定动物疫病区运输相关易感动物、动物产品的，除附有输出地动物卫生监督机构出具的《动物检疫合格证明》外，还应当向输入地省、自治区、直辖市动物卫生监督机构申报检疫，并按照本办法第三十三条、第三十四条规定取得输入地《动物检疫合格证明》。

第三十三条 输入到无规定动物疫病区的相关易感动物，应当在输入地省、自治区、直辖市动物卫生监督机构指定的隔离场所，按照农业部规定的无规定动物疫病区有关检疫要求隔离检疫。大中型动物隔离检疫期为

45 天，小型动物隔离检疫期为 30 天。隔离检疫合格的，由输入地省、自治区、直辖市动物卫生监督机构的官方兽医出具《动物检疫合格证明》；不合格的，不准进入，并依法处理。

第三十四条 输入到无规定动物疫病区的相关易感动物产品，应当在输入地省、自治区、直辖市动物卫生监督机构指定的地点，按照农业部规定的无规定动物疫病区有关检疫要求进行检疫。检疫合格的，由输入地省、自治区、直辖市动物卫生监督机构的官方兽医出具《动物检疫合格证明》；不合格的，不准进入，并依法处理。

第七章　乳用种用动物检疫审批

第三十五条 跨省、自治区、直辖市引进乳用动物、种用动物及其精液、胚胎、种蛋的，货主应当填写《跨省引进乳用种用动物检疫审批表》，向输入地省、自治区、直辖市动物卫生监督机构申请办理审批手续。

第三十六条 输入地省、自治区、直辖市动物卫生监督机构应当自受理申请之日起 10 个工作日内，做出是否同意引进的决定。符合下列条件的，签发《跨省引进乳用种用动物检疫审批表》；不符合下列条件的，书面告知申请人，并说明理由。

（一）输出和输入饲养场、养殖小区取得《动物防疫条件合格证》；

（二）输入饲养场、养殖小区存栏的动物符合动物健康标准；

（三）输出的乳用、种用动物养殖档案相关记录符合农业部规定；

（四）输出的精液、胚胎、种蛋的供体符合动物健康标准。

第三十七条 货主凭输入地省、自治区、直辖市动物卫生监督机构签发的《跨省引进乳用种用动物检疫审批表》，按照本办法规定向输出地县级动物卫生监督机构申报检疫。输出地县级动物卫生监督机构应当按照本办法的规定实施检疫。

第三十八条 跨省引进乳用种用动物应当在《跨省引进乳用种用动物检疫审批表》有效期内运输。逾期引进的，货主应当重新办理审批手续。

第八章　检疫监督

第三十九条 屠宰、经营、运输以及参加展览、演出和比赛的动物，应当附有《动物检疫合格证明》；经营、运输的动物产品应当附有《动物检疫合格证明》和检疫标志。

对符合前款规定的动物、动物产品，动物卫生监督机构可以查验检疫证明、检疫标志，对动物、动物产品进行采样、留验、抽检，但不得重复检疫收费。

第四十条 依法应当检疫而未经检疫的动物，由动物卫生监督机构依照本条第二款规定补检，并依照《动物防疫法》处理处罚。

符合下列条件的，由动物卫生监督机构出具《动物检疫合格证明》；不符合的，按照农业部有关规定进行处理。

（一）畜禽标识符合农业部规定；

（二）临床检查健康；

（三）农业部规定需要进行实验室疫病检测的，检测结果符合要求。

第四十一条 依法应当检疫而未经检疫的骨、角、生皮、原毛、绒等产品，符合下列条件的，由动物卫生监督机构出具《动物检疫合格证明》；不符合的，予以没收销毁。同时，依照《动物防疫法》处理处罚。

（一）经外观检查无腐烂变质；

（二）按有关规定重新消毒；

（三）农业部规定需要进行实验室疫病检测的，检测结果符合要求。

第四十二条 依法应当检疫而未经检疫的精液、胚胎、种蛋等，符合下列条件的，由动物卫生监督机构出具《动物检疫合格证明》；不符合的，予以没收销毁。同时，依照《动物防疫法》处理处罚。

（一）货主在 5 天内提供输出地动物卫生监督机构出具的来自非封锁区的证明和供体动物符合健康标准的证明；

（二）在规定的保质期内，并经外观检查无腐败变质；

（三）农业部规定需要进行实验室疫病检测的，检测结果符合要求。

第四十三条 依法应当检疫而未经检疫的肉、脏器、脂、头、蹄、血液、筋等，符合下列条件的，由动物卫生监督机构出具《动物检疫合格证明》，并依照《动物防疫法》第七十八条的规定进行处罚；不符合下列条件的，予以没收销毁，并依照《动物防疫法》第七十六条的规定进行处罚：

（一）货主在 5 天内提供输出地动物卫生监督机构出具的来自非封锁区的证明；

（二）经外观检查无病变、无腐败变质；

（三）农业部规定需要进行实验室疫病检测的，检测结果符合要求。

第四十四条 经铁路、公路、水路、航空运输依法应当检疫的动物、动物产品的，托运人托运时应当提供《动物检疫合格证明》。没有《动物检疫合格证明》的，承运人不得承运。

第四十五条 货主或者承运人应当在装载前和卸载后，对动物、动物产品的运载工具以及饲养用具、装载用具等，按照农业部规定的技术规范进行消毒，并对清除的垫料、粪便、污物等进行无害化处理。

第四十六条 封锁区内的商品蛋、生鲜奶的运输监管按照《重大动物疫情应急条例》实施。

第四十七条 经检疫合格的动物、动物产品应当在规定时间内到达目的地。经检疫合格的动物在运输途中发生疫情，应按有关规定报告并处置。

第九章 罚 则

第四十八条 违反本办法第十九条、第三十一条规定，跨省、自治区、直辖市引进用于饲养的非乳用、非种用动物和水产苗种到达目的地后，未向所在地动物卫生监督机构报告的，由动物卫生监督机构处五百元以上二千元以下罚款。

第四十九条 违反本办法第二十条规定，跨省、自治区、直辖市引进的乳用、种用动物到达输入地后，未按规定进行隔离观察的，由动物卫生监督机构责令改正，处二千元以上一万元以下罚款。

第五十条 其他违反本办法规定的行为，依照《动物防疫法》有关规定予以处罚。

第十章 附 则

第五十一条 动物卫生监督证章标志格式或样式由农业部统一制定。

第五十二条 水产苗种产地检疫，由地方动物卫生监督机构委托同级渔业主管部门实施。水产苗种以外的其他水生动物及其产品不实施检疫。

第五十三条 本办法自 2010 年 3 月 1 日起施行。农业部 2002 年 5 月 24 日发布的《动物检疫管理办法》（农业部令第 14 号）自本办法施行之日起废止。

动物防疫条件审查办法

第一章　总　　则

第一条　为了规范动物防疫条件审查，有效预防控制动物疫病，维护公共卫生安全，根据《中华人民共和国动物防疫法》，制定本办法。

第二条　动物饲养场、养殖小区、动物隔离场所、动物屠宰加工场所以及动物和动物产品无害化处理场所，应当符合本办法规定的动物防疫条件，并取得《动物防疫条件合格证》。

经营动物和动物产品的集贸市场应当符合本办法规定的动物防疫条件。

第三条　农业部主管全国动物防疫条件审查和监督管理工作。

县级以上地方人民政府兽医主管部门主管本行政区域内的动物防疫条件审查和监督管理工作。

县级以上地方人民政府设立的动物卫生监督机构负责本行政区域内的动物防疫条件监督执法工作。

第四条　动物防疫条件审查应当遵循公开、公正、公平、便民的原则。

第二章　饲养场、养殖小区动物防疫条件

第五条　动物饲养场、养殖小区选址应当符合下列条件：

（一）距离生活饮用水源地、动物屠宰加工场所、动物和动物产品集贸市场 500 米以上；距离种畜禽场 1 000 米以上；距离动物诊疗场所 200 米以上；动物饲养场（养殖小区）之间距离不少于 500 米；

（二）距离动物隔离场所、无害化处理场所 3 000 米以上；

（三）距离城镇居民区、文化教育科研等人口集中区域及公路、铁路等主要交通干线 500 米以上。

第六条　动物饲养场、养殖小区布局应当符合下列条件：

（一）场区周围建有围墙；

（二）场区出入口处设置与门同宽，长 4 米、深 0.3 米以上的消毒池；

（三）生产区与生活办公区分开，并有隔离设施；

（四）生产区入口处设置更衣消毒室，各养殖栋舍出入口设置消毒池或者消毒垫；

（五）生产区内清洁道、污染道分设；

（六）生产区内各养殖栋舍之间距离在 5 米以上或者有隔离设施。

禽类饲养场、养殖小区内的孵化间与养殖区之间应当设置隔离设施，并配备种蛋熏蒸消毒设施，孵化间的流程应当单向，不得交叉或者回流。

第七条　动物饲养场、养殖小区应当具有下列设施设备：

（一）场区入口处配置消毒设备；

（二）生产区有良好的采光、通风设施设备；

（三）圈舍地面和墙壁选用适宜材料，以便清洗消毒；

（四）配备疫苗冷冻（冷藏）设备、消毒和诊疗等防疫设备的兽医室，或者有兽医机构为其提供相应服务；

（五）有与生产规模相适应的无害化处理、污水污物处理设施设备；

（六）有相对独立的引入动物隔离舍和患病动物隔离舍。

第八条　动物饲养场、养殖小区应当有与其养殖规模相适应的执业兽医或者乡村兽医。

患有相关人畜共患传染病的人员不得从事动物饲养工作。

第九条　动物饲养场、养殖小区应当按规定建立免疫、用药、检疫申报、疫情报告、消毒、无害化处理、畜禽标识等制度及养殖档案。

第十条　种畜禽场除符合本办法第六条、第七条、第八条、第九条规定外，还应当符合下列条件：

（一）距离生活饮用水源地、动物饲养场、养殖小区和城镇居民区、文化教育科研等人口集中区域及公路、铁路等主要交通干线 1 000 米以上；

（二）距离动物隔离场所、无害化处理场所、动物屠宰加工场所、动物和动物产品集贸市场、动物诊疗场所3 000米以上；

（三）有必要的防鼠、防鸟、防虫设施或者措施；

（四）有国家规定的动物疫病的净化制度；

（五）根据需要，种畜场还应当设置单独的动物精液、卵、胚胎采集等区域。

第三章　屠宰加工场所动物防疫条件

第十一条　动物屠宰加工场所选址应当符合下列条件：

（一）距离生活饮用水源地、动物饲养场、养殖小区、动物集贸市场500米以上；距离种畜禽场3 000米以上；距离动物诊疗场所200米以上；

（二）距离动物隔离场所、无害化处理场所3 000米以上。

第十二条　动物屠宰加工场所布局应当符合下列条件：

（一）场区周围建有围墙；

（二）运输动物车辆出入口设置与门同宽，长4米、深0.3米以上的消毒池；

（三）生产区与生活办公区分开，并有隔离设施；

（四）入场动物卸载区域有固定的车辆消毒场地，并配有车辆清洗、消毒设备。

（五）动物入场口和动物产品出场口应当分别设置；

（六）屠宰加工间入口设置人员更衣消毒室；

（七）有与屠宰规模相适应的独立检疫室、办公室和休息室；

（八）有待宰圈、患病动物隔离观察圈、急宰间；加工原毛、生皮、绒、骨、角的，还应当设置封闭式熏蒸消毒间。

第十三条　动物屠宰加工场所应当具有下列设施设备：

（一）动物装卸台配备照度不小于300lx的照明设备；

（二）生产区有良好的采光设备，地面、操作台、墙壁、天棚应当耐腐蚀、不吸潮、易清洗；

（三）屠宰间配备检疫操作台和照度不小于500lx的照明设备；

（四）有与生产规模相适应的无害化处理、污水污物处理设施设备。

第十四条　动物屠宰加工场所应当建立动物入场和动物产品出场登记、检疫申报、疫情报告、消毒、无害化处理等制度。

第四章　隔离场所动物防疫条件

第十五条　动物隔离场所选址应当符合下列条件：

（一）距离动物饲养场、养殖小区、种畜禽场、动物屠宰加工场所、无害化处理场所、动物诊疗场所、动物和动物产品集贸市场以及其他动物隔离场3 000米以上；

（二）距离城镇居民区、文化教育科研等人口集中区域及公路、铁路等主要交通干线、生活饮用水源地500米以上。

第十六条　动物隔离场所布局应当符合下列条件：

（一）场区周围有围墙；

（二）场区出入口处设置与门同宽，长4米、深0.3米以上的消毒池；

（三）饲养区与生活办公区分开，并有隔离设施；

（四）有配备消毒、诊疗和检测等防疫设备的兽医室；

（五）饲养区内清洁道、污染道分设；

（六）饲养区入口设置人员更衣消毒室。

第十七条　动物隔离场所应当具有下列设施设备：

（一）场区出入口处配置消毒设备；

（二）有无害化处理、污水污物处理设施设备。

第十八条　动物隔离场所应当配备与其规模相适应的执业兽医。

患有相关人畜共患传染病的人员不得从事动物饲养工作。

第十九条　动物隔离场所应当建立动物和动物产品进出登记、免疫、用药、消毒、疫情报告、无害化处理等制度。

第五章　无害化处理场所动物防疫条件

第二十条　动物和动物产品无害化处理场所选址应当符合下列条件：

（一）距离动物养殖场、养殖小区、种畜禽场、动物屠宰加工场所、动物隔离场所、动物诊疗场所、动物和动物产品集贸市场、生活饮用水源地 3 000 米以上；

（二）距离城镇居民区、文化教育科研等人口集中区域及公路、铁路等主要交通干线 500 米以上。

第二十一条　动物和动物产品无害化处理场所布局应当符合下列条件：

（一）场区周围建有围墙；

（二）场区出入口处设置与门同宽，长 4 米、深 0.3 米以上的消毒池，并设有单独的人员消毒通道；

（三）无害化处理区与生活办公区分开，并有隔离设施；

（四）无害化处理区内设置染疫动物扑杀间、无害化处理间、冷库等；

（五）动物扑杀间、无害化处理间入口处设置人员更衣室，出口处设置消毒室。

第二十二条　动物和动物产品无害化处理场所应当具有下列设施设备：

（一）配置机动消毒设备；

（二）动物扑杀间、无害化处理间等配备相应规模的无害化处理、污水污物处理设施设备；

（三）有运输动物和动物产品的专用密闭车辆。

第二十三条　动物和动物产品无害化处理场所应当建立病害动物和动物产品入场登记、消毒、无害化处理后的物品流向登记、人员防护等制度。

第六章　集贸市场动物防疫条件

第二十四条　专门经营动物的集贸市场应当符合下列条件：

（一）距离文化教育科研等人口集中区域、生活饮用水源地、动物饲养场和养殖小区、动物屠宰加工场所 500 米以上，距离种畜禽场、动物隔离场所、无害化处理场所 3 000 米以上，距离动物诊疗场所 200 米以上；

（二）市场周围有围墙，场区出入口处设置与门同宽，长 4 米、深 0.3 米以上的消毒池；

（三）场内设管理区、交易区、废弃物处理区，各区相对独立；

（四）交易区内不同种类动物交易场所相对独立；

（五）有清洗、消毒和污水污物处理设施设备；

（六）有定期休市和消毒制度；

（七）有专门的兽医工作室。

第二十五条　兼营动物和动物产品的集贸市场应当符合下列动物防疫条件：

（一）距离动物饲养场和养殖小区 500 米以上，距离种畜禽场、动物隔离场所、无害化处理场所 3 000 米以上，距离动物诊疗场所 200 米以上；

（二）动物和动物产品交易区与市场其他区域相对隔离；

（三）动物交易区与动物产品交易区相对隔离；

（四）不同种类动物交易区相对隔离；

（五）交易区地面、墙面（裙）和台面防水、易清洗；

（六）有消毒制度。

活禽交易市场除符合前款规定条件外，市场内的水禽与其他家禽还应当分开，宰杀间与活禽存放间应当隔离，宰杀间与出售场地应当分开，并有定期休市制度。

第七章　审查发证

第二十六条　兴办动物饲养场、养殖小区、动物屠宰加工场所、动物隔离场所、动物和动物产品无害化处理场所，应当按照本办法规定进行选址、工程设计和施工。

第二十七条　本办法第二条第一款规定场所建设竣工后，应当向所在地县级地方人民政府兽医主管部门提出申请，并提交以下材料：

（一）《动物防疫条件审查申请表》；

（二）场所地理位置图、各功能区布局平面图；

（三）设施设备清单；

（四）管理制度文本；

（五）人员情况。

申请材料不齐全或者不符合规定条件的，县级地方人民政府兽医主管部门应当自收到申请材料之日起 5 个工作日内，一次告知申请人需补正的内容。

第二十八条　兴办动物饲养场、养殖小区和动物屠宰加工场所的，县级地方人民政府兽医主管部门应当自收到申请之日起 20 个工作日内完成材料和现场审查，审查合格的，颁发《动物防疫条件合格证》；审查不合格的，应当书面通知申请人，并说明理由。

第二十九条　兴办动物隔离场所、动物和动物产品无害化处理场所的，县级地方人民政府兽医主管部门应当自收到申请之日起 5 个工作日内完成材料初审，并将初审意见和有关材料报省、自治区、直辖市人民政府兽医主管部门。省、自治区、直辖市人民政府兽医主管部门自收到初审意见和有关材料之日起 15 个工作日内完成材料和现场审查，审查合格的，颁发《动物防疫条件合格证》；审查不合格的，应当书面通知申请人，并说明理由。

第八章　监督管理

第三十条　动物卫生监督机构依照《中华人民共和国动物防疫法》和有关法律、法规的规定，对动物饲养场、养殖小区、动物隔离场所、动物屠宰加工场所、动物和动物产品无害化处理场所、动物和动物产品集贸市场的动物防疫条件实施监督检查，有关单位和个人应当予以配合，不得拒绝和阻碍。

第三十一条　本办法第二条第一款所列场所在取得《动物防疫条件合格证》后，变更场址或者经营范围的，应当重新申请办理《动物防疫条件合格证》，同时交回原《动物防疫条件合格证》，由原发证机关予以注销。

变更布局、设施设备和制度，可能引起动物防疫条件发生变化的，应当提前 30 日向原发证机关报告。发证机关应当在 20 日内完成审查，并将审查结果通知申请人。

变更单位名称或者其负责人的，应当在变更后 15 日内持有效证明申请变更《动物防疫条件合格证》。

第三十二条　本办法第二条第一款所列场所停业的，应当于停业后 30 日内将《动物防疫条件合格证》交回原发证机关注销。

第三十三条　本办法第二条所列场所，应当在每年 1 月底前将上一年的动物防疫条件情况和防疫制度执行情况向发证机关报告。

第三十四条　禁止转让、伪造或者变造《动物防疫条件合格证》。

第三十五条　《动物防疫条件合格证》丢失或者损毁的，应当在 15 日内向发证机关申请补发。

第九章　罚　　则

第三十六条　违反本办法第三十一条第一款规定，变更场所地址或者经营范围，未按规定重新申请《动物防疫条件合格证》的，按照《中华人民共和国动物防疫法》第七十七条规定予以处罚。

违反本办法第三十一条第二款规定，未经审查擅自变更布局、设施设备和制度的，由动物卫生监督机构给予警告。对不符合动物防疫条件的，由动物卫生监督机构责令改正；拒不改正或者整改后仍不合格的，由发证机关收回并注销《动物防疫条件合格证》。

第三十七条　违反本办法第二十四条和第二十五条规定，经营动物和动物产品的集贸市场不符合动物防疫条件的，由动物卫生监督机构责令改正；拒不改正的，由动物卫生监督机构处五千元以上两万元以下的罚款，并通报同级工商行政管理部门依法处理。

第三十八条　违反本办法第三十四条规定，转让、伪造或者变造《动物防疫条件合格证》的，由动物卫生监督机构收缴《动物防疫条件合格证》，处两千元以上一万元以下的罚款。

使用转让、伪造或者变造《动物防疫条件合格证》的，由动物卫生监督机构按照《中华人民共和国动物防疫法》第七十七条规定予以处罚。

第三十九条　违反本办法规定，构成犯罪或者违反治安管理规定的，依法移送公安机关处理。

第十章　附　　则

第四十条　本办法所称动物饲养场、养殖小区是指《中华人民共和国畜牧法》第三十九条规定的畜禽养殖场、养殖小区。

饲养场、养殖小区内自用的隔离舍和屠宰加工场所内自用的患病动物隔离观察圈，饲养场、养殖小区、屠宰加工场所和动物隔离场内设置的自用无害化处理场所，不再另行办理《动物防疫条件合格证》。

第四十一条　本办法自 2010 年 5 月 1 日起施行。农业部 2002 年 5 月 24 日发布的《动物防疫条件审核管理办法》（农业部令第 15 号）同时废止。

本办法施行前已发放的《动物防疫合格证》在有效期内继续有效，有效期不满 1 年的，可沿用到 2011 年 5 月 1 日止。本办法施行前未取得《动物防疫合格证》的各类场所，应当在 2011 年 5 月 1 日前达到本办法规定的条件，取得《动物防疫条件合格证》。

附：《农业农村部关于调整动物防疫条件审查有关规定的通知》（农牧发〔2019〕42 号）

农业农村部关于调整动物防疫条件审查有关规定的通知

农牧发〔2019〕42 号

各省、自治区、直辖市及计划单列市农业农村（农牧）厅（局、委）、畜牧兽医局，新疆生产建设兵团农业农村局：

为优化动物防疫条件审查工作，促进生猪等畜禽养殖业健康发展，按照"放管服"改革要求，现就有关要求通知如下。

自本通知印发之日起，暂停执行关于兴办动物饲养场、养殖小区、动物隔离场所、动物屠宰加工场所以及动物和动物产品无害化处理场所的选址距离规定。

《动物防疫条件合格证》发证机关要组织开展兴办上述所列场所选址风险评估，依据场所周边的天然屏障、人工屏障、行政区划、饲养环境、动物分布等情况，以及动物疫病的发生、流行状况等因素实施风险评估，根据评估结果确认选址。具体评估办法由省、自治区、直辖市人民政府兽医主管部门制定。

农业农村部

2019 年 12 月 18 日

农产品包装和标识管理办法

第一章　总　　则

第一条　为规范农产品生产经营行为，加强农产品包装和标识管理，建立健全农产品可追溯制度，保障农产品质量安全，依据《中华人民共和国农产品质量安全法》，制定本办法。

第二条　农产品的包装和标识活动应当符合本办法规定。

第三条　农业部负责全国农产品包装和标识的监督管理工作。

县级以上地方人民政府农业行政主管部门负责本行政区域内农产品包装和标识的监督管理工作。

第四条　国家支持农产品包装和标识科学研究，推行科学的包装方法，推广先进的标识技术。

第五条　县级以上人民政府农业行政主管部门应当将农产品包装和标识管理经费纳入年度预算。

第六条　县级以上人民政府农业行政主管部门对在农产品包装和标识工作中做出突出贡献的单位和个人，予以表彰和奖励。

第二章　农产品包装

第七条　农产品生产企业、农民专业合作经济组织以及从事农产品收购的单位或者个人，用于销售的下列农产品必须包装：

（一）获得无公害农产品、绿色食品、有机农产品等认证的农产品，但鲜活畜、禽、水产品除外。

（二）省级以上人民政府农业行政主管部门规定的其他需要包装销售的农产品。

符合规定包装的农产品拆包后直接向消费者销售的，可以不再另行包装。

第八条　农产品包装应当符合农产品储藏、运输、销售及保障安全的要求，便于拆卸和搬运。

第九条　包装农产品的材料和使用的保鲜剂、防腐剂、添加剂等物质必须符合国家强制性技术规范要求。

包装农产品应当防止机械损伤和二次污染。

第三章　农产品标识

第十条　农产品生产企业、农民专业合作经济组织以及从事农产品收购的单位或者个人包装销售的农产品，应当在包装物上标注或者附加标识标明品名、产地、生产者或者销售者名称、生产日期。

有分级标准或者使用添加剂的，还应当标明产品质量等级或者添加剂名称。

未包装的农产品，应当采取附加标签、标识牌、标识带、说明书等形式标明农产品的品名、生产地、生产者或者销售者名称等内容。

第十一条　农产品标识所用文字应当使用规范的中文。标识标注的内容应当准确、清晰、显著。

第十二条　销售获得无公害农产品、绿色食品、有机农产品等质量标志使用权的农产品，应当标注相应标志和发证机构。

禁止冒用无公害农产品、绿色食品、有机农产品等质量标志。

第十三条　畜禽及其产品、属于农业转基因生物的农产品，还应当按照有关规定进行标识。

第四章　监督检查

第十四条　农产品生产企业、农民专业合作经济组织以及从事农产品收购的单位或者个人，应当对其销售农产品的包装质量和标识内容负责。

第十五条　县级以上人民政府农业行政主管部门依照《中华人民共和国农产品质量安全法》对农产品包装和标识进行监督检查。

第十六条　有下列情形之一的，由县级以上人民政府农业行政主管部门按照《中华人民共和国农产品质量安全法》第四十八条、四十九条、五十一条、五十二条的规定处理、处罚：

（一）使用的农产品包装材料不符合强制性技术规范要求的；

（二）农产品包装过程中使用的保鲜剂、防腐剂、添加剂等材料不符合强制性技术规范要求的；

（三）应当包装的农产品未经包装销售的；

（四）冒用无公害农产品、绿色食品等质量标志的；

（五）农产品未按照规定标识的。

第五章　附　　则

第十七条　本办法下列用语的含义：

（一）农产品包装：是指对农产品实施装箱、装盒、装袋、包裹、捆扎等。

（二）保鲜剂：是指保持农产品新鲜品质，减少流通损失，延长贮存时间的人工合成化学物质或者天然物质。

（三）防腐剂：是指防止农产品腐烂变质的人工合成化学物质或者天然物质。

（四）添加剂：是指为改善农产品品质和色、香、味以及加工性能加入的人工合成化学物质或者天然物质。

（五）生产日期：植物产品是指收获日期；畜禽产品是指屠宰或者产出日期；水产品是指起捕日期；其他产品是指包装或者销售时的日期。

第十八条　本办法自 2006 年 11 月 1 日起施行。

食用农产品市场销售质量安全监督管理办法

第一章 总 则

第一条 为规范食用农产品市场销售行为，加强食用农产品市场销售质量安全监督管理，保证食用农产品质量安全，根据《中华人民共和国食品安全法》等法律法规，制定本办法。

第二条 食用农产品市场销售质量安全及其监督管理适用本办法。本办法所称食用农产品市场销售，是指通过集中交易市场、商场、超市、便利店等销售食用农产品的活动。

本办法所称集中交易市场，是指销售食用农产品的批发市场和零售市场（含农贸市场）。

第三条 国家食品药品监督管理总局负责监督指导全国食用农产品市场销售质量安全的监督管理工作。

省、自治区、直辖市食品药品监督管理部门负责监督指导本行政区域食用农产品市场销售质量安全的监督管理工作。

市、县级食品药品监督管理部门负责本行政区域食用农产品市场销售质量安全的监督管理工作。

第四条 食用农产品市场销售质量安全及其监督管理工作坚持预防为主、风险管理原则，推进产地准出与市场准入衔接，保证市场销售的食用农产品可追溯。

第五条 县级以上食品药品监督管理部门应当与相关部门建立健全食用农产品市场销售质量安全监督管理协作机制。

第六条 集中交易市场开办者应当依法对入场销售者履行管理义务，保障市场规范运行。

食用农产品销售者（以下简称销售者）应当依照法律法规和食品安全标准从事销售活动，保证食用农产品质量安全。

第七条 县级以上食品药品监督管理部门应当加强信息化建设，汇总分析食用农产品质量安全信息，加强监督管理，防范食品安全风险。

集中交易市场开办者和销售者应当按照食品药品监督管理部门的要求提供并公开食用农产品质量安全数据信息。

鼓励集中交易市场开办者和销售者建立食品安全追溯体系，利用信息化手段采集和记录所销售的食用农产品信息。

第八条 集中交易市场开办者相关行业协会和食用农产品相关行业协会应当加强行业自律，督促集中交易市场开办者和销售者履行法律义务。

第二章 集中交易市场开办者义务

第九条 集中交易市场开办者应当建立健全食品安全管理制度，督促销售者履行义务，加强食用农产品质量安全风险防控。

集中交易市场开办者主要负责人应当落实食品安全管理制度，对本市场的食用农产品质量安全工作全面负责。

集中交易市场开办者应当配备专职或者兼职食品安全管理人员、专业技术人员，明确入场销售者的食品安全管理责任，组织食品安全知识培训。

集中交易市场开办者应当制定食品安全事故处置方案，根据食用农产品风险程度确定检查重点、方式、频次等，定期检查食品安全事故防范措施落实情况，及时消除食用农产品质量安全隐患。

第十条 集中交易市场开办者应当按照食用农产品类别实行分区销售。

集中交易市场开办者销售和贮存食用农产品的环境、设施、设备等应当符合食用农产品质量安全的要求。

第十一条 集中交易市场开办者应当建立入场销售者档案，如实记录销售者名称或者姓名、社会信用代码或者身份证号码、联系方式、住所、食用农产品主要品种、进货渠道、产地等信息。

销售者档案信息保存期限不少于销售者停止销售后 6 个月。集中交易市场开办者应当对销售者档案及时更新，保证其准确性、真实性和完整性。

集中交易市场开办者应当如实向所在地县级食品药品监督管理部门报告市场名称、住所、类型、法定代表人或者负责人姓名、食品安全管理制度、食用农产品主要种类、摊位数量等信息。

第十二条　集中交易市场开办者应当查验并留存入场销售者的社会信用代码或者身份证复印件，食用农产品产地证明或者购货凭证、合格证明文件。

销售者无法提供食用农产品产地证明或者购货凭证、合格证明文件的，集中交易市场开办者应当进行抽样检验或者快速检测；抽样检验或者快速检测合格的，方可进入市场销售。

第十三条　食用农产品生产企业或者农民专业合作经济组织及其成员生产的食用农产品，由本单位出具产地证明；其他食用农产品生产者或者个人生产的食用农产品，由村民委员会、乡镇政府等出具产地证明；无公害农产品、绿色食品、有机农产品以及农产品地理标志等食用农产品标志上所标注的产地信息，可以作为产地证明。

第十四条　供货者提供的销售凭证、销售者与供货者签订的食用农产品采购协议，可以作为食用农产品购货凭证。

第十五条　有关部门出具的食用农产品质量安全合格证明或者销售者自检合格证明等可以作为合格证明文件。

销售按照有关规定需要检疫、检验的肉类，应当提供检疫合格证明、肉类检验合格证明等证明文件。

销售进口食用农产品，应当提供出入境检验检疫部门出具的入境货物检验检疫证明等证明文件。

第十六条　集中交易市场开办者应当建立食用农产品检查制度，对销售者的销售环境和条件以及食用农产品质量安全状况进行检查。

集中交易市场开办者发现存在食用农产品不符合食品安全标准等违法行为的，应当要求销售者立即停止销售，依照集中交易市场管理规定或者与销售者签订的协议进行处理，并向所在地县级食品药品监督管理部门报告。

第十七条　集中交易市场开办者应当在醒目位置及时公布食品安全管理制度、食品安全管理人员、食用农产品抽样检验结果以及不合格食用农产品处理结果、投诉举报电话等信息。

第十八条　批发市场开办者应当与入场销售者签订食用农产品质量安全协议，明确双方食用农产品质量安全权利义务；未签订食用农产品质量安全协议的，不得进入批发市场进行销售。

鼓励零售市场开办者与销售者签订食用农产品质量安全协议，明确双方食用农产品质量安全权利义务。

第十九条　批发市场开办者应当配备检验设备和检验人员，或者委托具有资质的食品检验机构，开展食用农产品抽样检验或者快速检测，并根据食用农产品种类和风险等级确定抽样检验或者快速检测频次。

鼓励零售市场开办者配备检验设备和检验人员，或者委托具有资质的食品检验机构，开展食用农产品抽样检验或者快速检测。

第二十条　批发市场开办者应当印制统一格式的销售凭证，载明食用农产品名称、产地、数量、销售日期以及销售者名称、地址、联系方式等项目。销售凭证可以作为销售者的销售记录和其他购货者的进货查验记录凭证。

销售者应当按照销售凭证的要求如实记录。记录和销售凭证保存期限不得少于6个月。

第二十一条　与屠宰厂（场）、食用农产品种植养殖基地签订协议的批发市场开办者应当对屠宰厂（场）和食用农产品种植养殖基地进行实地考察，了解食用农产品生产过程以及相关信息，查验种植养殖基地食用农产品相关证明材料以及票据等。

第二十二条　鼓励食用农产品批发市场开办者改造升级，更新设施、设备和场所，提高食品安全保障能力和水平。

鼓励批发市场开办者与取得无公害农产品、绿色食品、有机农产品、农产品地理标志等认证的食用农产品种植养殖基地或者生产加工企业签订食用农产品质量安全合作协议。

第三章　销售者义务

第二十三条　销售者应当具有与其销售的食用农产品品种、数量相适应的销售和贮存场所，保持场所环境整洁，并与有毒、有害场所以及其他污染源保持适当的距离。

第二十四条 销售者应当具有与其销售的食用农产品品种、数量相适应的销售设备或者设施。

销售冷藏、冷冻食用农产品的，应当配备与销售品种相适应的冷藏、冷冻设施，并符合保证食用农产品质量安全所需要的温度、湿度和环境等特殊要求。

鼓励采用冷链、净菜上市、畜禽产品冷鲜上市等方式销售食用农产品。

第二十五条 禁止销售下列食用农产品：

（一）使用国家禁止的兽药和剧毒、高毒农药，或者添加食品添加剂以外的化学物质和其他可能危害人体健康的物质的；

（二）致病性微生物、农药残留、兽药残留、生物毒素、重金属等污染物质以及其他危害人体健康的物质含量超过食品安全标准限量的；

（三）超范围、超限量使用食品添加剂的；

（四）腐败变质、油脂酸败、霉变生虫、污秽不洁、混有异物、掺假掺杂或者感官性状异常的；

（五）病死、毒死或者死因不明的禽、畜、兽、水产动物肉类；

（六）未按规定进行检疫或者检疫不合格的肉类；

（七）未按规定进行检验或者检验不合格的肉类；

（八）使用的保鲜剂、防腐剂等食品添加剂和包装材料等食品相关产品不符合食品安全国家标准的；

（九）被包装材料、容器、运输工具等污染的；

（十）标注虚假生产日期、保质期或者超过保质期的；

（十一）国家为防病等特殊需要明令禁止销售的；

（十二）标注虚假的食用农产品产地、生产者名称、生产者地址，或者标注伪造、冒用的认证标志等质量标志的；

（十三）其他不符合法律、法规或者食品安全标准的。

第二十六条 销售者采购食用农产品，应当按照规定查验相关证明材料，不符合要求的，不得采购和销售。

销售者应当建立食用农产品进货查验记录制度，如实记录食用农产品名称、数量、进货日期以及供货者名称、地址、联系方式等内容，并保存相关凭证。记录和凭证保存期限不得少于6个月。

实行统一配送销售方式的食用农产品销售企业，可以由企业总部统一建立进货查验记录制度；所属各销售门店应当保存总部的配送清单以及相应的合格证明文件。配送清单和合格证明文件保存期限不得少于6个月。

从事食用农产品批发业务的销售企业，应当建立食用农产品销售记录制度，如实记录批发食用农产品名称、数量、销售日期以及购货者名称、地址、联系方式等内容，并保存相关凭证。记录和凭证保存期限不得少于6个月。

鼓励和引导有条件的销售企业采用扫描、拍照、数据交换、电子表格等方式，建立食用农产品进货查验记录制度。

第二十七条 销售者贮存食用农产品，应当定期检查库存，及时清理腐败变质、油脂酸败、霉变生虫、污秽不洁或者感官性状异常的食用农产品。

销售者贮存食用农产品，应当如实记录食用农产品名称、产地、贮存日期、生产者或者供货者名称或者姓名、联系方式等内容，并在贮存场所保存记录。记录和凭证保存期限不得少于6个月。

第二十八条 销售者租赁仓库的，应当选择能够保障食用农产品质量安全的食用农产品贮存服务提供者。

贮存服务提供者应当按照食用农产品质量安全的要求贮存食用农产品，履行下列义务：

（一）如实向所在地县级食品药品监督管理部门报告其名称、地址、法定代表人或者负责人姓名、社会信用代码或者身份证号码、联系方式以及所提供服务的销售者名称、贮存的食用农产品品种、数量等信息；

（二）查验所提供服务的销售者的营业执照或者身份证明和食用农产品产地或者来源证明、合格证明文件，并建立进出货台账，记录食用农产品名称、产地、贮存日期、出货日期、销售者名称或者姓名、联系方式等。进出货台账和相关证明材料保存期限不得少于6个月；

（三）保证贮存食用农产品的容器、工具和设备安全无害，保持清洁，防止污染，保证食用农产品质量安全所需的温度、湿度和环境等特殊要求，不得将食用农产品与有毒、有害物品一同贮存；

（四）贮存肉类冻品应当查验并留存检疫合格证明、肉类检验合格证明等证明文件；

（五）贮存进口食用农产品，应当查验并记录出入境检验检疫部门出具的入境货物检验检疫证明等证明文件；

（六）定期检查库存食用农产品，发现销售者有违法行为的，应当及时制止并立即报告所在地县级食品药品监督管理部门；

（七）法律、法规规定的其他义务。

第二十九条　销售者自行运输或者委托承运人运输食用农产品的，运输容器、工具和设备应当安全无害，保持清洁，防止污染，并符合保证食用农产品质量安全所需的温度、湿度和环境等特殊要求，不得将食用农产品与有毒、有害物品一同运输。

承运人应当按照有关部门的规定履行相关食品安全义务。

第三十条　销售企业应当建立健全食用农产品质量安全管理制度，配备必要的食品安全管理人员，对职工进行食品安全知识培训，制定食品安全事故处置方案，依法从事食用农产品销售活动。

鼓励销售企业配备相应的检验设备和检验人员，加强食用农产品检验工作。

第三十一条　销售者应当建立食用农产品质量安全自查制度，定期对食用农产品质量安全情况进行检查，发现不符合食用农产品质量安全要求的，应当立即停止销售并采取整改措施；有发生食品安全事故潜在风险的，应当立即停止销售并向所在地县级食品药品监督管理部门报告。

第三十二条　销售按照规定应当包装或者附加标签的食用农产品，在包装或者附加标签后方可销售。包装或者标签上应当按照规定标注食用农产品名称、产地、生产者、生产日期等内容；对保质期有要求的，应当标注保质期；保质期与贮藏条件有关的，应当予以标明；有分级标准或者使用食品添加剂的，应当标明产品质量等级或者食品添加剂名称。

食用农产品标签所用文字应当使用规范的中文，标注的内容应当清楚、明显，不得含有虚假、错误或者其他误导性内容。

第三十三条　销售获得无公害农产品、绿色食品、有机农产品等认证的食用农产品以及省级以上农业行政部门规定的其他需要包装销售的食用农产品应当包装，并标注相应标志和发证机构，鲜活畜、禽、水产品等除外。

第三十四条　销售未包装的食用农产品，应当在摊位（柜台）明显位置如实公布食用农产品名称、产地、生产者或者销售者名称或者姓名等信息。

鼓励采取附加标签、标示带、说明书等方式标明食用农产品名称、产地、生产者或者销售者名称或者姓名、保存条件以及最佳食用期等内容。

第三十五条　进口食用农产品的包装或者标签应当符合我国法律、行政法规的规定和食品安全国家标准的要求，并载明原产地，境内代理商的名称、地址、联系方式。

进口鲜冻肉类产品的包装应当标明产品名称、原产国（地区）、生产企业名称、地址以及企业注册号、生产批号；外包装上应当以中文标明规格、产地、目的地、生产日期、保质期、储存温度等内容。

分装销售的进口食用农产品，应当在包装上保留原进口食用农产品全部信息以及分装企业、分装时间、地点、保质期等信息。

第三十六条　销售者发现其销售的食用农产品不符合食品安全标准或者有证据证明可能危害人体健康的，应当立即停止销售，通知相关生产经营者、消费者，并记录停止销售和通知情况。

由于销售者的原因造成其销售的食用农产品不符合食品安全标准或者有证据证明可能危害人体健康的，销售者应当召回。

对于停止销售的食用农产品，销售者应当按照要求采取无害化处理、销毁等措施，防止其再次流入市场。但是，因标签、标志或者说明书不符合食品安全标准而被召回的食用农产品，在采取补救措施且能保证食用农产品质量安全的情况下可以继续销售；销售时应当向消费者明示补救措施。

集中交易市场开办者、销售者应当将食用农产品停止销售、召回和处理情况向所在地县级食品药品监督管理部门报告，配合政府有关部门根据有关法律法规进行处理，并记录相关情况。

集中交易市场开办者、销售者未依照本办法停止销售或者召回的，县级以上地方食品药品监督管理部门可以责令其停止销售或者召回。

第四章 监督管理

第三十七条 县级以上地方食品药品监督管理部门应当按照当地人民政府制定的本行政区域食品安全年度监督管理计划，开展食用农产品市场销售质量安全监督管理工作。

市、县级食品药品监督管理部门应当根据年度监督检查计划、食用农产品风险程度等，确定监督检查的重点、方式和频次；对本行政区域的集中交易市场开办者、销售者、贮存服务提供者进行日常监督检查。

第三十八条 市、县级食品药品监督管理部门按照地方政府属地管理要求，可以依法采取下列措施，对集中交易市场开办者、销售者、贮存服务提供者遵守本办法情况进行日常监督检查：

（一）对食用农产品销售、贮存和运输等场所进行现场检查；

（二）对食用农产品进行抽样检验；

（三）向当事人和其他有关人员调查了解与食用农产品销售活动和质量安全有关的情况；

（四）检查食用农产品进货查验记录制度落实情况，查阅、复制与食用农产品质量安全有关的记录、协议、发票以及其他资料；

（五）对有证据证明不符合食品安全标准或者有证据证明存在质量安全隐患以及用于违法生产经营的食用农产品，有权查封、扣押、监督销毁；

（六）查封违法从事食用农产品销售活动的场所。

集中交易市场开办者、销售者、贮存服务提供者对食品药品监督管理部门实施的监督检查应当予以配合，不得拒绝、阻挠、干涉。

第三十九条 市、县级食品药品监督管理部门应当建立本行政区域集中交易市场开办者、销售者、贮存服务提供者食品安全信用档案，如实记录日常监督检查结果、违法行为查处等情况，依法向社会公布并实时更新。对有不良信用记录的集中交易市场开办者、销售者、贮存服务提供者增加监督检查频次；将违法行为情节严重的集中交易市场开办者、销售者、贮存服务提供者及其主要负责人和其他直接责任人的相关信息，列入严重违法者名单，并予以公布。

市、县级食品药品监督管理部门应当逐步建立销售者市场准入前信用承诺制度，要求销售者以规范格式向社会作出公开承诺，如存在违法失信销售行为将自愿接受信用惩戒。信用承诺纳入销售者信用档案，接受社会监督，并作为事中事后监督管理的参考。

第四十条 食用农产品在销售过程中存在质量安全隐患，未及时采取有效措施消除的，市、县级食品药品监督管理部门可以对集中交易市场开办者、销售者、贮存服务提供者的法定代表人或者主要负责人进行责任约谈。

被约谈者无正当理由拒不按时参加约谈或者未按要求落实整改的，食品药品监督管理部门应当记入集中交易市场开办者、销售者、贮存服务提供者食品安全信用档案。

第四十一条 县级以上地方食品药品监督管理部门应当将食用农产品监督抽检纳入年度检验检测工作计划，对食用农产品进行定期或者不定期抽样检验，并依据有关规定公布检验结果。

市、县级食品药品监督管理部门可以采用国家规定的快速检测方法对食用农产品质量安全进行抽查检测，抽查检测结果表明食用农产品可能存在质量安全隐患的，销售者应当暂停销售；抽查检测结果确定食用农产品不符合食品安全标准的，可以作为行政处罚的依据。

被抽查人对快速检测结果有异议的，可以自收到检测结果时起 4 小时内申请复检。复检结论仍不合格的，复检费用由申请人承担。复检不得采用快速检测方法。

第四十二条 市、县级食品药品监督管理部门应当依据职责公布食用农产品监督管理信息。

公布食用农产品监督管理信息，应当做到准确、及时、客观，并进行必要的解释说明，避免误导消费者和社会舆论。

第四十三条 市、县级食品药品监督管理部门发现批发市场有本办法禁止销售的食用农产品，在依法处理的同时，应当及时追查食用农产品来源和流向，查明原因、控制风险并报告上级食品药品监督管理部门，同时通报所涉地同级食品药品监督管理部门；涉及种植养殖和进出口环节的，还应当通报相关农业行政部门和出入境检验检疫部门。

第四十四条　市、县级食品药品监督管理部门发现超出其管辖范围的食用农产品质量安全案件线索，应当及时移送有管辖权的食品药品监督管理部门。

第四十五条　县级以上地方食品药品监督管理部门在监督管理中发现食用农产品质量安全事故，或者接到有关食用农产品质量安全事故的举报，应当立即会同相关部门进行调查处理，采取措施防止或者减少社会危害，按照应急预案的规定报告当地人民政府和上级食品药品监督管理部门，并在当地人民政府统一领导下及时开展调查处理。

第五章　法律责任

第四十六条　食用农产品市场销售质量安全的违法行为，食品安全法等法律法规已有规定的，依照其规定。

第四十七条　集中交易市场开办者违反本办法第九条至第十二条、第十六条第二款、第十七条规定，有下列情形之一的，由县级以上食品药品监督管理部门责令改正，给予警告；拒不改正的，处5 000元以上3万元以下罚款：

（一）未建立或者落实食品安全管理制度的；

（二）未按要求配备食品安全管理人员、专业技术人员，或者未组织食品安全知识培训的；

（三）未制定食品安全事故处置方案的；

（四）未按食用农产品类别实行分区销售的；

（五）环境、设施、设备等不符合有关食用农产品质量安全要求的；

（六）未按要求建立入场销售者档案，或者未按要求保存和更新销售者档案的；

（七）未如实向所在地县级食品药品监督管理部门报告市场基本信息的；

（八）未查验并留存入场销售者的社会信用代码或者身份证复印件、食用农产品产地证明或者购货凭证、合格证明文件的；

（九）未进行抽样检验或者快速检测，允许无法提供食用农产品产地证明或者购货凭证、合格证明文件的销售者入场销售的；

（十）发现食用农产品不符合食品安全标准等违法行为，未依照集中交易市场管理规定或者与销售者签订的协议处理的；

（十一）未在醒目位置及时公布食用农产品质量安全管理制度、食品安全管理人员、食用农产品抽样检验结果以及不合格食用农产品处理结果、投诉举报电话等信息的。

第四十八条　批发市场开办者违反本办法第十八条第一款、第二十条规定，未与入场销售者签订食用农产品质量安全协议，或者未印制统一格式的食用农产品销售凭证的，由县级以上食品药品监督管理部门责令改正，给予警告；拒不改正的，处1万元以上3万元以下罚款。

第四十九条　销售者违反本办法第二十四条第二款规定，未按要求配备与销售品种相适应的冷藏、冷冻设施，或者温度、湿度和环境等不符合特殊要求的，由县级以上食品药品监督管理部门责令改正，给予警告；拒不改正的，处5 000元以上3万元以下罚款。

第五十条　销售者违反本办法第二十五条第一项、第五项、第六项、第十一项规定的，由县级以上食品药品监督管理部门依照食品安全法第一百二十三条第一款的规定给予处罚。

违反本办法第二十五条第二项、第三项、第四项、第十项规定的，由县级以上食品药品监督管理部门依照食品安全法第一百二十四条第一款的规定给予处罚。

违反本办法第二十五条第七项、第十二项规定，销售未按规定进行检验的肉类，或者销售标注虚假的食用农产品产地、生产者名称、生产者地址，标注伪造、冒用的认证标志等质量标志的食用农产品的，由县级以上食品药品监督管理部门责令改正，处1万元以上3万元以下罚款。

违反本办法第二十五条第八项、第九项规定的，由县级以上食品药品监督管理部门依照食品安全法第一百二十五条第一款的规定给予处罚。

第五十一条　销售者违反本办法第二十八条第一款规定，未按要求选择贮存服务提供者，或者贮存服务提供者违反本办法第二十八条第二款规定，未履行食用农产品贮存相关义务的，由县级以上食品药品监督管理部门责令改正，给予警告；拒不改正的，处 5 000 元以上 3 万元以下罚款。

第五十二条　销售者违反本办法第三十二条、第三十三条、第三十五条规定，未按要求进行包装或者附加标签的，由县级以上食品药品监督管理部门责令改正，给予警告；拒不改正的，处 5 000 元以上 3 万元以下罚款。

第五十三条　销售者违反本办法第三十四条第一款规定，未按要求公布食用农产品相关信息的，由县级以上食品药品监督管理部门责令改正，给予警告；拒不改正的，处5 000元以上 1 万元以下罚款。

第五十四条　销售者履行了本办法规定的食用农产品进货查验等义务，有充分证据证明其不知道所采购的食用农产品不符合食品安全标准，并能如实说明其进货来源的，可以免予处罚，但应当依法没收其不符合食品安全标准的食用农产品；造成人身、财产或者其他损害的，依法承担赔偿责任。

第五十五条　县级以上地方食品药品监督管理部门不履行食用农产品质量安全监督管理职责，或者滥用职权、玩忽职守、徇私舞弊的，依法追究直接负责的主管人员和其他直接责任人员的行政责任。

第五十六条　违法销售食用农产品涉嫌犯罪的，由县级以上地方食品药品监督管理部门依法移交公安机关追究刑事责任。

第六章　附　　则

第五十七条　本办法下列用语的含义：

食用农产品，指在农业活动中获得的供人食用的植物、动物、微生物及其产品。农业活动，指传统的种植、养殖、采摘、捕捞等农业活动，以及设施农业、生物工程等现代农业活动。植物、动物、微生物及其产品，指在农业活动中直接获得的，以及经过分拣、去皮、剥壳、干燥、粉碎、清洗、切割、冷冻、打蜡、分级、包装等加工，但未改变其基本自然性状和化学性质的产品。

食用农产品集中交易市场开办者，指依法设立、为食用农产品交易提供平台、场地、设施、服务以及日常管理的企业法人或者其他组织。

第五十八条　柜台出租者和展销会举办者销售食用农产品的，参照本办法对集中交易市场开办者的规定执行。

第五十九条　食品摊贩等销售食用农产品的具体管理规定由省、自治区、直辖市制定。

第六十条　本办法自 2016 年 3 月 1 日起施行。

四 司法解释

最高人民法院、 最高人民检察院关于办理非法生产、 销售、 使用禁止在饲料和动物饮用水中使用的药品 等刑事案件具体应用法律若干问题的解释

（最高人民法院审判委员会第 1237 次会议、最高人民检察院第九届检察委员会第 109 次会议通过）

为依法惩治非法生产、销售、使用盐酸克仑特罗（ClenbuterolHydrochloride，俗称"瘦肉精"）等禁止在饲料和动物饮用水中使用的药品等犯罪活动，维护社会主义市场经济秩序，保护公民身体健康，根据刑法有关规定，现就办理这类刑事案件具体应用法律的若干问题解释如下：

第一条 未取得药品生产、经营许可证件和批准文号，非法生产、销售盐酸克仑特罗等禁止在饲料和动物饮用水中使用的药品，扰乱药品市场秩序，情节严重的，依照刑法第二百二十五条第（一）项的规定，以非法经营罪追究刑事责任。

第二条 在生产、销售的饲料中添加盐酸克仑特罗等禁止在饲料和动物饮用水中使用的药品，或者销售明知是添加有该类药品的饲料，情节严重的，依照刑法第二百二十五条第（四）项的规定，以非法经营罪追究刑事责任。

第三条 使用盐酸克仑特罗等禁止在饲料和动物饮用水中使用的药品或者含有该类药品的饲料养殖供人食用的动物，或者销售明知是使用该类药品或者含有该类药品的饲料养殖的供人食用的动物的，依照刑法第一百四十四条的规定，以生产、销售有毒、有害食品罪追究刑事责任。

第四条 明知是使用盐酸克仑特罗等禁止在饲料和动物饮用水中使用的药品或者含有该类药品的饲料养殖的供人食用的动物，而提供屠宰等加工服务，或者销售其制品的，依照刑法第一百四十四条的规定，以生产、销售有毒、有害食品罪追究刑事责任。

第五条 实施本解释规定的行为，同时触犯刑法规定的两种以上犯罪的，依照处罚较重的规定追究刑事责任。

第六条 禁止在饲料和动物饮用水中使用的药品，依照国家有关部门公告的禁止在饲料和动物饮用水中使用的药物品种目录确定。

　　　　附：农业部、卫生部、国家药品监督管理局公告的《禁止在饲料和动物饮用水中使用的药物品种目录》

农业部、 卫生部、 国家药品监督管理局公告的 《禁止在饲料和动物饮用水中使用的 药物品种目录》

一、肾上腺素受体激动剂

1. 盐酸克仑特罗（Clenbuterol Hydrochloride）：中华人民共和国药典（以下简称药典）2000 年二部 P605。β2 肾上腺素受体激动药。

2. 沙丁胺醇（Salbutamol）：药典 2000 年二部 P316。β2 肾上腺素受体激动药。

3. 硫酸沙丁胺醇（Salbutamol Sulfate）：药典 2000 年二部 P870。β2 肾上腺素受体激动药。

4. 莱克多巴胺（Ractopamine）：一种 β 兴奋剂，美国食品和药物管理局（FDA）已批准，中国未批准。

5. 盐酸多巴胺（Dopamine Hydrochloride）：药典 2000 年二部 P591。多巴胺受体激

动药。

6. 西巴特罗（Cimaterol）：美国氰胺公司开发的产品，一种 β 兴奋剂，FDA 未批准。

7. 硫酸特布他林（Terbutaline Sulfate）：药典 2000 年二部 P890。β2 肾上腺受体激动药。

二、性激素

8. 己烯雌酚（Diethylstibestrol）：药典 2000 年二部 P42。雌激素类药。

9. 雌二醇（Estradiol）：药典 2000 年二部 P1005。雌激素类药。

10. 戊酸雌二醇（Estradiol Valcrate）：药典 2000 年二部 P124。雌激素类药。

11. 苯甲酸雌二醇（Estradiol Benzoate）：药典 2000 年二部 P369。雌激素类药。中华人民共和国兽药典（以下简称兽药典）2000 年版一部 P109。雌激素类药。用于发情不明显动物的催情及胎衣滞留、死胎的排除。

12. 氯烯雌醚（Chlorotrianisene）：药典 2000 年二部 P919。

13. 炔诺醇（Ethinylestradiol）：药典 2000 年二部 P422。

14. 炔诺醚（Quinestrol）：药典 2000 年二部 P424。

15. 醋酸氯地孕酮（Chlormadinone Acetate）：药典 2000 年二部 P1037。

16. 左炔诺孕酮（Levonorgestrel）：药典 2000 年二部 P107。

17. 炔诺酮（Norethisterone）：药典 2000 年二部 P420。

18. 绒毛膜促性腺激素（绒促性素）（Chorionic Conadotrophin）：药典 2000 年二部 P534。促性腺激素药。兽药典 2000 年版一部 P146。激素类药。用于性功能障碍、习惯性流产及卵巢囊肿等。

19. 促卵泡生长激素（尿促性素主要含卵泡刺激 FSHT 和黄体生成素 LH）（Menotropins）：药典 2000 年二部 P321。促性腺激素类药。

三、蛋白同化激素

20. 碘化酪蛋白（Iodinated Casein）：蛋白同化激素类，为甲状腺素的前驱物质，具有类似甲状腺素的生理作用。

21. 苯丙酸诺龙及苯丙酸诺龙注射液（Nandrolone Phenylpropionate）：药典 2000 年二部 P365。

四、精神药品

22. （盐酸）氯丙嗪（Chlorpromazine Hydrochloride）：药典 2000 年二部 P676。抗精神病药。兽药典 2000 年版一部 P177。镇静药。用于强化麻醉以及使动物安静等。

23. 盐酸异丙嗪（Promethazine Hydrochloride）：药典 2000 年二部 P602。抗组胺药。兽药典 2000 年版一部 P164。抗组胺药。用于变态反应性疾病，如荨麻疹、血清病等。

24. 安定（地西泮）（Diazepam）：药典 2000 年二部 P214。抗焦虑药、抗惊厥药。兽药典 2000 年版一部 P61。镇静药、抗惊厥药。

25. 苯巴比妥（Phenobarbital）：药典 2000 年二部 P362。镇静催眠药、抗惊厥药。兽药典 2000 年版一部 P103。巴比妥类药。缓解脑炎、破伤风、士的宁中毒所致的惊厥。

26. 苯巴比妥钠（Phenobarbital Sodium）：兽药典 2000 年版一部 P105。巴比妥类药。缓解脑炎、破伤风、士的宁中毒所致的惊厥。

27. 巴比妥（Barbital）：兽药典 2000 年版一部 P27。中枢抑制和增强解热镇痛。

28. 异戊巴比妥（Amobarbital）：药典 2000 年二部 P252。催眠药、抗惊厥药。

29. 异戊巴比妥钠（Amobarbital Sodium）：兽药典 2000 年版一部 P82。巴比妥类药。用于小动物的镇静、抗惊厥和麻醉。

30. 利血平（Reserpine）：药典 2000 年二部 P304。抗高血压药。

31. 艾司唑仑（Estazolam）。

32. 甲丙氨脂（Meprobamate）。

33. 咪达唑仑（Midazolam）。

34. 硝西泮（Nitrazepam）。

35. 奥沙西泮（Oxazepam）。

36. 匹莫林（Pemoline）。

37. 三唑仑（Triazolam）。

38. 唑吡旦（Zolpidem）。

39. 其他国家管制的精神药品。

五、各种抗生素滤渣

40. 抗生素滤渣：该类物质是抗生素类产品生产过程中产生的工业三废，因含有微量抗生素成分，在饲料和饲养过程中使用后对动物有一定的促生长作用。但对养殖业的危害很大，一是容易引起耐药性，二是由于未做安全性试验，存在各种安全隐患。

最高人民法院、最高人民检察院关于办理危害食品安全刑事案件适用法律若干问题的解释

（2013 年 4 月 28 日最高人民法院审判委员会第 1576 次会议、2013 年 4 月 28 日最高人民检察院第十二届检察委员会第 5 次会议通过）

为依法惩治危害食品安全犯罪，保障人民群众身体健康、生命安全，根据刑法有关规定，对办理此类刑事案件适用法律的若干问题解释如下：

第一条 生产、销售不符合食品安全标准的食品，具有下列情形之一的，应当认定为刑法第一百四十三条规定的"足以造成严重食物中毒事故或者其他严重食源性疾病"：

（一）含有严重超出标准限量的致病性微生物、农药残留、兽药残留、重金属、污染物质以及其他危害人体健康的物质的；

（二）属于病死、死因不明或者检验检疫不合格的畜、禽、兽、水产动物及其肉类、肉类制品的；

（三）属于国家为防控疾病等特殊需要明令禁止生产、销售的；

（四）婴幼儿食品中生长发育所需营养成分严重不符合食品安全标准的；

（五）其他足以造成严重食物中毒事故或者严重食源性疾病的情形。

第二条 生产、销售不符合食品安全标准的食品，具有下列情形之一的，应当认定为刑法第一百四十三条规定的"对人体健康造成严重危害"：

（一）造成轻伤以上伤害的；

（二）造成轻度残疾或者中度残疾的；

（三）造成器官组织损伤导致一般功能障碍或者严重功能障碍的；

（四）造成十人以上严重食物中毒或者其他严重食源性疾病的；

（五）其他对人体健康造成严重危害的情形。

第三条 生产、销售不符合食品安全标准的食品，具有下列情形之一的，应当认定为刑法第一百四十三条规定的"其他严重情节"：

（一）生产、销售金额二十万元以上的；

（二）生产、销售金额十万元以上不满二十万元，不符合食品安全标准的食品数量较大或者生产、销售持续时间较长的；

（三）生产、销售金额十万元以上不满二十万元，属于婴幼儿食品的；

（四）生产、销售金额十万元以上不满二十万元，一年内曾因危害食品安全违法犯罪活动受过行政处罚或者刑事处罚的；

（五）其他情节严重的情形。

第四条 生产、销售不符合食品安全标准的食品，具有下列情形之一的，应当认定为刑法第一百四十三条规定的"后果特别严重"：

（一）致人死亡或者重度残疾的；

（二）造成三人以上重伤、中度残疾或者器官组织损伤导致严重功能障碍的；

（三）造成十人以上轻伤、五人以上轻度残疾或者器官组织损伤导致一般功能障碍的；

（四）造成三十人以上严重食物中毒或者其他严重食源性疾病的；

（五）其他特别严重的后果。

第五条 生产、销售有毒、有害食品，具有本解释第二条规定情形之一的，应当认定为刑法第一百四十四条规定的"对人体健康造成严重危害"。

第六条 生产、销售有毒、有害食品，具有下列情形之一的，应当认定为刑法第一百四十四条规定的"其他严重情节"：

（一）生产、销售金额二十万元以上不满五十万元的；

（二）生产、销售金额十万元以上不满二十万元，有毒、有害食品的数量较大或者生产、销售持续时间较长的；

（三）生产、销售金额十万元以上不满二十万元，属于婴幼儿食品的；

（四）生产、销售金额十万元以上不满二十万元，一年内曾因危害食品安全违法犯罪活动受过行政处罚或者刑事处罚的；

（五）有毒、有害的非食品原料毒害性强或者含量高的；

（六）其他情节严重的情形。

第七条 生产、销售有毒、有害食品，生产、销售金额五十万元以上，或者具有本解释第四条规定的情形之一的，应当认定为刑法第一百四十四条规定的"致人死亡或者有其他特别严重情节"。

第八条 在食品加工、销售、运输、贮存等过程中，违反食品安全标准，超限量或者超范围滥用食品添加剂，足以造成严重食物中毒事故或者其他严重食源性疾病的，依照刑法第一百四十三条的规定以生产、销售不符合安全标准的食品罪定罪处罚。

在食用农产品种植、养殖、销售、运输、贮存等过程中，违反食品安全标准，超限量或者超范围滥用添加剂、农药、兽药等，足以造成严重食物中毒事故或者其他严重食源性疾病的，适用前款的规定定罪处罚。

第九条 在食品加工、销售、运输、贮存等过程中，掺入有毒、有害的非食品原料，或者使用有毒、有害的非食品原料加工食品的，依照刑法第一百四十四条的规定以生产、销售有毒、有害食品罪定罪处罚。

在食用农产品种植、养殖、销售、运输、贮存等过程中，使用禁用农药、兽药等禁用物质或者其他有毒、有害物质的，适用前款的规定定罪处罚。

在保健食品或者其他食品中非法添加国家禁用药物等有毒、有害物质的，适用第一款的规定定罪处罚。

第十条 生产、销售不符合食品安全标准的食品添加剂，用于食品的包装材料、容器、洗涤剂、消毒剂，或者用于食品生产经营的工具、设备等，构成犯罪的，依照刑法第一百四十条的规定以生产、销售伪劣产品罪定罪处罚。

第十一条 以提供给他人生产、销售食品为目的，违反国家规定，生产、销售国家禁止用于食品生产、销售的非食品原料，情节严重的，依照刑法第二百二十五条的规定以非法经营罪定罪处罚。

违反国家规定，生产、销售国家禁止生产、销售、使用的农药、兽药，饲料、饲料添加剂，或者饲料原料、饲料添加剂原料，情节严重的，依照前款的规定定罪处罚。

实施前两款行为，同时又构成生产、销售伪劣产品罪，生产、销售伪劣农药、兽药罪等其他犯罪的，依照处罚较重的规定定罪处罚。

第十二条 违反国家规定，私设生猪屠宰厂（场），从事生猪屠宰、销售等经营活动，情节严重的，依照刑法第二百二十五条的规定以非法经营罪定罪处罚。

实施前款行为，同时又构成生产、销售不符合安全标准的食品罪，生产、销售有毒、有害食品罪等其他犯罪的，依照处罚较重的规定定罪处罚。

第十三条 生产、销售不符合食品安全标准的食品，有毒、有害食品，符合刑法第一百四十三条、第一百四十四条规定的，以生产、销售不符合安全标准的食品罪或者生产、销售有毒、有害食品罪定罪处罚。同时构成其他犯罪的，依照处罚较重的规定定罪处罚。

生产、销售不符合食品安全标准的食品，无证据证明足以造成严重食物中毒事故或者其他严重食源性疾病，不构成生产、销售不符合安全标准的食品罪，但是构成生产、销售伪劣产品罪等其他犯罪的，依照该其他犯罪定罪处罚。

第十四条 明知他人生产、销售不符合食品安全标准的食品，有毒、有害食品，具有下列情形之一的，以生产、销售不符合安全标准的食品罪或者生产、销售有毒、有害食品罪的共犯论处：

（一）提供资金、贷款、账号、发票、证明、许可证件的；

（二）提供生产、经营场所或者运输、贮存、保管、邮寄、网络销售渠道等便利条件的；

（三）提供生产技术或者食品原料、食品添加剂、食品相关产品的；

（四）提供广告等宣传的。

第十五条 广告主、广告经营者、广告发布者违反国家规定，利用广告对保健食品或者其他食品作虚假宣传，情节严重的，依照刑法第二百二十二条的规定以虚假广告罪定罪处罚。

第十六条 负有食品安全监督管理职责的国家机关工作人员，滥用职权或者玩忽职守，导致发生重大食品安全事故或者造成其他严重后果，同时构成食品监管渎职罪和徇私舞弊不移交刑事案件罪、商检徇私舞弊罪、动植物检疫徇私舞弊罪、放纵制售伪劣商品犯罪行为罪等其他渎职犯罪的，依照处罚较重的规定定罪处罚。

负有食品安全监督管理职责的国家机关工作人员滥用职权或者玩忽职守，不构成食品监管渎职罪，但构成前款规定的其他渎职犯罪的，依照该其他犯罪定罪处罚。

负有食品安全监督管理职责的国家机关工作人员与他人共谋，利用其职务行为帮助他人实施危害食品安全犯罪行为，同时构成渎职犯罪和危害食品安全犯罪共犯的，依照处罚较重的规定定罪处罚。

第十七条 犯生产、销售不符合安全标准的食品罪，生产、销售有毒、有害食品罪，一般应当依法判处生产、销售金额二倍以上的罚金。

第十八条 对实施本解释规定之犯罪的犯罪分子，应当依照刑法规定的条件严格适用缓刑、免予刑事处罚。根据犯罪事实、情节和悔罪表现，对于符合刑法规定的缓刑适用条件的犯罪分子，可以适用缓刑，但是应当同时宣告禁止令，禁止其在缓刑考验期限内从事食品生产、销售及相关活动。

第十九条 单位实施本解释规定的犯罪的，依照本解释规定的定罪量刑标准处罚。

第二十条 下列物质应当认定为"有毒、有害的非食品原料"：

（一）法律、法规禁止在食品生产经营活动中添加、使用的物质；

（二）国务院有关部门公布的《食品中可能违法添加的非食用物质名单》《保健食品中可能非法添加的物质名单》上的物质；

（三）国务院有关部门公告禁止使用的农药、兽药以及其他有毒、有害物质；

（四）其他危害人体健康的物质。

第二十一条 "足以造成严重食物中毒事故或者其他严重食源性疾病""有毒、有害非食品原料"难以确定的，司法机关可以根据检验报告并结合专家意见等相关材料进行认定。必要时，人民法院可以依法通知有关专家出庭作出说明。

第二十二条 最高人民法院、最高人民检察院此前发布的司法解释与本解释不一致的，以本解释为准。

五 规范性文件

国务院办公厅关于建立病死畜禽无害化处理机制的意见

国办发〔2014〕47号

各省、自治区、直辖市人民政府，国务院各部委、各直属机构：

我国家畜家禽饲养数量多，规模化养殖程度不高，病死畜禽数量较大，无害化处理水平偏低，随意处置现象时有发生。为全面推进病死畜禽无害化处理，保障食品安全和生态环境安全，促进养殖业健康发展，经国务院同意，现就建立病死畜禽无害化处理机制提出以下意见。

一、总体思路

按照推进生态文明建设的总体要求，以及时处理、清洁环保、合理利用为目标，坚持统筹规划与属地负责相结合、政府监管与市场运作相结合、财政补助与保险联动相结合、集中处理与自行处理相结合，尽快建成覆盖饲养、屠宰、经营、运输等各环节的病死畜禽无害化处理体系，构建科学完备、运转高效的病死畜禽无害化处理机制。

二、强化生产经营者主体责任

从事畜禽饲养、屠宰、经营、运输的单位和个人是病死畜禽无害化处理的第一责任人，负有对病死畜禽及时进行无害化处理并向当地畜牧兽医部门报告畜禽死亡及处理情况的义务。鼓励大型养殖场、屠宰场建设病死畜禽无害化处理设施，并可以接受委托，有偿对地方人民政府组织收集及其他生产经营者的病死畜禽进行无害化处理。对零星病死畜禽自行处理的，各地要制定处理规范，确保清洁安全、不污染环境。任何单位和个人不得抛弃、收购、贩卖、屠宰、加工病死畜禽。

三、落实属地管理责任

地方各级人民政府对本地区病死畜禽无害化处理负总责。在江河、湖泊、水库等水域发现的病死畜禽，由所在地县级政府组织收集处理；在城市公共场所以及乡村发现的病死畜禽，由所在地街道办事处或乡镇政府组织收集处理。在收集处理同时，要及时组织力量调查病死畜禽来源，并向上级政府报告。跨省际流入的病死畜禽，由农业部会同有关地方和部门组织调查；省域内跨市（地）、县（市）流入的，由省级政府责令有关地方和部门调查。在完成调查并按法定程序作出处理决定后，要及时将调查结果和对生产经营者、监管部门及地方政府的处理意见向社会公布。重要情况及时向国务院报告。

四、加强无害化处理体系建设

县级以上地方人民政府要根据本地区畜禽养殖、疫病发生和畜禽死亡等情况，统筹规划和合理布局病死畜禽无害化收集处理体系，组织建设覆盖饲养、屠宰、经营、运输等各环节的病死畜禽无害化处理场所，处理场所的设计处理能力应高于日常病死畜禽处理量。要依托养殖场、屠宰场、专业合作组织和乡镇畜牧兽医站等建设病死畜禽收集网点、暂存设施，并配备必要的运输工具。鼓励跨行政区域建设病死畜禽专业无害化处理场。处理设施应优先采用化制、发酵等既能实现无害化处理又能资源化利用的工艺技术。支持研究新型、高效、环保的无害化处理技术和装备。有条件的地方也可在完善防疫设施的基础上，利用现有医疗垃圾处理厂等对病死畜禽进行无害化处理。

五、完善配套保障政策

按照"谁处理、补给谁"的原则，建立与养殖量、无害化处理率相挂钩的财政补助机制。各地区要综合考虑病死畜禽收集成本、设施建设成本和实际处理成本等因素，制定财政补助、收费等政策，确保无害化处理场所能够实现正常运营。将病死猪无害化处理补助范围由规模养殖场（区）扩大到生猪散养户。无害化处理设施建设用地要按照土地管理法律法规的规定，优先予以保障。无害化处理设施设备可以纳入农机购置补贴范围。从事病死畜禽无害化处理的，按规定享受国家有关税收优惠。将病死畜禽无害化处理作为保险理赔的前提条件，不能确认无害化处理的，保险机构不予赔偿。

六、加强宣传教育

各地区、各有关部门要向广大群众普及科学养殖和防疫知识，增强消费者的识别能力，宣传病死畜禽无害化处理的重要性和病死畜禽产品的危害性。要建立健全监督举报机制，鼓励群众和媒体对抛弃、收购、贩卖、屠宰、加工病死畜禽等违法行为进行监督和举报。

七、 严厉打击违法犯罪行为

各地区、各有关部门要按照动物防疫法、食品安全法、畜禽规模养殖污染防治条例等法律法规，严肃查处随意抛弃病死畜禽、加工制售病死畜禽产品等违法犯罪行为。农业、食品监管等部门在调查抛弃、收购、贩卖、屠宰、加工病死畜禽案件时，要严格依照法定程序进行。加强行政执法与刑事司法的衔接，对涉嫌构成犯罪、依法需要追究刑事责任的，要及时移送公安机关，公安机关应依法立案侦查。对公安机关查扣的病死畜禽及其产品，在固定证据后，有关部门应及时组织做好无害化处理工作。

八、 加强组织领导

地方各级人民政府要加强组织领导和统筹协调，明确各环节的监管部门，建立区域和部门联防联动机制，落实各项保障条件。切实加强基层监管力量，提升监管人员素质和执法水平。建立责任追究制，严肃追究失职渎职工作人员责任。各地区、各有关部门要及时研究解决工作中出现的新问题，确保病死畜禽无害化处理的各项要求落到实处。

国务院办公厅

2014 年 10 月 20 日

公安部关于印发《公安机关受理行政执法机关移送涉嫌犯罪案件规定》的通知

公通字〔2016〕16 号

各省、自治区、直辖市公安厅、局，新疆生产建设兵团公安局：

为贯彻落实中央关于全面深化公安改革的有关要求，规范公安机关受理行政执法机关移送涉嫌犯罪案件工作，完善行政执法与刑事司法衔接工作机制，公安部制定了《公安机关受理行政执法机关移送涉嫌犯罪案件规定》。现印发给你们，请结合本地实际，认真贯彻执行。

各地执行情况及工作中遇到的问题，请及时报部。

公安部

2016 年 6 月 16 日

公安机关受理行政执法机关移送涉嫌犯罪案件规定

第一条　为规范公安机关受理行政执法机关移送涉嫌犯罪案件工作，完善行政执法与刑事司法衔接工作机制，根据有关法律、法规，制定本规定。

第二条　对行政执法机关移送的涉嫌犯罪案件，公安机关应当接受，及时录入执法办案信息系统，并检查是否附有下列材料：

（一）案件移送书，载明移送机关名称、行政违法行为涉嫌犯罪罪名、案件主办人及联系电话等。案件移送书应当附移送材料清单，并加盖移送机关公章；

（二）案件调查报告，载明案件来源、查获情况、嫌疑人基本情况、涉嫌犯罪的事实、证据和法律依据、处理建议等；

（三）涉案物品清单，载明涉案物品的名称、数量、特征、存放地等事项，并附采取行政强制措施、现场笔录等表明涉案物品来源的相关材料；

（四）附有鉴定机构和鉴定人资质证明或者其他证明文件的检验报告或者鉴定意见；

（五）现场照片、询问笔录、电子数据、视听资料、认定意见、责令整改通知书等其他与案件有关的证据材料。

移送材料表明移送案件的行政执法机关已经或者曾经作出有关行政处罚决定的，应当检查是否附有有关行政处罚决定书。

对材料不全的，应当在接受案件的二十四小时内书面告知移送的行政执法机关在三日内补正。但不得以材料不全为由，不接受移送案件。

第三条　对接受的案件，公安机关应当按照下列情形分别处理：

（一）对属于本公安机关管辖的，迅速进行立案审查；

（二）对属于公安机关管辖但不属于本公安机关管辖的，移送有管辖权的公安机关，并书面告知移送案件的行政执法机关；

（三）对不属于公安机关管辖的，退回移送案件的行政执法机关，并书面说明理由。

第四条　对接受的案件，公安机关应当立即审查，并在规定的时间内作出立案或者不立案的决定。

决定立案的，应当书面通知移送案件的行政执法机关。对决定不立案的，应当说明理由，制作不予立案通知书，连同案卷材料在三日内送达移送案件的行政执法机关。

第五条　公安机关审查发现涉嫌犯罪案件移送材料不全、证据不充分的，可以就证明有犯罪事实的相关证据要求等提出补充调查意见，商请移送案件的行政执法机关补充调查。必要时，公安机关可以自行调查。

第六条　对决定立案的，公安机关应当自立案之日起三日内与行政执法机关交接涉案物品以及与案件有关的其他证据材料。

对保管条件、保管场所有特殊要求的涉案物品，公安机关可以在采取必要措施固定留取证据后，商请行政执法机关代为保管。

移送案件的行政执法机关在移送案件后，需要作出责令停产停业、吊销许可证等行政处罚，或者在相关行政复议、行政诉讼中，需要使用已移送公安机关证据材料的，公安机关应当协助。

第七条　单位或者个人认为行政执法机关办理的行政案件涉嫌犯罪，向公安机关报案、控告、举报或者自首的，公安机关应当接受，不得要求相关单位或者人员先行向行政执法机关报案、控告、举报或者自首。

第八条　对行政执法机关移送的涉嫌犯罪案件，公安机关立案后决定撤销案件的，应当将撤销案件决定书连同案卷材料送达移送案件的行政执法机关。对依法应当追究行政法律责任的，可以同时向行政执法机关提出书面建议。

第九条　公安机关应当定期总结受理审查行政执法机关移送涉嫌犯罪案件情况，分析衔接工作中存在的问题，并提出意见建议，通报行政执法机关、同级人民检察院。必要时，同时通报本级或者上一级人民政府，或者实行垂直管理的行政执法机关的上一级机关。

第十条　公安机关受理行政执法机关移送涉嫌犯罪案件，依法接受人民检察院的法律监督。

第十一条　公安机关可以根据法律法规，联合同级人民检察院、人民法院、行政执法机关制定行政执法机关移送涉嫌犯罪案件类型、移送标准、证据要求、法律文书等文件。

第十二条　本规定自印发之日起实施。

农业部　食品药品监管总局关于加强食用农产品质量安全监督管理工作的意见

农质发〔2014〕14号

各省、自治区、直辖市及计划单列市农业（农牧、农村经济）、畜牧兽医、农垦、农产品加工、渔业厅（局、委办），食品药品监督管理局；新疆生产建设兵团农业（水产）局、食品药品监督管理局：

为深入贯彻中央农村工作会议精神，认真落实《国务院机构改革和职能转变方案》、《国务院关于地方改革完善食品药品监督管理体制的指导意见》（国发〔2013〕18号）和《国务院办公厅关于加强农产品质量安全监管工作的通知》（国办发〔2013〕106号）要求，现就加强食用农产品质量安全监督管理工作衔接，强化食用农产品质量安全全程监管，提出以下意见。

一、严格落实食用农产品监管职责。 食用农产品是指来源于农业活动的初级产品，即在农业活动中获得的、供人食用的植物、动物、微生物及其产品。"农业活动"既包括传统的种植、养殖、采摘、捕捞等农业活动，也包括设施农业、生物工程等现代农业活动。"植物、动物、微生物及其产品"是指在农业活动中直接获得的以及经过分拣、去皮、剥壳、粉碎、清洗、切割、冷冻、打蜡、分级、包装等加工，但未改变其基本自然性状和化学性质的产品。食用农产品质量安全监管体制调整后，《农产品质量安全法》规定的食用农产品进入批发、零售市场或生产加工企业后的质量安全监管职责由食品药品监管部门依法履行，农业行政主管部门不再履行食用农产品进入市场后的相应质量安全监管职责。现行的食用农产品质量安全分段监管，不包括农业生产技术、动植物疫病防控和转基因生物安全监督管理。农业部门根据监管工作需要，可进入批发、零售市场开展食用农产品质量安全风险评估和风险监测工作。

农业、食品药品监管部门要严格执行《食品安全法》《农产品质量安全法》等相关法律法规和各级政府及编制委员会确定的部门监管职责分工，认真履行法定的监管职责。农业部门要切实履行好食用农产品从种植养殖到进入批发、零售市场或生产加工企业前的监管职责；食品药品监管部门要切实履行好食用农产品进入批发、零售市场或生产加工企业后的监管职责，不断提升对食用农产品质量安全的保障水平。省级农业、食品药品监管部门要联合推动市县两级政府抓紧落实食用农产品质量安全属地管理责任，将食用农产品质量安全监管纳入县、乡政府绩效考核范围，建立相应的考核规范和评价机制。每年要组织开展一次食用农产品质量安全监管工作联合督查，切实推动监管责任落实。

二、加快构建食用农产品全程监管制度。 各地农业、食品药品监管部门要在地方政府统一领导下，共同研究解决食用农产品质量安全监管中职能交叉和监管空白问题，进一步厘清监管职责，细化任务分工，消除监管空白，形成监管合力。对于现行法律法规和规章制度尚未完全明确的监管职责和监管事项，要在统筹协调的基础上，提请地方政府因地制宜明确监管部门，出台相应的监管措施，避免出现监管漏洞和盲区。农业部门要依法抓紧完善并落实农业投入品监管、产地环境管理、种植养殖过程控制、包装标识、食用动物及其产品检验检疫等制度规范；食品药品监管部门要研究制定食用农产品进入批发、零售市场或生产加工企业后的管理制度，落实好监管职责。

三、稳步推行食用农产品产地准出和市场准入管理。 农业部门和食品药品监管部门共同建立以食用农产品质量合格为核心内容的产地准出管理与市场准入管理衔接机制。农业部门要抓紧建立食用农产品产地准出制度，因地制宜地按照产品类别和生产经营主体类型，将有效期内"三品一标"质量标志、动植物病虫害检疫合格证明及规模化生产经营主体（逐步实现覆盖全部生产经营主体）出具的食用农产品产地质量检测报告等质量合格证明作为食用农产品产地准出的基础条件；食品药品监管部门要着手建立与食用农产品产地准出制度相对接的市场准入制度，将查验农业行政主管部门认可的作为食用农产品产地准出基础条件的质量合格证明作为食用农产品进入批发、零售市场或生产加工企业的基本条件。农业部门和食品药品监管部门要依托基层执法监管

95

和技术服务机构，加强督导巡查和监督管理，确保产地准出和市场准入过程中的质量合格证明真实、有效。

四、加快建立食用农产品质量追溯体系。 农业部门要按照职责分工，加快建立食用农产品质量安全追溯体系，可率先在"菜篮子"产品主产区推动农业产业化龙头企业、农民专业合作社、家庭农场开展质量追溯试点，优先将生猪和"三品一标"食用农产品纳入追溯试点范围，推动食用农产品从生产到进入批发、零售市场或生产加工企业前的环节可追溯。食品药品监管部门要在有序推进食品安全追溯体系建设的同时，积极配合农业部门推进食用农产品质量安全追溯体系的建设，并通过监督食用农产品经营者建立并严格落实进货查验和查验记录制度，做好与农业部门建设的食用农产品质量安全追溯体系的有机衔接，逐步实现食用农产品生产、收购、销售、消费全链条可追溯。

五、深入推进突出问题专项整治。 农业、食品药品监管部门要针对食用农产品在生产、收购、销售和消费过程中存在的突出问题，有计划、有步骤、有重点地联合开展专项治理整顿。始终保持高压态势，严厉惩处各类违法违规行为。在专项整治和执法监管过程中需要联合行动的，要统筹协调、统一调度和统一行动；在各环节查处的违法违规案件，该移交的要依法按程序及时移交；需要相互配合的，要及时跟进。

六、加强监管能力建设和监管执法合作。 农业、食品药品监管部门要不断推进食用农产品质量安全监管机构和食品安全监管机构的建设与人员配备，并抓紧与编制、发改、财政等部门衔接沟通，加快建立健全基层食用农产品质量安全监管和食品安全监管队伍，将基层监管能力建设纳入年度财政预算和基本建设计划，采取多项措施，着力提高基层食用农产品质量安全和食品安全监管能力。农业、食品药品监管部门要建立食用农产品质量安全监管信息共享制度，定期和不定期互换食用农产品质量安全监管中的相关信息。建立风险评估结果共享制度，加强食用农产品质量安全风险交流合作。建立违法案件信息相互通报制度，密切行政执法的协调与协作。加强应急管理方面的合作，开展食用农产品质量安全（食品安全）突发事件应急处置合作和经验交流。共同建立、完善食用农产品质量安全监管统计制度，强化统计数据共享。可根据需要就食用农产品质量安全和食品安全领域重大问题开展联合调研，为解决食用农产品质量安全和食品安全领域突出问题提供政策建议。

七、强化检验检测资源共享。 各地要按照《国务院办公厅关于印发国家食品安全监管体系"十二五"规划的通知》（国办发〔2012〕36 号）、《国务院办公厅转发中央编办、质检总局关于整合检验检测认证机构实施意见的通知》（国办发〔2014〕8 号）、《国务院办公厅关于印发 2014 年食品安全重点工作安排的通知》（国办发〔2014〕20 号）要求，在地方人民政府的统一领导下，共同做好县级食用农产品质量安全检验检测资源整合和食品安全检验检测资源整合工作，逐步解决基层检验检测资源分散、低水平重复建设、活力不强等问题。当前，根据农业、食品药品监管部门新的职能分工和监管工作需要，由农业部门和食品药品监管部门共同对已经建立的批发、零售市场（含超市、专营店等食用农产品销售单位）食用农产品质量安全检验检测资源（包括机构、人员、设备设施等）实施指导管理。建在市场外的食用农产品质量安全检验检测资源，以农业部门为主进行监督管理和技术指导；建在市场内的食用农产品质量安全检验检测资源，以食品药品监管部门为主进行监督管理和技术指导。农业部门和食品药品监管部门根据食用农产品质量安全监管和食品安全监管工作需要，可共享农业系统和食品药品监管系统建立的农产品质量安全检测机构和食品安全检验机构。

八、加强舆情监测和应急处置。 农业、食品药品监管部门要加强食用农产品质量安全突发事件、重大舆情跟踪监测，建立重大舆情会商分析和信息通报机制，及时联合研究处置突发事件和相关舆情热点问题。两部门要根据科普宣传工作的需要，加强食用农产品质量安全和食品安全科技知识培训和法制宣传。重大节日和节庆期间，要适时联合开展食用农产品质量安全宣传活动，全面普及食品科学知识，指导公众放心消费。

九、建立高效的合作会商机制。 农业部、食品药品监管总局建立部际合作会商机制，成立分别由两部门主管食用农产品质量安全监管工作的部级领导任组长的领导小组，积极推动和明确食用农产品质量安全监管工作的协调与合作事宜。各地要参照农业部和食品药品监管总局的做法，尽快建立两部门合作机制，明确对口的协调联络处（局、办），加强食用农产品质量安全监管工作的协作配合。

食用农产品质量安全监管涉及的品种多、链条长，两部门要在依法依规认真履职的基础上，密切协作、加强配合，构建"从农田到餐桌"全程监管的制度和机制。各地在食用农产品质量安全监管工作中遇到的问题和有关意见、建议，请及时与农业部农产品质量安全监管局和食品药品监管总局食品安全监管二司联系。

农业部　食品药品监管总局

2014 年 10 月 31 日

农业部　食品药品监管总局关于进一步加强畜禽屠宰检验检疫和畜禽产品进入市场或者生产加工企业后监管工作的意见

各省、自治区、直辖市畜牧兽医（农业、农牧）厅（局、委、办）、食品药品监督管理局，新疆生产建设兵团畜牧兽医局、食品药品监督管理局：

　　为深入贯彻《食品安全法》《农产品质量安全法》《动物防疫法》《生猪屠宰管理条例》，认真落实《农业部食品药品监管总局关于加强食用农产品质量安全监督管理工作的意见》（农质发〔2014〕14 号），现就加强畜禽屠宰检验检疫和畜禽产品进入市场或者生产加工企业后的监督管理工作，提出以下意见。

一、 明确责任， 切实做好畜禽屠宰检验检疫和畜禽产品监管工作

　　（一）**强化属地管理责任**。 地方各级畜牧兽医、食品药品监管部门要按照食品安全属地化管理原则，抓紧推动建立"地方政府负总责、监管部门各负其责、企业为第一责任人"的畜禽产品质量安全监管责任体系。要把畜禽屠宰检验检疫和畜禽产品进入市场或者生产加工企业后的监管作为农产品质量安全、食品安全绩效考核的重要内容，对县、乡人民政府进行考核，明确考核评价、督查督办等措施。要积极争取机构编制、发展改革、财政等部门的支持，将畜禽屠宰检验检疫和畜禽产品监管、检测、执法等工作经费纳入各级财政预算，加大投入力度，加强监管力量，配备必要的检验检疫、执法取证、样品采集、质量追溯、视频监控等设施设备。对于重大突发畜禽产品质量安全事件，地方各级畜牧兽医、食品药品监管部门要在政府统一领导下，按照属地管理的要求，会同公安、环保、工商等部门迅速响应、科学处置。

　　（二）**明确部门监管职责**。 在地方各级人民政府领导下，地方各级畜牧兽医、食品药品监管部门要按照《农业部　食品药品监管总局关于加强食用农产品质量安全监督管理工作的意见》（农质发〔2014〕14 号）的要求，建立健全畜禽屠宰检验检疫和畜禽产品进入市场或者生产加工企业后的监管工作衔接机制，细化部门职责，明确畜禽屠宰检验检疫和畜禽产品进入市场或者生产加工企业后的监管各环节工作分工，避免出现监管职责不清、重复监管和监管盲区。按照食用农产品质量安全分段管理要求，地方各级畜牧兽医部门负责动物疫病防控和畜禽屠宰环节的质量安全监督管理。地方各级动物卫生监督机构负责对屠宰畜禽实施检疫，依法出具检疫证明，加施检疫标志；对检疫不合格的畜禽产品，监督货主按照国家规定进行处理。同时，要依法监督生猪屠宰企业按照《生猪屠宰管理条例》的规定对屠宰的生猪及其产品实施肉品品质检验，督促屠宰企业按照规定依法出具肉品品质检验合格证明。地方各级食品药品监管部门负责监督食品生产经营者在肉及肉制品生产经营活动中查验动物检疫合格证明和猪肉肉品品质检验合格证明，严禁食品生产经营者采购、销售、加工不合格的畜禽产品。

　　（三）**落实企业主体责任**。 畜禽屠宰企业对其屠宰、销售的畜禽产品质量安全负责，要建立畜禽进场检查登记制度，对进场屠宰的畜禽进行索证、临床健康检查和登记；要按照国家有关规定对病害畜禽及其产品实施无害化处理；要按照审批的屠宰生产范围屠宰畜禽；要按照国家畜禽屠宰统计报表制度报送屠宰相关信息。采购畜禽产品的食品生产经营者对其生产经营的肉及肉制品质量安全负责，要建立进货查验制度，严禁购入、加工和销售未按规定进行检验检疫或者检验检疫不合格的畜禽产品。畜禽屠宰企业、采购畜禽产品的食品生产经营者自行或者委托第三方贮存畜禽产品，要保证贮存场所环境整洁，与有毒、有害场所以及其他污染源保持规定的距离，在贮存位置标明畜禽产品品名、产地、生产者或者供货者名称、联系方式等内容。贮存、运输和装卸畜禽产品，所使用的材料和容器、器具、工具要做到安全、无害，防止污染，并配备必要的冷藏、冷冻设施或者设备，保证畜禽产品质量安全所需要的温度、湿度等特殊要求。

二、 强化畜禽屠宰检验检疫， 严格畜禽产品准出管理

　　（一）**落实肉品品质检验制度**。 生猪屠宰企业要按照《生猪屠宰管理条例》的规定，配备与屠宰规模相

适应的、经考核合格的肉品品质检验员，并定期组织开展业务培训，提高肉品品质检验员的业务素质和责任意识。要按照生猪屠宰产品品质检验规程要求，严格进行入场静养、宰前检验和宰后检验。一是认真做好入场静养。凡是未经驻场官方兽医入场查验登记的生猪，不得屠宰。二是认真做好宰前检验。要按照宰前健康检查、"瘦肉精"抽检等规定要求，做好待宰检验和送宰检验，对发现的病害猪和"瘦肉精"抽检不合格生猪要及时进行无害化处理。三是认真做好宰后检验。对每头猪都要进行头部检验、体表检验、内脏检验、胴体初检和复检。检验合格的胴体，出具《肉品品质检验合格证》，加盖肉品品质检验合格印章；检验不合格的生猪产品要按照检验规程要求，及时进行无害化处理。生猪屠宰企业要健全完善台账管理制度，如实记录生猪来源、肉品品质检验、无害化处理和猪肉销售等信息。从事生猪以外其他畜禽屠宰的，要参照生猪屠宰肉品品质检验的做法，逐步推行肉品品质检验制度，确保肉品质量安全。

（二）**规范畜禽屠宰检疫。** 各级动物卫生监督机构及其驻场官方兽医要按照《动物防疫法》《动物检疫管理办法》等法律法规要求，严格执行畜禽屠宰检疫规程，认真履行屠宰检疫监管职责，有效保障出场畜禽产品质量安全。要全面落实屠宰检疫制度，严格查验入场畜禽产地检疫合格证明和畜禽标识，严格按照畜禽屠宰检疫规程实施检疫。经检疫合格的畜禽产品，出具动物产品检疫合格证明，并加盖检疫印章，加施检疫标志；对检疫不合格的畜禽产品，监督屠宰企业做好无害化处理。动物卫生监督机构的官方兽医要做好产地检疫证明查验、屠宰检疫等环节记录，并监督畜禽屠宰企业做好待宰、急宰、生物安全处理等环节记录，切实做到屠宰检疫各环节痕迹化管理。

三、 强化畜禽产品进入市场或者生产加工企业后的监管， 严格畜禽产品准入管理

（一）**强化畜禽产品经营主体责任。** 采购畜禽产品的食品生产经营者要严格执行与入场经营者签订的食用农产品质量安全协议，积极利用检验检测、快速检测等自检手段开展畜禽产品进场检验，避免不符合食品安全标准的畜禽产品经市场流向消费者。要严格落实进货查验和查验记录制度，查验检疫合格证明和肉品品质检验合格证等证明材料，如实记录畜禽产品的名称、数量、进货日期以及供货者名称、地址、联系方式等内容，并保存相关凭证，避免采购或者销售不符合食品安全标准的畜禽产品，保证采购的畜禽产品来源可追溯。畜禽产品市场销售者要在摊位（柜台）明显位置摆放信息公示牌，向消费者明示销售者信息、肉品产地来源、检验检疫合格证明等信息，接受消费者实时监督。

（二）**加强畜禽产品市场准入管理。** 各地食品药品监管部门要切实加强对畜禽产品进入市场和生产加工企业后的监督管理。一是加大对食品生产加工企业监督检查工作力度。着重检查食品生产企业进货把关、生产过程及贮存、运输管理以及出厂检验和记录等制度落实情况，督促食品生产加工企业依法组织生产、落实质量安全主体责任。二是监督畜禽产品经营者认真落实进货查验和查验记录制度，严把进货关、销售关和退市关，做到不进、不存、不销假冒、仿冒、劣质、过期变质等产品，确保畜禽产品可追溯。三是加强肉及肉制品监督抽检工作，着力发现突出问题和风险隐患，及时公布抽检信息，对发现的不合格畜禽产品就地销毁。四是督促市场开办者落实畜禽产品质量安全管理责任，强化畜禽产品市场准入管理，监督入场销售者建立进货查验记录制度，对进入市场销售的畜禽产品进行抽样检测，在市场内公布检测结果。检测不合格的，要求销售者立即停止销售，并向当地食品药品监管部门报告，食品药品监管部门要依法进行处理。

四、 严格执法， 确保畜禽屠宰检验检疫和畜禽产品进入市场或者生产加工企业后的监管工作落实到位

（一）**严肃畜禽屠宰检疫纪律。** 地方各级畜牧兽医部门和动物卫生监督机构要严守畜牧兽医执法"六条禁令"，严格按照畜禽屠宰检疫规程实施检疫。在畜禽屠宰检疫工作中，要切实做到"五不得"。一是动物卫生监督机构不得向非法屠宰企业派驻官方兽医。动物卫生监督机构只能向依法取得动物防疫条件合格证或者畜禽定点屠宰证的畜禽屠宰企业派驻官方兽医；已向未取得动物防疫条件合格证或者畜禽定点屠宰证的畜禽屠宰企业派驻官方兽医的，要及时撤出，并依法取缔该屠宰场点。二是驻场官方兽医不得私自脱离检疫岗位。在畜禽屠宰过程中，驻场官方兽医必须在岗，切实履行屠宰检疫监管职责。三是官方兽医不得擅自指定人员实施检疫。按照《动物检疫管理办法》的规定，动物卫生监督机构可以根据检疫工作需要，指定兽医专业人员协助官方兽医实施动物检疫。官方兽医不得自行指定屠宰企业工作人员或者其他人员协助实施检疫。四是官方兽医不得违反规程实施检疫。官方兽医要严格按照屠宰检疫规程实施检疫，把好屠宰检疫关口。五是官方兽医不得违规出证。严禁未检疫或者对检疫不合格的畜禽产品出具检疫合格证明。

（二）**严厉查处畜禽屠宰检验检疫违法行为。** 地方各级畜牧兽医部门要将畜禽屠宰检验检疫作为屠宰专项整治行动的重要内容，严厉打击畜禽屠宰检疫和生猪肉品品质检验违法违规行为。要加强生猪屠宰企业肉品品质监督管理，将肉品品质检验作为落实生猪屠宰企业质量安全主体责任的重要抓手，建立健全肉品品质检验员培训考核、肉品品质检验监督检查制度，不断提高生猪屠宰企业自检能力。对违反有关肉品品质检验法律法规规定的生猪屠宰企业，要依法责令停业整顿；情节严重的，要依法吊销生猪定点屠宰资格证书。要加强基层兽医队伍建设，健全完善驻场官方兽医管理制度，强化对驻场官方兽医的监督管理，对违反畜牧兽医执法"六条禁令"和屠宰检疫"五不得"规定的，依法给予行政处分；情节严重的，取消官方兽医资格；涉嫌犯罪的，移送司法机关追究刑事责任。

（三）**严厉打击肉及肉制品违法生产经营行为。** 在生产加工环节，地方各级食品药品监管部门要将生产加工企业原料肉进厂查验、食品添加剂使用、标签标识使用等作为检查重点，严厉打击采购未经检验检疫畜禽产品和生产加工不合格肉制品及肉源掺假、超范围超限量使用食品添加剂等违法违规行为。在经营环节，地方各级食品药品监管部门要将经营者落实进货查验和采购记录情况作为检查重点，严厉查处采购没有检疫检验证章或者检疫检验证章不全的畜禽产品，严厉打击销售不合格畜禽产品和"三无"预包装肉制品等违法行为。对违法生产经营者，要依法责令其停止违法行为；情节严重的，责令停业整顿，依法吊销许可证；涉嫌犯罪的，要及时移交公安部门，依法追究涉案人员刑事责任。

（四）**加强部门间协作配合。** 地方各级畜牧兽医、食品药品监管部门要强化部门间的协调配合，适时组织开展畜禽屠宰检验检疫和畜禽产品进入市场或者生产加工企业后的监管专项联合执法行动，严厉打击畜禽产品全产业链上的各类违法行为。要建立健全案件查处通报机制，在畜禽屠宰检验检疫和畜禽产品进入市场或者生产加工企业后的监管中发现、查处的违法行为，要及时相互通报。要强化行政执法与刑事司法衔接，涉嫌犯罪的，要及时移交公安部门，依法追究涉案人员刑事责任，严禁"以罚代刑"、杜绝"屡罚屡犯"。

（五）**加强法制宣传教育。** 地方各级畜牧兽医、食品药品监管部门要加大对畜禽屠宰检验检疫及食品安全监管等法律法规宣传力度，通过告知书、明白纸等方式将企业责任、义务告知畜禽屠宰企业、采购畜禽产品的市场销售者和食品生产经营者，通过广播、电视、网络等媒体向社会宣传屠宰行业管理和肉品质量安全知识，为强化畜禽产品质量安全监管营造良好氛围。

农业部　食品药品监管总局

2015 年 7 月 10 日

中华人民共和国农业部公告 第 176 号

为加强饲料、兽药和人用药品管理，防止在饲料生产、经营、使用和动物饮用水中超范围、超剂量使用兽药和饲料添加剂，杜绝滥用违禁药品的行为，根据《饲料和饲料添加剂管理条例》、《兽药管理条例》、《药品管理法》的有关规定，现公布《禁止在饲料和动物饮用水中使用的药物品种目录》，并就有关事项公告如下：

一、凡生产、经营和使用的营养性饲料添加剂和一般饲料添加剂，均应属于《允许使用的饲料添加剂品种目录》（农业部第 105 号公告）中规定的品种及经审批公布的新饲料添加剂，生产饲料添加剂的企业需办理生产许可证和产品批准文号，新饲料添加剂需办理新饲料添加剂证书，经营企业必须按照《饲料和饲料添加剂管理条例》第十六条、第十七条、第十八条的规定从事经营活动，不得经营和使用未经批准生产的饲料添加剂。

二、凡生产含有药物饲料添加剂的饲料产品，必须严格执行《饲料药物添加剂使用规范》（农业部 168 号公告，以下简称《规范》）的规定，不得添加《规范》附录二中的饲料药物添加剂。凡生产含有《规范》附录一中的饲料药物添加剂的饲料产品，必须执行《饲料标签》标准的规定。

三、凡在饲养过程中使用药物饲料添加剂，需按照《规范》规定执行，不得超范围、超剂量使用药物饲料添加剂。使用药物饲料添加剂必须遵守休药期、配伍禁忌等有关规定。

四、人用药品的生产、销售必须遵守《药品管理法》及相关法规的规定。未办理兽药、饲料添加剂审批手续的人用药品，不得直接用于饲料生产和饲养过程。

五、生产、销售《禁止在饲料和动物饮用水中使用的药物品种目录》所列品种的医药企业或个人，违反《药品管理法》第四十八条规定，向饲料企业和养殖企业（或个人）销售的，由药品监督管理部门按照《药品管理法》第七十四条的规定给予处罚；生产、销售《禁止在饲料和动物饮用水中使用的药物品种目录》所列品种的兽药企业或个人，向饲料企业销售的，由兽药行政管理部门按照《兽药管理条例》第四十二条的规定给予处罚；违反《饲料和饲料添加剂管理条例》第十七条、第十八条、第十九条规定，生产、经营、使用《禁止在饲料和动物饮用水中使用的药物品种目录》所列品种的饲料和饲料添加剂生产企业或个人，由饲料管理部门按照《饲料和饲料添加剂管理条例》第二十五条、第二十八条、第二十九条的规定给予处罚。其他单位和个人生产、经营、使用《禁止在饲料和动物饮用水中使用的药物品种目录》所列品种，用于饲料生产和饲养过程中的，上述有关部门按照谁发现谁查处的原则，依据各自法律法规予以处罚；构成犯罪的，要移送司法机关，依法追究刑事责任。

六、各级饲料、兽药、食品和药品监督管理部门要密切配合，协同行动，加大对饲料生产、经营、使用和动物饮用水中非法使用违禁药物违法行为的打击力度。要加快制定并完善饲料安全标准及检测方法、动物产品有毒有害物质残留标准及检测方法，为行政执法提供技术依据。

七、各级饲料、兽药和药品监督管理部门要进一步加强新闻宣传和科普教育。要将查处饲料和饲养过程中非法使用违禁药物列为宣传工作重点，充分利用各种新闻媒体宣传饲料、兽药和人用药品的管理法规，追踪大案要案，普及饲料、饲养和安全使用兽药知识，努力提高社会各方面对兽药使用管理重要性的认识，为降低药物残留危害，保证动物性食品安全创造良好的外部环境。

中华人民共和国农业部
中华人民共和国卫生部
国家药品监督管理局
二〇〇二年二月九日

附件：

禁止在饲料和动物饮用水中使用的药物品种目录

一、　肾上腺素受体激动剂

1. 盐酸克仑特罗（Clenbuterol Hydrochloride）：中华人民共和国药典（以下简称药典）2000 年二部 P605。β2 肾上腺素受体激动药。

2. 沙丁胺醇（Salbutamol）：药典 2000 年二部 P316。β2 肾上腺素受体激动药。

3. 硫酸沙丁胺醇（Salbutamol Sulfate）：药典 2000 年二部 P870。β2 肾上腺素受体激动药。

4. 莱克多巴胺（Ractopamine）：一种 β 兴奋剂，美国食品和药物管理局（FDA）已批准，中国未批准。

5. 盐酸多巴胺（Dopamine Hydrochloride）：药典 2000 年二部 P591。多巴胺受体激动药。

6. 西马特罗（Cimaterol）：美国氰胺公司开发的产品，一种 β 兴奋剂，FDA 未批准。

7. 硫酸特布他林（Terbutaline Sulfate）：药典 2000 年二部 P890。β2 肾上腺受体激动药。

二、　性激素

8. 己烯雌酚（Diethylstibestrol）：药典 2000 年二部 P42。雌激素类药。

9. 雌二醇（Estradiol）：药典 2000 年二部 P1005。雌激素类药。

10. 戊酸雌二醇（Estradiol Valerate）：药典 2000 年二部 P124。雌激素类药。

11. 苯甲酸雌二醇（Estradiol Benzoate）：药典 2000 年二部 P369。雌激素类药。中华人民共和国兽药典（以下简称兽药典）2000 年版一部 P109。雌激素类药。用于发情不明显动物的催情及胎衣滞留、死胎的排除。

12. 氯烯雌醚（Chlorotrianisene）：药典 2000 年二部 P919。

13. 炔诺醇（Ethinylestradiol）：药典 2000 年二部 P422。

14. 炔诺醚（Quinestrol）：药典 2000 年二部 P424。

15. 醋酸氯地孕酮（Chlormadinone Acetate）：药典 2000 年二部 P1037。

16. 左炔诺孕酮（Levonorgestrel）：药典 2000 年二部 P107。

17. 炔诺酮（Norethisterone）：药典 2000 年二部 P420。

18. 绒毛膜促性腺激素（绒促性素）（Chorionic Conadotrophin）：药典 2000 年二部 P534。促性腺激素药。兽药典 2000 年版一部 P146。激素类药。用于性功能障碍、习惯性流产及卵巢囊肿等。

19. 促卵泡生长激素（尿促性素主要含卵泡刺激 FSHT 和黄体生成素 LH）（Menotropins）：药典 2000 年二部 P321。促性腺激素类药。

三、　蛋白同化激素

20. 碘化酪蛋白（Iodinated Casein）：蛋白同化激素类，为甲状腺素的前驱物质，具有类似甲状腺素的生理作用。

21. 苯丙酸诺龙及苯丙酸诺龙注射液（Nandrolone Phenylpropionate）：药典 2000 年二部 P365。

四、　精神药品

22. （盐酸）氯丙嗪（Chlorpromazine Hydrochloride）：药典 2000 年二部 P676。抗精神病药。兽药典 2000 年版一部 P177。镇静药。用于强化麻醉以及使动物安静等。

23. 盐酸异丙嗪（Promethazine Hydrochloride）：药典 2000 年二部 P602。抗组胺药。兽药典 2000 年版一部 P164。抗组胺药。用于变态反应性疾病，如荨麻疹、血清病等。

24. 安定（地西泮）（Diazepam）：药典 2000 年二部 P214。抗焦虑药、抗惊厥药。兽药典 2000 年版一部 P61。镇静药、抗惊厥药。

25. 苯巴比妥（Phenobarbital）：药典 2000 年二部 P362。镇静催眠药、抗惊厥药。兽药典 2000 年版一部 P103。巴比妥类药。缓解脑炎、破伤风、士的宁中毒所致的惊厥。

26. 苯巴比妥钠（Phenobarbital Sodium）：兽药典 2000 年版一部 P105。巴比妥类药。缓解脑炎、破伤风、士的宁中毒所致的惊厥。

 27. 巴比妥（Barbital）：兽药典 2000 年版一部 P27。中枢抑制和增强解热镇痛。

 28. 异戊巴比妥（Amobarbital）：药典 2000 年二部 P252。催眠药、抗惊厥药。

 29. 异戊巴比妥钠（Amobarbital Sodium）：兽药典 2000 年版一部 P82。巴比妥类药。用于小动物的镇静、抗惊厥和麻醉。

 30. 利血平（Reserpine）：药典 2000 年二部 P304。抗高血压药。

 31. 艾司唑仑（Estazolam）。

 32. 甲丙氨脂（Meprobamate）。

 33. 咪达唑仑（Midazolam）。

 34. 硝西泮（Nitrazepam）。

 35. 奥沙西泮（Oxazepam）。

 36. 匹莫林（Pemoline）。

 37. 三唑仑（Triazolam）。

 38. 唑吡旦（Zolpidem）。

 39. 其他国家管制的精神药品。

五、 各种抗生素滤渣

 40. 抗生素滤渣：该类物质是抗生素类产品生产过程中产生的工业三废，因含有微量抗生素成分，在饲料和饲养过程中使用后对动物有一定的促生长作用。但对养殖业的危害很大，一是容易引起耐药性，二是由于未做安全性试验，存在各种安全隐患。

中华人民共和国农业部公告　第 2521 号

为加强生猪屠宰厂（场）的监督管理，根据《生猪屠宰管理条例》规定，近日，农业部制定并发布了《生猪屠宰厂（场）飞行检查办法》，自 2017 年 6 月 1 日起施行。

生猪屠宰厂（场）飞行检查办法

第一章　总　则

第一条　为加强生猪屠宰厂（场）的监督管理，根据《生猪屠宰管理条例》，制定本办法。

第二条　本办法所称生猪屠宰厂（场）飞行检查（以下简称飞行检查），是指畜牧兽医主管部门根据监管工作需要，针对生猪屠宰厂（场）组织开展的不预先告知的特定监督检查。

第三条　农业部负责组织实施全国范围内的飞行检查。设区的市级以上地方人民政府畜牧兽医主管部门负责组织实施本行政区域内的飞行检查。

第四条　飞行检查应当遵循依法、客观、公平的原则。

第五条　生猪屠宰厂（场）对飞行检查应当予以配合，不得拒绝或者阻碍。

第六条　参与飞行检查的有关工作人员应当严格遵守有关法律法规、廉政纪律和工作要求，不得向被检查生猪屠宰厂（场）提出与检查无关的要求，不得泄露飞行检查相关情况、投诉举报人信息及生猪屠宰厂（场）商业秘密。

第二章　飞行检查的启动

第七条　在日常随机抽查基础上，对有下列情形之一的生猪屠宰厂（场），畜牧兽医主管部门可以组织开展飞行检查：

（一）投诉举报或者其他来源的线索表明可能存在屠宰违法行为的；

（二）曾经发生肉品质量安全事件或者因屠宰违法行为受到过行政处罚的；

（三）其他需要开展飞行检查的情形。

第八条　决定对生猪屠宰厂（场）开展飞行检查的，畜牧兽医主管部门应当制定检查方案，明确被检查对象、检查内容、检查方式、检查时间、检查组人员构成等事项，并明确飞行检查工作要求。

第九条　检查组应当由 3 人以上单数组成，实行组长负责制。检查组成员应当从执法人员库中随机抽取。根据检查工作需要，畜牧兽医主管部门可以请相关领域专家参加飞行检查。

检查组成员和专家应当签署无利益冲突声明和廉政承诺书；所从事的检查活动与其个人利益之间可能发生矛盾或者冲突的，应当主动提出回避。

第十条　畜牧兽医主管部门组织飞行检查时，可以适时将检查组到达时间告知被检查生猪屠宰厂（场）所在地畜牧兽医主管部门。

被检查生猪屠宰厂（场）所在地畜牧兽医主管部门应当派执法人员协助开展检查，协助检查的执法人员应当服从检查组的安排。

第三章　飞行检查的实施

第十一条　检查组到达生猪屠宰厂（场）后，应当出示执法证件和飞行检查通知单。

第十二条　被检查生猪屠宰厂（场）应当按照检查组要求，明确检查现场负责人，配合开展检查，提供真实、完整的证照、文件、记录、票据、电子数据等相关材料，如实回答检查组的询问。

第十三条　检查过程中，检查组应当根据情况收集或者复印相关文件资料，记录或者拍摄发现的问题，采集样品以及询问有关人员等。

检查组应当及时、准确、客观记录检查情况，包括检查时间、地点、现场情况、发现的问题等。

第十四条　需要采集样品进行检验的，检查组应当按照规定采集样品。采集的样品应当送有资质的检测机构进行检验，费用由组织实施飞行检查的畜牧兽医主管部门承担。

第十五条　检查过程中发现需要采取证据先行登记保存或者行政强制措施的，由被检查生猪屠宰厂（场）所在地畜牧兽医主管部门依法实施。

第十六条　飞行检查过程中形成的记录以及依法收集的相关资料、实物等，可以作为行政处罚中认定事实的依据。

第十七条　检查结束前，检查组应当向被检查生猪屠宰厂（场）通报检查相关情况。被检查生猪屠宰厂（场）有异议的，可以陈述和申辩，检查组应当如实记录。生猪屠宰厂（场）负责人、检查组成员应当在检查记录表上签字。

第十八条　检查结束后，检查组应当撰写检查报告。检查报告的内容包括：检查过程、发现问题、相关证据、检查结论和处理建议等。

检查组应当在检查结束后5个工作日内（样品检测时间不计入在内），将检查报告、检查记录、相关证据材料等报组织实施飞行检查的畜牧兽医主管部门，并抄送被检查生猪屠宰厂（场）所在地畜牧兽医主管部门。

第四章　飞行检查结果的处理

第十九条　飞行检查发现生猪屠宰厂（场）存在质量安全风险隐患的，生猪屠宰厂（场）所在地畜牧兽医主管部门应当依法采取约谈、限期整改、监督召回产品，以及暂停生产、销售等风险控制措施。质量安全风险隐患消除后，应当及时解除相关风险控制措施。

第二十条　飞行检查发现生猪屠宰厂（场）存在违法行为的，组织飞行检查的畜牧兽医主管部门应当立案查处或者责成被检查生猪屠宰厂（场）所在地畜牧兽医主管部门查处。

由所在地畜牧兽医主管部门查处的，应当及时将查处的结果报送组织飞行检查的畜牧兽医主管部门。

第二十一条　飞行检查发现生猪屠宰厂（场）违法行为涉嫌犯罪的，应当依法移送公安机关处理。

第二十二条　被检查生猪屠宰厂（场）有下列情形之一的，视为拒绝、阻碍检查：

（一）拖延、限制、拒绝检查人员进入生猪屠宰厂（场），或者限制检查时间的；

（二）无正当理由不提供或者延迟提供与检查相关的证照、文件、记录、票据、电子数据等材料的；

（三）以声称工作人员不在、故意停止屠宰生产经营活动等方式欺骗、误导、逃避检查的；

（四）拒绝或者限制拍摄、复印、采样等取证工作的；

（五）其他不配合检查的情形。

检查组对被检查生猪屠宰厂（场）拒绝、阻碍飞行检查的行为应当进行书面记录，责令改正并及时报告组织实施飞行检查的畜牧兽医主管部门。

第二十三条　被检查生猪屠宰厂（场）阻碍检查组依法执行公务，涉嫌违反治安管理的，由畜牧兽医主管部门移交公安机关依法处理。

第二十四条　畜牧兽医主管部门及有关工作人员有下列情形之一的，应当依法依纪处理：

（一）泄露飞行检查信息的；

（二）泄露投诉举报人信息的；

（三）出具虚假检查报告或者检验报告的；

（四）干扰、拖延检查或者拒绝立案查处的；

（五）有其他违规行为的。

第五章　附　　则

第二十五条　本办法自 2017 年 6 月 1 日起施行。

中华人民共和国农业农村部公告　第 10 号

为进一步加强生猪屠宰质量安全监管工作，规范生猪屠宰行为，根据《生猪屠宰管理条例》，现将有关事项公告如下。

生猪定点屠宰厂（场）应当按照国家规定的肉品品质检验规程进行检验。肉品品质检验应当与生猪屠宰同步进行，包括宰前检验和宰后检验，检验内容包括健康状况、传染性疾病和寄生虫病以外的疾病、注水或者注入其他物质、有害物质、有害腺体、白肌肉（PSE 肉）或黑干肉（DFD 肉）、种猪及晚阉猪以及国家规定的其他检验项目。经肉品品质检验合格的猪胴体，应当加盖肉品品质检验合格验讫章，并附具《肉品品质检验合格证》后方可出厂（场）；检验合格的其他生猪产品（含分割肉品）应当附具《肉品品质检验合格证》。

生猪定点屠宰厂（场）屠宰的种猪和晚阉猪，应当在胴体和《肉品品质检验合格证》上标明相关信息。

特此公告

农业农村部

2018 年 4 月 16 日

中华人民共和国农业农村部公告　第 250 号

为进一步规范养殖用药行为，保障动物源性食品安全，根据《兽药管理条例》有关规定，我部修订了食品动物中禁止使用的药品及其他化合物清单，现予以发布，自发布之日起施行。食品动物中禁止使用的药品及其他化合物以本清单为准，原农业部公告第 193 号、235 号、560 号等文件中的相关内容同时废止。

附件：食品动物中禁止使用的药品及其他化合物清单

农业农村部

2019 年 12 月 27 日

附件：

食品动物中禁止使用的药品及其他化合物清单

序号	药品及其他化合物名称
1	酒石酸锑钾（Antimony potassium tartrate）
2	β-兴奋剂（β-agonists）类及其盐、酯
3	汞制剂：氯化亚汞（甘汞）（Calomel）、醋酸汞（Mercurous acetate）、硝酸亚汞（Mercurous nitrate）、吡啶基醋酸汞（Pyridyl mercurous acetate）
4	毒杀芬（氯化烯）（Camahechlor）
5	卡巴氧（Carbadox）及其盐、酯
6	呋喃丹（克百威）（Carbofuran）
7	氯霉素（Chloramphenicol）及其盐、酯
8	杀虫脒（克死螨）（Chlordimeform）
9	氨苯砜（Dapsone）
10	硝基呋喃类：呋喃西林（Furacilinum）、呋喃妥因（Furadantin）、呋喃它酮（Furaltadone）、呋喃唑酮（Furazolidone）、呋喃苯烯酸钠（Nifurstyrenate sodium）
11	林丹（Lindane）
12	孔雀石绿（Malachite green）
13	类固醇激素：醋酸美仑孕酮（Melengestrol acetate）、甲基睾丸酮（Methyltestosterone）、群勃龙（去甲雄三烯醇酮）（Trenbolone）、玉米赤霉醇（Zeranal）
14	安眠酮（Methaqualone）
15	硝呋烯腙（Nitrovin）
16	五氯酚酸钠（Pentachlorophenol sodium）
17	硝基咪唑类：洛硝达唑（Ronidazole）、替硝唑（Tinidazole）
18	硝基酚钠（Sodium nitrophenolate）
19	己二烯雌酚（Dienoestrol）、己烯雌酚（Diethylstilbestrol）、己烷雌酚（Hexoestrol）及其盐、酯
20	锥虫砷胺（Tryparsamile）
21	万古霉素（Vancomycin）及其盐、酯

农业部办公厅关于生猪定点屠宰证章标志印制和使用管理有关事项的通知

各省、自治区、直辖市畜牧兽医（农业、农牧）厅（局、委、办），新疆生产建设兵团畜牧兽医局：

为加强生猪定点屠宰证章标志管理，2008 年、2009 年商务部办公厅先后下发了《关于做好生猪定点屠宰证书和标志牌统一编号、制作和换发工作的通知》（商秩字〔2008〕6 号）和《关于印发肉品品质检验相关证章制作式样的通知》（商秩字〔2009〕11 号），规范生猪定点屠宰证章标志印制和使用。鉴于生猪定点屠宰监管职责已由商务部划转到农业部，且《畜禽屠宰管理条例》和新的屠宰证章标志管理规定正在制定过程中，为做好过渡期生猪屠宰证章标志管理，现就有关事宜通知如下。

一、目前生猪定点屠宰证章标志印制和使用管理仍按照商务部办公厅有关文件要求执行。

二、将生猪定点屠宰证书上的"中华人民共和国商务部 制"调整为"中华人民共和国农业部 制"。

三、将《肉品品质检验合格证》和"肉品品质检验合格标志"上的"××生猪定点屠宰管理办公室"和"××省商务主管部门监制"，分别调整为"××省（自治区、直辖市）畜牧兽医主管部门"和"××省（自治区、直辖市）畜牧兽医主管部门监制"。

四、生猪定点屠宰证章标志制作矢量图请与农业部屠宰技术中心联系获取。

五、各省（自治区、直辖市）畜牧兽医主管部门要切实加强生猪定点屠宰证章标志印制和使用管理，严厉打击伪造、变造、买卖、租借生猪定点屠宰证章标志等违法行为。

联系人：农业部兽医局　李汉堡

农业部屠宰技术中心　张宁宁

联系电话：010-59193344　59194441

农业部办公厅

2015 年 7 月 29 日

农业部关于印发《生猪屠宰厂（场）监督检查规范》的通知

农医发〔2016〕14 号

各省、自治区、直辖市畜牧兽医（农业、农牧）厅（局、委、办），新疆生产建设兵团畜牧兽医局：

为加强生猪屠宰监督管理，规范生猪屠宰监督检查行为，依据《中华人民共和国动物防疫法》《生猪屠宰管理条例》及有关法律、法规、标准，我部制定了《生猪屠宰厂（场）监督检查规范》。现印发给你们，请遵照执行。

农业部

2016 年 4 月 13 日

生猪屠宰厂（场）监督检查规范

为加强生猪屠宰管理，规范生猪屠宰监督检查行为，依据《中华人民共和国动物防疫法》《生猪屠宰管理条例》及有关法律、法规和标准制定本规范。

1 适用范围

1.1 本规范规定了畜牧兽医行政主管部门、动物卫生监督机构对生猪屠宰厂（场）进行监督检查的内容和要求。

1.2 畜牧兽医行政主管部门、动物卫生监督机构依照法律、法规和本单位职能，适用本规范对生猪屠宰厂（场）进行监督检查。

2 监督检查事项

2.1 屠宰资质

2.1.1 取得生猪定点屠宰证书、生猪屠宰标志牌情况。

2.1.2 取得《动物防疫条件合格证》情况。

2.2 布局及设施设备

2.2.1 布局

2.2.1.1 厂区是否分为生产区和非生产区，生产区是否分为清洁区与非清洁区。

2.2.1.2 生产区是否设置生猪与废弃物的出入口，是否设置人员和生猪产品出入口。

2.2.1.3 是否在场内设置生猪产品与生猪、废弃物通道。

2.2.2 设施设备

2.2.2.1 屠宰设施设备能否正常运行。

2.2.2.2 检验检疫设施设备能否正常使用。

2.2.2.3 无害化处理设施设备能否正常运转。

2.2.2.4 是否配备与生产规模和产品种类相适应的冷库，是否配备符合要求的运输车辆，且正常使用。

2.2.2.5 是否配备与屠宰生产相适应的供排水、照明等设备。

2.2.2.6 是否有充足的冷、热水源。

2.2.2.7 是否对设施设备进行检修、保养。

2.3 进场

2.3.1 是否查验《动物检疫合格证明》。

2.3.2 是否对进场生猪进行临床健康检查、畜禽标识佩戴情况检查。

2.4 待宰

2.4.1 是否按要求分圈编号。

2.4.2 是否及时对生猪体表进行清洁。

2.4.3 是否达到宰前停食静养的要求。

2.4.4 是否对临床健康检查状况异常生猪进行隔离观察或者按检验规程急宰。

2.4.5 是否按规定进行检疫申报。

2.4.6 是否如实记录待宰生猪数量、临床健康检查情况、隔离观察情况、停食静养情况，以及货主等信息。

2.5 生猪屠宰

2.5.1 屠宰生产

2.5.1.1 是否按淋浴、致昏、放血、浸烫、脱毛、编号、去头、去蹄、去尾、雕圈、开膛、净膛、劈半（锯半）、整修复验、整理副产品、预冷等工艺流程进行屠宰操作。

2.5.1.2 是否回收畜禽标识，并按规定保存、销毁。

2.5.2 肉品品质检验

2.5.2.1 是否按照检验规程对头、体表、内脏、胴体进行检验。

2.5.2.2 是否摘除肾上腺、甲状腺、病变淋巴结，是否对检验不合格的生猪产品进行修割。

2.5.2.3 是否对待宰生猪或者在屠宰过程中进行"瘦肉精"等检验。

2.5.2.4 是否对检验合格的生猪产品出具《肉品品质检验合格证》，在胴体上加盖检验合格印章。

2.5.2.5 是否如实完整记录肉品品质检验、"瘦肉精"等检验结果。

2.6 无害化处理

2.6.1 是否对待宰死亡生猪、检验检疫不合格生猪或者生猪产品，以及召回生猪产品进行无害化处理。

2.6.2 是否采用密闭容器运输病害生猪或生猪产品。

2.6.3 是否如实记录无害化处理病害生猪或生猪产品数量，以及处理时间、处理人员等。

2.7 出场生猪产品

2.7.1 出场生猪产品是否附有《肉品品质检验合格证》和《动物检疫合格证明》。

2.7.2 胴体外表面是否加盖检验合格章、动物检疫验讫印章，经包装生猪产品是否附具检验合格标志、加施检疫标志。

2.7.3 是否如实记录出场生猪产品规格、数量、肉品品质检验证号、动物检疫证明号、屠宰日期、销售日期以及购货者名称、地址、联系方式等信息。

2.8 肉品品质检验人员和屠宰技术人员条件要求

2.8.1 肉品品质检验人员是否经考核合格。

2.8.2 肉品品质检验人员和屠宰技术人员是否持有依法取得的健康证明。

2.9 消毒

2.9.1 是否在运输动物车辆出入口设置与门同宽，长 4 米、深 0.3 米以上的消毒池。

2.9.2 入场动物卸载区域是否有固定的车辆消毒场地，并配有车辆清洗、消毒设备。

2.9.3 屠宰间出入口是否设置人员更衣消毒室。

2.9.4 加工原毛、生皮、绒、骨、角的，是否设置封闭式熏蒸消毒间。

2.9.5 是否对屠宰车间、屠宰设备、器械及时清洗、消毒。

2.10 管理制度

是否建立生猪进场检查登记制度、待宰巡查制度、生猪屠宰和肉品品质检验制度、肉品品质检验人员持证上岗制度、生猪屠宰场证（章、标志牌）使用管理制度、生猪屠宰统计报表制度、无害化处理制度、消毒制度、检疫申报制度、疫情报告制度、设施设备检验检测保养制度等。

2.11　信息报送

2.11.1　是否按要求报告动物疫情信息。

2.11.2　是否按照国家《生猪等畜禽屠宰统计报表制度》的要求，及时报送屠宰相关信息。

2.11.3　是否按要求报告安全生产信息。

2.12　档案管理

是否及时将进场查证验物登记记录、分圈编号记录、待宰记录、肉品品质检验记录、"瘦肉精"等检验记录、无害化处理记录、消毒记录、生猪来源和产品流向记录、设施设备检验检测保养记录等归档，并保存两年以上。

3　监督检查要求

3.1　监督检查人员应当认真填写《生猪屠宰厂（场）年度监督检查记录表》（附件1）或者《生猪屠宰厂（场）日常监督检查记录表》（附件2），经生猪屠宰厂（场）负责人或者指定人员签字后将监督检查记录现场交给生猪屠宰厂（场）。

3.2　对检查过程中发现的问题，应当提出整改意见，并跟踪整改。

3.3　对监督检查过程中发现违法行为的，应当进行调查取证，依法处理。

3.4　对涉嫌犯罪的，应当按程序移送司法机关。

3.5　对发现违法行为不属于职能范围内的，应当移送给有关部门。

4　监督检查频次

4.1　畜牧兽医行政主管部门、动物卫生监督机构应当按照本规范，对生猪屠宰厂（场）进行全面监督检查。全面监督检查每年至少进行一次。

4.2　畜牧兽医行政主管部门、动物卫生监督机构应当按照本规范，对生猪屠宰厂（场）进行日常监督检查。检查人员应当从执法人员库中随机抽调。

4.3　在动物疫情排查、公共卫生和食品安全事件处置、受县级以上人民政府畜牧兽医行政主管部门指派或者存在生猪产品质量安全隐患等特定条件下，应当增加对生猪屠宰厂（场）监督检查的频次。

5　监督检查档案管理

动物卫生监督机构应当建立生猪屠宰厂（场）监督检查档案管理制度。实行一厂（场）一档，全面记录监督检查、问题整改落实和违法行为查处情况，做到痕迹化管理，并分年归档。

附件：1. 生猪屠宰厂（场）年度监督检查记录表
　　　2. 生猪屠宰厂（场）日常监督检查记录表

附件 1

<h3 style="text-align:center">生猪屠宰厂（场）年度监督检查记录表</h3>

屠宰厂（场）名称：_____　　负责人：_____

地址：_____　　　　　　　　电话：_____

检查内容		检查要求	检查依据	检查结果	备注
一、屠宰资质	1. 生猪定点屠宰证书和标志牌	是否取得生猪定点屠宰证书、生猪屠宰标志牌	《生猪屠宰管理条例》第六条、第七条	是☐ 否☐	
		生猪定点屠宰证书上的企业名称、经营范围、法定代表人、经营地点是否与营业执照相符		相符☐ 不符☐	
		生猪屠宰标志牌是否悬挂于厂区显著位置		是☐ 否☐	
	2.《动物防疫条件合格证》	是否取得《动物防疫条件合格证》	《动物防疫法》第二十条、《动物防疫条件审查办法》第三十一条、《生猪屠宰管理条例实施办法》第七条第七项	是☐ 否☐	
		《动物防疫条件合格证》上企业名称、经营范围、法定代表人、经营地点是否与营业执照相符		相符☐ 不符☐	
二、布局及设施设备	1. 布局	厂区是否划分为生产区和非生产区	《猪屠宰与分割车间设计规范》（GB 50317—2009）	是☐ 否☐	
		生产区是否分为清洁区与非清洁区	《猪屠宰与分割车间设计规范》（GB 50317—2009）	是☐ 否☐	
		生产区是否设置生猪与废弃物出入口	《猪屠宰与分割车间设计规范》（GB 50317—2009）	是☐ 否☐	
		生产区是否设置人员和生猪产品出入口	《猪屠宰与分割车间设计规范》（GB 50317—2009）	是☐ 否☐	
		生猪产品与生猪、废弃物在场内是否设置通道	《猪屠宰与分割车间设计规范》（GB 50317—2009）	是☐ 否☐	
	2. 设施设备	是否按设计屠宰能力配备屠宰设施设备，且正常运行	《动物防疫条件审查办法》第十三条	是☐ 否☐	
		是否配备与生产规模相适应的检验检疫设施设备，且正常运行	《动物检疫管理办法》第二十一条、《生猪屠宰管理条例实施办法》第七条第五项	是☐ 否☐	
		是否配备与生产规模相适应的病害猪无害化处理设施设备，且正常运转	《生猪屠宰管理条例》第八条第六项、《病害畜禽及其产品焚烧设备》（SB/T 10571—2010）	是☐ 否☐	
		是否配备与生产规模和产品种类相适应的冷库，且正常运转	《肉类加工厂卫生规范》（GB 12694—1990）	是☐ 否☐	
		是否配备符合要求的运输车辆，且正常使用	《肉类加工厂卫生规范》（GB 12694—1990）	是☐ 否☐	
		是否配备与屠宰生产相适应的供排水设备，且正常运转	《肉类加工厂卫生规范》（GB 12694—1990）	是☐ 否☐	
		是否配备与屠宰生产相适应的照明设备，且正常运转	《肉类加工厂卫生规范》（GB 12694—1990）	是☐ 否☐	
		是否有充足的冷、热水源	《肉类加工厂卫生规范》（GB 12694—1990）	是☐ 否☐	
		是否对设施设备进行检修、保养，且有相关记录	《肉类加工厂卫生规范》（GB 12694—1990）	是☐ 否☐	

（续）

检查内容		检查要求	检查依据	检查结果	备注
三、进场		是否查验《动物检疫合格证明》	《生猪屠宰管理条例实施办法》第十一条	是□ 否□	
		是否对进场生猪进行临床健康检查	《生猪屠宰产品品质检验规程》（GB/T 17996—1999）	是□ 否□	
		是否查验畜禽标识佩戴情况	《生猪屠宰管理条例实施办法》第十一条、《动物检疫管理办法》第二十二条	是□ 否□	
四、待宰		是否按要求分圈编号	《生猪屠宰产品品质检验规程》（GB/T 17996—1999）	是□ 否□	
		是否及时对生猪体表进行清洁	《生猪屠宰操作规程》（GB/T 17236—2008）	是□ 否□	
		是否达到宰前停食静养的要求	《生猪屠宰管理条例实施办法》第十三条	是□ 否□	
		对临床健康检查状况异常生猪是否进行隔离观察或者按检验规程急宰	《肉类加工厂卫生规范》（GB 12694—1990）、《生猪屠宰产品品质检验规程》（GB/T 17996—1999）	是□ 否□	
		随机抽取待宰记录和检疫申报单存根，是否按规定进行检疫申报	《动物防疫法》第四十二条第一款、《动物检疫管理办法》第七条、第十条、第十一条	是□ 否□	
		是否如实记录待宰生猪数量、临床健康检查情况、隔离观察情况、停食静养情况，以及货主等信息	《农业部　食品药品监管总局关于进一步加强畜禽屠宰检验检疫和畜禽产品进入市场或者生产加工企业后监管工作的意见》《生猪屠宰管理条例实施办法》《生猪屠宰产品品质检验规程》（GB/T 17996—1999）	是□ 否□	
五、生猪屠宰	1. 屠宰生产	是否按淋浴、致昏、放血、浸烫、脱毛、编号、去头、去蹄、去尾、雕圈、开膛、净膛、劈半（锯半）、整修复验、整理副产品、预冷等工艺流程进行屠宰操作	《生猪屠宰管理条例实施办法》第十三条、《生猪屠宰操作规程》（GB/T 17236—2008）	是□ 否□	
		是否回收畜禽标识，并按规定保存、销毁	《畜禽标识和养殖档案管理办法》	是□ 否□	
	2. 肉品品质检验	是否按照检验规程对头、体表、内脏、胴体进行检验	《生猪屠宰管理条例实施办法》第十四条、《生猪屠宰产品品质检验规程》（GB/T 17996—1999）	是□ 否□	
		对胴体检查，是否摘除肾上腺、甲状腺、病变淋巴结，是否对检验不合格的生猪产品进行修割	《生猪屠宰管理条例实施办法》第十七条、《生猪屠宰产品品质检验规程》（GB/T 17996—1999）	是□ 否□	
		是否对待宰生猪或者在屠宰过程中进行"瘦肉精"等检验	《农业部关于加强生猪定点屠宰环节"瘦肉精"监管工作的通知》	是□ 否□	
		是否对检验合格的生猪产品出具《肉品品质检验合格证》，在胴体上加盖检验合格印章	《生猪屠宰管理条例实施办法》第十六条	是□ 否□	
		是否如实完整记录肉品品质检验、"瘦肉精"等检验结果	《生猪屠宰产品品质检验规程》（GB/T 17996—1999）、《农业部关于加强生猪定点屠宰环节"瘦肉精"监管工作的通知》	是□ 否□	

（续）

检查内容		检查要求	检查依据	检查结果	备注
六、无害化处理		是否对待宰死亡生猪、检验检疫不合格生猪或者生猪产品，以及召回生猪产品进行无害化处理	《生猪定点屠宰厂（场）病害猪无害化处理管理办法》第三条、《生猪屠宰管理条例实施办法》第二十条	是□ 否□	
		是否采用密闭容器运输病害生猪或生猪产品	《病害动物和病害动物产品生物安全处理规程》（GB 16548—2006）	是□ 否□	
		是否如实记录无害化处理病害生猪或生猪产品数量、处理时间、处理人员等	《生猪定点屠宰厂（场）病害猪无害化处理管理办法》第十一条	是□ 否□	
七、出场生猪产品		出场生猪产品是否附有《肉品品质检验合格证》和《动物检疫合格证明》	《动物检疫管理办法》第二十三条、《生猪屠宰管理条例实施办法》第十六条	是□ 否□	
		胴体外表面是否加盖检验合格章、动物检疫验讫印章，经包装生猪产品是否附具检验合格标志、加施检疫标志	《生猪屠宰管理条例》第十三条、《生猪屠宰管理条例实施办法》第十六条、《动物检疫管理办法》第二十三条	是□ 否□	
		是否如实记录出场生猪产品规格、数量、肉品品质检验证号、动物检疫证明号、屠宰日期、销售日期以及购货者名称、地址、联系方式等信息	《农业部 食品药品监管总局关于进一步加强畜禽屠宰检验检疫和畜禽产品进入市场或者生产加工企业后监管工作的意见》	是□ 否□	
八、肉品品质检验人员和屠宰技术人员条件要求		肉品品质检验人员是否经考核合格	《生猪屠宰管理条例实施办法》第十八条	是□ 否□	
		肉品品质检验人员和屠宰技术人员是否持有依法取得的健康证明	《食品安全法》第三十四条、《生猪屠宰管理条例实施办法》第七条第三项	是□ 否□	
九、消毒		是否在运输动物车辆出入口设置与门同宽，长4米、深0.3米以上的消毒池	《动物防疫条件审查办法》第十二条	是□ 否□	
		入场动物卸载区域是否有固定的车辆消毒场地，并配有车辆清洗、消毒设备	《动物防疫条件审查办法》第十二条	是□ 否□	
		是否在屠宰间出入口设置人员更衣消毒室，且正常使用	《动物防疫条件审查办法》第十二条	是□ 否□	
		加工原毛、生皮、绒、骨、角的，是否设置封闭式熏蒸消毒间	《动物防疫条件审查办法》第十二条	是□ 否□	
		是否对屠宰车间、屠宰设备、器械及时清洗、消毒	《肉类加工厂卫生规范》（GB 12694—1990）	是□ 否□	
十、管理制度		是否建立生猪进场检查登记制度、待宰巡查制度，执行良好	《农业部 食品药品监管总局关于进一步加强畜禽屠宰检验检疫和畜禽产品进入市场或者生产加工企业后监管工作的意见》《生猪屠宰管理条例实施办法》第十一条	是□ 否□	
		是否建立生猪屠宰和肉品品质检验制度，执行良好	《农业部 食品药品监管总局关于进一步加强畜禽屠宰检验检疫和畜禽产品进入市场或者生产加工企业后监管工作的意见》	是□ 否□	
		是否建立肉品品质检验人员持证上岗制度，执行良好	《生猪屠宰管理条例实施办法》第十八条	是□ 否□	
		是否建立生猪屠宰场证（章、标志牌）使用管理制度，执行良好	《农业部办公厅关于生猪定点屠宰证章标志印制和使用管理有关事项的通知》	是□ 否□	
		是否建立生猪屠宰统计报表制度，执行良好	《生猪屠宰管理条例实施办法》第二十一条	是□ 否□	
		是否建立无害化处理制度、消毒制度，执行良好	《肉类加工厂卫生规范》（GB 12694—1990）、《农业部 食品药品监管总局关于进一步加强畜禽屠宰检验检疫和畜禽产品进入市场或者生产加工企业后监管工作的意见》	是□ 否□	

（续）

检查内容	检查要求	检查依据	检查结果	备注
十、管理制度	是否建立检疫申报制度、疫情报告制度，执行良好	《动物防疫法》第二十六条、《动物检疫管理办法》第七条、《动物防疫条件审查办法》第三十三条	是□ 否□	
	是否建立设施设备检验检测保养制度，执行良好	《肉类加工厂卫生规范》（GB 12694—1990）	是□ 否□	
十一、信息报送	是否按要求报告动物疫情信息	《动物防疫法》第二十六条	是□ 否□	
	是否按照国家《生猪等畜禽屠宰统计报表制度》的要求，及时报送屠宰相关信息	《生猪屠宰管理条例实施办法》第二十一条	是□ 否□	
	是否按要求报告安全生产信息	《农业部关于指导做好畜禽屠宰行业安全生产工作的通知》	是□ 否□	
十二、档案管理	是否将进场查证验物登记记录、分圈编号记录、待宰记录、肉品品质检验记录、"瘦肉精"等检验记录、无害化处理记录、消毒记录、生猪来源和产品流向记录、设施设备检验检测保养记录等归档	《生猪屠宰管理条例》《生猪屠宰管理条例实施办法》《动物防疫条件审查办法》《生猪定点屠宰厂（场）病害猪无害化处理管理办法》《生猪屠宰产品品质检验规程》（GB/T 17996—1999）、《农业部　食品药品监管总局关于进一步加强畜禽屠宰检验检疫和畜禽产品进入市场或者生产加工企业后监管工作的意见》	是□ 否□	
	上述各种记录是否保存两年以上		是□ 否□	
处理意见	对上述不符合要求的＿＿＿＿＿＿事项，应当在＿＿＿＿前整改。			

监督检查人员（签字）：　　　　　　　　　　　　　　　　　年　月　日

厂方负责人员（签字）：　　　　　　　　　　　　　　　　　年　月　日

备注：本表一式两份，一份交给企业，一份存档。

115

附件 2

生猪屠宰厂（场）日常监督检查记录表

屠宰厂（场）名称：_____　　负责人：_____

地址：_____　　电话：_____

检查内容	检查要求	检查结果	备注
设施设备	1. 屠宰设施设备能否正常运行	能□　否□	
	2. 无害化处理设施设备能否正常运转	能□　否□	
进场	3. 是否查验《动物检疫合格证明》	是□　否□	
	4. 是否对进场生猪进行临床健康检查	是□　否□	
	5. 是否查验畜禽标识佩戴情况	是□　否□	
待宰	6. 是否按要求分圈编号	是□　否□	
	7. 是否及时对生猪体表进行清洁	是□　否□	
	8. 是否达到宰前停食静养的要求	是□　否□	
	9. 对临床健康检查状况异常生猪是否进行隔离观察或者按检验规程急宰	是□　否□	
	10. 是否按规定进行检疫申报	是□　否□	
	11. 是否如实记录待宰生猪数量、临床健康检查情况、隔离观察情况、停食静养情况，以及货主等信息	是□　否□	
屠宰	12. 是否按照屠宰工艺流程进行屠宰操作	是□　否□	
	13. 是否按照检验规程进行肉品品质检验	是□　否□	
	14. 是否摘除肾上腺、甲状腺、病变淋巴结，是否对检验不合格的生猪产品进行修割	是□　否□	
	15. 是否对待宰生猪或者在屠宰过程中进行"瘦肉精"等检验	是□　否□	
	16. 是否对检验合格的生猪产品出具《肉品品质检验合格证》，在胴体上加盖检验合格印章	是□　否□	
	17. 是否对屠宰车间、屠宰设备、器械及时清洗、消毒	是□　否□	
	18. 是否如实完整记录肉品品质检验、"瘦肉精"等检验结果	是□　否□	
无害化处理	19. 是否对待宰死亡生猪、检验检疫不合格生猪或者生猪产品进行无害化处理	是□　否□	
	20. 是否如实记录无害化处理病害生猪或者生猪产品数量、处理时间、处理人员等	是□　否□	
出场生猪产品	21. 出场肉类是否附有《肉品品质检验合格证》和《动物检疫合格证明》	是□　否□	
	22. 胴体外表面是否加盖检验合格章、动物检疫验讫印章，经包装生猪产品是否附具检验合格标志、加施检疫标志	是□　否□	
	23. 是否如实记录出场生猪产品规格、数量、肉品品质检验证号、动物检疫证明号、屠宰日期、销售日期以及购货者名称、地址、联系方式等信息	是□　否□	
人员条件	24. 肉品品质检验人员是否经考核合格	是□　否□	
	25. 肉品品质检验人员和屠宰技术人员是否持有依法取得的健康证明	是□　否□	
信息报送	26. 是否按要求报告动物疫情	是□　否□	
	27. 是否按照国家《生猪等畜禽屠宰统计报表制度》的要求，及时报送屠宰相关信息	是□　否□	
	28. 是否按要求报告安全生产信息	是□　否□	
档案管理	29. 是否将进场查证验物登记、分圈编号、待宰、品质检验、"瘦肉精"等检验记录、无害化处理、消毒、生猪来源和产品流向、设施设备检验检测保养记录等归档	是□　否□	
其他内容	（各地可结合监管工作需要增加监督检查内容）		
处理意见	对上述不符合要求的_____事项，应当在_____前整改。		
监督检查人员（签字）：			年　月　日
厂方负责人员（签字）：			年　月　日

备注：本表一式两份，一份交给企业，一份存档。

农业部关于印发《生猪屠宰检疫规程》
等 4 个动物检疫规程的通知

农医发〔2010〕27 号

各省、自治区、直辖市畜牧兽医（农牧、农业）厅（局、委、办）：

为规范生猪、家禽、牛和羊的屠宰检疫，按照《中华人民共和国动物防疫法》、《动物检疫管理办法》规定，我部制定了《生猪屠宰检疫规程》、《家禽屠宰检疫规程》、《牛屠宰检疫规程》和《羊屠宰检疫规程》，现印发给你们，请遵照执行。

　　附件：1.《生猪屠宰检疫规程》
　　　　　2.《家禽屠宰检疫规程》
　　　　　3.《牛屠宰检疫规程》
　　　　　4.《羊屠宰检疫规程》

中华人民共和国农业部
二〇一〇年五月三十一日

附件 1:

生猪屠宰检疫规程

1 适用范围

本规程规定了生猪进入屠宰场（厂、点）监督查验、检疫申报、宰前检查、同步检疫、检疫结果处理以及检疫记录等操作程序。

本规程适用于中华人民共和国境内生猪的屠宰检疫。

2 检疫对象

口蹄疫、猪瘟、高致病性猪蓝耳病、炭疽、猪丹毒、猪肺疫、猪副伤寒、猪Ⅱ型链球菌病、猪支原体肺炎、副猪嗜血杆菌病、丝虫病、猪囊尾蚴病、旋毛虫病。

3 检疫合格标准

3.1 入场（厂、点）时，具备有效的《动物检疫合格证明》，畜禽标识符合国家规定。

3.2 无规定的传染病和寄生虫病。

3.3 需要进行实验室疫病检测的，检测结果合格。

3.4 履行本规程规定的检疫程序，检疫结果符合规定。

4 入场（厂、点）监督查验

4.1 查证验物

查验入场（厂、点）生猪的《动物检疫合格证明》和佩戴的畜禽标识。

4.2 询问

了解生猪运输途中有关情况。

4.3 临床检查

检查生猪群体的精神状况、外貌、呼吸状态及排泄物状态等情况。

4.4 结果处理

4.4.1 合格

《动物检疫合格证明》有效、证物相符、畜禽标识符合要求、临床检查健康，方可入场，并回收《动物检疫合格证明》。场（厂、点）方须按产地分类将生猪送入待宰圈，不同货主、不同批次的生猪不得混群。

4.4.2 不合格

不符合条件的，按国家有关规定处理。

4.5 消毒

监督货主在卸载后对运输工具及相关物品等进行消毒。

5 检疫申报

5.1 申报受理

场（厂、点）方应在屠宰前 6 小时申报检疫，填写检疫申报单。官方兽医接到检疫申报后，根据相关情况决定是否予以受理。受理的，应当及时实施宰前检查；不予受理的，应说明理由。

5.2 受理方式

现场申报。

6 宰前检查

6.1 屠宰前 2 小时内，官方兽医应按照《生猪产地检疫规程》中"临床检查"部分实施检查。

6.2　结果处理

6.2.1　合格的，准予屠宰。

6.2.2　不合格的，按以下规定处理。

6.2.2.1　发现有口蹄疫、猪瘟、高致病性猪蓝耳病、炭疽等疫病症状的，限制移动，并按照《中华人民共和国动物防疫法》、《重大动物疫情应急条例》、《动物疫情报告管理办法》和《病害动物和病害动物产品生物安全处理规程》（GB 16548）等有关规定处理。

6.2.2.2　发现有猪丹毒、猪肺疫、猪Ⅱ型链球菌病、猪支原体肺炎、副猪嗜血杆菌病、猪副伤寒等疫病症状的，患病猪按国家有关规定处理，同群猪隔离观察，确认无异常的，准予屠宰；隔离期间出现异常的，按《病害动物和病害动物产品生物安全处理规程》（GB 16548）等有关规定处理。

6.2.2.3　怀疑患有本规程规定疫病及临床检查发现其他异常情况的，按相应疫病防治技术规范进行实验室检测，并出具检测报告。实验室检测须由省级动物卫生监督机构指定的具有资质的实验室承担。

6.2.2.4　发现患有本规程规定以外疫病的，隔离观察，确认无异常的，准予屠宰；隔离期间出现异常的，按《病害动物和病害动物产品生物安全处理规程》（GB 16548）等有关规定处理。

6.2.2.5　确认为无碍于肉食安全且濒临死亡的生猪，视情况进行急宰。

6.3　监督场（厂、点）方对处理患病生猪旳待宰圈、急宰间以及隔离圈等进行消毒。

7　同步检疫

与屠宰操作相对应，对同一头猪的头、蹄、内脏、胴体等统一编号进行检疫。

7.1　头蹄及体表检查

7.1.1　视检体表的完整性、颜色，检查有无本规程规定疫病引起的皮肤病变、关节肿大等。

7.1.2　观察吻突、齿龈和蹄部有无水疱、溃疡、烂斑等。

7.1.3　放血后退毛前，沿放血孔纵向切开下颌区，直到颌骨高峰区，剖开两侧下颌淋巴结，视检有无肿大、坏死灶（紫、黑、灰、黄），切面是否呈砖红色，周围有无水肿、胶样浸润等。

7.1.4　剖检两侧咬肌，充分暴露剖面，检查有无猪囊尾蚴。

7.2　内脏检查

取出内脏前，观察胸腔、腹腔有无积液、粘连、纤维素性渗出物。检查脾脏、肠系膜淋巴结有无肠炭疽。取出内脏后，检查心脏、肺脏、肝脏、脾脏、胃肠、支气管淋巴结、肝门淋巴结等。

7.2.1　心脏

视检心包，切开心包膜，检查有无变性、心包积液、渗出、瘀血、出血、坏死等症状。在与左纵沟平行的心脏后缘房室分界处纵剖心脏，检查心内膜、心肌、血液凝固状态、二尖瓣及有无虎斑心、菜花样赘生物、寄生虫等。

7.2.2　肺脏

视检肺脏形状、大小、色泽，触检弹性，检查肺实质有无坏死、萎陷、气肿、水肿、瘀血、脓肿、实变、结节、纤维素性渗出物等。剖开一侧支气管淋巴结，检查有无出血、瘀血、肿胀、坏死等。必要时剖检气管、支气管。

7.2.3　肝脏

视检肝脏形状、大小、色泽，触检弹性，观察有无瘀血、肿胀、变性、黄染、坏死、硬化、肿物、结节、纤维素性渗出物、寄生虫等病变。剖开肝门淋巴结，检查有无出血、瘀血、肿胀、坏死等。必要时剖检胆管。

7.2.4　脾脏

视检形状、大小、色泽，触检弹性，检查有无肿胀、瘀血、坏死灶、边缘出血性梗死、被膜隆起及粘连等。必要时剖检脾实质。

7.2.5　胃和肠

视检胃肠浆膜，观察大小、色泽、质地，检查有无瘀血、出血、坏死、胶冻样渗出物和粘连。对肠系膜淋巴结做长度不少于20厘米的弧形切口。检查有无瘀血、出血、坏死、溃疡等病变。必要时剖检胃肠，检查黏膜有无瘀血、出血、水肿、坏死、溃疡。

7.3 胴体检查

7.3.1 整体检查

检查皮肤、皮下组织、脂肪、肌肉、淋巴结、骨骼以及胸腔、腹腔浆膜有无瘀血、出血、疹块、黄染、脓肿和其他异常等。

7.3.2 淋巴结检查

剖开腹部底壁皮下、后肢内侧、腹股沟皮下环附近的两侧腹股沟浅淋巴结，检查有无瘀血、水肿、出血、坏死、增生等病变。必要时剖检腹股沟深淋巴结、髂下淋巴结及髂内淋巴结。

7.3.3 腰肌

沿荐椎与腰椎结合部两侧肌纤维方向切开 10 厘米左右切口，检查有无猪囊尾蚴。

7.3.4 肾脏

剥离两侧肾被膜，视检肾脏形状、大小、色泽，触检质地，观察有无贫血、出血、瘀血、肿胀等病变。必要时纵向剖检肾脏，检查切面皮质部有无颜色变化、出血及隆起等。

7.4 旋毛虫检查

取左右膈脚各 30 克左右，与胴体编号一致，撕去肌膜，感官检查后镜检。

7.5 复检

官方兽医对上述检疫情况进行复查，综合判定检疫结果。

7.6 结果处理

7.6.1 合格的，由官方兽医出具《动物检疫合格证明》，加盖检疫验讫印章，对分割包装的肉品加施检疫标志。

7.6.2 不合格的，由官方兽医出具《动物检疫处理通知单》，并按以下规定处理。

7.6.2.1 发现患有本规程规定疫病的，按 6.2.2.1、6.2.2.2 和有关规定处理。

7.6.2.2 发现患有本规程规定以外疫病的，监督场（厂、点）方对病猪胴体及副产品按《病害动物和病害动物产品生物安全处理规程》（GB 16548）处理，对污染的场所、器具等按规定实施消毒，并做好《生物安全处理记录》。

7.6.3 监督场（厂、点）方做好检疫病害动物及废弃物无害化处理。

7.7 官方兽医在同步检疫过程中应做好卫生安全防护。

8 检疫记录

8.1 官方兽医应监督指导屠宰场（厂、点）方做好待宰、急宰、生物安全处理等环节各项记录。

8.2 官方兽医应做好入场监督查验、检疫申报、宰前检查、同步检疫等环节记录。

8.3 检疫记录应保存 12 个月以上。

附件 2：

家禽屠宰检疫规程

1　适用范围

本规程规定了家禽的屠宰检疫申报、进入屠宰场（厂、点）监督查验、宰前检查、同步检疫、检疫结果处理以及检疫记录等操作程序。

本规程适用于中华人民共和国境内鸡、鸭、鹅的屠宰检疫。鹌鹑、鸽子等禽类的屠宰检疫可参照本规程执行。

2　检疫对象

高致病性禽流感、新城疫、禽白血病、鸭瘟、禽痘、小鹅瘟、马立克氏病、鸡球虫病、禽结核病。

3　检疫合格标准

3.1　入场（厂、点）时，具备有效的《动物检疫合格证明》。

3.2　无规定的传染病和寄生虫病。

3.3　需要进行实验室疫病检测的，检测结果合格。

3.4　履行本规程规定的检疫程序，检疫结果符合规定。

4　检疫申报

4.1　申报受理

货主应在屠宰前 6 小时申报检疫，填写检疫申报单。官方兽医接到检疫申报后，根据相关情况决定是否予以受理。受理的，应当及时实施宰前检查；不予受理的，应说明理由。

4.2　申报方式

现场申报。

5　入场（厂、点）监督查验和宰前检查

5.1　查证验物

查验入场（厂、点）家禽的《动物检疫合格证明》。

5.2　询问

了解家禽运输途中有关情况。

5.3　临床检查

官方兽医应按照《家禽产地检疫规程》中"临床检查"部分实施检查。其中，个体检查的对象包括群体检查时发现的异常禽只和随机抽取的禽只（每车抽 60～100 只）。

5.4　结果处理

5.4.1　合格的，准予屠宰，并回收《动物检疫合格证明》。

5.4.2　不合格的，按以下规定处理。

5.4.2.1　发现有高致病性禽流感、新城疫等疫病症状的，限制移动，并按照《动物防疫法》《重大动物疫情应急条例》《动物疫情报告管理办法》《病害动物和病害动物产品生物安全处理规程》（GB 16548）等有关规定处理。

5.4.2.2　发现有鸭瘟、小鹅瘟、禽白血病、禽痘、马立克氏病、禽结核病等疫病症状的，患病家禽按国家有关规定处理。

5.4.2.3　怀疑患有本规程规定疫病及临床检查发现其他异常情况的，按相应疫病防治技术规范进行实验室检测，并出具检测报告。实验室检测须由省级动物卫生监督机构指定的具有资质的实验室承担。

5.4.2.4 发现患有本规程规定以外疫病的，隔离观察，确认无异常的，准予屠宰；隔离期间出现异常的，按《病害动物和病害动物产品生物安全处理规程》（GB 16548）等有关规定处理。

5.5 消毒

监督场（厂、点）方对患病家禽的处理场所等进行消毒。监督货主在卸载后对运输工具及相关物品等进行消毒。

6 同步检疫

6.1 屠体检查

6.1.1 体表

检查色泽、气味、光洁度、完整性及有无水肿、痘疮、化脓、外伤、溃疡、坏死灶、肿物等。

6.1.2 冠和髯

检查有无出血、水肿、结痂、溃疡及形态有无异常等。

6.1.3 眼

检查眼睑有无出血、水肿、结痂，眼球是否下陷等。

6.1.4 爪

检查有无出血、瘀血、增生、肿物、溃疡及结痂等。

6.1.5 肛门

检查有无紧缩、瘀血、出血等。

6.2 抽检

日屠宰量在1万只以上（含1万只）的，按照1%的比例抽样检查，日屠宰量在1万只以下的抽检60只。抽检发现异常情况的，应适当扩大抽检比例和数量。

6.2.1 皮下

检查有无出血点、炎性渗出物等。

6.2.2 肌肉

检查颜色是否正常，有无出血、瘀血、结节等。

6.2.3 鼻腔

检查有无瘀血、肿胀和异常分泌物等。

6.2.4 口腔

检查有无瘀血、出血、溃疡及炎性渗出物等。

6.2.5 喉头和气管

检查有无水肿、瘀血、出血、糜烂、溃疡和异常分泌物等。

6.2.6 气囊

检查囊壁有无增厚浑浊、纤维素性渗出物、结节等。

6.2.7 肺脏

检查有无颜色异常、结节等。

6.2.8 肾脏

检查有无肿大、出血、苍白、尿酸盐沉积、结节等。

6.2.9 腺胃和肌胃

检查浆膜面有无异常。剖开腺胃，检查腺胃黏膜和乳头有无肿大、瘀血、出血、坏死灶和溃疡等；切开肌胃，剥离角质膜，检查肌层内表面有无出血、溃疡等。

6.2.10 肠道

检查浆膜有无异常。剖开肠道，检查小肠黏膜有无瘀血、出血等，检查盲肠黏膜有无枣核状坏死灶、溃疡等。

6.2.11 肝脏和胆囊

检查肝脏形状、大小、色泽及有无出血、坏死灶、结节、肿物等。检查胆囊有无肿大等。

6.2.12　脾脏

检查形状、大小、色泽及有无出血和坏死灶、灰白色或灰黄色结节等。

6.2.13　心脏

检查心包和心外膜有无炎症变化等，心冠状沟脂肪、心外膜有无出血点、坏死灶、结节等。

6.2.14　法氏囊（腔上囊）

检查有无出血、肿大等。剖检有无出血、干酪样坏死等。

6.2.15　体腔

检查内部清洁程度和完整度，有无赘生物、寄生虫等。检查体腔内壁有无凝血块、粪便和胆汁污染和其他异常等。

6.3　复检

官方兽医对上述检疫情况进行复查，综合判定检疫结果。

6.4　结果处理

6.4.1　合格的，由官方兽医出具《动物检疫合格证明》，加施检疫标志。

6.4.2　不合格的，由官方兽医出具《动物检疫处理通知单》，并按以下规定处理。

6.4.2.1　发现患有本规程规定疫病的，按5.4.2.1、5.4.2.2和有关规定处理。

6.4.2.2　发现患有本规程规定以外其他疫病的，患病家禽屠体及副产品按《病害动物和病害动物产品生物安全处理规程》（GB 16548）的规定处理，污染的场所、器具等按规定实施消毒，并做好《生物安全处理记录》。

6.4.3　监督场（厂、点）方做好检疫病害动物及废弃物无害化处理。

6.5　官方兽医在同步检疫过程中应做好卫生安全防护。

7　检疫记录

7.1　官方兽医应监督指导屠宰场方做好相关记录。

7.2　官方兽医应做好入场监督查验、检疫申报、宰前检查、同步检疫等环节记录。

7.3　检疫记录应保存12个月以上。

附件 3：

牛屠宰检疫规程

1 适用范围

本规程规定了牛进入屠宰场（厂、点）监督查验、检疫申报、宰前检查、同步检疫、检疫结果处理以及检疫记录等操作程序。

本规程适用于中华人民共和国境内牛的屠宰检疫。

2 检疫对象

口蹄疫、牛传染性胸膜肺炎、牛海绵状脑病、布鲁氏菌病、牛结核病、炭疽、牛传染性鼻气管炎、日本血吸虫病。

3 检疫合格标准

3.1 入场（厂、点）时，具备有效的《动物检疫合格证明》，畜禽标识符合国家规定。

3.2 无规定的传染病和寄生虫病。

3.3 需要进行实验室疫病检测的，检测结果合格。

3.4 履行本规程规定的检疫程序，检疫结果符合规定。

4 入场（厂、点）监督查验

4.1 查证验物

查验入场（厂、点）牛的《动物检疫合格证明》和佩戴的畜禽标识。

4.2 询问

了解牛运输途中有关情况。

4.3 临床检查

检查牛群的精神状况、外貌、呼吸状态及排泄物状态等情况。

4.4 结果处理

4.4.1 合格

《动物检疫合格证明》有效、证物相符、畜禽标识符合要求、临床检查健康，方可入场，并回收《动物检疫合格证明》。场（厂、点）方须按产地分类将牛只送入待宰圈，不同货主、不同批次的牛只不得混群。

4.4.2 不合格

不符合条件的，按国家有关规定处理。

4.5 消毒

监督货主在卸载后对运输工具及相关物品等进行消毒。

5 检疫申报

5.1 申报受理

场（厂、点）方应在屠宰前 6 小时申报检疫，填写检疫申报单。官方兽医接到检疫申报后，根据相关情况决定是否予以受理。受理的，应当及时实施宰前检查；不予受理的，应说明理由。

5.2 申报方式

现场申报。

6 宰前检查

6.1 屠宰前 2 小时内，官方兽医应按照《反刍动物产地检疫规程》中"临床检查"部分实施检查。

6.2 结果处理

6.2.1 合格的，准予屠宰。

6.2.2 不合格的，按以下规定处理。

6.2.2.1 发现有口蹄疫、牛传染性胸膜肺炎、牛海绵状脑病及炭疽等疫病症状的，限制移动，并按照《动物防疫法》《重大动物疫情应急条例》《动物疫情报告管理办法》《病害动物和病害动物产品生物安全处理规程》（GB 16548）等有关规定处理。

6.2.2.2 发现有布鲁氏菌病、牛结核病、牛传染性鼻气管炎等疫病症状的，病牛按相应疫病的防治技术规范处理，同群牛隔离观察，确认无异常的，准予屠宰。

6.2.2.3 怀疑患有本规程规定疫病及临床检查发现其他异常情况的，按相应疫病防治技术规范进行实验室检测，并出具检测报告。实验室检测须由省级动物卫生监督机构指定的具有资质的实验室承担。

6.2.2.4 发现患有本规程规定以外疫病的，隔离观察，确认无异常的，准予屠宰；隔离期间出现异常的，按《病害动物和病害动物产品生物安全处理规程》（GB 16548）等有关规定处理。

6.2.2.5 确认为无碍于肉食安全且濒临死亡的牛只，视情况进行急宰。

6.3 监督场（厂、点）方对处理病牛的待宰圈、急宰间以及隔离圈等进行消毒。

7 同步检疫

与屠宰操作相对应，对同一头牛的头、蹄、内脏、胴体等统一编号进行检疫。

7.1 头蹄部检查

7.1.1 头部检查

检查鼻唇镜、齿龈及舌面有无水疱、溃疡、烂斑等；剖检一侧咽后内侧淋巴结和两侧下颌淋巴结，同时检查咽喉黏膜和扁桃体有无病变。

7.1.2 蹄部检查

检查蹄冠、蹄叉皮肤有无水疱、溃疡、烂斑、结痂等。

7.2 内脏检查

取出内脏前，观察胸腔、腹腔有无积液、粘连、纤维素性渗出物。检查心脏、肺脏、肝脏、胃肠、脾脏、肾脏，剖检肠系膜淋巴结、支气管淋巴结、肝门淋巴结，检查有无病变和其他异常。

7.2.1 心脏

检查心脏的形状、大小、色泽及有无瘀血、出血等。必要时剖开心包，检查心包膜、心包液和心肌有无异常。

7.2.2 肺脏

检查两侧肺叶实质、色泽、形状、大小及有无瘀血、出血、水肿、化脓、实变、结节、粘连、寄生虫等。剖检一侧支气管淋巴结，检查切面有无瘀血、出血、水肿等。必要时剖开气管、结节部位。

7.2.3 肝脏

检查肝脏大小、色泽，触检其弹性和硬度，剖开肝门淋巴结，检查有无出血、瘀血、肿大、坏死灶等。必要时剖开肝实质、胆囊和胆管，检查有无硬化、萎缩、日本血吸虫等。

7.2.4 肾脏

检查其弹性和硬度及有无出血、瘀血等。必要时剖开肾实质，检查皮质、髓质和肾盂有无出血、肿大等。

7.2.5 脾脏

检查弹性、颜色、大小等。必要时剖检脾实质。

7.2.6 胃和肠

检查肠襻、肠浆膜，剖开肠系膜淋巴结，检查形状、色泽及有无肿胀、瘀血、出血、粘连、结节等。必要时剖开胃肠，检查内容物、黏膜及有无出血、结节、寄生虫等。

7.2.7 子宫和睾丸

检查母牛子宫浆膜有无出血、黏膜有无黄白色或干酪样结节。检查公牛睾丸有无肿大，睾丸、附睾有无化脓、坏死灶等。

7.3　胴体检查

7.3.1　整体检查

检查皮下组织、脂肪、肌肉、淋巴结以及胸腔、腹腔浆膜有无瘀血、出血、疹块、脓肿和其他异常等。

7.3.2　淋巴结检查

7.3.2.1　颈浅淋巴结（肩前淋巴结）

在肩关节前稍上方剖开臂头肌、肩胛横突肌下的一侧颈浅淋巴结，检查切面形状、色泽及有无肿胀、瘀血、出血、坏死灶等。

7.3.2.2　髂下淋巴结（股前淋巴结、膝上淋巴结）

剖开一侧淋巴结，检查切面形状、色泽、大小及有无肿胀、瘀血、出血、坏死灶等。

7.3.2.3　必要时剖检腹股沟深淋巴结。

7.4　复检

官方兽医对上述检疫情况进行复查，综合判定检疫结果。

7.5　结果处理

7.5.1　合格的，由官方兽医出具《动物检疫合格证明》，加盖检疫验讫印章，对分割包装的肉品加施检疫标志。

7.5.2　不合格的，由官方兽医出具《动物检疫处理通知单》，并按以下规定处理。

7.5.2.1　发现患有本规程规定疫病的，按 6.2.2.1、6.2.2.2 和有关规定处理。

7.5.2.2　发现患有本规程规定以外疫病的，监督场（厂、点）方对病牛胴体及副产品按《病害动物和病害动物产品生物安全处理规程》（GB 16548）处理，对污染的场所、器具等按规定实施消毒，并做好《生物安全处理记录》。

7.5.3　监督场（厂、点）方做好检疫病害动物及废弃物无害化处理。

7.6　官方兽医在同步检疫过程中应做好卫生安全防护。

8　检疫记录

8.1　官方兽医应监督指导屠宰场（厂、点）方做好待宰、急宰、生物安全处理等环节各项记录。

8.2　官方兽医应做好入场监督查验、检疫申报、宰前检查、同步检疫等环节记录。

8.3　检疫记录应保存 10 年以上。

附件 4：

羊屠宰检疫规程

1　适用范围

本规程规定了羊进入屠宰场（厂、点）监督查验、检疫申报、宰前检查、同步检疫、检疫结果处理以及检疫记录等操作程序。

本规程适用于中华人民共和国境内羊的屠宰检疫。

2　检疫对象

口蹄疫、痒病、小反刍兽疫、绵羊痘和山羊痘、炭疽、布鲁氏菌病、肝片吸虫病、棘球蚴病。

3　检疫合格标准

3.1　入场（厂、点）时，具备有效的《动物检疫合格证明》，畜禽标识符合国家规定。

3.2　无规定的传染病和寄生虫病。

3.3　需要进行实验室疫病检测的，检测结果合格。

3.4　履行本规程规定的检疫程序，检疫结果符合规定。

4　入场（厂、点）监督查验

4.1　查证验物

查验入场（厂、点）羊的《动物检疫合格证明》和佩戴的畜禽标识。

4.2　询问

了解羊只运输途中有关情况。

4.3　临床检查

检查羊群的精神状况、外貌、呼吸状态及排泄物状态等情况。

4.4　结果处理

4.4.1　合格

《动物检疫合格证明》有效、证物相符、畜禽标识符合要求、临床检查健康，方可入场，并回收《动物检疫合格证明》。场（厂、点）方须按产地分类将羊只送入待宰圈，不同货主、不同批次的羊只不得混群。

4.4.2　不合格

不符合条件的，按国家有关规定处理。

4.5　消毒

监督货主在卸载后对运输工具及相关物品等进行清洗消毒。

5　检疫申报

5.1　申报受理

场（厂、点）方应在屠宰前 6 小时申报检疫，填写检疫申报单。官方兽医接到检疫申报后，根据相关情况决定是否予以受理。受理的，应当及时实施宰前检查；不予受理的，应说明理由。

5.2　申报方式

现场申报。

6　宰前检查

6.1　屠宰前 2 小时内，官方兽医应按照《反刍动物产地检疫规程》中"临床检查"部分实施检查。

6.2 结果处理

6.2.1 合格的，准予屠宰。

6.2.2 不合格的，按以下规定处理。

6.2.2.1 发现有口蹄疫、痒病、小反刍兽疫、绵羊痘和山羊痘、炭疽等疫病症状的，限制移动，并按照《动物防疫法》、《重大动物疫情应急条例》、《动物疫情报告管理办法》和《病害动物和病害动物产品生物安全处理规程》（GB 16548）等有关规定处理。

6.2.2.2 发现有布鲁氏菌病症状的，病羊按布鲁氏菌病防治技术规范处理，同群羊隔离观察，确认无异常的，准予屠宰。

6.2.2.3 怀疑患有本规程规定疫病及临床检查发现其他异常情况的，按相应疫病防治技术规范进行实验室检测，并出具检测报告。实验室检测须由省级动物卫生监督机构指定的具有资质的实验室承担。

6.2.2.4 发现患有本规程规定以外疫病的，隔离观察，确认无异常的，准予屠宰；隔离期间出现异常的，按《病害动物和病害动物产品生物安全处理规程》（GB 16548）等有关规定处理。

6.2.2.5 确认为无碍于肉食安全且濒临死亡的羊只，视情况进行急宰。

6.3 监督场（厂、点）方对处理病羊的待宰圈、急宰间以及隔离圈等进行消毒。

7 同步检疫

与屠宰操作相对应，对同一头羊的头、蹄、内脏、胴体等统一编号进行检疫。

7.1 头蹄部检查

7.1.1 头部检查

检查鼻镜、齿龈、口腔黏膜、舌及舌面有无水疱、溃疡、烂斑等。必要时剖开下颌淋巴结，检查形状、色泽及有无肿胀、瘀血、出血、坏死灶等。

7.1.2 蹄部检查

检查蹄冠、蹄叉皮肤有无水疱、溃疡、烂斑、结痂等。

7.2 内脏检查

取出内脏前，观察胸腔、腹腔有无积液、粘连、纤维素性渗出物。检查心脏、肺脏、肝脏、胃肠、脾脏、肾脏，剖检支气管淋巴结、肝门淋巴结、肠系膜淋巴结等，检查有无病变和其他异常。

7.2.1 心脏

检查心脏的形状、大小、色泽及有无瘀血、出血等。必要时剖开心包，检查心包膜、心包液和心肌有无异常。

7.2.2 肺脏

检查两侧肺叶实质、色泽、形状、大小及有无瘀血、出血、水肿、化脓、实变、粘连、包囊砂、寄生虫等。剖开一侧支气管淋巴结，检查切面有无瘀血、出血、水肿等。

7.2.3 肝脏

检查肝脏大小、色泽、弹性、硬度及有无大小不一的突起。剖开肝门淋巴结，切开胆管，检查有无寄生虫（肝片吸虫病）等。必要时剖开肝实质，检查有无肿大、出血、瘀血、坏死灶、硬化、萎缩等。

7.2.4 肾脏

剥离两侧肾被膜（两刀），检查弹性、硬度及有无贫血、出血、瘀血等。必要时剖检肾脏。

7.2.5 脾脏

检查弹性、颜色、大小等。必要时剖检脾实质。

7.2.6 胃和肠

检查浆膜面及肠系膜有无瘀血、出血、粘连等。剖开肠系膜淋巴结，检查有无肿胀、瘀血、出血、坏死等。必要时剖开胃肠，检查有无瘀血、出血、胶样浸润、糜烂、溃疡、化脓、结节、寄生虫等，检查瘤胃肉柱表面有无水疱、糜烂或溃疡等。

7.3 胴体检查

7.3.1 整体检查

检查皮下组织、脂肪、肌肉、淋巴结以及腋腔、腹腔浆膜有无瘀血、出血以及疹块、脓肿和其他异常等。

7.3.2 淋巴结检查

7.3.2.1 颈浅淋巴结（肩前淋巴结）

在肩关节前稍上方剖开臂头肌、肩胛横突肌下的一侧颈浅淋巴结，检查切面形状、色泽及有无肿胀、瘀血、出血、坏死灶等。

7.3.2.2 髂下淋巴结（股前淋巴结、膝上淋巴结）

剖开一侧淋巴结，检查切面形状、色泽、大小及有无肿胀、瘀血、出血、坏死灶等。

7.3.2.3 必要时检查腹股沟深淋巴结。

7.4 复检

官方兽医对上述检疫情况进行复查，综合判定检疫结果。

7.5 结果处理

7.5.1 合格的，由官方兽医出具《动物检疫合格证明》，加盖检疫验讫印章，对分割包装肉品加施检疫标志。

7.5.2 不合格的，由官方兽医出具《动物检疫处理通知单》，并按以下规定处理。

7.5.2.1 发现患有本规程规定疫病的，按 6.2.2.1、6.2.2.2 和有关规定处理。

7.5.2.2 发现患有本规程规定以外疫病的，监督场（厂、点）方对病羊胴体及副产品按《病害动物和病害动物产品生物安全处理规程》（GB 16548）处理，对污染的场所、器具等按规定实施消毒，并做好《生物安全处理记录》。

7.5.3 监督场（厂、点）方做好检疫病害动物及废弃物无害化处理。

7.6 官方兽医在同步检疫过程中应做好卫生安全防护。

8 检疫记录

8.1 官方兽医应监督指导屠宰场（厂、点）方做好待宰、急宰、生物安全处理等环节各项记录。

8.2 官方兽医应做好入场监督查验、检疫申报、宰前检查、同步检疫等环节记录。

8.3 检疫记录应保存 12 个月以上。

农业农村部关于印发《生猪产地检疫规程》《生猪屠宰检疫规程》和《跨省调运乳用种用动物产地检疫规程》的通知

农牧发〔2019〕2号

各省、自治区、直辖市畜牧兽医（农业农村、农牧）厅（局、委），新疆生产建设兵团畜牧兽医局：

为进一步强化非洲猪瘟防控工作，切实落实国务院关于禁止用餐厨剩余物饲喂生猪等有关要求，规范实施生猪及生猪产品检疫工作，我部对《生猪产地检疫规程》《生猪屠宰检疫规程》和《跨省调运乳用种用动物产地检疫规程》进行了修订。非洲猪瘟应急响应期间，农业农村部对检疫工作另有规定的，从其规定执行。各地要高度重视生猪及生猪产品检疫工作，探索并逐步建立检测出证制度，不断提升检疫工作水平。要确保动物及动物产品检疫队伍稳定，人员充足，专人专岗，切实有效履行检疫职责。

现将上述检疫规程印发你们，请严格遵照执行。《农业农村部关于印发〈生猪产地检疫规程〉和〈生猪屠宰检疫规程〉的通知》（农牧发〔2018〕9号）中附件《生猪产地检疫规程》《生猪屠宰检疫规程》和《农业部关于印发〈跨省调运种禽产地检疫规程〉及〈跨省调运乳用种用动物产地检疫规程〉的通知》（农医发〔2010〕33号）中附件2《跨省调运乳用种用动物产地检疫规程》同时废止。

　　附件：1. 生猪产地检疫规程
　　　　　2. 生猪屠宰检疫规程
　　　　　3. 跨省调运乳用种用动物产地检疫规程

农业农村部
2019年1月2日

附件 1

生猪产地检疫规程

1　适用范围

本规程规定了生猪（含人工饲养的野猪）产地检疫的检疫对象、检疫合格标准、检疫程序、检疫结果处理和检疫记录。

本规程适用于中华人民共和国境内生猪的产地检疫及省内调运种猪的产地检疫。

合法捕获的野猪的产地检疫参照本规程执行。

2　检疫对象

口蹄疫、猪瘟、非洲猪瘟、高致病性猪蓝耳病、炭疽、猪丹毒、猪肺疫。

3　检疫合格标准

3.1　来自非封锁区或未发生相关动物疫情的饲养场（养殖小区）、养殖户。

3.2　按照国家规定的强制免疫病种进行了强制免疫，并在有效保护期内。

3.3　养殖档案相关记录和畜禽标识符合规定。

3.4　临床检查健康。

3.5　本规程规定需进行实验室疫病检测的，检测结果合格。

3.6　省内调运的种猪须符合种用动物健康标准；省内调运精液、胚胎的，其供体动物须符合种用动物健康标准。

4　检疫程序

4.1　申报受理。动物卫生监督机构在接到检疫申报后，根据当地相关动物疫情情况，决定是否予以受理。受理的，应当及时派出官方兽医到现场或到指定地点实施检疫；不予受理的，应说明理由。

4.2　查验资料及畜禽标识

4.2.1　官方兽医应查验饲养场（养殖小区）《动物防疫条件合格证》和养殖档案，了解生产、免疫、监测、诊疗、消毒、无害化处理等情况，确认饲养场（养殖小区）6 个月内未发生相关动物疫病，确认生猪已按国家规定进行强制免疫，并在有效保护期内；了解是否使用未经国家批准的兽用疫苗，了解是否违反国家规定使用餐厨剩余物饲喂生猪。省内调运种猪的，还应查验《种畜禽生产经营许可证》。

4.2.2　官方兽医应查验散养户防疫档案，确认生猪已按国家规定进行强制免疫，并在有效保护期内；了解是否使用未经国家批准的兽用疫苗，了解是否违反国家规定使用餐厨剩余物饲喂生猪。

4.2.3　官方兽医应查验生猪畜禽标识加施情况，确认其佩戴的畜禽标识与相关档案记录相符。

4.3　临床检查

4.3.1　检查方法

4.3.1.1　群体检查。从静态、动态和食态等方面进行检查。主要检查生猪群体精神状况、外貌、呼吸状态、运动状态、饮水饮食情况及排泄物状态等。

4.3.1.2　个体检查。通过视诊、触诊和听诊等方法进行检查。主要检查生猪个体精神状况、体温、呼吸、皮肤、被毛、可视黏膜、胸廓、腹部及体表淋巴结，排泄动作及排泄物性状等。

4.3.2　检查内容

4.3.2.1　出现发热、精神不振、食欲减退、流涎；蹄冠、蹄叉、蹄踵部出现水疱，水疱破裂后表面出血，形成暗红色烂斑，感染造成化脓、坏死、蹄壳脱落，卧地不起；鼻盘、口腔黏膜、舌、乳房出现水疱和糜烂等症状的，怀疑感染口蹄疫。

4.3.2.2 出现高热、倦怠、食欲不振、精神委顿、弓腰、腿软、行动缓慢；间有呕吐，便秘腹泻交替；可视黏膜充血、出血或有不正常分泌物、发绀；鼻、唇、耳、下颌、四肢、腹下、外阴等多处皮肤点状出血，指压不褪色等症状的，怀疑感染猪瘟。

4.3.2.3 出现高热、倦怠、食欲不振、精神委顿；呕吐，便秘，粪便表面有血液和黏液覆盖，或腹泻，粪便带血；可视黏膜潮红、发绀，眼、鼻有黏液脓性分泌物；耳、四肢、腹部皮肤有出血点；共济失调、步态僵直、呼吸困难或其他神经症状，妊娠母猪流产等症状的；或出现无症状突然死亡的，怀疑感染非洲猪瘟。

4.3.2.4 出现高热；眼结膜炎、眼睑水肿；咳嗽、气喘、呼吸困难；耳朵、四肢末梢和腹部皮肤发绀；偶见后躯无力、不能站立或共济失调等症状的，怀疑感染高致病性猪蓝耳病。

4.3.2.5 出现高热稽留；呕吐；结膜充血；粪便干硬呈栗状，附有黏液，下痢；皮肤有红斑、疹块，指压褪色等症状的，怀疑感染猪丹毒。

4.3.2.6 出现高热；呼吸困难，继而哮喘，口鼻流出泡沫或清液；颈下咽喉部急性肿大、变红、高热、坚硬；腹侧、耳根、四肢内侧皮肤出现红斑，指压褪色等症状的，怀疑感染猪肺疫。

4.3.2.7 咽喉、颈、肩胛、胸、腹、乳房及阴囊等局部皮肤出现红肿热痛，坚硬肿块，继而肿块变冷，无痛感，最后中央坏死形成溃疡；颈部、前胸出现急性红肿，呼吸困难、咽喉变窄、窒息死亡等症状的，怀疑感染炭疽。

4.4 检测

4.4.1 对怀疑患有本规程规定疫病及临床检查发现其他异常情况的，应按相应疫病防治技术规范进行实验室检测。

4.4.2 实验室检测须由省级动物疫病预防控制机构以及经省级畜牧兽医主管部门批准符合条件的实验室承担，并出具检测报告。

4.4.3 省内调运的种猪可参照《跨省调运种用、乳用动物产地检疫规程》进行实验室检测，并提供相应检测报告。

5 检疫结果处理

5.1 经检疫合格的，出具《动物检疫合格证明》。

5.2 经检疫不合格的，出具《检疫处理通知单》，并按照有关规定处理。

5.2.1 临床检查发现患有本规程规定动物疫病的，扩大抽检数量并进行实验室检测。

5.2.2 发现患有本规程规定检疫对象以外动物疫病，影响动物健康的，应按规定采取相应防疫措施。

5.2.3 发现不明原因死亡或怀疑为重大动物疫情的，应按照《动物防疫法》《重大动物疫情应急条例》和《农业农村部关于做好动物疫情报告等有关工作的通知》（农医发〔2018〕22号）的有关规定处理。

5.2.4 病死动物应在动物卫生监督机构监督下，由畜主按照《病死及病害动物无害化处理技术规范》（农医发〔2017〕25号）规定处理。

5.3 对查验中发现使用未经国家批准的兽用疫苗和使用餐厨剩余物饲喂的，不予出证；要求畜主对生猪隔离观察15日后，方可按照本规程第4.3项、第4.4项、第5项规定再行开展临床检查、检测和检疫结果处理。

5.4 生猪启运前，动物卫生监督机构须监督畜主或承运人对运载工具进行有效消毒。

6 检疫记录

6.1 检疫申报单。动物卫生监督机构须指导畜主填写检疫申报单。

6.2 检疫工作记录。官方兽医须填写检疫工作记录，详细登记畜主姓名、地址、检疫申报时间、检疫时间、检疫地点、检疫动物种类、数量及用途、检疫处理、检疫证明编号等，并由畜主签名。

6.3 检疫申报单和检疫工作记录应保存12个月以上。

附件 2

生猪屠宰检疫规程

1　适用范围

本规程规定了生猪进入屠宰场（厂、点）［以下简称场（厂、点）］监督查验、检疫申报、宰前检查、同步检疫、检疫结果处理以及检疫记录等操作程序。

本规程适用于中华人民共和国境内生猪的屠宰检疫。

2　检疫对象

口蹄疫、猪瘟、非洲猪瘟、高致病性猪蓝耳病、炭疽、猪丹毒、猪肺疫、猪副伤寒、猪Ⅱ型链球菌病、猪支原体肺炎、副猪嗜血杆菌病、丝虫病、猪囊尾蚴病、旋毛虫病。

3　检疫合格标准

3.1　入场（厂、点）时，具备有效的《动物检疫合格证明》，畜禽标识符合国家规定。

3.2　无规定的传染病和寄生虫病。

3.3　按照农业农村部规定需要进行实验室疫病检测或者快速检测的，检测结果合格。

3.4　履行本规程规定的检疫程序，检疫结果符合规定。

4　入场（厂、点）监督查验

4.1　查证验物。查验入场（厂、点）生猪的《动物检疫合格证明》和佩戴的畜禽标识。

4.2　询问。了解生猪运输途中有关情况。

4.3　临床检查。检查生猪群体的精神状况、外貌、呼吸状态及排泄物状态等情况。

4.4　结果处理

4.4.1　合格。《动物检疫合格证明》有效、证物相符、畜禽标识符合要求、临床检查健康，方可入场，并回收《动物检疫合格证明》。场（厂、点）方须按产地分类将生猪送入待宰圈，不同货主、不同批次的生猪不得混群。

4.4.2　不合格。不符合条件的，按国家有关规定处理。

4.5　消毒。监督货主在卸载后对运输工具及相关物品等进行消毒。

5　检疫申报

5.1　申报受理。场（厂、点）方应在屠宰前 6 小时申报检疫，填写检疫申报单。官方兽医接到检疫申报后，根据相关情况决定是否予以受理。受理的，应当及时实施宰前检查；不予受理的，应说明理由。

5.2　受理方式。现场申报。

6　宰前检查

6.1　屠宰前 2 小时内，官方兽医应按照《生猪产地检疫规程》中"临床检查"部分实施检查。

6.2　结果处理

6.2.1　合格的，准予屠宰。

6.2.2　不合格的，按以下规定处理。

6.2.2.1　发现有口蹄疫、猪瘟、非洲猪瘟、高致病性猪蓝耳病、炭疽等疫病症状的，限制移动，并按照《中华人民共和国动物防疫法》《重大动物疫情应急条例》《农业农村部关于做好动物疫情报告等有关工作的通知》（农医发〔2018〕22 号）和《病死及病害动物无害化处理技术规范》（农医发〔2017〕25 号）等有关规定处理。

6.2.2.2　发现有猪丹毒、猪肺疫、猪Ⅱ型链球菌病、猪支原体肺炎、副猪嗜血杆菌病、猪副伤寒等疫病症状的，患病猪按国家有关规定处理，同群猪隔离观察，确认无异常的，准予屠宰；隔离期间出现异常的，按《病死及病害动物无害化处理技术规范》（农医发〔2017〕25号）等有关规定处理。

6.2.2.3 怀疑患有本规程规定疫病及临床检查发现其他异常情况的，按相应疫病防治技术规范进行实验室检测，并出具检测报告。实验室检测须由省级动物疫病预防控制机构以及经省级畜牧兽医主管部门批准符合条件的实验室承担。非洲猪瘟快速检测须使用符合农业农村部规定的检测方法或试剂盒。

6.2.2.4 发现患有本规程规定以外疫病的，隔离观察，确认无异常的，准予屠宰；隔离期间出现异常的，按《病死及病害动物无害化处理技术规范》（农医发〔2017〕25号）等有关规定处理。

6.2.2.5 确认为无碍于肉食安全且濒临死亡的生猪，视情况进行急宰。

6.3 监督场（厂、点）方对处理患病生猪的待宰圈、急宰间以及隔离圈等进行消毒。

7 同步检疫

与屠宰操作相对应，对同一头猪的血、头、蹄、内脏、胴体等统一编号进行检疫。

7.1 非洲猪瘟快速检测

7.1.1 监督场（厂、点）方按照农业农村部的规定开展非洲猪瘟快速检测。

7.1.2 快速检测结果为阴性的，继续实施检疫。

7.1.3 快速检测结果为阳性的，应将阳性样品及时送省级动物疫病预防控制机构确诊。

7.2 头蹄及体表检查

7.2.1 视检体表的完整性、颜色，检查有无本规程规定疫病引起的皮肤病变、关节肿大等。

7.2.2 观察吻突、齿龈和蹄部有无水疱、溃疡、烂斑等。

7.2.3 放血后脱毛前，沿放血孔纵向切开下颌区，直到颌骨高峰区，剖开两侧下颌淋巴结，视检有无肿大、坏死灶（紫、黑、灰、黄），切面是否呈砖红色，周围有无水肿、胶样浸润等。

7.2.4 剖检两侧咬肌，充分暴露剖面，检查有无猪囊尾蚴。

7.3 内脏检查。取出内脏前，观察胸腔、腹腔有无积液、粘连、纤维素性渗出物。检查脾脏、肠系膜淋巴结有无肠炭疽。取出内脏后，检查心脏、肺脏、肝脏、脾脏、胃肠、支气管淋巴结、肝门淋巴结等。

7.3.1 心脏。视检心包，切开心包膜，检查有无变性、心包积液、渗出、瘀血、出血、坏死等症状。在与左纵沟平行的心脏后缘房室分界处纵剖心脏，检查心内膜、心肌、血液凝固状态、二尖瓣及有无虎斑心、菜花样赘生物、寄生虫等。

7.3.2 肺脏。视检肺脏形状、大小、色泽，触检弹性，检查肺实质有无坏死、萎陷、气肿、水肿、瘀血、脓肿、实变、结节、纤维素性渗出物等。剖开一侧支气管淋巴结，检查有无出血、瘀血、肿胀、坏死等。必要时剖检气管、支气管。

7.3.3 肝脏。视检肝脏形状、大小、色泽，触检弹性，观察有无瘀血、肿胀、变性、黄染、坏死、硬化、肿物、结节、纤维素性渗出物、寄生虫等病变。剖开肝门淋巴结，检查有无出血、瘀血、肿胀、坏死等。必要时剖检胆管。

7.3.4 脾脏。视检形状、大小、色泽，触检弹性，检查有无显著肿胀、瘀血、颜色变暗、质地变脆、坏死灶、边缘出血性梗死、被膜隆起及粘连等。必要时剖检脾实质。

7.3.5 胃和肠。视检胃肠浆膜，观察大小、色泽、质地，检查有无瘀血、出血、坏死、胶冻样渗出物和粘连。对肠系膜淋巴结做长度不少于20厘米的弧形切口，检查有无增大、水肿、瘀血、出血、坏死、溃疡等病变。必要时剖检胃肠，检查黏膜有无瘀血、出血、水肿、坏死、溃疡。

7.4 胴体检查

7.4.1 整体检查。检查皮肤、皮下组织、脂肪、肌肉、淋巴结、骨骼以及胸腔、腹腔浆膜有无瘀血、出血、疹块、黄染、脓肿和其他异常等。

7.4.2 淋巴结检查。剖开腹部底壁皮下、后肢内侧、腹股沟皮下环附近的两侧腹股沟浅淋巴结，检查有无瘀血、水肿、出血、坏死、增生等病变。必要时剖检腹股沟深淋巴结、髂下淋巴结及髂内淋巴结。

7.4.3　腰肌。沿荐椎与腰椎结合部两侧肌纤维方向切开 10 厘米左右切口，检查有无猪囊尾蚴。

7.4.4　肾脏。剥离两侧肾被膜，视检肾脏形状、大小、色泽，触检质地，观察有无贫血、出血、瘀血、肿胀等病变。必要时纵向剖检肾脏，检查切面皮质部有无颜色变化、出血及隆起等。

7.5　旋毛虫检查。取左右膈脚各 30 克左右，与胴体编号一致，撕去肌膜，感官检查后镜检。

7.6　复检。官方兽医对上述检疫情况进行复查，综合判定检疫结果。

7.7　结果处理

7.7.1　合格的，由官方兽医出具《动物检疫合格证明》，加盖检疫验讫印章，对分割包装的肉品加施检疫标志。

7.7.2　不合格的，由官方兽医出具《动物检疫处理通知单》，并按以下规定处理。

7.7.2.1　发现患有本规程规定疫病的，按 5.2.2.1、6.2.2.2 和有关规定处理。

7.7.2.2　发现患有本规程规定以外疫病的，监督场（厂、点）方对病猪胴体及副产品按《病死及病害动物无害化处理技术规范》（农医发〔2017〕25 号）处理，对污染的场所、器具等按规定实施消毒，并做好《生物安全处理记录》。

7.7.3　监督场（厂、点）方做好检出病害动物及废弃物无害化处理。

7.8　官方兽医在同步检疫过程中应做好卫生安全防护。

8　检疫记录

8.1　官方兽医应监督指导屠宰场（厂、点）方做好待宰、急宰、生物安全处理等环节各项记录。

8.2　官方兽医应做好入场监督查验、检疫申报、宰前检查、同步检疫等环节记录。

8.3　检疫记录应保存 12 个月以上。

附件 3

跨省调运乳用种用动物产地检疫规程

1 适用范围

本规程适用于中华人民共和国境内跨省（区、市）调运种猪、种牛、奶牛、种羊、奶山羊及其精液和胚胎的产地检疫。

2 检疫合格标准

2.1 符合我部《生猪产地检疫规程》《反刍动物产地检疫规程》要求。

2.2 提供本规程规定动物疫病的实验室检测报告，检测结果合格。

2.3 精液和胚胎采集、销售、移植记录完整，其供体动物符合本规程规定的标准。

3 检疫程序

3.1 申报受理

动物卫生监督机构接到检疫申报后，确认《跨省引进乳用种用动物检疫审批表》有效，并根据当地相关动物疫情情况，决定是否予以受理。受理的，应当及时派官方兽医到场实施检疫；不予受理的，应说明理由。

3.2 查验资料及畜禽标识

3.2.1 查验饲养场的《种畜禽生产经营许可证》和《动物防疫条件合格证》。

3.2.2 按《生猪产地检疫规程》《反刍动物产地检疫规程》要求，查验受检动物的养殖档案、畜禽标识及相关信息。

3.2.3 调运精液和胚胎的，还应查验其采集、存贮、销售等记录，确认对应供体及其健康状况。

3.3 临床检查

按照《生猪产地检疫规程》《反刍动物产地检疫规程》要求开展临床检查外，还需做下列疫病检查。

3.3.1 发现母猪，尤其是初产母猪产仔数少、流产、产死胎、木乃伊胎及发育不正常胎等症状的，怀疑感染猪细小病毒。

3.3.2 发现母猪返情、空怀，妊娠母猪流产、产死胎、木乃伊等，公猪睾丸肿胀、萎缩等症状的，怀疑感染伪狂犬病毒。

3.3.3 发现动物消瘦、生长发育迟缓、慢性干咳、呼吸短促、腹式呼吸、犬坐姿势、连续性痉挛性咳嗽、口鼻处有泡沫等症状的，怀疑感染猪支原体性肺炎。

3.3.4 发现鼻塞、不能长时间将鼻端留在粉料中采食、妞血、饲槽沿染有血液、两侧内眼角下方颊部形成"泪斑"、鼻部和颜面变形（上额短缩，前齿咬合不齐等）、鼻端向一侧弯曲或鼻部向一侧歪斜、鼻背部横皱褶逐渐增加、眼上缘水平上的鼻梁变平变宽、生长欠佳等症状的，怀疑感染猪传染性萎缩性鼻炎。

3.3.5 发现体表淋巴结肿大，贫血，可视黏膜苍白，精神衰弱，食欲不振，体重减轻，呼吸急促，后驱麻痹乃至跛行瘫痪，周期性便秘及腹泻等症状的，怀疑感染牛白血病。

3.3.6 发现奶牛体温升高、食欲减退、反刍减少、脉搏增速、脱水，全身衰弱、沉郁；突然发病，乳房发红、肿胀、变硬、疼痛，乳汁显著减少和异常；乳汁中有絮片、凝块，并呈水样，出现全身症状；乳房有轻微发热、肿胀和疼痛；乳腺组织纤维化，乳房萎缩、出现硬结等症状的，怀疑感染乳房炎。

3.4 实验室检测

3.4.1 实验室检测须由省级动物疫病预防控制机构以及经省级畜牧兽医主管部门批准符合条件的实验室承担，并出具检测报告（实验室检测具体要求见附表）。

3.4.2　实验室检测疫病种类

3.4.2.1　种猪：口蹄疫、猪瘟、高致病性猪蓝耳病、猪圆环病毒病、布鲁氏菌病、非洲猪瘟。

3.4.2.2　种牛：口蹄疫、布鲁氏菌病、牛结核病、副结核病、牛传染性鼻气管炎、牛病毒性腹泻/黏膜病。

3.4.2.3　种羊：口蹄疫、布鲁氏菌病、蓝舌病、山羊关节炎脑炎。

3.4.2.4　奶牛：口蹄疫、布鲁氏菌病、牛结核病、牛传染性鼻气管炎、牛病毒性腹泻/黏膜病。

3.4.2.5　奶山羊：口蹄疫、布鲁氏菌病。

3.4.2.6　精液和胚胎：检测其供体动物相关动物疫病。

4　检疫结果处理

4.1　参照《生猪产地检疫规程》《反刍动物产地检疫规程》做好检疫结果处理。

4.2　无有效的《种畜禽生产经营许可证》和《动物防疫条件合格证》的，检疫程序终止。

4.3　无有效的实验室检测报告的，检疫程序终止。

5　检疫记录

参照《生猪产地检疫规程》《反刍动物产地检疫规程》做好检疫记录。

附表：跨省调运种用乳用动物实验室检测要求

附表

跨省调运种用乳用动物实验室检测要求

疫病名称	病原学检测			抗体检测			备注
	检测方法	数量	时限	检测方法	数量	时限	
口蹄疫	见《口蹄疫防治技术规范》《口蹄疫诊断技术》（GB/T 18935）	100%	调运前3个月内	见《口蹄疫防治技术规范》《口蹄疫诊断技术》（GB/T 18935）	100%	调运前1个月内	抗原检测阴性，抗体检测符合规定为合格
猪瘟	见《猪瘟防治技术规范》《猪瘟检测技术规范》（GB/T 16551）	100%	调运前3个月内	见《猪瘟防治技术规范》《猪瘟检测技术规范》（GB/T 16551）	100%	调运前1个月内	抗原检测阴性，抗体检测符合规定为合格
高致病性猪蓝耳病	见《高致病性猪蓝耳病防治技术规范》（GB/T 18090）	100%	调运前3个月内	见《高致病性猪蓝耳病防治技术规范》（GB/T 18090）	100%	调运前1个月内	抗原检测阴性，抗体检测符合规定为合格
猪圆环病毒病	见《猪圆环病毒聚合酶链反应试验方法》（GB/T 21674）	100%	调运前3个月内	无	无	无	抗原检测阴性为合格
非洲猪瘟	见《非洲猪瘟防治技术规范（试行）》	100%	调运前3天	无	无	无	抗原检测阴性为合格
布鲁氏菌病	无	无	无	见《布鲁氏菌病防治技术规范》《动物布鲁氏菌病诊断技术》（GB/T 18646）	100%	调运前1个月内	免疫动物不得向非免疫区调运，且检测结果阴性为合格
结核病	无	无	无	见《牛结核病防治技术规范》《动物结核病诊断技术》（GB/T 18645）	100%	调运前1个月内	检测结果阴性为合格
副结核病	无	无	无	见《副结核病诊断技术》（NY/T 539）	100%	调运前1个月内	检测结果阴性为合格
蓝舌病	见《蓝舌病病毒分离、鉴定及血清中和抗体检测技术》（GB/T 18089）、《蓝舌病琼脂免疫扩散实验操作规程》（SN/T 1165.2）	100%	调运前3个月内	无	无	无	抗原检测阴性为合格

（续）

疫病名称	病原学检测			抗体检测			备注
	检测方法	数量	时限	检测方法	数量	时限	
牛传染性鼻气管炎	无	无	无	见《牛传染性鼻气管炎诊断技术》（NY/T 575）	100％	调运前1个月内	检测结果阴性为合格
牛病毒性腹泻/黏膜病	无	无	无	见《牛病毒性腹泻/黏膜病诊断技术》（GB/T 18637）	100％	调运前1个月内	检测结果阴性为合格

农业部关于印发《病死及病害动物无害化处理技术规范》的通知

农医发〔2017〕25号

各省（自治区、直辖市）畜牧兽医（农牧、农业）厅（局、委、办），新疆生产建设兵团农业局：

为进一步规范病死及病害动物和相关动物产品无害化处理操作，防止动物疫病传播扩散，保障动物产品质量安全，根据《中华人民共和国动物防疫法》《生猪屠宰管理条例》《畜禽规模养殖污染防治条例》等有关法律法规，我部组织制定了《病死及病害动物无害化处理技术规范》，现印发给你们，请遵照执行。我部发布的动物检疫规程、相关动物疫病防治技术规范中，涉及对病死及病害动物和相关动物产品进行无害化处理的，按本规范执行。

自本规范发布之日起，《病死动物无害化处理技术规范》（农医发〔2013〕34号）同时废止。

农业部
2017年7月3日

病死及病害动物无害化处理技术规范

为贯彻落实《中华人民共和国动物防疫法》《生猪屠宰管理条例》《畜禽规模养殖污染防治条例》等有关法律法规，防止动物疫病传播扩散，保障动物产品质量安全，规范病死及病害动物和相关动物产品无害化处理操作技术，制定本规范。

1 适用范围

本规范适用于国家规定的染疫动物及其产品、病死或者死因不明的动物尸体、屠宰前确认的病害动物、屠宰过程中经检疫或肉品品质检验确认为不可食用的动物产品，以及其他应当进行无害化处理的动物及动物产品。

本规范规定了病死及病害动物和相关动物产品无害化处理的技术工艺和操作注意事项，处理过程中病死及病害动物和相关动物产品的包装、暂存、转运、人员防护和记录等要求。

2 引用规范和标准

GB 19217 医疗废物转运车技术要求（试行）

GB 18484 危险废物焚烧污染控制标准

GB 18597 危险废物贮存污染控制标准

GB 16297 大气污染物综合排放标准

GB 14554 恶臭污染物排放标准

GB 8978 污水综合排放标准

GB 5085.3 危险废物鉴别标准

GB/T 16569 畜禽产品消毒规范

GB 19218 医疗废物焚烧炉技术要求（试行）

GB/T 19923 城市污水再生利用 工业用水水质

当上述标准和文件被修订时，应使用其最新版本。

3 术语和定义

3.1 无害化处理

本规范所称无害化处理，是指用物理、化学等方法处理病死及病害动物和相关动物产品，消灭其所携带的病原体，消除危害的过程。

3.2 焚烧法

焚烧法是指在焚烧容器内，使病死及病害动物和相关动物产品在富氧或无氧条件下进行氧化反应或热解反应的方法。

3.3 化制法

化制法是指在密闭的高压容器内，通过向容器夹层或容器内通入高温饱和蒸汽，在干热、压力或蒸汽、压力的作用下，处理病死及病害动物和相关动物产品的方法。

3.4 高温法

高温法是指常压状态下，在封闭系统内利用高温处理病死及病害动物和相关动物产品的方法。

3.5 深埋法

深埋法是指按照相关规定，将病死及病害动物和相关动物产品投入深埋坑中并覆盖、消毒，处理病死及病害动物和相关动物产品的方法。

3.6 硫酸分解法

硫酸分解法是指在密闭的容器内，将病死及病害动物和相关动物产品用硫酸在一定条件下进行分解的方法。

4　病死及病害动物和相关动物产品的处理

4.1　焚烧法

4.1.1　适用对象

国家规定的染疫动物及其产品、病死或者死因不明的动物尸体，屠宰前确认的病害动物、屠宰过程中经检疫或肉品品质检验确认为不可食用的动物产品，以及其他应当进行无害化处理的动物及动物产品。

4.1.2　直接焚烧法

4.1.2.1　技术工艺

4.1.2.1.1　可视情况对病死及病害动物和相关动物产品进行破碎等预处理。

4.1.2.1.2　将病死及病害动物和相关动物产品或破碎产物，投至焚烧炉本体燃烧室，经充分氧化、热解，产生的高温烟气进入二次燃烧室继续燃烧，产生的炉渣经出渣机排出。

4.1.2.1.3　燃烧室温度应≥850℃。燃烧所产生酌烟气从最后的助燃空气喷射口或燃烧器出口到换热面或烟道冷风引射口之间的停留时间应≥2s。焚烧炉出口烟气中氧含量应为6％～10％（干气）。

4.1.2.1.4　二次燃烧室出口烟气经余热利用系统、烟气净化系统处理，达到 GB 16297 要求后排放。

4.1.2.1.5　焚烧炉渣与除尘设备收集的焚烧飞灰应分别收集、贮存和运输。焚烧炉渣按一般固体废物处理或作资源化利用；焚烧飞灰和其他尾气净化装置收集的固体废物需按 GB 5085.3 要求作危险废物鉴定，如属于危险废物，则按 GB 18484 和 GB 18597 要求处理。

4.1.2.2　操作注意事项

4.1.2.2.1　严格控制焚烧进料频率和重量，使病死及病害动物和相关动物产品能够充分与空气接触，保证完全燃烧。

4.1.2.2.2　燃烧室内应保持负压状态，避免焚烧过程中发生烟气泄露。

4.1.2.2.3　二次燃烧室顶部设紧急排放烟囱，应急时开启。

4.1.2.2.4　烟气净化系统，包括急冷塔、引风机等设施。

4.1.3　炭化焚烧法

4.1.3.1　技术工艺

4.1.3.1.1　病死及病害动物和相关动物产品投至热解炭化室，在无氧情况下经充分热解，产生的热解烟气进入二次燃烧室继续燃烧，产生的固体炭化物残渣经热解炭化室排出。

4.1.3.1.2　热解温度应≥600℃，二次燃烧室温度≥850℃，焚烧后烟气在 850℃以上停留时间≥2s。

4.1.3.1.3　烟气经过热解炭化室热能回收后，降至 600℃左右，经烟气净化系统处理，达到 GB 16297 要求后排放。

4.1.3.2　操作注意事项

4.1.3.2.1　应检查热解炭化系统的炉门封闭性，以保证热解炭化室的隔氧状态。

4.1.3.2.2　应定期检查和清理热解气输出管道，以免发生阻塞。

4.1.3.2.3　热解炭化室顶部需设置与大气柜连的防爆口，热解炭化室内压力过大时可自动开启泄压。

4.1.3.2.4　应根据处理物种类、体积等严格控制热解的温度、升温速度及物料在热解炭化室里的停留时间。

4.2　化制法

4.2.1　适用对象

不得用于患有炭疽等芽孢杆菌类疫病，以及牛海绵状脑病、痒病的染疫动物及产品、组织的处理。其他适用对象同 4.1.1。

4.2.2　干化法

4.2.2.1　技术工艺

4.2.2.1.1　可视情况对病死及病害动物和相关动物产品进行破碎等预处理。

4.2.2.1.2　病死及病害动物和相关动物产品或破碎产物输送入高温高压灭菌容器。

4.2.2.1.3　处理物中心温度≥140℃，压力≥0.5MPa（绝对压力），时间≥4h（具体处理时间随处理物种类和体积大小而设定）。

4.2.2.1.4　加热烘干产生的热蒸汽经废气处理系统后排出。

4.2.2.1.5　加热烘干产生的动物尸体残渣传输至压榨系统处理。

4.2.2.2　操作注意事项

4.2.2.2.1　搅拌系统的工作时间应以烘干剩余物基本不含水分为宜，根据处理物量的多少，适当延长或缩短搅拌时间。

4.2.2.2.2　应使用合理的污水处理系统，有效去除有机物、氨氮，达到 GB 8978 要求。

4.2.2.2.3　应使用合理的废气处理系统，有效吸收处理过程中动物尸体腐败产生的恶臭气体，达到 GB 16297 要求后排放。

4.2.2.2.4　高温高压灭菌容器操作人员应符合相关专业要求，持证上岗。

4.2.2.2.5　处理结束后，需对墙面、地面及其相关工具进行彻底清洗消毒。

4.2.3　湿化法

4.2.3.1　技术工艺

4.2.3.1.1　可视情况对病死及病害动物和相关动物产品进行破碎预处理。

4.2.3.1.2　将病死及病害动物和相关动物产品或破碎产物送入高温高压容器，总质量不得超过容器总承受力的五分之四。

4.2.3.1.3　处理物中心温度≥135℃，压力≥0.3MPa（绝对压力），处理时间≥30min（具体处理时间随处理物种类和体积大小而设定）。

4.2.3.1.4　高温高压结束后，对处理产物进行初次固液分离。

4.2.3.1.5　固体物经破碎处理后，送入烘干系统；液体部分送入油水分离系统处理。

4.2.3.2　操作注意事项

4.2.3.2.1　高温高压容器操作人员应符合相关专业要求，持证上岗。

4.2.3.2.2　处理结束后，需对墙面、地面及其相关工具进行彻底清洗消毒。

4.2.3.2.3　冷凝排放水应冷却后排放，产生的废水应经污水处理系统处理，达到 GB 8978 要求。

4.2.3.2.4　处理车间废气应通过安装自动喷淋消毒系统、排风系统和高效微粒空气过滤器（HEPA 过滤器）等进行处理，达到 GB 16297 要求后排放。

4.3　高温法

4.3.1　适用对象

同 4.2.1。

4.3.2　技术工艺

4.3.2.1　可视情况对病死及病害动物和相关动物产品进行破碎等预处理。处理物或破碎产物体积（长×宽×高）≤125cm³（5cm×5cm×5cm）。

4.3.2.2　向容器内输入油脂，容器夹层经导热油或其他介质加热。

4.3.2.3　将病死及病害动物和相关动物产品或破碎产物输送入容器内，与油脂混合。常压状态下，维持容器内部温度≥180℃，持续时间≥2.5h（具体处理时间随处理物种类和体积大小而设定）。

4.3.2.4　加热产生的热蒸汽经废气处理系统后排出。

4.3.2.5　加热产生的动物尸体残渣传输至压榨系统处理。

4.3.3　操作注意事项

同 4.2.2.2。

4.4　深埋法

4.4.1　适用对象

发生动物疫情或自然灾害等突发事件时病死及病害动物的应急处理，以及边远和交通不便地区零星病死畜禽的处理。不得用于患有炭疽等芽孢杆菌类疫病，以及牛海绵状脑病、痒病的染疫动物及产品、组织的处理。

4.4.2 选址要求

4.4.2.1 应选择地势高燥,处于下风向的地点。

4.4.2.2 应远离学校、公共场所、居民住宅区、村庄、动物饲养和屠宰场所、饮用水源地、河流等地区。

4.4.3 技术工艺

4.4.3.1 深埋坑体容积以实际处理动物尸体及相关动物产品数量确定。

4.4.3.2 深埋坑底应高出地下水位 1.5m 以上,要防渗、防漏。

4.4.3.3 坑底洒一层厚度为 2~5cm 的生石灰或漂白粉等消毒药。

4.4.3.4 将动物尸体及相关动物产品投入亢内,最上层距离地表 1.5m 以上。

4.4.3.5 生石灰式漂白粉等消毒药消毒。

4.4.3.6 覆盖距地表 20~30cm,厚度不少于 1~1.2m 的覆土。

4.4.4 操作注意事项

4.4.4.1 深埋覆土不要太实,以免腐败产气造成气泡冒出和液体渗漏。

4.4.4.2 深埋后,在深埋处设置警示标识。

4.4.4.3 深埋后,第一周内应每日巡查1次,第二周起应每周巡查1次,连续巡查3个月,深埋坑塌陷处应及时加盖覆土。

4.4.4.4 深埋后,立即用氯制剂、漂白粉或生石灰等消毒药对深埋场所进行 1 次彻底消毒。第一周内应每日消毒 1 次,第二周起应每周消毒 1 次,连续消毒 3 周以上。

4.5 化学处理法

4.5.1 硫酸分解法

4.5.1.1 适用对象

同 4.2.1。

4.5.1.2 技术工艺

4.5.1.2.1 可视情况对病死及病害动物和相关动物产品进行破碎等预处理。

4.5.1.2.2 将病死及病害动物和相关动物产品或破碎产物,投至耐酸的水解罐中,按每吨处理物加入水 150~300kg,后加入98%的浓硫酸 300~400kg(具体加入水和浓硫酸量随处理物的含水量而设定)。

4.5.1.2.3 密闭水解罐,加热使水解罐内升至 100~108℃,维持压力≥0.15MPa,反应时间≥4h,至罐体内的病死及病害动物和相关动物产品完全分解为波态。

4.5.1.3 操作注意事项

4.5.1.3.1 处理中使用的强酸应按国家危险化学品安全管理、易制毒化学品管理有关规定执行,操作人员应做好个人防护。

4.5.1.3.2 水解过程中要先将水加入到耐酸的水解罐中,然后加入浓硫酸。

4.5.1.3.3 控制处理物总体积不得超过容器容量的 70%。

4.5.1.3.4 酸解反应的容器及储存酸解液约容器均要求耐强酸。

4.5.2 化学消毒法

4.5.2.1 适用对象

适用于被病原微生物污染或可疑被污染的动物皮毛消毒。

4.5.2.2 盐酸食盐溶液消毒法

4.5.2.2.1 用 2.5%盐酸溶液和15%食盐水溶液等量混合,将皮张浸泡在此溶液中,并使溶液温度保持在30℃左右,浸泡40h,1m²的皮张用 10L 消毒液(或按100mL 25%食盐水溶液中加入盐酸1mL 配置消毒液,在室温 15℃条件下浸泡48h,皮张与消毒液之比为 1:4)。

4.5.2.2.2 浸泡后捞出沥干,放入 2%(或1%)氢氧化钠溶液中,以中和皮张上的酸,再用水冲洗后晾干。

4.5.2.3 过氧乙酸消毒法

4.5.2.3.1 将皮毛放入新鲜配制的 2‰过氧乙酸溶液中浸泡 30min。

4.5.2.3.2 将皮毛捞出，用水冲洗后晾干。

4.5.2.4 碱盐液浸泡消毒法

4.5.2.4.1 将皮毛浸入 5％碱盐液（饱和盐水内加 5％氢氧化钠）中，室温（18～25℃）浸泡 24h，并随时加以搅拌。

4.5.2.4.2 取出皮毛挂起，待碱盐液流净，放入 5％盐酸液内浸泡，使皮上的酸碱中和。

4.5.2.4.3 将皮毛捞出，用水冲洗后晾干。

5 收集转运要求

5.1 包装

5.1.1 包装材料应符合密闭、防水、防渗、防破损、耐腐蚀等要求。

5.1.2 包装材料的容积、尺寸和数量应与需处理病死及病害动物和相关动物产品的体积、数量相匹配。

5.1.3 包装后应进行密封。

5.1.4 使用后，一次性包装材料应作销毁处理，可循环使用的包装材料应进行清洗消毒。

5.2 暂存

5.2.1 采用冷冻或冷藏方式进行暂存，防止无害化处理前病死及病害动物和相关动物产品腐败。

5.2.2 暂存场所应能防水、防渗、防鼠、防盗，易于清洗和消毒。

5.2.3 暂存场所应设置明显警示标识。

5.2.4 应定期对暂存场所及周边环境进行清洗消毒。

5.3 转运

5.3.1 可选择符合 GB 19217 条件的车辆或专用封闭厢式运载车辆。车厢四壁及底部应使用耐腐蚀材料，并采取防渗措施。

5.3.2 专用转运车辆应加施明显标识，并加装车载定位系统，记录转运时间和路径等信息。

5.3.3 车辆驶离暂存、养殖等场所前，应对车轮及车厢外部进行消毒。

5.3.4 转运车辆应尽量避免进入人口密集区。

5.3.5 若转运途中发生渗漏，应重新包装、消毒后运输。

5.3.6 卸载后，应对转运车辆及相关工具等进行彻底清洗、消毒。

6 其他要求

6.1 人员防护

6.1.1 病死及病害动物和相关动物产品的收集、暂存、转运、无害化处理操作的工作人员应经过专门培训，掌握相应的动物防疫知识。

6.1.2 工作人员在操作过程中应穿戴防护报、口罩、护目镜、胶鞋及手套等防护用具。

6.1.3 工作人员应使用专用的收集工具、包装用品、转运工具、清洗工具、消毒器材等。

6.1.4 工作完毕后，应对一次性防护用品作销毁处理，对循环使用的防护用品消毒处理。

6.2 记录要求

6.2.1 病死及病害动物和相关动物产品的收集、暂存、转运、无害化处理等环节应建有台账和记录。有条件的地方应保存转运车辆行车信息和相关环节视频记录。

6.2.2 台账和记录

6.2.2.1 暂存环节

6.2.2.1.1 接收台账和记录应包括病死及病害动物和相关动物产品来源场（户）、种类、数量、动物标识号、死亡原因、消毒方法、收集时间、经办人员等。

6.2.2.1.2 运出台账和记录应包括运输人员、联系方式、转运时间、车牌号、病死及病害动物和相关动物产品种类、数量、动物标识号、消毒方法、转运目的地以及经办人员等。

6.2.2.2 处理环节

6.2.2.2.1　接收台账和记录应包括病死及病害动物和相关动物产品来源、种类、数量、动物标识号、转运人员、联系方或、车牌号、接收时间及经手人员等。

6.2.2.2.2　处理台账和记录应包括处理时间、处理方式、处理数量及操作人员等。

6.2.3　涉及病死及病害动物和相关动物产品无害化处理的台账和记录至少要保存两年。

下 篇
畜禽屠宰标准

一 基础通用

中华人民共和国国家标准

GB 7718—2011

食品安全国家标准
预包装食品标签通则

2011-04 -20发布/2012-04 -20 实施
中华人民共和国卫生部 发布

前 言

本标准代替 GB 7718—2004《预包装食品标签通则》。

本标准与 GB 7718—2004 相比，主要变化如下：

——修改了适用范围；

——修改了预包装食品和生产日期的定义，增加了规格的定义，取消了保存期的定义；

——修改了食品添加剂的标示方式；

——增加了规格的标示方式；

——修改了生产者、经销者的名称、地址和联系方式的标示方式；

——修改了强制标示内容的文字、符号、数字的高度不小于 1.8 mm 时的包装物或包装容器的最大表面面积；

——增加了食品中可能含有致敏物质时的推荐标示要求；

——修改了附录 A 中最大表面面积的计算方法；

——增加了附录 B 和附录 C。

食品安全国家标准
预包装食品标签通则

1 范围

本标准适用于直接提供给消费者的预包装食品标签和非直接提供给消费者的预包装食品标签。

本标准不适用于为预包装食品在储藏运输过程中提供保护的食品储运包装标签、散装食品和现制现售食品的标识。

2 术语和定义

2.1 预包装食品

预先定量包装或者制作在包装材料和容器中的食品，包括预先定量包装以及预先定量制作在包装材料和容器中并且在一定量限范围内具有统一的质量或体积标识的食品。

2.2 食品标签

食品包装上的文字、图形、符号及一切说明物。

2.3 配料

在制造或加工食品时使用的，并存在（包括以改性的形式存在）于产品中的任何物质，包括食品添加剂。

2.4 生产日期（制造日期）

食品成为最终产品的日期，也包括包装或灌装日期，即将食品装入（灌入）包装物或容器中，形成最终销售单元的日期。

2.5 保质期

预包装食品在标签指明的贮存条件下，保持品质的期限。在此期限内，产品完全适于销售，并保持标签中不必说明或已经说明的特有品质。

2.6 规格

同一预包装内含有多件预包装食品时，对净含量和内含件数关系的表述。

2.7 主要展示版面

预包装食品包装物或包装容器上容易被观察到的版面。

3 基本要求

3.1 应符合法律、法规的规定，并符合相应食品安全标准的规定。

3.2 应清晰、醒目、持久，应使消费者购买时易于辨认和识读。

3.3 应通俗易懂、有科学依据，不得标示封建迷信、色情、贬低其他食品或违背营养科学常识的内容。

3.4 应真实、准确，不得以虚假、夸大、使消费者误解或欺骗性的文字、图形等方式介绍食品，也不得利用字号大小或色差误导消费者。

3.5 不应直接或以暗示性的语言、图形、符号，误导消费者将购买的食品或食品的某一性质与另一产品混淆。

3.6 不应标注或者暗示具有预防、治疗疾病作用的内容，非保健食品不得明示或者暗示具有保健作用。

3.7 不应与食品或者其包装物（容器）分离。

3.8 应使用规范的汉字（商标除外）。具有装饰作用的各种艺术字，应书写正确，易于辨认。

3.8.1 可以同时使用拼音或少数民族文字，拼音不得大于相应汉字。

3.8.2 可以同时使用外文，但应与中文有对应关系（商标、进口食品的制造者和地址、国外经销者的名称和地址、网址除外）。所有外文不得大于相应的汉字（商标除外）。

3.9 预包装食品包装物或包装容器最大表面面积大于 35 cm² 时（最大表面面积计算方法见附录 A），强制标示内容的文字、符号、数字的高度不得小于 1.8 mm。

3.10 一个销售单元的包装中含有不同品种、多个独立包装可单独销售的食品，每件独立包装的食品标识应当分别标注。

3.11　若外包装易于开启识别或透过外包装物能清晰地识别内包装物（容器）上的所有强制标示内容或部分强制标示内容，可不在外包装物上重复标示相应的内容；否则应在外包装物上按要求标示所有强制标示内容。

4　标示内容

4.1　直接向消费者提供的预包装食品标签标示内容

4.1.1　一般要求

直接向消费者提供的预包装食品标签标示应包括食品名称、配料表、净含量和规格、生产者和（或）经销者的名称、地址和联系方式、生产日期和保质期、贮存条件、食品生产许可证编号、产品标准代号及其他需要标示的内容。

4.1.2　食品名称

4.1.2.1　应在食品标签的醒目位置，清晰地标示反映食品真实属性的专用名称。

4.1.2.1.1　当国家标准、行业标准或地方标准中已规定了某食品的一个或几个名称时，应选用其中的一个，或等效的名称。

4.1.2.1.2　无国家标准、行业标准或地方标准规定的名称时，应使用不使消费者误解或混淆的常用名称或通俗名称。

4.1.2.2　标示"新创名称"、"奇特名称"、"音译名称"、"牌号名称"、"地区俚语名称"或"商标名称"时，应在所示名称的同一展示版面标示 4.1.2.1 规定的名称。

4.1.2.2.1　当"新创名称"、"奇特名称"、"音译名称"、"牌号名称"、"地区俚语名称"或"商标名称"含有易使人误解食品属性的文字或术语（词语）时，应在所示名称的同一展示版面邻近部位使用同一字号标示食品真实属性的专用名称。

4.1.2.2.2　当食品真实属性的专用名称因字号或字体颜色不同易使人误解食品属性时，也应使用同一字号及同一字体颜色标示食品真实属性的专用名称。

4.1.2.3　为不使消费者误解或混淆食品的真实属性、物理状态或制作方法，可以在食品名称前或食品名称后附加相应的词或短语。如干燥的、浓缩的、复原的、熏制的、油炸的、粉末的、粒状的等。

4.1.3　配料表

4.1.3.1　预包装食品的标签上应标示配料表，配料表中的各种配料应按 4.1.2 的要求标示具体名称，食品添加剂按照 4.1.3.1.4 的要求标示名称。

4.1.3.1.1　配料表应以"配料"或"配料表"为引导词。当加工过程中所用的原料已改变为其他成分（如酒、酱油、食醋等发酵产品）时，可用"原料"或"原料与辅料"代替"配料"、"配料表"，并按本标准相应条款的要求标示各种原料、辅料和食品添加剂。加工助剂不需要标示。

4.1.3.1.2　各种配料应按制造或加工食品时加入量的递减顺序一一排列；加入量不超过 2% 的配料可以不按递减顺序排列。

4.1.3.1.3　如果某种配料是由两种或两种以上的其他配料构成的复合配料（不包括复合食品添加剂），应在配料表中标示复合配料的名称，随后将复合配料的原始配料在括号内按加入量的递减顺序标示。当某种复合配料已有国家标准、行业标准或地方标准，且其加入量小于食品总量的 25% 时，不需要标示复合配料的原始配料。

4.1.3.1.4　食品添加剂应当标示其在 GB 2760 中的食品添加剂通用名称。食品添加剂通用名称可以标示为食品添加剂的具体名称，也可标示为食品添加剂的功能类别名称并同时标示食品添加剂的具体名称或国际编码（INS 号）（标示形式见附录 B）。在同一预包装食品的标签上，应选择附录 B 中的一种形式标示食品添加剂。当采用同时标示食品添加剂的功能类别名称和国际编码的形式时，若某种食品添加剂尚不存在相应的国际编码，或因致敏物质标示需要，可以标示其具体名称。食品添加剂的名称不包括其制法。加入量小于食品总量 25% 的复合配料中含有的食品添加剂，若符合 GB 2760 规定的带入原则且在最终产品中不起工艺作用的，不需要标示。

4.1.3.1.5　在食品制造或加工过程中，加入的水应在配料表中标示。在加工过程中已挥发的水或其他挥发性配料不需要标示。

4.1.3.1.6 可食用的包装物也应在配料表中标示原始配料，国家另有法律法规规定的除外。

4.1.3.2 下列食品配料，可以选择按表 1 的方式标示。

表 1 配料标示方式

配料类别	标示方式
各种植物油或精炼植物油，不包括橄榄油	"植物油"或"精炼植物油"；如经过氢化处理，应标示为"氢化"或"部分氢化"
各种淀粉，不包括化学改性淀粉	"淀粉"
加入量不超过 2%的各种香辛料或香辛料浸出物（单一的或合计的）	"香辛料"、"香辛料类"或"复合香辛料"
胶基糖果的各种胶基物质制剂	"胶姆糖基础剂"、"胶基"
添加量不超过 10%的各种果脯蜜饯水果	"蜜饯"、"果脯"
食用香精、香料	"食用香精"、"食用香料"、"食用香精香料"

4.1.4 配料的定量标示

4.1.4.1 如果在食品标签或食品说明书上特别强调添加了或含有一种或多种有价值、有特性的配料或成分，应标示所强调配料或成分的添加量或在成品中的含量。

4.1.4.2 如果在食品的标签上特别强调一种或多种配料或成分的含量较低或无时，应标示所强调配料或成分在成品中的含量。

4.1.4.3 食品名称中提及的某种配料或成分而未在标签上特别强调，不需要标示该种配料或成分的添加量或在成品中的含量。

4.1.5 净含量和规格

4.1.5.1 净含量的标示应由净含量、数字和法定计量单位组成（标示形式参见附录 C）。

4.1.5.2 应依据法定计量单位，按以下形式标示包装物（容器）中食品的净含量：

    a) 液态食品，用体积升（L）（l）、毫升（mL）（ml），或用质量克（g）、千克（kg）；

    b) 固态食品，用质量克（g）、千克（kg）；

    c) 半固态或黏性食品，用质量克（g）、千克（kg）或体积升（L）（l）、毫升（mL）（ml）。

4.1.5.3 净含量的计量单位应按表 2 标示。

表 2 净含量计量单位的标示方式

计量方式	净含量（Q）的范围	计量单位
体积	$Q<1\ 000$ mL	毫升（mL）
	$Q \geqslant 1\ 000$ mL	升（L）
质量	$Q<1\ 000$ g	克（g）
	$Q \geqslant 1\ 000$ g	千克（kg）

4.1.5.4 净含量字符的最小高度应符合表 3 的规定。

表 3 净含量字符的最小高度

净含量（Q）的范围	字符的最小高度（mm）
$Q \leqslant 50$ mL；$Q \leqslant 50$ g	2
50 mL$<Q \leqslant 200$ mL；50 g$<Q \leqslant 200$ g	3
200 mL$<Q \leqslant 1$ L；200 g$<Q \leqslant 1$ kg	4
$Q>1$ kg；$Q>1$ L	6

4.1.5.5 净含量应与食品名称在包装物或容器的同一展示版面标示。

4.1.5.6 容器中含有固、液两相物质的食品，且固相物质为主要食品配料时，除标示净含量外，还应以质量或质量分数的形式标示沥干物（固形物）的含量（标示形式参见附录 C）。

4.1.5.7 同一预包装内含有多个单件预包装食品时，大包装在标示净含量的同时还应标示规格。

4.1.5.8 规格的标示应由单件预包装食品净含量和件数组成，或只标示件数，可不标示"规格"二字。单件预包装食品的规格即指净含量（标示形式参见附录 C）。

4.1.6 生产者、经销者的名称、地址和联系方式

4.1.6.1 应当标注生产者的名称、地址和联系方式。生产者名称和地址应当是依法登记注册、能够承担产品安全质量责任的生产者的名称、地址。有下列情形之一的，应按下列要求予以标示。

4.1.6.1.1　依法独立承担法律责任的集团公司、集团公司的子公司，应标示各自的名称和地址。

4.1.6.1.2　不能依法独立承担法律责任的集团公司的分公司或集团公司的生产基地，应标示集团公司和分公司（生产基地）的名称、地址；或仅标示集团公司的名称、地址及产地，产地应当按照行政区划标注到地市级地域。

4.1.6.1.3　受其他单位委托加工预包装食品的，应标示委托单位和受委托单位的名称和地址；或仅标示委托单位的名称和地址及产地，产地应当按照行政区划标注到地市级地域。

4.1.6.2　依法承担法律责任的生产者或经销者的联系方式应标示以下至少一项内容：电话、传真、网络联系方式等，或与地址一并标示的邮政地址。

4.1.6.3　进口预包装食品应标示原产国国名或地区区名（如香港、澳门、台湾），以及在中国依法登记注册的代理商、进口商或经销者的名称、地址和联系方式，可不标示生产者的名称、地址和联系方式。

4.1.7　日期标示

4.1.7.1　应清晰标示预包装食品的生产日期和保质期。如日期标示采用"见包装物某部位"的形式，应标示所在包装物的具体部位。日期标示不得另外加贴、补印或篡改（标示形式参见附录C）。

4.1.7.2　当同一预包装内含有多个标示了生产日期及保质期的单件预包装食品时，外包装上标示的保质期应按最早到期的单件食品的保质期计算。外包装上标示的生产日期应为最早生产的单件食品的生产日期，或外包装形成销售单元的日期；也可在外包装上分别标示各单件装食品的生产日期和保质期。

4.1.7.3　应按年、月、日的顺序标示日期，如果不按此顺序标示，应注明日期标示顺序（标示形式参见附录C）。

4.1.8　贮存条件

预包装食品标签应标示贮存条件（标示形式参见附录C）。

4.1.9　食品生产许可证编号

预包装食品标签应标示食品生产许可证编号的，标示形式按照相关规定执行。

4.1.10　产品标准代号

在国内生产并在国内销售的预包装食品（不包括进口预包装食品）应标示产品所执行的标准代号和顺序号。

4.1.11　其他标示内容

4.1.11.1　辐照食品

4.1.11.1.1　经电离辐射线或电离能量处理过的食品，应在食品名称附近标示"辐照食品"。

4.1.11.1.2　经电离辐射线或电离能量处理过的任何配料，应在配料表中标明。

4.1.11.2　转基因食品

转基因食品的标示应符合相关法律、法规的规定。

4.1.11.3　营养标签

4.1.11.3.1　特殊膳食类食品和专供婴幼儿的主辅类食品，应当标示主要营养成分及其含量，标示方式按照GB 13432执行。

4.1.11.3.2　其他预包装食品如需标示营养标签，标示方式参照相关法规标准执行。

4.1.11.4　质量（品质）等级

食品所执行的相应产品标准已明确规定质量（品质）等级的，应标示质量（品质）等级。

4.2　非直接提供给消费者的预包装食品标签标示内容

非直接提供给消费者的预包装食品标签应按照4.1项下的相应要求标示食品名称、规格、净含量、生产日期、保质期和贮存条件，其他内容如未在标签上标注，则应在说明书或合同中注明。

4.3　标示内容的豁免

4.3.1　下列预包装食品可以免除标示保质期：酒精度大于等于10％的饮料酒；食醋；食用盐；固态食糖类；味精。

4.3.2　当预包装食品包装物或包装容器的最大表面面积小于10 cm² 时（最大表面面积计算方法见附录A）可以只标示产品名称、净含量、生产者（或经营商）的名称和地址。

4.4　推荐标示内容

4.4.1　批号

根据产品需要，可以标示产品的批号。

4.4.2 食用方法

根据产品需要，可以标示容器的开启方法、食用方法、烹调方法、复水再制方法等对消费者有帮助的说明。

4.4.3 致敏物质

4.4.3.1 以下食品及其制品可能导致过敏反应，如果用作配料，宜在配料表中使用易辨识的名称，或在配料表邻近位置加以提示：

    a) 含有麸质的谷物及其制品（如小麦、黑麦、大麦、燕麦、斯佩耳特小麦或它们的杂交品系）；

    b) 甲壳纲类动物及其制品（如虾、龙虾、蟹等）；

    c) 鱼类及其制品；

    d) 蛋类及其制品；

    e) 花生及其制品；

    f) 大豆及其制品；

    g) 乳及乳制品（包括乳糖）；

    h) 坚果及其果仁类制品。

4.4.3.2 如加工过程中可能带入上述食品或其制品，宜在配料表临近位置加以提示。

5 其他

按国家相关规定需要特殊审批的食品，其标签标识按照相关规定执行。

附录 A
包装物或包装容器最大表面面积计算方法

A.1　长方体形包装物或长方体形包装容器计算方法

长方体形包装物或长方体形包装容器的最大一个侧面的高度（cm）乘以宽度（cm）。

A.2　圆柱形包装物、圆柱形包装容器或近似圆柱形包装物、近似圆柱形包装容器计算方法

包装物或包装容器的高度（cm）乘以圆周长（cm）的 40%。

A.3　其他形状的包装物或包装容器计算方法

包装物或包装容器的总表面积的 40%。

如果包装物或包装容器有明显的主要展示版面，应以主要展示版面的面积为最大表面面积。

包装袋等计算表面面积时应除去封边所占尺寸。瓶形或罐形包装计算表面面积时不包括肩部、颈部、顶部和底部的凸缘。

附录 B

食品添加剂在配料表中的标示形式

B.1　按照加入量的递减顺序全部标示食品添加剂的具体名称

配料：水，全脂奶粉，稀奶油，植物油，巧克力（可可液块，白砂糖，可可脂，磷脂，聚甘油蓖麻醇酯，食用香精，柠檬黄），葡萄糖浆，丙二醇脂肪酸酯，卡拉胶，瓜尔胶，胭脂树橙，麦芽糊精，食用香料。

B.2　按照加入量的递减顺序全部标示食品添加剂的功能类别名称及国际编码

配料：水，全脂奶粉，稀奶油，植物油，巧克力 [可可液块，白砂糖，可可脂，乳化剂（322，476），食用香精，着色剂（102）]，葡萄糖浆，乳化剂（477），增稠剂（407，412），着色剂（160b），麦芽糊精，食用香料。

B.3　按照加入量的递减顺序全部标示食品添加剂的功能类别名称及具体名称

配料：水，全脂奶粉，稀奶油，植物油，巧克力 [可可液块，白砂糖，可可脂，乳化剂（磷脂，聚甘油蓖麻醇酯），食用香精，着色剂（柠檬黄）]，葡萄糖浆，乳化剂（丙二醇脂肪酸酯），增稠剂（卡拉胶，瓜尔胶），着色剂（胭脂树橙），麦芽糊精，食用香料。

B.4　建立食品添加剂项一并标示的形式

B.4.1　一般原则

直接使用的食品添加剂应在食品添加剂项中标注。营养强化剂、食用香精香料、胶基糖果中基础剂物质可在配料表的食品添加剂项外标注。非直接使用的食品添加剂不在食品添加剂项中标注。食品添加剂在配料表中的标注顺序由需纳入该项的各种食品添加剂的总重量决定。

B.4.2　全部标示食品添加剂的具体名称

配料：水，全脂奶粉，稀奶油，植物油，巧克力（可可液块，白砂糖，可可脂，磷脂，聚甘油蓖麻醇酯，食用香精，柠檬黄），葡萄糖浆，食品添加剂（丙二醇脂肪酸酯，卡拉胶，瓜尔胶，胭脂树橙），麦芽糊精，食用香料。

B.4.3　全部标示食品添加剂的功能类别名称及国际编码

配料：水，全脂奶粉，稀奶油，植物油，巧克力 [可可液块，白砂糖，可可脂，乳化剂（322，476），食用香精，着色剂（102）]，葡萄糖装，食品添加剂 [乳化剂（477），增稠剂（407，412），着色剂（160b）]，麦芽糊精，食用香料。

B.4.4　全部标示食品添加剂的功能类别名称及具体名称

配料：水，全脂奶粉，稀奶油，植物油，巧克力 [可可液块，白砂糖，可可脂，乳化剂（磷脂，聚甘油蓖麻醇酯），食用香精，着色剂（柠檬黄）]，葡萄糖浆，食品添加剂 [乳化剂（丙二醇脂肪酸酯），增稠剂（卡拉胶，瓜尔胶），着色剂（胭脂树橙）]，麦芽糊精，食用香料。

附录 C
部分标签项目的推荐标示形式

C.1　概述

本附录以示例形式提供了预包装食品部分标签项目的推荐标示形式，标示相应项目时可选用但不限于这些形式。如需要根据食品特性或包装特点等对推荐形式调整使用的，应与推荐形式基本涵义保持一致。

C.2　净含量和规格的标示

为方便表述，净含量的示例统一使用质量为计量方式，使用冒号为分隔符。标签上应使用实际产品适用的计量单位，并可根据实际情况选择空格或其他符号作为分隔符，便于识读。

C.2.1　单件预包装食品的净含量（规格）可以有如下标示形式：

净含量（或净含量/规格）：450 克；

净含量（或净含量/规格）：225 克（200 克＋送 25 克）；

净含量（或净含量/规格）：200 克＋赠 25 克；

净含量（或净含量/规格）：（200＋25）克。

C.2.2　净含量和沥干物（固形物）可以有如下标示形式（以"糖水梨罐头"为例）：

净含量（或净含量/规格）：425 克沥干物（或固形物或梨块）：不低于 255 克（或不低于 60％）。

C.2.3　同一预包装内含有多件同种类的预包装食品时，净含量和规格均可以有如下标示形式：

净含量（或净含量/规格）：40 克×5；

净含量（或净含量/规格）：5×40 克；

净含量（或净含量/规格）：200 克（5×40 克）；

净含量（或净含量/规格）：200 克（40 克×5）；

净含量（或净含量/规格）：200 克（5 件）；

净含量：200 克　规格：5×40 克；

净含量：200 克　规格：40 克×5；

净含量：200 克　规格：5 件；

净含量（或净含量/规格）：200 克（100 克＋ 50 克×2）；

净含量（或净含量/规格）：200 克（80 克×2 ＋ 40 克）；

净含量：200 克　规格：100 克＋ 50 克×2；

净含量：200 克　规格：80 克×2 ＋ 40 克。

C.2.4　同一预包装内含有多件不同种类的预包装食品时，净含量和规格可以有如下标示形式：

净含量（或净含量/规格）：200 克（A 产品 40 克×3，B 产品 40 克×2）；

净含量（或净含量/规格）：200 克（40 克×3，40 克×2）；

净含量（或净含量/规格）：100 克 A 产品，50 克×2 B 产品，50 克 C 产品；

净含量（或净含量/规格）：A 产品：100 克，B 产品：50 克×2，C 产品：50 克；

净含量/规格：100 克（A 产品），50 克×2（B 产品），50 克（C 产品）；

净含量/规格：A 产品 100 克，B 产品 50 克×2，C 产品 50 克。

C.3　日期的标示

日期中年、月、日可用空格、斜线、连字符、句点等符号分隔，或不用分隔符。年代号一般应标示 4 位数字，小包装食品也可以标示 2 位数字。月、日应标示 2 位数字。

日期的标示可以有如下形式：

2010 年 3 月 20 日；

2010 03 20；2010/03/20；20100320；

20 日 3 月 2010 年；3 月 20 日 2010 年；

（月/日/年）：03 20 2010；03/20/2010；03202010。

C.4 保质期的标示

保质期可以有如下标示形式：

最好在……之前食（饮）用；……之前食（饮）用最佳；……之前最佳；

此日期前最佳……；此日期前食（饮）用最佳……；

保质期（至）……；保质期××个月（或××日，或××天，或××周，或×年）。

C.5 贮存条件的标示

贮存条件可以标示"贮存条件"、"贮藏条件"、"贮藏方法"等标题，或不标示标题。

贮存条件可以有如下标示形式：

常温（或冷冻，或冷藏，或避光，或阴凉干燥处）保存；

××－××℃保存；

请置于阴凉干燥处；

常温保存，开封后需冷藏；

温度：≤××℃，湿度：≤××%。

中华人民共和国农业行业标准

NY/T 3383—2020
代替 NY/T 3383—2018（SB/T 10659—2012）

畜禽产品包装与标识

Packaging and labeling for livestock and poultry product

2020-08-26 发布/2021-01-01 实施
中华人民共和国农业农村部　发布

前　　言

本标准按照 GB/T 1.1—2009 给出的规则起草。

本标准代替 NY/T 3383—2018（SB/T 10659—2012）《畜禽产品包装与标识》。与 NY/T 3383—2018（SB/T 10659—2012）相比，除编辑性修改外主要技术变化如下：

——修改了部分规范性引用文件（见第 2 章，2018 年版第 2 章）；

——修改了部分术语和定义（见第 3 章，2018 年版的第 3 章）；

——修改了包装的基本要求（见 4.1，2018 年版的 4.1）；

——将包装要求更改为外观要求（见 4.2，2018 年版的 4.2）；

——增加了净含量要求（见 4.3）；

——修改了标识的基本要求（见 5.1，2018 年版的 5.1）；

——增加了激光灼刻相关内容（见 5.2.1.3）；

——将预包装畜禽产品标识更改为包装畜禽产品标识，增加了检验标志可印刷在包装物上的内容（见 5.2.2）。

本标准由农业农村部畜牧兽医局提出。

本标准由全国屠宰加工标准化技术委员会（SAC/TC 516）归口。

本标准起草单位：河南双汇投资发展股份有限公司、中国动物疫病预防控制中心（农业农村部屠宰技术中心）、中国肉类食品综合研究中心、河南永达美基食品股份有限公司、内蒙古科尔沁牛业股份有限公司、河南华英农业发展股份有限公司、河南众品食业股份有限公司、北京志恒达科技有限公司、漯河市动物卫生监督所、河南牧业经济学院、河南伊赛牛肉股份有限公司、濮阳市动物卫生监督所。

本标准主要起草人：王玉芬、高胜普、王永林、陈松、孟庆阳、张朝明、胡凤娇、王守伟、原鹏、韩明山、曹书峰、任丹枫、张建林、谌福昌、黎志荣、郝修振。

本标准所代替标准的历次版本发布情况为：

——SB/T 10659—2012；

——NY/T 3383—2018。

畜禽产品包装与标识

1 范围

本标准规定了畜禽产品包装与标识的术语和定义、包装和标识要求。

本标准适用于屠宰加工厂的鲜、冻畜禽产品包装与标识。

2 规范性引用文件

下列文件对于本文件的应用是必不可少的。凡是注日期的引用文件，仅注日期的版本适用于本文件。凡是不注日期的引用文件，其最新版本（包括所有的修改单）适用于本文件。

GB/T 191　包装储运图示标志

GB 4806.1　食品安全国家标准　食品接触材料及制品通用安全要求

GB 4806.7　食品安全国家标准　食品接触用塑料材料及制品

GB 12694　食品安全国家标准　畜禽屠宰加工卫生规范

GB/T 19480　肉与肉制品术语

JJF 1070　定量包装商品净含量计量检验规则

NY/T 3372　片猪肉激光灼刻标识码、印应用规范

农业部令〔2006〕第 70 号　农产品包装和标识管理办法

国家质量监督检验检疫总局令第 75 号　定量包装商品计量监督管理办法

3 术语和定义

GB 12694、GB/T 19480 界定的以及下列术语和定义适用于本文件。

3.1

畜禽产品　livestock and poultry product

供人类食用的畜禽屠宰加工后的胴体、分割产品和食用副产品。

3.2

散装　bulk packaging

无包装（裸装）和非定量包装。

3.3

标识　labeling

采用粘贴、印刷、标记等适宜方式，在产品或者其包装上，用以表示或说明产品信息、检疫检验状态、生产者信息等的文字、符号、数字、图案以及其他说明的总称。

4 包装

4.1 基本要求

4.1.1　与产品接触的塑料材料及制品应符合 GB 4806.1 和 GB 4806.7 的要求。

4.1.2　包装产品的可视部分应能代表其整体特征，在保证盛装、运输、储存和销售的功能前提下，应减少包装材料的使用总量。

4.1.3　畜禽产品包装时，应当按照生产批次进行。

4.1.4　包装后的畜禽产品不得更改原有的生产日期，不得延长保质期。

4.1.5　无包装（裸装）产品应有必要的安全防护，不得与有碍于食品安全的有毒有害物品接触。

4.1.6　包装后的畜禽产品应有相应标识。

4.2 外观要求

4.2.1　产品包装印刷和标签应完整、清晰、整洁，标识应与产品保持一致，且不易脱落。

4.2.2　包装封口牢固，表面无毛刺，无划伤，整体洁净。

4.3　净含量

定量包装畜禽产品应符合国家质量监督检验检疫总局令第 75 号的规定，单件净含量允许短缺量按 JJF 1070 规定的方法执行。

5　标识

5.1　基本要求

5.1.1　标识的内容应准确、清晰、显著，文字应使用规范的汉字，可以同时使用拼音、少数民族文字或外文，但不应大于相应的汉字。

5.1.2　标识内容不应有虚假、误导或欺骗，或可能对任何方面的特性造成错误的印象。

5.1.3　标签或标识中的文字、图示或其他方式的说明或表达不应直接提及或暗示任何可能与该产品造成混淆的其他产品，也不应该误导购买者或消费者。

5.1.4　包装后的畜禽产品拆封后直接向消费者销售的，可不再另行包装，但应在适当位置采取附加标签、标识牌、标识带、说明书等形式标明畜禽产品的品名、生产地、生产日期、保质期以及生产者或销售者名称、地址、联系方式等内容。

5.1.5　产品拆封后重新加工、分装销售的，不得改变原有生产者相关信息。

5.1.6　标识印刷或标示在最小销售单元的畜禽产品包装上，也可用标签的形式粘贴在最小销售单元的包装上。

5.1.7　片猪肉及分体、羊胴体及分体、牛胴体及分体的标识应直接加施在胴体上，对不易加盖检疫验讫印章的牛羊肉等可以使用塑料卡环式检疫验讫标识。

5.1.8　直接加盖在胴体产品上的标识使用的色素应为食品级，其他标识形式应无毒无害。

5.1.9　直接接触畜禽产品的包装材料不得涂料、上油等，不应采用油性墨做标记。

5.2　标识内容

5.2.1　裸装畜禽产品标识

5.2.1.1　检疫标志：片猪肉及分体、羊胴体及分体、牛胴体及分体表面应加盖检疫验讫印章或加施其他检疫标志。

5.2.1.2　检验标志：片猪肉及分体表面应加盖或加施检验合格印章。

5.2.1.3　经批准后，企业可采用激光灼刻进行标识，应用方法应符合 NY/T 3372 的规定。

5.2.1.4　产品标识应包括生产者名称、检疫检验标志、生产日期等信息。

5.2.2　包装畜禽产品标识

5.2.2.1　包装畜禽产品标识应符合农业部令〔2006〕第 70 号的规定，内容应包括产品名称、生产者名称、检疫检验标志、生产日期、保质期、储存条件、执行标准、地址等。

5.2.2.2　检疫检验标志应标示在包装的醒目位置，清晰、不易脱落；非印章类标志不得重复使用，检验标志可印刷在包装上。

5.2.3　储运包装标识

储运包装标识的图形符号应符合 GB/T 191 的规定。

5.2.4　其他

5.2.4.1　生产经营者可采用电子信息技术对畜禽产品进行标识。实施可追溯标识的，畜禽产品应标示可追溯标识，以利于产品的溯源。

5.2.4.2　按国家相关规定需要特殊审批的畜禽产品，其标识按照相关规定执行。

中华人民共和国国内贸易行业标准

SB/T 10396—2011①
代替 SB/T 10396—2005

生猪定点屠宰厂（场）资质等级要求

Quality level of pig slaughter establishment

2011-07-07 发布/2011-11-01 实施

中华人民共和国商务部　发布

前　言

本标准按照 GB/T 1.1—2009 给出的规则起草。

本标准代替 SB/T 10396—2005《生猪屠宰企业资质等级要求》。

本标准与 SB/T 10396—2005 相比，主要技术变化如下：

——对标准的名称和适用范围进行修订，表示与《生猪屠宰管理条例》用词相一致；

——对资质等级认定制定依据进行了修订；

——规范性引用文件中增加部分新引用标准，删除了 1 个不适用标准；

——对等级划分表示进行了调整，由"★"级修改为用"A"级表示；

——调整了部分资质等级认定依据，其中基本资质修订为基本要求、环境和建设修订为建设和环境、卫生控制修订为质量控制、运输条件修改为产品运输；

——增加了质量控制的管理要求；

——完善了设施设备和加工工艺要求；

——增加了产品检测设施和项目的要求；

——调整了产品贮藏和运输的技术要求。

本标准由中华人民共和国商务部提出并归口。

本标准起草单位：商务部市场秩序司、商务部流通产业促进中心。

本标准主要起草人：向欣、李振中、赵箭、魏华祥、陶宇、金社胜、张新玲、胡新颖、方芳。

本标准所代替标准的历次版本发布情况为：

——SB/T 10396—2005。

---

① 该标准自 2019 年 1 月 1 日起，标准号由 SB/T 10396—2011 改为 NY/T 3348—2018。

生猪定点屠宰厂（场）资质等级要求

1 范围

本标准规定了生猪定点屠宰厂（场）的资质等级划分及要求。

本标准适用于生猪定点屠宰厂（场）的资质等级划分。

2 规范性引用文件

下列文件对于本文件的应用是必不可少的。凡是注日期的引用文件，仅注日期的版本适用于本文件。凡是不注日期的引用文件，其最新版本（包括所有的修改单）适用于本文件。

GB 5749 生活饮用水卫生标准

GB 9959.1 鲜、冻片猪肉

GB/T 9959.2 分割鲜、冻猪瘦肉

GB 13457 肉类加工工业水污染物排放标准

GB 16548 病害动物和病害动物产品生物安全处理规程

GB/T 17236 生猪屠宰操作规程

GB/T 17996 生猪屠宰产品品质检验规程

GB 18406.3—2001 农产品安全质量 无公害畜禽肉安全要求

NY/T 909 生猪屠宰检疫规范

SB/T 10571 病害畜禽及其产品焚烧设备

3 资质等级认定依据和等级划分

3.1 资质等级认定依据

包括基本要求、建设和环境、设施和设备、屠宰与分割工艺、检验检疫、质量控制、产品质量、产品运输等八个方面。

3.2 等级划分

根据生猪定点屠宰厂（场）所具备的屠宰加工条件进行等级划分。生猪屠宰厂（场）资质等级用 A 级表示，由低到高分为：A 级、AA 级、AAA 级、AAAA 级、AAAAA 级。

4 A级生猪定点屠宰厂（场）资质等级要求

4.1 基本要求

4.1.1 生猪屠宰设计规模应达到 30 头/h 以上。

4.1.2 依法取得生猪定点屠宰证书、工商营业执照、动物防疫条件合格证、排污许可证。

4.1.3 厂区不应兼营、生产、存放有碍肉品安全的产品；不应在生猪屠宰车间内屠宰其他种类的畜禽。

4.1.4 应配备与屠宰加工规模相适应的，经培训考核合格、依法取得健康合格证明的屠宰技术工人和 7 名以上具备中专以上或同等专业水平的肉品品质检验人员。

4.1.5 进厂（场）屠宰的生猪，应当持有生猪产地动物卫生监督机构出具的检疫合格证明。

4.2 建设和环境

4.2.1 厂区建设

4.2.1.1 屠宰与分割车间所在厂址应远离供水水源地和自来水取水口，其附近应有城市污水排放管网或允许排入的最终受纳水体。

4.2.1.2 厂址周围应有良好的环境卫生条件。厂区应远离受污染的水体，并应避开产生有害气体、烟雾、粉尘等污染源的工业企业或其他产生污染源的地区或场所。厂址远离水源保护区和饮用水取水口。

4.2.1.3 生产用水水质应符合 GB 5749 规定的要求。

4.2.1.4 厂区应划分为生产区和非生产区。生产区应单独设置生猪与废弃物的出入口，产品和人员出入口应

另设，且产品与生猪、废弃物在厂内不得共用一个通道。

4.2.1.5　生产区各车间的布局与设施应满足生产工艺流程和卫生要求。厂内清洁区与非清洁区应严格分开。

4.2.1.6　屠宰清洁区与分割车间不应设置在无害化处理间、废弃物集存场所、污水处理站、锅炉房、煤场等建（构）筑物及场所的主导风向的下风侧，其间距应符合环保、食品卫生以及建筑防火等方面的要求。

4.2.2　环境卫生

4.2.2.1　厂区应有围墙，路面、场地应平整、无积水。主要道路及场地应采用混凝土或沥青铺设。

4.2.2.2　厂区内建（构）筑物周围、道路的两侧空地应绿化。

4.2.2.3　污染物排放应满足 GB 13457 的规定。

4.2.2.4　厂内应在远离屠宰与分割车间的非清洁区内设有畜粪、废弃物等的暂时集存场所，其地面、围墙或池壁应便于冲洗消毒。运送废弃物的车辆应密闭，并应配备清洗消毒设施及存放场所。

4.3　设施和设备

4.3.1　设施

4.3.1.1　生猪接收区应设有车辆清洗、消毒设施和卸猪站台、赶猪道等设施。生猪进厂的入口处应设置与门同宽、长不少于 3.00 m、深 0.10 m～0.15 m，且能排放消毒液的车轮消毒池。

4.3.1.2　生猪屠宰应有待宰间、隔离间、屠宰间、急宰间、无害化处理间、检验检疫工作室。

4.3.1.3　待宰间建筑面积应在 250 m² 以上。

4.3.1.4　隔离间的面积不应少于 5.00 m²。

4.3.1.5　屠宰车间应有赶猪通道、刺杀放血间、烫毛脱毛（剥皮）间、胴体加工间、副产品加工间、寄生虫检疫室等。

4.3.1.6　屠宰车间建筑面积应在 420 m² 以上，净高不宜低于 5 m。

4.3.1.7　急宰间宜设在待宰间的隔离间附近。急宰间如与无害化处理间合建在一起时，中间应设隔墙。

4.3.1.8　急宰间、无害化处理间的出入口处应设置便于手推车出入的消毒池。

4.3.1.9　屠宰间、急宰间、无害化处理间、卫生间内应设置与生产能力相适应的非手动式洗手、消毒设施。

4.3.1.10　在屠宰、急宰、无害化处理等场所，应配备带有 82 ℃ 热水的供应设施或具有同等消毒效果条件的工具和设备清洗消毒装置。

4.3.2　设备

4.3.2.1　应配备猪屠体清洗装置、致昏器、悬挂输送机、浸烫池、脱毛机（或剥皮机）、劈半机等。

4.3.2.2　应有病猪或不合格肉品专用轨道及密闭不漏水的专用容器、运输工具和符合 SB/T 10571 规定的病害畜禽焚烧设备。

4.4　屠宰工艺

4.4.1　生产工艺和操作规程应符合 GB/T 17236 的规定。

4.4.2　工艺流程应为生猪验收、静养、喷淋、致昏、刺杀放血、浸烫脱毛（或剥皮）、预干燥、编号、燎毛、清洗抛光、雕圈、开膛、取内脏、去头、去蹄尾、劈（锯）半、摘三腺、修整、分级、整理副产品等。

4.4.3　从放血到摘取内脏，不应超过 30 min。全部屠宰过程应不超过 45 min。

4.5　检验检疫

4.5.1　生猪宰前、宰后检验，应符合 GB/T 17996 的规定。

4.5.2　生猪宰前、宰后检疫，应符合 NY/T 909 的规定。

4.5.3　宰后检验应采用与胴体统一对照编号方法进行。

4.5.4　经肉品品质检验合格的片猪肉，应当加盖肉品品质检验合格验讫章，并附具《肉品品质检验合格证》后方可出厂（场）。

4.5.5　检验后一般性疾病肉品的处理应按 GB/T 17996 的规定；其他病害猪（肉）处理应符合 GB 16548 的规定。

4.5.6　应有克伦特罗、莱克多巴胺、沙丁胺醇等有毒有害物质及水分的快速检测能力。

4.6　质量控制

4.6.1　应设有相对独立的质量管理部门。

4.6.2　建立完善的生猪产品质量安全管理制度和记录。

4.6.2.1　应建立生猪进厂（场）检查登记制度、生猪屠宰管理制度、肉品品质检验管理制度、质量追溯管理制度、缺陷产品召回管理制度、信息报送制度。

4.6.2.2　应建立宰前检验记录、生猪送宰交接记录、生产记录、宰后检验结果记录、产品销售台账、上岗人员资格培训记录、病害猪（肉）处理通知单、病害猪（肉）无害化处理记录。

4.6.2.3　记录保存两年以上。

4.6.3　应在屠宰车间显著位置明示生猪屠宰操作工艺流程图和肉品品质检验工序位置图。

4.6.4　不合格产品应做标记。

4.7　产品质量

4.7.1　片猪肉质量应符合 GB 9959.1 的规定。

4.7.2　产品每年应按 GB 9959.1 的质量指标要求，委托有资质的检验机构进行一次以上的检测。

4.8　产品运输

4.8.1　生猪和生猪产品的运输应当使用不同的运载工具，运输片猪肉应当使用封闭和设有吊挂设施的专用车辆，不得敞运。

4.8.2　鲜猪肉在常温条件下运输时间不得超过 4 h。

5　AA 级生猪定点屠宰厂（场）资质等级要求

资质条件除符合 A 级外，还应达到以下要求：

5.1　基本要求

5.1.1　生猪屠宰设计规模应达到 70 头/h 以上；年生猪屠宰数量应达到 10 万头以上。

5.1.2　肉品检验人员应不少于 9 人。

5.1.3　应有注册商标。

5.2　设施和设备

5.2.1　待宰间建筑面积应在 400 m² 以上，隔离间面积应在 8 m² 以上，屠宰车间建筑面积应在 800 m² 以上。

5.2.2　具备与生产相适应的晾肉间或冷却间、冻结间和冷藏间。

5.2.3　预冷间温度 0 ℃～4 ℃，结冻间温度 −23 ℃以下，冷藏间温度 −18 ℃以下。

5.2.4　应安装温度和湿度自动显示装置。

5.3　屠宰工艺

应有晾肉或冷却、冻结、冷藏工艺。

5.4　检验检疫

应有实验室，开展肉品中挥发性盐基氮、水分的测定。

5.5　质量控制

5.5.1　应有预冷间、冻结间、冷藏间的检查记录。

5.5.2　预冷间、冻结间、冷藏间内不得存放有碍肉品卫生的物品，同一库内不得存放相互污染或串味的食品。

5.5.3　建立并实施食品安全管理体系。

5.6　产品运输

5.6.1　冷却肉在 0 ℃～4 ℃条件下运输时间不得超过 12 h，运输设备应能使产品中心温度保持在 7 ℃以下。

5.6.2　冻猪肉装运前应将产品中心温度降低至 −15 ℃以下。

6　AAA 级生猪定点屠宰厂（场）资质等级要求

资质条件除符合 AA 级外，还应达到以下要求：

6.1　基本要求

6.1.1　生猪屠宰设计规模要达到 120 头/h 以上，年生猪屠宰数量应达到 25 万头以上。

6.1.2　不应开展代宰经营活动。

6.1.3　肉品品质检验人员应不少于 12 人。

6.1.4　应有品牌专卖店。

6.2 设施和设备

6.2.1 待宰间建筑面积应在 700 m² 以上，隔离间面积应在 15 m² 以上，屠宰车间建筑面积应在 1 500 m² 以上，分割车间建筑面积应在 800 m² 以上，分割车间排水坡度不应小于 1.0%。

6.2.2 屠宰车间应有副产品加工间、病猪胴体间，其中病猪胴体间单独设置门直通室外。

6.2.3 屠宰车间应配置活猪输送机、三点式致昏器或二氧化碳致昏器、同步检验装置；采集食用猪血时，应配置中空放血设备。

6.2.4 分割车间应设有预冷间、分割剔骨间、包装间、包装材料间、容器与工具清洗消毒间、空调设备间。分割剔骨间、容器与工具清洗消毒间应配备带有 82 ℃热水的供应设施或具有同等消毒效果条件的工具和设备清洗消毒装置。

6.2.5 预冷间、结冻间、冷藏间应配备温度、湿度自动控制和记录装置。

6.3 分割加工工艺

6.3.1 分割加工应采用以下两种工艺流程：

6.3.1.1 原料〔二分胴体（片猪肉）〕快速冷却→平衡→二分胴体（片猪肉）接收分段→剔骨分割加工→包装入库。

6.3.1.2 原料〔二分胴体（片猪肉）〕预冷→二分胴体（片猪肉）接收分段→剔骨分割加工→产品冷却→包装入库。

6.3.2 原料〔二分胴体（片猪肉）〕先冷却后分割时，原料应冷却到中心温度不高于 7 ℃时方可进入分割剔骨工序。原料先预冷再分段剔骨分割时，分割肉产品应冷却到 7 ℃时方可进入包装工序。

6.4 检验检疫

6.4.1 生猪检验检疫应与屠宰同步进行。

6.4.2 分割肉包装物上（或包装箱内）应有肉品品质检验合格标志。

6.4.3 实验室具有开展 GB/T 9959.2 中要求的微生物指标的检测能力。

6.5 质量控制

6.5.1 应取得食品安全管理体系认证证书。

6.5.2 应有分割车间生产记录、分割车间产品检验记录。

6.6 产品质量

6.6.1 分割肉质量应符合 GB/T 9959.2 的规定。

6.6.2 分割鲜、冻猪瘦肉每年应按 GB/T 9959.2 的指标要求，委托有资质的检验机构进行一次以上的检测。

6.7 产品运输

6.7.1 冻猪肉产品运输时间少于 12 h 的，可采用保温车运输；时间超过 12 h 应使用冷藏车辆运输。

6.7.2 应配备冷藏车，并有温度自动调控和记录监控装置。

7 AAAA 级生猪定点屠宰厂（场）资质等级要求

资质条件除符合 AAA 级外，还应达到以下要求：

7.1 基本要求

7.1.1 生猪屠宰加工设计规模要求达到 300 头/h 以上，年生猪屠宰数量应达到 50 万头以上。

7.1.2 企业屠宰的生猪来自本企业养殖基地场或与生猪养殖场（户）订单的比例应占到 30%。

7.1.3 应实行信息化管理。

7.1.4 肉品品质检验人员应不少于 15 人。

7.2 设施和设备

7.2.1 待宰间建筑面积应在 2 000 m² 以上，隔离间建筑面积应在 20 m² 以上，屠宰车间建筑面积应在 2 000 m² 以上，分割车间建筑面积应在 1 500 m² 以上。

7.2.2 分割车间应设有分割副产品暂存间。

7.2.3 同步检验装置上的盘、钩，在循环使用中应设有热水消毒装置。

7.2.4 应有隧道式蒸汽烫毛、预干燥机和燎毛炉设备。

7.3 检验检疫

实验室具有开展 GB/T 9959.2 中要求的理化指标的检验能力。

7.4　质量控制

应采用现代信息技术，建立产品质量安全追溯系统。

7.5　产品运输

冷藏运输车应配备全程温度及 GPS 定位监控装置。

8　AAAAA 级生猪定点屠宰厂（场）资质等级要求

资质条件除符合 AAAA 级外，还应达到以下要求：

8.1　基本要求

8.1.1　认定为 AAAA 级三年以上。

8.1.2　年生猪屠宰数量应达到 80 万头以上。

8.1.3　屠宰的生猪来自本企业的养殖基地场和与生猪养殖场（户）的订单生猪的比例应占到 50%。

8.1.4　获得出口食品生产企业备案。

8.1.5　肉品检验人员应不少于 18 人。

8.2　设施和设备

分割车间建筑面积应在 2 000 m² 以上。

8.3　检验检疫

实验室具有开展 GB 18406.3 中 4.2 和 4.3 要求的检验能力。

8.4　产品质量

产品质量应符合 GB 18406.3 中的规定要求。

参 考 文 献

［1］中华人民共和国食品安全法

［2］中华人民共和国环境保护法

［3］中华人民共和国动物防疫法

［4］生猪屠宰管理条例

［5］生猪屠宰管理条例实施办法

［6］欧盟肉类食品安全法规汇编

［7］加拿大肉品卫生手册

［8］欧盟 64/433/EEC　鲜肉生产和销售条件

［9］GB/T 22000—2006　食品安全管理体系　食品链中各类组织的要求

中华人民共和国农业行业标准

NY/T 3224—2018

畜禽屠宰术语

Terms of livestock and poultry slaughtering

2018-05-07 发布/2018-09-01 实施
中华人民共和国农业农村部 发布

前　言

本标准按照 GB/T 1.1—2009 给出的规则起草。

本标准由农业农村部兽医局提出。

本标准由全国屠宰加工标准化技术委员会（SAC/TC 516）归口。

本标准主要起草单位：中国农业科学院农产品加工研究所、中国动物疫病预防控制中心（农业农村部屠宰技术中心）、中国肉类食品综合研究中心、南京农业大学、中国农业机械化科学研究院、江苏雨润肉食品有限公司、内蒙古蒙都羊业食品股份有限公司、锡林郭勒大庄园肉业有限公司。

本标准主要起草人：张德权、李欣、李铮、高胜普、王守伟、王鹏、王振宇、张春晖、潘满、陈丽、徐宝才、叶金鹏、赵燕、侯成立、田光晶、穆国锋、陈喜良、刘福杰。

畜禽屠宰术语

1　范围

本标准规定了畜禽屠宰的一般术语、宰前术语、屠宰过程术语、宰后术语和屠宰设施设备术语。

本标准适用于畜禽屠宰加工。

2　规范性引用文件

下列文件对于本文件的应用是必不可少的。凡是注日期的引用文件，仅注日期的版本适用于本文件。凡是不注日期的引用文件，其最新版本（包括所有的修改单）适用于本文件。

GB 12694—2016　食品安全国家标准　畜禽屠宰加工卫生规范

GB/T 17237—2008　畜类屠宰加工通用技术条件

GB/T 19480—2009　肉与肉制品术语

GB/T 19525.1—2004　畜禽环境术语

NY/T 2534—2013　生鲜畜禽肉冷链物流技术规范

3　一般术语

3.1

畜禽　livestock and poultry

供人类食用的家畜和家禽。

［GB 12694—2016，定义 2.2］

3.2

畜禽肉　livestock and poultry meat

经屠宰并检验检疫合格的适合人类食用的所有畜禽屠宰产品，包括畜禽胴体和分割肉。

3.2.1

热鲜肉　hot meat

屠宰后未经人工冷却过程的肉。

［GB/T 19480—2009，定义 2.1.1］

3.2.2

冷却肉　chilled meat

畜禽屠宰后经冷却处理，在 24 h 内使肉的中心温度降低到 0 ℃～4 ℃，并在 0 ℃～4 ℃的环境中储存的鲜肉。

3.2.3

冷冻肉　frozen meat

在低于−28 ℃环境下，将肉的中心温度降低到−15 ℃以下，并在−18 ℃以下的环境中储存的肉。

注：改写 GB/T 19480—2009，定义 2.1.5。

3.3

屠宰　slaughtering

宰杀畜禽以生产畜禽肉及副产品的过程。

3.4

分割肉　cuts

对畜禽胴体进行分割获得符合产品要求的肉块。

3.5

内脏　offal

畜禽胸腹腔内的器官，包括心、肝、肺、脾、胃、肠、肾、胰脏、膀胱等。

3.6

可食用副产品　edible by-products

畜禽可食用的内脏、血液、骨、皮、头、蹄（或爪）、尾、尾脂、肾周脂肪、网油、板油等产品。

3.7

非食用副产品　inedible by-products

畜禽被屠宰后所得的毛皮、毛（羽）、角、蹄壳、三腺（甲状腺、肾上腺、病变淋巴结）等不可食用的部分。

3.8

屠体　body

畜禽宰杀、放血后的躯体。

3.9

胴体　carcass

畜禽经宰杀、放血后除去毛、内脏、头、尾及四肢（腕及关节以下）后的躯体部分。

［GB/T 19480—2009，定义 2.3.1］

3.9.1

畜胴体　livestock carcass

畜经宰杀放血后去皮或不去皮、去除毛、头、蹄、尾、内脏、三腺以及生殖器及其周围脂肪的屠体。

3.9.2

禽胴体　poultry carcass

禽经宰杀放血后去除羽（毛）、内脏、去头或不去头、去爪或不去爪的屠体。

3.10

二分体　half carcass

将胴体沿脊椎中线纵向锯（劈）成的两半胴体。

4　宰前术语

4.1

宰前管理　pre-slaughter handling

畜禽屠宰之前对场地、人员的要求，以及对入场、待宰、送宰、无害化处理、可追溯性和记录等屠宰前的管理。

4.2

宰前检查　ante-mortern inspection

在畜禽屠宰前，综合判定畜禽是否健康和适合人类食用，对畜禽群体和个体进行的检查。

［GB 12694—2016，定义 2.7］

4.3

卸载　unloading

畜禽运至屠宰厂（场）后，从运输工具转至屠宰厂（场）待宰场所的过程。

4.4

待宰静养　lairage

畜禽到达屠宰厂（场）后，屠宰前禁食、供水，以缓解运输、装卸等引起应激反应的休养过程。

4.5

宰前冲淋　ante-mortern spraying

畜宰前通过喷淋冲洗体表污物的过程。

4.6

急宰　emergency slaughter

畜禽在宰前出现疫病、疾病和其他损伤时，根据我国检验检疫相关法律、法规和标准要求对经宰前检查确认无碍于肉食安全且濒临死亡的畜禽进行的紧急屠宰过程。

4. 7

应激 stress

畜禽对外界或内部的各种刺激所产生的非特异性应答反应的总和。

注：改写 GB/T 19525.1—2004，定义 2.19。

5 屠宰过程术语

5. 1

致昏 stunning

通过机械、电击、气体等方式使畜禽失去知觉，但保持心跳和呼吸的过程。

5. 1. 1

二氧化碳致昏 carbon dioxide stunning

采用二氧化碳使待宰畜禽失去知觉的过程。

5. 1. 2

电致昏 electrical stunning

采用电击的方式使待宰畜禽失去知觉的过程。

5. 1. 3

机械致昏 mechanical stunning

采用器械击打的方式使待宰畜禽失去知觉的过程。

5. 2

吊挂 hanging

将畜禽挂至轨道链钩上的过程。

5. 3

宰杀放血 exsanguination

采用不同方式使畜禽体内血液快速流出，在较短时间内死亡的过程。

5. 3. 1

刺杀放血 sticking

采用不同方式割断畜禽颈部动静脉的宰杀方法。

5. 3. 2

三管齐断放血 religious slaughter bleeding

在畜禽颈下缘咽喉部切断气管、食管和血管的宰杀方法。

5. 3. 3

空心刀放血 hollow-tube knife bleeding

利用中空采血装置完成放血和血液收集的宰杀方法，一般用于畜屠宰。

5. 3. 4

口腔放血 mouth bleeding

在口腔内割断颈静脉和桥状静脉的宰杀方法，一般用于禽屠宰。

5. 4

剥皮 dehiding

将皮从屠体剥离的过程，一般用于猪、牛、羊屠宰。

5. 4. 1

机械剥皮 mechanical dehiding

采用剥皮机将皮从屠体剥离的剥皮方式。

5. 4. 2

人工剥皮 manual dehiding

采用手工将皮从屠体剥离的剥皮方式。

5.5

预剥　pre-dehiding

将腹部、胸部、前腿、肋部两侧以及背部至臀部的皮从屠体剥开的过程，一般用于畜类。

5.5.1

卧式预剥　horizontal pre-dehiding

屠体平行于地面进行的预剥方式。

5.5.2

立式预剥　vertical pre-dehiding

屠体垂直于地面进行的预剥方式。

5.6

扯皮　pelt-pulling

在预剥的基础上，采用卷、拉等方式将整张皮从屠体剥离的过程，一般用于牛、羊等畜类。

5.7

烫毛　scalding

将畜禽屠体进行热烫的过程。

5.7.1

喷淋式烫毛　scalding in spray water

将悬挂输送的畜禽屠体通过喷淋热水烫毛的方法。

5.7.2

浸没式热水烫毛　scalding in hot water

在烫池内用一定温度的热水对输送中的畜禽屠体进行烫毛的方法。

5.7.3

蒸汽式烫毛　scalding in steam

用一定温度的饱和蒸汽对悬挂输送的畜禽屠体进行烫毛的方法。

5.8

脱毛（煺毛）　dehairing

将毛（羽）从烫毛后的畜禽体表去除的过程。

5.9

燎毛　singeing

采用喷灯或燎毛炉去除脱毛后畜禽体表残留毛发的过程。

5.10

去头　head removal

沿寰枕关节处取下畜禽头的过程。

5.11

去尾　tail removal

贴尾根部去除畜胴体尾部的过程。

5.12

去蹄（爪）　feet removal

从前蹄的腕关节、后蹄跗关节处去除家畜蹄部或从跗关节处去除家禽爪的过程。

5.13

封肛　anus ligation

利用带有盘套的塑料袋套住肛门以避免粪便污染胴体的过程。

5.14

雕圈　cutting off around anus

用刀或设备在肛门外围雕成圆状以避免粪便污染胴体的过程。

5.15

挑胸 breast splitting

用刀或设备沿畜屠体胸中部挑开胸骨的过程。

5.16

开膛 midline and brisket openning

用刀或设备沿畜禽屠体腹部正中切开腹膜，将肛门处直肠剥离的过程。

5.17

净腔 eviscerating

将直肠从腹腔拉出，割除膀胱和输尿管，取出心、肝、肺、胃、肠等内脏并清洗胸、腹腔的过程。

5.18

摘三腺 three glands plucking

将甲状腺、肾上腺和病变淋巴结摘除的过程。

5.19

同步检验检疫 synchronous inspection

与屠宰操作相对应，将畜禽的头、蹄（爪）、内脏与胴体生产线同步运行，由检验人员对照检验和综合判断的一种检验方法。

5.20

电刺激 electrical stimulation

利用高压或低压电对屠体或胴体进行刺激以改善肉质的处理方法，一般用于牛、羊等畜类。

5.21

劈半 splitting

将胴体沿脊背正中线分开成为二分体的操作过程。

5.22

修整 trimming

除去遗漏的三腺，修去放血刀口、体表伤斑、血污、瘀血和浮毛等的过程。

6 宰后术语

6.1

分级 grading

对畜禽肉按要求进行等级划分的过程。

6.2

冷却 chilling

使肉品中心温度降至规定要求温度的过程。

6.3

成熟 aging

畜禽肉在其冰点以上温度条件下放置一定时间，使其僵直解除、肌肉变软、嫩度和风味得到改善的过程。

6.4

分割 cutting

按照要求，将畜禽胴体切割成不同产品的过程。

注：改写 NY/T 2534—2013，定义 3.3。

6.5

冻结 freezing

将畜禽肉中水分冻结成冰晶的过程，且冻结终了时肉的中心温度不高于−15 ℃。

6.6

无害化处理 bio-safety disposal

用物理、化学等方法处理病死及病害动物和相关动物产品，消灭其所携带的病原体，消除危害的过程。

7　屠宰设施设备术语

7.1

屠宰设备　slaughtering equipment

用于实现畜禽屠宰工艺的专业机械化装置，包括单机设备和成套生产线。

7.2

悬挂输送设备　hanging and conveying equipment

畜禽屠宰生产线中采用吊挂传送畜禽屠体、胴体并以此连接各个工序的机械化或自动化设备。

7.3

分割设备　cutting equipment

用于将畜禽胴体切割为分割肉的机械化或自动化装置。

7.4

冷藏设备　refrigeration storage equipment

用各种方式制冷且可控制和保持稳定低温的装置。

7.5

验收间　inspection and reception room

畜禽进入屠宰厂（场）后检验接收的场所。

7.6

隔离间　isolating room

隔离可疑病畜禽，观察、检查疫病的场所。

7.7

待宰静养间　lairage room

畜禽进入屠宰厂（场）后进行宰前休养的场所。

7.8

急宰间　emergency slaughtering room

紧急屠宰畜禽的场所。

7.9

屠宰加工间　slaughtering room

自致昏放血到胴体冷却前的场所。

注：改写 GB/T 17237—2008，定义 3.5。

7.9.1

清洁区　hygienic area

胴体加工、修整、冷却、分割、暂存、包装等处理的区域。

[GB 12694—2016，定义 2.10]

7.9.2

非清洁区　non-hygienic area

待宰、致昏、放血、烫毛、脱毛、剥皮等处理的区域。

[GB 12694—2016，定义 2.9]

7.10

副产品整理间　by-products handling room

心、肝、肺、脾、肠、肾、胃、嗉囊及头、蹄（爪）、尾等器官加工整理的场所。

7.11

分割间　cutting and deboning room

剔骨、分割的场所。

7.12

冷却间　chilling room

对产品进行冷却的场所。

注：改写 GB/T 17237—2008，定义 3.9。

7.13

冻结间　freezing room

用于冻结产品的场所。

注：改写 GB/T 17237—2008，定义 3.11。

7.14

包装间　packing room

对胴体、分割产品及可食用副产品进行包装的场所。

注：改写 GB/T 17237—2008，定义 3.10。

7.15

冷却肉贮藏库　chilled meat storage room

用于贮存冷却后产品的场所（库温 0 ℃～4 ℃）。

7.16

冷冻肉贮藏库　frozen meat storage room

用于贮存冻结后产品的场所（库温－18 ℃以下）。

7.17

无害化处理间　bio-safety disposal room

对病死及病害动物和相关动物产品通过物理、化学等方法处理，消灭其所携带的病原体，消除危害的场所。

索　引

汉语拼音索引

英文对应词索引

二 产品质量

中华人民共和国国家标准

GB 2707—2016

食品安全国家标准
鲜（冻）畜、禽产品

2016-12-23 发布/2017-06-23 实施

中华人民共和国国家卫生和计划生育委员会

国家食品药品监督管理总局　　发布

前　言

本标准代替 GB 2707—2005《鲜（冻）畜肉卫生标准》和 GB 16869—2005《鲜、冻禽产品》中的部分指标，GB 16869—2005《鲜、冻禽产品》中涉及本标准的指标以本标准为准。

本标准与 GB 2707—2005 相比，主要变化如下：

——标准名称修改为"食品安全国家标准　鲜（冻）畜、禽产品"；

——增加了术语和定义；

——修改了原料要求；

——修改了感官要求；

——修改了理化指标。

食品安全国家标准　鲜（冻）畜、禽产品

1　范围

本标准适用于鲜（冻）畜、禽产品。

本标准不适用于即食生肉制品。

2　术语和定义

2.1　鲜畜、禽肉

活畜（猪、牛、羊、兔等）、禽（鸡、鸭、鹅等）宰杀、加工后，不经过冷冻处理的肉。

2.2　冻畜、禽肉

活畜（猪、牛、羊、兔等）、禽（鸡、鸭、鹅等）宰杀、加工后，在≤−18 ℃冷冻处理的肉。

2.3　畜、禽副产品

活畜（猪、牛、羊、兔等）、禽（鸡、鸭、鹅等）宰杀、加工后，所得畜禽内脏、头、颈、尾、翅、脚（爪）等可食用的产品。

3　技术要求

3.1　原料要求

屠宰前的活畜、禽应经动物卫生监督机构检疫、检验合格。

3.2　感官要求

感官要求应符合表1的规定。

表1　感官要求

项　目	要　求	检验方法
色泽	具有产品应有的色泽	取适量试样置于洁净的白色盘（瓷盘或同类容器）中，在自然光下观察色泽和状态，闻其气味
气味	具有产品应有的气味，无异味	
状态	具有产品应有的状态，无正常视力可见外来异物	

3.3　理化指标

理化指标应符合表2的规定。

表2　理化指标

项　目	指　标	检验方法
挥发性盐基氮/（mg/100 g）	≤15	GB 5009.228

3.4　污染物限量

畜禽内脏的污染物限量应符合GB 2762中畜禽内脏的规定，除畜禽内脏以外的产品的污染物限量应符合GB 2762中畜禽肉的规定。

3.5　农药残留限量和兽药残留限量

3.5.1　农药残留量应符合GB 2763的规定。

3.5.2　兽药残留量应符合国家有关规定和公告。

中华人民共和国国家标准

GB/T 9959.1—2019
代替 GB 9959.1—2001

鲜、冻猪肉及猪副产品 第1部分：片猪肉

Fresh and frozen pork and pig by-products—Part 1: Demi-carcass pork

2019-03-25 发布/2019-10-01 实施

国家市场监督管理总局

中国国家标准化管理委员会 发布

前　言

GB/T 9959《鲜、冻猪肉及猪副产品》分为以下 4 个部分：

——第 1 部分：片猪肉；

——第 2 部分：分割鲜、冻猪瘦肉；

——第 3 部分：分部位分割猪肉；

——第 4 部分：猪副产品。

本部分为 GB/T 9959 的第 1 部分。

本部分按照 GB/T 1.1—2009 给出的规则起草。

本部分代替 GB 9959.1—2001《鲜、冻片猪肉》，与 GB 9959.1—2001 相比，主要变化如下：

——修改标准名称为《鲜、冻猪肉及猪副产品 第 1 部分：片猪肉》；

——修改了规范性引用文件（见第 2 章，2001 年版的第 2 章）；

——修改了术语和定义（见第 3 章，2001 年版的第 3 章）；

——修改了原料要求（见 4.1，2001 年版的 4.1）；

——修改了加工要求（见 4.2，2001 年版的 4.2）；

——修改了检验检疫要求（见 4.3，2001 年版的 4.3）；

——修改了食品安全指标（见 4.5，2001 年版的 4.3）；

——删除了产品分级（见 2001 年版的 4.6）；

——修改了试验方法（见第 5 章，2001 年版的第 5 章）；

——修改了检验规则（见第 6 章，2001 年版的第 6 章）；

——修改了标识要求（见 7.1，2001 年版的 7.1）；

——增加了包装要求（见 7.2）；

——修改了贮存要求（见 7.3，2001 年版的 7.2）；

——修改了运输要求（见 7.4，2001 年版的 7.3）。

本部分由中华人民共和国农业农村部提出。

本部分由全国屠宰加工标准化技术委员会（SAC/TC 516）归口。

本部分起草单位：中国动物疫病预防控制中心（农业农村部屠宰技术中心）、江苏雨润肉类产业集团有限公司、山东新希望六和集团有限公司。

本部分主要起草人：徐宝才、刘龙海、黄强力、陶龙斐、闵成军、高胜普、尤华、李文祥。

本部分所代替标准的历次版本发布情况为：

——GB/T 9959.1—1988、GB 9959.1—2001；

——GB/T 9959.2—1988。

鲜、冻猪肉及猪副产品 第 1 部分：片猪肉

1 范围

GB/T 9959 的本部分规定了片猪肉的术语和定义、技术要求、试验方法、检验规则及标识、包装、贮存、运输。

本部分适用于生猪经检验检疫、屠宰加工而成的片猪肉。

2 规范性引用文件

下列文件对于本文件的应用是必不可少的。凡是注日期的引用文件，仅注日期的版本适用于本文件。凡是不注日期的引用文件，其最新版本（包括所有的修改单）适用于本文件。

GB/T 191 包装储运图示标志

GB 2707 食品安全国家标准 鲜（冻）畜、禽产品

GB 2762 食品安全国家标准 食品中污染物限量

GB 2763 食品安全国家标准 食品中农药最大残留限量

GB/T 6388 运输包装收发货标志

GB 12694 食品安全国家标准 畜禽屠宰加工卫生规范

GB/T 17236 生猪屠宰操作规程

GB/T 17237 畜类屠宰加工通用技术条件

GB/T 17996 生猪屠宰产品品质检验规程

GB 18394 畜禽肉水分限量

GB/T 19480 肉与肉制品术语

GB/T 20575 鲜、冻肉生产良好操作规范

GB 20799 食品安全国家标准 肉和肉制品经营卫生规范

生猪屠宰检疫规程（农医发〔2010〕27 号 附件 1）

食品动物禁用的兽药及其他化合物清单（中华人民共和国农业部第 193 号公告）

3 术语和定义

GB 12694、GB/T 19480 界定的以及下列术语和定义适用于本文件。

3.1

片猪肉 demi-carcass pork

猪白条

将猪胴体沿脊椎中线，纵向锯（劈）成两分体的猪肉，包括带皮片猪肉、去皮片猪肉。

3.2

带皮片猪肉 demi-carcass pork with skin

带皮白条

猪屠宰放血后，经烫毛、脱毛、去头蹄尾、内脏等工艺流程加工后的片猪肉。

3.3

去皮片猪肉 demi-carcass pork without skin

去皮白条

猪屠宰放血后，经去头蹄尾、剥皮、去内脏等工艺流程加工后的片猪肉。

3.4

种公猪 breeding boar

种用或后备种用，未经去势带有睾丸的公猪。

3.5

种母猪 breeding sow

已种用，乳腺发达，带有子宫和卵巢的母猪。

3.6

晚阉猪 late surgically castrated pig

经手术去势后短期育肥（或未育肥）的淘汰种公母猪、淘汰已使用过的后备公母猪或落选的后备公猪。

3.7

PSE **肉** pale, soft and exudative muscle

白肌肉

受到应激反应的猪，屠宰后产生色泽苍白、灰白或淡粉红、质地松软、肉汁渗出的肉。

注：改写 GB/T 19480—2009，定义 2.5.14。

3.8

DFD **肉** dark, firm and dry muscle

黑干肉

受到应激反应的猪，屠宰后产生的色暗、质地坚硬和切面发干的肉。

注：改写 GB/T 19480—2009，定义 2.5.15。

4 技术要求

4.1 原料

4.1.1 生猪应健康良好，并附有产地动物卫生监督机构出具的《动物检疫合格证明》。

4.1.2 生猪养殖环境，养殖过程中疫病防治、饲料、饮水、兽药的应用应执行国家相关规定，不应使用《食品动物禁用的兽药及其他化合物清单》中所列禁用兽药及其化合物。

4.1.3 种公猪、种母猪及晚阉猪不得用于加工无皮片猪肉。

4.2 加工

4.2.1 生产加工基本条件

生猪屠宰加工过程各环节应符合 GB 12694、GB/T 17237、GB/T 20575 的要求。

4.2.2 待宰

生猪待宰应符合 GB/T 20575、GB/T 17236 的要求。

4.2.3 屠宰加工

生猪屠宰应符合 GB/T 17236 的要求。种公猪、种母猪及晚阉猪为原料的片猪肉不得用于加工包括分割鲜、冻猪瘦肉在内的分部位分割猪肉。

4.2.4 整修

4.2.4.1 应修净胴体臀部和鼠蹊部的黑皮、皱皮和肛门括约肌以及肉体上的伤痕、暗伤、脓疱、皮癣、湿疹、痂皮、皮肤结节、密集红斑和表皮伤斑，应修割严重的 PSE 肉、DFD 肉。

4.2.4.2 应去净胴体的残毛，每片肉上的密集断毛根（包括绒毛、新生短毛）不应超过 64 cm²。

4.2.4.3 应将胴体冲洗干净，不应带浮毛、凝血块、胆污、粪污及其他污染物。

4.2.4.4 带皮片猪肉整修时应修去表层黑斑、血污、猪毛以及附着在里脊肉上的油膜及淋巴结，应修净腹腔内残留的碎板油、横膈肌。

4.2.4.5 去皮片猪肉整修时应在 4.2.3 的基础上去除残皮、去软档部位脂肪，然后从三叉骨的外端，沿后腿延伸方向长度约 12 cm 将后腿部位的脂肪割下，露出后腿肉，应修去附着在里脊肉上的油膜及淋巴结，应修净腹腔内残留的碎板油、横膈肌。

4.2.5 冷却与冷冻

4.2.5.1 冷却片猪肉

冷却间温度应为 0 ℃～4 ℃，屠宰后 24 h，其后腿肌肉深层中心温度应不高于 7 ℃，不低于 0 ℃。

4.2.5.2 冷冻片猪肉

冻结间温度不应高于 -28 ℃，冻结时间在 48 h 以内，其后腿肌肉深层中心温度应不高于 -15 ℃。

4.3 检验检疫

生猪屠宰加工的检验检疫应由检验检疫人员按 GB/T 17996、《生猪屠宰检疫规程》进行宰前、宰后检验检疫和处理。

4.4 感官指标

鲜、冻片猪肉感官指标应符合表1的要求。

表 1 鲜、冻片猪肉感官指标

项 目	鲜片猪肉	冻片猪肉（解冻后）
色泽	肌肉色泽鲜红或深红，有光泽；脂肪呈乳白色或粉白色	肌肉有光泽，色鲜红；脂肪呈乳白，无霉点
弹性（组织状态）	指压后的凹陷立即恢复	肉质紧密，有坚实感
黏度	外表微干或微湿润，不黏手	外表及切面湿润，不黏手
气味	具有鲜猪肉正常气味，煮沸后肉汤透明澄清，脂肪团聚于液面，具有香味	具有冻猪肉正常气味，煮沸后肉汤透明澄清，脂肪团聚于液面，无异味

4.5 食品安全指标

污染物限量、农药残留限量、兽药残留限量和水分限量等应符合 GB 2707、GB 18394 等的要求。

5 试验方法

5.1 温度测定

5.1.1 仪器

温度计：使用探针式温度计或其他非水银测温仪器。

5.1.2 测定

鲜品使用温度计的探针直接插入后腿部位钻至肌肉深层中心（4 cm～6 cm），约 3 min 后，平视温度计所示度数；冻品用直径略大于（不得超过 0.1 cm）温度计探针直径的钻头，钻至后腿部位钻至肌肉深层中心（4 cm～6 cm），拔出钻头，迅速将温度计插入孔中，约 3 min 后，平视温度计所示度数。

5.2 感官指标测定

感官指标按照 GB 2707 规定的方法测定。

5.3 食品安全指标测定

食品安全指标按照 GB 2707、GB 2762、GB 2763、GB 18394 等规定的方法测定。

6 检验规则

6.1 组批

同日生产、同一品种的产品为一批。

6.2 抽样

6.2.1 样本数量：从同一批产品中随机按表2抽取样本，并将 1/3 样品进行封存，保留备查。

表 2 抽样量及判定规则

批量范围/片	样本数量/片	合格判定数（Ac）	不合格判定数（Re）
＜1 200	5	0	1
1 200～35 000	8	1	2
＞35 000	13	2	3

6.2.2 检验样品数量：从样本中不同部位分别抽取样品共 2 kg 作为检验样品。

6.3 检验

6.3.1 出厂检验

6.3.1.1 每批出厂产品应经检验，合格后方可出厂。

6.3.1.2 检验项目为标识、包装、感官。

6.3.1.3 判定规则按表2执行。

6.3.2 型式检验

6.3.2.1 每年至少进行一次。有下列情况之一者，应进行型式检验：

a)　更换设备或长期停产再恢复生产时；

b)　出厂检验结果与上次型式检验有较大差异时；

c)　国家有关主管部门提出进行型式检验要求时。

6.3.2.2　型式检验按国家有关主管部门确定的项目进行。

6.4　判定

检验项目结果全部符合本部分，判为合格品。若有一项或一项以上指标不符合本部分要求时，可以在同批产品中加倍抽样进行复检。复检结果合格，则判为合格品，如复检结果中仍有一项或一项以上指标不符合本部分，则判该批次为不合格品。

7　标识、包装、贮存、运输

7.1　标识

7.1.1　每片猪肉应有符合相关要求的检验合格印章和检疫验讫印章，字迹应清晰整齐。

7.1.2　使用印章时，印色应用食品级色素配制。

7.1.3　种公猪、种母猪及晚阉猪为原料的片猪肉应按照国家有关规定进行标识。

7.2　包装

如需包装，应使用符合食品安全标准的包装材料。其他相关标识应符合 GB/T 191 和 GB/T 6388 及相关法规、标准的要求。

7.3　贮存

7.3.1　冷却片猪肉应吊挂在相对湿度 85%～90%、温度 0 ℃～4 ℃的冷却肉储存库（间），胴体之间的距离保持不低于 3 cm。

7.3.2　冻片猪肉应贮存在相对湿度 90%～95%、温度－18 ℃以下的冷藏库。冷藏库温度一昼夜升降幅度不应超过 1 ℃。

7.3.3　储存库应保持清洁、整齐、通风，应防霉、除霉，定期除霜，符合国家有关食品安全要求，库内有防霉、防鼠、防虫、防火、防尘设施设备，定期消毒。

7.3.4　储存库内不应存放有碍食品安全的物品；同一库内不得存放可能造成交叉污染或者串味的产品。

7.4　运输

产品运输应符合 GB 20799 的要求。

中华人民共和国国家标准

GB/T 9959.2—2008
代替 GB 9959.2—2001

分割鲜、冻猪瘦肉

Fresh and frozen pork lean，cuts

2008-08-12 发布／2008-12-01 实施

中华人民共和国国家质量监督检验检疫总局
发布
中国国家标准化管理委员会

前　言

本标准是对 GB 9959.2—2001《分割鲜、冻猪瘦肉》的修订，与 GB 9959.2—2001 相比，主要差异如下：

——增加了部分引用标准；

——对 4.6 理化指标作了补充，增加了重金属镉、铅、砷、净含量指标，以及农药、兽药残留指标；

——增加了 4.7 微生物指标。

本标准自实施之日起，代替 GB 9959.2—2001。

本标准由中华人民共和国商务部提出并归口。

本标准起草单位：商务部屠宰技术鉴定中心、临沂新程金锣肉制品有限公司。

本标准主要起草人：张立峰、张季川、张京茂、张新玲、胡新颖。

本标准所代替标准的历次版本发布情况为：

——GB/T 9959.4—1988；

——GB 9959.2—2001。

分割鲜、冻猪瘦肉

1　范围

本标准规定了分割鲜、冻猪瘦肉的相关术语和定义、技术要求、检验方法、检验规则、标识、贮存和运输。

本标准适用于以鲜、冻片猪肉按部位分割后，加工成的冷却（鲜）或冷冻的猪瘦肉。

2　规范性引用文件

下列文件中的条款通过本标准的引用而成为本标准的条款。凡是注日期的引用文件，其随后所有的修改单（不包括勘误的内容）或修订版均不适用于本标准，然而，鼓励根据本标准达成协议的各方研究是否可使用这些文件的最新版本。凡是不注日期的引用文件，其最新版本适用于本标准。

GB/T 191　包装储运图示标志

GB/T 4789.17　食品卫生微生物学检验　肉与肉制品检验

GB/T 5009.11　食品中总砷及无机砷的测定

GB/T 5009.12　食品中铅的测定

GB/T 5009.15　食品中镉的测定

GB/T 5009.17　食品中总汞及有机汞的测定

GB/T 5009.19　食品中六六六、滴滴涕残留量的测定

GB/T 5009.20　食品中有机磷农药残留量的测定

GB/T 5009.44　肉与肉制品卫生标准的分析方法

GB/T 5009.116　畜禽肉中土霉素、四环素、金霉素残留量的测定（高效液相色谱法）

GB/T 5009.192　动物性食品中克伦特罗残留量的测定

GB/T 5737　食品塑料周转筐

GB/T 6388　运输包装收发货标志

GB/T 6543　瓦楞纸箱

GB 7718　预包装食品标签通则

GB 9683　复合食品包装袋卫生标准

GB 9687　食品包装用聚乙烯成型品卫生标准

GB 9688　食品包装用聚丙烯成型品卫生标准

GB 9959.1　鲜、冻片猪肉

GB 10457　聚乙烯自粘保鲜膜

GB 18394　畜禽肉水分限量

GB/T 20799　鲜、冻肉运输条件

JJF 1070　定量包装商品净含量计量检验规则

SN 0208　出口肉中十种磺胺残留量检验方法

SN 0215　出口禽肉中氯霉素残留量检验方法

定量包装商品计量监督管理办法　国家质量监督检验检疫总局〔2005〕第 75 号令

3　术语和定义

下列术语和定义适用于本标准。

3.1

猪瘦肉　pork lean

每片猪肉按不同部位分割成的去皮、去骨、去皮下脂肪的肌肉。

3.2

颈背肌肉　pork boneless boston shoulder

从第五、六肋骨中间斩下的颈背部位的肌肉（简称Ⅰ号肉）。

3.3

前腿肌肉　pork boneless picnic shoulder

从第五、六肋骨中间斩下的前腿部位的肌肉（简称Ⅱ号肉）。

3.4

大排肌肉　pork loin

在脊椎骨下 4 cm～6 cm 肋骨处平行斩下的脊背部位肌肉（简称Ⅲ号肉）。

3.5

后腿肌肉　pork leg

从腰椎与荐椎连接处（允许带腰椎一节半）斩下的后腿部位肌肉（简称Ⅳ号肉）。

4　技术要求

4.1　品种

分割鲜、冻猪瘦肉分为：颈背肌肉（简称Ⅰ号肉）、前腿肌肉（简称Ⅱ号肉）、大排肌肉（简称Ⅲ号肉）、后腿肌肉（简称Ⅳ号肉）及其精细分割产品。

4.2　原料

应符合 GB 9959.1 的要求。

4.3　加工

4.3.1　分割

4.3.1.1　分割肉加工允许有两种剔骨工艺，即冷剔骨和热剔骨。冷剔骨系指片猪肉在冷却后进行分割剔骨。热剔骨系指片猪肉不经冷却过程而直接进行分割剔骨。采用热剔骨工艺时，应严格卫生条件，从生猪放血至加工成分割成品肉进入冷却间的时间，不应超过 90 min。分割间环境温度应≤15 ℃。

4.3.1.2　分割肉应修割去除伤斑、出血点、碎骨、软骨、血污、淋巴结、脓疱、浮毛及杂质。严重苍白的肌肉及其周围有浆液浸润的组织应剔除。

4.3.2　冷加工

4.3.2.1　分割猪瘦肉应在 0 ℃～4 ℃的环境下，24 h 内将肉块中心温度冷却至 7 ℃以下。

4.3.2.2　分割冻猪瘦肉冻结终温，其肌肉深层中心温度不应高于－15 ℃。

4.4　感官

应符合表 1 的规定。

表 1　感官要求

项　目	要　求
色泽	肌肉色泽鲜红、有光泽；脂肪呈乳白色
组织状态	肉质紧密，有坚实感
气味	具有猪肉固有的气味，无异味

4.5　理化指标

应符合表 2 的规定。

表 2　理化指标

项　目	指　标
水分/%	≤77
挥发性盐基氮/（mg/100 g）	≤15
总汞（以 Hg 计）/（mg/kg）	≤0.05
镉（Cd）/（mg/kg）	≤0.1

（续）

项　目	指　标
铅（以 Pd 计）/（mg/kg）	≤0.2
无机砷（以 As 计）/（mg/kg）	≤0.05
六六六/（mg/kg）	≤0.2
滴滴涕/（mg/kg）	≤0.2
敌敌畏	不得检出
金霉素/（mg/kg）	≤0.1
四环素/（mg/kg）	≤0.1
土霉素/（mg/kg）	≤0.1
磺胺类（以磺胺类总量计）/（mg/kg）	≤0.1
氯霉素	不得检出
克伦特罗	不得检出

4.6　微生物指标

应符合表 3 的规定。

表 3　微生物指标

项　目	指　标
菌落总数/（CFU/g）	≤1×10^6
大肠菌群/（MPN/100 g）	≤1×10^4
沙门氏菌	不得检出

4.7　净含量

净含量以产品标签或外包装标注为准，允许短缺量应符合《定量包装商品计量监督管理办法》的规定。

5　检验方法

5.1　感官检验

5.1.1　色泽：目测。

5.1.2　气味：嗅觉检验。

5.1.3　组织状态：手触、目测。

5.2　理化检验

5.2.1　水分：按 GB 18394 规定的方法测定。

5.2.2　挥发性盐基氮：按 GB/T 5009.44 中规定的方法测定。

5.2.3　总汞：按 GB/T 5009.17 规定的方法测定。

5.2.4　镉：按 GB/T 5009.15 规定的方法测定。

5.2.5　铅：按 GB/T 5009.12 规定的方法测定。

5.2.6　无机砷：按 GB/T 5009.11 规定的方法测定。

5.2.7　六六六、滴滴涕：按 GB/T 5009.19 规定的方法测定。

5.2.8　敌敌畏：按 GB/T 5009.20 规定的方法测定。

5.2.9　金霉素、四环素、土霉素：按 GB/T 5009.116 规定的方法测定。

5.2.10　磺胺类：按 SN 0208 规定的方法测定。

5.2.11　氯霉素：按 SN 0215 规定的方法测定。

5.2.12　克伦特罗：按 GB/T 5009.192 规定的方法测定。

5.2.13　净含量：按 JJF 1070 的规定的方法测定。

5.3　微生物检验

按 GB/T 4789.17 规定的方法测定。

5.4　温度测定

5.4.1　仪器

温度计：使用±50 ℃非汞柱普通玻璃温度计或其他测温仪器。

5.4.2 测定

用直径略大于（不得超过 0.1 cm）温度计直径的钻头，在后腿部位钻至肌肉深层中心 4 cm～6 cm，拔出钻头，迅速将温度计插入肌肉孔中，约 3 min 后，平视温度计所示度数。

6 检验规则

6.1 组批

同日生产、同一品种、同一规格的产品为一批。

6.2 抽样

6.2.1 样本数量：从同一批产品中随机按表 4 抽取样本，并将 1/3 样品进行封存，保留备查。

6.2.2 样品数量：从样品中随机抽取 2 kg 作为检验样品。

表 4 抽样表

批量范围/箱	样本数量/箱	合格判定数（Ac）	不合格判定数（Re）
<1 200	5	0	1
1 201～35 000	8	1	2
>3 500	13	2	3

6.3 检验

6.3.1 出厂检验

6.3.1.1 每批出厂产品应经检验合格，出具检验证书方能出厂。

6.3.1.2 检验项目为净含量、感官。

6.3.2 型式检验

6.3.2.1 每半年至少进行一次。有下列情况之一者，应进行型式检验：

 a) 更换设备或长期停产再恢复生产时；

 b) 出厂检验结果与上次型式检验有较大差异时；

 c) 国家质量监督机构进行抽查时。

6.3.2.2 检验项目为本标准 4.4、4.5 和 4.6 中规定的所有项目。

6.4 判定规则

6.4.1 检验项目结果全部符合本标准，判为合格品。若有一项或一项以上指标（微生物指标除外）不符合本标准要求时，可在同批产品中加倍抽样进行复检。复验结果合格，则判为合格品，如复验结果中仍有一项或一项以上指标不符合本标准，则判该批次为不合格品。

6.4.2 微生物指标不符合本标准，则判该批次为不合格品，不得复验。

7 标识、包装、贮存、运输

7.1 标识

7.1.1 产品标签应符合 GB 7718 的要求。

7.1.2 运输包装的标志应符合 GB/T 191、GB/T 6388 的规定。

7.2 包装

瓦楞纸箱应符合 GB/T 6543 的规定，塑料包装材料应符合 GB/T 5737、GB 9683、GB 9687、GB 9688、GB 10457 及相关法规、标准的规定。

7.3 贮存

分割鲜猪瘦肉应贮存在−1 ℃～4 ℃的冷藏间，分割冻猪瘦肉应贮存在−18 ℃以下的冷藏间。冷藏间温度一昼夜升降幅度不得超过 1 ℃。

7.4 运输

应符合 GB/T 20799 的规定。

中华人民共和国国家标准

GB/T 9959.3—2019

鲜、冻猪肉及猪副产品　第 3 部分：分部位分割猪肉

Fresh and frozen pork and pig by-products—Part 3：Pork cuts

2019-03-25 发布/2019-10-01 实施

国家市场监督管理总局
中国国家标准化管理委员会　发布

前　　言

GB/T 9959《鲜、冻猪肉及猪副产品》分为 4 个部分：
——第 1 部分：片猪肉；
——第 2 部分：分割鲜、冻猪瘦肉；
——第 3 部分：分部位分割猪肉；
——第 4 部分：猪副产品。
本部分按照 GB/T 1.1—2009 给出的规则起草。
本部分为 GB/T 9959 的第 3 部分。
本部分由中华人民共和国农业农村部提出。
本部分由全国屠宰加工标准化技术委员会（SAC/TC 516）归口。
本部分起草单位：中国动物疫病预防控制中心（农业农村部屠宰技术中心）、江苏雨润肉类产业集团有限公司、山东新希望六和集团有限公司。
本部分主要起草人：周辉、闵成军、刘龙海、黄强力、陶龙斐、高胜普、尤华、李文祥。

鲜、冻猪肉及猪副产品　第 3 部分：分部位分割猪肉

1　范围

GB/T 9959 的本部分规定了分部位分割猪肉的术语和定义、技术要求、试验方法、试验规则及标识、包装、贮存和运输。

本部分适用于片猪肉按部位分割后的鲜、冻分割产品。

2　规范性引用文件

下列文件对于本文件的应用是必不可少的。凡是注日期的引用文件，仅注日期的版本适用于本文件。凡是不注日期的引用文件，其最新版本（包括所有的修改单）适用于本文件。

GB/T 191　包装储运图示标志

GB 2707　食品安全国家标准　鲜（冻）畜、禽产品

GB 2762　食品安全国家标准　食品中污染物限量

GB 2763　食品安全国家标准　食品中农药最大残留限量

GB/T 4456　包装用聚乙烯吹塑薄膜

GB 4806.7　食品安全国家标准　食品接触用塑料材料及制品

GB/T 5737　食品塑料周转箱

GB/T 6388　运输包装收发货标志

GB/T 6543　运输包装用单瓦楞纸箱和双瓦楞纸箱

GB 7718　食品安全国家标准　预包装食品标签通则

GB 9683　复合食品包装袋卫生标准

GB/T 9959.1　鲜、冻猪肉及猪副产品　第 1 部分：片猪肉

GB/T 9959.2　分割鲜、冻猪瘦肉

GB/T 10457　食品用塑料自粘保鲜膜

GB 12694　食品安全国家标准　畜禽屠宰加工卫生规范

GB 18394　畜禽肉水分限量

GB/T 19480　肉与肉制品术语

GB/T 20575　鲜、冻肉生产良好操作规范

GB 20799　食品安全国家标准　肉和肉制品经营卫生规范

JJF 1070　定量包装商品净含量计量检验规则

定量包装商品计量监督管理办法（国家质量监督检验检疫总局令第 75 号）

3　术语和定义

GB/T 19480 界定的以及下列术语和定义适用于本文件。

3.1

猪瘦肉　pork lean meat

每片猪肉按不同部位分割成的去皮、去骨、去皮下脂肪的肌肉。

3.2

猪筋腱肉　pork fine shank，boneless

取自猪前腿肘关节或后腿跗关节上方部位、胫骨和腓骨处，沿肌膜取下的一块最大的伸肌。

3.3

猪腱子肉　pork tendon

猪后腿弧（猪前腿弧）

猪后展（猪前展）

取自猪只前、后腿肘关节上方部位，沿筋腱肉的肌膜取下的小块伸肌肉。

3.4

猪小里脊肉　pork tender loin

猪Ⅴ号肉

有突出的头部，整体呈长条状的猪深腰脊肌肉。

注：即腰大肌。

3.5

猪横膈肌　pork diaphragm

猪罗隔肉

胸腔与腹腔分隔开的膜状肌肉。

3.6

猪去骨方肉　pork belly without bone, skin and subcutaneous fat

猪去骨中方肉

从猪的第五、第六胸椎间至腰荐椎连接部位，距脊椎骨下 4 cm～6 cm 肋骨处平行切下，修去背部脂肪，剔除肋条骨的腹部肉。

3.7

猪五花　pork belly

从猪的第五、第六胸椎间至腰荐椎连接部位切下，去除猪肋排，呈五层夹花的腹部肉。

3.8

猪腹肋肉　pork belly（flank on）

从猪的第五、第六胸椎间至腰荐椎连接部位，距脊椎骨下 4 cm～6 cm 肋骨处平行切下大排后，剔除肋条骨，割去奶脯的腹部肉。

3.9

猪腮肉　pork jowl

猪槽头肉

从猪耳根至第一颈椎垂直切下的脖头处肉。

3.10

猪去骨前腿肉　pork foreleg-boneless

猪带膘Ⅱ号肉

从猪的第五、第六肋骨中间切下，略修割脂肪层的颈背（夹心）和前腿部位，并剔骨的部位肉。

3.11

猪去骨后腿肉　pork ham-boneless

猪带膘Ⅳ号肉

从猪的腰椎与荐椎连接处切下的后腿部位，进行剔骨，略修割脂肪层的后腿部位肉。

3.12

猪碎肉　pork trimmed meat

猪白条及分割肉修割时产生的零碎肉。

3.13

猪脊膘　pork back fat

猪背膘

肥膘的一部分，为猪脊背部位的皮下脂肪。

3.14

猪带骨方肉　pork belly bone-in

猪带骨中方肉

从猪的第五、第六胸椎间至腰荐椎连接部位，距脊椎骨下 4 cm～6 cm 肋骨处平行切下大排后，带肋骨，割去奶脯的部位肉。

3.15

猪前腿 pork fore-leg

从猪的第五、第六根肋骨中间垂直于猪背最长肌（Ⅲ号肉）的方向切下，保持形态完整的颈背和前腿部位肉。

3.16

猪后腿 pork ham

从猪的腰椎与荐椎的连接处垂直于猪背最长肌（Ⅲ号肉）的方向锯开，保持形态完整的猪后腿部位肉。

3.17

猪肘 pork elbow

猪蹄髈

取自腕关节至肘关节部位猪前肘，取自跗关节至膝关节猪后肘的部位肉。

3.18

猪大排 pork loin， bone-in

从猪的第五、第六胸椎间至腰荐椎连接部位，距脊椎骨下 4 cm～6 cm 处平行切下，略修割脂肪层的带脊的部位肉。

3.19

猪肋排 pork rib

取自猪方肉的肋骨部分，边缘腹肌不超过 3 cm 的部位肉。

3.20

猪前排 pork short-rib

取自猪第五、第六椎间至颈椎部位脊骨，去除颈背肌肉，带胸骨和五根肋骨的部位肉。

3.21

猪无颈前排 pork short-rib without neck

取自猪第五、第六椎间至第一胸椎，去除颈背肌肉，带胸骨和五根肋骨的部位肉。

3.22

猪小排 pork spare rib or A-rib

猪 A 排

猪唐排

取自猪前排有肋骨部位，带肋骨 5 根～6 根，去脊椎，硬胸骨，呈 "A" 字形的部位肉。

3.23

猪通排 pork riblet

上方自猪前排有肋骨部位，带肋骨五根，去脊椎和硬胸骨；下方至猪方肉的肋骨部分，呈平躺的鲤鱼形部位肉。

3.24

猪脊骨 pork back bone or back vertebra

猪龙骨

猪腔骨

自猪的第五、第六胸椎间至腰椎第四处锯断，并取出背最长肌，表面肉色呈鲜红色的骨头。

3.25

猪颈骨 pork neck bone

由寰椎骨和枢椎骨组成的骨头。

3.26

猪月牙骨 pork scapular cartilage

猪脆骨边

与扇子骨相接，呈月牙形状的猪肩胛软骨。

3.27

猪前腿骨 pork fore leg bones
猪前筒子骨
由臂骨、尺骨和桡骨组成的骨头。

3.28

猪后腿骨 pork hind leg bones
猪后筒子骨
由股骨、肱骨、胫骨组成的骨头。

3.29

猪扇子骨 pork scapular bone
猪板骨
形似扇形的猪肩胛骨。

3.30

猪三叉骨 pork pelvic bone
猪的髋骨。

3.31

猪尾骨 pork tail bone
由荐椎骨至尾椎骨组成的骨头。

3.32

猪寸骨 pork fibula; splinter bone
带肉，整形至圆锥状或琵琶状的猪后腿腓骨部分。

4 技术要求

4.1 品种

分部位分割猪肉包括 GB/T 9959.2 规定的颈背肌肉、前腿肌肉、大排肌肉、后腿肌肉以及猪筋腱肉、猪腱子肉、猪小里脊肉、猪横膈肌等猪瘦肉类去骨分割肉，猪去骨方肉、猪五花、猪腹肋肉、猪腮肉、猪去骨前腿肉、猪去骨后腿肉、猪碎肉、猪脊膘等非瘦肉类去骨分割肉，以及猪带骨方肉、猪前腿、猪后腿、猪肘、猪大排、猪肋排、猪前排、猪无颈前排、猪小排、猪通排、猪脊骨、猪颈骨、猪月牙骨、猪前腿骨、猪后腿骨、猪扇子骨、猪三叉骨、猪尾骨、猪寸骨等带骨分割肉。

4.2 原料

原料肉应符合 GB/T 9959.1 的要求，不得使用种公猪、种母猪及晚阉猪肉作为分部位分割猪肉原料。

4.3 加工

分部位分割猪肉的加工应符合 GB/T 9959.2、GB 12694 的要求。

4.4 生产加工过程卫生要求

产品在加工各环节中的卫生应符合 GB 12694、GB/T 20575 的要求。

4.5 感官指标、食品安全指标

感官指标和污染物限量、农药残留限量、兽药残留限量及水分限量等食品安全指标应符合 GB 2707、GB 18394 等的要求。

4.6 净含量

净含量以产品标签或外包装标注为准，允许短缺量应符合《定量包装商品计量监督管理办法》的规定。

5 检验方法

5.1 温度测定

5.1.1 仪器

温度计：使用探针式温度计或其他非水银测温仪器。

5.1.2 测定

鲜品使用温度计的探针直接插入产品中心，带骨类鲜品用直径略大于（不得超过 0.1 cm）温度计探针直径的钻头，钻至相应产品中心，拔出钻头，迅速将温度计插入孔中，约 3 min 后，平视温度计所示度数；冻品用直径略大于（不得超过 0.1 cm）温度计探针直径的钻头，钻至相应产品中心，拔出钻头，迅速将温度计插入孔中，约 3 min 后，平视温度计所示度数。

5.2 感官指标、 食品安全指标测定

按照 GB 2707、GB 2762、GB 2763、GB 18394 等规定的方法测定。

5.3 净含量

按 JJF 1070 的规定进行检验。

6 检验规则

6.1 组批

同日生产、同一品种的产品为一批。

6.2 抽样

6.2.1 样本数量：从同一批产品中随机按表 1 抽取样本，并将 1/3 样品进行封存，保留备查。

表 1 抽样量及判定规则

批量范围/件	样本数量/件	合格判定数（Ac）	不合格判定数（Re）
<1 200	5	0	1
1 200～35 000	8	1	2
>35 000	13	2	3

6.2.2 检验样品数量：从样本中随机抽取 2 kg 作为检验样品。

6.3 检验

6.3.1 出厂检验

6.3.1.1 每批出厂产品应经检验，合格后方可出厂。

6.3.1.2 检验项目为标识、包装、感官、净含量（定量包装商品）。

6.3.1.3 判定规则按表 1 执行。

6.3.2 型式检验

6.3.2.1 每年至少进行一次。有下列情况之一者，应进行型式检验：

    a) 更换设备或长期停产再恢复生产时；

    b) 出厂检验结果与上次型式检验有较大差异时；

    c) 国家有关主管部门提出进行型式检验要求时。

6.3.2.2 型式检验按国家有关主管部门确定的项目进行。

6.4 判定

检验项目结果全部符合本部分，判为合格品。若有一项或一项以上指标不符合本部分要求时，可以在同批产品中加倍抽样进行复验。复验结果合格，则判为合格品，如复验结果中仍有一项或一项以上指标不符合本部分，则判该批次为不合格品。

7 标识、 包装、 贮存和运输

7.1 标识

7.1.1 预包装产品标签应符合 GB 7718 的要求。

7.1.2 运输包装的标志应符合 GB/T 191、GB/T 6388 的要求。

7.2 包装

瓦楞纸箱应符合 GB/T 6543 的要求，塑料包装材料应符合 GB/T 4456、GB/T 5737、GB 9683、GB/T 10457、GB 4806.7 等相关法规、标准的要求。

7.3 贮存

7.3.1 冷却产品应储存在相对湿度 85%～90%、温度 0 ℃～4 ℃的冷却肉储存库（间）。

7.3.2 冷冻产品应贮存在相对湿度 90%～95%、温度 -18 ℃以下的冷藏库。冷藏库温度一昼夜升降幅度不得超过 1 ℃。

7.3.3　储存库应保持清洁、整齐、通风，应防霉、除霉，定期除霜，符合国家有关食品安全要求，库内有防霉、防鼠、防虫、防火、防尘设施设备，定期消毒。

7.3.4　储存库内不应存放有碍食品安全的物品；同一库内不得存放可能造成交叉污染或者串味的产品。

7.4　运输

产品运输应符合 GB 20799 的要求。

中华人民共和国国家标准

GB/T 9959.4—2019

鲜、冻猪肉及猪副产品 第 4 部分：猪副产品

Fresh and frozen pork and pig by-products—Part 4：Pig by-products

2019-03-25 发布/2019-10-01 实施

国家市场监督管理总局
中国国家标准化管理委员会　发布

前　言

GB/T 9959《鲜、冻猪肉及猪副产品》分为 4 个部分：

——第 1 部分：片猪肉；

——第 2 部分：分割鲜、冻猪瘦肉；

——第 3 部分：分部位分割猪肉；

——第 4 部分：猪副产品。

本部分按照 GB/T 1.1—2009 给出的规则起草。

本部分为 GB/T 9959 的第 4 部分。

本部分由中华人民共和国农业农村部提出。

本部分由全国屠宰加工标准化技术委员会（SAC/TC 516）归口。

本部分起草单位：中国动物疫病预防控制中心（农业农村部屠宰技术中心）、江苏雨润肉类产业集团有限公司、山东新希望六和集团有限公司。

本部分主要起草人：闫成军、周辉、黄强力、刘龙海、亚本勤、陶龙斐、高胜普、尤华、李文祥。

鲜、冻猪肉及猪副产品
第 4 部分：猪副产品

1 范围

GB/T 9959 的本部分规定了猪副产品的术语和定义、技术要求、试验方法、检验规则及标识、包装、贮存和运输。

本部分适用于生猪经检验检疫、屠宰加工而得到的猪副产品。

2 规范性引用文件

下列文件对于本文件的应用是必不可少的。凡是注日期的引用文件，仅注日期的版本适用于本文件。凡是不注日期的引用文件，其最新版本（包括所有的修改单）适用于本文件。

GB/T 191 包装储运图示标志

GB 2707 食品安全国家标准 鲜（冻）畜、禽产品

GB 2760 食品安全国家标准 食品添加剂使用标准

GB 2762 食品安全国家标准 食品中污染物限量

GB 2763 食品安全国家标准 食品中农药最大残留限量

GB/T 4456 包装用聚乙烯吹塑薄膜

GB 4806.7 食品安全国家标准 食品接触用塑料材料及制品

GB/T 5737 食品塑料周转箱

GB/T 6388 运输包装收发货标志

GB/T 6543 运输包装用单瓦楞纸箱和双瓦楞纸箱

GB 7718 食品安全国家标准 预包装食品标签通则

GB 9683 复合食品包装袋卫生标准

GB/T 10457 食品用塑料自粘保鲜膜

GB 12694 食品安全国家标准 畜禽屠宰加工卫生规范

GB/T 17236 生猪屠宰操作规程

GB/T 17237 畜类屠宰加工通用技术条件

GB/T 17996 生猪屠宰产品品质检验规程

GB/T 19480 肉与肉制品术语

GB/T 20575 鲜、冻肉生产良好操作规范

GB 20799 食品安全国家标准 肉和肉制品经营卫生规范

JJF 1070 定量包装商品净含量计量检验规则

生猪屠宰检疫规程（农医发〔2010〕27 号 附件 1）

定量包装商品计量监督管理办法（国家质量监督检验检疫总局令第 75 号）

食品动物禁用的兽药及其他化合物清单（中华人民共和国农业部第 193 公告）

3 术语和定义

GB/T 19480 界定的以及下列术语和定义适用于本文件。

3.1

可食用猪副产品 edible pig by-products

生猪屠宰加工后所得内脏、脂、血液、骨、皮、头、蹄、尾等可食用的产品。

3.2

非食用猪副产品 inedible pig by-products

生猪屠宰加工后，所得毛皮、毛、蹄壳、三腺等不可食用的产品。

3.3

猪三角头 pig tri-angle head

猪瘦头

从颈部寰骨处下刀、左右各划割至露出关节（颈寰关节）和咬肌，露出左右咬肌 3 cm～4 cm，然后将颈肉在离下巴痣 6 cm～7 cm 处割开，不露脑顶骨，呈三角形状的完整猪头。

3.4

猪平头 pig swine head

从齐耳根进刀，直线划至下颌骨，将颈肉在离下巴痣 6 cm～7 cm 处割开，不露脑顶骨的完整猪头。

3.5

猪天堂 pig palate

猪天梯

猪牙卡

生猪屠宰加工后获得的上腭。

3.6

猪舌根肉 glossopharynx

生猪屠宰加工后获得的舌咽肌。

3.7

猪腰 pig kidney

生猪屠宰加工后获得的肾。

3.8

猪肚 pig stomach

生猪屠宰加工后获得的胃。

3.9

猪小肚 pig bladder

生猪屠宰加工后获得的膀胱。

3.10

猪小肚系 pig urethra

猪尿管

猪膀胱系

生猪屠宰加工后获得的尿道管。

3.11

猪沙肝 pig spleen

生猪屠宰加工后获得的脾脏。

3.12

猪大肠 large intestine

生猪屠宰加工后获得的直肠、盲肠和结肠。

3.13

猪小肠 small intestine

生猪屠宰加工后获得的十二指肠、空肠、回肠，包括肠黏膜。

3.14

猪小肠头 pig duodenum

生猪屠宰加工后获得的十二指肠。

3.15

猪花肠 pig uterus

猪生肠

生猪屠宰加工后获得的子宫。

3. 16

猪花油　pig intestinal fat

生猪屠宰加工后获得的肠外侧呈鸡冠状的油脂。

3. 17

猪网油　pig mesenteric fat

生猪屠宰加工后获得的胃外侧呈网状的油脂。

4　技术要求

4.1　品种

可食用猪副产品包括猪三角头、猪平头、猪蹄、猪尾、猪耳、猪舌、猪天堂、猪舌根肉、猪脑、猪眼、猪气管、猪食管、猪心血管、猪心、猪肝、猪肺、猪腰、猪肚、猪小肚、猪小肚系、猪沙肝、猪胰脏、猪大肠、猪大肠头、猪小肠、猪小肠头、猪花肠、猪板油、猪花油、猪网油等。

非食用猪副产品包括毛皮、毛、蹄壳、胆囊、胆汁、甲状腺、肾上腺、病变淋巴结等。

4.2　原料

4.2.1　生猪应健康良好，并附有产地动物卫生监督机构出具的《动物检疫合格证明》。

4.2.2　生猪养殖环境、养殖过程中疫病防治、饲料、饮水、兽药的应用应执行国家相关规定，不应使用《食品动物禁用的兽药及其他化合物清单》中所列禁用兽药及其化合物。

4.3　加工

4.3.1　生产加工条件

生猪屠宰加工过程各环节应符合 GB 12694、GB/T 17237、GB/T 20575 的要求。

4.3.2　待宰

生猪待宰应符合 GB/T 20575、GB/T 17236 的要求。

4.3.3　屠宰加工

应按照 GB/T 17236 的要求进行，且从生猪放血至副产品加工成成品，进入冷却间或冻结间的时间应控制在 2 h 内。

4.3.4　产品修整

产品修整时，刀法宜平直整齐，应修除伤斑、出血点、病变组织、血污、病变淋巴结、脓疱、浮毛、污物、杂质及不应带有的其他组织。发现的不合格产品应按相关规定进行处理。

4.4　检验检疫

生猪屠宰加工的检验检疫应由检验检疫人员按照 GB/T 17996、《生猪屠宰检疫规程》的规定进行宰前、宰后检验检疫和处理。

4.5　食品添加剂

可食用猪副产品加工过程中食品添加剂使用应符合 GB 2760 的要求。

4.6　感官指标、食品安全指标

感官指标及污染物限量、农药残留限量、兽药残留限量等食品安全指标应符合 GB 2707 等的要求。

4.7　净含量

净含量以产品标签或外包装标注为准，允许短缺量应符合《定量包装商品计量监督管理办法》的规定。

4.8　产品规格

产品规格参见附录 A。

5　试验方法

5.1　温度测定

5.1.1　仪器

温度计：使用探针式温度计或其他非水银测温仪器。

5.1.2　测定

鲜品使用温度计的探针直接插入产品中心，约 3 min 后，平视温度计所示度数；冻品用直径略大于（不得超过 0.1 cm）温度计探针直径的钻头，钻至相应产品中心，拔出钻头，迅速将温度计插入孔中，约 3 min 后，平视温度计所示度数。

5.2 感官指标、食品安全指标测定

感官指标和食品安全指标按 GB 2707、GB 2762、GB 2763 等规定的方法进行测定。

5.3 净含量测定

按 JJF 1070 的规定进行测定。

6 检验规则

6.1 组批、抽样

6.1.1 同日生产、同一品种的产品为一批。

6.1.2 样本数量：从同批产品中随机按表 1 抽取样本，并将 1/3 样品进行封存，保留备查。

表 1 抽样量及判定规则

批量范围/件	样本数量/件	合格判定数（Ac）	不合格判定数（Re）
<1 200	5	0	1
1 200~35 000	8	1	2
>35 000	13	2	3

6.1.3 检验样品数量：从样本中随机抽取 2 kg 作为检验样品。

6.2 检验

6.2.1 出厂检验

6.2.1.1 每批出厂产品应经检验，合格后方可出厂。

6.2.1.2 检验项目为标识、包装、感官、净含量（定量包装商品）。

6.2.1.3 判定规则按表 1 执行。

6.2.2 型式检验

6.2.2.1 每年至少进行一次。有下列情况之一者，应进行型式检验：

    a) 更换设备或长期停产再恢复生产时；

    b) 出厂检验结果与上次型式检验有较大差异时；

    c) 国家有关主管部门提出进行型式检验要求时。

6.2.2.2 型式检验按国家有关主管部门确定的项目进行。

6.3 判定

检验项目结果全部符合本部分，判为合格品。若有一项或一项以上指标不符合本部分要求时，可以在同批产品中加倍抽样进行复验。复验结果合格，则判为合格品，如复验结果中仍有一项或一项以上指标不符合本部分，则判该批次为不合格品。

7 标识、包装、贮存和运输

7.1 标识

7.1.1 预包装产品标签应符合 GB 7718 的要求。

7.1.2 运输包装的标志应符合 GB/T 191、GB/T 6388 的规定。

7.2 包装

瓦楞纸箱应符合 GB/T 6543 的规定，塑料包装材料应符合 GB/T 4456、GB/T 5737、GB 9683、GB/T 10457、GB 4806.7 等相关标准、法规的要求。

7.3 贮存

7.3.1 冷却产品储存在相对湿度 85%～90%、温度 0 ℃～4 ℃的冷却肉储存库（间）。

7.3.2 冷冻产品贮存在相对湿度 90%～95%、温度－18 ℃以下的冷藏库。冷藏库温度一昼夜升降幅度不得超过 1 ℃。

7.3.3 储存库应保持清洁、整齐、通风，应防霉、除霉，定期除霜，符合国家有关食品安全要求，库内有防霉、防鼠、防虫、防火、防尘设施设备，定期消毒。

7.3.4 储存库内不应存放有碍食品安全的物品；同一库内不得存放可能造成交叉污染或者串味的产品。

7.4 运输

产品运输应符合 GB 20799 的要求。

附录 A
（资料性附录）
部分可食用猪副产品规格

部分可食用猪副产品规格要求参见表 A.1。

表 A.1　部分可食用猪副产品规格要求

项　目	规格/kg		
	大（L）	中（M）	小（S）
猪蹄	≥0.481	0.361～0.480	≤0.360
猪尾	≥0.091	0.051～0.090	≤0.050
猪心	≥0.401	0.251～0.400	≤0.250
猪腰	≥0.151	0.081～0.150	≤0.080
猪舌	≥0.251	0.181～0.250	≤0.180
猪肚	≥0.501	0.401～0.500	≤0.400

中华人民共和国国家标准

GB/T 37061—2018

畜禽肉质量分级导则

Guide for quality grading of livestock and poultry meat

2018-12-28 发布/2019-07-01 实施

中华人民共和国国家质量监督检验检疫总局
中国国家标准化管理委员会　　发布

前　言

本标准按照 GB/T 1.1—2009 给出的规则起草。

本标准由中华人民共和国农业农村部提出。

本标准由全国屠宰加工标准化技术委员会（SAC/TC 516）归口。

本标准起草单位：商务部流通产业促进中心、江苏雨润肉类产业集团有限公司、中国标准化研究院。

本标准主要起草人：赵箭、徐宝才、石忠志、姜惠、龚海岩、王敏、李欢、席兴军。

畜禽肉质量分级导则

1　范围

本标准规定了畜禽肉质量分级的分级原则、分级评定方法、分级评定规则、等级标识及人员要求。

本标准适用于畜禽肉生产与流通过程中质量分级标准的制定。

2　规范性引用文件

下列文件对于本文件的应用是必不可少的。凡是注日期的引用文件，仅注日期的版本适用于本文件。凡是不注日期的引用文件，其最新版本（包括所有的修改单）适用于本文件。

GB 2707　食品安全国家标准　鲜（冻）畜、禽产品

GB/T 10221　感官分析 术语

GB 16869　鲜、冻禽产品

GB/T 19480　肉与肉制品术语

NY/T 2113　农产品等级规格标准编写通则

SB/T 10659　畜禽产品包装与标识

3　术语和定义

GB 2707、GB/T 19480、GB/T 10221 界定的及下列术语和定义适用于本文件。

3.1

质量　quality

屠宰加工后畜禽肉的感官特性和/或内在品质和/或规格特性满足要求的程度。

3.2

等级　grade

通过外在感官特性和/或内在品质和/或规格特性的判定和/或测定，对畜禽肉品质优劣的划分。

3.3

规格　specification

畜禽肉形状、大小、质量等特性的描述。

3.4

级差　grade difference

相邻等级畜禽肉间的评价指标值之差。

4　分级原则

4.1　基本原则

4.1.1　待分级的畜禽肉应符合食品安全 GB 2707、GB 16869 的要求。

4.1.2　应根据行业发展需求、畜禽肉贸易流通需求及消费者的需求进行质量分级。

4.1.3　如果不同类别畜禽肉的品质差别较大，应将同一类别的畜禽肉进行质量分级。

4.2　分级指标的确定原则

4.2.1　应选取畜禽肉感官品质和/或内在品质和/或规格作为分级指标。

4.2.2　分级指标的确定应充分考虑畜禽肉的具体特性，选取能真实反映其质量特性的关键指标。

4.2.3　分级指标的确定应结合消费者的需求、畜禽肉贸易流通需求和行业发展需求根据 4.1 的要求，优先选取促进贸易流通的指标。

4.2.4　分级指标应能够被统一、准确地定性和/或定量及解释。

4.2.5　分级指标的指标值应能依据相应的可用于标准规定的评定方法进行快速评定。

4.3 等级数量及指标值的确定原则

4.3.1 等级数量的确定应符合 NY/T 2113 中的要求，应对消费者的需求、畜禽肉贸易流通需求和行业发展需求进行详细调查和综合分析后确定，保证各等级都能覆盖适当数量的畜禽肉产品，满足不同的市场需求。等级数量宜为 3 个～5 个等级，最低等级的产品数量宜不超过总数的 20％。

4.3.2 等级指标值的确定应广泛抽取具有代表性的畜禽肉样品进行指标测定，对指标参数进行统计分析后确定等级指标值、规格和级差，各等级易于区别。难以量化的分级指标值和规格，应明确相应的等级评定标准。

4.3.3 等级数量和等级指标值应经过生产和市场流通的验证后确定。

5 分级评定方法

畜禽肉等级的评定应采用相应的国家标准或行业标准中规定的方法，若无相应的国家标准或行业标准方法，应进行明确和规定。

6 级别判定规则

对各项分级指标做出判定后，以各项分级指标判定后所得最低等级为该畜禽肉的等级。

7 等级标识

畜禽肉的等级标识应直观易懂，应使用不使人误解或混淆的标识，并应符合 SB/T 10659、NY/T 2113 中的有关要求。

8 人员要求

畜禽肉分级人员应具备畜禽肉质量相关专业知识和操作技能，应经过健康检查，符合国家有关法律法规要求。

中华人民共和国国家标准

GB/T 9960—2008
代替 GB/T 9960—1988

鲜、冻四分体牛肉

Fresh and frozen beef，quarters

2008-06-27 发布/2008-10-01 实施

中华人民共和国国家质量监督检验检疫总局
发布
中 国 国 家 标 准 化 管 理 委 员 会

前　言

本标准代替 GB/T 9960—1988《鲜、冻四分体带骨牛肉》。

本标准与 GB/T 9960—1988 相比主要变化如下：

——对产品术语进行了补充及修改；

——对产品的屠宰加工进行了更细致的要求；

——感官要求中增加了可见异物的要求；

——增加了水分限量指标及检验方法；

——细化了产品理化指标及检验方法；

——增加了农药兽药残留及检验方法；

——增加了微生物指标及检验方法；

——增加了质量分级及评定方法；

——增加了净含量要求及检验方法。

本标准由中华人民共和国商务部提出并归口。

本标准起草单位：商务部屠宰技术鉴定中心、吉林省长春皓月清真肉业股份有限公司、南京农业大学。

本标准主要起草人：胡铁军、何彬、魏玉玲、厉光宏、李春保、张新玲、胡新颖。

本标准所代替标准的历次版本发布情况为：

——GB/T 9960—1988。

鲜、冻四分体牛肉

1　范围

本标准规定了鲜、冻四分体牛肉的相关术语和定义、技术要求、检验方法和检验规则、标志、贮存和运输。

本标准适用于健康活牛经屠宰加工、冷加工后，用于供应市场销售、肉制品及罐头原料的鲜、冻四分体牛肉。

2　规范性引用文件

下列文件中的条款通过本标准的引用而成为本标准的条款。凡是注日期的引用文件，其随后所有的修改单（不包括勘误的内容）或修订版均不适用于本标准，然而，鼓励根据本标准达成协议的各方研究是否可使用这些文件的最新版本。凡是不注日期的引用文件，其最新版本适用于本标准。

GB 2707　鲜（冻）畜肉卫生标准

GB 2763　食品中农药最大残留限量

GB/T 4789.2　食品卫生微生物学检验　菌落总数测定

GB/T 4789.3　食品卫生微生物学检验　大肠菌群测定

GB/T 4789.4　食品卫生微生物学检验　沙门氏菌检验

GB/T 4789.6　食品卫生微生物学检验　致泻大肠埃希氏菌检验

GB/T 5009.11　食品中总砷及无机砷的测定

GB/T 5009.12　食品中铅的测定

GB/T 5009.15　食品中镉的测定

GB/T 5009.17　食品中总汞及有机汞的测定

GB/T 5009.44　肉与肉制品卫生标准的分析方法

GB 12694　肉类加工厂卫生规范

GB 18393　牛羊屠宰产品品质检验规程

GB 18394　畜禽肉水分限量

GB 18406.3　农产品安全质量　无公害畜禽肉安全要求

GB/T 19477　牛屠宰操作规程

NY/T 676　牛肉质量分级

JJF 1070　定量包装商品净含量计量检验规则

定量包装商品计量监督管理办法（国家质量监督检验检疫总局〔2005〕第 75 号令）

动物性食品中兽药最高残留限量（中华人民共和国农业部公告〔2002〕第 235 号）

3　术语和定义

下列术语和定义适用于本标准。

3.1

成熟　aging or conditioning

牛屠宰后，胴体在 0 ℃～4 ℃环境下吊挂存放，肉的 pH 回升，嫩度和风味改善的过程。

3.2

冷却　chilling

在 0 ℃～4 ℃的环境下，36 h 内将肉块中心温度冷却至 7 ℃以下的工艺过程。

3.3

冻结　freezing

肉块冷却后，在 −28 ℃以下 48 h 内使中心温度降至 −18 ℃以下的工艺过程。

3.4

二分体牛肉　beef side

将屠宰加工后的整只牛胴体沿脊椎中线纵向锯（劈）成二分体的牛肉。

3.5

四分体牛肉　beef quarters

将屠宰加工后的整只牛胴体先沿脊椎中线纵向锯（劈）成二分体，再将两分体横向截成四分体的牛肉。

4 技术要求

4.1 加工过程卫生要求

肉类加工过程卫生应符合 GB 12694 的规定。

4.2 原料

原料及屠宰加工工艺流程应符合 GB/T 19477 的规定。

4.3 质量分级

鲜、冻四分体牛肉的质量等级参照 NY/T 676 的规定进行分级。

4.4 冷加工

4.4.1 冷却：活牛胴体经完成屠宰过程以后，在 45 min 以内将牛胴体移入冷却间内进行冷却，库内温度在 0 ℃～4 ℃，相对湿度在 80%～95%。冷却时间在 24 h～36 h，胴体后腿部、肩胛部深层中心温度不高于 7 ℃。

4.4.2 冻结：在温度在 −28 ℃ 以下，速冻库内速冻 36 h，使肉块中心温度达到 −18 ℃ 以下。

4.5 感官

鲜、冻四分体牛肉感官要求应符合表 1 的规定。

表 1　鲜、冻四分体牛肉的感官要求

项　目	鲜牛肉	冻牛肉（解冻后）
色泽	肌肉有光泽，色鲜红或深红；脂肪呈乳白或淡黄色	肌肉色鲜红，有光泽；脂肪呈乳白色或微黄色
黏度	外表微干或有风干膜，不粘手	肌肉外表微干，或有风干膜，或外表湿润，不粘手
弹性（组织状态）	指压后的凹陷立即恢复	肌肉结构紧密，有坚实感，肌纤维韧性强
气味	具有鲜牛肉正常的气味	具有牛肉正常的气味
煮沸后肉汤	透明澄清，脂肪团聚于表面，具特有香味	澄清透明，脂肪团聚于表面，具有牛肉汤固有的香味和鲜味
肉眼可见异物	不得带伤斑、血点、血污、碎骨、病变组织、淋巴结、脓包、浮毛或其他杂质	

4.6 理化指标

鲜、冻四分体牛肉理化指标应符合 GB 2707 的规定。

4.7 水分限量

鲜、冻四分体牛肉水分限量应符合 GB 18394 的规定。

4.8 农药兽药残留限量

4.8.1 鲜、冻四分体牛肉农药残留应符合 GB 2763 的规定。

4.8.2 鲜、冻四分体牛肉兽药残留应符合《动物性食品中兽药最高残留限量》的规定。

4.9 微生物指标

鲜、冻分割牛肉微生物指标应符合 GB 18406.3 的规定。

4.10 净含量

净含量以产品标签或外包装标注为准，负偏差应符合《定量包装商品计量监督管理办法》的规定。

5 检验方法

5.1 感官检验

5.1.1 色泽、黏度、弹性（组织状态）、肉眼可见异物

目测、手触鉴别。

5.1.2 气味

嗅觉检验。

5.1.3 煮沸后的肉汤

按 GB/T 5009.44 中规定的方法检验。

5.2 理化检验

5.2.1 挥发性盐基氮

按 GB/T 5009.44 规定的方法测定。

5.2.2 铅

按 GB/T 5009.12 规定的方法测定。

5.2.3 砷

按 GB/T 5009.11 规定的方法测定。

5.2.4 镉

按 GB/T 5009.15 规定的方法测定。

5.2.5 汞

按 GB/T 5009.17 规定的方法测定。

5.3 水分含量检验

按 GB 18394 规定的方法测定。

5.4 农药兽药残留检验

5.4.1 农药残留：按 GB 2763 规定的方法测定。

5.4.2 兽药残留：按相应国家标准规定的方法测定。

5.5 微生物检验

5.5.1 菌落总数

按 GB/T 4789.2 检验。

5.5.2 大肠菌群

按 GB/T 4789.3 检验。

5.5.3 沙门氏菌

按 GB/T4789.4 检验。

5.5.4 致泻大肠埃希氏菌

按 GB/T 4789.6 检验。

5.6 质量等级评定

鲜、冻四分体牛肉的质量分级应符合 NY/T 676 的规定。

5.7 净含量

按 JJF 1070 规定的方法检验。

5.8 温度测定

5.8.1 仪器

温度计：使用非水银温度计或其他测温仪器。

5.8.2 测定

将温度计直接插入肌肉深层中心，或用直径略大于（不得超过 0.1 cm）温度计直径的钻头，在后腿部、肩胛部位钻至肌肉深层中心，拔出钻头，迅速将温度计插入肌肉孔中，约 3 min 后，记录温度计所示度数。

6 检验规则

6.1 出厂检验

6.1.1 产品出厂前由工厂技术检验部门按本标准逐批检验，并出具质量合格证书方可出厂。

6.1.2 检验项目为感官、挥发性盐基氮、菌落总数、大肠菌群、水分、净含量。

6.2 型式检验

一般情况下，型式检验每半年进行一次。有下列情况之一者也需进行型式检验：

a) 产品投产时；

b) 停产三个月以上恢复生产时；

c) 出厂检验结果与上次型式检验有较大差异时；

d) 国家质量监督部门提出要求时。型式检验项目为 4.1、4.2、4.3、4.4、4.5、4.7 规定的所有项目。

6.3 组批

同日生产、同一品种、同一规格的产品为一批。

6.4 抽样

按表 2 抽取样本。

表 2 抽样量及判定规则

批量范围/头	样本数量/头	合格判定数（Ac）	不合格判定数（Re）
<1 200	5	0	1
1 200～35 000	8	1	2
>35 000	13	2	3

从全部抽样数量中抽取 2 kg 试样，用于感官、水分、挥发性盐基氮和菌落总数、大肠菌群检验。

6.5 判定

6.5.1 检验项目结果全部符合本标准，判为合格品。若有一项或一项以上指标（微生物指标除外）不符合本标准要求时，可以在同批产品中加倍抽样进行复验。复验结果合格，则判为合格品，如复验结果中仍有一项或一项以上指标不符合本标准，则判该批次为不合格品。

6.5.2 若微生物指标不符合本标准，则判该批次为不合格品，不得复验。

7 标志、贮存、运输

7.1 标志

7.1.1 产品应按照 GB 18393 加盖兽医验讫和等级印戳，字迹应清晰整齐。

7.1.2 用伊斯兰教方法屠宰加工的牛肉，在兽医验讫印戳中应有伊斯兰教方法屠宰加工标记。

7.1.3 产品可追溯信息标记应清晰。

7.2 贮存

7.2.1 冷却牛肉应贮存在 0 ℃～4 ℃的条件下。

7.2.2 冻分割牛肉应贮存在低于 −18 ℃的冷藏库内，储存不超过 12 个月。

7.3 运输

7.3.1 公路、水路运输应使用符合卫生要求的冷藏车（船）或保温车。市内运输也可使用密封防尘车辆。

7.3.2 铁路运输应按国家有关铁路运输规定执行。

中华人民共和国国家标准

GB/T 9961—2008
代替 GB 9961—2001

鲜、冻胴体羊肉

Fresh and frozen mutton carcass

2008-08-12 发布/2008-12-01 实施

中华人民共和国国家质量监督检验检疫总局
中国国家标准化管理委员会　　发布

前　言

本标准是对 GB 9961—2001《鲜、冻胴体羊肉》的修订，与 GB 9961—2001 相比主要变化如下：

——产品品种明确了带皮胴体羊肉、去皮胴体羊肉；增加了大羊肉、羔羊肉、肥羔肉；

——对产品等级划分提出了更细致的要求；

——感官要求中增加了冷却羊肉的要求；

——细化了产品理化指标及检验方法；

——增加了微生物指标及检验方法。

本标准自实施之日起，同时代替 GB 9961—2001。

本标准的附录 A 为资料性附录。

本标准由中华人民共和国商务部提出并归口。

本标准起草单位：商务部屠宰技术鉴定中心、江苏雨润食品产业集团有限公司。

本标准主要起草人：闵成军、胡新颖、张新玲。

本标准所代替标准的历次版本发布情况为：

——GB/T 9961—1988、GB 9961—2001。

鲜、冻胴体羊肉

1 范围

本标准规定了鲜、冻胴体羊肉的相关术语和定义、技术要求、检验方法、检验规则、标识和标签、贮存及运输。

本标准适用于健康活羊经屠宰加工、检验检疫的鲜、冻胴体羊肉。

2 规范性引用文件

下列文件中的条款通过本标准的引用而成为本标准的条款。凡是注日期的引用文件，其随后所有的修改单（不包括勘误的内容）或修订版均不适用于本标准，然而，鼓励根据本标准达成协议的各方研究是否可使用这些文件的最新版本。凡是不注日期的引用文件，其最新版本适用于本标准。

GB/T 191 包装储存图示标志

GB/T 4789.2 食品卫生微生物学检验 菌落总数测定

GB/T 4789.3 食品卫生微生物学检验 大肠菌群测定

GB/T 4789.4 食品卫生微生物学检验 沙门氏菌检验

GB/T 4789.5 食品卫生微生物学检验 志贺氏菌检验

GB/T 4789.6 食品卫生微生物学检验 致泻大肠埃希氏菌检验

GB/T 4789.10 食品卫生微生物学检验 金黄色葡萄球菌检验

GB/T 5009.11 食品中总砷及无机砷的测定

GB/T 5009.12 食品中铅的测定

GB/T 5009.15 食品中镉的测定

GB/T 5009.17 食品中总汞及有机汞的测定

GB/T 5009.19 食品中六六六、滴滴涕残留量的测定

GB/T 5009.20 食品中有机磷农药残留量的测定

GB/T 5009.33 食品中亚硝酸盐与硝酸盐的测定

GB/T 5009.44 肉与肉制品卫生标准的分析方法

GB/T 5009.108 畜禽肉中己烯雌酚的测定

GB/T 5009.123 食品中铬的测定

GB/T 5009.192 动物性食品中克伦特罗残留量的测定

GB 7718 预包装食品标签通则

GB 12694 肉类加工厂卫生规范

GB/T 17237 畜类屠宰加工通用技术条件

GB 16548 病害动物和病害动物产品生物安全处理规程

GB 18393 牛羊屠宰产品品质检验规程

GB 18394 畜禽肉水分限量

GB/T 20575 鲜、冻肉生产良好操作规范

GB/T 20755—2006 畜禽肉中九种青霉素类药物残留量的测定 液相色谱-串联质谱法

GB/T 20799 鲜、冻肉运输条件

JJF 1070 定量包装商品净含量计量检验规则

SN 0208 出口肉中十种磺胺残留量检验方法

SN 0341 出口肉及肉制品氯霉素残留量检验方法

SN 0343 出口禽肉中溴氰菊酯残留量检验方法

SN 0349 出口肉及肉制品中左旋咪唑残留量检验方法气相色谱法

定量包装商品计量监督管理办法 国家质量监督检验检疫总局〔2005〕第 75 号令

肉与肉制品卫生管理办法　卫生部令第 5 号

3　术语和定义

下列属于和定义适用于本标准。

3. 1

羔羊　lamb

生长期在 4 月龄～12 月龄之间，未长出永久钳齿的活羊。

3. 2

肥羔羊　fat lamb

生长期在 4 月龄～6 月龄之间，经快速育肥的活羊。

3. 3

大羊　mutton

生长期在 12 月龄以上并已换一对以上乳齿的活羊。

3. 4

胴体重量　carcass weight

宰后去毛（去皮）、头、蹄、尾、内脏及体腔内全部脂肪后，在温度 0 ℃～4 ℃、湿度 80％～90％的条件下放置 30 min 的羊个体重量。

3. 5

肥度　fatness

胴体外表脂肪分布与肌肉断面所呈现的脂肪沉积程度。

3. 6

膘厚　fat thickness

胴体 12 肋～13 肋间垂直眼肌横轴外二分之一处胴体脂肪厚度。

3. 7

肋肉厚　rib thickness

　胴体 12 肋～13 肋间，距背中线 11 cm 自然长度处胴体肉厚度。

3. 8

肌肉度　muscle development

胴体各部位呈现的肌肉丰满程度。

3. 9

生理成熟度　maturity

胴体骨骼、软骨、肌肉生理发育成熟程度。

3. 10

肉脂色泽　muscle and fat color

羊胴体的瘦肉外部与断面色泽状态以及羊胴体表层与内部沉积脂肪的色泽状态。

3. 11

肉脂硬度　muscle and fat firmness

羊胴体腿、背和侧腹部肌肉和脂肪的硬度。

3. 12

胴体羊肉　mutton carcass

活羊经屠宰放血后，去毛（去皮）、头、蹄、尾和内脏的躯体。

3. 13

鲜胴体羊肉　fresh mutton carcass

未经冷却加工的胴体羊肉。

3. 14

冷却胴体羊肉　chilled mutton carcass

经冷却加工，其后腿肌肉深层中心温度不高于 4 ℃的胴体羊肉。

3.15

冻胴体羊肉　frozen mutton carcass

经冻结加工，其后腿肌肉深层中心温度不高于－15 ℃，并在－18 ℃以下贮存的胴体羊肉。

4　技术要求

4.1　原料

活羊应来自非疫区，并持有产地动物防疫监督机构出具的检疫合格证明。活羊养殖环境，养殖过程中疫病防治、饲料、饮水、兽药与免疫品应执行国家相关规定，不应使用国家禁用兽药及其化合物。

4.2　加工

4.2.1　生产加工条件

应符合 GB 12694、GB/T 17237、GB/T 20575 的规定。

4.2.2　待宰

按 GB/T 20575 的规定进行。

4.2.3　屠宰加工

4.2.3.1　应放血完全，食用血应用安全卫生的方法采集。

4.2.3.2　应剥皮（或烫毛），去头、蹄、内脏（肾脏除外）、大血管、乳房和生殖器。

4.2.3.3　皮下脂肪或肌膜应保持完整。

4.2.3.4　应去三腺（甲状腺、肾上腺、病变淋巴结）。

4.2.3.5　应修割整齐，冲洗干净；应无病变组织、伤斑、残留小片毛皮、浮毛，无粪污、泥污、胆污，无凝血块。

4.2.4　冷却、冷冻加工

4.2.4.1　冷却胴体羊肉，冷却间温度为 0 ℃～4 ℃，经 10 h 冷却后，后腿深层中心温度不高于 7 ℃。

4.2.4.2　冻胴体羊肉，冻结间温度不得高于－28 ℃，冻结 24 h 后腿深层中心温度不高于－15 ℃。

4.2.5　特殊屠宰

屠宰供应少数民族食用的畜类产品的屠宰厂（场）。在保证其卫生质量的前提下，要尊重民族风俗习惯；使用祭牲法宰杀放血时，应设置使活畜仰卧固定装置。

4.3　感官

鲜、冻胴体羊肉的感官要求见表 1。

表 1　鲜、冻胴体羊肉的感官要求

项　　目	鲜羊肉	冷却羊肉	冻羊肉（解冻后）
色泽	肌肉色泽浅红、鲜红或深红，有光泽；脂肪呈乳白色、淡黄色或黄色	肌肉红色均匀，有光泽；脂肪呈乳白色、淡黄色或黄色	肌肉有光泽，色泽鲜艳；脂肪呈乳白色、淡黄色或黄色
组织状态	肌纤维致密，有韧性，富有弹性	肌纤维致密、坚实，有弹性，指压后凹陷立即恢复	肉质紧密，有坚实感，肌纤维有韧性
粘度	外表微干或有风干膜，切面湿润，不粘手	外表微干或有风干膜，切面湿润，不粘手	表面微湿润，不粘手
气味	具有新鲜羊肉固有气味，无异味	具有新鲜羊肉固有气味，无异味	具有羊肉正常气味，无异味
煮沸后肉汤	透明澄清，脂肪团聚于液面，具特有香味	透明澄清，脂肪团聚于表面，具特有香味	透明澄清，脂肪团聚于液面，无异味
肉眼可见杂质	不得检出	不得检出	不得检出

4.4　理化指标

鲜、冻胴体羊肉的理化指标要求见表 2。

表 2　鲜、冻胴体羊肉的理化指标要求

项　目	指　标
水分/%	≤78

（续）

项　目	指　标
挥发性盐基氮/（mg/100 g）	≤15
总汞（以 Hg 计）	不得检出
无机砷（mg/kg）	≤0.05
镉（Cd）/（mg/kg）	≤0.1
铅（Pb）/（mg/kg）	≤0.2
铬（以 Gr 计）/（mg/kg）	≤0.1
亚硝酸盐（以 NaO_2 计）/（mg/kg）	≤3
敌敌畏/（mg/kg）	≤0.05
六六六（再残留限量）/（mg/kg）	≤0.2
滴滴涕（再残留限量）/（mg/kg）	≤0.2
溴氰菊酯/（mg/kg）	≤0.03
青霉素/（mg/kg）	≤0.05
左旋咪唑/（mg/kg）	≤0.10
磺胺类（以磺胺类总量计）/（mg/kg）	≤0.10
氯霉素	不得检出
克伦特罗	不得检出
己烯雌酚	不得检出

4.5　微生物指标

鲜、冻胴体羊肉的微生物指标要求见表3。

表3　鲜、冻胴体羊肉的微生物指标要求

项　目		指　标
菌落总数/（CFU/g）		≤$5×10^5$
大肠菌群/（MPN/100 g）		≤$1×10^3$
致病菌	沙门氏菌	不得检出
	志贺氏菌	不得检出
	金黄色葡萄球菌	不得检出
	致泻大肠埃希氏菌	不得检出

4.6　净含量

净含量以产品标签或外包装标注为准，允许短缺量应符合《定量包装商品计量监督管理办法》的规定。

4.7　生产加工过程卫生要求

应符合 GB 126941、《肉与肉制品卫生管理办法》、GB/T 20575 的要求。

4.8　产品品种、规格

4.8.1　鲜、冻胴体羊肉的品种根据羊种类分为绵羊肉和山羊肉。

4.8.2　鲜、冻胴体羊肉的品种根据带皮与否分为带皮和去皮胴体羊肉。

4.8.3　鲜、冻胴体羊肉根据屠宰时的羊的年龄状况分为大羊肉、羔羊肉、肥羔肉。

4.8.4　鲜、冻胴体羊肉可根据感官质量状况进行分级，具体参见附录 A。

5　检验方法

5.1　感官检验

5.1.1　色泽：目测。

5.1.2　组织状态、粘度：手触、目测。

5.1.3　气味：嗅觉检验。

5.1.4　煮沸后肉汤：按 GB/T 5009.44 的规定进行检验。

5.1.5　肉眼可见杂质：目测。

5.2　水分：按 GB 18394 的规定进行测定。

5.3　挥发性盐基氮：按 GB/T 5009.44 的规定进行测定。

5.4　总汞：按 GB/T 5009.17 的规定进行测定。

5.5　无机砷：按 GB/T 5009.11 的规定进行测定。

5.6　镉：按 GB/T 5009.15 的规定进行测定。

5.7　铅：按 GB/T 5009.12 的规定进行测定。

5.8　铬：按 GB/T 5009.123 的规定进行测定。

5.9　亚硝酸盐：按 GB/T 5009.33 的规定进行测定。

5.10　敌敌畏：按 GB/T 5009.20 的规定进行测定。

5.11　六六六、滴滴涕：按 GB/T 5009.19 的规定进行测定。

5.12　溴氰菊酯：按 SN 0343 的规定进行测定。

5.13　青霉素：按 GB/T 20755 的规定进行测定。

5.14　左旋咪唑：按 SN 0349 的规定进行测定。

5.15　磺胺类：按 SN 0208 的规定进行测定。

5.16　氯霉素：按 SN 0341 的规定进行测定。

5.17　克伦特罗：按 GB/T 5009.192 的规定进行测定。

5.18　己烯雌酚：按 GB/T 5009.108 的规定进行测定。

5.19　菌落总数：按 GB/T 4789.2 规定的方法检验。

5.20　大肠菌群：按 GB/T 4789.3 的规定进行检验。

5.21　沙门氏菌：按 GB/T 4789.4 的规定进行检验。

5.22　志贺氏菌：按 GB/T 4789.5 的规定进行检验。

5.23　金黄色葡萄球菌：按 GB/T 4789.10 的规定进行检验。

5.24　致泻大肠埃希氏菌：按 GB/T 4789.6 的规定进行检验。

5.25　净含量：按 JJF 1070 的规定进行检验。

5.26　温度测定

使用 ±50 ℃ 非汞柱普通玻璃温度计或其他测温仪器，用直径略大于温度计直径的（不得超过 0.1 cm）钻头，在后腿部位钻至肌肉深层中心（4 cm～6 cm），拔出钻头，迅速将温度计插入肌肉孔中，约 3 min 后，平视温度计所示度数。

6　检验规则

6.1　产品出厂前，应由生产企业的检验部门按本标准规定进行检验。检验合格并出具合格证书后，方可出厂。

6.2　**组批**

同一班次、同一品种、同一规格的产品为一批。

6.3　**抽样**

按表 4 抽取样本。

表 4　抽样量及判定原则

批量范围/头	样本数量/头	合格判定数（Ac）	不合格判定数（Re）
<1 200	5	0	1
1 200～35 000	8	1	2
>35 000	13	2	3

从样品中抽取 2 kg 作为检验样品，其余样本原封不动进行封存，保留 3 个月备查。

6.4　**本产品检验分为出厂检验和型式检验**

6.4.1　出厂检验

6.4.1.1　每批出厂产品经检验合格，出具检验证书方可出厂。

6.4.1.2　检验项目为标签、感官、净含量（定量包装商品）和水分。

6.4.2　型式检验

6.4.2.1 一般情况下，型式检验每半年进行一次。有下列情况之一者也需进行型式检验：

    a) 产品投产时；

    b) 停产三个月以上恢复生产时；

    c) 出厂检验结果与上次型式检验有较大差异时；

    d) 国家质量监督部门提出要求时。

6.4.2.2 型式检验项目为本标准中 4.4、4.5、4.6、4.7 规定的项目。

6.5 判定

6.5.1 检验项目结果全部符合本标准，判为合格品。若有一项或一项以上指标（微生物指标除外）不符合本标准要求时，可以在同批产品中加倍抽样进行复验。复验结果合格，则判为合格品。如复验结果中仍有一项或一项以上指标不符合本标准，则判该批次为不合格品。

6.5.2 微生物指标不符合本标准，则判该批次为不合格品，不得复验。

7 标志和标签

7.1 鲜、冻胴体羊肉的标志和标签应符合 GB/T 191 和 GB 7718 及国家相关规定的标准。

7.2 在每只羊胴体的臀部加盖检验检疫验讫，字迹应清晰整齐。

7.3 兽医印戳为圆形，其直径为 5.5 cm，刻有企业名称。"兽医验讫"、"年、月、日"、"大羊"或"羔羊"或"肥羔"字样。

7.4 印色应用食品级色素配制。

8 贮存

8.1 冷却羊肉应吊挂在相对湿度 75%～84%，温度 0 ℃～4 ℃的冷却间，肉体之间的距离保持 3 cm～5 cm。

8.2 冷却羊肉应吊挂或码放在相对湿度 95%～100%，温度－18 ℃的冷藏间，冷藏间温度一昼夜升降幅度不得超过 1 ℃。

8.3 贮存间应保持清洁、整齐、通风、应防霉、除霉，定期除霜，符合国家有关卫生要求，库内有防霉、防鼠、防虫设施，定期消毒。

8.4 贮存间内不应存放有碍卫生的物品；同一库内不得存放可能造成相互污染或者串味的食品。

9 运输

    应按 GB/T 20799 执行。

附录 A
（资料性附录）
羊胴体等级及要求

A.1 羊胴体等级及要求

见表 A.1。

表 A.1 羊胴体等级及要求

项目	大羊肉				羔羊肉				肥羔肉			
	特级	优级	良好级	可用级	特级	优级	良好级	可用级	特级	优级	良好级	可用级
胴体重量/kg	>25	22～25	19～22	16～19	>18	15～18	12～15	9～12	>16	13～16	10～13	7～10
肥度	背膘厚度 0.8 cm～1.2 cm，腿肩背部脂肪丰富，肌肉不显露，大理石花纹丰富	背膘厚度 0.5 cm～0.8 cm，腿肩背部覆有脂肪，腿部肌肉略显露，大理石花纹明显	背膘厚度 0.3 cm～0.5 cm，腿肩背部覆有薄层脂肪，腿肩部肌肉略显露，大理石花纹略显	背膘厚度≤0.3 cm，腿肩背部脂肪覆盖少，肌肉显露，无大理石花纹	背膘厚度 0.5 cm 以上，腿肩背部有脂肪，腿部肌肉略显露，大理石花纹明显	背膘厚度 0.3 cm～0.5 cm，腿肩背部有薄层脂肪，腿肩部肌肉略显露，大理石花纹略显	背膘厚度≤0.3 cm，腿肩背部脂肪覆盖少，肌肉显露，无大理石花纹	背膘厚度≤0.3 cm，腿肩背部脂肪覆盖少，肌肉显露，无大理石花纹	眼肌大理石花纹略显	无大理石花纹	无大理石花纹	无大理石花纹
肋肉厚/mm	>14	9～14	4～9	<4	>14	9～14	4～9	<4	>14	9～14	4～9	<4
肉脂硬度	脂肪和肌肉硬实	脂肪和肌肉较硬实	脂肪和肌肉略软	脂肪和肌肉软	脂肪和肌肉硬实	脂肪和肌肉较硬实	脂肪和肌肉略软	脂肪和肌肉软	脂肪和肌肉硬实	脂肪和肌肉较硬实	脂肪和肌肉略软	脂肪和肌肉软
肌肉度	全身骨骼不显露，腿部丰满充实，肌肉隆起明显，背部宽平，肩部宽厚充实	全身骨骼不显露，腿部较丰满充实，略有肌肉隆起，背部和肩部比较宽厚	肩隆部及颈部脊椎骨尖稍突出，腿部欠丰满，无肌肉隆起，背部和肩部稍窄、稍薄	肩隆部及颈部脊椎骨尖稍突出。腿部窄瘦，有凹陷，背部和肩部窄、薄	全身骨骼不显露，腿部丰满充实，肌肉隆起明显，背部宽平，肩部宽厚充实	全身骨骼不显露，腿部较丰满充实，略有肌肉隆起，背部和肩部比较宽厚	肩隆部及颈部脊椎骨尖稍突出，腿部欠丰满，无肌肉隆起，背部和肩部稍窄、稍薄	肩隆部及颈部脊椎骨尖稍突出。腿部窄瘦，有凹陷，背部和肩部窄、薄	全身骨骼不显露，腿部丰满充实，肌肉隆起明显，背部宽平，肩部宽厚充实	全身骨骼不显露，腿部较丰满充实，略有肌肉隆起，背部和肩部比较宽厚	肩隆部及颈部脊椎骨尖稍突出，腿部欠丰满，无肌肉隆起，背部和肩部稍窄、稍薄	肩隆部及颈部脊椎骨尖稍突出。腿部窄瘦，有凹陷，背部和肩部窄、薄
生理成熟度	前小腿至少有一个控制关节，肋骨宽、平	前小腿至少有一个控制关节，肋骨宽、平	前小腿至少有一个控制关节，肋骨宽、平	前小腿至少有一个控制关节，肋骨宽、平	前小腿有折裂关节；折裂关节湿润、颜色鲜红；肋骨略圆	前小腿可能有控制关节或折裂关节；肋骨略宽、平	前小腿可能有控制关节或折裂关节；肋骨略宽、平	前小腿可能有控制关节或折裂关节；肋骨略宽、平	前小腿有折裂关节；折裂关节湿润、颜色鲜红；肋骨略圆	前小腿有折裂关节；折裂关节湿润、颜色鲜红；肋骨略圆	前小腿有折裂关节；折裂关节湿润、颜色鲜红；肋骨略圆	前小腿有折裂关节；折裂关节湿润、颜色鲜红；肋骨略圆
肉脂色泽	肌肉颜色深红，脂肪乳白色	肌肉颜色深红，脂肪白色	肌肉颜色深红，脂肪浅黄色	肌肉颜色深红，脂肪黄色	肌肉颜色红色，脂肪乳白色	肌肉颜色红色，脂肪白色	肌肉颜色红色，脂肪浅黄色	肌肉颜色红色，脂肪黄色	肌肉颜色浅红，脂肪乳白色	肌肉颜色浅红，脂肪白色	肌肉颜色浅红，脂肪浅黄色	肌肉颜色浅红，脂肪黄色

A.2 检测

A.2.1 胴体重量：称重法。

A.2.2 肥度：胴体脂肪覆盖程度与肌肉内脂肪沉积程度采用目测法，背膘厚用仪器测量。

A.2.3 肋肉厚：测量法。

A.2.4 肉脂硬度、肌肉饱满度、生理成熟度、肉脂色泽：采用感官判定法。

中华人民共和国国家标准

GB 16869—2005
代替 GB 16869—2000

鲜、冻禽产品

Fresh and frozen poultry product

2005-03-23 发布／2006-01-01 实施
中华人民共和国国家质量监督检验检疫总局
中国国家标准化管理委员会　　发布

前　言

本标准的第 6 章为推荐性，其余为强制性。

本标准代替 GB 16869—2000《鲜、冻禽产品》。

本标准与 GB 16869—2000 相比主要变化如下：

——不再规定甲胺磷、盐酸克伦特罗的检出限量；

——增加了面积不超过 0.5 cm² 的瘀血忽略不计、瘀血片数和硬杆毛计算方法、检验规则；

——对某些技术要求作了调整；

——冻禽产品的冻结中心温度调整为不高于−18 ℃；

——解冻失水率调整为不得超过 6%；

——铅的限量调整为不得超过 0.2 mg/kg；

——农药六六六残留限量调整为不得超过 0.1 mg/kg（以全样计）、1 mg/kg（以脂肪计）；

——冻禽产品的大肠菌群限量调整为不超过 $5×10^3$ MPN/100 g；

——沙门氏菌检出限量调整为“0/25 g”；

——致泻大肠埃希氏菌检出限量调整为出血性大肠埃希氏菌（O157：H7）检出限量为 0/25 g；

——己烯雌酚的测定方法调整为“按 SN 0672 规定的方法测定”。

本标准第 6 章例行检验、交收检验的抽样方案和一般缺陷允许数是等同采用 CAC/RM 42—1969《预包装食品的取样方案》中的检验标准Ⅰ和检验标准Ⅱ。

本标准的附录 A 为规范性附录。

本标准由全国食品工业标准化技术委员会、卫生部卫生标准技术委员会食品卫生标准专业委员会共同提出。

本标准由全国食品工业标准化技术委员会归口。

本标准起草单位：卫生部食品卫生监督检验所、全国食品工业标准化技术委员会秘书处、上海市卫生局卫生监督所负责起草，国内贸易局屠宰技术鉴定中心、农业部畜禽产品质检中心、中国肉类协会、中华人民共和国北京出入境检验检疫局、中华人民共和国深圳出入境检验检疫局参加起草。

本标准主要起草人：郝煜、韩玉莲、谷京宇、阮炳琪、蔺立男、杨晓明、刘弘、刘素英、李春风、谭国英。

本标准的附录 A 起草单位：中国预防医学科学院营养与食品卫生研究所、卫生部食品卫生监督检验所。

本标准的附录 A 主要起草人：陈惠京、王绪卿、杨大进、吴国华。

本标准所代替标准的历次版本发布情况为：

——GB 2710—1996、GB 16869—1997、GB 16869—2000。

鲜、冻禽产品

1 范围

本标准规定了鲜、冻禽产品的技术要求、检验方法、检验规则和标签、标志、包装、贮存的要求。

本标准适用于健康活禽经屠宰、加工、包装的鲜禽产品或冻禽产品，也适用于未经包装的鲜禽产品或冻禽产品。

2 规范性引用文件

下列文件中的条款通过本标准的引用而成为本标准的条款。凡是注日期的引用文件，其随后所有的修改单（不包括勘误的内容）或修订版均不适用于本标准，然而，鼓励根据本标准达成协议的各方研究是否可使用这些文件的最新版本。凡是不注日期的引用文件，其最新版本适用于本标准。

GB/T 191　包装储运图示标志

GB/T 4789.2—2003　食品卫生微生物学检验　菌落总数测定

GB/T 4789.3—2003　食品卫生微生物学检验　大肠菌群测定

GB/T 4789.4—2003　食品卫生微生物学检验　沙门氏菌检验

GB/T 5009.11—2003　食品中总砷及无机砷的测定方法

GB/T 5009.12—2003　食品中铅的测定方法

GB/T 5009.17—2003　食品中总汞及有机汞的测定方法

GB/T 5009.19—2003　食品中六六六、滴滴涕残留量的测定

GB/T 5009.44—2003　肉与肉制品卫生标准的分析方法

GB/T 6388　运输包装收发货标志

GB 7718　预包装食品标签通则

GB/T 14931.1—1994　畜禽肉中土霉素、四环素、金霉素残留量测定方法（高效液相谱法）

SN 0208—1993　出口肉中十种磺胺残留量检验方法

SN/T 0212.3—1993　出口禽肉中二氯二甲吡啶酚残留量检验方法　丙酰化-气相色谱法

SN 0672—1997　出口肉及肉制品中己烯雌酚残留量检验方法　放射免疫法

SN/T 0973—2000　进出口肉及肉制品中肠出血性大肠杆菌 O157：H7 检验方法

3 术语和定义

下列术语和定义适用于本标准。

3.1

鲜禽产品 fresh poultry product

将活禽屠宰、加工后，经预冷处理的冰鲜产品；包括净膛后的整只禽、整只禽的分割部位（禽肉、禽翅、禽腿等）、禽的副产品［禽头、禽脖、禽内脏、禽脚（爪）等］。

3.2

冻禽产品 frozen poultry product

将活禽屠宰、加工后，经冻结处理的产品；包括净膛后的整只禽、整只禽的分割部位（禽肉、禽翅、禽腿等）、禽的副产品［禽头、禽脖、禽内脏、禽脚（爪）等］。

3.3

异物 impurity

正常视力可见的杂物或污染物，如禽的黄色表皮、禽粪、胆汁、其他异物（塑料、金属、残留饲料等）。

4 技术要求

4.1 原料

屠宰前的活禽应来自非疫区，并经检疫、检验合格。

4.2　加工

屠宰后的禽体应经检疫、检验合格后，再进行加工。

4.2.1　整修

应修除或割除禽体各部位的外伤、血点、血污、羽毛根等。

4.2.2　分割

分割禽体时应先预冷后分割；从放血到包装、入冷库的时间不得超过 2 h。

4.3　冻结

需冻结的产品，其中心温度应在 12 h 内达到 -18 ℃，或 -18 ℃以下。

4.4　感官性状

应符合表 1 的规定。

表 1

项　目	鲜禽产品	冻禽产品（解冻后）
组织状态	肌肉富有弹性，指压后凹陷部位立即恢复原状	肌肉指压后凹陷部位恢复较慢，不易完全恢复原状
色泽	表皮和肌肉切面有光泽，具有禽类品种应有的色泽	
气味	具有禽类品种应有的气味，无异味	
加热后肉汤	透明澄清，脂肪团聚于液面，具有禽类品种应有的滋味	
瘀血［以瘀血面积（S）计］/ cm²		
S＞1	不得检出	
0.5＜S≤1	片数不得超过抽样量的 2%	
S≤0.5	忽略不计	
硬杆毛（长度超过 12 mm 的羽毛，或直径超过 2 mm 的羽毛根）/（根/10 kg）	≤1	
异物	不得检出	

注：瘀血面积指单一整禽，或单一分割的一片瘀血面积。

4.5　理化指标

鲜禽产品和冻禽产品应符合表 2 的规定。

表 2

项　目		指　标
冻禽产品解冻失水率/（%）		≤6
挥发性盐基氮/（mg/100 g）		≤15
汞（Hg）/（mg/kg）		≤0.05
铅（Pb）/（mg/kg）		≤0.2
砷（As）/（mg/kg）		≤0.5
六六六/（mg/kg）	脂肪含量低于 10% 时，以全样计	≤0.1
	脂肪含量不低于 10% 时，以脂肪计	≤1
滴滴涕/（mg/kg）	脂肪含量低于 10% 时，以全样计	≤0.2
	脂肪含量不低于 10% 时，以脂肪计	≤2
敌敌畏/（mg/kg）		≤0.05
四环素/（mg/kg）	肌肉	≤0.25
	肝	≤0.3
	肾	≤0.6
金霉素/（mg/kg）		≤1
土霉素/（mg/kg）	肌肉	≤0.1
	肝	≤0.3
	肾	≤0.6
磺胺二甲嘧啶/（mg/kg）		≤0.1
二氯二甲吡啶酚（克球酚）/（mg/kg）		≤0.01
己烯雌酚		不得检出

4.6　微生物指标

应符合表 3 的规定。

表3

项 目	指 标	
	鲜禽产品	冻禽产品
菌落总数（cfu/g）	≤1×10^6	≤5×10^5
大肠菌群/（MPN/100 g）	≤1×10^4	≤5×10^3
沙门氏菌	0/25 g^a	
出血性大肠埃希氏菌（O157：H7）	0/25 g^a	

a 取样个数为5。

5 检验方法

5.1 感官性状

冻禽产品应解冻后鉴别。

5.1.1 组织状态、色泽、气味

将抽取微生物检验试样后的全部样品，置于自然光或相当于自然光的感官评定室。用触觉鉴别法鉴别组织状态；视觉鉴别法鉴别色泽；嗅觉鉴别法鉴别气味。

5.1.2 加热后肉汤

将试样（6.5.4）切碎，称取20 g，置于200 mL烧杯中，加水100 mL，盖上表面皿，加热至50 ℃～60 ℃，取下表面皿，用嗅觉鉴别法鉴别气味。煮沸后鉴别肉汤性状、脂肪凝聚状况。降至室温后品尝肉汤滋味。

5.1.3 瘀血

鉴别组织状态、色泽、气味后，用适当方法测量瘀血面积。

一个基本箱中0.5 cm^2＜S≤1 cm^{2}的瘀血片数占同一基本箱中产品总数的比例，按式（1）计算：

$$X = \frac{A_1}{A} \times 100 \quad\cdots\cdots\cdots\cdots\cdots\cdots\cdots\cdots\cdots\cdots\cdots\cdots\cdots\cdots\cdots\cdots\cdots\cdots\cdots\cdots (1)$$

式中：

X ——一个基本箱中0.5 cm^2＜S≤1 cm^{2}的瘀血片数占同一基本箱中产品总数（整禽以只计，禽肉以块计，禽腿或禽翅以个计，下同）的比例，％；

A ——一个基本箱中产品总数；

A_1 ——一个基本箱中0.5 cm^2＜S≤1 cm^{2}的瘀血片数。

5.1.4 硬杆毛

与鉴别组织状态、色泽、气味同时进行。用精度为0.05 cm的游标卡尺测量，一个基本箱中每10kg硬杆毛数量按式（2）计算：

$$X_1 = \frac{A_2}{m} \times 10 \quad\cdots\cdots\cdots\cdots\cdots\cdots\cdots\cdots\cdots\cdots\cdots\cdots\cdots\cdots\cdots\cdots\cdots\cdots\cdots\cdots (2)$$

式中：

X_1 ——一个基本箱中每10 kg硬杆毛数量；

A_2 ——一个基本箱中硬杆毛实际数量；

m ——一个基本箱的实际质量，单位为千克（kg）。

5.1.5 异物

用视觉鉴别法，与鉴别组织状态、色泽、气味同时进行。

5.2 解冻失水率

5.2.1 仪器和工具

电子秤：感量1 g；

温度计：−10 ℃～50 ℃，分度值0.5 ℃；

搪瓷盘、铁丝网。

5.2.2 测定步骤

将铁丝网置于搪瓷盘内，使铁丝网与搪瓷盘底部的距离大于2 cm。从抽取的试样（6.5.2）中取1 000 g～

2 000 g，用电子秤称量后置于铁丝网上。在试样上覆盖塑料膜，使试样在 15 ℃～25 ℃自然解冻。待试样中心温度达到 2 ℃～3 ℃时去掉塑料膜，用电子秤称量。再将试样置于铁丝网上放置 30 min，称量。重复放置 30 min的操作，直至连续两次称量差不超过 2.0 g。

5.2.3　测定结果的表述

试样解冻失水率按式（3）计算：

$$X_2 = \frac{m - m_1}{m} \times 100 \quad \cdots\cdots\cdots\cdots\cdots\cdots\cdots\cdots\cdots\cdots\cdots\cdots\cdots\cdots \quad (3)$$

式中：

X_2——试样解冻失水率，％；

m——试样解冻前的质量，单位为克（g）；

m_1——试样解冻后的质量，单位为克（g）。

计算结果保留至整数。

5.3　挥发性盐基氮

按 GB/T 5009.44—2003 中 4.1 规定的方法测定。

5.4　汞

按 GB/T 5009.17—2003 规定的方法测定。

5.5　砷

按 GB/T 5009.11—2003 规定的方法测定。

5.6　铅

按 GB/T 5009.12—2003 规定的方法测定。

5.7　六六六、滴滴涕

按 GB/T 5009.19—2003 规定的方法测定。

5.8　敌敌畏

按附录 A 规定的方法测定。

5.9　四环素、金霉素、土霉素

按 GB/T 14931.1—1994 规定的方法测定。

5.10　磺胺二甲嘧啶

按 SN 0208—1993 规定的方法测定。

5.11　二氯二甲吡啶酚（克球酚）

按 SN/T 0212.3—1993 规定的方法测定。

5.12　己烯雌酚

按 SN 0672—1997 规定的方法测定。

5.13　菌落总数

按 GB/T 4789.2—2003 规定的方法检验。

5.14　大肠菌群

按 GB/T 4789.3—2003 规定的方法检验。

5.15　沙门氏菌

按 GB/T 4789.4—2003 规定的方法检验。

5.16　出血性大肠埃希氏菌 O157:H7

按 SN/T 0973—2000 规定的方法检验。

5.17　产品中心温度

5.17.1　温度计

－20 ℃～50 ℃的非汞柱玻璃温度计或其他温度测量仪。

5.17.2　测定步骤

用直径略大于温度计直径的钻头，钻至肌肉深层中心。拔出钻头，立即将非汞柱玻璃温度计（或其他温度测量仪）插入肌肉深层，待读数稳定后读取温度计所示温度。

6 检验规则

6.1 检验分类

6.1.1 例行检验

6.1.1.1 有下列情况之一时，应进行例行检验：

    a) 一次提交检验的孤立批产品；

    b) 活禽产地变动；

    c) 新建厂首次加工；

    d) 连续加工 6 个月，或停产后恢复加工；

    e) 交收检验结果与上次例行检验结果有较大差异；

    f) 质量监督机构或卫生监督机构提出要求。

6.1.1.2 例行检验项目包括表 1、表 2、表 3 规定的项目。

6.1.2 交收检验

6.1.2.1 所有产品出厂时应进行交收检验。

6.1.2.2 交收检验项目包括表 1 规定的项目、冻禽产品解冻失水率、挥发性盐基氮、菌落总数和大肠菌群。

6.2 组批

6.2.1 连续批

    同加工条件、同部位（整禽、禽肉、禽翅、禽腿、禽头、禽脚、禽内脏）、同包装、一次交货的产品为一批。批量以基本包装箱（以下简称基本箱）计。

6.2.2 孤立批

    同部位（整禽、禽肉、禽翅、禽腿、禽头、禽脚、禽内脏）、同包装、一次提交检验的产品为一批。批量以基本箱计。

6.3 抽样

6.3.1 例行检验抽样

    根据组批量大小，按表 4 规定的样品量，随机抽取样品。

表 4

批量（基本箱）	样品量（基本箱）	一般缺陷允许数（基本箱）
600 或 600 以下	13	2
601～2 000	21	3
2 001～7 200	29	4
7 201～15 000	48	6
15 001～24 000	84	9
24 001～42 000	126	13
42 000 以上	200	19

6.3.2 交收检验抽样

    根据组批量大小，按表 5 规定的样品量，随机抽取样品。

表 5

批量（基本箱）	样品量（基本箱）	一般缺陷允许数（基本箱）
600 或 600 以下	6	1
601～2 000	13	2
2 001～7 200	21	3
7 201～15 000	29	4
15 001～24 000	48	6
24 001～42 000	84	9
42 000 以上	126	13

6.4 试样抽取程序和检验程序

鲜禽产品和冻禽产品试样抽取程序和检验程序见图1。

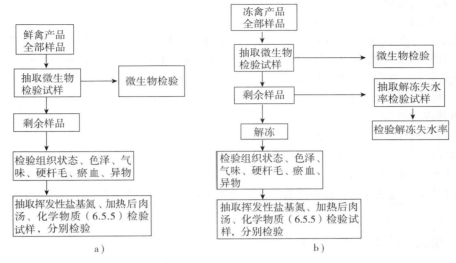

a)　　　　　　　　　　　　　　　b)

图1　鲜禽产品和冻禽产品试样抽取程序和检验程序

6.5　试样抽取方法

以下式样不应带有瘀血、硬杆毛或异物。

6.5.1　微生物检验试样

从抽取的全部样品中随机选取（3～5）个基本箱，按无菌操作从每个基本箱中取试样约100 g，混合。

注：在混合样品中取5份（每份25 g）作为沙门氏菌检验试样；同样在混合样品中取5份（每份25 g）作为大肠埃希氏菌检验试样。

6.5.2　解冻失水率检验试样

从抽取的冻禽产品样品全体随机选取（3～5）个基本箱，各取约500 g，混合后置于保温容器内。

6.5.3　挥发性盐基氮检验试样

从抽取的样品全体随机选取3个基本箱，各取不带脂肪、禽骨的样品约100 g，混合。

6.5.4　加热后肉汤检验试样

从抽取的整禽、禽肉、禽翅或禽腿全部样品中，随机选取3个基本箱，各取禽肉100 g，混合。

6.5.5　化学物质（表2中汞、己烯雌酚等12种）检验试样

从抽取的样品全体随机选取3个基本箱，各取可食部分约200 g，混合。

6.6　判定规则与复验

6.6.1　缺陷分类

6.6.1.1　一般缺陷：指瘀血、硬杆毛不符合本标准。

6.6.1.2　严重缺陷：指组织状态、色泽、气味、加热后肉汤和表2、表3所列项目不符合本标准，有正常视力可见异物。

6.6.2　各项检验结果的判定

6.6.2.1　瘀血、硬杆毛检疫结果的判定：瘀血、硬杆毛检疫结果以一个基本箱为判定单位。

示例1：

样品全体为6个基本箱，按顺序编号。

检验结果：1号基本箱瘀血和3号基本箱硬杆毛不符合本标准。

判定：2个基本箱有一般缺陷。

示例2：

样品全体为13个基本箱，按顺序编号。

检验结果：1号～13号基本箱硬杆毛不符合标准，8号基本箱瘀血不符合本标准。

判定：13个基本箱有一般缺陷。

6.6.2.2　组织状态、色泽、气味、加热后肉汤和表2、表3所列项目检验结果的判定：检验结果有任何一项

231

不符合本标准，判定抽取样品的全体有严重缺陷。

6.6.3 例行检验判定与复验

6.6.3.1 例行检验项目（6.1.1.2）全部符合本标准，判定整批产品合格。

6.6.3.2 例行检验结果有一项严重缺陷（6.6.1.2）不符合本标准，判定整批产品不合格，不应复验。

6.6.3.3 例行检验结果的一般缺陷（6.6.1.1）未超过表 4 规定的一般缺陷允许数，判定整批产品合格；超过表 4 规定的一般缺陷允许数，可按表 4 重新抽样复验，依复验结果和表 4（一般缺陷允许数）判定整批产品合格或不合格。

6.6.4 交收检验判定与复验

6.6.4.1 交收检验项目（6.1.2.2）全部符合本标准，判定整批产品合格。

6.6.4.2 交收检验结果有一项严重缺陷（6.6.1.2）不符合本标准，判定整批产品不合格，不应复验。

6.6.4.3 交收检验结果的一般缺陷（6.6.1.1）未超过表 5 规定的一般缺陷允许数，判定整批产品合格；超过表 5 规定的一般缺陷允许数，可按表 4 重新抽样复验，依复验结果和表 4（一般缺陷允许数）判定整批产品合格或不合格。

7 标签、标志、包装、贮存

7.1 标签、标志

7.1.1 标签

直接销售给消费者的标签应符合 GB 7718 的规定。

7.1.2 运输包装标签

运输包装的图示和收发货标志应符合 GB/T 191 和 GB/T 6388 的规定。

7.2 包装

鲜禽产品或冻禽产品都应有包装。使用全新的、符合相应卫生标准的包装材料。

7.3 贮存

冻禽产品应贮存在−18 ℃以下的冷冻库，库温一昼夜升降幅度不得超过 1 ℃。

附录 A

（规范性附录）

动物性食品中有机磷农药多组分残留量的测定

本附录适用于畜禽肉、乳与乳制品、蛋与蛋制品中有机磷农药多组分（甲胺磷、敌敌畏、乙酰甲胺磷、久效磷、乐果、乙拌磷、甲基对硫磷、杀螟硫磷、虫螨磷、马拉硫磷、倍硫磷、对硫磷、乙硫磷）残留量的测定。

最低检出限量（μg/kg）分别为：甲胺磷 5.7、敌敌畏 3.5、乙酰甲胺磷 10.0、久效磷 12.0、乐果 2.6、乙拌磷 1.2、甲基对硫磷 2.6、杀螟硫磷 2.9、虫螨磷 2.5、马拉硫磷 2.8、倍硫磷 2.1、对硫磷 2.6、乙硫磷 1.7。

A.1 方法提要

样品经提取、净化、浓缩、定容、分离（毛细管柱气相色谱分离），用火焰光度检测器检测，以保留时间定性，外标法定量。

出峰顺序：甲胺磷、敌敌畏、乙酰甲胺磷、久效磷、乐果、乙拌磷、甲基对硫磷、杀螟硫磷、虫螨磷、马拉硫磷、倍硫磷、对硫磷、乙硫磷。

A.2 试剂

本试验方法所用试剂，除另有规定外，均为分析纯试剂；实验用水应符合 GB/T 6682 中二级水的规定。

A.2.1 丙酮：重蒸馏。

A.2.2 二氯甲烷：重蒸馏。

A.2.3 乙酸乙酯：重蒸馏。

A.2.4 环己烷：重蒸馏。

A.2.5 氯化钠。

A.2.6 无水硫酸钠。

A.2.7 凝胶：Bio-Beads S-X3（或相当于 Bio-Beads S-X3 的凝胶）；200 目～400 目。

A.2.8 有机磷农药标准品：甲胺磷（methamidophos）、敌敌畏（dichlorvos）、乙酰甲胺磷（acephate）、久效磷（monocrotophos）、乐果（dimethoate）、乙拌磷（disulfaton）、甲基对硫磷（parathion-methyl）、杀螟硫磷（fenitrothion）、虫螨磷（pirimiphos methyl）、马拉硫磷（malathion）、倍硫磷（fenthion）、对硫磷（parathion）、乙硫磷（ethion）的纯度不低于 99%。

A.2.9 有机磷农药标准溶液的配制。

A.2.9.1 单体有机磷农药标准贮备液：准确称取各有机磷农药标准品 0.010 0 g，分别置于 25 mL 容量瓶中。用乙酸乙酯溶解、定容（浓度各为 400 μg/mL）。

A.2.9.2 混合有机磷农药标准应用液：测定前，量取不同体积的各单体有机磷农药标准贮备液（A.2.9.1）于 10 mL 容量瓶中，用氮气吹尽溶剂，以经 A.5.1.3 和 A.5.2 提取、净化处理的鲜牛乳提取液稀释、定容。此混合标准应用液中各有机磷农药的浓度（μg/mL）为：甲胺磷 16、敌敌畏 80、乙酰甲胺磷 24、久效磷 80、乐果 16、乙拌磷 24、甲基对硫磷 16、杀螟硫磷 16、虫螨磷 16、马拉硫磷 16、倍硫磷 24、对硫磷 16、乙硫磷 8。

注：如只测定敌敌畏，只需配制敌敌畏标准贮备液和应用液。

A.3 仪器

A.3.1 气相色谱仪：具有火焰光度检测器、毛细管色谱柱。

A.3.2 旋转蒸发器。

A.3.3 凝胶净化柱：长 30 cm，内径 2.5 cm，具有活塞玻璃层析柱，柱底铺垫少许玻璃棉；将经乙酸乙酯-环己烷（1:1）洗脱剂浸泡的凝胶，以湿法装入柱中；柱床高约 26 cm，胶床始终保持在洗脱剂中。

A.4 试样的制备

A.4.1 蛋与蛋制品：去壳，制成匀浆。

A.4.2 肉与肉制品：去筋、去骨后切成小块，制成肉糜。

233

A.4.3 乳与乳制品：混匀。

A.5 分析步骤

A.5.1 提取、分配、浓缩

A.5.1.1 蛋与蛋制品：称取试样 20 g（精确至 0.01 g）于 100 mL 具塞三角瓶中，加水 5 mL（视样品水分含量加水，使总水量约 20 g；通常鲜鸡蛋含水分约 75%，加 5 mL 水即可），加 40 mL 丙酮，振摇 30 min。加氯化钠 6 g，充分摇匀，再加 30 mL 二氯甲烷，振摇 30 min。取 35 mL 上清液，经无水硫酸钠滤于旋转蒸发瓶中，浓缩至约 1 mL。加 2 mL 乙酸乙酯-环己烷（1:1）溶液再浓缩。重复此操作 3 次，浓缩至约 1 mL。

A.5.1.2 肉与肉制品：称取试样 20 g（精确至 0.01 g）于 100 mL 具塞三角瓶中，加水 6 mL（视试样水分含量加水，使总水量约 20 g；通常鲜肉含水分约 70%，加 6 mL 水即可）。以下按 A.5.1.1 操作。

A.5.1.3 乳与乳制品：称取试样 20 g（精确至 0.01 g）于 100 mL 具塞三角瓶中（鲜牛乳不需加水，直接用丙酮提取即可）。以下按 A5.1.1 操作。

A.5.2 净化

将制备好的浓缩液（A.5.1）经凝胶净化柱，用乙酸乙酯-环己烷（1:1）溶液洗脱。收集 35 mL～70 mL 馏分，旋转蒸发浓缩至约 1 mL。再经凝胶净化柱净化，收集 35 mL～70 mL 馏分，旋转蒸发浓缩至约 1 mL。转入另一具有刻度的 5 mL 试管中，用约 5 mL 乙酸乙酯分数次洗涤旋转蒸发瓶，洗液移入同一试管中。用氮气吹至 1 mL 以下，再用乙酸乙酯定容至 1 mL，留待色谱分析。

A.5.3 色谱条件

A.5.3.1 色谱柱：弹性石英毛细管柱，内径 0.32 mm，长 30 m；涂以 SE-54，厚度为 0.25 μm。

A.5.3.2 柱温：程序升温

$$60 \ ℃/1 \ min \xrightarrow{40 \ ℃/min} 110 \ ℃ \xrightarrow{5 \ ℃/min} 235 \ ℃ \xrightarrow{40 \ ℃/min} 265 \ ℃$$

A.5.3.3 进样口温度：270 ℃。

A.5.3.4 检测器：火焰光度检测器（FPD—P），温度 270 ℃。

A.5.3.5 载气：氮气，流速 1 mL/min，尾吹 50 mL/min。

A.5.3.6 氢气和空气流速：氢气 50 mL/min，空气 500 mL/min。

A.5.4 测定

分别量取 1μL 混合有机磷农药标准应用液（A.2.9.2）及试样净化液（A.5.2）注入色谱仪中。以保留时间定性，试样和标准应用液的峰高或峰面积比较定量。

A.5.5 13 种有机磷农药色谱图

13 种有机磷农药色谱图见图 A.1。

A.6 分析结果的表述

样品中某种有机磷农药残留置按式（A.1）计算：

$$X = \frac{m_1 \times V_2 \times 1000}{m \times V_1 \times 1000} = \frac{m_1 \times V_2}{m \times V_1} \quad \cdots\cdots\cdots\cdots\cdots\cdots\cdots\cdots \quad (A.1)$$

式中：

X ——样品中某种有机磷农药残留量，单位为毫克每千克（mg/kg）；

m ——样品质量，单位为克（g）；

m_1 ——试液中某种有机磷农药的含量，单位为纳克（ng）；

V_1 ——进样体积，单位为微升（μL）；

V_2 ——试液最终定容体积，单位为毫升（mL）。

A.7 允许差

同一样品两次测定值之差，不得超过平均值的 20%。

A.8 准确度

准确度以回收率表示。

视需要将某种有机磷农药标准应用液（A.2.9.2）加入禽（畜）肉中，或鸡蛋中，或牛奶中，做回收率试验，应在 70%～110% 范围内。

回收率按式（A.2）计算：

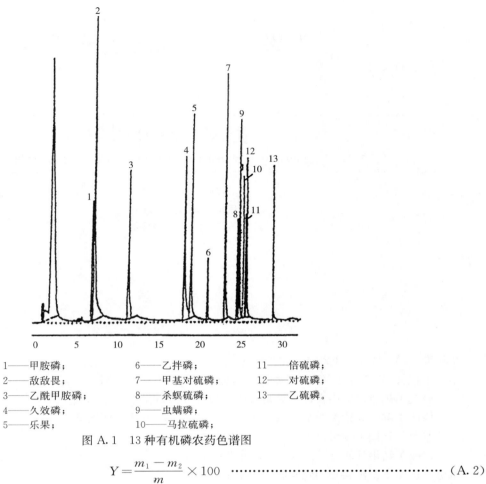

1——甲胺磷；	6——乙拌磷；	11——倍硫磷；
2——敌敌畏；	7——甲基对硫磷；	12——对硫磷；
3——乙酰甲胺磷；	8——杀螟硫磷；	13——乙硫磷。
4——久效磷；	9——虫螨磷；	
5——乐果；	10——马拉硫磷；	

图 A.1 13 种有机磷农药色谱图

$$Y = \frac{m_1 - m_2}{m} \times 100 \quad\cdots\cdots\cdots\cdots\cdots\cdots\cdots\cdots\cdots\cdots\cdots\cdots\cdots\cdots\cdots\cdots \quad (A.2)$$

式中：

Y ——回收率，%；

m_1——样品中加入标准应用液后的某种组分检出量；

m_2——样品中某种组分含量；

m ——加入某种组分的量。

中华人民共和国国家标准

GB 18394—2020
代替 GB 18394—2001

畜禽肉水分限量

Permitted level of moisture in meat of livestock and poultry

2020-12-24 发布/2022-01-01 实施

国家市场监督管理总局
国家标准化管理委员会　　发布

前　言

本标准按照 GB/T 1.1 2009 给出的规则起草。

本标准代替 GB 18394—2001《畜禽肉水分限量》，与 GB 18394—2001 相比，主要技术变化如下：

——修改了规范性引用文件（见第 2 章，2001 年版的第 2 章）；

——修改了鲜、冻猪肉的水分限量指标（见第 4 章，2001 年版的第 3 章）；

——修改了直接干燥法（见 5.1，2001 年版的 5.1）；

——修改了结果计算（见 5.3，2001 年版的第 6 章）。

本标准由中华人民共和国农业农村部提出并归口。

本标准所替代标准的历次版本发布情况为：

——GB 18394—2001。

畜禽肉水分限量

1 范围

本标准规定了畜禽肉水分限量指标和试验方法。

本标准适用于鲜（冻）猪肉、牛肉、羊肉和鸡肉。

2 规范性引用文件

下列文件对于本文件的应用是必不可少的。凡是注日期的引用文件，仅注日期的版本适用于本文件。凡是不注日期的引用文件，其最新版本（包括所有的修改单）适用于本文件。

GB 5009.3—2016 食品安全国家标准 食品中水分的测定

GB/T 6682 分析实验室用水规格的试验方法

GB/T 19480 肉与肉制品术语

3 术语和定义

GB/T 19480 界定的术语和定义适用于本文件。

4 畜禽肉水分限量指标

畜禽肉水分限量指标见表1。畜禽肉水分含量测定的仲裁法按 GB 5009.3—2016 中规定的蒸馏法。

表1 畜禽肉水分限量指标

品种	水分含量/（g/100 g）
猪肉	≤76.0
牛肉	≤77.0
羊肉	≤78.0
鸡肉	≤77.0

5 试验方法

5.1 直接干燥法

5.1.1 原理

利用畜禽肉中水分的物理性质，在 101.3 kPa（一个大气压），温度（103±2）℃下采用挥发方法测定样品中干燥减失的质量，包括吸湿水、部分结晶水和该条件下能挥发的物质，再通过干燥前后称量数值的变化计算出水分的含量。

5.1.2 试剂和材料

除非另有说明，本方法所用试剂均为分析纯，水为 GB/T 6682 规定的三级水。

5.1.2.1 试剂及试验材料

5.1.2.1.1 氢氧化钠（NaOH）。

5.1.2.1.2 盐酸（HCl）。

5.1.2.1.3 砂：粒径12目～60目。

5.1.2.2 试剂配制及试验材料处理

5.1.2.2.1 盐酸溶液（6 mol/L）：量取 50 mL 盐酸，加水稀释至 100 mL。

5.1.2.2.2 氢氧化钠溶液（6 mol/L）：称取 24 g 氢氧化钠，加水溶解并稀释至 100 mL。

5.1.2.2.3 砂：用水洗去海砂、河砂、石英砂或类似物中的泥土，用盐酸溶液（6 mol/L）煮沸 0.5 h，用水洗至中性，再用氢氧化钠溶液（6 mol/L）煮沸 0.5 h，用水洗至中性，经 105 ℃干燥备用。

5.1.3 仪器和设备

5.1.3.1　称量器皿：扁形铝制或玻璃制称量器皿、瓷坩埚，内径不小于 25 mm。

5.1.3.2　均质设备：斩拌机或者绞肉机。

5.1.3.3　细玻璃棒：略高于称量器皿。

5.1.3.4　恒温干燥箱。

5.1.3.5　干燥器：内附有效干燥剂。

5.1.3.6　天平：感量为 0.01 g 和 0.000 1 g。

5.1.4　样品制备

5.1.4.1　样品采集

从采样部位做切口，避开脂肪、筋、腱，割取约 200 g 的肌肉，放入密封容器中。冷却肉应去除表面风干的部分，冷冻肉应从样品内部取样。

5.1.4.2　样品处理

5.1.4.2.1　非冷冻样品

样品检测前应剔除其中的脂肪、筋、腱，取其肌肉部分进行均质，均质后的样品应尽快进行检测。均质后如未能及时检测，应密封冷藏储存，密封冷藏储存时间不应超过 24 h。储存的样品在检测时应重新混匀。

5.1.4.2.2　冷冻样品

在 15 ℃～25 ℃下解冻，记录解冻前后的样品质量 m_3 和 m_4（精确至 0.01 g），解冻后的样品按 5.1.4.2.1 处理。

5.1.5　分析步骤

5.1.5.1　称量器皿恒重：于称量器皿中放入细玻璃棒和 10 g 左右砂，将其放入（103±2）℃的恒温干燥箱中恒重。记录恒重后质量（m_0）。

5.1.5.2　称取约 5 g 的样品（精确至 0.000 1 g），置于称量器皿中，准确记录样品及称量器皿的总质量（m_1），并用细玻璃棒将砂与样品混合均匀。

5.1.5.3　称量器皿及样品移至（103±2）℃的恒温干燥箱中，干燥 4 h 后将其取出并在干燥器中冷却后称重；将其再次在恒温干燥箱中烘干 1 h 后取出，冷却后称重；重复以上步骤直至前后连续两次质量差小于 2 mg 为止，并记录最终称量器皿和内容物的总质量（m_2）。

5.2　红外线干燥法（快速法）

5.2.1　原理

用红外线加热将水分从样品中去除，再用干燥前后的质量差计算出水分含量。

5.2.2　仪器

红外线快速水分分析仪：水分测定范围 0%～100%，读数精度 0.01%，称量范围 0 g～30 g，称量精度 1 mg。

5.2.3　测定

5.2.3.1　接通电源并打开开关，设定干燥加热温度为 105 ℃，加热时间为自动，结果表示方式为 0%～100%。

5.2.3.2　打开样品室罩，取一样品盘置于红外线水分分析仪的天平架上，并回零。

5.2.3.3　取出样品盘，将约 5 g 按 5.1.4.1 制备而成的样品均匀铺于盘上，再放回样品室。

5.2.3.4　盖上样品室罩，开始加热，待完成干燥后，读取在数字显示屏上的水分含量。在配有打印机的状况下，可自动打印出水分含量。

5.3　结果计算

5.3.1　非冷冻样品的水分含量，按式（1）进行计算：

$$X = \frac{m_1 - m_2}{m_1 - m_0} \times 100 \cdots\cdots\cdots\cdots\cdots\cdots\cdots\cdots\cdots\cdots\cdots\cdots\cdots (1)$$

式中：

X　——非冷冻样品水分含量，单位为克每百克（g/100 g）；

m_0　——干燥后称量器皿、细玻璃棒和砂的总质量，单位为克（g）；

m_1　——干燥前肉、称量器皿、细玻璃棒和砂的总质量，单位为克（g）；

m_2——干燥后肉、称量器皿、细玻璃棒和砂的总质量，单位为克（g）；

100——单位换算系数。

计算结果用两次平行测定的算术平均值表示，保留三位有效数字。

5.3.2 冷冻样品或者有水分析出的，按式（2）进行计算：

$$W = \frac{(m_3 - m_1) + m_4 \times X}{m_3} \times 100 \cdots\cdots\cdots\cdots\cdots\cdots\cdots\cdots\cdots\cdots\cdots\cdots\cdots\cdots\cdots \text{（2）}$$

式中：

W　——冷冻样品水分含量，单位为克每百克（g/100 g）；

X　——解冻后样品水分含量，即5.3.1非冷冻样品水分含量，单位为克每百克（g/100 g）；

m_3——解冻前样品的质量，单位为克（g）；

m_4——解冻后样品的质量，单位为克（g）；

100——单位换算系数。

计算结果用两次平行测定的算术平均值表示，保留三位有效数字。

5.3.3 在重复性条件下获得的两次独立测定结果的绝对差值不超过1％。

中华人民共和国国家标准

GB 31650—2019

食品安全国家标准 食品中兽药最大残留限量

National food safety standard—Maximum residue limits for veterinary drugs in foods

2019-09-06 发布/2020-04-01 实施

中华人民共和国农业农村部
中华人民共和国国家卫生健康委员会　　发布
国家市场监督管理总局

前　言

本标准按照 GB/T 1.1—2009 给出的规则起草。

本标准代替农业部公告第 235 号《动物性食品中兽药最高残留限量》相关部分。与农业部公告第 235 号相比，除编辑性修改外主要变化如下：

——增加了"可食下水"和"其他食品动物"的术语定义；

——增加了阿维拉霉素等 13 种兽药及残留限量；

——增加了阿苯达唑等 28 种兽药的残留限量；

——增加了阿莫西林等 15 种兽药的日允许摄入量；

——增加了醋酸等 73 种允许用于食品动物，但不需要制定残留限量的兽药；

——修订了乙酰异戊酰泰乐菌素等 17 种兽药的中文名称或英文名称；

——修订了安普霉素等 9 种兽药的日允许摄入量；

——修订了阿苯达唑等 15 种兽药的残留标志物；

——修订了阿维菌素等 29 种兽药的靶组织和残留限量；

——修订了阿莫西林等 23 种兽药的使用规定；

——删除了蝇毒磷的残留限量；

——删除了氨丙啉等 6 种允许用于食品动物，但不需要制定残留限量的兽药；

——不再收载禁止药物及化合物清单。

食品安全国家标准　食品中兽药最大残留限量

1　范围

本标准规定了动物性食品中阿苯达唑等104种（类）兽药的最大残留限量；规定了醋酸等154种允许用于食品动物，但不需要制定残留限量的兽药；规定了氯丙嗪等9种允许作治疗用，但不得在动物性食品中检出的兽药。

本标准适用于与最大残留限量相关的动物性食品。

2　规范性引用文件

下列文件对于本文件的应用是必不可少的。凡是注日期的引用文件，仅注日期的版本适用于本文件。凡是不注日期的引用文件，其最新版本（包括所有的修改单）适用于本文件。

3　术语和定义

下列术语和定义适用于本文件。

3.1

兽药残留　veterinary drug residue

对食品动物用药后，动物产品的任何可食用部分中所有与药物有关的物质的残留，包括药物原型或/和其代谢产物。

3.2

总残留　total residue

对食品动物用药后，动物产品的任何可食用部分中药物原型或/和其所有代谢产物的总和。

3.3

日允许摄入量　acceptable daily intake（ADI）

人的一生中每日从食物或饮水中摄取某种物质而对其健康没有明显危害的量，以人体重为基础计算，单位：$\mu g/kg\ bw$。

3.4

最大残留限量　maximum residue limit（MRL）

对食品动物用药后，允许存在于食物表面或内部的该兽药残留的最高量/浓度（以鲜重计，单位：$\mu g/kg$）。

3.5

食品动物　food-producing animal

各种供人食用或其产品供人食用的动物。

3.6

鱼　fish

包括鱼纲（pisce）、软骨鱼（elasmobranch）和圆口鱼（cyclostome）的水生冷血动物，不包括水生哺乳动物、无脊椎动物和两栖动物。

注：此定义可适用于某些无脊椎动物，特别是头足动物（cephalopod）。

3.7

家禽　poultry

包括鸡、火鸡、鸭、鹅、鸽和鹌鹑等在内的家养的禽。

3.8

动物性食品　animal derived food

供人食用的动物组织以及蛋、奶和蜂蜜等初级动物性产品。

3.9

可食性组织　edible tissues

全部可食用的动物组织，包括肌肉、脂肪以及肝、肾等脏器。

3. 10

皮+脂 skin with fat

带脂肪的可食皮肤。

3. 11

皮+肉 muscle with skin

一般特指鱼的带皮肌肉组织。

3. 12

副产品 byproducts

除肌肉、脂肪以外的所有可食组织，包括肝、肾等。

3. 13

可食下水 edible offal

除肌肉、脂肪、肝、肾以外的可食部分。

3. 14

肌肉 muscle

仅指肌肉组织。

3. 15

蛋 egg

家养母禽所产的带壳蛋。

3. 16

奶 milk

由正常乳房分泌而得，经一次或多次挤奶，既无加入也未经提取的奶。

注：此术语可用于处理过但未改变其组分的奶，或根据国家立法已将脂肪含量标准化处理过的奶。

3. 17

其他食品动物 all other food-producing species

各品种项下明确规定的动物种类以外的其他所有食品动物。

4 技术要求

4.1 已批准动物性食品中最大残留限量规定的兽药

4.1.1 阿苯达唑（albendazole）

4.1.1.1 兽药分类：抗线虫药。

4.1.1.2 ADI：0 μg/kg bw～50 μg/kg bw。

4.1.1.3 残留标志物：奶中为阿苯达唑亚砜、阿苯达唑砜、阿苯达唑-2-氨基砜和阿苯达唑之和（sum of albendazole sulphoxide, albendazole sulphone, and albendazole 2-amino sulphone, expressed as albendazole）；除奶外，其他靶组织为阿苯达唑-2-氨基砜（albendazole 2-amino sulfone）。

4.1.1.4 最大残留限量：应符合表 1 的规定。

表 1

动物种类	靶组织	残留限量, μg/kg
所有食品动物	肌肉	100
	脂肪	100
	肝	5 000
	肾	5 000
	奶	100

4.1.2 双甲脒（amitraz）

4.1.2.1 兽药分类：杀虫药。

4.1.2.2 ADI：0 μg/kg bw～3 μg/kg bw。

4.1.2.3 残留标志物：双甲脒+2，4-二甲基苯胺的总和（sum of amitraz and all meta-bolites containing the 2,

4-DMA moiety，expressed as amitraz）。

4.1.2.4 最大残留限量：应符合表 2 的规定。

表 2

动物种类	靶组织	残留限量，μg/kg
牛	脂肪	200
	肝	200
	肾	200
	奶	10
绵羊	脂肪	400
	肝	100
	肾	200
	奶	10
山羊	脂肪	200
	肝	100
	肾	200
	奶	10
猪	脂肪	400
	肝	200
	肾	200
蜜蜂	蜂蜜	200

4.1.3 阿莫西林（amoxicillin）

4.1.3.1 兽药分类：β-内酰胺类抗生素。

4.1.3.2 ADI：0 μg/kg bw～2 μg/kg bw，微生物学 ADI。

4.1.3.3 残留标志物：阿莫西林（amoxicillin）。

4.1.3.4 最大残留限量：应符合表 3 的规定。

表 3

动物种类	靶组织	残留限量，μg/kg
所有食品动物（产蛋期禁用）	肌肉	50
	脂肪	50
	肝	50
	肾	50
	奶	4
鱼	皮+肉	50

4.1.4 氨苄西林（ampicillin）

4.1.4.1 兽药分类：β-内酰胺类抗生素。

4.1.4.2 ADI：0 μg/kg bw～3 μg/kg bw，微生物学 ADI。

4.1.4.3 残留标志物：氨苄西林（ampicillin）。

4.1.4.4 最大残留限量：应符合表 4 的规定。

表 4

动物种类	靶组织	残留限量，μg/kg
所有食品动物（产蛋期禁用）	肌肉	50
	脂肪	50
	肝	50
	肾	50
	奶	4
鱼	皮+肉	50

4.1.5 氨丙啉（amprolium）

4.1.5.1 兽药分类：抗球虫药。

4.1.5.2 ADI：0 μg/kg bw～100 μg/kg bw。

4.1.5.3 残留标志物：氨丙啉（amprolium）。

4.1.5.4 最大残留限量：应符合表 5 的规定。

表5

动物种类	靶组织	残留限量，μg/kg
牛	肌肉	500
	脂肪	2 000
	肝	500
	肾	500
鸡、火鸡	肌肉	500
	肝	1 000
	肾	1 000
	蛋	4 000

4.1.6 安普霉素（apramycin）

4.1.6.1 兽药分类：氨基糖苷类抗生素。

4.1.6.2 ADI：0 μg/kg bw～25 μg/kg bw。

4.1.6.3 残留标志物：安普霉素（apramycin）。

4.1.6.4 最大残留限量：应符合表6的规定。

表6

动物种类	靶组织	残留限量，μg/kg
猪	肾	100

4.1.7 氨苯胂酸、洛克沙胂（arsanilic acid, roxarsone）

4.1.7.1 兽药分类：合成抗菌药。

4.1.7.2 残留标志物：总砷计。

4.1.7.3 最大残留限量：应符合表7的规定。

表7

动物种类	靶组织	残留限量，μg/kg
猪	肌肉	500
	肝	2 000
	肾	2 000
	副产品	500
鸡、火鸡	肌肉	500
	副产品	500
	蛋	500

4.1.8 阿维菌素（avermectin）

4.1.8.1 兽药分类：抗线虫药。

4.1.8.2 ADI：0 μg/kg bw～2 μg/kg bw。

4.1.8.3 残留标志物：阿维菌素 B_{1a}（avermectin B_{1a}）。

4.1.8.4 最大残留限量：应符合表8的规定。

表8

动物种类	靶组织	残留限量，μg/kg
牛（泌乳期禁用）	脂肪	100
	肝	100
	肾	50
羊（泌乳期禁用）	肌肉	20
	脂肪	50
	肝	25
	肾	20

4.1.9 阿维拉霉素（avilamycin）

4.1.9.1 兽药分类：寡糖类抗生素。

4.1.9.2 ADI：0 μg/kg bw～2 000 μg/kg bw。

4.1.9.3 残留标志物：二氯异苔酸［dichloroisoeverninic acid（DIA）］。

4.1.9.4 最大残留限量：应符合表 9 的规定。

表 9

动物种类	靶组织	残留限量，μg/kg
猪、兔	肌肉	200
	脂肪	200
	肝	300
	肾	200
鸡、火鸡（产蛋期禁用）	肌肉	200
	皮＋脂	200
	肝	300
	肾	200

4.1.10　氮哌酮（azaperone）

4.1.10.1 兽药分类：镇静剂。

4.1.10.2 ADI：0 μg/kg bw～6 μg/kg bw。

4.1.10.3 残留标志物：氮哌酮与氮哌醇之和（sum of azaperone and azaperol）。

4.1.10.4 最大残留限量：应符合表 10 的规定。

表 10

动物种类	靶组织	残留限量，μg/kg
猪	肌肉	60
	脂肪	60
	肝	100
	肾	100

4.1.11　杆菌肽（bacitracin）

4.1.11.1 兽药分类：多肽类抗生素。

4.1.11.2 ADI：0 μg/kg bw～50 μg/kg bw。

4.1.11.3 残留标志物：杆菌肽 A、杆菌肽 B 和杆菌肽 C 之和（sum of bacitracin A，bacitracin B and bacitracin C）。

4.1.11.4 最大残留限量：应符合表 11 的规定。

表 11

动物种类	靶组织	残留限量，μg/kg
牛、猪、家禽	可食组织	500
牛	奶	500
家禽	蛋	500

4.1.12　青霉素、普鲁卡因青霉素（benzylpenicillin，procaine benzylpenicillin）

4.1.12.1 兽药分类：β-内酰胺类抗生素。

4.1.12.2 ADI：0 μg penicillin/（人·d）～30 μg penicillin/（人·d）。

4.1.12.3 残留标志物：青霉素（benzylpenicillin）。

4.1.12.4 最大残留限量：应符合表 12 的规定。

表 12

动物种类	靶组织	残留限量，μg/kg
牛、猪、家禽（产蛋期禁用）	肌肉	50
	肝	50
	肾	50
牛	奶	4
鱼	皮＋肉	50

4. 1. 13　倍他米松（betamethasone）

4. 1. 13. 1　兽药分类：糖皮质激素类药。

4. 1. 13. 2　ADI：0 μg/kg bw～0. 015 μg/kg bw。

4. 1. 13. 3　残留标志物：倍他米松（betamethasone）。

4. 1. 13. 4　最大残留限量：应符合表 13 的规定。

表 13

动物种类	靶组织	残留限量，μg/kg
牛、猪	肌肉	0.75
	肝	2
	肾	0.75
牛	奶	0.3

4. 1. 14　卡拉洛尔（carazolol）

4. 1. 14. 1　兽药分类：抗肾上腺素类药。

4. 1. 14. 2　ADI：0 μg/kg bw～0. 1 μg/kg bw。

4. 1. 14. 3　残留标志物：卡拉洛尔（carazolol）。

4. 1. 14. 4　最大残留限量：应符合表 14 的规定。

表 14

动物种类	靶组织	残留限量，μg/kg
猪	肌肉	5
	皮	5
	脂肪	5
	肝	25
	肾	25

4. 1. 15　头孢氨苄（cefalexin）

4. 1. 15. 1　兽药分类：头孢菌素类抗生素。

4. 1. 15. 2　ADI：0 μg/kg bw～54. 4 μg/kg bw。

4. 1. 15. 3　残留标志物：头孢氨苄（cefalexin）。

4. 1. 15. 4　最大残留限量：应符合表 15 的规定。

表 15

动物种类	靶组织	残留限量，μg/kg
牛	肌肉	200
	脂肪	200
	肝	200
	肾	1 000
	奶	100

4. 1. 16　头孢喹肟（cefquinome）

4. 1. 16. 1　兽药分类：头孢菌素类抗生素。

4. 1. 16. 2　ADI：0 μg/kg bw～3. 8 μg/kg bw。

4. 1. 16. 3　残留标志物：头孢喹肟（cefquinome）。

4. 1. 16. 4　最大残留限量：应符合表 16 的规定。

表 16

动物种类	靶组织	残留限量，μg/kg
牛、猪	肌肉	50
	脂肪	50
	肝	100
	肾	200
牛	奶	20

4.1.17　头孢噻呋（ceftiofur）

4.1.17.1　兽药分类：头孢菌素类抗生素。

4.1.17.2　ADI：0 μg/kg bw～50 μg/kg bw。

4.1.17.3　残留标志物：去呋喃甲酰基头孢噻呋（desfuroylceftiofur）。

4.1.17.4　最大残留限量：应符合表 17 的规定。

表 17

动物种类	靶组织	残留限量，μg/kg
牛、猪	肌肉	1 000
	脂肪	2 000
	肝	2 000
	肾	6 000
牛	奶	100

4.1.18　克拉维酸（clavulanic acid）

4.1.18.1　兽药分类：β-内酰胺酶抑制剂。

4.1.18.2　ADI：0 μg/kg bw～50 μg/kg bw。

4.1.18.3　残留标志物：克拉维酸（clavulanic acid）。

4.1.18.4　最大残留限量：应符合表 18 的规定。

表 18

动物种类	靶组织	残留限量，μg/kg
牛、猪	肌肉	100
	脂肪	100
	肝	200
	肾	400
牛	奶	200

4.1.19　氯羟吡啶（clopidol）

4.1.19.1　兽药分类：抗球虫药。

4.1.19.2　残留标志物：氯羟吡啶（clopidol）。

4.1.19.3　最大残留限量：应符合表 19 的规定。

表 19

动物种类	靶组织	残留限量，μg/kg
牛、羊	肌肉	200
	肝	1 500
	肾	3 000
	奶	20
猪	可食组织	200
鸡、火鸡	肌肉	5 000
	肝	15 000
	肾	15 000

4.1.20　氯氰碘柳胺（closantel）

4.1.20.1　兽药分类：抗吸虫药。

4.1.20.2　ADI：0 μg/kg bw～30 μg/kg bw。

4.1.20.3　残留标志物：氯氰碘柳胺（closantel）。

4.1.20.4　最大残留限量：应符合表 20 的规定。

表 20

动物种类	靶组织	残留限量，μg/kg
牛	肌肉	1 000
	脂肪	3 000
	肝	1 000
	肾	3 000

（续）

动物种类	靶组织	残留限量，μg/kg
羊	肌肉	1 500
	脂肪	2 000
	肝	1 500
	肾	5 000
牛、羊	奶	45

4.1.21 氯唑西林（cloxacillin）

4.1.21.1 兽药分类：β-内酰胺类抗生素。

4.1.21.2 ADI：0 μg/kg bw～200 μg/kg bw。

4.1.21.3 残留标志物：氯唑西林（cloxacillin）。

4.1.21.4 最大残留限量：应符合表 21 的规定。

表 21

动物种类	靶组织	残留限量，μg/kg
所有食品动物（产蛋期禁用）	肌肉	300
	脂肪	300
	肝	300
	肾	300
	奶	30
鱼	皮+肉	300

4.1.22 黏菌素（colistin）

4.1.22.1 兽药分类：多肽类抗生素。

4.1.22.2 ADI：0 μg/kg bw～7 μg/kg bw。

4.1.22.3 残留标志物：黏菌素 A 与黏菌素 B 之和（sum of colistin A and colistin B）。

4.1.22.4 最大残留限量：应符合表 22 的规定。

表 22

动物种类	靶组织	残留限量，μg/kg
牛、羊、猪、兔	肌肉	150
	脂肪	150
	肝	150
	肾	200
鸡、火鸡	肌肉	150
	皮+脂	150
	肝	150
	肾	200
鸡	蛋	300
牛、羊	奶	50

4.1.23 氟氯氰菊酯（cyfluthrin）

4.1.23.1 兽药分类：杀虫药。

4.1.23.2 ADI：0 μg/kg bw～20 μg/kg bw。

4.1.23.3 残留标志物：氟氯氰菊酯（cyfluthrin）。

4.1.23.4 最大残留限量：应符合表 23 的规定。

表 23

动物种类	靶组织	残留限量，μg/kg
牛	肌肉	20
	脂肪	200
	肝	20
	肾	20
	奶	40

4.1.24 三氟氯氰菊酯（cyhalothrin）

4.1.24.1 兽药分类：杀虫药。

4.1.24.2 ADI：0 μg/kg bw～5 μg/kg bw。

4.1.24.3 残留标志物：三氟氯氰菊酯（cyhalothrin）。

4.1.24.4 最大残留限量：应符合表24的规定。

表24

动物种类	靶组织	残留限量，μg/kg
牛、猪	肌肉	20
	脂肪	400
	肝	20
	肾	20
牛	奶	30
绵羊	肌肉	20
	脂肪	400
	肝	50
	肾	20

4.1.25 氯氰菊酯、α-氯氰菊酯（cypermethrin and alpha-cypermethrin）

4.1.25.1 兽药分类：杀虫药。

4.1.25.2 ADI：0 μg/kg bw～20 μg/kg bw。

4.1.25.3 残留标志物：氯氰菊酯总和［total of cypermethrin residues（resulting from the use of cypermethrin or alpha-cypermethrin as veterinary drugs）］。

4.1.25.4 最大残留限量：应符合表25的规定。

表25

动物种类	靶组织	残留限量，μg/kg
牛、绵羊	肌肉	50
	脂肪	1 000
	肝	50
	肾	50
牛	奶	100
鱼	皮+肉	50

4.1.26 环丙氨嗪（cyromazine）

4.1.26.1 兽药分类：杀虫药。

4.1.26.2 ADI：0 μg/kg bw～20 μg/kg bw。

4.1.26.3 残留标志物：环丙氨嗪（cyromazine）。

4.1.26.4 最大残留限量：应符合表26的规定。

表26

动物种类	靶组织	残留限量，μg/kg
羊（泌乳期禁用）	肌肉	300
	脂肪	300
	肝	300
	肾	300
家禽	肌肉	50
	脂肪	50
	副产品	50

4.1.27 达氟沙星（danofloxacin）

4.1.27.1 兽药分类：喹诺酮类合成抗菌药。

4.1.27.2 ADI：0 μg/kg bw～20 μg/kg bw。

4.1.27.3 残留标志物：达氟沙星（danofloxacin）。

4.1.27.4 最大残留限量：应符合表27的规定。

表 27

动物种类	靶组织	残留限量，μg/kg
牛、羊	肌肉	200
	脂肪	100
	肝	400
	肾	400
	奶	30
家禽（产蛋期禁用）	肌肉	200
	脂肪	100
	肝	400
	肾	400
猪	肌肉	100
	脂肪	100
	肝	50
	肾	200
鱼	皮+肉	100

4.1.28 癸氧喹酯（decoquinate）

4.1.28.1 兽药分类：抗球虫药。

4.1.28.2 ADI：0 μg/kg bw～75 μg/kg bw。

4.1.28.3 残留标志物：癸氧喹酯（decoquinate）。

4.1.28.4 最大残留限量：应符合表 28 的规定。

表 28

动物种类	靶组织	残留限量，μg/kg
鸡	肌肉	1 000
	可食组织	2 000

4.1.29 溴氰菊酯（deltamethrin）

4.1.29.1 兽药分类：杀虫药。

4.1.29.2 ADI：0 μg/kg bw～10 μg/kg bw。

4.1.29.3 残留标志物：溴氰菊酯（deltamethrin）。

4.1.29.4 最大残留限量：应符合表 29 的规定。

表 29

动物种类	靶组织	残留限量，μg/kg
牛、羊	肌肉	30
	脂肪	500
	肝	50
	肾	50
牛	奶	30
鸡	肌肉	30
	皮+脂	500
	肝	50
	肾	50
	蛋	30
鱼	皮+肉	30

4.1.30 越霉素 A（destomycin A）

4.1.30.1 兽药分类：抗线虫药。

4.1.30.2 残留标志物：越霉素 A（destomycin A）。

4.1.30.3 最大残留限量：应符合表 30 的规定。

表 30

动物种类	靶组织	残留限量，μg/kg
猪、鸡	可食组织	2 000

4.1.31　地塞米松（dexamethasone）

4.1.31.1　兽药分类：糖皮质激素类药。

4.1.31.2　ADI：0 μg/kg bw～0.015 μg/kg bw。

4.1.31.3　残留标志物：地塞米松（dexamethasone）。

4.1.31.4　最大残留限量：应符合表31的规定。

表31

动物种类	靶组织	残留限量，μg/kg
牛、猪、马	肌肉	1.0
	肝	2.0
	肾	1.0
牛	奶	0.3

4.1.32　二嗪农（diazinon）

4.1.32.1　兽药分类：杀虫药。

4.1.32.2　ADI：0 μg/kg bw～2 μg/kg bw。

4.1.32.3　残留标志物：二嗪农（diazinon）。

4.1.32.4　最大残留限量：应符合表32的规定。

表32

动物种类	靶组织	残留限量，μg/kg
牛、羊	奶	20
牛、猪、羊	肌肉	20
	脂肪	700
	肝	20
	肾	20

4.1.33　敌敌畏（dichlorvos）

4.1.33.1　兽药分类：杀虫药。

4.1.33.2　ADI：0 μg/kg bw～4 μg/kg bw。

4.1.33.3　残留标志物：敌敌畏（dichlorvos）。

4.1.33.4　最大残留限量：应符合表33的规定。

表33

动物种类	靶组织	残留限量，μg/kg
猪	肌肉	100
	脂肪	100
	副产品	100

4.1.34　地克珠利（diclazuril）

4.1.34.1　兽药分类：抗球虫药。

4.1.34.2　ADI：0 μg/kg bw～30 μg/kg bw。

4.1.34.3　残留标志物：地克珠利（diclazuril）。

4.1.34.4　最大残留限量：应符合表34的规定。

表34

动物种类	靶组织	残留限量，μg/kg
绵羊、兔	肌肉	500
	脂肪	1 000
	肝	3 000
	肾	2 000
家禽（产蛋期禁用）	肌肉	500
	皮＋脂	1 000
	肝	3 000
	肾	2 000

4.1.35 地昔尼尔（dicyclanil）

4.1.35.1 兽药分类：驱虫药。

4.1.35.2 ADI：0 μg/kg bw～7 μg/kg bw。

4.1.35.3 残留标志物：地昔尼尔（dicyclanil）。

4.1.35.4 最大残留限量：应符合表 35 的规定。

表 35

动物种类	靶组织	残留限量，μg/kg
绵羊	肌肉	150
	脂肪	200
	肝	125
	肾	125

4.1.36 二氟沙星（difloxacin）

4.1.36.1 兽药分类：喹诺酮类合成抗菌药。

4.1.36.2 ADI：0 μg/kg bw～10 μg/kg bw。

4.1.36.3 残留标志物：二氟沙星（difloxacin）。

4.1.36.4 最大残留限量：应符合表 36 的规定。

表 36

动物种类	靶组织	残留限量，μg/kg
牛、羊（泌乳期禁用）	肌肉	400
	脂肪	100
	肝	1 400
	肾	800
猪	肌肉	400
	脂肪	100
	肝	800
	肾	800
家禽（产蛋期禁用）	肌肉	300
	皮＋脂	400
	肝	1 900
	肾	600
其他动物	肌肉	300
	脂肪	100
	肝	800
	肾	600
鱼	皮＋肉	300

4.1.37 三氮脒（diminazene）

4.1.37.1 兽药分类：抗锥虫药。

4.1.37.2 ADI：0 μg/kg bw～100 μg/kg bw。

4.1.37.3 残留标志物：三氮脒（diminazene）。

4.1.37.4 最大残留限量：应符合表 37 的规定。

表 37

动物种类	靶组织	残留限量，μg/kg
牛	肌肉	500
	肝	12 000
	肾	6 000
	奶	150

4.1.38 二硝托胺（dinitolmide）

4.1.38.1 兽药分类：抗球虫药。

4.1.38.2 残留标志物：二硝托胺及其代谢物（dinitolmide and its metabolite 3-amino-5-nitro-o-toluamide）。

4.1.38.3 最大残留限量：应符合表 38 的规定。

表 38

动物种类	靶组织	残留限量，μg/kg
鸡	肌肉	3 000
	脂肪	2 000
	肝	6 000
	肾	6 000
火鸡	肌肉	3 000
	肝	3 000

4.1.39　多拉菌素（doramectin）

4.1.39.1　兽药分类：抗线虫药。

4.1.39.2　ADI：0 μg/kg bw～1 μg/kg bw。

4.1.39.3　残留标志物：多拉菌素（doramectin）。

4.1.39.4　最大残留限量：应符合表 39 的规定。

表 39

动物种类	靶组织	残留限量，μg/kg
牛	肌肉	10
	脂肪	150
	肝	100
	肾	30
	奶	15
羊	肌肉	40
	脂肪	150
	肝	100
	肾	60
猪	肌肉	5
	脂肪	150
	肝	100
	肾	30

4.1.40　多西环素（doxycycline）

4.1.40.1　兽药分类：四环素类抗生素。

4.1.40.2　ADI：0 μg/kg bw～3 μg/kg bw。

4.1.40.3　残留标志物：多西环素（doxycycline）。

4.1.40.4　最大残留限量：应符合表 40 的规定。

表 40

动物种类	靶组织	残留限量，μg/kg
牛（泌乳期禁用）	肌肉	100
	脂肪	300
	肝	300
	肾	600
猪	肌肉	100
	皮+脂	300
	肝	300
	肾	600
家禽（产蛋期禁用）	肌肉	100
	皮+脂	300
	肝	300
	肾	600
鱼	皮+肉	100

4.1.41　恩诺沙星（enrofloxacin）

4.1.41.1 兽药分类：喹诺酮类合成抗菌药。

4.1.41.2 ADI：0 μg/kg bw～6.2 μg/kg bw。

4.1.41.3 残留标志物：恩诺沙星与环丙沙星之和（sum of enrofloxacin and ciprofloxacin）。

4.1.41.4 最大残留限量：应符合表 41 的规定。

表 41

动物种类	靶组织	残留限量，μg/kg
牛、羊	肌肉	100
	脂肪	100
	肝	300
	肾	200
	奶	100
猪、兔	肌肉	100
	脂肪	100
	肝	200
	肾	300
家禽（产蛋期禁用）	肌肉	100
	皮＋脂	100
	肝	200
	肾	300
其他动物	肌肉	100
	脂肪	100
	肝	200
	肾	200
鱼	皮＋肉	100

4.1.42 乙酰氨基阿维菌素（eprinomectin）

4.1.42.1 兽药分类：抗线虫药。

4.1.42.2 ADI：0 μg/kg bw～10 μg/kg bw。

4.1.42.3 残留标志物：乙酰氨基阿维菌素 B_{1a}（eprinomectin B_{1a}）。

4.1.42.4 最大残留限量：应符合表 42 的规定。

表 42

动物种类	靶组织	残留限量，μg/kg
牛	肌肉	100
	脂肪	250
	肝	2000
	肾	300
	奶	20

4.1.43 红霉素（erythromycin）

4.1.43.1 兽药分类：大环内酯类抗生素。

4.1.43.2 ADI：0 μg/kg bw～0.7 μg/kg bw。

4.1.43.3 残留标志物：红霉素 A（erythromycin A）。

4.1.43.4 最大残留限量：应符合表 43 的规定。

表 43

动物种类	靶组织	残留限量，μg/kg
鸡、火鸡	肌肉	100
	脂肪	100
	肝	100
	肾	100
鸡	蛋	50

（续）

动物种类	靶组织	残留限量，μg/kg
其他动物	肌肉	200
	脂肪	200
	肝	200
	肾	200
	奶	40
	蛋	150
鱼	皮+肉	200

4.1.44　乙氧酰胺苯甲酯（ethopabate）

4.1.44.1　兽药分类：抗球虫药。

4.1.44.2　残留标志物：metaphenetidine。

4.1.44.3　最大残留限量：应符合表44的规定。

表44

动物种类	靶组织	残留限量，μg/kg
鸡	肌肉	500
	肝	1 500
	肾	1 500

4.1.45　非班太尔、芬苯达唑、奥芬达唑（febantel，fenbendazole，oxfendazole）

4.1.45.1　兽药分类：抗线虫药。

4.1.45.2　ADI：0 μg/kg bw～7 μg/kg bw。

4.1.45.3　残留标志物：芬苯达唑、奥芬达唑和奥芬达唑砜的总和，以奥芬达唑砜等效物表示（sum of fenbendazole，oxfendazole and oxfendazole suphone，expressed as oxfendazole sulphone equivalents）。

4.1.45.4　最大残留限量：应符合表45的规定。

表45

动物种类	靶组织	残留限量，μg/kg
牛、羊、猪、马	肌肉	100
	脂肪	100
	肝	500
	肾	100
牛、羊	奶	100
家禽	肌肉	50（仅芬苯达唑）
	皮+脂	50（仅芬苯达唑）
	肝	500（仅芬苯达唑）
	肾	50（仅芬苯达唑）
	蛋	1300（仅芬苯达唑）

4.1.46　倍硫磷（fenthion）

4.1.46.1　兽药分类：杀虫药。

4.1.46.2　ADI：0 μg/kg bw～7 μg/kg bw。

4.1.46.3　残留标志物：倍硫磷及代谢产物（fenthion and metabolites）。

4.1.46.4　最大残留限量：应符合表46的规定。

表46

动物种类	靶组织	残留限量，μg/kg
牛、猪、家禽	肌肉	100
	脂肪	100
	副产品	100

4.1.47　氰戊菊酯（fenvalerate）

255

4.1.47.1　兽药分类：杀虫药。

4.1.47.2　ADI：0 μg/kg bw～20 μg/kg bw。

4.1.47.3　残留标志物：氰戊菊酯异构体之和 [fenvalerate（sum of RR，SS，RS and SR isomers）]。

4.1.47.4　最大残留限量：应符合表 47 的规定。

表 47

动物种类	靶组织	残留限量，μg/kg
牛	肌肉	25
	脂肪	250
	肝	25
	肾	25
	奶	40

4.1.48　氟苯尼考（florfenicol）

4.1.48.1　兽药分类：酰胺醇类抗生素。

4.1.48.2　ADI：0 μg/kg bw～3 μg/kg bw。

4.1.48.3　残留标志物：氟苯尼考与氟苯尼考胺之和（sum of florfenicol and florfenicol-amine）。

4.1.48.4　最大残留限量：应符合表 48 的规定。

表 48

动物种类	靶组织	残留限量，μg/kg
牛、羊（泌乳期禁用）	肌肉	200
	肝	3 000
	肾	300
猪	肌肉	300
	皮+脂	500
	肝	2 000
	肾	500
家禽（产蛋期禁用）	肌肉	100
	皮+脂	200
	肝	2 500
	肾	750
其他动物	肌肉	100
	脂肪	200
	肝	2 000
	肾	300
鱼	皮+肉	1 000

4.1.49　氟佐隆（fluazuron）

4.1.49.1　兽药分类：驱虫药。

4.1.49.2　ADI：0 μg/kg bw～40 μg/kg bw。

4.1.49.3　残留标志物：氟佐隆（fluazuron）。

4.1.49.4　最大残留限量：应符合表 49 的规定。

表 49

动物种类	靶组织	残留限量，μg/kg
牛	肌肉	200
	脂肪	7 000
	肝	500
	肾	500

4.1.50　氟苯达唑（flubendazole）

4.1.50.1　兽药分类：抗线虫药。

4.1.50.2　ADI：0 μg/kg bw～12 μg/kg bw。

4.1.50.3　残留标志物：氟苯达唑（flubendazole）。

4.1.50.4　最大残留限量：应符合表 50 的规定。

表 50

动物种类	靶组织	残留限量，μg/kg
猪	肌肉	10
	肝	10
家禽	肌肉	200
	肝	500
	蛋	400

4.1.51　醋酸氟孕酮（flugestone acetate）

4.1.51.1　兽药分类：性激素类药。

4.1.51.2　ADI：0 μg/kg bw～0.03 μg/kg bw。

4.1.51.3　残留标志物：醋酸氟孕酮（flugestone acetate）。

4.1.51.4　最大残留限量：应符合表 51 的规定。

表 51

动物种类	靶组织	残留限量，μg/kg
羊	肌肉	0.5
	脂肪	0.5
	肝	0.5
	肾	0.5
	奶	1

4.1.52　氟甲喹（flumequine）

4.1.52.1　兽药分类：喹诺酮类合成抗菌药。

4.1.52.2　ADI：0 μg/kg bw～30 μg/kg bw。

4.1.52.3　残留标志物：氟甲喹（flumequine）。

4.1.52.4　最大残留限量：应符合表 52 的规定。

表 52

动物种类	靶组织	残留限量，μg/kg
牛、羊、猪	肌肉	500
	脂肪	1 000
	肝	500
	肾	3 000
牛、羊	奶	50
鸡（产蛋期禁用）	肌肉	500
	皮+脂	1 000
	肝	500
	肾	3 000
鱼	皮+肉	500

4.1.53　氟氯苯氰菊酯（flumethrin）

4.1.53.1　兽药分类：杀虫药。

4.1.53.2　ADI：0 μg/kg bw～1.8 μg/kg bw。

4.1.53.3　残留标志物：氟氯苯氰菊酯［flumethrin（sum of trans-Z-isomers）］。

4.1.53.4　最大残留限量：应符合表 53 的规定。

表 53

动物种类	靶组织	残留限量，μg/kg
牛	肌肉	10
	脂肪	150
	肝	20
	肾	10
	奶	30

(续)

动物种类	靶组织	残留限量，μg/kg
羊（泌乳期禁用）	肌肉	10
	脂肪	150
	肝	20
	肾	10

4.1.54 氟胺氰菊酯（fluvalinate）

4.1.54.1 兽药分类：杀虫药。

4.1.54.2 ADI：0 μg/kg bw～0.5 μg/kg bw。

4.1.54.3 残留标志物：氟胺氰菊酯（fluvalinate）。

4.1.54.4 最大残留限量：应符合表54的规定。

表54

动物种类	靶组织	残留限量，μg/kg
所有食品动物	肌肉	10
	脂肪	10
	副产品	10
蜜蜂	蜂蜜	50

4.1.55 庆大霉素（gentamicin）

4.1.55.1 兽药分类：氨基糖苷类抗生素。

4.1.55.2 ADI：0 μg/kg bw～20 μg/kg bw。

4.1.55.3 残留标志物：庆大霉素（gentamicin）。

4.1.55.4 最大残留限量：应符合表55的规定。

表55

动物种类	靶组织	残留限量，μg/kg
牛、猪	肌肉	100
	脂肪	100
	肝	2 000
	肾	5 000
牛	奶	200
鸡、火鸡	可食组织	100

4.1.56 常山酮（halofuginone）

4.1.56.1 兽药分类：抗球虫药。

4.1.56.2 ADI：0 μg/kg bw～0.3 μg/kg bw。

4.1.56.3 残留标志物：常山酮（halofuginone）。

4.1.56.4 最大残留限量：应符合表56的规定。

表56

动物种类	靶组织	残留限量，μg/kg
牛（泌乳期禁用）	肌肉	10
	脂肪	25
	肝	30
	肾	30
鸡、火鸡	肌肉	100
	皮＋脂	200
	肝	130

4.1.57 咪多卡（imidocarb）

4.1.57.1 兽药分类：抗梨形虫药。

4.1.57.2 ADI：0 μg/kg bw～10 μg/kg bw。

4.1.57.3 残留标志物：咪多卡（imidocarb）。

4.1.57.4 最大残留限量：应符合表 57 的规定。

表 57

动物种类	靶组织	残留限量，μg/kg
牛	肌肉	300
	脂肪	50
	肝	1 500
	肾	2 000
	奶	50

4.1.58 氮氨菲啶（isometamidium）

4.1.58.1 兽药分类：抗锥虫药。

4.1.58.2 ADI：0 μg/kg bw～100 μg/kg bw。

4.1.58.3 残留标志物：氮氨菲啶（isometamidium）。

4.1.58.4 最大残留限量：应符合表 58 的规定。

表 58

动物种类	靶组织	残留限量，μg/kg
牛	肌肉	100
	脂肪	100
	肝	500
	肾	1 000
	奶	100

4.1.59 伊维菌素（ivermectin）

4.1.59.1 兽药分类：抗线虫药。

4.1.59.2 ADI：0 μg/kg bw～10 μg/kg bw。

4.1.59.3 残留标志物：22，23-二氢阿维菌素 B_{1a} ［22，23-dihydro-avermectin B_{1a}（H_2B_{1a}）］。

4.1.59.4 最大残留限量：应符合表 59 的规定。

表 59

动物种类	靶组织	残留限量，μg/kg
牛	肌肉	30
	脂肪	100
	肝	100
	肾	30
	奶	10
猪、羊	肌肉	30
	脂肪	100
	肝	100
	肾	30

4.1.60 卡那霉素（kanamycin）

4.1.60.1 兽药分类：氨基糖苷类抗生素。

4.1.60.2 ADI：0 μg/kg bw～8 μg/kg bw，微生物学 ADI。

4.1.60.3 残留标示物：卡那霉素 A（kanamycin A）。

4.1.60.4 最大残留限量：应符合表 60 的规定。

表 60

动物种类	靶组织	残留限量，µg/kg
所有食品动物（产蛋期禁用，不包括鱼）	肌肉	100
	皮+脂	100
	肝	600
	肾	2 500
	奶	150

4.1.61 吉他霉素（kitasamycin）

4.1.61.1 兽药分类：大环内酯类抗生素。

4.1.61.2 ADI：0 µg/kg bw～500 µg/kg bw。

4.1.61.3 残留标志物：吉他霉素（kitasamycin）。

4.1.61.4 最大残留限量：应符合表 61 的规定。

表 61

动物种类	靶组织	残留限量，µg/kg
猪、家禽	肌肉	200
	肝	200
	肾	200
	可食下水	200

4.1.62 拉沙洛西（lasalocid）

4.1.62.1 兽药分类：抗球虫药。

4.1.62.2 ADI：0 µg/kg bw～10 µg/kg bw。

4.1.62.3 残留标志物：拉沙洛西（lasalocid）。

4.1.62.4 最大残留限量：应符合表 62 的规定。

表 62

动物种类	靶组织	残留限量，µg/kg
牛	肝	700
鸡	皮+脂	1 200
	肝	400
火鸡	皮+脂	400
	肝	400
羊	肝	1 000
兔	肝	700

4.1.63 左旋咪唑（levamisole）

4.1.63.1 兽药分类：抗线虫药。

4.1.63.2 ADI：0 µg/kg bw～6 µg/kg bw。

4.1.63.3 残留标志物：左旋咪唑（levamisole）。

4.1.63.4 最大残留限量：应符合表 63 的规定。

表 63

动物种类	靶组织	残留限量，µg/kg
牛、羊、猪、家禽（泌乳期禁用、产蛋期禁用）	肌肉	10
	脂肪	10
	肝	100
	肾	10

4.1.64 林可霉素（lincomycin）

4.1.64.1 兽药分类：林可胺类抗生素。

4.1.64.2 ADI：0 µg/kg bw～30 µg/kg bw。

4.1.64.3 残留标志物：林可霉素（lincomycin）。

260

4.1.64.4 最大残留限量：应符合表 64 的规定。

表 64

动物种类	靶组织	残留限量，μg/kg
牛、羊	肌肉	100
	脂肪	50
	肝	500
	肾	1 500
	奶	150
猪	肌肉	200
	脂肪	100
	肝	500
	肾	1 500
家禽	肌肉	200
	脂肪	100
	肝	500
	肾	500
鸡	蛋	50
鱼	皮+肉	100

4.1.65　马度米星铵（maduramicin ammonium）

4.1.65.1　兽药分类：抗球虫药。

4.1.65.2　ADI：0 μg/kg bw～1 μg/kg bw。

4.1.65.3　残留标志物：马度米星铵（maduramicin ammonium）。

4.1.65.4　最大残留限量：应符合表 65 的规定。

表 65

动物种类	靶组织	残留限量，μg/kg
鸡	肌肉	240
	脂肪	480
	皮	480
	肝	720

4.1.66　马拉硫磷（malathion）

4.1.66.1　兽药分类：杀虫药。

4.1.66.2　ADI：0 μg/kg bw～300 μg/kg bw。

4.1.66.3　残留标志物：马拉硫磷（malathion）。

4.1.66.4　最大残留限量：应符合表 66 的规定。

表 66

动物种类	靶组织	残留限量，μg/kg
牛、羊、猪、家禽、马	肌肉	4 000
	脂肪	4 000
	副产品	4 000

4.1.67　甲苯咪唑（mebendazole）

4.1.67.1　兽药分类：抗线虫药。

4.1.67.2　ADI：0 μg/kg bw～12.5 μg/kg bw。

4.1.67.3　残留标志物：甲苯咪唑等效物总和（sum of mebendazole methyl [5-（1-hydroxy, 1-phenyl) methyl-1H-benzimidazol-2-yl] carbamate and (2-amino-1H-benzi-midazol-5-yl) phenylme-thanon epressed as mebendazole equivalents）。

4.1.67.4　最大残留限量：应符合表 67 的规定。

表 67

动物种类	靶组织	残留限量，μg/kg
羊、马（泌乳期禁用）	肌肉	60
	脂肪	60
	肝	400
	肾	60

4.1.68　安乃近（metamizole）

4.1.68.1　兽药分类：解热镇痛抗炎药。

4.1.68.2　ADI：0 μg/kg bw～10 μg/kg bw。

4.1.68.3　残留标志物：4-氨甲基-安替比林（4-aminomethyl-antipyrine）。

4.1.68.4　最大残留限量：应符合表 68 的规定。

表 68

动物种类	靶组织	残留限量，μg/kg
牛、羊、猪、马	肌肉	100
	脂肪	100
	肝	100
	肾	100
牛、羊	奶	50

4.1.69　莫能菌素（monensin）

4.1.69.1　兽药分类：抗球虫药。

4.1.69.2　ADI：0 μg/kg bw～10 μg/kg bw。

4.1.69.3　残留标志物：莫能菌素（monensin）。

4.1.69.4　最大残留限量：应符合表 69 的规定。

表 69

动物种类	靶组织	残留限量，μg/kg
牛、羊	肌肉	10
	脂肪	100
	肾	10
羊	肝	20
牛	肝	100
	奶	2
鸡、火鸡、鹌鹑	肌肉	10
	脂肪	100
	肝	10
	肾	10

4.1.70　莫昔克丁（moxidectin）

4.1.70.1　兽药分类：抗线虫药。

4.1.70.2　ADI：0 μg/kg bw～2 μg/kg bw。

4.1.70.3　残留标志物：莫昔克丁（moxidectin）。

4.1.70.4　最大残留限量：应符合表 70 的规定。

表 70

动物种类	靶组织	残留限量，μg/kg
牛	肌肉	20
	脂肪	500
	肝	100
	肾	50

（续）

动物种类	靶组织	残留限量，μg/kg
绵羊	肌肉	50
	脂肪	500
	肝	100
	肾	50
牛、绵羊	奶	40
鹿	肌肉	20
	脂肪	500
	肝	100
	肾	50

4.1.71　甲基盐霉素（narasin）

4.1.71.1　兽药分类：抗球虫药。

4.1.71.2　ADI：0 μg/kg bw～5 μg/kg bw。

4.1.71.3　残留标志物：甲基盐霉素 A（narasin A）。

4.1.71.4　最大残留限量：应符合表 71 的规定。

表 71

动物种类	靶组织	残留限量，μg/kg
牛、猪	肌肉	15
	脂肪	50
	肝	50
	肾	15
鸡	肌肉	15
	皮+脂	50
	肝	50
	肾	15

4.1.72　新霉素（neomycin）

4.1.72.1　兽药分类：氨基糖苷类抗生素。

4.1.72.2　ADI：0 μg/kg bw～60 μg/kg bw。

4.1.72.3　残留标志物：新霉素 B（neomycin B）。

4.1.72.4　最大残留限量：应符合表 72 的规定。

表 72

动物种类	靶组织	残留限量，μg/kg
所有食品动物	肌肉	500
	脂肪	500
	肝	5 500
	肾	9 000
	奶	1 500
	蛋	500
鱼	皮+肉	500

4.1.73　尼卡巴嗪（nicarbazin）

4.1.73.1　兽药分类：抗球虫药。

4.1.73.2　ADI：0 μg/kg bw～400 μg/kg bw。

4.1.73.3　残留标志物：4，4-二硝基均二苯脲［N，N'-bis-（4-nitrophenyl）urea］。

4.1.73.4　最大残留限量：应符合表 73 的规定。

表 73

动物种类	靶组织	残留限量，μg/kg
鸡	肌肉	200
	皮+脂	200
	肝	200
	肾	200

4.1.74　硝碘酚腈（nitroxinil）

4.1.74.1　兽药分类：抗吸虫药。

4.1.74.2　ADI：0 μg/kg bw～5 μg/kg bw。

4.1.74.3　残留标志物：硝碘酚腈（nitroxinil）。

4.1.74.4　最大残留限量：应符合表 74 的规定。

表 74

动物种类	靶组织	残留限量，μg/kg
牛、羊	肌肉	400
	脂肪	200
	肝	20
	肾	400
	奶	20

4.1.75　喹乙醇（olaquindox）

4.1.75.1　兽药分类：合成抗菌药。

4.1.75.2　ADI：0 μg/kg bw～3 μg/kg bw。

4.1.75.3　残留标志物：3-甲基喹噁啉-2-羧酸（3-methyl-quinoxaline-2-carboxylic acid，MQCA）。

4.1.75.4　最大残留限量：应符合表 75 的规定。

表 75

动物种类	靶组织	残留限量，μg/kg
猪	肌肉	4
	肝	50

4.1.76　苯唑西林（oxacillin）

4.1.76.1　兽药分类：β-内酰胺类抗生素。

4.1.76.2　残留标志物：苯唑西林（oxacillin）。

4.1.76.3　最大残留限量：应符合表 76 的规定。

表 76

动物种类	靶组织	残留限量，μg/kg
所有食品动物（产蛋期禁用）	肌肉	300
	脂肪	300
	肝	300
	肾	300
	奶	30
鱼	皮+肉	300

4.1.77　奥苯达唑（oxibendazole）

4.1.77.1　兽药分类：抗线虫药。

4.1.77.2　ADI：0 μg/kg bw～60 μg/kg bw。

4.1.77.3　残留标志物：奥苯达唑（oxibendazole）。

4.1.77.4　最大残留限量：应符合表 77 的规定。

表 77

动物种类	靶组织	残留限量，μg/kg
猪	肌肉	100
	皮+脂	500
	肝	200
	肾	100

4.1.78　噁喹酸（oxolinic acid）

4.1.78.1　兽药分类：喹诺酮类合成抗菌药。

4.1.78.2　ADI：0 μg/kg bw～2.5 μg/kg bw。

4.1.78.3　残留标志物：噁喹酸（oxolinic acid）。

4.1.78.4　最大残留限量：应符合表 78 的规定。

表 78

动物种类	靶组织	残留限量，μg/kg
牛、猪、鸡（产蛋期禁用）	肌肉	100
	脂肪	50
	肝	150
	肾	150
鱼	皮+肉	100

4.1.79　土霉素、金霉素、四环素（oxytetracycline，chlortetracycline，tetracycline）

4.1.79.1　兽药分类：四环素类抗生素。

4.1.79.2　ADI：0 μg/kg bw～30 μg/kg bw。

4.1.79.3　残留标志物：土霉素、金霉素、四环素单个或组合（oxytetracycline，chlortetracycline，tetracycline，parent drugs，singly or in combination）。

4.1.79.4　最大残留限量：应符合表 79 的规定。

表 79

动物种类	靶组织	残留限量，μg/kg
牛、羊、猪、家禽	肌肉	200
	肝	600
	肾	1 200
牛、羊	奶	100
家禽	蛋	400
鱼	皮+肉	200
虾	肌肉	200

4.1.80　辛硫磷（phoxim）

4.1.80.1　兽药分类：杀虫药。

4.1.80.2　ADI：0 μg/kg bw～4 μg/kg bw。

4.1.80.3　残留标志物：辛硫磷（phoxim）。

4.1.80.4　最大残留限量：应符合表 80 的规定。

表 80

动物种类	靶组织	残留限量，μg/kg
猪、羊	肌肉	50
	脂肪	400
	肝	50
	肾	50

4.1.81　哌嗪（piperazine）

4.1.81.1　兽药分类：抗线虫药。

4.1.81.2　ADI：0 μg/kg bw～250 μg/kg bw。

4.1.81.3　残留标志物：哌嗪（piperazine）。

4.1.81.4　最大残留限量：应符合表 81 的规定。

表 81

动物种类	靶组织	残留限量，μg/kg
猪	肌肉	400
	皮＋脂	800
	肝	2 000
	肾	1 000
鸡	蛋	2 000

4.1.82　吡利霉素（pirlimycin）

4.1.82.1　兽药分类：林可胺类抗生素。

4.1.82.2　ADI：0 μg/kg bw～8 μg/kg bw。

4.1.82.3　残留标志物：吡利霉素（pirlimycin）。

4.1.82.4　最大残留限量：应符合表 82 的规定。

表 82

动物种类	靶组织	残留限量，μg/kg
牛	肌肉	100
	脂肪	100
	肝	1 000
	肾	400
	奶	200

4.1.83　巴胺磷（propetamphos）

4.1.83.1　兽药分类：杀虫药。

4.1.83.2　ADI：0 μg/kg bw～0.5 μg/kg bw。

4.1.83.3　残留标志物：巴胺磷与脱异丙基巴胺磷之和（sum of residues of propetamphos and desisopropyl-propetamphos）。

4.1.83.4　最大残留限量：应符合表 83 的规定。

表 83

动物种类	靶组织	残留限量，μg/kg
羊（泌乳期禁用）	脂肪	90
	肾	90

4.1.84　碘醚柳胺（rafoxanide）

4.1.84.1　兽药分类：抗吸虫药。

4.1.84.2　ADI：0 μg/kg bw～2 μg/kg bw。

4.1.84.3　残留标志物：碘醚柳胺（rafoxanide）。

4.1.84.4　最大残留限量：应符合表 84 的规定。

表 84

动物种类	靶组织	残留限量，μg/kg
牛	肌肉	30
	脂肪	30
	肝	10
	肾	40

（续）

动物种类	靶组织	残留限量，μg/kg
羊	肌肉	100
	脂肪	250
	肝	150
	肾	150
牛、羊	奶	10

4.1.85 氯苯胍（robenidine）

4.1.85.1 兽药分类：抗球虫药。

4.1.85.2 ADI：0 μg/kg bw～5 μg/kg bw。

4.1.85.3 残留标志物：氯苯胍（robenidine）。

4.1.85.4 最大残留限量：应符合表85的规定。

表85

动物种类	靶组织	残留限量，μg/kg
鸡	皮+脂	200
	其他可食组织	100

4.1.86 盐霉素（salinomycin）

4.1.86.1 兽药分类：抗球虫药。

4.1.86.2 ADI：0 μg/kg bw～5 μg/kg bw。

4.1.86.3 残留标志物：盐霉素（salinomycin）。

4.1.86.4 最大残留限量：应符合表86的规定。

表86

动物种类	靶组织	残留限量，μg/kg
鸡	肌肉	600
	皮+脂	1 200
	肝	1 800

4.1.87 沙拉沙星（sarafloxacin）

4.1.87.1 兽药分类：喹诺酮类合成抗菌药。

4.1.87.2 ADI：0 μg/kg bw～0.3 μg/kg bw。

4.1.87.3 残留标志物：沙拉沙星（sarafloxacin）。

4.1.87.4 最大残留限量：应符合表87的规定。

表87

动物种类	靶组织	残留限量，μg/kg
鸡、火鸡（产蛋期禁用）	肌肉	10
	脂肪	20
	肝	80
	肾	80
鱼	皮+肉	30

4.1.88 赛杜霉素（semduramicin）

4.1.88.1 兽药分类：抗球虫药

4.1.88.2 ADI：0 μg/kg bw～180 μg/kg bw。

4.1.88.3 残留标志物：赛杜霉素（semduramicin）。

4.1.88.4 最大残留限量：应符合表88的规定。

表 88

动物种类	靶组织	残留限量，μg/kg
鸡	肌肉	130
	肝	400

4.1.89 大观霉素（spectinomycin）

4.1.89.1 兽药分类：氨基糖苷类抗生素。

4.1.89.2 ADI：0 μg/kg bw～40 μg/kg bw。

4.1.89.3 残留标志物：大观霉素（spectinomycin）。

4.1.89.4 最大残留限量：应符合表 89 的规定。

表 89

动物种类	靶组织	残留限量，μg/kg
牛、羊、猪、鸡	肌肉	500
	脂肪	2 000
	肝	2 000
	肾	5 000
牛	奶	200
鸡	蛋	2 000

4.1.90 螺旋霉素（spiramycin）

4.1.90.1 兽药分类：大环内酯类抗生素。

4.1.90.2 ADI：0 μg/kg bw～50 μg/kg bw。

4.1.90.3 残留标志物：牛、鸡为螺旋霉素和新螺旋霉素总量；猪为螺旋霉素等效物（即抗生素的效价残留）〔cattle and chickens, sum of spiramycin and neospiramycin; pigs, spiramycin equivalents (antimicrobially active residues)〕。

4.1.90.4 最大残留限量：应符合表 90 的规定。

表 90

动物种类	靶组织	残留限量，μg/kg
牛、猪	肌肉	200
	脂肪	300
	肝	600
	肾	300
牛	奶	200
鸡	肌肉	200
	脂肪	300
	肝	600
	肾	800

4.1.91 链霉素、双氢链霉素（streptomycin，dihydrostreptomycin）

4.1.91.1 兽药分类：氨基糖苷类抗生素。

4.1.91.2 ADI：0 μg/kg bw～50 μg/kg bw。

4.1.91.3 残留标志物：链霉素、双氢链霉素总量（sum of streptomycin and dihydrostreptomycin）。

4.1.91.4 最大残留限量：应符合表 91 的规定。

表 91

动物种类	靶组织	残留限量，μg/kg
牛、羊、猪、鸡	肌肉	600
	脂肪	600
	肝	600
	肾	1 000
牛、羊	奶	200

4.1.92 磺胺二甲嘧啶（sulfadimidine）

4.1.92.1 兽药分类：磺胺类合成抗菌药。

4.1.92.2 ADI：0 μg/kg bw～50 μg/kg bw。

4.1.92.3 残留标志物：磺胺二甲嘧啶（sulfadimidine）。

4.1.92.4 最大残留限量：应符合表92的规定。

表92

动物种类	靶组织	残留限量，μg/kg
所有食品动物（产蛋期禁用）	肌肉	100
	脂肪	100
	肝	100
	肾	100
牛	奶	25

4.1.93 磺胺类（sulfonamides）

4.1.93.1 兽药分类：磺胺类合成抗菌药。

4.1.93.2 ADI：0 μg/kg bw～50 μg/kg bw。

4.1.93.3 残留标志物：兽药原型之和（sum of parent drug）。

4.1.93.4 最大残留限量：应符合表93的规定。

表93

动物种类	靶组织	残留限量，μg/kg
所有食品动物（产蛋期禁用）	肌肉	100
	脂肪	100
	肝	100
	肾	100
牛、羊	奶	100（除磺胺二甲嘧啶）
鱼	皮＋肉	100

4.1.94 噻苯达唑（thiabendazole）

4.1.94.1 兽药分类：抗线虫药。

4.1.94.2 ADI：0 μg/kg bw～100 μg/kg bw。

4.1.94.3 残留标志物：噻苯达唑与5-羟基噻苯达唑之和（sum of thiabendazole and 5-hydroxythiabendazole）。

4.1.94.4 最大残留限量：应符合表94的规定。

表94

动物种类	靶组织	残留限量，μg/kg
牛、猪、羊	肌肉	100
	脂肪	100
	肝	100
	肾	100
牛、羊	奶	100

4.1.95 甲砜霉素（thiamphenicol）

4.1.95.1 兽药分类：酰胺醇类抗生素。

4.1.95.2 ADI：0 μg/kg bw～5 μg/kg bw。

4.1.95.3 残留标志物：甲砜霉素（thiamphenicol）。

4.1.95.4 最大残留限量：应符合表95的规定。

表 95

动物种类	靶组织	残留限量，μg/kg
牛、羊、猪	肌肉	50
	脂肪	50
	肝	50
	肾	50
牛	奶	50
家禽（产蛋期禁用）	肌肉	50
	皮＋脂	50
	肝	50
	肾	50
鱼	皮＋肉	50

4.1.96　泰妙菌素（tiamulin）

4.1.96.1　兽药分类：抗生素。

4.1.96.2　ADI：0 μg/kg bw～30 μg/kg bw。

4.1.96.3　残留标志物：可被水解为 8-α-羟基妙林的代谢物总和（sum of metabolites that may be hydrolysed to 8-α-hydroxymutilin）；鸡蛋为泰妙菌素（tiamulin）。

4.1.96.4　最大残留限量：应符合表 96 的规定。

表 96

动物种类	靶组织	残留限量，μg/kg
猪、兔	肌肉	100
	肝	500
鸡	肌肉	100
	皮＋脂	100
	肝	1000
	蛋	1000
火鸡	肌肉	100
	皮＋脂	100
	肝	300

4.1.97　替米考星（tilmicosin）

4.1.97.1　兽药分类：大环内酯类抗生素。

4.1.97.2　ADI：0 μg/kg bw～40 μg/kg bw。

4.1.97.3　残留标志物：替米考星（tilmicosin）。

4.1.97.4　最大残留限量：应符合表 97 的规定。

表 97

动物种类	靶组织	残留限量，μg/kg
牛、羊	肌肉	100
	脂肪	100
	肝	1 000
	肾	300
	奶	50
猪	肌肉	100
	脂肪	100
	肝	1 500
	肾	1 000

（续）

动物种类	靶组织	残留限量，μg/kg
鸡（产蛋期禁用）	肌肉	150
	皮+脂	250
	肝	2 400
	肾	600
火鸡	肌肉	100
	皮+脂	250
	肝	1 400
	肾	1 200

4.1.98　托曲珠利（toltrazuril）

4.1.98.1　兽药分类：抗球虫药。

4.1.98.2　ADI：0 μg/kg bw～2 μg/kg bw。

4.1.98.3　残留标志物：托曲珠利砜（toltrazuril sulfone）

4.1.98.4　最大残留限量：应符合表98的规定。

表98

动物种类	靶组织	残留限量，μg/kg
家禽（产蛋期禁用）	肌肉	100
	皮+脂	200
	肝	600
	肾	400
所有哺乳类食品动物 （泌乳期禁用）	肌肉	100
	脂肪	150
	肝	500
	肾	250

4.1.99　敌百虫（trichlorfon）

4.1.99.1　兽药分类：抗线虫药。

4.1.99.2　ADI：0 μg/kg bw～2 μg/kg bw。

4.1.99.3　残留标志物：敌百虫（trichlorfon）。

4.1.99.4　最大残留限量：应符合表99的规定。

表99

动物种类	靶组织	残留限量，μg/kg
牛	肌肉	50
	脂肪	50
	肝	50
	肾	50
	奶	50

4.1.100　三氯苯达唑（triclabendazole）

4.1.100.1　兽药分类：抗吸虫药。

4.1.100.2　ADI：0 μg/kg bw～3 μg/kg bw。

4.1.100.3　残留标志物：三氯苯达唑酮（ketotriclabnedazole）。

4.1.100.4　最大残留限量：应符合表100的规定。

表 100

动物种类	靶组织	残留限量，μg/kg
牛	肌肉	250
	脂肪	100
	肝	850
	肾	400
羊	肌肉	200
	脂肪	100
	肝	300
	肾	200
牛、羊	奶	10

4.1.101 甲氧苄啶（trimethoprim）

4.1.101.1 兽药分类：抗菌增效剂。

4.1.101.2 ADI：0 μg/kg bw～4.2 μg/kg bw。

4.1.101.3 残留标志物：甲氧苄啶（trimethoprim）。

4.1.101.4 最大残留限量：应符合表101的规定。

表 101

动物种类	靶组织	残留限量，μg/kg
牛	肌肉	50
	脂肪	50
	肝	50
	肾	50
	奶	50
猪、家禽（产蛋期禁用）	肌肉	50
	皮+脂	50
	肝	50
	肾	50
马	肌肉	100
	脂肪	100
	肝	100
	肾	100
鱼	皮+肉	50

4.1.102 泰乐菌素（tylosin）

4.1.102.1 兽药分类：大环内酯类抗生素。

4.1.102.2 ADI：0 μg/kg bw～30 μg/kg bw。

4.1.102.3 残标志物：泰乐菌素 A（tylosin A）。

4.1.102.4 最大残留限量：应符合表102的规定。

表 102

动物种类	靶组织	残留限量，μg/kg
牛、猪、鸡、火鸡	肌肉	100
	脂肪	100
	肝	100
	肾	100
牛	奶	100
鸡	蛋	300

4.1.103 泰万菌素（tylvalosin）

4.1.103.1 兽药分类：大环内酯类抗生素。

4.1.103.2 ADI：0 μg/kg bw～2.07 μg/kg bw。

4.1.103.3 残留标志物：蛋为泰万菌素（tylvalosin）；除蛋外，其他靶组织为泰万菌素和 3-O-乙酰泰乐菌素的总和（sum of tylvalosin and 3-O-acetyltylosin）。

4.1.103.4　最大残留限量：应符合表 103 的规定。

表 103

动物种类	靶组织	残留限量，μg/kg
猪	肌肉	50
	皮+脂	50
	肝	50
	肾	50
家禽	皮+脂	50
	肝	50
	蛋	200

4.1.104　维吉尼亚霉素（virginiamycin）

4.1.104.1　兽药分类：多肽类抗生素。

4.1.104.2　ADI：0 μg/kg bw～250 μg/kg bw。

4.1.104.3　残留标志物：维吉尼亚霉素 M_1（virginiamycin M_1）。

4.1.104.4　最大残留限量：应符合表 104 的规定。

表 104

动物种类	靶组织	残留限量，μg/kg
猪	肌肉	100
	皮	400
	脂肪	400
	肝	300
	肾	400
家禽	肌肉	100
	皮+脂	400
	肝	300
	肾	400

4.2　允许用于食品动物，但不需要制定残留限量的兽药

4.2.1　**醋酸**（acetic acid）

　　动物种类：牛、马。

4.2.2　**安络血**（adrenosem）

　　动物种类：马、牛、羊、猪。

4.2.3　**氢氧化铝**（aluminium hydroxide）

　　动物种类：所有食品动物。

4.2.4　**氯化铵**（ammonium chloride）

　　动物种类：马、牛、羊、猪。

4.2.5　**安普霉素**（apramycin）

4.2.5.1　动物种类：仅作口服用时为兔、绵羊、猪、鸡。

4.2.5.2　其他规定：绵羊为泌乳期禁用，鸡为产蛋期禁用。

4.2.6　**青蒿琥酯**（artesunate）

　　动物种类：牛。

4.2.7　**阿司匹林**（aspirin）

4.2.7.1　动物种类：牛、猪、鸡、马、羊。

4.2.7.2　其他规定：泌乳期禁用，产蛋期禁用。

4.2.8　**阿托品**（atropine）

　　动物种类：所有食品动物。

4.2.9　**甲基吡啶磷**（azamethiphos）

　　动物种类：鲑。

4.2.10 苯扎溴铵（benzalkonium bromide）

  动物种类：所有食品动物。

4.2.11 小檗碱（berberine）

  动物种类：马、牛、羊、猪、驼。

4.2.12 甜菜碱（betaine）

  动物种类：所有食品动物。

4.2.13 碱式碳酸铋（bismuth subcarbonate）

4.2.13.1 动物种类：所有食品动物。

4.2.13.2 其他规定：仅作口服用。

4.2.14 碱式硝酸铋（bismuth subnitrate）

4.2.14.1 动物种类：所有食品动物。

4.2.14.2 其他规定：仅作口服用。

4.2.15 硼砂（borax）

  动物种类：所有食品动物。

4.2.16 硼酸及其盐（boric acid and borates）

  动物种类：所有食品动物。

4.2.17 咖啡因（caffeine）

  动物种类：所有食品动物。

4.2.18 硼葡萄糖酸钙（calcium borogluconate）

  动物种类：所有食品动物。

4.2.19 碳酸钙（calcium carbonate）

  动物种类：所有食品动物。

4.2.20 氯化钙（calcium chloride）

  动物种类：所有食品动物。

4.2.21 葡萄糖酸钙（calcium gluconate）

  动物种类：所有食品动物。

4.2.22 磷酸氢钙（calcium hydrogen phosphate）

  动物种类：马、牛、羊、猪。

4.2.23 次氯酸钙（calcium hypochlorite）

  动物种类：所有食品动物。

4.2.24 泛酸钙（calcium pantothenate）

  动物种类：所有食品动物。

4.2.25 过氧化钙（calcium peroxide）

  动物种类：水产动物。

4.2.26 磷酸钙（calcium phosphate）

  动物种类：所有食品动物。

4.2.27 硫酸钙（calcium sulphate）

  动物种类：所有食品动物。

4.2.28 樟脑（camphor）

4.2.28.1 动物种类：所有食品动物。

4.2.28.2 其他规定：仅作外用。

4.2.29 氯己定（chlorhexidine）

4.2.29.1 动物种类：所有食品动物。

4.2.29.2 其他规定：仅作外用。

4.2.30 含氯石灰（chlorinated lime）

4.2.30.1 动物种类：所有食品动物。

4.2.30.2　其他规定：仅作外用。

4.2.31　亚氯酸钠（chlorite sodium）
　　动物种类：所有食品动物。

4.2.32　氯甲酚（chlorocresol）
　　动物种类：所有食品动物。

4.2.33　胆碱（choline）
　　动物种类：所有食品动物。

4.2.34　枸橼酸（citrate）
　　动物种类：所有食品动物。

4.2.35　氯前列醇（cloprostenol）
　　动物种类：牛、猪、羊、马。

4.2.36　硫酸铜（copper sulfate）
　　动物种类：所有食品动物。

4.2.37　可的松（cortisone）
　　动物种类：马、牛、猪、羊。

4.2.38　甲酚（cresol）
　　动物种类：所有食品动物。

4.2.39　癸甲溴铵（deciquam）
　　动物种类：所有食品动物。

4.2.40　癸氧喹酯（decoquinate）
4.2.40.1　动物种类：牛、绵羊。
4.2.40.2　其他规定：仅口服用，产奶动物禁用。

4.2.41　地克珠利（diclazuril）
4.2.41.1　动物种类：山羊、猪。
4.2.41.2　其他规定：仅口服用。

4.2.42　二巯基丙醇（dimercaprol）
　　动物种类：所有哺乳类食品动物。

4.2.43　二甲硅油（dimethicone）
　　动物种类：牛、羊。

4.2.44　度米芬（domiphen）
4.2.44.1　动物种类：所有食品动物。
4.2.44.2　仅作外用。

4.2.45　干酵母（dried yeast）
　　动物种类：牛、羊、猪。

4.2.46　肾上腺素（epinephrine）
　　动物种类：所有食品动物。

4.2.47　马来酸麦角新碱（ergometrine maleate）
4.2.47.1　动物种类：所有哺乳类食品动物。
4.2.47.2　其他规定：仅用于临产动物。

4.2.48　酚磺乙胺（etamsylate）
　　动物种类：马、牛、羊、猪。

4.2.49　乙醇（ethanol）
4.2.49.1　动物种类：所有食品动物。
4.2.49.2　其他规定：仅作赋型剂用。

4.2.50　硫酸亚铁（ferrous sulphate）
　　动物种类：所有食品动物。

4.2.51 氟氯苯氰菊酯（flumethrin）

4.2.51.1 动物种类：蜜蜂。

4.2.51.2 其他规定：蜂蜜。

4.2.52 氟轻松（fluocinonide）

　　动物种类：所有食品动物。

4.2.53 叶酸（folic acid）

　　动物种类：所有食品动物。

4.2.54 促卵泡激素（各种动物天然 FSH 及其化学合成类似物）〔follicle stimulating hormone（natural FSH from all species and their synthetic analogues）〕

　　动物种类：所有食品动物。

4.2.55 甲醛（formaldehyde）

　　动物种类：所有食品动物。

4.2.56 甲酸（formic acid）

　　动物种类：所有食品动物。

4.2.57 明胶（gelatin）

　　动物种类：所有食品动物。

4.2.58 葡萄糖（glucose）

　　动物种类：马、牛、羊、猪。

4.2.59 戊二醛（glutaraldehyde）

　　动物种类：所有食品动物。

4.2.60 甘油（glycerol）

　　动物种类：所有食品动物。

4.2.61 垂体促性腺激素释放激素（gonadotrophin releasing hormone）

　　动物种类：所有食品动物。

4.2.62 月苄三甲氯铵（halimide）

　　动物种类：所有食品动物。

4.2.63 绒促性素（human chorion gonadotrophin）

　　动物种类：所有食品动物

4.2.64 盐酸（hydrochloric acid）

4.2.64.1 动物种类：所有食品动物。

4.2.64.2 其他规定：仅作赋型剂用。

4.2.65 氢氯噻嗪（hydrochlorothiazide）

　　动物种类：牛。

4.2.66 氢化可的松（hydrocortisone）

4.2.66.1 动物种类：所有食品动物。

4.2.66.2 其他规定：仅作外用。

4.2.67 过氧化氢（hydrogen peroxide）

　　动物种类：所有食品动物。

4.2.68 鱼石脂（ichthammol）

　　动物种类：所有食品动物。

4.2.69 苯噁唑（idazoxan）

　　动物种类：鹿。

4.2.70 碘和碘无机化合物包括:碘化钠和钾、碘酸钠和钾（iodine and iodine inorganic compounds including：sodium and potassium-iodide, sodium and potassium-iodate）

　　动物种类：所有食品动物。

4.2.71 右旋糖酐铁（iron dextran）

动物种类：所有食品动物。

4.2.72　白陶土（kaolin）

动物种类：马、牛、羊、猪。

4.2.73　氯胺酮（ketamine）

动物种类：所有食品动物。

4.2.74　乳酶生（lactasin）

动物种类：羊、猪、驹、犊。

4.2.75　乳酸（lactic acid）

动物种类：所有食品动物。

4.2.76　利多卡因（lidocaine）

4.2.76.1　动物种类：马。

4.2.76.2　其他规定：仅作局部麻醉用。

4.2.77　促黄体激素（各种动物天然 LH 及其化学合成类似物）［luteinising hormone（natural LH from all species and their synthetic analogues）］

动物种类：所有食品动物。

4.2.78　氯化镁（magnesium chloride）

动物种类：所有食品动物。

4.2.79　氧化镁（magnesium oxide）

动物种类：所有食品动物。

4.2.80　硫酸镁（magnesium sulfate）

动物种类：马、牛、羊、猪。

4.2.81　甘露醇（mannitol）

动物种类：所有食品动物。

4.2.82　药用炭（medicinal charcoal）

动物种类：马、牛、羊、猪。

4.2.83　甲萘醌（menadione）

动物种类：所有食品动物。

4.2.84　蛋氨酸碘（methionine iodine）

动物种类：所有食品动物。

4.2.85　亚甲蓝（methylthioninium chloride）

动物种类：牛、羊、猪。

4.2.86　萘普生（naproxen）

动物种类：马。

4.2.87　新斯的明（neostigmine）

动物种类：所有食品动物。

4.2.88　中性电解氧化水（neutralized eletrolyzed oxidized water）

动物种类：所有食品动物。

4.2.89　烟酰胺（nicotinamide）

动物种类：所有哺乳类食品动物。

4.2.90　烟酸（nicotinic acid）

动物种类：所有哺乳类食品动物。

4.2.91　去甲肾上腺素（norepinephrine bitartrate）

动物种类：马、牛、猪、羊。

4.2.92　辛氨乙甘酸（octicine）

动物种类：所有食品动物。

4.2.93　缩宫素（oxytocin）

动物种类：所有哺乳类食品动物。

4.2.94 对乙酰氨基酚（paracetamol）

4.2.94.1 动物种类：猪。

4.2.94.2 其他规定：仅作口服用。

4.2.95 石蜡（paraffin）

动物种类：马、牛、羊、猪。

4.2.96 胃蛋白酶（pepsin）

动物种类：所有食品动物。

4.2.97 过氧乙酸（peracetic acid）

动物种类：所有食品动物。

4.2.98 苯酚（phenol）

动物种类：所有食品动物。

4.2.99 聚乙二醇（分子量为 200～10 000）〔polyethylene glycols (molecular weight ranging from 200 to 10 000)〕

动物种类：所有食品动物。

4.2.100 吐温-80（polysorbate 80）

动物种类：所有食品动物。

4.2.101 垂体后叶（posterior pituitary）

动物种类：马、牛、羊、猪。

4.2.102 硫酸铝钾（potassium aluminium sulfate）

动物种类：水产动物。

4.2.103 氯化钾（potassium chloride）

动物种类：所有食品动物。

4.2.104 高锰酸钾（potassium permanganate）

动物种类：所有食品动物。

4.2.105 过硫酸氢钾（potassium peroxymonosulphate）

动物种类：所有食品动物。

4.2.106 硫酸钾（potassium sulfate）

动物种类：马、牛、羊、猪。

4.2.107 聚维酮碘（povidone iodine）

动物种类：所有食品动物。

4.2.108 碘解磷定（pralidoxime iodide）

动物种类：所有哺乳类食品动物。

4.2.109 吡喹酮（praziquantel）

4.2.109.1 动物种类：绵羊、马。

4.2.109.2 其他规定：仅用于非泌乳绵羊。

4.2.110 普鲁卡因（procaine）

动物种类：所有食品动物。

4.2.111 黄体酮（progesterone）

4.2.111.1 动物种类：母马、母牛、母羊。

4.2.111.2 其他规定：泌乳期禁用。

4.2.112 双羟萘酸噻嘧啶（pyrantel embonate）

动物种类：马。

4.2.113 溶葡萄球菌酶（recombinant lysostaphin）

动物种类：奶牛、猪。

4.2.114 **水杨酸（salicylic acid）**

4.2.114.1 动物种类：除鱼外所有食品动物。

4.2.114.2　其他规定：仅作外用。

4.2.115　东莨菪碱（scoplamine）
　　动物种类：牛、羊、猪。

4.2.116　血促性素（serum gonadotrophin）
　　动物种类：马、牛、羊、猪、兔。

4.2.117　碳酸氢钠（sodium bicarbonate）
　　动物种类：马、牛、羊、猪。

4.2.118　溴化钠（sodium bromide）

4.2.118.1　动物种类：所有哺乳类食品动物。

4.2.118.2　其他规定：仅作外用。

4.2.119　氯化钠（sodium chloride）
　　动物种类：所有食品动物。

4.2.120　二氯异氰脲酸钠（sodium dichloroisocyanurate）
　　动物种类：所有哺乳类食品动物和禽类。

4.2.121　二巯丙磺钠（sodium dimercaptopropanesulfonate）
　　动物种类：马、牛、猪、羊。

4.2.122　氢氧化钠（sodium hydroxide）
　　动物种类：所有食品动物。

4.2.123　乳酸钠（sodium lactate）
　　动物种类：马、牛、羊、猪。

4.2.124　亚硝酸钠（sodium nitrite）
　　动物种类：马、牛、羊、猪。

4.2.125　过硼酸钠（sodium perborate）
　　动物种类：水产动物。

4.2.126　过碳酸钠（sodium percarbonate）
　　动物种类：水产动物。

4.2.127　高碘酸钠（sodium periodate）

4.2.127.1　动物种类：所有食品动物。

4.2.127.2　其他规定：仅作外用。

4.2.128　焦亚硫酸钠（sodium pyrosulphite）
　　动物种类：所有食品动物。

4.2.129　水杨酸钠（sodium salicylate）

4.2.129.1　动物种类：除鱼外所有食品动物。

4.2.129.2　其他规定：仅作外用，泌乳期禁用。

4.2.130　亚硒酸钠（sodium selenite）
　　动物种类：所有食品动物。

4.2.131　硬脂酸钠（sodium stearate）
　　动物种类：所有食品动物。

4.2.132　硫酸钠（sodium sulfate）
　　动物种类：马、牛、羊、猪。

4.2.133　硫代硫酸钠（sodium thiosulphate）
　　动物种类：所有食品动物。

4.2.134　软皂（soft soap）
　　动物种类：所有食品动物。

4.2.135　脱水山梨醇三油酸酯（司盘 85）（sorbitan trioleate）
　　动物种类：所有食品动物。

4.2.136　山梨醇（sorbitol）

　　动物种类：马、牛、羊、猪。

4.2.137　士的宁（strychnine）

4.2.137.1　动物种类：牛。

4.2.137.2　其他规定：仅作口服用，剂量最大 0.1 mg/kg bw。

4.2.138　愈创木酚磺酸钾（sulfogaiacol）

　　动物种类：所有食品动物。

4.2.139　硫（sulphur）

　　动物种类：牛、猪、山羊、绵羊、马。

4.2.140　丁卡因（tetracaine）

4.2.140.1　动物种类：所有食品动物。

4.2.140.2　其他规定：仅作麻醉剂用。

4.2.141　硫喷妥钠（thiopental sodium）

4.2.141.1　动物种类：所有食品动物。

4.2.141.2　其他规定：仅作静脉注射用。

4.2.142　维生素 A（vitamin A）

　　动物种类：所有食品动物。

4.2.143　维生素 B_1（vitamin B_1）

　　动物种类：所有食品动物。

4.2.144　维生素 B_{12}（vitamin B_{12}）

　　动物种类：所有食品动物。

4.2.145　维生素 B_2（vitamin B_2）

　　动物种类：所有食品动物。

4.2.146　维生素 B_6（vitamin B_6）

　　动物种类：所有食品动物。

4.2.147　维生素 C（vitamin C）

　　动物种类：所有食品动物。

4.2.148　维生素 D（vitamin D）

　　动物种类：所有食品动物。

4.2.149　维生素 E（vitamin E）

　　动物种类：所有食品动物。

4.2.150　维生素 K_1（vitamin K_1）

　　动物种类：犊。

4.2.151　赛拉嗪（xylazine）

4.2.151.1　动物种类：牛、马。

4.2.151.2　其他规定：泌乳期除外。

4.2.152　赛拉唑（xylazole）

　　动物种类：马、牛、羊、鹿。

4.2.153　氧化锌（zinc oxide）

　　动物种类：所有食品动物。

4.2.154　硫酸锌（zinc sulphate）

　　动物种类：所有食品动物。

4.3　允许作治疗用，但不得在动物性食品中检出的兽药

4.3.1　氯丙嗪（chlorpromazine）

4.3.1.1　残留标志物：氯丙嗪（chlorpromazine）。

4.3.1.2　动物种类：所有食品动物。

4.3.1.3　靶组织：所有可食组织。

4.3.2　**地西泮（安定）（diazepam）**

4.3.2.1　残留标志物：地西泮（diazepam）。

4.3.2.2　动物种类：所有食品动物。

4.3.2.3　靶组织：所有可食组织。

4.3.3　**地美硝唑（dimetridazole）**

4.3.3.1　残留标志物：地美硝唑（dimetridazole）。

4.3.3.2　动物种类：所有食品动物。

4.3.3.3　靶组织：所有可食组织。

4.3.4　**苯甲酸雌二醇（estradiol benzoate）**

4.3.4.1　残留标志物：雌二醇（estradiol）。

4.3.4.2　动物种类：所有食品动物。

4.3.4.3　靶组织：所有可食组织。

4.3.5　**潮霉素 B（hygromycin B）**

4.3.5.1　残留标志物：潮霉素 B（hygromycin B）。

4.3.5.2　动物种类：猪、鸡。

4.3.5.3　靶组织：可食组织、鸡蛋。

4.3.6　**甲硝唑（metronidazole）**

4.3.6.1　残留标志物：甲硝唑（metronidazole）。

4.3.6.2　动物种类：所有食品动物。

4.3.6.3　靶组织：所有可食组织。

4.3.7　**苯丙酸诺龙（nadrolone phenylpropionate）**

4.3.7.1　残留标志物：诺龙（nadrolone）。

4.3.7.2　动物种类：所有食品动物。

4.3.7.3　靶组织：所有可食组织。

4.3.8　**丙酸睾酮（testosterone propinate）**

4.3.8.1　残留标志物：睾酮（testosterone）。

4.3.8.2　动物种类：所有食品动物。

4.3.8.3　靶组织：所有可食组织。

4.3.9　**赛拉嗪（xylazine）**

4.3.9.1　残留标志物：赛拉嗪（xylazine）。

4.3.9.2　动物种类：产奶动物。

4.3.9.3　靶组织：奶。

索　引

| gonadotrophin releasing hormone | 垂体促性腺激素释放激素 | .... | 4.2.61 |

H

halimide	月苄三甲氯铵	....	4.2.62
halofuginone	常山酮	....	4.1.56
human chorion gonadotrophin	绒促性素	....	4.2.63
hydrochloric acid	盐酸	....	4.2.64
hydrochlorothiazide	氢氯噻嗪	....	4.2.65
hydrocortisone	氢化可的松	....	4.2.66
hydrogen peroxide	过氧化氢	....	4.2.67
hygromycin B	潮霉素 B	....	4.3.5

I

ichthammol	鱼石脂	....	4.2.68
idazoxan	苯噁唑	....	4.2.69
imidocarb	咪多卡	....	4.1.57
iodine and iodine inorganic compounds including：sodium and potassium-iodide, sodium and potassium-iodate	碘和碘无机化合物包括：碘化钠和钾、碘酸钠和钾	....	4.2.70
iron dextran	右旋糖酐铁	....	4.2.71
isometamidium	氮氨菲啶	....	4.1.58
ivermectin	伊维菌素	....	4.1.59

K

kaolin	白陶土	....	4.2.72
kanamycin	卡那霉素	....	4.1.60
ketamine	氯胺酮	....	4.2.73
kitasamycin	吉他霉素	....	4.1.61

L

lactasin	乳酶生	....	4.2.74
lactic acid	乳酸	....	4.2.75
lasalocid	拉沙洛西	....	4.1.62
levamisole	左旋咪唑	....	4.1.63
lidocaine	利多卡因	....	4.2.76

| lincomycin | 林可霉素 | .... | 4.1.64 |
| luteinising hormone (natural LH from all species and their synthetic analogues) | 促黄体激素（各种动物天然 LH 及其化学合成类似物） | .... | 4.2.77 |

M

maduramicin ammonium	马度米昌铵	....	4.1.65
magnesium chloride	氯化镁	....	4.2.78
magnesium oxide	氧化镁	....	4.2.79
magnesium sulfate	硫酸镁	....	4.2.80
malathion	马拉硫磷	....	4.1.66
mannitol	甘露醇	....	4.2.81
mebendazole	甲苯咪唑	....	4.1.67
medicinal charcoal	药用炭	....	4.2.82
menadione	甲萘醌	....	4.2.83
metamizole	安乃近	....	4.1.68
methionine iodine	蛋氨酸碘	....	4.2.84
methylthioninium chloride	亚甲蓝	....	4.2.85
metronidazole	甲硝唑	....	4.3.6
monensin	莫能菌素	....	4.1.69
moxidectin	莫昔克丁	....	4.1.70

N

nadrolone phenylpropionate	苯丙酸诺龙	....	4.3.7
naproxen	萘普生	....	4.2.86
narasin	甲基盐霉素	....	4.1.71
neomycin	新霉素	....	4.1.72
neostigmine	新斯的明	....	4.2.87
neutralized eletrolyzed oxidized water	中性电解氧化水	....	4.2.88
nicarbazin	尼卡巴嗪	....	4.1.73
nicotinamide	烟酰胺	....	4.2.89
nicotinic acid	烟酸	....	4.2.90
nitroxinil	硝碘酚腈	....	4.1.74
norepinephrine bitartrate	去甲肾上腺素	....	4.2.91

O

octicine	辛氨乙甘酸	....	4.2.92
olaquindox	喹乙醇	....	4.1.75
oxacillin	苯唑西林	....	4.1.76
oxibendazole	奥苯达唑	....	4.1.77
oxolinic acid	噁喹酸	....	4.1.78
oxytetracycline, chlortetracycline，tetracycline	土霉素、金霉素、四环素	....	4.1.79
oxytocin	缩宫素	....	4.2.93

P

paracetamol	对乙酰氨基酚	....	4.2.94
paraffin	石蜡	....	4.2.95
pepsin	胃蛋白酶	....	4.2.96
peracetic acid	过氧乙酸	....	4.2.97
phenol	苯酚	....	4.2.98
phoxim	辛硫磷	....	4.1.80
piperazine	哌嗪	....	4.1.81
pirlimycin	吡利霉素	....	4.1.82
polyethylene glycols（molecular weight ranging from 200 to 10 000）	聚乙二醇（分子量为 200～10 000）	....	4.2.99
polysorbate 80	吐温-80	....	4.2.100
posterior pituitary	垂体后叶	....	4.2.101
potassium aluminium sulfate	硫酸铝钾	....	4.2.102
potassium chloride	氯化钾	....	4.2.103
potassium permanganate	高锰酸钾	....	4.2.104
potassium peroxymonosulphate	过硫酸氢钾	....	4.2.105
potassium sulfate	硫酸钾	....	4.2.106
povidone iodine	聚维酮碘	....	4.2.107
pralidoxime iodide	碘解磷定	....	4.2.108
praziquantel	吡喹酮	....	4.2.109
procaine	普鲁卡因	....	4.2.110
progesterone	黄体酮	....	4.2.111

X

Z

三 加工技术

中华人民共和国国家标准

GB/T 17236—2019
代替 GB/T 17236—2008

畜禽屠宰操作规程 生猪

Operating procedures of livestock and poultry slaughtering — Pig

2019-03-25 发布/2019-10-01 实施
中华人民共和国国家质量监督检验检疫总局
中国国家标准化管理委员会　　发布

前　言

本标准按照 GB/T 1.1—2009 给出的规则起草。

本标准代替 GB/T 17236—2008《生猪屠宰操作规程》，与 GB/T 17236—2008 相比，主要技术变化如下：

——修改标准名称为《畜禽屠宰操作规程　生猪》；

——修改了范围（见第 1 章，2008 版的第 1 章）；

——修改了规范性引用文件（见第 2 章，2008 年版的第 2 章）；

——删除了部分术语和定义（见第 3 章，2008 年版的第 3 章）；

——修改了宰前要求（见第 4 章，2008 年版的第 4 章）；

——修改了电致昏、二氧化碳（CO_2）致昏的要求（见 5.1.1.1 和 5.1.1.2，2008 年版的 5.1.1 和 5.1.2）；

——修改了刺杀放血的要求（见 5.2，2008 版的 5.2）；

——修改了人工剥皮和机械剥皮要求（见 5.3，2008 版的 5.3）；

——修改了浸烫脱毛的要求（见 5.4，2008 版的 5.4）；

——增加了吊挂提升工序及要求（见 5.5）；

——修改了雕圈、劈半、整修工序要求（见 5.10、5.13 和 5.14，2008 版的 5.9、5.11 和 5.12）；

——增加了检验检疫要求（见 5.12）；

——增加了计量与质量分级（见 5.15）；

——修改了副产品整理（见 5.16，2008 版的 5.13）；

——修改了预冷工艺要求（见 5.17，2008 版的 5.14）；

——删除了分割（2008 年版的 5.15）；

——修改了冻结（见 5.18，2008 版的 5.16）；

——修改了包装、标签、标志和贮存内容（见第 6 章，2008 年版的 5.17 和 5.18）；

——修改了其他要求的内容（见第 7 章，2008 年的第 6 章）。

本标准由中华人民共和国农业农村部提出。

本标准由全国屠宰加工标准化技术委员会（SAC/TC 516）归口。

本标准起草单位：中国动物疫病预防控制中心（农业农村部屠宰技术中心）、商务部流通产业促进中心、河南众品食业股份有限公司。

本标准主要起草人：吴晗、高胜普、尤华、张建林、王敏、龚海岩、赵箭、陆学君、王会玲、张朝明、张新玲。

本标准所代替标准的历次版本发布情况为：

——GB/T 17236—1998、GB/T 17236—2008。

畜禽屠宰操作规程　生猪

1　范围

本标准规定了生猪屠宰的术语和定义、宰前要求、屠宰操作程序及要求、包装、标签、标志和贮存以及其他要求。

本标准适用于生猪定点屠宰加工厂（场）的屠宰操作。

2　规范性引用文件

下列文件对于本文件的应用是必不可少的。凡是注日期的引用文件，仅注日期的版本适用于本文件。凡是不注日期的引用文件，其最新版本（包括所有的修改单）适用于本文件。

GB/T 191　包装储运图示标志

GB 12694　食品安全国家标准　畜禽屠宰加工卫生规范

GB/T 17996　生猪屠宰产品品质检验规程

GB/T 19480　肉与肉制品术语

《生猪屠宰检疫规程》（农医发〔2010〕27 号　附件 1 ）

《病死及病害动物无害化处理技术规范》（农医发〔2017〕25 号）

3　术语和定义

GB 12694 和 GB/T 19480 界定的以及下列术语和定义适用于本文件。

3.1

猪屠体　pig body

猪致昏、放血后的躯体。

3.2

同步检验　synchronous inspection

与屠宰操作相对应，将畜禽的头、蹄（爪）、内脏与胴体生产线同步运行，由检验人员对照检验和综合判断的一种检验方法。

3.3

片猪肉　demi-carcass pork

将猪胴体沿脊椎中线，纵向锯（劈）成两分体的猪肉，包括带皮片猪肉、去皮片猪肉。

4　宰前要求

4.1　待宰生猪应健康良好，并附有产地动物卫生监督机构出具的《动物检疫合格证明》。

4.2　待宰生猪临宰前应停食静养不少于 12 h，宰前 3 h 停止喂水。

4.3　应对猪体表进行喷淋，洗净猪体表面的粪便、污物等。

4.4　屠宰前应向所在地动物卫生监督机构申报检疫，按照《生猪屠宰检疫规程》和 GB/T 17996 等进行检疫和检验，合格后方可屠宰。

4.5　送宰生猪通过屠宰通道时，按顺序赶送，不应野蛮驱赶。

5　屠宰操作程序及要求

5.1　致昏

5.1.1　致昏方式

应采用电致昏或二氧化碳（CO_2）致昏：

　　a)　电致昏：采用人工电麻或自动电麻等致昏方式对生猪进行致昏。

　　b)　二氧化碳（CO_2）致昏：将生猪赶入二氧化碳（CO_2）致昏设备致昏。

5.1.2 致昏要求

猪致昏后应心脏跳动，呈昏迷状态。不应致死或反复致昏。

5.2 刺杀放血

5.2.1 致昏后应立即进行刺杀放血。从致昏至刺杀放血，不应超过 30 s。

5.2.2 将刀尖对准第一肋骨咽喉正中偏右 0.5 cm～1 cm 处向心脏方向刺入，再侧刀下拖切断颈部动脉和静脉，不应刺破心脏或割断食管、气管。刺杀放血刀口长度约 5 cm。沥血时间不少于 5 min。刺杀时不应使猪呛膈、瘀血。

5.2.3 猪屠体应用温水喷淋或用清洗设备清洗，洗净血污、粪污及其他污物。可采用剥皮（5.3）或者烫毛、脱毛（5.4）工艺进行后序加工。

5.2.4 从放血到摘取内脏，不应超过 30 min。从放血到预冷前不应超过 45 min。

5.3 剥皮

5.3.1 剥皮方式

可采用人工剥皮或机械剥皮方式。

5.3.2 人工剥皮

将猪屠体放在操作台（线）上，按顺序挑腹皮、预剥前腿皮、预剥后腿皮、预剥臀皮、剥整皮。剥皮时不宜划破皮面，少带肥膘。操作程序如下：

a) 挑腹皮：从颈部起刀刃向上沿腹部正中线挑开皮层至肛门处；

b) 预剥前腿皮：挑开前腿腿裆皮，剥至脖头骨；

c) 预剥后腿皮：挑开后腿腿裆皮，剥至肛门两侧；

d) 预剥臀皮：先从后臀部皮层尖端处割开一小块皮，用手拉紧，顺序下刀，再将两侧臀部皮和尾根皮剥下；

e) 剥整皮：左右两侧分别剥。剥右侧时一手拉紧、拉平后裆肚皮，按顺序剥下后腿皮、腹皮和前腿皮；剥左侧时，一手拉紧脖头皮，按顺序剥下脖头皮、前腿皮、腹皮和后腿皮；用刀将脊背皮和脊膘分离，扯出整皮。

5.3.3 机械剥皮

剥皮操作程序如下：

a) 按剥皮机性能，预剥一面或两面，确定预剥面积；

b) 按 5.3.2 中 a)、b)、c)、d) 的要求挑腹皮、预剥前腿皮、预剥后腿皮、预剥臀皮；

c) 预剥腹皮后，将预剥开的大面猪皮拉平、绷紧，放入剥皮设备卡口夹紧，启动剥皮设备；

d) 水冲淋与剥皮同步进行，按皮层厚度掌握进刀深度，不宜划破皮面，少带肥膘。

5.4 烫毛、脱毛

5.4.1 采用蒸汽烫毛隧道或浸烫池方式烫毛。应按猪屠体的大小、品种和季节差异，调整烫毛温度、时间。烫毛操作如下：

a) 蒸汽烫毛隧道：调整隧道内温度至 59 ℃～32 ℃，烫毛时间为 6 min～8 min；

b) 浸烫池：调整水温至 58 ℃～63 ℃，烫毛时间为 3 min～6 min，应设有溢水口和补充净水的装置。浸烫池水根据卫生情况每天更换 1 次～2 次。浸烫过程中不应使猪屠体沉底、烫生、烫老。

5.4.2 采用脱毛设备进行脱毛。脱毛后猪屠体宜无浮毛、无机械损伤和无脱皮现象。

5.5 吊挂提升

5.5.1 抬起猪的两后腿，在猪后腿跗关节上方穿孔，不应割断胫、跗关节韧带，刀口长度宜 5 cm～6 cm。

5.5.2 挂上后腿，将猪屠体提升输送至胴体加工线轨道。

5.6 预干燥

采用预干燥设备或人工刷掉猪体上残留的猪毛和水分。

5.7 燎毛

采用喷灯或燎毛设备燎毛，去除猪体表面残留猪毛。

5.8 清洗抛光

采用人工或抛光设备去除猪体体表残毛和毛灰并清洗。

5.9 去尾、头、蹄

5.9.1 工序要求

此工序也可以在 5.3 前或 5.11 后进行。

5.9.2 去尾

一手抓猪尾，一手持刀，贴尾根部关节割下，使割后猪体没有骨梢突出皮外，没有明显凹坑。

5.9.3 去头

5.9.3.1 断骨

使用剪头设备或刀，从枕骨大孔将头骨与颈骨分开。

5.9.3.2 分离

分离操作如下：

a) 去三角头：从颈部寰骨处下刀，左右各划割至露出关节（颈寰关节）和咬肌，露出左右咬肌3 cm～4 cm，然后将颈肉在离下巴痣 6 cm～7 cm 处割开，将猪头取下；

b) 去平头：从两耳根后部（距耳根 0.5 cm～1 cm）连线处下刀将皮肉割开，然后用手下压，用刀紧贴枕骨将猪头割下。

5.9.4 去蹄

前蹄从腕关节处下刀，后蹄从跗关节处下刀，割断连带组织，猪蹄断面宜整齐。

5.10 雕圈

刀刺入肛门外围，雕成圆圈，掏开大肠头垂直放入骨盆内或用开肛设备对准猪的肛门，随即将探头深入肛门，启动开关，利用环形刀将直肠与猪体分离。肛门周围应少带肉，肠头脱离括约肌，不应割破直肠。

5.11 开膛、净腔

5.11.1 挑胸、剖腹：自放血口沿胸部正中挑开胸骨，沿腹部正中线自上而下，刀把向内，刀尖向外剖腹，将生殖器拉出并割除，不应刺伤内脏。放血口、挑胸、剖腹口宜连成一线。

5.11.2 拉直肠、割膀胱：一手抓住直肠，另一手持刀，将肠系膜及韧带割断，再将膀胱割除，不应刺破直肠。

5.11.3 取肠、胃（肚）：一手抓住肠系膜及胃部大弯头处，另一手持刀在靠近肾脏处将系膜组织和肠、胃共同割离猪体，并割断韧带及食道，不应刺破肠、胃、胆囊。

5.11.4 取心、肝、肺：一手抓住肝，另一手持刀，割开两边隔膜，取横膈膜肌角备检。一手顺势将肝下揪，另一只手持刀将连接胸腔和颈部的韧带割断，取出食管、气管、心、肝、肺，不应使其破损。摘除甲状腺。

5.11.5 冲洗胸、腹腔：取出内脏后，应及时冲洗胸腔和腹腔，洗净腔内瘀血、浮毛和污物等。

5.12 检验检疫

同步检验按 GB/T 17996 的规定执行，同步检疫按照《生猪屠宰检疫规程》的规定执行。

5.13 劈半（锯半）

劈半时应沿着脊柱正中线将胴体劈成两半，劈半后的片猪肉宜去板油、去肾脏，冲洗血污、浮毛等。

5.14 整修

按顺序整修腹部、放血刀口、下颌肉、暗伤、脓包、伤斑和可视病变淋巴结，摘除肾上腺和残留甲状腺，洗净体腔内的瘀血、浮毛、锯末和污物等。

5.15 计量与质量分级

用称量器具称量胴体的重量。根据需要，依据胴体重量、背膘厚度和瘦肉率等指标对猪胴体进行分级。

5.16 副产品整理

5.16.1 整理要求

副产品整理过程中，不应落地加工。

5.16.2 分离心、肝、肺

切除肝膈韧带和肺门结缔组织。摘除胆囊时，不应使其损伤、残留；猪心宜修净护心油和横膈膜；猪肺上宜保留 2 cm～3 cm 肺管。

5.16.3 分离脾、胃

将胃底端脂肪割除，切断与十二指肠连接处和肝、胃韧带。剥开网油，从网膜上割除脾脏，少带油脂。翻胃清洗时，一手抓住胃尖冲洗胃部污物，用刀在胃大弯处戳开 5 cm～8 cm 小口，再用洗胃设备或长流水将胃翻转冲洗干净。

5.16.4 扯小肠

将小肠从割离胃的断面拉出，一手抓住花油，另一手将小肠末梢挂于操作台边，自上而下排除粪污，操作时不应扯断、扯乱。扯出的小肠应及时清除肠内污物。

5.16.5 扯大肠

摆正大肠，从结肠末端将花油（冠油）撕至离盲肠与小肠连接处 2 cm 左右，割断，打结。不应使盲肠破损、残留油脂过多。翻洗大肠，一手抓住肠的一端，另一手自上而下挤出粪污，并将大肠翻出一小部分，用一手二指撑开肠口，向大肠内灌水，使肠水下坠，自动翻转，可采用专用设备进行翻洗。经清洗、整理的大肠不应带粪污。

5.16.6 摘胰脏

从胰头摘起，用刀将膜与脂肪剥离，再将胰脏摘出，不应用水冲洗胰脏，以免水解。

5.17 预冷

将片猪肉送入冷却间进行预冷。可采用一段式预冷或二段式预冷工艺：

a) 一段式预冷。冷却间相对湿度 75%～95%，温度 0 ℃～4 ℃，片猪肉间隔不低于 3 cm，时间 16 h～24 h，至后腿中心温度冷却至 7 ℃以下；

b) 二段式预冷。快速冷却：将片猪肉送入－15 ℃以下的快速冷却间进行冷却，时间 1.5 h～2 h，然后进入 0 ℃～4 ℃冷却间预冷。预冷：冷却间相对湿度 75%～95%，温度 0 ℃～4 ℃，片猪肉间隔不低于 3 cm，时间 14 h～20 h，至后腿中心温度冷却至 7 ℃以下。

5.18 冻结

冻结间温度为－28 ℃以下，待产品中心温度降至－15 ℃以下转入冷藏库贮存。

6 包装、标签、标志和贮存

6.1 包装、标签、标志

产品包装、标签、标志应符合 GB/T 191、GB 12694 等相关标准的要求。

6.2 贮存

6.2.1 经检验合格的包装产品应立即入成品库贮存，应设有温、湿度监测装置和防鼠、防虫等设施，定期检查和记录。

6.2.2 冷却片猪肉应在相对湿度 85%～90%，温度 0 ℃～4 ℃的冷却肉储存库（间）储存，并且片猪肉需吊挂，间隔不低于 3 cm；冷冻片猪肉应在相对湿度 90%～95%，温度为－18 ℃以下的冷藏库贮存，且冷藏库昼夜温度波动不应超过±1 ℃。

7 其他要求

7.1 刺杀放血、去头、雕圈、开膛等工序用刀具使用后应经不低于 82 ℃热水一头一消毒，刀具消毒后轮换使用。

7.2 经检验不合格的肉品及副产品，应按 GB 12694 的要求和《病死及病害动物无害化处理技术规范》的规定处理。

7.3 产品追溯与召回应符合 GB 12694 的要求。

7.4 记录和文件应符合 GB 12694 的要求。

中华人民共和国国家标准

GB/T 19477—2018
代替 GB/T 19477—2004

畜禽屠宰操作规程　牛

Operating procedure of livestock and poultry slaughtering—Cattle

2018-12-28 发布/2019-07-01 实施

中华人民共和国国家质量监督检验检疫总局
　　　　　　　　　　　　　　　　　　　　发布
中 国 国 家 标 准 化 管 理 委 员 会

前　言

本标准按照 GB/T 1.1—2009 给出的规则起草。

本标准代替 GB/T 19477—2004《牛屠宰操作规程》，与 GB/T 19477—2004 相比，主要技术变化如下：

——标准名称修改为《畜禽屠宰操作规程　牛》；

——修改了术语和定义（见第 3 章，2004 年版的第 3 章）；

——修改了宰前要求（见第 4 章，2004 年版的第 4 章）；

——修改了屠宰操作程序及要求（见 5.1～5.27，2004 年版的 5.1～5.20）；

——增加了电刺激（见 5.4）、计量与质量分级（见 5.22）、副产品整理（见 5.24）、副产品预冷内容（见 5.25.3～5.25.4）、分割（见 5.26）、冻结（见 5.27）；

——修改了检验检疫要求（见 5.18，2004 年版的 5.19）；

——增加了包装、标签、标志和贮存（见第 6 章）；

——增加了其他要求（见第 7 章）；

——删除了附录 A（规范性附录）屠宰加工过程的检验（见 2004 年版的附录 A）。

本标准由中华人民共和国农业农村部提出。

本标准由全国屠宰加工标准化技术委员会（SAC/TC 516）归口。

本标准主要起草单位：中国动物疫病预防控制中心（农业农村部屠宰技术中心）、商务部流通产业促进中心、济宁兴隆食品机械制造有限公司。

本标准主要起草人：吴晗、高胜普、尤华、周伟生、龚海岩、王敏、赵箭、王向宏、王传红、张新玲、张朝明。

本标准所代替标准的历次版本发布情况为：

——GB/T 19477—2004。

畜禽屠宰操作规程　牛

1　范围

本标准规定了牛屠宰的术语和定义、宰前要求、屠宰操作程序及要求、包装、标签、标志和贮存以及其他要求。

本标准适用于牛屠宰厂（场）的屠宰操作。

2　规范性引用文件

下列文件对于本文件的应用是必不可少的。凡是注日期的引用文件，仅注日期的版本适用于本文件。凡是不注日期的引用文件，其最新版本（包括所有的修改单）适用于本文件。

GB/T 191　包装储运图示标志

GB 12694　食品安全国家标准　畜禽屠宰加工卫生规范

GB/T 17238　鲜、冻分割牛肉

GB 18393　牛羊屠宰产品品质检验规程

GB/T 19480　肉与肉制品术语

GB/T 27643　牛胴体及鲜肉分割

NY/T 676　牛肉等级规格

《牛屠宰检疫规程》（农医发〔2010〕27 号　附件 3）

《病死及病害动物无害化处理技术规范》（农医发〔2017〕25 号）

3　术语和定义

GB/T 19480 界定的以及下列术语和定义适用于本文件。

3.1

牛屠体　cattle body

牛刺杀放血后的躯体。

3.2

牛胴体二分体　half carcass

将牛胴体沿脊椎中线纵向锯（劈）成的两半胴体。

3.3

同步检验　synchronous inspection

与屠宰操作相对应，将畜禽的头、蹄（爪）、内脏与胴体生产线同步运行，由检验人员对照检验和综合判断的一种检验方法。

4　宰前要求

4.1　待宰牛应健康良好，并附有产地动物卫生监督机构出具的《动物检疫合格证明》。

4.2　牛进厂（场）后，应充分休息 12 h～24 h，宰前 3 h 停止喂水。待宰时间超过 24 h 的，宜适量喂食。

4.3　屠宰前应向所在地动物卫生监督机构申报检疫，按照《牛屠宰检疫规程》和 GB 18393 等进行检疫和检验，合格后方可屠宰。

4.4　屠宰前宜使用温水清洗牛体，牛体表应无污物。

4.5　应按"先入栏先屠宰"的原则分栏送宰，送宰牛通过屠宰通道时，应进行编号，按顺序赶送，不应采用硬器击打。

5 屠宰操作程序及要求

5.1 致昏

5.1.1 致昏方法

应采用气动致昏或电致昏：

a) 气动致昏：用气动致昏装置对准牛的两角与两眼对角线交叉点，快速启动，使牛昏迷；

b) 电致昏：用单杆式电昏器击牛体，使牛昏迷。参数宜为：电压不超过 200 V，电流 1 A～1.5 A，作用时间 7 s～30 s。

5.1.2 致昏要求

5.1.2.1 应配置牛固定装置，保证致昏击中部位准确。

5.1.2.2 牛致昏后应心脏跳动，呈昏迷状态，不应致死或反复致昏。

5.2 宰杀放血

5.2.1 可选择卧式或立式放血。从牛喉部下刀，横向切断食管、气管和血管。

5.2.2 放血刀应经不低于 82 ℃的热水一头一消毒，刀具消毒后轮换使用。

5.2.3 沥血时间应不少于 6 min。

5.2.4 从致昏到宰杀放血时间应不超过 1.5 min。

5.3 挂牛

用扣脚链扣紧牛的一只后小腿，启动提升机匀速提升，然后悬挂到轨道上。

5.4 电刺激

5.4.1 在沥血过程中，宜对牛头或颈背部进行电刺激。

5.4.2 电刺激时，应确保牛屠体与电刺激装置的电极有效连接，电刺激工作电压宜 42 V，作用时间宜不少于 15 s。

5.5 去前蹄

从腕关节下刀，割断连接关节的韧带及皮肉，割下前蹄，编号后放入指定容器中。

5.6 结扎食管

5.6.1 剥离气管和食管，宜将气管与食管分离至食道和胃结合处。

5.6.2 将食管顶部结扎牢固，使内容物不致流出。

5.7 剥后腿皮

5.7.1 从跗关节下刀，刀刃沿后腿内侧中线向上挑开牛皮。

5.7.2 沿后腿内侧线向左右两侧剥离跗关节上方至尾根部的牛皮，同时割除生殖器。

5.7.3 割掉尾尖，并放入指定容器中。

5.8 去后蹄

从跗关节下刀，割断连接关节的韧带及皮肉，割下后蹄，编号后放入指定容器中。

5.9 转挂

用提升装置辅助牛屠体转挂，先用一个滑轮吊钩钩住牛的一只后腿将牛屠体送到轨道上，再用另一个滑轮吊钩钩住牛的另一只后腿送到轨道上。

5.10 结扎肛门

5.10.1 人工结扎

5.10.1.1 将橡皮筋套在操作者手臂上，将塑料袋反套在同一手臂上，抓住肛门并提起。另一只手持刀将肛门沿四周割开并剥离，边割边提升，提高约 10 cm。

5.10.1.2 将塑料袋翻转套住肛门，用橡皮筋扎住塑料袋，将结扎好的肛门塞回。

5.10.2 机械结扎

采用专用结扎器结扎肛门。

5.10.3 结扎要求

结扎应准确、牢固，不应使粪便溢出。

5. 11　剥胸、 腹部皮

5. 11. 1　用刀将腹部皮沿胸腹中线从胸部挑到裆部。

5. 11. 2　沿腹中线向左右两侧剥开胸腹部皮至肷窝止。

5. 12　剥颈部及前腿皮

5. 12. 1　从腕关节下刀，沿前腿内侧中线挑开牛皮至胸中线。

5. 12. 2　沿颈中线自下而上挑开牛皮。

5. 12. 3　从胸颈中线向两侧进刀，剥开胸颈部皮及前腿皮至两肩止。

5. 13　扯皮

5. 13. 1　分别锁紧两后腿皮，使毛皮面朝外，启动扯皮设备，将牛皮卷扯分离胴体。

5. 13. 2　扯到尾部时，减慢速度，用刀将牛尾的根部剥开。

5. 13. 3　在扯皮过程中，边扯边用刀具辅助分离皮与脂肪、皮与肉的粘连处。

5. 13. 4　扯到腰部时，适当提高速度。

5. 13. 5　扯到头部时，把不易扯开的地方用刀剥开。

5. 13. 6　分离后皮上不带脂肪、不带肉，皮张不破损。

5. 13. 7　对扯下的牛皮编号，并放到指定地方。

5. 14　去头

去头工序也可以在 5. 13 前进行，操作如下：

a)　将牛头从颈椎第一关节前割下，将喉头附近的甲状腺摘除，放入专用收集容器中。

b)　应将取下的牛头，挂到同步检验挂钩上或专用检验盘中。

c)　采用剪头设备去头时，应设置 82 ℃热水消毒装置，一头一消毒。

5. 15　开胸

从胸软骨处下刀，沿胸中线向下贴着气管和食管边缘，割开胸腔及脖部。用开胸锯开胸时，下锯应准确、不破坏胸腔内脏器。

5. 16　取白脏

5. 16. 1　在牛的裆部下刀向两侧进刀，割开肉与骨连接处。

5. 16. 2　刀尖向外，刀刃向下，由上至下推刀割开肚皮至胸软骨处。

5. 16. 3　用一只手扯出直肠，另一只手持刀伸入腹腔，从一侧到另一侧割离腹腔内结缔组织。

5. 16. 4　用力按下牛胃，取出胃肠送入同步检验盘中，然后扒净腰油。

5. 16. 5　母牛应在取白脏前摘除乳房。

5. 17　取红脏

5. 17. 1　一只手抓住腹肌一边，另一只手持刀沿体腔壁从一侧割到另一侧分离横隔肌。取出心、肺、肝等挂到同步检验挂钩上或专用检验盘中。

5. 17. 2　冲洗胸腹腔。

5. 18　检验检疫

同步检验按照 GB 18393 要求执行；同步检疫按照《牛屠宰检疫规程》要求执行。

5. 19　去尾

沿尾根关节处割下牛尾，摘除公牛生殖器，编号后放入指定容器中。

5. 20　劈半

5. 20. 1　将劈半锯插入牛的两后腿之间，从耻骨连接处自上而下匀速地沿着牛的脊柱中线将牛胴体锯（劈）成胴体二分体。

5. 20. 2　锯（劈）过程中应不断喷淋清水。不宜劈斜、劈偏，锯（劈）断面应整齐，避免损坏牛胴体。

5. 21　胴体修整

5. 21. 1　取出脊髓、内腔残留脂肪放入指定容器中。

5. 21. 2　修去胴体表面的瘀血、残留甲状腺、肾上腺、病变淋巴结、污物和浮毛等，应保持肌膜和胴体的完整。

5.22 计量与质量分级

用称量器具称量胴体的重量。根据需要按照 NY/T 676 进行分级。

5.23 清洗

由上而下冲洗整个牛胴体内外、锯（劈）断面和刀口处。

5.24 副产品整理

5.24.1 副产品整理过程中，不应落地加工。

5.24.2 去除污物、清洗干净。

5.24.3 红脏与白脏、头、蹄等应严格分开，避免交叉污染。

5.25 预冷

5.25.1 按顺序推入牛胴体，胴体应排列整齐、间距应不少于 10 cm。

5.25.2 入预冷间后，胴体预冷间设定温度 0 ℃～4 ℃，相对湿度保持在 85%～90%，预冷时间应不少于 24 h。

5.25.3 入预冷间后，副产品预冷间设定温度 3 ℃以下。

5.25.4 预冷后，胴体中心温度达到 7 ℃以下，副产品温度达到 3 ℃以下。

5.26 分割

分割加工按 GB/T 17238、GB/T 27643 等要求进行。

5.27 冻结

冻结间温度为－28 ℃以下。待产品中心温度降至－15 ℃以下转入冷藏间储存。

6 包装、标签、标志和贮存

6.1 产品包装、标签、标志应符合 GB/T 191、GB 12694 等相关标准要求。

6.2 贮存环境与设施、库温和贮存时间应符合 GB 12694、GB/T 17238 等相关标准要求。

7 其他要求

7.1 屠宰供应少数民族食用的牛产品，应尊重少数民族风俗习惯，按照国家有关规定执行。

7.2 经检验不合格的肉品及副产品，应按 GB 12694 的要求和《病死及病害动物无害化处理技术规范》的规定执行。

7.3 产品追溯与召回应符合 GB 12694 的要求。

7.4 记录和文件应符合 GB 12694 的要求。

中华人民共和国农业行业标准

NY/T 3469—2019

畜禽屠宰操作规程 羊

Operating procedures of livestock and poultry slaughtering—Sheep and goat

2019-08-01 发布／2019-11-01 实施
中华人民共和国农业农村部 发布

前 言

本标准按照 GB/T 1.1—2009 给出的规则起草。

本标准由农业农村部畜牧兽医局提出。

本标准由全国屠宰加工标准化技术委员会（SAC/TC 516）归口。

本标准起草单位：中国动物疫病预防控制中心（农业农村部屠宰技术中心）、蒙羊牧业股份有限公司、中国农业科学院农产品加工研究所、吉林省畜禽定点屠宰管理办公室、中国肉类食品综合研究中心、内蒙古自治区动物卫生监督所、中国农业大学。

本标准起草人：高胜普、张朝明、胡兰英、许大伟、张德权、臧明伍、侯绪森、冯凯、李丹、罗海玲、吴晗、张新玲、尤华、张杰、张宁宁、李鹏。

畜禽屠宰操作规程 羊

1 范围

本标准规定了羊屠宰的术语和定义、宰前要求、屠宰操作程序和要求、冷却、分割、冻结、包装、标签、标志和储存及其他要求。

本标准适用于羊屠宰厂（场）的屠宰操作。

2 规范性引用文件

下列文件对于本文件的应用是必不可少的。凡是注日期的引用文件，仅注日期的版本适用于本文件。凡是不注日期的引用文件，其最新版本（包括所有的修改单）适用于本文件。

GB/T 191 包装储运图示标志

GB/T 5737 食品塑料周转箱

GB/T 9961 鲜、冻胴体羊肉

GB 12694 食品安全国家标准 畜禽屠宰加工卫生规范

GB 18393 牛羊屠宰产品品质检验规程

GB/T 19480 肉与肉制品术语

NY/T 1564 羊肉分割技术规范

NY/T 3224 畜禽屠宰术语

农业部令第 70 号 农产品包装和标识管理办法

农医发〔2010〕27 号 附件 4 羊屠宰检疫规程

农医发〔2017〕25 号 病死及病害动物无害化处理技术规范

3 术语和定义

GB 12694、GB/T 19480 和 NY/T 3224 界定的以及下列术语和定义适用于本文件。

3.1

羊屠体 sheep and goat body

羊宰杀放血后的躯体。

3.2

羊胴体 sheep and goat carcass

羊经宰杀放血后去皮或者不去皮（去除毛），去头、蹄、内脏等的躯体。

3.3

白内脏 white viscera

白脏

羊的胃、肠、脾等。

3.4

红内脏 red viscera

红脏

羊的心、肝、肺等。

3.5

同步检验 synchronous inspection

与屠宰操作相对应，将畜禽的头、蹄（爪）、内脏与胴体生产线同步运行，由检验人员对照检验和综合判断的一种检验方法。

4 宰前要求

4.1 待宰羊应健康良好，并附有产地动物卫生监督机构出具的动物检疫合格证明。

4.2　宰前应停食静养 12 h～24 h，并充分给水，宰前 3 h 停止饮水。待宰时间超过 24 h 的，宜适量喂食。

4.3　屠宰前应向所在地动物卫生监督机构申报检疫，按照农医发〔2010〕27 号　附件 4 和 GB 18393 等实施检疫和检验，合格后方可屠宰。

4.4　宜按"先入栏先屠宰"的原则分栏送宰，按户进行编号。送宰羊通过屠宰通道时，按顺序赶送，不得采用硬器击打。

5　屠宰操作程序和要求

5.1　致昏

5.1.1　宰杀前应对羊致昏，宜采用电致昏的方法。羊致昏后，应心脏跳动，呈昏迷状态，不应致死或反复致昏。

5.1.2　采用电致昏时，应根据羊品种和规格适当调整电压、电流和致昏时间等参数，保持良好的电接触。

5.1.3　致昏设备的控制参数应适时监控，并保存相关记录。

5.2　吊挂

5.2.1　将羊的后蹄挂在轨道链钩上，匀速提升至宰杀轨道。

5.2.2　从致昏挂羊到宰杀放血的间隔时间不超过 1.5 min。

5.3　宰杀放血

5.3.1　宜从羊喉部下刀，横向切断三管（食管、气管和血管）。

5.3.2　宰杀放血刀每次使用后，应使用不低于 82 ℃的热水消毒。

5.3.3　沥血时间不应少于 5 min。沥血后，可采用剥皮（5.4）或者烫毛、脱毛（5.5）工艺进行后序操作。

5.4　剥皮

5.4.1　预剥皮

5.4.1.1　挑裆、剥后腿皮

环切跗关节皮肤，使后蹄皮和后腿皮上下分离，沿后腿内侧横向划开皮肤并将后腿皮剥离开，同时将裆部生殖器皮剥离。

5.4.1.2　划腹胸线

从裆部沿腹部中线将皮划开至剑状软骨处，初步剥离腹部皮肤，然后握住羊胸部中间位置皮毛，用刀沿胸部正中线划至羊脖下方。

5.4.1.3　剥腹胸部

将腹部、胸部两侧皮剥离，剥至肩胛位置。

5.4.1.4　剥前腿皮

沿羊前腿趾关节中线处将皮挑开，从左右两侧将前腿外侧皮剥至肩胛骨位置，刀不应伤及屠体。

5.4.1.5　剥羊脖

沿羊脖喉部中线将皮向两侧剥离开。

5.4.1.6　剥尾部皮

将羊尾内侧皮沿中线划开，从左右两侧剥离羊尾皮。

5.4.1.7　捶皮

手工或使用机械方式用力快速捶击肩部或臀部的皮与屠体之间部位，使皮与屠体分离。

5.4.2　扯皮

采用人工或机械方式扯皮。扯下的皮张应完整、无破裂、不带膘肉。屠体不带碎皮，肌膜完整。扯皮方法如下：

　　a)　人工扯皮：从背部将羊皮扯掉，扯下的羊皮送至皮张存储间。

　　b)　机械扯皮：预剥皮后的羊胴体输送到扯皮设备，由扯皮机匀速拽下羊皮，扯下的羊皮送至皮张存储间。

5.5　烫毛、脱毛

5.5.1　烫毛

沥血后的羊屠体宜用 65 ℃～70 ℃的热水浸烫 1.5 min～2.5 min。

5.5.2 脱毛

烫毛后，应立即送入脱毛设备脱毛，不应损伤屠体。脱毛后迅速冷却至常温，去除屠体上的残毛。

5.6 去头、蹄

5.6.1 去头

固定羊头，从寰椎处将羊头割下，挂（放）在指定的地方。剥皮羊的去头工序在 5.4.1.7 后进行。

5.6.2 去蹄

从腕关节切下前蹄，从跗关节处切下后蹄，挂（放）在指定的地方。

5.7 取内脏

5.7.1 结扎食管

划开食管和颈部肌肉相连部位，将食管和气管分开。把胸腔前口的气管剥离后，手工或使用结扎器结扎食管，避免食管内容物污染屠体。

5.7.2 切肛

刀刺入肛门外围，沿肛门四周与其周围组织割开并剥离，分开直肠头垂直放入骨盆内；或用开肛设备对准羊的肛门，将探头深入肛门，启动开关，利用环形刀将直肠与羊体分离。肛门周围应少带肉，肠头脱离括约肌，不应割破直肠。

5.7.3 开腔

从欣部下刀，沿腹中线划开腹壁膜至剑状软骨处。下刀时，不应损伤脏器。

5.7.4 取白脏

采用以下人工或机械方式取白脏：

a) 人工方式：用一只手扯出直肠，另一只手伸入腹腔，按压胃部同时抓住食管将白脏取出，放在指定位置。保持脏器完好。

b) 机械方式：使用吸附设备把白脏从羊的腹腔取出。

5.7.5 取红脏

采用以下人工或机械方式取红脏：

a) 人工方式：持刀紧贴胸腔内壁切开膈肌，拉出气管，取出心、肺、肝，放在指定的位置。保持脏器完好。

b) 机械方式：使用吸附设备把红脏从羊的胸腔取出。

5.8 检验检疫

同步检验按照 GB 18393 的规定执行，同步检疫按照农医发〔2010〕27 号 附件 4 的规定执行。

5.9 胴体修整

修去胴体表面的瘀血、残留腺体、皮角、浮毛等污物。

5.10 计量

逐只称量胴体并记录。

5.11 清洁

用水洗、燎烫等方式清除胴体内外的浮毛、血迹等污物。

5.12 副产品整理

5.12.1 副产品整理过程中不应落地。

5.12.2 去除副产品表面污物，清洗干净。

5.12.3 红脏与白脏、头、蹄等加工时应严格分开。

6 冷却

6.1 根据工艺需要对羊胴体或副产品冷却。冷却时，按屠宰顺序将羊胴体送入冷却间，胴体应排列整齐，胴体间距不少于 3 cm。

6.2 羊胴体冷却间设定温度 0 ℃～4 ℃，相对湿度保持在 85%～90%，冷却时间不应少于 12 h。冷却后的胴体中心温度应保持在 7 ℃以下。

6.3 副产品冷却后，产品中心温度应保持在 3 ℃以下。

6.4　冷却后检查胴体深层温度，符合要求的方可进入下一步操作。

7　分割

分割加工按 NY/T 1564 的要求进行。

8　冻结

冻结间温度为－28 ℃以下。待产品中心温度降至－15 ℃以下时转入冷藏间储存。

9　包装、 标签、 标志和储存

9.1　产品包装、标签、标志应符合 GB/T 191、GB/T 5737、GB 12694 和农业部令第 70 号等的相关要求。

9.2　分割肉宜采用低温冷藏。储存环境与设施、库温和储存时间应符合 GB/T 9961、GB 12694 等相关标准要求。

10　其他要求

10.1　屠宰供应少数民族食用的羊产品，应尊重少数民族风俗习惯，按照国家有关规定执行。

10.2　经检验检疫不合格的肉品及副产品，应按 GB 12694 的要求和农医发〔2017〕25 号的规定执行。

10.3　产品追溯与召回应符合 GB 12694 的要求。

10.4　记录和文件应符合 GB 12694 的要求。

中华人民共和国国家标准

GB/T 19478—2018
代替 GB/T 19478—2004

畜禽屠宰操作规程　鸡

Operating procedure of livestock and poultry slaughtering—Chicken

2018-12-28 发布 / 2019-07-01 实施

中华人民共和国国家质量监督检验检疫总局
中国国家标准化管理委员会　发布

前　言

本标准按照 GB/T 1.1—2009 给出的规则起草。

本标准代替 GB/T 19478—2004《肉鸡屠宰操作规程》，与 GB/T 19478—2004 相比，主要技术变化如下：

——标准名称修改为《畜禽屠宰操作规程　鸡》；

——修改了规范性引用文件（见第 2 章，2004 年版的第 2 章）；

——修改了术语和定义（见第 3 章，2004 年版的第 3 章）；

——修改了屠宰操作的具体要求（见第 5 章，2004 年版的第 5 章）；

——增加了冻结（见 5.12）；

——增加了包装、标签、标志和贮存（见第 6 章）；

——修改了其他要求（见第 7 章，2004 年版的第 6 章）；

——删除了附录 A（规范性附录）屠宰加工过程的检验（见 2004 年版的附录 A）。

本标准由中华人民共和国农业农村部提出。

本标准由全国屠宰加工标准化技术委员会（SAC/TC 516）归口。

本标准主要起草单位：中国动物疫病预防控制中心（农业农村部屠宰技术中心）、商务部流通产业促进中心、嘉吉动物蛋白（安徽）有限公司、吉林省艾斯克机电股份有限公司、山东新希望六和集团有限公司。

本标准主要起草人：吴晗、高胜普、尤华、曹芬、王敏、龚海岩、赵箭、谢志新、欧锦强、王琼芳、张聿琳、张新玲、张朝明、张奎彪、闵成军。

本标准所代替标准的历次版本发布情况为：

——GB/T 19478—2004。

畜禽屠宰操作规程　鸡

1　范围

本标准规定了鸡屠宰的术语和定义、宰前要求、屠宰操作程序及要求、包装、标签、标志和贮存以及其他要求。

本标准适用于鸡屠宰厂（场）的屠宰操作。

2　规范性引用文件

下列文件对于本文件的应用是必不可少的。凡是注日期的引用文件，仅注日期的版本适用于本文件。凡是不注日期的引用文件，其最新版本（包括所有的修改单）适用于本文件。

GB/T 191　包装储运图示标志

GB 12694　食品安全国家标准　畜禽屠宰加工卫生规范

GB/T 19480　肉与肉制品术语

GB/T 24864　鸡胴体分割

NY 467　畜禽屠宰卫生检疫规范

《家禽屠宰检疫规程》（农医发〔2010〕27 号　附件 2）

《病死及病害动物无害化处理技术规范》（农医发〔2017〕25 号）

3　术语和定义

GB 12694、GB/T 19480 界定的以及下列术语和定义适用于本文件。

3.1

鸡屠体　chicken body

宰杀沥血后的鸡体。

3.2

鸡胴体　chicken carcass

宰杀沥血后，去除内脏，去除或不去除头、爪的鸡体。

3.3

同步检验　synchronous inspection

与屠宰操作相对应，将畜禽的头、蹄（爪）、内脏与胴体生产线同步运行，由检验人员对照检验和综合判断的一种检验方法。

4　宰前要求

4.1　待宰鸡应健康良好，并附有产地动物卫生监督机构出具的《动物检疫合格证明》。

4.1　鸡宰前应停饲静养，禁食时间应控制在 6 h～12 h，保证饮水。

5　屠宰操作程序及要求

5.1　挂鸡

5.1.1　轻抓轻挂，将符合要求的鸡，双爪吊挂在适宜的挂钩上。

5.1.2　死鸡不应上挂，应放于专用容器中。

5.1.3　从上挂后到致昏前宜增加使鸡安静的装置。

5.2　致昏

5.2.1　应采用气体致昏或电致昏的方法，使鸡在宰杀、沥血直到死亡处于无意识状态。

5.2.2　采用水浴电致昏时应根据鸡品种和规格适当调整水面的高度和电参数，保持良好的电接触。

5.2.3　采用气体致昏时，应合理设计气体种类、浓度和致昏时间。

5.2.4　致昏设备的控制参数应适时监控并保存相关记录。

5.2.5　致昏区域的光照强度应弱化，保持鸡的安静。

5.3　宰杀、沥血

5.3.1　鸡致昏后，应立即宰杀，割断颈动脉和颈静脉，保证有效沥血。

5.3.2　沥血时间为 3 min～5 min。

5.3.3　不应有活鸡进入烫毛设备。

5.4　烫毛、脱毛

5.4.1　烫毛、脱毛设备应与生产能力相适应，根据季节和鸡品种的不同，调整工艺和设备参数。

5.4.2　浸烫水温宜为 58 ℃～62 ℃，浸烫时间宜为 1 min～2 min。

5.4.3　浸烫时水量应充足，并持续补水。

5.4.4　脱毛后应将屠体冲洗干净。

5.4.5　脱毛后不应残留余毛、浮皮和黄皮。

5.5　去头、去爪

5.5.1　需要去头、去爪时，可采用手工或机械的方法去除。

5.5.2　去爪时应避免损伤跗关节的骨节。

5.6　去嗉囊、去内脏

5.6.1　去嗉囊：切开嗉囊处的表皮，将嗉囊拉出并去除；采用自动设备时，宜拉出嗉囊待掏膛时去除。

5.6.2　切肛：采用人工或机械方法，用刀具从肛门周围伸入，刀口长约 3 cm，切下肛门。不应切断肠管。

5.6.3　开膛：采用人工或机械方法，用刀具从肛门切孔处切开腹皮 3 cm～5 cm。不应超过胸骨，不应划破内脏。

5.6.4　掏膛：采用人工或机械方法，从开膛口处伸入腹腔，将心、肝、肠、胗、食管等拉出，避免脏器或肠道破损污染胴体。

5.6.5　清洗消毒：工具应定时清洗消毒，与胴体接触的机械装置应每次进行冲洗。

5.7　冲洗

鸡胴体内外应冲洗干净。

5.8　检验检疫

同步检验按照 NY 467 要求执行；同步检疫按照《家禽屠宰检疫规程》要求执行。

5.9　副产品整理

5.9.1　副产品应去除污物、清洗干净。

5.9.2　副产品整理过程中，不应落地加工。

5.10　冷却

5.10.1　冷却方法

5.10.1.1　采用水冷或风冷方式对鸡胴体和可食副产品进行冷却。

5.10.1.2　水冷却应符合如下要求：

　　a)　预冷设施设备的冷却进水应控制在 4 ℃以下；

　　b)　终冷却水温度控制在 0 ℃～2 ℃；

　　c)　鸡胴体在冷却槽中逆水流方向移动，并补充足量的冷却水。

5.10.1.3　风冷却应合理调整冷却间的温度、风速以达到预期的冷却效果。

5.10.2　冷却要求

5.10.2.1　冷却后的鸡胴体中心温度应达到 4 ℃以下，内脏产品中心温度应达到 3 ℃以下。

5.10.2.2　副产品的冷却应采用专用的冷却设施设备，并与其他加工区分开，以防交叉污染。

5.11　修整、分割加工

修整、分割加工按 GB/T 24864 要求执行。

5.12　冻结

将需要冻结的产品转入冻结间，冻结间的温度应为－28 ℃以下，冻结时间不宜超过 12 h，冻结后产品的中心温度应不高于－15 ℃，冻结后转入冷藏库贮存。

6　包装、标签、标志和贮存

6.1　产品包装、标签、标志应符合 GB/T 191、GB 12694 等相关标准的要求。

6.2　贮存环境与设施、库温和贮存时间应符合 GB 12694 的要求。

7　其他要求

7.1　屠宰过程中落地或被粪便、胆汁污染的肉品及副产品应另行处理。

7.2　经检验不合格的肉品及副产品，应按 GB 12694 的要求和《病死及病害动物无害化处理技术规范》的规定执行。

7.3　产品追溯与召回应符合 GB 12694 的要求。

7.4　记录和文件应符合 GB 12694 的要求。

中华人民共和国农业行业标准

NY/T 3470—2019

畜禽屠宰操作规程 兔

Operating procedures of livestock and poultry slaughtering—Rabbit

2019-08-01 发布/2019-11-01 实施
中华人民共和国农业农村部 发布

前 言

本标准按照 GB/T 1.1—2009 给出的规则起草。

本标准由农业农村部畜牧兽医局提出。

本标准由全国屠宰加工标准化技术委员会（SAC/TC 516）归口。

本标准主要起草单位：山东省肉类协会、中国动物疫病预防控制中心（农业农村部屠宰技术中心）、青岛海关检验检疫技术中心、黄岛海关、青岛康大食品有限公司、沂源县畜牧兽医局、山东海达食品有限公司、菏泽富仕达食品有限公司。

本标准主要起草人：李琳、赵丽青、唐斌、卢恕波、王树峰、李俊华、史晓丽、薛在军、李明勇、赵远征、杨海莹、薛秀海、刘美玲、王楠、刘曼、高胜普、张朝明。

畜禽屠宰操作规程　兔

1　范围

本标准规定了兔屠宰的术语和定义、宰前要求、屠宰操作程序和要求、冷却、分割、冻结、包装、标签、标志和储存以及其他要求。

本标准适用于兔屠宰加工厂（场）的屠宰操作。

2　规范性引用文件

下列文件对于本文件的应用是必不可少的。凡是注日期的引用文件，仅注日期的版本适用于本文件。凡是不注日期的引用文件，其最新版本（包括所有的修改单）适用于本文件。

GB/T 191　包装储运图示标志

GB 12694　食品安全国家标准　畜禽屠宰加工卫生规范

GB/T 19480　肉与肉制品术语

NY 467　畜禽屠宰卫生检疫规范

农医发〔2017〕25 号　病死及病害动物无害化处理技术规范

农医发〔2018〕9 号　兔屠宰检疫规程

3　术语和定义

GB 12694、GB/T 19480 界定的以及下列术语和定义适用于本文件。

3.1

兔屠体　rabbit body

兔宰杀、放血后的躯体。

3.2

兔胴体　rabbit carcass

去爪、去头（或不去头）、剥皮、去除内脏后的兔躯体。

3.3

同步检验　synchronous inspection

与屠宰操作相对应，将畜禽的头、蹄（爪）、内脏与胴体生产线同步运行，由检验人员对照检验和综合判断的一种检验方法。

4　宰前要求

4.1　待宰兔应健康良好，并附有产地动物卫生监督机构出具的动物检疫合格证明。

4.2　兔宰前应停食静养，并充分给水。待宰时间超过 12 h 的，宜适量喂食。

4.3　屠宰前应向所在地动物卫生监督机构申报，按照农医发〔2018〕9 号和 GB 12694 等进行宰前检查，合格后方可屠宰。

5　屠宰操作程序和要求

5.1　致昏

5.1.1　宰杀前应对兔致昏，宜采用电致昏的方法，使兔在宰杀、沥血直到死亡时处于无意识状态，对睫毛反射刺激不敏感。

5.1.2　采用电致昏时，应根据兔的品种和规格大小适当调整电压或电流参数、致昏时间，保持良好的电接触。

5.1.3　致昏设备的控制参数应适时监控并保存相关记录，应有备用的致昏设备。

5.2 宰杀放血

5.2.1 兔致昏后应立即宰杀。将兔右后肢挂到链钩上，沿兔耳根部下颌骨割断颈动脉。

5.2.2 放血刀每次使用后应冲洗，经不低于 82 ℃的热水消毒后轮换使用。

5.2.3 沥血时间应不少于 4 min。

5.3 去头

固定兔头，持刀沿兔寰椎（耳根部第一颈椎）处将兔头割下。

5.4 剥皮

5.4.1 挑裆

用刀尖从兔左后肢跗关节处挑划后肢内侧皮，继续沿裆部划至右后肢跗关节处。

5.4.2 去左后爪

从兔左后肢跗关节上方处剪断或割断左后爪。

5.4.3 挑腿皮

用刀尖从兔右后肢跗关节处挑断腿皮，将右后腿皮剥至尾根部。

5.4.4 割尾

从兔尾根部内侧将尾骨切开，保持兔尾外侧的皮连接在兔皮上。

5.4.5 割腹肌膜

用刀尖将兔皮与腹部之间的肌膜分离，不得划破腹腔。

5.4.6 去前爪

从前肢腕关节处剪断或割断左、右前爪。

5.4.7 扯皮

握住兔后肢皮两侧边缘，拉至上肢腋下处，采用机械或人工扯下兔皮。

5.5 去内脏

5.5.1 开膛

割开耻骨联合部位，沿腹部正中线划至剑状软骨处，不得划破内脏。

5.5.2 掏膛

固定脊背，掏出内脏，保持内脏连接在兔屠体上。

5.5.3 净膛

将心、肝、肺、胃、肾、肠、膀胱、输尿管等内脏摘除。

5.6 检验检疫

同步检验按照 NY 467 的要求执行，检疫按照农医发〔2018〕9 号的要求执行。

5.7 修整

5.7.1 修去生殖器及周围的腺体、瘀血、污物等。

5.7.2 从兔右后肢跗关节处剪断或割断右后爪。

5.7.3 对后腿部残余皮毛进行清理。

5.8 挂胴体

将需要冷却的兔胴体悬挂在预冷链条的挂钩上。

5.9 喷淋冲洗

对胴体进行喷淋冲洗，清除胴体上残余的毛、血和污物等。

5.10 胴体检查

检查有无粪便、胆汁、兔毛、其他异物等污染。应将污染的胴体摘离生产线，轻微污染的，对污染部位进行修整、剔除；严重污染的，收集后做无害化处理。

5.11 副产品整理

5.11.1 副产品在整理过程中不应落地。

5.11.2 副产品应去除污物，清洗干净。

5.11.3 内脏、兔头等加工时应分区。

5.12 冷却

5.12.1 冷却设定温度为 0 ℃~4 ℃，冷却时间不少于 45 min。

5.12.2 冷却后的胴体中心温度应保持在 7 ℃以下。

5.12.3 冷却后副产品中心温度应保持在 3 ℃以下。

5.12.4 冷却后检查胴体深层温度，符合要求的方可进入下一步操作。

5.13 分割

5.13.1 根据生产需要，可将兔胴体按照部位分割成以下产品形式：

  a) 兔前腿：从兔前肢腋下部切割下的前肢部分；

  b) 兔后腿：沿髋骨上端垂直脊柱整体割下，再沿脊柱中线切割到耻骨联合中线，分成左右两半的后肢部分；

  c) 去骨兔肉：沿肋骨外缘剔下肋骨和脊柱骨上的肌肉；

  d) 兔排：去除前、后腿和躯干肌肉的骨骼部分。

5.13.2 分割车间的温度应控制在 12 ℃以下。

5.14 冻结

冻结间的温度为-28 ℃以下，待产品中心温度降至-15 ℃以下转入冷藏间储存。

6 包装、标签、标志和储存

6.1 产品包装、标签、标志应符合 GB/T 191、GB 12694 等相关标准要求。

6.2 储存环境与设施、库温和储存时间应符合 GB 12694 等相关标准要求。

7 其他要求

7.1 屠宰过程中落地或被粪便、胆汁污染的肉品及副产品应另行处理。

7.2 经检验检疫不合格的胴体、肉品及副产品，应按 GB 12694 的要求和农医发〔2017〕25 号的规定处理。

7.3 产品追溯与召回应符合 GB 12694 的要求。

7.4 记录和文件应符合 GB 12694 的要求。

中华人民共和国农业行业标准

NY/T 3741—2020

畜禽屠宰操作规程 鸭

Operating procedures of livestock and poultry slaughtering—Duck

2020-08-26发布/2021-01-01 实施

中华人民共和国农业农村部 发布

前 言

本标准按照 GB/T 1.1—2009 给出的规则起草。

本标准由农业农村部畜牧兽医局提出。

本标准由全国屠宰加工标准化技术委员会（SAC/TC 516）归口。

本标准主要起草单位：中国动物疫病预防控制中心（农业农村部屠宰技术中心）、中国肉类协会、山东新希望六和集团有限公司、北京二商大红门肉类食品有限公司、江苏益客食品集团有限公司、河南华英农业发展股份有限公司、北京金星鸭业有限公司、合肥工业大学、陕西省动物卫生与屠宰管理站。

本标准主要起草人：高胜普、陈伟、黄强力、刘蕾、闵成军、张子平、刘龙海、谌福昌、张朝明、王伟静、郑迎春、徐宝才、任晓玲、刘振宇、汪丽、王维华、王素珍、陶龙斐、胡胜强、梁淑珍、王生雨、张国强、周辉。

畜禽屠宰操作规程　鸭

1　范围

本标准规定了鸭屠宰的术语和定义、宰前要求、屠宰操作程序及要求、包装、标签、标志和储存以及其他要求。

本标准适用于鸭屠宰企业的屠宰操作。

2　规范性引用文件

下列文件对于本文件的应用是必不可少的。凡是注日期的引用文件，仅注日期的版本适用于本文件。凡是不注日期的引用文件，其最新版本（包括所有的修改单）适用于本文件。

GB/T 191　包装储运图示标志

GB 1886.26　食品安全国家标准　食品添加剂　石蜡

GB 2760　食品安全国家标准　食品添加剂使用标准

GB 12694　食品安全国家标准　畜禽屠宰加工卫生规范

GB/T 19480　肉与肉制品术语

GB/T 20575　鲜、冻肉生产良好操作规范

NY 467　畜禽屠宰卫生检疫规范

NY/T 3224　畜禽屠宰术语

农医发〔2010〕27 号　附件 2　家禽屠宰检疫规程

农医发〔2017〕25 号　病死及病害动物无害化处理技术规范

3　术语和定义

GB 12694、GB/T 19480、NY/T 3224 界定的以及下列术语和定义适用于本文件。

3.1

鸭屠体　duck body

宰杀沥血后的鸭体。

3.2

鸭胴体　duck carcass

宰杀沥血、脱毛后，去除内脏，去除或不去除头、掌、翅的鸭体。

4　宰前要求

4.1　待宰鸭应健康良好，并附有产地动物卫生监督机构出具的动物检疫合格证明。

4.2　宰前检查应符合 NY 467 和农医发〔2010〕27 号　附件 2 的要求。

4.3　鸭宰前应停饲静养，禁食时间应控制在 6 h～12 h。

5　屠宰操作程序及要求

5.1　挂鸭

5.1.1　应轻抓轻挂，将符合要求鸭的双掌吊挂在挂钩上，不应出现单腿悬挂的情况，不应提拉、拖拽鸭的头、翅膀或羽毛等。

5.1.2　死鸭不应上挂，应放于专用容器中。

5.1.3　从上挂后到宰杀前宜设置使鸭安静的设施。

5.1.4　悬挂输送线运行速度应与加工能力相匹配。

5.2　致昏

5.2.1　需要致昏时，应采用水浴电致昏或气体致昏方式，使鸭从宰杀、沥血直到死亡处于无意识状态。

5.2.2 采用水浴式电致昏方式时，应设置适宜的电压、电流和频率参数。

5.2.3 采用气体致昏时，应设置适宜的气体种类、浓度和致昏时间。

5.2.4 应检查鸭致昏后的状况，应有效致昏，不应致死。

5.3 宰杀、沥血

5.3.1 致昏后应立即宰杀，致昏至宰杀时间宜少于 10 s。

5.3.2 宜采用口腔刺杀或割断颈动脉、颈静脉方式放血。

5.3.3 沥血应充分，时间不应少于 3 min。

5.4 烫毛、脱毛

5.4.1 应避免活鸭进入烫毛设备。

5.4.2 烫毛、脱毛设备应与生产能力相适应，根据季节和鸭品种的不同，调整工艺和设备参数。

5.4.3 浸烫水温宜为 58 ℃～62 ℃，浸烫时间不宜少于 3 min。

5.4.4 浸烫时水量应充足，并持续补水。

5.4.5 脱毛后应将屠体冲洗干净。

5.5 浸蜡、脱蜡

5.5.1 按照浸蜡、冷蜡、脱蜡工序进行操作，除去鸭屠体上的小毛。所用石蜡的质量应符合 GB 1886.26 的要求，使用时应符合 GB 2760 及国家相关规定。

5.5.2 浸蜡设备应与生产能力相适应，根据蜡的不同，调整工艺和设备参数。应根据生产情况调整浸蜡池的液位、温度。浸蜡时，蜡液不应浸入宰杀刀口。

5.5.3 浸蜡后，及时将鸭屠体置入冷蜡池冷却。应将冷蜡池内水温和冷却时间控制在适宜范围，并根据冷却效果适度补水、换水。

5.5.4 可采取人工或机械方式将鸭屠体上的蜡剥掉，脱蜡后鸭屠体不应残留蜡的碎片。

5.5.5 根据工艺要求，可进行多次浸蜡、冷蜡、脱蜡操作脱毛。必要时，人工修净鸭屠体上的小毛。

5.6 去掌、去鸭舌

5.6.1 可采用人工或机械的方式去除鸭掌。去掌时，应避免损伤跗关节的骨节。

5.6.2 可采用人工方式去除鸭舌，取出的鸭舌应保持完整。

5.7 去内脏

5.7.1 开膛

采用人工或机械方式，用刀具从腹线或腋下处开口 3 cm～7 cm，不应划破内脏。

5.7.2 掏膛

采用人工或机械方式，从开口处伸入体腔，将心、肝、肠、肫、食管等拉出。

5.8 冲洗

鸭胴体内外应冲洗干净。

5.9 检验检疫

检验应按照 NY 467 的规定执行，检疫按照农医发〔2010〕27 号　附件 2 的规定执行。

5.10 副产品整理

5.10.1 副产品应去除污物、清洗干净。

5.10.2 副产品整理过程中，不应落地加工。

5.10.3 血、肠应与其他脏器副产品分开处理。

5.11 冷却

5.11.1 冷却方法

5.11.1.1 采用水冷或风冷方式进行冷却。

5.11.1.2 水冷却应符合如下要求：

 a) 预冷设施设备的冷却进水温度应控制在 4 ℃以下；

 b) 终冷却水温度宜控制在 0 ℃～2 ℃；

 c) 鸭胴体在冷却槽中逆水流方向移动，并补充足量的冷却水；

 d) 鸭胴体出冷却槽后应将水沥干。

5. 11. 1. 3　风冷却应符合如下要求：

a)　应根据实际冷却效果适当调整冷却间温度和冷却时间；

b)　鸭胴体采用多层吊挂时，应避免上层水滴滴落到下一层胴体。

5. 11. 2　冷却要求

5. 11. 2. 1　冷却后的鸭胴体中心温度应达到 4 ℃以下，内脏产品中心温度应达到 3 ℃以下。

5. 11. 2. 2　副产品的冷却应采用专用的冷却设施设备，并与其他加工区分开，防止交叉污染。

5. 12　**修整与分割**

5. 12. 1　修割整齐，冲洗干净，胴体无可见出血点。

5. 12. 2　分割加工过程应符合 GB/T 20575 的要求。

5. 13　**冻结**

将需要冻结的产品转入冻结间，冻结间的温度应为 －28 ℃以下，冻结时间不宜超过 12 h，冻结后产品的中心温度应不高于 －15 ℃，冻结后转入冷藏库储存。

6　包装、标签、标志和储存

6. 1　产品包装、标签、标志应符合 GB/T 191、GB 12694 等相关标准的要求。

6. 2　储存环境、设施和库温应符合 GB 12694、GB/T 20575 的要求。

7　其他要求

7. 1　屠宰过程中宰杀、掏膛等工具及与胴体接触的机械应按相关规定进行清洗、消毒。

7. 2　屠宰过程中落地或被消化道内容物、胆汁污染的肉品及副产品应另行处理。

7. 3　经检验检疫不合格的肉品及副产品，应按 GB 12694 的要求和农医发〔2017〕25 号的规定处理。

7. 4　产品追溯与召回应符合 GB 12694 的要求。

7. 5　记录和文件应符合 GB 12694 的要求。

中华人民共和国农业行业标准

NY/T 3742—2020

畜禽屠宰操作规程　鹅

Operating procedures of livestock and poultry slaughtering—Goose

2020-08 -26发布/2021-01 -01 实施

中华人民共和国农业农村部　发布

前　言

本标准按照 GB/T 1.1—2009 给出的规则起草。

本标准由农业农村部畜牧兽医局提出。

本标准由全国屠宰加工标准化技术委员会（SAC/TC 516）归口。

本标准主要起草单位：青岛农业大学、南京农业大学、高密市雁王食品有限公司、山东牧族生态农业科技有限公司、山东尊润食品有限公司、临朐浩裕食品有限公司、山东宝星机械有限公司、南京黄教授食品科技有限公司、中国农业科学院农业质量标准与检测技术研究所、山东畜牧兽医职业学院、山东省农业科学院家禽研究所、合肥工业大学、中国动物疫病预防控制中心（农业农村部屠宰技术中心）。

本标准主要起草人：孙京新、王宝维、徐幸莲、黄明、苗春伟、郭海港、王术军、高世峰、董保庆、邱少东、汤晓艳、王鹏、李舫、宋敏训、郭丽萍、杨建明、李岩、李鹏、韩敏义、徐宝才、高胜普、张朝明。

畜禽屠宰操作规程　鹅

1　范围

本标准规定了鹅屠宰的术语和定义、宰前要求、屠宰操作程序及要求、包装、标签、标志和储存以及其他要求。

本标准适用于鹅屠宰企业的屠宰操作。

2　规范性引用文件

下列文件对于本文件的应用是必不可少的。凡是注日期的引用文件，仅注日期的版本适用于本文件。凡是不注日期的引用文件，其最新版本（包括所有的修改单）适用于本文件。

GB/T 191　包装储运图示标志

GB 1886.26　食品安全国家标准　食品添加剂　石蜡

GB 2760　食品安全国家标准　食品添加剂使用标准

GB 12694　食品安全国家标准　畜禽屠宰加工卫生规范

GB/T 19480　肉与肉制品术语

NY 467　畜禽屠宰卫生检疫规范

NY/T 3224　畜禽屠宰术语

农医发〔2010〕27号　附件2　家禽屠宰检疫规程

农医发〔2017〕25号　病死及病害动物无害化处理技术规范

3　术语和定义

GB 12694、GB/T 19480、NY/T 3224界定的以及下列术语和定义适用于本文件。

3.1

鹅屠体　goose body

宰杀沥血后的鹅体。

3.2

鹅胴体　goose carcass

宰杀沥血、脱毛后，去除内脏，去除或不去除头、掌、翅的鹅体。

4　宰前要求

4.1　待宰鹅应健康良好，并附有产地动物卫生监督机构出具的动物检疫合格证明。

4.2　宰前检查应符合NY 467和农医发〔2010〕27号　附件2的要求。

4.3　鹅宰前禁食时间应控制在6 h～12 h。静养时间宜不少于2 h，保证饮水。

5　屠宰操作程序及要求

5.1　挂鹅

5.1.1　将符合要求鹅的双掌吊挂在挂钩上。

5.1.2　死鹅不应上挂，应放于专用密封容器中。

5.1.3　从上挂后至致昏前宜设置使鹅安静的设施。

5.2　致昏

5.2.1　应采用水浴电致昏或气体致昏方式，使鹅从宰杀、沥血直到死亡处于无意识状态。

5.2.2　水浴电致昏时，应根据鹅品种和体型适当调整水面高度，保持良好的电接触。

5.2.3　气体致昏时，应合理设计气体种类、浓度和致昏时间。

5.2.4　致昏设备的控制参数应适时监控。

5.2.5 致昏区域的光照强度应弱化，保持鹅的安静。

5.3 宰杀、沥血

5.3.1 致昏后应立即宰杀，时间不宜超过 15 s。

5.3.2 在颈部咽喉处横切割断颈动脉、颈静脉或采用同步割断食管、气管方式放血。

5.3.3 沥血应充分，时间不应少于 5 min。

5.4 烫毛、脱毛

5.4.1 应避免活鹅进入烫毛设备。

5.4.2 烫毛、脱毛设备应与生产能力相适应，根据季节和鹅品种的不同，调整工艺和设备参数。

5.4.3 烫毛水温宜为 60 ℃～65 ℃，时间宜为 6 min～7 min。浸烫时水量应充足，应设有温度和时间指示装置。

5.4.4 烫毛后采用人工或机械方式脱毛。脱毛后应将鹅屠体冲洗干净。

5.5 浸蜡、脱蜡

5.5.1 按照浸蜡、冷蜡、脱蜡工序进行操作，除去鹅屠体上的小毛。所用石蜡的质量应符合 GB 1886.26 的要求，使用时应符合 GB 2760 及国家相关规定。

5.5.2 浸蜡设备应与生产能力相适应，根据蜡的不同，调整工艺和设备参数。应根据生产情况调整浸蜡池的液位、温度。蜡液不应浸入宰杀刀口。

5.5.3 浸蜡后及时将鹅屠体置入冷蜡池冷却。应将冷蜡池内水温和冷却时间控制在适宜范围，并根据冷却效果适度补水、换水。

5.5.4 可采用人工或机械方式脱蜡，脱蜡后鹅屠体不应残留蜡的碎片。

5.5.5 根据工艺要求，可进行多次浸蜡、冷蜡、脱蜡操作。必要时，人工修净鹅屠体上的小毛。

5.6 去头、去舌、去掌

5.6.1 需要时，可采用人工或机械方式去头、去舌、去掌。

5.6.2 宜从颈部咽喉横切处割断去头；从口腔捏住鹅舌中间部位下拉去舌，使舌保持完整；从跗关节去掌，应避免损伤跗关节的骨节。

5.7 去内脏

5.7.1 开膛

采用人工或机械方式，用刀具沿腹线或腋下处开口 5 cm～9 cm，不应划破内脏。热取肥肝时，用刀具沿腹线处开口 13 cm～20 cm；冷取肥肝时，待风冷（5.11.1.3）后再用刀具沿腹线处开口 13 cm～20 cm。

5.7.2 掏膛

采用人工或机械方式，从开口处伸入体腔，将心、肝、肠、肫、食管等拉出，避免脏器或肠破损污染胴体。肥肝鹅取出的肥肝应与其他内脏分开。

5.8 冲洗

鹅胴体内外应冲洗干净。

5.9 检验检疫

检验按照 NY 467 的规定执行，检疫按照农医发〔2010〕27 号 附件 2 的规定执行。

5.10 副产品整理

5.10.1 副产品应去除污物、清洗干净。

5.10.2 副产品整理过程中，不应落地加工。

5.10.3 副产品应分可食副产品和不可食副产品。

5.10.4 血、肠应与其他脏器副产品分开处理。

5.11 冷却

5.11.1 冷却方法

5.11.1.1 采用水冷或风冷方式对鹅胴体和可食副产品进行冷却；未开膛的肥肝鹅体宜采用风冷方式。

5.11.1.2 水冷却应符合如下要求：

    a) 冷却水进水水温应控制在 4 ℃ 以下，终温应控制在 0 ℃～2 ℃；应补充足量的冷却水，及时更换并保持清洁；

b) 鹅胴体在冷却槽中应逆水流方向移动，出冷却槽后应将水沥干；

c) 采用螺旋预冷设备冷却时，鹅胴体水冷却间附近宜设快速制冰、储冰设施。

5. 11. 1. 3 风冷却应符合如下要求：

a) 冷却间风温宜为－2 ℃～2 ℃，应合理调整风速和相对湿度，以达到冷却要求；

b) 鹅胴体采用多层吊挂时，应避免上层水滴滴落至下层胴体。

5. 11. 2　冷却要求

5. 11. 2. 1 冷却后的鹅胴体或未开膛的肥肝鹅体中心温度应达到 4 ℃以下，内脏产品中心温度应达到 3 ℃以下。

5. 11. 2. 2 副产品冷却应采用专用的冷却设施或设备，并与其他加工区分开，以防交叉污染。

5. 12　修整

5. 12. 1 摘取胸腺、甲状腺、甲状旁腺及残留气管。

5. 12. 2 修割整齐，冲洗干净；胴体无可见出血点，无溃疡，无排泄物残留；骨折鹅胴体应另作分割或他用。

5. 13　分级

对鹅胴体、可食副产品或鹅肥肝等按照重量和质量进行分级。

5. 14　分割

可分割为鹅胸肉、鹅小胸肉、鹅腿肉、鹅小腿肉、鹅脖、鹅翅等。

5. 15　冻结

将需要冻结的产品转入冻结间，冻结间的温度应为－28 ℃以下，冻结时间不宜超过 12 h，冻结后产品的中心温度应不高于－15 ℃，冻结后转入－18 ℃以下温度冻藏库储存。

6　包装、标签、标志和储存

6. 1 产品包装、标签、标志应符合 GB/T 191、GB 12694 等相关标准的要求。

6. 2 储存环境、设施和库温应符合 GB 12694 的要求。

7　其他要求

7. 1 屠宰过程中宰杀、掏膛等工具及与胴体接触的机械应按相关规定进行清洗、消毒。

7. 2 冷取肥肝时，应在冷却间实施相关检验检疫。

7. 3 屠宰过程中落地或被胃肠内容物、胆汁污染的肉品及副产品应另行处理。

7. 4 经检验检疫不合格的肉品及副产品，应按 GB 12694 的要求和农医发〔2017〕25 号的规定执行。

7. 5 产品追溯与召回应符合 GB 12694 的要求。

7. 6 记录和文件应符合 GB 12694 的要求。

中华人民共和国农业行业标准

NY/T 3743—2020

畜禽屠宰操作规程 驴

Operating procedures of livestock and poultry slaughtering—Donkey

2020-08 -26发布/2021-01 -01 实施
中华人民共和国农业农村部 发布

前 言

本标准按照 GB/T 1.1—2009 给出的规则起草。

本标准由农业农村部畜牧兽医局提出。

本标准由全国屠宰加工标准化技术委员会（SAC/TC 516）归口。

本标准主要起草单位：辽宁省农业发展服务中心、中国动物疫病预防控制中心（农业农村部屠宰技术中心）、山东东阿天龙食品有限公司。

本标准起草人：周晨阳、王金华、司占军、金晖、高胜普、张朝明、乔木、刘晓明、尚绪增、刘俊、杨维成、冷义厚、尹荣焕、姜树德、韩艳东、卢宗福、武博贤、王怀利。

畜禽屠宰操作规程　驴

1　范围

本标准规定了驴屠宰的术语和定义、宰前要求、屠宰操作程序及要求、冷却、分割、冻结、包装、标签、标志和储存以及其他要求。

本标准适用于驴屠宰企业的屠宰操作。

2　规范性引用文件

下列文件对于本文件的应用是必不可少的。凡是注日期的引用文件，仅注日期的版本适用于本文件。凡是不注日期的引用文件，其最新版本（包括所有的修改单）适用于本文件。

GB/T 191　包装储运图示标志

GB/T 6388　运输包装收发货标志

GB 12694　食品安全国家标准　畜禽屠宰加工卫生规范

GB 14881　食品安全国家标准　食品生产通用卫生规范

NY 467　畜禽屠宰卫生检疫规范

农医发〔2017〕25 号　病死及病害动物无害化处理技术规范

3　术语和定义

下列术语和定义适用于本文件。

3.1

驴屠体　donkey body

驴宰杀放血后的躯体。

3.2

驴胴体　donkey carcass

驴经宰杀放血、剥皮或脱毛后，去头、蹄、内脏等的躯体。

3.3

二分体　half carcass

将驴胴体沿脊椎中线纵向锯（劈）成的两半胴体。

4　宰前要求

4.1　驴入厂（场）时应附有动物检疫合格证明，待宰驴健康状况良好。

4.2　宰前应停食静养 12 h～24 h，并充分给水，宰前 3 h 停止饮水。

4.3　送宰驴通过屠宰通道时，应按顺序赶送，不应暴力驱赶。

4.4　宰前应充分进行淋浴，清除体表污物，保持屠宰时清洁卫生。

5　屠宰操作程序及要求

5.1　致昏

5.1.1　可采用气动致昏或电致昏。方法如下：

　　a)　气动致昏：用气动致昏装置对准驴双眼与两耳对角线的交叉点，快速启动，使驴昏迷；

　　b)　电致昏：应根据驴品种和体型适当调整电压、电流和致昏时间等参数，保持良好的电接触。

5.1.2　致昏后应心脏跳动，呈昏迷状态，不应致死或反复致昏。

5.2　吊挂

5.2.1　致昏后立即进行吊挂。用扣脚链扣紧驴的一只后小腿跗关节上部，匀速起吊，挂入输送轨道链钩上，操作时间应尽可能短。

5.2.2 从致昏吊挂到宰杀放血时间应不超过 1.5 min。

5.3 宰杀放血

5.3.1 宜从喉部下刀横切，割断气管、食管和颈动脉。

5.3.2 宰杀放血刀具每次使用后，应使用不低于 82 ℃的热水消毒，刀具消毒后轮换使用。

5.3.3 沥血应完全，时间不应少于 5 min。沥血后，可采用剥皮（5.4）或烫毛、脱毛（5.5）工艺进行后序操作。

5.4 剥皮（去皮驴肉）

5.4.1 预剥皮

5.4.1.1 剥前腿皮：从腕关节下刀，沿前腿内侧中线挑开皮缝至胸中线。沿剥开的皮缝向左右两侧全部剥离前腿皮。

5.4.1.2 剥后腿皮：从跗关节下刀，沿后腿内侧中线挑开驴皮至腹股沟尾根部，沿后腿挑开的皮缝向左右两侧全部剥离后腿皮。

5.4.1.3 剥胸、腹部皮：从腹股沟与肛门交汇处下刀，沿腹中线、胸中线挑开驴皮至放血刀口，沿挑开皮缝向左右两侧剥离胸部、腹部驴皮至两肩、肷窝止。

5.4.1.4 剥头皮：从放血口处下刀，剥离头部皮，保持与颈部皮的连接。

5.4.2 扯皮

5.4.2.1 可采用人工或机械方式扯皮。方法如下：

    a) 人工扯皮：从背部将驴皮扯掉；

    b) 机械扯皮：固定驴的两只前腿，用机械剥皮机夹皮装置锁紧驴双后腿皮，启动扯皮设备，由上到下扯皮、卷撕。扯皮的过程中用刀将不易分离的皮肉连接处划开。

5.4.2.2 扯下的皮张应完整、无破裂、不带膘肉。体表不带碎皮，肌膜完整。

5.5 烫毛、脱毛（带皮驴肉）

5.5.1 烫毛

应根据驴屠体的大小、品种和季节差异，调整浸烫温度、时间。可采用 70 ℃～75 ℃的热水浸烫5 min～10 min。烫毛过程中应防止驴屠体沉底、生烫、过烫。

5.5.2 脱毛

采用机械脱毛或人工刮毛，脱毛后体表宜无浮毛、无机械损伤、无脱皮。

5.6 去头、去蹄

5.6.1 去头

沿放血刀口处从枕寰关节与头部连接处割下驴头。

5.6.2 去蹄

从腕关节处切下前蹄，从跗关节处切下后蹄。

5.7 去生殖器

公驴从裆部割下睾丸及生殖器，睾丸与生殖器不应分离。母驴在取内脏操作时割除子宫。

5.8 肛门结扎

沿肛门周围用刀将直肠与肛门连接部剥离开，提起直肠再将直肠打结或用橡皮箍套住直肠头，结扎好后将直肠头放入体内。

5.9 剖腹、开胸

从肛门下部沿腹正中线自上而下割开腹部，至胸软骨处，沿胸中线向下切开胸腔。

5.10 取内脏

5.10.1 取肠、胃：一手抓住直肠向外拉伸，另一手持刀伸入腹腔，割离肠系膜及连接组织，轻轻拉扯肠、胃，使其与腹腔分离并取出。

5.10.2 取心、肝、肺：持刀沿屠体内腔壁割开膈肌，拉出气管，取出心、肝、肺。

5.10.3 取肾脏：割开腰油，取出肾脏。

5.11 检验检疫

取下的头、蹄、内脏等应放于指定位置，连同胴体一起按照 NY 467 及国家有关规定进行检验检疫。

5.12　劈半

用劈半设备从上到下沿驴胴体脊柱正中线劈成左右两片二分体。

5.13　胴体修整

5.13.1　将附于胴体表面的碎屑除去，修整颈部和腹部的游离缘，割除伤痕、脓疡、斑点、瘀血及残留的膈肌、游离的脂肪。

5.13.2　用清水将劈半的二分体断面，胸、腹腔内、外侧血污、浮毛、碎骨渣等冲洗干净。

5.13.3　修割下来的肉块和淋巴结等废弃物应放于指定容器内。

5.14　副产品整理

5.14.1　整理心、肝、肺：分离心、肝、肺，洗净残血等污物。

5.14.2　分离胃、脾：去净表面脂肪，切断胃与十二指肠连接处和肝胃韧带。剥开网油，从网膜上割除脾脏。

5.14.3　清洗胃：割开 5 cm～10 cm 的切口，清理内容物，翻转、清洗干净。

5.14.4　清洗大肠：将肠体上的脂肪修除，从回盲部将大肠与小肠割断。自上而下挤出粪污，并向大肠内灌水，使肠下坠翻转大肠，清洗干净。

5.14.5　清洗小肠：将肠体上的脂肪修除，一手抓住小肠与胃的断面处，另一手自上而下挤出肠内污物。

5.14.6　皮张整理：刮去驴皮血污及皮肌、脂肪。将驴皮平铺在池、槽内，在驴皮内层撒适量食用盐储存，可层层叠加，后用密封材料包裹扎严，保持水分湿度。

5.14.7　副产品整理过程中不应落地。

6　冷却

6.1　将预冷间温度调至 0 ℃～4 ℃，相对湿度保持在 85%～90%，驴二分体间距不少于 10 cm。

6.2　预冷时间 12 h～24 h，后腿肌肉最厚处中心温度降至 7 ℃以下。

7　分割

可分割为里脊、外脊、颈部肉、胸腹部肉、肋部肉、后腿部肉、前腿部肉、腱子肉等。

8　冻结

冻结间温度应控制在－28 ℃以下，二分体、四分体及分割驴肉中心温度应在 48 h 内降至－15 ℃以下，冻结后转入－18 ℃以下冻藏库储存。

9　包装、标签、标志和储存

9.1　产品包装、标签、标志应符合 GB/T 191、GB/T 6388 和 GB 12694 等相关标准要求。

9.2　储存环境、设施和库温等应符合 GB 12694、GB 14881 等相关标准要求。

10　其他要求

10.1　经检验检疫不合格的肉品及副产品，应按 GB 12694 的要求和农医发〔2017〕25 号的规定执行。

10.2　产品追溯与召回应符合 GB 12694 的要求。

10.3　记录和文件应符合 GB 12694 的要求。

10.4　应对活体驴来源、经营者等信息及屠宰环节各类信息建立电子化记录。

中华人民共和国国家标准

GB/T 40464—2021

冷却肉加工技术要求

Technical requirements for processing of chilled meat

2021-08-20 发布 / 2022-03-01 实施

国家市场监督管理总局
国家标准化管理委员会　　发布

前　言

本文件按照 GB/T 1.1—2020《标准化工作导则　第 1 部分：标准化文件的结构和起草规则》的规定起草。
请注意本文件的某些内容可能涉及专利。本文件的发布机构不承担识别专利的责任。

本文件由中华人民共和国农业农村部提出。

本文件由全国屠宰加工标准化技术委员会（SAC/TC 516）归口。

本文件起草单位：中国动物疫病预防控制中心（农业农村部屠宰技术中心）、中国农业科学院农产品加工研究所、南京农业大学、河南双汇投资发展股份有限公司、中国肉类食品综合研究中心、合肥工业大学、中国肉类协会、北京二商肉类食品集团有限公司、河南华英农业发展股份有限公司、内蒙古科尔沁牛业股份有限公司、蒙羊牧业股份有限公司、临沂新程金锣肉制品集团有限公司、陕西蒲城大红门肉类食品有限公司、河南众品食业股份有限公司、山东聊城东大食品有限公司、厦门银祥集团有限公司、巴彦万润肉类加工有限公司。

本文件主要起草人：高胜普、张朝明、张德权、周光宏、李春保、侯成立、闵成军、徐宝才、王永林、陈伟、邹昊、孟庆阳、谌福昌、韩明山、胡兰英、刘钰杰、孟凡场、张建林、张志刚、许典、邓运东、王玉海。

冷却肉加工技术要求

1　范围

本文件规定了冷却肉的屠宰、冷却加工、包装、标识、贮存、运输、记录、追溯和召回等要求。

本文件适用于冷却肉生产的屠宰、冷却、分割等初加工。

2　规范性引用文件

下列文件中的内容通过文中的规范性引用而构成本文件必不可少的条款。其中，注日期的引用文件，仅该日期对应的版本适用于本文件；不注日期的引用文件，其最新版本（包括所有的修改单）适用于本文件。

GB/T 191　包装储运图示标志

GB/T 4456　包装用聚乙烯吹塑薄膜

GB/T 6388　运输包装收发货标志

GB/T 6543　运输包装用单瓦楞纸箱和双瓦楞纸箱

GB/T 9959.1　鲜、冻猪肉及猪副产品　第 1 部分：片猪肉

GB/T 9959.2　分割鲜、冻猪瘦肉

GB/T 9959.3　鲜、冻猪肉及猪副产品　第 3 部分：分部位分割猪肉

GB/T 9960　鲜、冻四分体牛肉

GB/T 17236　畜禽屠宰操作规程　生猪

GB/T 17237　畜类屠宰加工通用技术条件

GB/T 17238　鲜、冻分割牛肉

GB/T 17996　生猪屠宰产品品质检验规程

GB 18393　牛羊屠宰产品品质检验规程

GB/T 19477　畜禽屠宰操作规程　牛

GB/T 19478　畜禽屠宰操作规程　鸡

GB/T 19480　肉与肉制品术语

GB/T 20575　鲜、冻肉生产良好操作规范

GB/T 24864　鸡胴体分割

GB/T 27519　畜禽屠宰加工设备通用要求

GB/T 27643　牛胴体及鲜肉分割

NY 467　畜禽屠宰卫生检疫规范

NY/T 1564　羊肉分割技术规范

NY/T 3224　畜禽屠宰术语

NY/T 3383　畜禽产品包装与标识

NY/T 3469　畜禽屠宰操作规程　羊

SB/T 10928　易腐食品冷藏链温度检测方法

3　术语和定义

GB/T 19480 和 NY/T 3224 界定的以及下列术语和定义适用于本文件。

3.1

冷却肉　chilled meat

冷鲜肉

在良好操作规范和良好卫生条件下，活畜禽屠宰后检验检疫合格，经冷却工艺处理，使肉中心温度降至 0 ℃～4 ℃，并在贮运过程中始终保持在 0 ℃～4 ℃范围内的生鲜肉。

4 基本要求

4.1 选址及厂区环境、厂房和车间、卫生管理、过程控制、人员要求等应符合 GB/T 20575 的规定。

4.2 屠宰加工设施设备应符合 GB/T 20575 和 GB/T 27519 的规定。

4.3 生产前后应全面清洁、消毒并检查车间环境卫生和设施设备状况，所用洗涤剂和消毒剂应符合国家有关规定。

4.4 生产加工用水应符合国家有关规定。

4.5 企业应维持良好卫生条件并定期检查卫生管理制度执行情况。

4.6 冷却肉加工中温度的测定按照 SB/T 10928 规定的方法执行。

5 屠宰要求

5.1 原料要求

用于屠宰的畜禽应符合 GB/T 20575 的规定。

5.2 宰前要求

5.2.1 用于屠宰的畜禽应健康状况良好，并附有动物卫生监督机构出具的动物检疫合格证明。

5.2.2 屠宰前应向所在地动物卫生监督机构申报检疫，检疫合格后方可屠宰，宰前检验检疫应符合 NY 467、GB/T 17996 等的规定。

5.2.3 待宰畜禽屠宰前应停食静养，且符合 GB/T 17236、GB/T 19477、GB/T 19478、NY/T 3469 等规定。

5.2.4 应对待宰畜禽体表进行清洁，去除污泥、粪便等异物。

5.3 屠宰过程要求

5.3.1 畜禽类屠宰加工技术条件应符合 GB/T 20575、GB/T 17237 的规定。

5.3.2 畜禽屠宰加工操作应符合 GB/T 17236、GB/T 19477、GB/T 19478、GB/T 20575、NY/T 3469 等标准的规定。

5.3.3 畜禽屠宰检验应符合 GB/T 17996、GB 18393、NY 467 等标准的规定，检疫要求见《生猪屠宰检疫规程》《家禽屠宰检疫规程》《牛屠宰检疫规程》《羊屠宰检疫规程》《兔屠宰检疫规程》等的规定。

5.3.4 经检验检疫合格的畜禽胴体方可进入冷却设施设备。被血污、胃肠内容物、粪便、胆汁等污染的胴体应去除污染物后方可进入冷却设施设备。

6 冷却加工要求

6.1 畜肉冷却要求

6.1.1 畜胴体应在宰杀放血后 45 min 内进入冷却间。

6.1.2 冷却时，按屠宰顺序将胴体送入冷却间，胴体应排列整齐，猪胴体、羊胴体间距不少于 3 cm，牛胴体间距不少于 10 cm。

6.1.3 可采用一段式冷却或多段式冷却等工艺：

 a) 采用一段式冷却时，冷却间温度设定为 0 ℃～4 ℃，猪、牛、羊胴体冷却时间应分别不少于 16 h、24 h 和 12 h。

 b) 采用多段式冷却时，胴体可先送入 −15 ℃ 以下的快速冷却间冷却 2 h 以内，然后进入 0 ℃～4 ℃ 冷却间冷却；或在 0 ℃～10 ℃ 条件下阶梯式降温处理，然后进入 0 ℃～4 ℃ 冷却间冷却。

6.1.4 胴体冷却过程中，可调节冷却间湿度。快速冷却时不应使胴体冻结。

6.1.5 冷却的畜类胴体最厚部位的中心温度应达到 7 ℃ 以下方可进行胴体分割。片猪肉、牛二分体或四分体、羊胴体冷却后中心温度应达到 0 ℃～4 ℃ 方可作为冷却肉出厂。

6.2 禽肉冷却要求

6.2.1 鸡胴体应在宰杀放血后 45 min 内进入冷却设施设备，鸭、鹅胴体应在宰杀放血后 1 h 内进入冷却设施设备。快速冷却时不应使胴体冻结。

6.2.2 禽胴体可采用水冷、风冷或水冷和风冷相结合的方式冷却。

6.2.3 采用水冷方式时，预冷设施设备的冷却水进水温度应控制在 4 ℃ 以下，终冷却水温度控制在 0 ℃～

2 ℃，冷却时间宜为 45 min～90 min。

6.2.4　采用风冷方式时，冷却间的温度应为 0 ℃～4 ℃，冷却时间应在 2 h 内。

6.2.5　采用水冷和风冷相结合方式预冷时，宜先水冷再风冷，进水温度和风冷间温度应保持在 0 ℃～4 ℃。

6.2.6　冷却后禽胴体中心温度应保持在 0 ℃～4 ℃。

6.3　胴体分割要求

6.3.1　用于加工分割冷却肉的原料肉分割前表面菌落总数应小于 $5×10^4$ CFU/cm²。

6.3.2　分割间温度应不高于 12 ℃，空气沉降菌菌落数应不超过 30 个/皿（Φ90 mm 平皿，静置 5 min）。

6.3.3　猪胴体的分割加工应按照 GB/T 9959.1、GB/T 9959.2、GB/T 9959.3 的规定执行。牛胴体的分割加工应按照 GB/T 9960、GB/T 17238、GB/T 27643 的规定执行。羊胴体的分割加工应按照 NY/T 1564 的规定执行。鸡胴体的分割加工应按照 GB/T 24864 的规定执行。其他畜禽胴体的分割加工应按照有关标准的规定执行。

6.3.4　从预冷设施设备分批取出畜禽肉后应立即加工，分割操作应迅速，不应出现加工延迟，分割时间不应超过 1 h。

6.3.5　各加工区应按生产工艺流程划分明确，人流、物流互不干扰。应按产品出库顺序分割加工，操作台上不应堆积肉品，不应出现挤压血水。应控制冷却间温度符合冷却要求，并安装温度显示装置。

6.3.6　肉品不应与不清洁的物品接触，不应放置在不清洁的容器内。

6.3.7　分割间工作人员应按要求做好防护。分割使用的刀具和工作人员的双手应每隔 1 h 清洗消毒一次，周转盒（筐）每使用一次应清洗消毒一次。

6.3.8　分割后的产品入库前进行异物检查，剔除金属等异物。

6.3.9　分割后的产品应置于 0 ℃～4 ℃的冷却肉储藏库进行储存。

7　包装与标识要求

7.1　包装要求

7.1.1　内包装材料应符合 GB/T 4456 的规定，不应重复使用；外包装材料应符合 GB/T 6543 的规定。

7.1.2　包装间温度应不高于 12 ℃，包装操作不应拖延，产品滞留时间宜小于 0.5 h。

7.1.3　内、外包装材料应无毒、无害、无污染，并分别专库存放在干燥、通风、避光的环境中。

7.1.4　内包装材料使用前宜采用紫外线、臭氧等进行表面消毒处理。

7.2　标识要求

7.2.1　标签与标识应符合 NY/T 3383 等的规定。

7.2.2　运输包装标志应符合 GB/T 191 和 GB/T 6388 的规定。

7.2.3　直接加施冷却肉上的标识应准确、清晰、显著、不易褪色，所用颜料应符合国家相关规定，不应含有有毒有害成分。

7.2.4　符合本文件要求的肉类产品可标示"冷却肉"或"冷鲜肉"，也可在名称中体现畜禽种类，如"冷却猪肉""冷鲜猪肉""冷却牛肉""冷鲜牛肉""冷却鸡肉""冷鲜鸡肉"等。

7.2.5　解冻畜禽肉产品不准许标示或声称为"冷却肉"或"冷鲜肉"。

8　贮存与运输要求

8.1　贮存要求

8.1.1　冷却肉的贮存应符合 GB/T 20575 的要求。

8.1.2　冷却肉应贮存在温度 0 ℃～4 ℃的环境中。

8.1.3　贮存在储藏库内的产品应稳固且留有空隙，距地面不应小于 10 cm，距墙壁不应小于 20 cm，距顶棚不应小于 30 cm。应分类、分批、分垛存放，标识清楚。同一库内不应存放可能造成相互污染、串味及影响卫生的物品。

8.1.4　产品出库应遵循"先进先出"的原则。

8.1.5　产品出库前中心温度应保持在 0 ℃～4 ℃。

8.2 运输要求

8.2.1 运输应符合 GB/T 20575 的相关规定。

8.2.2 装车前应对车辆、器具清洗消毒，运输前车厢内温度应降至 0 ℃～4 ℃。

8.2.3 运输过程中，车厢内温度应保持在 0 ℃～4 ℃，冷却肉的中心温度不应超过 4 ℃。

8.2.4 包装和未包装冷却肉产品应分开运输或者在车厢内进行有效分隔。

9 记录、追溯与召回要求

9.1 应在畜禽屠宰、冷却加工及运输各环节建立记录制度并有效实施。

9.2 记录内容应完整、真实、易于识别和检索，保存期限不应少于肉类保质期满后 6 个月，没有明确保质期的，保存期限不应少于 24 个月。

9.3 应建立有效的信息追溯系统，保证畜禽到达屠宰厂以前及宰前、宰后检疫信息、产品信息的完整性。

9.4 应建立冷却肉召回制度，应记录召回的产品名称、批次、规格、数量、发生召回的原因、后续整改方案及召回处理情况等内容。

参 考 文 献

［1］生猪屠宰检疫规程（农牧发〔2019〕2 号 附件 2)
［2］家禽屠宰检疫规程（农医发〔2010〕27 号 附件 2)
［3］牛屠宰检疫规程（农医发〔2010〕27 号 附件 3)
［4］羊屠宰检疫规程（农医发〔2010〕27 号 附件 4)
［5］兔屠宰检疫规程（农医发〔2018〕9 号）

中华人民共和国国家标准

GB/T 40466—2021

畜禽肉分割技术规程　猪肉

Code of practice for livestock and poultry meat fabrication—Pork

2021-08-20 发布/2022-03-01 实施

国家市场监督管理总局
国家标准化管理委员会　　发布

前　言

本文件按照 GB/T 1.1—2020《标准化工作导则　第 1 部分：标准化文件的结构和起草规则》的规定起草。

请注意本文件的某些内容可能涉及专利。本文件的发布机构不承担识别专利的责任。

本文件由中华人民共和国农业农村部提出。

本文件由全国屠宰加工标准化技术委员会（SAC/TC 516）归口。

本文件起草单位：中国动物疫病预防控制中心（农业农村部屠宰技术中心）、河南双汇投资发展股份有限公司。

本文件主要起草人：孟少华、王永林、高胜普、张朝明、孟庆阳、刘飞龙、任丹枫、张志伟、师永华、闫晨红、刘晓丽。

畜禽肉分割技术规程　猪肉

1　范围

本文件规定了猪肉分割的术语和定义、原料要求、分割车间基本要求、分割方式、分割程序及要求、标识、包装、贮存和运输要求。

本文件适用于鲜、冻猪肉的分割加工。

2　规范性引用文件

下列文件中的内容通过文中的规范性引用而构成本文件必不可少的条款。其中，注日期的引用文件，仅该日期对应的版本适用于本文件；不注日期的引用文件，其最新版本（包括所有的修改单）适用于本文件。

GB/T 191　包装储运图示标志

GB/T 6388　运输包装收发货标志

GB/T 9959.1　鲜、冻猪肉及猪副产品　第1部分：片猪肉

GB/T 9959.2　分割鲜、冻猪瘦肉

GB/T 9959.3　鲜、冻猪肉及猪副产品　第3部分：分部位分割猪肉

GB/T 19480　肉与肉制品术语

GB/T 20575　鲜、冻肉生产良好操作规范

NY/T 3383　畜禽产品包装与标识

3　术语和定义

GB/T 9959.1、GB/T 9959.2、GB/T 9959.3、GB/T 19480界定的以及下列术语和定义适用于本文件。

3.1

带肉扇骨　pork scapular bone with meat

带肉猪肩胛骨。

3.2

元宝肉　pork knuckle

猪后腿股四头肌。

3.3

叉骨　pork pelvic bone

三叉骨

猪的髋骨。

3.4

腓脊骨　pork fibular spine

猪前排或脊骨上面切下的棘突部分。

4　原料要求

加工分割猪肉的原料应符合GB/T 9959.1的规定，包括带皮片猪肉、去皮片猪肉，以及以片猪肉为原料加工的分体。

5　分割车间基本要求

5.1　分割车间应包括胴体预冷间、分割剔骨间、产品冷却间、包装间、包装材料间、磨刀清洗间、工器具间、更衣室、卫生间，以及空调设备间等。

5.2　胴体预冷间和产品冷却间温度应设定为0℃～4℃，分割剔骨间温度应控制在12℃以下。

5.3　肉品接触面应易于清洗、表面光滑、耐磨、防渗、无凹陷和裂缝；应耐腐蚀、无毒、无异味，可经反复清

洗和消毒。

6 分割方式

6.1 热分割

以屠宰后未经冷却处理的鲜片猪肉为原料进行分割，分割至入预冷库时间不应超过 45 min。

6.2 冷分割

以冷却猪肉为原料进行分割，冷却猪肉的中心温度应控制在 7 ℃以下。以冷冻猪肉为原料进行分割，解冻至适宜的分割温度（如−2 ℃～4 ℃），也可根据需要进行冻切加工。分割加工时间不应超过 1 h。

7 分割程序及要求

7.1 分割工序

片猪肉可按程序进行整体分割，分段加工为六分体、八分体（7.2）。也可对六分体产出的前段、中段和后段产品分别进行分割，前段可分割出颈背肌肉（Ⅰ号肉）、前腿肌肉（Ⅱ号肉）、前肘、前排、前腿骨、扇骨、月牙骨（脆骨边）等产品（7.3）；中段可分割出大排肌肉（Ⅲ号肉）、小里脊、带骨中方肉、五花肉、脊骨、肋排等产品（7.4）；后段可分割出后腿肌肉（Ⅳ号肉）、后腿骨、尾骨、叉骨等产品（7.5）。各工序完成后，可按工艺需要，对上述工序产出的带皮肥膘产品进行皮膘分割（7.6），对各产品进行修整（7.7）。

由各工序操作人员对上道工序转入的产品进行把关，达不到分割加工要求的，不准许流入下道工序。分割出的产品示意见附录 A。

7.2 分段

从第 5～6 肋骨间（含锁骨，前后可偏差 1 根肋骨）对应的胸椎处垂直片猪肉中线下锯（刀），锯（割）下的前腿部位为前段；从腰椎与荐椎连接部下锯（刀），锯（割）下的后腿部位为后段；中间部位为中段。按此分段方式加工的前段、中段、后段产品合称为六分体；沿中段脊椎骨下 4 cm～6 cm 肋骨处平行脊骨锯下大排和带骨中方，与前段、后段合称为八分体。

7.3 前段分割

7.3.1 分前排、颈背肌肉

修去胸腔内的淋巴结、大血管和肥膘。自前段排骨与前腿肌肉中间肌膜处下刀，刀锋靠肩胛骨底面向前分割，从前段部位分割下带颈背肌肉的前排。用刀紧贴前排表面剔开颈背肌肉，再沿腓脊骨剔下颈背肌肉，分割出前排和颈背肌肉（Ⅰ号肉）。前排可沿锁骨用刀或锯切割为颈骨头和无颈前排。带皮前段可根据工艺需要，在分前排之前从肘关节处锯（切）下前肘。

7.3.2 扒膘

在前段带肘一侧最下端下刀，沿肌膜分开部分肥膘，抠住分离的肥膘部分，从肥膘与肌膜、肥膘和肌肉连接处下刀，分割出带皮肥膘或不带皮肥膘。

7.3.3 剔前腿骨、肩胛骨（扇骨）

7.3.3.1 剔前腿骨

臂骨头向外，沿前腿骨走向划开骨头上方肌肉，从肘关节处下刀沿尺骨和桡骨割至腕关节处，沿臂骨两侧割至肩关节处分开骨头与肌肉。用刀从桡骨下方插入向外割至腕关节处，向内沿肘关节、臂骨割至肩关节处。在肩关节处下刀分割前腿骨和肩胛骨，割开筋腱，剔下前腿骨。前腿骨可按带肉或不带肉方式分割。

7.3.3.2 剔肩胛骨（扇骨）

从肩关节处下刀，沿肩胛骨两侧边缘分别下刀割至月牙骨（脆骨边）处，划开肌肉。在肩胛骨小头部位下刀割至肩胛骨凸起处。在肩胛骨两侧边缘刀口处下刀向内割至肩胛骨凸起处。用手提起肩胛骨小头部位，并用力撕下肩胛骨（连同脆骨）。用刀割开脆骨与肌肉，取下肩胛骨（连同脆骨），剩余肌肉为前腿肌肉（Ⅱ号肉）。带脆骨的带肉肩胛骨，可用刀分割为带肉扇骨和月牙骨（脆骨边）。

7.4 中段分割

7.4.1 分大排

7.4.1.1 锯大排

从脊椎骨下 4 cm～6 cm 肋骨处平行脊骨方向，用手持式切割设备切断所有肋骨；也可用分段锯将脊膘和大排从脊背部一起锯下，切割时不应伤及大排肌肉。

7.4.1.2　扒大排

用刀沿脊骨与小里脊结合部划开并用手撕下小里脊，修去横膈肌。沿锯口处倾斜下刀，沿大排肌肉的肌膜与脊膘结合部扒下大排，剩余部分为带骨腹肋肉。用刀将带骨腹肋肉下部奶脯肉平齐腹部割去，即为带骨中方肉。

7.4.2　剔大排肌肉

从脊骨平面向下，抓住大排前端，刀锋顺肋骨向下划到脊骨的夹角（V角）处，再从脊突边缘持刀割下大排肌肉（Ⅲ号肉），剩余部分为脊骨。

7.4.3　扒肋排

用刀尖沿肋排的腩肉轮廓，从腹肋部位划开。沿肋排断面下刀，紧贴肋骨走向，用刀深入 3 cm 左右割开肋骨与腹肋部位肉。一手压按肋排，压开肋骨截面处刀口，一手下刀紧贴肋骨平行划至肋排 2/3 处。一手拿住肋排中部提起，一手继续下刀划下肋排腩肉部分，呈扇弧形扒下肋排，剩余部分为五花肉。

7.5　后段分割

7.5.1　扒膘

割开腿筋，从后腿内侧，沿膘肉结合部扒去内侧肥膘，再反转后段，抓起已扒开的肥膘，用刀沿外腿肉、荐臀肉表面割下外侧剩余猪皮和肥膘。

7.5.2　剔尾骨、叉骨

从髋关节处叉骨一端下刀，沿叉骨与尾骨结合一侧下刀分开叉骨和肌肉，露出荐髋关节。从荐髋关节软骨结合处下刀，撬开尾骨，剔下尾骨。用刀剔开叉骨髋关节一面的肌肉、软骨上的肌肉及圆孔处的筋腱，分开腿骨和叉骨，再剥离叉骨表面肌肉。用刀划开叉骨曲线，划开髋关节周围的筋腱，再刮开叉骨底部关节两侧骨膜，顺势剔开叉骨头。手握叉骨头，用力撕下，分下叉骨。

7.5.3　剔后腿骨

从内腿肉和股四头肌（元宝肉）肌膜连接处下刀划开，露出股骨，沿股骨、膝关节和胫骨划开肌肉。在胫骨下刀，沿肌肉走向剥离腿弧。一手提起后腿骨跗关节处，一手用刀沿腓骨和腿弧肌膜结合处分割至髋关节，再用刀沿髋关节剔开股骨周围肌肉。抓住胫骨，用刀沿股骨周围剥开肌肉，剔下后腿骨，剩余部分为后腿肌肉（Ⅳ肉）。后腿骨可按带肉或不带肉方式分割。

7.6　皮膘分割

将带皮肥膘产品的猪皮和肥膘进行分离，修去猪皮、肥膘上的瘀血、淋巴结、猪毛及其他杂质。

7.7　修整

各部位产品应按膘厚、带脂或等级要求进行修整，并修去产品表面的瘀血、碎肉、淋巴结、骨渣、猪毛及其他杂质。

8　标识、包装、贮存和运输

8.1　标识

标签和标识应符合 NY/T 3383 等的规定，包装储运图示标志应符合 GB/T 191、GB/T 6388 等的规定。

8.2　包装

8.2.1　按品种、级别等进行包装，包装应符合 NY/T 3383 的规定。

8.2.2　包装间温度应取 10 ℃～12 ℃，冷却肉包装滞留时间不宜超过 30 min。

8.2.3　分割后的产品入库前进行异物检查，剔除金属等异物。

8.3　贮存

应按照标示的温度要求（0 ℃～4 ℃或≤−18 ℃）进行贮存，避免与有毒、有害、易挥发的物品混合贮存。

8.4　运输

产品的运输应符合 GB/T 20575 规定。

附录 A
（资料性）
猪肉分割产品示意

片猪肉分段示意图见图 A.1，常规猪肉分割产品示意图见表 A.1。

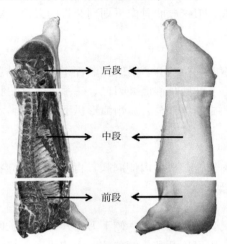

图 A.1　片猪肉分段示意图

表 A.1　常规猪肉分割产品示意表

序号	名称	产品部位图	产品示意图
1	带皮前段		
2	颈背肌肉（Ⅰ号肉）		
3	前腿肌肉（Ⅱ号肉）		

（续）

序号	名称	产品部位图	产品示意图
4	前排		
5	前腿骨		
6	带肉扇骨		
7	前肘		
8	腓脊骨		

（续）

序号	名称	产品部位图	产品示意图
9	带皮中段		
10	大排		
11	大排肌肉（Ⅲ号肉）		
12	带骨中方肉		
13	五花肉		

（续）

序号	名称	产品部位图	产品示意图
14	脊骨		
15	肋排		
16	小里脊		
17	带皮后段		
18	后腿肌肉（Ⅳ号肉）		

（续）

序号	名称	产品部位图	产品示意图
19	后腿骨		
20	元宝肉		
21	尾骨		
22	叉骨		

中华人民共和国国家标准

GB/T 27643—2011
代替 GB/T 20575—2006

牛胴体及鲜肉分割

Beef carcass and cuts

2011-12-30 发布/2012-04-01 实施
中华人民共和国国家质量监督检验检疫总局
中国国家标准化管理委员会　发布

前　言

　　本标准按照 GB/T 1.1—2009《标准化工作导则　第 1 部分：标准的结构和编写》给出的规则起草。

　　本标准由全国畜牧业标准化技术委员会（SAC/TC 274）归口。

　　本标准起草单位：南京农业大学、中国农业科学院、河北福成五丰食品股份有限公司、陕西秦宝牧业发展有限公司、安徽省瀚森荷金来肉牛集团有限公司。

　　本标准主要起草人：彭增起、周光宏、孙宝忠、于春起、史文利、杨朝勇、高峰、李春保、陈银基、吴菊清。

牛胴体及鲜肉分割

1 范围

本标准规定了牛胴体及鲜肉分割方法。

本标准适用于各类肉牛屠宰加工企业。

2 规范性引用文件

下列文件对于本文件的应用是必不可少的。凡是注日期的引用文件，仅注日期的版本适用于本文件。凡是不注日期的引用文件，其最新版本（包括所有的修改单）适用于本文件。

GB/T 19477—2004　牛屠宰操作规程

3 术语和定义

下列术语和定义适用于本文件。

3.1

胴体　carcass

牛经宰杀放血后，除去皮、头、蹄、尾、内脏及生殖器（母牛去除乳房）后的躯体部分。（牛屠宰应符合GB/T 19477—2004 的规定，牛半胴体结构图参见附录 A）。

3.2

二分体　side

将宰后的整胴体沿脊柱中线纵向切成的两片。

3.3

四分体　quarter

在第 5 肋至第 7 肋，或第 11 肋至第 13 肋骨间将二分体切开后得到的前、后两个部分。

3.4

分割牛肉　beef cuts

依据牛胴体形态结构和肌肉组织分布进行分割，得到的不同部位的肉块（牛胴体分割图见附录 B，分割牛肉名称对照表见附录 C）。

3.5

里脊　tenderloin

取自牛胴体腰部内侧带有完整里脊头的净肉。

3.6

外脊　striploin

取自牛胴体第 6 腰椎外横截至第 12～第 13 胸椎椎窝中间处垂直横截，沿背最长肌下缘切开的净肉，主要是背最长肌。

3.7

眼肉　ribeye

取自牛胴体第 6 胸椎到第 12～第 13 胸椎间的净肉。前端与上脑相连，后端与外脊相连，主要包括背阔肌、背最长肌、肋间肌等。

3.8

上脑　high rib

取自牛胴体最后颈椎到第 6 胸椎间的净肉。前端在最后颈椎后缘，后端与眼肉相连，主要包括背最长肌、斜方肌等。

3.9

辣椒条　chuck tender

位于肩胛骨外侧，从肱骨头与肩胛骨结节处紧贴冈上窝取出的形如辣椒状的净肉，主要是岗上肌。

3.10

胸肉 brisket

位于胸部，主要包括胸升肌和胸横肌等。

3.11

臀肉 rump

位于后腿外侧靠近股骨一端，主要包括臀中肌、臀深肌、股阔筋膜张肌等。

3.12

米龙 topside

位于后腿外侧，主要包括半膜肌、股薄肌等。

3.13

牛霖 knuckle

位于股骨前面及两侧，被阔筋膜张肌覆盖，主要是臀股四头肌。

3.14

大黄瓜条 outside flat

位于后腿外侧，沿半腱肌股骨边缘取下的长而宽大的净肉，主要是臀股二头肌。

3.15

小黄瓜条 eyeround

位于臀部，沿臀股二头肌边缘取下的形如管状的净肉，主要是半腱肌。

3.16

腹肉 thin flank

位于腹部，主要包括肋间内肌、肋间外肌和腹外斜肌等。

3.17

腱子肉 shin/shank

腱子肉分前后两部分，牛前腱取自牛前小腿肘关节至腕关节外净肉，包括腕桡侧伸肌、指总伸肌、指内侧伸肌、指外侧伸肌和腕尺侧伸肌等。后牛腱取自牛后小腿膝关节至跟腱外净肉，包括腓肠肌、趾伸肌和趾伸屈肌等。

4 技术要求

4.1 胴体分割要求

4.1.1 二分体分割要求

将牛胴体沿脊椎中线纵向切成两片（见表 D.1）。

4.1.2 普通四分体分割要求

在第 11 肋至第 13 肋，或第 5 肋至第 7 肋骨间将二分体横截后得到的前、后两个部分（见表 D.1）。

4.1.3 枪形前、后四分体分割要求

分割时一端沿腹直肌与臀部轮廓处切开，平行于脊柱走向，切至第 5 至第 7 根肋骨，或第 11 至第 13 肋骨处横切后得到的前、后两部分称为枪形前、后四分体（见表 D.1）。

4.2 分割肉分割要求

4.2.1 里脊分割要求

分割时先剥去肾周脂肪，然后沿耻骨前下方把里脊剔出，再由里脊头向里脊尾，逐个剥离腰椎横突，即可取下完整的里脊（见表 E.1），里脊分粗修里脊（修去里脊表层附带的脂肪，不修去侧边）和精修里脊（修去里脊表层附带的脂肪，同时修去侧边）。

4.2.2 外脊分割要求

分割步骤如下：（1）沿最后腰椎切下；（2）沿背最长肌腹壁侧（离背最长肌 5 cm～8 cm）切下；（3）在第 12～第 13 胸肋处切断胸椎；（4）逐个把胸、腰椎剥离（见表 E.1）。

345

4.2.3 眼肉分割要求

后端在第 12～第 13 胸椎处，前端在第 5～第 6 胸椎处。分割时先剥离胸椎，抽出筋腱，在背最长肌腹侧距离为 8 cm～10 cm 处切下（见表 E.1）。

4.2.4 带骨眼肉分割要求

分割时不剥离胸椎，稍加修整即为带骨眼肉（见表 E.1）。

4.2.5 上脑分割要求

其后端在第 5～第 6 胸椎处，与眼肉相连，前端在最后颈椎后缘。分割时剥离胸椎，去除筋腱，在背最长肌腹侧距离为 6 cm～8 cm 处切下（见表 E.1）。

4.2.6 胸肉分割要求

在剑状软骨处，随胸肉的自然走向剥离，修去部分脂肪即成胸肉（见表 E.1）。

4.2.7 辣椒条分割要求

位于肩胛骨外侧，从肱骨头与肩胛骨结节处紧贴冈上窝取出的形如辣椒状的净肉（见表 E.1）。

4.2.8 臀肉分割要求

位于后腿外侧靠近股骨一端，沿着臀股四头肌边缘取下的净肉（见表 E.1）。

4.2.9 米龙分割要求

沿股骨内侧从臀股二头肌与臀股四头肌边缘取下的净肉（见表 E.1）。

4.2.10 牛霖分割要求

当米龙和臀肉取下后，能见到长圆形肉块，沿自然肉缝分割，得到一块完整的净肉（见表 E.1）。

4.2.11 小黄瓜条分割要求

当牛后腱子取下后，小黄瓜条处于最明显的位置。分割时可按小黄瓜条的自然走向剥离（见表 E.1）。

4.2.12 大黄瓜条分割要求

与小黄瓜条紧紧相连，剥离小黄瓜条后大黄瓜条就完全暴露，顺着肉缝自然走向剥离，便可得到一块完整的四方形肉块（见表 E.1）。

4.2.13 腹肉分割要求

分无骨肋排和带骨肋排。一般包括 4 根～7 根肋骨（见表 E.1）。

4.2.14 腱子肉分割要求

腱子分为前、后两部分，前牛腱从尺骨端下刀，剥离骨头，后牛腱从胫骨上端下刀，剥离骨头取下（见表 E.1）。

附　录　A
（资料性附录）
牛半胴体结构图

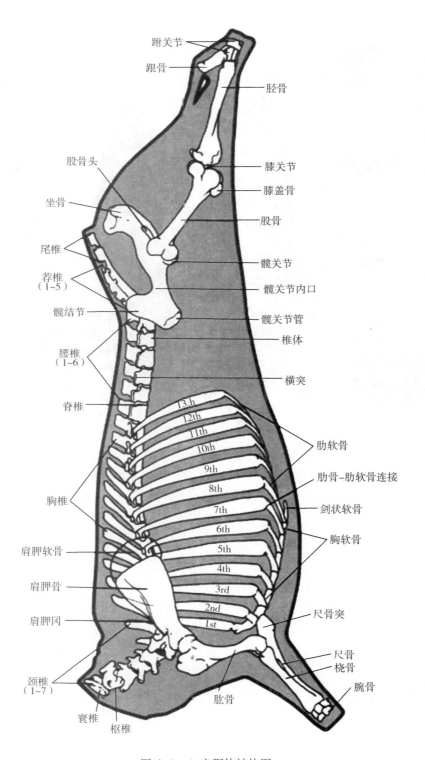

跗关节
跟骨
胫骨
膝关节
膝盖骨
股骨头
坐骨
股骨
尾椎
髋关节
荐椎
（1~5）
髋关节内口
髋结节
髋关节管
椎体
腰椎
（1~6）
横突
脊椎
13th
12th
11th
10th
9th
肋软骨
8th
肋骨-肋软骨连接
7th
剑状软骨
6th
胸椎
5th
胸软骨
4th
肩胛软骨
3rd
肩胛骨
2nd
1st
尺骨突
肩胛冈
尺骨
桡骨
颈椎
（1~7）
腕骨
寰椎
肱骨
枢椎

图 A.1　牛半胴体结构图

347

附 录 B
（规范性附录）
牛胴体分割图

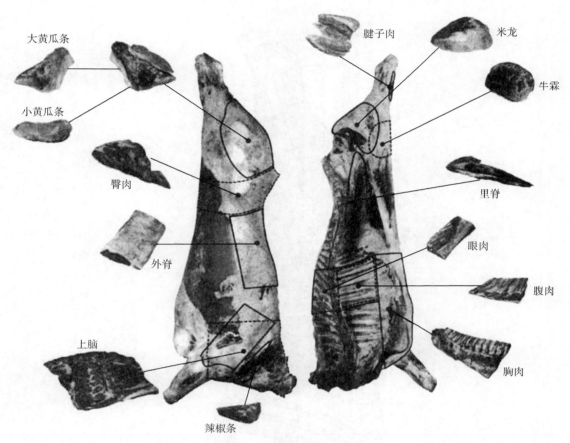

大黄瓜条

小黄瓜条

臀肉

外脊

上脑

辣椒条

腱子肉

米龙

牛霖

里脊

眼肉

腹肉

胸肉

图 B.1　牛胴体分割示意图

附　录　C

（规范性附录）

分割牛肉名称对照表

表C.1　分割牛肉名称对照

序号	商品名	别名	英文名
1	里脊	牛柳、菲力	tenderloin
2	外脊	西冷	striploin
3	眼肉	莎朕	ribeye
4	上脑	—	high rib
5	辣椒条	辣椒肉、嫩肩肉、小里脊	chuck tender
6	胸肉	胸口肉、齑胸肉	brisket
7	臀肉	臀腰肉、尾扒、尾龙扒	rump
8	米龙	针扒	topside
9	牛霖	膝圆、霖肉、和尚头、牛林	knuckle
10	大黄瓜条	烩扒	outside flat
11	小黄瓜条	鲤鱼管、小条	eyeround
12	腹肉	肋腹肉、肋排．肋条肉	thin flank
13	腱子肉	牛展、金钱展．小腿肉	shin/shank

附　录　D

（规范性附录）

胴体分割示意表

表 D.1　胴体分割示意表

序号	名称	分割示意图	真实图片
1	二分体		
2	普通四分体		
3	枪形前、后四分体		

附　录　E
（规范性附录）
鲜肉分割示意表

表 E.1　鲜肉分割示意表

序号	名称	分割示意图	真实图片
1	里脊		
2	粗修里脊		
3	精修里脊		
4	外脊		
5	眼肉		

（续）

序号	名称	分割示意图	真实图片
6	带骨眼肉		
7	上脑		
8	胸肉		
9	辣椒条		
10	臀肉		
11	米龙		

（续）

序号	名称	分割示意图	真实图片
12	牛霖		
13	小黄瓜条		
14	大黄瓜条		
15	腹肉		
16	腱子肉		

中华人民共和国农业行业标准

NY/T 1564—2007

羊肉分割技术规范

Cutting technical specification of mutton

2007-12-18 发布／2008-03-01 实施

中华人民共和国农业部　发布

前　言

本标准的附录 A、附录 B、附录 C 为规范性附录。

本标准由中华人民共和国农业部提出并归口。

本标准起草单位：中国农业科学院农产品加工研究所、宁夏金福来羊产业有限公司。

本标准起草人：张德权、李淑荣、张洪恩、李庆鹏、周洪杰、王锋、哈益明、杨远剑。

羊肉分割技术规范

1　范围

本标准规定了羊肉分割的术语和定义、技术要求、标志、包装、储存和运输。

本标准适用于羊肉分割加工。

2　规范性引用文件

下列文件中的条款通过本标准的引用而成为本标准的条款。凡是注日期的引用文件，其随后所有的修改单（不包括勘误的内容）或修订版均不适用于本标准，然而，鼓励根据本标准达成协议的各方研究是否可使用这些文件的最新版本。凡是不注日期的引用文件，其最新版本适用于本标准。

GB 191　包装储运图示标志

GB/T 4456　包装用聚乙烯吹塑薄膜

GB/T 6388　运输包装收发货标志

GB/T 6543　瓦楞纸箱

GB 7718　预包装食品标签通则

GB 9681　食品包装用聚氯乙烯成型品卫生标准

GB 9687　食品包装用聚乙烯成型品卫生标准

GB 9688　食品包装用聚丙烯成型品卫生标准

GB 9689　食品包装用聚苯乙烯成型品卫生标准

GB 9961　鲜、冻胴体羊肉

GB/T 20799　鲜、冻肉运输条件

NY/T 633　冷却羊肉

NY 1165　羔羊肉

3　术语和定义

下列术语和定义适用于本标准。

3.1

胴体羊肉　mutton whole carcass

活羊屠宰放血后，去毛、头、蹄、尾和内脏的带皮或去皮躯体。

3.2

鲜胴体羊肉　fresh mutton whole carcass

未经冷却或冻结处理的胴体羊肉。

3.3

冷却胴体羊肉　fresh mutton carcass

经冷却处理，其后腿肌肉深层中心温度在 0 ℃～4 ℃的胴体羊肉。

3.4

冻胴体羊肉　fresh mutton whole carcass

经冻结处理，其后腿肌肉深层中心温度不高于－15 ℃的胴体羊肉。

3.5

分割羊肉　cut mutton

鲜胴体羊肉、冷却胴体羊肉、冻胴体羊肉在特定环境下按部位分割，并在特定环境下储存、运输和销售的带骨或去骨切块。

3.6

冷却分割羊肉　chilled cut mutton

经冷却处理，肉块中心温度维持在 0 ℃～4 ℃的分割羊肉。

3.7

冷冻分割羊肉 frozen cut mutton

经过冻结处理，肉块中心温度低于−15 ℃的分割羊肉。

3.8

带骨分割羊肉 cut mutton-bone in

未经剔骨加工处理的分割羊肉。

3.9

去骨分割羊肉 cut mutton-bone off

经剔骨加工处理的分割羊肉。

4 基本要求

4.1 原料

加工分割羊肉的胴体羊肉原料应符合 GB 9961、NY/T 633、NY 1165 的规定。

4.2 分割

分割方法分为热分割和冷分割，生产时可根据具体条件选用。

4.2.1 热分割

以屠宰后未经冷却处理的鲜胴体羊肉为原料进行分割，热分割车间温度应不高于 20 ℃，从屠宰到分割结束应不超过 2 h。

4.2.2 冷分割

以冷却胴体羊肉或冻胴体羊肉为原料进行分割，冷分割车间温度应在 10 ℃～12 ℃，冷却胴体羊肉切块的中心温度应不高于 4 ℃，冻胴体羊肉切块的中心温度应不高于−15 ℃，分割滞留时间不超过 0.5 h。

4.3 冷加工

4.3.1 冷却

冷却间温度 0 ℃～4 ℃、相对湿度 85％～90％。热分割切块应在 24 h 内中心温度降至 4 ℃以下后，方可入冷藏间或冻结间；冷分割羊肉可直接入冷藏间或冻结间；冷冻分割羊陶可直接入冷藏间。

4.3.2 冻结

冻结间温度应低于−28 ℃、相对湿度 95％以上，切块中心温度应在 48 h 内降至−15 ℃以下。

4.3.3 冷藏

冷却分割羊肉应入 0 ℃～4 ℃、相对湿度 85％～90％的冷藏间中，肉块中心温度保持在 0 ℃～4 ℃；冷冻分割羊肉入−18 ℃以下、相对湿度 95％以上的冷藏间中，肉块中心温度保持在−15 ℃以下。

5 分割技术要求

5.1 分割羊肉品种

5.1.1 本标准包括 38 种分割羊肉，其中带骨分割羊肉 25 种，去骨分割羊肉 13 种。

 a) 带骨分割羊肉（25 种）

  躯干（trunk）

  带臀腿（leg-chump on）

  带臀去腱腿（leg-chump on shank off）

  去臀腿（leg-chump off）

  去臀去腱腿（leg ctiump off. shank off）

  带骨臀腰肉（rump-bone on）

  去髋带臀腿（leg-chump on aitch bone removed）

  去髋去腱带股腿（leg-fetmur bone）

  鞍肉（saddle）

  带骨羊腰脊（双/单）（short loin pair/single）

羊 T 骨排（双/单）（short loin chop pair/single）

腰肉（loin）

羊肋脊排（rack）

法式羊肋脊排（rack-cap on or off French）

单骨羊排（法式）［rib chop（French）］

前 1/4 胴体（forequarter）

方切肩肉（square cut shoulder）

肩肉（shoulder）

肩脊排/ 法式脊排（shoulder rack/ shoulder rack French）

牡蛎肉（shoulder blade or oyster cut）

颈肉（neck）

前腿子肉/后腿子肉（fore shank/hind shank）

法式羊前腿/羊后腿（fore shank/hind shank French）

胸腹腩（breast and flap）

法式肋排（lamb full rib set French）

b)　去骨分割羊肉（13 种）

半胴体肉（side meat）

躯干肉（trunk meat）

剔骨带臀腿（leg-chump on bone removed）

剔骨带臀去腱腿（leg-chump on shank off，bone removed）

剔骨去臀去腱腿（leg chump off. shank off. bone removed）

臀肉（砧肉）（topside）

膝圆（knuckle）

粗米龙（silverside）

臀腰肉（rump）

腰脊肉（short loin）

去骨羊肩（square cut shoulder rolled/netted）

里脊（tender loin）

通脊（back strap）

5.2　分割方法

分割方法按附录 A、附录 B 和附录 C 执行。

6　标签、标志、包装、储存和运输

6.1　标签、标志

6.1.1　包装标签应符合 GB 7718 的规定，包装储运图示标志应符合 GB 191 和 GB/T 6388 的规定。

6.1.2　清真分割加工厂加工生产的分割羊肉，应在包装上注明。

6.2　包装

6.2.1　内包装材料应符合 GB/T 4456、GB 9681、GB 9687、GB 9688 和 GB 9689 的规定。

6.2.2　包装纸箱应符合 GB/T 6543 的规定。包装箱应完整、牢固，底部应封牢。

6.2.3　包装箱内分割羊肉应排列整齐，每箱内分割羊肉应大小均匀。定量包装箱内允许有一小块补加肉。

6.3　储存

6.3.1　冷却分割羊肉应储存在 0 ℃～4 ℃、相对湿度 85％～90％的环境中，肉块中心温度保持在 0 ℃～4 ℃。

6.3.2　冷冻分割羊肉应储存在－18 ℃以下、相对湿度 95％以上的环境中，肉块中心温度保持在－15 ℃以下。

6.4　运输

按 GB/T 20799 规定执行。

附录 A
（规范性附录）
羊肉分割图

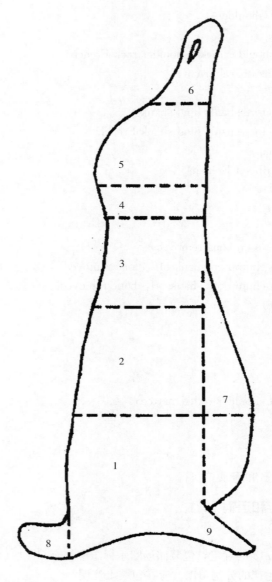

1.前1/4 胴体（forequarter）
2.羊肋脊排（rack）
3.腰肉（loin）
4.臀腰肉（rump-bone on）
5.带臀腿（leg-chump on）
6.后腿腱（hind shank）
7.胸腹腩（breast and lap）
8.羊颈（neck）
9.羊前腱（fore shank）

图 A.1 羊肉分割图

附录 B
（规范性附录）
分割羊肉分割方法与命名标准

B.1　带骨分割羊肉分割方法与命名标准

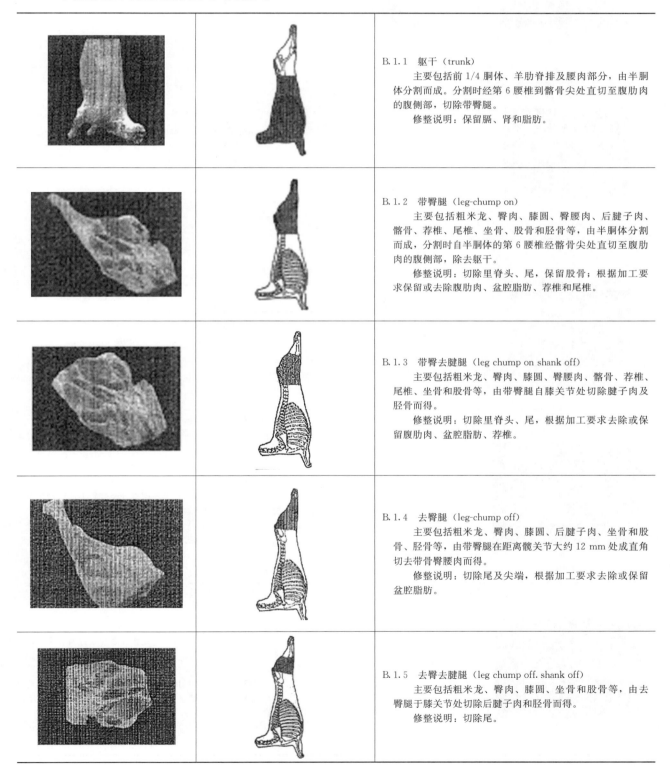

B.1.1　躯干（trunk）

　　主要包括前 1/4 胴体、羊肋脊排及腰肉部分，由半胴体分割而成。分割时经第 6 腰椎到髂骨尖处直切至腹肋肉的腹侧部，切除带臀腿。

　　修整说明：保留膈、肾和脂肪。

B.1.2　带臀腿（leg-chump on）

　　主要包括粗米龙、臀肉、膝圆、臀腰肉、后腱子肉、髂骨、荐椎、尾椎、坐骨、股骨和胫骨等，由半胴体分割而成，分割时自半胴体的第 6 腰椎经髂骨尖处直切至腹肋肉的腹侧部，除去躯干。

　　修整说明：切除里脊头、尾，保留股骨；根据加工要求保留或去除腹肋肉、盆腔脂肪、荐椎和尾椎。

B.1.3　带臀去腱腿（leg chump on shank off）

　　主要包括粗米龙、臀肉、膝圆、臀腰肉、髂骨、荐椎、尾椎、坐骨和股骨等，由带臀腿自膝关节处切除腱子肉及胫骨而得。

　　修整说明：切除里脊头、尾，根据加工要求去除或保留腹肋肉、盆腔脂肪、荐椎。

B.1.4　去臀腿（leg-chump off）

　　主要包括粗米龙、臀肉、膝圆、后腱子肉、坐骨和股骨、胫骨等，由带臀腿在距离髋关节大约 12 mm 处成直角切去带骨臀腰肉而得。

　　修整说明：切除尾及尖端，根据加工要求去除或保留盆腔脂肪。

B.1.5　去臀去腱腿（leg chump off. shank off）

　　主要包括粗米龙、臀肉、膝圆、坐骨和股骨等，由去臀腿于膝关节处切除后腱子肉和胫骨而得。

　　修整说明：切除尾。

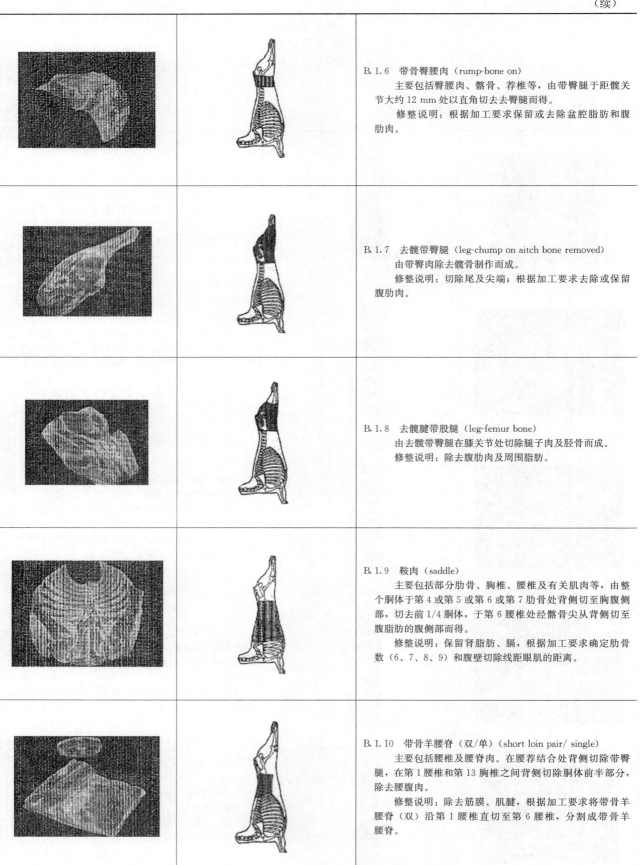

B.1.6　带骨臀腰肉（rump-bone on）

　　主要包括臀腰肉、髂骨、荐椎等，由带臀腿于距髋关节大约 12 mm 处以直角切去臀腿而得。

　　修整说明：根据加工要求保留或去除盆腔脂肪和腹肋肉。

B.1.7　去髋带臀腿（leg-chump on aitch bone removed）

　　由带臀肉除去髋骨制作而成。

　　修整说明：切除尾及尖端；根据加工要求去除或保留腹肋肉。

B.1.8　去髋腱带股腿（leg-femur bone）

　　由去髋带臀腿在膝关节处切除腿子肉及胫骨而成。

　　修整说明：除去腹肋肉及周围脂肪。

B.1.9　鞍肉（saddle）

　　主要包括部分肋骨、胸椎、腰椎及有关肌肉等，由整个胴体于第 4 或第 5 或第 6 或第 7 肋骨处背侧切至胸腹侧部，切去前 1/4 胴体，于第 6 腰椎处经髂骨尖从背侧切至腹脂肪的腹侧部而得。

　　修整说明：保留肾脂肪、膈，根据加工要求确定肋骨数（6、7、8、9）和腹壁切除线距眼肌的距离。

B.1.10　带骨羊腰脊（双/单）（short loin pair/ single）

　　主要包括腰椎及腰脊肉。在腰荐结合处背侧切除带臀腿，在第 1 腰椎和第 13 胸椎之间背侧切除胴体前半部分，除去腰腹肉。

　　修整说明：除去筋膜、肌腱，根据加工要求将带骨羊腰脊（双）沿第 1 腰椎直切至第 6 腰椎，分割成带骨羊腰脊。

（续）

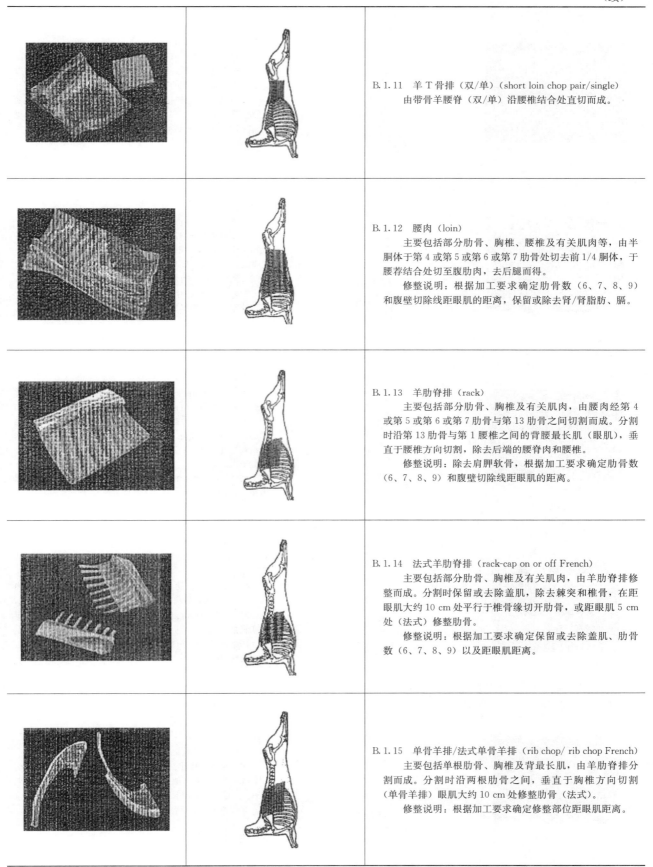

B. 1. 11　羊 T 骨排（双/单）（short loin chop pair/single）
　　由带骨羊腰脊（双/单）沿腰椎结合处直切而成。

B. 1. 12　腰肉（loin）
　　主要包括部分肋骨、胸椎、腰椎及有关肌肉等，由半胴体于第 4 或第 5 或第 6 或第 7 肋骨处切去前 1/4 胴体，于腰荐结合处切至腹肋肉，去后腿而得。
　　修整说明：根据加工要求确定肋骨数（6、7、8、9）和腹壁切除线距眼肌的距离，保留或除去肾/肾脂肪、膈。

B. 1. 13　羊肋脊排（rack）
　　主要包括部分肋骨、胸椎及有关肌肉，由腰肉经第 4 或第 5 或第 6 或第 7 肋骨与第 13 肋骨之间切割而成。分割时沿第 13 肋骨与第 1 腰椎之间的背腰最长肌（眼肌），垂直于腰椎方向切割，除去后端的腰脊肉和腰椎。
　　修整说明：除去肩胛软骨，根据加工要求确定肋骨数（6、7、8、9）和腹壁切除线距眼肌的距离。

B. 1. 14　法式羊肋脊排（rack-cap on or off French）
　　主要包括部分肋骨、胸椎及有关肌肉，由羊肋脊排修整而成。分割时保留或去除盖肌，除去棘突和椎骨，在距眼肌大约 10 cm 处平行于椎骨缘切开肋骨，或距眼肌 5 cm 处（法式）修整肋骨。
　　修整说明：根据加工要求确定保留或去除盖肌、肋骨数（6、7、8、9）以及距眼肌距离。

B. 1. 15　单骨羊排/法式单骨羊排（rib chop/ rib chop French）
　　主要包括单根肋骨、胸椎及背最长肌，由羊肋脊排分割而成。分割时沿两根肋骨之间，垂直于胸椎方向切割（单骨羊排）眼肌大约 10 cm 处修整肋骨（法式）。
　　修整说明：根据加工要求确定修整部位距眼肌距离。

（续）

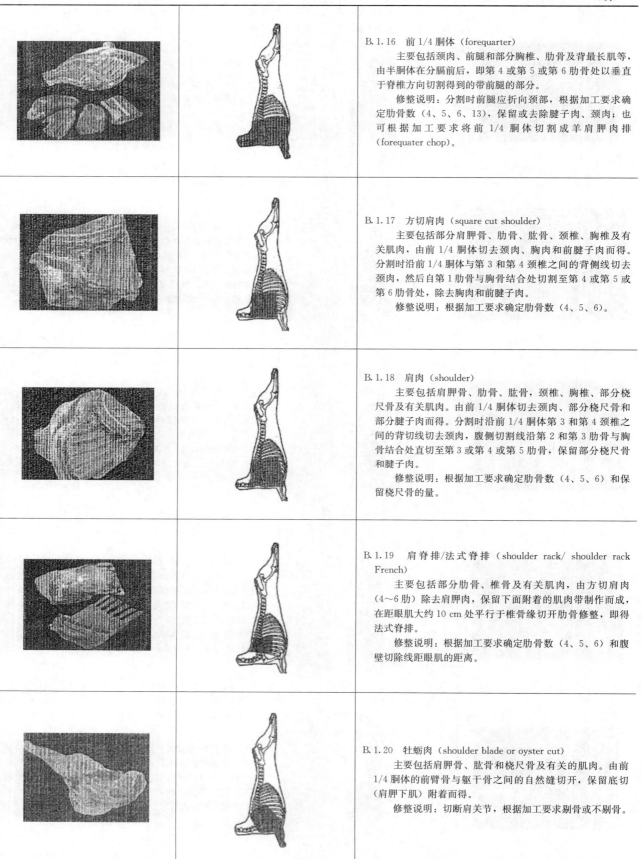

B.1.16　前 1/4 胴体（forequarter）

　　主要包括颈肉、前腿和部分胸椎、肋骨及背最长肌等，由半胴体在分膈前后，即第 4 或第 5 或第 6 肋骨处以垂直于脊椎方向切割得到的带胸腿的部分。

　　修整说明：分割时前腿应折向颈部，根据加工要求确定肋骨数（4、5、6、13），保留或去除腱子肉、颈肉；也可根据加工要求将前 1/4 胴体切割成羊肩胛肉排（forequater chop）。

B.1.17　方切肩肉（square cut shoulder）

　　主要包括部分肩胛骨、肋骨、肱骨、颈椎、胸椎及有关肌肉，由前 1/4 胴体切去颈肉、胸肉和前腱子肉而得。分割时沿前 1/4 胴体与第 3 和第 4 颈椎之间的背侧线切去颈肉，然后自第 1 肋骨与胸骨结合处切割至第 4 或第 5 或第 6 肋骨处，除去胸肉和前腱子肉。

　　修整说明：根据加工要求确定肋骨数（4、5、6）。

B.1.18　肩肉（shoulder）

　　主要包括肩胛骨、肋骨、肱骨，颈椎、胸椎、部分桡尺骨及有关肌肉。由前 1/4 胴体切去颈肉、部分桡尺骨和部分腱子肉而得。分割时沿前 1/4 胴体第 3 和第 4 颈椎之间的背切线切去颈肉，腹侧切割线沿第 2 和第 3 肋骨与胸骨结合处直切至第 3 或第 4 或第 5 肋骨，保留部分桡尺骨和腱子肉。

　　修整说明：根据加工要求确定肋骨数（4、5、6）和保留桡尺骨的量。

B.1.19　肩脊排/法式脊排（shoulder rack/ shoulder rack French）

　　主要包括部分肋骨、椎骨及有关肌肉，由方切肩肉（4～6 肋）除去肩胛肉，保留下面附着的肌肉带制作而成，在距眼肌大约 10 cm 处平行于椎骨缘切开肋骨修整，即得法式脊排。

　　修整说明：根据加工要求确定肋骨数（4、5、6）和腹壁切除线距眼肌的距离。

B.1.20　牡蛎肉（shoulder blade or oyster cut）

　　主要包括肩胛骨、肱骨和桡尺骨及有关的肌肉。由前 1/4 胴体的前臂骨与躯干骨之间的自然缝切开，保留底切（肩胛下肌）附着而得。

　　修整说明：切断肩关节，根据加工要求剔骨或不剔骨。

B.1.21　颈肉（neck）

俗称血脖，位于颈椎周围，主要由颈部肩带肌、颈部脊柱肌和颈腹侧肌所组成，包括第1颈椎与第3颈椎之间的部分。颈肉由胴体经第3和第4颈椎之间切割，将颈部肉与胴体分离而得。

修整说明：剔除筋腱，除去血污、浮毛等污物；根据加工要求将颈肉沿颈椎分割成羊颈肉排（neck chop）。

B.1.22　前腱子肉/后腱子肉（fore shank/hind shank）

前腱子肉主要包括尺骨、桡骨、腕骨和肱骨的远侧部及有关的肌肉，位于肘关节和腕关节之间。分割时沿胸骨与盖板远端的肱骨切除线自前1/4胴体切下前腱子肉。

后腱子肉由胫骨、跗骨和跟骨及有关的肌肉组成，位于膝关节和跗关节之间。分割时自胫骨与股骨之间的膝关节切割，切下后腱子肉。

修整说明：除去血污、浮毛等不洁物，不剔骨。

B.1.23　法式羊前腱/羊后腱（fore shank /hind shank French）

法式羊前腱/羊后腱分别由前腱子肉/后腱子肉分割而成，分割时分别沿桡骨/胫骨末端3 cm～5 cm处进行修整，露出桡骨/胫骨。

B.1.24　胸腹脯（breast and flap）

俗称五花肉，主要包括部分肋骨、胸骨和腹外斜肌、升胸肌等，位于腰肉的下方。分割时自半胴体第1肋骨与胸骨结合处直切至膈在第11肋骨上的转折处，再经腹肋肉切至腹股沟浅淋巴结。

修整说明：可包括除去带骨腰肉-鞍肉-脊排和腰脊肉之后剩余肋骨部分，保留膈。

B.1.25　法式肋排（lamb full rib set French）

主要包括肋骨、升胸肌等，由胸腹脯第2肋骨与胸骨结合处直切至第10肋骨，除去腹肋肉并进行修整而成。

B.2 去骨分割羊肉分割方法与命名标准

表 B.2 去骨分割羊肉分割方法与命名标准

B.2.1 半胴体肉（side meat）

由半胴体剔骨而成，分割时沿肌肉自然缝剔除所有的骨、软骨、筋腱、板筋（项韧带）和淋巴结。

修整说明：根据加工要求保留或去除里脊、肋间肌、膈。

B.2.2 躯干肉（trunk meat）

由躯干剔骨而成，分割时沿肌肉自然缝剔除所有的骨、软骨、筋腱、板筋（项韧带）和淋巴结。

修整说明：根据加工要求保留或去除里脊、肋间肌、膈。

B.2.3 剔骨带臀腿（leg-chump on bone removed）

主要包括粗米龙、臀肉、膝圆、臀腰肉、后腱子肉等，由带臀腿除去骨、软骨、腱和淋巴结制作而成，分割时沿肌肉天然缝隙从骨上剥离肌肉或沿骨的轮廓剔掉肌肉。

修整说明：切除里脊头。

B.2.4 剔骨带臀去腱腿（leg-chump on shank off，bone removed）

主要包括粗米龙、臀肉、膝圆、臀腰肉，由带臀去腱腿剔除骨、软骨、腱和淋巴结制作而成，分割时沿肌肉天然缝隙从骨上剥离肌肉或沿骨的轮廓剔掉肌肉。

修整说明：切除里脊头。

B.2.5 剔骨去臀去腱腿（leg chump off，shank off，bone removed）

主要包括粗米龙、臀肉、膝圆等，由去臀去腱腿剔除骨、软骨、腱和淋巴结制作而成，分割时沿肌肉天然缝隙从骨上剥离肌肉或沿骨的轮廓剔掉肌肉。

修整说明：切除尾。

（续）

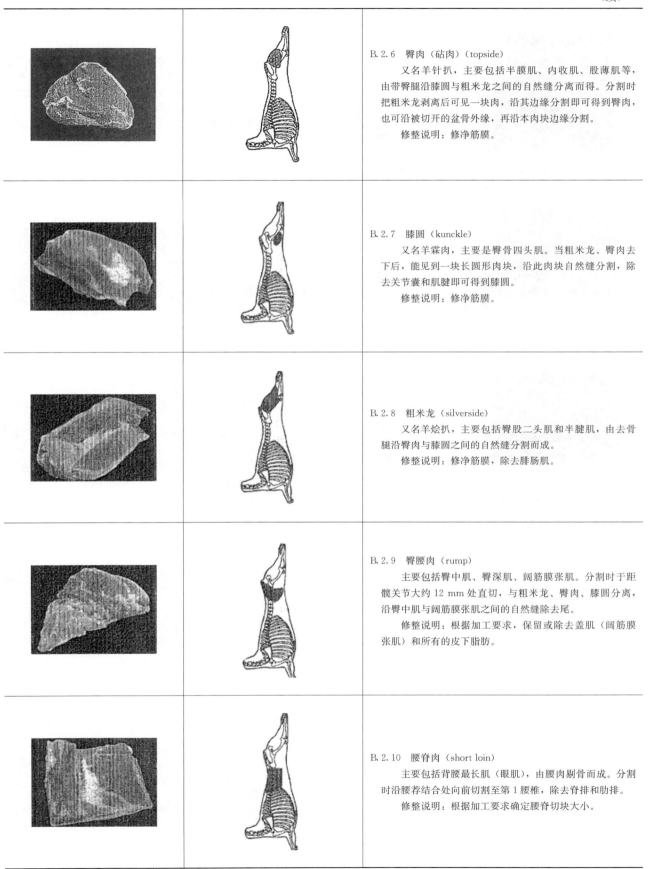

B.2.6　臀肉（砧肉）（topside）

又名羊针扒，主要包括半膜肌、内收肌、股薄肌等，由带臀腿沿膝圆与粗米龙之间的自然缝分离而得。分割时把粗米龙剥离后可见一块肉，沿其边缘分割即可得到臀肉，也可沿被切开的盆骨外缘，再沿本肉块边缘分割。

修整说明：修净筋膜。

B.2.7　膝圆（kunckle）

又名羊霖肉，主要是臀骨四头肌。当粗米龙、臀肉去下后，能见到一块长圆形肉块，沿此肉块自然缝分割，除去关节囊和肌腱即可得到膝圆。

修整说明：修净筋膜。

B.2.8　粗米龙（silverside）

又名羊烩扒，主要包括臀股二头肌和半腱肌，由去骨腿沿臀肉与膝圆之间的自然缝分割而成。

修整说明：修净筋膜，除去腓肠肌。

B.2.9　臀腰肉（rump）

主要包括臀中肌、臀深肌、阔筋膜张肌。分割时于距髋关节大约 12 mm 处直切，与粗米龙、臀肉、膝圆分离，沿臀中肌与阔筋膜张肌之间的自然缝除去尾。

修整说明：根据加工要求，保留或除去盖肌（阔筋膜张肌）和所有的皮下脂肪。

B.2.10　腰脊肉（short loin）

主要包括背腰最长肌（眼肌），由腰肉剔骨而成。分割时沿腰荐结合处向前切割至第 1 腰椎，除去脊排和肋排。

修整说明：根据加工要求确定腰脊切块大小。

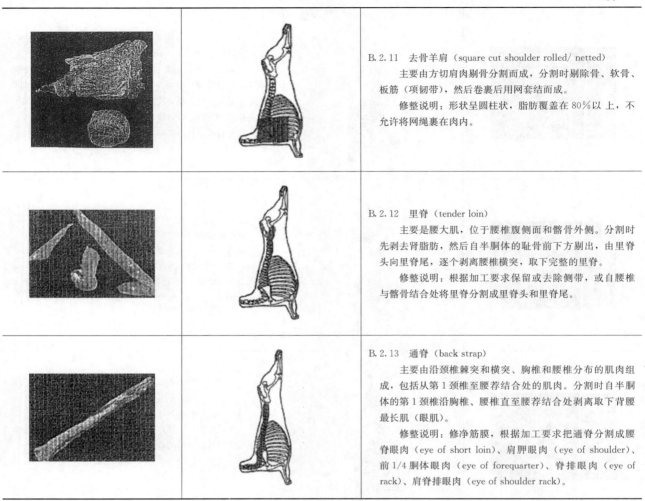

B.2.11　去骨羊肩（square cut shoulder rolled/ netted）

　　主要由方切肩肉剔骨分割而成，分割时剔除骨、软骨、板筋（项韧带），然后卷裹后用网套结而成。

　　修整说明：形状呈圆柱状，脂肪覆盖在 80％以上，不允许将网绳裹在肉内。

B.2.12　里脊（tender loin）

　　主要是腰大肌，位于腰椎腹侧面和髂骨外侧。分割时先剥去肾脂肪，然后自半胴体的耻骨前下方剔出，由里脊头向里脊尾，逐个剥离腰椎横突，取下完整的里脊。

　　修整说明：根据加工要求保留或去除侧带，或自腰椎与髂骨结合处将里脊分割成里脊头和里脊尾。

B.2.13　通脊（back strap）

　　主要由沿颈椎棘突和横突、胸椎和腰椎分布的肌肉组成，包括从第 1 颈椎至腰荐结合处的肌肉。分割时自半胴体的第 1 颈椎沿胸椎、腰椎直至腰荐结合处剥离取下背腰最长肌（眼肌）。

　　修整说明：修净筋膜，根据加工要求把通脊分割成腰脊眼肉（eye of short loin）、肩胛眼肉（eye of shoulder）、前 1/4 胴体眼肉（eye of forequarter）、脊排眼肉（eye of rack）、肩脊排眼肉（eye of shoulder rack）。

附　录　C
（规范性附录）
羊胴体骨骼图

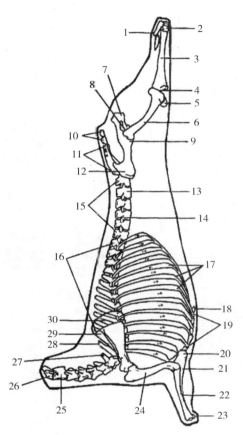

1. 跟骨管
2. 跗骨
3. 胫骨
4. 膝关节
5. 膝盖骨
6. 股骨
7. 坐骨
8. 闭孔
9. 髋关节
10. 尾椎

11.1～4 荐椎
12. 髂骨
13. 椎骨
14. 椎体
15.1～6 腰椎
16.1～13 胸椎
17. 肋软骨
18. 剑状软骨
19. 胸骨
20. 鹰嘴

21. 尺骨
22. 桡骨
23. 腕骨
24. 肱骨
25. 枢椎
26. 环椎
27.1～7 颈椎
28. 肩胛脊
29. 肩胛骨
30. 肩胛软骨

图 C.1　羊胴体骨骼图

四 检 验 检 疫

中华人民共和国国家标准

GB/T 17996—1999

生猪屠宰产品品质检验规程

Code for product quality inspection for pig in slaughtering

1999-11-10发布/1999-12-01实施

国家质量技术监督局 发布

前 言

本标准首次制定。

制定本标准是为了贯彻落实国务院发布的《生猪屠宰管理条例》和原国内贸易部发布的《生猪屠宰管理条例实施办法》，规范生猪屠宰行业行为，促进技术进步，加强行业管理，提高肉类产品的质量，保护消费者利益。

本标准不涉及传染病和寄生虫病的检验及处理。传染病和寄生虫病按照1959年农业部、卫生部、对外贸易部、商业部《肉品卫生检验试行规程》的规定执行。

本标准部分采用CAC/RCP12—1976的部分条款和GB/T 17236—1998《生猪屠宰操作规程》、GB/T 9959.1—1988《带皮鲜、冻片猪肉》的有关规定。

本标准的附录A是标准的附录。

本标准由国家国内贸易局提出。

本标准由国家国内贸易局归口。

本标准起草单位：国家国内贸易局肉禽蛋食品质量检验测试中心（北京）。

本标准主要起草人：毓厚基、阮炳琪、金社胜、刘志仁、吴英、曹贤钦、王贵际。

本标准由国家国内贸易局负责解释。

生猪屠宰产品品质检验规程

1 范围

本标准规定了生猪屠宰加工过程中产品品质检验的程序、方法及处理。

本标准适用于中华人民共和国境内的生猪屠宰加工厂或场。

2 引用标准

下列标准所包含的条文，通过在本标准中引用而构成为本标准的条文。本标准出版时，所示版本均为有效。所有标准都会被修订，使用本标准的各方应探讨使用下列标准最新版本的可能性。

GB/T 9959.1—1988 带皮鲜、冻片猪肉

GB/T 9959.2—1988 无皮鲜、冻片猪肉

GB/T 17236—1998 生猪屠宰操作规程

3 定义

本标准采用下列定义。

3.1

产品 product

生猪屠宰后的胴体、头、蹄、尾、皮张和内脏。

3.2

品质 quality

生猪产品的卫生、质量和感官性状。

4 宰前检验及处理

宰前检验包括验收检验、待宰检验和送宰检验。

4.1 验收检验

4.1.1 活猪进屠宰厂或场后，在卸车或船前检验人员要先向送猪人员索取产地动物防疫监督机构开具的检疫合格证明，经临车观察未见异常，证货相符时准予卸车或船。

4.1.2 卸车或船后，检验人员必须逐头观察活猪的健康状况，按检查结果进行分圈、编号，健康猪赶入待宰圈休息；可疑病猪赶入隔离圈，继续观察；病猪及伤残猪送急宰间处理。

4.1.3 对检出的可疑病猪，经过饮水和充分休息后，恢复正常的，可以赶入待宰圈；症状仍不见缓解的，送往急宰间处理。

4.2 待宰检验

4.2.1 生猪在待宰期间，检验人员要进行"静、动、饮水"的观察，检查有无病猪漏检。

4.2.2 检查生猪在待宰期间的静养、喂水是否按 GB/T 17236 执行。

4.3 送宰检验

4.3.1 生猪在送宰前，检验人员还要进行一次全面检查，确认健康的，签发《宰前检验合格证明》，注明货主和头数，车间凭证屠宰。

4.3.2 检查生猪宰前的体表处理，是否按 GB/T 17236 执行。

4.3.3 检查送宰猪通过屠宰通道时，是否按 GB/T 17236 执行。

4.4 急宰猪处理

4.4.1 送急宰间的猪要及时进行屠宰检验，在检验过程中发现难以确诊的病猪时，要及时向检验负责人汇报并进行会诊。

4.4.2 死猪不得冷宰食用，要直接送往不可食用肉处理间进行处理。

5 宰后检验及处理

宰后检验必须对每头猪进行头部检验、体表检验、内脏检验、胴体初验、复验与盖章。

无同步检验设备的屠宰厂或场屠体的统一编号，按 GB/T 17236 执行。

5.1 头部检验

屠体经脱毛吊上滑轨后进行，首先观察头颈部有无脓肿，然后切开两侧颌下淋巴结，检查有无肿大、出血、化脓和其他异常变化，脂肪和肌肉组织有无出血、水肿和瘀血，对检出的病变淋巴结和脓肿要进行修割处理。

当发现颌下淋巴结肿大、出血，周围组织水肿或有胶样浸润时，应报告检验负责人进行会诊。

5.2 体表检验

5.2.1 对屠体的体表和四肢进行全面观察，剥皮猪还要检查皮张，检查有无充血、出血和严重的皮肤病。当发现皮肤肿瘤或皮肤坏死时，要在屠体上做出标志，供胴体检验人员处理。

5.2.2 检查颈部耳后有无注射针孔或局部肿胀、化脓，发现后应做局部修割。

5.2.3 检查屠体脱毛是否干净，有无烫生、烫老和机损，修刮后浮毛是否冲洗干净，剥皮猪体表是否残留毛、小皮，是否冲洗干净。

5.3 内脏检验

屠体挑胸剖腹后进行，首先检查肠系膜淋巴结和脾脏，随后对摘出的心肝肺进行检验，当发现肿瘤等重要病变时，将该胴体推入病肉岔道，由专人进行对照检验、综合判定和处理。

5.3.1 肠系膜淋巴结和脾脏的检查：于挑胸剖腹后，先检验胃肠浆膜面上有无出血、水肿、黄染和结节状增生物，触检全部肠系膜淋巴结，并拉出脾脏进行观察。对肿大、出血的淋巴结要切开检查，当发现可疑肿瘤、白血病、霉菌感染和黄疸时，连同心肝肺一起将该胴体推入病猪岔道，进行详细检验和处理。胃肠于清除内容物后，还要对黏膜面进行检验和处理。

5.3.2 在剖腹后，还应注意观察膀胱和生殖器官有无异常，当发现膀胱中有血尿、生殖器官有肿瘤时，要与胴体进行对照检验和处理。

5.3.3 心肝肺检验

    a) 心脏检验：观察心包和心脏有无异常，随即切开左心室检查心内膜。注意有无心包炎、心外膜炎、心肌炎、心内膜炎、肿瘤和寄生性病变等。

    b) 肝脏检验：观察其色泽、大小，并触检其弹性有无异常，对肿大的肝门淋巴结、胆管粗大部分要切检。注意有无肝包膜炎、肝瘀血、肝脂肪变性、肝脓肿、肝硬变、胆管炎、坏死性肝炎、寄生性白癥和肿瘤等。

    c) 肺脏检验：观察其色泽、大小是否正常，并进行触诊，发现硬变部分要切开检查，切检支气管淋巴结有无肿大、出血、化脓等变化。注意有无肺呛血、肺呛水、肺水肿、小叶性肺炎、肺气肿、融合性支气管肺炎、纤维素性肺炎、寄生性病变和肿瘤等。气管上附有甲状腺的必须摘除。

5.4 胴体初验

观察体表和四肢有无异常，随即切检两侧浅腹股沟淋巴结有无肿大、出血、瘀血、化脓等变化，检验皮下脂肪和肌肉组织是否正常，有无出血、瘀血、水肿、变性、黄染、蜂窝织炎等变状。检查肾脏，剥开肾包膜观察其色泽、大小并触检其弹性是否正常，必要时进行纵剖检查。注意有无肾瘀血、肾出血、肾浊肿、肾脂变、肾梗死、间质性肾炎、化脓性肾炎、肾囊肿、尿潴留及肿瘤等。检查胸腹腔中有无炎症、异常渗出液、肿瘤病变。结合内脏检验结果做出综合判定。对可疑病猪做上标记，推入病肉岔道，通过复验做出处理。

5.5 复验与盖章

胴体劈半后，复验人员结合胴体初验结果，进行全面复查。检查片猪肉的内外伤、骨折造成的瘀血和胆汁污染部分是否修净，检查椎骨间有无化脓灶和钙化灶，骨髓有无褐变和溶血现象。肌肉组织有无水肿、变性等变化，仔细检验膈肌有无出血、变性和寄生性损害。检查有无肾上腺和甲状腺及病变淋巴结漏摘。

经过全面复验，确认健康无病，卫生、质量及感官性状又符合要求的，盖上本厂或场的检验合格印章，见附录 A 中图 A1。对检出的病肉，按照 5.6 的规定分别盖上相应的检验处理印章，见附录 A 中图 A2～图 A6。

5.6 检验后不合格肉品的处理

5.6.1 放血不全

a) 全身皮肤呈弥漫性红色，淋巴结瘀血，皮下脂肪和体腔内脂肪呈灰红色，以及肌肉组织色暗，较大血管中有血液滞留的，连同内脏做非食用或销毁。

b) 皮肤充血发红，皮下脂肪呈淡红色，肾脏颜色较暗，肌肉组织基本正常的高温处理后出厂或场。

5.6.2 白肌病

a) 后肢肌肉和背最长肌见有白色条纹和条块，或见大块肌肉苍白，质地湿润呈鱼肉样，或肌肉较干硬，晦暗无光，在苍白色的切面上散布有大量灰白色小点，心肌也见有类似病变。胴体、头、蹄、尾和内脏全部做非食用或销毁。

b) 局部肌肉有病变，经切检深层肌肉正常的，割去病变部分后，经高温处理后出厂或场。

5.6.3 白肌肉（PSE 肉）

半腱肌、半膜肌和背最长肌显著变白，质地变软，且有汁液渗出。对严重的白肌肉进行修割处理。

5.6.4 黄脂、黄脂病和黄疸

a) 仅皮下和体腔内脂肪微黄或呈蛋清色，皮肤、黏膜、筋腱无黄色，无其他不良气味，内脏正常的不受限制出厂或场。如伴有其他不良气味，应作非食用处理。

b) 皮下和体腔内脂肪明显发黄乃至呈淡黄棕色，稍浑浊，质地变硬，经放置一昼夜后黄色不消褪，但无不良气味的，脂肪组织做非食用或销毁处理，肌肉和内脏无异常变化的，不受限制出厂或场。

c) 皮下和体腔内脂肪、筋腱呈黄色，经放置一昼夜后，黄色消失或显著消退，仅留痕迹的，不受限制出厂或场。黄色不消失的，作为复制原料肉利用。

d) 黄疸色严重，经放置一昼夜后，黄色不消失，并伴有肌肉变性和苦味的，胴体和内脏全部作非食用或销毁处理。

5.6.5 骨血素病（卟啉症）

肌肉可以食用，有病变的骨骼和内脏做非食用或销毁处理。

5.6.6 种公母猪和晚阉猪

未经阉割带有睾丸的猪，即为种公猪；乳腺发达，乳头长大，带有子宫和卵巢的猪，即为种母猪；晚阉猪一般体形较大，分别在会阴部和左肷部有阉割的痕迹，这类猪均按 GB/T 9959.1 或 GB/T 9959.2 的规定处理。

5.6.7 在肉品品质检验中，有下列情况之一的病猪及其产品全部做非食用或销毁：

a) 脓毒症；

b) 尿毒症；

c) 急性及慢性中毒；

d) 全身性肿瘤；

e) 过度瘠瘦及肌肉变质、高度水肿的。

5.6.8 组织器官仅有下列病变之一的，应将有病变的局部或全部做非食用或销毁处理。局部化脓、创伤部分、皮肤发炎部分、严重充血与出血部分、浮肿部分、病理性肥大或萎缩部分、钙化变性部分、寄生虫损害部分、非恶性局部肿瘤部分、带异色、异味及异臭部分及其他有碍食肉卫生部分。

5.6.9 检验结果的登记

每天检验工作完毕，要将当天的屠宰头数、产地、货主、宰前检验和宰后检验病猪和不合格产品的处理情况进行登记备查。

6 肉的分级

片猪肉的分级按 GB/T 9959.1 或 GB/T 9959.2 执行。

附　录　A
（标准的附录）
检验处理章印模

A1　检验合格章印模，见图 A1，<u>直径</u> 75 mm，上线距圆心 5 mm，下线距圆心 1.0 mm，"××××"为厂或场名，要刻制全称，字体为宋体，铜制材料，日期可调换。

A2　**无害化处理章印模**

A2.1　非食用处理章印模，长 80 mm，宽 37 mm，见图 A2。

A2.2　高温处理章印模，等边三角形，边长各 45 mm，见图 A3。

A2.3　食用油处理章印模，长 4.5 mm，宽 20 mm，见图 A4。

A2.4　销毁处理章印模，对角线长 60 mm，见图 A5。

A2.5　复制处理章印模，菱形，长轴 60 mm，短轴 30 mm，见图 A6。

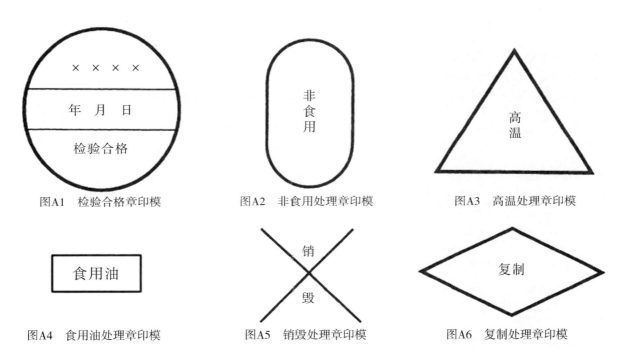

图A1　检验合格章印模　　　　图A2　非食用处理章印模　　　　图A3　高温处理章印模

图A4　食用油处理章印模　　　　图A5　销毁处理章印模　　　　图A6　复制处理章印模

中华人民共和国农业行业标准

NY/T 909—2004

生猪屠宰检疫规范

Animal health inspection code for swine slaughter

2005-01-04发布/2005-02-01实施
中华人民共和国农业部　发布

前　言

本标准由中华人民共和国农业部提出并归口。

本标准起草单位：全国畜牧兽医总站。

本标准主要起草人：李万有、张银田、田永军、李全录、刘铁男、朱家新、高巨星。

生猪屠宰检疫规范

1　范围

本标准规定了生猪屠宰防疫、宰前检疫、宰后检疫以及检疫结果处理的技术要求。

本标准适用于所有定点生猪屠宰厂（场）防疫检疫活动。

2　规范性引用文件

下列文件中的条款通过本标准的引用而成为本标准的条款。凡是注日期的引用文件，其随后所有的修改单（不包括勘误的内容）或修订版均不适用于本标准，然而，鼓励根据本标准达成协议的各方研究是否可使用这些文件的最新版本。凡是不注日期的引用文件，其最新版本适用于本标准。

GB 16548　畜禽病害肉尸及其产品无害化处理规范

GB 16549　畜禽产地检疫规范

GB 16569　畜禽产品消毒规范

农业部《一、二、三类动物疫病病种名录》

《中华人民共和国动物防疫法》

3　术语和定义

下列术语和定义适用于本标准。

3.1

猪胴体　swine carcass

生猪经屠宰放血，去掉毛、头、尾、蹄、内脏后的躯体。

3.2

急宰　emergency slaughter

对出现普通病临床症状、物理性损伤以及一、二类疫病以外的生猪，在急宰间进行的紧急屠宰。

3.3

同步检疫　synchronous inspection

与屠宰操作相对应，对同一头猪的头、蹄、内脏、胴体等实行的现场检疫。

3.4

生物安全处理　bio-safety disposal

通过销毁或无害化处理的方法，将病害生猪尸体和病害生猪产品或附属物进行处理，以彻底消灭其所携带的病原体。

3.5

同群猪　flock

指与染疫病猪在同一环境中的生猪，如同窝、同圈（舍）、同车或同一屠宰、加工生产线等。

3.6

同批产品　a batch of production

与染疫病猪在同一屠宰车间同时在线屠宰，有污染可能的产品。

4　屠宰厂（场）防疫要求

4.1　符合动物防疫条件，依法取得《动物防疫合格证》。

4.2　选址、布局符合动物防疫要求。距离居民区、地表水源、交通干线以及生猪交易市场 500 m 以上，生产区与生活区分开，生猪和产品出入口分设，净道和污道分开不交叉。厂（场）区的道路要硬化。

4.3　设计、建筑符合动物防疫要求。

4.3.1　设置入场检疫值班室和检疫室，屠宰流程的设计应按同步检疫的要求安排检疫位置，保障宰后检疫有足够的时间和空间。

4.3.2　有与屠宰规模相适应的待宰圈、急宰间和隔离圈，屠宰场出入口设消毒池。

4.3.3　屠宰间采光、通风良好，污物、污水排放设施齐全。

4.4　有用于病害生猪及其产品销毁的设备，以及污水、污物、粪便无害化处理的设施。

4.5　生猪、生猪产品运载工具和专用容器，以及屠宰设备和工具符合动物防疫要求，并有清洗消毒设备，每班清洗消毒一次。

4.6　屠宰厂（场）要配置专职的防疫消毒人员，屠宰管理和操作人员应经过动物防疫知识培训，无人畜共患病和其他可能造成污染的化脓性或渗出性皮肤病。

4.7　动物防疫制度、疫病处置方案健全，并上墙公示，遵守动物防疫管理规定，不得收购、屠宰、加工未经检疫的、无检疫合格证明和免疫耳标、病死的生猪。

4.8　已经入厂（场）的生猪，未经驻厂（场）检疫员许可，不得擅自出厂（场）；确需出厂（场）的，要采取严格的防疫措施和检疫后方可出厂（场）。

5　检疫设施和检疫员要求

5.1　屠宰厂（场）入口设置屠宰检疫值班室。

5.2　厂内设置屠宰检疫室。日屠宰量在 500 头以下的，检疫室面积在 15 m² 以上；日屠宰量在 500 头以上的，检疫室面积不能低于 30 m²。

5.3　屠宰车间光照适宜，宰后检疫区光照度不低于 220 lx，检疫点光照度不低于 540 lx。

5.4　屠宰检疫设施

5.4.1　检疫室内基本设施：器械柜、操作台、冰箱、干燥箱、照相机、消毒器具。

5.4.2　检疫室检验设备：显微镜、载玻片、用于染色、采样、样品保存、快速检验的设备及相关试剂。

5.4.3　现场检疫器具：刀、钩、锉、剪刀、镊子、瓷盘、骨钳、放大镜、应急照明灯、测温仪（体温计）、听诊器和废弃物专用容器。

5.5　动物防疫监督机构应派出机构或人员实施驻厂（场）检疫，检疫员的数量应与屠宰厂（场）防疫检疫工作量相适应。在宰前、头蹄部、内脏、胴体、实验室检验、复检等环节上，设置检疫岗位。

5.6　动物防疫检疫法规、制度、操作程序、收费依据、监督电话上墙公示。

6　宰前检疫

6.1　查证验物

6.1.1　查证。查验并回收《动物产地检疫合格证明》或《出县境动物检疫合格证明》和《动物及动物产品运载工具消毒证明》，查验免疫耳标。

6.1.2　验物。核对生猪数量，实施临床检查，并开展必要的流行病学调查。

6.2　待宰检疫

6.2.1　按 GB 16549 的规定实施群体和个体检查。将可疑病猪转入隔离圈，必要时进行实验室检验。

7　宰前检疫结果处理

7.1　对经入厂（场）检疫合格的生猪准予入场。

7.2　对入厂（场）检疫发现疑似染疫的，证物不符、无免疫耳标、检疫证明逾期的，检疫证明被涂改、伪造的，禁止入厂（场），并依法处理。

7.3　经待宰检疫合格的生猪，由检疫员出具准宰通知书后，方可进入屠宰线。

7.4　在宰前检疫环节发现使用违禁药物、投入品，以及注水、中毒等情况的生猪，应禁止入场、屠宰，并向畜牧兽医行政管理部门报告。

7.5　根据农业部《一、二、三类动物疫病病种名录》，经宰前检疫发现口蹄疫、猪水疱病、猪瘟等一类传染病，采取以下措施：

7.5.1　立即责令停止屠宰，采取紧急防疫措施，控制生猪及其产品和人员流动，同时报请畜牧兽医行政管理部门依法处理。

7.5.2 按照《动物防疫法》及相关法规的规定，划定并封锁疫点、疫区，采取相应的动物防疫措施。

7.5.3 病猪、同群猪按 GB 16548 的规定，用密闭运输工具运到动物防疫监督机构指定的地点扑杀、销毁。

7.5.4 对全厂（场）实施全面严格的消毒。

7.5.5 在解除封锁后，恢复屠宰须经畜牧兽医行政管理部门批准。

7.6 经宰前检疫发现炭疽，病猪及同群猪采取不放血的方法销毁，严格按规定对污染场所实施防疫消毒。

7.7 经宰前检疫发现狂犬病、破伤风、布鲁氏菌病、猪丹毒、弓形虫病、链球菌病等二类动物疫病时，采取以下防疫措施。

7.7.1 病猪按 GB 16548 的办法处理。

7.7.2 同群猪按规定隔离检疫，确认无病的，可正常屠宰；出现临床症状的，按病猪处理。

7.7.3 对生猪待宰圈、急宰间、隔离圈、屠宰间等场所实行严格的消毒。

7.8 经宰前检疫检出患有本规范 7.5、7.6、7.7 所列之外的其他疫病及物理损伤的生猪，在急宰间进行急宰，按 GB 16548 的规定处理。

7.9 对宰前检疫检出的病猪，依据耳标编码和检疫证明，通报产地动物防疫监督机构追查疫源。

7.10 检疫员在宰前检疫的过程中，要对检疫合格证明、免疫耳标、准宰通知书等检疫结果及处理情况，做出完整记录，并保存 12 个月备查。

8 宰后检疫

8.1 生猪宰后实行同步检疫，对头（耳部）、胴体、内脏在流水线上编记同一号码，以便查对。

8.2 头、蹄检疫。重点检查有无口蹄疫、水泡病、炭疽、结核、萎缩性鼻炎、囊尾蚴等疫病的典型病变。

8.2.1 放血前触检颌下淋巴结，检查有无肿胀。

8.2.2 褪毛前剖检左、右两侧颌下淋巴结，必要时剖检扁桃体。观察其形状、色泽、质地，检查有无肿胀、充血、出血、坏死，注意有无砖红色出血性、坏死性病灶。

8.2.3 视检蹄部，观察蹄冠、蹄叉部位皮肤有无水疱、溃疡灶。

8.2.4 剖检左、右两侧咬肌，充分暴露剖面，观察有无黄豆大、周边透明、中间含有小米粒大、乳白色虫体的囊尾蚴寄生。

8.2.5 视检鼻、唇、齿龈、可视黏膜，观察其色泽及完整性，检查有无水疱、溃疡、结节以及黄染等病变。

8.3 内脏检疫

8.3.1 重点检查有无猪瘟、猪丹毒、猪副伤寒、口蹄疫、炭疽、结核、气喘病、传染性胸膜肺炎、链球菌、猪李氏杆菌、姜片吸虫、包虫、细颈囊尾蚴、弓形虫等疫病的典型病变。

8.3.2 开膛后，立即对肠系膜淋巴结、脾脏进行检查，内脏摘除后，依次检查肺脏、心脏、肝脏、胃肠等。

8.3.3 肠系膜淋巴结检查。抓住回盲瓣，暴露链状淋巴结，做弧形或"八"字形切口，观察大小、色泽、质地，检查有无充血、出血、坏死及增生性炎症变化和胶胨样渗出物。注意有无猪瘟、猪丹毒、败血型炭疽及副伤寒。

8.3.4 脾脏检查。视检形状、大小、色泽，检查有无肿胀、瘀血、梗死；触检被膜和实质弹性。必要时，剖检脾髓。注意有无猪瘟、猪丹毒、败血型炭疽。

8.3.5 肺脏检查。视检形状、大小、色泽；触检弹性；剖检支气管淋巴结。必要时，剖检肺脏，检查支气管内有无渗出物，肺实质有无萎陷、气肿、水肿、瘀血及脓肿、钙化灶、寄生虫等。

8.3.6 心脏检查。视检心包和心外膜，触检心肌弹性，在与左纵沟平行的心脏后缘房室分界处纵向剖开心室，观察二尖瓣、心肌、心内膜及血液凝固状态。检查有无变性、渗出、出血、坏死以及菜花样增生物、绒毛心、虎斑心、囊尾蚴等。

8.3.7 肝脏检查。视检形状、大小、色泽；触检被膜和实质弹性；剖检肝门淋巴结。必要时，剖检肝实质和胆囊。检查有无瘀血、水肿、变性、黄染、坏死、硬化，以及肿瘤、结节、寄生虫等病变。

8.3.8 胃肠检查。观察胃肠浆膜有无异常，必要时剖检胃肠，检查黏膜，观察黏膜有无充血、水肿、出血、坏死、溃疡以及回盲瓣扣状肿、结节、寄生虫等病变。

8.3.9 肾脏检查（与胴体检查一并进行）。剥离肾包膜，视检形状、大小、色泽及表面状况，触检质地，必要时纵向剖检肾实质。检查有无瘀血、出血、肿胀等病变，以及肾盂内有无渗出物、结石等。

8.3.10 必要时，剖检膀胱有无异常，观察黏膜有无充血、出血。

8.4 胴体检疫

8.4.1 重点检查有无猪瘟、猪肺疫、炭疽、猪丹毒、链球菌、胸膜肺炎、结核、旋毛虫、囊尾蚴、住肉孢子虫、钩端螺旋体等疫病。

8.4.2 检查外观。开膛前视检皮肤；开膛后视检皮下组织、脂肪、肌肉以及胸腔、腹腔浆膜。检查有无充血、出血及疹块、黄染、脓肿和其他异常现象。

8.4.3 淋巴结检查。剖检肩前淋巴结、腹股沟浅淋巴结、髂内淋巴结、股前淋巴结，必要时剖检髂外淋巴结和腹股沟深（或髂下）淋巴结。检查有无瘀血、水肿、出血、坏死、增生等病变，注意猪瘟大理石样病变。

8.4.4 肌肉检查

8.4.4.1 剖检两侧深腰肌、股内侧肌，必要时检查肩胛外侧肌，检查有无囊尾蚴和白肌肉（PSE 肉）。两侧深腰肌沿肌纤维方向切开，刀迹长 20 cm、深 3 cm 左右；股内侧肌纵切，刀迹长 15 cm、深 8 cm 左右；肩胛外侧肌沿肩胛内侧纵切，刀迹长 15 cm、深 8 cm 左右。

8.4.4.2 膈肌检查。主要检查旋毛虫、住肉孢子虫、囊尾蚴。旋毛虫、住肉孢子虫采用肉眼检查、实验室检验的方法。在每头猪左右横膈肌脚采取不少于 30 g 肉样各一块，编上与胴体同一的号码，撕去肌膜，肉眼观察有无针尖大小的旋毛虫白色点状虫体或包囊，以及柳叶状的住肉孢子虫。

　　旋毛虫实验室检验：剪取上述样品 24 个肉粒（每块肉样 12 粒），制成肌肉压片，置于低倍显微镜下或旋毛虫投影仪检查。有条件的，可采用集样消化法检查。

8.5 摘除免疫耳标。检疫不合格的立即摘除耳标，凭耳标编码追溯疫源。

8.6 复检。上述检疫流程结束后，检疫员对检疫情况进行复检，综合判定检疫结果，并监督检查甲状腺、肾上腺和异常淋巴结的摘除情况，填写宰后检疫记录。

9 宰后检疫结果处理

9.1 经检疫合格的，由检疫员在胴体上加盖统一的检疫验讫印章，签发《动物产品检疫合格证明》。验讫印章的材料应使用无毒、无害的食品蓝。

9.2 检疫不合格的，根据不同情况采取下列相应措施：

9.2.1 经宰后检疫发现一类疫病和炭疽时、采取以下措施：

9.2.1.1 按本规范 7.5.1、7.5.2、7.5.4、7.5.5 规定处理。

9.2.1.2 病猪胴体、内脏及其他副产品、同批产品及副产品按 GB 16548 规定处理。

9.2.2 经宰后检疫发现除炭疽以外的二类猪动物疫病和其他疫病的胴体及副产品，按 GB 16548 规定处理；污染的场所、器具、按规定采取严格消毒等防疫措施。

9.2.3 经宰后检疫发现肿瘤者，胴体、头蹄尾、内脏销毁。

9.2.4 经宰后检疫发现局部损伤及外观色泽异常者，按下列规定处理：

9.2.4.1 黄疸、过度消瘦者，全尸作工业用或销毁。

9.2.4.2 局部创伤、化脓、炎症、硬变、坏死、瘀血、出血、肥大或萎缩，寄生虫损害、白肌肉（PSE 肉）及其他有碍品质卫生安全的部分，病变部分销毁，其余部分可有条件利用。

9.3 检疫员应在需作生物安全处理的胴体等产品上加盖统一专用的处理印章或相应的标记，监督厂（场）方做好生物安全处理，并填写处理记录。

9.4 宰后检疫各项记录应填写完整，保存 5 年以上。

10 疫情报告

　　检疫员在屠宰检疫各个环节发现动物疫情时，按规定向畜牧兽医行政管理部门报告。

中华人民共和国农业行业标准

NY 467—2001

畜禽屠宰卫生检疫规范

2001-09-03 发布/2001-10-01 实施

中华人民共和国农业部 发布

前 言

本标准由中华人民共和国农业部提出。

本标准起草单位：农业部动物检疫所、甘肃农业大学。

本标准主要起草人：郑志刚、刘占杰、黄保续、杨承谕、仰惠芬、封启民。

畜禽屠宰卫生检疫规范

1 范围

本标准规定了畜禽屠宰检疫的宰前检疫、宰后检验及检疫检验后处理的技术要求。

本标准适用于所有从事畜禽屠宰加工的单位和个人。

2 规范性引用文件

下列文件中的条款通过本标准的引用而成为本标准的条款。凡是注日期的引用文件，其随后所有的修改单（不包括勘误的内容）或修订版均不适用于本标准，然而，鼓励根据本标准达成协议的各方研究是否可使用这些文件的最新版本。凡是不注日期的引用文件，其最新版本适用于本标准。

GB 16548—1996　畜禽病害肉尸及其产品无害化处理规程

GB 16549　畜禽产地检疫规范

64/433/EEC　关于影响欧共体内部鲜肉贸易的动物卫生问题

71/118/EEC　关于鲜禽肉生产和市场销售的动物卫生问题

91/495/EEC　欧盟关于兔肉和野味肉生产的卫生问题和卫生检验规定

3 术语和定义

下列术语和定义适用于本标准。

3.1

胴体　carcase

放血后去头、尾、蹄、内脏的带皮或不带皮的畜禽肉体。

3.2

急宰　emergency slaughter

对患有某些疫病、普通病和其他病损的以及长途运输中所出现的畜禽，为了防止传染或免于自然死亡而强制进行紧急宰杀。

3.3

同步检验　synchronous inspection

在轨道运行中，对同畜禽的胴体、内脏、头、蹄，甚至皮张等实行的同时、等速、对照的集中检验。

3.4

无害化处理　bio-safety disposal

用物理化学方法，使带菌、带毒、带虫的患病畜禽肉产品及其副产品和尸体失去传染性和毒性而达到无害的处理。

3.5

同群畜禽　flock, herd

以自然小群为单位，即有直接传播疫病可能的同一小环境中的畜禽，如同窝、同圈、同舍或同一车皮等。

3.6

同批产品　a batch of product

同时、同地加工的同一种畜禽的同一批产品。

4 宰前检验

4.1 入场检疫

4.1.1　首先查验法定的动物产地检疫证明或出县境动物及动物产品运载工具消毒证明及运输检疫证明，以及其他所必需的检疫证明，待宰动物应来自非疫区，且健康良好。

4.1.2　检查畜禽饲料添加剂类型、使用期及停用期，使用药物种类、用药期及停药期，疫苗种类和接种日期方面的有关记录。

4.1.3　核对畜禽种类和数目，了解途中病、亡情况。然后进行群体检疫，剔出可疑病畜禽，转放隔离圈，进行详细的个体临床检查，方法按 GB 16549 执行，必要时进行实验室检查。

4.2　待宰检疫

健康畜禽在留养待宰期间尚需随时进行临床观察。送宰前再做一次群体检疫，剔出患病畜禽。

5　宰前检疫后的处理

5.1　经宰前检疫发现口蹄疫、猪水泡病、猪瘟、非洲猪瘟、非洲马瘟、牛瘟、牛传染性胸膜肺炎、牛海绵状脑病、痒病、蓝舌病、小反刍兽疫、绵羊痘和山羊痘、高致病性禽流感、鸡新城疫、兔出血热时，病畜禽按 GB 16548—1996 3.1 处理。

5.1.1　同群畜禽用密闭运输工具运到动物防疫监督部门指定的地点，用不放血的方法全部扑杀，尸体按 GB 16548—1996 3.1 处理。

5.1.2　畜禽存放处和屠宰场所实行严格消毒，严格采取防疫措施，并立即向当地畜牧兽医行政管理部门报告疫情。

5.2　经宰前检疫发现狂犬病、炭疽、布鲁氏菌病、弓形虫病、结核病、日本血吸虫病、囊尾蚴病、马鼻疽、兔黏液瘤病及疑似病畜时，按 GB 16548—1996 3.1 处理。

5.2.1　同群畜急宰，胴体内脏按 GB 16548—1996 3.3 处理。

5.2.2　病畜存放处和屠宰场所实行严格消毒，采取防疫措施，并立即向当地畜牧兽医行政管理部门报告疫情。

5.3　除 5.1 和 5.2 所列疫病外，患有其他疫病的畜禽，实行急宰，除剔除病变部分销毁外，其余部分按 GB 16548—1996 3.3 规定的方法处理。

5.4　凡判为急宰的畜禽，均应将其宰前检疫报告单结果及时通知检疫人员，以供对同群畜禽宰后检验时综合判定、处理。

5.5　对判为健康的畜禽，送宰前应由宰前检疫人员出具准宰通知书。

6　屠宰过程中卫生要求

只有出具准宰通知书的畜禽才可进入屠宰线。

6.1　家畜屠宰卫生要求

6.1.1　淋浴净体

家畜致昏、放血前，应将畜体清扫或喷洗干净。家畜通过屠宰通道时，应按顺序赶送，且应尽量避免动物遭受痛苦。

6.1.2　电麻致昏

致昏的强度以使待宰畜处于昏迷状态，失去攻击性，消除挣扎，保证放血良好为准，不能致死。废止锤击，操作人员应穿戴合格的绝缘鞋、绝缘手套。

6.1.3　刺杀放血

刺杀由经过训练的熟练工人操作，采用垂直放血方式。除清真屠宰场外，一律采用切断颈动脉、颈静脉或真空刀放血法，沥血时间不得少于 5 min，废止心脏穿刺放血法，放血刀消毒后轮换使用。

6.1.4　剥皮或褪毛

需剥皮时，手工或机械剥皮均可，剥皮力求仔细，避免损伤皮张和胴体，防止污物、皮毛、脏手沾污胴体，禁止皮下充气作为剥皮的辅助措施。

需褪毛时，严格控制水温和浸烫时间，猪的浸烫水温以 60 ℃～68 ℃为宜，浸烫时间为 5 min～7 min，防止烫生、烫老。刮毛力求干净，不应将毛根留在皮内。使用打毛机时，机内淋浴水温保持在 30 ℃左右。禁止吹气、打气刮毛和用松香拔毛。烫池水每班更换一次。取缔清水池，采用冷水喷淋降温净体。

6.1.5　开膛、净膛

剥皮或褪毛后立即开膛，开膛沿腹白线剖开腹腔和胸腔，切忌划破胃肠、膀胱和胆囊。摘除的脏器不准落地，心、肝、肺和胃、肠、胰、脾应分别保持自然联系，并与胴体同步编号，由检验人员按宰后检验要求进行卫生检验。

6.1.6 冲洗胸、腹腔

取出内脏后，应及时用足够压力的净水冲洗胸腔和腹腔，洗净腔内瘀血、浮毛、污物。

6.1.7 劈半

将检验合格的胴体去头、尾，沿脊柱中线将胴体劈成对称的两半，劈面要平整、正直，不应左右弯曲或劈断，劈碎脊柱。

6.1.8 整修、复验

修割掉所有有碍卫生的组织，如暗伤、脓疱、伤斑、甲状腺、病变淋巴结和肾上腺；整修后的片猪肉应进行复验，合格后割除前后蹄，用甲基紫液加盖验记印章。

6.1.9 整理副产品

整理副产品应在副产品整理间进行；整理好的脏器应及时发送或送冷却间，不得长时间堆放。

6.1.10 皮张和鬃毛整理

皮张和鬃毛整理应在专用房间内进行。皮张和鬃毛应及时收集整理，皮张应抽去尾巴，刮除血污、皮肌和脂肪，及时送往加工处，不得堆压、日晒；鬃毛应及时摊干晾晒，不能堆放。

6.2 禽屠宰卫生要求

6.2.1 致昏与放血

进入屠宰线的活禽应在电击后立即屠宰，屠宰操作应合理，放血应完全，防止血液污染刀口以外的地方。

6.2.2 脱毛

要快速、完全。

6.2.3 内脏摘除与处理

屠宰后应立即进行内脏全摘除，检验体腔和相关的内脏，并记录检验结果。

检验后，内脏应立即与胴体分离，并立即去除不适于人类食用的部分。屠宰场内，禁止用布擦拭清洁禽肉。

6.3 兔屠宰卫生要求

6.3.1 致昏与放血

致昏兔时，应尽可能选用无痛苦方法；屠宰操作应合理，放血应完全。

6.3.2 剥皮

避免损伤皮张和胴体，防止污物、皮毛、脏手沾污胴体。

6.3.3 内脏摘除与处理

可参考 6.2.3 部分。

7 宰后卫生检验

畜禽屠宰后应立即进行宰后卫生检验，宰后检验应在适宜的光照条件下进行。

头、蹄（爪）、内脏和胴体施行同步检验（皮张编号）；暂无同步检验条件的要统一编号，集中检验，综合判定，必要时进行实验室检验。

7.1 家畜宰后卫生检验

7.1.1 头部检验

7.1.1.1 猪头检验：剖检两侧颌下淋巴结和外咬肌，视检鼻盘、唇、齿龈、咽喉黏膜和扁桃体。

7.1.1.2 牛头检验：视检眼睑、鼻镜、唇、齿龈、口腔、舌面以及上下颌骨的状态，触检舌体，剖检两侧颌下淋巴结和咽后内侧淋巴结，视检咽喉黏膜和扁桃体，剖检舌肌（沿系带面纵向切开）和两侧内外咬肌。

7.1.1.3 羊头检验：视检皮肤、唇和口腔黏膜。

7.1.1.4 马、骡、驴和骆驼头的检验：剖检两侧颌下淋巴结、鼻甲和鼻中膈及喉头。

7.1.2 内脏检验

7.1.2.1 胃肠检验：视检胃肠浆膜，剖检肠淋巴结，牛、羊尚需检查食道。必要时剖检胃肠黏膜。

7.1.2.2 脾脏检验：视检外表、色泽、大小，触检被膜和实质弹性，必要时剖检脾髓。

7.1.2.3 肝脏检验：视检外表、色泽、大小，触检被膜和实质弹性，剖检肝门淋巴结。必要时剖检肝实质和胆囊。

7.1.2.4　肺脏检验：视检外表、色泽、大小，触检弹性，剖检支气管淋巴结和纵膈后淋巴结（牛、羊）。必要时，剖检肺实质。

7.1.2.5　心脏检验：视检心包及心外膜，并确定肌僵程度。剖开心室视检心肌、心内膜及血液凝固状态。猪心，特别注意二尖瓣病损。

7.1.2.6　肾脏检验：剥离肾包膜，视检外表、色泽、大小，触检弹性。必要时纵向剖检肾实质。

7.1.2.7　乳房检验（牛、羊）：触检弹性，剖检乳房淋巴结。必要时剖检其实质。

7.1.2.8　必要时，剖检子宫、睾丸及膀胱。

7.1.3　胴体检验

7.1.3.1　首先判定放血程度。

7.1.3.2　视检皮肤、皮下组织、脂肪、肌肉、胸腔、腹腔、关节、筋腱、骨及骨髓。

7.1.3.3　剖检颈浅背（肩前）淋巴结、股前淋巴结、腹股沟浅淋巴结、腹股沟深（或髂内）淋巴结，必要时，增检颈深后淋巴结和腘淋巴结。

7.1.4　寄生虫检验

7.1.4.1　旋毛虫和住肉孢子虫的实验室检验

由每头猪左右横膈膜脚肌采取不少于 30 g 肉样两块（编上与胴体同一号码），撕去肌膜，剪取 24 个肉粒（每块肉样 12 粒），制成肌肉压片，置低倍显微镜下或旋毛虫投影仪检查。有条件的场、点可采用集样消化法检查。发现虫体或包囊，根据编号进一步检查同一动物胴体、头部和心脏。

7.1.4.2　囊尾蚴的检验

主要检查部位为咬肌、两侧腰肌和膈肌，其他可检部位是心肌、肩肝外侧肌和股内侧肌。

7.2　家禽宰后检验

家禽体表、内脏和体腔应逐只进行视检，必要时进行触检或切开检查，注意胴体的质地、颜色和气味的异常变化，特别应注意屠宰操作可能引起的异常变化。宰后检验过程中淘汰下来的家禽，应抽样进行细致的临床检查和实验室诊断。

7.3　家兔检验

重点检查胴体表面、胸腔、肝、脾、肾、盲肠蚓突和圆小囊等部位，判定有无异常。具体检验方法可参照 7.1.2 和 7.2 条相关要求进行。

8　宰后检验后处理

通过对内脏、胴体的检疫，做出综合判断和处理意见；检疫合格，确认无动物疫病的家畜鲜肉可按照 64/433/EEC 规定的要求进行分割和贮存；确认无动物疫病的鲜家禽肉可按照 71/118/EEC 规定的要求进行清洗、浸泡冷却、分割和贮存；确认无动物疫病的鲜兔肉可按照 91/495/EEC 规定的要求进行贮存。

经检疫合格的胴体或肉品应加盖统一的检疫合格印章，并签发检疫合格证。应用印染液加盖印章时，印章染色液应对人无害，盖后不流散，迅速干燥，附着牢固。

经宰后检验发现动物疫病时，应根据下述不同情况采取不同的处理措施。

8.1　经宰后检验发现 5.1 所列动物疫病和狂犬病、炭疽时，按以下方法处理：

 a)　立即停止生产；

 b)　生产车间彻底清洗、严格消毒；

 c)　立即向当地畜牧兽医行政管理部门报告疫情；

 d)　病畜禽胴体、内脏及其他副产品按 5.1 规定处理；

 e)　同批产品及副产品按 5.2 规定处理；

 f)　各项处理经畜牧兽医行政管理部门检查合格后方可恢复生产。

8.2　经宰后检验发现 5.2 所列动物疫病（狂犬病、炭疽除外）时，按以下方法处理：

 a)　执行 8.1 中 a)、b)、c)、d) 处理办法；

 b)　同批产品及副产品按前 3 后 5（与病畜禽相邻）执行 5.3 所列的方法处理，其余可按正常产品出厂。

8.3　经宰后检验发现 5.3 所列传染病时，按 5.3 所列的方法处理。

8.4 经宰后检验发现寄生虫病时，按下列规定处理：

8.4.1 旋毛虫病和住肉孢子虫病

  a) 在 24 个肉样压片内，发现有包囊的或钙化的旋毛虫者，头、胴体和心脏作工业用或销毁；

  b) 在 24 个肉样压片内，发现住肉孢子虫者，全尸高温处理或销毁。

8.4.2 猪、牛囊尾蚴病

  在规定检验部位切面视检，发现囊尾蚴和钙化的虫体者，全尸作工业用或销毁。

8.4.3 肝片吸虫病、矛形腹腔吸虫病、棘球蚴病、肺吸虫病、肺线虫病、细颈囊尾蚴病、肾虫病、猪孟氏双槽蚴病、华枝睾吸虫病、腭口线虫病、猪浆膜丝虫病、鸡球虫病、兔球虫病、兔豆状囊尾蚴病、兔链形多头蚴病、兔肝毛细线虫病。

  a) 病变严重，且肌肉有退化性变化者，胴体和内脏作工业用或销毁；肌肉无变化者剔除患病部分作工业用或销毁，其余部分高温处理后出场（厂）；

  b) 病变轻微，剔除病变部分作工业用或销毁，其余部分不受限制出场（厂）。

8.5 经宰后检验发现肿瘤时，按下列规定处理：

8.5.1 在一个器官发现肿瘤病变，胴体不瘠瘦，并无其他明显病变者，患病脏器作工业用或销毁，其余部分高温处理；如胴体瘠瘦或肌肉有病变者，全尸作工业用或销毁。

8.5.2 两个或两个以上器官发现肿瘤病变者，全尸作工业用或销毁。

8.5.3 确诊为淋巴肉瘤、白血病和鳞状上皮细胞癌者，全尸作工业用或销毁。

8.6 经宰后检验发现普通病、中毒和局部病损时，按下列规定处理：

  a) 有下列情形之一者，全尸作工业用或销毁：脓毒症、尿毒症、黄疸、过度消瘦、大面积坏疽、急性中毒、全身肌肉和脂肪变性、全身性出血的畜禽；

  b) 局部有下列病变之一者，割除病变部分作工业用或销毁，其余部分不受限制：创伤、化脓、炎症、硬变、坏死、寄生虫损害、严重的瘀血、出血、病理性肥大或萎缩、异色、异味及其他有碍卫生的部分。

8.7 须做无害化处理的应在胴体上加盖与处理意见一致的统一印章，并在动物防疫监督部门监督下，在厂内处理。

9 检疫记录

  所有屠宰场均应对生产、销售和相应的检疫、处理记录保存两年以上。

中华人民共和国国家标准

GB 18393—2001

牛羊屠宰产品品质检验规程

Code for product quality inspection for cattle or sheep in slaughtering

2001-07-20发布/2001-12-01实施

中华人民共和国
国家质量监督检验检疫总局　发布

前　言

　　本标准的 5.5 及附录 A 为强制性条文，其余为推荐性条文。

　　本标准的 4.1.1、4.1.2、4.3.1、4.4.2、第 5 章、5.4 和 5.5 采用了 CAC/RCP12—1976《屠宰牲畜宰前宰后卫生实施法规》的 15（a）、16（b）、17（a）、26、34 和 59（a）。

　　本标准不涉及传染病和寄生虫病的检验及处理。传染病和寄生虫病按照 1959 年农业部、卫生部、对外贸易部、商业部联合颁发的《肉品卫生检验试行规程》和 GB 16548—1996《畜禽病害肉尸及其产品无害化处理规程》的规定执行。

　　本标准的附录 A 是标准的附录。

　　本标准由国家国内贸易局提出。

　　本标准起草单位：国家国内贸易局肉禽蛋食品质量检测中心（北京）。

　　本标准主要起草人：毓厚基、阮炳琪、金社胜、刘志仁、曹贤钦、王贵际。

牛羊屠宰产品品质检验规程

1 范围

本标准规定了牛、羊屠宰加工的宰前检验及处理、宰后检验及处理。

本标准适用于牛、羊屠宰加工厂（场）

2 引用标准

下列标准所包含的条文，通过在本标准中引用而构成为本标准的条文。本标准出版时，所示版本均为有效。所有标准都会被修订，使用本标准的各方应探讨使用下列标准最新版本的可能性。

CAC/RCP 12—1976《屠宰牲畜宰前宰后卫生实施法规》

3 定义

本标准采用下列定义。

3.1

牛羊屠宰产品 product of cattle or sheep

牛、羊屠宰后的胴体、内脏、头、蹄、尾，以及血、骨、毛、皮。

3.2

牛羊屠宰产品品质 quality of cattle or sheep product

牛、羊屠宰产品的卫生质量和感官性状。

4 宰前检验及处理

宰前检验包括验收检验、待宰检验和送宰检验。宰前检验应采用看、听、摸、检等方法。

4.1 验收检验

4.1.1 卸车前应索取产地动物防疫监督机构开具的检疫合格证明，并临车观察，未见异常，证货相符时准予卸车。

4.1.2 卸车后应观察牛、羊的健康状况，按检查结果进行分圈管理。

    a) 合格的牛、羊送待宰圈；

    b) 可疑病畜送隔离圈观察，通过饮水、休息后，恢复正常的，并入待宰圈；

    c) 病畜和伤残的牛、羊送急宰间处理。

4.2 待宰检验

4.2.1 待宰期间检验人员应定时观察，发现病畜送急宰间处理。

4.2.2 待宰牛、羊送宰前应停食静养 12 h～24 h，宰前 3 h 停止饮水。

4.3 送宰检验

4.3.1 牛、羊送宰前，应进行一次群检。

4.3.2 牛还应赶入测温巷道逐头测量体温（牛的正常体温是 37.5 ℃～39.5 ℃）。

4.3.3 羊可以进行抽测（羊的正常体温是 38.5 ℃～40.0 ℃）。

4.3.4 经检验合格的牛、羊，由宰前检验人员签发《宰前检验合格证》，注明畜种、送宰头（只）数和产地，屠宰车间凭证屠宰。

4.3.5 体温高、无病态的，可最后送宰。

4.3.6 病畜由检验人员签发急宰证明，送急宰间处理。

4.4 急宰牛、羊的处理

4.4.1 急宰间凭宰前检验人员签发的急宰证明，及时屠宰检验。在检验过程中发现难于确诊的病变时，应请检验负责人会诊和处理。

4.4.2 死畜不得屠宰，应送非食用处理间处理。

5 宰后检验和处理

宰后检验包括头部检验、内脏检验、胴体检验和复验盖章。宰后检验采用视、触、嗅等感官检验方法。头、屠体、内脏和皮张应统一编号，对照检验。

5.1 头部检验

5.1.1 牛头部检验

a) 剥皮后，将舌体拉出，角朝下，下颌朝上，置于传送装置上或检验台上备检；

b) 对牛头进行全面观察，并依次检验两侧颌下淋巴结，耳下淋巴结和内外咬肌；

c) 检验咽背内外淋巴结，并触检舌体，观察口腔黏膜和扁桃体；

d) 将甲状腺割除干净；

e) 对患有开放性骨瘤且有脓性分泌物的或在舌体上生有类似肿块的牛头做非食用处理；

f) 对多数淋巴结化脓、干酪变性或有钙化结节的；头颈部和淋巴结水肿的；咬肌上见有灰白色或淡黄绿色病变的；肌肉中有寄生性病变的将牛头扣留，按号通知胴体检验人，将该胴体推入病肉岔道进行对照检验和处理。

5.1.2 羊头部检验

a) 发现皮肤上生有脓疱疹或口鼻部生疮的连同胴体按非食用处理；

b) 正常的将附于气管两侧的甲状腺割除。

5.2 内脏检验

在屠体剖腹前后检验人员应观察被摘除的乳房、生殖器官和膀胱有无异常。随后对相继摘出的胃肠和心肝肺进行全面对照观察和触检，当发现有化脓性乳房炎，生殖器官肿瘤和其他病变时，将该胴体连同内脏等推入病肉岔道，由专人进行对照检验和处理。

5.2.1 胃肠检验

a) 先进行全面观察，注意浆膜面上有无淡褐色绒毛状或结节状增生物、有无创伤性胃炎、脾脏是否正常；

b) 然后将小肠展开，检验全部肠系膜淋巴结有无肿大、出血和干酪变性等变化，食管有无异常；

c) 当发现可疑肿瘤、白血病和其他病变时，连同心肝肺将该胴体推入病肉岔道进行对照检验和处理；

d) 胃肠于清洗后还要对胃肠黏膜面进行检验和处理；

e) 当发现脾脏显著肿大、色泽黑紫、质地柔软时，应控制好现场，请检验负责人会诊和处理。

5.2.2 心肝肺检验：与胃肠先后做对照检验。

a) 心脏检验

1) 检验心包和心脏，有无创伤性心包炎、心肌炎、心外膜出血。

2) 必要时切检右心室，检验有无心内膜炎、心内膜出血、心肌脓疡和寄生性病变。

3) 当发现心脏上生有蕈状肿瘤或见红白相间、隆起于心肌表面的白血病病变时，应将该胴体推入病肉岔道处理。

4) 当发现心脏上有神经纤维瘤时，及时通知胴体检验人员，切检腋下神经丛。

b) 肝脏检验

1) 观察肝脏的色泽、大小是否正常，并触检其弹性。

2) 对肿大的肝门淋巴结和粗大的胆管，应切开检查，检验有无肝瘀血、混浊肿胀、肝硬变、肝脓疡、坏死性肝炎、寄生性病变、肝富脉斑和锯屑肝。

3) 当发现可疑肝癌、胆管癌和其他肿瘤时，应将该胴体推入病肉岔道处理。

c) 肺脏检验

1) 观察其色泽、大小是否正常，并进行触检。

2) 切检每一硬变部分。

3) 检验纵隔淋巴结和支气管淋巴结，有无肿大、出血、干酪变性和钙化结节病灶。

4) 检验有无肺呛血、肺瘀血、肺水肿、小叶性肺炎和大叶性肺炎，有无异物性肺炎、肺脓疡和寄生性病变。

5) 当发现肺有肿瘤或纵膈淋巴结等异常肿大时，应通知胴体检验人员将该胴体推入病肉岔道处理。

5.3 胴体检验

5.3.1 牛的胴体检验在剥皮后，按以下程序进行：

a) 观察其整体和四肢有无异常，有无瘀血、出血和化脓病灶，腰背部和前胸有无寄生性病变。臀部有无注射痕迹，发现后将注射部位的深部组织和残留物挖除干净。

b) 检验两侧髂下淋巴结、腹股沟深淋巴结和肩前淋巴结是否正常，有无肿大、出血、瘀血、化脓、干酪变性和钙化结节病灶。

c) 检验股部内侧肌、内腰肌和肩胛外侧肌有无瘀血、水肿、出血、变性等变状，有无囊泡状或细小的寄生性病变。

d) 检验肾脏是否正常，有无充血、出血、变性、坏死和肿瘤等病变，并将肾上腺割除掉。

e) 检验腹腔中有无腹膜炎，脂肪坏死和黄染。

f) 检验胸腔中有无肋膜炎和结节状增生物，胸腺有无变状，最后观察颈部有无血污和其他污染。

5.3.2 羊的胴体检验以肉眼观察为主、触检为辅。

a) 观察体表有无病变和带毛情况；

b) 胸腹腔内有无炎症和肿瘤病变；

c) 有无寄生性病灶；

d) 肾脏有无病变；

e) 触检髂下和肩前淋巴结有无异常。

5.4 胴体复验与盖章

5.4.1 牛的胴体复验于劈半后进行，复验人员结合初验的结果，进行一次全面复查。

a) 检查有无漏检；

b) 有无未修割干净的内外伤和胆汁污染部分；

c) 椎骨中有无化脓灶和钙化灶，骨髓有无褐变和溶血现象；

d) 肌肉组织有无水肿、变性等变状；

e) 膈肌有无肿瘤和白血病病变；

f) 肾上腺是否摘除。

5.4.2 羊的胴体不劈半，按初检程序复查。

a) 检查有无病变漏检；

b) 肾脏是否正常；

c) 有无内外伤修割不净和带毛情况。

5.4.3 盖章

a) 复验合格的，在胴体上加盖本厂（场）的肉品品质检验合格印章（见附录 A 中的图 A1），准予出厂；

b) 对检出的病肉按照 5.5 的规定分别盖上相应的检验处理印章（见附录 A，图 A2～图 A5）。

5.5 不合格肉品的处理

5.5.1 创伤性心包炎

根据病变程度，分别处理。

a) 心包膜增厚，心包囊极度扩张，其中沉积有多量的淡黄色纤维蛋白或脓性渗出物、有恶臭，胸、腹腔中均有炎症，且膈肌、肝、脾上有脓疮的，应全部做非食用或销毁；

b) 心包极度增厚，被绒毛样纤维蛋白所覆盖，与周围组织膈肌、肝发生粘连的，割除病变组织后，应高温处理后出厂（场）；

c) 心包增厚被绒毛样纤维蛋白所覆盖，与膈肌和网胃愈着的，将病变部分割除后，不受限制出厂（场）。

5.5.2 神经纤维瘤

牛的神经纤维瘤首先见于心脏，当发现心脏四周神经粗大如白线，向心尖处聚集或呈索状延伸时，应切检腋下神经丛，并根据切检情况，分别处理。

a) 见腋下神经粗大、水肿呈黄色时，将有病变的神经组织切除干净，肉可用于复制加工原料；

b) 腋下神经丛粗大如板，呈灰白色，切检时有韧性，并生有囊泡，在无色的囊液中浮有杏黄色的核，这种病变见于两腋下，粗大的神经分别向两端延伸，腰荐神经和坐骨神经均有相似病变。应全部做非食用或销毁。

5.5.3　牛的脂肪坏死

在肾脏和胰脏周围、大网膜和肠管等处，见有手指大到拳头大的、呈不透明灰白色或黄褐色的脂肪坏死凝块，其中含有钙化灶和结晶体等。将脂肪坏死凝块修割干净后，肉可不受限制出厂（场）。

5.5.4　骨血素病（卟啉沉着症）

全身骨骼均呈淡红褐色、褐色或暗褐色，但骨膜、软骨、关节软骨、韧带均不受害。有病变的骨骼或肝、肾等应做工业用，肉可以作为复制品原料。

5.5.5　白血病

全身淋巴结均显著肿大、切面呈鱼肉样、质地脆弱、指压易碎，实质脏器肝、脾、肾均见肿大，脾脏的滤泡肿胀，呈西米脾样，骨髓呈灰红色。应整体销毁。

注：在宰后检验中，发现可疑肿瘤，有结节状的或弥漫性增生的，单凭肉眼常常难于确诊，发现后应将胴体及其产品先行隔离冷藏，取病料送病理学检验，按检验结果再作出处理。

5.5.6　种公牛、种公羊

健康无病且有性气味的，不应鲜销，应做复制品加工原料。

5.5.7　有下列情况之一的病畜及其产品应全部做非食用或销毁。

a) 脓毒症；

b) 尿毒症；

c) 急性及慢性中毒；

d) 恶性肿瘤、全身性肿瘤；

e) 过度瘠瘦及肌肉变质、高度水肿的。

5.5.8　组织和器官仅有下列病变之一的，应将有病变的局部或全部做非食用或销毁处理。

a) 局部化脓；

b) 创伤部分；

c) 皮肤发炎部分；

d) 严重充血与出血部分；

e) 浮肿部分；

f) 病理性肥大或萎缩部分；

g) 变质钙化部分；

h) 寄生虫损害部分；

i) 非恶性肿瘤部分；

j) 带异色、异味及异臭部分；

k) 其他有碍食肉卫生部分。

5.5.9　检验结果登记

每天检验工作完毕，应将当天的屠宰头（只）数、产地、货主、宰前和宰后检验查出的病畜和不合格肉的处理情况进行登记。

附 录 A
（标准的附录）
检验处理章印模

A1 检验合格印章印模，见图 A1，直径 75 mm，上线距圆心 5 mm，下线秤圆心 1.0 mm，"××××"为厂或场名，要刻制全称，字体为宋体，铜制材料，日期可调换。

A2 无害化处理章印模

A2.1 高温处理章印模，等边三角形，边长各 45 mm，见图 A2。

A2.2 非食用处理章印模，长 80 mm，宽 37 mm，见图 A3。

A2.3 复制处理章印模，菱形，长轴 60 mm，短轴 30 mm，见图 A4。

A2.4 销毁处理章印模，对角线长 60 mm，见图 A5。

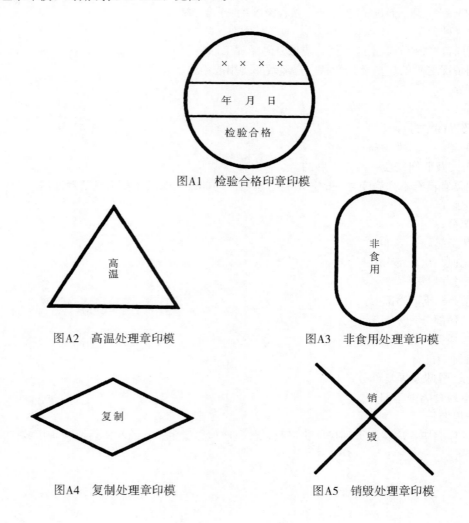

图A1 检验合格印章印模

图A2 高温处理章印模　　　　　　　图A3 非食用处理章印模

图A4 复制处理章印模　　　　　　　图A5 销毁处理章印模

中华人民共和国国内贸易行业标准

SB/T 10657—2012①

生猪无害化处理操作规范

Operation specification for hazard-free treatment of pig

2012-03-15发布/2012-06-01实施

中华人民共和国商务部　发布

前　言

本标准按照 GB/T 1.1—2009 给出的规则起草。

本标准由中华人民共和国商务部提出并归口。

本标准起草单位：商务部流通产业促进中心、江苏雨润肉类产业集团有限公司。

本标准主要起草人：闵成军、金社胜、胡新颖、李欢、方芳。

---

① 该标准自 2019 年 1 月 1 日起，标准号由 SB/T 10657—2012 改为 NY/T 3381—2018。

生猪无害化处理操作规范

1 范围

本标准规定了开展病害生猪和病害生猪产品无害化处理的人员要求、基础设施要求、操作要求、记录要求。

本标准适用于病害生猪及病害生猪产品的无害化处理操作。

2 规范性引用文件

下列文件对于本文件的应用是必不可少的。凡是注日期的引用文件，仅注日期的版本适用于本文件。凡是不注日期的引用文件，其最新版本（包括所有的修改单）适用于本文件。

GB 16548　病害动物和病害动物产品无害化处理规程

SB/T 10396　生猪屠宰企业资质等级要求

《生猪定点屠宰厂（场）病害猪无害化处理管理办法》（商务部令 2008 年第 9 号）

3 术语和定义

下列术语和定义适用于本文件。

3.1

病害生猪　sick pig

宰前检验确认为患有某种疾病，并对人体具有危害的生猪。

3.2

病害生猪产品　sick pig products

生猪屠宰后，经宰后检验确认为危害疾病的胴体、内脏、头、蹄、尾，以及血、骨、毛、皮等。

3.3

宰前检验　antemortem inspection

生猪屠宰前，判定生猪是否健康和适合人类食用进行的检验。

3.4

宰后检验　postmortem inspection

生猪屠宰后，判定生猪是否健康和适合人类食用，对其头、胴体、内脏和生猪其他部分进行的检验。

3.5

同步检验　synchronous inspection

生猪屠宰剖腹后，取出内脏放在设置的专用托盘上和（或）挂钩装置上并与胴体生产线同步运行，以便检验人员对照检验和综合判断的一种检验方法。

3.6

无害化处理　biosafety disposal

将遭受生物、化学和物理性污染及加工过程中产生的不适合食用的畜禽、胴体、内脏或其他部分通过焚毁、化制、深埋或其他物理、化学、生物学等方法进行处理，达到消除病害因素，保障人畜健康安全的目的。

3.7

焚毁　burn down

将病害生猪及病害生猪产品焚烧毁坏、烧毁。

3.8

化制　fusion

将不符合卫生要求（不可食用）的病害生猪及病害生猪产品等，经过干化法或湿化法熔炼，达到对人畜无害的处理过程。

3.9

蒸煮杀毒　stewing

用蒸煮的形式高温杀灭病原体的方法。

3.10

消毒 disinfection

用物理学、化学或生物学方法杀灭病原体的措施。

4　无害化处理操作人员要求

4.1　企业应有与生产能力相适应的、具备专业技术资格的无害化处理人员。

4.2　应每年进行健康检查，取得健康证，并建立健康档案。

4.3　应了解生猪及其产品检验检疫方面的专业知识，经培训合格。

4.4　应了解人畜共患病的防范知识，防止人畜共患疫病的传播。

4.5　应在工作期间保持个人安全卫生，按照规定做好卫生防护。

5　无害化处理基础设施要求

5.1　无害化处理场所、设备设施应符合 SB/T 10396 规定的要求。

5.2　应具备焚毁、化制、高温、消毒等无害化处理设施和设备。

5.3　焚毁设备应具备二次燃烧和防尘防病害微生物污染的性能。

6　操作要求

6.1　基本要求

6.1.1　无害化处理设备应定期维护，有效运行。

6.1.2　应配备消毒液，操作前后对设备、工器具、人手进行清洗消毒。

6.1.3　对检验出的病害生猪及病害生猪产品在进行无害化处理前，应按《生猪定点屠宰厂（场）病害猪无害化处理管理办法》规定的程序进行，具体处理的技术要求应符合 GB 16548 的规定。

6.2　运输要求

病害生猪及病害生猪产品应装入密闭不漏水的容器，用专用运输车辆运送到无害化处理场所。被病害产品污染或疑似污染的场地、运输工具、所经过的运输路线、工器具、设施设备、容器、人员等都要进行严格的隔离消毒。

6.3　无害化处理操作

6.3.1　焚毁

6.3.1.1　焚毁对象

确认为恶性传染病的病猪，病死、毒死或不明死因生猪的尸体，从生猪体割除的病变部分，人工接种病原微生物或进行药物实验的病害生猪和生猪产品，国家规定的其他应该焚毁的生猪和生猪产品。

6.3.1.2　操作方法

将病害生猪及其病害产品投入焚化炉或其他方式烧毁碳化。对宰前检出的恶性传染病，应采取不放血的方法扑杀后焚毁。对进行烧毁处理的病料，必须同密闭容器整体焚烧，不能分割。在焚化前可加入助燃剂，要烧透，最好烧焦。

6.3.2　化制

6.3.2.1　化制对象

病变严重、肌肉发生退行性变化的动物的整个尸体或胴体、内脏；注水或注入其他有害物质猪胴体；农残药残重金属超标肉；修割废弃物、变质肉、污染严重的等。

6.3.2.2　操作方法

包括湿化法和干化法两种，将病料投入湿化机或干化机内进行化制。

6.3.3　蒸煮

6.3.3.1　蒸煮对象

在宰前宰后经检验人员检验确认为普通疾病，或一般性的病理损伤、机械损伤，或被确认为恶性传染病的同群猪，经过高温后，其危害性消失。

6.3.3.2　操作方法

有高压蒸煮法和一般煮沸法。将病害生猪及其病害生猪产品放入锅内蒸煮至骨脱胶或脱脂时止。

a) 高压蒸煮法：将病害生猪及其病害产品切成质量不超过 2 kg、厚度不超过 8 cm 的肉块放进密闭的高压锅内，水面超出肉块 10 cm，肉块和水的体积不超过高压蒸煮锅 2/3 体积，并在 112 kPa 压力下蒸煮 1.5 h～2 h。

b) 一般煮沸法：将锅内加水至 1/2 体积，把肉尸切成重量不超过 2 kg、厚度不超过 8 cm 的肉块放进普通锅内，水面超出肉块 10 cm，煮沸 2 h～2.5 h。

6.3.4 消毒

6.3.4.1 消毒对象

染疫生猪的生皮、原毛以及未经加工的蹄、骨、毛等。

6.3.4.2 操作方法

将病害生猪产品浸泡在有效浓度的消毒液内进行处理。

6.3.4.2.1 漂白粉消毒法：将 1 份漂白粉加入 4 份病害猪血液中充分搅拌，放置 24 h 后于专设掩埋废弃物的地点掩埋。

6.3.4.2.2 石灰乳浸泡消毒法：将 1 份生石灰加 1 份水制成熟石灰，再用水配成 10％或 5％混悬液（石灰乳）。将螨病病皮浸入 5％石灰乳中浸泡 12 h，然后取出晾干。

6.3.4.2.3 盐酸食盐溶液消毒法、过氧乙酸消毒法、碱盐液浸泡消毒法方法按 GB 16548 中规定的要求操作。

6.4 无害化处理场所的消毒

病害生猪及其病害产品经无害化处理结束后，应采用有效浓度的消毒液对处理设备、工器具、场地、人手等进行消毒。

7 记录要求

7.1 按《生猪定点屠宰厂（场）病害猪无害化处理管理办法》规定的要求，填写相关记录。

7.2 无害化处理记录应与宰前检验记录和宰后检验记录相统一。

7.3 无害化处理记录应符合标记、收集、编目、归档、存储、保管和处理的程序，并贯彻执行。

7.4 所有记录应统一规范，记录不得涂改和伪造。

7.5 无害化处理记录应详细、清楚、真实、准确，并具有可追溯性，保存期不少于 5 年。

中华人民共和国农业行业标准

NY/T 3227—2018

屠宰企业畜禽及其产品抽样操作规范

Sampling operating specification for the livestock and poultry and their products in
slaughtering enterprises

2018-05-07 发布/2018-09-01 实施

中华人民共和国农业农村部　发布

前　言

本标准按照 GB/T 1.1—2009 给出的规则起草。

本标准由农业农村部兽医局提出。

本标准由全国屠宰加工标准化技术委员会（SAC/TC 516）归口。

本标准起草单位：中国动物疫病预防控制中心（农业农村部屠宰技术中心）、甘肃省动物卫生监督所。

本标准主要起草人：张新玲、高胜普、尤华、张朝明、杨红岩。

屠宰企业畜禽及其产品抽样操作规范

1 范围

本标准规定了屠宰企业畜禽及其产品的抽样要求、抽样方法以及样品的包装、标记、保存和运输要求。

本标准适用于屠宰畜禽及产品抽样。

2 规范性引用文件

下列文件对于本文件的应用是必不可少的。凡是注日期的引用文件，仅注日期的版本适用于本文件。凡是不注日期的引用文件，其最新版本（包括所有的修改单）适用于本文件。

GB 4789.1—2016　食品安全国家标准　食品微生物学检验 总则

GB/T 19480　肉与肉制品术语

NY/T 541—2016　兽医诊断样品采集、保存与运输技术规范

NY/T 561　动物炭疽诊断技术

3 术语和定义

GB/T 19480 界定的术语和定义适用于本文件。

4 抽样要求

4.1 基本原则

4.1.1 抽样应按规定的程序和方法执行。

4.1.2 抽样应采取保密措施，确保抽样的公正性、真实性。

4.2 人员

4.2.1 抽样人员应廉洁自律，熟悉食品安全法律、法规和标准等的相关规定。

4.2.2 抽样人员应经过专业培训，职责明确，掌握抽样程序和技术要求。

4.2.3 抽样人员不应少于 2 人。第一方抽样除外。

4.2.4 抽样人员抽样时，应出示抽检通知书、委托书及有效身份证明等文件。

4.2.5 抽样时，应戴一次性手套，按不同样本的要求进行操作。

4.3 工具、容器和包装

4.3.1 根据所抽样品性质和检验项目的不同，准备适于检验样品要求的工具和容器。微生物检验抽样时，应准备无菌的工具和容器。

4.3.2 工具、容器及包装应清洁、干燥、无异味、无污染、无渗漏，不应与样品发生反应，不应对检验结果造成影响。

4.4 相关物品准备

抽样前，准备抽样单、封条、记号笔、签字笔、胶带、冷藏箱等抽样相关物品。

4.5 样品要求

抽样时，不应将待抽样品和已抽样品进行任何洗涤处理，液体样品应保持均匀。

5 抽样方法

5.1 尿样的抽取

5.1.1 组批规则

屠宰场中以来源于同一养殖场、同一天或同一时段屠宰的畜禽为一检验批。

5.1.2 抽样数量

猪和羊尿样的抽样数量按表 1 的规定执行，牛尿样的抽样数量按表 2 的规定执行。

表1 猪和羊尿样抽样数量

猪、羊样本总量，头	抽样数量，个
≤500	3
501～1 000	7
1 001～5 000	10
5 001～10 000	12
>10 000	15

表2 牛尿样抽样数量

牛样本总量，头	抽样数量，个
≤50	5
51～100	8
101～500	12
>500	15

5.1.3 抽样

5.1.3.1 宰前抽样

在畜禽安静时，用清洁的一次性杯收集尿液100 mL，平均分成3份，每份30 mL，并分别密封。其中两份由抽样人员带回用于检验和留样，另一份封存于被抽样单位。

5.1.3.2 宰后抽样

在屠宰线上，取出膀胱，用注射器取尿液约100 mL，将其平均分成3份，每份约30 mL，并分别密封。其中两份由抽样人员带回用于检验和留样，另一份封存于被抽样单位。

5.2 畜禽组织样品的抽取

5.2.1 生产线抽样

5.2.1.1 组批规则

以来源于同一养殖场、同一天或同一时段屠宰畜禽的组织为一检验批。

5.2.1.2 抽样数量

根据屠宰畜禽数计算抽样个数的方法，按表3的规定执行。

表3 组织样品抽样数量

家畜屠宰量，头（只）	抽样数，个	家禽（羽）、兔（只）屠宰量	抽样数，个
≤100	5	≤1 000	1
101～500	8	1 001～5 000	3
501～2 000	10	5 001～10 000	5
>2 000	15	>10 000	8

5.2.1.3 一个组织样本的组成

一个组织样本的组成按表4的规定执行。

表4 一个组织样本的组成

畜禽种类	组织种类			
	肌肉	肝	肾	脂肪
牛、羊、猪	300 g～500 g	400 g～500 g（取整叶）	双肾各取1/2（纵切）	200 g（腹脂）
鸡、鸭、鹅	全部胸	6只全肝	6只双侧全肾	6只鸡（鸭、鹅）脂肪
兔	全部背	5只兔全肝	5只兔全肾	5只兔脂肪

5.2.2 冷冻（藏）产品抽样

5.2.2.1 组批规则

以屠宰企业标明的同一批号为同一检验批。

5.2.2.2 抽样数量

5.2.2.2.1 按照批数抽样

以不超过2 500件（箱）作为一检验批，按表5的要求抽取每一检验批样本数。每件（箱）抽取一包，每包抽取样品不少于 50 g，总量应不少于 1 000 g。

表5　检验批的量与抽样数量

检验批的量，件（箱）	最少抽样数，件（箱）
1～25	1
26～100	5
101～250	10
251～500	15
501～1 000	17
1 000～2 500	20

5.2.2.2.2　按照重量抽样

以不超过 2 500 件（箱）作不一检验批，按表6的要求抽取每一检验批样本数。每件抽样量一般为 50 g～300 g，总量应不少于 500 g。

表6　批货重量与抽样数量

批货重量，kg	抽样数，件（箱）
≤50	3
51～500	5
501～2 000	10
>2 000	15

5.2.2.3　抽样

5.2.2.3.1　冷藏品

成堆产品应视情况分层分方向结合或只分层或只分方向抽取样品。宜在样品堆放空间的四角和中间布设采样点，或从样品堆的上、中、下 3 层取若干小块混为一份样品，不少于 1 000 g。零散产品或吊挂产品，随机从 3 片～5 片胴体上取若干小块肉混为一份样品，每份样品重量不少于 1 000 g。

5.2.2.3.2　冷冻品

小包装冻肉同批同质随机取 3 包～5 包混合，总量不少于 1 000 g。

5.3　微生物检测样品特殊要求

5.3.1　采样原则

采样过程遵循无菌操作程序，防止污染。

5.3.2　采样方案

按照 GB 4789.1—2016 中 3.2.2 的规定执行。

5.3.3　采样方法

5.3.3.1　重量法

5.3.3.1.1　鲜肉

用无菌刀具和镊子分别从不同部位的表面和深部切取样品，然后放入无菌容器。若是检验肉品污染情况，取表层样品；若是检验肉品品质情况，应从深部取样。

5.3.3.1.2　冻肉

含小块冷冻肉品的大包装产品，直接取小块肉；大块冷冻肉品可以用无菌小手锯从冻块上锯取样品，或用无菌钻头钻取碎屑状样品，取后放入无菌容器。将样品送达实验室前，样品应处于冷冻状态。样品一旦融化，应保持冷却状态，不应使其再冻。

5.3.3.2　棉拭采样法

检验肉及其制品受污染的程度，一般可用孔板 5 cm^2 的金属制规格板压在受检物上，将灭菌棉拭稍沾湿，在孔板 5 cm^2 的范围内揩抹多次；然后将孔板规格板移压另一点，用另一个棉拭揩抹。如此共移压揩抹 10 次，共用 10 只棉拭，揩抹总面积为 50 cm^2。每只棉拭在揩抹完毕后，应将棉拭头剪断，投入盛有 50 mL 灭菌水三角瓶或试管中，立即送检。检验致病菌时，不必用规格板，用棉拭揩抹可疑部位即可。

5.4　疫病检测样品特殊要求

5.4.1　样品采集的基本原则

5.4.1.1　先排除后采样的原则

急性死亡的畜禽，怀疑患有炭疽时，应先进行血液抹片镜检，排除炭疽后方可解剖采样。炭疽畜禽的样品采集，按 NY/T 561 的相关规定执行。

5.4.1.2　尽早采样的原则

采集死亡畜禽的病料，宜于畜禽死亡后 2 h 内采集，最迟不应超过 6 h。

5.4.1.3　无菌操作的原则

采样过程应注意无菌操作，刀、剪、镊子、器皿、注射器、针头等用具应事先消毒，一套器械与容器只能采集一种病料。

5.4.1.4　生物安全防护的原则

采样人员应加强个人防护，严格遵守生物安全操作的相关规定，避免对样品、环境的污染和对采样人员的伤害。

5.4.2　采样前的准备

5.4.2.1　器具

5.4.2.1.1　采样前应准备刀、剪、采样器、广口瓶等器具。

5.4.2.1.2　取样工具和盛样器具应当洁净、干燥，必要时作灭菌处理。

5.4.2.2　试剂

根据所采样品的种类和要求，准备不同类型的存放试剂，如 PBS 缓冲溶液、30% 甘油缓冲溶液等。

5.4.2.3　记录和防护材料

应准备采样单、标签、签字笔、记号笔及口罩和一次性手套等防护用品。

5.4.3　样品采集的一般程序

5.4.3.1　采样方法

根据采样目的、内容和要求，确定样品采集的种类。

5.4.3.2　样品的抽取

凡用于病原学、病理组织学、血清学、免疫学等实验室检验所需样品均可参照 NY/T 541—2016 中第 3 章的规定执行。

6　样品的包装、标记、保存和运输

6.1　样品包装

6.1.1　采集的样品，可采用聚乙烯塑料容器、玻璃制品等惰性材料容器（不应用橡胶制品）盛放，再放入较大干净容器中密封装运，采取必要措施防止污染。

6.1.2　微生物样品用无菌容器盛装。

6.1.3　高致病性动物病原微生物样品运输包装参照农业部公告第 503 号的规定执行。

6.2　样品封存和标记

6.2.1　所抽样品分为检验样品和复检备份样品，应在抽样现场进行分装，单独封样。抽样单位和被抽样单位应同时在封条和抽样单上签字确认。每份样本的数量应满足每次进行完整分析的需要。分样时，避免污染或引起检验结果变化的其他因素。

6.2.2　每份样品应在容器外表贴上标签，标签标明样品名、样品编号、样品批号、抽样日期、抽样人等。容器应由抽样人员封口，防止被替换、交叉污染和降解。包装好的样品放入塑料容器后，应用胶带密封，贴上盖有抽样单位公章的封条。应有相应的防拆封措施，并保证封条在运输过程中不会破损。样品包装、标签和封条应统一。

6.2.3　存放疫病样品的包装袋、塑料盒或铝盒应外贴封条，封条上应有采样人签章，并注明贴封日期，标注放置方向。

6.3　保存和运输

6.3.1　采集的样品应由专人妥善保存，并在规定时间内送达检验单位。抽样单位填写送样单一式两份，由抽

样单位送样人签名后保存一份，另一份随样品送到检验单位。尿样需密封，防止渗漏。

6.3.2 取样后，应立即送检，将样品放入干净容器（如硬纸板箱、塑料泡沫箱）中密封装运，在 0 ℃～4 ℃ 条件下 48 h 内送到检验单位。企业自检的样品应及时检验。

6.3.3 尿样取样后应在 0 ℃～4 ℃ 条件下保存，运输过程中样品不得超过 4 ℃，时间不超过 24 h。

6.3.4 运输工具应保持清洁、无污染。

6.3.5 防止在保存和装卸过程中造成污染。

6.3.6 微生物样品在保存和运输过程中，应采取必要的措施防止样品中原有微生物的数量变化，保持样品的原有状态。

6.3.7 疫病样品特殊要求：

a) 应在 2 ℃～6 ℃ 条件下运输，血清样品、拭子样品和组织样品可先作暂时冷藏或冷冻处理，然后在保温箱内加冰袋冷藏运输；

b) 样品包装后应尽快送往实验室；

c) 包装好的疫病样品应置于保温容器中运输，保温容器应密封，防止渗漏。一般使用保温箱或保温瓶，保温容器外贴封条，封条有贴封人（单位）签字（盖章），并注明贴封日期。

6.4 样品交接

检验机构接样时，应由接样人确认样品、清点数量，入库于合适的温度下待检，并填写相关单据，双方签字确认。

参 考 文 献

［1］NY/T 763—2004　猪肉、猪肝、猪尿抽样方法
［2］NY/T 1897—2010　动物及动物产品兽药残留监控抽样规范
［3］DB 43/426—2009　动物防疫样品采集技术规范

五 管理控制

中华人民共和国国家标准

GB 14881—2013

食品安全国家标准
食品生产通用卫生规范

2013-05-24 发布/2014-06-01 实施
中华人民共和国国家卫生和计划生育委员会　发布

前　言

本标准代替 GB 14881—1994《食品企业通用卫生规范》。

本标准与 GB 14881—1994 相比，主要变化如下：

——修改了标准名称；

——修改了标准结构；

——增加了术语和定义；

——强调了对原料、加工、产品贮存和运输等食品生产全过程的食品安全控制要求，并制定了控制生物、化学、物理污染的主要措施；

——修改了生产设备有关内容，从防止生物、化学、物理污染的角度对生产设备布局、材质和设计提出了要求；

——增加了原料采购、验收、运输和贮存的相关要求；

——增加了产品追溯与召回的具体要求；

——增加了记录和文件的管理要求；

——增加了附录 A"食品加工过程的微生物监控程序指南"。

食品安全国家标准
食品生产通用卫生规范

1 范围

本标准规定了食品生产过程中原料采购、加工、包装、贮存和运输等环节的场所、设施、人员的基本要求和管理准则。

本标准适用于各类食品的生产，如确有必要制定某类食品生产的专项卫生规范，应以本标准作为基础。

2 术语和定义

2.1

污染

在食品生产过程中发生的生物、化学、物理污染因素传入的过程。

2.2

虫害

由昆虫、鸟类、啮齿类动物等生物（包括苍蝇、蟑螂、麻雀、老鼠等）造成的不良影响。

2.3

食品加工人员

直接接触包装或未包装的食品、食品设备和器具、食品接触面的操作人员。

2.4

接触表面

设备、工器具、人体等可被接触到的表面。

2.5

分离

通过在物品、设施、区域之间留有一定空间，而非通过设置物理阻断的方式进行隔离。

2.6

分隔

通过设置物理阻断如墙壁、卫生屏障、遮罩或独立房间等进行隔离。

2.7

食品加工场所

用于食品加工处理的建筑物和场地，以及按照相同方式管理的其他建筑物、场地和周围环境等。

2.8

监控

按照预设的方式和参数进行观察或测定，以评估控制环节是否处于受控状态。

2.9

工作服

根据不同生产区域的要求，为降低食品加工人员对食品的污染风险而配备的专用服装。

3 选址及厂区环境

3.1 选址

3.1.1 厂区不应选择对食品有显著污染的区域。如某地对食品安全和食品宜食用性存在明显的不利影响，且无法通过采取措施加以改善，应避免在该地址建厂。

3.1.2 厂区不应选择有害废弃物以及粉尘、有害气体、放射性物质和其他扩散性污染源不能有效清除的地址。

3.1.3　厂区不宜选择易发生洪涝灾害的地区，难以避开时应设计必要的防范措施。

3.1.4　厂区周围不宜有虫害大量孳生的潜在场所，难以避开时应设计必要的防范措施。

3.2　厂区环境

3.2.1　应考虑环境给食品生产带来的潜在污染风险，并采取适当的措施将其降至最低水平。

3.2.2　厂区应合理布局，各功能区域划分明显，并有适当的分离或分隔措施，防止交叉污染。

3.2.3　厂区内的道路应铺设混凝土、沥青或者其他硬质材料；空地应采取必要措施，如铺设水泥、地砖或铺设草坪等方式，保持环境清洁，防止正常天气下扬尘和积水等现象的发生。

3.2.4　厂区绿化应与生产车间保持适当距离，植被应定期维护，以防止虫害的孳生。

3.2.5　厂区应有适当的排水系统。

3.2.6　宿舍、食堂、职工娱乐设施等生活区应与生产区保持适当距离或分隔。

4　厂房和车间

4.1　设计和布局

4.1.1　厂房和车间的内部设计和布局应满足食品卫生操作要求，避免食品生产中发生交叉污染。

4.1.2　厂房和车间的设计应根据生产工艺合理布局，预防和降低产品受污染的风险。

4.1.3　厂房和车间应根据产品特点、生产工艺、生产特性以及生产过程对清洁程度的要求合理划分作业区，并采取有效分离或分隔，如通常可划分为清洁作业区、准清洁作业区和一般作业区；或清洁作业区和一般作业区等。一般作业区应与其他作业区域分隔。

4.1.4　厂房内设置的检验室应与生产区域分隔。

4.1.5　厂房的面积和空间应与生产能力相适应，便于设备安置、清洁消毒、物料存储及人员操作。

4.2　建筑内部结构与材料

4.2.1　内部结构

建筑内部结构应易于维护、清洁或消毒。应采用适当的耐用材料建造。

4.2.2　顶棚

4.2.2.1　顶棚应使用无毒、无味、与生产需求相适应、易于观察清洁状况的材料建造；若直接在屋顶内层喷涂涂料作为顶棚，应使用无毒、无味、防霉、不易脱落、易于清洁的涂料。

4.2.2.2　顶棚应易于清洁、消毒，在结构上不利于冷凝水垂直滴下，防止虫害和霉菌孳生。

4.2.2.3　蒸汽、水、电等配件管路应避免设置于暴露食品的上方；如确需设置，应有能防止灰尘散落及水滴掉落的装置或措施。

4.2.3　墙壁

4.2.3.1　墙面、隔断应使用无毒、无味的防渗透材料建造，在操作高度范围内的墙面应光滑、不易积累污垢且易于清洁；若使用涂料，应无毒、无味、防霉、不易脱落、易于清洁。

4.2.3.2　墙壁、隔断和地面交界处应结构合理、易于清洁，能有效避免污垢积存。如设置漫弯形交界面等。

4.2.4　门窗

4.2.4.1　门窗应闭合严密。门的表面应平滑、防吸附、不渗透，并易于清洁、消毒。应使用不透水、坚固、不变形的材料制成。

4.2.4.2　清洁作业区和准清洁作业区与其他区域之间的门应能及时关闭。

4.2.4.3　窗户玻璃应使用不易碎材料。若使用普通玻璃，应采取必要的措施防止玻璃破碎后对原料、包装材料及食品造成污染。

4.2.4.4　窗户如设置窗台，其结构应能避免灰尘积存且易于清洁。可开启的窗户应装有易于清洁的防虫害窗纱。

4.2.5　地面

4.2.5.1　地面应使用无毒、无味、不渗透、耐腐蚀的材料建造。地面的结构应有利于排污和清洗的需要。

4.2.5.2　地面应平坦防滑、无裂缝、并易于清洁、消毒，并有适当的措施防止积水。

5 设施与设备

5.1 设施

5.1.1 供水设施

5.1.1.1 应能保证水质、水压、水量及其他要求符合生产需要。

5.1.1.2 食品加工用水的水质应符合 GB 5749 的规定，对加工用水水质有特殊要求的食品应符合相应规定。间接冷却水、锅炉用水等食品生产用水的水质应符合生产需要。

5.1.1.3 食品加工用水与其他不与食品接触的用水（如间接冷却水、污水或废水等）应以完全分离的管路输送，避免交叉污染。各管路系统应明确标识以便区分。

5.1.1.4 自备水源及供水设施应符合有关规定。供水设施中使用的涉及饮用水卫生安全产品还应符合国家相关规定。

5.1.2 排水设施

5.1.2.1 排水系统的设计和建造应保证排水畅通、便于清洁维护；应适应食品生产的需要，保证食品及生产、清洁用水不受污染。

5.1.2.2 排水系统入口应安装带水封的地漏等装置，以防止固体废弃物进入及浊气逸出。

5.1.2.3 排水系统出口应有适当措施以降低虫害风险。

5.1.2.4 室内排水的流向应由清洁程度要求高的区域流向清洁程度要求低的区域，且应有防止逆流的设计。

5.1.2.5 污水在排放前应经适当方式处理，以符合国家污水排放的相关规定。

5.1.3 清洁消毒设施

应配备足够的食品、工器具和设备的专用清洁设施，必要时应配备适宜的消毒设施。应采取措施避免清洁、消毒工器具带来的交叉污染。

5.1.4 废弃物存放设施

应配备设计合理、防止渗漏、易于清洁的存放废弃物的专用设施；车间内存放废弃物的设施和容器应标识清晰。必要时应在适当地点设置废弃物临时存放设施，并依废弃物特性分类存放。

5.1.5 个人卫生设施

5.1.5.1 生产场所或生产车间入口处应设置更衣室；必要时特定的作业区入口处可按需要设置更衣室。更衣室应保证工作服与个人服装及其他物品分开放置。

5.1.5.2 生产车间入口及车间内必要处，应按需设置换鞋（穿戴鞋套）设施或工作鞋靴消毒设施。如设置工作鞋靴消毒设施，其规格尺寸应能满足消毒需要。

5.1.5.3 应根据需要设置卫生间，卫生间的结构、设施与内部材质应易于保持清洁；卫生间内的适当位置应设置洗手设施。卫生间不得与食品生产、包装或贮存等区域直接连通。

5.1.5.4 应在清洁作业区入口设置洗手、干手和消毒设施；如有需要，应在作业区内适当位置加设洗手和（或）消毒设施；与消毒设施配套的水龙头其开关应为非手动式。

5.1.5.5 洗手设施的水龙头数量应与同班次食品加工人员数量相匹配，必要时应设置冷热水混合器。洗手池应采用光滑、不透水、易清洁的材质制成，其设计及构造应易于清洁消毒。应在临近洗手设施的显著位置标示简明易懂的洗手方法。

5.1.5.6 根据对食品加工人员清洁程度的要求，必要时可设置风淋室、淋浴室等设施。

5.1.6 通风设施

5.1.6.1 应具有适宜的自然通风或人工通风措施；必要时应通过自然通风或机械设施有效控制生产环境的温度和湿度。通风设施应避免空气从清洁度要求低的作业区域流向清洁度要求高的作业区域。

5.1.6.2 应合理设置进气口位置，进气口与排气口和户外垃圾存放装置等污染源保持适宜的距离和角度。进、排气口应装有防止虫害侵入的网罩等设施。通风排气设施应易于清洁、维修或更换。

5.1.6.3 若生产过程需要对空气进行过滤净化处理，应加装空气过滤装置并定期清洁。

5.1.6.4 根据生产需要，必要时应安装除尘设施。

5.1.7 照明设施

5.1.7.1 厂房内应有充足的自然采光或人工照明，光泽和亮度应能满足生产和操作需要；光源应使食品呈现真实的颜色。

5.1.7.2 如需在暴露食品和原料的正上方安装照明设施，应使用安全型照明设施或采取防护措施。

5.1.8 仓储设施

5.1.8.1 应具有与所生产产品的数量、贮存要求相适应的仓储设施。

5.1.8.2 仓库应以无毒、坚固的材料建成；仓库地面应平整，便于通风换气。仓库的设计应能易于维护和清洁，防止虫害藏匿，并应有防止虫害侵入的装置。

5.1.8.3 原料、半成品、成品、包装材料等应依据性质的不同分设贮存场所、或分区域码放，并有明确标识，防止交叉污染。必要时仓库应设有温、湿度控制设施。

5.1.8.4 贮存物品应与墙壁、地面保持适当距离，以利于空气流通及物品搬运。

5.1.8.5 清洁剂、消毒剂、杀虫剂、润滑剂、燃料等物质应分别安全包装，明确标识，并应与原料、半成品、成品、包装材料等分隔放置。

5.1.9 温控设施

5.1.9.1 应根据食品生产的特点，配备适宜的加热、冷却、冷冻等设施，以及用于监测温度的设施。

5.1.9.2 根据生产需要，可设置控制室温的设施。

5.2 设备

5.2.1 生产设备

5.2.1.1 一般要求

应配备与生产能力相适应的生产设备，并按工艺流程有序排列，避免引起交叉污染。

5.2.1.2 材质

5.2.1.2.1 与原料、半成品、成品接触的设备与用具，应使用无毒、无味、抗腐蚀、不易脱落的材料制作，并应易于清洁和保养。

5.2.1.2.2 设备、工器具等与食品接触的表面应使用光滑、无吸收性、易于清洁保养和消毒的材料制成，在正常生产条件下不会与食品、清洁剂和消毒剂发生反应，并应保持完好无损。

5.2.1.3 设计

5.2.1.3.1 所有生产设备应从设计和结构上避免零件、金属碎屑、润滑油或其他污染因素混入食品，并应易于清洁消毒、易于检查和维护。

5.2.1.3.2 设备应不留空隙地固定在墙壁或地板上，或在安装时与地面和墙壁间保留足够空间，以便清洁和维护。

5.2.2 监控设备

用于监测、控制、记录的设备，如压力表、温度计、记录仪等，应定期校准、维护。

5.2.3 设备的保养和维修

应建立设备保养和维修制度，加强设备的日常维护和保养，定期检修，及时记录。

6 卫生管理

6.1 卫生管理制度

6.1.1 应制定食品加工人员和食品生产卫生管理制度以及相应的考核标准，明确岗位职责，实行岗位责任制。

6.1.2 应根据食品的特点以及生产、贮存过程的卫生要求，建立对保证食品安全具有显著意义的关键控制环节的监控制度，良好实施并定期检查，发现问题及时纠正。

6.1.3 应制定针对生产环境、食品加工人员、设备及设施等的卫生监控制度，确立内部监控的范围、对象和频率。记录并存档监控结果，定期对执行情况和效果进行检查，发现问题及时整改。

6.1.4 应建立清洁消毒制度和清洁消毒用具管理制度。清洁消毒前后的设备和工器具应分开放置妥善保管，避免交叉污染。

6.2 厂房及设施卫生管理

6.2.1 厂房内各项设施应保持清洁，出现问题及时维修或更新；厂房地面、屋顶、天花板及墙壁有破损时，应及时修补。

6.2.2 生产、包装、贮存等设备及工器具、生产用管道、裸露食品接触表面等应定期清洁消毒。

6.3 食品加工人员健康管理与卫生要求

6.3.1 食品加工人员健康管理

6.3.1.1 应建立并执行食品加工人员健康管理制度。

6.3.1.2 食品加工人员每年应进行健康检查，取得健康证明；上岗前应接受卫生培训。

6.3.1.3 食品加工人员如患有痢疾、伤寒、甲型病毒性肝炎、戊型病毒性肝炎等消化道传染病，以及患有活动性肺结核、化脓性或者渗出性皮肤病等有碍食品安全的疾病，或有明显皮肤损伤未愈合的，应调整到其他不影响食品安全的工作岗位。

6.3.2 食品加工人员卫生要求

6.3.2.1 进入食品生产场所前应整理个人卫生，防止污染食品。

6.3.2.2 进入作业区域应规范穿着洁净的工作服，并按要求洗手、消毒；头发应藏于工作帽内或使用发网约束。

6.3.2.3 进入作业区域不应佩戴饰物、手表，不应化妆、染指甲、喷洒香水；不得携带或存放与食品生产无关的个人用品。

6.3.2.4 使用卫生间、接触可能污染食品的物品、或从事与食品生产无关的其他活动后，再次从事接触食品、食品工器具、食品设备等与食品生产相关的活动前应洗手消毒。

6.3.3 来访者

非食品加工人员不得进入食品生产场所，特殊情况下进入时应遵守和食品加工人员同样的卫生要求。

6.4 虫害控制

6.4.1 应保持建筑物完好、环境整洁，防止虫害侵入及孳生。

6.4.2 应制定和执行虫害控制措施，并定期检查。生产车间及仓库应采取有效措施（如纱帘、纱网、防鼠板、防蝇灯、风幕等），防止鼠类昆虫等侵入。若发现有虫鼠害痕迹时，应追查来源，消除隐患。

6.4.3 应准确绘制虫害控制平面图，标明捕鼠器、粘鼠板、灭蝇灯、室外诱饵投放点、生化信息素捕杀装置等放置的位置。

6.4.4 厂区应定期进行除虫灭害工作。

6.4.5 采用物理、化学或生物制剂进行处理时，不应影响食品安全和食品应有的品质、不应污染食品接触表面、设备、工器具及包装材料。除虫灭害工作应有相应的记录。

6.4.6 使用各类杀虫剂或其他药剂前，应做好预防措施避免对人身、食品、设备工具造成污染；不慎污染时，应及时将被污染的设备、工具彻底清洁，消除污染。

6.5 废弃物处理

6.5.1 应制定废弃物存放和清除制度，有特殊要求的废弃物其处理方式应符合有关规定。废弃物应定期清除；易腐败的废弃物应尽快清除；必要时应及时清除废弃物。

6.5.2 车间外废弃物放置场所应与食品加工场所隔离防止污染；应防止不良气味或有害有毒气体溢出；应防止虫害孳生。

6.6 工作服管理

6.6.1 进入作业区域应穿着工作服。

6.6.2 应根据食品的特点及生产工艺的要求配备专用工作服，如衣、裤、鞋靴、帽和发网等，必要时还可配备口罩、围裙、套袖、手套等。

6.6.3 应制定工作服的清洗保洁制度，必要时应及时更换；生产中应注意保持工作服干净完好。

6.6.4 工作服的设计、选材和制作应适应不同作业区的要求，降低交叉污染食品的风险；应合理选择工作服口袋的位置、使用的连接扣件等，降低内容物或扣件掉落污染食品的风险。

7 食品原料、食品添加剂和食品相关产品

7.1 一般要求

应建立食品原料、食品添加剂和食品相关产品的采购、验收、运输和贮存管理制度，确保所使用的食品原料、食品添加剂和食品相关产品符合国家有关要求。不得将任何危害人体健康和生命安全的物质添加到食品中。

7.2 食品原料

7.2.1 采购的食品原料应查验供货者的许可证和产品合格证明文件；对无法提供合格证明文件的食品原料，

应当依照食品安全标准进行检验。

7.2.2 食品原料必须经过验收合格后方可使用。经验收不合格的食品原料应在指定区域与合格品分开放置并明显标记，并应及时进行退、换货等处理。

7.2.3 加工前宜进行感官检验，必要时应进行实验室检验；检验发现涉及食品安全项目指标异常的，不得使用；只应使用确定适用的食品原料。

7.2.4 食品原料运输及贮存中应避免日光直射、备有防雨防尘设施；根据食品原料的特点和卫生需要，必要时还应具备保温、冷藏、保鲜等设施。

7.2.5 食品原料运输工具和容器应保持清洁、维护良好，必要时应进行消毒。食品原料不得与有毒、有害物品同时装运，避免污染食品原料。

7.2.6 食品原料仓库应设专人管理，建立管理制度，定期检查质量和卫生情况，及时清理变质或超过保质期的食品原料。仓库出货顺序应遵循先进先出的原则，必要时应根据不同食品原料的特性确定出货顺序。

7.3 食品添加剂

7.3.1 采购食品添加剂应查验供货者的许可证和产品合格证明文件。食品添加剂必须经过验收合格后方可使用。

7.3.2 运输食品添加剂的工具和容器应保持清洁、维护良好，并能提供必要的保护，避免污染食品添加剂。

7.3.3 食品添加剂的贮藏应有专人管理，定期检查质量和卫生情况，及时清理变质或超过保质期的食品添加剂。仓库出货顺序应遵循先进先出的原则，必要时应根据食品添加剂的特性确定出货顺序。

7.4 食品相关产品

7.4.1 采购食品包装材料、容器、洗涤剂、消毒剂等食品相关产品应查验产品的合格证明文件，实行许可管理的食品相关产品还应查验供货者的许可证。食品包装材料等食品相关产品必须经过验收合格后方可使用。

7.4.2 运输食品相关产品的工具和容器应保持清洁、维护良好，并能提供必要的保护，避免污染食品原料和交叉污染。

7.4.3 食品相关产品的贮藏应有专人管理，定期检查质量和卫生情况，及时清理变质或超过保质期的食品相关产品。仓库出货顺序应遵循先进先出的原则。

7.5 其他

盛装食品原料、食品添加剂、直接接触食品的包装材料的包装或容器，其材质应稳定、无毒无害，不易受污染，符合卫生要求。

食品原料、食品添加剂和食品包装材料等进入生产区域时应有一定的缓冲区域或外包装清洁措施，以降低污染风险。

8 生产过程的食品安全控制

8.1 产品污染风险控制

8.1.1 应通过危害分析方法明确生产过程中的食品安全关键环节，并设立食品安全关键环节的控制措施。在关键环节所在区域，应配备相关的文件以落实控制措施，如配料（投料）表、岗位操作规程等。

8.1.2 鼓励采用危害分析与关键控制点体系（HACCP）对生产过程进行食品安全控制。

8.2 生物污染的控制

8.2.1 清洁和消毒

8.2.1.1 应根据原料、产品和工艺的特点，针对生产设备和环境制定有效的清洁消毒制度，降低微生物污染的风险。

8.2.1.2 清洁消毒制度应包括以下内容：清洁消毒的区域、设备或器具名称；清洁消毒工作的职责；使用的洗涤、消毒剂；清洁消毒方法和频率；清洁消毒效果的验证及不符合的处理；清洁消毒工作及监控记录。

8.2.1.3 应确保实施清洁消毒制度，如实记录；及时验证消毒效果，发现问题及时纠正。

8.2.2 食品加工过程的微生物监控

8.2.2.1 根据产品特点确定关键控制环节进行微生物监控；必要时应建立食品加工过程的微生物监控程序，包括生产环境的微生物监控和过程产品的微生物监控。

8.2.2.2 食品加工过程的微生物监控程序应包括：微生物监控指标、取样点、监控频率、取样和检测方法、评判原则和整改措施等，具体可参照附录 A 的要求，结合生产工艺及产品特点制定。

8.2.2.3 微生物监控应包括致病菌监控和指示菌监控，食品加工过程的微生物监控结果应能反映食品加工过程中对微生物污染的控制水平。

8.3 化学污染的控制

8.3.1 应建立防止化学污染的管理制度，分析可能的污染源和污染途径，制定适当的控制计划和控制程序。

8.3.2 应建立食品添加剂和食品工业用加工助剂的使用制度，按照 GB 2760 的要求使用食品添加剂。

8.3.3 不得在食品加工中添加食品添加剂以外的非食用化学物质和其他可能危害人体健康的物质。

8.3.4 生产设备上可能直接或间接接触食品的活动部件若需润滑，应使用食用油脂或能保证食品安全要求的其他油脂。

8.3.5 建立清洁剂、消毒剂等化学品的使用制度。除清洁消毒必需和工艺需要，不应在生产场所使用和存放可能污染食品的化学制剂。

8.3.6 食品添加剂、清洁剂、消毒剂等均应采用适宜的容器妥善保存，且应明显标示、分类贮存；领用时应准确计量、作好使用记录。

8.3.7 应关注食品在加工过程中可能产生有害物质的情况，鼓励采取有效措施减低其风险。

8.4 物理污染的控制

8.4.1 应建立防止异物污染的管理制度，分析可能的污染源和污染途径，并制定相应的控制计划和控制程序。

8.4.2 应通过采取设备维护、卫生管理、现场管理、外来人员管理及加工过程监督等措施，最大程度地降低食品受到玻璃、金属、塑胶等异物污染的风险。

8.4.3 应采取设置筛网、捕集器、磁铁、金属检查器等有效措施降低金属或其他异物污染食品的风险。

8.4.4 当进行现场维修、维护及施工等工作时，应采取适当措施避免异物、异味、碎屑等污染食品。

8.5 包装

8.5.1 食品包装应能在正常的贮存、运输、销售条件下最大限度地保护食品的安全性和食品品质。

8.5.2 使用包装材料时应核对标识，避免误用；应如实记录包装材料的使用情况。

9 检验

9.1 应通过自行检验或委托具备相应资质的食品检验机构对原料和产品进行检验，建立食品出厂检验记录制度。

9.2 自行检验应具备与所检项目适应的检验室和检验能力；由具有相应资质的检验人员按规定的检验方法检验；检验仪器设备应按期检定。

9.3 检验室应有完善的管理制度，妥善保存各项检验的原始记录和检验报告。应建立产品留样制度，及时保留样品。

9.4 应综合考虑产品特性、工艺特点、原料控制情况等因素合理确定检验项目和检验频次以有效验证生产过程中的控制措施。净含量、感官要求以及其他容易受生产过程影响而变化的检验项目的检验频次应大于其他检验项目。

9.5 同一品种不同包装的产品，不受包装规格和包装形式影响的检验项目可以一并检验。

10 食品的存和运输

10.1 根据食品的特点和卫生需要选择适宜的贮存和运输条件，必要时应配备保温、冷藏、保鲜等设施。不得将食品与有毒、有害或有异味的物品一同贮存运输。

10.2 应建立和执行适当的仓储制度，发现异常应及时处理。

10.3 贮存、运输和装卸食品的容器、工器具和设备应安全、无害，保持清洁，降低食品污染的风险。

10.4 贮存和运输过程中应避免日光直射、雨淋、显著的温湿度变化和剧烈撞击等，防止食品受到不良影响。

11 产品召回管理

11.1 应根据国家有关规定建立产品召回制度。

11.2 当发现生产的食品不符合食品安全标准或存在其他不适于食用的情况时，应立即停止生产，召回已经上市销售的食品，通知相关生产经营者和消费者，并记录召回和通知情况。

11.3 对被召回的食品，应当进行无害化处理或者予以销毁，防止其再次流入市场。对因标签、标识或者说明书不符合食品安全标准而被召回的食品，应采取能保证食品安全且便于重新销售时向消费者明示的补救措施。

11.4 应合理划分记录生产批次，采用产品批号等方式进行标识，便于产品追溯。

12 培训

12.1 应建立食品生产相关岗位的培训制度，对食品加工人员以及相关岗位的从业人员进行相应的食品安全知识培训。

12.2 应通过培训促进各岗位从业人员遵守食品安全相关法律法规标准和执行各项食品安全管理制度的意识和责任，提高相应的知识水平。

12.3 应根据食品生产不同岗位的实际需求，制定和实施食品安全年度培训计划并进行考核，做好培训记录。

12.4 当食品安全相关的法律法规标准更新时，应及时开展培训。

12.5 应定期审核和修订培训计划，评估培训效果，并进行常规检查，以确保培训计划的有效实施。

13 管理制度和人员

13.1 应配备食品安全专业技术人员、管理人员，并建立保障食品安全的管理制度。

13.2 食品安全管理制度应与生产规模、工艺技术水平和食品的种类特性相适应，应根据生产实际和实施经验不断完善食品安全管理制度。

13.3 管理人员应了解食品安全的基本原则和操作规范，能够判断潜在的危险，采取适当的预防和纠正措施，确保有效管理。

14 记录和文件管理

14.1 记录管理

14.1.1 应建立记录制度，对食品生产中采购、加工、贮存、检验、销售等环节详细记录。记录内容应完整、真实，确保对产品从原料采购到产品销售的所有环节都可进行有效追溯。

14.1.1.1 应如实记录食品原料、食品添加剂和食品包装材料等食品相关产品的名称、规格、数量、供货者名称及联系方式、进货日期等内容。

14.1.1.2 应如实记录食品的加工过程（包括工艺参数、环境监测等）、产品贮存情况及产品的检验批号、检验日期、检验人员、检验方法、检验结果等内容。

14.1.1.3 应如实记录出厂产品的名称、规格、数量、生产日期、生产批号、购货者名称及联系方式、检验合格单、销售日期等内容。

14.1.1.4 应如实记录发生召回的食品名称、批次、规格、数量、发生召回的原因及后续整改方案等内容。

14.1.2 食品原料、食品添加剂和食品包装材料等食品相关产品进货查验记录、食品出厂检验记录应由记录和审核人员复核签名，记录内容应完整。保存期限不得少于 2 年。

14.1.3 应建立客户投诉处理机制。对客户提出的书面或口头意见、投诉，企业相关管理部门应作记录并查找原因，妥善处理。

14.2 应建立文件的管理制度，对文件进行有效管理，确保各相关场所使用的文件均为有效版本。

14.3 鼓励采用先进技术手段（如电子计算机信息系统），进行记录和文件管理。

附录 A
食品加工过程的微生物监控程序指南

注：本附录给出了制定食品加工过程环境微生物监控程序时应考虑的要点，实际生产中可根据产品特性和生产工艺技术水平等因素参照执行。

A.1　食品加工过程中的微生物监控是确保食品安全的重要手段，是验证或评估目标微生物控制程序的有效性、确保整个食品质量和安全体系持续改进的工具。

A.2　本附录提出了制定食品加工过程微生物监控程序时应考虑的要点。

A.3　食品加工过程的微生物监控，主要包括环境微生物监控和过程产品的微生物监控。环境微生物监控主要用于评判加工过程的卫生控制状况，以及找出可能存在的污染源。通常环境监控对象包括食品接触表面、与食品或食品接触表面邻近的接触表面、以及环境空气。过程产品的微生物监控主要用于评估加工过程卫生控制能力和产品卫生状况。

A.4　食品加工过程的微生物监控涵盖了加工过程各个环节的微生物学评估、清洁消毒效果以及微生物控制效果的评价。在制定时应考虑以下内容：

 a)　加工过程的微生物监控应包括微生物监控指标、取样点、监控频率、取样和检测方法、评判原则以及不符合情况的处理等。

 b)　加工过程的微生物监控指标：应以能够评估加工环境卫生状况和过程控制能力的指示微生物（如菌落总数、大肠菌群、酵母霉菌或其他指示菌）为主。必要时也可采用致病菌作为监控指标。

 c)　加工过程微生物监控的取样点：环境监控的取样点应为微生物可能存在或进入而导致污染的地方。可根据相关文献资料确定取样点，也可以根据经验或者积累的历史数据确定取样点。过程产品监控计划的取样点应覆盖整个加工环节中微生物水平可能发生变化且会影响产品安全性和（或）食品品质的过程产品，例如微生物控制的关键控制点之后的过程产品。具体可参考表 A.1 中示例。

 d)　加工过程微生物监控的监控频率：应基于污染可能发生的风险来制定监控频率。可根据相关文献资料，相关经验和专业知识或者积累的历史数据，确定合理的监控频率。具体可参考表 A.1 中示例。加工过程的微生物监控应是动态的，应根据数据变化和加工过程污染风险的高低而有所调整和定期评估。例如：当指示微生物监控结果偏高或者终产品检测出致病菌、或者重大维护施工活动后、或者卫生状况出现下降趋势时等，需要增加取样点和监控频率；当监控结果一直满足要求，可适当减少取样点或者放宽监控频率。

 e)　取样和检测方法：环境监控通常以涂抹取样为主，过程产品监控通常直接取样。检测方法的选择应基于监控指标进行选择。

 f)　评判原则：应依据一定的监控指标限值进行评判，监控指标限值可基于微生物控制的效果以及对产品质量和食品安全性的影响来确定。

 g)　微生物监控的不符合情况处理要求：各监控点的监控结果应符合监控指标的限值并保持稳定，当出现轻微不符合时，可通过增加取样频次等措施加强监控；当出现严重不符合时，应立即纠正，同时查找问题原因，以确定是否需要对微生物控制程序采取相应的纠正措施。

表 A.1　食品加工过程微生物监控示例

监控项目		建议取样点[a]	建议监控微生物[b]	建议监控频率[c]	建议监控指标限值
环境的微生物监控	食品接触表面	食品加工人员的手部、工作服、手套传送皮带、工器具及其他直接接触食品的设备表面	菌落总数、大肠菌群等	验证清洁效果应在清洁消毒之后，其他可每周、每两周或每月	结合生产实际情况确定监控指标限值
	与食品或食品接触表面邻近的接触表面	设备外表面、支架表面、控制面板、零件车等接触表面	菌落总数、大肠菌群等卫生状况指示微生物，必要时监控致病菌	每两周或每月	结合生产实际情况确定监控指标限值
	加工区域内的环境空气	靠近裸露产品的位置	菌落总数、酵母霉菌等	每周、每两周或每月	结合生产实际情况确定监控指标限值

（续）

监控项目	建议取样点[a]	建议监控微生物[b]	建议监控频率[c]	建议监控指标限值
过程产品的微生物监控	加工环节中微生物水平可能发生变化且会影响食品安全性和（或）食品品质的过程产品	卫生状况指示微生物（如菌落总数、大肠菌群、酵母霉菌或其他指示菌）	开班第一时间生产的产品及之后连续生产过程中每周（或每两周或每月）	结合生产实际情况确定监控指标限值

[a]　可根据食品特性以及加工过程实际情况选择取样点。

[b]　可根据需要选择一个或多个卫生指示微生物实施监控。

[c]　可根据具体取样点的风险确定监控频率。

中华人民共和国国家标准

GB 12694—2016

食品安全国家标准
畜禽屠宰加工卫生规范

2016-12-23 发布/2017-12-23 实施

中华人民共和国国家卫生和计划生育委员会
国家食品药品监督管理总局　发布

前　言

本标准代替 GB 12694—1990《肉类加工厂卫生规范》、GB/T 20094—2006《屠宰和肉类加工企业卫生管理规范》、GB/T 22289—2008《冷却猪肉加工技术要求》。

本标准与代替标准相比，主要变化如下：

——标准名称修改为"食品安全国家标准　畜禽屠宰加工卫生规范"；

——整合修改了标准结构；

——整合修改了部分术语和定义；

——整合修改并补充了对选址及厂区环境、厂房和车间、设施与设备的要求和卫生控制操作的管理要求；

——增加了产品追溯与召回管理的要求；

——增加了记录和文件管理的要求。

食品安全国家标准
畜禽屠宰加工卫生规范

1　范围

本标准规定了畜禽屠宰加工过程中畜禽验收、屠宰、分割、包装、贮存和运输等环节的场所、设施设备、人员的基本要求和卫生控制操作的管理准则。

本标准适用于规模以上畜禽屠宰加工企业。

2　术语和定义

GB 14881—2013 中的术语和定义适用于本标准。

2.1　规模以上畜禽屠宰加工企业

实际年屠宰量生猪在 2 万头、牛在 0.3 万头、羊在 3 万只、鸡在 200 万羽、鸭鹅在 100 万羽以上的企业。

2.2　畜禽

供人类食用的家畜和家禽。

2.3　肉类

供人类食用的，或已被判定为安全的、适合人类食用的畜禽的所有部分，包括畜禽胴体、分割肉和食用副产品。

2.4　胴体

放血、脱毛、剥皮或带皮、去头蹄（或爪）、去内脏后的动物躯体。

2.5　食用副产品

畜禽屠宰、加工后，所得内脏、脂、血液、骨、皮、头、蹄（或爪）、尾等可食用的产品。

2.6　非食用副产品

畜禽屠宰、加工后，所得毛皮、毛、角等不可食用的产品。

2.7　宰前检查

在畜禽屠宰前，综合判定畜禽是否健康和适合人类食用，对畜禽群体和个体进行的检查。

2.8　宰后检查

在畜禽屠宰后，综合判定畜禽是否健康和适合人类食用，对其头、胴体、内脏和其他部分进行的检查。

2.9　非清洁区

待宰、致昏、放血、烫毛、脱毛、剥皮等处理的区域。

2.10　清洁区

胴体加工、修整、冷却、分割、暂存、包装等处理的区域。

3　选址及厂区环境

3.1　一般要求

应符合 GB 14881—2013 中第 3 章的相关规定。

3.2　选址

3.2.1　卫生防护距离应符合 GB 18078.1 及动物防疫要求。

3.2.2　厂址周围应有良好的环境卫生条件。厂区应远离受污染的水体，并应避开产生有害气体、烟雾、粉尘等污染源的工业企业或其他产生污染源的地区或场所。

3.2.3　厂址必须具备符合要求的水源和电源，应结合工艺要求因地制宜地确定，并应符合屠宰企业设置规划的要求。

3.3　厂区环境

3.3.1　厂区主要道路应硬化（如混凝土或沥青路面等），路面平整、易冲洗，不积水。

3.3.2 厂区应设有废弃物、垃圾暂存或处理设施，废弃物应及时清除或处理，避免对厂区环境造成污染。厂区内不应堆放废弃设备和其他杂物。

3.3.3 废弃物存放和处理排放应符合国家环保要求。

3.3.4 厂区内禁止饲养与屠宰加工无关的动物。

4 厂房和车间

4.1 设计和布局

4.1.1 厂区应划分为生产区和非生产区。活畜禽、废弃物运送与成品出厂不得共用一个大门，场内不得共用一个通道。

4.1.2 生产区各车间的布局与设施应满足生产工艺流程和卫生要求。车间清洁区与非清洁区应分隔。

4.1.3 屠宰车间、分割车间的建筑面积与建筑设施应与生产规模相适应。车间内各加工区应按生产工艺流程划分明确，人流、物流互不干扰，并符合工艺、卫生及检疫检验要求。

4.1.4 屠宰企业应设有待宰圈（区）、隔离间、急宰间、实验（化验）室、官方兽医室、化学品存放间和无害化处理间。屠宰企业的厂区应设有畜禽和产品运输车辆和工具清洗、消毒的专门区域。

4.1.5 对于没有设立无害化处理间的屠宰企业，应委托具有资质的专业无害化处理场实施无害化处理。

4.1.6 应分别设立专门的可食用和非食用副产品加工处理间。食用副产品加工车间的面积应与屠宰加工能力相适应，设施设备应符合卫生要求，工艺布局应做到不同加工处理区分隔，避免交叉污染。

4.2 建筑内部结构与材料

应符合 GB 14881—2013 中 4.2 的规定。

4.3 车间温度控制

4.3.1 应按照产品工艺要求将车间温度控制在规定范围内。预冷设施温度控制在 0 ℃～4 ℃；分割车间温度控制在 12 ℃以下；冻结间温度控制在－28 ℃以下；冷藏储存库温度控制在－18 ℃以下。

4.3.2 有温度要求的工序或场所应安装温度显示装置，并对温度进行监控，必要时配备湿度计。温度计和湿度计应定期校准。

5 设施与设备

5.1 供水要求

5.1.1 屠宰与分割车间生产用水应符合 GB 5749 的要求，企业应对用水质量进行控制。

5.1.2 屠宰与分割车间根据生产工艺流程的需要，应在用水位置分别设置冷、热水管。清洗用热水温度不宜低于 40 ℃，消毒用热水温度不应低于 82 ℃。

5.1.3 急宰间及无害化处理间应设有冷、热水管。

5.1.4 加工用水的管道应有防虹吸或防回流装置，供水管网上的出水口不应直接插入污水液面。

5.2 排水要求

5.2.1 屠宰与分割车间地面不应积水，车间内排水流向应从清洁区流向非清洁区。

5.2.2 应在明沟排水口处设置不易腐蚀材质格栅，并有防鼠、防臭的设施。

5.2.3 生产废水应集中处理，排放应符合国家有关规定。

5.3 清洁消毒设施

5.3.1 更衣室、洗手和卫生间清洁消毒设施

5.3.1.1 应在车间入口处、卫生间及车间内适当的地点设置与生产能力相适应的，配有适宜温度的洗手设施及消毒、干手设施。洗手设施应采用非手动式开关，排水应直接接入下水管道。

5.3.1.2 应设有与生产能力相适应并与车间相接的更衣室、卫生间、淋浴间，其设施和布局不应对产品造成潜在的污染风险。

5.3.1.3 不同清洁程度要求的区域应设有单独的更衣室，个人衣物与工作服应分开存放。

5.3.1.4 淋浴间、卫生间的结构、设施与内部材质应易于保持清洁消毒。卫生间内应设置排气通风设施和防蝇防虫设施，保持清洁卫生。卫生间不得与屠宰加工、包装或贮存等区域直接连通。卫生间的门应能自动关闭，门、窗不应直接开向车间。

5.3.2 厂区、车间清洗消毒设施

5.3.2.1 厂区运输畜禽车辆出入口处应设置与门同宽、长 4 m、深 0.3 m 以上的消毒池；生产车间入口及车间内必要处，应设置换鞋（穿戴鞋套）设施或工作鞋靴消毒设施，其规格尺寸应能满足消毒需要。

5.3.2.2 隔离间、无害化处理车间的门口应设车轮、鞋靴消毒设施。

5.4 设备和器具

5.4.1 应配备与生产能力相适应的生产设备，并按工艺流程有序排列，避免引起交叉污染。

5.4.2 接触肉类的设备、器具和容器，应使用无毒、无味、不吸水、耐腐蚀、不易变形、不易脱落、可反复清洗与消毒的材料制作，在正常生产条件下不会与肉类、清洁剂和消毒剂发生反应，并应保持完好无损；不应使用竹木工（器）具和容器。

5.4.3 加工设备的安装位置应便于维护和清洗消毒，防止加工过程中交叉污染。

5.4.4 废弃物容器应选用金属或其他不渗水的材料制作。盛装废弃物的容器与盛装肉类的容器不得混用。不同用途的容器应有明显的标志或颜色差异。

5.4.5 在畜禽屠宰、检验过程使用的某些器具、设备，如宰杀、去角设备、检验刀具、开胸和开片刀锯、检疫检验盛放内脏的托盘等，每次使用后，应使用 82 ℃ 以上的热水进行清洗消毒。

5.4.6 根据生产需要，应对车间设施、设备及时进行清洗消毒。生产过程中，应对器具、操作台和接触食品的加工表面定期进行清洗消毒，清洗消毒时应采取适当措施防止对产品造成污染。

5.5 通风设施

5.5.1 车间内应有良好的通风、排气装置，及时排除污染的空气和水蒸气。空气流动的方向应从清洁区流向非清洁区。

5.5.2 通风口应装有纱网或其他保护性的耐腐蚀材料制作的网罩，防止虫害侵入。纱网或网罩应便于装卸、清洗、维修或更换。

5.6 照明设施

5.6.1 车间内应有适宜的自然光线或人工照明。照明灯具的光泽不应改变加工物的本色，亮度应能满足检疫检验人员和生产操作人员的工作需要。

5.6.2 在暴露肉类的上方安装的灯具，应使用安全型照明设施或采取防护设施，以防灯具破碎而污染肉类。

5.7 仓储设施

5.7.1 储存库的温度应符合被储存产品的特定要求。

5.7.2 储存库内应保持清洁、整齐、通风。有防霉、防鼠、防虫设施。

5.7.3 应对冷藏储存库的温度进行监控，必要时配备湿度计；温度计和湿度计应定期校准。

5.8 废弃物存放与无害化处理设施

5.8.1 应在远离车间的适当地点设置废弃物临时存放设施，其设施应采用便于清洗、消毒的材料制作；结构应严密，能防止虫害进入，并能避免废弃物污染厂区和道路或感染操作人员。车间内存放废弃物的设施和容器应有清晰、明显标识。

5.8.2 无害化处理的设备配置应符合国家相关法律法规、标准和规程的要求，满足无害化处理的需要。

6 检疫检验

6.1 基本要求

6.1.1 企业应具有与生产能力相适应的检验部门。应具备检验所需要的检测方法和相关标准资料，并建立完整的内部管理制度，以确保检验结果的准确性；检验要有原始记录。实验（化验）室应配备满足检验需要的设施设备。委托社会检验机构承担检测工作的，该检验机构应具有相应的资质。委托检测应满足企业日常检验工作的需要。

6.1.2 产品加工、检验和维护食品安全控制体系运行所需要的计量仪器、设施设备应按规定进行计量检定，使用前应进行校准。

6.2 宰前检查

6.2.1 供宰畜禽应附有动物检疫证明，并佩戴符合要求的畜禽标识。

6.2.2 供宰畜禽应按国家相关法律法规、标准和规程进行宰前检查。应按照有关程序，对入场畜禽进行临床

健康检查，观察活畜禽的外表，如畜禽的行为、体态、身体状况、体表、排泄物及气味等。对有异常情况的畜禽应隔离观察，测量体温，并做进一步检查。必要时，按照要求抽样进行实验室检测。

6.2.3 对判定为不适宜正常屠宰的畜禽，应按照有关规定处理。

6.2.4 畜禽临宰前应停食静养。

6.2.5 应将宰前检查的信息及时反馈给饲养场和宰后检查人员，并做好宰前检查记录。

6.3 宰后检查

6.3.1 宰后对畜禽头部、蹄（爪）、胴体和内脏（体腔）的检查应按照国家相关法律法规、标准和规程执行。

6.3.2 在畜类屠宰车间的适当位置应设有专门的可疑病害胴体的留置轨道，用于对可疑病害胴体的进一步检验和判断。应设立独立低温空间或区域，用于暂存可疑病害胴体或组织。

6.3.3 车间内应留有足够的空间以便于实施宰后检查。

6.3.4 猪的屠宰间应设有旋毛虫检验室，并备有检验设施。

6.3.5 按照国家规定需进行实验室检测的，应进行实验室抽样检测。

6.3.6 应利用宰前和宰后检查信息，综合判定检疫检验结果。

6.3.7 判定废弃的应做明晰标记并处理，防止与其他肉类混淆，造成交叉污染。

6.3.8 为确保能充分完成宰后检查或其他紧急情况，官方兽医有权减慢或停止屠宰加工。

6.4 无害化处理

6.4.1 经检疫检验发现的患有传染性疾病、寄生虫病、中毒性疾病或有害物质残留的畜禽及其组织，应使用专门的封闭不漏水的容器并用专用车辆及时运送，并在官方兽医监督下进行无害化处理。对于患有可疑疫病的应按照有关检疫检验，确认后应进行无害化处理。

6.4.2 其他经判定需无害化处理的畜禽及其组织应在官方兽医的监督下，进行无害化处理。

6.4.3 企业应制定相应的防护措施，防止无害化处理过程中造成的人员危害，以及产品交叉污染和环境污染。

7 屠宰和加工的卫生控制

7.1 企业应执行政府主管部门制定的残留物质监控、非法添加物和病原微生物监控规定，并在此基础上制定本企业的所有肉类的残留物质监控计划、非法添加物和病原微生物监控计划。

7.2 应在适当位置设置检查岗位，检查胴体及产品卫生情况。

7.3 应采取适当措施，避免可疑病害畜禽胴体、组织、体液（如胆汁、尿液、奶汁等）、肠胃内容物污染其他肉类、设备和场地。已经污染的设备和场地应进行清洗和消毒后，方可重新屠宰加工正常畜禽。

7.4 被脓液、渗出物、病理组织、体液、胃肠内容物等污染物污染的胴体或产品，应按有关规定修整、剔除或废弃。

7.5 加工过程中使用的器具（如盛放产品的容器、清洗用的水管等）不应落地或与不清洁的表面接触，避免对产品造成交叉污染；当产品落地时，应采取适当措施消除污染。

7.6 按照工艺要求，屠宰后胴体和食用副产品需要进行预冷的，应立即预冷。冷却后，畜肉的中心温度应保持在7℃以下，禽肉中心温度应保持在4℃以下，内脏产品中心温度应保持在3℃以下。加工、分割、去骨等操作应尽可能迅速。生产冷冻产品时，应在48h内使肉的中心温度达到−15℃以下后方可进入冷藏储存库。

7.7 屠宰间面积充足，应保证操作符合要求。不应在同一屠宰间，同时屠宰不同种类的畜禽。

7.8 对有毒有害物品的贮存和使用应严格管理，确保厂区、车间和化验室使用的洗涤剂、消毒剂、杀虫剂、燃油、润滑油、化学试剂以及其他在加工过程中必须使用的有毒有害物品得到有效控制，避免对肉类造成污染。

8 包装、贮存与运输

8.1 包装

8.1.1 应符合 GB 14881—2013 中 8.5 的规定。

8.1.2 包装材料应符合相关标准，不应含有有毒有害物质，不应改变肉的感官特性。

8.1.3 肉类的包装材料不应重复使用，除非是用易清洗、耐腐蚀的材料制成，并且在使用前经过清洗和消毒。

8.1.4 内、外包装材料应分别存放，包装材料库应保持干燥、通风和清洁卫生。

8.1.5 产品包装间的温度应符合产品特定的要求。

8.2 贮存和运输

8.2.1 应符合 GB 14881—2013 中第 10 章的相关规定。

8.2.2 储存库内成品与墙壁应有适宜的距离，不应直接接触地面，与天花板保持一定的距离，应按不同种类、批次分垛存放，并加以标识。

8.2.3 储存库内不应存放有碍卫生的物品，同一库内不应存放可能造成相互污染或者串味的产品。储存库应定期消毒。

8.2.4 冷藏储存库应定期除霜。

8.2.5 肉类运输应使用专用的运输工具，不应运输畜禽、应无害化处理的畜禽产品或其他可能污染肉类的物品。

8.2.6 包装肉与裸装肉避免同车运输，如无法避免，应采取物理性隔离防护措施。

8.2.7 运输工具应根据产品特点配备制冷、保温等设施。运输过程中应保持适宜的温度。

8.2.8 运输工具应及时清洗消毒，保持清洁卫生。

9 产品追溯与召回管理

9.1 产品追溯

应建立完善的可追溯体系，确保肉类及其产品存在不可接受的食品安全风险时，能进行追溯。

9.2 产品召回

9.2.1 畜禽屠宰加工企业应根据相关法律法规建立产品召回制度，当发现出厂产品属于不安全食品时，应进行召回，并报告官方兽医。

9.2.2 对召回后产品的处理，应符合 GB 14881—2013 中第 11 章的相关规定。

10 人员要求

10.1 应符合国家相关法规要求。

10.2 从事肉类直接接触包装或未包装的肉类、肉类设备和器具、肉类接触面的操作人员，应经体检合格，取得所在区域医疗机构出具的健康证后方可上岗，每年应进行一次健康检查，必要时做临时健康检查。凡患有影响食品安全的疾病者，应调离食品生产岗位。

10.3 从事肉类生产加工、检疫检验和管理的人员应保持个人清洁，不应将与生产无关的物品带入车间；工作时不应戴首饰、手表，不应化妆；进入车间时应洗手、消毒并穿着工作服、帽、鞋，离开车间时应将其换下。

10.4 不同卫生要求的区域或岗位的人员应穿戴不同颜色或标志的工作服、帽。不同加工区域的人员不应串岗。

10.5 企业应配备相应数量的检疫检验人员。从事屠宰、分割、加工、检验和卫生控制的人员应经过专业培训并经考核合格后方可上岗。

11 卫生管理

11.1 管理体系

11.1.1 企业应当建立并实施以危害分析和预防控制措施为核心的食品安全控制体系。

11.1.2 鼓励企业建立并实施危害分析与关键控制点（HACCP）体系。

11.1.3 企业最高管理者应明确企业的卫生质量方针和目标，配备相应的组织机构，提供足够的资源，确保食品安全控制体系的有效实施。

11.2 卫生管理要求

11.2.1 企业应制定书面的卫生管理要求，明确执行人的职责，确定执行频率，实施有效的监控和相应的纠正预防措施。

11.2.2 直接或间接接触肉类（包括原料、半成品、成品）的水和冰应符合卫生要求。

11.2.3 接触肉类的器具、手套和内外包装材料等应保持清洁、卫生和安全。

11.2.4 人员卫生、员工操作和设施的设计应确保肉类免受交叉污染。

11.2.5 供操作人员洗手消毒的设施和卫生间设施应保持清洁并定期维护。

11.2.6 应防止化学、物理和生物等污染物对肉类、肉类包装材料和肉类接触面造成污染。

11.2.7 应正确标注、存放和使用各类有毒化学物质。

11.2.8 应防止因员工健康状况不佳对肉类、肉类包装材料和肉类接触面造成污染。

11.2.9 应预防和消除鼠害、虫害和鸟类危害。

12 记录和文件管理

12.1 应建立记录制度并有效实施，包括畜禽入场验收、宰前检查、宰后检查、无害化处理、消毒、贮存等环节，以及屠宰加工设备、设施、运输车辆和器具的维护记录。记录内容应完整、真实，确保对产品从畜禽进厂到产品出厂的所有环节都可进行有效追溯。

12.2 企业应记录召回的产品名称、批次、规格、数量、发生召回的原因、后续整改方案及召回处理情况等内容。

12.3 企业应做好人员入职、培训等记录。

12.4 对反映产品卫生质量情况的有关记录，企业应制定并执行质量记录管理程序，对质量记录的标记、收集、编目、归档、存储、保管和处理做出相应规定。

12.5 所有记录应准确、规范并具有可追溯性，保存期限不得少于肉类保质期满后 6 个月，没有明确保质期的，保存期限不得少于 2 年。

12.6 企业应建立食品安全控制体系所要求的程序文件。

中华人民共和国国家标准

GB/T 27301—2008

食品安全管理体系
肉及肉制品生产企业要求

Food safety management system—Requirements for meat and meat product establishments

2008-08-28 发布 / 2008-12-01 实施

中华人民共和国国家质量监督检验检疫总局
中国国家标准化管理委员会   发布

前　言

本标准附录 A 为资料性附录。

本标准由中国合格评定国家认可中心和中华人民共和国河北出入境检验检疫局提出。

本标准由全国认证认可标准化技术委员会（SAC/TC 261）归口。

本标准起草单位：中国合格评定国家认可中心、中华人民共和国河北出入境检验检疫局、国家认证认可监督管理委员会注册管理部、中国质量认证中心、石家庄市牧工商开发总公司、河南双汇集团、福喜食品有限公司、北京华都肉鸡公司、中华人民共和国江苏出入境检验检疫局、商务部屠宰技术鉴定中心。

本标准主要起草人：王孝霞、高永丰、樊恩健、游安君、张涛、孟凡亚、佘峰、刘庆龙、王刚、赵箭、延静清、陈忘名。

引　言

　　本标准从我国肉及肉制品产品安全存在的关键问题入手，采取自主创新和积极引进并重的原则，结合肉及肉制品企业生产特点，提出了建立我国肉及肉制品企业食品安全管理体系的特定要求。

　　本标准的编制基础为"十五"国家重大科技专项"食品企业和餐饮业 HACCP 体系的建立和实施"科研成果之一"食品安全管理体系　肉及肉制品生产企业要求"。

　　GB/T 22000—2006《食品安全管理体系　食品链中各类组织的要求》提供了通用要求，肉及肉制品生产企业及相关方在使用 GB/T 22000 中，提出了针对本类型食品企业生产特点对通用要求进一步细化的需求。

　　为了确保肉及肉制品生产企业的食品安全管理体系符合国内外有关法规、文件要求，本标准明确提出应用 GB 19303—2003《熟肉制品企业生产卫生规范》和 GB/T 20094—2006《屠宰和肉类加工企业卫生管理规范》中的相关要求。本标准提出了"关键过程控制"要求，其中包括原料验收，用以强调食品安全始于农场的理念；包括宰前、宰后检验要求，用以体现肉类屠宰的特殊性；同时也引入微生物控制的要求，提倡通过过程卫生监控，确保产品的安全。鉴于肉制品生产企业在生产加工过程方面的差异，本标准只提出了对肉制品生产企业的一般要求。为了确保与其他法规的一致性，本标准还引入了卫生标准操作程序（SSOP）的概念和要求。

食品安全管理体系
肉及肉制品生产企业要求

1 范围

本标准规定了肉及肉制品生产企业食品安全管理体系的特定要求，包括人力资源、前提方案、关键过程控制、检验、产品追溯和撤回。

本标准配合 GB/T 22000 以适用于肉及肉制品生产企业建立、实施与自我评价其食品安全管理体系，也可用于对此类生产企业食品安全管理体系的外部评价和认证。

本标准用于认证目的时，应与 GB/T 22000 一起使用。GB/T 22000 与本标准之间的对应关系参见附录 A。

2 规范性引用文件

下列文件中的条款通过本标准前引用而成为本标准的条款。凡是注日期的引用文件，其随后所有的修改单（不包括勘误的内容）或修订版均不适用于本标准，然而，鼓励根据本标准达成协议的各方研究是否可使用这些文件的最新版本。凡是不注日期的引用文件，其最新版本适用于本标准。

GB 2760　食品添加剂使用卫生标准

GB 19303—2003　熟肉制品企业生产卫生规范

GB/T 20094—2006　屠宰和肉类加工企业卫生管理规范

GB/T 22000—2006　食品安全管理体系　食品链中各类组织的要求（ISO 22000：2005，IDT）

3 术语和定义

GR/T 22000—2006 确立的以及下列术语和定义适用于本标准。

3.1

肉　meat

适合人类食用的家养或野生哺乳动物和禽类的肉以及可食用的副产品。

3.2

宰前检验　ante-mortem inspection

在动物屠宰前，判定动物是否健康和适合人类食用进行的检验。

3.3

宰后检验　post-mortem inspection

在动物屠宰后，判定动物是否健康和适合人类食用，对其头、胴体、内脏和动物其他部分进行的检验。

3.4

肉类卫生　meat hygiene

保证肉类安全、适合人类食用的所有条件和措施。

3.5

肉制品　meat product

以肉类为主要原料制成并能体现肉类特征的产品（罐头除外）。

3.6

卫生标准操作程序　sanitation standard operation procedure，SSOP

为了保证达到食品卫生要求所制定的控制生产加工卫生的操作程序。

4 人力资源

4.1 食品安全小组的组成

食品安全小组应由具有相关知识和经验的多专业人员组成，通常包括从事卫生质量控制、生产加工、工艺制定、实验室检验、设备维护、原辅料采购、仓储管理及销售等工作的人员。

4.2 能力、意识和培训

4.2.1 组织内与食品安全相关的人员应具备相应的资格和能力。

4.2.2 食品安全小组成员应理解 HACCP 原理和食品安全管理体系的相关标准。

4.2.3 肉类加工和检察人员应熟悉肉类生产基本知识及加工工艺。

4.2.4 从事肉类工艺制定、卫生质量控制、实验室检验工作的人员应具备相关知识。

4.2.5 生产人员熟悉卫生要求，遵守相应法律、法规及其他要求。

4.2.6 动物屠宰企业应配备足够数量的兽医，从事畜禽宰前、宰后检验的人员应具有相应的兽医专业知识和能力。

5 前提方案

5.1 总则

在根据 GB/T 22000 建立食品安全管理体系时，从事肉及肉制品生产企业的前提方案应符合 GB/T 20094—2006 和（或）GB 19303—2003 的相关要求。

5.2 基础设施和维护

肉类屠宰生产企业设备设施的布局、维护保养应至少符合 GB/T 20094—2006 中第 6 章至第 9 章的相关要求；肉制品生产企业设备设施的布局、维护保养应至少符合 GB 19303—2003 中第 4 章至第 6 章的相关要求。

5.3 卫生标准操作程序（SSOP）

5.3.1 肉及肉制品生产企业在制定前提方案时，宜制定书面的卫生标准操作程序（SSOP），明确执行人的职责，确定执行的方法，步骤和频率，实施有效的监控和相应的纠正预防措施。

5.3.2 企业制定的卫生标准操作程序（SSOP），至少应包括以下的内容：

　　a）肉及肉制品加工过程中使用的水和冰应当符合安全、卫生要求；

　　b）接触食品的器具、手套和内外包装材料等应清洁、卫生和安全；

　　c）确保食品免受交叉感染；

　　d）保证操作人员手的清洗消毒、洗手间设施的维护与卫生；

　　e）防止润滑剂、燃料、清洗消毒用品、冷凝水及其他化学、物理和生物等污染物对食品造成安全危害；

　　f）正确标注、存放和使用各类有毒化学物质；

　　g）保证与食品接触的员工的身体健康和卫生；

　　h）清除和预防鼠害、虫害。

5.4 人员健康和卫生要求

5.4.1 从事肉类生产、检验和管理的人员应符合《中华人民共和国食品卫生法》中关于从事食品加工人员卫生要求和健康检查的规定。每年应进行一次健康检查及卫生知识培训，必要时实施临时健康检查，体检合格后方可上岗。

5.4.2 直接从事肉类生产、检验和管理的人员，凡患有影响食品卫生疾病者，应调离本岗位。

6 关键过程控制

6.1 总则

企业根据 GB/T 22000 进行危害分析时应至少关注本章所述的相关关键过程，并选择适宜的控制措施组合对危害实施控制。

6.2 原料验收

6.2.1 对供宰动物的要求

供宰动物应来自经国家主管部门批准的饲养场，饲养场按照相关规定和饲养规范对养殖过程实施了有效的控制，出场动物应附有检疫合格证明。

6.2.2 肉制品加工的原料、辅料的卫生要求

　　a）原料肉应来自定点的肉类屠宰加工生产企业，附有检疫合格证明，并经验收合格；

　　b）进口的原料肉应来自经国家主管部门注册的国外肉类生产企业，并附有出口国（地区）官方兽医部门出具的检验检疫证明和进境口岸检验检疫部门出具的入境货物检验检疫证明；

c)　辅料应具有检验合格证，并经过进厂验收合格后方准使用，原、辅材料应专库存放；

d)　超过保质期的原料、辅料不应用于生产加工；

e)　原料、辅料、半成品、成品以及生、熟产品应分别存放，防止污染。

6.3　宰前检验

6.3.1　供宰动物应来自非疫区，并附有相关证明。屠宰企业不得屠宰在运输过程中死亡的动物、有传染病或疑似传染病的动物、来源不明或证明不全的动物。

6.3.2　供宰动物应按国家有关规定进行宰前检验。宰前检验应考虑饲养场的相关信息，如动物饲养情况、用药及疫病防治情况等，并按照有关程序观察活动物的外表，如动物的行为、体态、身体状况、体表、排泄物及气味等。对有异常症状地动物应隔离观察，测量体温，并作进一步兽医检查。必要时，进行实验室检测。

6.3.3　对判定为不适宜正常屠宰的动物，应按照有关兽医规定处理。

6.3.4　应将宰前检验的信息及时反馈给饲养场和宰后检验人员，并做好宰前检验记录。

6.4　宰后检验

6.4.1　宰后对动物头部、胴体和内脏的检验应按照国家有关规定、程序和标准执行。

6.4.2　应利用宰前检验信息和宰后检验结果，判定肉类是否适合人类食用。

6.4.3　感官检验不能准确判定肉类是否适合人类食用时，应进一步检验或进行实验室检测。

6.4.4　废弃的肉类或动物的其他部分，应做适当标记，并用防止与其他肉类交叉污染的方式处理。废弃处理应做好记录。

6.4.5　为确保能充分完成宰后检验，主管兽医有权减慢或停止屠宰加工。

6.4.6　宰后检验应做好记录，宰后检验结果应及时分析，汇总后上报有关部门。必要时，反馈给饲养场。

6.5　粪便、奶汁、胆汁等可见污染物的控制

肉类屠宰生产企业应使粪便、奶汁、胆汁等可见污染物得到控制、确保产品不受污染。

6.6　肉及肉制品微生物的控制

生产企业应根据产品的卫生要求，制定书面的微生物控制规定，定期或不定期对产品生产的主要过程、成品和半成品进行监控。

6.7　物理危害的控制

生产企业应利用必要的监控设备如金属探测仪、X射线检测仪等控制物理危害。

6.8　化学危害的控制

生产企业应充分考虑原料和加工过程（配辅料，注射或浸渍）中可能引起的化学危害（如农兽药残留、环境污染物、添加剂的误用等）并加以有效控制。食品添加剂的使用范围和加入量应符合GB 2760的规定，不能使用未经许可或禁止使用的食品添加剂。

6.9　加工过程中温度的控制

车间温度应按照产品工艺要求控制在规定的范围内。预冷间/设施温度控制在0℃～4℃，分割间、肉制品加工车间的温度不高于12℃（除加热工序），冻结间温度不高于−28℃。冷藏库温度不高于−18℃，包装车间的温度不高于10℃，解冻和腌制车间的温度不高于4℃。肉制品加工过程中温度及产品中心温度、时间的控制应符合GB 19303—2003中6.3的要求。熟肉制品的加热工序应能保证加热温度的均匀性。

6.10　肉制品加工过程区域控制

生制品加工应分清洁区和非清洁区，熟制品加工应严格划分生熟界面。

6.11　产品储存和运输

储存库的温度应符合储存肉类的特定要求。储存库内应保持清洁、整齐、通风，不得存放有碍卫生的物品，同一库内不得存放可能造成相互污染或者串味的食品。有防霉、防鼠、防虫设施，定期消毒。

运输工具应符合卫生要求，并根据产品特点配备制冷、保温等设施。运输过程中应保持适宜的温度。运输工具应及时清洗消毒，保持清洁卫生。

7　检验

7.1　检验能力

7.1.1　应有与生产能力相适应的内部检验部门和具备相应资格的检验人员。

7.1.2 内部检验部门应具备检验工作所需要的标准资料、检验设施和仪器设备；检验仪器应按规定进行计量检定。

7.1.3 委托企业外部检验机构承担检测工作的，该检验机构应具有相应的资格。

7.2 检验要求

7.2.1 产品应按照相关产品国家、行业等标准要求进行检测判定。

7.2.2 产品微生物检测项目包括常规卫生指标（如细菌总数、大肠菌群等）和致病菌。

7.2.3 食品添加剂，农药、兽药残留，环境污染物等项目的检测和判定，按现行有效的国家标准执行，必要时参照国际标准或者进口国标准。

8 产品追溯和撤回

8.1 不合格品控制

企业应制定和执行对不合格品的控制制度，包括不合格品的标识、记录、评价、隔离处置等内容。

8.2 产品追溯和撤回

企业应建立和实施产品的追溯和撤回程序，当肉及肉制品存在不可接受风险时，确保能追溯并及时撤回产品。必要时定期演练。

附　录　A
（资料性附录）
CB/T 22000—2006 与 GB/T 27301—2008 之间的对应关系

表 A.1　GB/T 22000—2006 与 GB/T 27301—2008 之间的对应关系

GB/T 22000—2006		GB/T 27301—2008	
引言			引言
范围	1	1	范围
规范性引用文件	2	2	规范性引用文件
术语和定义	3	3	术语和定义
食品安全管理体系	4		
总要求	4.1		
文件要求	4.2		
总则	4.2.1		
文件控制	4.2.2		
记录控制	4.2.3		
管理职责	5		
管理承诺	5.1		
食品安全方针	5.2		
食品安全管理体系策划	5.3		
职责和权限	5.4		
食品安全小组组长	5.5		
沟通	5.6		
外部沟通	5.6.1		
内部沟通	5.6.2		
应急准备和响应	5.7		
管理评审	5.8		
总则	5.8.1		
评审输入	5.8.2		
评审输出	5.8.3		
资源管理	6		
资源提供	6.1	7.1	检验能力
人力资源	6.2	4	人力资源
总则	6.2.1	4.1	食品安全小组的组成
能力、意识和培训	6.2.2	4.2	能力、意识和培训
基础设施	6.3	5	前提方案
工作环境	6.4	5	前提方案
安全产品的策划和实现	7	6	关键过程控制
总则	7.1		
前提方案（PRPs）	7.2	5	前提方案
		5.1	总则
		5.2	基础设施和维护
		5.3	卫生标准操作程序（SSOP）
		5.4	人员健康和卫生要求
实施危害分析的预备步骤			
总则	7.3		
食品安全小组	7.3.1	4.1	食品安全小组的组成
产品特性	7.3.2		
预期用途	7.3.3		
流程图、过程步骤和控制措施	7.3.4		
	7.3.5		
危害分析	7.4	6	关键过程控制

（续）

GB/T 22000—2006		GB/T 27301—2008	
总则	7.4.1		
危害识别和可接受水平的确定	7.4.2		
危害评估	7.4.3		
控制措施的选择和评估	7.4.4		
操作性前提方案（PRPs）的建立	7.5	6	关键过程控制
HACCP 计划的建立	7.6	6	关键过程控制
HACCP 计划	7.6.1		
关键控制点（CCPS）的确定	7.6.2		
关键控制点的关键限值的确定	7.6.3		
关键控制点的监视系统	7.6.4		
监视结果超出关键限值时采取的措施	7.6.5		
预备信息的更新、规定前提方案和 HACCP 计划文件的更新	7.7		
验证策划	7.8	7	检验
可追溯性系统	7.9	8.2	产品追溯和撤回
不符合控制	7.10	8.1	不合格品控制
纠正	7.10.1		
纠正措施	7.10.2		
潜在不安全产品的处置	7.10.3		
撤回	7.10.4	8.2	产品追溯和撤回
食品安全管理体系的确认、验证和改进	8		
总则	8.1		
控制措施组合的确认	8.2		
监视和测量的控制	8.3	7	检验
食品安全管理体系的验证	8.4		
内部审核	8.4.1		
单项验证结果的评价	8.4.2		
验证活动结果的分析	8.4.3		
改进	8.5		
持续改进	8.5.1		
食品安全管理体系的更新	8.5.2		

参 考 文 献

［1］中华人民共和国食品卫生法
［2］中华人民共和国质量法
［3］中华人民共和国计量法
［4］中作人民共和国标准化法
［5］中华人民共和国进出口商品检验法及实施条例
［6］中华人民共和国进出境动植物检疫法及实施条例
［7］中华人民共和国国境卫生检疫法及实施细则
［8］国家质量监督检验检疫总局．出口食品生产企业卫生注册登记管理规定．2002 年第 20 号令.
［9］国家质量监督检验检疫总局．食品召回管理规定．2007 年第 98 号令.
［10］国家质量监督检验检疫总局．食品标识管理规定．2007 年第 102 号令.
［11］国家认证认可监督管理委员会．食品生产企业危害分析与关键控制点（HACCP）管理体系认证管理规定．2002 年第 3 号公告.
［12］国家认证认可监督管理委员会．食品安全管理体系认证实施规则．2007 年第 3 号公告.
［13］GB 5749—2006 生活饮用水卫生标准
［14］GB 14881—1994 食品企业通用卫生规范
［15］王凤清．中国出口食品卫生注册管理指南．北京：中国对外经济贸易出版社，2000.
［16］国家认证认可监督管理委员会．食品安全控制与卫生注册评审．北京：知识产权出版社，2002.
［17］中国合格评定国家认可中心．"十五"国家重大科技专项"食品安全关键技术"课题成果，中国食品企业和餐饮业 HACCP 体系的建立和实施丛书：食品安全管理体系评价准则、认证制度和认可制度．北京：中国标准出版社，2006.

中华人民共和国国家标准

GB/T 20575—2019
代替 GB/T 20575—2006

鲜、冻肉生产良好操作规范

Specification of good manufacture practice for fresh and frozen meat processing

2019-03-25发布/2019-10-01实施

国家市场监督管理总局

中国国家标准化管理委员会　发布

前　言

本标准按照 GB/T 1.1—2009 给出的规则起草。

本标准代替 GB/T 20575—2006《鲜、冻肉生产良好操作规范》。与 GB/T 20575—2006 相比，除编辑性修改外主要技术变化如下：

——修改了范围（见第1章，2006年版的第1章）；

——修改了规范性引用文件（见第2章，2006年版的第2章）；

——修改了术语和定义（见第3章，2006年版的第3章）；

——增加了选址及厂区环境（见第4章）；

——修改了厂房和车间（见第5章，2006年版的7.1）；

——修改了设施与设备（见第6章，2006年版的7.1.1、7.1.3、7.2、7.3、7.4）；

——修改了生产原料要求（见第7章，2006年版的第4章～第6章）；

——修改了检验检疫（见第8章，2006年版的第10章）；

——修改了生产过程控制（见第9章，2006年版的第9章）；

——修改了包装、贮存和运输（见10章，2006年版的9.3.2、9.3.7、9.3.8、9.3.9、9.3.10、9.4）；

——增加了产品标识（见第11章）；

——增加了产品追溯与召回管理（见第12章）；

——修改了卫生管理与控制（见第13章，2006年版的8.1～8.5）；

——增加了记录与文件管理（见第14章）。

本标准由中华人民共和国农业农村部提出。

本标准由全国屠宰加工标准化技术委员会（SAC/TC 516）归口。

本标准主要起草单位：中国动物疫病预防控制中心（农业农村部屠宰技术中心）、商务部流通产业促进中心、北京顺鑫农业股份有限公司鹏程食品分公司。

本标准主要起草人：高胜普、尤华、解辉、吴晗、龚海岩、张新玲、张朝明、王敏、赵箭、张杰、李文合、马冲、李琦、单佳蕾、李鹏、关婕葳、张劭俣、陈慧娟、穆佳毅、张德宝、李文祥、闵成军、王泽江、孟艳芬。

本标准所代替标准的历次版本发布情况为：

——GB/T 20575—2006。

鲜、冻肉生产良好操作规范

1　范围

本标准规定了鲜、冻肉生产的选址及厂区环境、厂房和车间、设施与设备、生产原料要求、检验检疫、生产过程控制、包装、贮存与运输、产品标识、产品追溯与召回管理、卫生管理及控制、记录和文件管理。

本标准适用于供人类消费的鲜、冻猪、牛、羊、家禽等产品（包括直接或经进一步加工后供食用的鲜、冻猪、牛、羊、家禽等产品）的生产。

2　规范性引用文件

下列文件对于本文件的应用是必不可少的。凡是注日期的引用文件，仅注日期的版本适用于本文件。凡是不注日期的引用文件，其最新版本（包括所有的修改单）适用于本文件。

GB/T 191　包装储运图示标志

GB 4806.7　食品安全国家标准　食品接触用塑料材料及制品

GB 5749　生活饮用水卫生标准

GB/T 6388　运输包装收发货标志

GB/T 6543　运输包装用单瓦楞纸箱和双瓦楞纸箱

GB 7718　食品安全国家标准　预包装食品标签通则

GB 12694—2016　食品安全国家标准　畜禽屠宰加工卫生规范

GB 14881—2013　食品安全国家标准　食品生产通用卫生规范

GB/T 17996　生猪屠宰产品品质检验规程

GB 18393　牛羊屠宰产品品质检验规程

GB/T 19480　肉与肉制品术语

GB/T 19538　危害分析与关键控制点体系及其应用指南

GB 50317　猪屠宰与分割车间设计规范

GB 51219　禽类屠宰与分割车间设计规范

GB 51225　牛羊屠宰与分割车间设计规范

生猪屠宰检疫规程（农医发〔2010〕第 27 号　附件 1）

家禽屠宰检疫规程（农医发〔2010〕第 27 号　附件 2）

牛屠宰检疫规程（农医发〔2010〕第 27 号　附件 3）

羊屠宰检疫规程（农医发〔2010〕第 27 号　附件 4）

病死及病害畜禽无害化处理技术规范（农医发〔2017〕25 号）

3　术语和定义

GB 12694—2016、GB 14881—2013、GB /T 19480、GB/T 19538 界定的以及下列术语和定义适用于本文件。

3.1

屠宰厂　slaughter enterprise

由政府监管部门批准注册的用于可食用猪、牛、羊、禽等畜禽屠宰与加工的场所。

3.2

肉品企业　meat enterprise

除屠宰厂之外，经政府监管部门批准注册的进行鲜、冻肉加工、包装、运输或贮存的企业。

3.3

屠宰畜禽　slaughter livestock and poultry

法律允许在屠宰厂屠宰的畜禽，如猪、牛、羊、禽等。

3.4

屠体 livestock and poultry body

活畜禽经宰杀、放血后的躯体。

3.5

鲜、冻肉 fresh and frozen meat

屠宰畜禽加工后获得的肉品，包括热鲜肉、冷却肉和冷冻肉。

3.6

屠宰加工 slaughter processing

将屠宰畜禽加工成胴体（或分割肉）及其他副产品的过程。

3.7

清洗 cleaning

去除肉品表面（胴体）污染物的过程。

4 选址及厂区环境

应符合 GB 12694—2016 中第 3 章的相关规定。

5 厂房和车间

5.1 设计和布局

5.1.1 厂房和设施结构应合理、坚固，通风良好，有充足的天然或人工光源，易于清洁。

5.1.2 车间布局与设施的设计、建造和安装应满足工艺流程要求，不造成交叉污染。

5.1.3 待宰圈（区）应有足够的圈舍容量，有顶棚（如果气候条件允许可以不设），有足够的围栏便于进行宰前检验检疫。待宰圈的结构应合理，便于维修；地面的铺设和排水良好；供水充足，供水管道的设置便于对待宰圈（区）、通道、装卸台和运输工具进行清洗。

5.1.4 应有合适的隔离圈便于对畜禽进行仔细的检查。隔离圈应能够上锁，有单独的排污管道，并且不与流经其他圈舍的排污管道相连，如果环境条件有要求应设有顶棚。

5.1.5 应设有与屠宰和加工相适应的畜禽屠宰加工车间。不同畜禽屠宰加工车间应分开。车间清洁区、非清洁区之间应完全隔离。

5.1.6 畜禽屠宰加工车间应设有足够的空间分别进行浸烫、脱毛等相关操作，每个加工区域应和其他区域分开。应设有内脏处理间、适宜的冷却间、冻结间和冷藏库，以及皮、角、蹄和非食用畜禽脂肪的储存间。

5.1.7 畜类急宰间应和隔离圈相连，应带锁，且只用于急宰畜类的屠宰加工。

5.1.8 应设有病害肉的储存间，设计上应防止病害肉的交叉污染。不适于食用的肉应单独存放。

5.1.9 剔骨分割和包装区域应分开，且应能进行温度控制。

5.1.10 车间布局和设施应利于进行肉品检验检疫。

5.1.11 车间内应有足够宽的通道，便于通行。所有的专用电梯能避免肉遭受污染，且易于进行有效的清洁。

5.1.12 可食用产品处理间的门应牢固并采用双向自由门，关闭时密闭性好，并且宜使用自动门。可食用产品处理间的楼梯应易于清洁。

5.1.13 厂房和车间应设有防虫、防鼠、防蝇和防鸟等设施。

5.2 建筑内部结构与材料

应符合 GB 14881—2013 中 4.2 的要求。

6 设施与设备

6.1 基本要求

6.1.1 应符合 GB 12694—2016 中第 5 章的要求。

6.1.2 应设有对车辆进行彻底清洗和消毒的设施，以及对畜禽粪便进行收集和无害化处理的设施。

6.1.3 与畜禽的可食用部分直接接触的设施和设备，其设计和构造应易于有效的清洁，并能对其卫生状况进行有效监控。

6.1.4 畜禽屠宰加工车间的设施应用防水、防渗和耐腐蚀的材料建造，便于清洗，其设计、建造和安装应能保证肉品不接触地面。

6.1.5 肉不应与地面、墙面和 6.1.3 规定之外的设施表面接触。

6.1.6 运输肉的轨道不应对肉造成污染。

6.1.7 如需要，应设有对可食用脂肪进行处理和贮存的专用设施设备。

6.1.8 车间内应有适宜的自然光线或人工照明灯具。照明灯具的光泽不应改变加工物的本色，生产车间和宰前检验检疫区域照明强度应在 220 lx 以上，生产车间内检验检疫区域的照明强度应在 540 lx 以上，预冷间、通道等其他场所应在 110 lx 以上。

6.2 供水设施

6.2.1 应在足够的压力下保证供应符合 GB 5749 的生活饮用水，水的储存和使用应能避免虹吸，且保证其不受到污染。

6.2.2 宜设有相应的设备提供非饮用水，非饮用水的供应与饮用水完全分开，非饮用水管道和容器应用不同的颜色或主管部门允许的其他方式进行区分。

6.2.3 应供应足够的冷热水，清洗用热水温度不宜低于 40 ℃，消毒用热水温度不应低于 82 ℃。

6.3 排水设施和废弃物处理设施

6.3.1 所有的管道，包括下水道，应满足排放的要求。

6.3.2 所有的管道均应不漏水，水流顺畅。

6.3.3 来自卫生间的下水管道与生产排水系统分开。

6.3.4 排水系统和废弃物处理系统应与鲜、冻肉加工和储存间完全隔离。

6.3.5 废弃物处理应避免对生活饮用水造成污染。

6.4 清洁消毒设施

6.4.1 用于屠宰、开膛、剔骨分割、包装和其他处理的车间应安装足够的洗手设施。洗手设施安装地点应便于使用，应有下水道将废水及时排出，应能够供应热水。水龙头应为非手动式，应设有提供皂液和其他洗手剂的装置。应具备干手设施，如必须使用一次性纸巾，应提供放置废弃纸巾的容器。

6.4.2 用于屠宰、开膛、剔骨、分割、包装和其他处理的车间应配备足够的对工具进行清洁和消毒的设施或设备，专门用于对刀、磨刀器具、钩、锯和其他工具进行清洁和消毒。这些设施或设备应有下水管道将废水及时排出，安装或存放地点应便于使用，应易于清洁消毒。

6.5 个人卫生设施

6.5.1 更衣室、餐厅、水冲式厕所和淋浴室规模应与员工的数量相适应。

6.5.2 厕所应有洗手设施，并能够提供热水，水龙头应为非手动式，有能够提供液体肥皂或其他洗手剂的装置，配备干手设施。

6.5.3 个人卫生设施应能够提供足够的照明、通风设施，必要时能够提供取暖设施。

6.5.4 个人卫生设施出入口应不直接通向工作区域。

6.6 贮存、温控设施

6.6.1 所有对胴体、分割胴体、分割肉和可食用副产品进行冷却、冷藏和冷冻的车间应有合适的温度记录装置。

6.6.2 所有胴体、分割胴体、分割肉和可食用副产品冷却间的墙和屋顶应隔热。如安装悬挂式冷却排管，应配备隔热滴水盘；如安装落地式冷却器，若未紧邻地面排水管道，应安装于具有独立排水设施的边缘区域。

6.6.3 冷却间、冻结间设施的设计和建造应满足 GB 50317、GB 51225 和 GB 51219 的要求。

6.7 设备

6.7.1 屠宰厂或肉品企业使用的所有与肉品接触的设备、工器具在设计和制造上应易于清洗、表面光滑、耐磨损、防渗、无凹陷和裂缝；应耐腐蚀、无毒、无异味，可经反复清洗和消毒。

6.7.2 固定设备的安装方式应易于进行全面的清洗。

6.7.3 滑槽和类似设备应便于检查，必要时应有清洁开口以保证能够进行有效的清洁。

6.7.4 用于处理不可食用或不合格肉品的设备和工具应单独清洗、消毒、存放。

6.7.5 应具有对肉品特定加工要求的温度、湿度和其他因子进行控制的设备。

6.8 运输工具

6.8.1 用于运输肉品的工具，其设计和制造应能防止或抑制微生物的生长。

6.8.2 运输工具接触产品表面应用耐腐蚀的原材料制成，且应光滑、防渗、易于清洗和消毒。运输工具应有密封的门和接缝，能够防止昆虫和其他有害生物的侵入。运输工具在设计、制造和装备上应能满足肉品运输所需的温度，保证肉品不会和车厢底面接触。

7 生产原料要求

7.1 用于生产鲜、冻肉的畜禽饲养要求

7.1.1 畜禽养殖场所的设立和管理应符合《中华人民共和国动物防疫法》和相关法律法规的要求。

7.1.2 养殖场应按国家相关规定控制化学物质（如兽药、杀虫剂和其他农药等）的使用。

7.1.3 饲养用于屠宰的畜禽应按照良好的饲养管理规范进行。饲料应符合国家相关要求。

7.1.4 集约化养殖生产系统中的饲养或废弃物处理方式不应对公共卫生和畜禽健康造成危害，不应对周围环境造成污染。

7.2 屠宰畜禽的运输要求

7.2.1 运输车辆应便于装卸畜禽，且对畜禽的伤害风险最小。

7.2.2 应将可能发生彼此伤害的不同种类畜禽或同种畜禽分开。

7.2.3 运输车辆应保证适当的通风，便于清洁和消毒。

7.2.4 采用两层或多层的运输车辆时，每层都应具有防渗漏隔板。

7.2.5 运输时应最大程度降低排泄物造成的污染和交叉污染。

7.2.6 运输过程中应确保不引入新的危害，避免对畜禽造成不适当的应激。

7.3 屠宰畜禽的要求

7.3.1 畜禽的识别

待宰畜禽标识应完整。

7.3.2 需特殊处理畜禽的识别

当屠宰畜禽在运输、宰前、宰中和宰后过程中被判定为需要特殊处理时，应确保畜禽或胴体及其相关信息的正确传递。

7.3.3 屠宰厂的信息传递和隔离

屠宰厂应建立有效的信息传递系统，保证畜禽到达屠宰厂以前及宰前、宰后检验检疫信息的传递；对有特殊要求的屠宰畜禽的相关信息，应及时传递到相关人员，并采取有效的隔离措施。

7.3.4 畜禽屠宰前要求

7.3.4.1 畜禽临宰前应停食静养。

7.3.4.2 应将患有任何影响或可能影响鲜、冻肉安全性的疾病或缺陷的畜禽同其他畜禽隔离。

7.3.4.3 不同畜种应在不同的屠宰线上屠宰。

7.3.4.4 待宰家畜临宰前应喷淋冲洗。

8 检验检疫

8.1 检验检疫的要求

8.1.1 屠宰厂和肉品企业的布局和设备应便于检验检疫。

8.1.2 屠宰厂和肉品企业应为检验检疫人员提供与生产相适应的专门检验室和办公设备。

8.1.3 应提供适当的实验室设施，建立文件化的实验室管理程序，并有效运行。

8.2 隔离屠宰的操作要求

8.2.1 经兽医检疫后认为需要隔离屠宰的畜禽应按相应的操作规范进行屠宰。

8.2.2 隔离屠宰加工生产的肉品，对其是否可食用应进行判断，对其食用性有怀疑的应分开存放，防止污染其他可食用肉，防止与其他肉品混淆。

8.3 不可食用肉品的操作要求

8.3.1 不可食肉品的工作间、设备和器具应专门使用。

8.3.2 不合格的或不适于人类食用的肉品应在检验检疫人员的监督下，采取以下措施：

  a) 立即放在专用密闭容器或房间内，或进行相应的处理；

  b) 采用相应的标识进行区分；

  c) 按照《病死及病害畜禽无害化处理技术规范》及相关规定进行处理。

9　生产过程控制

9.1　过程控制程序

9.1.1 应制定保证肉品安全卫生的文件化过程控制程序，屠宰畜禽的检验检疫应符合 GB/T 17996、GB 18393、《生猪屠宰检疫规程》《牛屠宰检疫规程》《羊屠宰检疫规程》《家禽屠宰检疫规程》和国家的有关规定。

9.1.2 屠宰厂或肉品企业的负责人应负责过程控制程序的制定和实施，负责人可以授权经过培训的有关人员对过程控制程序进行监督管理。

9.1.3 检验检疫人员应监督与鲜、冻肉安全和卫生相关的过程控制程序的实施。

9.1.4 应定期验证过程控制程序的有效性，企业应保证验证人员能全面了解过程控制程序的实施和记录。

9.2　屠宰加工的操作要求

9.2.1 屠宰加工的车间和用具应只用于屠宰，不能用于剔骨分割。

9.2.2 需紧急屠宰的畜禽，应在检验检疫人员的监督下进行屠宰加工。

9.2.3 进入屠宰间的畜禽应立即屠宰。

9.2.4 致昏、屠宰放血应和后续的屠宰加工速度相适应。

9.2.5 屠宰、放血和脱毛开膛的操作应确保肉的清洁卫生。

9.2.6 放血应彻底，如果畜禽的血液用于食用，应采用安全卫生的方法进行收集和处理；需要搅拌时，应使用符合要求的工具。

9.2.7 脱毛（羽）或去皮后，胴体间应保持一定距离，防止交叉污染。

9.2.8 从头部分割供食用的肉和脑之前，头应彻底冲洗干净；除浸烫脱毛（羽）外，头应剥皮，以便于头部的卫生检验及头部肉和脑的分割卫生。

9.2.9 需取舌头时应避免割破扁桃体。

9.2.10 剥皮以及其他相关操作，应满足以下要求：

  a) 剥皮应在开膛去内脏之前进行，应避免对肉造成污染；

  b) 剥皮后未去内脏的屠体若冲洗应避免冲洗水进入胸腔和腹腔；

  c) 经浸烫、脱毛、燎毛或相关处理的屠体，应去除鬃、毛、皮屑和污垢；

  d) 浸烫池中的水应定时更换；

  e) 泌乳期或有明显病症的乳房均应尽早在屠宰加工前期切除，避免乳房分泌物和内容物污染胴体。切除乳房时，应保持乳头和乳房本身完整，不应割破乳腺和乳窦。

9.2.11 进一步加工时应满足以下要求：

  a) 应按照卫生要求迅速取出内脏；

  b) 应避免消化道、胆囊、膀胱、子宫和/或乳房的内容物污染胴体；

  c) 在开膛前摘取内脏时，应避免肠道的破损，另行处理时结扎小肠以防内容物溢出；

  d) 在冲洗胴体时，不应造成胴体的二次污染；

  e) 可食用肉的加工或存放处，不应存放皮毛或生皮；

  f) 屠宰加工过程中取下的不可食用部分，应存放于密封的容器中，防止造成污染，运出后应在指定地点处理；

  g) 屠宰过程中，及时清除污染胴体的粪便和其他污物；

  h) 检验检疫人员认为在屠宰、分割和包装加工过程中对胴体或肉的安全、生产的卫生、检验检疫的效率造成不良影响时，且管理人员不能采取有效措施来消除不良影响，检验检疫人员有权要求减慢生产速度或暂时中止某一工段的生产。

9.3　屠宰加工后的操作要求

9.3.1 检验检疫合格适于食用的肉品应满足以下要求：

a) 应在加工、贮存和运输过程中，防止污染变质；

b) 应尽快进入下一工序；

c) 对需进行冷分割的胴体，应尽快降低胴体温度和/或水分活度。

9.3.2 用于剔骨、分割或对肉进行深加工的工作间、设备和器具不应另做他用。

9.3.3 剔骨分割间应保持一定的温度和湿度，适于操作。

9.3.4 冷剔骨分割时环境温度不应高于 12 ℃。

9.3.5 对需进行热分割的，应满足下列要求：

a) 应直接从屠宰间转到剔骨分割间；

b) 应立即进行剔骨分割、包装、快速冷却或经剔骨分割、快速冷却、包装，操作过程应符合过程控制程序的要求；

c) 应控制剔骨分割间的环境温度不高于 15 ℃。

9.3.6 胴体、分割胴体、分割肉和可食用副产品进行冷却或冻结时，应遵守以下要求：

a) 热分割肉应经过晾肉后方能进入冷却间；

b) 未放在瓦楞纸箱中的肉品应悬挂或放置在适当的托盘内，并保证空气充分流通；

c) 盛放肉品的瓦楞纸箱或托盘应排放整齐，保证每个纸箱或托盘周围的空气流通；

d) 未放在瓦楞纸箱或托盘中的肉，应防止汁液滴落污染其他肉品；

e) 盛有肉品的托盘叠放时，应防止托盘底部向下边的肉品相接触；

f) 经冷却后，在分割后 24 h 内使畜肉中心温度不高于 7 ℃，可食用副产品中心温度不高于 3 ℃，且所有产品中心温度不低于 0 ℃；

g) 经冻结后，在分割后 48 h 内肉品的中心温度不高于 −15 ℃；

h) 应监控冷却、冻结过程，并详细地记录，以确保其时间和温度参数能满足要求。

10 包装、贮存与运输

10.1 包装

肉品的包装应满足下列要求：

a) 应用清洁卫生的方式储存和使用包装材料；

b) 包装材料及包装方式应避免肉品在处理、加工和/或贮存的过程中受到污染；

c) 包装材料应无毒无害，符合 GB 4806.7、GB/T 6543 的要求。

10.2 贮存

10.2.1 冷却胴体、分割胴体、分割肉和可食副产品应在 0 ℃～4 ℃贮存，冻结胴体、分割胴体、分割肉和可食副产品应在 −18 ℃以下贮存。

10.2.2 胴体、分割胴体、分割肉和可食用副产品放入储存库时，应满足下列要求：

a) 只允许相关工作人员进入；

b) 开门的时间不宜过长，使用后要立即关闭；

c) 储存库温度、相对湿度和空气流通的控制应符合过程控制程序中的要求；

d) 应具备相应的监测设施。

10.2.3 冷却的胴体、分割胴体、分割肉和可食副产品贮存时，应符合下列要求：

a) 储存库的温度应控制在 0 ℃～4 ℃；

b) 胴体之间通风良好；

c) 分割胴体应悬挂或放置在合适的容器中，并保证空气充分流通；

d) 防止汁液滴落污染其他肉品；

e) 应防止滴水，包括冷凝水。

10.2.4 冻结的胴体、分割胴体、分割肉和可食用副产品贮存时，应满足下列要求：

a) 冷藏库的温度应控制在 −18 ℃以下，且每日温度波动 ≤1 ℃；

b) 胴体或盛放肉的包装物，均不应直接接触地面，以保证空气的充分流通.

10.2.5 应监控贮存过程并详细记录，以确保其时间和温度参数能满足要求。

10.3　运输

10.3.1　运输工具和容器装载前应清洗、消毒和维修。

10.3.2　运输过程应满足下列要求：

    a)　不应与其他货物混运；

    b)　畜禽肠胃应清洗或浸烫后方可运输；

    c)　头和蹄应剥皮或浸烫脱毛后方可运输；

    d)　猪牛羊胴体运输时应悬挂，在包装和冻结良好的状态时可采用适宜的方式运输；

    e)　对于未包装、未冷冻的副产品，应放入合适的密闭容器中运输；

    f)　产品不应接触运输车辆底板；

    g)　运输工具应根据产品特点配备制冷、保温等设施，运输过程中应保持适宜的温度。

11　产品标识

11.1　预包装产品标签应符合 GB 7718 的要求。

11.2　运输包装的标志应符合 GB/T 191、GB/T 6388 的规定。

12　产品追溯与召回管理

应符合 GB 12694—2016 中第 9 章的要求。

13　卫生管理及控制

13.1　卫生管理制度

卫生管理制度应符合 GB 12694—2016 中第 11 章的要求。

13.2　人员健康管理与卫生要求

人员健康管理与卫生应符合 GB 12694—2016 中第 10 章的要求。

14　记录和文件管理

应符合 GB 12694—2016 中第 12 章的要求。

中华人民共和国国家标准

GB/T 20551—2006

畜禽屠宰 HACCP 应用规范

Evaluating specification on the HACCP certification in the slaughter of livestock and poultry

2006-09-29 发布/2006-12-01 实施

中华人民共和国国家质量监督检验检疫总局
中国国家标准化管理委员会　　发布

前　言

本标准参考了国际食品法典委员会（CAC）发布的 Annex to CAC/RCP 1-1969，Rev. 3（1997），Amd，1999《HACCP 体系及其应用准则》（Guidelines for the application of the HACCP system）的有关内容，并结合我国畜禽屠宰行业的现状制定的。

本标准的附录 A、附录 B、附录 C、附录 D、附录 E 和附录 F 为规范性附录，附录 G、附录 H、附录 I 和附录 J 为资料性附录。

本标准由中华人民共和国商务部提出并归口。

本标准起草单位：商务部屠宰技术鉴定中心、国家认证认可监督管理委员会注册管理部、河南漯河双汇实业股份有限公司、内蒙古草原兴发股份有限公司、北京大发正大有限公司、北京华都肉鸡公司、深圳南山肉联厂、山东肥城银宝食品有限公司。

本标准主要起草人：王贵际、龚海岩、赵箭、史小卫、石瑞芳、李红伟、刘景德、谢丽华、邹杰、李载道、李登芹。

本标准由商务部屠宰技术鉴定中心负责解释。

畜禽屠宰 HACCP 应用规范

1　范围

本标准规定了畜禽屠宰加工企业 HACCP 体系的总要求以及文件、良好操作规范（GMP）、卫生标准操作程序（SSOP）、标准操作规程（SOP）、有害微生物检验和 HACCP 体系的建立规程方面的要求，提供了畜禽屠宰 HACCP 计划模式表。

本标准适用于畜禽屠宰加工企业 HACCP 体系的建立、实施和相关评价活动。

2　规范性引用文件

下列文件中的条款通过本标准的引用而成为本标准的条款。凡是注日期的引用文件，其随后所有的修改单（不包括勘误的内容）或修订版均不适用于本标准，然而，鼓励根据本标准达成协议的各方研究是否可使用这些文件的最新版本。凡是不注日期的引用文件，其最新版本适用于本标准。

GB/T 191　包装储运图示标志（GB 191—2000，eqv ISO 780：1997）

GB/T 4456　包装用聚乙烯吹塑薄膜

GB 5749　生活饮用水卫生标准

GB/T 6388　运输包装收发货标志

GB/T 6543　瓦楞纸箱

GB 7718　预包装食品标签通则

GB 9959.1　鲜、冻片猪肉

GB 9959.2　分割鲜、冻猪瘦肉

GB/T 9960　鲜、冻四分体带骨牛肉

GB 9961　鲜、冻胴体羊肉

GB 16869　鲜、冻禽产品

GB/T 17236　生猪屠宰操作规程

GB/T 17238　鲜、冻分割牛肉

GB/T 17996　生猪屠宰产品品质检验规程

GB 18393　牛羊屠宰产品品质检验规则

GB/T 19000　质量管理体系　基础和术语（GB/T 19000—2000，idt ISO 9000：2000）

GB/T 19080　食品与饮料行业　GB/T 19001—2000 应用指南

GB 50317　猪屠宰与分割车间设计规范

《中华人民共和国食品卫生法》1995 年 10 月 30 日

(59) 商卫联字第 399 号附件：《肉品卫生检验（试行）规程》1959 年 11 月 1 日

3　术语和定义

GB/T 19000、GB/T 19080 和 GB 50317 确立的以及下列术语和定义适用于本标准。

3.1

控制（动词） control

采取一切必要措施，以确保和保持符合 HACCP 计划所制定的指标。

3.2

控制（名词） control

遵循正确的方法和达到安全指标的状态。

3.3

控制措施 control measure

用以防止或消除食品安全危害或将其降低到可接受的水平，所采取的任何行动和活动。

3.4

偏差 deviation

不符合关键限值。

3.5

关键控制点 critical control point（CCP）

能够进行控制，并且该控制对防止、消除某一食品安全危害或将其降低到可接受水平是必需的某一步骤。

3.6

危害分析和关键控制点 hazard analysis and critical control point（HACCP）

对食品安全有显著意义的危害加以识别、评估和控制的体系。

3.7

危害分析和关键控制点计划 HACCP plan

根据 HACCP 原理所制定的用以确保食品链各考虑环节中对食品有显著意义的危害予以控制的文件。

3.8

监控 monitor

为了确定 CCP 是否处于控制之中，对所实施的一系列对预定控制参数所作的观察或测量进行评估。

3.9

HACCP 原理 principle of HACCP

HACCP 包括下列 7 项原理：

原理 1　进行危害分析；

原理 2　确定关键控制点；

原理 3　建立关键限值；

原理 4　建立监控关键控制点控制体系；

原理 5　当监控表明个别 CCP 失控时所采取的纠偏措施；

原理 6　建立验证程序、证明 HACCP 体系工作的有效性；

原理 7　建立关于所有适用程序和这些原理及其应用的记录系统。

3.10

卫生标准操作程序 sanitation standard operating procedure（SSOP）

为保障产品卫生质量，组织在产品加工过程中应遵守的操作规范。

注：SSOP 主要包括以下内容：接触产品（包括原料、半成品、成品）或与产品有接触的物品（包括水和冰）应符合安全、卫生要求；接触产品的器具、手套和内外包装材料等必须清洁、卫生和安全；确保产品免受交叉污染；保证操作人员手的清洗消毒，保持洗手间设施的清洁；防止润滑剂、燃料、清洗消毒用品、冷凝水及其他化学、物理和生物等污染物对产品造成安全危害；正确标注、存放和使用各类有毒化学物质；保证与产品有接触的员工的身体健康和卫生；预防和清除鼠害、虫害。

3.11

标准操作规程 standard operating procedure（SOP）

为保障产品质量，组织在产品加工过程中应遵守的设备及工艺操作规范。

4　HACCP 体系

4.1　总要求

4.1.1　管理层及 HACCP 工作小组应对 HACCP 体系的建立、实施及验证给予全面责任承诺和参与。

4.1.2　HACCP 体系应用前，应建立实施 HACCP 体系所必需的前提质量管理文件，加以实施和保持，并持续改进其有效性。

4.1.3　应按本标准的要求建立 HACCP 体系，形成文件。

4.1.4　HACCP 体系应充分体现 3.9 中的 7 项原理。

4.2　文件要求

4.2.1　HACCP 体系前提文件与记录

4.2.1.1　基础前提文件

    a)　良好操作规范；

    b)　卫生标准操作程序；

    c)　标准操作规程；

    d)　职工培训计划；

    e)　产品标志、质量追踪和产品召回制度；

    f)　设备、设施的维护、校准、校验和保养程序；

    g)　有害微生物检验规程。

4.2.1.2　其他前提文件

    a)　产品标准；

    b)　屠宰检验规程；

    c)　实验室管理制度；

    d)　委托社会实验室检测的合同或协议；

    e)　文件与资料控制程序；

    f)　其他文件化内容（以书面或电子形式）可包括：

        ——规范；

        ——图纸：厂区及周围地区平面图、车间平面图（物流、人流图和气流图）、工艺流程图、供水与排水网络图和捕鼠图；

        ——现行法规；

        ——其他支持性文件（如设备手册，制定抑制细菌性病原体生长方法时所使用的资料，建立产品货架期所使用的资料，以及在确定杀死细菌性病原体加热强度时所使用的资料。除了数据资料外，支持文件也包含向有关顾问或专家进行咨询的信件）。

4.2.1.3　前提文件记录表

4.2.2　HACCP 体系文件与记录

    a)　HACCP 体系建立规程；

    b)　HACCP 小组名单及职责分配；

    c)　产品描述表；

    d)　产品加工流程图；

    e)　危害分析表；

    f)　HACCP 计划表；

    g)　HACCP 计划记录表。

4.2.3　文件控制

    按照附录 A 的逻辑程序建立 HACCP 体系文件，并对此文件进行控制。

4.2.4　记录控制

    应建立并保持记录，以提供符合要求和 HACCP 体系有效运行的证据。

5　良好操作规范

    应执行附录 B 的规定。

6　卫生标准操作程序

    应执行附录 C 的规定。

7　标准操作规程

    生猪屠宰应执行附录 D 的规定；

    牛羊屠宰应执行附录 E 的规定；

    禽类屠宰应执行附录 F 的规定。

8 有害微生物检验

8.1 应建立对大肠菌群、沙门氏菌等有害微生物进行检验的程序并达到合格要求。

8.2 应建立对其他可能存在的有害微生物进行检验的程序并达到合格要求。

9 HACCP 体系的建立规程

9.1 HACCP 体系建立前期程序

9.1.1 组建 HACCP 工作小组

HACCP 工作小组负责制定 HACCP 计划以及实施和验证 HACCP 体系。HACCP 工作小组的人员组成应保证建立有效 HACCP 体系所需要的相关专业知识和经验，应包括具体管理 HACCP 体系实施的领导、生产技术人员、工程技术人员、品控人员以及其他必要人员，技术力量不足的部分小型组织可以外聘专家。

9.1.2 描述产品，确定产品的预期用途

HACCP 工作小组的首要任务是对实施 HACCP 体系管理的产品进行描述，描述的内容包括：

a) 产品名称；

b) 产品的原料和主要成分；

c) 产品的理化性质（如 pH）及加工处理方式（如冷却、冷冻）；

d) 包装方式；

e) 贮存条件；

f) 保质期限；

g) 销售方式；

h) 销售区域；

i) 有关食品安全的流行病学资料（必要时）；

j) 产品的预期用途和消费人群；

k) 畜禽屠宰产品描述表。

9.1.3 绘制和确认产品加工流程图

9.1.3.1 HACCP 工作小组应深入生产线，详细了解产品的生产加工过程，在此基础上绘制产品的加工流程图，绘制完成后需要现场验证流程图。

9.1.3.2 畜禽屠宰加工流程图按照国家现行的相关标准制定。

9.2 HACCP 体系建立程序

9.2.1 危害分析（原理 1）

9.2.1.1 危害分析类型

危害分析分为自由讨论和危害评估。

9.2.1.1.1 自由讨论时，范围要求广泛、全面。讨论的内容包括从原料、加工到贮存、销售的每一阶段，应尽量列出所有可能出现的潜在危害。

9.2.1.1.2 危害评估是对每一个危害发生的可能性及其严重性进行评价，以确定出对食品安全非常关键的显著危害，并将其纳入 HACCP 计划。

9.2.1.2 涉及安全问题的危害

进行危害分析时应区分安全问题与一般质量问题，应考虑的涉及安全问题的危害包括：

a) 生物危害：包括细菌、病毒及其毒素、寄生虫和有害生物因子；

b) 化学危害：包括畜禽饲养中国家所禁用的兽药残留或未按休药期规定导致的兽药残留等化学物质；

c) 物理危害：任何潜在于畜禽屠宰产品中的有害异物，如断针、金属和碎骨等。

9.2.1.3 列出危害分析表

危害分析表可以明确危害分析的思路。HACCP 工作小组应考虑对每一危害可采取的控制措施。控制某一个特定危害可能需要一个以上的控制措施，而某一个特定的控制措施也可能控制一个以上的危害。

9.2.2 确定关键控制点（原理 2）

9.2.2.1 应用附录 D 中判断树的逻辑推理方法，确定 HACCP 体系中的关键控制点（CCP）。对判断树的应用

应当灵活，必要时也可采用其他方法。如果在某一步骤上对一个确定的危害进行控制对保证食品安全是必要的，然而在该步骤及其他的步骤上都没有相应的控制措施，那么，应在该步骤或其前后的步骤上对生产或加工工艺包括控制措施进行修改。

9.2.2.2　通过畜禽屠宰危害分析表确定关键控制点。

9.2.3　建立每个关键控制点的关键限值（原理3）

9.2.3.1　每个关键控制点会有一项或多项控制措施确保预防、消除已确定的显著危害或将其减至可接受的水平，每一项控制措施要有一个或多个相应的关键限值。

9.2.3.2　关键限值的确定应以科学为依据，参考资料可来源于科学刊物、法规性指南、专家和试验研究等，用来确定限值的依据和参考资料应作为 HACCP 体系支持文件的一部分。

9.2.3.3　通常关键限值所使用的指标包括温度、时间、湿度、物理参数、pH、Aw 和感官指标等。

9.2.4　建立对每个关键控制点进行监控的系统（原理4）

9.2.4.1　通过监测能够发现关键控制点是否失控，此外，通过监控还能提供必要的信息，以便及时调整生产过程，防止超出关键限值。

9.2.4.2　一个监控系统的设计必须确定：

    a)　监控内容：通过观察和测量评估一个 CCP 的操作是否在关键限值内；

    b)　监控方法：设计的监控措施必须能够快速提供结果。物理和化学检测能够比微生物检测更快地进行，常用的物理、化学检测指标包括时间和温度组合、酸度或 pH、感官检验等；

    c)　监控设备：如温湿度计、钟表、天平、金属探测仪和化学分析设备等；

    d)　监控频率：监控可以是连续的或非连续的。连续监控对许多物理或化学参数都是可行的。非连续监控应确保关键控制点是在监控之下；

    e)　监控人员：进行 CCP 检测的人员包括流水线上的人员、设备操作者、监督员、维修人员、品控人员等。负责 CCP 检测的人员必须接受 CCP 监控技术的培训，理解 CCP 监控的重要性，能及时进行监控活动，准确报告每次监控工作，随时报告违反关键限值的情况以便及时采取纠偏行动。

9.2.5　建立纠偏措施（原理5）

9.2.5.1　在 HACCP 体系中，应对每一个关键控制点预先建立相应的纠偏措施，以便在出现偏离时实施。

9.2.5.2　纠偏措施应包括：

    a)　确定引起偏离的原因；

    b)　确定偏离期采取的处理方法，例如进行隔离和保存并做安全评估、退回原料、重新加工、销毁产品等，纠偏措施必须保证 CCP 重新处于受控状态；

    c)　记录纠偏措施，包括偏离的描述、对受影响产品的最终处理、采取纠偏措施人员的姓名、必要的评估结果。

9.2.6　建立验证程序（原理6）

9.2.6.1　通过验证、审查、检验（包括随机抽样化验），确定 HACCP 体系是否有效运行，验证程序包括对 CCP 的验证和对 HACCP 体系的验证。

9.2.6.2　CCP 的验证活动

    a)　校准：CCP 验证活动包括监控设备的校准，以确保测量的准确度；

    b)　校准记录的复查：复查设备的校准记录、检查日期和校准方法，以及实验结果；

    c)　针对性的采样检测；

    d)　CCP 记录的复查。

9.2.6.3　HACCP 体系的验证

    a)　验证的频率：验证的频率应足以确认 HACCP 体系的有效运行，每年至少进行一次或在计划发生故障时、产品原材料或加工过程发生显著改变时或发现了新的危害时进行；

    b)　体系的验证内容包括检查产品说明和生产流程图的准确性；检查 CCP 是否按 HACCP 的要求被监控；监控活动是否在 HACCP 计划中规定的场所执行；监控活动是否按照 HACCP 计划中规定的频率执行；当监控表明发生了偏离关键限值的情况时，是否执行了纠偏措施；设备是否按照 HACCP 计划中规定的频率进行了校准；工艺过程是否在既定的关键限值内进行；检查记录是否准确和按照要求的时间来完成等。

9.2.7　建立记录档案（原理 7）

HACCP 体系须保存的记录应包括：

a)　危害分析表：用于进行危害分析和建立关键限值的任何信息的记录；

b)　HACCP 计划表：HACCP 计划表应包括产品名称、CCP 所处的步骤和危害的名称、关键限值、监控程序、纠偏措施、验证程序和记录保持程序；

c)　HACCP 体系运行记录表：包括监控记录、纠偏措施记录及验证记录。

9.2.8　畜禽屠宰 HACCP 计划模式表

遵照附录 E 的内容。

10　宣传与培训

应定期对 HACCP 体系相关人员进行培训并形成记录，确保与 HACCP 体系有关的人员在上岗前掌握相关的 HACCP 知识。

11　其他

11.1　应将实施 HACCP 体系和组织的基础设施、技术设备的改造相结合起来。

11.2　在执行 HACCP 体系过程中应当定期或者根据需要及时对 HACCP 体系进行内部审核和调整。

11.3　本标准中提供了一系列有关 HACCP 计划的表格供组织和评审机构实施和评审 HACCP 体系时参考。这些表格的具体格式灵活，内容应结合实际情况编写，同时可考虑将 HACCP 体系与其他体系整合。

附录 A
（规范性附录）
HACCP 应用逻辑程序图

组成HACCP小组

产品描述

确定预期使用目的

确立流程图

现场验证流程图

进行危害分析

确定CCP

建立关键限值

建立各CCP的监控程序

建立纠偏措施

建立验证程序

建立记录保持程序

图 A.1　HACCP 应用逻辑程序图

附录 B
（规范性附录）
良好操作规范

B.1 一般要求

　　a）　卫生质量方针和目标；
　　b）　组织机构及其职责；
　　c）　生产、质量管理人员的要求
　　d）　环境卫生的要求；
　　e）　车间及设施卫生的要求；
　　f）　原料卫生的要求；
　　g）　生产、加工卫生的要求；
　　h）　包装、贮存、运输卫生的要求；
　　i）　有毒有害物品的控制；
　　j）　检验的要求；
　　k）　保证卫生质量体系有效运行的要求；
　　l）　人员培训。

B.2 具体要求

B.2.1　应制定卫生质量方针和目标，形成文件，并贯彻执行。

B.2.2　应建立与生产相适应的、能够保证其产品卫生质量的组织机构，并规定其职责和权限。

B.2.3　生产、质量管理人员应当符合下列要求：
　　a）　与生产有接触的人员经体检合格后持健康证明方可上岗；
　　b）　生产、质量管理人员每年进行一次健康检查，必要时做临时健康检查，凡患有影响产品卫生的人员，必须调离生产岗位；
　　c）　生产、质量管理人员应保持个人清洁，不得将与生产无关的物品带入车间；工作时不得戴首饰、手表，不得化妆；进入车间时洗手、消毒并穿戴好工作服、帽、鞋，工作服、帽、鞋应当定期清洗消毒；
　　d）　生产、质量管理人员经过培训并考核合格后方可上岗；
　　e）　配备足够数量的、具备相应资格的专业人员从事卫生质量管理工作。

B.2.4　环境卫生应当符合下列要求：
　　a）　不得建在有碍产品卫生的区域，厂区内不得兼营、生产、存放有碍卫生的其他产品；
　　b）　厂区路面平整、无积水，厂区无裸露地面；
　　c）　厂区卫生间应当有冲水、洗手、防蝇、防虫、防鼠设施，墙裙以浅色、平滑、不透水、无毒、耐腐蚀的材料修建，并保持清洁；
　　d）　生产中产生的废水、废料的排放或处理应符合国家有关规定；
　　e）　厂区建有与生产能力相适应且符合卫生要求的原料、化学物品、包装材料贮存等辅助设施和废物、垃圾暂存设施；
　　f）　生产区与生活区隔离。人员进出、成品出厂与畜禽进厂、废弃物出厂的厂门应分设；畜禽进口处及隔离间、急宰间、化制间的门口，必须设车轮、鞋靴消毒池；畜禽与成品运送通道分开；生产冷库应与屠宰、分割车间直接相连；急宰间、化制间、锅炉房与贮煤场所、污水污物处理设施等应与加工间间隔一定距离并处于主导风向下风处。

B.2.5　生产加工车间及设施的卫生应当符合下列要求：
　　a）　车间面积与生产能力相适应，布局合理，排水扬通；车间地面用防滑、坚固、不透水、耐腐蚀的无毒材料修建，平坦、无积水并保持清洁；车间出口和与外界相连的排水、通风处应当安装防鼠、防蝇、防虫等设施；

b) 车间内墙壁、屋顶或者天花板使用无毒、浅色、防水、防霉、不脱落、易于清洗的材料修建，墙角、地角、顶角具有弧度；

c) 车间窗户有内窗台的，内窗台下斜约 45°；车间门窗用浅色、平滑、易清洗、不透水、耐腐蚀的坚固材料制作，结构严密；

d) 车间内位于生产线上方的照明设施装有防护罩，工作场所和检验台的照度符合生产、检验的要求，光线以不改变被加工物的本色为宜；

e) 车间供电、供气和供水应满足生产需要；

f) 在适当的地点设有足够数量的洗手、消毒、烘干手的设备和用品，洗手水龙头应为非手动开关；

g) 根据产品加工需要，车间入口处设有鞋、靴和车轮消毒设施；

h) 设有与车间相连接的更衣室，不同清洁程度要求的区域设有单独的更衣室，视需要设立与更衣室相连接的卫生间和淋浴室，更衣室、卫生间、淋浴室应当保持清洁卫生，其设施和布局不得对车间造成潜在的污染风险；

i) 车间内的设备、设施和工器具应使用无毒、耐腐蚀、不生锈、易清洗消毒、坚固的材料制作，其构造易于清洗消毒；

j) 冷却间设备的设计应当防止胴体与地面和墙壁接触；

k) 应设有专门区域用于贮存胃肠内容物和其他废料；

l) 按照生产工艺流程及不同卫生要求分别设置屠宰和分割工器具的清洗消毒、成品内包装、成品外包装、成品检验和成品贮存等区域，防止交叉污染；

m) 有温度和湿度要求的车间（库）应根据工艺要求控制环境的温度和湿度，配备记录装置，并定期进行校准。

B.2.6　生产加工用原料的卫生应当符合下列要求：

a) 生产用原料应符合安全卫生的要求，避免来自空气、土壤、水、饲料、肥料中的农药、兽药或者其他有害物质的污染；

b) 作为生产原料的畜禽，应来自非疫区，并经官方兽医的进厂检验合格后方可屠宰；

c) 加工用水和冰应当按 GB 5749 的规定执行，对水质的公共防疫卫生检测每年不得少于两次，自备水源的组织应当具备有效的卫生保障设施。

B.2.7　生产加工过程应当符合下列要求：

a) 生产设备布局合理，人流、物流、水流和气流不交叉；

b) 盛放产品的容器不得直接接触地面；

c) 班前班后应对车间的环境和设备进行卫生清洁工作，专人负责检查，并保持检查记录；

d) 原料、半成品、成品分别存放在不会受到污染的区域；

e) 对加工过程中产生的不合格品、跌落地面的产品和废弃物，在固定地点用有明显标志的专用容器分别收集盛装，并在检验人员监督下及时处理，其容器和运输工具应及时清洗和消毒；

f) 对不合格品产生的原因进行分析，并及时采取纠偏措施。

B.2.8　包装、贮存、运输过程应当符合下列要求：

a) 包装材料符合卫生标准并且保持清洁卫生，不得含有有毒有害物质，不易褪色；

b) 包装材料间应干燥通风，内、外包装材料分别存放，不得有污染；

c) 运输工具符合卫生要求，并根据产品特点配备防雨、防尘、冷藏和保温等设施；

d) 贮存间（库）应保持清洁，定期消毒，有防霉、防鼠、防虫设施，其内物品与墙壁、地面、顶、排管保持一定距离，不得存放有碍卫生的物品；同一贮存间（库）内不得存放可能造成交叉污染的产品。

B.2.9　严格执行有毒有害物质的贮存、使用的管理规定，确保使用的洗涤剂、消毒剂、杀虫剂、燃油、润滑油和化学试剂等有毒有害物质得到有效控制，避免对产品、产品接触表面和包装材料造成污染。

B.2.10　产品的卫生质量检验应当符合下列要求：

a) 有与生产能力相适应的内设检验机构和具备相应资格的检验人员；

b) 内设检验机构具备检验工作所需要的标准资料、检验设施和仪器设备，检验仪器按规定进行计量检验并有记录；

c) 使用社会实验室承担组织卫生质量检验工作的，该实验室应当具有相应的资格，并与组织签订合同。

B.2.11 应当保证卫生质量体系能够有效运行并达到如下要求：

a) 应制定并有效执行畜禽屠宰产品及生产过程卫生控制程序，做好记录；

b) 应建立并执行卫生标准操作程序，做好记录，确保加工用水和冰的安全卫生、产品接触表面的卫生、有毒有害物质、虫害防治等处于受控状态；

c) 对影响卫生的关键工序，应制定明确的操作规程并得到连续的监控，同时做好监控记录；

d) 应制定并执行对不合格品的控制制度，包括不合格品的标志、记录、评价、隔离处置和可追溯性等内容；

e) 应制定并执行加工设备、设施的维护程序，保证加工设备、设施满足生产加工的需要；

f) 应建立内部审核和管理评审制度，每半年进行一次内部审核，每年进行一次管理评审，并做好记录；

g) 应对反映产品卫生质量情况的有关记录制定并执行标记、收集、编目、归档、保存和处理等管理规定，所有质量记录必须真实、准确、规范并具有卫生质量的可追溯性，保存期不少于 2 年。

B.2.12 应制定并实施职工培训计划并做好培训记录，保证不同岗位的人员熟练完成本职工作。

附录 C
（规范性附录）
卫生标准操作程序

C.1 一般要求

C.1.1 接触产品（包括原料、半成品、成品）或与产品有接触的物品包括水和冰应符合安全、卫生要求。

C.1.2 接触产品的器具、手套和内外包装材料等必须清洁、卫生和安全。

C.1.3 确保产品免受交叉污染。

C.1.4 保证操作人员手的清洗清毒和保持洗手间设施的清洁。

C.1.5 防止润滑剂、燃料、清洗消毒用品、冷凝水及其他化学、物理和生物等污染物对产品造成安全危害。

C.1.6 正确标注、存放和使用各类有毒化学物质。

C.1.7 保证与产品接触的员工的身体健康和卫生。

C.1.8 预防和清除鼠害、虫害。

C.2 具体要求

C.2.1 加工生产用水和冰的卫生安全控制

a) 生产用自来水/自备深水井等水源卫生，由当地的卫生防疫部门每半年检测一次，按 GB 5749 的规定执行，并保留检测记录；

b) 应制定供水和排水网络图，各执行部门须对各自辖区内的加工生产用水龙头进行标志编号；

c) 应每月一次对生产用水管道及污水管道进行检查，重点对可能出现问题的交叉连接进行检查，并予以记录；软管使用后应盘起挂在架子或墙壁上，管口不许接触地面；

d) 开工前和工作期间应对软管进行监测，防止虹吸、回流和交叉现象的发生，并予以记录；

e) 加工用水按 C.2.1 c)、C.2.1 d) 的要求进行监测，对加工用冰的破碎、贮存及使用按产品接触面的状况及清洁要求实施监测，并予以记录；

f) 当监测发现加工用水和冰存在问题时，组织的质检部门或 HACCP 工作小组必须及时评估，如有必要，应终止使用存在问题的加工用水和冰，直到问题得到解决，并重新检测合格后，方准继续使用。

C.2.2 产品接触面的卫生安全控制

a) 产品接触面指工器具、工作台面、传送带、产品周转箱、盘、制冰机、加工用碎冰、贮水池、手套、围裙和套袖等；

b) 监测的目的是确保产品接触面的设计、安装、制作便于操作、维护、保养、清洁及消毒，以符合卫生要求；

c) 监测对象是接触面的卫生状况、消毒剂的类型和浓度、接触产品的传送带、工器具、手套、套袖、外衣、围裙、加工用碎冰的清洁及状态等；

d) 监测方法有视觉检查、化学检测、微生物检测和验证检查；

e) 生产用的工作台、运输车、链条、盘、刀等应为不易生锈的材质和无毒白色塑料制成；

f) 工作服每天一次由洗衣房统一进行清洗，不同清洁区的工作服应分别清洗消毒；

g) 应按规定对加工车间内的空气进行消毒；

h) 化验室对生产中及消毒后的接触面（工器具、工作服、手样）和车间空气进行微生物抽样检测，一旦发现问题及时纠正。

C.2.3 防止交叉污染

a) 交叉污染指通过原料、包装材料、产品加工者或加工环境把物理的、化学的、生物的污染转移到产品的过程；

b) 控制交叉污染的目的是为了预防不卫生的物品污染产品、包装材料和其他产品接触面导致的交叉污染；

c) 控制交叉污染的范围包括人员、工器具、工作服、手套和包装材料等；

d) 手、设备、器械等在接触了不卫生的物品后应及时清洗消毒；

e) 生产车间内禁止使用竹、木器具，禁止堆放与生产无关的物品；

f) 所有加工中产生的废弃物应用专用容器收集、盛放，并及时清除，处理时，防止交叉污染；

g) 清洁区、非清洁区用隔离门分开，两区工作人员不得串岗，不同加工工序的工器具不得交叉使用；

h) 车间废水排放从清洁度高的区域流向清洁度低的区域，污水直接排入下水道中。

C.2.4 洗手消毒及卫生间设施

a) 应建立洗手、消毒及卫生间设施，洗手、消毒设施应为非手触式，安放于车间入口，并有醒目标志；

b) 洗手、消毒及卫生间的设施应保持清洁并有专人负责；

c) 车间入口处有鞋、靴消毒池，用 $200 \times 10^{-6} \sim 300 \times 10^{-6}$ 的次氯酸钠溶液或使用其他有效的消毒剂消毒，各种消毒液应交替使用，配制消毒液要有配制记录；

d) 消毒剂具有良好的杀菌效果，消毒液浓度的标志要醒目；

e) 流动的消毒车以一定的消毒频率（建议每隔 30 min 或 60 min）对人员进行消毒；

f) 应制定明确的洗手消毒程序及相应的方法、时间、频率；

g) 质检部门应对洗手消毒进行监控，并做好记录，化验室定期做表面微生物的检验，并进行记录；

h) 卫生间设施如与车间相连，门不得直接朝向车间；

i) 进入卫生间的程序宜参照以下流程进行：换下工作服→卫生间拖鞋→进入卫生间→洗手消毒→干手（用一次性手巾或干手器）→换拖鞋→换上工作服；

j) 卫生间采用单个冲水式设置，通风良好，地面干燥，保持清洁，无异味，并有防蚊蝇设施。

C.2.5 防止产品被污染

a) 防止产品被污染，即防止产品、包装材料和产品所有接触表面被生物、化学和物理的污染物所污染；

b) 污染物的来源主要是水滴、冷凝水、灰尘、外来物质、地面污物、无保护装置的照明设备及消毒剂、杀虫剂、化学药品的残留等；

c) 包装材料贮存间应保持干燥、清洁、通风、防霉，内外包装材料应分别存放，并设有防虫、防鼠设施；

d) 洗涤剂、消毒剂应符合卫生要求，不得与产品接触，消毒后的车间地面、墙面、工器具、操作台要用清水洗净洗涤剂、消毒剂的残留物；

e) 每天班前和班后将所有工器具和操作台进行全面清洗消毒，在加工过程中断、重新启动前也应重新清洗消毒，并予以记录；

f) 每天班中对工器具及操作台以一定的消毒频率参照以下流程进行消毒（建议每隔 30 min）：清水→清洗剂→清水→82 ℃热水/消毒剂→清水→擦干晾干；

g) 每天班后参照以下流程对地面进行清洗消毒：清水→82 ℃热水/清洗剂→消毒剂→清水；

h) 每班班后或在设备停止使用时参照以下流程对设备进行清洗消毒：清水→$100 \times 10^{-6} \sim 200 \times 10^{-6}$ 次氯酸钠溶液/82 ℃热水→清水；

i) 加工车间通风良好，通风道清洁，车间温度控制在要求的范围内，并有专人负责，防止水滴、冷凝水、冰霜对产品造成污染；

j) 设备与产品接触面出现凹陷或裂缝、不光滑并影响残留物清洗应及时修补、更换，防止造成污染；

k) 加工设备出现故障时，立即关机，清理干净产品，防止其他杂物污染产品，设备维修后必须及时清洗消毒后方可投入生产。

C.2.6 有毒化学物质的标志、贮存和使用

a) 所使用的有毒化学物质有主管部门批准生产、销售和使用说明的证明，化学物质的使用说明包括主要成分、药性、使用剂量的注意事项等；

b) 应制定并公布有毒化学物质的使用、贮存规章制度，并对操作人员进行培训；

c) 应有专门的场所、固定容器贮存有毒化学物质；

d) 有毒化学物质的使用由专人管理，定期检查，做好记录；

e) 对清洁剂、消毒剂、杀虫剂等有毒化学物质作好标志与登记，列明名称、毒性、生产厂名、生产日

期、使用剂量、注意事项、使用方法等；

 f) 对清洁剂、消毒剂、杀虫剂等有毒化学物质的使用严格控制，防止污染产品、产品接触面和包装材料。

C.2.7　员工的健康与卫生控制

 a) 从事生产的人员必须经卫生防疫部门体检合格，获得健康证明方可上岗；

 b) 加工（检验）人员每年进行一次健康检查，肠伤寒及带菌者、细菌性痢疾及带菌者、化脓性或渗出性脱屑皮肤病患者、肝炎患者及带菌者、结核病患者、手外伤未愈者，不得直接参与生产，痊愈后经卫生防疫部门检查合格后方可重新上岗；

 c) 应教育员工发现患有疾病或可能患有疾病的人员及时报告；

 d) 每年定期或不定期对员工进行培训，记录存档。

C.2.8　虫害的防治

 a) 应加强对昆虫、老鼠等的控制，确保车间、库房等区域无苍蝇、蚊子、老鼠等虫害；

 b) 应制定虫害防治计划并加以实施，控制的重点场所包括卫生间、下水道出口、垃圾箱周围、食堂等虫害易孳生的地方；

 c) 应清除蚊蝇、鼠类易孳生的地方；

 d) 应采用风幕、纱窗、暗道、捉鼠板、灭蝇灯、水封等措施，防止虫害进入车间；

 e) 厂区内禁止使用灭鼠药。

附录 D
（规范性附录）
生猪屠宰标准操作规程

D.1 总则

应确保生猪、屠宰及分割产品为合格品，并分别制定相应的采购、验收、屠宰、分割、不合格品、包装、标志、贮存和运输控制程序以及加工设备的操作规范。

D.2 采购

D.2.1 原料

应确保生猪来自非疫区，并要求供方提供产地动物防疫监督机构出具的有效的动物产品兽医检疫合格证明、动物及动物产品运载工具消毒证明和非疫区证明。

D.2.2 供方评价

D.2.2.1 应对供方的供货能力、产品质量保证能力进行综合评价，以确定合格供方，建立并保存"供方评价表"和"合格供方明细表"，并提供生猪的农药和兽药残留评价报告。

D.2.2.2 应对合格供方的能力、业绩和供货质量等进行动态综合评价，并建立和保存相关质量记录。

D.2.3 原料的验收

D.2.3.1 应按 D.2.1 的要求索取、查验进厂生猪的相关证明，符合要求方可卸车。

D.2.3.2 兽医卫生检验人员应按 GB/T 17996 和《肉品卫生检验（试行）规程》的规定对进厂的生猪进行检验、核对数量，发现可疑生猪，应隔离观察，并填写"进厂检验记录"。

D.3 待宰控制

D.3.1 兽医卫生检验人员应按 GB/T 17996 和《肉品卫生检验（试行）规程》的规定对进厂的生猪进行检验、核对数量，发现可疑生猪，应隔离观察，并填写"进厂检验记录"。

D.3.2 生猪屠宰前应停食静养 12 h～24 h，宰前 3 h 停止饮水。

D.3.3 兽医卫生检验人员应对生猪进行宰前检验，经确定合格的填发"宰前检验合格证"。

D.4 屠宰过程控制

D.4.1 生猪屠宰工艺宜参照下列流程

冲淋→致昏→刺杀放血→烫毛/脱毛→雕圈→开膛→净腔→去头蹄→劈半→修整→冲洗→冷却→分割。

D.4.1.1 冲淋

生猪屠宰前应喷淋干净，猪体表面不得有灰尘、污泥和粪便．

D.4.1.2 致昏

采用电麻致昏时应符合 GB/T 17236 的规定。

D.4.1.3 刺杀放血

刺杀部位应准确，放血刀口长约 5 cm，沥血时间不少于 5 min。从电麻到放血不超过 30 s。刀具必须经 82 ℃以上的热水消毒后轮换使用。

D.4.1.4 烫毛/脱毛

a) 放血后的屠体应淋水冲洗干净；

b) 烫毛水温应控制在 58 ℃～63 ℃；

c) 机械或人工脱毛后应燎毛刮黑，去除污物；

d) 应对每头屠体进行编号，不具备同步检测设施能力的组织应对每头屠体的耳部和腿部外侧统一编号。

D.4.1.5 雕圈、开膛、净腔

a) 雕圈不应割破直肠，肠头需脱离括约肌；

b) 挑胸、剖腹时应将生殖器连同输尿管割除，不得刺伤内脏；

c) 拉直肠、割膀胱，取出肠、胃和心、肝、肺，要求内脏保持完整，不得刺破肠、胃和胆囊；

d) 取出内脏后，应清洗胸、腹腔内的瘀血。

D.4.1.6 劈半

a) 劈半前应先摘除甲状腺、肾上腺和病变淋巴结；

b) 从脊骨骨节对开，劈半均匀；

c) 劈半后的片猪肉应及时清除血污、浮毛和肉屑。

D.4.1.7 修整

按顺序整修腹部，修割乳头、放血刀口，割除槽头、护心油、暗伤、脓疮、伤斑和遗漏病变腺体。

D.4.1.8 冲洗

修整后应将屠宰半胴体冲洗干净。

D.4.2 屠宰过程的检验

屠宰过程的检验应符合 GB/T 17996 和《肉品卫生检验（试行）规程》的规定。

D.4.3 分割过程控制

D.4.3.1 鲜、冷冻猪肉分割

a) 鲜分割猪肉

宰后胴体不经过冷却过程而直接进行分割，分割时必须控制卫生条件，从生猪放血到分割成品进入冷却间的时间不应超过 2 h，分割间的温度不高于 20 ℃。

b) 冷冻分割猪肉

分割猪肉应在冷冻 16 h 内使其肌肉深层中心温度达到 -15 ℃以下。

D.4.3.2 冷却猪肉分割

a) 冷却

宰后片猪肉应在 45 min 内进入冷却间，冷却 16 h 内使其后腿肌肉中心温度达到 0 ℃～4 ℃。

b) 分割

冷却片猪肉应在良好卫生条件和车间温度低于 12C 的环境中进行分割，分割猪肉的肌肉中心温度不高于 7 ℃。

D.4.3.3 修整

分割后，应去除各部位的瘀血、血污、伤斑、浮毛和其他杂质等。

D.5 包装、标志、贮存和运输操作规程

D.5.1 包装

包装材料应无毒无害、符合卫生要求，瓦楞纸箱应符合 GB/T 6543 的规定，薄膜应符合 GB/T 4456 的规定。

D.5.2 标志

标志应符合 GB/T 191、GB/T 6388 和 GB/T 7718 的规定。

D.5.3 贮存

冷却分割猪肉应贮存于 0 ℃～4 ℃的冷却间，冷冻分割猪肉应贮存在 -18 ℃的冷藏间，冷藏间温度昼夜波动不得超过 ±1 ℃。

D.5.4 运输

使用的冷藏车或保温车（船）的卫生应符合《中华人民共和国食品卫生法》及其他相关法律法规的卫生要求，不得与对产品发生不良影响的物品混装。运输过程中，对于冷却分割猪肉，冷藏车温度应控制在 7 ℃以下，对冷冻分割猪肉，冷藏车温度应控制在 -18 ℃以下。

D.6 加工设备操作规程

加工设备的操作按照不同设备的操作规程进行。

D.7 不合格品控制

在生猪的采购、屠宰、分割、贮存和运输中发现的不合格品按有关规定处理并记录。

附录 E
（规范性附录）
牛羊屠宰标准操作规程

E.1　总则

应确保牛羊、屠宰和分割产品为合格品，并分别制定相应的采购、验收、屠宰、分割、不合格品、包装、标志、贮存和运输控制程序以及加工设备的操作规范。

E.2　采购

E.2.1　原料

应确保牛羊来自非疫区，并要求供方提供产地动物防疫监督机构出具的有效的动物产品兽医检疫合格证明、动物及动物产品运载工具消毒证明和非疫区证明。

E.2.2　供方评价

E.2.2.1　应对供方的供货能力、产品质量保证能力进行综合评价，以确定合格供方，建立并保存"供方评价表"、"合格供方明细表"，并提供牛羊的农药和兽药残留评价报告。

E.2.2.2　应对合格供方的能力、业绩、供货质量等进行动态综合评价，并建立和保存相关质量记录。

E.2.3　原料的验收

E.2.3.1　应按 E.2.1 的要求索取、查验进厂牛羊的相关证明，符合要求方可卸车。

E.2.3.2　兽医卫生检验人员应按 GB 18393 和《肉品卫生检验（试行）规程》的规定对进厂的牛羊进行检验，核对数量，发现可疑牛羊，应隔离观察，填写"进厂检验记录"。

E.3　待宰控制

E.3.1　应对健康圈和隔离圈进行明确标志，并在健康圈舍标牌上注明该批牛羊的产地、供方名称、数量和进厂时间，并根据牛羊调出情况改写标牌上的内容。

E.3.2　牛羊屠宰前应停食静养 12 h～24 h，宰前 3 h 停止饮水。

E.3.3　兽医卫生检验人员应对牛羊进行一次群体检验，再逐头进行个体检验（包括测温），发现明显临床症状的牛羊，分别进行急宰、缓宰和禁宰处理，经确定合格的填发"宰前检验合格证"。

E.4　屠宰过程控制

E.4.1　活牛屠宰工艺宜参照下列流程

冲淋→致昏→放血→去头→结扎食管→剥皮→去前后蹄→开膛取内脏→清洗→修整→劈半→冲洗→冷却→分割。

E.4.1.1　冲淋

活牛屠宰前应充分淋浴，洗净体表的污垢。

E.4.1.2　致昏

采用电致昏时，电压不得超过 80 V，电麻部位要准确，要求达到有效致昏。

E.4.1.3　放血

按规定将挂在链条上的牛只准确割断三管（食管、气管和颈动静脉），充分放血 10 min～15 min，放血刀必须经 82 ℃以上的热水消毒后轮换使用。

E.4.1.4　剥皮、去前后蹄

剥皮时不可将肌肉和脂肪带在皮子上，同时也不可损伤皮子；自蹄关节处下刀，分别割下前后蹄。

E.4.1.5　开膛去内脏

取出肚油、肠胃、心、肝、肺、腰油和腰子等，开膛时不得划破胃、肠和胆囊。

E.4.1.6　清洗、修整

去三腺（甲状腺、肾上腺和病变淋巴结），修去体表伤斑、病变组织和瘀血，冲洗干净。

E.4.1.7　劈半、冲洗

从牛的后部骨盆正中处沿脊柱中轴线锯至第一颈椎，将胴体分成二分体。劈半后应将二分体冲洗干净。

E.4.2　屠宰过程检验

活牛屠宰过程检验应符合 GB 18393 和《肉品卫生检验（试行）规程》的规定，合格的加盖验讫印章。

E.4.3　分割过程控制

E.4.3.1　鲜、冷冻牛肉分割

　　a)　鲜分割牛肉

宰后胴体不经过冷却过程而直接进行分割，分割时必须控制卫生条件，从活牛放血到分割成品进入冷却间的时间应控制在 1.5 h～2 h，分割间的温度不高于 20 ℃。

　　b)　冷冻分割牛肉

宰后的片牛肉及分割牛肉进入冷冻间冷冻，应分别在 72 h 和 24 h 内使其肌肉深层中心温度降至－15 ℃以下。

E.4.3.2　冷却牛肉分割

　　a)　冷却

宰后片牛肉应在 45 min 内进入冷却间，并在 48 h 内使其后腿部或肩胛部肌肉深层中心温度降至 0 ℃～4 ℃。

　　b)　分割

冷却片牛肉应在良好的卫生条件和车间温度低于 12 ℃的环境中进行分割，分割后牛肉肌肉深层中心温度不高于 7 ℃。

E.4.3.3　修整

分割后，应去除各部位的瘀血、血污、伤斑、浮毛和其他杂质等。

E.4.3.4　分割肉检验

活牛屠宰分割产品的检验应符合 GB/T 9960 和 GB/T 17238 的规定，并保存检验记录。

E.4.4　羊只的屠宰与分割

E.4.4.1　羊只的屠宰、分割、检验参照本标准牛的规定执行。

E.4.4.2　羊只分割肉检验应符合 GB 9961 的规定，并保存检验记录。

E.5　包装、标志、贮存和运输操作规程

E.5.1　包装

包装材料无毒无害、符合卫生要求，瓦楞纸箱应符合 GB/T 6543 的规定，薄膜应符合 GB/T 4456 的规定。

E.5.2　标志

标志应符合 GB/T 191、GB 6388 和 GB 7718 的规定，清真产品按伊斯兰教风俗在包装箱上注明。

E.5.3　贮存

冷却分割牛羊肉应贮存于 0 ℃～4 ℃的冷却间，冷冻分割牛羊肉应贮存在－18 ℃的冷藏间，冷藏间温度昼夜波动不得超过±1 ℃。

E.5.4　运输

使用的冷藏车或保温车（船）的卫生应符合《中华人民共和国食品卫生法》等其他相关法律法规的要求，不得与对产品产生不良影响的物品混装。运输过程中，对于冷却分割牛羊肉，冷藏车温度应控制在 7 ℃以下；对冷冻分割牛羊肉，冷藏车温度应控制在－18 ℃以下。

E.6　加工设备操作规程

加工设备的操作按照不同设备的操作规程进行。

E.7　合格品控制

在牛羊的采购、屠宰、分割、贮存和运输中发现的不合格品应按有关规定处理并记录。

附录 F

（规范性附录）

禽类屠宰标准操作规程

F.1　总则

应确保禽类、屠宰及分割产品为合格品，并分别制定相应的采购、验收、屠宰、分割、不合格品、包装、标志、贮存和运输控制程序以及加工设备的操作规范。

F.2　采购

F.2.1　原料

应确保禽类来自非疫区，并要求供方提供产地动物防疫监督机构出具的有效的动物产品兽医检疫合格证明、动物及动物产品运载工具消毒证明和非疫区证明。

F.2.2　供方评价

应对合格供方的能力、业绩和供货质量等进行动态综合评价，并建立和保存相关质量记录。

F.2.3　原料的验收

F.2.3.1　应按 F.2.1 的要求索取、查验进厂禽类的相关证明，符合要求方可卸车、验收。

F.2.3.2　兽医卫生检验人员应依据《肉品卫生检验（试行）规程》的规定，对进厂的禽类进行检验，核对数量，发现临床异常禽，应隔离观察，并填写"进厂检验记录"。

F.3　待宰控制

F.3.1　应提供该批禽类的产地、供方名称、数量和进厂时间等相关的记录。

F.3.2　禽类宰前应停食静养 10 h 以上，宰前 3 h 停止饮水。

F.3.3　兽医卫生检验人员对待宰的禽类进行临床观察，根据观察结果对可疑病禽进行实验室检验。

F.3.4　兽医卫生检验人员应进行宰前检验，经确定合格的填发"宰前检验合格证"。

F.4　屠宰过程控制

F.4.1　成鸡屠宰工艺宜参照下列工艺流程

致昏→屠宰→浸烫→脱毛→去嗉囊→开膛→净腔→内脏分离→冲洗→冷却→分割。

F.4.1.1　致昏、屠宰

应根据设备选择适当的电压，屠宰后应充分放血，放血时间控制在 3 min～4 min。

F.4.1.2　浸烫、脱毛

根据不同季节和不同品种，控制适宜的温度和时间（温度控制在 59 ℃±2 ℃，浸烫时间控制在 1.5 min～3 min），脱毛应充分。浸烫水应保持循环并及时补充热水。

F.4.1.3　去嗉囊

应将嗉囊完整去除。

F.4.1.4　开膛、净腔

开膛、净腔时禁止划破肠管和胆囊。

F.4.1.5　内脏分离

分离内脏，将可食部分摘取后分类、冷却和包装。

F.4.1.6　冲洗喷淋

净腔后将胴体内外用高压水冲洗干净。

F.4.1.7　冷却

风冷或水冷，冷却介质的温度控制在 0 ℃～4 ℃，冷却时间控制在 45 min 以内，冷却后成鸡胴体中心温度达到 7 ℃以下。

F.4.2　屠宰过程检验

F.4.2.1　成鸡屠宰过程的检验应符合《肉品卫生检验（试行）规程》的规定。

F.4.2.2　体表检验

成鸡在脱毛后应检查体表，有无皮肤病变、肿瘤、大面积瘀血等病理变化，如有应及时处理。

F.4.2.3　内脏检验

实施同步检验，发现病变内脏及时剔除并做无害化处理。

F.4.3　分割过程控制

F.4.3.1　分割

按不同规格要求进行分割，整个分割过程应在车间温度低于 12 ℃的环境中进行。

F.4.3.2　修整

成鸡分割后的各部分应修剪外伤、瘀血、绒毛等。

F.4.3.3　分割肉的检验

成鸡分割产品的检验应符合 GB 16869 的规定，并保存检验记录。

F.4.4　其他禽类

其他禽类的屠宰、分割、检验等参照本标准成鸡的规定执行。

F.5　包装、标志、贮存和运输过程控制

F.5.1　包装

包装材料应无毒无害、符合卫生要求，瓦楞纸箱应符合 GB/T 6543 的规定，薄膜应符合 GB/T 4456 的规定。

F.5.2　标志

标志应符合 GB/T 191、GB/T 6388 和 GB 7718 的规定。

F.5.3　贮存

鲜禽肉应贮存在温度 0 ℃～4 ℃、相对湿度 75％～84％的冷却间，冷冻禽肉应贮存在温度－18 ℃以下、相对湿度 95％以上冷藏间，冷藏间温度昼夜波动不得超过±1 ℃。

F.5.4　运输

使用的冷藏车或保温车（船）的卫生应符合《中华人民共和国食品卫生法》等其他相关法律法规的要求，不得与对产品产生不良影响的物品混装。运输过程中，对于鲜禽肉，冷藏车温度应控制在 7 ℃以下；对冷冻禽肉，冷藏车温度应控制在－18 ℃以下。

F.6　加工设备操作规程

加工设备的操作按照设备的操作规程进行。

F.7　不合格品控制

在禽类的采购、屠宰、分割、贮存和运输中发现的不合格品应按有关规定处理并记录。

附录 G
（资料性附录）
判断树以及 CCP 识别顺序图

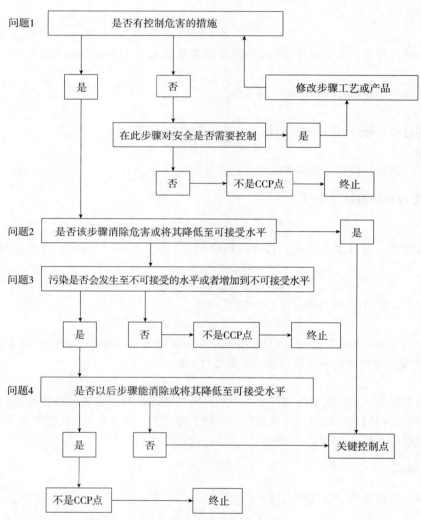

注：本图引用自 Annex to CAC/RCP 1—1969，Rev. 3（1997）。

图 G. 1　判断树以及 CCP 识别顺序图

附录 H
（资料性附录）
生猪屠宰 HACCP 计划模式表

H. 1　HACCP 小组成员及职责表见表 H. 1。

表 H. 1　HACCP 小组成员及职责表

姓　名	职　务	组内职务	职　责

编制：　　　　　　　　　　　　　　　审批：　　　　　　　　　　　　　　　日期：

H. 2　产品描述见表 H. 2。

表 H. 2　产品描述表

加工类别：屠宰		
产品：猪屠宰产品		

进行产品描述时需要回答下列问题：

1. 产品名称：猪胴体、猪头、可食用内脏和不可食内脏。

2. 使用方法：胴体进一步加工。

3. 包装：胴体、头无包装，内脏进行箱装。

4. 保质期：14 d～21 d（依温度和储存条件不同而变化），头、内脏最好保存于－6 ℃以下。

5. 销售地点：批发给零售商或进一步加工的工厂。

6. 标签说明：符合国家的有关规定。

7. 特殊的销售方法：各种产品需冷冻或冷藏保存，胴体需冷藏保存。

编制：　　　　　　　　　　　　　　　审批：　　　　　　　　　　　　　　　日期：

H.3 产品加工流程见图 H.1。

| 加工类别： 屠宰 |
| 产品： 猪屠宰产品 |

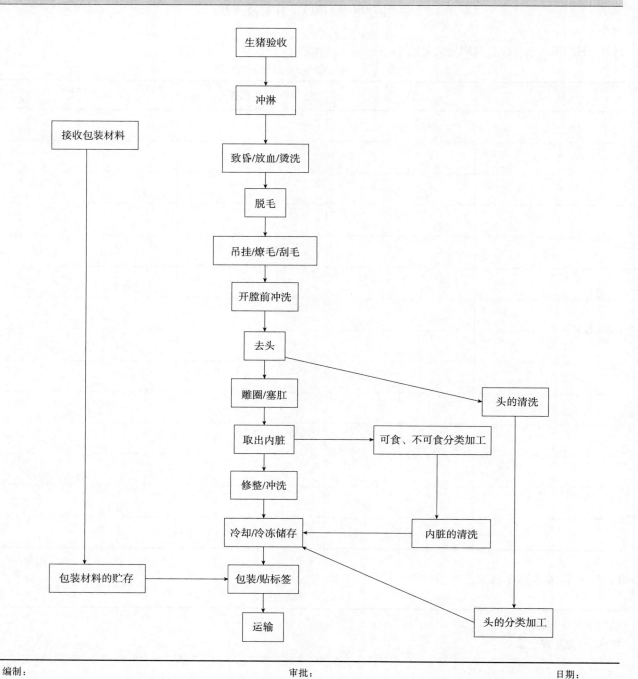

图 H.1 产品加工流程图

H.4 危害分析表和 HACCP 计划表分别见表 H.3 和表 H.4。

表H.3 危害分析表

加工步骤	确定本步骤引入、控制或增加的危害	潜在的食品安全危害显著吗?	说明对第3栏的判断依据	应用什么预防措施来防止危害?	本步骤是关键控制点吗?
生猪验收	生物的—沙门氏菌	否	更换着装可防止污染		
	化学的—残留物	否	饲养者参与了生猪屠宰HACCP认证工作且残留物的检测可以说明供货商的产品在过去两年里没有违规记录，并且供货商没有改变		
	物理的—异物如断针	否	生猪供应商实施质量保证措施以防止诸如断针之类的异物残留在动物体内		
接收包装材料	生物的—无				
	化学的—有害物质	否	供货商提供的包装材料的质量保证书		
	物理的—异物	否	工厂的记录可以证明过去两年里没有发生过异物污染		
包装材料的贮存	生物的—无				
	化学的—无				
	物理的—无				
致昏/放血/淀洗	生物的—无				
	化学的—无				
	物理的—无				
脱毛	生物的—致病菌如沙门氏菌	是	脱毛时会发生严重的交叉污染	开膛前清洗可控制此交叉污染	
	化学的—无				
	物理的—无				
吊挂/燎毛/刮毛	生物的—无				
	化学的—无				
	物理的—无				
开膛前冲洗	生物的—致病菌	是	脱毛是一个公认的致病菌污染源。通过本工序的清洗可以在致病菌附着生长前将其清除	应采取有效去除致病菌的清洗方法	CCP1
	化学的—无				
	物理的—无				
去头	生物的—沙门氏菌	是	该步骤可能发生潜在的污染	采取有效的致病菌清洗方法，后面的步骤—头的清洗可控制此污染	
	化学的—无				
	物理的—无				

（续）

加工步骤	确定本步骤引入、控制或增加的危害	潜在的食品安全危害显著吗？	说明对第 3 栏的判断依据	应用什么预防措施来防止危害？	本步骤是关键控制点吗？
雕圈/塞肛	生物的—致病菌	否	工厂的记录可以证明过去两年里没有发生过此类污染		
	化学的—无				
	物理的—无				
取出内脏	生物的—无	是	该步骤中可能发生潜在的污染	可以通过后面的修整/冲洗控制	
	化学的—无				
	物理的—无				
可食、不可食分类加工	生物的—致病菌	是	该步骤中可能发生潜在的污染	可以通过后面内脏的清洗控制	
	化学的—无				
	物理的—无				
头的清洗	生物的—沙门氏菌	是	采取适当的措施可减少致病菌	应采取有效的冲洗方式	CCP2
	物理的—无				
	化学的—无				
修整/冲洗	生物的—致病菌	是	采取适当的措施可减少致病菌	应采取有效的冲洗方式	CCP3
	物理的—无				
	化学的—无				
内脏的清洗	生物的—致病菌	是	采取适当的措施可减少致病菌	应采取有效的冲洗方式	CCP4
	物理的—无				
	化学的—无				
头的分类加工	生物的—无				
	物理的—无				
	化学的—无				
冷却/冷冻储存	生物的—沙门氏菌	是	如果冷却操作的程序和温度不正确可能使致病菌生长	采取有效的冷却措施	CCP5
	物理的—无				
	化学的—无				

（续）

加工步骤	确定本步骤引入、控制或增加的危害	潜在的食品安全危害显著吗？	说明对第3栏的判断依据	应用什么预防措施来防止危害？	本步骤是关键控制点吗？
包装/贴标签	生物的——无				
	物理的——无				
	化学的——无				
运输	生物的——无				
	物理的——无				
	化学的——无				

编制：　　　　　　　　审批：　　　　　　　　日期：

表H.4　HACCP计划表

加工类别：屠宰
产品：猪屠宰产品

关键控制点	显著危害	关键限值	监控 对象/方法/频率/人员	纠偏措施	验证	记录
CCP1 开膛前冲洗	生物的——致病菌	胴体无可见污染（粪便接受受限量为零）；冲洗的水压控制在7 kg/cm²～24.6 kg/cm²之间	品控人员对25%的产品进行检查，观察是否有渣率污染物；品控人员对冲洗器械每2 h监控一次，确保冲洗设备设置适合屠宰和加工要求；记录所有监视结果并签名	对胴体进行感官检验，发现粪便污染将退回上一检查步骤；当冲洗设备的状态超过关键限值，品控人员下令停止生产，产品由品控人员应到到偏离处理，如果水压低于7 kg/cm²，品控人员应找到偏离原因和利偏措施，使压力达到所要求的范围，防止再次发生；品控人员将确证偏离的原因并防止再次发生；对超出关键限值生产后的产品进行质量检查和确认，如果合格，可继续下一步加工，如果不合格，则需要重新加工、再进行质量检查，审核维修计划；必要情况下，调整设备设置	验证人员审核所有记录，并观察品控人员对可见污染物的监控；对冲洗设备的校准进行验证	冲洗设备监视记录；冲洗设备校正记录；纠偏措施记录
CCP2 头部的清洗	生物的——沙门氏菌	同CCP1	同CCP1	同CCP1	同CCP1	同CCP1
CCP3 最后的修整/冲洗	生物的——致病菌	同CCP1	同CCP1	同CCP1	同CCP1	同CCP1
CCP4 内脏的冲洗	生物的——致病菌	同CCP1	同CCP1	同CCP1	同CCP1	同CCP1

463

（续）

加工类别：屠宰
产品：猪屠宰产品

CCP	显著危害	关键限值	监控	纠偏措施	验证	记录
CCP5 冷却/冷冻储存	生物的——沙门氏菌	生猪屠宰产品在放血后45 min内进入冷却间，16 h内所有产品的内部中心温度达到4 ℃或−15 ℃以下，成品储存室温度不超过4 ℃或−15 ℃	品控人员观察屠宰及冷却操作过程，确保符合关键限值。存放胴体和内脏的冷藏间及冷冻间应被连续监控并记录温度。品控人员应在产品冷却16 h后，抽查10个（份）胴体（分割产品），确认其内部中心温度达到4 ℃或−15 ℃以下	时间和温度发生偏离时，品控人员将拒收和实施产品处置；产品处置由产生偏离的原因决定；品控人员找出发生偏离的原因，防止再次发生，必要时进行维修；维修人员应检查冷库操作情况，确认对产品（分割产品）进行审核；对产品到达冷却间和冷冻间的时间和对产品扣留程序要进行审核	验证人员审核胴体冷却记录表和内脏冷却记录表（每班一次）；验证所用的监控温度计的精确度，必要时将其校正到2 ℃以内；检查冷却间和冷冻间产品的中心温度	胴体冷却记录；冷却间和冷冻间温度记录；温度计校正记录；偏差实施记录

编制　　　　审批：　　　　日期：

附录 I
（资料性附录）
牛屠宰 HACCP 计划模式表

I.1　HACCP **小组成员及职责表见表** I.1。

表 I.1　HACCP 小组成员及职责表

姓　名	职　务	组内职务	职　责

编制：　　　　　　　　　　　　　　审批：　　　　　　　　　　　　　　日期：

I.2　产品描述见表 I.2。

表 I.2　产品描述表

加工类别：　屠宰
产品：　牛屠宰产品

进行产品描述时需要回答下列问题：

1. 产品名称：牛胴体、牛头、可食用内脏和不可食内脏。

2. 使用方法：胴体进一步加工。

3. 包装：胴体、头无包装，内脏进行箱装。

4. 保质期：14 d～21 d（依温度和储存条件不同而变化），头、内脏最好保存于－6 ℃以下。

5. 销售地点：批发给零售商或进一步加工的工厂。

6. 标签说明：符合国家的有关规定。

7. 特殊的销售方法：各种产品需冷冻货冷藏保存，胴体需冷藏保存。

编制：　　　　　　　　　　　　　　审批：　　　　　　　　　　　　　　日期：

I.3 产品加工流程见图 I.1。

加工类别： 屠宰
产品： 牛屠宰产品

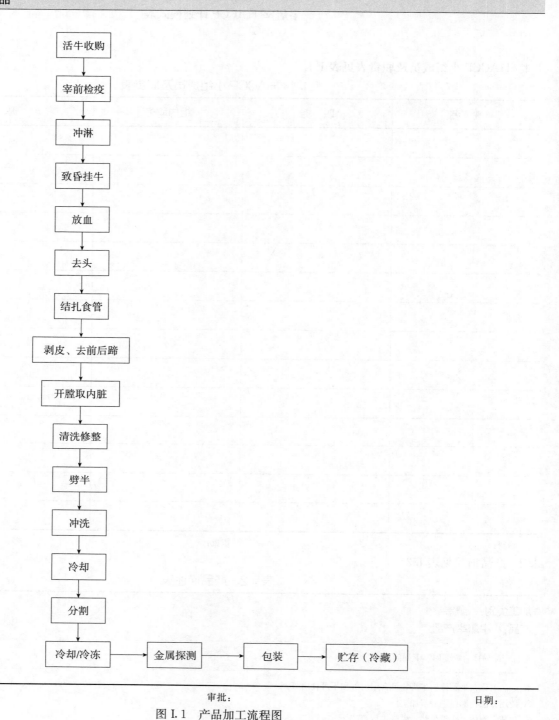

活牛收购

宰前检疫

冲淋

致昏挂牛

放血

去头

结扎食管

剥皮、去前后蹄

开膛取内脏

清洗修整

劈半

冲洗

冷却

分割

冷却/冷冻 → 金属探测 → 包装 → 贮存（冷藏）

编制：　　　　　　　　　　审批：　　　　　　　　　　日期：

图 I.1　产品加工流程图

I.4 危害分析表和 HACCP 计划表分别见表 I.3 和表 I.4。

表I.3　危害分析表

加工步骤	确定本步骤引入、控制或增加的危害	潜在的食品安全危害显著吗?	说明对第3栏的判断依据	应用什么预防措施来防止危害?	本步骤是关键控制点吗?
活牛收购	生物的——埃希氏大肠杆菌、O157∶H7	否	良好的SSOP可预防此污染		
	化学的——残留物	否	组织的记录证明在过去没有残留物		
	物理的——异物如断针	否	从有质量保证证明的农户处收购活牛可防止异物残留在牛体内		
宰前检疫	生物的——无				
	化学的——无				
	物理的——无				
冲淋	生物的——无				
	化学的——无				
	物理的——无				
致昏／推牛	生物的——无				
	化学的——无				
	物理的——无				
放血	生物的——无				
	化学的——无				
	物理的——无				
去头	生物的——无				
	化学的——无				
	物理的——无				
结扎食管	生物的——无				
	化学的——无				
	物理的——无				
剥皮、去前后蹄	生物的——从皮肤污染的致病菌如大肠杆菌和E.Coli O157∶H7	是	皮毛污染是一个众所周知的致病菌污染源;潜在的污染可能在此步骤发生	后面的清洗修整步骤可消除此污染	
	化学的——无				
	物理的——无				
开膛取内脏	生物的——致病菌如从胃肠道污染的大肠杆菌和E.Coli O157∶H7	是	潜在的污染可能在此步骤发生	后面的清洗修整步骤可消除此污染	
	化学的——无				
	物理的——无				

（续）

加工步骤	确定本步骤引入、控制或增加的危害	潜在的食品安全危害显著吗？	说明对第3栏的判断依据	应用什么预防措施来防止危害？	本步骤是关键控制点吗？
清洗修整	生物的—致病菌如大肠杆菌和E. Coli O157：H7	否	此步骤可以消除前面步骤引起的污染		
	化学的—无				
	物理的—无				
劈半	生物的—无				
	化学的—无				
	物理的—无				
冲洗	生物的—致病菌（有皮毛和胃肠道污染引起的）	是	此步骤可以减少病菌的污染	采取有效的冲洗方式	CCP1
	化学的—无				
	物理的—无				
冷却	生物的—致病菌如大肠杆菌和E. Coli O157：H7	是	若采用不当的冷却步骤，则致病菌有可能生长	应采用恰当合理的冷却步骤	CCP2
	化学的—无				
	物理的—无				
分割	生物的—无				
	化学的—无				
	物理的—无				
冷却/冷冻	生物的—无	是	若采用不当的冷却步骤，则致病菌有可能生长	应采用恰当合理的冷却步骤	
	化学的—无				
	物理的—无				
金属探测	生物的—无				
	化学的—无				
	物理的—无				
包装	生物的—无				
	化学的—无				
	物理的—无				

（续）

加工步骤	确定本步骤引入、控制或增加的危害	潜在的食品安全危害显著吗？	说明对第3栏的判断依据	应用什么预防措施来防止危害？	本步骤是关键控制点吗？
贮存（冷藏）	生物的——致病菌如大肠杆菌 E. Coli O157：H7	是	若温度没有维持在足以抑制致病菌生长的水平下，则致病菌很有可能生长	维持产品的温度在足以抑制致病菌生长的水平下	CCP3
	化学的——无				
	物理的——无				

编制：　　　　　　　审批：　　　　　　　日期：

表1.4　HACCP计划表

加工类别：屠宰
产品：牛屠宰产品

关键控制点	显著危害	关键限值	监控 对象/方法/人员	纠偏措施	验证	记录
CCP1 冲洗	生物的——致病菌（由皮毛和胃肠道污染引起的）	胴体无粪污；消毒剂的浓度保持在0.5%~2.5%之间；消毒用的喷嘴液压应在2.5 kg/cm² 以上；胴体清洗设备的压强在7 kg/cm²~24.6 kg/cm² 上	品控人员应监督清洗和消毒设备的运行情况、保证胴体表面可见的污染物、消毒剂的浓度、喷嘴的液压符合关键限值	超过关键限值生产的产品要接受重检，通过重检的胴体用于继续加工，未通过重检的胴体，将停止生产，返工；当清洗/消毒间隔超过关键限值时，所有受影响的胴体返回到前一加工步骤进行观察；品控人员确认引起偏离的原因，如果浓度超标，品控人员应调整消毒剂的浓度使之符合限定的范围；如果清洗设备的压强低于7 kg/cm²，品控人员应调整清洗设备压强使之符合限定的范围	品控人员每班检查所有的产品生产中的CCP的操作记录并观察和监控情况；设备维护人员定时检查清洗消毒设备的校准记录	清洗设备监控记录；消毒间隔监督验证记录；清洗设备校验证记录；纠偏措施记录
CCP2 冷却	生物的——致病菌如大肠杆菌 O157：H7	热分割产品：宰后片牛放血到分割后进冷却间的时间为1.5 h~2 h；冷分割产品：宰片牛肉应在45 min内进入冷却间，48 h内其后腿部或肩胛内深层或肌肉中心深处温度在0 ℃~4 ℃之间	品控人员检查冷却步骤；温度计将产品自动记录冷却间的温度；品控人员选择10个胴体和5个各部位的肉测量温度	品控人员确认引起偏离的原因；品控人员根据时间和温度偏离处理偏离的产品；设备维护人员对冷却间进行维护	品控人员每班检查一次胴体和各部位的冷却情况；设备冷却间内温度计的准确度；设备维护人员每天对温度计进行校验使其偏差在2 ℃以内	胴体冷却记录表；各部位冷却记录表；冷却间温度记录表；温度校正记录表；纠偏措施记录表

（续）

加工类别：屠宰
产品：牛屠宰产品

关键控制点	显著危害	关键限值	监控		纠偏措施	验证	记录
			对象/方法/频率/人员				
CCP3 贮存（冷藏）	生物的——致病菌如大肠杆菌和 E. Coli O157：H7	成品贮存区温度不超过 7 ℃	设备维护人员每 2 h 每次成品贮存区的温度，并在记录表上填写冷却间的记录		品控人员追查温度超过 7 ℃的原因；采取纠偏措施后每小时每次检查一次贮存区的温度；超过关键限值的产品由品控人员负责处理	品控人员每班检查一次胴体和各部位肉的冷却记录；设备维护人员每班一次检查冷却间内温度计计的准确度；设备维护人员每天对温度计进行校验使其偏差在 2 ℃以内	室温记录；温度校正记录；纠偏措施记录

编制：　　　　　　　　　　审批：　　　　　　　　　　日期：

附录 J
（资料性附录）
禽类屠宰 HACCP 计划模式表

J.1　HACCP 小组成员及职责表见表 J.1。

表 J.1　HACCP 小组成员及职责表

姓　名	职　务	组内职务	职　责

编制：　　　　　　　　　　　　审批：　　　　　　　　　　　　日期：

J.2　产品描述见表 J.2。

表 J.2　产品描述表

加工类别：　屠宰
产品：　鸡屠宰产品

进行产品描述时需要回答下列问题：

1. 产品名称：鸡胴体、内脏等。
2. 使用方法：胴体进一步加工或烹饪等。
3. 包装：胴体真空包装；分割产品真空包装或盘装。
4. 保质期：−18 ℃以下保存 3 个月～6 个月，4 ℃保存 7 d。
5. 销售地点：批发给零售商或进一步加工的工厂。
6. 标签说明：符合国家的有关规定。
7. 特殊的销售方法：冷冻或冷藏保存。

编制：　　　　　　　　　　　　审批：　　　　　　　　　　　　日期：

J.3 产品加工流程见图 J.1。

| 加工类别： 屠宰 |
| 产品： 鸡屠宰产品 |

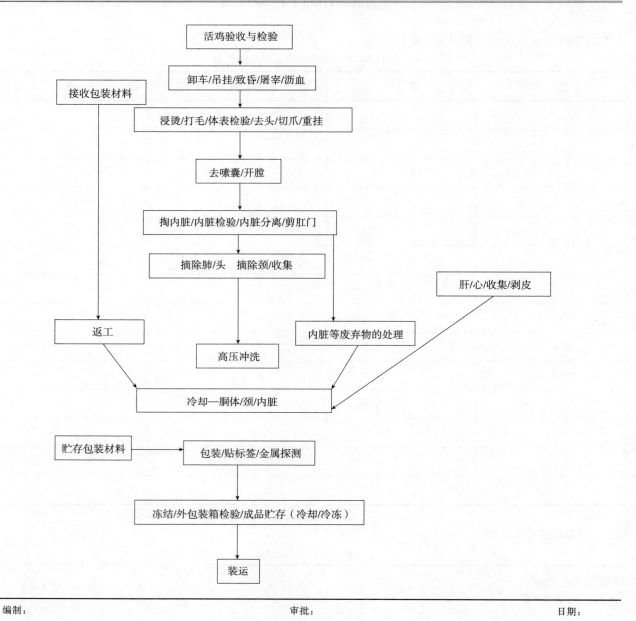

图 J.1 产品加工流程图

J.4 危害分析表和 HACCP 计划表分别见表 J.3 和表 J.4。

表 J.3 危害分析表

加工步骤	确定本步骤引入、控制或增加的危害	潜在的食品安全危害显著吗?	说明对第3栏的判断依据	应用什么预防措施来防止危害?	本步骤是关键控制点吗?
活鸡验收与验验	生物的——无				
	化学的——无				
	物理的——无				
接收包装材料	生物的——无				
	化学的——不能接受的化合物	否	包装材料从合格供方选用，且所有包装材料都有检验合格证明		
	物理的——异物	否	工厂记录表明在过去几年中未发生异物污染		
贮存包装材料	生物的——无				
	化学的——无				
	物理的——无				
卸车/吊挂/致昏/屠宰/沥血	生物的——无				
	化学的——无				
	物理的——无				
去头/切爪/重挂	生物的——无				
	化学的——无				
	物理的——无				
浸烫/打毛/体表检验	生物的——无				
	化学的——无				
	物理的——无				
去嗉囊/开膛	生物的——无				
	化学的——无				
	物理的——无				
掏内脏/内脏检验/内脏分离/剪肛门	生物的——沙门氏菌	是	含致病菌的肠道内容物的泄露可能导致污染的发生	适当调整去内脏设备，并对员工进行现场培训将污染降低污染水平；对胴体进行肉眼检查	CCP1
	化学的——无				
	物理的——无				
摘除肺/头摘除/颈/收集	生物的——无				
	化学的——无				
	物理的——无				

（续）

加工步骤	确定本步骤引入、控制或增加的危害	潜在的食品安全危害显著吗？	说明对第 3 栏的判断依据	应用什么预防措施来防止危害？	本步骤是关键控制点吗？
返工	生物的——致病菌（沙门氏菌、大肠杆菌类）	是	致病菌有污染和增殖的潜力；随后的冷却步骤有助于减少致病菌的威胁	恰当的清洗、修整和温度控制将有效控制致病菌的生长	CCP2
	化学的——无				
	物理的——无				
内脏等废弃物的处理	生物的——无				
	化学的——无				
	物理的——无				
高压冲洗	生物的——无				
	化学的——无				
	物理的——无				
肝/心/收集/剥皮	生物的——无				
	化学的——无				
	物理的——无				
冷却—胴体/颈/内脏	生物的——沙门氏菌	是	产品与产品的接触；冷却系统的不当操作会导致最终产品致病菌的流行	适当地冷却产品以防止致病菌的生长；二氧化氯可以防止沙门氏菌的进一步生长	CCP3
	化学的——无				
	物理的——无				
包装/贴标签/金属探测	生物的——无				
	化学的——无				
	物理的——无				
冻结/外包装/成品箱检验/贮存（冷却/冷冻）	生物的——致病菌	是	对于冷却产品，如果温度不能维持在或低于限制致病菌生长的温度，则它们有可能生长	控制产品的温度低于或等于足以抑制致病菌生长的温度	CCP4
	化学的——无				
	物理的——无				

（续）

加工步骤	确定本步骤引入、控制或增加的危害	潜在的食品安全危害显著吗？	说明对第3栏的判断依据	应用什么预防措施来防止危害？	本步骤是关键控制点吗？
装运	生物的——无 化学的——无 物理的——无				

编制：　　　　　　审批：　　　　　　日期：

表 J.4　HACCP 计划表

加工类别：屠宰
产品：鸡屠宰产品

关键控制点	显著危害	关键限值	监控（对象/方法/频率/人员）	纠偏措施	验证	记录
CCP1 掏内脏/内脏检验/内脏分离/剪肛门	生物的——沙门氏菌	加工后无粪污；设备使用良好，不应因设备的使用不当导致消化道破裂	肉眼检查；冲洗前检查并随机抽查；品控人员应每班检查设备的运行情况	受污染的产品被拒弃或重加工；停止生产后调整和修理设备；冲洗期间进行肉眼检查；重审设备维护和修理记录	品控人员每班一次检查工厂的消毒记录和氯的含量；品控人员每班两次检查设备维护记录	消毒记录；纠偏措施记录；设备维护记录
CCP2 返工	生物的——致病菌（沙门氏菌，大肠杆菌类）	重加工后无粪污；设备进行恰当维修；用 $20×10^{-6}$～$50×10^{-6}$ 的 NaClO 溶液冲洗设备	肉眼检查；冲洗前检查并随机抽查；品控人员应每班记录设备的运行情况	品控人员确定偏差原因；品控人员将拒绝或保留产品；受污染的产品被拒弃或重加工，调整设备维修设备	品控人员每班一次检查重加工记录和消毒记录；品控人员每班两次检查设备维护记录	重加工记录；消毒记录；纠偏措施记录；设备维护记录
CCP3 冷却——胴体/预冷却/颈/内脏	生物的——沙门氏菌	产品的中心温度在冷却 45 min 内降到 7 ℃以下；冷却水的二氧化氯含量大于 $20×10^{-6}$	品控人员在冷却加工结束时监督检查产品的中心温度；每 2 h 检查一次冷却水中氯的含量	品控人员根据时间和温度确认拒绝或保留产品；品控人员将查冷却水检查冷却的原因并预防其再次发生；设备维护人员将冷却液的循环和水交换速率并按要求进行调整	品控人员每班检查一次冷却记录和消毒记录；设备维护人员每班检查冷却水温度表；品控人员每天校正所有用于监督和校验的温度计	消毒记录；冷却记录；冷却水温度记录；纠偏措施记录；温度计校正记录
CCP4 冻结/外包装/成品箱检验/成品贮存（冷却/冷冻）	生物的——病原菌	成品贮存温度不超过 4 ℃	品控人员每 2 h 检查一次产品的中心温度	品控人员确认温度超过 4 ℃的原因；品控人员采取措施防止温度超过 4 ℃；超过关键限值的产品，加工监督机构在装运前对产品进行评估，并作相应的处理	品控人员温度记录的准确性；品控人员每天检验所有的温度；用于检测需每天校正并温度计，并根据性在±2 ℃范围内；其准确性要 2 ℃；品控人员每班检查成品贮存区的情况	冷却记录；纠偏措施记录；温度计校正记录

编制：　　　　　　审批：　　　　　　日期：

参 考 文 献

［1］ GB 12694—1990　肉类加工厂卫生规范

［2］ GB 13754—1992　肉类加工工业水污染物排放标准

［3］ GB 16548—1996　畜禽病害肉尸及其产品无害化处理规程

［4］ 国家质量监督检验检疫总局　2002 年第 3 号　附件：《食品生产企业危害分析与关键控制点（HACCP）管理体系认证管理规定》2002 年 3 月 20 日

［5］ CAC/RCP 1—1969，Rev.3（1997），Amd.（1999）《食品卫生通则》

中华人民共和国国家标准

GB/T 20572—2019
代替 GB/T 20572—2006

天然肠衣生产 HACCP 应用规范

Evaluating specification on the HACCP certification of the natural casings processin

2019-03-25 发布/2019-10-01 实施
国家市场监督管理总局
中国国家标准化管理委员会　发布

前　言

本标准按照 GB/T 1.1 — 2009 给出的规则起草。

本标准代替 GB/T 20572—2006《天然肠衣生产 HACCP 应用规范》，与 GB/T 20572—2006 相比，除编辑性修改外主要技术变化如下：

——修改了范围（见第 1 章，2006 年版的第 1 章）；

——修改了规范性引用文件（见第 2 章，2006 年版的第 2 章）；

——修改了术语和定义的"天然肠衣"，删除了"卫生标准操作程序"和"原肠"（见第 3 章，2006 年版的第 3 章）；

——修改了 HACCP 体系的部分要求（见第 4 章，2006 年版的第 4 章）；

——增加了管理职责（见第 5 章）；

——增加了人力资源保障计划、维护保养计划、追溯与召回、应急预案（见 6.5～6.8）；

——修改了采购、天然肠衣加工工艺流程、上盐浓度等内容，增加了腌制期的要求（见第 6 章，2006 年版的第 4 章）；

——修改了 HACCP 计划的建立和实施内容（见第 7 章，2006 年版的第 5 章）；

——删除了"其他"（见 2006 年版的第 7 章）；

——增加了 HACCP 体系的更新及持续改进内容（见第 8 章）；

——删除了附录中的 HACCP 应用逻辑程序图和卫生标准操作程序（见 2006 年版的附录 A、附录 B）；

——修改了附录中天然肠衣 HACCP 计划模式表内容（见附录 A，2006 年版的附录 D）；

——修改了附录中的判断树及 CCP 识别顺序图（附录 B，见 2006 年版的附录 C）；

——修改了参考文献（见参考文献，2006 年版的参考文献）。

本标准由中华人民共和国农业农村部提出。

本标准由全国屠宰加工标准化技术委员会（SAC/TC 516）归口。

本标准起草单位：商务部流通产业促进中心、中食恒信（北京）质量认证中心有限公司、中国肉类协会天然肠衣分会。

本标准主要起草人：龚海岩、于林鑫、王敏、赵箭、石瑞芳、张琼、鲍俊凯、高观、王玉忠、赵文虎、胡燕。

本标准所代替标准的历次版本发布情况为：

——GB/T 20572—2006。

天然肠衣生产 HACCP 应用规范

1 范围

本标准规定了天然肠衣企业危害分析与关键控制点（HACCP）体系的要求。

本标准适用于天然肠衣企业 HACCP 体系的建立、实施、更新和改进活动。

2 规范性引用文件

下列文件对于本文件的应用是必不可少的。凡是注日期的引用文件，仅注日期的版本适用于本文件。凡是不注日期的引用文件，其最新版本（包括所有的修改单）适用于本文件。

GB/T 7740　天然肠衣

GB 14881　食品安全国家标准　食品生产通用卫生规范

GB/T 19000　质量管理体系　基础和术语

GB/T 19080　食品与饮料行业 GB/T 19001—2000 应用指南

GB/T 19538　危害分析与关键控制点（HACCP）体系及其应用指南

GB/T 22637　天然肠衣加工良好操作规范

GB/T 27341　危害分析与关键控制点（HACCP）体系　食品生产企业通用要求

QB/T 2606　肠衣盐

3 术语和定义

GB/T 7740、GB/T 19000、GB/T 19080、GB/T 19538 界定的以及下列术语和定义适用于本文件。

3.1

天然肠衣　natural casings

采用健康牲畜的食道、胃、小肠、大肠和膀胱等器官，经过特殊加工，对保留的组织进行盐渍或干制的动物组织，是灌制肉制品的衣膜。

注：改写 GB/T 7740—2006，定义 3.1。

3.2

标准操作程序　standard operating procedure; SOP

为保障产品质量，企业在产品加工过程中应遵守的设备及工艺操作规范。

4 HACCP 体系

4.1 总要求

4.1.1 企业应按本标准的要求策划、建立 HACCP 体系，形成文件，加以实施、保持、更新和持续改进，并确保其有效性。

4.1.2 企业管理层应对 HACCP 体系的建立、实施、验证、更新和改进给予全面责任承诺和支持。

4.1.3 HACCP 体系应充分体现 GB/T 19538 中的 7 项原理。

4.2 文件要求

4.2.1 HACCP 体系文件

应包括如下内容：

a) 形成文件的食品安全方针；

b) HACCP 手册；

c) 本标准所要求的形成文件的程序；

d) 企业为确保 HACCP 体系过程的有效策划、运行和控制所需的文件；

e) 本标准所要求的记录。

4.2.2 HACCP 手册

企业应编制和保持 HACCP 手册，内容至少应包括：

a) HACCP 体系的范围，包括所覆盖天然肠衣或其类别、操作步骤和场所，以及与肠衣生产链其他步骤的关系；

b) HACCP 体系程序文件或对其的引用；

c) HACCP 体系过程及其相互作用的表述。

4.2.3 成文信息控制

HACCP 体系所要求的文件应予以控制。

应编制形成文件的程序，以规定以下方面所需的控制：

a) 文件发布前得到批准，确保文件是充分的、适宜的和有效的；

b) 必要时对文件进行审核与更新，并再次批准；

c) 确保文件的更改和现行修订状态得到识别；

d) 确保在使用处可获得适用文件的有效版本；

e) 确保文件保持清晰、易于识别；

f) 确保与 HACCP 体系相关的外来文件得到识别，并控制其分发；

g) 防止作废文件的非预期使用，对需保留的作废文件进行适当的标识；

h) 应建立并保持记录，提供符合要求和 HACCP 体系有效运行的证据。

5 管理职责

企业应按 GB/T 27341 的相关要求执行。

6 前提计划

6.1 总则

企业应按 GB/T 27341 的相关要求，结合企业具体条件，建立与实施适宜的前提计划。

6.2 良好操作规范（GMP）

天然肠衣企业应按照相关法律法规和 GB 14881、GB/T 22637 的要求，建立并实施适合本企业的 GMP。

6.3 卫生标准操作程序（SSOP）

企业应建立并实施满足 GB/T 27341 相关要求且适合本企业的 SSOP。

6.4 标准操作程序（SOP）

6.4.1 采购

6.4.1.1 供方评价

应满足如下要求：

a) 应对供方供货能力、产品质量保证能力进行综合评价，以确定合格供方，建立并保存供方评价表和合格供方明细表，并从合格供方处采购；

b) 应对合格供方的能力、业绩和供货质量等进行动态综合评价，并建立和保存相关质量记录。

6.4.1.2 肠衣原辅料

应满足如下要求：

a) 肠衣原料应来源于健康的牲畜，并附有动物检疫合格证明等相关证明，符合国家有关规定；

b) 加工用盐应使用符合 QB/T 2606 要求、具有检验合格证的肠衣盐；

c) 加工肠衣用的其他辅助材料应符合食品卫生要求。

6.4.2 进货验收

6.4.2.1 验收人员应按 6.4.1.2 的要求索取、查验进厂肠衣原料、肠衣盐及其他辅助材料的相关证明，符合要求后验收。

6.4.2.2 验收人员应依据相关规定对进厂肠衣原料、肠衣盐及其他辅助材料进行查验、核对数量，填写进货查验记录。

6.4.3 天然肠衣加工过程

6.4.3.1 加工工艺流程

以盐渍肠衣加工为例说明，宜参照下列流程：原肠原料验收→原肠原料收集、贮运→原肠浸泡冲洗→刮制→灌水检查→量码→上盐→天然肠衣半成品包装→贮存、运输→半成品原料验收→浸洗→拆把→分路定级→量码→上盐→沥卤→缠把→装桶→检验→贮存、运输。

6.4.3.2 原肠原料验收

应符合 6.4.1.2 a) 要求。

6.4.3.3 原肠原料收集、贮运

原肠原料在收集、贮运期间应冷藏。盛放及包装容器、运输工具应符合有关卫生要求。

6.4.3.4 原肠浸泡冲洗

将原肠用水及时进行浸泡冲洗，水温适宜。

6.4.3.5 刮制

用适当方法刮去肠内外黏膜等不用部分，得到透明的初制肠衣。

6.4.3.6 灌水检查

刮制后可将自来水龙头插入初制肠衣的一端灌水冲洗，并检查有无漏水的破孔，不能用的部分需割除，并刮除残留黏膜。

6.4.3.7 量码

符合客户或生产的需求，量成不同规格的把。

6.4.3.8 上盐

应满足如下要求：

a) 干盐上盐：将已量成把的肠衣散开，用肠衣盐均匀腌渍。腌渍应一次上盐，腌好后重新绕把放在周转筐内，盛满肠衣的周转筐一层层迭置于沥卤池上使盐水沥出，适时沥卤，使肠身腌透，以使肠衣上见到盐晶体。

b) 湿盐上盐：采用湿盐上盐主要使用饱和盐卤，盐卤浓度应不低于 $22°Be'$，浓度依靠波美氏比重计测量以保持不变。

6.4.3.9 天然肠衣半成品包装

天然肠衣半成品或缠把或装网袋，贮存在密闭的桶里。

6.4.3.10 贮存、运输

按 GB/T 7740 的相关规定执行。

6.4.3.11 半成品原料验收

感官检查色泽正常，无异味，符合 6.4.1.2 a) 的相关要求。

6.4.3.12 浸洗

将天然肠衣半成品放入清水中，浸洗掉肠衣上的盐。

6.4.3.13 拆把

将清洗好的天然肠衣半成品拆开把子，理顺肠衣。

6.4.3.14 分路定级

将拆把好的肠衣灌入水，一方面检验肠衣有无破损漏洞，另一方面按照肠衣的口径大小和不同等级进行分路和定级。

6.4.3.15 量码

量码人员对分路定级后的肠衣进行配头、量码，具体要求符合 GB/T 7740 相关规定。

6.4.3.16 上盐

干盐上盐和湿盐上盐符合 6.4.3.7 的相关要求。

腌制期：天然肠衣应在被发运到客户之前，经过干盐或饱和盐卤连续腌制应不少于 30 d。这 30 d 时间，从天然肠衣被清洗加工后上盐开始，可以包括发运到客户之前的仓储和运输时间。

6.4.3.17 缠把

将沥好卤的肠衣进行缠把。缠把时如有并条应重新上盐，死结应解开死结，缠把要紧。

6.4.3.18 装桶

应满足如下要求：

a) 包装：供肠衣包装用的天然肠衣桶（塑料桶内衬塑料袋），应坚固耐用，符合食品卫生要求。装桶时

应充分撒布肠衣盐，或灌满饱和盐卤。
b) 标志：盛装肠衣的每只桶内顶面应附以明显卡片，卡片中标明品名、口径长度和数量；桶外应标识品名、口径、编号、唛头等字样；标志应标注产品的批次号及生产日期，保证产品具有可追溯性。

6.4.3.19　检验
应满足如下要求：
a) 工艺过程中检验：质检人员对口径、等级、量码、上盐、缠把、装桶等工艺环节进行抽检，并符合相关要求；
b) 成品检验：应符合 GB/T 7740 的相关规定。

6.4.3.20　贮存、运输
应符合 GB/T 7740 的相关规定。

6.4.4　不合格品控制
6.4.4.1　企业应制定不合格品控制文件，防止不合格品的非预期使用。
6.4.4.2　在肠衣原料采购、加工过程及产品检验的过程中发现的不合格品应按不合格品控制文件有关规定处理并记录。

6.5　人力资源保障计划
企业应制定并实施人力资源保障计划，确保从事肠衣生产和管理的人员能够胜任。
计划应满足以下要求：
a) 应对从事肠衣加工、检验和管理的人员提供持续的 HACCP 体系、相关专业技术知识及操作技能和法律法规等方面的培训，或采取其他措施，确保各级人员所必要的能力；
b) 评价所提供培训或采取其他措施的有效性；
c) 保持人员的教育、培训、技能和经验的适当记录。

6.6　维护保养计划
企业应制定并实施厂区、厂房、设施、设备等的维护保养计划，使之保持良好状态，并防止对肠衣的污染。

6.7　追溯与召回
6.7.1　产品追溯
6.7.1.1　应建立且实施可追溯系统，以确保能够识别产品批次及其与原料批次、生产和交付记录的关系。应按规定的期限保持可追溯记录，以便对体系进行评估，使潜在的不安全产品得以处理。可追溯记录应符合法律、法规要求。
6.7.1.2　应明确追溯的信息要求。
6.7.1.3　宜建立供应链追溯技术系统，包括编码与标识系统、载体系统、数据共享系统。

6.7.2　产品召回
6.7.2.1　应根据国家有关规定建立产品召回制度。
6.7.2.2　对被召回的产品，应当进行无害化处理或者予以销毁，防止其非预期使用或流入食品链。

6.8　应急预案
企业应识别、确定潜在的肠衣紧急情况，制定包括但不限于 GB/T 27341 相关要求的应急预案，必要时做出响应，以减少可能产生的安全危害影响。
应保持应急预案实施记录，定期演练并验证其有效性。

7　HACCP 计划的建立和实施

7.1　总则
天然肠衣企业应按照 GB/T 27341 的相关要求，结合本企业具体要求，建立与实施适宜的 HACCP 计划。

7.2　HACCP 计划建立预备步骤
7.2.1　组建 HACCP 工作小组
HACCP 小组人员的能力应满足本企业肠衣生产技术要求，人员组成应满足肠衣生产企业的专业覆盖范围的要求，由多专业的人员组成，包括卫生质量控制人员、生产技术人员、工程技术人员、品控人员、设施设备管理人员、原肠及辅料采购、仓贮及运输管理等人员。必要时，可外聘专家。

小组成员应具有与肠衣产品、过程、所涉及危害相关的专业技术知识和经验，并经过适当培训。

7.2.2 产品描述，确定产品的预期用途

HACCP 小组的首要任务是对实施 HACCP 体系管理的产品进行描述，确定产品的预期用途，识别并确定进行危害分析所需的下列适用信息：

a) 产品名称；

b) 产品的原料和主要成分；

c) 产品的理化性质及加工处理方式；

d) 包装方式；

e) 贮存条件；

f) 保质期限；

g) 销售方式；

h) 销售区域；

i) 有关产品安全的流行病学资料（必要时）；

j) 产品的预期用途和消费人群；

k) 产品预期的食用或使用方式；

l) 产品非预期（但极可能出现）的食用或使用方式；

m) 其他必要的信息。

应保持产品描述、预期用途的记录。

7.2.3 绘制和确认加工流程图

7.2.3.1 HACCP 小组应深入生产线，详细了解肠衣的生产加工过程，根据肠衣的操作要求描绘肠衣的加工流程图，此图应包括：

a) 每个步骤及其相应操作；

b) 这些步骤之间的顺序和相互关系；

c) 返工点；

d) 外部的过程；

e) 原料和辅料的投入点；

f) 废弃物的排放点。

流程图的制定应完整、准确、清晰。

每个加工步骤的操作要求和工艺参数应在工艺描述中列出。适用时，应提供工厂位置图、厂区平面图、车间平面图、人流物流图、供排水网络图、防虫害分布图等。

7.2.3.2 应由熟悉肠衣操作工艺的 HACCP 人员对所有操作步骤在操作状态下进行现场核查，确认并证实与所制定流程图是否一致，并在必要时进行修改。应保持经确认的流程图。肠衣（盐渍）加工流程图示例参见附录 A 的图 A.1。

7.3 HACCP 计划建立步骤

7.3.1 危害分析和制定控制措施

7.3.1.1 总则

肠衣生产企业应按照 GB/T 27341 的相关要求，进行危害分析和制定控制措施。在实施危害分析时还应考虑化学污染物（如兽药残留等），细菌、病毒及其毒素，寄生虫和有害生物因子，微生物繁殖适宜条件，异物等信息。针对人为的破坏或蓄意污染等造成的显著危害，肠衣生产企业还应建立肠衣的防护计划和欺诈预防作为控制措施。

7.3.1.2 列出危害分析表

危害分析表可以使企业明确危害分析的思路。HACCP 小组应根据工艺流程、危害识别、危害评估、控制措施等结果提供形成文件的危害分析表，包括加工步骤、考虑的潜在危害、显著危害判断的依据、控制措施，并明确各因素之间的相互关系。在危害分析表中，应描述控制措施与相应显著危害的关系，为确定关键控制点提供依据。HACCP 小组应在危害分析结果受到任何因素影响时，对危害分析表做出必要的更新或修订。应保

持形成文件的危害分析表。肠衣（盐渍）危害分析表示例参见表 A.1。

7.3.2　确定关键控制点

7.3.2.1　HACCP 小组应根据危害分析所提供的显著危害与控制措施之间的关系，识别针对每种显著危害控制的适当步骤，以确定关键控制点（CCP），确保所有显著危害得到有效控制。企业应使用适宜的方法来确定 CCP，如附录 B 中判断树的逻辑推理方法等。但在使用 CCP 判断树表时，应考虑以下因素：

    a)　判断树表仅是有助于确定 CCP 的工具，而不能代替专业知识；

    b)　判断树表在危害分析后和显著危害被确定的步骤使用；

    c)　随后的加工步骤对控制危害可能更有效，可能是更应选择的 CCP；

    d)　加工中一个以上的步骤可以控制一种危害。

当显著危害或控制措施发生变化时，HACCP 小组应重新进行危害分析，判定 CCP。应保持 CCP 确定的依据和文件。如分析出以标准操作程序（SOP）进行控制可以等同于 CCP 控制的情况，要保持 SOP 确定的依据、参数和文件。肠衣（盐渍）关键控制点示例参见表 A.1 。

7.3.2.2　确定关键控制点考虑因素如下：

    a)　原肠原料的验收宜考虑，但不限于以下重要生产控制过程和因素：原肠原料应来源于健康的牲畜，并附有动物检疫合格证明等相关证明。经检测合格，方可接收。

    b)　上盐宜考虑，但不限于以下重要生产控制过程和因素：干盐上盐可在肠衣上见到盐晶体，湿盐上盐盐卤浓度应不低于 22°Be′，腌制时间应不少于 30 d。

    c)　半成品原料的验收宜考虑，但不限于以下重要生产控制过程和因素：色泽正常，无腐败气味等异味，提供动物检疫合格证明等相关证明。经检测合格，方可接收。

7.3.3　建立每个关键控制点的关键限值

7.3.3.1　HACCP 小组应为每个 CCP 建立关键限值。一个 CCP 可以有一个或一个以上的关键限值。

7.3.3.2　关键限值的设立应科学、直观、易于监测，确保产品的安全危害得到有效控制，而不超过可接受水平。关键限值的确定应以科学为依据，参考资料可来源于科学刊物、法规性指南、专家和试验研究等，用来确定限值的依据和参考资料应作为 HACCP 体系支持文件的一部分。

7.3.3.3　基于感知的关键限值，应由经评估且能够胜任的人员进行监控、判定。为了防止或减少偏离关键限值，HACCP 小组宜建立 CCP 的操作限值。应保持关键限值确定依据和结果的记录。

7.3.3.4　肠衣关键限值指标包括盐渍时间、盐卤浓度、检验报告、检疫合格证和感官指标等。肠衣（盐渍）关键限值示例参见表 A.2。

7.3.3.5　确定关键限值考虑因素同 7.3.2.2。

7.3.4　建立对每个关键控制点进行监控的系统

7.3.4.1　企业应针对每个 CCP 制定并实施有效的监控措施，保证 CCP 处于受控状态。监控措施包括监控对象、监控方法、监控频率、监控人员。通过监测能够发现关键控制点是否失控，此外，通过监控还能提供必要的信息，以便及时调整生产过程，防止超出关键限值。肠衣（盐渍）示例参见表 A.2。

7.3.4.2　一个监控系统的设计应确定以下内容：

    a)　监控对象：应包括每个 CCP 所涉及的关键限值；

    b)　监控方法：应准确、及时，物理和化学检测能够比微生物检测更快地进行，常用的物理、化学检测指标包括时间和温度组合、感官检验等；

    c)　监控频率：一般应实施连续监控，若采用非连续监控时，其频次应能保证 CCP 受控的需要，连续监控对许多物理或化学参数都是可行的；

    d)　监控人员：进行 CCP 监控的人员包括流水线上的人员、设备操作者、监督员、维修人员、品控人员等。负责 CCP 监控的人员应接受 CCP 监控技术的培训，理解 CCP 监控的目的和重要性，熟悉监控操作并及时准确地记录和报告监控结果。当监控表明偏离关键限值时，监控人员应立即停止该操作步骤的运行，及时采取纠偏，以防止关键限值的偏离。应保持监控记录。

7.3.5　建立纠偏措施

7.3.5.1　企业应针对 CCP 的每个关键限值的偏离预先制定纠偏措施，以便在偏离时实施。

7.3.5.2　纠偏措施应包括以下内容：

a) 实施纠偏措施和负责受影响产品放行的人员，纠偏人员应熟悉产品、HACCP计划，经过适当培训并经授权。

b) 偏离原因的识别和消除，当某个关键限值的监视结果反复发生偏离或偏离原因涉及相应控制措施的控制能力时，HACCP小组应重新评估相关控制措施的有效性和适宜性，必要时对其予以改进并更新。

c) 受影响产品的隔离、评估和处理，在评估受影响产品时，可进行生物、化学或物理特性的测量或检验，若核查结果表明危害处于可接受指标之内，可放行产品至后续操作，否则，应返工、降级、改变用途、废弃等。纠偏措施应保证CCP重新处于受控状态。

d) 记录纠偏措施，包括偏离的描述、对受影响产品的最终处理、采取纠偏措施人员的姓名、必要的评估结果。肠衣（盐渍）示例参见表A.2。

7.3.6 建立确认和验证程序

7.3.6.1 企业应建立并实施对HACCP计划的确认和验证程序，以证实HACCP计划的完整性、适宜性、有效性。

7.3.6.2 确认程序应包括对HACCP计划所有要素有效性的证实。确认应在HACCP计划实施前或变更后。

7.3.6.3 验证程序应包括：验证的依据和方法、验证的频次、验证的人员、验证的内容、验证结果及采取的措施、验证记录等。验证的结果需要输入到管理评审中，以确保这些重要数据资源能被适当考虑并对整个HACCP体系持续改进起作用；当验证结果不符合要求时，应采取纠正措施并进行再验证。

7.3.6.4 确认和验证，应包括，但不限于以下方面：

a) 波美氏比重计、温度计等监控设备的校准，确保测量的准确度，监控设备校准记录的审核，必要时，应通过有资格的检验机构，对所需的控制设备和方法进行技术验证，并提供形成文件的技术验证报告；

b) 肠衣的保存、包装效果的检查；

c) 肠衣生产企业应按照相关法规或标准的要求，对出厂的肠衣产品进行检验。

通过验证、审查、检验（包括随机抽样化验），确定HACCP计划是否有效运行。肠衣（盐渍）示例参见表A.2。

7.3.7 建立记录档案

肠衣生产企业应按照GB/T 27341的相关要求，保持HACCP计划等相关记录。肠衣（盐渍）示例参见附录A。

8 HACCP体系的更新及持续改进

8.1 持续改进

最高管理者应确保企业通过沟通、管理评审、内部审核、控制措施、纠偏措施等相关活动，按照策划的时间评价HACCP体系，考虑对执行的良好操作规范（GMP）、各项前提计划及HACCP计划各项内容的更新需求，通过系列活动，更新体系，持续改进HACCP体系的有效性。

8.2 更新

最高管理者应确保HACCP体系的持续更新。为此，HACCP小组应按策划的时间间隔评价HACCP体系，应考虑危害分析和HACCP计划的必要性，考虑对执行的良好操作规范（GMP）、各项前提计划及HACCP计划各项内容的更新需求，通过系列活动，更新体系，体系更新活动应以适当的形式予以记录和报告。

附录 A
（资料性附录）
天然肠衣 HACCP 计划模式表

A.1 产品加工流程图

产品加工流程图见图 A.1。

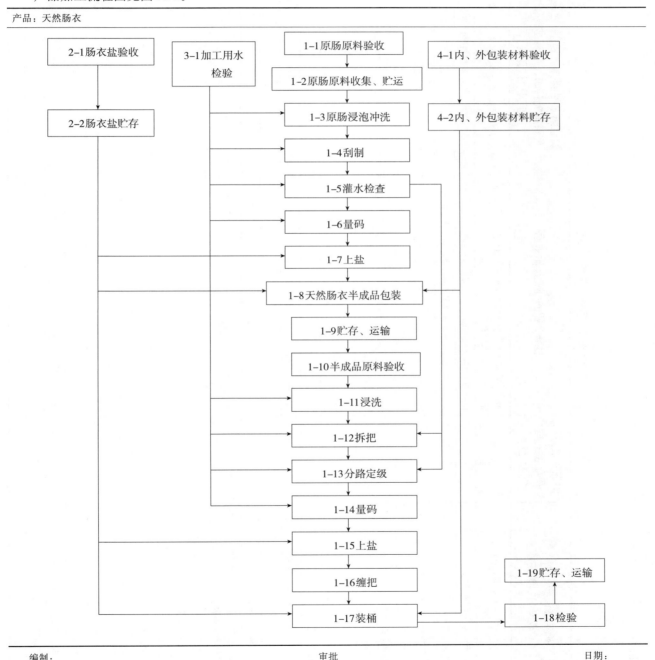

图 A.1 产品加工流程图

A.2 危害分析表

危害分析表见表 A.1。

表 A.1 危害分析表（示例）

加工步骤	确定在该步骤中引入的、或增加加的潜在危害	潜在的食品危害是显著的吗？（是/否）	对第3栏的判定提出依据	如果第3栏回答"是"，应采取何种措施预防、消除或降低危害至可以接受的水平?	关键控制点
1-1 原肠原料验收	生物危害——可能带有致病菌	是	供屠宰的猪或羊在饲养过程中可能带有某些疫病及致病菌，而导致胴衣原料受染	由供方提供动物检疫合格证明/感官检验	CCP1-1
	化学危害——兽药残留	是	饲养环节兽药（如氯霉素等）残留情况普遍	选用合格供方并每半年对原料进行抽检	
	物理危害——可能带有杂物	否	通过后期的加工能够将危害消除或降低到可接受的水平		
2-1 肠衣盐渍的验收	生物危害——无				否
	化学危害——无	否			
	物理危害——无				
3-1 加工用水的检验	生物危害——可能带来致病菌	否	由SSOP控制		否
	化学危害——化学物质残留（如采用加氯消毒的自备井）	否	由SSOP控制		
	物理危害——无				
4-1 内外包装材料的验收	生物危害——可能带来致病菌	否	由SSOP控制		否
	化学危害——无				
	物理危害——无				
1-2 原肠原料收集、贮运	生物危害——1. 运输车辆、容器不洁带来致病菌	否	由SSOP和SOP控制		否
	生物危害——2. 收集、运输中温度不当致病菌繁殖				
	化学危害——无				
	物理危害——无				
2-2 肠衣盐渍的贮存	生物危害——致病菌污染	否	由SSOP控制		否
	化学危害——无				
	物理危害——无				
4-2 内外包装材料的贮存	生物危害——致病菌污染	否	由SSOP控制		
	化学危害——无	否			
	物理危害——无				

（续）

加工步骤	确定在该步中引入的、或增加的潜在危害	潜在的食品危害是显著的吗？（是/否）	对第3栏的判定提出依据	如果第3栏回答"是"，应采取何种措施预防、消除或降低危害至可以接受的水平？	关键控制点
1-3 原肠浸泡池冲洗	生物危害—致病菌生长	否	由SSOP控制		否
	化学危害—无				
	物理危害—无				
1-4 刮制	生物危害—致病菌生长	否	由SSOP控制		否
	化学危害—无				
	物理危害—无				
1-5 灌水检查	生物危害—致病菌污染	否	由SSOP控制		否
	化学危害—无				
	物理危害—无				
1-6 量码	生物危害—致病菌污染	否	由SSOP控制		否
	化学危害—无				
	物理危害—无				
1-7 上盐	生物危害—致病菌残留	是	上盐不充分，盐渍时间不足	对残留致病菌通过添加盐抑制其生长	CCP1-7
	化学危害—无				
	物理危害—无				
1-8 天然肠衣半成品包装	生物危害—致病菌残留	否	由SSOP控制		否
	化学危害—无				
	物理危害—无				
1-9 贮存、运输	生物危害—残留致病菌	否	由SOP控制		否
	化学危害—无				
	物理危害—无				
1-10 半成品原料的验收	生物危害—可能带来致病菌	是	根据欧盟肠衣指南中风险矩阵分析，微生物污染属高风险	拒收经过感官检查不合格的半成品原料	CCP1-10
	化学危害—兽药残留	是	饲养环节用药（如氯霉素等）残留情况普遍	选用合格供方并每半年对原料进行抽检	
	物理危害—可能带有杂物	否	通过后树的加工能够将危害消除或降低到可接受的水平		
1-11 浸洗	生物危害—致病菌生长	否	由SOP后道上盐工序控制		否
	化学危害—无				
	物理危害—无				

加工过程

（续）

加工步骤		确定在该步中引入的、或增加的潜在危害	潜在的食品危害是显著的吗？（是否）	对第3栏的判定提出依据	如果第3栏回答"是"，应采取何种措施预防、消除或降低危害至可以接受的水平？	关键控制点
加工过程	1-12 拆把	生物危害—致病菌污染	否	由SSOP控制		否
		化学危害—无				
		物理危害—无				
	1-13 分路定级	生物危害—致病菌污染	否	由SSOP控制		否
		化学危害—无				
		物理危害—无				
	1-14 量码	生物危害—致病菌污染	否	由SSOP控制		否
		化学危害—无				
		物理危害—无				
	1-15 上盐	生物危害—残留致病菌	是	上盐不充分、盐渍时间不足	对残留致病菌通过添加盐抑制其生长	CCP1-15
		化学危害—无				
		物理危害—无				
	1-16 缰把	生物危害—致病菌污染	否	由SSOP控制		否
		化学危害—无				
		物理危害—无				
	1-17 装桶	生物危害—致病菌污染	否	由SSOP控制		否
		化学危害—无				
		物理危害—无				
检验	1-18 检验	生物危害—无	否			否
		化学危害—无				
		物理危害—无				
贮运	1-19 贮存、运输	生物危害—残留致病菌	否	由SOP控制		否
		化学危害—无				
		物理危害—无				

编制：　　　　　　审批：　　　　　　日期：

A.3 HACCP计划表

HACCP计划表见表A.2。

表A.2 HACCP计划表

(1)	(2)	(3)	监控				(8)	(9)	(10)
			(4)	(5)	(6)	(7)			
关键控制点 CCP	显著的危害	每个预防措施的关键限值	对象	方法	频率	人员	纠偏行动	验证	记录
CCP1-1 原肠原料验收	带来致病菌	每批原料附有动物检疫合格证明/受损坏或腐败变质的肠不得检出	证明、原肠	查验、对原肠进行抽样检查	每批	验收员	拒绝接受无检疫证明的原料、检查不合格拒收	检疫报告审核记录、审核抽检记录	《动物检疫合格证明》复印件、抽检记录、纠偏记录
	兽药残留	兽药残留不得检出	合格供方、原肠	进行供方评定、对原肠进行抽检	每年进行一次合格供方评定、每半年抽检原料肠衣一次	验收员/质检员	评定不合格取消供方资格、抽检不合格拒收	审核每份合格供方评定表、审核抽检记录	合格供方记录、抽检记录、纠偏记录
CCP1-7 下盐	残留致病菌	干盐能看到盐的晶体、腌制浓度不低于22°Be'、腌制时间应不少于30 d	成品	抽样检查	随机	质检员	加盐重腌	审核检查记录	检查记录、纠偏记录
	带来致病菌	色泽正常、无腐败气味等异味	半成品原料	感官检查	每批	验收员	拒收经过感官检查不合格的半成品原料	审核抽检记录	抽检记录、纠偏记录
CCP1-10 半成品原料的验收	兽药残留	兽药残留不得检出	合格供方、半成品原料	进行供方评定、对半成品原料进行检验	每年进行一次合格供方评定、每半年抽检半成品原料一次	验收员/质检员	评定不合格取消供方资格、检验不合格拒收	审核每份合格供方评定表、审核检验记录	合格供方记录、纠偏记录、验证记录
CCP1-15 上盐	残留致病菌	干盐能看到盐的晶体、腌制浓度不低于22°Be'、腌制时间应不少于30 d	成品	抽样检查	随机	质检员	加盐重腌	审核记录	检查记录、纠偏记录

编制：　　　　　审批：　　　　　日期：

附录 B
（资料性附录）
判断树及 CCP 识别顺序图

判断树及 CCP 识别顺序图见图 B.1。

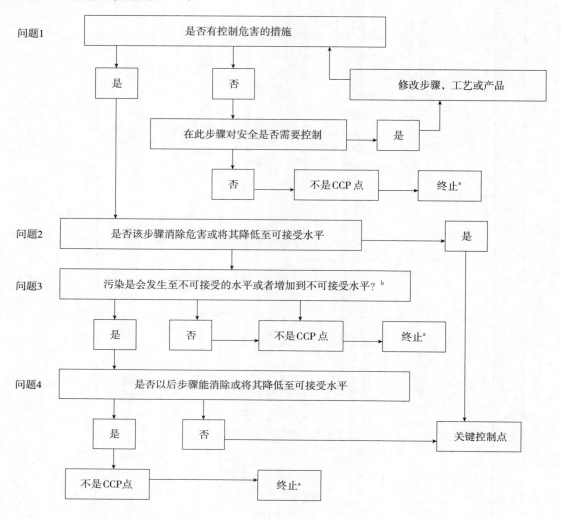

注：本图引用自 GB/T 19538—2004。

a 按描述的过程进行至下一个危害。

b 在识别 HACCP 计划中的关键控制点时，需要在总体目标范围内对可接受水平和不可接受的水平做出规定。

图 B.1　判断树及 CCP 识别顺序图

参　考　文　献

［1］食品生产企业危害分析与关键控制点（HACCP）管理体系认证管理规定（国家认证认可监督管理委员会　2002 年第 3 号）

［2］HACCP manual for processing natural sausage casings（3rd Edition，国际天然肠衣协会 INSCA 1997）

［3］出口肠衣加工企业卫生注册规范（国家认证认可监督管理委员会 2003 年 10 月 29 日国认注函〔2003〕210 号文件公布）

［4］中国出口日本盐渍天然肠衣动物卫生要求（国家质量监督检验总局进出口食品安全局 2017 年 3 月 28 日）

［5］HACCP 原理在天然肠衣生产中的应用及良好操作的共同体指南（欧洲天然肠衣协会 ENSCA 2011）

［6］Community guide to good practice for hygiene and the application of the HACCP principles in the production of natural sausage casings（欧洲天然肠衣协会 ENSCA 2017）

中华人民共和国国家标准

GB/T 19479—2019
代替 GB/T 19479—2004

畜禽屠宰良好操作规范 生猪
Good manufacturing practice for livestock and poultry slaughtering—Pig

2019-03-25 发布／2019-10-01 实施
国家市场监督管理总局
中国国家标准化管理委员会 发布

前 言

本标准按照 GB/T 1.1—2009 给出的规则起草。

本标准代替 GB/T 19479—2004《生猪屠宰良好操作规范》，与 GB/T 19479—2004 相比，主要技术变化如下：

——标准名称修改为《畜禽屠宰良好操作规范 生猪》；

——修改了范围（见第 1 章，2004 年版的第 1 章）；

——修改了规范性引用文件（见第 2 章，2004 年版的第 2 章）；

——修改了术语和定义（见第 3 章，2004 年版的第 3 章）；

——增加了厂区环境（见 4.3）；

——增加了部分设计和布局要求（见 5.1.4、5.1.8、5.1.12）；

——修改了部分设计和布局要求（见 5.1.11、5.1.13、5.1.15，2004 年版的 5.3.12、5.3.13 和 5.3.4）；

——修改了建筑内部结构与材料（见 5.2.2，2004 年版的 5.3.1）；

——修改了包装间的室温（见 5.3.2，2004 年版的 5.3.14）；

——删除了屠宰车间和分割车间的设计面积要求（见 2004 年版的 5.3.15）；

——增加了非饮用水的使用原则（见 6.1.1.3）；

——修改了污水的排放标准要求（见 6.1.2.2，2004 年版的 5.4.2）；

——增加了危险废弃物的处理要求（见 6.1.4）；

——增加了个人物品存放柜的管理要求（见 6.1.5.4）；

——修改了设备和工器具（见 6.2.2、6.2.3，2004 年版的 5.3.16）；

——删除了屠宰分割加工过程（2004 年版的第 6 章）；

——修改了检验检疫（见第 7 章，2004 年版的第 7 章）；

——增加了屠宰加工的卫生控制（见第 8 章）；

——修改了包装、贮存和运输（见第 9 章，2004 年版的第 8 章和第 9 章）；

——增加了产品追溯与召回管理（见第 10 章）；

——修改了人员要求（见第 11 章，2004 年版的第 4 章）；

——修改了卫生管理（见第 12 章，2004 年版的第 11 章）；

——修改了记录和文件的管理（见第 13 章，2004 年版的第 10 章）。

本标准由中华人民共和国农业农村部提出。

本标准由全国屠宰加工标准化技术委员会（SAC/TC 516）归口。

本标准主要起草单位：中国动物疫病预防控制中心（农业农村部屠宰技术中心）、商务部流通产业促进中心、北京顺鑫农业股份有限公司鹏程食品分公司。

本标准主要起草人：吴晗、高胜普、尤华、龚海岩、李文祥、解辉、王敏、赵箭、张新玲、张朝明、张帅、孟庆阳。

本标准所代替标准的历次版本发布情况为：

——GB/T 19479—2004。

畜禽屠宰良好操作规范　生猪

1　范围

本标准规定了生猪屠宰加工的选址及厂区环境、厂房和车间、设施设备、检验检疫、屠宰加工的卫生控制、包装、贮存和运输、产品追溯与召回管理、人员要求、卫生管理、记录和文件的管理要求。

本标准适用于生猪屠宰加工企业。

2　规范性引用文件

下列文件对于本文件的应用是必不可少的。凡是注日期的引用文件，仅注日期的版本适用于本文件。凡是不注日期的引用文件，其最新版本（包括所有的修改单）适用于本文件。

GB 5749　生活饮用水卫生标准

GB 7718　食品安全国家标准　预包装食品标签通则

GB 12694　食品安全国家标准　畜禽屠宰加工卫生规范

GB/T 17236　生猪屠宰操作规程　生猪

GB/T 17996　生猪屠宰产品品质检验规程

GB/T 19480　肉与肉制品术语

GB 20799　食品安全国家标准　肉和肉制品经营卫生规范

GB 50317　猪屠宰与分割车间设计规范

生猪屠宰检疫规程（农医发〔2010〕第 27 号　附件 1）

病死及病害动物无害化处理技术规范（农医发〔2017〕25 号）

动物防疫条件审查办法（中华人民共和国农业部令　2010 年第 7 号）

农产品包装和标示管理办法（中华人民共和国农业部令　2006 年第 70 号）

3　术语和定义

GB 12694、GB/T 19480、GB 50317 界定的术语和定义适用于本文件。

4　选址及厂区环境

4.1　一般要求

应符合 GB 12694 的相关规定。

4.2　选址

4.2.1　厂址应远离居民区，不应靠近城市水源的上游，并位于城市居住区夏季主导风向下风侧 500 m 以上。应避开产生有害气体、烟雾、粉尘等物质的工业企业及其他产生污染源的地区或场所。

4.2.2　厂址选择应考虑电源、水源及运输条件，并有污水排放渠道和途径。

4.2.3　厂址与生活饮用水源地、动物饲养场、养殖小区等场所的防护距离应符合《动物防疫条件审查办法》的规定。

4.3　厂区环境

4.3.1　厂区周围应建有围墙或围栏。

4.3.2　厂区内不应存在与屠宰加工无关的动物。

5　厂房和车间

5.1　设计和布局

5.1.1　厂区内应划分生产区和非生产区。生产区应包括验收间（区）、隔离间、待宰间、急宰间、屠宰车间、分割车间、副产品加工间、废弃物收集间、无害化处理间等。

5.1.2　生产区中活猪及废弃物与产品及人员的出入口应分开设置，且不应共用厂区内同一通道。

5.1.3　宰前建筑设施应包括卸猪站台、赶猪道、接收台、隔离间、待宰间、兽医工作室等。这些设施应符合 GB 50317 规定的要求。

5.1.4　入场生猪卸载区域应有固定的车辆消毒场地，并配有车辆清洗、消毒设备。

5.1.5　急宰间应设在隔离间附近，并设有单独的更衣室和淋浴室。地面排水坡度应不小于 2%。

5.1.6　屠宰和分割车间应设置在无害化处理间、废弃物收集间、污水处理场所、锅炉房、待宰间的上风向，远离养殖区域。

5.1.7　屠宰及分割车间所在的区域周围路面、场地应平整、无积水。主要通道及场地宜采用沥青或混凝土铺设。

5.1.8　车间内各加工区域应符合工艺、卫生及检验检疫要求，人流、物流、气流、废弃物的排放不应造成交叉污染。

5.1.9　屠宰车间内应划分为清洁区和非清洁区。两区域划分明确，不应交叉污染。

5.1.10　屠宰车间内应设置检验检疫位置，并留出足够的空间。

5.1.11　屠宰车间内应设立疑似病猪产品暂存间，并应设置在胴体、内脏同步检验轨道的邻近处。疑似病猪产品暂存间应有直通车间外的门或用于存放的密闭容器。

5.1.12　红脏加工处理间、白脏加工处理间、头蹄加工间等应分开设置，防止交叉污染。

5.1.13　分割车间应设置胴体冷却间、分割剔骨间、产品冷却间、包装间、包装材料间、磨刀清洗间及空调设备间。

5.1.14　冷却间、胴体发货间与屠宰车间相连，发货间应通风良好，并采用冷却措施。发货间外应设发货站台，宜做成封闭式。

5.1.15　车间采光、照明良好，应满足生产要求。卸猪站台的照度宜不小于 300 lx，屠宰间检验检疫区域的照度应不小于 540 lx，不应使用有色灯光。

5.1.16　车间应设有防止昆虫、鼠类等有害生物进入和物理消杀的设施。

5.2　建筑内部结构与材料

5.2.1　车间内地面应采用不渗水、防滑、易清洗、耐腐蚀的材料；其表面应平整无裂痕、无局部积水。分割车间排水坡度应不小于 1%，屠宰车间应不小于 2%。

5.2.2　车间内墙面及墙裙应光滑平整，并应采用无毒、不渗水、耐冲洗的材料制作，颜色宜为白色或浅色。墙裙如采用不锈钢或塑料板制作时，所有板缝间及边缘连接处应密闭。屠宰车间墙裙高度应不低于 3 m，分割车间应不低于 2 m，放血间的墙裙应到顶。

5.2.3　车间内地面、顶棚、墙、柱、窗口等处的阴阳角，应设计成弧形。顶棚或吊顶应采用光滑、无毒、耐冲洗、不易脱落的材料，其表面应平整简洁，不应有不易清洗的缝隙、凹角或突起物，不宜设过密的次梁。

5.2.4　门窗应采用密闭性能好、不变形、不渗水、防锈蚀的材料制作。内窗台宜设计成向下倾斜 45° 的斜坡，或采用无窗台构造。楼梯与电梯应便于清洗消毒。

5.2.5　产品或半成品通过的门，应有足够宽度，避免与产品接触。通行吊轨的门洞，其宽度应不小于 1.2 m；通行手推车的双扇门，应采用双向自由门，其门扇上部应安装由不易破碎材料制作的通视窗。

5.2.6　放血槽和集血池应采用不渗水、耐腐蚀的材料制作，表面光滑平整。放血槽起始段 8 m～10 m 的槽底坡度应不小于 5%，最低处应分别设置血、水输送管道。集血池最小应能容纳 3 h 屠宰的集血量，池底应有 2% 坡度，并与排血管相连。

5.3　车间温度控制

5.3.1　应符合 GB 12694 的要求。

5.3.2　包装间的室温应不高于 12 ℃。

6　设施设备

6.1　设施

6.1.1　供水设施

6.1.1.1　供水系统应适应生产需要，设施应合理有效，保持畅通，生产用水应符合 GB 5749 的要求。

6.1.1.2　车间的储水设备应设有防污染设施和清洗消毒设施，应定期对其进行清洗消毒。

6.1.1.3 非饮用水（消防、制冷、制汽等）的供应应与饮用水完全分开，非饮用水管道和容器应用不同的颜色或相关标准允许的其他方式进行区分。

6.1.2 排水（汽）要求

6.1.2.1 应有废水、废气（汽）处理系统，并保持良好状态。处理效果达到相关标准的要求。

6.1.2.2 生产车间的下水道口应设地漏、隔栅，并不应和卫生间及其他不洁净排水水管相通。应有防止污染水源和鼠类、昆虫通过排水管道进入车间的有效措施。

6.1.3 清洁消毒设施

6.1.3.1 生猪进厂入口处应设置与门同宽，长4 m、深0.3 m以上便于排放消毒液的消毒池；隔离间、急宰间和无害化处理间的门口，应设有便于手推车进入的与门同宽，长2 m、深0.1 m便于排放消毒液的消毒池。

6.1.3.2 生产车间进口处、卫生间及车间内的适当地点，应设有能提供适宜温度的非手动开关的洗手设施，并配有消毒、干手设施。

6.1.3.3 车间内应设有工器具、容器和固定设备的清洗、消毒设施，并应有充足的冷热水源。应采用无毒、耐腐蚀、易清洗的材料制作，固定设备的清洗设施应配有食品级的软管。

6.1.3.4 根据生产需要，车间在用水位置合理设置冷、热水管，清洗用热水温度不宜低于40 ℃，消毒用热水不应低于82 ℃。消毒热水管出口宜配备温度指示计。

6.1.3.5 车间内应配备清洗墙裙和地面的高压冲洗设备和软管。

6.1.4 废弃物临时存放设施

6.1.4.1 在厂区的非清洁区内设置废弃物临时存放设施，应采用便于清洗、消毒的材料制作，结构严密，能防止昆虫、鼠类等有害生物进入和繁殖。

6.1.4.2 废弃物存放设施应不渗漏。

6.1.4.3 危险废弃物应单独存放，并与具备资质的机构签订协议，进行专业的处理。

6.1.5 个人卫生设施

6.1.5.1 淋浴室应设置天窗或通风排气孔和采暖设施，并与更衣室相通。淋浴器按每班工作人员计，每20人应不少于1个。

6.1.5.2 应设更衣柜和衣架，更衣柜应分设，更衣柜离地面20 cm以上。

6.1.5.3 更衣柜材质宜耐腐蚀、易清洁消毒。更衣柜顶部应设有一定坡度，便于清洁。

6.1.5.4 更衣柜与鞋柜应分开设置，有条件的宜加设个人物品存放柜。

6.1.5.5 生产车间的厕所应设置在车间外侧，应为水冲式。应有洗手设施和排臭装置，其出入口不应正对车间门，应避开通道，其排污管道与车间内排水管道应分设。

6.2 设备和工器具

6.2.1 所有接触肉品的加工设备以及操作台面、加工工具、容器、包装及运输工具等设计和制作应符合卫生要求，使用的材料应表面光滑、无毒、不渗水、耐腐蚀、不生锈，并便于清洗消毒。

6.2.2 固定设备的安装方式应易于进行全面的清洗。滑槽和类似设备应便于检查，必要时应有清洁开口以保证能够进行有效的清洁。

6.2.3 应对车间使用的工器具进行明确标识或用不同颜色进行区分，不同清洁区域和清洁程度的工器具不应混用。

7 检验检疫

7.1 检疫

生猪屠宰检疫按照《生猪屠宰检疫规程》等要求执行。

7.2 品质检验

生猪屠宰产品品质检验按照GB/T 17996的要求执行。

7.3 实验室检验

7.3.1 应按主管部门的要求对采购生猪进行药物残留检测。

7.3.2 应对食品接触面的污染程度以及清洗消毒效果进行指示菌验证。

7.3.3 应对产品每年做型式检验。

7.3.4 宜对包装材料做验证检验。

7.3.5 企业实验室应对车间出水口进行循环检测，采用自备水井供水的企业还应对生产车间用水按照法规要求委托送检。

7.4 无害化处理

经检验检疫不合格的肉品及副产品，应按 GB 12694 的要求和《病死及病害动物无害化处理技术规范》的规定处理。

8 屠宰加工的卫生控制

8.1 供应商的管理

8.1.1 企业应建立供应商管理制度，每年应对供应商进行供方评价。

8.1.2 内包装材料、外包装材料供应商应每年提供一次第三方出具的型式检验报告，厂家送货时应携带本批次的出厂检验报告单。

8.1.3 供应商应与屠宰厂签署质量保证承诺，保证供应产品符合国家的法律法规要求。

8.2 宰前验收

8.2.1 生猪进厂前应检查生猪是否佩戴畜禽标识，无畜禽标识生猪不应进厂。

8.2.2 查证验物，检查是否携带《动物检疫合格证明》，核对头数、有效期、检疫人员签名和印章等，了解产地有无疫情和途中病亡情况。经检验合格方可入场。

8.2.3 应保证车轮消毒池中的消毒液对车轮进行彻底消毒。

8.2.4 卸载生猪赶入待宰圈内进行停食待宰，按照生猪来源进行标识。不同来源生猪不应混圈待宰。

8.2.5 屠宰厂应配备专门巡圈人员，在静养过程中进行巡检，经过静态、动态和饮水状态的观察，发现疑似病害猪，应立即转移到隔离圈进行隔离观察，并通知官方兽医进行检查处理。

8.2.6 待宰圈使用后及时进行清洗消毒。

8.3 过程控制

8.3.1 驱赶生猪时不应采用脚踢、棒打等粗暴方式。

8.3.2 屠宰前应对生猪进行喷淋。

8.3.3 电致昏时应控制电压、电流、麻电时间，CO_2 致昏时应控制 CO_2 的浓度、致昏时间。猪致昏后应心脏跳动，呈昏迷状态。不应致死或反复致昏。

8.3.4 屠宰用刀具一头猪一消毒，防止发生交叉污染。

8.3.5 刺刀放血时不应刺破心脏，不应割断气管、食管，防止血液流进肺部和胸腔。

8.3.6 烫毛前应用 40 ℃左右的温水对猪屠体进行预清洗，洗去猪屠体表皮污物。

8.3.7 挑胸过程应避免割破胆囊、心脏，如发生胆汁污染的情况，应立即用清水冲净后做修割处理。

8.3.8 剖腹时避免割破膀胱、胃、肠等白内脏，发生内容物污染的情况，应立即用清水冲净后进行修割处理。

8.3.9 冲洗过程应从上至下，轻柔缓慢，减少二次污染。每日班前应检查喷头，确保冲洗效果。

8.3.10 开肛应避免刺破大肠头。

8.3.11 在甲状腺、肾上腺在摘除过程中，不应发生漏摘或摘除不完整的情况。

8.3.12 红内脏、白内脏应分别在专用房间内加工，防止发生交叉污染。

8.3.13 应摘除可见病变淋巴结。

8.3.14 应将复验怀疑有病的胴体转入疑似病猪产品暂存间，由官方兽医进行确认处理。

8.3.15 疑似病猪产品暂存间的温度应控制在 0 ℃～4 ℃。

8.3.16 应制定异物控制程序，覆盖玻璃制品、灯具、设备等易破碎、易松脱物品。

8.3.17 应对劈半、剔骨、修割等可能造成骨头混入产品的环节加强监控。

8.3.18 胴体预冷时应保持胴体的间距不低于 3 cm，与墙壁的距离不低于 10 cm。

8.3.19 管路设施应做好防护，避免冷凝水造成污染。

8.3.20 应制定详细的车间、设施设备、工器具、人员、工作服、地沟等清洗消毒程序，并有确认和验证措施。

8.3.21 有温度要求的房间应有温度记录。

9 包装、贮存和运输

9.1 包装

9.1.1 产品的标识宜按照《农产品包装和标示管理办法》、GB 7718 的要求执行。

9.1.2 包装材料和标签应由专人保管，专库储存。包装材料和标签的入库、发放、领用、废弃均应有记录。

9.1.3 内包装材料应定期消毒。

9.2 贮存

产品贮存应符合 GB/T 17236 的要求。

9.3 运输

产品运输应符合 GB 20799 的要求。

10 产品追溯与召回管理

10.1 企业应建立产品追溯与召回制度。

10.2 加工过程中应有详细的生产记录和销售记录；销售记录内容至少包括批号、出货时间、接货方、数量、联系方式等。

10.3 每年宜不少于一次召回演练。

11 人员要求

人员应符合 GB 12694 的要求。

12 卫生管理

卫生管理应符合 GB 12694 的要求。

13 记录和文件的管理

13.1 应建立食品安全控制体系所要求的程序文件，必要时根据相关法律、法规、标准的更新进行修订。

13.2 应对文件进行有效管理，确保各相关场所使用的文件均为有效版本。

13.3 应建立记录制度，对生猪屠宰过程中采购、加工、贮存、检验检疫、销售等环节详细记录，记录内容完整、真实。

13.4 记录的保存期限应符合 GB 12694 的要求。

中华人民共和国农业行业标准

NY/T 3226—2018

生猪宰前管理规范

Pig pre-slaughter management specification

2018-05-07 发布/2018-09-01 实施

中华人民共和国农业农村部　发布

前　言

本标准按照 GB/T 1.1—2009 给出的规则起草。

本标准由农业农村部兽医局提出。

本标准由全国屠宰加工标准化技术委员会（SAC/TC 516）归口。

本标准起草单位：江苏雨润肉食品有限公司、中国动物疫病预防控制中心（农业农村部屠宰技术中心）、南京农业大学。

本标准主要起草人：徐宝才、顾千辉、高胜普、李春保、刘钰杰、周辉、张朝明。

生猪宰前管理规范

1 范围

本标准规定了生猪屠宰前管理的术语和定义、场地要求、入厂（场）、待宰、送宰、无害化处理、人员、追溯和记录的要求。

本标准适用于生猪运至屠宰厂（场）后屠宰前的管理。

2 规范性引用文件

下列文件对于本文件的应用是必不可少的。凡是注日期的引用文件，仅注日期的版本适用于本文件。凡是不注日期的引用文件，其最新版本（包括所有的修改单）适用于本文件。

GB 12694　食品安全国家标准　畜禽屠宰加工卫生规范

GB/T 17236　生猪屠宰操作规程

GB/T 22569　生猪人道屠宰技术规范

GB 50317　猪屠宰与分割车间设计规范

农医发〔2017〕25 号　病死及病害动物无害化处理技术规范

3 术语和定义

GB 12694、GB/T 17236、GB/T 22569 和 GB 50317 界定的以及下列术语和定义适用于本文件。

3.1

宰前管理　pre-slaughter management

生猪屠宰之前，对场地、人员的要求，以及对入场、待宰、送宰、无害化处理、追溯和记录等屠宰前的管理。

4 场地要求

4.1 应按照功能进行区域布局，分别设置卸猪台、验收间、待宰圈（栏）、隔离圈（栏）、急宰间、无害化处理间、快速检测室、官方兽医室等。

4.2 应设置不同高度或自动升降的卸猪台。卸猪台应防滑，坡度小于 1∶5。卸猪台的坡道应有引导生猪入圈的围栏，连接待宰圈（栏）的赶猪道宽度应不小于 1.2 m，坡度应小于 1∶10。

4.3 待宰圈（栏）的容量应满足班屠宰需求，每头猪占地不小于 0.8 m²，待宰圈（栏）的赶猪过道宽度不小于 1.2 m。

4.4 隔离圈（栏）宜设置在卸猪台附近。

4.5 各功能间使用前后均应进行清洁、消毒，除去粪污等异物。

4.6 生猪进厂（场）不得与生猪产品出厂（场）共用一个大门。

5 入厂（场）

5.1 运输车辆入厂（场）口处应设置与门同宽，长 4 m、深 0.3 m 以上的消毒池；消毒池内消毒液应保持有效浓度。

5.2 送宰生猪应附有动物检疫合格证明，并佩戴符合国家规定的畜禽标识。

5.3 卸车前，应了解生猪运输途中的病、死情况，宜了解饲养过程中免疫及用药情况。

5.4 卸车前，应进行群体健康状况检查，观察生猪精神状态、外貌、呼吸状态、排泄物状态等情况。

5.5 检查合格的生猪方可准予卸车。疑似疫病的应进行隔离，报官方兽医进行处理。

5.6 卸猪时，不得采取粗暴驱赶方式。

5.7 卸车过程中进行个体检查，观察生猪个体的精神状态、外貌、呼吸、排泄物及体温等情况。检验检疫合格的生猪过磅后送待宰圈（栏）。可疑病猪送隔离圈（栏）观察，经饮水、休息恢复正常的，经官方兽医确认后，过磅并入待宰圈（栏）；症状未缓解的，报官方兽医处理，对确认无碍肉品安全且濒临死亡的生猪送急宰间处理，并及时通知官方兽医，供同批次（户）猪宰后检验检疫时综合判定、处理。

5.8 应对送宰的每批次（户）生猪进行"瘦肉精"等违禁物质的快速检测，检测要求应符合国家有关规定。

5.9 卸车完毕，应对运输车辆彻底清洁、消毒。

6 待宰

6.1 待宰生猪应按批次（户）分圈静养。待宰静养期间应停止喂食，并给予充分的饮水，宰前 3 h 停止喂水。

6.2 待宰生猪临宰前应有足够的休息，时间按照国家相关法律法规和标准执行。

6.3 生猪待宰静养期间，应定时巡圈检查。待宰圈应保持适宜的温度，设有降温保温设施，待宰区域应保持通风良好，并设有防蝇防虫设施。待宰圈环境温度过高时，宜采用喷淋水雾等降温措施，连续喷雾时间不超过 2 h。

6.4 待宰中发现异常的生猪应进行隔离，做好标记，并报官方兽医进行处理。确认无碍于肉品安全且濒临死亡的生猪应及时送入急宰间进行急宰，并及时报官方兽医，供同批次（户）猪宰后检验检疫时综合判定、处理。

6.5 待宰静养期间死亡的生猪，应进行无害化处理。

7 送宰

7.1 生猪屠宰前 6 h 应向所在地动物卫生监督机构申报检疫，经官方兽医检疫合格后方可送宰。

7.2 送宰生猪进入淋浴间后，应采用适宜温度的水进行喷淋，清洗掉生猪体表的粪便、污物等。

7.3 应按顺序驱赶生猪，保持前方通道通畅，不应有使用电棒等野蛮驱赶行为，宜使用赶猪板驱赶。

7.4 驱赶生猪时，人员应站在生猪侧后方。

8 无害化处理

应符合 GB 12694 及农医发〔2017〕25 号的要求。

9 人员

9.1 生猪宰前管理人员应具有生猪屠宰相关的专业知识，熟悉相关的法律法规，并经培训考核合格后上岗。

9.2 生猪宰前管理人员应经过健康检查，并取得健康合格证明。

10 追溯和记录

10.1 应建立完善的可追溯体系，确保肉类及其产品能够全程追溯。

10.2 入场验收、宰前检查、快速检测、隔离观察、无害化处理、清洗消毒等记录保存期限不得少于 2 年。

中华人民共和国国内贸易行业标准

SB/T 10660—2012①

屠宰企业消毒规范
Disinfection requirements for slaughter house

2012-03-15 发布/ 2012-06-01 实施
中华人民共和国商务部　发布

前　言

本标准按照 GB/T 1.1—2009 给出的规则起草。

本标准由中华人民共和国商务部提出并归口。

本标准起草单位：商务部流通产业促进中心、江苏雨润肉类产品集团有限公司。

本标准主要起草人：闵成军、金社胜、胡新颖、李欢、方芳、温晓辉、黄强力。

---

① 该标准自 2019 年 1 月 1 日起，标准号由 SB/T 10660—2012 改为 NY/T 3384—2018。

502

屠宰企业消毒规范

1　范围

本标准规定了屠宰企业消毒的基本要求、消毒管理、消毒方法及消毒效果检测管理。

本标准适用于屠宰企业消毒工作管理。

2　规范性引用文件

下列文件对于本文件的应用是必不可少的。凡是注日期的引用文件，仅注日期的版本适用于本文件。凡是不注日期的引用文件，其最新版本（包括所有的修改单）适用于本文件。

GB 12694　肉类加工厂卫生规范

GB 19085　商业、服务业务经营所传染性疾病预防措施

《消毒管理办法》　中华人民共和国卫生部 2002 年第 27 号令

《消毒技术规范》　中华人民共和国卫生部

3　术语和定义

下列术语和定义适用于本文件。

3.1

可追溯　traceability

对影响灭菌过程和结果的关键要素进行记录、保存备查，实现可追踪。

4　基本要求

4.1　应建立消毒责任制，明确责任，落实到人。

4.2　应对必要的冲洗和消毒设备，按规定及时冲洗、消毒，有足够的消毒药品库存。

4.3　应有用于库房洗涤剂、消毒剂的房间或安全之处，并有明确的领用制度和记录。

4.4　应有对车辆、工器具进行清洗和消毒的场所和设施。

4.5　发生疫情时的消毒，按 GB 19085 规定执行。

4.6　屠宰企业应配备防蝇、防蚊、防鼠设施，车间内不得使用药物灭害。

4.7　严格按照国家有关规定进行污水、污物处理。

5　消毒管理

5.1　消毒作业前，要检查应携带的消毒工具是否齐全无故障，消毒剂是否足够。

5.2　选择消毒方式时，应尽量采用物理法。在用化学法消毒时应尽量选择对致病微生物杀灭作用良好，对人、物品、畜禽及畜禽产品损害轻微，对环境影响小的消毒剂。

5.3　消毒过程中，不得吸烟、饮食，要注意自我保护。

5.4　消毒过程中，不得随意出入消毒区域，禁止无关人员进入消毒区内。

5.5　严格区分已消毒和未消毒的物品，勿使已消毒的物品被再次污染。

5.6　清点所消耗的药品器材，加以整修、补充。

5.7　做好消毒记录，详细记录消毒时间、消毒地点、消毒对象、所用消毒剂、剂量、作用时间、消毒人员、负责人等内容，并按期限保存相关记录。

6　消毒方法

6.1　进出场消毒

车辆入口设置消毒池，池长至少为轮胎周长的 1.5 倍，池宽与入口相同，池内置 2%～3% 的氢氧化钠溶液或使用含有效氯在 600×10^{-6}～700×10^{-6} 的消毒溶液，溶液高度不小于 25 cm。同时，配置低压消毒器械，

对进出场车辆喷雾消毒。

6.2 圈舍消毒

6.2.1 空圈舍时：圈舍清洗干净后以2％～3％氢氧化钠溶液消毒2 h以上，先用质地较硬的刷子刷洗，再用清水冲洗。放干后，用固体甲醛或过氧乙酸熏蒸12 h。

6.2.2 畜禽在圈时：清洗后用0.1％过氧乙酸、0.5％强力消毒灵溶液、0.015％百毒杀溶液喷雾或用1∶1 200消毒威药液对圈舍、地面、墙体、门窗以及畜禽体表喷雾，每平方米用配置好的消毒液300 mL～500 mL，每周1～2次。

6.3 生产区消毒

6.3.1 生产区入口设置合理分布的紫外线灯，紫外线灯管约每45 d检查更换1次。有条件的企业可以选用臭氧发生器或消毒风机。

6.3.2 车间、卫生间入口处及靠近工作台的地方，应设有洗手、消毒和干手设施以及工具清洗、消毒设备，洗手的水龙头要有冷水、热水供应并采用非手动式开关，干手设施应采用烘手器或一次性使用的消毒纸巾。

6.3.3 屠宰分割车间应设与门同宽的鞋底消毒池（内置有效氯含量为600 mg/L～700 mg/L的消毒溶液）或鞋底消毒垫。

6.3.4 加工场地应每日生产前、后各消毒一次，地面、墙壁以及经常使用或触摸的物体表面，先用热水洗刷干净，再用0.2％～0.5％过氧乙酸溶液、有效氯含量为250 mg/L～500 mg/L的消毒溶液拖擦或喷洒，消毒原则为先上后下、先左后右进行喷雾或擦拭，作用时间30 min～60 min。

6.4 冷库消毒

6.4.1 冷库消毒不能使用消毒、有气味的药物。

6.4.2 应做好定期消毒计划，消毒前先将库内的物品全部搬空，升高温度，用机械方法清除地面、墙壁、顶板上的污物和排管上的冰霜，有霉菌生长的地方应用刮刀或刷子仔细清除，然后用5％～10％的过氧乙酸水溶液电热熏蒸或喷雾器喷雾消毒。

6.4.3 应在发生疫情时进行临时消毒，将库内物品搬空后，在低温条件下进行消毒，可使用过氧乙酸，按每立方米1 g～3 g，配成3％～5％的溶液（为了防冻，可加入乙酸、乙二醇等有机溶剂），加热熏蒸，密闭1 h～2 h，或用0.05％～0.50％的浓度进行喷雾，喷雾后密闭1 h～2 h；也可用福尔马林按每立方米空间25 mL，加沸水12.5 mL、高锰酸钾25 g，置于金属容器中内，任其自然蒸发，或在冷库外加热，用管道将蒸汽通入冷库内。

6.4.4 消毒完毕后，应打开库门，通风换气，驱散消毒药物气味。

6.5 车辆、工器具消毒

6.5.1 屠宰和检验刀具每天洗净、煮沸消毒后浸入0.1％新洁尔灭溶液内或用0.5％过氧乙酸、60 mg/L次氯酸钠溶液浸泡消毒。

6.5.2 胶靴、围裙等橡胶制品，用2％～5％福尔马林溶液进行擦拭消毒，工作服、口罩、手套等进行煮沸消毒。

6.5.3 屠宰过程中与胴体接触的工具应用82 ℃热水每头一消毒。

6.5.4 生产加工或检疫检验过程中，如所用工具（刀、钩等）触及带病菌的屠体或病变组织时应将工具彻底消毒后再继续使用。

6.5.5 没有装运过肉品原料（主要指各类畜禽）及其产品的车船等运输工具，装运前进行机械清除，然后用0.1％新洁尔灭消毒。

6.5.6 装运过健康畜禽的车船等运输工具，在进行一般的机械消除后，用60 ℃～70 ℃的热水冲洗消毒。

6.5.7 装运过患病畜禽及其产品的车船等运输工具，除机械清除外，用4％氢氧化钠溶液消毒2 h～4 h，然后用清水冲洗。

6.5.8 装运过恶性传染病畜禽及其产品的车船等运输工具，先用4％的甲醛溶液或含有不低于4％有效氯的漂白粉澄清液喷洒消毒（均按0.5 kg/m²消毒液量计算），保持半小时后再用热水仔细冲洗，然后再次用上述消毒液进行消毒（1 kg/m²）。

6.6 人员消毒

6.6.1 工作人员进入生产区前，必须在消毒间用75％酒精擦拭消毒或用0.002 5％的碘溶液洗手消毒，并更换工作衣帽。有条件的企业可以先淋浴、更衣后进入生产区。

6.6.2　生产过程中应按规定周期性的洗手消毒。

6.6.3　生产结束后应将工器具放入指定地点，更换工作衣帽，对双手进行彻底消毒后方可离开生产区。

7　消毒质量管理和效果的监测

7.1　消毒质量的监测

7.1.1　应专人负责消毒效果监测工作，并对负责监测的人员进行定期岗位培训和继续教育。

7.1.2　应定期对用于消毒的制剂进行质量监测，包括对清洁剂、消毒剂、包装材料等进行质量检查，检查结果应符合相关要求。

7.1.3　应定期检测消毒器的主要性能参数，结果应符合生产厂家的使用说明或指导手册的要求。

7.1.4　应根据消毒剂的种类特点，定期监测消毒剂的浓度、消毒时间和消毒对的温度，结果应符合该消毒剂的使用规定。

7.1.5　对监测材料应定期进行质量检查。

7.1.6　监测不合格的消毒物品不得使用。

7.2　质量控制过程的记录与可追溯要求

7.2.1　应建立消毒操作的过程记录。

7.2.2　应留存消毒器运行参数打印资料或记录。

7.2.3　应对消毒质量的监测进行记录。

7.2.4　记录应具有可追溯性，保存期应≥6 个月。

中华人民共和国农业行业标准

NY/T 3225—2018

畜禽屠宰冷库管理规范

Livestock and poultry slaughtering cold store management specification

2018-05-07 发布／2018-09-01 实施

中华人民共和国农业农村部　发布

前　言

本标准按照 GB/T 1.1—2009 给出的规则起草。

本标准由农业农村部兽医局提出。

本标准由全国屠宰加工标准化技术委员会（SAC/TC 516）归口。

本标准起草单位：国内贸易工程设计研究院、中国动物疫病预防控制中心（农业农村部屠宰技术中心）、全国商业冷藏科技情报站、中国工程建设标准化协会商贸分会、中国农业大学、哈尔滨商业大学、河南牧业经济学院、双汇实业集团有限责任公司、正大汉鼎工程管理有限公司、烟台冰轮股份有限公司、大连冰山集团有限公司、华商国际工程管理（北京）有限公司、丹佛斯自动控制管理（上海）有限公司、南京天诺冷冻门有限公司、中南焦作氨阀股份有限公司、北京和海益制冷科技股份有限公司、浙江干氏制冷设备有限公司。

本标准主要起草人：曹阳、孔凡春、尹从绪、金涵、何计国、李晓燕、刘群生、徐朋权、田禾、李素梅、任传林、孟运婵、刘欣、黄志华、姜卫桎、田喜战、侯子午、姚钦忠、高胜普、张朝明。

畜禽屠宰冷库管理规范

1 范围

本标准规定了畜禽屠宰用冷库的术语和定义，基本要求，库房管理，产品加工和储存管理，制冷系统运行管理，电气、给排水系统运行管理，安全设施管理，人员要求，建筑物维护的要求。

本标准适用于畜禽屠宰企业对其屠宰的畜禽产品首次进行冷却、冻结加工和冷藏的冷库。

2 规范性引用文件

下列文件对于本文件的应用是必不可少的。凡是注日期的引用文件，仅注日期的版本适用于本文件。凡是不注日期的引用文件，其最新版本（包括所有的修改单）适用于本文件。

GBZ 2.1　工作场所有害因素职业接触限值　化学有害因素

GBZ 2.2　工作场所有害因素职业接触限值　物理因素

GB 2893　安全色

GB 4806.1　食品安全国家标准　食品接触材料及制品通用安全要求

GB 4806.6　食品安全国家标准　食品接触用塑料树脂

GB 4806.7　食品安全国家标准　食品接触用塑料材料及制品

GB 4806.8　食品安全国家标准　食品接触用纸和纸板材料及制品

GB/T 13462　电力变压器经济运行

GB 28009　冷库安全规程

GB/T 30134　冷库管理规范

GB 50072　冷库设计规范

TSG 21　固定式压力容器安全技术监察规程

TSG D0001　压力管道安全技术监察规程—工业管道

TSG ZF001　安全阀安全技术监察规程

3 术语和定义

下列术语和定义适用于本文件。

3.1

冷库　cold store

采用人工制冷降温并具有保温功能的仓储用建筑物，包括库房、制冷机房、变配电室等。

3.2

库房　storehouse

冷库建筑群的主体，包括冷加工间、冷藏间及直接为其服务的建筑（如楼梯间、电梯间、穿堂等）。

3.3

制冷机房　refrigeration machine room

用于放置制冷设备和操作系统及其相关设施的房间，包括制冷机器间、设备间和控制室、变配电室和机修室等。

3.4

制冷设备　refrigerating equipment

制冷压缩机、油分离器、冷凝器、储液器、中间冷却器、气液分离器、低压循环桶、集油器、蒸发器、空气分离器等制冷系统所用设备的总称。

3.5

制冷系统　refrigerating system

通过制冷设备及专用管道、阀门、自动化控制元件、安全装置等连接在两个热源之间工作，用于制冷目的的总成。

4 基本要求

4.1 冷库管理应遵循 GB 28009 的规定。

4.2 冷库管理人员应具备与其岗位相适应的专业知识和技能；特种（设备）作业人员（如电梯工、制冷工、叉车工、电工、压力容器操作工等）应依据《特种设备安全监察条例》及国家相关规定持证上岗。

4.3 畜禽屠宰企业应建立安全生产、食品安全、岗位责任等制度及各项操作规程，应建立事故应急救援预案，并定期演练。

4.4 冷库宜采用能量综合利用技术，如热回收技术等。

4.5 畜禽屠宰企业宜建立质量管理体系、食品安全管理体系、安全生产标准化管理体系、环境管理体系、库存管理信息系统及可追溯管理信息系统。

4.6 畜禽屠宰企业应对库房建筑、设备、设施进行定期检查、维护，应及时排除发现的问题。

4.7 设备、设施进行更新改造或升级后，畜禽屠宰企业应更新相应的维护及操作规程等，并对作业人员进行培训。

4.8 畜禽屠宰企业应在厂区特定的位置设立安全标识，其安全色应符合 GB 2893 的规定。

4.9 应按规定的时间、温度完成屠宰的畜禽产品的冷却/冻结加工，并应记录畜禽产品中心温度，以及产品进出库房时的库温。

4.10 应根据储存工艺的要求，将畜禽产品分区（间）储存。库房温、湿度应满足产品在规定的时间范围内的储存要求。

4.11 畜禽屠宰企业应保持区域内清洁卫生。库房应定期消毒，冷藏间应至少每年消毒一次，所使用的消毒剂应无毒无害、无污染。

4.12 厂区、冷库应符合以下要求：

    a) 厂区内严格控制有毒有害物品，防止造成产品污染；

    b) 厂区内的通道应满足交通工具畅通运行的要求；

    c) 未经许可，非作业人员禁止进入作业区域；

    d) 厂区内严禁烟火；

    e) 冷库应具有防媒介生物（如鼠、蟑螂、蝇等）功能的设施；

    f) 机房、库房和穿堂等工作场所的制冷剂气体浓度应符合 GBZ 2.1 规定的职业接触限值；

    g) 机房、柴油发电机房的噪音声级应符合 GBZ 2.2 的要求或配备耳塞等防护用品。

5 库房管理

5.1 库房产品应遵循先进先出、分类放置的原则。

5.2 库房严禁储存与产品无关的物品。

5.3 穿堂和库房的墙、地坪、门、顶棚等部位的冰、霜、水应及时清除。

5.4 无进出货时，库房门应处于常闭状态。

5.5 搬运设备应符合以下规定：

    a) 应能在低温环境下正常运行；

    b) 应无毒、无害、无异味、无污染，符合相关食品安全要求，并应定期消毒；

    c) 叉车停用时，应停放在规定的位置，并将货叉降至最低位置。

5.6 应在每个冷间内适当的位置设置至少一个带记录的温（湿）度测量装置，其安装位置应能反映冷间的平均温（湿）度。宜安装自动测量与记录装置，并将测量的温（湿）度值远传至控制室。

5.7 应定期比较远传温度值与冷间内定点的温（湿）度计值，发现误差应及时校正并记录。记录数据的保存期应不少于 2 年。

5.8 应在库房易发生碰撞的门、货架、承重柱等部位设置防撞设施。

5.9 库房地下自然通风道应保持畅通，不应有积雪、水、污物阻塞通风口。采用机械通风或地下加热等防冻措施时，应有专人负责操作和维护。

5.10 库内作业人员应配备防寒工装等劳动保护用品。

5.11 巡视冷间时宜2人以上。库内作业结束后，作业人员应确认库内无人后方可关灯、锁门。

5.12 土建式冷库的冻结间和冻结物冷藏间空库时，相应的库房温度应保持在—5 ℃以下。

6 产品加工和储存管理

6.1 屠宰冷库用于冷却加工的温度应为0 ℃～4 ℃，用于冻结加工的温度不应高于—28 ℃，用于冷却产品储存的温度宜为0 ℃～4 ℃，用于冻结产品储存的温度不应高于—18 ℃。

6.2 经检验检疫合格的畜禽产品方可进行冷却加工和冻结加工。

6.3 未包装的畜类胴体进入冷库冷却加工时，应采用吊挂方式，胴体与胴体之间应保持一定间隔。

6.4 未包装或带内包装的产品进入冷库冻结加工时，冻盘（架）或产品之间应留出足够的空隙，便于空气流通。冻结加工时使用的专用周转盘（盒、箱）应定时清洗消毒。

6.5 畜禽产品进入冷库储存前应进行准入审核，对产品温度和外包装信息审核合格后入库。

6.6 产品内包装材料应符合GB 4806.1、GB 4806.6、GB 4806.7、GB 4806.8的规定。

6.7 未包装的产品与包装产品应分区存放，同一库内不应存放可能造成交叉污染或可能串味的产品。

6.8 产品码放应符合以下要求：

    a) 采用货架堆垛及吊轨悬挂产品，其质量不应超过货架及吊轨的承重荷载；

    b) 对库房货架的紧固件、水平度和垂直度等应定期进行安全检查，发现安全隐患及时处理；

    c) 采用码垛存储时，堆码应有空隙，产品不应直接落地码放，便于冷风循环；

    d) 冷间内产品堆垛不应超过包装和产品允许的最大码放层数；

    e) 库房工作人员应随班检查产品货垛，发现倒塌等隐患应及时处理；

    f) 库房内产品存放不应置于冷藏门附近；

    g) 冻结产品距顶棚不应小于0.2 m，冷却产品距顶棚不应小于0.3 m；

    h) 产品距顶排管下侧不应小于0.3 m，距顶排管横侧不应小于0.2 m，距无排管的墙不应小于0.2 m，距墙排管外侧不应小于0.4 m，距风道不应小于0.2 m。

6.9 产品入库和出库应记录出入库时间、品种、数量、等级、温度、包装、生产日期和保质期等信息。信息应满足产品追溯的需求，保存期限应不少于2年。

6.10 畜禽屠宰企业应建立文件和信息记录管理制度，确保使用的文件均为有效版本，并鼓励采用先进技术手段（如电子计算机信息系统）进行文件管理和信息记录。

7 制冷系统运行管理

7.1 畜禽屠宰企业应建立交接班制度、巡检制度、设备维护保养制度等。

7.2 畜禽屠宰企业应采用人工或人工与自动仪器相结合的方式，监测制冷系统的运行状况，定时做好运行记录，确保系统安全正常运行。

7.3 操作人员发现运行问题及隐患，应及时处理并做好相应记录。

7.4 制冷设备应按照制造商的使用说明书、工程竣工图的相关技术要求进行操作。

7.5 系统的冷凝压力宜靠近设计允许值的下限值，蒸发压力宜靠近设计允许值的上限值。

7.6 采用载冷剂的制冷系统，载冷剂进入蒸发器与离开蒸发器的温度、载冷剂泵出口的压力、载冷剂的流量等应在设计允许值范围之内。

7.7 操作人员应及时排除制冷系统内的不凝性气体。对于氨制冷系统，应将不凝性气体经空气分离器处理后排放至水容器中。

7.8 冷凝器应定期清除污垢。

7.9 高压储液器液面应相对稳定，存液量不应超过容器容积的2/3；卧式高压储液器的液位高度不应低于容器直径的1/3。

7.10 低压循环桶、气液分离器的存液量不应超过容器容积的2/3，液位高度不应超过高液位报警线。

7.11 氨制冷系统应视系统运行情况定期放油。

7.12 蒸发器表面霜层及管内油污等应定时清除。

7. 13 水冷冷凝器、水泵等用水设备在环境温度低于 0 ℃时，应采取防冻措施。

7. 14 制冷剂钢瓶应按照《气瓶安全监察规定》中的有关规定使用。

7. 15 制冷系统长期停止运行时，应妥善处理系统中的制冷剂。

7. 16 阀门应符合下列要求：

    a) 制冷系统中的管道和容器有液体制冷剂时，进出两端的阀门不得同时关闭；

    b) 制冷系统正常运行或停止运行时，系统中的压力表阀、安全阀前的截止阀和均压阀应处于开启状态；

    c) 多台高压储液器并联使用时，均液阀和均压阀应处于开启状态；

    d) 冷风机采用水冲霜时，严禁关闭回气截止阀；

    e) 安全阀应按 TSG ZF001 的规定定期校验并做好记录。

7. 17 制冷系统所用仪器、仪表、衡器、量具应按规定的时间间隔由具备相应资质的机构进行检定或校准。

7. 18 运行值班记录应如实填写，禁止涂改，做好统一保管。运行值班记录保存期按 GB/T 30134 的规定执行。

7. 19 机房内不应存放杂物及与工作无关的物品。设备设施的备品、备件应整齐码放在规定的位置。

7. 20 制冷系统维修保养应符合以下要求：

    a) 制冷压缩机应按制造商的要求定期进行大、中、小修和日常维修保养，其他制冷设备应定期维护保养；

    b) 特种设备应按照《特种设备安全监察条例》、TSG 21 和 TSG D0001 的相关规定进行管理；

    c) 特种设备应由具备相应资质的机构进行维修保养；

    d) 制冷系统检修前，应检查系统中所有的阀门的启闭状态，确认状态无误后方可进行检修，并设置安全标识；

    e) 检修带电设备时，应首先断电隔离并在开关处设置安全标识，宜有人值守。通电运行前应确认接地良好；

    f) 对制冷系统进行维护、拆检、维修时，操作前应采用合理的措施回收制冷剂，严禁将卤代烃类制冷剂排放至大气中，且严禁带压操作，操作后应将打开部位抽真空至规定的剩余压力；

    g) 系统排放冷冻油时，应注意防火，并防范制冷剂外泄；

    h) 长期停机时，应切断电源；

    i) 制冷系统进行管路、设备更换维修后，应进行排污、强度检测和气密性试验。气密性试验应使用干燥氮气或干燥清洁的空气进行，严禁使用氧气；

    j) 维护检修后，应填写维修记录，记录内容应包括时间、设备、人员、维修内容、责任人、工作说明等。

8 电气、给排水系统运行管理

8.1 电气系统

8.1.1 畜禽屠宰企业应建立配电室停送电操作规程、电气安全操作规程、交接班制度、巡检制度、设备维护保养制度等。

8.1.2 操作人员发现异常情况时应及时处理并做好记录，确保设施和系统正常运行。冷库的电气设置应符合 GB 50072 的相关要求并定期检查，保证其良好的性能。

8.1.3 应定期检查备用电源的可靠性。

8.1.4 变压器的经济运行应符合 GB/T 13462 的规定。

8.1.5 运行值班记录应按规定如实填写，做好统一保管。运行值班记录保存期按 GB/T 30134 的规定执行。

8.2 给排水系统

8.2.1 冷却水、融霜水的水质应满足设备的水质要求和卫生要求。

8.2.2 应保证冷库给水系统有足够的水量、水压。

8.2.3 融霜水的水温应不低于 10 ℃，不宜高于 25 ℃。

8.2.4 冷库生产用水应做好计量，并采取有效的节水措施。

9　安全设施管理

9.1　消防设施

9.1.1　消防设施日常管理由专人负责。应每日检查消防设施的状况，确保设施完好、整洁、卫生。发现丢失、损坏应及时补充、更新。

9.1.2　冷库应设有消防安全疏散等指示标识，严禁关闭、遮挡或覆盖疏散指示标识。保持疏散安全通道、安全出口畅通，严禁将安全出口封闭、上锁。

9.1.3　消防设施应定期维修保养，并由具备相应资质的机构进行定期检测。

9.2　安全设施

9.2.1　应急照明、机械通风、事故报警装置等设施应处于正常状态，并定期检测、维护保养。

9.2.2　冷间内门旁应安装报警装置，并安装警示标志，与其连接的警铃和警灯应装在中控室。

9.2.3　采用氨或二氧化碳制冷系统的机房应安装相应的制冷剂浓度报警仪，库房宜安装制冷剂浓度报警仪。制冷剂浓度报警仪应按产品说明进行复检、维护，确保可靠有效。

9.2.4　制冷剂浓度报警仪应与事故风机等设备联动控制。

9.2.5　发现制冷剂泄漏，应立即采取严格安全措施，进行维修阻漏，阻漏完成后，确保不泄漏，方可恢复运行。

9.3　应急防护用品

9.3.1　冷库应配备必要的应急防护用品（如防护服、防毒面具、正压呼吸器）。

9.3.2　应急防护用品的使用人员应经过培训并定期演练，熟知其结构、性能和使用方法及维护保管方法。

9.3.3　应急防护用品应放在危险事故发生时易于取用的位置，并由专人保管，定期校验和维护。

9.4　视频监控

9.4.1　设有视频监控系统的冷库，应由专人负责视频监控系统的日常管理与维护，确保视频监控系统的安全运行、视频质量清晰。

9.4.2　视频资料应保存不少于3个月，不得擅自复制、修改视频资料。

10　人员要求

10.1　畜禽屠宰企业应建立并执行从业人员健康管理制度。

10.2　畜禽屠宰企业应配备一定数量具有冷藏加工、制冷、电气、检验检疫等专业知识的管理人员和技术人员。

10.3　畜禽屠宰企业应按年度制订培训计划，定期对相关岗位工作人员进行培训，并建立培训档案。未参加培训及考核不合格人员不得上岗。

11　建筑物维护

11.1　畜禽屠宰企业应每年对建筑物进行全面检查，做出维护计划。日常维护中，发现屋面漏水，隔气防潮层起鼓、裂缝，保护层损坏，屋面排水不畅，落水管损坏或堵塞，库内外排水管道渗水、墙面或地面裂缝、破损、粉面脱落，冷库损坏等问题应及时修复并做好记录。

11.2　地面冻鼓，墙、柱、梁、地面裂缝时，应及时查明原因，采取措施。

11.3　采用松散隔热层时，如隔热层下沉，应以同样材料填满压实，发现受潮应及时翻晒或更换。

11.4　冷库平顶和站台罩棚顶不应用于其他用途。

11.5　维修（维护）后，畜禽屠宰企业应进行质量检查，组织竣工验收并建立技术档案。

中华人民共和国国家标准

GB 20799—2016

食品安全国家标准
肉和肉制品经营卫生规范

2016-12-23 发布 / 2017-12-23 实施

中华人民共和国国家卫生和计划生育委员会
国家食品药品监督管理总局　　发布

前　言

本标准代替 GB/T 20799—2014《鲜、冻肉运输条件》、GB/T 21735—2008《肉与肉制品物流规范》、SB/T 10395—2005《畜禽产品流通卫生操作技术规范》。

本标准与 GB/T 20799—2014、GB/T 21735—2008 和 SB/T 10395—2005 相比，主要变化如下：

——标准名称修改为"食品安全国家标准　肉和肉制品经营卫生规范"；

——修改了术语和定义。

食品安全国家标准
肉和肉制品经营卫生规范

1 范围

本标准规定了肉和肉制品采购、运输、验收、贮存、销售等经营过程中的食品安全要求。

本标准适用于肉和肉制品经营活动。本标准的肉包括鲜肉、冷却肉、冻肉和食用副产品等。

本标准不适用于网络食品交易、餐饮服务、现制现售的肉和肉制品经营活动。

2 术语和定义

2.1 鲜肉

畜禽屠宰后，经过自然冷却，但不经过人工制冷冷却的肉。

2.2 冷却肉（冷鲜肉）

畜禽屠宰后经过冷却工艺处理，并在经营过程中环境温度始终保持 0 ℃～4 ℃的肉。

2.3 冻肉

经过冻结工艺过程的肉，其中心温度不高于—15 ℃。

2.4 食用副产品

畜禽屠宰、加工后，所得内脏、脂、血液、骨、皮、头、蹄（或爪）、尾等可食用的产品。

2.5 肉制品

以畜禽肉或其食用副产品等为主要原料，添加或者不添加辅料，经腌、卤、酱、蒸、煮、熏、烤、烘焙、干燥、油炸、成型、发酵、调制等有关生产工艺加工而成的生或熟的肉类制品。

3 采购

3.1 应符合 GB 31621—2014 中第 2 章的相关规定。

3.2 采购鲜肉、冷却肉、冻肉、食用副产品时应查验供货者的《动物防疫条件合格证》等资质证件。

3.3 鲜肉、冷却肉、冻肉、食用副产品应有动物检疫合格证明和动物检疫标志。

3.4 不得采购病死、毒死或者死因不明的畜禽肉及其制品，不得采购未按规定进行检疫检验或者检疫检验不合格的肉、或者未经检验或者检验不合格的肉制品。

4 运输

4.1 应符合 GB 31621—2014 中第 3 章的相关规定。

4.2 鲜肉及新鲜食用副产品装运前应冷却到室温。在常温条件下运输时间不应超过 2 h。

4.3 冷却肉及冷藏食用副产品装运前应将产品中心温度降低至 0 ℃～4 ℃，运输过程中箱体内温度应保持在 0 ℃～4 ℃，并做好温度记录。

4.4 冻肉及冷冻食用副产品装运前应将产品中心温度降低至—15 ℃及其以下的温度，运输过程中箱体内温度应保持在—15 ℃及其以下的温度，并做好温度记录。

4.5 需冷藏运输的肉制品应符合 4.3 的相关规定。需冷冻运输的肉制品应符合 4.4 的相关规定。

4.6 冷藏或冷冻运输条件下，运输工具应具有温度监控装置，并做好温度记录。

4.7 运输工具内壁应完整、光滑、安全、无毒、防吸收、耐腐蚀、易于清洁。

4.8 运输工具应配备必要的放置和防尘设施。运输鲜片肉时应有吊挂设施。采用吊挂方式运输的，产品间应保持适当距离，产品不能接触运输工具的底部。

4.9 鲜肉、冷却肉、冻肉、食用副产品不得与活体畜禽同车运输。

4.10 头、蹄（爪）、内脏等应使用不渗水的容器装运。未经密封包装的胃、肠与心、肝、肺、肾不应盛装在同一容器内。

4.11 鲜肉、冷却肉、冻肉、食用副产品应采取适当的分隔措施。

4.12 不能使用运送活体畜禽的运输工具运输肉和肉制品。

4.13 装卸肉应严禁脚踏和产品落地。

5 验收

5.1 应符合 GB 31621—2014 中第 4 章的相关规定。

5.2 验收鲜肉、冷却肉、冻肉、食用副产品时，应检查动物检疫合格证明、动物检疫标志等，应开展冷却肉、冻肉的中心温度检查。

5.3 验收肉和肉制品时，应检查肉和肉制品运输工具的卫生条件和维护情况，有温度要求的肉和肉制品应检查运输工具的温度记录。

6 贮存

6.1 应符合 GB 31621—2014 中第 5 章的相关规定。

6.2 贮存冷却肉、冷藏食用副产品以及需冷藏贮存的肉制品的设施和设备应能保持 0 ℃～4 ℃的温度，并做好温度记录。

6.3 贮存冻肉、冷冻食用副产品以及需冷冻贮存的肉制品的设施和设备应能保持－18 ℃及其以下的温度，并做好温度记录。

6.4 不得同库存放可能造成串味的产品。

6.5 肉和肉制品的贮存时间应按照相关规定执行。

7 销售

7.1 应符合 GB 31621—2014 中第 6 章的相关规定。

7.2 鲜肉、冷却肉、冻肉、食用副产品与肉制品应分区或分柜销售。

7.3 冷却肉、冷藏食用副产品以及需冷藏销售的肉制品应在 0 ℃～4 ℃的冷藏柜内销售，冻肉、冷冻食用副产品以及需冷冻销售的肉制品应在－15 ℃及其以下的温度的冷冻柜销售，并做好温度记录。

7.4 对所销售的产品应检查并核对其保质期和卫生情况，及时发现问题。发现有异味、有酸败味、色泽不正常、有黏液、有霉点和其他异常的，应停止销售。

7.5 销售未经密封包装的直接入口产品时，应佩戴符合相关标准的口罩和一次性手套。

7.6 销售未经密封包装的肉和肉制品时，为避免产品在选购过程中受到污染，应配备必要的卫生防护措施，如一次性手套等。

8 产品追溯和召回

应符合 GB 31621—2014 中第 7 章的相关规定。

9 卫生管理

9.1 应符合 GB 31621—2014 中第 8 章的相关规定。

9.2 运输、贮存、销售人员在工作期间应遵循生熟分开的原则。

9.3 对贮存、销售过程中所使用的刀具、容器、操作台、案板等，应使用 82 ℃以上的热水或符合相关标准的洗涤剂、消毒剂进行清洗消毒。

9.4 运输工具应保持清洁卫生，使用前后应进行彻底清洗消毒。

10 培训

应符合 GB 31621—2014 中第 9 章的相关规定。

11 管理制度和人员

应符合 GB 31621—2014 中第 10 章的相关规定。

12　记录和文件管理

应符合 GB 31621—2014 中第 11 章的相关规定。

中华人民共和国国家标准

GB/T 28640—2012

畜禽肉冷链运输管理技术规范

Practices for cold-chain transportation of livestock & poultry meat

2012-07-31发布/2012-11-01 实施
中华人民共和国国家质量监督检验检疫总局
中国国家标准化管理委员会　发布

前　言

本标准按照 GB/T 1.1—2009 给出的规则起草。

本标准由中华人民共和国商务部提出并归口。

本标准起草单位：全国城市农贸中心联合会、大连熟食品交易中心、江苏雨润食品产业集团有限公司。

本标准主要起草人：马增俊、侯仰标、纳绍平、刘旭波、闵成军。

畜禽肉冷链运输管理技术规范

1　范围

本标准规定了畜禽肉的冷却冷冻处理、包装及标识、贮存、装卸载、运输、节能要求以及人员的基本要求。

本标准适用于生鲜畜禽肉从运输准备到实现最终消费前的全过程冷链运输管理。

2　规范性引用文件

下列文件对于本文件的应用是必不可少的。凡是注日期的引用文件，仅注日期的版本适用于本文件。凡是不注日期的引用文件，其最新版本（包括所有的修改单）适用于本文件。

GB/T 191　包装储运图示标志

GB/T 4456　包装用聚乙烯吹塑薄膜

GB 6388　运输包装收发货标志

GB/T 6643　运输包装用单瓦楞纸箱和双瓦楞纸箱

GB/T 7392　系列 1：集装箱的技术要求和试验方法保温集装箱

GB 7718　预包装食品标签通则

GB 9687　食品包装用聚乙烯成型品卫生标准

GB 9688　食品包装用聚丙烯成型品卫生标准

GB 9689　食品包装用聚苯乙烯成型品卫生标准

QC/T 450　保温车、冷藏车技术条件

3　术语和定义

下列术语和定义适用于本文件。

3.1

冷却畜禽肉　chilled meat

经冷却加工，并在运输和销售中始终保持低温（中心温度 0 ℃～4 ℃）而不冻结的畜禽肉。

3.2

冷冻畜禽肉　frozen meat of livestock and poultry

冷却后的畜禽胴体经低温冻结处理，并在加工、运输、销售过程中保持其中心温度不超过 −15 ℃ 的畜禽肉。

3.3

冷链　cold-chain

根据产品特性，为保持其品质而采用的配有相应设施设备、从生产到消费各环节始终使产品处于低温状态的物流网络。

4　冷却冷冻处理

4.1　畜禽肉冷却处理

4.1.1　畜禽宰后冷却处理

4.1.1.1　片猪肉

宰后片猪肉应在击昏 45 min 内进入 0 ℃～4 ℃ 冷却间，并在 24 h 内使其后腿肌肉深层中心温度降至 0 ℃～7 ℃。

4.1.1.2　片牛肉

宰后片牛肉应在击昏 45 min 内进入 0 ℃～4 ℃ 冷却间，并在 36 h 内使其后腿部及肩胛部肌肉深层中心温度降至 0 ℃～7 ℃。

4.1.1.3 羊胴体

宰后羊胴体应在击昏 1 h 内进入 0 ℃～4 ℃冷却间，并在 10 h 内使其后腿部及肩胛部深层中心温度降至 0 ℃～7 ℃。

4.1.1.4 鸡胴体

冷却介质的温度控制在 0 ℃～4 ℃，冷却时间控制在 45 min 以内，冷却后鸡胴体中心温度达到 7 ℃以下。

4.1.1.5 其他

其他畜禽胴体的冷却操作要求参照上述过程的控制要求执行。

4.1.2 畜禽产品的冷分割

冷却后的畜禽产品应在良好卫生条件和车间温度低于 12 ℃的环境中进行分割，分割后肉的中心温度应不高于 7 ℃。

4.2 畜禽肉冷冻处理

4.2.1 分割猪肉应在 24 h 内使其肌肉深层中心温度降至-15 ℃以下。

4.2.2 片牛肉及分割牛肉应分别在 72 h 和 36 h 内使其肌肉深层中心温度降至-15 ℃以下。

4.2.3 分割羊肉应在 16 h 内使其肌肉深层中心温度降至-15 ℃以下。

4.2.4 鸡胴体及其分割产品应在 12 h 内使其肌肉深层中心温度降至-18 ℃以下。

4.2.5 其他畜禽产品的冻结参照上述要求执行。

5 包装及标识

5.1 包装

5.1.1 冷却畜禽肉应在良好卫生条件和包装间温度不超过 12 ℃的环境中进行包装。

5.1.2 冷冻畜禽肉应在良好卫生条件和包装间温度不超过 0 ℃的环境中进行包装。

5.1.3 内包装材料应符合 GB/T 4456、GB 9687、GB 9688 和 GB 9689 等标准的相关规定，薄膜不得重复使用。外包装材料应符合 GB/T 6543 的规定。

5.1.4 运输包装应能满足畜禽肉安全运输的要求。

5.2 标识

5.2.1 预包装畜禽肉的标签应符合 GB 7718 的规定。

5.2.2 运输包装的收发货标志和图示应符合 GB 6388 和 GB/T 191 的规定，至少应有"温度极限"标识。

6 贮存

6.1 贮存库应根据产品要求配备相应的制冷设备、温（湿）度测量装置、监控装置等，定期维护、校准。

6.2 临时贮藏的冷却畜禽肉应贮存于 0 ℃～4 ℃、相对湿度 75％～84％的冷却间。

6.3 冷冻畜禽肉应贮存于-18 ℃以下、相对湿度 95％以上的冷冻间，冷冻间温度昼夜波动不得超过±1 ℃。

6.4 畜禽肉应按产品大类分区存放，产品贮存应遵循先进先出的原则。

6.5 畜禽肉和副产品混合贮存时，应该分别密闭包装并分区存放。

6.6 应详细记录畜禽肉的出入库时间、数量、贮存温度等信息。

6.7 供特定宗教信仰人员使用的畜禽肉产品在满足上述要求的同时，还应满足其特定贮存要求。清真产品应存放在经过认可的专用库内，不得与其他畜禽肉产品混贮。

7 装卸载

7.1 装卸载设施设备要求

7.1.1 应根据企业实际需求配备电瓶叉车、货架、托盘等装卸载设施设备。

7.1.2 企业宜统一使用 1 200 mm×1 000 mm 规格的托盘。

7.1.3 装卸载设施设备应保持清洁卫生，并定期消毒。

7.1.4 宜配备封闭式站台进行装卸载活动。

7.2 畜禽肉装车摆放要求

7.2.1 同一运输车厢内不得摆放不同温度要求的畜禽肉或其他产品。

7.2.2 清真畜禽肉产品应专车运输。

7.2.3 冷却畜肉胴体应吊挂运输。

7.2.4 冷却肉进入车厢内应采取一定装置和措施防止过度挤压。包装好的畜禽肉应摆放整齐有序。

7.3 作业管理要求

7.3.1 企业应制定装卸载监管制度，做到票物相符，做好相关记录并存档。装载前应查验检疫证明、检疫证章是否齐全，片胴体是否加盖检疫合格验讫印章，并核对数量是否一致；卸载前应检查产品色泽是否新鲜，包装是否完整，生产日期是否清晰并确保畜禽肉在保质期范围内。

7.3.2 本环节中应保证冷却畜禽肉脱离冷链时间不超过 30 min，冷冻畜禽肉脱离冷链时间不超过 15 min。

8 运输

8.1 运输前准备

8.1.1 应检查畜禽肉温度是否符合规定要求，冷却畜禽肉中心温度应在 0 ℃～4 ℃，冷冻畜禽肉中心温度应低于－18 ℃。

8.1.2 应检查车厢温度，在温度高于产品温度时，应提前制冷，将温度降低到相应的温度。运输冷却畜禽肉时车厢温度应低于 7 ℃，运输冷冻畜禽肉时车厢温度应低于－15 ℃。

8.2 运输工具

8.2.1 应采用冷藏车、保温车、冷藏集装箱、冷藏船、冷藏火车（专列）和附带保温箱的运输设备。保温集装箱应符合 GB/T 7392 的规定，运输车辆应符合 QC/T 450 的规定。

8.2.2 运输工具应配备温湿度传感器和温湿度自动记录仪，实时监测和记录温湿度。

8.2.3 所有的运输装置都应处于良好的技术状态，如顶部的通风孔要处于工作状态，车厢排水应良好，并设有确保空气循环的货垫等。

8.3 运输条件

8.3.1 运输参数应符合 6.2 和 6.3 的规定。

8.3.2 运输过程温度应与运输产品所需温度环境相匹配。

8.4 监测与记录

8.4.1 企业应建立产品运输跟踪系统，做好记录并存档。

8.4.2 运输过程中应定时监测和记录车厢内温湿度值，如超出允许的波动范围应按相关规定及时处理。

9 节能要求

在畜禽肉冷却、冷冻、贮存、冷链运输中宜选用节能设备，并采用节能方法和技术。

10 人员

10.1 设备操作人员应经培训，持证上岗。

10.2 患有痢疾、伤寒、病毒性肝炎等消化道传染病的人员，以及患有活动性肺结核、化脓性或者渗出性皮肤病等有碍食品安全的疾病的人员，不得直接接触食品及其包装物。

中华人民共和国国内贸易行业标准

SB/T 10570—2010①

片猪肉激光灼刻标识码、印应用规范

Application norms of laser marking on half carcass

2010-10-09 发布/2011-06-01 实施

中华人民共和国商务部　发布

前　言

本标准按照 GB/T 1.1—2009 给出的规定起草。

本标准由中华人民共和国商务部提出并归口。

本标准起草单位：商务部流通产业促进中心、北京志恒达科技有限公司。

本标准主要起草人：原鹏、吴政敏、吕光华、李文祥、赵强、甘泉、张新玲、胡新颖、李欢。

---

① 该标准自 2019 年 1 月 1 日起，标准号由 SB/T 10570—2010 改为 NY/T 3372—2018。

片猪肉激光灼刻标识码、印应用规范

1　范围

本标准规定了片猪肉表皮激光灼刻标识码、印的相关术语和定义、技术要求及应用方法。

本标准适用于片猪肉标识码、印的激光灼刻。

2　规范性引用文件

下列文件对于本文件的应用是必不可少的。凡是注日期的引用文件，仅注日期的版本适用于本文件。凡是不注日期的引用文件，其最新版本（包括所有的修改单）适用于本文件。

GB 4208—2008　外壳防护等级（IP 代码）

GB 7247.1　激光产品的安全　第 1 部分：设备分类、要求和用户指南

GB 10320　激光设备和实施的电气安全

GB 10435　作业场所激光辐射卫生标准

GB 14881　食品企业通用卫生规范

GB/T 17237　畜类屠宰加工通用技术条件

GB/T 17236—2008　生猪屠宰操作规程

GB/T 17996　生猪屠宰产品品质检验规程

GB 19517　国家电气设备安全技术规范

3　术语和定义

下列术语和定义适用于本文件。

3.1

片猪肉对应授权码　authorized code of half carcass

单片片猪肉具有的唯一代码特征的数据信息码。

3.2

片猪肉授权码编译器　authorized code compilation generator of half carcass

读取片猪肉对应授权码，生成激光灼刻码数据信息的专用装置。

3.3

激光灼刻码　lase rmarking code

由激光灼刻标识系统灼刻到片猪肉的一组由字母和数字组成的混编字符串。

注：该码是经片猪肉授权码编译器对片猪肉对应授权码及其他管理信息码进行整合、加密、压缩后自动生成。

3.4

激光灼刻印　laser marking stamps

以激光灼刻方法在片猪肉上灼刻出符合国家规定的印章图样。

4　码、印类别

4.1　码

4.1.1　片猪肉对应授权码

4.1.1.1　片猪肉对应授权码结构

肉品追溯码编码规则：

A/B			N_1 N_2 N_3 N_4 N_5 N_6 N_7 N_8
屠宰厂（场）/点			定点屠宰代号

N_9 N_{10} N_{11} N_{12} N_{13} N_{14}	N_{15} N_{16}	N_{17} N_{18} N_{19} N_{20}
肉品生产日期	批次号	屠宰生猪编号

R_{21}/L_{22}	N_{23} N_{24}	N_{25}
左片/右片猪肉	分割肉的不同部位	校验码

屠宰厂（场）/点标记　为 A 或 B 大写英文字母 …… 1 位

定点屠宰代码（必须由生猪屠宰行业主管部门授权发放）（字母＋数字代码）…… 1＋8 位

肉品生产日期 …… 6 位

批次号 …… 2 位

屠宰生猪编号 …… 4 位

左片/右片猪肉 …… 1 位

分割肉的不同部位 …… 2 位

T＋N24——猪蹄

B＋N24——带皮五花肉

C＋N24——臀部

校验码 …… 1 位

4.1.1.2 激光灼刻码编译方法

激光灼刻码编译方法见附录 A。

4.1.2　激光灼刻码

4.1.2.1 激光灼刻码的生成

经片猪肉授权码编译器对 4.1.1 款的片猪肉对应授权码进行加密、压缩等编译，而生成的一组由字母和数字混编组成的字符串。

4.1.2.2 激光灼刻码的形式（灼刻于片猪肉）

片猪肉对应授权码经过 36 进制转换成为以下形式：

A 0B2 94L J1 R

4.2　印

4.2.1 激光灼刻检验合格验讫印章图样。

4.2.2 激光灼刻无害化处理印章图样。

4.2.3 激光灼刻其他印章图样。

5　码、印的规格尺寸

5.1　激光灼刻码规格

5.1.1　格式：由 10 位字母和数字混编组成的码。

5.1.2　字高：8.00 mm±1.00 mm。

5.2　激光灼刻检验合格印章（见图 1）

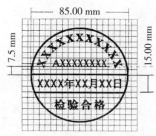

图 1　激光灼刻检验合格印章

5.2.1　印章图样的直径为 85.00 mm，"××××××××××××"为定点屠宰厂（场）全称。字体为汉仪大宋简，字号 24.5 pt。

5.2.2　印章中上线在圆心中线上，与下线距离为 15.00 mm。

5.2.3　上线上方"A×××××××××"为生猪定点屠宰企业定点屠宰代码，编码数字字体为 Times New Roman，字号 26 pt，编码数字距圆心中线 7.5 mm。

5.2.4　两线中标注日期"××××年××月××日"为肉品生产日期，字体为宋体，字号 27 pt，日期应系统自动更新。

5.2.5　"检验合格"字体为汉仪大宋简，字号 28 pt。

5.3　激光灼刻无害化处理印章

5.3.1　非食用标印（见图2）

规格：等腰圆形，腰长 80.00 mm，宽 37.00 mm。

5.3.2　高温处理标印（见图3）

规格：等边三角形，边长各 45.00 mm。

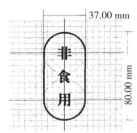

图2　激光灼刻无害化处理印章

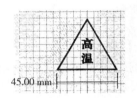

图3　高温处理标印

5.3.3　销毁标印（见图4）

规格：对角线长 60.00 mm；60 度夹角。

5.3.4　复制标印（见图5）

规格：菱形；长轴 60.00 mm，短轴 30.00 mm。

字体采用方正小标宋。

图4　销毁标印

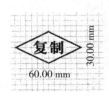

图5　复制标印

6　赋码、印对象及灼刻内容

6.1　经检验合格的片猪肉

6.1.1　每片片猪肉均应带有符合 4.1.2 规定的激光灼刻码和符合 5.2 规定的激光灼刻印。

激光灼刻码对应每一片猪肉，一片一码。源自同一猪胴体的左、右两片猪肉，激光灼刻码仅末位字母不同，以分出左右。激光灼刻印必须是按国家法规规定的印章管理程序进行相关的方案设计备案、获准启用并备案。

6.1.2　每片片猪肉赋激光灼刻码应不少于三处，间隔应大于 100 mm。每片片猪肉赋刻激光灼刻印大于一处。

6.1.3　激光灼刻系统安装位置、赋码、印对象及灼刻内容：

6.1.3.1　激光灼刻系统安装位于 GB/T 17236—2008 中 5.12.2 规定的复验工序后，对检验合格的片猪肉进行灼刻码、印。灼刻内容应符合本标准 6.1.1、6.1.2 的规定。

6.1.3.2　应在每片片猪肉的前中后三处不同部位灼刻激光灼刻码。在片猪肉中间部位灼刻激光灼刻印。

6.2　不合格片猪肉的处置

处于 GB/T 17236—2008 中规定的 5.12.2 复验工序后，在所设的疑似病害肉岔道分支线位置上安装专用的激光灼刻装置，赋标识内容应符合本标准 5.3 的规定。

7 应用方法

7.1 码、印图案要求
7.1.1 码：应生成单线字体。
7.1.2 印及图案：应用单线体矢量绘制。

7.2 激光灼刻码、印的技术要求
7.2.1 外观要求
标刻的（码、印）字迹、图案应内容正确，清晰可辨认。色泽均匀，无局部灼刻过度现象。猪胴体、片猪肉上应有明显的高温烧灼凹痕。
7.2.2 特性要求
失真度　≤±5%
完整性　≥95%
连续性　允许值＜1.6 mm 断口
色泽　黄褐色
色差　浅褐色至中褐色

7.3 激光灼刻标识系统要求
7.3.1 片猪肉授权码编译器应识别及读取片猪肉对应授权码，并将片猪肉对应授权码经压缩加密，形成统一格式的激光灼刻码，并将其导入激光灼刻标识系统。经资质认定的激光灼刻标识系统方准许按规定上传相关信息。
7.3.2 对操作人员的要求及密钥功能
7.3.2.1 经有关部门派出或经考核合格予以授权的检验员。
7.3.2.2 中等专业以上学历水平，经激光灼刻标识系统操作培训，并考核合格后的操作员。必须严格遵守激光灼刻标识系统操作规程。
7.3.2.3 上岗人员应符合卫生许可。
7.3.2.4 上岗人员必须佩戴专用激光防护眼镜。
7.3.2.5 有关管理部门或企业应同时设置机械锁、分离式密钥硬件，并在软件中设置不同密级的密码，确保设备仅由经合法授权的人员使用。
7.3.2.6 印章图样及码在正常生产流程中由合格的检验人员依法依规使用。
7.3.3 激光灼刻标识的全过程不应影响屠宰生产线运行效率。

7.4 激光灼刻标识系统的工作环境
7.4.1 卫生环境、工作环境应符合屠宰企业的卫生要求。
应保持使用净水冲洗工作区域地面。按规定擦拭设备，清洗消毒。
7.4.2 激光灼刻标识系统的工作区的安全与防护
7.4.2.1 要配备氨气探测装置，发现氨泄漏迹象要强制停机，并提示报警。
7.4.2.2 激光灼刻标识系统工作区域应设有防护装置。系统工作应设有相应面积的激光防护区域并应符合激光防护要求规范。
7.4.2.3 激光灼刻标识系统防护级别应符合 GB 4208—2008 的 IP55 等级。
7.4.2.4 在激光灼刻标识系统出光窗口处，须设置不锈钢双层转塔式防护罩专用装置，该装置可耐受个别情况下现场水流直接冲洗工况。
7.4.2.5 激光灼刻标识系统应具有较强的抗潮能力，应防止凝露。
7.4.3 激光灼刻标识系统使用的安全性及必须的提示标志
7.4.3.1 安装激光安全出光控制装置。
注：该装置能够防止激光灼刻标识系统错误出光、长时间出光及对片猪肉的过度烧灼。当单次出光时间大于设定值时，激光可自动强制关断。
7.4.3.2 为保障设备的安全，应安装猪胴体未完全劈半报警装置，声光报警装置应置于显著位置。
7.4.3.3 设备及工区必须设置激光安全标志及相关提示语。

附 录 A
（信息强化性附录）
激光灼刻码编译方法

A.1 编译方法

A.1.1 屠宰企业应向生猪屠宰行业主管部门申领相关的定点屠宰区域编码、企业代码；经生猪屠宰行业主管部门授权发放定点屠宰区域编码、企业代码；屠宰企业应按 A.2.1 生成片猪肉对应授权码。

A.1.2 片猪肉授权码编译器对片猪肉对应授权码进行加密、压缩等编译，生成激光灼刻码。通过激光灼刻标识系统，将激光灼刻码灼刻于片猪肉上。

A.1.3 企业应建立相应的质量溯源数据库管理系统，并实现相应管理系统对片猪肉对应授权码、激光灼刻码数据的存留。

A.1.4 企业应建立与定点屠宰区域生猪屠宰行业主管部门信息平台相关联的服务器。对构成市场销售的合格片猪肉产品及生猪分割肉产品应具有可监管的肉品追溯码，即片猪肉对应授权码＋激光灼刻码的电子形式，通过该服务器上传至定点屠宰区域生猪屠宰行业主管部门的信息平台。被用于各级主管部门对片猪肉产品质量、市场监管、公众溯源的查询。

A.2 编码说明

A.2.1 片猪肉对应授权码

构成产品质量及市场监管溯源系统信息码，被定义为肉品追溯码。

A.2.2 片猪肉对应授权码结构

A.2.2.1 肉品追溯码编码规则：

A/B		$N_1 N_2 N_3 N_4 N_5 N_6 N_7 N_8$
屠宰厂（场）/点		定点屠宰代号

$N_9 N_{10} N_{11} N_{12} N_{13} N_{14}$	$N_{15} N_{16}$	$N_{17} N_{18} N_{19} N_{20}$
肉品生产日期	批次号	屠宰生猪编号

R_{21}/L_{22}	$N_{23} N_{24}$	N_{25}
左片/右片猪肉	分割肉的不同部位	校验码

屠宰厂（场）/点标记 为 A 或 B 大写英文字母 .... 1 位
定点屠宰代码（必须由生猪屠宰行业主管部门受权发放）............ 8 位
肉品生产日期 .... 6 位
批次号 .... 2 位
屠宰生猪编号 .... 4 位
左片/右片猪肉 .... 1 位
分割肉的不同部位 .... 2 位
T＋N24——猪蹄
B＋N24——带皮五花肉
C＋N24——臀部
"N" 为任意字母和数字
校验码 .... 1 位

A.2.2.2 其他分割肉的不同部位代码结构企业根据以上原则自行编制。

A.2.3 片猪肉对应授权码呈现形式

电子信息：适应重复型应用、重复读入信息。

读卡信息：只适应于一次性写入信息，经一次性减除或递减性减除。

A.2.4 激光灼刻码的生成

A.2.4.1 经片猪肉授权码编译器对片猪肉对应授权码进行加密、压缩等编译，而生成的一组由字母和数字混编组成的字符串。

A.2.4.2 片猪肉对应授权码经过36进制转换成为以下形式：（但不能大于10位）

$$A\ 0B2\ 94L\ J1\ R$$

A.2.4.3 在激光灼刻标识系统中可对该字符串进行编辑、复制、布局等操作。生成激光灼刻码的布局。

A.2.4.4 生成的激光灼刻码布局经激光灼刻标识系统灼刻到片猪肉表皮上形成唯一的可识别的激光灼刻码。

A.2.5 激光灼刻码的解译

A.2.5.1 经手持解译器或软件对激光灼刻码进行解密、反压缩等编译，生成的一组由字母和数字混编组成的字符串，即为片猪肉对应授权码。适应于溯源的查询、中转监管、稽查等管理。

A.2.5.2 第A.2.4.1款规定的肉品追溯码编码规则应分段压缩、整体加密：

A.2.5.2.1 分段压缩原则：

首位：屠宰厂（场）/点标记代码；R21/L22：左片/右片猪肉标志，不经压缩直接引用。

中部各码段分别压缩。码段的位长应能满足片猪肉激光灼刻标识系统灼刻的要求。

A.2.5.2.2 整体加密原则：

将分段压缩完的准中间过程码进行整体加密。

经加密后生成的代码为激光灼刻码的电子形式。

中华人民共和国国家标准

GB 31605—2020

食品安全国家标准
食品冷链物流卫生规范

2020 -09 -11发布/2021-03 -11实施

中华人民共和国国家卫生健康委员会
国家市场监督管理总局　发布

食品安全国家标准
食品冷链物流卫生规范

1 范围

本标准规定了在食品冷链物流过程中的基本要求、交接、运输配送、储存、人员和管理制度、追溯及召回、文件管理等方面的要求和管理准则。

本标准适用于各类食品出厂后到销售前需要温度控制的物流过程。

2 术语和定义

2.1 食品冷链物流

以温度控制为主要手段，使食品从出厂后到销售前始终处于所需温湿度范围内的物流工程。

2.2 交接

冷链物流过程中的环节，包括入库交接、出库交接和配送交接等。

3 基本要求

3.1 应配备与冷链食品生产经营相衔接的冷库、运输工具或其他符合冷链食品储存温湿度要求的设施设备。冷库、运输工具等设施设备应配置温湿度监测、记录、报警、调控装置，监控装置应定期校验并记录。设施设备应易于清洗、消毒、检查和维护。

3.2 冷库应具备配套的制冷系统或保温条件缓存区的封闭月台，同时与车辆对接处应有防撞密封设施。冷库门应配备限制冷热交换的装置，并设置防反锁装置和警示标识。

3.3 运输工具厢体应使用防水、防锈、耐腐蚀的材料，厢体内壁应保持清洁卫生，无毒、无害、无污染、无异味。应定期对运输工具的冷藏性能进行检查并记录。

3.4 应建立与储存、运输相配套的信息化系统，信息化系统应有储存、运输管理相应的模块。

3.5 需温湿度控制的食品在物流过程中应符合其标签标示或相关标准规定的温湿度要求。

3.6 当食品冷链物流关系到公共卫生事件时，应及时根据有关部门的要求，采取相应的预防和处置措施，对相关区域和物品按照有关要求进行清洗消毒，对频繁接触部位应适当增加消毒频次，防止与冷链物流相关的人员、环境和食品受到污染。

4 交接

4.1 交接环境应符合食品安全要求，并建立清洁卫生管理制度。

4.2 交接时应检查食品状态，并确认食品物流包装完整、清洁，无污染、无异味。

4.3 交接时应确认食品种类、数量、温度等信息，确认无误后尽快装卸，并做好交接记录。

4.4 交接时应测量食品外箱表面温度或内包装表面温度，并记录；如表面温度超出规定范围，还应测量食品中心温度。

4.5 交接时应严格控制作业环境温度并尽量缩短作业时间，以防止食品温度超出规定范围，如无封闭月台，装卸货间隙应随时关闭厢体门。

4.6 交接时应查验运输工具环境温度是否符合温控要求。入库和配送交接时，还应查验全程温度记录；出库交接时，还应查验在库温度记录。当温度或食品状态异常时，应不予接收。

4.7 当食品冷链物流关系到公共卫生事件时，应进行食品外包装及交接用相关用品用具的清洁和消毒。

5 运输配送

5.1 运输工具应保持清洁卫生，应建立清洁卫生消毒记录制度，定期对运输工具清洁、消毒，运输工具不得运输有毒有害物质，防止食品被污染。当食品冷链物流关系到公共卫生事件时，应增加对运输工具的厢体内外部、运输车辆驾驶室等的清洁消毒频次，并做好记录。

5.2　应根据食品的类型、特性、季节、运输距离等选择不同的运输工具和运输路线，同一运输工具运输不同食品及多点装卸时，应根据产品特性，做好分装、分离或分隔，并存放在符合食品储存温度要求的区域。

5.3　装货前应对运输工具进行检查，根据食品的运输温度对厢体进行预冷，并应在运输开始前达到食品运输需要的温度。

5.4　运输过程中的温度应实时连续监控，记录时间间隔不宜超过 10 mm，且应真实准确。

5.5　当运输设备温度超出设定范围时，应立即采取纠正行动和应急措施，并如实记录超温的范围和时间。

5.6　运输过程中运输工具应采取安全性措施，如铅封或加锁等。运输过程宜保持平稳，装卸时应行动迅速、轻拿轻放，并尽量减少车厢开门次数和时间。

5.7　配送前应确认食品物流包装完整，温度符合要求。

5.8　需冷冻的食品在运输过程中温度不应高于−18 ℃；需冷藏的食品在运输过程中温度应为 0 ℃～10 ℃。

6　储存

6.1　冷库的温度显示、区域划分标识应清晰规范，并做好温度记录，确保准确真实，记录间隔时间不超过30 min。

6.2　冷库温度记录和显示设备宜放置在冷库外便于查看和控制的地方，温度传感器或温度记录仪应放置在最能反映食品温度或者平均温度的位置，建筑面积大于 100 m² 的冷库，温度传感器或温度记录仪数量不少于 2个；应建立库房温度记录保存制度。

6.3　当冷库温湿度超出设定范围时，应立即采取纠正行动和应急措施，并如实记录超过的范围和时间。

6.4　不同品种、规格、批次的产品应分别堆垛，防止串味和交叉污染。储存的食品应与库房墙壁间距不少于10 cm，与地面间距不少于 10 cm。

6.5　冷库机房应 24 h 不间断运行并有应急措施。

6.6　冷库作业区应建立清洁卫生制度，并建立记录机制。当食品冷链物流关系到公共卫生事件时，应加强对货物转运存放区域、冷库机房的清洁消毒频次，并做好记录。

6.7　需冷冻的食品储存环境温度应不高于−18 ℃，需冷藏的食品储存环境温度应为 0 ℃～10 ℃。对于有湿度要求的食品，还应满足相应的湿度储存要求。

7　人员和管理制度

7.1　应符合 GB 31621 的相关规定。

7.2　从事食品冷链物流各环节工作的人员，应接受运输、储存、配送、交接及突发状况应急处理等相关知识和技能培训，具备相应的能力，并有明确的职责和权限报告操作过程中出现的食品安全问题。

7.3　应建立食品运输、储存、配送、交接等环节温湿度及操作要求制度。

7.4　应建立有效的风险控制措施及应急预案。

7.5　当食品冷链物流关系到公共卫生事件时，应按照有关部门的要求，加强人员健康状况管理，根据岗位需要做好人员健康防护。

8　追溯及召回

8.1　应符合 GB 31621 的相关规定。

8.2　当食品冷链物流关系到公共卫生事件时，对受污染的食品应按照有关部门的要求进行处置。

9　文件管理

9.1　应符合 GB 31621 的相关规定。

9.2　文件保存期限应不少于食品保质期满后 6 个月；没有明确保质期的，保存期限应不少于 2 年。

9.3　当食品冷链物流关系到公共卫生事件时，应按照有关部门的要求执行。

六 生产保障

中华人民共和国国内贸易行业标准

SB/T 10353—2011^①
代替 SB/T 10353—2003

生猪屠宰加工职业技能岗位标准、职业技能岗位要求

Profession standard and technique requirement for the job in the slaughter establishment

2011-07-07 发布 / 2011-11-01 实施
中华人民共和国商务部　发布

前　言

本标准按照 GB/T 1.1—2009 给出的规则起草。

请注意本文件的某些内容可能涉及专利。本文件的发布机构不承担识别这些专利的责任。

修订本标准是为了贯彻国务院《生猪屠宰管理条例》和商务部《生猪屠宰管理条例实施办法》，规范生猪屠宰加工人员技能岗位要求，提高生猪屠宰人员技术素质和技术水平，保证肉类产品卫生质量。

本标准代替 SB/T 10353—2003《生猪屠宰加工职业技能岗位标准、职业技能岗位鉴定规范》，与 SB/T 10353—2003 相比，主要技术变化如下：

——增加了规范性引用文件；

——修改了初级工专业知识要求，由"初步了解《中华人民共和国食品安全法》、《中华人民共和国动物防疫法》、《生猪屠宰管理条例》等国家有关肉类产品标准、卫生标准的规定和要求"改为"了解《中华人民共和国食品安全法》、《中华人民共和国动物防疫法》等相关法律、法规"；

——把工种定义修改为术语和定义；

——修订了初级工、中级工、高级工知识要求；

——修订了初级工、中级工、高级工操作技能要求；

——删除了岗位鉴定规范内容。

本标准由中华人民共和国商务部提出并归口。

本标准由商务部市场秩序司、商务部流通产业促进中心、河南众品食业股份有限公司负责起草。

本标准主要起草人：罗志良、郭耿锐、张新玲、胡新颖、李欢、张建林、张清峰。

本标准于 2003 年 11 月 05 日首次发布，本次为第一次修订。

---

① 该标准自 2019 年 1 月 1 日起，标准号由 SB/T 10353—2011 改为 NY/T 3349—2018。

生猪屠宰加工职业技能岗位标准、职业技能岗位要求

1 范围

本标准规定了生猪屠宰加工职业技能岗位术语和定义、技能等级、技能要求。

本标准适用于生猪定点屠宰厂（场）从事生猪屠宰加工的人员。

2 术语和定义

2.1

生猪屠宰技能岗位

使用各种屠宰加工机械设备和工器具，对生猪进行致昏、刺杀放血、清洗、脱毛或剥皮、开膛净腔、劈半、修整分级、副产品整理清洗、分割加工的岗位。

3 技能等级

各工种分为初级工、中级工、高级工三个技能等级。

4 技能要求

4.1 初级工

4.1.1 知识要求

4.1.1.1 了解生猪解剖的基本知识。

4.1.1.2 了解生猪屠宰加工工艺流程及生猪屠宰操作规程。

4.1.1.3 了解片猪肉、分割肉、副产品的名称、规格及质量要求。

4.1.1.4 了解常用屠宰加工机械设备、工器具的名称、规格型号、性能及安全操作、维护的一般知识。

4.1.1.5 掌握屠宰车间机械设备、工器具、环境和个人卫生及消毒要求。

4.1.1.6 掌握生猪屠宰加工机械设备、工器具的安全操作技术要求和安全生产的一般常识。

4.1.1.7 了解《中华人民共和国食品安全法》和《中华人民共和国动物防疫法》等相关法律、法规。

4.1.2 操作技能

4.1.2.1 能正确和熟练地进行所在工序的操作。

4.1.2.2 能从感官上初步鉴别片猪肉、分割肉、副产品的加工质量。

4.1.2.3 能独立对所使用的屠宰加工机械设备、工器具进行卫生消毒。

4.2 中级工

4.2.1 知识要求

4.2.1.1 掌握生猪解剖和常见病变的基础知识。

4.2.1.2 掌握生猪屠宰加工工艺流程及屠宰加工操作的要求。

4.2.1.3 掌握片猪肉、分割肉、猪副产品的质量要求。

4.2.1.4 掌握屠宰车间机械设备、工器具、环境和个人卫生及消毒要求。

4.2.1.5 掌握屠宰加工机械设备构造、性能和使用维护的一般知识。

4.2.1.6 掌握屠宰加工机械设备、工器具的安全操作规范。

4.2.1.7 熟知《中华人民共和国食品安全法》和《中华人民共和国动物防疫法》等相关法律、法规。

4.2.2 操作技能

4.2.2.1 能正确地操作使用屠宰加工机械设备和工器具。

4.2.2.2 能按照生猪屠宰操作规程熟练操作。

4.2.2.3 能从感官上正确和熟练鉴定片猪肉、分割肉、副产品的加工质量。

4.2.2.4 能熟练地对屠宰加工机械设备进行日常维护保养。

4.2.2.5 能及时发现屠宰加工过程中的产品质量安全隐患。

4.2.2.6　能对初级工进行示范操作。

4.3　高级工

4.3.1　知识要求

4.3.1.1　具有生猪解剖、病理方面的系统知识。

4.3.1.2　熟练掌握生猪屠宰、分割和副产品加工的操作方法和要求。

4.3.1.3　看懂屠宰车间工艺设计图。

4.3.1.4　了解目前国内外生猪屠宰加工技术。

4.3.1.5　掌握屠宰废弃物的处理方法及无害化处理要求。

4.3.2　操作技能

4.3.2.1　能根据生猪品种、产地和季节的变化调整屠宰加工工艺参数。

4.3.2.2　能解决屠宰加工过程中出现的产品加工质量问题。

4.3.2.3　具备对屠宰机械设备进行简单维修、调试的能力。

4.3.2.4　能通过对屠宰厂（车间）的工艺参数、质量标准进行分析，发现问题并提出改进措施。

4.3.2.5　具备参与新设备、生产线的安装、调试的能力。

4.3.2.6　能对初级工、中级工进行培训、指导。

中华人民共和国国内贸易行业标准

SB/T 10359—2011①
代替 SB/T 10359—2003

肉品品质检验人员岗位技能要求

Requirement for meat quality inspector

2011-07-07 发布/2011-11-01 实施
中华人民共和国商务部　发布

前　言

本标准按照 GB/T 1.1—2009 给出的规则起草。

本标准代替 SB/T 10359—2003《肉品品质检验人员技能要求》，与 SB/T 10359—2003 相比，主要技术变化如下：

——增加了规范性引用文件；

——调整了文化程度要求，由"初中毕业"调整为"相关专业（或同等学力）中专以上"；

——删除了学徒期要求；

——删除了初级检验员专业知识要求中对生猪名称的了解以及对猪皮名称的掌握；

——增加了初级检验员专业知识要求中应了解的法律法规；

——调整了身体状况要求，由健康调整为符合食品从业要求；

——增加了术语和定义；

——修订了初级检验员、中级检验员和高级检验员专业知识要求；

——修订了初级检验员、中级检验员和高级检验员技能要求。

本标准由中华人民共和国商务部提出并归口。

本标准由商务部流通产业促进中心、河南众品食业股份有限公司负责起草。

本标准主要起草人：罗志良、郭耿锐、张新玲、胡新颖、李欢、张建林、张清峰。

本标准于 2003 年 11 月 05 日首次发布，本次为第二次修订。

---

① 该标准自 2019 年 1 月 1 日起，标准号由 SB/T 10359—2011 改为 NY/T 3350—2018。

肉品品质检验人员岗位技能要求

1 范围

本标准规定了肉品品质检验人员的术语和定义、技能等级、身体状况、文化程度和技能等级要求。

本标准适用于畜禽屠宰加工厂（场）从事肉品品质检验的人员。

2 术语和定义

下列术语和定义适用于本文件。

2.1

肉品检验工

依据国家有关法律、法规、标准，以感官检验为主、仪器检验为辅的方式，对畜禽及其产品的品质进行检验的工种。

3 技能等级

肉品品质检验人员分为初级、中级、高级三个技能等级。

4 身体状况

符合食品从业要求。

5 文化程度

相关专业（或同等学力）中专以上文化程度。

6 技能要求

6.1 初级检验员

6.1.1 专业知识要求

6.1.1.1 了解《中华人民共和国食品安全法》、《中华人民共和国动物防疫法》、《生猪屠宰管理条例》等相关法律、法规、标准的规定和要求。

6.1.1.2 掌握畜禽生理解剖、常见疾病、人畜共患病、个人安全防护、肉品卫生以及消毒的一般知识。

6.1.1.3 了解畜禽屠宰、检验或肉品加工工艺流程；熟悉肉品品质检验程序。

6.1.1.4 了解主要产品的质量标准。

6.1.1.5 了解生产、储存、运输环节防止产品污染和保证肉品质量的知识。

6.1.1.6 了解畜禽传染病的危害和应急措施。

6.1.1.7 掌握本岗位品质检验的部位、检验方法、常见病理变化及判定处理规定和检验记录要求。

6.1.1.8 掌握常用消毒药品的配制知识、使用方法。

6.1.2 技能要求

6.1.2.1 能初步识别宰前健康、异常畜禽，并能判定肉品是否正常。

6.1.2.2 能初步判定产品加工质量和质量安全。

6.1.2.3 能正确确定本岗位应检部位，并做到熟练操作。

6.1.2.4 能在两个检验岗位上独立操作。

6.1.2.5 能按规定要求正确判定和标识本岗位常见病变畜禽及产品。

6.1.2.6 能正确使用维护、保养检验工具和设备。

6.1.2.7 能正确配制常用的消毒药品。

6.1.2.8 能做好本岗位检验工作的原始记录。

6.2 中级检验员

6.2.1 专业知识要求

6.2.1.1 熟悉《中华人民共和国食品安全法》、《中华人民共和国产品质量法》、《中华人民共和国动物防疫法》、《生猪屠宰管理条例》、《生猪屠宰管理条例实施办法》等相关法律、法规、标准的规定和要求。

6.2.1.2 具有畜禽生理解剖、微生物、常见疾病、人畜共患病、寄生虫、个人安全防护知识和肉品卫生等基本知识。

6.2.1.3 熟知宰前和宰后品质检验的程序、部位、方法和判定处理知识。

6.2.1.4 熟知常用消毒药品的性能、配制、使用方法。

6.2.1.5 熟知畜禽屠宰加工工艺流程。

6.2.1.6 熟知品质检验工具、设备使用和保养知识。

6.2.1.7 熟知主要产品的质量标准。

6.2.1.8 熟知防止肉品污染和贮藏方面的知识。

6.2.1.9 熟知畜禽传染病的病源、传播途径、危害及紧急控制与预防措施。

6.2.2 技能要求

6.2.2.1 能在四个检验岗位上熟练操作。

6.2.2.2 能正确识别和准确判定畜禽常见疾病的症状、病理变化，并按相关规定进行处理。能熟练掌握有毒有害物质的检测方法。

6.2.2.3 能准确判定产品加工质量和质量安全。

6.2.2.4 能熟练使用、维护、保养检验工具、仪器、设备。

6.2.2.5 能做好本岗位检验工作的检验记录，并能进行统计分析。

6.2.2.6 能应用先进的检验技术和方法。

6.2.2.7 能指导、培训初级检验员。

6.3 高级检验员

6.3.1 专业知识要求

6.3.1.1 熟知《中华人民共和国食品安全法》、《中华人民共和国产品质量法》、《中华人民共和国动物防疫法》、《生猪屠宰管理条例》、《生猪屠宰管理条例实施办法》等相关法律、法规、标准的规定和要求。

6.3.1.2 掌握畜禽生理解剖、病理、微生物、寄生虫、兽医公共卫生和肉类加工的知识。

6.3.1.3 掌握常用消毒药品的选用、配制、使用方法和管理。

6.3.1.4 掌握畜禽宰前和宰后品质检验的程序、部位、方法和判定处理知识。

6.3.1.5 掌握畜禽屠宰加工工艺流程和操作规程。

6.3.1.6 掌握畜禽屠宰加工质量安全控制措施，了解国内外相关新技术及发展动态。

6.3.1.7 掌握畜禽传染病的基本症状和病理变化、传播途径、危害及紧急控制措施。

6.3.2 技能要求

6.3.2.1 能按规定的程序熟练进行宰前和宰后各个环节的检验，并能正确识别和准确判定畜禽常见疾病的症状、病理变化，并按相关规定进行处理。能熟练掌握有毒有害物质的检测方法。

6.3.2.2 能解决和处理肉品品质检验中遇到的疑难问题。

6.3.2.3 能正确确定畜禽产品的加工质量和质量安全。

6.3.2.4 能正确使用、维护、保养检验工具和设备，并能正确使用先进的检验设备。

6.3.2.5 能做好本部门检验工作记录，写出肉品品质检验总结及分析报告。

6.3.2.6 能运用肉品检验基础理论和实践经验指导培训初级检验员、中级检验员。

6.3.2.7 能对宰前、宰后各环节中影响肉品品质的因素提出指导和改进意见。

6.3.2.8 能指导应用肉品品质检验新技术，提高检验工作水平。

中华人民共和国国家标准

GB 16798—1997

食品机械安全卫生

Requirements of safety and sanitation for food machinery

1997-05-28发布/1998-05-01 实施

国家技术监督局 发布

前 言

本标准的主要目标在于防止食品在生产加工过程中受到有害、有毒物质和微生物病菌等的污染，并由此而引起食品的腐败变质或对人体产生有害作用。因此，食品工厂、车间等生产场地、生产装备的清洁卫生状态等就显得非常重要。本标准着重于控制在生产加工过程中与食品可能接触的任何表面的安全、无毒及应保持的良好卫生状态，同时，也考虑到了食品机械也应具有的通用安全要求。

本标准由中国轻工总会提出。

本标准由全国轻工机械标准化技术委员会食品机械标准化分技术委员会归口。

本标准起草单位：中国轻工总会杭州机械设计研究所、广东轻机集团公司、广东省肇庆市仪表阀门厂。

本标准主要起草人：汪元振、郎慧勤、何启汶、邱少良。

食品机械安全卫生

1 范围

本标准规定了食品机械装备的材料选用、设计、制造、配置原则的安全卫生要求。

本标准适用于食品机械装备（以下简称设备），也适用于具有产品接触表面的食品包装机械。

2 引用标准

下列标准所包含的条文，通过在本标准中引用而构成为本标准的条文。本标准出版时，所示版本均为有效。所有标准都会被修订，使用本标准的各方应探讨使用下列标准最新版本的可能性。

GB 150—89　钢制压力容器

GB 1173—86　铸造铝合金

GB 3190—82　铝及铝合金加工产品的化学成分

GB 3280—92　不锈钢冷轧钢板

GB 3766—83　液压系统通用技术条件

GB 4141.33—84　操作件技术条件

GB 4807—84　食品用橡胶垫片（圈）卫生标准

GB 4808—84　食品用高压锅密封圈卫生标准

GB 5083—85　生产设备安全卫生设计总则

GB 5226—85　机床电器设备通用技术条件

GB 7932—87　气动系统通用技术条件

GB 9687—88　食品包装用聚乙烯成型品卫生标准

GB 9688—88　食品包装用聚丙烯成型品卫生标准

GB 9689—88　食品包装用聚苯乙烯成型品卫生标准

GB 9690—88　食品包装用三聚氰胺成型品卫生标准

GB 9691—88　食品包装用聚乙烯树脂卫生标准

GB 9692—88　食品包装用聚苯乙烯树脂卫生标准

GB 12075—89　食品工业用不锈钢管与配件　不锈钢管

GB 12076—89　食品工业用不锈钢管与配件　不锈钢螺纹接管器

GB 14253—93　轻工机械通用技术条件

QB/T 2003—1994　食品工业用不锈钢对缝焊接管件

QB/T 2004—1994　食品工业用带垫圈不锈钢卡箍衬套

3 定义

本标准采用下列定义。

3.1

产品

食品原辅料及其各种不同深度的制品。

3.2

工作空气

用于产品加热、冷却、干燥、输送或检验设备密封情况等的洁净空气。

3.3

产品接触表面

在产品处理、加工及包装过程中，按其功能要求需直接或间接暴露于产品，与产品相接触的表面。

3.4

非产品接触表面

在环绕产品区域内的其他暴露表面，通常不与产品相接触，然而，由于泄漏、溢出、设备损伤、人手的触摸等原因而有可能直接或间接与产品相接触。

3.5

产品区域

在其范围内进行产品加工的一个空间，这个区域包含置有直接或间接与产品相接触的各种单元及其边沿区段。

3.6

主要工艺设备

具有产品接触表面的用于产品预处理、加工、贮存、输送和包装的设备。

3.7

辅助设备

按照功能要求，经常或周期性地处于产品区域以内，但不具有产品接触表面的设备。

3.8

易于清洗和检查

无须采用特殊手段，也不需要对操作人员进行专门培训，仅在短时间内用水、洗涤剂、消毒剂即可将设备清洗干净并完成其安全卫生检查。

3.9

检验性清洗

为采用外观方法评定表面质量所作的清洗工作。

4　材料及其卫生性

4.1　食品生产主要工艺设备所选用的用于制作产品接触表面的结构材料（以下简称材料）必须满足下述基本要求：

    a)　易于清洗、消毒、符合食品卫生；

    b)　不含有害或超过食品卫生标准中规定数量而有害于人体健康的物质；

    c)　材料与产品接触，不应因相互作用而产生有害或超过食品卫生标准中规定数量而有害于人体健康的物质。

4.2　材料还须满足下述要求：

    a)　材料与产品接触，不应因相互作用而产生对产品形成污染、影响产品气味、色泽和质量的物质或对产品加工的工艺过程产生不良影响；

    b)　材料应具有耐热、耐化学和机械作用以利于清洗和消毒；

    c)　产品、洗涤剂、消毒剂与材料相作用，在材料表面或深入其内部形成的化合物的类型或其数量，不应造成需要对设备进行补充加工，以清除这些化合物的不良后果；

    d)　材料的颜色不应对评估产品质量或污染程度构成困难；

    e)　为适应不同用途，许多用于具有产品接触表面的零部件的材料应具有良好的加工工艺性能（如可弯曲性、切削性、焊接性、表面硬度、可研磨和抛光等），良好的导热性、耐腐蚀性、对液体的抗渗透性等等。

4.3　制造产品接触表面的结构材料

4.3.1　不锈钢

型材易于拉伸及弯曲成形，焊接性能良好，无毒性，无吸收性，耐腐蚀性强，不溶于食品溶液，不产生有损于产品风味的金属离子，对液体有良好的抗渗透性，表面能抛光处理，外表明亮、美观又易于清洗。亦常用于设备外部防护及装饰，有利于保持良好的卫生状态。推荐采用 GB 3280 中规定的 0Cr19Ni9、0Cr18Ni12Mo2Ti 等牌号不锈钢或与上述材料性能相近似的不锈钢，如 1Cr18Ni9Ti 等。食品工业用不锈钢管与配件应符合 GB 12075 有关规定。

4.3.2　铝合金

应具有一定抗腐蚀能力，无毒性，无吸收性。用于形状复杂的具有产品接触表面的零部件。推荐采用 GB 1173、GB 3190 中 ZL 104、LY 12 号铝合金或与之在性能上相近似的铝合金，其砷、镉、铅的含量应不超过 0.01%。

4.3.3　塑料

用于产品接触表面的塑料应无毒、无影响产品的气味，耐磨，在清洗、消毒及工作条件下应能保持其固有形态、形状、色泽、透明度、韧性、弹性、尺寸等特性，并应满足 GB 9687～GB 9692 的有关卫生要求。常用于制作窥镜、弹性接头、隔热、过滤、密封及某些零件。

4.3.4　橡胶

具有产品接触表面的橡胶制品应符合 GB 4807 和 GB 4808 的卫生要求。在工作环境中应具有耐热、耐酸碱、耐油的稳定性，可接受正常清洗和消毒，不溶解，无毒性、无吸收性，不得有影响产品的气味。

4.3.5　焊接材料

应具有与被焊接材料相近的性能要求，在焊区内应形成紧密、坚固的组织，并应无毒性、耐腐蚀。

4.4　为特定用途采用的具有某种固有功能的材料

4.4.1　石墨、陶瓷

应具有惰性，无渗透性、无毒性、无溶解性、耐刮伤，并能在给定工作条件下，在清洗和杀菌过程中，承受住周围环境和介质的作用而不改变其固有形态。常用于密封等处。

4.4.2　纤维材料

棉纤维、木纤维、亚麻制品、丝缠、聚砜和人造纤维等。应无毒性、无脱落物、不溶于水、不与产品作用、不得有影响产品的气味。常用作过滤材料、筛网材料、弹性连接材料。

4.4.3　耐热玻璃

用于视镜和光线入口处。

4.4.4　过滤介质

棉纤维、木纤维、金属丝、活性炭、活性氧化铝、硅藻土及食品工业用半透膜等。过滤介质可同时由数种构成。在工作条件下应无毒性、无脱落物、不带有毒挥发物或其他可能污染空气和产品的物质，也不应有影响产品的气味。

4.4.5　粘接材料

在工作条件下应能保证粘接面具有足够的强度和紧密度，热稳定性好，应无毒性、无挥发性、无溶解性、无影响产品的气味。

4.5　在食品设备中，用于制造产品接触表面和与产品相接触的覆盖层（以下简称覆盖层）的材料均应符合国家有关卫生法规的要求，不得采用铅、锌及其合金制作产品接触表面，也不得用作覆盖层；不得采用镉、镍、铬、搪瓷、发泡塑料和以酚醛为基础的塑料为覆盖层；不得采用含有玻璃纤维、石棉的材料；不得采用木材（除用于分割原料的硬木砧板及酿酒生产的特殊场合外）、玻璃以及具有彩色蜡克涂层的制品；一般不应采用铜及其合金制作产品接触表面或覆盖层，当该表面层在生产中所产生的化合物数量不致引起产品中铜离子含量超过 5×10^{-6} 时，可允许采用。

4.6　非产品接触表面应由耐腐蚀材料制成，也允许采用表面涂覆过能耐腐蚀的材料，如经表面涂覆，其涂层应粘附牢固。非产品接触表面应具有较好的抗吸收、抗渗透的能力，具有耐久性和可洗净性。

5　设备结构的安全卫生性

5.1　设备结构、产品输送管道和连接部分不应有滞留产品的凹陷及死角。

5.2　外部零部件伸入产品区域处应设置可靠的密封，以免产品受到污染。

任何与产品接触的轴承都应为非润滑型；润滑型轴承如处于产品区域，轴承周围必须具有可靠的密封装置以防止产品被污染。

5.3　产品区域应与外界隔离，在某些情况下至少应加防护罩以防止异物落入或害虫侵入。工作空气过滤装置应保证不得使 5 μm 以上的尘埃通过。

5.4　设备上应设有安全卫生的装、卸料操作构造。

5.5　零件及螺栓、螺母等紧固件应可靠固定，防止松动，不应因震动而脱落。

5.6　在产品接触表面上粘接的橡胶件、塑料件（如需固定的密封垫圈、视镜胶框）等应连续粘接，保证在正常工作条件（清洗、加热、加压）下不应脱落。

5.7　机械设备的齿轮、皮带、链条、摩擦轮等运动部件应设置防护罩，使之在运行时，人体任意部位难于接触。

5.8　机械设备的电气系统应符合 GB 5226 有关电气系统安全的规定，便于维修和操作。短接的动力电路（包括与动力电路联接的控制电路和信号电路）与保护电路（包括机座）导线之间的绝缘电阻应不小于 1 MΩ。电气设备必须经受 1 min 的耐压试验，试验电压应等于元、器件出厂耐压试验规定值的 85%，但不得低于 1 500 V。电气设备和机械设备的所有裸露导体零件（包括机座），必须接到保护接地专用端子上。外部保护导线端子与电气设备任何裸露导体零件和机械设备外壳之间的电阻应不大于 0.1 Ω。

机械设备的电路、电动机的选择、置于设备上的二次仪表及操作控制单元以及它们的接线和安装，应妥善考虑到其具体工作环境所需的防水、防尘或防爆等方面的特定要求。

5.9　具压力、高温内腔的设备应设置安全阀、泄压阀等超压泄放装置，必要时并配置自动报警装置。压力设备上安全装置的动作压力及各项指标应符合 GB 150 的有关规定。

5.10　各机械设备的安全操作参数，如：额定压力、额定电压、最高加热温度等，应在铭牌上标出。

5.11　设备上具有潜在危险因素的，对人身和设备安全可能构成威胁的人孔盖、贮罐上的罐盖、可能经常开启的转动部分的防护罩，应具有联锁装置。

5.12　各种腔、室、罐、塔的人孔盖不可自动锁死。人孔直径至少为 450 mm，或为 380 mm×510 mm 以上的椭圆形，人孔盖一般向外开。高度超过 2 m 以上的立式或卧式贮罐，设在底部和侧部的人孔盖应向内开，并应设计成椭圆形，以便拆卸和安装。

5.13　备有梯子和操作平台的设备，台面及梯子踏板材料、构造应具有防滑性能。与塔壁、罐壁平行的梯子，应设置等距踏条，踏条间距不得大于 350 mm；踏条与塔壁、罐壁之间的距离不得小于 165 mm。安装固定后，梯子前面与最近固定物之间距离不得小于 750 mm。

5.14　梯子在高度 3 m 以上部位应设置安全护栏。操作平台上应设置护栏，护栏高度不得低于 1 050 mm。操作平台面积不得小于 1 m²。最狭窄处不得小于 750 mm。

5.15　机械的外表面应光滑、无棱角、无尖刺。

5.16　在正常运行的情况下，设备的噪声不应超过 85 dB（A）。

5.17　在工作过程中，当操作人员的手经常会与产品相接触时，启动和停车应不采用手动操作，而应采用足踏或膝盖控制的开关。

5.18　操作件结构形式应先进合理，其技术要求应符合 GB 4141.33 规定。经常使用的手轮、手柄的操纵力应均匀，其操纵力可参照 GB 14253 的推荐值，见表 1。

表 1　操纵力

操纵方式	操纵件类型			
	按钮	操纵杆	手轮、驾驶盘	踏板
用手指	5	10	10	—
用手掌	10	—	—	—
用手掌和手臂	—	60（150）	40（150）	—
用双手	—	90（200）	60（250）	—
用脚	—	—	—	120（200）

注：表中括号内数值适用于不常用的操纵器。

6　设备结构的可洗净性

6.1　产品区域开启方便、处于该区域不能自动清洗的零部件的拆卸和安装必须简单、方便。

6.2　不可拆卸的零部件应可自动清洗；允许不用拆卸进行清洗时，其结构应易于清洗，并达到良好的洗净效果。

6.3 处于产品区域的槽、角及圆角应利于清洗。

6.3.1 放置密封圈的槽和与产品接触的键槽，其宽度不得小于深度，在安装允许的情况下，槽的宽度应大于 6.5 mm。

6.3.2 产品接触表面上任何等于或小于 135°的内角，应加工成圆角。

6.3.3 圆角半径一般不得小于 6.5 mm，但下列情况除外：

　　a) 互搭连接（焊接或粘接）处，嵌条焊接处，键槽内角、密封垫圈放置槽的内角处，其圆角半径应不小于 1.5 mm；

　　b) 导向阀、单向阀、三通阀、截止阀，其内角的圆角半径应不小于 1.6 mm；

　　c) 节流阀、空气分流装置、气门等处，其最小圆角半径应不小于 0.8 mm；

　　d) 物料泵、压力表、流量表、液面高度指示装置等，由于功能要求必须小于 0.8 mm 的圆角半径部位，应便于接触，易于手工清洗和检查。

6.4 产品接触表面的表面质量及要求

6.4.1 不锈钢板、管的产品接触表面，其表面粗糙度 Ra 值不得大于 1.6 μm；塑料制品和橡胶制品的表面粗糙度 Ra 值不得大于 0.8 μm。

6.4.2 产品接触表面不得喷漆及采用有损产品卫生性的涂镀等工艺方法进行处理。

6.4.3 产品接触表面应无凹坑、无疵点、无裂缝、无丝状条纹。

6.4.4 非产品接触表面粗糙度 Ra 值不得大于 3.2 μm，无疵点、无裂缝。如需电镀和油漆，镀面和漆面与本底应结合牢固，不易脱落，形成的表面应美观、耐久、易于清洁。

6.4.5 对于既有产品接触表面又有非产品接触表面，需要拆卸清洗的零件，不得喷涂油漆。

6.4.6 用于加热工作空气的表面应用耐腐蚀金属材料，或采用镀面，不得使用油漆，如属于应清洗部位，则应采用不锈钢制造。

6.4.7 与产品接触的软连接处，表面应抻直而无折皱。

6.4.8 产品接触表面上所有连接处应平滑，装配后易于自动清洗。永久连接处不应间断焊接，焊口应平滑，无凹坑、针孔，须经磨光、喷砂或抛光处理，其 Ra 值不得大于 3.2 μm。非产品接触表面上的焊缝应连续焊接，焊口应平滑，无凹坑、针孔。

6.4.9 下列情况允许互搭焊接：

　　a) 对垂直方向倾斜角度在 15°～45°之间的侧壁；

　　b) 可以进行机械清理的水平上部表面；

　　c) 互搭焊接的焊接材料厚度不超过 0.4 mm。

6.4.10 相焊接的材料中一件厚度小于 5 mm，则允许加嵌条焊接。

6.4.11 工作空气接触表面上的焊缝应连续、严密，不允许未经过滤的空气透入，也不应形成卫生死角。

6.4.12 与产品接触的部分，不得采用具有吸水性的衬垫。

6.4.13 需要手工进行清洗的部位，结构上应保证操作者的手能够达到所需清洗的范围。

6.4.14 设备（如桶、罐、槽、锅）底部向排出口方向应具有一定斜度，以利于洗净液流干，排气管的水平段应向下倾斜不小于 2.5°，使其上凝结的液体只能向外流出。

6.4.15 采用不锈钢盘管加热的蒸发浓缩装置，在未设自动清洗装置的情况下，其盘管设置应满足下列要求：

　　a) 盘管之间的距离大于或等于 70 mm；

　　b) 盘管和内壁之间的距离大于或等于 80 mm；

　　c) 每排盘管之间的距离大于或等于 90 mm。

7 设备的可拆卸性

7.1 设备中需要拆洗的部分，应不必采用特殊工具即能很容易地拆卸下来。重新安装时应易于操作。因此，在物料管道联接中推荐采用食品工业用不锈钢管与配件　不锈钢螺纹接管器（GB 12076）、食品工业用不锈钢对缝焊接管件（QB/T 2003）和食品工业用带垫圈不锈钢卡箍衬套（QB/T 2004），其各项技术要求应符合标准规定。

7.2　夹紧机构应采用蝶形螺母和单手柄操作的扣片等。

7.3　各类容器的盖和门应拆卸简便，利于清洗。

8　设备安全卫生检查的方便性

8.1　处于产品区域的零部件，在清洗后应易于检查。

8.2　需要清洗的特殊部位，必须容易拆开检查。

8.3　附件或零件的安装，应使操作人员易于看出其安装是否正确。

9　设备的安装配置

9.1　设备相对于地面、墙壁和其他设备的布置，设备管道的配置和固定，设备和排污系统的连接，不应对卫生清洁工作的进行和检查形成障碍，也不应对产品安全卫生构成威胁。

9.2　输送有别于产品的介质（如液压油、冷媒等）的管道支架的配置、连接的部位，应能避免因工作过程中偶发故障或泄露而对产品形成污染，也不应妨碍设备清洁卫生工作的进行。

9.3　设备或安装中采用的绝热材料不应对大气和产品构成污染。在生产车间或间接和生产车间相接触而有可能对产品卫生性构成威胁时，严禁在任何表面或夹层内采用玻璃纤维和矿渣棉作为绝热材料。

中华人民共和国国家标准

GB/T 27519—2011

畜禽屠宰加工设备通用要求

General requirements for livestock slaughtering equipment

2011-11-21 发布/2012-03-01 实施

中华人民共和国国家质量监督检验检疫总局
中国国家标准化管理委员会　　发布

前　言

本标准按照 GB/T 1.1—2009 给出的规则起草。

本标准由中华人民共和国商务部提出并归口。

本标准起草单位：商务部流通产业促进中心、济宁兴隆食品机械制造有限公司。

本标准主要起草人：王向宏、胡全福、张新玲、胡新颖、李欢。

畜禽屠宰加工设备通用要求

1　范围

本标准规定了畜禽屠宰加工设备的设计、制造、验收的基本要求、试验方法、检验规则及标牌、包装、运输、贮存的要求。

本标准适用于畜禽屠宰加工设备（以下简称设备）。

2　规范性引用文件

下列文件对于本文件的应用是必不可少的。凡是注日期的引用文件，仅注日期的版本适用于本文件。凡是不注日期的引用文件，其最新版本（包括所有的修改单）适用于本文件。

GB/T 191　包装储运图示标志

GB 1173—1995　铸造铝合金

GB/T 2828.1　计数抽样检验程序　第1部分：按接收质量限（AQL）检索的逐批检验抽样计划

GB/T 3766　液压系统通用技术条件

GB/T 3767　声学　声压法测定噪声源声功率级　反射面上方近似自由场的工程法

GB/T 3768　声学　声压法测定噪声源声功率级　反射面上方采用包络测量表面的简易法

GB 4706.1　家用和类似用途电器的安全　第1部分：通用要求

GB 4806.1　食品用橡胶制品卫生标准

GB 5226.1　机械电气安全　机械电气设备　第1部分：通用技术条件

GB/T 6576　机床润滑系统

GB/T 7932　气动系统通用技术条件

GB/T 7935　液压元件　通用技术条件

GB/T 8196　机械安全　防护装置　固定式和活动式防护装置设计与制造一般要求

GB 9687　食品包装用聚乙烯成型品卫生标准

GB 9688　食品包装用聚丙烯成型品卫生标准

GB 9689　食品包装用聚苯乙烯成型品卫生标准

GB 9690　食品容器、包装材料用三聚氰胺-甲醛成型品卫生标准

GB 9691　食品包装用聚乙烯树脂卫生标准

GB/T 13306　标牌

GB/T 13384　机电产品包装通用技术条件

GB/T 14211　机械密封试验方法

GB/T 14253—2008　轻工机械通用技术条件

GB/T 16769　金属切削机床　噪声声压级测量方法

GB 17888.2　机械安全　进入机械的固定设施　第2部分：工作平台和通道

GB 17888.3　机械安全　进入机械的固定设施　第3部分：楼梯、阶梯和护栏

GB/T 20878—2007　不锈钢和耐热钢　牌号及化学成分

JB/T 4127.1　机械密封　技术条件

JB/T 4127.2　机械密封　分类方法

JB/T 4127.3　机械密封　产品验收技术条件

JB/T 7277　操作件技术条件

SB/T 228　食品机械通用技术条件　表面涂漆

3　术语和定义

下列术语和定义适用于本文件。

3.1

产品 products

经畜禽屠宰加工设备加工的肉类及可食用副产物。

3.2

产品接触面 faces contact with products

加工过程中直接与产品接触的设备表面。

3.3

非产品接触面 faces nocontact with products

加工过程中不与产品直接接触的设备表面。

3.4

使用寿命 service life of a machine

设备在规定的使用条件下完成规定功能的工作总时间（设备的性能和精度的保持时间、发生失效前的工作时间或工作次数）。

注：改写 GB/T 14253—2008，定义 3.4。

3.5

使用性能 service property of a machine

与设备使用直接有关，并自设备设计决定的功能指标和特性。

注：改写 GB/T 14253—2008，定义 3.6。

3.6

运行性能 working property of a machine

设备在使用过程中的运行特性和运行适应能力。如设备的工作效率（或生产效率）、能量消耗、设备对环境条件的适应能力等各项技术指标。

注：改写 GB/T 14253—2008，定义 3.7。

3.7

可靠性 reliability

设备在规定的时间和条件下完成规定功能的能力。

注：改写 GB/T 14253—2008，定义 3.3。

4 材料要求

4.1 设备材料的一般要求

4.1.1 所用的材料应能耐受工作环境的温度、压力、潮湿的条件；耐受化学清洁剂、紫外线或其他消毒剂的腐蚀作用。

4.1.2 所用的材料、材料表面的涂层或电镀层，其表面应光滑、易清洗消毒、耐腐蚀、耐磨损、不易碎、无破损、无裂缝及无脱落。

4.1.3 产品接触面所用的材料还应符合下列条件：

a) 无毒；

b) 不得污染产品或对产品有负面影响；

c) 无吸附性（除非无法避免）；

d) 不得直接或间接地进入产品，造成产品中含有掺杂物；

e) 不应因相互作用而产生有害或超过食品安全国家标准中规定数量而有害于人体健康的物质；

f) 不得影响产品的色泽、气味及其品质；

g) 符合食品卫生，易于清洗及消毒。

4.1.4 非产品接触表面应由耐腐蚀材料制成，允许采用表面涂覆过能耐腐蚀的材料。如经表面涂覆，其涂层应粘附牢固。非产品接触表面应具有较好的抗吸收、抗渗透的能力，具有耐久性和可洗净性。

4.2 产品接触面的材料

4.2.1 以下材料不得用于产品接触面：

a)　含有锑、砷、镉、铅、汞等重金属物质的材料；

b)　含硒超过 0.5％的材料；

c)　石棉和含有石棉的材料；

d)　木质材料；

e)　皮革；

f)　没有经表面涂层处理（如氧化处理）的铝及其合金；

g)　电镀铝、电镀锌及涂漆；

h)　对产品可能产生污染的其他材料。

4.2.2　推荐采用 GB/T 20878—2007 中规定的 06Cr19Ni10、06Cr17Ni12Mo2 等牌号不锈钢，不得采用可能生锈的金属材料制作产品接触面。

4.2.3　形状复杂的产品接触面零部件允许采用 GB 1173—1995 中的 ZL104 或与之在性能上相近的铝合金，应经表面涂层处理（如氧化处理），具有一定的抗腐蚀能力。

4.2.4　允许采用具有耐腐蚀作用和符合条件的其他金属或合金材料。铜、铜合金以及电镀锌不得用于产品接触面，但可用于非产品接触面的其他零部件。

4.2.5　橡胶和塑料应具有耐热、耐酸碱、耐油性，并能保持固有形态、色泽、韧性、弹性、尺寸等特性。橡胶制品应符合 GB 4806.1 的有关规定；塑料制品应符合 GB 9687、GB 9688、GB 9689、GB 9690、GB 9691 的有关规定。

4.2.6　碳、青玉、石英、氟石、尖晶石、陶瓷在正常的工作环境下，清洗、消毒、杀菌过程中不应改变其固有形态。

4.2.7　焊接材料应与被焊接材料性能相近。

4.2.8　纤维材料在工作环境下应不具有挥发性或其他可能污染空气和产品品质的物质；具有吸附性的纤维材料只能用于过滤装置。

4.2.9　粘接材料在工作环境下应能保证粘接面具有足够的强度、紧密度、热稳定性，耐潮湿。

5　设备要求

5.1　型号和参数

设备应有型号，型号和主要参数应确切、合理、简明，并符合有关规定。

5.2　造型和布局

设备造型设计应力求美观、匀称、和谐，整机（成套设备）应协调一致；布局合理，便于调整维修；操作方便，利于观察工作区域。

5.3　结构与性能

5.3.1　设备应具备相关技术文件所规定的结构和使用性能，并且结构合理，运行性能良好，使用性能可靠。

5.3.2　设备应满足使用环境、工作条件、产品质量的要求。

5.4　设备表面

5.4.1　产品接触面的表面粗糙度 Ra 值金属制品不得大于 3.2 μm；塑料和橡胶制品一般不得大于 0.8 μm；非产品接触面的表面粗糙度 Ra 值不得大于 25 μm。

5.4.2　产品接触面应无凹陷、疵点、裂纹、裂缝等缺陷。

5.4.3　镀层和涂层表面的表面粗糙度最大 Ra 值为 50 μm；应无分层、凹陷、脱落、碎片、气泡和变形。

5.4.4　同一表面，既有产品接触面又有非产品接触面，按产品接触面要求。

5.5　设备连接

5.5.1　产品接触面上的连接处应保证平滑，不应有滞留产品的凹陷及死角，装配后易于清洗。

5.5.2　产品接触面上永久连接处应连续焊接，焊接紧密、牢固。焊口应平滑，无凹坑、气孔、夹渣等缺陷，经磨光、喷砂或抛光处理，其表面粗糙度 Ra 值不得大于 3.2 μm。

5.5.3　产品接触面上粘接的橡胶件、塑料件等应连续粘接，保证在正常工作条件下不脱落。

5.5.4　螺纹连接处应尽量避免螺纹表面外露。

5.6　外观质量

5.6.1 设备外观不应有图样规定以外的凸起、凹陷、粗糙和其他损伤等缺陷。

5.6.2 外露件与外露结合面的边缘应整齐，不应有明显的错位，其错位量应不大于表 1 规定；设备的门、盖与设备应贴合良好，其贴合缝隙值应不大于表 1 规定；电气、仪表等的柜、箱的组件和附件的门、盖周边与相关件的缝隙应均匀，其缝隙不均匀值应不大于表 1 的规定。

表 1　错位量及缝隙值

单位为毫米

结合面边缘及门、盖边长尺寸	≤500	>500～1 250	>1 250～3 150	>3 150
错位量	2	3	3.5	4.5
贴合缝隙值或缝隙不均匀值	1.5	2	2.5	—

5.6.3 装配后的沉孔螺钉应不突出于零件表面，也不应有明显的偏心；紧固螺栓尾端应突出于螺母端面，突出值一般为 0.2 倍～0.3 倍螺栓直径；外露轴端应突出于包容件的端面，突出值一般为倒棱值。

5.6.4 非防腐材料制成的手轮轮缘和操作手柄应有防锈层。

5.6.5 电气、气路、液压、润滑和冷却等管道外露部分应布置紧凑，排列整齐，必要时采取固定措施；管子不应出现扭曲、折叠等现象。

5.6.6 镀件、发蓝件和发黑件等的色调应均匀一致，保护层不应有脱落现象。

5.6.7 涂漆表面质量应符合 SB/T 228 的有关规定。

5.6.8 喷砂、拉丝、抛光等的表面应均匀一致。

5.7　轴承

5.7.1 任何与产品接触的轴承都应为非润滑型。

5.7.2 若润滑型轴承应穿过产品接触面时，该轴承应有可靠的密封装置并有防污措施以防止产品被污染。

5.7.3 当温升对使用性能和使用寿命有影响时，应有控制温升的定量指标；对主要轴承部位的稳定温度和温升应不超过表 2 规定。

表 2　轴承温度温升控制值

轴承型式	稳定温度/℃	温升/℃
滑动轴承	≤70	≤35
滚动轴承	≤80	≤40

5.8　电气、液压、气动和润滑系统

5.8.1 电气系统应符合 GB 5226.1 的有关规定。

5.8.2 液压系统应符合 GB/T 3766 的有关规定，所选用的液压元件应符合 GB/T 7935 的有关规定。

5.8.3 气动系统应符合 GB/T 7932 的有关规定。

5.8.4 运动件润滑部位应润滑良好，油箱应设有油标，润滑系统应参照 GB/T 6576 的有关规定；润滑油可能与产品接触时，应采用食品级润滑油。

5.8.5 电器部分应无与带电部件直接或间接接触导致电击危险。

5.8.6 液压、气动、润滑系统或有关部位应无漏油、漏水（或渗透）和漏气等现象；机械密封应符合 JB/T 4127.1、JB/T 4127.2、JB/T 4127.3 的规定。

5.9　卫生

5.9.1 设备应易清洗消毒。设备的产品接触面可拆卸部分要确保易清洗检查，且便于移动；不可拆卸的部分应易清洗检查。

5.9.2 产品接触面应能满足所要求的卫生处理或消毒条件；对主要部件的主要部位的清洁度应有限量值，其限量值应确切、合理。

5.9.3 对工作时可能产生的有害气体、液体、油雾等，应有排除装置，并应符合国家环境保护的有关规定。

5.9.4 产品接触面上任何等于或小于 135°的内角，应加工成圆角；圆角半径一般应不小于 6.5 mm。

5.9.5 所有的设备、支持物和构架应防止积水、有害物和灰尘积聚，且便于清洁、检查、保养和维护。

5.10　安全

5.10.1 凡有可能对人身或设备造成伤害的部位应采取相应的安全措施。设备的外表面应光滑，无棱角、毛刺；对运动时有可能松脱的零部件应设有防松脱装置；紧急制动按钮应采用醒目的黄色，位置应明显，有足够的尺寸，并标记其复位方向。

5.10.2 设备的齿轮、皮带、链条、摩擦轮、运动刀刃等运动部件应按照 GB/T 8196 的规定设置防护装置，并设置安全标志或安全颜色。

5.10.3 压力系统应有显示压力、真空度、温度的各种仪表及防止超压、超温等的安全防护装置，并应符合有关标准的规定。

5.10.4 安装到设备上的电机、电热元件、显示仪表等均应符合相关国家标准规定的安全要求。

5.10.5 电器、设备应分别符合 GB 4706.1 和 GB 5226.1 的有关规定。

5.10.6 大型成套产品的工作平台、通道、楼梯、阶梯和护栏应符合 GB 17888.2 和 GB 17888.3 的有关规定。

5.10.7 操纵件结构型式应先进合理，其技术要求应符合 JB/T 7277 的有关规定；经常使用的手轮、手柄的操纵力应均匀，其操纵力可参照表 3 的相应数值。

表 3 操纵力推荐值

操纵方式	操纵力/N			
	按钮	操纵杆	手轮	踏板
用手指	5	10	10	
用手掌	10	—	—	—
用手掌和手臂	—	60（150）	40（150）	
用双手	—	90（200）	60（250）	
用脚	—	—	—	120（200）

注：表中括号内数值适用于不常用的操纵杆。

5.10.8 应具有标明转向、操纵、润滑、油位、安全等的标志或指示牌，标志或指示牌应醒目、清晰、持久。

5.11 成（配）套性

5.11.1 应配齐保证设备基本性能要求的附件和专用工具，附件和专用工具应附有合格证；对扩大使用性能的特殊附件应根据供需双方协议供应，一般应有随机供应的附件和专用工具的目录表及相应的标记。

5.11.2 成套设备（生产线）中各设备功能和生产能力应匹配，相互协调。

5.12 使用寿命及可靠性

5.12.1 设备的使用寿命或可靠性定量指标应符合国家对机械产品和设备的有关规定。在遵守使用规则的条件下，设备从开始工作到第一次大修的时间应合理；整机寿命应符合国家对机械产品和设备的有关规定。

5.12.2 对影响设备精度和性能的主要零部件的可靠性指标应确切、合理；对影响整机寿命的主要零部件应采取有效措施；对易磨损的重要件应采取耐磨措施。

5.12.3 设备运转应平稳，启动应灵活，动作应可靠。

5.13 节能降耗

设备应充分考虑节约能源和降低消耗，成套设备（生产线）应在满足工艺、卫生和安全的前提下做到节水、节电、减少排放。

5.14 噪声

运转时不应有不正常的响声，单台设备空载时的噪声声压级一般应不超过 85 dB（A）；或符合声功率级的有关规定。

5.15 使用信息

成套设备应编制操作和维护手册，操作和维护手册应包括以下内容：

a) 设备及辅助设备的安装指南；

b) 设备及电气的操作及维护说明；

c) 推荐使用的维护方法；

d) 安全使用要求；

e) 设备清扫、冲洗、消毒和检查的常规程序。

6 试验方法

6.1 试验前的要求

6.1.1 试验前应根据不同设备的特点，将设备安装调整好，一般应自然调平，或能保证正常工作的正确位置。

6.1.2 试验时应按整机进行，一般应不拆卸设备，但对运行性能、精度无影响的零部件可除外。

6.2 一般要求的检验

用定值或变值量具检验设备的型号和参数、造型和布局、结构与性能、设备表面、设备连接和外观质量。

6.3 空运转试验

6.3.1 试验时一般使设备主运动机构从最低速起，由低速到高速依次运转。在每级速度的运转时间应不少于10 min；达到额定转速时，其最高速运转时间一般应不少于1 h。

6.3.2 轴承达到稳定温度后，用点温计测轴承位置的温升和温度。

6.3.3 运动过程应符合以下试验要求：

a) 在规定速度下检验主运动的启动、停止（包括制动、反转和点动等）动作的灵活、可靠性；

b) 检验自动化机构（包括自动循环机构）的调整和动作的灵活可靠程度，指示或显示装置的准确性；

c) 检验有转位、定位机构的动作的灵活可靠程度；

d) 检验调整机构、指承和显示装置或其他附属装置的灵活可靠程度；

e) 检验操纵机构的可靠性；

f) 检验有刻度装置的反向空程量，应符合有关技术文件的规定；用测力计检验手柄等操纵件的操纵力。

6.3.4 当运转稳定后，用功率表测量主传动系统的空运转功率。

6.3.5 噪声声压级的测量可参照 GB/T 16769 规定的方法和仪器进行。在测量产品空载的噪声时应符合 5.14 的规定；噪声声功率级的测量，应根据噪声类别不同选用其测量方法，对于测量辐射稳态的、非稳态的宽带噪声或窄带噪声的声源，可按 GB/T 3767 的规定进行；对测量辐射宽带、窄带、离散频率等的稳态噪声的声源可按 GB/T 3768 的规定进行。

6.3.6 液压、气动、润滑等系统和机械密封的试验应根据产品的特点按 GB/T 3766、GB/T 7932、GB/T 6576、GB/T 14211 等的规定进行。

6.3.7 电器、设备安全性的试验应按照 GB 4706.1、GB 5226.1 的规定进行。

6.4 负荷试验

检验设备在最大负荷条件下运转是否正常，有关性能是否可靠。试验时应根据设备的特点，考核其在最大负荷下运转是否平稳，性能是否可靠，刚度是否良好；高速时是否产生冲击、振动，低速时是否异常；各运动中是否产生不均匀现象等。

6.5 精度检验

按照设备标准要求检验其精度。凡温度变化有影响的精度项目，在负荷试验前后均应检验其精度，对不要求做负荷试验的设备，应在空运转试验后进行。记入检测报告或合格证中的数据应是最后一次精度检验的结果。

6.6 振动试验

对某些转动零件的静、动平衡试验及某些转动部位或整机的振动试验应根据有关标准规定进行。

6.7 刚度试验

对需要进行静、动刚度试验的设备应按有关标准进行。

6.8 使用性能试验

6.8.1 检验在不同的生产能力下，加工不同规格产品的工作质量。

6.8.2 在规定的生产能力和质量条件下，检验所有联动机构和有关电气、液压、气动、润滑等系统及安全卫生防护的可靠性。

6.8.3 设备在各种可能条件下的使用性能试验，当不可能在制造厂进行时，允许在用户厂进行抽检。

6.9 压力试验

设备进行压力试验时应根据有关规定进行。

6.10 使用寿命及可靠性试验

可靠性试验应按标准规定进行。使用寿命试验必要时也可在用户厂进行。

7 检验规则

7.1 出厂检验

7.1.1 每台设备应经制造厂检验合格，并附有合格证明书或合格证后方能出厂。在特殊情况下，按制造厂与用户协议书规定也可在用户厂进行。

7.1.2 出厂检验一般包括 5.4、5.5、5.6、5.11.1、5.12.3 和 6.3 的内容。

7.2 型式检验

7.2.1 当有下列情况之一时，应进行型式检验。

7.2.1.1 新设备试制、定型鉴定时。

7.2.1.2 结构、材料、工艺有较大改变，可能影响设备性能时。

7.2.1.3 需要对设备质量全面考核评审时。

7.2.1.4 在正常生产的条件下，设备积累到一定产量（数量）时，应周期性进行检验。

7.2.1.5 国家质量监督机构提出型式检验的要求时。

7.2.2 型式检验一般包括下列内容：

7.2.2.1 一般要求的检验。

7.2.2.2 成（配）套性（附件和专用工具）。

7.2.2.3 空运转试验。

7.2.2.4 负荷试验。

7.2.2.5 精度检验。

7.2.2.6 使用性能试验。

7.2.2.7 使用寿命及可靠性试验。

7.2.2.8 卫生、安全检验。

7.2.2.9 其他。

7.3 抽样方法

7.3.1 应根据设备的生产批量大小及复杂程度确定样本的大小，抽样的设备应能真实地反映出企业在一段时期内设备质量的实际水平。一般成品检验的样本，可在生产厂检验合格入库（或用户）的产品中随机抽取 1 台，特殊情况下也可抽取 2 台。抽 2 台时，一台作为检验的主要考核样本，另一台可作为某一项检验有争议时的待检台。对大批量小型设备也可参照 GB/T 2828.1 等抽样方法。

7.3.2 生产过程质量检验的样本，可由检验合格入库的零部件中随机抽取，特殊情况下也可从整机中拆检。

7.4 判定方法

7.4.1 型式检验中若有不合格项目，则加倍抽取该设备对不合格项进行检验，若仍有不合格则判定该批次型式检验不合格。

7.4.2 用户对设备有特殊要求时，可按协议制造和检验。

8 标牌

8.1 在设备适当而明显的位置应固定设备标牌，标牌的型式、尺寸和技术要求应符合 GB/T 13306 的有关规定。

8.2 设备标牌应包括下列基本内容：

    a) 制造商名称、地址；

    b) 设备名称、型号及商标；

    c) 主要参数（或其他技术特性）；

    d) 制造日期或出厂日期。

9 包装、运输

9.1 包装应符合 GB/T 13384 的有关规定。

9.2 包装标志应符合 GB/T 191 的有关规定。

9.3　随机文件应齐全，包括合格证明书或合格证、使用说明书或设备操作和维护手册及装箱单，文件内容应确切。

9.4　包装后的设备在运输过程中应符合铁路、陆路、水路等交通部门的有关规定。对特殊要求的设备，应规定其运输要求。

10　贮存

10.1　设备应贮存在干燥、通风的场所。若露天存放时，应有防雨雪淋、日晒和积水的措施。

10.2　设备应平稳存放，不得与有毒、有害、有腐蚀的物品存放在一起。

10.3　设备贮存期间应定期检查防锈情况，在规定的贮存期内，不得发生锈蚀现象。

中华人民共和国国家标准

GB/T 30958—2014

生猪屠宰成套设备技术条件

Technology for set of pig buchering equipments

2014-07-03 发布/2015-01-10 实施

中华人民共和国国家质量监督检验检疫总局
中国国家标准化管理委员会　　发布

前　言

本标准按照 GB/T 1.1—2009 给出的规则起草。

本标准由中华人民共和国商务部提出并归口。

本标准起草单位：商务部流通产业促进中心、济宁兴隆食品机械制造有限公司。

本标准主要起草人：王向宏、周伟生、李欢、龚海岩、方芳。

生猪屠宰成套设备技术条件

1 范围

本标准规定了生猪屠宰设备制造企业生猪屠宰成套设备配置基本要求和三类生猪屠宰企业工艺装备基本配置要求。

本标准适用于新建、扩建和技术改造不同类型的生猪屠宰企业。

2 规范性引用文件

下列文件对于本文件的应用是必不可少的。凡是注日期的引用文件，仅注日期的版本适用于本文件。凡是不注日期的引用文件，其最新版本（包括所有的修改单）适用于本文件。

GB 5226.1 机械电气安全 机械电气设备 第1部分：通用技术条件

3 术语和定义

下列术语和定义适用于本文件。

3.1

逃逸率 escape proportion

在致昏过程中没有使生猪昏迷而产生逃跑的生猪数量与屠宰量的百分比。

3.2

三断率 three-fracture proportion

生猪在致昏应激反应后，产生断腿、断脊骨、断尾骨（其中之一）的生猪数量与屠宰量的百分比。

3.3

脱毛率 dehairing proportion

脱毛工序猪体上去除猪毛面积与猪体表面积的百分比。

3.4

损伤率 damnify rate

由于设备原因造成的猪体刀伤、破损的数量与屠宰量的百分比。

3.5

皮张残次率 imperfect rate of pigskin

剥皮工序由于设备原因造成的刀伤、破损的猪皮数量与剥皮猪数量的百分比。

3.6

皮张带脂率 fatty skin weight proportion

剥皮工序剥下皮张上含脂肪的重量与剥下猪皮重量的百分比。

3.7

双轨 double track

采用双角钢或其他型钢作为吊挂、输送猪体的轨道。

3.8

管轨 pipe track

采用圆管或半圆管作为吊挂、输送猪体的轨道。

3.9

冷却 cooling

在 0 ℃～4 ℃的环境下，使肉品深层中心温度降至 7 ℃以下的过程。

3.10

Ⅲ级屠宰企业 class Ⅲ slaughtering enterprises

主要工序实现半机械化作业，并且年屠宰能力在 6 万头以下（包含 6 万头）的生猪屠宰企业。

3. 11

　　Ⅱ级屠宰企业　class Ⅱ slaughtering enterprises

　　主要工序实现机械化作业，并且年屠宰能力在 6 万头以上的生猪屠宰企业。

3. 12

　　Ⅰ级屠宰企业　class Ⅰ slaughtering enterprises

　　主要工序实现自动化作业，并且年屠宰能力在 6 万头以上的生猪屠宰企业。

4　基本配置

4.1　Ⅲ级屠宰企业成套设备基本配置

　　应配备清洗装置、麻电输送机、手持式麻电器、控血输送机、浸烫池、生猪刨毛机、剥皮设备、胴体加工手推轨道、内脏同步检验车、手持劈半锯、劈半锯消毒装置、胴体冲洗装置、洗手刀具消毒装置、扁担钩清洗装置。

4.2　Ⅱ级屠宰企业成套设备基本配置

　　除符合 4.1 条件外，还应配备淋浴设备、致昏设备、放血输送机、预清洗机、烫毛设备、刨毛设备、平板修刮输送机、预干燥机、燎毛设备、清洗抛光机、胴体加工输送机、内脏同步检验输送机、劈半设备、冷却设备、鲜销发货轨道、扁担钩清洗设备。

4.3　Ⅰ级屠宰企业成套设备基本配置

　　除符合 4.2 条件外，还应配备真空采血机、隧道式烫毛设备、自动刨毛机、自动燎毛设备、开肛器、猪体开膛机、胴体劈半机、动态电子轨道秤、二分体装车机。

5　成套设备基本技术条件

5.1　Ⅲ级屠宰企业成套设备基本技术条件
5.1.1　清洗装置

　　用于屠宰前猪屠体冲洗，应符合表 1 的要求。

表 1　清洗装置

项目	单位	数值	项目	单位	数值
清洗水压力	MPa	≥0.1	水消耗量	L/头	≤15
清洗水温度	℃	20～25	材质	—	镀锌

5.1.2　麻电输送机

　　用于生猪的致昏输送，安全有序的对生猪实施致昏操作，同时保护动物福利，应符合表 2 的要求。

表 2　麻电输送机

项目	单位	数值	项目	单位	数值
输送速度	m/min	≤5	单只生猪重量	kg	100±30
长度尺寸	m	≥4	功率	kW	≤3

5.1.3　手持式麻电器

　　用于生猪的手工致昏，应正确选择致昏参数，不得致死或反复致昏，应符合表 3 的要求。

表 3　手持式麻电器

项目	单位	数值	项目	单位	数值
致昏电压	V	90～110	功率	kW	1
致昏电流	A	≤1.5	频率	Hz	50
致昏时间	s	≤5	电压调整方式	—	手动

5.1.4　控血输送机

　　用于吊挂输送猪屠体，在线进行放血、控血、清洗、头部检验并输送至烫毛或剥皮工序，应符合表 4 的要求。

表4　控血输送机

项目	单位	数值	项目	单位	数值
输送速度	m/min	≤6	致昏到放血时间	s	≤30
挂载间距	m	≥1.2	功率	kW	≤2.2
控血时间	min	≥5	挂钩距离地面高度	m	3.0～3.3

5.1.5　浸烫池

用于猪屠体人工浸烫，应准确控制浸烫参数，并应符合表5的要求。

表5　浸烫池

项目	单位	数值	项目	单位	数值
烫池有效长度	m	≥3.5	水消耗量	L/头	≤60
浸烫水温度	℃	58～65	蒸汽消耗量	kg/头	≤6
浸烫时间	min	3～5	材质	—	碳钢/不锈钢
烫池宽度	m	≥1.8	温度控制方式	—	人工
烫池深度	m	≥0.8	—	—	—

5.1.6　生猪刨毛机

用于猪屠体脱毛，应符合表6、表7的要求。

表6　100型生猪刨毛机

项目	单位	数值	项目	单位	数值
生产能力	头/h	≤70	脱毛率	%	≥90
刨毛载荷	kg	100±25	损伤率	%	≤2
每次头数	头	1	喷淋水温度	℃	20～40
刨毛腔长度	m	1.8	水消耗量	L/h	≤1 500
总功率	kW	≤7	控制方式	—	自动/手动

表7　200型液压生猪刨毛机

项目	单位	数值	项目	单位	数值
生产能力	头/h	≤180	脱毛率	%	≥90
刨毛载荷	kg	200±50	损伤率	%	≤2
每次头数	头	1～2	喷淋水温度	℃	20～40
刨毛腔长度	m	1.8	水消耗量	L/h	≤1 500
总功率	kW	≤11.5	控制方式	—	自动/手动

5.1.7　剥皮设备

设有剥皮工艺的屠宰线，应配备剥皮设备用于猪屠体人工预剥，机械剥皮，并应符合表8～表10的要求。

表8　预剥输送机

项目	单位	数值	项目	单位	数值
输送速度	m/min	6～10	功率	kW	≤4
长度尺寸	m	≥10	机架类型	—	平式/坡式

表9　卧式剥皮机

项目	单位	数值	项目	单位	数值
剥皮滚筒长度	m	≥1.8	皮张带脂率	%	≤15
滚筒直径	mm	650	皮张残次率	%	≤2
滚筒转速	r/min	8.47	喷淋水温度	℃	≤20
总功率	kW	7	水消耗量	L/h	≤500

556

表 10　立式剥皮机

项目	单位	数值	项目	单位	数值
剥皮滚筒长度	m	≥1.8	皮张带脂率	%	≤20
滚筒直径	mm	650	皮张残次率	%	≤2
滚筒转速	r/min	11.15	喷淋水温度	℃	≤20
功率	kW	4	水消耗量	L/h	≤400

5.1.8　胴体加工手推轨道

用于吊挂式输送猪屠体，进行胴体加工操作，应符合表 11 的要求。

表 11　胴体加工手推轨道

项目	单位	双轨轨道数值	管轨轨道数值
吊架高度	mm	130	145
吊架间距	mm	≤750	≤750
轨道距离地面高度	m	2.5~2.8	2.5~2.8
轨道材质	—	碳钢热镀锌	碳钢热镀锌

5.1.9　内脏同步检验车

在取内脏工位应设置内脏同步检验车，摘取的内脏分别放入内脏同步检验车的红白脏盘内进行同步检验，应符合表 12 的要求。

表 12　内脏同步检验车

项目	单位	数值	项目	单位	数值
白脏盘尺寸	mm	500×500×100	待检时间	min	≥3
红脏盘尺寸	mm	350×500×100	内脏盘材质	—	不锈钢
总高度尺寸	mm	800~900	配置数	台	≥4

5.1.10　手持劈半锯

用于胴体劈半，应符合表 13、表 14 的要求。

表 13　往复式劈半锯

项目	单位	数值	项目	单位	数值
切割宽度	mm	≥380	骨肉损耗	kg/头	≤0.2
锯条往复行程	mm	≥70	冷却水温度	℃	≤20
锯条往复频率	次/s	≥23	水消耗量	L/h	≤300
功率	kW	2.2	锯体材质	—	碳钢/不锈钢
电压	V	42/380	—	—	—

表 14　带式劈半锯

项目	单位	数值	项目	单位	数值
切割宽度	mm	≥430	骨肉损耗	kg/头	≤0.15
锯条速度	m/s	≥7.2	冷却水温度	℃	≤20
功率	kW	2.3	水消耗量	L/h	≤300
电压	V	42	锯体材质	—	不锈钢/铝合金

5.1.11　劈半锯消毒装置

配备劈半锯消毒装置，每劈半 1 次消毒 1 次，应符合表 15 的要求。

表 15　劈半锯消毒装置

项目	单位	数值	项目	单位	数值
消毒水温度	℃	82～85	水消耗	L/h	≤500
消毒时间	s/次	≥15	材质	—	不锈钢

5.1.12　胴体冲洗装置

用于内脏取出和劈半后冲洗腔内外瘀血、浮毛等污物，应符合表16的要求。

表 16　胴体冲洗装置

项目	单位	数值	项目	单位	数值
冲洗水温度	℃	≤20	材质	—	不锈钢
冲洗水压力	MPa	≥0.1	操作方式	—	人工
水消耗量	L/h	≤1 000	—	—	—

5.1.13　洗手刀具消毒装置

在关键工位安装洗手刀具消毒装置，便于操作人员随时洗手和将使用过的刀具及时消毒，避免对肉品的交叉污染，应符合表17的要求。

表 17　洗手刀具消毒装置

项目	单位	数值	项目	单位	数值
消毒水温度	℃	82～85	水消耗量	L/h	≤200
洗手水温度	℃	≤20	洗手盆操作方式	—	非手动
刀具消毒器电加热功率	kW	1	材质	—	不锈钢

5.1.14　扁担钩清洗装置

用于扁担钩清洗，扁担钩应清洗后使用，应符合表18的要求。

表 18　扁担钩清洗装置

项目	单位	数值	项目	单位	数值
消毒水温度	℃	82～85	水消耗量	L/个	≤20
漂洗水温度	℃	≤20	操作方式	—	人工
材质	—	不锈钢	—	—	—

5.2　II级屠宰企业成套设备基本技术条件

5.2.1　淋浴设备

用于屠宰前猪屠体冲洗，应符合表19的要求。

表 19　淋浴设备

项目	单位	数值	项目	单位	数值
清洗水压力	MPa	≥0.1	水消耗量	L/头	≤15
清洗水温度	℃	20～25	材质	—	镀锌

5.2.2　致昏设备

用于猪屠体致昏，应符合表20、表21的要求。

表 20　三点式麻电机

项目	单位	200 头/h 设备 生产能力数值	400 头/h 设备 生产能力数值	600 头/h 设备 生产能力数值
输送机功率	kW	≤3	≤3	≤3
致昏频率	Hz	50～60	800	800
致昏电压	V	100～380	100～380	100～380
致昏电流	A	≤2	≤5	≤5
致昏时间	s	≤5	≤4	≤3
压缩空气消耗量	m³/min	≤0.5	≤1	≤1.5
压缩空气压力	MPa	0.4～0.6	0.4～0.6	0.4～0.6
单只猪重量	kg	≤100±25	≤100±25	≤100±25
逃逸率	%	≤3	≤1	≤0.5
三断率	%	≤5	≤2	≤2

表 21　二氧化碳致昏机

项目	单位	200 头/h 设备生产能力数值	400 头/h 设备生产能力数值	600 头/h 设备生产能力数值
总功率	kW	≤8.5	≤11.2	≤14
二氧化碳浓度	%	70~80	70~80	70~80
二氧化碳压力	MPa	0.5	0.5	0.5
二氧化碳消耗量	kg/头	0.15~0.20	0.15~0.20	0.15~0.20
压缩空气消耗量	m³/min	≤1.2	≤1.8	≤2.0
压缩空气压力	MPa	0.4~0.6	0.4~0.6	0.4~0.6
致昏时间	s	30~40	30~40	30~40
单只猪重量	kg	≤160	≤160	≤160
瘀血、断骨率	%	≤1	≤1	≤1
逃逸率	%	≤1	≤1	≤1

5.2.3　放血输送机

5.2.3.1　平板放血输送机用于输送猪屠体挂猪提升立式放血，应符合表 22 的要求。

表 22　平板放血输送机

项目	单位	200 头/h 设备生产能力数值	400 头/h 设备生产能力数值	600 头/h 设备生产能力数值
功率	kW	3	3	3
输送平板宽度	mm	≥1 000	≥1 000	≥1 000
输送速度	m/min	4.5	7.2	10.5
长度尺寸	m	≥6	≥7.5	≥9
清洗水温度	℃	≤20	≤20	≤20
水消耗量	L/h	≤500	≤500	≤500

5.2.3.2　卧式放血输送机用于输送猪屠体卧式放血挂猪提升，应符合表 23 的要求。

表 23　卧式放血输送机

项目	单位	200 头/h 设备生产能力数值	400 头/h 设备生产能力数值	600 头/h 设备生产能力数值
功率	kW	3	3	3
卧式放血时间	s	40~60	40~60	40~60
输送平板宽度	mm	≥1 260	≥1 260	≥1 260
输送速度	m/min	4.5	7.2	10.5
长度尺寸	m	≥6	≥7.5	≥9
清洗水温度	℃	≤20	≤20	≤20
水消耗量	L/h	≤500	≤500	≤500

5.2.4　控血输送机

用于悬挂输送猪屠体，进行控血、预清洗、头部检验等并输送至烫毛或剥皮工序，应符合表 24 的要求。

表 24　控血输送机

项目	单位	数值	项目	单位	数值
输送速度	m/min	5~8	控血时间（卧式放血工艺）	min	≥3
挂载间距	m	≥0.6	控血时间（立式放血工艺）	min	≥5
功率	kW	≤3	致昏到放血时间（卧式放血工艺）	s	≤5
轨道/挂钩距离地面高度	m	3.6~3.8	致昏到放血时间（立式放血工艺）	s	≤30

5.2.5　预清洗机

用于沥血后猪屠体清洗，减少交叉污染，应符合表 25 的要求。

表 25　预清洗机

项目	单位	数值	项目	单位	数值
清洗辊数量	个	3	喷淋水温度	℃	20～25
清洗辊转速	r/min	160～180	水消耗量	L/h	≤3 000
总功率	kW×台	1.5×3	喷淋水控制方式	—	自动/手动

5.2.6　烫毛设备

用于机械烫毛，应符合表26、表27的要求。

表 26　运河式猪体浸烫机

项目	单位	200头/h设备生产能力数值	400头/h设备生产能力数值	600头/h设备生产能力数值
循环泵功率/台数	kW×台	7.5×1	7.5×1	7.5×2
浸烫水温度	℃	58～65	58～65	58～65
浸烫时间	min	3～6	3～6	3～6
挂载间距	m	≥0.6	≥0.6	≥0.6
烫池有效长度	m	≥12	≥24	≥36
单通道内宽度	m	≤1 350	≤1 350	≤1 350
水消耗量	L/头	≤20	≤20	≤20
蒸汽消耗量	kg/头	≤4	≤4	≤4
温度控制误差	℃	±1	±1	±1
温度控制方式	—	自动	自动	自动

表 27　隧道式喷淋烫毛机

项目	单位	200头/h设备生产能力数值	400头/h设备生产能力数值	600头/h设备生产能力数值
循环泵功率/台数	kW×台	4×2	4×4	4×6
烫毛时间	min	3～5	3～5	3～5
烫毛温度	℃	58～62	58～62	58～62
挂载间距	m	≥0.6	≥0.6	≥0.6
水消耗量	L/头	≤5	≤5	≤5
蒸汽消耗量	kg/头	≤3	≤3	≤3
隧道长度	m	≥10	≥20	≥30
温度控制误差	℃	±1	±1	±1
温度控制方式	—	自动	自动	自动

5.2.7　刨毛设备

用于猪屠体脱毛，应符合表28、表29的要求。

表 28　液压生猪刨毛机

项目	单位	200头/h设备生产能力数值	400头/h设备生产能力数值	600头/h设备生产能力数值
总功率	kW	11.5	22.5	22.5
刨毛载荷	kg	200±50	300±50	400±50
每次头数	头	1～2	2～3	3～4
每次刨毛时间	s	≤20	≤20	≤20
刨毛腔长度	m	1.8	2.2	2.4
喷淋水温度	℃	20～40	20～40	20～40
水消耗量	L/h	≤1 800	≤2 000	≤2 500
脱毛率	%	≤90	≥90	≥90
损伤率	%	≤2	≤2	≤2
控制方式	—	自动/手动	自动/手动	自动/手动

表 29　螺旋刨毛机

项目	单位	200头/h设备生产能力数值	400头/h设备生产能力数值	600头/h设备生产能力数值
总功率	kW	16.5	22.5/33	33
单只猪重量	kg	≤160	≤160	≤160
每次头数	—	连续	连续	连续
刨毛腔长度	m	3.8	4.6	3.3×2

（续）

项目	单位	200 头/h 设备 生产能力数值	400 头/h 设备 生产能力数值	600 头/h 设备 生产能力数值
刨毛腔宽度	mm	650	650	650
脱毛率	%	≥90	≥90	≥90
损伤率	%	≤2	≤2	≤2
喷淋水温度	℃	20~40	20~40	20~40
水消耗量	L/h	≤2 000	≤3 000	≤4 000
配置类型	—	单机	单机或双机	双机
控制方式	—	自动	自动	自动

5.2.8　平板修刮输送机

用于接收输送猪屠体进行人工修刮操作，应符合表 30 的要求。

表 30　平板修刮输送机

项目	单位	200 头/h 设备 生产能力数值	400 头/h 设备 生产能力数值	600 头/h 设备 生产能力数值
功率	kW	3	3	3
输送速度	m/min	4.5	8	10.5
平板宽度	mm	1 500	1 500	1 500
长度尺寸	m	≥6	≥7.5	≥9
清洗水温度	℃	≤20	≤20	≤20
水消耗量	L/h	≤500	≤500	≤500

5.2.9　预干燥机

用于猪屠体表面干燥处理，去除猪屠体表面一部分水分，提高自动或手工燎毛效果，同时延缓肉尸僵硬时间，应符合表 31 的要求。

表 31　预干燥机

项目	单位	数值	项目	单位	数值
清洗辊数量	个	3	总功率	kW×台	1.5×3
清洗辊转速	r/min	160~180	—	—	—

5.2.10　燎毛设备

用于猪屠体残余的猪毛燎烧，并起到一定的高温杀菌作用，应符合表 32、表 33 的要求。

表 32　手持燎毛器

项目	单位	数值	项目	单位	数值
燎毛时间	s/头	5~8	燃气种类	—	液化气
燃气压力	MPa	≤0.05	液化气消耗量	g/s	≈2.4

表 33　燎毛炉

项目	单位	数值	项目	单位	数值
燎毛时间（可调）	s/头	3~5	燃气消耗量（天然气）	m³/s	<0.1
燃气种类	—	天然气/液化气	点火方式		自动
燃气工作压力（液化气）	MPa	≤0.05	冷却水温度	℃	≤20
燃气工作压力（天然气）	MPa	≤0.35	水消耗量	L/h	≤1 200
燃气消耗量（液化气）	g/s	≤68.57	烟囱直径	mm	≥400

5.2.11　清洗抛光机

用于猪屠体清洗拍打按摩，清除体表污物同时延缓肉尸僵硬时间，应符合表 34 的要求。

表 34　清洗抛光机

项目	单位	数值	项目	单位	数值
清洗辊数量	个	4	总功率	kW×台	1.5×4
清洗辊转速	r/min	160~180	水消耗量	L/h	≤3 000
喷淋水温度	℃	≤20	喷淋水控制方式	—	自动/手动

5.2.12 胴体加工输送机

用于吊挂式输送猪屠体进行胴体加工，要求与同步检验输送机同步运行，应符合表35的要求。

表35 胴体加工输送机

项目	单位	数值	项目	单位	数值
输送速度	m/min	5～11	功率	kW	≤4
挂载间距	m	0.6～1.2	轨道距离地面高度	m	3.1～3.6

5.2.13 内脏同步检验输送机

用于红白内脏的检验输送，应符合表36～表39的要求。

表36 悬挂式同步检验输送机

项目	单位	数值	项目	单位	数值
盘钩间距	mm	600	功率	kW	≤2.2
托盘挂钩间距	mm	600	同步累积误差	mm	±150
待检时间	min	≥3	展开长度	m	≥24

表37 悬挂式红脏同步检验输送机

项目	单位	数值	项目	单位	数值
挂钩间距	mm	800～1 200	功率	kW	≤2.2
挂钩长度	mm	≤800	同步累积误差	mm	±150
待检时间	min	≥3	展开长度	m	≥27

表38 落地式白脏同步检验输送机

项目	单位	数值	项目	单位	数值
托盘间距	mm	800～1 200	功率	kW	≤2.2
托盘尺寸	mm	φ550×100	同步累积误差	mm	±150
待检时间	min	≥3	展开长度	m	≥27

表39 落地式红白脏同步检验输送机

项目	单位	数值	项目	单位	数值
托盘间距	mm	≥600	功率	kW	≤2.2
白脏托盘尺寸	mm	φ550×100	同步累积误差	mm	±150
红脏托盘尺寸	mm	φ350×100	展开长度	m	≥24
待检时间	min	≥3	—	—	—

5.2.14 劈半设备

用于猪胴体劈半，应符合表40、表41的要求。

表40 带式劈半锯

项目	单位	数值	项目	单位	数值
切割深度	mm	≥430	骨肉损耗	kg/头	≤0.15
锯条速度	m/s	≥7.2	冷却水温度	℃	≤20
功率	kW	2.3	水消耗量	L/h	≤300
电压	V	42	锯体材质	—	不锈钢/铝合金

表41 胴体劈半机

项目	单位	数值	项目	单位	数值
切割深度	mm	≥400	骨肉损耗	kg/头	忽略
同步平移行程	mm	≥1 000	冷却水温度	℃	≤20
劈切行程	mm	≥1 600	冷却水消耗量	L/h	≤500
总功率	kW	≤6	消毒水温度	℃	82～85
压缩空气消耗量	m³/min	≤1	消毒水消耗量	L/h	≤500
控制方式	—	自动/手动	—	—	—

5.2.15 冷却设备

利用0℃～4℃冷却间，使二分体中心温度降至7℃以下，应符合表42的要求。

表 42 冷却轨道

项目	单位	双轨轨道数值	管轨轨道数值
吊架高度	mm	130	145
吊架间距	mm	700~800	700~800
轨道间距	mm	≥800	≥800
轨道距离地面高度	m	2.5~2.8	2.5~2.8
挂载间距	m	≥0.3	≥0.3
预冷间温度	℃	0~4	0~4
预冷时间	h	≥12	≥12
轨道材质	—	热镀锌/不锈钢	热镀锌/不锈钢

5.2.16 鲜销发货轨道

用于存放等待发货的二分体，应符合表 43 的要求。

表 43 鲜销发货轨道

项目	单位	双轨轨道数值	管轨轨道数值
吊架高度	mm	130	145
吊架间距	mm	≤700	≤700
轨道间距	mm	≥800	≥800
轨道距离地面高度	m	2.5~2.8	2.5~2.8
挂载间距	m	≥0.3	≥0.3
轨道材质	—	热镀锌/不锈钢	热镀锌/不锈钢

5.2.17 扁担钩清洗设备

用于扁担钩清洗消毒，防止交叉污染，应符合表 44、表 45 的要求。

表 44 扁担钩高压清洗装置

项目	单位	数值	项目	单位	数值
喷淋时间	s	≥15	水泵功率	kW	3
喷淋长度	m	≥2	水泵扬程	m	40~50
消毒热水温度	℃	82~85	加热方式	—	蒸汽
冲洗水温度	℃	≤20	温度控制方式	—	自动
热水喷淋压力	MPa	≥0.4	水消耗量	L/h	≤1 000
冲洗水压力	MPa	≥0.1	材质	—	不锈钢
温度控制方式	—	自动	输送控制方式	—	自动

表 45 扁担钩超声波清洗装置

项目	单位	数值	项目	单位	数值
消毒时间	s	≥15	加热方式	—	电加热
消毒水温度	℃	82~85	温度控制方式	—	自动
冲洗水温度	℃	≤20	水消耗量	L/h	≤1 000
冲洗水压力	MPa	≥0.1	材质	—	不锈钢
超声波功率	kW×套	≥2×2	输送控制方式	—	自动

5.3 I 级屠宰企业成套设备基本技术条件

5.3.1 真空采血机

用于食用血收集，猪血分头采集并分批次收集在容器中，应符合表 46 的要求。

表 46 真空采血机

项目	单位	数值	项目	单位	数值
旋转装置速度	—	交频调速	消毒时间	s	≥15
真空度	%	75~85	总功率	kW	≤5.5
空心刀清洗消毒温度	℃	82~85	水消耗量	L/h	≤1 500

5.3.2 隧道式烫毛设备

用于吊挂式输送隧道式烫毛，应符合表 47、表 48 的要求。

表47　隧道式喷淋烫毛机

项目	单位	200头/h设备 生产能力数值	400头/h设备 生产能力数值	600头/h设备 生产能力数值
循环泵功率/台数	kW×台	4×2	4×4	4×6
烫毛时间	min	3～5	3～5	3～5
烫毛温度	℃	58～65	58～65	58～65
挂载间距	m	≥0.6	≥0.6	≥0.6
水消耗量	L/头	≤5	≤5	≤5
蒸汽消耗量	kg/头	≤3	≤3	≤3
隧道长度	m	≥10	≥20	≥30
温度控制误差	℃	±1	±1	±1
温度控制方式	—	自动	自动	自动

表48　隧道式蒸汽烫毛机

项目	单位	200头/h设备 生产能力数值	400头/h设备 生产能力数值	600头/h设备 生产能力数值
循环风机功率	kW×台	5.5×2	5.5×4	5.5×6
烫毛时间	min	5～6	5～6	5～6
烫毛温度	℃	58～65	58～65	58～65
挂载间距	m	≥0.6	≥0.6	≥0.6
水消耗量	L/头	≤1.5	≤1.5	≤1.5
蒸汽消耗量	kg/头	≤2	≤2	≤2
隧道有限长度	m	≥12	≥24	≥36
温度控制误差	℃	±1	±1	±1
温度控制方式	—	自动	自动	自动

5.3.3　自动刨毛机

用于猪屠体自动脱毛，宜配套循环水系统和猪毛输送系统，应符合表49的要求。

表49　螺旋刨毛机

项目	单位	200头/h设备 生产能力数值	400头/h设备 生产能力数值	600头/h设备 生产能力数值
总功率	kW	16.5	22.5/33	33
单只猪重量	kg	≤160	≤160	≤160
每次头数	—	连续	连续	连续
刨毛腔长度	m	3.8	4.6	3.3×2
刨毛腔宽度	mm	650	650	650
脱毛率	%	≥90	≥90	≥90
损伤率	%	≤2	≤2	≤2
喷淋水温度	℃	20～40	20～40	20～40
水消耗量	L/h	≤2 000	≤3 000	≤4 000
配置类型	—	单机	单机或双机	双机
控制方式	—	自动	自动	自动

5.3.4　自动燎毛设备

用于猪屠体残余的猪毛自动燎烧，并起到一定的高温杀菌作用，应符合表50的要求。

表50　燎毛炉

项目	单位	数值	项目	单位	数值
燎毛时间（可调）	s/头	3～5	燃气消耗量（天然气）	m³/s	≤0.1
燃气种类	—	天然气/液化气	点火方式	—	自动
燃气工作压力（液化气）	MPa	≤0.05	冷却水温度	℃	≤20
燃气工作压力（天然气）	MPa	≤0.35	水消耗量	L/h	≤1 200
燃气消耗量（液化气）	g/s	≤68.57	烟囱直径	mm	≥400

5.3.5　开肛器

用于猪屠体的开肛操作，改善加工卫生条件，应符合表51的要求。

表 51　开肛器

项目	单位	数值	项目	单位	数值
开肛刀直径	mm	51	真空泵功率	kW	1.5
工作压力	MPa	0.62	磨刀机功率	kW	0.15
消毒水温度	℃	82~85	压缩空气消耗量	m³/s	0.77
气动马达功率	kW	0.63	水消耗量	L/h	≤200
消毒水电加热功率	kW	1	材质	—	不锈钢/铝合金

5.3.6　猪体开膛机

用于猪屠体的自动开膛，应符合表 52 的要求。

表 52　猪体开膛机

项目	单位	数值	项目	单位	数值
切割深度	mm	≥50	冷却水温度	℃	≤20
同步平移行程	mm	≥1 000	消毒水温度	℃	82~85
切割行程	mm	≥1 200	冷却水消耗量	L/h	≤300
总功率	kW	≤6	消毒水消耗量	L/h	≤300
压缩空气消耗量	m³/min	≤1	控制方式	—	自动

5.3.7　胴体劈半机

用于猪胴体自动劈半，应符合表 53 的要求。

表 53　胴体劈半机

项目	单位	数值	项目	单位	数值
切割深度	mm	≥400	骨肉损耗	kg/头	忽略
同步平移行程	mm	≥1 000	冷却水温度	℃	≤20
劈切行程	mm	≥1 600	冷却水消耗量	L/h	≤500
总功率	kW	≤6	消毒水温度	℃	82~85
压缩空气消耗量	m³/min	≤1	消毒水消耗量	L/h	≤500
控制方式	—	自动/手动	—	—	—

5.3.8　动态电子轨道秤

用于二分体在线称重电子统计，应符合表 54 的要求。

表 54　动态电子轨道秤

项目	单位	数值	项目	单位	数值
称重量	kg	300~500	称重轨道长度	mm	≥600
称重误差	%	±0.2	功率	kW	0.75

5.3.9　二分体装车机

用于二分体由鲜销发货轨道到物流运输车之间的自动搬运，应符合表 55 的要求。

表 55　二分体装车机

项目	单位	数值	项目	单位	数值
发送能力	头/h	≥240	运输车高度范围	m	1.1~1.4
发送行程	m	≥2	发货间轨道高度	m	2.5~2.8
功率	kW	3	与肉品接触材质	—	不锈钢
控制方式	—	自动/手动	—	—	—

6　成套设备基本工艺要求

6.1　工艺钢梁选型，安装符合图样和技术文件要求。全部钢结构件均应热镀锌处理。

6.2　输送机与输送机之间，输送机与输送轨道之间衔接顺畅，安装整齐。

565

6.3 地面设备整体布置合理，功能完善、性能可靠。

6.4 胴体加工输送机与内脏同步检验输送机同步运行，运行累积误差不得大于±150 mm。

6.5 整套设备配置得当，联合运行平稳安全可靠。

6.6 与设备配套的水、压缩空气、蒸汽系统等统一设计安装，管路敷设整齐，不得渗漏。

6.7 正常生产条件下，成套设备主要技术参数应达到：

实际生产能力应达到设计生产能力的95％以上，猪体三断率应小于5％，猪体脱毛率应不低于90％，猪体损伤率应不大于2％。

7 成套设备电气要求

7.1 成套设备电气系统应符合GB 5226.1的规定。

7.2 电气设备应统一设计施工。采用集中控制或中央控制。

7.3 地面设备和空中设备的钢结构都应可靠接地，并有明显接地标识。

7.4 设备的绝缘电阻应不小于1 MΩ，接地电阻不得大于0.1 Ω。

7.5 所有电气设备的金属外壳均应与PE线可靠连接。

7.6 手持电动工具、移动电器及插座回路均应设漏电保护装置。

7.7 电控柜、电动机的防护等级应不低于IP55。

8 检验规则

8.1 出厂检验

每台设备应经制造厂检验合格，并附有合格证明书或合格证后方能出厂。在特殊情况下，按制造厂与用户协议书规定也可在用户厂进行。

8.2 型式检验

当有下列情况之一时，应进行型式检验：

——新设备试制、定型鉴定时。

——结构、材料、工艺有较大改变，可能影响设备性能时。

——需要对设备质量全面考核评审时。

——正常生产的条件下，设备积累到一定产量（数量）时，应周期性进行检验。

——国家质量监督机构提出型式检验的要求时。

中华人民共和国国家标准

GB 50317—2009

猪屠宰与分割车间设计规范

Code for design of pig's slaughtering and cutting rooms

2009-05-04 发布/2009-10-01 实施
中华人民共和国住房和城乡建设部
中华人民共和国国家质量监督检验检疫总局 联合发布

前　言

本规范系根据住房和城乡建设部"关于印发《2008 年工程建设标准规范制订、修订计划（第一批）》的通知"（建标〔2008〕102 号）的要求，由国内贸易工程设计研究院会同有关单位，在原国家标准《猪屠宰与分割车间设计规范》GB 50317—2000 基础上，进行全面修订而成。

本规范在修订过程中，查阅了国内外的有关文献资料，并组织到有关企业进行调研和资料的收集工作，广泛征求了全国有关部门和单位的意见，结合国内近年来在生猪屠宰和分割加工方面的成功经验，吸收了国外的先进技术和标准，对现行规范进行了全面修订，成稿后在全国有关省市征求了业内专业人士的意见，同相关标准规范管理组进行沟通和协调，最后经有关部门的共同审查而定稿。

修订后的规范为贯彻执行国务院提出的"食品安全及食品质量"的精神，进一步加强生猪屠宰行业的管理水平，确保猪肉的产品质量。参照《生猪屠宰操作规程》GB/T 17236、《欧盟卫生要求》和新加坡及香港食环署对肉联厂的要求，结合目前猪屠宰企业中存在的问题等，根据现有猪屠宰企业的发展需要，对猪屠宰车间小时屠宰量的分级范围进行调整；屠宰工艺中增加二氧化碳麻电、蒸汽烫毛、燎毛、刮黑、消毒等工艺要求；增加屠宰过程中的追溯环节；新增制冷工艺章节，增加猪肉的两段冷却工艺及副产品冷却工艺；增加生物无害化处理等内容。修订后的规范，厂址选择和总平面布置更加合理，使猪屠宰加工企业同国际接轨，体现了工艺先进，厂区现代、卫生、环保、节能、经济、高效。一级和二级猪屠宰和分割加工企业达到了国际上屠宰行业的先进水平。

本规范中以黑体字标志的条文为强制性条文，必须严格执行。

本规范由住房和城乡建设部负责管理和对强制性条文的解释，商务部负责日常管理，国内贸易工程设计研究院负责具体技术内容的解释。

本规范在施行过程中，如发现需要修改和补充之处，请将意见和有关资料寄送国内贸易工程设计研究院（通信地址：北京市右安门外大街 99 号，邮政编码：100069），以供今后修订时参考。

本规范主编单位、参编单位、主要起草人和主要审查人：

主编单位：国内贸易工程设计研究院

参编单位：中国肉类协会

中国农业大学

上海五丰上食食品有限公司

主要起草人：赵秀兰　单守良　赵彤宇　邓建平　司彪　吕济民　陈洪吉　徐宏　马长伟　张琳

主要审查人：边增林　王守伟　张新领　程玉来　戴瑞彤　李琳　吴英　刘金英　李文祥　贾自力

猪屠宰与分割车间设计规范

1 总则

1.0.1 为加强生猪屠宰行业的管理水平，确保猪肉的产品质量，规范猪屠宰与分割车间的设计，制定本规范。

1.0.2 本规范适用于新建、扩建和改建猪屠宰厂工程的猪屠宰与分割车间的设计。

1.0.3 猪屠宰与分割车间应确保操作工艺、卫生、兽医卫生检验符合国家有关法律、法规和方针政策要求，并应做到技术先进、经济合理、节约能源、使用维修方便。

1.0.4 猪屠宰与分割车间应按以下规定进行等级划分：

    1 猪屠宰车间按小时屠宰量分为四级：

    Ⅰ级：300 头/h（含 300 头/h）以上；

    Ⅱ级：120 头/h（含 120 头/h）～300 头/h；

    Ⅲ级：70 头/h（含 70 头/h）～120 头/h；

    Ⅳ级：30 头/h（含 30 头/h）～70 头/h。

    2 猪分割车间按小时分割量分为三级：

    一级：200 头/h（含 200 头/h）以上；

    二级：50 头/h（含 50 头/h）～200 头/h；

    三级：30 头/h（含 30 头/h）～50 头/h。

1.0.5 出口注册厂的猪屠宰与分割车间工程设计除不应低于本规范对一级猪屠宰车间及Ⅰ级猪分割车间的要求外，尚应符合国家质量监督检验检疫总局发布的有关出口方面的要求和规定。

1.0.6 猪屠宰与分割车间的设计除应符合本规范外，尚应符合国家现行有关标准的规定。

2 术语

2.0.1

    猪屠体　pig body

    猪屠宰、放血后的躯体。

2.0.2

    猪胴体　pig carcass

    生猪刺杀、放血后，去毛（剥皮）、头、蹄、尾、内脏的躯体。

2.0.3

    二分胴体（片猪肉）　half carcass

    沿背脊正中线，将猪胴体劈成的两半胴体。

2.0.4

    内脏　offals

    猪体腔内的心、肝、肺、脾、胃、肠、肾等。

2.0.5

    挑胸　breast splitting

    用刀刺入放血口，沿胸部正中挑开胸骨。

2.0.6

    雕圈　cutting of around anus

    沿肛门外围，用刀将直肠与周围括约肌分离。

2.0.7

    分割肉　cut meat

    二分胴体（片猪肉）去骨后，按规格要求分割成各个部位的肉。

2.0.8

    同步检验　synchronous inspection

生猪屠宰剖腹后，取出内脏放在设置的盘子上或挂钩装置上并与胴体生产线同步运行，以便兽医对照检验和综合判断的一种检验方法。

2.0.9

验收间　inspection and reception departmert

生猪进厂后检验接收的场所。

2.0.10

隔离间　isolating room

隔离可疑病猪，观察、检查疫病的场所。

2.0.11

待宰间　waiting pens

宰前停食、饮水、冲淋和宰前检验的场所。

2.0.12

急宰　emergency slaughtering room

屠宰病、伤猪的场所。

2.0.13

屠宰车间　slaughtering room

自致昏刺杀放血到加工成二分胴体（片猪肉）的场所。

2.0.14

分割车间　cutting and deboning room

剔骨、分割、分部位肉的场所。

2.0.15

副产品加工间　by-products processing room

心、肝、肺、脾、胃、肠、肾及头、蹄、尾等器官加工整理的场所。

2.0.16

有条件可食用肉处理间　edible processing rocm

采用高温、冷冻或其他有效方法，使有条件可食肉中的寄生虫和有害微生物致死的场所。

2.0.17

无害化处理间　innocuous treatment room

对病、死猪和废弃物进行化制（无害化）处理的场所。

2.0.18

非清洁区　non-hygienic area

待宰、致昏、放血、烫毛、脱毛、剥皮和肠、胃、头、蹄、尾加工处理的场所。

2.0.19

清洁区　hygienic area

胴体加工、修整，心、肝、肺加工，暂存发货间，分级、计量、分割加工和包装等场所。

2.0.20

二氧化碳致昏机　CO_2 stunning machine

采用二氧化碳气体的方式将生猪致昏的设备。

2.0.21

低压高频电致昏机　low voltage high frequency stunning machine

采用低电压高频率的方式将生猪致昏的设备。

2.0.22

预清洗机　prewashing machine

在浸烫和剥皮前，对猪屠体进行清洗的机器。

2.0.23

隧道式蒸汽烫毛　steam scalding tunnel

猪屠体由吊链悬挂在输送机上通过蒸汽烫毛隧道。

2.0.24

连续脱毛机　continuous u-bar dehairing machine

采用两截、旋转方向为左右旋脱毛的机器。

2.0.25

预干燥机　pre-drying machine

猪屠宰脱毛后，在用火燎去残毛前先将猪屠体表面擦干的机器。

2.0.26

燎毛炉（燎毛机）　flaming furnace

将猪屠体表面的残毛用火烧焦的机器。

2.0.27

抛光机　polishing machine

将燎毛后猪屠体表面的焦毛清洗去掉，使其表面光洁的机器。

2.0.28

二分胴体（片猪肉）发货间　carcass deliver goods department

二分胴体（片猪肉）发货的场所。

2.0.29

副产品发货间　by-products deliver goods department

猪副产品发货的场所。

2.0.30

包装间　packing department

猪分割肉产品的包装场所。

2.0.31

冷却间　chilling room

对产品进行冷却的房间。

2.0.32

冻结间　freezing room

对产品进行冻结工艺加工的房间。

2.0.33

快速冷却间　quick chilling room

对产品快速冷却的房间。

2.0.34

平衡间　balancing room

使二分胴体（片猪肉）表面温度与中心温度趋于平衡的房间。

3　厂址选择和总平面布置

3.1　厂址选择

3.1.1　猪屠宰与分割车间所在厂址应远离供水水源地和自来水取水口，其附近应有城市污水排放管网或允许排入的最终受纳水体。厂区应位于城市居住区夏季风向最大频率的下风侧，并应满足有关卫生防护距离要求。

3.1.2　厂址周围应有良好的环境卫生条件。厂区应远离受污染的水体，并应避开产生有害气体、烟雾、粉尘等污染源的工业企业或其他产生污染源的地区或场所。

3.1.3　屠宰与分割车间所在的厂址必须具备符合要求的水源和电源，其位置应选择在交通运输方便、货源流向合理的地方，根据节约用地和不占农田的原则，结合加工工艺要求因地制宜地确定，并应符合规划的要求。

3.2　总平面布置

3.2.1　厂区应划分为生产区和非生产区。生产区必须单独设置生猪与废弃物的出入口，产品和人员出入口需另设，且产品与生猪、废弃物在厂内不得共用一个通道。

3.2.2 生产区各车间的布局与设施必须满足生产工艺流程和卫生要求。厂内清洁区与非清洁区应严格分开。

3.2.3 屠宰清洁区与分割车间不应设置在无害化处理间、废弃物集存场所、污水处理站、锅炉房、煤场等建（构）筑物及场所的主导风向的下风侧，其间距应符合环保、食品卫生以及建筑防火等方面的要求。

3.3 环境卫生

3.3.1 屠宰与分割车间所在厂区的路面、场地应平整、无积水。主要道路及场地宜采用混凝土或沥青铺设。

3.3.2 厂区内建（构）筑物周围、道路的两侧空地均宜绿化。

3.3.3 污染物排放应符合国家有关标准的要求。

3.3.4 厂内应在远离屠宰与分割车间的非清洁区内设有畜粪、废弃物等的暂时集存场所，其地面、围墙或池壁应便于冲洗消毒。运送废弃物的车辆应密闭，并应配备清洗消毒设施及存放场所。

3.3.5 原料接收区应设有车辆清洗、消毒设施。生猪进厂的入口处应设置与门同宽、长不小于 3.00 m、深（0.10~0.15）m，且能排放消毒液的车轮消毒池。

4 建筑

4.1 一般规定

4.1.1 屠宰与分割车间的建筑面积与建筑设施应与生产规模相适应。车间内各加工区应按生产工艺流程划分明确，人流、物流互不干扰，并符合工艺、卫生及检验要求。

4.1.2 地面应采用不渗水、防滑、易清洗、耐腐蚀的材料，其表面应平整无裂缝、无局部积水。排水坡度：分割车间不应小于 1.0%，屠宰车间不应小于 2.0%。

4.1.3 车间内墙面及墙裙应光滑平整，并应采用无毒、不渗水、耐冲洗的材料制作，颜色宜为白色或浅色。墙裙如采用不锈钢或塑料板制作时，所有板缝间及边缘连接处应密闭。墙裙高度：屠宰车间不应低于 3.00 m，分割车间不应低于 2.00 m。

4.1.4 车间内地面、顶棚、墙、柱、窗口等处的阴阳角，应设计成弧形。

4.1.5 顶棚或吊顶表面应采用光滑、无毒、耐冲洗、不易脱落的材料。除必要的防烟设施外，应尽量减少阴阳角。

4.1.6 门窗应采用密闭性能好、不变形、不渗水、防锈蚀的材料制作。车间内窗台面应向下倾斜 45°，或采用无窗台构造。

4.1.7 成品或半成品通过的门，应有足够宽度，避免与产品接触。通行吊轨的门洞，其宽度不应小于 1.20 m 通行手推车的双扇门，应采用双向自由门，其门扇上部应安装由不易破碎材料制作的通视窗。

4.1.8 车间应设有防蚊蝇、昆虫、鼠类进入的设施。

4.1.9 楼梯及扶手、栏板均应做成整体式的，面层应采用不渗水、易清洁材料制作。楼梯与电梯应便于清洗消毒。

4.1.10 车间采暖或空调房间外墙维护结构保温宜满足国家对公共建筑节能的要求。

4.2 宰前建筑设施

4.2.1 宰前建筑设施包括卸猪站台、赶猪道、验收间（包括司磅间）、待宰间（包括待宰冲淋间）、隔离间、兽医工作室与药品间等。

4.2.2 公路卸猪站台宜设置机械式协助平台或普通站台，并应高出路面 0.90 m~1.00 m（小型拖拉机卸猪应另设站台），且宜设在运猪车前进方向的左侧，其地面应采用混凝土铺设，并应设罩棚。赶猪道宽度应大于 1.50 m，坡度应小于 10.0%。站台前应设回车场，其附近应有洗车台。洗车台应设有冲洗消毒及集污设施。

4.2.3 铁路卸猪站台有效长度应大于 40.00 m，站台面应高出轨道面 1.10 m。生猪由水路运来时，应设相应卸猪码头。

4.2.4 卸猪站台附近应设验收间，地磅四周必须设置围栏，磅坑内应设地漏。

4.2.5 待宰间应符合下列规定：

    a) 用于宰前检验的待宰间的容量宜按 1.00 倍~1.50 倍班宰量计算（每班按 7 h 屠宰量计）。每头猪占地面积（不包括待宰间内赶猪道）宜按 0.60 m²~0.80 m² 计算。待宰间内赶猪道宽不应小于 1.50 m。

    b) 待宰间朝向应使夏季通风良好，冬季日照充足，且应设有防雨的屋面。四周围墙的高度不应低于 1.00 m。寒冷地区应有防寒设施。

c) 待宰间应采用混凝土地面。

d) 待宰间的隔墙可采用砖墙或金属栏杆，砖墙表面应采用不渗水易清洗材料制作，金属栏杆表面应做防锈处理。待宰间内地面坡度不应小于 1.5％，并坡向排水沟。

e) 待宰间内应设饮水槽，饮水槽应有溢流口。

4.2.6 隔离圈宜靠近卸猪站台，并应设在待宰间内主导风向的下风侧。隔离间的面积应按当地猪源的具体情况设置，Ⅰ、Ⅱ级屠宰车间可按班宰量的 0.5％～1.0％的头数计算，每头疑病猪占地面积不应小于 1.50 m²；Ⅲ、Ⅳ级屠宰车间隔离间的面积不应小于 3.00 m²。

4.2.7 从待宰间到待宰冲淋间应有赶猪道相连。赶猪道两侧应有不低于 1.00 m 的矮墙或金属栏杆，地面应采用不渗水易清洗材料制作，其坡度不应小于 1.0％，并坡向排水沟。

4.2.8 待宰冲淋间应符合下列规定：

a) 待宰冲淋间的建筑面积应与屠宰量相适应。Ⅰ、Ⅱ级屠宰车间可按 0.5 h～1.0 h 屠宰量计，Ⅲ、Ⅳ级屠宰车间按 1.0 h 屠宰量计。

b) 待宰冲淋间至少设有 2 个隔间，每个隔间都与赶猪道相连，其走道宽度不应小于 1.20 m。

4.3 急宰间、无害化处理间

4.3.1 急宰间宜设在待宰间和隔离间附近。

4.3.2 急宰间如与无害化处理间合建在一起时，中间应设隔墙。

4.3.3 急宰间、无害化处理间的地面排水坡度不应小于 2.0％。

4.3.4 急宰间、无害化处理间的出入口处应设置便于手推车出入的消毒池。消毒池应与门同宽、长不小于 2.00 m、深 0.10 m，且能排放消毒液。

4.4 屠宰车间

4.4.1 屠宰车间应包括车间内赶猪道、刺杀放血间、烫毛脱毛剥皮间、胴体加工间、副产品加工间、兽医工作室等，其建筑面积宜符合表 4.4.1 的规定。

表 4.4.1 屠宰车间建筑面积

按 1 h 计算的屠宰量（头）	平均每头建筑面积（m²）
300 及其以上	1.20～1.00
120（含 120）～300	1.50～1.20
50（含 50）～120	1.80～1.50
50 以下	2.00

4.4.2 冷却间、二分胴体（片猪肉）发货间、副产品发货间应与屠宰车间相连接。发货间应通风良好，并应采取冷却措施。Ⅰ、Ⅱ、Ⅲ级屠宰车间发货间应设封闭式汽车发货口。

4.4.3 屠宰车间内致昏、烫毛、脱毛、剥皮及副产品中的肠胃加工、剥皮猪的头蹄加工工序属于非清洁区，而胴体加工、心肝肺加工工序及暂存发货间属于清洁区，在布置车间建筑平面时，应使两区划分明确，不得交叉。

4.4.4 屠宰车间以单层建筑为宜，单层车间宜采用较大的跨度，净高不宜低于 5.00 m。屠宰车间的柱距不宜小于 6.00 m。

4.4.5 致昏前赶猪道坡度不应大于 10.0％，宽度以仅能通过一头猪为宜，侧墙高度不应低于 1.00 m，墙上方应设栏杆使赶猪道顶部封闭。

4.4.6 屠宰车间内与放血线路平行的墙裙，其高度不应低于放血轨道的高度。

4.4.7 放血槽应采用不渗水、耐腐蚀材料制作，表面光滑平整，便于清洗消毒。放血槽长度按工艺要求确定，其高度应能防止血液外溢。悬挂输送机下的放血槽，其起始段 8.00 m～10.00 m 槽底坡度不应小于 5.0％，并坡向血输送管道。放血槽最低处应分别设血、水输送管道。

4.4.8 集血池应符合下列规定：

a) 集血池的容积最小应容纳 3 h 屠宰量的血，每头猪的放血量按 2.5 L 计算。集血池上应有盖板，并设置在单独的隔间内。

b) 集血池应采用不渗水材料制作，表面应光滑易清洗消毒。池底应有 2.0％坡度坡向集血坑，并与排血管相接。

4.4.9　烫毛生产线的烫池部位宜设天窗，且宜在烫毛生产线与剥皮生产线之间设置隔墙。

4.4.10　寄生虫检验室应设置在靠近屠宰生产线的采样处。面积应符合兽医卫生检验的需要，室内光线应充足，通风应良好。

4.4.11　Ⅰ、Ⅱ级屠宰车间的疑病猪胴体间和病猪胴体间应单独设置门直通室外。

4.4.12　副产品加工间及副产品发货间使用的台、池应采用不渗水材料制作，且表面应光滑，易清洗、消毒。

4.4.13　副产品中带毛的头、蹄、尾加工间浸烫池处宜开设天窗。

4.4.14　屠宰车间应设置滑轮、叉挡与钩子的清洗间和磨刀间。

4.4.15　屠宰车间内车辆的通道宽度：单向不应小于1.50 m，双向不应小于2.50 m。

4.4.16　屠宰车间按工艺要求设置燎毛炉时，应在车间内设有专用的燃料储存间。储存间应为单层建筑，应靠近车间外墙布置，并应设有直通车间外的出入口，其建筑防火要求应符合现行国家标准《建筑设计防火规范》GB 50016—2006第3.3.9条的规定。

4.5　分割车间

4.5.1　一级分割车间应包括原料二分胴体（片猪肉）冷却间、分割剔骨间、分割副产品暂存间、包装间、包装材料间、磨刀清洗间及空调设备间等。

4.5.2　二级分割车间应包括原料二分胴体（片猪肉）预冷间、分割剔骨间、产品冷却间、包装间、包装材料间、磨刀清洗间及空调设备间等。

4.5.3　分割车间内的各生产间面积应相互匹配，并宜布置在同一层平面上，其建筑面积宜符合表4.5.3的规定。

表4.5.3　分割车间建筑面积

按1 h分割量（头）	平均每头建筑面积（m²）
200头（含200头）以上	1.50～1.20
50头/h（含50头/h）～200头/h	1.80～1.50
30（含30头/h）～50头/h	2.00

4.5.4　原料冷却间设置应与产能相匹配，室内墙面与地面应易于清洗。

4.5.5　原料冷却间设计温度应取（2±2）℃。

4.5.6　采用快速冷却二分胴体（片猪肉）方法时，应设置快速冷却间及冷却物平衡间。快速冷却间设计温度按产品要求确定，冷却间设计温度宜取（2±2）℃。

4.5.7　分割剔骨间的室温：二分胴体（片猪肉）冷却后进入分割剔骨间时，室温应取（10±2）℃；胴体预冷后进入分割车间时，室温宜取（10±2）℃。

4.5.8　包装间的室温应取（10±2）℃。

4.5.9　分割剔骨间、包装间宜设吊顶，室内净高不应低于3.00 m。

4.6　职工生活设施

4.6.1　工人更衣室、休息室、淋浴室、厕所等建筑面积，应符合国家现行有关卫生标准、规范的规定，并结合生产定员经计算后确定。

4.6.2　生产车间与生活间应紧密联系。更衣室入口宜设缓冲间和换鞋间。

4.6.3　待宰间、屠宰车间非清洁区、清洁区、分割与包装车间、急宰间、无害化处理间生产人员的更衣室、休息室、淋浴室和厕所等应分开布置。各区生产人员的流线不得相互交叉。Ⅰ级屠宰车间的副产加工生产人员的更衣室宜单独设置。

4.6.4　厕所应符合下列规定：

    a)　应采用水冲式厕所。屠宰与分割车间应采用非手动式洗手设备，并应配备干手设施。

    b)　厕所应设前室，与车间应通过走道相连。厕所门窗不得直接与生产操作场所相对。

    c)　厕所地面和墙裙应便于清洗。

4.6.5　更衣室与厕所、淋浴间应设有直通门相连。更衣柜（或更衣袋）应符合卫生要求，鞋靴与工作服要分别存放。更衣室应设有鞋靴清洗消毒设施。

4.6.6　Ⅰ、Ⅱ级屠宰车间清洁区与分割车间的更衣室宜设一次和二次更衣室，其间设置淋浴室。Ⅰ、Ⅱ级分割车间宜在消毒通道后，进入车间前设风淋间。

5 屠宰与分割工艺

5.1 一般规定

5.1.1 屠宰能力应根据正常货源情况，淡、旺季产销情况以及今后的发展来确定。每班屠宰时间应按 7 h 计算。

5.1.2 屠宰工艺流程应按待宰、检验、追溯编码、冲淋、刺杀、放血、烫毛、脱毛、燎毛、刮毛（或剥皮）、胴体加工顺序设置。

5.1.3 工艺流程设置应避免迂回交叉，生产线上各环节应做到前后相协调，使生产均匀地进行。

5.1.4 从宰杀放血到胴体加工完成的时间及放血开始到取出内脏的时间均应符合现行国家标准《生猪屠宰操作规程》GB/T 17236 的规定。

5.1.5 经检验合格的二分胴体（片猪肉）应采取悬挂输送方式运至二分胴体发货间或冷却间。

5.1.6 副产品中血、毛、皮、蹄壳及废弃物的流向不得对产品和周围环境造成污染。

5.1.7 所有接触肉品的加工设备以及操作台面、工具、容器、包装及运输工具等的设计与制作应符合食品卫生要求，使用的材料应表面光滑、无毒、不渗水、耐腐蚀、不生锈，并便于清洗消毒。

所有接触肉品的加工设备以及操作台面、工具、容器、包装及运输工具等的设计与制作应符合食品卫生要求，使用的材料应表面光滑、无毒、不渗水、耐腐蚀、不生锈，并便于清洗消毒。
屠宰、分割加工设备应采用不锈蚀金属和符合肉品卫生要求的材料制作。

5.1.8 运输肉品及副产品的容器，应采用有车轮的装置，盛装肉品的容器不应直接接触地面。

5.1.9 刀具消毒器应采用不锈蚀金属材料制作，并应使刀具刃部全部浸入热水中，刀具消毒器宜采用直供热水方式。

5.2 致昏刺杀放血

5.2.1 Ⅰ、Ⅱ级屠宰车间致昏前的生猪应设采耳号位置及追溯控制点。生猪在致昏前的输送中应避免受到强烈刺激。Ⅰ、Ⅱ级屠宰车间宜设双通道赶猪，双通道终端应设有活动门。Ⅲ、Ⅳ级屠宰车间可设单通道驱赶。

5.2.2 使用自动电致昏法和手工电致昏法致昏时，致昏的电压、电流和操作时间应符合现行国家标准《生猪屠宰操作规程》GB/T 17236 的规定。采用 CO_2 致昏时的操作时间，可根据产量及 CO_2 浓度确定。

5.2.3 采用 CO_2 致昏，车间内致昏机位置设与致昏机相匹配的机坑。手工电致昏应配备盐水箱，其安装位置应方便操作人员浸润电击器。

5.2.4 Ⅰ、Ⅱ级屠宰车间宜采用全自动低压高频三点式致昏或 CO_2 致昏。生猪致昏后应设有接收装置。Ⅲ、Ⅳ级屠宰车间猪的致昏应采用手工电致昏在致昏栏内进行。

猪在致昏后应提升到放血轨道上悬挂刺杀放血或采用放血输送机或平躺机械输送式刺杀放血。

5.2.5 从致昏到刺杀放血的时间应符合现行国家标准《生猪屠宰操作规程》GB/T 17236 的规定。

5.2.6 Ⅰ、Ⅱ级屠宰车间应采用悬挂输送机刺杀放血，并应符合下列要求：

a) 在放血线路上设置悬挂输送机，其线速度应按每分钟刺杀头数和挂猪间距的乘积来计算，且应考虑挂空系数。挂猪间距取 0.80 m。

b) 悬挂输送机轨道面距地面的高度不应小于 3.50 m。

c) 从刺杀放血处到猪胴体浸烫（或剥皮）处，应保证放血时间不少于 5 min。

Ⅲ、Ⅳ级屠宰车间的刺杀放血可在手推轨道上进行。其放血轨道面距地面的高度和放血时间均应符合本条Ⅰ、Ⅱ级屠宰车间的规定。

5.2.7 采用悬挂输送机时，放血槽长度应按猪胴体运行时间不应少于 3 min 计算。

5.2.8 Ⅰ、Ⅱ级屠宰车间猪胴体进入浸烫池（或预剥皮工序）前应设有猪胴体洗刷装置；Ⅲ级屠宰车间宜设有猪胴体洗刷装置；Ⅳ级屠宰车间可设猪胴体水喷淋清洗装置。洗刷用水的水温冬季不宜低于 40 ℃。

5.3 浸烫脱毛加工

5.3.1 Ⅰ、Ⅱ级屠宰车间猪胴体烫毛宜采用隧道式蒸汽烫毛或运河烫池，Ⅲ、Ⅳ级屠宰车间宜采用运河烫池或普通浸烫池。

5.3.2 采用隧道式蒸汽烫毛或运河烫池时应符合下列要求：

a) 猪胴体浸烫应由悬挂输送机的牵引链拖动进行。

b) 采用隧道式蒸汽烫毛或浸烫池除出入口外，池体上部均应设有密封盖。

c) 池体使用不渗水材料制作时应装有不锈蚀的内衬。池壁应采取保温措施。

d) 隧道式蒸汽烫毛机体宽度宜取 0.90 m～1.20 m，净高度宜取 4.20 m～4.35 m。池体长度依拖动链条速度和浸烫时间来确定，运河烫池入口、出口段宜各取 2.00 m，入口、出口段应有导向装置。池体宽度宜取0.60 m～0.75 m，不包括密封盖的池体净高度宜取 0.80 m～1.00 m。

e) 隧道式蒸汽烫毛机及浸烫池应装设温度指示装置，温度调节范围宜取 58 ℃～63 ℃。

f) 运河烫池入口段应设溢流管，出口段应有补充新水装置。

g) 隧道式蒸汽烫毛机及运河浸烫池底部应有坡度，并坡向排水口。

5.3.3 使用普通浸烫池时应符合下列要求：

a) Ⅲ、Ⅳ级屠宰车间浸烫池内宜使用摇烫设备，采用摇烫设备时，应留有大猪通道，除池体出入口外宜加密封罩。

b) 烫池侧壁应采取保温措施。

c) 使用摇烫设备的浸烫池尺寸应按实际需要确定。不使用摇烫设备的浸烫池净宽不应小于 1.50 m，深度宜取 0.80 m～0.90 m，其长度应按下式计算：

$$L = L_1 + L_2 + L_3 \tag{5.3.3-1}$$

$$L_2 = \frac{ATl}{60} \tag{5.3.3-2}$$

式中：

L ——浸烫池长度（m）；

L_1——猪屠体降落浸烫池内所占长度，不应小于 1.00 m；

L_2——浸入烫池的猪屠体在烫池中所占长度（m）；

L_3——猪屠体从烫池中捞出所占长度，可按 1.50 m 计算；

A ——小时屠宰量（头）；

T ——浸烫需要时间，按 3 min～6min 计算；

l ——每头猪屠体在烫池中所占长度，按 0.50 m 计算（m/头）；

60——单位为分钟（min）。

d) 浸烫池水温应根据猪的品种和季节进行调整，调节范围宜取 58 ℃～63 ℃。浸烫池应设有水温指示装置。

e) 浸烫池应设溢流管，并应装有补充新水装置。

f) 浸烫池底部应有坡度，并坡向排水口。

5.3.4 浸烫后应使用脱毛机脱毛，脱毛机应符合下列要求：

a) 脱毛机应与屠宰量相适应。

b) 脱毛机上部应有热水喷淋装置。

c) 脱毛机的安装应便于排水和安装集送猪毛装置。

d) 脱毛机两侧应留有操作检修位置。

5.3.5 脱毛机送出猪屠体的一侧应设置接收工作台或平面输送机。

5.3.6 接收工作台或平面输送机在远离脱毛机的一端应设有提升装置，其附近应设有存放滑轮和叉挡的设施或有集送滑轮和叉挡的轨道。

5.3.7 Ⅰ、Ⅱ级屠宰车间在猪屠体被提升送入胴体加工生产线的起始段，应布置为猪体编号及可追溯的操作位置。

5.3.8 猪屠体送人胴体加工生产线的轨道面的高度应符合下列规定：

a) 采用的加工设备为预干燥机、燎毛炉、抛光机时，轨道面距地面的高度不应小于 3.30 m。

b) 猪屠体采用悬挂输送机或手推轨道输送，使用人工燎毛、刮毛、清洗装置时，其轨道面距地面的高度不应小于 2.50 m。

5.3.9 Ⅰ、Ⅱ级屠宰车间应采用悬挂输送机传送猪屠体至胴体加工区。悬挂输送机的输送速度每分钟不得超过6头～8头，挂猪间距宜取 1.00 m。Ⅲ级屠宰车间宜采用胴体加工悬挂输送机。Ⅳ级屠宰车间为手推轨道。

5.3.10 猪屠体浸烫脱毛后，可采用预干燥机、燎毛炉、抛光机等设备完成浸烫脱毛的后序加工。

5.3.11 预干燥机的机架内部应设有内壁冲洗装置。由鞭状橡胶或塑料条组成的干燥器具至少应有 2 组，其长度应满足干燥猪屠体的需要。

5.3.12 燎毛炉设置在预干燥机后，距干燥机的距离宜取 2.00 m。燎毛炉上方应装有烟囱，悬挂输送机在燎毛炉中的一段轨道应设有冷却装置。

燎毛炉使用的液体、气体燃料应放置在车间内专设的燃料储存间中。

5.3.13 抛光机设置在燎毛炉后，两机间距宜取 2.00 m。抛光机顶部应设有喷淋水装置，机架底部应装有不渗水材料制作的排水沟。为防止冲洗水外溢，排水沟四周应设有挡水槛。

5.3.14 在已脱毛的猪屠体被提升上轨道后，如不设置机器去除残毛，则应设置人工燎毛装置，并应在轨道两侧地面上留有足够地方设置人工刮毛踏脚台。

5.3.15 人工燎毛、刮毛后应设置猪屠体洗刷装置，洗刷处应安装挡水板，下部应有不渗水材料制作的排水沟和挡水槛。

5.3.16 在猪屠体脱掉挂脚链进入浸烫池或预剥皮处，应设有挂脚链返回装置。

5.4 剥皮加工

5.4.1 猪屠体应采用落猪装置或使悬挂轨道下降的方法将其放入剥皮台或预剥输送机上，也可设置猪屠体的接收台，再转入预剥输送机上。

5.4.2 采用预剥输送机剥皮时，其传动线速度应适合人工操作，并与剥皮机速度相协调，但线速度不宜超过 8.00 m/min。根据剥皮机的生产能力，卧式剥皮机配用的输送机长度不宜小于 16.00 m，立式剥皮机配用的输送机长度宜取 13.00 m。

5.4.3 采用卧式剥皮机剥皮，应配备转挂台，转挂台应紧靠剥皮机出胴体侧布置。转挂台宜采用不锈钢制作，其长度应与剥皮机和转挂台末端提升猪屠体位置相匹配。在转挂台的末端应有存放滑轮、叉挡的设施或有集放滑轮、叉挡的轨道。

5.4.4 转挂台的末端应设有提升机，将剥皮后的猪屠体提升到轨道上。

5.4.5 立式剥皮机的预剥皮机末端应设将猪屠体转挂到轨道上的操作位置，其附近应有存放滑轮、叉挡的设施或有集放滑轮、叉挡的轨道。

5.4.6 立式剥皮机前后各约 2.00 m 的悬挂猪屠体轨道应为手推轨道。

5.4.7 Ⅰ、Ⅱ级屠宰车间应采用预剥皮输送机和剥皮机。Ⅲ、Ⅳ级屠宰车间可使用手工剥皮台。

5.4.8 剥皮猪屠体提升上轨道后，应在生产线上设置人工修割残皮的操作位置。

5.4.9 使用剥皮机时，剥下的皮张应有自动输送设备将其运至暂存间。手工剥下的皮张也应及时运出。

5.4.10 车间内应配备盛放头、蹄、尾的容器和运输设备，以及相应的清洗消毒设施。

5.5 胴体加工

5.5.1 胴体加工与兽医卫生检验宜按下列程序进行：

头部与体表检验后的猪屠体→雕圈→猪屠体挑胸、剖腹→割生殖器、摘膀胱等→取肠胃→寄生虫检验采样→取心肝肺→冲洗→胴体初验→合格胴体去头、尾→劈半→去肾、板油、蹄→修整→二分胴体（片猪肉）复验→过磅计量→二段冷却→成品鲜销、分割或入冷却间。

可疑病胴体转入叉道或送入疑病胴体间待处理。

5.5.2 从取肠胃开始至胴体初验，其间工序应采用胴体和内脏同步运行方法或采用统一对照编号方法进行检验。

Ⅰ、Ⅱ级屠宰车间应采用带同步检验的设备。Ⅱ、Ⅳ级屠宰车间可采用统一对照编号方法进行检验的设备。Ⅲ级屠宰车间采用悬挂输送机时，宜采用带同步检验的设备。

5.5.3 内脏同步线上的盘、钩或同步检验平面输送机上的盘子，在循环使用中应设有热水消毒装置。热水出口处应有温度指示装置。

5.5.4 同步检验输送线的长度应与取内脏、寄生虫检验、胴体初验等有关工序所需长度相对应。

5.5.5 悬挂输送内脏检验盘子的间距不应小于 0.80 m，盘子底部距操作人员踏脚台面的高度宜取 0.80 m。挂钩距踏脚台面的高度宜取 1.40 m。

5.5.6 劈半工具附近应设有方便使用的 82 ℃热水消毒设施。

5.5.7 使用输送滑槽输送原料时，应配备必需的清洗消毒设施。

5.5.8 Ⅰ、Ⅱ级胴体劈半后应布置编号及可追溯的操作位置，并应在悬挂输送线上或手推轨道上安排修整工序的操作位置。

5.5.9　Ⅰ、Ⅱ级屠宰车间过磅间外应设置电子轨道秤及读码装置。Ⅲ、Ⅳ级屠宰车间可使用普通轨道秤。

5.5.10　胴体整理工序中产生的副产品及废弃物，应有专门的运输装置运送。

5.5.11　二分胴体（片猪肉）销售后返回的叉挡及运输上述副产品的车辆，应进行清洗消毒。

5.5.12　二分胴体（片猪肉）加工间应设有输送胴体至鲜销发货间的轨道，还应设置输送胴体至快速冷却或冷却间的轨道。鲜销发货间二分胴体（片猪肉）悬挂间距每米不宜超过 3 头～4 头，轨道面距地面高度不应小于 2.50 m。

5.6　副产品加工

5.6.1　副产品包括心肝肺、肠胃、头、蹄、尾等，它们的加工应分别在隔开的房间内进行。Ⅳ级屠宰车间心肝肺的分离可在胴体加工间内与胴体加工线隔开的地方进行。

5.6.2　各副产品加工间的工艺布置应做到脏净分开、产品流向一致、互不交叉。

5.6.3　Ⅰ、Ⅱ级屠宰车间的肠胃加工间应采用接收工作台和带式输送机等加工设备，胃容物应采用气力输送装置。Ⅲ、Ⅳ级屠宰车间的肠胃加工间内应设置各类工作台、池进行肠胃加工。

5.6.4　副产品加工台四周应有高于台面的折边，台面应有坡度，并坡向排水孔。

5.6.5　带毛的头、蹄、尾加工间应设浸烫池、脱毛机、副产品清洗机及刮毛台、清洗池等设备。

5.6.6　加工后的副产品如进行冷却，应将其摆放在盘内送入冷却间。鲜销发货间内应设有存放副产品的台、池。

5.6.7　生化制药所需脏器应按其工艺要求安排加工及冷却，冷却间设置宜靠近副产品加工间。

5.7　分割加工

5.7.1　分割加工宜采用以下两种工艺流程：

　　a)　原料［二分胴体（片猪肉）］快速冷却→平衡→二分胴体（片猪肉）接收分段→剔骨分割加工→包装入库。

　　b)　原料［二分胴体（片猪肉）］预冷→二分胴体（片猪肉）接收分段→剔骨分割加工→产品冷却→包装入库。

5.7.2　采用悬挂输送机输送胴体时，其输送链条应采用无油润滑或使用含油轴承链条。

5.7.3　原料预冷间（或冷却间）内应安装悬挂胴体的轨道，每米轨道上应悬挂 3 头～4 头胴体，其轨道面距地面高度不应小于 2.50 m。轨道间距宜取 0.80 m。

5.7.4　原料［二分胴体（片猪肉）］先冷却后分割时，原料应冷却到中心温度不高于 7 ℃时方可进入分割剔骨、包装工序。

5.7.5　二分胴体（片猪肉）分段应符合以下规定：

　　a)　悬挂二分胴体（片猪肉）采用立式分段方法时，应设置转挂输送设备，应设置立式分段锯。

　　b)　悬挂二分胴体（片猪肉）采用卧式分段方法时，应设置胴体接收台，还应设置卧式分段锯。

　　c)　一级、二级分割车间应布置三段编号及可追溯的操作位置。

5.7.6　一级分割车间加工的原料和产品宜采用平面带式输送设备输送。其两侧应分别设置分割剔骨人员的操作台，输送机的末端应配备分检工作台。二级分割车间可只设置分割剔骨工作台。

　　排腔骨加工位置应设分割锯。

5.7.7　分割肉原料和产品的输送不得使用滑槽。

5.7.8　包装间内应根据产品需要设置各类输送机、包装机、包装工作台及捆扎机具等设施，以及设置不同的计量装置及暂时存放包装材料的台、架等。捆扎机具应设在远离产品包装的地方。

5.7.9　包装材料间内应设有存放包装材料的台、架，并设有包装材料消毒装置。

5.7.10　分割车间应设有悬挂二分胴体（片猪肉）的叉挡和不锈钢挂钩的清洗消毒设施。

5.7.11　分割剔骨间及包装间使用车辆运输时，应留有通道及回车场地。

5.7.12　分割间、包装间内运输车辆只限于内部使用，必须输送出车间的骨头等副产品应设置外部车辆，在车间外接收。

6　兽医卫生检验

6.1　兽医检验

6.1.1　屠宰与分割车间的工艺布置必须符合兽医卫生检验程序和操作的要求。

6.1.2 宰后检验应按顺序设置头部、体表、内脏、寄生虫、胴体初验、二分胴体（片猪肉）复验和可疑病肉检验的操作点。各操作点的操作区域长度应按每位检验人员不小于 1.50 m 计算，踏脚台高度应适合检验操作的需要。

6.1.3 头部检验操作点应设置在放血工序后或在体表检验操作点前，检验操作点处轨道平面的高度应适合检验操作的需要。

6.1.4 体表检验操作点应设置在刮毛、清洗工序后。

6.1.5 在摘取肠胃后，应设置寄生虫采样点。

6.1.6 胴体与内脏检验应符合下列规定：

    a) Ⅰ、Ⅱ级屠宰车间，应设置同步检验装置，在此区间内应设置收集修割物与废弃物的专用容器，容器上应有明显标记。

    b) Ⅲ、Ⅳ级屠宰车间，可采用胴体与内脏统一编号对照方法检验，心肝肺可采用连体检验。在内脏检验点处应设检验工作台、内脏输送滑槽及清洗消毒设施。

    c) 检验轨道平面距地面的高度不应小于 2.50 m。

6.1.7 在劈半与同步检验结束后的生产线上，必须设置复验操作。

6.1.8 胴体在复验后，必须设置兽医卫生检验盖印操作台。

6.2 检验设施与卫生

6.2.1 在待宰间附近，必须设置宰前检验的兽医工作室和消毒药品存放间。在靠近屠宰车间处，必须设置宰后检验的兽医工作室。

6.2.2 在头部检验、胴体检验和复验操作的生产线轨道上，必须设有疑病猪屠体或疑病猪胴体检验的分支轨道。分支轨道应与生产线的轨道形成一个回路，Ⅰ、Ⅱ级屠宰车间该回路应设在疑病猪胴体间内，疑病猪胴体间的轨道应与病猪胴体间轨道相连接。

6.2.3 在疑病猪屠体或疑病猪胴体检验的分支轨道处，应安装有控制生产线运行的急停报警开关装置和装卸病猪屠体或病猪胴体的装置。

6.2.4 在分支轨道上的疑病猪屠体或疑病猪胴体卸下处，必须备有不渗水的密闭专用车，车上应有明显标记。

6.2.5 本规范第 6.1.2 条列出的各检验操作区和头部刺杀放血、预剥皮、雕圈、剖腹取内脏等操作区，必须设置有冷热水管、刀具消毒器和洗手池。

6.2.6 Ⅰ、Ⅱ、Ⅲ级屠宰车间所在厂应设置检验室，检验室应设有专用的进出口。检验室应设理化、微生物等常规检验的工作室，并配备相应的检验设备和清洗、消毒设施。

6.2.7 屠宰车间必须在摘取内脏后附近设置寄生虫检验室，室内应配备相应的检验设备和清洗、消毒设施。

6.2.8 凡直接接触肉品的操作台面、工具、容器、包装、运输工具等，应采用不锈钢金属材质或符合食品卫生的塑料制作，符合卫生要求，并便于清洗消毒。

6.2.9 各生产加工、检验环节使用的刀具，应存放在易清洗和防腐蚀的专用柜内收藏。

7 制冷工艺

7.1 胴体冷却

7.1.1 二分胴体（片猪肉）冷却间设计温度应取（2±2）℃，出冷却间的二分胴体（片猪肉）中心温度不应高于 7 ℃，冷却时间不应超过 20 h。进冷却间二分胴体（片猪肉）的温度按 38 ℃计算。

7.1.2 采用快速冷却二分胴体方法时，宜设置快速冷却间及（冷却物）平衡间。快速冷却间内二分胴体（片猪肉）冷却时间可取 90 min。平衡间设计温度宜取（2±2）℃。平衡时间不应超过 18 h，二分胴体（片猪肉）中心温度不应高于 7 ℃。

7.2 副产品冷却

7.2.1 Ⅰ、Ⅱ级屠宰车间副产品冷却间设计温度宜取－4 ℃，副产品经 20 h 冷却后中心温度不应高于 3 ℃。

7.2.2 Ⅲ、Ⅳ级屠宰车间副产品冷却间设计温度宜取 0 ℃，副产品经 20 h 冷却后中心温度不应高于 7 ℃。

7.3 产品的冻结

7.3.1 市销分割肉冻结间的设计温度应为－23 ℃，冻结终了时肉的中心温度不应高于－15 ℃。对于出口的分割肉，分割肉冻结间的设计温度应为 −35 ℃，冻结终了时肉的中心温度不应高于 −18 ℃。

7.3.2　包括进出货时间在内，副产品冻结间时间不宜超过 48 h，中心温度不宜高于 −15 ℃。

7.3.3　冻结产品如需更换包装，应在冻结间附近安排包装间，包装间温度不应高于 0 ℃。

8　给水排水

8.1　给水及热水供应

8.1.1　屠宰与分割车间生产用水应符合现行国家标准《生活饮用水卫生标准》GB 5749 的要求。

8.1.2　屠宰与分割车间的给水应根据工艺及设备要求保证有足够的水量、水压。屠宰与分割车间每头猪的生产用水量按 0.40 m³～0.60 m³ 计算。水量小时变化系数为 1.5～2.0。

8.1.3　屠宰与分割车间根据生产工艺流程的需要，在用水位置应分别设置冷、热水管。清洗用热水温度不宜低于 40 ℃，消毒用热水温度不应低于 82 ℃，消毒用热水管出口处宜配备温度指示计。

8.1.4　屠宰与分割车间内应配备清洗墙裙与地面用的高压冲洗设备和软管，各软管接口间距不宜大于 25.00 m。

8.1.5　屠宰与分割车间生产用热水应采用集中供给方式，消毒用 82 ℃热水可就近设置小型加热装置二次加热。热交换器进水宜采用防结垢装置。

8.1.6　屠宰与分割车间内洗手池应根据《肉类加工厂卫生规范》GB 12694 及生产实际需要设置，洗手池水嘴应采用自动或非手动式开关，并配备有冷热水。

8.1.7　急宰间及无害化处理间应设有冷、热水管及消毒用热水管。

8.1.8　屠宰与分割车间内应设计量设备并有可靠的节水、节能措施。

8.1.9　屠宰车间待宰圈地面冲洗可采用城市杂用水或中水作为水源，其水质必须达到国家《城市杂用水水质》GB/T 18920 标准。城市杂用水或中水管道应有标记，以免误饮、误用。

8.2　排水

8.2.1　屠宰与分割车间地面不应积水，车间内排水流向宜从清洁区流向非清洁区。

8.2.2　屠宰车间及分割车间地面排水应采用明沟或浅明沟排水，分割车间地面采用地漏排水时宜采用专用除污地漏。

8.2.3　屠宰车间非清洁区内各加工工序的轨道下面应设置带盖明沟。明沟宽度宜为 300 mm～500 mm，清洁区内各加工工序的轨道下面应设置浅明沟，待宰间及回车场洗车台地面应设有收集冲洗废水的明沟。

8.2.4　屠宰车间及分割车间室内排水沟与室外排水管道连接处，应设水封装置，水封高度不应小于 50 mm。

8.2.5　排水浅明沟底部应呈弧形。深度超过 200 mm 的明沟，沟壁与沟底部的夹角宜做成弧形，上面应盖有使用防锈材料制作的箅子。明沟出水口宜设金属格栅，并有防鼠、防臭的设施。

8.2.6　分割车间设置的专用除污地漏应具有拦截污物功能，水封高度不应小于 50 mm。每个地漏汇水面积不得大于 36 m²。

8.2.7　屠宰车间内副产品加工间生产废水的出口处宜设置回收油脂的隔油器，隔油器应加移动的密封盖板，附近备有热水软管接口。

8.2.8　肠胃加工间翻肠池排水应采用明沟，室外宜设置截粪井或采用固液分离机处理粪便及有关固体物质。Ⅰ、Ⅱ级屠宰车间截留的粪便及污物宜采用气体输送至暂存场所。

8.2.9　屠宰与分割车间内排水管道均应按现行国家标准《建筑给水排水设计规范》GB 50015 的有关规定设置伸顶通气管。

8.2.10　屠宰与分割车间内各加工设备、水箱、水池等用水设备的泄水、溢流管不得与车间排水管道直接连接，应采用间接排水方式。

8.2.11　屠宰与分割车间内生产用排水管道管径宜比经水力计算的结果大 2 号～3 号。Ⅰ、Ⅱ级屠宰车间排水干管管径不得小于 250 mm，Ⅲ、Ⅳ级屠宰车间排水干管管径不得小于 200 mm，输送肠胃粪便污水的排水管管径不得小于 300 mm。屠宰与分割车间内生产用排水管道最小坡度应大于 0.005。

8.2.12　Ⅰ、Ⅱ级屠宰与分割车间室外排水管干管管径不得小于 500 mm，Ⅲ、Ⅳ级屠宰与分割车间室外排水管干管管径不得小于 300 mm。室外排水如采用明沟，应设置盖板。

8.2.13　屠宰与分割车间的生产废水应集中排至厂区污水处理站进行处理，处理后的污水应达到国家及当地有关污水排放标准的要求。

8.2.14 急宰间及无害化处理间排出的污水在排入厂区污水管网之前应进行消毒处理。

9 采暖通风与空气调节

9.0.1 屠宰车间应尽量采用自然通风，自然通风达不到卫生和生产要求时，可采用机械通风或自然与机械联合通风。通风次数不宜小于 6 次/h。

9.0.2 屠宰车间的浸烫池上方应设有局部排气设施，必要时可设置驱雾装置。

9.0.3 分割车间夏季空气调节室内计算温度取值如下：一、二级车间应取（10±2）℃；包装间夏季空气调节室内计算温度不应高于（10±2）℃；空调房间操作区风速应小于 0.20 m/s。

9.0.4 凡在生产时常开的门，其两侧温差超过 15 ℃时，应设置空气幕或其他阻隔装置。

9.0.5 空气调节系统的新风口（或空调机的回风口）处应装有过滤装置。

9.0.6 在采暖地区，待宰冲淋间、致昏刺杀放血间、浸烫剥皮间、胴体加工间、副产品加工间、急宰间等冬季室内计算温度宜取 14 ℃～16 ℃。分割剔骨间、包装间冬季室内计算温度应与夏季空气调节室内计算温度相同。

9.0.7 屠宰车间每头猪的生产用气量应符合表 9.0.7 的规定：

表 9.0.7 每头猪用气量（kg/h）

序号	等级	用气量
1	Ⅰ级	2～1.4
2	Ⅱ级	3～2
3	Ⅲ、Ⅳ级	4～3

9.0.8 屠宰车间及分割包装间的防烟、排烟设计，应按现行国家标准《建筑设计防火规范》GB 50016 执行。

9.0.9 制冷机房的通风设计应符合下列要求：

a) 制冷机房日常运行时应保持通风良好，通风量应通过计算确定，且通风换气次数不应小于 3 次/h。当自然通风无法满足要求时应设置日常排风装置。

b) 氟制冷机房应设置事故排风装置，排风换气次数不应小于 12 次/h。氟制冷机房内的事故排风口上沿距室内地坪的距离不应大于 1.20 m。

c) 氨制冷机房应设置事故排风装置，事故排风量应按 183 m³/（m²·h）进行计算确定，且最小排风量不应小于 34 000 m³/h。氨制冷机房内的排风口应位于侧墙高处或屋顶。

d) 制冷机房的排风机必须选用防爆型。

9.0.10 制冷机房内严禁明火采暖。设置集中采暖的制冷机房，室内设计温度不应低于 16 ℃。

10 电气

10.0.1 屠宰与分割车间用电设备负荷等级应按以下要求进行划分：

Ⅰ、Ⅱ级屠宰与分割车间的屠宰加工设备、制冷设备及车间应急照明属于二级负荷，其余用电设备属于三级负荷。

Ⅲ、Ⅳ级屠宰与分割车间的用电设备均属于三级负荷。

10.0.2 屠宰与分割车间应由专用回路供电，Ⅰ、Ⅱ级屠宰与分割车间动力与照明宜分开供电，Ⅲ、Ⅳ级屠宰与分割车间可合一供电。

10.0.3 屠宰与分割车间配电电压应采用 AC220/380 V。新建工程接地型式应采用 TN-S 或 TN-C-S 系统，所有电气设备的金属外壳应与 PE 线可靠连接。扩建和改建工程，接地型式宜采用 TN-S 或 TN-C-S 系统。

10.0.4 屠宰与分割车间应按洁净区、非洁净区设配电装置，宜集中布置在专用电气室中。当不设专用电气室时，配电装置宜布置在通风及干燥场所。

10.0.5 当电气设备（如按钮、行程开关等）必须安装在车间内多水潮湿场所时，应采用外壳防护等级为 IP55 级的密封防水型电气产品。

10.0.6 手持电动工具、移动电器和安装在多水潮湿场所的电气设备及插座回路均应设漏电保护开关。

10.0.7　屠宰与分割车间照明方式宜采用分区一般照明与局部照明相结合的照明方式，各照明场所及操作台面的照明标准值不宜低于表 10.0.7 的规定。

表 10.0.7　车间照明标准值、功率密度值

照明场所	照明种类及位置	照度（lx）	显色指数（Ra）	照明功率密度（W/m²）
屠宰车间	加工线操作部位照明	200	80	10
	检验操作部位照明	500	80	20
分割车间、副产品加工间	操作台面照明	300	80	15
	检验操作台面照明	500	80	25
寄生虫检验室	工作台面照明	750	90	30
包装间	包装工作台面照明	200	80	10
冷却间	一般照明	50	60	4
待宰间、隔离间	一般照明	50	60	4
急宰间	一般照明	100	60	6

10.0.8　照明光源的选择应遵循节能、高效的原则，屠宰与分割车间宜采用节能型荧光灯或金属卤化物灯，照明功率密度值不应大于本规范表 10.0.7 的规定。

10.0.9　屠宰与分割车间应在封闭车间内及其主通道、各出口设应急照明和疏散指示灯、出口标志灯。应急电源的连续供电时间不应少于 30 min。

10.0.10　屠宰与分割车间照明灯具应采用外壳防护等级为 IP55 级带防护罩的防潮型灯具，防护罩应为非玻璃制品。待宰间可采用一般工厂灯具。

10.0.11　屠宰与分割车间动力与照明配线应采用铜芯塑料绝缘电线或电缆，移动电器应采用耐油、防水、耐腐蚀性能的铜芯软电缆。

10.0.12　屠宰车间内敷设的导线宜采用电缆托盘、电线套管敷设，电缆托盘、电线套管应采取防锈蚀措施。

10.0.13　分割车间宜采用暗配线，照明配电箱宜暗装。当有吊顶时，照明灯具宜采用嵌入式或吸顶安装。

10.0.14　屠宰与分割车间属多水作业场所，应采取等电位联接的保护措施，并在用电设备集中区采取局部等电位联接的措施。

10.0.15　屠宰与分割车间经计算需进行防雷设计时，应按三类防雷建筑物设防雷设施。

本规范用词说明

1　为便于在执行本规范条文时区别对待，对要求严格程度不同的用词说明如下：
　　1)　表示很严格，非这样做不可的；
　　　　正面词采用"必须"，反面词采用"严禁"；
　　2)　表示严格，在正常情况下均应这样做的；
　　　　正面词采用"应"，反面词采用"不应"或"不得"；
　　3)　表示允许稍有选择，在条件许可时首先应这样做的；正面词采用"宜"，反面词采用"不宜"；
　　4)　表示有选择，在一定条件下可以这样做的，采用"可"。
2　条文中指明应按其他有关标准执行的写法为："应符合……的规定"或"应按……执行"。

引用标准名录

《建筑设计防火规范》GB 50016
《生活饮用水卫生标准》GB 5749
《建筑给水排水设计规范》GB 50015
《肉类加工工业水污染物排放标准》GB 13457
《生猪屠宰操作规程》GB/T 17236
《畜禽病害肉尸及其产品无害化处理规范》GB 16548
《肉类加工厂卫生规范》GB 12694
《畜类屠宰加工通用技术条件》GB/T 17237
《生猪屠宰产品品质检验规程》GB/T 17996
《城市杂用水水质标准》GB/T 18920

中华人民共和国国家标准
猪屠宰与分割车间设计规范

GB 50317—2009

条文说明

修订说明

一、 修订标准的依据

本规范根据中华人民共和国建设部"关于印发《2008年工程建设标准规范制订、修订计划（第一批）》的通知"（建标〔2008〕102号）的要求，由国内贸易工程设计研究院会同有关单位在原国家标准《猪屠宰与分割车间设计规范》GB 50317—2000基础上共同修订编制而成。

二、 修订标准的目的和内容

1. 目的

进入21世纪以来，随着中国经济蓬勃发展，人民收入日益提高，随着中国畜牧业，尤其是猪肉产业的长足发展，中国猪肉加工业也随之发展到一个新阶段，肉类食品安全、坚持执行猪肉加工卫生标准和产品标准更加重要，为贯彻执行国务院提出的"食品安全及食品质量"的精神，进一步加强生猪屠宰行业的管理水平，确保猪肉的产品质量。根据目前猪屠宰企业的发展状况，原标准实施8年多以来，有些条文已不符合当前猪屠宰行业的发展需要因此，对《猪屠宰与分割车间设计规范》的修订是非常及时的。

2. 内容

（1）对猪屠宰车间小时屠宰量的分级范围进行调整或限定，分割车间按小时量分为三级；

（2）术语中增加了二氧化碳致昏和低压高频的致昏方式，增加了快速冷却间、平衡间；

（3）屠宰工艺中增加二氧化碳麻电、蒸汽烫毛、燎毛、刮黑、消毒等工艺要求；增加屠宰过程中的可追溯环节；

（4）新增制冷工艺章节，增加猪肉的两段冷却工艺及副产品冷却工艺；

（5）增加生物无害化处理等内容。

修订后的规范，厂址选择和总平面布置更加合理，一级和二级猪屠宰和分割加工企业达到了国际上屠宰行业的先进水平。

三、 本规范修订过程

根据项目要求，于2008年1月组建了规范修订起草小组。由从事多年食品加工设计的专业技术人员10人组成，全部是教授级高工。"规范"编制组成立后，查阅了国内外的有关文献资料，于2008年2月提出编写大纲的要求，各专业制定出编制内容及完成计划。

2008年4月组织到河南双汇集团、上海五丰上食食品有限公司、北京顺鑫农业股份有限公司鹏程食品分公司、北京千喜鹤集团公司、香港上水屠房等加工厂调研和资料的收集工作，2008年5月底完成"规范"初稿。在设计院内听取了各专业的意见。

2008年6月底在本院各专业讨论"规范"编制初稿的基础上，修改完成"征求意见稿"。7月向有关主管部门、相关学会、设计单位、生产企业等单位及个人寄出"规范"（征求意见稿）14份，有7个单位提出了96条（其中重复条款有10条）修改意见。"规范"起草组根据返回的意见，认真地对"规范"进行了修改，形成送审稿，报送有关主管部门。2008年11月，商务部组织召开了"规范"（送审稿）审查会，并根据专家提出的意见进行了修改完善。

1　总则

1.0.4　根据目前全国猪屠宰场加工的现状，将屠宰厂按小时屠宰量分为四级。其中Ⅰ、Ⅱ级屠宰车间所在厂多为大中型企业，按班屠宰量计为 3 000 头以上（按小时屠宰量计，应大于每小时 120 头，一班按 7 h 计），这些企业中有的以生产熟肉制品为主，有的以生产冷却肉和分割肉产品为主，有的以销售鲜肉为主。Ⅲ、Ⅳ级屠宰车间所在厂多为小型企业，按班屠宰量计为 300 头～500 头，一般为县以上屠宰厂，供应品种以销售鲜肉为主。Ⅳ级以下屠宰车间宜控制。

本条采用小时屠宰量分级的原因：

a)　选用的设备是根据小时屠宰量计算的。

b)　一些屠宰厂往往只屠宰 4 h 左右，小时屠宰量较大，若按班屠宰量计则与实际有出入。

b)　这种计算方法与国外相一致。

c)　采用小时分割量与屠宰量一致，现屠宰分割车间是按小时分割的头数计算。

1.0.5　本条是考虑到出口注册厂的特殊性制定的。

1.0.6　本条规定了本规范与其他有关规范的关系。

屠宰与分割车间工程设计，除执行《中华人民共和国食品安全法》、《中华人民共和国动物防疫法》、《中华人民共和国环境保护法》、《生猪屠宰管理条例》（中华人民共和国国务院令第 525 号）和本规范外，还需同时执行相关的标准、规范。目前有关屠宰与卫生方面要求的标准和规范主要有：《生猪屠宰操作规程》GB/T 17236、《畜类屠宰加工通用技术条件》GB/T 17237、《生活饮用水卫生标准》GB 5749、《肉类加工厂卫生规范》GB 12694、《肉类加工工业水污染物排放标准》GB 13457 及《畜禽病害肉尸及其产品无害化处理规程》GB 16548 等。

2　术语

2.0.27　抛光机。由于各国使用语言的差异，对这台机器有的称为抛光和最终（清洗）机，也有的就称为清洗机，为区别一般清洗机，本术语采用抛光机，以表示燎毛后该机器的作用。

2.0.34　平衡间。Ⅰ、Ⅱ级屠宰车间采用快速冷却时，第二段的冷却间也称为平衡间。

3　厂址选择和总平面布置

3.1　厂址选择

3.1.1　屠宰加工厂的原料区、屠宰车间前区和副产加工区、无害化处理间及污水处理站等都散发有明显异味并严重污染空气的气体，因此厂址不得建于城市中心地带，同时应避免其对城市水源及居住区的污染。根据环保部门要求，屠宰加工厂的生产污水必须经过污水处理站处理后才能排放。厂址与厂外污水排放设施的距离不宜过远。

卫生防护距离参见《肉类联合加工厂卫生防护距离标准》GB 18078—2000。若只建设分割车间，不设屠宰、副产车间，则可不受风向、卫生防护距离限制。

3.1.2　为保证肉食品安全，对厂区周边卫生环境方面提出要求是必要的。本条为强制性条文。

3.2　总平面布置

3.2.1　为保证食品卫生，防止活猪、废弃物等污染肉品，强调活猪、废弃物与产品和人员出入口需单独设置，因此，厂区至少应设 2 个出入口。废弃物若用密闭车辆运输，可与活猪共用出入口。

3.2.2　工艺流程顺畅、洁污分区明确是保证肉品质量的必要条件，本条为强制性条文。

3.2.3　本条对屠宰、分割车间与厂内有关建（构）筑物的防护距离作了较大修改，不再规定防护距离的具体数值，仅提出了原则性的要求，理由如下：

a)　原条文中防护距离的数值是参考 20 世纪 60～70 年代苏联相关标制定的，现已不符合我国当前经济形势发展和节省用地的要求。

b)　原条文中规定的防护距离数值偏大，在许多地区都难以执行。另据调查，现在国外对肉类加工企业也无此类具体规定。

3.3　环境卫生

3.3.2　本条规定在厂区道路两侧及建筑四周空地宜进行绿化，这对提高厂区空气清洁度、改善环境卫生条件无疑是有益的。

3.3.4 由于畜类、废弃物等也是屠宰厂或肉联厂内较明显的污染源，故作此条规定。

3.3.5 为了防止运输车辆的车轮将厂外污染物带入厂内，所以规定车辆进厂时必须经过消毒池消毒。

4 建筑

4.1 一般规定

4.1.1~4.1.9 这几条是为保证建筑设计能做到满足肉品卫生的要求而规定的，并与当前国外同类厂的要求与标准是基本一致的。

4.1.6 车间内的门、窗及窗台的构造要求方便清洗和维护，易保持车间的洁净。

4.2 宰前建筑设施

4.2.2 赶猪道坡度应小于 10.0％的规定是综合各地赶猪道的情况，在原商业部设计院编写的《商业冷藏库设计技术规定》基础上确定的。这次修编规范时又对此作了调查和复核。因各地猪种不同，猪的爬坡能力也不一样，具体设计时可根据当地情况适当加以调整。

4.2.5 待宰间的容量按 1.00 倍～1.50 倍班宰量计算，是根据我国屠宰有淡旺季生产的实际情况确定的。我国养猪多为农民散养，旺季日收猪量超过正常班宰量，因此待宰间的面积不能按正常一个班的班宰量计算。每头猪占地面积（不包括待宰间内赶猪道）按 0.60 m²～0.80 m² 计算，是考虑到各地区因猪种不同而给出的一个范围，便于设计时选用。本条是为了使猪在宰杀前具有良好的待宰环境，从根本上保证肉品的质量制定的。

4.2.6 隔离间的面积，根据近年实际情况看，各地差别较大，因此本条作出了具体规定。

4.2.7 赶猪道两侧墙定为 1.00 m，是根据对多数厂的调查后确定的。

4.2.8 为了使活猪宰前体表清洁，在进入屠宰车间前应通过冲淋，去掉污物。由于各地猪源及饲养条件的差异，所以对冲淋时间不作规定。冲淋间的大小，是以冲淋后能保证屠宰的连续性、均匀性为前提设置的。

4.3 急宰间、无害化处理间

4.3.1~4.3.3 这三条是根据原《猪屠宰与分割车间设计规范》GB 50317—2000 的规定，并考虑近年来国内部分企业在生产实践及卫生要求上所必须具备的条件修订的。为与国外接轨，对原车间名称作了个别更改，但性质内容未变。

4.4 屠宰车间

4.4.1 原本条规定屠宰车间的面积大小与原商业部设计院编制的《商业冷藏库设计技术规定》中提出的面积大小比较如下（见表 1）：

表 1 每头猪占地面积（m²）

班宰量（头）	2 000 及以上	1 000~2 000	500~1 000	200~500
原本条规定	1.20~1.00	1.40~1.20	1.60~1.40	1.80~1.60
《技术规定》	1.20	1.20	1.20~1.40	—

从上表看出，班宰量在 500 头～2 000 头之间的屠宰车间每头猪增加 0.20 m²。其原因是近年来根据国外兽医专家建议，检验方法由分散检验改为同步检验或对号集中检验方法，增加了同步检验线，与此同时，将旋毛虫检验室和疑病猪胴体都安排布置在生产线附近。此外，为了避免交叉污染又增加了输送设备，加宽了运输通道，因此增加了车间的使用面积。

本次修订数据系根据上表换算成 1 h 的屠宰量，结合近年实践和调查制定。

4.4.2 为了提高胴体发货过程的环境卫生状况，减少对肉品的污染，保证冷链连续，特提出发货间设封闭发货口的措施。

胴体发货间及副产品发货间的面积是按发货量来确定的，但由于各地情况不一，所以本条对其面积未作具体规定。

4.4.4 国外屠宰车间多为单层建筑，在处理加工过程中产生非食用肉、内脏、废弃物时，应将清洁的原料、半成品与能引起污染的物料分开，以保证加工产品质量。因此采用单层设计时，应注意安排好非清洁物料的流向。

国外屠宰车间一般采用大跨度，车间内很少有柱子，便于工艺设计布置。本条结合国内情况，提出柱距不宜小于 6.00 m（主要针对多层厂房），单层宜采用较大跨度，层高应能满足通风、采光、设备安装、维修和生产的要求。

4.4.6 由于电击深度不够或电击后停留时间过长，部分猪在宰杀放血后会苏醒挣扎，造成血液飞溅至墙壁高处。所以，此段墙裙高度规定不应低于放血轨道的高度，目的是便于冲洗墙面血污，保持车间卫生。

4.4.10 有些厂旋毛虫检验室与旋毛虫检验采样处相距较远，采集的肉样不能及时进行检验并取得结果，待发现问题时，该胴体已与其他健康合格的胴体混在一起，易发生交叉污染。因此，本条规定检验室应靠近采样处，在对号或同步检验完成前，旋毛虫检验已出结果，这样可避免交叉污染发生。

4.4.16 燃料储存间为单层建筑、靠车间外墙布置及对外设有出入口等都是为了防火和避免发生人身安全事故制定的。燃料间防火要求按现行国家标准《建筑设计防火规范》GB 50016 有关条文执行。

4.5 分割车间

4.5.3 根据原商业部食品局组织编制的《分割肉、肉制品生产车间设计标准基本要求》和原商业部基建司编制的《关于建设分割肉车间和小包装车间技术标准的若干规定》，结合我院多年承接分割车间工程设计的实际情况调查，认为前两个文件中提出的设计技术标准和基本规定中的面积比较小，现屠宰分割车间是按小时分割头数计算，因此将原行业规范中的车间面积改成按平均每头建筑面积计算较为合理，同屠宰车间的建筑面积计算一致。

4.5.5~4.5.8 分割车间中各类需制冷房间的设计温度是根据理论与实践两方面因素并参考国外标准，以保证达到肉质要求制定的。

4.5.9 对于分割剔骨间、包装间是否应设吊顶，始终存在两种不同意见，主张设与不设其出发点都是为了保证车间内的清洁卫生。但从调查中发现，设有吊顶的车间由于受气候、环境（车间湿度）以及车间温度可能出现变化（暂时歇产、倒班）或其他原因，造成车间吊顶出现发霉或结露，反而达不到清洁的目的，因此规范修订组认为不宜设吊顶。在本规范送审稿审定会上，部分代表提出，随着冷分割工艺的采用，车间温度降低到6 ℃～12 ℃，因此应对围护结构做隔热处理，屋顶隔热可采用吊顶方法解决，同时还具有清洁美观的效果。随着吊顶材料的更新，防霉的问题也会得到解决，只要加强管理，使用吊顶还是利大于弊，所以本规范改为宜设吊顶。

4.6 职工生活设施

4.6.1 本条文中的规范、标准系指《肉类加工厂卫生规范》GB 12694—1990、《食品企业通用卫生规范》GB 14881—1994、2002 年 5 月 20 日实施的《出口食品生产企业卫生要求》和 2003 年 12 月 31 日实施的《出口肉类屠宰加工企业注册卫生规范》。

4.6.3 既然屠宰车间非清洁区、清洁区和分割车间的生产线路已明确划分开，因此其生产人员线路也应划分开，以防止对产品的交叉污染。

4.6.4 厕所本身的卫生条件和设施，直接关系到其所在生产企业的卫生状况，对于食品加工企业来说更是如此。因此，对厕所作出相关规定是极其必要的。

5 屠宰与分割工艺

5.1 一般规定

5.1.1 屠宰能力按全年不少于 250 个工作日计算，过去是根据我国以收购农民散养猪为主的情况确定的，农民售猪有季节性，形成了生产淡旺季。现在虽然养猪场和养猪专业户在全国已有一定的发展，正在改变收购生猪的淡旺季特点，但我国养猪业这些年来总是呈现波浪式起伏变化，均衡发展生产还未形成，所以规定应根据各地实际情况确定。

5.1.2 为保证肉品卫生安全设置宰前检疫及可追溯编码等。

5.1.4 活猪刺杀后体内热量不易散发，加速了脏器、特别是肠胃的腐败过程，为保证肉品质量，应尽早剖腹取出内脏，尽快结束胴体加工过程，以保证肉品的新鲜程度。欧盟对肉类加工的卫生要求也作了相应的规定。本条是根据我国实际情况并参照国外标准制定的。

5.1.5 胴体采用悬挂方式运输的目的主要是为了肉品的卫生，悬挂胴体还易于热量的散发，因此胴体的暂存和冷却都采用悬挂方式。

5.2 致昏刺杀放血

5.2.1 猪在输送过程中由于使用了不正确的方法，使其神经紧张，受到了强刺激，造成电击昏后屠宰放血不净或产生 PSE 肉（渗水白肌肉）及 DFD 肉（肉表面干燥，色深暗）。为此，对宰前猪的休息、赶猪及输送都提出了要求，同时对检验方式提出了要求。

5.2.3 利用盐水导电性能好的特点，保证电击致昏的时间。

5.2.4 采用全自动低压高频三点式击昏或 CO_2 致昏方法可减少 PSE 肉，提高肉品质量，但会相应增加设备投资。

5.2.5 本条规定是为了控制猪被电击昏的程度，创造最佳放血条件制定的。本条为强制性条文。

5.2.6 猪的大量放血是在最初的 1 min～2 min 之内，2 min 之内放出的血量约占全部出血量的 90%，以后为间断出血和滴血，5 min 后滴血已经很少，所以放血时间按不少于 5 min 来确定。本条为强制性条文。

    a) 为避免增加挂猪密度，产生交叉污染；

    b) 防止冲洗地面时，脏水溅到胴体上；

    c) 为保证产品质量而制定强制性条文。

5.2.7 猪刺杀放血 3 min 后处于滴血状态，所以按 3 min 放血时间确定放血槽长度。

5.2.8 本条是为猪屠体进入浸烫池或预剥皮输送机时有一个清洁的体表面，尽量减少污染环节，所以要求设置洗猪机械，这与国外先进的屠宰工艺要求一致。

5.3 浸烫脱毛加工

5.3.2 隧道式蒸汽烫毛机是目前国际上采用的先进设备，猪由吊链悬挂在输送机上通过蒸汽烫毛隧道，在烫毛过程中，加热加湿从下方向上流动在猪体上冷凝。空气由蒸汽加热到 60° 并由热水加湿，蒸汽的循环由风扇和风道进行。运河烫池浸烫方法是国外 20 世纪 70 年代采用的设备，在浸烫过程中，猪屠体挂脚链不松开，被悬挂输送机拖动在浸烫池中行进，完成浸烫后再提升至脱毛机前气动落猪装置外，整个浸烫过程无需人工操作。这两种方式适用于品种相同、体重较为一致的猪屠体依次浸烫，不同品种和体重不同的猪屠体浸烫要另行调整时间和水温。国内已有厂家生产此种设备，Ⅰ、Ⅱ级屠宰车间使用较为适宜。

    这两种设备是隧道和烫池上有密封盖，保温效果好、节能，同时减少生产中的雾气散发，无交叉污染。

5.3.4 脱毛机型式有多种，各地根据习惯选用设备，不作统一规定。

5.3.5 目前国内多数厂在脱毛机脱毛后使用清水池。将猪屠体浸泡在清水池中进行修刮残毛，可节省操作工体力。但由于在池中浸泡，池水对刺杀刀口附近的肉会造成污染，增加了胴体的修割量，减少了出肉率，所以在《对外注册肉联厂卫生与工艺基本要求的暂行规定》的说明中取消了清水池。但是使用刮毛输送机或把猪屠体挂在轨道上刮毛，也还存在一些问题，主要是劳动强度比在清水池中大，刮毛效果也不够理想，但可避免猪屠体进一步受到污染。在权衡利弊后，本规范取消了可使用清水池的提法。

5.3.11 预干燥机是为燎去猪屠体上未脱净的猪毛而设置的前加工设备。它采用鞭状橡胶或塑料条鞭打猪屠体，使其表面脱水、干燥，从而使燎毛设备节省能源消耗。

5.3.12 燎毛炉是国外常用设备，过去由于该机国内不生产，且能源消耗大，增加了生产成本，所以都采用人工喷打燎毛刮毛。随着生产的发展，卫生要求的提高，已有国内厂家向国外订货，准备采用燎毛炉。使用燎毛炉燎毛可使猪屠体表面温度增高，起到杀菌作用，也有利于猪屠体的表面清洁，有条件的Ⅰ、Ⅱ级屠宰车间可选用此种设备。

    通过燎毛炉内的一段悬挂轨道因燎毛火焰的烧烤而使温度升高，通常在采用圆管轨道时内部有冷却水流过对轨道进行冷却。

    根据防火规范的要求，燎毛炉使用的燃料要有单独的存放房间。

5.3.13 抛光机与预干燥机、燎毛炉是一套去除猪屠体残毛的设备，燎毛后的猪屠体在抛光机上刷去猪屠体上的焦毛和进行表面清洗，完成体表面的最后加工。以上设备为国外先进屠宰线必装设备。

5.3.16 猪屠体挂脚链在放血至浸烫（或剥皮）工位之间使用，摘下的脚链送回是为了循环使用。

5.4 剥皮加工

5.4.2 如果线速度超过 8.00 m/min 时，现有剥皮机剥皮速度将赶不上预剥皮的速度，使生产不协调，因此提出本条要求。

5.4.3 转挂台的作用有二：一是接收剥皮后的猪屠体，二是在转挂台的末端将剥皮后的猪屠体穿上叉挡，挂在提升机上，送入剥皮后的轨道。所以转挂台的长度与二者有关。如果预剥皮输送机上的猪屠体沿输送机前进方向猪臀部在后面时，转挂台还要有一个使猪屠体转向 180° 的作用，以便猪屠体的提升。

5.4.6　立式剥皮机前后各留 2.00 m 的手推悬挂轨道是为了剥皮的操作，靠人工预剥皮和剥完皮后推出剥皮机都需要留有手工操作位置。

5.5　胴体加工

5.5.1　本条是按现行国家标准《生猪屠宰操作规程》GB/T 17236 的要求制定的。对于出口注册厂，参照欧盟标准，采用在取心肝肺工序后立即进入胴体劈半工序，劈半后再进行兽医检验，为的是能看清脊椎处有无病变，检验一次完成。但国内许多厂都使用桥式劈半电锯，它不能放入同步检验线，所以在此情况下，国内兽医检验分为初验和复验，采用先检验未劈半胴体，待劈半后再做胴体复验。

5.5.2　控制生产线上每分钟均匀通过 6 头～8 头猪胴体，主要是保证兽医检验人员的必要检验时间和肉品质量，这个数据的采用，既能满足检验的必要时间，又不影响生产的速度，以 7 h 计算，一条生产线每班可屠宰 2 520 头～3 360 头猪。这个规定与欧盟规定的屠宰线上每分钟屠宰 6 头～8 头一致。

5.5.9　本条是根据现行国家标准《生猪屠宰操作规程》GB/T 17236 的要求而制定。

5.6　副产品加工

5.6.1　副产品中肠胃因包含内容物和粪便，必须在单独的隔间内进行加工；头、蹄、尾加工时要浸烫脱毛，也必须单独设置房间加工；而心肝肺则不同，健康猪打开胸腔时是无菌的，所以可在胴体加工间进行加工整理。为此，本条对Ⅳ级屠宰车间作了此项规定，主要考虑到生产量小，无需再专门设房间加工，但为了避免交叉污染，加工位置应与胴体生产线隔开。

5.7　分割加工

5.7.1　分割加工采用原料（胴体）先经冷却再分割的加工工艺，目的是为了保证肉品质量，国外企业也规定先冷却胴体再分割。

　　国内多数企业过去常采用原料先经预冷、再剔骨分割、最后冷却分割产品的加工工艺。

5.7.2　在分割车间内输送胴体的线路一般比较短，负荷较轻，可采用无油润滑链。本条编制目的是防止链条滴油污染肉品。

5.7.5　胴体接收分段通常有两种方法，国内过去多采用立式分段法，这时要求采用转挂线，通过立式锯分段。卧式分段法近年来采用较多，这与国外先进分割工艺一致。

5.7.6　分割剔骨加工在一级分割车间中，由于生产量大，要求使用输送机来保证生产流水线的正常运行，同时也为食品卫生创造良好的条件。二级分割车间加工量相对较小，使用不锈钢工作台也可满足需要。

5.7.7　因滑槽不能像屠宰车间那样及时清洗，为了产品卫生，特作本条规定。

6　兽医卫生检验

6.1　兽医检验

6.1.1　为保证肉制品的卫生安全而制定的强制性条文。

6.1.2、6.1.3　为满足兽医检验的要求而制定的强制性条文。

6.1.6　现在多数厂采用的是分散的检验方法，它是将猪屠体各部位由卫检人员分别检验，检验过的部位（如内脏器官）即可与猪胴体分离进入后一工序加工，一旦后序检验部位发现疾病时，已离体部位就找不到了，这就失去了从整体上综合判断的作用和控制疫病扩散的可能。

　　统一编号的对照检验方法是将胴体和内脏编上相同号码，内脏集中在专设检验台处检验，发现疾病时，可按编号找到相应的胴体和内脏进行综合判断处理。由此可见，把分散的检验，改为相对集中的对照检验或内脏与胴体同步检验是采用了更为先进的检验方法，它对我国屠宰厂兽医检验工作无疑将起到巨大的推动作用。

6.1.8　为满足兽医检验的要求而制定的强制性条文。

6.2　检验设施与卫生

6.2.6　根据《中华人民共和国食品卫生法》和食品卫生标准的有关规定，食品经营企业应对其生产企业的生产用水、生产加工的原料、半成品和产成品是否合格做出微生物、理化项目的法定检验。为承担其职责和任务，应设置检验室。Ⅳ级屠宰车间可将采集的样品送有关检验单位检验。

6.2.7　寄生虫检验室的设置是根据《肉品卫生检验试行规程》确定的，它是法定检验项目，检验方法以镜检法为主。近年来国外采用了一种快速简易检验寄生虫的方法，称为消化法。采用此种检验方法有先决条件，即必须有连续三年寄生虫检验检出率低于十万分之一至五十万分之一的记录地区，才可使用消化法。

我国目前市场上以销售热鲜猪肉为主，为了把住检验关，应采用镜检法来做寄生虫检验。

7 制冷工艺

7.1 胴体冷却

7.1.1 二分胴体中心温度低于 7 ℃可抑制细菌的繁殖。

7.1.2 调查中发现，快速冷却间设计温度大多采用−25 ℃～−20 ℃，冷却时间大致采用 70 min～100 min。

7.2 副产品冷却

7.2.1、7.2.2 这两条规定与目前国外标准一致。

7.3 产品的冻结

7.3.1 分割肉的冻结要在 24 h 之内完成，在−35 ℃冻结间内必须采用盘装包装，在冻结间内把肉冻好后，再进入包装间把盘装换成纸箱包装入库，目的是提高肉品质量。我国目前只有少数用于出口的分割肉冻结间，其内温度可达到这个水平。考虑到国内实际情况，只提出冻肉的终了温度，没有对冻结时间作统一规定。

7.3.2 副产品冻结时间要求比肉冻结时间要短，冻结后温度要低，目的也是保证获得好的质量。国外先进的标准要求副产品在 12 h 内冻到−18 ℃，使用平板冻结器可达到这一要求。结合我国情况，提出 24 h 冻结达到−18 ℃是可行的，只是冻结间库温要达到−23 ℃以下才行，执行起来也应无问题。

8 给水排水

8.1 给水及热水供应

8.1.1 本条是根据《中华人民共和国食品卫生法》及国家认监委《出口肉类屠宰加工企业注册卫生规范》（国认注函〔2003〕167 号）对食品加工用水水质的要求制定的。

8.1.2 原规范第 7.1.2 条规定：屠宰车间与分割车间每头猪生产用水量按 0.50 m³～0.70 m³ 计算。这次规范修订时，我们对全国屠宰加工企业实际生产用水量又进行了一次调查，从调查的资料来看，一方面，各企业实际用水量与原规范规定的数值相差不大，但是从大部分企业来看，加强节水意识及管理，用水量可大大减少。另一方面，由于国家加强定点屠宰，设计规模增大，用水标准相应减少。故这次规范将用水量标准调低一个档次，为0.40 m³～0.60 m³，生产用水量标准包括屠宰与分割车间的生活用水。

8.1.3 本条是根据国家认监委《出口肉类屠宰加工企业注册卫生规范》（国认注函〔2003〕167 号）第 7.3.4 条对车间消毒要求制定的。

8.1.9 本条主要是从节能减排方面考虑制定的。冲洗待宰圈面采用城市杂用水或中水作为水源能满足卫生要求。

8.2 排水

8.2.1、8.2.2 屠宰加工过程中污水排放比较集中，污水中含有大量的血、油脂、胃肠内容物、皮毛、粪便等杂物。为了满足车间卫生要求，地面水应尽快排出且不应堵塞。根据目前各厂实际运行情况，屠宰车间设明沟排水（或浅明沟）较好，一方面污物能及时排放，另一方面清洗卫生方便。

8.2.3 本条是根据屠宰工艺要求制定的。

8.2.4 设置水封装置是防止室外排水管道中有毒气体通过明沟窜入室内，污染车间内的环境卫生，本条为强制性条文。

8.2.6 分割车间可采用明沟（浅明沟）或专用除污地漏排水，专用除污地漏应带有网筐，首先将污物拦截于筐内，水从筐内流入下水管道，否则污物易堵塞下水管道。每个地漏排水的汇水面积参照国外有关标准确定为 36.00 m²。

8.2.8 屠宰加工中胃肠内容物及粪便都流入室外截粪井，每日截粪井都应出清运送，卫生条件较差，所以本条规定可采用固液分离机处理粪便及有关固体物质。并对Ⅰ、Ⅱ级屠宰车间提出宜安装气体输送装置送至暂存场所，这样可以减少对周边环境的污染。

8.2.10 间接排水指卫生设备或容器与排水管道不直接连接，以防止污浊气体进入设备或容器。本条为强制性条文。

8.2.11 本条是根据本行业屠宰污水排放比较集中、污物较多、管道宜堵塞等情况将管径放大的，从调查实际运行生产厂家，车间内管道及室外排水管道堵塞情况普遍，管内结垢（油垢）严重，按计算选择管径实际使用偏小，也不便于管道内清洗，故将管径放大。

8.2.14　急宰间及无害化处理间排出的污水和粪便应先收集、沉淀和消毒处理后，才准许排入厂区内污水管网。

9　采暖通风与空气调节

9.0.1　根据我国实际情况，屠宰车间应以自然通风为主，对于散发臭味多的加工间，如副产品肠胃加工间，换气次数不宜小于 6 次/h，如果达不到换气要求，就应辅助以机械通风。

9.0.2　本条是根据现行国家标准《采暖通风与空气调节设计规范》GB 50019—2003 第 5.1.9 条制定。

9.0.3　根据国家商检局《出口畜禽肉及其制品加工企业注册卫生规范》（国检监〔1995〕165 号），分割车间夏季空气调节室内计算温度应保持在 15 ℃以下。目前国际上普遍采用冷分割工艺，室内温度控制在 10 ℃左右。

9.0.4　分割及包装间温度常年一般在 10 ℃～12 ℃之间，车间人员及货物进出门时冷耗太大。为了节约能耗，在设计时门上应设置空气幕或其他装置。

9.0.5　为了保证食品和人员卫生安全，在食品加工车间有空调要求场合，空调系统新风吸入口及回风口应设过滤装置。

9.0.6　本条是根据现行国家标准《采暖通风与空气调节设计规范》GB 50019—2003 第 3.1.1 条制定。

9.0.7　本条参考了原商业部设计院编制的《冷藏设计统一技术措施》中有关用气量指标。条文表 9.0.7 中数据是指以烫毛为主的屠宰车间，若以剥皮为主时，其用气量酌情减少。

9.0.9　本条是对制冷机房的通风设计提出的具体要求。本条为强制性条文。

   a)　制冷机房日常运行时，一方面，为了防止制冷剂的浓度过大，应保证通风良好。另一方面，在夏季良好的通风可以排除制冷机房内电机和其他电气设备散发的热量，以降低制冷机房内温度，改善操作人员的工作环境。日常通风的风量，以消除夏季制冷机房内余热，取机房内温度与夏季通风室外计算温度之差不大于 10 ℃来计算。

   b)　事故通风是保障安全生产和保障工人生命安全的必要措施。对在事故发生过程中可能突然散发有害气体的制冷机房，在设计中应设置事故通风系统。氟制冷机房事故通风的换气次数与现行国家标准《采暖通风与空气调节设计规范》GB 50019 中的规定相一致。

   c)　氨制冷机房，在事故发生时如果突然散发大量的氨制冷剂，其危险性更大。国外相关资料制冷机房每平方米推荐的紧急通风量是 50.8L/s，紧急通风量最低值是 9 440 L/s。9 440 L/s 是基于假定某根管断裂，而使机房内氨浓度保持在 4% 以下的最小排风量。

9.0.10　当氨蒸气在空气中的含量达到一定比例时，就与空气构成爆炸性气体，这种混合气体遇到明火时会发生爆炸。一些氟利昂制冷剂蒸气接触明火时会分解成有毒气体——光气，对人有危害。因此规定制冷机房内严禁明火采暖。本条为强制性条文。

10　电气

10.0.1　屠宰与分割加工生产的正常运行，是确保肉品质量和食品卫生的关键环节，如供电不能保证，一旦停电，势必造成肉品加工生产停止，肉温上升，导致肉品变质，从而造成较大的经济损失。根据猪屠宰与分割加工产品质量标准和卫生标准的要求，为提高供电的可靠性，对Ⅰ、Ⅱ级屠宰与分割车间的屠宰加工设备、制冷设备及应急照明按二级负荷供电。

10.0.2　屠宰与分割车间是肉联厂或屠宰厂主要的用电负荷，为提高其供电的可靠性并便于独立核算，应采用专用回路供电。

10.0.3　屠宰与分割车间属多水潮湿场所，操作工人也经常带水作业，为提高用电安全，故规定此条内容。

10.0.4　根据现行国家标准《食品企业通用卫生规范》GB 14881 的有关规定及屠宰与加工车间潮湿多水的特点制定本条。

10.0.5　潮湿多水场所电气设备选型的一般要求。

10.0.6　为了提高安全用电水平的一般规定。

10.0.7　经对屠宰与分割车间照明照度的调查，根据现行国家标准《建筑照明设计标准》GB 50034 及《食品企业通用卫生规范》GB 14881 的有关规定，对屠宰与分割车间的照明标准值作出规定。考虑到设计时布灯的需要和光源功率及光通量的变化不是连续的实际情况，设计照度值与照度标准值可有－10％～＋10％的偏差。

10.0.8　经对屠宰与分割车间调查收集到的资料进行分析，根据现行国家标准《建筑照明设计标准》GB 50034 的要求对屠宰与分割车间照明光源的选择原则和照明功率密度值作出规定。

10.0.9　屠宰与分割车间属人员密集的工作场所，当突然停电时，为便于工作人员进行必要的操作和安全疏散制定本条。

10.0.10　根据现行国家标准《肉类加工厂卫生规范》GB 12694 的要求及为提高用电安全制定本条。

10.0.11　屠宰与分割车间属多油脂场所，且在对设备及地面进行卫生冲洗时，会使用一些具有一定腐蚀性的物质（如碱等），因此应选择适宜的导线或电缆，以提高电气线路的使用寿命。

10.0.12　根据屠宰车间潮湿多水的特点及肉品加工卫生标准制定本条。

10.0.13　分割车间属清洁区，在电气设计中应减少影响肉品卫生及车间美观的因素。

10.0.14　当发生接地故障时，为降低操作人员间接接触电压，以防止可能发生的人身安全事故，应采取等电位联接的保护措施。

10.0.15　根据现行国家标准《建筑物防雷设计规范》GB 50057 的规定，屠宰与分割车间属三类防雷建筑物。

中华人民共和国国家标准

GB 51225—2017

牛羊屠宰与分割车间设计规范

Code for design of cattle and sheep slaughtering and cutting rooms

2017-03-03发布/2017-11-01实施

中华人民共和国住房和城乡建设部
中华人民共和国国家质量监督检验检疫总局 联合发布

前　言

根据住房城乡建设部《关于印发〈2013年工程建设标准规范制订、修订计划〉的通知》（建标〔2013〕6号）的要求，规范编制组经广泛调查研究，认真总结实践经验，参考有关国际标准和国外先进标准，并在广泛征求意见的基础上，编制了本规范。

本规范共分11章，主要内容包括总则、术语、厂址选择和总平面布置、建筑、结构、屠宰与分割、兽医食品卫生检验、制冷工艺、给水排水、供暖通风与空气调节、电气等。

本规范中以黑体字标志的条文为强制性条文，必须严格执行。

本规范由住房城乡建设部负责管理和对强制性条文的解释，由农业部负责日常管理，由国内贸易工程设计研究院负责具体技术内容的解释。执行过程中如有意见或建议，请寄送国内贸易工程设计研究院技术质量管理部（地址：北京市右安门外大街99号，邮政编码：100069）。

本规范主编单位、参编单位、主要起草人和主要审查人：

主编单位：国内贸易工程设计研究院

参编单位：中国肉类协会
　　　　　北京出入境检验检疫局
　　　　　中国农业大学
　　　　　公安部天津消防研究所
　　　　　吉林长春皓月牛羊屠宰加工集团公司
　　　　　青岛建华食品机械制造有限公司
　　　　　荷兰MPS红肉屠宰有限公司
　　　　　SFK思夫科屠宰设备（上海）公司
　　　　　北京市京华泡沫塑料厂

主要起草人：单守良　邓建平　赵彤宇　詹前忠　金　涵
　　　　　　孔凡春　朱建平　陈锦远　张　伟　徐　宏
　　　　　　王尊岭　崔建云　郭　伟　何　彬　范德梓
　　　　　　党　军　谈新刚　刘国军

主要审查人：乔晓玲　徐永祥　吴建国　王成涛　张新玲
　　　　　　曹克昌　夏永高　朱绪荣　何　平　朱正钧
　　　　　　张玉雷　黄楚权　路世昌　王衍智　徐庆磊
　　　　　　李树君　藏华夏　杨建军　王瑞华

牛羊屠宰与分割车间设计规范

1 总则

1.0.1 为提高牛羊屠宰与分割车间的设计水平，满足食品加工安全与卫生的要求，制定本规范。

1.0.2 本规范适用于新建、扩建和改建的牛羊屠宰与分割车间的设计。

1.0.3 牛羊屠宰与分割车间设计必须符合卫生、安全、适用等基本条件，在确保操作工艺、卫生、兽医卫生检验符合要求的条件下，做到技术先进、经济合理、节约能源、维修方便。

1.0.4 牛羊屠宰车间与分割车间可按表 1.0.4 分级。

表 1.0.4 牛羊屠宰车间与分割车间分级

级别	牛（头/班）	羊（只/班）
大型	300 及以上	3 000 及以上
中型	150（含 150）～300	1 500（含 1 500）～3 000
小型	100（含 100）～150	500（含 500）～1 500

1.0.5 牛羊屠宰与分割车间的卫生要求除应符合本规范的规定外，还应符合现行国家标准《食品安全国家标准　食品生产通用卫生规范》GB 14881 的有关规定，出口注册车间尚应符合现行国家标准《屠宰和肉类加工企业卫生管理规范》GB/T 20094 的有关规定。

1.0.6 牛羊屠宰与分割车间设计除应符合本规范外，尚应符合国家现行有关标准的规定。

2 术语

2.0.1
屠体　body
肉畜经屠宰、放血后的躯体。

2.0.2
胴体　carcass
肉畜经屠宰、放血、去皮（毛）头、蹄、尾、内脏及生殖器（母畜去乳房）的躯体。

2.0.3
二分胴体　half carcass
沿脊椎中线纵向锯（劈）成两部分的胴体。

2.0.4
牛四分体　quarter carcass
牛二分胴体垂直于脊椎肋骨间横截为前后两部分的四分体。

2.0.5
内脏　offals
肉畜脏腑内的心、肝、肺、脾、胃、肠、肾等。

2.0.6
白内脏　white offals
肉畜的肠、胃。

2.0.7
红内脏　red offals
肉畜的心、肝、肺、肾。

2.0.8
同步检验　synchronous inspection
肉畜胴体加工线同内脏线同步运行，便于兽医对照检验和综合判断的一种方式。

2.0.9

分割肉　cut meat

胴体去骨后，按规格要求分割成各部分的肉。

2.0.10

验收间　inspection and reception room

活牛羊进厂后检验接收的场所。

2.0.11

隔离间　insolating room

隔离可疑病牛、羊，观察、检查疫病的场所。

2.0.12

待宰间　waiting room

牛羊宰前停食、饮水、冲淋等的场所。

2.0.13

急宰间　emergency slaughtering room

屠宰病和伤残牛羊的场所。

2.0.14

屠宰车间　slaughtering room

自牛羊被致昏放血到加工成二分体的场所。

2.0.15

分割车间　cutting room

胴体剔骨、分割及修割的场所。

2.0.16

副产品加工间　by-products processing room

内脏、头、蹄、尾等器官加工整理的场所。

2.0.17

无害化处理间　bio-safety disposal

对病、死的牛羊和废弃物进行无害化处理的场所。

2.0.18

非清洁区　non-hygienic area

待宰、致昏、放血、剥皮、烫毛、脱毛和肠、胃、头、蹄、尾粗加工的场所。

2.0.19

清洁区　hygienic area

胴体加工、修整、副产品精加工，暂存发货间，分级，计量和分割车间等场所。

2.0.20

胴体发货间　carcass deliver room

牛羊胴体发货的场所。

2.0.21

副产品发货间　by-products deliver room

牛羊副产品发货的场所。

2.0.22

包装间　packing room

对产品进行包装的房间。

2.0.23

冷却间　chilling room

对产品进行冷却的房间。

2.0.24

冻结间 freezing room

对产品进行冻结加工的房间。

2.0.25

成品暂存间 products temporary storage room

牛羊胴体或副产品发货前临时储存的冷藏间，其储存量不大于一班的屠宰量，储存时间不超过 24 h。

3 厂址选择和总平面布置

3.1 厂址选择

3.1.1 屠宰与分割车间所在厂区（以下简称"厂区"）必须具备可靠的水源和电源，周边交通运输方便，并符合当地城乡规划、卫生与环境保护部门的要求。

3.1.2 厂址周围应有良好的环境卫生条件。厂址应避开受污染的水体及产生有害气体、烟雾、粉尘或其他污染源的工业企业或场所。

3.1.3 厂址选择应减少厂区产生气味污染的区域对居住区、学校和医院的影响。待宰间和屠宰车间的非清洁区与居住区、学校和医院的卫生防护距离应符合现行国家标准《农副食品加工业卫生防护距离 第1部分：屠宰及肉类加工业》GB 18078.1 的规定。

3.1.4 厂址应远离城市水源地和城市给水、取水口，其附近应有城市污水排放管网或允许排入的最终受纳水体。

3.2 总平面布置

3.2.1 厂区应划分为生产区和生活区。生产区内应明确区分非清洁区和清洁区。在严寒、寒冷和夏热冬冷地区，非清洁区不应布置在厂区夏季主导风向的上风侧，清洁区不应布置在厂区夏季主导风向的下风侧；在夏热冬暖和温和地区，非清洁区不应布置在厂区全年主导风向的上风侧，清洁区不应布置在厂区全年主导风向的下风侧。

3.2.2 生产区活畜入口、废弃物的出口与产品出口应分开设置，活畜、废弃物与产品的运送通道不得共用。

3.2.3 厂区屠宰与分割车间及其生产辅助用房与设施的布局应满足生产工艺流程和食品卫生要求，不得使产品受到污染。

3.3 环境卫生

3.3.1 屠宰与分割车间所在厂区不得设置污水排放明沟。生产中产生的污染物排放应满足国家相关排放标准的要求。

3.3.2 公路卸畜回车场附近应有洗车台。洗车台应设有冲洗消毒及排污设施，回车场和洗车台均应采用混凝土地面，洗车台下地面排水坡度不应小于 2.5%。

3.3.3 垃圾、畜粪和废弃物的暂存场所应设置在生产区的非清洁区内，其地面与围墙应便于清洗、消毒。还应配备废弃物运送车辆的清洗消毒设施。

3.3.4 生产区的非清洁区内应设置急宰间与畜病害肉尸及其产品无害化处理间。畜病害肉尸及其产品无害化处理间应独立设置，急宰间可与其贴邻或与待宰间贴邻布置，并宜靠近卸畜站台。

3.3.5 厂区应有良好的雨水排放和防内涝系统，可设置雨水回用设施。

3.3.6 厂区主要道路应平整、不起尘，应有相应的车辆承载能力。活畜进厂的入口处应设置底部长不小于4.0 m、深不小于 0.3 m、与门同宽且能排放消毒液的车轮消毒池。

3.3.7 厂区内建（构）筑物周围、道路两侧的空地均应绿化，但不应种植能散发风媒花粉、飞絮或恶臭的植物。空地宜种植草坪、灌木或低矮乔木。

4 建筑

4.1 一般规定

4.1.1 屠宰与分割车间及生产辅助设施平面布置应符合生产工艺流程、卫生及检验要求，其建筑面积应与生产规模相适应。

4.1.2 屠宰与分割车间非清洁区与清洁区的人流、物流不应交叉，非清洁区与清洁区的出入口应分别独立设置。

4.1.3　分割车间宜采用大跨度钢结构屋盖与金属夹芯板隔墙和吊顶，内部空间应具备适当的灵活性。

4.1.4　车间应设有防昆虫、鸟类和鼠类进入的设施。

4.1.5　车间地面应设置明沟或地漏排水。

4.2　待宰间

4.2.1　待宰间应包括卸畜站台、赶畜道、检疫间、接收栏、司磅间、健康活畜待宰栏、疑病畜隔离间及生活设施。

4.2.2　待宰间应根据气候条件设置遮阳、避雨、通风或防寒的围护结构。

4.2.3　公路卸畜站台前应设回车场，卸畜站台宜高出回车场地面 0.9 m～1.2 m。赶畜道应设安全护栏，赶畜道地面坡度不宜大于 15.0%。

4.2.4　铁路卸畜站台有效长度不应小于 40.0 m，站台面应高出轨面 1.1 m。活畜由水路运来时，应设码头或相应的卸畜设施。

4.2.5　接收栏面积宜为健康活畜待宰栏面积的 1/10，其附近应设检疫人员专用通道与检疫间、司磅间和疑病畜隔离间。地磅四周应有围栏，磅坑内应有排水设施。健康活畜和疑病畜必须分开。

4.2.6　健康活畜待宰栏存栏量宜为每班屠宰量的 1.0 倍。每头牛使用面积可按 3.5 m²～3.6 m² 计算，每头羊使用面积可按 0.6 m²～0.8 m² 计算。

4.2.7　疑病畜隔离间应按当地畜源的具体情况设置，其位置宜靠近卸畜站台，应设消毒设施并有单独出口。疑病畜隔离间存栏量不应少于一头（只）。疑病畜隔离间使用面积不宜小于 20 m²。

4.2.8　待宰间内宜设活畜待宰冲淋间，严寒、寒冷地区的待宰冲淋间应有防寒措施。待宰冲淋间内宜设 18 ℃～20 ℃温水冲淋设施。

4.2.9　接收栏、赶畜道、健康活畜待宰栏可用坎墙或栏杆分隔。坎墙或栏杆高度：牛栏不应小于 1.4 m，羊栏不应小于 0.8 m。坎墙表面应平整、不渗水及耐腐蚀，牛栏坎墙上部应设栓牛设施。

4.2.10　牛致昏前的驱赶通道平面宜为曲线形逐渐变窄，两侧应设坎墙，坎墙上宜设小门。

4.2.11　接收栏、赶畜道、健康活畜待宰栏和疑病畜隔离间、待宰间宜采用混凝土地面，地面应坡向排水明沟，坡度不应小于 1.5%。待宰栏内应设给水管和带排水口的饮水设施。

4.3　屠宰车间

4.3.1　屠宰车间应包括屠宰间、副产品加工间、检验室、工器具清洗消毒间及其他辅助设备用房等。

4.3.2　屠宰车间最小建筑面积宜符合表 4.3.2 的规定。

表 4.3.2　屠宰车间最小建筑面积

级别	平均单班每头（只）最小建筑面积（m²）
大型	牛 3.0，羊 3.0
中型	牛 5.0，羊 0.5
小型	牛 6.0，羊 0.6

4.3.3　屠宰车间中致昏放血区、集血区、剥皮加工区应为非清洁区，胴体加工区应为清洁区；头、蹄、尾和肠胃加工区应为副产品加工非清洁区，心、肝、肺加工区应为副产品加工清洁区。车间建筑平面布置时，清洁区与非清洁区之间应隔断划分，清洁区与非清洁区人流、物流不得交叉。

4.3.4　屠宰车间建筑宜为单层或二层。牛屠宰车间净高不应低于 6.0 m，羊屠宰车间净高不应低于 4.5 m。

4.3.5　赶畜道在接近宰杀设备处应收窄到只能供一头牛或一只羊通行的宽度。

4.3.6　屠宰车间内与沥血线路平行且不低于沥血轨道高度的墙体表面应光滑平整、耐冲洗和不渗水。

4.3.7　屠宰车间地面应沿生产线设排水明沟，位置宜在生产线吊轨下方。

4.3.8　屠宰间地面排水坡度不应小于 1.0%。

4.3.9　非清洁区用房宜设气楼增强通风与采光。

4.3.10　检验室应设置在靠近屠宰生产线的采样处，其面积应符合卫生检验的需要。

4.3.11　屠宰间的疑病胴体间应设置在胴体、内脏检验轨道末端附近，且宜有直通室外的出口。疑病体间房间温度不应高于 4 ℃。

4.3.12 屠宰间应设置工（器）具清洗消毒间和维修间。

4.3.13 屠宰间内运输小车的通道宽度：单向不应小于1.5 m，双向不应小于2.5 m。

4.4 分割车间

4.4.1 分割车间应包括分割间、包装间、包装材料间、工器具清洗消毒间及辅助设备用房等。

4.4.2 分割车间内的各生产间面积应相互匹配，并宜布置在同一层平面上；分割车间最小建筑面积宜符合表4.4.2的规定。

表4.4.2 分割车间最小建筑面积

类别	单班分割量（t）	平均单班每吨分割肉最小建筑面积（m²）
牛	>30	20
	>15，且≤30	25
	>5，且≤15	30
羊	>20	20
	≥10，且≤20	25
	<10	30

4.4.3 分割间、包装间的室温不应高于12 ℃。

4.4.4 分割车间地面排水坡度不应小于1.0%。

4.4.5 分割间和包装间宜设吊顶，室内净高不宜低于4.5 m。

4.5 冷却间、冻结间、暂存间与发货间

4.5.1 冷却间、冻结间、暂存间与发货间应和屠宰与分割车间紧密相连。冷却间与暂存间设计温度应为0 ℃～4 ℃，冻结间设计温度应为-35 ℃～-28 ℃，发货间温度不应高于12 ℃。

4.5.2 胴体冷却间设计应根据屠宰量确定，且不宜少于两间。

4.5.3 分割肉、副产品冻结间净宽宜为4.5 m～6.0 m，墙面应设防撞设施。

4.5.4 冻结间内保温材料应双面设置隔气层。保温层内侧表面材料应无毒、防霉、耐腐蚀和易清洁。冻结间地面面层混凝土标号不应低于C30。

4.5.5 产品冻结若采用制冷速冻装置时，制冷速冻装置应设在单独的房间内。

4.5.6 经过冻结后的产品若需更换包装，应在冻结间附近设脱盘包装间，脱盘包装间温度不应高于12 ℃。

4.6 人员卫生与生活用房

4.6.1 屠宰与分割车间人员卫生与生活用房应包括换鞋间、更衣室、休息室、淋浴室、厕所、手靴消毒间或通道、风淋间、药品工具间和洗衣房等。用房设置应符合国家现行有关卫生标准的规定。

4.6.2 屠宰与分割车间非清洁区和清洁区生产人员的卫生与生活用房应分开布置。

4.6.3 屠宰车间非清洁区应设换靴间、一次更衣室、淋浴室、厕所和手靴消毒间；屠宰车间清洁区应设换靴间、一次更衣室、淋浴室与厕所、二次更衣室和手靴消毒间；分割车间应设换靴间、一次更衣室、淋浴室与厕所、二次更衣室、手靴消毒间，并宜设风淋室。对需符合伊斯兰宰杀要求的屠宰车间，还应设置阿訇间，并应配备厕、浴等卫生设施。

4.6.4 盥洗设施、厕所便器与淋浴器应根据生产定员按国家现行有关标准的要求配备。

4.6.5 更衣室鞋、靴与工作服应分开存放。一次更衣室内应为每位员工配备一个更衣柜。二次更衣室内应设有挂衣钩和鞋、靴清洗消毒设施。

4.6.6 淋浴间、厕所宜设在一次更衣室与二次更衣室之间。

4.6.7 厕所应符合下列规定：

  a) 屠宰与分割车间应采用水冲式厕所。洗手池应采用非手动式洗手设备，并应配备干手设施；便器应采用非手动式冲洗设备。

  b) 厕所应设前室，厕所门不得直接开向生产操作场所。

4.6.8 手靴消毒间内应设手消毒器和靴消毒池。消毒池深度宜为150 mm，平面长、宽尺寸以人员不能跨越为宜。

4.6.9 风淋间宽度不应小于1.7 m，进深应根据同时通过员工人数与冲淋所需时间，结合生产前准备时间确定。

4.6.10 屠宰与分割车间和卫生与生活用房分开布置时，应设封闭连廊连通。

4.6.11 参观通道与车间之间的观察窗宜有防结露设施。

4.6.12 清洁区与非清洁区工作服应分开洗涤与存放。

4.7 防火与疏散

4.7.1 大中型牛羊屠宰与分割车间耐火等级不应低于二级，小型屠宰与分割车间耐火等级不应低于三级。

4.7.2 牛羊屠宰车间、分割车间和副产品加工间的火灾危险性分类应为丙类。

4.7.3 当牛羊属宰与分割车间同氨压缩机房贴邻时，应采用不开门窗洞口的防火墙分隔。

4.7.4 牛羊屠宰与分割车间应设置必要的疏散走道，避免复杂的逃生线路。

4.7.5 屠宰与分割车间内的办公室、更衣休息室与生产部位之间夹设参观走廊时，应进行防火分隔，防火分隔界面宜设置在参观走廊靠办公室、更衣休息室一侧。

4.7.6 屠宰与分割车间疏散门宜采用带信号反馈的推栓门。

4.8 室内装修

4.8.1 车间地面应采用无毒、不渗水、防滑、易清洗、耐腐蚀的材料，其表面应平整无裂缝、无局部积水。

4.8.2 车间内墙面和顶棚或吊顶应采用光滑、无毒、耐冲洗、不易脱落的材料，其表面应平整光洁。

4.8.3 地面、顶棚、墙、柱等处的阴阳角应设计成弧形，转角断面半径不宜小于 30 mm。

4.8.4 门窗应采用密闭性能好、不变形、不渗水、不易锈蚀的材料制作，内窗台宜设计成向下倾斜 45°的斜坡，或采用无窗台构造。有温度要求房间的门窗应有良好的保温性能。

4.8.5 成品或半成品通过的门应有足够宽度，避免与产品接触。通行吊轨的门洞，其净宽度不应小于0.6 m。通行手推车的双扇门应采用双向自由门，其门扇上部应安装由不易破碎材料制作的通视窗，下部设有防撞护板。

4.8.6 各加工及发货用房内的台、池均应采用不渗水材料制作，且表面光滑易于清洗消毒。

4.8.7 车间内墙、柱与顶棚或吊顶宜采用白色或浅色亚光表面。

4.8.8 车间内排水明沟沟壁与沟底转角应为弧形，盖板材质应耐腐蚀及无毒环保。

5 结构

5.1 一般规定

5.1.1 屠宰与分割车间建筑物宜采用钢筋混凝土结构或钢结构。

5.1.2 屠宰与分割车间建筑物结构的设计使用年限应为50 年，结构的安全等级应为二级。

5.1.3 屠宰与分割车间建筑物结构及其构件应考虑所处环境温度变化作用产生的变形及内力影响，并应采取相应措施减少温度变化作用对结构引起的不利影响。

5.1.4 当屠宰与分割车间建筑物结构采用钢筋混凝土框架结构时，伸缩缝的最大间距不宜大于 55 m；当采用钢结构时，纵向温度区段不应大于 180 m，横向温度区段不应大于 100 m。

5.1.5 屠宰与分割车间结构设计时应预先设计好支撑及吊挂设备、轨道主钢梁的埋件、吊杆等固定点；钢结构的柱、梁或网架球节点上的吊杆及固定件，应在工厂制作钢结构时做好，现场安装时不应在钢结构的主要受力部位施焊其他未经设计的构件。

5.1.6 软弱土及具有软弱下卧层的场地应考虑车间基础沉降对上部结构及加工设备的不利影响。

5.1.7 当冻结间地面防冻采用架空地面时，架空层净高不宜小于 1.0 m；当采用地垄墙架空时，其地面结构宜采用预制混凝土板结构。冻结间结构基础最小埋置深度自架空层地坪向下不宜小于 1.0 m，且应满足所在地区冬季地基土冻胀和融陷影响对基础埋置深度的要求。

5.1.8 屠宰与分割车间室内地面应排水通畅、不积水。地坪回填土应分层压实密实，且回填土不得使用淤泥、耕土、冻土、膨胀性土以及有机质含量大于 5%的土。

5.1.9 屠宰与分割车间的混凝土结构的环境类别应按表5.1.9的要求确定。

表 5.1.9　屠宰与分割车间的混凝土结构的环境类别

环境类别		名称	条件
二	a	分割车间	室内潮湿环境
二	b	待宰间、屠宰车间、冷却间、冻结间	干湿交替环境

5.2 荷载

5.2.1 屠宰与分割车间楼面荷载应符合下列规定：

a) 楼面在生产使用或安装检修时由设备、管道、运输工具及可能拆移的隔墙产生的局部荷载均应按实际情况考虑，可采用等效均布荷载代替。

b) 设备位置固定时，可按固定位置对结构进行计算，但应考虑因设备安装和维修过程中的位置变化可能出现的最不利效应。

c) 车间楼面堆放原料或成品较多、较重的区域，应按实际情况考虑；一般堆放情况可按均布活荷载或等效均布活荷载考虑。

d) 楼面及屋面的悬挂荷载应按实际情况取用。

5.2.2 屠宰与分割车间楼、地面均布活荷载的标准值应采用 5.0 kN/m²；屠宰与分割车间有大型加工设备的部分楼、地面，其设备重量折算的等效均布活荷载标准值超过 5.0 kN/m² 应按实际情况采用。生产车间的参观走廊、楼梯活荷载可按实际情况采用，但不应小于 3.5 kN/m²。

5.2.3 当楼面有振动设备时，尚应进行动力计算。建筑结构设计的动力计算，在有充分依据时，可将重物或设备的自重乘以动力系数后，按静力计算方法设计。一般设备的动力系数可采用 1.05～1.10；对特殊的专用设备和机器，可提高到 1.20～1.30。其动力荷载只传至楼板和梁。

5.2.4 冷却间、冻结间吊运轨道活荷载标准值及准永久值系数应符合表 5.2.4 的规定。

表 5.2.4　冷却间、冻结间吊运轨道活荷载标准值及准永久值系数

序号	房间名称	标准值（kN/m）	准永久值系数
1	羊胴体轨道	4.5	0.6
2	牛二分胴体轨道	7.5	0.6
3	牛四分胴体轨道	5.0	0.6

注：本表数值包括滑轮和吊具重量。当吊运轨道直接吊在结构梁、板下时，应按吊点负荷面积将本表数值折算成集中荷载。

5.2.5 结构自重、施工或检修集中荷载，屋面雪荷载和积灰荷载，应符合现行国家标准《建筑结构荷载规范》GB 50009 的规定。

5.2.6 当采用压型钢板轻型屋面时，可按不上人屋面考虑，屋面竖向均布活荷载的标准值（按水平投影面积计算）应取 0.5 kN/m²；对受荷水平投影面积大于 60 m² 的钢架构件，屋面竖向均布活荷载的标准值可取不小于 0.3 kN/m²。

5.3 材料

5.3.1 冻结间、冷却间内水泥应采用硅酸盐水泥或普通硅酸盐水泥；不得采用矿渣硅酸盐水泥、火山灰质硅酸盐水泥和粉煤灰硅酸盐水泥；不同品种水泥不得混合使用，同一构件不得使用两种以上品种的水泥。水泥强度等级应大于 42.5。

5.3.2 钢筋混凝土结构的混凝土中，不得使用对钢筋有腐蚀作用的外加剂。外加剂中含碱量应符合国家现行相关标准的有关规定。冻结间的混凝土结构如需提高抗冻融破坏能力时，可掺入适宜的混凝土外加剂。

5.3.3 冻结间、冷却间内承重墙砖砌体应采用强度等级不低于 MU20 的烧结普通砖，非承重墙砖砌体应采用强度等级不低于 MU10 的烧结普通砖，并应采用强度等级不低于 M7.5 的水泥砂浆砌筑和抹面。

5.3.4 钢筋混凝土结构的钢筋应符合下列规定：

a) 纵向受力普通钢筋宜采用 HRB400、HRB500、HRBF400、HRBF500 钢筋，也可采用 HPB300、HRB335、HRBF335、RRB400 钢筋；

b) 梁、柱纵向受力普通钢筋应采用 HRB400、HRB500、HRBF400、HRBF500 钢筋；

c) 箍筋宜采用 HRB400、HRBF400、HPB300、HRB500、HRBF500 钢筋，也可采用 HRB335、HRBF335 钢筋。

5.3.5 钢结构承重的结构材料应根据结构的重要性、荷载特征、结构形式、应力状态、连接方法、钢材厚度和工作环境等因素，选用合适的钢材牌号和材性。

承重结构的钢材宜采用 Q235 钢、Q345 钢，其质量应分别符合现行国家标准《碳素结构钢》GB/T 700 和《低合金高强度结构钢》GB/T 1591 的规定。

5.3.6 焊接结构不应采用 Q235 沸腾钢；非焊接且处于冷间内工作温度等于或低于 −20 ℃ 的钢结构也不应采

用 Q235 沸腾钢。

5.3.7 钢结构承重结构采用的钢材应具有抗拉强度、伸长率、屈服强度和硫、磷含量的合格保证，对焊接结构尚应具有碳含量的合格保证。

焊接承重结构以及重要的非焊接承重结构采用的钢材还应具有冷弯试验的合格保证。

5.3.8 对于需要验算疲劳的焊接结构的钢材，应具有常温冲击韧性的合格保证。当结构工作温度高于−20 ℃但不高于 0 ℃时，Q235 钢和 Q345 钢应具有 0 ℃冲击韧性的合格保证。当结构工作温度不高于−20 ℃时，对 Q235 钢和 Q345 钢应具有−20 ℃冲击韧性的合格保证。

对于需要验算疲劳的非焊接结构的钢材亦应具有常温冲击韧性的合格保证。当结构工作温度不高于−20 ℃时，对 Q235 钢和 Q345 钢应具有 0 ℃冲击韧性的合格保证。

5.3.9 对处于外露环境且对耐腐蚀有特殊要求或在腐蚀性气态和固态介质作用下的承重结构宜采用耐候钢，其质量应符合国家现行相关标准的有关规定。

5.4 涂装及防护

5.4.1 钢结构防锈和防腐蚀采用的涂料、钢材表面的除锈等级以及防腐蚀对钢结构的构造要求等，应符合现行国家标准《工业建筑防腐蚀设计规范》GB 50046 和《涂覆涂料前钢材表面处理 表面清洁度的目视评定 第 1 部分：未涂覆过的钢材表面和全面清除原有涂层后的钢材表面的锈蚀等级和处理等级》GB/T 8923.1 的规定。

5.4.2 钢结构采用的防锈、防腐蚀材料应符合国家环境保护的要求。

5.4.3 钢结构柱脚在地面以下的部分可采用强度等级较低的 C15 混凝土包裹，保护层厚度不应小于 50 mm，并应使包裹的混凝土高出地面不小于 150 mm。当柱脚在地面以上时，柱脚底面应高出地面不小于 100 mm。

5.4.5 钢结构的防火应符合现行国家标准《建筑设计防火规范》GB 50016 的规定。

6 屠宰与分割

6.1 一般规定

6.1.1 班屠宰能力应根据正常货源、淡旺季产销情况确定。班屠宰量头（只）数应按全年生产不少于 150 个工作日的平均值计算。若屠宰时间集中，小时屠宰量大于班宰量的小时平均值时，应按小时计算屠宰能力。

6.1.2 屠宰工艺流程可按卸牛羊（耳号信息采集）—待宰—冲淋—致昏—放血—剥皮（信息采集）—胴体加工顺序设置。

6.1.3 工艺流程设置应在满足加工工位的前提下缩短加工路线，避免迂回交叉，生产线上各环节应做到前后协调。

6.1.4 工艺流程设置应满足从屠宰放血到胴体进冷却间的时间不得超过 45 min，其中从放血到取出内脏的时间不得超过 30 min 的要求。

6.1.5 屠宰车间应设工器具、运输小车的清洗消毒间。

6.1.6 皮、胃容物应放置到指定场所。

6.1.7 与牛羊原料、半成品、成品接触的设备和器具，应使用无毒、无味、抗腐蚀的材料制作，并应易于清洁和保养。

6.1.8 对需按传统工艺或宗教习俗屠宰的牛羊，在保证肉类安全卫生的前提下，应按传统工艺或宗教习俗进行屠宰。

6.1.9 待宰、屠宰加工、称重、冷却、分割、包装及储存等环节应根据工艺要求设置信息采集点。

6.1.10 车间内应设品控办公室。

6.2 致昏放血

6.2.1 牛羊致昏应采用机械致昏或电致昏的方法。

6.2.2 气动致昏、手握式枪致昏、电致昏和传统点穴致昏应设置致昏翻板箱。

6.2.3 屠宰与放血应符合下列规定：

    a) 悬挂输送法屠宰放血及自滑轨屠宰放血应设置提升装置。

    b) 使用旋转屠宰箱放血时，应设置使活畜头部固定的设施及安全桩。

    c) 两种屠宰放血位置上都应设有不低于 0.5 m 高的集血设施。

6.2.4 悬挂输送机应符合下列规定：

a) 在放血线路上设置悬挂输送机，其运行速度应按屠宰量和挂牲畜的间距来确定，挂牛间距不应小于 1.6 m，挂羊间距不应小于 0.8 m。

b) 放血线路上输送机轨道面距地面高度的确定：对牛屠体不应小于 4.5 m，对羊屠体不应小于 2.6 m。

c) 放血段轨道长度按产量及悬挂输送机运行时间来确定：牛放血（包括大量出血后的滴血）不得少于 8 min，羊放血不得少于 5 min。

6.2.5 带限制器的悬挂牲畜放血自滑轨道应符合下列规定：

a) 自滑轨道的坡度不得小于 3.5%。

b) 放血段自滑轨道限制器不应少于 2 个。

6.2.6 悬挂法屠宰牲畜，放血槽的长度应按牛放血时间不得少于 6 min，羊放血不得少于 4 min 计算血槽的长度。

6.2.7 放血后用过的滑轮、套脚链应设返回及安全保护装置。

6.3 牛羊剥皮、烫毛加工

6.3.1 牛悬挂畜体剥皮加工工序应包括：

牛（宰杀放血）—电刺激—预剥前蹄—去角、前蹄—预剥头皮—编号—去头—（头部检验、冲洗）—扎食管—预剥后腿皮—转挂畜体、换轨（滑轮芯片采集信息）—去后蹄—预剥臀部皮、尾皮—分离直肠—封肛—预剥胸部皮—预剥颈部皮—机器扯皮（编号）—（进入胴体加工工序）。

6.3.2 羊悬挂畜体剥皮加工工序应包括：

羊剥皮（屠宰放血）—预剥前蹄—去角、前蹄—预剥胸皮—编号—去头—（头部检验、冲洗编号）—换轨（采集信息）—机器扯皮（编号）—（进入胴体加工工序）。

6.3.3 羊悬挂畜体烫毛加工工序应包括：

羊烫毛（屠宰放血）—落羊入烫池—烫毛—打毛—提升（编号）—（进入胴体加工工序）。

6.3.4 采用悬挂输送机输送畜体进行预剥皮时，剥皮工位数目应与输送的运行速度相适应。

6.3.5 去角及去前后蹄工位附近应备有盛放角、蹄的容器和输送设备。使用去蹄机具时，应在机具附近设置清洗消毒设施。

6.3.6 预剥皮轨道与服体加工轨道分开设置时，应设置转挂操作台，并应符合下列规定：

a) 转挂操作台的高度应适合轨道转换操作的进行，并设有畜体提升转挂装置。

b) 转挂台上适当高度应设有滑轮、钩子和叉挡的存放位置，并应设有使空滑轮和套蹄链返回畜体致昏处的返回装置。应设胴体间用过的滑轮、钩、叉档经清洗消毒后返回的装置。

c) 两转挂轨道面高差：牛屠体宜为 0.6 m～0.8 m，羊屠体宜为 0 m～0.5 m，两条轨道之间平行距离宜为 0.3 m～0.4 m。

6.3.7 机器扯皮应符合下列规定：

a) 使用下拉式扯皮机时应对扯皮区域内的受力轨道进行加固。对上拉式扯皮机应设置拴腿架。

b) 扯下的畜皮应设有气送或运输设备将其送到皮张暂存间。皮张运输设备应备有清洗设施。

6.3.8 当去头工序设在放血工序之后或设在机械扯皮工序之后进行时，应在去头位置设置头加工清洗装置。头部进行检验时检验钩的设置应便于吊挂。

6.4 胴体加工

6.4.1 胴体加工工序应包括：

（机器扯皮）—开胸骨—剖腹—取肠胃脾—取心肝肺肾—（冲淋）—去尾、鞭—胴体劈半（编号）—兽医食品卫生检验（编号信息采集）—胴体修整—盖复验讫印（编号）—计量（信息采集）—高压冲洗—冷却。

6.4.2 牛开胸骨应设操作台，使用胸骨锯或其他工具开胸时，应备有相应的 82 ℃热水消毒设施。

6.4.3 牛胴体加工平均每小时 10 头以上（含 10 头），羊胸体加工平均每小时 100 只以上（含 100 只），应采用悬挂输送机及内脏（头）同步检验线。但牛胴体加工宜采用步进式输送。

6.4.4 胴体加工轨道面距地面高度应符合下列规定：

a) 牛去头工序设置在扯皮机后的不应低于 4.0 m。

b) 进冷却间前不应低于 3.8 m。

c) 羊胴体加工不应低于 2.2 m。

6.4.5　悬挂输送机上的推板间距扯皮之前不应大于 1.0 m，扯皮之后不应小于 2.0 m。步进式输送牛胴体间距宜为 2.1 m～2.5 m。羊胴体间距不应小于 0.8 m。

6.4.6　内脏同步检验线上应采用悬挂或平面输送设备，并设有不锈钢盘、钩装置。牛肠胃可采用滑槽与同步检验线不锈钢盘相配套。

6.4.7　牛胴体加工线上，剖腹取白内脏与取红内脏工序应分别设置加工工位。

6.4.8　胴体劈半锯应配有 82 ℃热水消毒设施。

6.4.9　牛胴体劈半，兽医食品卫生检验工序应设置可升降的操作台。小型牛屠宰车间兽医食品卫生检验可设置高低位检验操作台。

6.4.10　内脏同步检验线的长度应根据白内脏工位及检验工位的数目以及各工位间距离的总和确定。

6.4.11　红内脏同步线上钩子的下端距离操作人员的踏脚台的高度宜为 1.2 m～1.4 m。白内脏同步线上放肠胃的盘子底面距离地面的高度宜为 0.8 m。

6.4.12　悬挂在同步检验线上的红白内脏应设自动或手动卸料装置。如采用手工卸料，附近应设洗手池，并应在卸料处调整同步检验线的高度以适合人工操作。

6.4.13　大型、中型屠宰车间胴体加工线上使用的滑轮或叉挡，应设置提升和输送装置，将清洗消毒的滑轮、叉挡送至转挂操作台处。

6.5　副产品加工

6.5.1　副产品加工间的工艺布置应做到产品流向一致、避免交叉。

6.5.2　屠体的红内脏、白内脏、头蹄尾、皮张的加工工序应分别设置在不同的房间。

6.5.3　白内脏加工间应配置肠胃接收台、清洗池、暂存台（池）等。大中型屠宰车间应设置清洗机、肚洗白机及沥水台等设备。

6.5.4　红内脏加工应设置接收台、清洗池、修整工作台、暂存台（池）等设备。

6.5.5　牛头蹄尾加工间应设接收台、工作台、牛头蹄尾剥皮台、清洗池等设施。根据需要设置牛头劈半机、锯牛角机等设备。

6.5.6　羊头蹄尾加工间应设置接收台、锯羊角机、浸烫池、刮毛台、清洗池等设施，也可根据当地市场需求设剥皮工艺。

6.5.7　屠宰厂（场）牛羊胃房草应采用集送装置输送至指定场所，经脱水处理后及时外运。

6.6　急宰、病害牛羊胴体和病害牛羊产品生物安全处理

6.6.1　经兽医食品卫生检验鉴定后，对可食用病畜可进行急宰，不可食用的病害牛羊及其产品应进行生物安全处理。

6.6.2　急宰间应配备相应的屠宰设备。

6.6.3　在生产区应设置病害动物和病害动物产品生物安全处理设施，并应按相关现行国家标准进行生物安全处理。

6.7　分割加工

6.7.1　分割加工宜采用下列工艺流程：

　　a)　宰后合格牛二分胴体—冷却—分切四分体（编号贴标信息采集）—剥骨（扫码信息采集）—分割（扫码信息采集）—包装（扫码信息采集）—鲜销或冻结。

　　b)　宰后合格羊胴体—冷却—剥骨（编号贴标信息采集）—分割（扫码信息采集）—包装（扫码信息采集）—鲜销或冻结。

6.7.2　牛胴体冷却应采用二分胴体悬挂方式进入四分体间分切，分切后的四分体（编号贴标）再进行剥骨、分割冻结。

6.7.3　羊胴体进冷却间前宜设转挂工位与转挂装置。

6.7.4　牛胴体冷却时间不应少于 24 h，羊胴体冷却不应大于 12 h。牛、羊胴体冷却后中心温度不应高于 7 ℃。

6.7.5　胴体冷却间内安装吊运轨道，其轨面距地面的高度：牛二分胴体不宜低于 3.3 m，牛四分体不宜低于 2.8 m，羊胴体不宜低于 2.6 m。

6.7.6　胴体冷却轨道间距：牛二分胴体不应小于 900 mm，羊胴体（每个叉挡或羊胴体挂笼挂 3 只以上两层）不应小于 800 mm。轨道布置应保证胴体不与墙、柱接触。

6.7.7　冷却间轨道上悬挂劈半后的牛二分胴体每米按 1.5 头计算，羊胴体每米按不大于 12 只计算。

6.7.8　分割肉冷却宜采用小车或货架分层冷却方式。

6.7.9　分割间内采用悬挂输送机输送胴体时，其输送链宜采用无油润滑或使用含油轴承链条运输机。

6.7.10　大、中型剔骨分割加工间，班产牛分割肉在 10 t 及以上或羊分割肉 8 t 及以上的原料和半成品、成品的输送宜采用自动输送装置。

6.7.11　大中型牛二分胴体在进剔骨分割前应设四分体间，并设四分体锯及四分体转挂下降装置。

6.7.12　在分割间内，对悬挂的牛四分体后腿部分胴体应设置下降装置，使其胴体的轨道面高度下降到适宜剔骨工序操作的高度。对于前腿部分胴体应设置提升机，使其胴体的轨道面高度提升到适宜剔骨工序操作的高度。

6.7.13　在轨道上悬挂剔骨时，从轨道上卸四分体胴体时，工作台附近宜设置卸料装置。

6.7.14　在轨道上悬挂剔骨时，其轨道下面应设置接收台（或接收盘）。

6.7.15　在分割输送机（带工作台）上进行分部位剔骨，应在输送机前安装分割锯及工作台。

6.7.16　分割间安排工艺布局时，应在车间留有人行走通道，如使用车辆运输时应有回车场地。

6.7.17　分割肉原料和半成品、成品的输送不得采用滑槽（筒）。

6.7.18　包装间应设有工作台、计量装置和捆扎机具等设施，还应安排存放包装材料的场所。使用车辆运输时应有回车场地。

6.7.19　分割副产品间应根据加工产品需要，分别设置工作台、计量装置及其必要的机具。

6.7.20　分割车间的工器具清洗间内，应设置盛装肉品容器、冻结用金属盘及运输车辆的清洗消毒设施，还应设置符合卫生要求的存放架。

7　兽医食品卫生检验

7.0.1　兽医卫生检验应符合国家现行相关标准的有关规定。

7.0.2　屠宰生产线上被检畜体应统一编号，线速度应符合兽医食品卫生检验的要求。

7.0.3　宰后检验应设置头部、内脏、体表与胴体检验和复检的操作位置，其长度应按每位检验人员不少于 1.5 m 计算。各操作点的踏脚台的高度应适应该处检验人员的要求。

7.0.4　头部检验位置应符合下列规定：

    a)　采用放血以后立即落头工序的，应在落头位置附近设置头部检验位置，并配置检验台及清洗装置。检验后的头部应按牲畜屠宰统一编号放在小车上等待复检。

    b)　采用胴体、内脏、头部同步检验方法的，应将头部清洗后悬挂或放在同步检验设备上等待检验。

7.0.5　胴体与内脏检验应符合下列规定：

    a)　大型、中型屠宰车间可设置同步检验装置，在检验位置应设置收集修割废弃物的专用容器。

    b)　小型屠宰车间，可采用胴体和内脏统一编号方法对照检验或畜体取出内脏后就地与胴体对照检验，其内脏检验位置应设置检验工作台。

    c)　胴体与内脏、头部进行同步检验或对照检验后，必须设置兽医食品卫生检验盖章操作台。

7.0.6　在待宰间临近处，应设置宰前检疫的兽医工作室。在靠近屠宰车间处，应设置宰后兽医工作室。在屠宰车间或厂区内宜设置官方兽医室。

7.0.7　在胴体检验工序后，胴体加工轨道上必须设置疑病胴体的分支轨道。分支轨道可与胴体加工轨道形成一个回路，或将分支轨道通往疑病胴体间。

7.0.8　内脏同步检验线上的盘、钩、肠胃同步检验滑槽在循环使用中应设置冷热水清洗及消毒装置。

7.0.9　各检验操作位置上应设置刀具消毒器及洗手池。

7.0.10　车间内各设备、操作台面、工器具的清洗消毒应符合国家现行相关标准的有关规定。

7.0.11　生产区应设置与生产规模相适应的化验室，化验室应单独设置进出口。

7.0.12　化验室应设置理化和微生物等常规检测的工作间，并应设置更衣柜和专用消毒药品室。

8　制冷工艺

8.1　一般规定

8.1.1　屠宰与分割车间的氨制冷系统调节站，应安装在室外或调节站间内。

8.1.2 氨制冷系统管道严禁穿过有人员办公及休息的房间。

8.1.3 制冷系统的冷风机选用热气融霜方式时，应采用程序控制的自动融霜方式。

8.2　产品冷却

8.2.1 胴体冷却间的设计温度宜取 0 ℃～4 ℃。

8.2.2 牛胴体冷却时间不应少于 24 h，羊胴体冷却时间不应大于 12 h。牛、羊体进入冷却间的温度应按 38 ℃ 计算，冷却后中心温度不应高于 7 ℃。

8.2.3 副产品冷却间设计温度宜取 0 ℃～4 ℃，冷却时间宜取 24 h，冷却后产品的中心温度不应高于 7 ℃。

8.3　产品冻结

8.3.1 分割肉冻结间的设计温度不应高于－28 ℃，冻结后产品的中心温度不应高于－15 ℃。

8.3.2 副产品冻结间的设计温度不应高于－28 ℃，冻结时间不宜超过 24 h，冻结后产品的中心温度不应高于 －15 ℃。

9　给水排水

9.1　一般规定

9.1.1 屠宰与分割车间给水系统应不间断供水，并应满足屠宰加工用水对水质、水量和水压的用水要求。

9.1.2 车间内用水设施及设备均应有防止交叉污染的措施，各管道系统应明确标识区分。

9.1.3 车间内排水系统设计应有保证排水畅通、便于清洁维护的措施，并应有防止固体废弃物进入、浊气逸出、防鼠害等措施。

9.1.4 屠宰与分割车间给水排水、消防干管敷设在车间闷顶（技术夹层）时，应采取管道支吊架、防冻保温、防结露等固定及防护措施。

9.2　给水及热水供应

9.2.1 屠宰与分割车间生产及生活用水的水源应就近选用城镇自来水或地下水、地表水。

9.2.2 屠宰与分割车间生产及生活用水供水水质应符合现行国家标准《生活饮用水卫生标准》GB 5749 的规定。

9.2.3 屠宰与分割车间的给水应满足工艺及设备水量、水压的要求。采用自备水源及供水时，系统设计应符合现行国家标准《城镇给水排水技术规范》GB 50788 的规定。

9.2.4 屠宰与分割车间生产用水标准、使用时数及小时变化系数，可根据生产规模和区域条件，按表 9.2.4 确定。

表 9.2.4　屠宰与分割车间生产用水标准、使用时数及小时变化系数

序号	用水类别	最高日生产用水定额（L/头、L/只）	使用时数（h）	小时变化系数 Kₕ
1	牛屠宰与分割	1 000～1 400	10	1.5～2.0
2	羊屠宰与分割	300～400	10	1.5～2.0

注：1　生产用水定额包括车间内生产人员生活用水。
　　2　制冷机房蒸发式冷凝器等制冷、空调设备用水除外。
　　3　使用时数 10 h 是按一班生产考虑的，如增加生产时间，应按实际生产时间计。

9.2.5 屠宰与分割车间应根据生产工艺流程的需要，在用水位置上应分别设置冷、热水管。用于清洗工器具、台面、地面等热水温度不宜低于 40 ℃，对刀具进行消毒的热水温度不应低于 82 ℃，其热水管出口处应配备温度指示计。

9.2.6 屠宰与分割车间内宜配备清洗墙裙与地面用的皮带水嘴及软管或高压泡沫冲洗消毒系统。各接口间距不宜大于 25 m。采用高压冲洗系统水压宜设置局部加压系统，在车间适当位置应设泡沫加压设备间，并应配备冷热水系统。

9.2.7 急宰间及无害化处理间应设冷热水管及 82 ℃消毒用热水系统。

9.2.8 屠宰与分割车间生产及生活用热水应采用集中供给方式，用做消毒用的热水（82 ℃）可采用集中供给或就近设置小型加热装置方式。热交换器进水根据水质情况宜采用防结垢处理装置。

9.2.9 屠宰与分割车间洗手池和消毒设施的水嘴应采用自动或非手动式开关，并应配备有冷热水。

9.2.10 车间内储水设备应采用无毒、无污染的材料制成，并应有防止污染设施和清洗消毒措施。

9.2.11 屠宰与分割车间室内生产用给水管材，应选用卫生、耐腐蚀和安装连接方便可靠的管材，可选用不锈钢管、塑料和金属复合管、塑料管等。

9.2.12 屠宰与分割车间给水系统应配备计量装置，并应有可靠的节水措施。

9.2.13 屠宰车间待宰圈冲洗地面、车辆清洗等用水可采用城市杂用水或中水作为水源，其水质应符合现行国家标准《城市污水再生利用 城市杂用水水质》GB/T 18920 的规定，城市杂用水或中水管道应有明显标记。

9.3 排水

9.3.1 屠宰与分割车间应采用有效的排水措施，车间地面不应积水，车间内排水流向应从清洁区流向非清洁区。屠宰与分割车间生活区排水系统应与生产废水排水系统分开设置。

9.3.2 当屠宰车间排水采用明沟排水时，除工艺要求外宜采用浅明沟形式；当分割车间地面采用地漏排水时，宜采用专用除污地漏。

9.3.3 屠宰与分割车间室内排水沟排水与室外排水管道连接处应设水封装置或室外设置水封井，水封高度不应小于 50 mm。

9.3.4 专用除污地漏应具有拦截污物功能，水封高度不应小于 50 mm。每个地漏汇水面积不得大于 36 m^2。

9.3.5 屠宰车间内副产品加工间等含油生产废水的出口处宜设置回收油脂的隔油器，隔油器应加移动的密封盖板，附近备有热水软管接口。

9.3.6 胃肠加工间翻肠池排水应采用明沟，室外宜设置固液分离设施。

9.3.7 屠宰与分割车间内各加工设备、水箱、水池等用水设备的泄水、溢流管不得与车间排水管道直接连接，应采用间接排水方式。

9.3.8 屠宰与分割车间生产用排水管道管径宜比经水力计算的结果放大 2 号～3 号。

9.3.9 屠宰加工间生产用排水出户管最小管径、设计坡度与最小设计坡度应符合表 9.3.9 的规定。

表 9.3.9 屠宰加工间生产用排水出户管最小管径、设计坡度与最小设计坡度

序号	车间类别	最小管径（mm）	设计坡度（%）	最小坡度（%）
1	大型	250	1.0	0.5
2	中型/小型	200	1.0	0.7

注：1 排水出户管包括车间排水主干管。
   2 专门用来输送肠胃粪便污水的排水管管径不宜小于 300，最小设计坡度不得小于 0.5%。

9.3.10 屠宰车间及分割车间室内排水管材宜采用柔性接口机制的排水铸铁管及相应管件。

9.3.11 急宰间及无害化处理间排出的污废水在排入厂区污水管网前应排入消毒池进行消毒处理。

9.3.12 屠宰与分割车间室外厂区污水管网应采用管道排放形式，当局部采用明沟排放时应加设盖板。

9.3.13 屠宰与分割车间的生产废水应集中排至厂区污水处理站统一进行处理，处理后的污水应符合国家有关污水排放标准的要求。

9.4 消防给水及灭火设备

9.4.1 屠宰与分割车间的消防给水及灭火设备的设置应符合现行国家标准《建筑设计防火规范》GB 50016 和《消防给水及消火栓系统技术规范》GB 50974 的规定。

9.4.2 屠宰与分割车间内冷藏、冻结间穿堂及楼梯间消火栓布置应符合现行国家标准《冷库设计规范》GB 50072 的规定。以氨为制冷工质的速冻装置间出入口处应设置室内消火栓。

9.4.3 屠宰与分割车间内设置自动喷水灭火系统时，应符合现行国家标准《建筑设计防火规范》GB 50016 和《自动喷水灭火系统设计规范》GB 50084 的相关规定，设计基本参数应按民用建筑和工业厂房的系统设计参数中的中危险等级执行。

10 供暖通风与空气调节

10.1 一般规定

10.1.1 供暖与空气调节系统的冷源与热源应根据能源条件、能源价格、节能和环保等要求，经技术经济分析确定，并应符合下列规定：

    a) 在满足工艺要求的条件下，宜采用市政或区域热网提供的热源。

    b)　自建锅炉房的锅炉台数不宜少于 2 台。

    c)　低温空调系统冷源，宜根据气象条件、制冷工艺系统的特点及食品工艺的要求，经综合分析确定。

10.1.2　分割车间、包装间及其他低温空调场所，当冷源采用乙二醇水溶液为载冷剂时，夏季供液温度宜取 -3 ℃～0 ℃，冬季供液温度不宜高于 40 ℃。

10.1.3　分割车间、包装间及其他低温或高湿空调场所，室内明装的空调末端设备应选用不锈钢外壳的产品。

10.1.4　车间生产时常开的门，当其两侧温差超过 15 ℃时，宜设置空气幕或透明软帘。

10.1.5　室内温度低于 0 ℃的房间，应采取地面防冻措施。

10.2　供暖

10.2.1　在严寒和寒冷地区，屠宰间、包装材料间等冬季室内计算温度宜取 14 ℃～16 ℃。待宰间冬季室内计算温度宜取 8 ℃～12 ℃。

10.2.2　值班供暖的房间室内计算温度宜取 5 ℃。

10.3　通风与空调

10.3.1　空气调节系统，严禁采用氨制冷剂直接蒸发式空气降温方式。

10.3.2　分割车间和包装间等车间内的温度，应满足产品加工工艺的要求，其冬、夏季室内空调计算温度不宜高于 12 ℃，夏季室内空调计算相对湿度不宜高于 65%，冬季室内空调计算相对湿度不宜低于 40%。空调房间操作区风速不宜大于 0.3 m/s。

10.3.3　分割车间、包装间等人员密集场所，工作人员最小新风量不应小于 40 m³/h。新风应根据车间内空气参数的需求进行处理，并宜采用粗效和中效两级过滤。

10.3.4　分割车间和包装间的通风系统，宜保持本车间相对于相邻的房间及室外处于正压状态。

10.3.5　冻结装置间、室内制冷工艺调节站间应设置事故排风系统，事故排风换气次数不应小于 12 次/h。当制冷系统采用氨制冷工质时，事故风机应选用防爆型风机。

10.3.6　放血间、胴体加工间、副产品加工间应设置机械送排风系统，排风换气次数不宜小于 20 次/h，送风量宜按排风量的 70% 计算。

10.3.7　空气调节和通风系统的送风道宜设置清扫口。当采用纤维织物风道时，应满足防霉的要求。

10.3.8　屠宰间、分割间、包装间宜采取防止风口产生或滴落冷凝水的措施。

10.3.9　车间内通风系统的送风口和排风口宜设置耐腐蚀材料制作的过滤网。

10.3.10　通风设施应避免空气从非清洁作业区域流向清洁作业区域。

10.4　消防与排烟

10.4.1　室温不高于 0 ℃的房间不应设置排烟设施。

10.4.2　其他场所或部位的防烟和排烟设施应按现行国家标准《建筑设计防火规范》GB 50016 的规定执行。

10.5　蒸汽、压缩空气、空调和供暖管道

10.5.1　蒸汽管道、空调和供暖热水管道应计算热膨胀。当自然补偿不能满足要求时，应设置补偿器。

10.5.2　蒸汽管、压缩空气管、空调和供暖管道必须穿过防火墙时，在管道穿过处应采取防火封堵措施，并应在管道穿墙处一侧设置固定支架，使管道可向墙的两侧伸缩。

10.5.3　蒸汽管道和供暖热水管道应对固定支架所承受的推力进行计算，防止固定支架产生位移或对建筑物、构筑物产生破坏。

11　电气

11.1　一般规定

11.1.1　电气设备的选择应与屠宰和分割车间内各不同建筑环境分类和食品卫生要求相适应。

11.1.2　电气线路穿越保温材料敷设时应采取防止产生冷桥的措施。

11.1.3　屠宰与分割车间应设应急广播。

11.1.4　当速冻装置间内设有氨直接蒸发的冻结装置时，应在室内明显部位和室外出口处的上方安装声光警报装置，在冻结装置的进出料口处上方均应安装氨气浓度传感器。当氨气浓度达到 100 ppm～150 ppm 时，氨气浓度报警控制器发出的报警信号，作为联动触发信号应能自动启动事故排风机、紧急停止冻结装置运行，并应启动声光警报装置。氨气浓度报警控制器发出的报警信息应传送至相关制冷机房控制室显示、报警。氨气浓

度报警装置应有备用电源。速冻装置间内事故排风机电源应按其所在屠宰与分割车间最高负荷等级要求供电，事故排风机的过载保护应作用于信号报警而不是直接停风机。

11.1.5 屠宰与分割车间的非消防用电负荷宜设置电气火灾监控系统。

11.2 配电

11.2.1 屠宰与分割车间的供电负荷级别和供电方式，应根据工艺要求、生产规模、产品质量和卫生、安全等因素确定，并应符合现行国家标准《供配电系统设计规范》GB 50052 的有关规定。

11.2.2 屠宰与分割车间的配电装置宜集中布置在专用的电气室中。当不设专用电气室时，配电装置宜布置在干燥场所。

11.2.3 手持电动工具和移动电器回路应设剩余电流动作保护电器。

11.2.4 屠宰与分割车间多水潮湿场所和待宰间等处应采用局部等电位联结或辅助等电位联结。

11.2.5 屠宰与分割车间的闷顶（技术夹层）内宜设有检修用电源。

11.3 照明

11.3.1 屠宰与分割车间照明方式宜采用分区一般照明与局部照明相结合的照明方式。屠宰与分割车间照明标准值不宜低于表 11.3.1 的规定，功率密度限值应符合表 11.3.1 的规定。

表 11.3.1 屠宰与分割车间照明标准值和功率密度限值

照明场所	照明种类及位置	照度（lx）	显色指数（Ra）	照明功率密度（W/㎡）	
				现行值	目标值
屠宰车间	加工线操作部位照明	200	80	≤9	≤7
	检验操作部位照明	500	80	≤19	≤17
分割车间、副产品加工间	操作台面照明	300	80	≤13	≤11
包装间	包装工作台面在照明	200	80	≤9	≤7
冷却间、冻结间、暂存间	一般照明	50	60	≤3	≤2.5
待宰间、隔离间	一般照明	50	60	≤3	≤2.5
急宰间、无害化处理间	一般照明	100	60	≤3	≤4

11.3.2 屠宰与分割车间宜设置备用照明。备用照明应满足所需场所或部位活动的最低照度值，但不应低于该场所一般照明照度值的 10％。

11.3.3 屠宰与分割车间应设置疏散照明。

11.3.4 屠宰与分割车间的闷顶（技术夹层）内宜设置巡视用照明。

本规范用词说明

1 为便于在执行本规范条文时区别对待，对要求严格程度的用词说明如下：

　　1）表示很严格，非这样做不可的：

　　　　正面词采用"必须"，反面词采用"严禁"；

　　2）表示严格，在正常情况下均应这样做的：

　　　　正面词采用"应"，反面词采用"不应"或"不得"；

　　3）表示允许稍有选择，在条件许可时首先应这样做的：

　　　　正面词采用"宜"，反面词采用"不宜"；

　　4）表示有选择，在一定条件下可以这样做的，采用"可"。

2 条文中指明应按其他有关标准执行的写法为："应符合……的规定"或"应按……执行"。

引用标准名录

《建筑结构荷载规范》GB 50009

《建筑设计防火规范》GB 50016

《工业建筑防腐蚀设计规范》GB 50046

《供配电系统设计规范》GB 50052

《冷库设计规范》GB 50072

《自动喷水灭火系统设计规范》GB 50084

《城镇给水排水技术规范》GB 50788

《消防给水及消火栓系统技术规范》GB 50974

《碳素结构钢》GB/T 700

《低合金高强度结构钢》GB/T 1591

《生活饮用水卫生标准》GB 5749

《涂覆涂料前钢材表面处理　表面清洁度的目视评定　第1部分：未涂覆过的钢材表面和全面清除原有涂层后的钢材表面的锈蚀等级和处理等级》GB/T 8923.1

《食品安全国家标准　食品生产通用卫生规范》GB 14881

《农副食品加工业卫生防护距离　第1部分：屠宰及肉类加工业》GB 18078.1

《城市污水再生利用　城市杂用水水质》GB/T 18920

《屠宰和肉类加工企业卫生管理规范》GB/T 20094

中华人民共和国国家标准
牛羊屠宰与分割车间设计规范

GB 51225—2017

条文说明

编制说明

《牛羊屠宰与分割车间设计规范》GB 51225—2017，经住房城乡建设部 2017 年 3 月 3 日以第 1452 号公告批准发布。

本规范制订过程中，编制组进行了广泛的调查研究，总结了我国工程建设的实践经验，同时参考了国外先进技术法规、技术标准，通过试验取得了重要技术参数。

为便于广大施工、监理、设计、科研、学校等单位有关人员在使用本规范时能正确理解和执行条文规定，《牛羊屠宰与分割车间设计规范》编制组按章、节、条顺序编制了本规范的条文说明，对条文规定的目的、依据以及执行中需注意的有关事项进行了说明（还着重对强制性条文的强制性理由做了解释）。但是，本条文说明不具备与规范正文同等的法律效力，仅供使用者作为理解和把握规范规定的参考。

1 总则

1.0.4 本条根据目前国内牛羊屠宰加工的实际，参照中华人民共和国建设部《工程设计资质标准》中对行业建设项目设计规模按等级划分的要求，按班宰量对牛羊屠宰车间等级（大型、中型、小型）进行了划分，本次划分比原行业标准在规模（大、中型）上作了相应的提高，主要依据为以下几个方面：

（1）目前国内行业牛羊屠宰建设规模越来越大，根据国内近五年内屠宰工程项目的统计资料，年屠宰牛10万头/年（班屠宰量300头）和年屠宰羊30万只/年（班屠宰量3 000只）以上的项目越来越多。

（2）根据对澳大利亚、新西兰等国进行的考察结果，一般生产规模为：牛班宰量在1 000头以上，最大班宰量达到3 000头。羊班宰量在3 000只以上，最大班宰量达到10 000只。

（3）根据国家发改委产业发展规模化的要求，本次等级划分是从提高产能效益、节能减排等方面考虑的。牛羊屠宰每班的时间为8 h。

对牛班宰量在100头以下，羊班宰量在500只以下的屠宰与分割车间，本规范中的条文不一定适用，但本规范中有关环境卫生、肉品质量控制、兽医食品卫生检验等条文应完全适用。

1.0.5 肉类食品加工对食品安全及卫生的要求非常高，涉及的规范及标准各专业也比较多，本条规定了本规范与其他有关规范的关系。屠宰与分割车间工程设计中对卫生的要求，除执行《中华人民共和国食品安全法》《中华人民共和国动物防疫法》《中华人民共和国环境保护法》和本规范外，还需同时执行相关的国家及行业标准、规范。

1.0.6 根据国家对编制全国通用设计标准规范的规定，为了精简规范的内容，避免重复，凡引用或参见其他全国通用设计标准、规范和其他有关规定的内容，除必要的以外，本规范不再另立条文，故在本条中统一做了交代。

3 厂址选择和总平面布置

3.1 厂址选择

3.1.1 本条所述是厂址选择的市政公用条件。厂址选择应符合当地政府部门的要求。

3.1.2 厂址应选择在不会对所加工食品产生污染的地方，其卫生防护距离应符合国家相关标准。其他污染源包括被疫病、工业企业污染的土壤或放射性污染等。

3.1.3 防护距离的确定要综合考虑地形及风向频率的影响，尽量减少非洁净区对气味敏感区和大气环境的污染。

3.1.4 厂址选择应确保生产污水排放不污染当地自然水源。

3.2 总平面布置

3.2.1 总平面分区应明确。生产区的非清洁区包括：屠宰车间的非清洁区与半清洁区部分、宰前建筑设施、污水处理站、锅炉房、无害化处理设施与废弃物收集场所等。生产区的清洁区内包括：屠宰车间的清洁区、分割车间、冷却间、冻结间、成品暂存间、发货间、冷库及其他辅助设施等。

在严寒、寒冷和夏热冬冷地区，夏季气温较高，气味污染比冬季严重，因此主要考虑夏季主导风向的影响，在夏热冬暖和温和地区，冬季温度也偏高，因此要综合考虑全年主导风向的影响。有时受用地形状限制或冬季、夏季风向正好相反，则非清洁区与清洁区的排列方向可与夏季或全年主导风向垂直。

3.2.2 本条为强制性条文，必须严格执行。活畜入口、废弃物出口及运输通道属于非清洁区，产品出口及运输通道属于清洁区，它们在生产区的物流通道与出入口应分开设置，以免加工成品受到污染。若废弃物采用密封车辆运输时，其运送通道与出口可与活畜通道与入口共用。

3.3 环境卫生

3.3.1 污水明沟中污水的气味会污染清洁区的产品，且易滋生蚊蝇，因此严禁在厂区内使用，必须收集到污水管排至污水处理站集中处理，达到相关排放标准后排放到附近的城市污水排放管网或允许排入的最终受纳水体。

3.3.4 患病、受伤的牛羊应及时运至急宰间宰杀，畜病害肉尸必须进行无害化处理。废弃物应采用密闭管道或小车及时输送至相应的处理间进行处理。

3.3.5 厂区地面雨水应能及时排放，不应积水，滋生蚊蝇，妨害食品卫生。在有条件的情况下，宜设雨水回用设施，以符合绿色建筑要求。

3.3.6　消毒池底长度应保证不小于最大车轮周长，以使车轮经过时，其周圈均经过浸泡消毒。车进出消毒池坡道坡度不宜大于12%。

3.3.7　厂区内部及周围绿化树种应选用不产生飞絮、风媒花粉或恶臭等对空气质量有不良影响的树种。空地宜种植草坪、灌木或低矮乔木。

4　建筑

4.1　一般规定

4.1.2　本条为强制性条文，必须严格执行。车间内部非清洁区与清洁区的人流、物流不应交叉，以免对产品造成污染，危害食品安全。

4.1.3　采用钢结构与金属夹芯板符合绿色建筑的要求，且方便生产工艺的随时调整。大跨度钢结构屋盖是指结构柱距不小于12.0 m的屋盖。

4.1.4　开启外窗应设纱扇，建筑物周边设防鼠带或捕鼠装置。

4.2　待宰间

4.2.6　每头牛、羊使用面积包含栏间赶畜道面积。

4.2.10　经调研，国外近期所做待宰间均考虑动物福利的要求，在靠近宰杀设备处设置弧形的槛墙，以使活畜产生好奇感和不感到害怕，以减少活畜宰前应激反应对肉质的影响。槛墙上设小门，以方便伤牛运出。

4.3　屠宰车间

4.3.2　屠宰车间平均单班每头（只）最小建筑面积系根据原行业标准的统计数据，结合近年对新建屠宰车间的调研数据统计与分析确定的。

4.3.4　车间层高应能满足生产、设备安装、维修及通风、采光的要求。

4.3.6　由于部分牛羊在宰杀放血后会苏醒挣扎，造成血液飞溅至墙壁高处。所以此段墙体表面应便于冲洗墙面血污，保持车间卫生。

4.4　分割车间

4.4.1　独立建设的分割车间，若原料为冻结物，还要配备解包间、解冻间等。

4.4.2　分割车间平均单班每吨分割肉最小建筑面积系根据原行业标准的统计数据，结合近年对新建屠宰车间的调研数据统计与分析确定的。

4.4.3　分割车间及包装间设计温度是根据理论与实践两方面因素并参考国外标准，以保证达到肉质要求而确定的。

4.4.5　随着冷分割工艺的采用，车间温度降低到5 ℃～15 ℃之间，因此应对围护结构作隔热处理，屋顶隔热可采用吊顶方法解决，同时还具有清洁美观的效果。随着吊顶材料的更新，防霉的问题也会得到解决，只要加强管理，使用吊顶利大于弊，所以车间宜设吊顶。吊顶高度不宜过低，以减少顶棚的结露并降低员工的压抑感。

4.5　冷却间、冻结间、暂存间与发货间

4.5.4　提高冻结间地面面层混凝土标号，有助于减少冻融对地面造成的破坏。

4.5.5　本条为强制性条文，必须严格执行。近年来，在人员密集的低温加工间内发生数起因氨制冷速冻装置内氨的泄漏，导致人员中毒死伤事件，均因氨速冻装置直接放在人员密集的加工间内，而没有与加工间隔开。若把氨制冷速冻装置设在单独的房间内，并设置漏氨检测与事故排风，则可把这种危害降到最低。采用氟制冷速动装置时，同样存在制冷剂泄漏使人窒息的风险，所以也应把氟制冷速冻装置设在单独的房间内。

4.6　人员卫生与生活用房

4.6.1　本条中的标准是指现行国家标准《工业企业设计卫生标准》GBZ1、《食品工业洁净用房建筑技术规范》GB 50687等。

4.6.2　本条为强制性条文，必须严格执行。既然屠宰车间非清洁区与清洁区已明确划分开，因此各分区生产人员的卫生与生活也应完全分开，不得共用，以防止对产品的交叉污染。

4.6.7　厕所本身的卫生条件和设施直接关系其所在生产企业的卫生状况，对于食品加工企业来说更是如此，因此对厕所做出有关规定是很有必要的。

4.6.9 一般单通道风淋间进深约 1.0 m/人，员工风淋所需时间为 9 s～16 s。

4.6.10 设置封闭连廊是保证人员更衣后防蚊蝇进入车间。

4.6.11 由于车间内湿度大，局部工段温度较高，因此参观通道窗玻璃易结露。宜设空调或电加热等设施防止其结露，影响参观效果。

4.7 防火与疏散

4.7.3 本条为强制性条文，必须严格执行。氨压缩机房与车间贴邻是为了节省设备管线与节能，但因其火灾危险性较大，若贴邻，则采用防火墙与加工车间分隔，以保证车间人员安全。

4.7.4 车间人员较密集的场所应设置专门的疏散通道，疏散走道应直通室外，不应穿过其他房间，逃生路线不应迂回曲折。

4.8 室内装修

4.8.1 地表面材料应易于保持卫生清洁，并应按工艺要求设置不同的排水坡度，使车间地面污水、污物得以迅速排放。

4.8.2 如内墙面和顶棚采用预制板拼装，所有板缝间及边缘连接处应密封。

4.8.3 本条主要是为了保证食品卫生安全提出的。

5 结构

5.1 一般规定

5.1.7 冻结间常因使用及管理不当引起冷库地坪产生冻胀，造成上部结构严重损坏，为减少冻结间结构基础下地基产生冻胀，特提出本条要求。

5.1.9 本条仅规定了混凝土结构的环境类别。

5.2 荷载

5.2.1 悬挂荷载应包括建筑、屠宰与分割、制冷、给水排水、采暖通风与空调、电气等系统悬挂于楼面及屋面结构下的吊顶、轨道、管道和设备等荷载。

5.2.6 门式刚架轻型房屋钢结构的屋面一般采用压型钢板，自重很轻，故活荷载标准值取 0.5 kN/m^2，以确保结构安全。对于受荷水平投影面积较大的钢架构件，则活荷载标准值可降低至 0.3 kN/m^2。

5.3 材料

5.3.1 本条为强制性条文，必须严格执行。硅酸盐水泥和普通硅酸盐水泥（普通水泥）强度高，快硬、早强，抗冻性和耐磨性较好，适用于冻结间、冷却间的混凝土配制；矿渣硅酸盐水泥（矿渣水泥）、火山灰质硅酸盐水泥（火山灰水泥）和粉煤灰硅酸盐水泥（粉煤灰水泥），其共同的特性为：早期强度低，后期强度增进率大，抗冻性差，均不适用于冻融循环的工程。如果两种水泥混合使用，因收缩时间不同，将会产生裂缝。故规定两种水泥不得混用，也不允许同一构件中使用两种不同的水泥。

5.3.2 冷却间门口或冻结间等个别部位发生冻融循环的情况要多些，冻坏的可能性大些，但要求大部分结构都满足个别部位的要求是不合理的。除了可以采取措施加强管理，防止个别部位冻坏外，还可以用局部维修手段补救，以保证整个结构的安全使用。

近年来，各种混凝土外加剂发展较快，在不增加太多成本的前提下，掺适量外加剂可以大大提高混凝土抗冻融性能。

5.3.3 根据国家规定将黏土砖改为烧结普通砖，即符合现行国家标准《烧结普通砖》GB/T 5101 的各种烧结实心砖。考虑冷库 0 ℃ 及 0 ℃ 以下冻融循环对结构的影响，冷却间内选用的砖应按现行国家标准《砌墙砖试验方法》GB/T 2542 进行冻融实验。

5.3.4 根据钢筋产品标准的修改及"四节一环保"的要求，提倡应用高强、高性能钢筋。本条内容与现行国家标准《混凝土结构设计规范》GB 50010 的规定基本一致。对按一、二、三级抗震等级设计的框架和斜撑构件（含梯段）中的纵向受力钢筋应采用 HRB335E、HRB400E、HRB500E、HRBF335E、HRBF400E 或 HRBF500E 钢筋。

5.3.7 本条为强制性条文，必须严格执行。本条文的规定是满足钢结构安全使用的必要条件。

5.4 涂装及防护

5.4.2 以食品加工为目的的建筑，其钢结构采用环保无毒的防锈、防腐蚀材料极为重要。

5.4.3　钢结构柱脚在地面以下的部分加强混凝土包裹或将柱脚高出地面一定距离，是用以克服该部位四周易积水、尘土等杂物，致使钢柱脚锈蚀的问题。

6　屠宰与分割

6.1　一般规定

6.1.1　班宰能力按全年不少于 150 个工作日的计算是根据我国以收购农牧民养殖及育肥牲畜为主的情况确定的。牛源基本全年能均衡收购屠宰。羊屠宰受季节性影响较明显，每年秋末冬初时节，羊收购形成旺季，这点与工业化饲养与均衡生产不同。

6.1.2　本条是根据我国实际情况，参照国外标准提出的。根据对国外标准的了解及实际考察，宰前冲淋已做到每头、每只均进行信息采集、冲淋清洗，国外的饲养方式及信息采集和管理相对好一些，牛羊活体污物较少，容易清洗；国内的饲养方式较落后，牛羊活体的污物较多，所以更应设浸泡清洗，随着饲养及管理条件的提高，环境改善会更容易。

6.1.3　合理的工艺布置能减少建筑面积，降低投资成本，又对产品质量的控制提供了一份保证。

6.1.4　本条为强制性条文，必须严格执行。活畜屠宰后体内热量不易散发，加速了脏器特别是肠胃的腐败过程。为了保证肉品质量，应尽早剖腹取出内脏，尽快结束胴体加工过程，保持肉品的新鲜程度。欧盟对肉类加工的卫生条件也做了相应的规定。本条是根据我国实际情况，参照国外标准提出的。

6.1.5　因车间内工器具及车辆较多，并且有清洗消毒功能应设冷热水管。屠宰车间使用的滑轮、叉挡、钩子，如分割车间共用，它们的清洗消毒设施可设在屠宰与分割车间的就近处，便于运回屠宰车间使用。

6.1.6　皮、胃容物宜采用管道气力输送至指定场所，输送皮、胃容物的管道宜采用不锈钢材料并且应经常清洗。

6.1.7　为保障食品安全，本条提出设备和器具的材料问题。

6.1.8　按照宗教习俗屠宰时，应考虑牛羊的朝向和放血方式。

6.1.9、6.1.10　目前在待宰、屠宰加工、冷却、分割包装、储存、运输过程中还存在安全风险，在整个屠宰加工、分割包装、储运过程中建立产品可追溯和召回制度，确保牛羊产品的卫生安全。在厂房设计时要考虑配套的房间及相适应的监控和信息采集的设备。

6.2　致昏放血

6.2.2　屠宰箱有普通和伊斯兰屠宰箱两种类型，两种类型屠宰箱都能固定头部，但伊斯兰屠宰箱旋转刺杀放血，无须致昏。

6.2.3　因为牛放血轨道距离屠体超过 4 m 高度，致昏后需设提升装置；活畜头部固定设施能减少应激及牛体创伤，安全桩避免伤害操作人员；设集血池便于血的收集利用，减少污染周围环境，血池可以采用混凝土结构或者不锈钢材料。

6.2.4　牛屠体由于比较大，设置悬挂输送机运行平稳放血时不易外溅，规定牛挂距 1.2 m、羊挂距 0.8 m 是防止屠体之间接触产生交叉污染；本条第 2 款控制轨面标高的目的是控制屠体的头部不低于 0.8 m，避免屠体受到污染；牛屠体较大，体内血量较多，使体内的血液放的充分需要不少于 8 min，羊体重轻，需要不少于 5 min。

6.2.5　无输送链条情况下使用轨道限制器。

6.2.6　牛屠宰后出血量最大时间是 5 min 之内，羊出血量最大时间是 3 min 之内。

6.2.7　利用轨道高差自动滑至用轮点，为了避免滑轮脱落应设安全保护措施。

6.3　牛羊剥皮、烫毛加工

6.3.1　为保证产品可追溯，在去头蹄、换轨、机器扯皮位置应进行编号、信息采集等措施来保证在加工过程中可追溯及监控，降低前端产品的安全风险性。另外，牛去头工序也可设在机器扯皮之后进行。

6.3.3　国内部分地区山羊有烫毛工艺，故在工艺设计时要考虑烫毛及打毛设备，并且要留有位置。

6.3.4　本条规定是为了合理设置工位，缩短输送链条长度，控制产品在规定时间内取出内脏。防止因内脏在腹腔内时间长而发生腐败问题。

6.3.5　采用不锈钢容器或者运输小车收集剪下来的蹄和角，蹄角剪及刀具要做到每头采用 82 ℃热水消毒。

6.3.6　转挂操作台宜采用不锈钢材料。该位置是从放血轨转入扯皮、胴体加工轨道上；设有回轮轨道的，能减少人员运输环节，也便于管理，操作台上设有滑轮提升装置应便于操作人员取用；两轨道设有高差便于工人操作减轻劳动强度。

6.3.7 下拉式扯皮机在扯皮时下拉力较大，应对扯皮上方的轨道及钢梁加固保护，同时屠体的椎骨特别是椎骨尾部易脱位，肌肉也会被拉长。为了使椎骨复位，使肌肉恢复到原有状态，宜采用电极装置，刺激肌肉使其收缩迫使椎骨复位，牛躯体松弛保护，恢复到扯皮前状态；如果采用气送或者输送带，宜采用不锈钢材料。

6.3.8 取头在前或者在后可根据当地的操作习惯而定，头清洗装置落地设置同时也带有围裙清洗功能。

6.4 胴体加工

6.4.1 本条胴体加工工序要求胴体劈半在前，兽医食品卫生检验在后是因为胴体劈半后才能看清脊椎部位有无病变，便于兽医判断后进行编号信息采集。高压冲洗可以提高肉的品质，通过对胴体表面的残留血、劈半时产生的肉渣、黏附在胴体上的毛等污物进行对比试验，经高压清洗比未经高压清洗的胴体的色泽好、残留物较少。根据正在使用高压冲洗设备的屠宰厂家反应，认为对提高肉品质量冷却排酸时的干耗非常好。经了解，高压冲洗设备在日本已使用多年，是比较成熟的工艺，胴体冷却前建议使用。

6.4.2 操作台的高度应便于操作，开胸骨时避免伤到胃，开胸锯一次一消毒。

6.4.3 设同步检验线是为了保证产品在加工过程中安全，如出现问题内脏、胴体均能找到，小型屠宰厂也要按头编号。

6.4.4 本条为强制性条文，限制高度的原因是防止屠体在加工过程中受到污染。

6.4.5 本条限制两后腿间距是为了便于扯皮及劈半，规定胴体 2.1 m～2.5 m 间距是考虑同步检验。

6.4.6 内脏同步检验线有悬挂和盘式输送两种形式。目前国外悬挂式是将畜体的头、内脏中的心、肝、肺、肾等悬挂在钩子上，肠胃放在盘式输送机上或采用肠胃检验滑槽，也有把头、内脏均分别放在盘式输送机上，这几种方法都符合卫生检验要求，目的是使兽医能够对同一头畜体的胴体、内脏及时做出检验判断，防止疫病漏检。

6.4.7 为避免白内脏与红内脏之间产生交叉污染，故需单设操作工位。

6.4.8 为了保证加工过程食品安全，应设消毒设施。

6.4.9 大中型屠宰车间应设可升降的操作台便于操作，减轻劳动强度，小型牛屠宰车间兽医食品卫生检验宜设置高低位检验不锈钢操作台。

6.4.10 白内脏同步检验输送线采用落地较多，红内脏同步检验输送线采用悬挂式。

6.4.11 红内脏同步线上钩子距离踏脚台 1.2 m～1.4 m，主要考虑操作人员的劳动强度，白内脏同步线 0.8 m 高主要考虑便于顺利滑入副产品加工间。

6.5 副产品加工

6.5.2 本条为强制性条文，必须严格执行。本条主要为避免脏净交叉污染。肠胃同在一加工间，头、蹄、尾可以共用加工间，皮张应单设加工间。

6.5.3 肚洗白机宜接蒸汽管洗白，效果较好。

6.5.5 本条可根据当地市场需求进行选择加工工艺剥皮或者烫毛处理。

6.5.6 羊头蹄尾加工需要烫毛的应设浸烫池、刮毛台等设施。部分地区山羊也会采用烫毛工艺，设计时应单设房间。

6.5.7 集送装置需设置空压机房及吹送装置，吹送罐、管道宜采用不锈钢材料。

6.6 急宰、病害牛羊胴体和病害牛羊产品生物安全处理

6.6.2 急宰间主要处理在运输、装卸当中出现碰伤不能行走的牛羊及可食用病畜。

6.7 分割加工

6.7.1 为保证肉质量品，分割加工应采用原料（胴体）先经冷却再分割的加工工艺。根据市场情况，分割产品可鲜销或者冻结后冷藏。

6.7.2 分割加工在大型、中型分割车间中，由于生产量大，要求使用输送机来保证生产流水线的正常运行，但应采取编号贴标方法进入可追溯系统，同时也为食品卫生创造了良好的条件。小型分割车间加工量相对较小，可根据需要设输送机或不锈钢工作台也可满足要求。

6.7.3 羊胴体进冷却间前宜由挂钩转换成不锈钢羊笼挂两层，不少于 6 只，

6.7.4 经考察，有的国内外工厂冷却方式设置－10 ℃以下急冷，有的设置 0 ℃～4 ℃冷却，普通牛肉、高档

牛肉可根据牛肉分级决定冷却时间，高档牛肉的冷却时间宜适当延长。

6.7.5　牛二分胴体、四分体、羊胴体设置离地高度是为了避免清洗时污染胴体。牛羊共用冷却间时按牛的轨道标高设计，考虑双层吊挂。

6.7.6、6.7.7　冷却间设置的牛羊间距是为了避免胴体与胴体接触，避免食品安全问题；增强胴体冷却回风效果。

6.7.8　本条适用于二次冷却工艺。

6.7.9　采用无油润滑或使用含油轴承是为了避免泔污污染胴体，是从食品安全的角度考虑的。

6.7.10　提高自动化程度，可以减轻劳动强度。

6.7.11　在加工四分体时会产生部分噪声，单设四分体间可以解决此类问题。

6.7.12　由高轨降至低轨便于吊剔。

6.7.13　本条规定是为了减轻工人的劳动强度设电动葫芦或者机械手。

6.7.14　采用不锈钢小车、工作台或者食品用周转箱。

6.7.17　本条规定是为了避免交叉污染。

6.7.18　包装间应设相匹配的电源插座，便于计量装置和捆扎机具等设施使用。

6.7.20　选用的容器、金属盘、存放架宜采用不锈钢材料。

7　兽医食品卫生检验

7.0.1~7.0.4　现在多数厂采用分散的检验方法。它是将畜体各检验部位由卫检人员分别检验，检验后的部位（如内脏器官）即可与畜体分离，一旦后序检验部位发现疾病时，已离体部位就已经找不到了。这就失去了从整体上综合判断的作用。

统一编号的对照检验方法是胴体和内脏编写相同号码，内脏集中在专设的检验台处检验。发现病畜时，可按编号找到相应的胴体、头部或内脏进行综合判断处理。为此把分散的检验改为相对集中的对照检验或内脏与胴体同步检验是采用了先进的检验方法，它对兽医食品卫生检验工作起到了保证作用。以上检验配合ISO22000体系及可追溯系统。

7.0.7　本条为强制性条文，必须严格执行。本条规定是为了保证将疑病胴体安全送往疑病胴体间。

7.0.11　本条为强制性条文，必须严格执行。根据《中华人民共和国食品安全法》的有关规定，食品生产企业应对其原料验收、生产加工、半成品及成品检验等环节进行控制，保证所生产的产品符合食品安全标准。另外食品生产企业应建立食品安全自查制度，定期对食品安全状况进行检查评价。为满足以上要求，需要在厂区内设置化验室，化验室的建筑面积按其工作场所的需要而定。

8　制冷工艺

8.1　一般规定

8.1.1　阀门检修或更换时，在阀门、管道中会有一些氨气闪发在环境中，最好将制冷系统分调节站安装在室外。如果必须将制冷系统调节站安装在车间内，应单独设调节站间，设漏氨报警装置，并与事故排风联动。

8.1.2　本条为强制性条文，必须严格执行。避免制冷系统管道内的氨，意外泄漏时给房间内人员带来的危险。人员办公及休息的房间包括人员卫生与生活用房。

8.1.3　避免冷风机热气融霜时，由于操作不当导致发生液击事故给生命财产带来的危害。

8.2　产品冷却

8.2.2　由于牛肉在屠宰后有一个较长时间的成熟过程，随成熟过程的进行肉逐渐熟化，肉的质地变嫩，所以欧盟一般对高档牛肉都采用至少冷却48 h的做法，第一天将胴体中心温度降至7 ℃，然后在冷却间内再放置一天；对牛的后腿还可以放更长时间使肉熟化。故本条只规定了冷却时间的下限，没有规定冷却时间的上限。肉体中心温度低于7 ℃可抑制细菌的繁殖。

8.2.3　副产品冷却间的设计温度取0 ℃~4 ℃，冷却后副产品的中心温度不应高于7C，可起到抑制细菌繁殖的效果。

8.3　产品冻结

8.3.1　分割肉的冻结要在24 h之内完成，在-28 ℃冻结间内必须采用盘装包装，在冻结间把肉冻好后，再进入包装间把盘装换成纸箱包装入库，目的是提高肉品质量。对于出口的分割肉，分割肉冻结间的设计温度不宜低于－35 ℃。

8.3.2 冻结时间包括进出货时间。

9 给水排水

9.1 一般规定

9.1.1 车间给水系统对满足屠宰加工用水要求，保证食品卫生安全是非常重要的一环，本条规定给水系统应具有保障连续不间断供水能力，并满足各生产加工用水对水质、水量和水压的要求。

9.1.2 食品加工用水点多，水量较大，防止用水设施及设备与用水点产生交叉污染是保证食品安全措施之一，所以本条提出了相关要求。

9.1.3 本条是根据屠宰加工特点及车间卫生要求提出的。

9.1.4 屠宰与分割车间给水排水、消防干管一般都敷设在车间闷顶内，本条提出了在闷顶管道敷设的技术要求。

9.2 给水及热水供应

9.2.2 本条是根据《中华人民共和国食品安全法》对食品加工用水水质的要求制定的。

9.2.3 现行国家标准《城镇给水排水技术规范》GB 50788 对城镇给水中的取水、输水、配水和建筑给水等系统提出了相关的技术要求和规定。采用自备水源供水时应符合其相关规定。

9.2.4 原行业标准牛屠宰加工用水为（0.8～1.2）m³/头，经对本行业的调查，普遍反映偏小，与实际不符，其中原因也包括由于食品卫生安全的要求，企业加强了加工过程中的清洗消毒环节，用水量也相应增加。因此对原行业标准进行了适当调整。

9.2.5 本条中82 ℃消毒热水是根据现行行业标准《肉类屠宰加工企业卫生注册规范》SN/T 1346—2004 第7.3.4 条对刀具消毒的要求确定的。

9.2.6 屠宰加工对车间清洗、消毒是保证产品质量的重要一环。目前各企业一般采用屠宰、分割完后进行一个小时清洗、消毒，同时在中间工序各阶段随时进行清洗。清洗、消毒有采用冷热水方式的，有采用加药方式的，目前企业中也有一部分企业高压泡沫冲洗消毒系统的，本条对清洗、消毒给排水系统配置做了规定。

9.2.7 本条是根据工艺及卫生防疫要求设定的。

9.2.8 根据工艺要求，目前车间消毒用热水（82 ℃）点越来越多，设计上宜采用集中供给加热方式，由于水温较高，应考虑相应的安全及防结垢措施。

9.2.9 为了防止手接触水嘴而沾染细菌，在车间内应采用自动或非手动式开关的水嘴。目前采用有光电及红外线控制的开关，还有肘式、脚踏式、膝式开关龙头等。

9.2.10 本条是根据屠宰加工卫生要求设定的。

9.2.11 为保证食品加工卫生质量，屠宰与分割车间室内生产用给水管材宜优先选用不锈钢管等管材。

9.2.12 屠宰加工工序较多，为节约用水和便于车间核算，有的企业分车间分工序进行计量。

9.2.13 本条主要是从节能减排方面考虑设置的。冲洗待宰圈地面等用水采用城市杂用水或中水作为水源可满足卫生要求。杂用水和中水管道采用明显标记，主要是为了避免误饮、误用。

9.3 排水

9.3.1 屠宰加工过程中污水排放比较集中，污水中含有大量的血、油脂、胃肠内容物、皮毛、粪便等杂物，为了满足车间卫生要求，避免交叉污染，本条对车间排水流向做了规定，并要求车间内管道布置时，生产废水与生活区排水系统严格分开。

9.3.2 根据目前各厂实际运行情况，屠宰车间特别是车间非清洁区设明沟排水（或浅明沟）较好，一方面污物能及时排放，另一方面清洗卫生方便。

9.3.3 本条为强制性条文，是根据现行国家标准《建筑给水排水设计规范》GB 50015 相关条文要求规定的。本条为车间内排水沟排水未设水封装置时，在与室外排水管道连接时应设水封装置，车间内其他排水管如设有水封时，与室外排水管道连接时可不设水封装置。

9.3.4 屠宰与分割车间等清洁区部位排水宜采用明沟（浅明沟）或专用除污地漏排水，专用除污地漏应带有网筐，首先将污物拦截于筐内，水从筐内流入下水管道，否则污物易堵塞下水管道。每个地漏排水的汇水面积参照国外有关标准确定为 36 m²。

9.3.6　原行业标准规定屠宰加工中胃肠内容物及粪便都流入室外截粪池，每日截粪池都应出清运送，卫生条件较差，所以本条规定宜采用固液分离机处理粪便及有关固体物质，处理效率高且有利于卫生环境。

9.3.7　本条为强制性条文，是根据现行国家标准《建筑给水排水设计规范》GB 50015 相关条文要求规定的。

9.3.8　本条是根据屠宰行业污水排放比较集中，污物较多，管道宜堵塞等情况将管径适当放大的，从调查实际运行生产厂家发现，车间内管道及室外排水管道堵塞情况普遍，管内结垢（油垢）严重，按计算选择管径实际使用偏小，容易堵塞，也不便于管道内清洗。

9.3.10　根据屠宰加工特点，车间室内生产废水排水管管材宜优先选择用柔性接口机制的排水铸铁管。

9.3.11　急宰间及无害化处理间排出的污废水要先收集、沉淀和消毒处理后，才准许排入厂区内污水管网。

9.3.12　本条为保护厂区环境卫生要求确定。

9.3.13　本条是根据国家环境保护要求设定的，如当地环保部门对污水排放有特殊要求，可按当地环保部门的意见执行。

9.4　消防给水及灭火设备

9.4.1　屠宰与分割车间火灾危险性分类为丙类，车间的防火设计应严格按国家相关的有关防火设计规范进行。

9.4.2　屠宰与分割车间内冷藏、冻结间、速冻装置间等制冷系统的制冷工质为氨时，发生火灾或其他事故时有较大的危险性，从安全防护的角度出发，在出入口处设置室内消火栓很有必要的。

9.4.3　按现行国家标准《建筑设计防火规范》GB 50016 的规定，屠宰与分割车间内可不设置自动喷水灭火系统，但本次规范制订过程中，编制组对国内、国外屠宰加工厂进行了广泛的考察、调研，其中国外大型屠宰加工厂生产车间有设置自动喷水灭火系统的，也有不设置的，国内方面也有外资企业和合资企业依据保险等有关条款要求设置自动喷水灭火系统的，也有特殊要求设置的。自动喷水灭火系统是最有效的灭火方式，在有条件的情况下，在屠宰加工间设置自动喷水灭火系统对提高车间的安全等级是很有必要的。本条根据项目的特定条件，如在车间内设置自动喷水灭火系统时，规定了选用相应设计基本参数及做法。

10　供暖通风与空气调节

10.1　一般规定

10.1.1　本条规定了选择冷源与热源的基本要求。

10.1.2　本条规定了牛羊分割车间、包装车间等低温空调场所选择冷源与热源参数的一般要求。

10.1.3　分割车间、包装车间等低温空调场所湿度较大，尤其是车间清洗时，室内空气湿度可达到饱和状态。空调末端设备选用不锈钢材质制造以防生锈，避免对食品产生污染。

10.1.4　本条规定对两侧温差较大且常开的门采取相应的措施，以减少因空气对流产生的冷、热量损失。

10.1.5　正常生产时，此类房间内的温度低于 0 ℃，如果不采取地面防冻措施，地面下土壤将被逐渐冻结，并产生膨胀，造成地面冻鼓现象，影响车间使用。冻鼓现象严重时还会对车间维护结构的基础产生破坏。

10.2　供暖

10.2.1　本条规定了屠宰车间主要房间室内供暖计算温度。

10.2.2　冬季若不供暖有可能导致设备和设施损坏的房间，应设置值班供暖。

10.3　通风与空调

10.3.1　本条为强制性条文。设置空调系统的场所经常有人在工作，氨制冷剂蒸汽的容积含量达到 0.5％～0.6％时就会对人体产生危害，在爆炸极限范围内遇到明火会引发爆炸事故。氨制冷剂泄漏时，直接蒸发式空气处理设备会将氨送至空调场所，危害人体或造成爆炸事故。因此严禁空气调节系统采用氨制冷剂直接蒸发式空气降温方式。

10.3.2　根据产品加工工艺要求、管理的需要及空调负荷的特点，本条对牛羊分割车间、包装车间等低温空调场所的空调室内计算参数进行了规定。

10.3.3　分割车间、包装间等房间，工作人员较多，工作强度大，工作时间长，工作环境温度低、湿度大，应合理提高新风量标准，改善室内空气品质。对新风进行粗效和中效两级过滤有利于提高食品卫生条件。

10.3.4　分割车间和包装间属于生产过程中的清洁区，保持正压状态可防止非清洁区和室外的气流进入清洁区，避免产品受到污染。

10.3.5 对有可能泄漏有害气体的相关场所提出事故通风的要求，以防发生泄漏事故时对人员产生伤害或引发爆炸灾害。事故风机应定期检查和维护，确保正常运行。

10.3.6 对异味重和余热大或高湿的车间限定最小通风量，以保障车间内空气品质，改善工作环境。此类异味、高温、高湿场所宜保持负压状态，排风量应大于送风量。我国南北方气候差异很大，北方地区冬季送风宜采取加热措施。为了降低送风加热的能耗，北方地区可采用变风量送、排风系统，冬季运行时适当降低送、排风量。南方地区，夏季宜根据各车间的实际需求确定是否采取空调降温措施。

10.3.7 空调和通风系统运行一段时间，送风道内表面会产生污垢，新风受到污染，设置清扫口可为清洗风道提供方便。纤维织物风道明设在车间内，车间冲洗时湿度很大，此类环境易产生霉菌，所以应考虑防霉的要求，纤维织物风道应定期清洗。

10.3.8 风口滴落冷凝水，有可能污染食品或影响工人正常操作，因此宜采取相应措施。

10.3.9、10.3.10 这两条是从肉类加工厂卫生角度考虑做出的规定。

10.4 消防与排烟

10.4.1 冻结间和低温冷藏间等场所，室内温度均不高于 0 ℃，相对湿度大，发生火灾的可能性极小。如果设置排烟设施，除了存在"冷桥"问题外，排烟口、排烟阀会被冻结而失去使用功能，起不到消防排烟的作用。

10.5 蒸汽、压缩空气、空调和供暖管道

10.5.1 管道由于热媒温度变化会引起热膨胀，应采取相应的补偿措施，防止管道系统的稳定性受到破坏。

10.5.2 管道穿防火墙处孔洞的缝隙未封堵，会导致火焰或烟气扩散。管道产生位移会导致封堵措施失效。为了保持防火墙的功能，本条规定管道穿过防火墙的要求。

10.5.3 管道的推力是选择或设计固定支架的依据，同时应考虑管道推力通过固定支架传递到建筑物、构筑物时产生的不利影响。

11 电气

11.1 一般规定

11.1.1 屠宰车间、分割车间和副产品加工间等处属于多水潮湿、多油脂环境，且由于卫生的要求，会使用一些具有一定腐蚀性的物质（主要为碱性，酸性较少采用）对设备进行卫生冲洗（含高压水龙喷射）的场所；冷却间、冻结间等处属于低温潮湿环境场所。不同环境场所内采用的电气装置均应与其环境相适应，并应易于满足相关卫生要求。在多水潮湿场所安装的电气设备，其外壳防护等级应不低于 IP55。安装在肉品上方的照明灯具，应采用符合食品卫生安全要求的灯具或采取防止灯具破碎污染肉品的保护措施。

11.1.2 本条为强制性条文。本条规定了为避免电气线路穿越冷却间、冻结间、暂存间等冷间和分割间、副产品加工间、包装间等低温空调房间保温材料时造成冷量损失和产生结露滴水，应采取的必要处理措施。

11.1.3 屠宰与分割车间为人员密集场所，为了便于发生事故时统一指挥人员疏散，制定本条规定。

11.1.4 为防止氨直接蒸发的冻结装置意外发生氨气泄漏而制订本条规定。设置声光警报装置，是为了当发生氨泄漏时对人员发出警示，警示现场相关人员及时疏散。

11.1.5 鉴于电气火灾隐患形成和存留时间长，且不易发现，一旦火蔓延到设备及电缆表面时，已形成较大火势，且不易被控制。为了能在发生电气故障、产生一定电气火灾隐患的条件下发出报警，实现电气火灾的早期预警，本条规定了屠宰与分割车间有条件时需要设置电气火灾监控系统。

11.2 配电

11.2.1 屠宰与分割车间停电的直接后果是对已开始进入屠宰、分割、冻结和冷却等加工环节的产品，无法使用电动（及其相关）设备或工具继续进行生产加工，中断制冷和中断空调等。因此在本条中规定屠宰与分割车间的供电负荷级别，应按停电对生产可能造成的损失，根据市政电网的供电条件，相应决定其供电方式。

11.2.2 鉴于屠宰与分割车间多水潮湿的环境特点制订本条规定。

11.2.3 本条是为提高安全用电水平的一般规定。

11.2.4 本条是为有效减少电气事故，对屠宰与分割车间内的多水潮湿场所和待宰间等特殊场所提出的安全

措施。

11.2.5　为方便在闷顶和技术夹层内进行检修维护制定本条规定。

11.3　照明

11.3.1　按现行国家标准《食品安全国家标准　食品生产通用卫生规范》GB 14881 的有关规定，对屠宰与分割车间的照明标准值做出规定。按现行国家标准《建筑照明设计标准》GB 50034 的相关要求确定照明功率密度限值。考虑到设计时灯具布置的需要和光源功率及光通量变化的不连续性，设计照度值与照度标准值可有 $-10\%\sim+10\%$ 的偏差。

11.3.2　当正常照明因故熄灭后，为便于工作人员进行必要的生产操作而制订本条规定。

11.3.3　屠宰与分割车间属人员密集的生产场所，为保证当正常照明因放熄灭后的人员安全疏散制订本条。

11.3.4　本条是为方便管理人员在闷顶和技术夹层内进行巡视的一般规定。

中华人民共和国国家标准

GB 51219—2017

禽类屠宰与分割车间设计规范

Code for design of poultry slaughtering and cutting rooms

2017-01-21 发布/2017-07-01 实施

中华人民共和国住房和城乡建设部
中华人民共和国国家质量监督检验检疫总局 联合发布

前　言

根据住房城乡建设部《关于印发〈2013 年工程建设标准规范制订、修订计划〉的通知》（建标〔2013〕6号）的要求，规范编制组经广泛调查研究，认真总结实践经验，参考有关国际标准和国外先进标准，并在广泛征求意见的基础上，编制了本规范。

本规范共 11 章，主要技术内容是：总则、术语、厂址选择和总平面布置、建筑、结构、屠宰工艺与分割工艺、兽医卫生检验、制冷工艺、给水排水、供暖通风与空气调节和电气。

本规范中以黑体字标志的条文为强制性条文，必须严格执行。

本规范由住房城乡建设部负责管理和对强制性条文的解释，由农业部负责日常管理，由国内贸易工程设计研究院负责具体技术内容的解释。执行过程中如有意见或建议，请寄送国内贸易工程设计研究院技术质量管理部（地址：北京市西城区右安门外大街 99 号，邮政编码：100069），以便今后修订时参考。

本规范主编单位、参编单位、主要起草人和主要审查人：

主编单位：国内贸易工程设计研究院。

参编单位：中国肉类协会、北京出入境检验检疫局、中国农业大学、公安部天津消防研究所、华都食品有限公司、马瑞奥施托克家禽加工设备有限公司、吉林省艾斯克机电集团有限公司、北京市京华泡沫塑料厂。

主要起草人：邓建平、单守良、赵彤宇、詹前忠、金涵、孔凡春、朱建平、陈锦远、张伟、徐宏、王尊岭、崔建云、黄益良、韩世国、胡煜、郭峰、刘国军。

主要审查人：乔晓玲、徐永祥、吴建国、王成涛、张新玲、曹克昌、夏永高、朱绪荣、何平、朱正钧、张玉雷、路世昌、黄楚权、王衍智、徐庆磊、藏华夏、李树君、汪之现、周陆军。

禽类屠宰与分割车间设计规范

1　总则

1.0.1　为提高禽类屠宰与分割车间的设计水平，满足食品加工安全与卫生的要求，制定本规范。

1.0.2　本规范适用于新建、扩建和改建的鸡、鸭、鹅等家禽类屠宰与分割车间的设计。

1.0.3　禽类屠宰与分割车间设计必须符合卫生、安全、适用等基本条件，在确保操作工艺、卫生、兽医卫生检验符合要求的条件下，做到技术先进、经济合理、节约能源、维修方便。

1.0.4　禽类屠宰车间与分割车间可按表 1.0.4 分级。

表 1.0.4　禽类屠宰车间与分割车间分级

级别	鸡（只/h）	鸭、鹅等（只/h）
大型	≥10 000	≥4 000
中型	6 000（含 6 000）～10 000	2 000（含 2 000）～4 000
小型	3 000～6 00C	<2 000

1.0.5　禽类屠宰与分割车间的卫生要求，除应符合本规范规定外，还应符合现行国家标准《食品生产通用卫生规范》GB 14881 的有关规定，出口注册车间尚应符合现行国家标准《屠宰和肉类加工企业卫生管理规范》GB/T 20094 的有关规定。

1.0.6　禽类屠宰与分割车间工程设计除应符合本规范外，还应符合国家现行有关标准的规定。

2　术语

2.0.1
　　胴体　carcass
　　经过放血、去毛、去头爪、去内脏后的禽躯干。

2.0.2
　　内脏　offals
　　除胴体外，加工后宜于人类食用的部分（心、肝、肺、肠、胗）。

2.0.3
　　白条鸡　white chicken
　　经过放血、去毛、去内脏，保留头爪的禽躯干。

2.0.4
　　同步检验　synchronous inspection
　　家禽胴体加工线同内脏线同步运行，便于兽医对照检验综合判断的一种检验方式。

2.0.5
　　冷却　chilling
　　通过冰水或其他方法，将胴体中心温度降低的过程。

2.0.6
　　分割肉　cut meat
　　按规格要求将胴体分割成各部分的肉。

2.0.7
　　挂禽区　poultry hanging area
　　活禽输送、吊挂及清洗空箱子的区域。

2.0.8
　　屠宰车间　slaughtering room
　　自挂禽、致昏、放血到胴体冷却分割前的场所。

2.0.9

非清洁区　non-hygienic area

挂禽、致昏、放血、烫毛、脱毛等场所。

2.0.10

半清洁区　semi-hygienic area

鸭鹅浸蜡脱蜡、鸭鹅摘小毛、掏膛、心肝胗精加工等场所。

2.0.11

清洁区　hygienic area

冷却、分割、包装、暂存发货间等场所。

2.0.12

副产品加工间　by-products processing room

心、肝、胗、肠、头和爪等加工处理的场所。

2.0.13

分割车间　cutting and deboning room

剔骨、分割、分部位的场所。

2.0.14

包装间　packing room

对产品进行包装的房间。

2.0.15

冷却间　chilling room

对产品进行冷却的房间。

2.0.16

冻结间　freezing room

对产品进行冻结加工的房间。

2.0.17

无害化处理间　bio-safety disposal

对病、死禽类和废弃物进行生物安全处理的场所。

2.0.18

成品暂存间　products temporary storage room

禽类胴体或副产品发货前临时储存的冷藏间，其储存量不大于一班的屠宰量，储存时间不超过 24 h。

3 厂址选择和总平面布置

3.1 厂址选择

3.1.1 屠宰与分割车间所在厂区（以下简称"厂区"）应具备可靠的水源和电源，周边交通运输方便，并符合当地城乡规划、卫生与环境保护部门的要求。

3.1.2 厂址周围应有良好的环境卫生条件。厂址应避开受污染的水体及产生有害气体、烟雾、粉尘或其他污染源的工业企业或场所。

3.1.3 厂址选择应减少厂区产生气味污染的区域对居住区、学校和医院的影响。待宰间和屠宰车间的非清洁区与居住区、学校和医院的卫生防护距离应符合现行国家标准《农副食品加工业卫生防护距离　第 1 部分：屠宰及肉类加工业》GB 18078.1 的规定。

3.1.4 厂址应远离城市水源地和城市给水、取水口，其附近应有城市污水排放管网或允许排入的最终受纳水体。

3.2 总平面布置

3.2.1 厂区应划分为生产区和生活区。生产区内应明确区分非清洁区和清洁区。在严寒、寒冷和夏热冬冷地区，非清洁区不应布置在厂区夏季主导风向的上风侧，清洁区不应布置在厂区夏季主导风向的下风侧；在夏热冬暖和温和地区，非清洁区不应布置在厂区全年主导风向的上风侧，清洁区不应布置在厂区全年主导风向的下风侧。

3.2.2　生产区活禽入口、废弃物的出口与产品出口应分开设置，活畜、废弃物与产品的运送通道不得共用。

3.2.3　厂区屠宰与分割车间及其生产辅助用房与设施的布局应满足生产工艺流程和食品卫生要求，不得使产品受到污染。

3.3　环境卫生

3.3.1　屠宰与分割车间所在厂区不得设置污水排放明沟。生产中产生的污染物排放应满足国家相关排放标准的要求。

3.3.2　公路卸禽回车场附近应有洗车台。洗车台应设有冲洗消毒及排污设施，回车场和洗车台均应采用混凝土地面，洗车台下地面排水坡度不应小于 2.5％。

3.3.3　垃圾、禽粪和废弃物的暂存场所应设置在生产区的非清洁区内，其地面与围墙应便于清洗、消毒，还应配备废弃物运送车辆的清洗消毒设施。

3.3.4　生产区的非清洁区内宜设置禽病害肉尸及其产品无害化处理间。

3.3.5　厂区应有良好的雨水排放和防内涝系统，可设置雨水回用设施。

3.3.6　厂区的主要道路应平整、不起尘，应有相应的车辆承载能力。活禽进厂的入口处应设置底部长 4.0 m、深 0.3 m、与门同宽且能排放消毒液的车轮消毒池。

3.3.7　厂区内建（构）筑物周围、道路两侧的空地均应绿化，但不得种植妨碍食品卫生的植物。

4　建筑

4.1　一般规定

4.1.1　屠宰与分割车间及生产辅助设施平面布置，应符合生产工艺流程、卫生及检验要求，其建筑面积应与生产规模相适应。

4.1.2　屠宰与分割车间非清洁区与清洁区的人流、物流不应交叉，非清洁区与清洁区的出入口应分别独立设置。

4.1.3　分割车间宜采用大跨度钢结构屋盖与金属夹芯板隔墙与吊顶，内部空间应具备适当的灵活性。

4.1.4　车间应设有防昆虫、鸟类和鼠类进入的设施。

4.1.5　车间地面应设置明沟或地漏排水。

4.2　宰前建筑设施

4.2.1　宰前建筑设施包括活禽待宰罩棚、卸禽站台（含挂禽区）等。

4.2.2　活禽待宰罩棚与卸禽站台应夏季通风良好，应设有遮阳、防雨的屋面，严寒、寒冷地区应有防寒设施。

4.2.3　公路卸禽站台前应设回车场，卸禽站台应高出路面 0.9 m～1.2 m。

4.2.4　卸禽站台兼作挂禽区，其宽度不宜小于卸禽车辆长度的 2 倍，进深不宜小于 6.0 m。挂禽区与屠宰间应隔开。

4.2.5　卸禽站台与挂禽区地面排水坡度不应小于 1.5％，并应坡向站台前排水沟。墙体、顶棚表面应采用不渗水、易清洗材料制作。

4.2.6　挂禽区宜设暗室。

4.3　屠宰车间

4.3.1　屠宰车间应包括致昏放血间，浸烫脱毛间，浸蜡脱蜡间，摘小毛间，去内脏间，副产品加工间，血、羽毛及废弃物收集间，工器具清洗消毒间，维修间和检验室等。屠宰车间最小建筑面积宜符合表 4.3.1 的规定。

表 4.3.1　屠宰车间最小建筑面积

级别	平均每小时每 100 只最小建筑面积（m²）
大型	鸡 18，鸭、鹅 22
中型	鸡 20，鸭、鹅 26
小型	鸡 25，鸭、鹅 32

4.3.2 屠宰车间内致昏放血、浸烫脱毛（或浸蜡脱蜡）、去头爪及内脏粗加工间应为非清洁区；摘小毛、掏膛和心肝脸精加工间应为半清洁区；在布置车间建筑平面时，应隔断划分以上两个分区，各分区之间人流、物流不得交叉。

4.3.3 屠宰车间建筑宜为单层，车间净高不宜低于4.5 m。

4.3.4 屠宰车间内与沥血线路平行且不低于沥血轨道高度的墙体表面应光滑平整、不渗水和耐冲洗。

4.3.5 屠宰车间地面应沿生产线设排水明沟，位置宜在生产线下方。

4.3.6 烫毛或浸腊生产线的烫池部位及其他非清洁区用房宜设气楼，加强自然通风与采光。

4.3.7 屠宰车间应设检验室，其面积应符合卫生检验的需要。

4.3.8 屠宰车间的血、羽毛及废弃物收集间应靠外墙设置，出口应经缓冲直通室外。

4.3.9 副产品加工间使用的台、池应采用不渗水材料制作，且表面应光滑易清洗消毒。

4.3.10 屠宰车间内运输小车的通道宽度：单向不应小于1.5 m，双向不应小于2.5 m。

4.4 分割车间

4.4.1 分割车间应包括分割间、包装间、包装材料间、工器具清洗消毒间及辅助设备用房等。

4.4.2 分割车间内的各生产间面积应相互匹配，并宜布置在同一层平面上，分割车间最小建筑面积宜符合表4.4.2的规定。

表4.4.2 分割车间最小建筑面积

单班每小时分割量（t）	建筑面积（m²）
5	1 000
10	1 600
20	3 600

4.4.3 分割车间、包装间的室温不应高于12 ℃。

4.4.4 分割车间地面排水坡度应不小于1.0%。

4.4.5 分割车间和包装间宜设吊顶，室内净高不宜低于4.5 m。

4.5 冷却间、冻结间、暂存间与发货间

4.5.1 冷却间、冻结间、暂存间与发货间应和屠宰与分割车间紧邻布置。暂存间设计温度应为0 ℃～4 ℃，冻结间设计温度应为−35 ℃～−28 ℃，发货间设计温度不应高于12 ℃。采用水冷却装置的胴体冷却间设计温度不宜高于15 ℃，采用风冷却方式的胴体冷却间设计温度宜为0 ℃～4 ℃。

4.5.2 采用水冷却装置胴体冷却的平面尺寸应根据所采用的螺旋水冷却装置的尺寸与制冰设备的需要确定，净高不宜小于3.6 m。

4.5.3 分割肉、副产品冻结间净宽宜为4.5 m～6.0 m，墙面应设防撞设施。

4.5.4 冻结间内保温材料应双面设置隔气层。保温层内侧表面材料应无毒、防霉、耐腐蚀和易清洁。冻结间地面面层混凝土强度不应低于C30。

4.5.5 产品冻结采用制冷速冻装置时，制冷速冻装置应设在单独的房间内。

4.5.6 经过冻结后的产品若需更换包装，应在冻结间附近设脱盘包装间，脱盘包装间温度不应高于12 ℃。

4.6 人员卫生与生活用房

4.6.1 屠宰与分割车间人员卫生与生活用房包括换鞋间、更衣室、休息室、淋浴室、厕所、手靴消毒间或通道、风淋间、药品工具间、洗衣房等。用房设置应符合国家现行有关卫生标准的规定。

4.6.2 屠宰与分割车间非清洁区、半清洁区和清洁区生产人员的卫生与生活用房应分开布置。

4.6.3 屠宰车间非清洁区、半清洁区应各自独立设置换鞋间、一次更衣室、淋浴室、厕所和手靴消毒间；分割车间应设换鞋间、一次更衣室、淋浴室与厕所、二次更衣室、手靴消毒间，并宜设风淋室。

4.6.4 盥洗设施、厕所便器与淋浴器应根据生产定员，按国家现行有关标准的要求配备。

4.6.5 更衣室鞋、靴与工作服应分开存放。一次更衣室内应为每位员工配备一个更衣柜。二次更衣室内应设有挂衣钩和鞋、靴清洗消毒设施。

4.6.6 淋浴间、厕所宜设在一次更衣室与二次更衣室之间。

4.6.7 厕所应符合下列规定：

a)　屠宰与分割车间应采用水冲式厕所。洗手池应采用非手动式洗手设备，并应配备干手设施；便器应采用非手动式冲洗设备。

b)　厕所应设前室，厕所门不得直接开向生产操作场所。

4.6.8　手靴消毒间内应设手消毒器和靴消毒池。消毒池深度宜为 150 mm，平面长、宽尺寸以员工不能跨越为宜。

4.6.9　风淋间宽度不应小于 1.7 m，进深应根据同时通过员工人数与冲淋时间，结合生产前准备时间确定。

4.6.10　屠宰与分割车间和卫生与生活用房分开布置时，应设封闭连廊连通。

4.6.11　参观通廊开向车间的密闭保温观察窗宜有防结露设施。

4.6.12　清洁区与非清洁区工作服应分开洗涤与存放。

4.7　防火与疏散

4.7.1　大型、中型禽类屠宰与分割车间耐火等级不应低于二级，小型屠宰与分割车间耐火等级不应低于三级。

4.7.2　禽类屠宰车间、分割车间和副产品加工间的火灾危险性分类应为丙类。

4.7.3　当氨压缩机房同车间贴邻时，应采用不开门窗洞口的防火墙分隔。

4.7.4　屠宰与分割车间应设置必要的疏散走道，避免复杂的逃生线路。

4.7.5　屠宰与分割车间内的办公室、更衣休息室与生产部位之间夹设参观走廊时，应进行防火分隔，防火分隔界面宜设置在参观走廊靠办公室、更衣休息室一侧。

4.7.6　屠宰与分割车间疏散门宜采用带信号反馈的推栓门。

4.8　室内装修

4.8.1　车间地面应采用无毒、不渗水、防滑、易清洗、耐腐蚀的材料，其表面应平整无裂缝、无局部积水。

4.8.2　车间内墙面和顶棚或吊顶应采用光滑、无毒、耐冲洗、不易脱落的材料，其表面应平整光洁，避免出现难以清洗的卫生死角。

4.8.3　地面、顶棚、墙、柱等处的阴阳角宜采用弧形。

4.8.4　门窗应采用密闭性能好、不变形、不渗水、不易锈蚀的材料制作，内窗台宜采用成向下倾斜 45°的斜坡，或采用无窗台构造。有温度要求房间的门窗应有良好的保温性能。

4.8.5　成品或半成品通过的门，应有足够宽度，避免与产品接触。通行吊轨的门洞，其净宽度有物料通过时不应小于 0.4 m，无物料通过时不应小于 0.2 m。通行手推车的双扇门应采用双向自由门，其门扇上部应安装由不易破碎材料制作的通视窗，下部设有防撞护板。

4.8.6　各加工及发货用房内的台、池均应采用不渗水材料制作，且表面光滑易于清洗消毒。

4.8.7　车间内墙、柱与顶棚或吊顶宜采用白色或浅色亚光表面。

4.8.8　车间内排水明沟沟壁与沟底转角应为弧形，盖板材质应耐腐蚀，无毒、环保。

5　结构

5.1　一般规定

5.1.1　屠宰与分割车间建筑物宜采用钢筋混凝土结构或钢结构。

5.1.2　屠宰与分割车间建筑物结构的设计使用年限应为 50 年，结构的安全等级应为二级。

5.1.3　屠宰与分割车间建筑物结构及其构件应考虑所处环境温度变化作用产生的变形及内力影响，并应采取相应措施减少温度变化作用对结构引起的不利影响。

5.1.4　当屠宰与分割车间建筑物结构采用钢筋混凝土框架结构时，伸缩缝的最大间距不宜大于 55 m；当采用钢结构时，纵向温度区段不应大于 180 m，横向温度区段不应大于 100 m。

5.1.5　屠宰与分割车间结构设计时应预先设计设置支撑及吊挂设备、轨道的埋件、吊杆等固定点；钢结构的柱、梁或网架球节点上的吊杆及固定件，应在工厂制作钢结构时做好，现场安装时不应在钢结构的主要受力部位施焊其他未经设计的构件。

5.1.6　软弱土及具有软弱下卧层的场地应考虑车间基础沉降对上部结构及设备轨道的不利影响。

5.1.7　当冻结间地面防冻采用架空地面时，架空层净高不宜小于 1.0 m；当采用地垄墙架空时，其地面结构宜采用预制混凝土板结构。冻结间结构基础最小埋置深度自架空层地坪向下不宜小于 1.0 m，且应满足所在地区冬季地基土冻胀和融陷影响对基础埋置深度的要求。

5.1.8 屠宰与分割车间室内地面应排水通畅、不积水。地坪回填土应分层压实密实，且回填土不得使用淤泥、耕土、冻土、膨胀性土以及有机质含量大于 5% 的土。

5.1.9 屠宰与分割车间的混凝土结构的环境类别应按表 5.1.9 的要求划分。

表 5.1.9 屠宰与分割车间的混凝土结构的环境类别

环境类别	名称	条件
二 a	分割车间	室内潮湿环境
二 b	待宰间、屠宰车间、冷却间、冻结间	干湿交替环境

5.2 荷载

5.2.1 屠宰与分割车间楼面在生产使用或安装检修时由设备、管道、运输工具及可能拆移的隔墙产生的局部荷载，均应按实际情况考虑，可采用等效均布荷载代替。对设备位置固定的情况，可直接按固定位置对结构进行计算，但应考虑因设备安装和维修过程中的位置变化可能出现的最不利效应。车间楼面堆放原料或成品较多、较重的区域，应按实际情况考虑；一般的堆放情况可按均布活荷载或等效均布活荷载考虑。楼面及屋面的悬挂荷载应按实际情况取用。

5.2.2 屠宰与分割车间楼、地面均布活荷载的标准值应采用 5.0 kN/m²；屠宰与分割车间有大型加工设备的部分楼、地面，其设备重量折算的等效均布活荷载标准值超过 5.0 kN/m² 应按实际情况采用。生产车间的参观走廊、楼梯活荷载，可按实际情况采用，但不应小于 3.5 kN/m²。

5.2.3 当楼面有振动设备时，尚应进行动力计算。建筑结构设计的动力计算，在有充分依据时，可将重物或设备的自重乘以动力系数后，按静力计算方法设计。一般设备的动力系数可采用 1.05～1.10；对特殊的专用设备和机器，可提高到 1.20～1.30。其动力荷载只传至楼板和梁。

5.2.4 禽类输送、吊挂轨道结构计算的活荷载标准值 2.5 kN/m（本数值包括滑轮和吊具重量）。吊运轨道直接吊在结构梁、板下时，应按吊点负荷重量折算成集中荷载。

5.2.5 结构自重、施工或检修集中荷载，屋面雪荷载和积灰荷载，应符合现行国家标准《建筑结构荷载规范》GB 50009 的规定。

5.2.6 当采用压型钢板轻型屋面时，可按不上人屋面考虑，屋面竖向均布活荷载的标准值（按水平投影面积计算）应取 0.5 kN/m²；对受荷水平投影面积大于 60 m² 的钢架构件，屋面竖向均布活荷载的标准值可取不小于 0.3 kN/m²。

5.3 材料

5.3.1 冻结间、冷却间内水泥应采用硅酸盐水泥或普通硅酸盐水泥。不得采用矿渣硅酸盐水泥、火山灰质硅酸盐水泥和粉煤灰硅酸盐水泥；不同品种水泥不得混合使用，同一构件不得使用两种以上品种的水泥。所用水泥强度等级应大于 42.5。

5.3.2 钢筋混凝土结构的混凝土中，不得使用对钢筋有腐蚀作用的外加剂。外加剂中含碱量应符合国家现行相关标准的有关规定。冻结间的混凝土结构如需提高抗冻融破坏能力时，可掺入适宜的混凝土外加剂。

5.3.3 冻结间、冷却间内承重墙砖砌体应采用强度等级不低于 MU20 的烧结普通砖，非承重墙砖砌体应采用强度等级不低于 MU10 的烧结普通砖，并应采用强度等级不低于 M7.5 的水泥砂浆砌筑和抹面。

5.3.4 钢筋混凝土结构的钢筋应按下列规定选用：

a) 纵向受力普通钢筋宜采用 HRB400、HRB500、HRBF400、HRBF500 钢筋，也可采用 HPB300、HRB335、HRBF335、RRB400 钢筋；

b) 梁、柱纵向受力普通钢筋应采用 HRB400、HRB500、HRBF400、HRBF500 钢筋；

c) 箍筋宜采用 HRB400、HRBF400、HPB300、HRB500、HRBF500 钢筋，也可采用 HRB335、HRBF335 钢筋。

5.3.5 钢结构承重的结构材料，应根据结构的重要性、荷载特征、结构形式、应力状态、连接方法、钢材厚度和工作环境等因素选用合适的钢材牌号和材性。

承重结构的钢材宜采用 Q235 钢、Q345 钢，其质量应分别符合现行国家标准《碳素结构钢》GB/T 700 和《低合金高强度结构钢》GB/T 1591 的规定。

5.3.6 焊接结构不应采用 Q235 沸腾钢；非焊接且处于冷间内工作温度等于或低于 -20 ℃的钢结构，也不应采用 Q235 沸腾钢。

5.3.7 钢结构承重结构采用的钢材应具有抗拉强度、伸长率、屈服强度和硫、磷含量的合格保证，对焊接结构尚应具有碳含量的合格保证。

焊接承重结构以及重要的非焊接承重结构采用的钢材，还应具有冷弯试验的合格保证。

5.3.8 对于需要验算疲劳的焊接结构的钢材，应具有常温冲击韧性的合格保证。当结构工作温度不高于 0 ℃但高于−20 ℃时，Q235 钢和 Q345 钢应具有 0 ℃冲击韧性的合格保证。当结构工作温度不高于−20 ℃时，对 Q235 钢和 Q345 钢应具有−20 ℃冲击韧性的合格保证。

对于需要验算疲劳的非焊接结构的钢材，也应具有常温冲击韧性的合格保证。当结构工作温度不高于−20 ℃时，对 Q235 钢和 Q345 钢应具有 0 ℃冲击韧性的合格保证。

5.3.9 对处于外露环境且对耐腐蚀有特殊要求或在腐蚀性气态和固态介质作用下的承重结构，宜采用耐候钢，其质量应符合国家现行相关标准的有关规定。

5.4 涂装及防护

5.4.1 钢结构防锈和防腐蚀采用的涂料、钢材表面的除锈等级以及防腐蚀对钢结构的构造要求等，应符合现行国家标准《工业建筑防腐蚀设计规范》GB 50046 和《涂覆涂料前钢材表面处理　表面清洁度的目视评定　第 1 部分：未涂覆过的钢材表面和全面清除原有涂层后的钢材表面的锈蚀等级和处理等级》GB/T 8923.1 的规定。

5.4.2 钢结构采用的防锈、防腐蚀材料应符合国家环境保护的要求。

5.4.3 钢结构柱脚在地面以下的部分可采用强度等级较低的 C15 混凝土包裹（保护层厚度不应小于 50 mm），并应使包裹的混凝土高出地面不小于 150 mm。当柱脚在地面以上时，柱脚底面应高出地面不小于 100 mm。

5.4.4 钢结构的防火应符合现行国家标准《建筑设计防火规范》GB 50016 的规定。

6　屠宰工艺与分割工艺

6.1　一般规定

6.1.1 屠宰工艺流程按照待宰→挂禽→致昏→宰杀→沥血→浸烫→脱毛→掏膛→冷却→分割加工顺序设置。

6.1.2 工艺流程设置应在满足加工工位的前提下尽量缩短加工路线，减少输送距离，避免迂回交叉。

6.1.3 鸡屠宰从宰杀沥血到胴体冷却前的时间不应超过 35 min。其中，从放血到取出内脏的时间不应超过 25 min。鸭、鹅屠宰可根据生产工艺确定具体时间。

6.1.4 各生产区域应设置工器具的清洗消毒设施。

6.1.5 与禽类原料、半成品、成品接触的设备和器具，应使用无毒、无味、抗腐蚀的材料制作，并应易于清洁和保养。

6.1.6 在加工与储藏过程中，应保证禽类胴体、副产品、分割肉不接触墙面、地面。

6.1.7 按传统工艺或宗教习俗生产加工的产品，在保证肉类安全卫生的前提下，应按传统工艺或宗教习俗生产加工。

6.1.8 待宰挂禽、屠宰加工、称重、冷却、包装及储存等环节应根据工艺要求设置信息采集点。

6.1.9 车间内应设品质控制办公室。

6.2　待宰挂禽

6.2.1 待宰罩棚应设通风降温设施。

6.2.2 待宰和挂禽工艺流程宜包括：活禽→检疫→待宰→卸禽→挂禽。

6.2.3 挂禽工位处挂钩下端距地面的安装高度宜为 1 400 mm。若采用二氧化碳致昏，挂钩下端距地面的安装高度可根据设备要求确定。

6.2.5 直线挂禽工位间距不应小于 1.0 m。

6.2.6 挂禽后应清洗消毒用过的禽笼。

6.3　致昏与宰杀

6.3.1 致昏应符合下列规定：

a)　活禽致昏前宜设黑暗通道，宰杀输送线宜采用直线。

b) 致昏方式采用水浴式致昏或二氧化碳致昏。

c) 水浴式致昏的时间宜符合表 6.3.1 的规定：

表 6.3.1　水浴式致昏时间

禽类	时间（s）
鸡	8
鸭	10
鹅	12

d) 采用二氧化碳致昏的操作时间，可根据屠宰量及二氧化碳的浓度确定。

6.3.2　宰杀应符合下列规定：

a) 宰杀可以选择机械宰杀和人工宰杀。当人工宰杀时，宰杀工位处的链钩下端距地面的高度宜采用表 6.3.2 中的数据。

表 6.3.2　宰杀工位处的链钩下端距地面的高度

禽类	距地面的高度（mm）
鸡	1 450～1 600
鸭	1 530～1 680
鹅	1 700～1 850

b) 鸡的放血时间宜采用 3.0 min～5.0 min，鸭、鹅的放血时间采用 5.0 min～6.0 min。

c) 使用集血槽收集血液时，集血槽长度按产量及放血时间确定，放血时间取 1.5 min～2.5 min。

d) 集血槽坡度应利于血液流动。

e) 血液宜采用泵输送至储血罐或血加工车间。

f) 放血线距墙壁的距离不应小于 800 mm。

6.4　浸烫与脱毛加工

6.4.1　鸡浸烫水温宜为 58 ℃～62 ℃，浸烫时间宜为 1.0 min～2.0 min。鸭、鹅浸烫的水温宜为 58 ℃～62 ℃，浸烫的时间宜为 3.5 min～4.0 min。

6.4.2　脱毛后宜设胴体冲淋装置。

6.4.3　严禁采用有毒有害介质辅助脱毛。

6.4.4　浸蜡、脱蜡次数鸭不宜少于 3 次，鹅不宜少于 4 次，并可根据产品工艺要求进行调整。

6.4.5　鸡脱毛后可设置去除鸡体表的残毛和脚皮等的工位。鸭鹅浸蜡、脱蜡后应设人工摘小毛工序。

6.4.6　脱毛后的羽毛应及时收集并输送至指定场所。

6.5　胴体加工、内脏摘除与冷却

6.5.1　除生产特殊产品（如白条鸡）或采用传统工艺加工外，胴体加工工艺流程应符合下列规定：

a) 鸡：（转挂）→（拉头切爪）→切肛→开膛→掏膛→胴体、内脏检验→去嗉→（最终检验）→胴体内外清洗。

b) 鸭、鹅：（转挂）→浸蜡→脱蜡→人工去小毛→去头→切掌→切肛→开膛→掏膛→胴体、内脏检验→去嗉→胴体内外高压清洗。

6.5.2　应设置胴体和内脏的同步检验工位。

6.5.3　小型车间，当采用手工掏膛时，可以采用取出的内脏不与鸡胴体分离的方式，实现胴体内脏同步检验的目的。

6.5.4　大中型鸡屠宰车间，掏膛宜采用全自动掏膛设备及配备同步检验设施。

6.5.5　摘除内脏后，应设置专门冲洗胴体体腔、体表的压力冲洗设备，且水压不小于 0.3 MPa。

6.5.6　禽类胴体采用冷水冷却应符合下列规定：

a) 禽类胴体冷却后中心温度应不高于 4 ℃。

b) 胴体的移动方向与冷水的流动方向应相逆。

c) 禽胴体出冷却槽后应将水沥干。

d) 采用螺旋预冷机冷却时，禽类胴体水冷却间附近宜设快速制冰、储冰设施。

6.5.7　禽类胴体采用风冷式冷却应符合下列规定：

    a)　禽类胴体冷却后中心温度应不高于 4 ℃。

    b)　房间温度宜为 0 ℃，鸡冷却时间宜为 180 min，鸭、鹅冷却时间根据实际适当调整。

    c)　为了节省空间，禽胴体宜多层吊挂，但需避免上层水滴滴落到下一层体。

6.6　副产品加工

6.6.1　副产品加工应在单独的房间进行。

6.6.2　副产品精加工间和包装间宜设置通风降温设施，室内环境温度不宜高于 12 ℃。

6.6.3　副产品加工间的工艺布置应做到产品流向一致、避免交叉。

6.6.4　副产品装盘后宜送入冷却间，冷却间的温度应为 0 ℃～4 ℃。

6.6.5　副产品加工工艺流程应符合下列规定：

    爪：浸烫→脱爪皮→清洗整理→冷却、包装；

    头：浸烫→脱毛→清洗整理→冷却、包装；

    肝：清洗整理→冷却、包装；

    心：清洗整理→冷却、包装；

    胗：剖切→翻洗→剥离内金→整理→冷却、包装。

6.7　分割加工与包装

6.7.1　人工分割，鸡分割车间，每条分割线加工能力宜控制在 4 000 只/h 以下。采用机械设备自动分割，可根据设备的产量而定。

6.7.2　采用人工分割，鸡分割的综合产能应按每人每小时分割 12 只鸡计算。

6.7.3　鸡吊挂预分割线的链钩下端距地面的安装高度宜为 1 450 mm。

6.7.4　分割间安排工艺布局时，应在车间留有人行走通道，如使用车辆运输时应有回车场地。

6.7.5　分割间安排工艺布局时，应考虑刀具清洗消毒和周转箱清洗消毒的场所。

6.7.6　分割包装间应设置内包装材料存放间，其放置内包装材料的搁架应由有防腐和符合食品卫生要求的材料制作。

6.8　病害禽类胴体和病害禽类产品生物安全处理

6.8.1　在生产区应设置病害动物和病害动物产品生物安全处理设施，并应按相关国家标准进行生物安全处理。

7　兽医卫生检验

7.0.1　兽医卫生检验应符合国家现行相关标准的有关规定。

7.0.2　禽类屠宰与分割车间的工艺布置应符合兽医卫生检验程序和操作的要求。

7.0.3　在屠宰车间内应设置宰后检验的兽医卫生检验室，在屠宰车间或厂区内设置官方兽医室。

7.0.4　检验人员应同时对胴体、内脏进行检验。

7.0.5　病害禽类胴体和病害禽类产品应输送至指定场所。

7.0.6　各检验操作位置上应设置刀具消毒器及洗手池。

7.0.7　各生产加工检验环节所使用的工具，应存放于易于清洗和防腐蚀的专用柜内。

7.0.8　生产区应设置与生产规模相适应的化验室，化验室应单独设置进出口。

7.0.9　化验室应设置理化和微生物等常规检测的工作间，并应设置更衣柜和专用消毒药品室。

7.0.10　凡接触肉品的操作台面、工具（包括刀柄）、容器、包装、用具等，应采用不锈钢材料或符合食品卫生的材料制作。

7.0.11　所有与胴体和内脏接触的钩、盘在重新使用前必须经过清洗或消毒。

7.0.12　在放血间的放血工位附近，副产品各加工间、分割加工间、包装间内等使用刀具的工位附近，应设置刀具消毒器及洗手池。刀具消毒器应采用符合食品卫生要求的不锈钢材料制作。

7.0.13　车间内各设备、操作台面、工器具的清洗消毒，应符合国家现行相关标准的有关规定。

8　制冷工艺

8.1　一般规定

8.1.1 屠宰与分割车间的氨制冷系统调节站，应安装在室外或调节站间内。

8.1.2 制冷系统管道严禁穿过有人员办公及休息的房间。

8.1.3 制冷系统的冷风机选用热气融霜方式时，应采用程序控制的自动融霜方式。

8.2 胴体的冷却

8.2.1 胴体冷却设备采用螺旋预冷机时，其冷却设备的能力应与生产能力相适应。胴体冷却后中心温度不应高于 4 ℃。

8.2.2 胴体冷却采用风冷冷却方式时，冷却间设计温度宜为 0 ℃；冷却设备采用空气冷却器，冷却时间为 180 min，冷却后胴体中心温度不应高于 4 ℃。冷却间内宜设置加湿设备。

8.2.3 禽副产品冷却间设计温度宜为 0 ℃，包括进出货时间在内，副产品经 24 h 冷却后中心温度不应高于 4 ℃。

8.3 产品的冻结

8.3.1 分割肉冻结间的设计温度应为 −30 ℃，冻结时间不宜超过 12 h，冻结后产品的中心温度不应高于 −15 ℃。

8.3.2 副产品冻结间的设计温度不应高于 −30 ℃，冻结时间不宜超过 24 h，冻结后产品的中心温度不宜高于 −15 ℃。

9 给水排水

9.1 一般规定

9.1.1 屠宰与分割车间给水系统应不间断供水，并应满足屠宰加工用水对水质、水量和水压的用水要求。

9.1.2 车间内用水设施及设备均应有防止交叉污染的措施，各管道系统应明确标识区分。

9.1.3 车间内排水系统设计应有保证排水畅通、便于清洁维护的措施，并应有防止固体废弃物进入、浊气逸出、防鼠害等措施。

9.1.4 屠宰与分割车间给水排水、消防干管敷设在车间闷顶（技术夹层）时，应采取管道支吊架、防冻保温、防结露等固定及防护措施。

9.2 给水及热水供应

9.2.1 屠宰与分割车间生产及生活用水的水源，应就近选用城镇自来水或地下水、地表水。

9.2.2 屠宰与分割车间生产及生活用水供水水质应符合现行国家标准《生活饮用水卫生标准》GB 5749 的规定。

9.2.3 屠宰与分割车间给水应根据工艺及设备的水量、水压确定。当采用自备水源供水时，系统设计应符合现行国家标准《城镇给水排水技术规范》GB 50788 的规定。

9.2.4 根据生产规模和区域条件，屠宰与分割车间生产用水标准及小时变化系数，可按表 9.2.4 确定。

表 9.2.4　屠宰与分割车间生产用水标准及小时变化系数

序号	用水类别	最高日生产用水定额（L/只）	使用时数（h）	小时变化系数 K_h
1	鸡屠宰与分割	15～25	10	1.5～2.0
2	鸭屠宰与分割	20～30	10	1.5～2.0
3	鹅屠宰与分割	30～40	10	1.5～2.0

注：1 生产用水定额包括车间内生产人员生活用水。

　　2 制冷机房蒸发式冷凝器等制冷设备用水除外。

　　3 使用时数设为 10 h 是按一班生产考虑的，如增加生产时间，应按实际生产时间计。

9.2.5 屠宰与分割车间应根据生产工艺流程的需要，在用水位置上应分别设置冷热水管。用于清洗工器具、台面、地面等热水温度不宜低于 40 ℃，对刀具进行消毒的热水温度不应低于 82 ℃，其热水管出口处应配备温度指示计。

9.2.6 屠宰与分割车间内应配备清洗墙裙与地面用的皮带水嘴及软管或高压泡沫冲洗消毒系统。各接口间距不宜大于 25 m。采用高压冲洗系统水压宜设置局部加压系统，在车间适当位置应设泡沫加压设备间，并应配备冷热水系统。

9.2.7 禽类车间禽体脱毛后应采用温水冲洗，水温不宜小于 32 ℃～35 ℃。

9.2.8　无害化处理间应设冷、热水管及 82 ℃消毒用热水系统。

9.2.9　屠宰与分割车间生产及生活用热水应采用集中供给方式，消毒用热水（82 ℃）可采用集中供给或就近设置小型加热装置方式。热交换器进水根据水质情况宜采用防结垢处理装置。

9.2.10　屠宰与分割车间洗手池和消毒设施的水嘴应采用自动或非手动式开关，并应配备有冷热水。

9.2.11　车间内储水设备应采用无毒、无污染的材料制成，并应有防止污染设施和清洗消毒设施。

9.2.12　屠宰与分割车间室内生产用给水管材，应选用卫生、耐腐蚀和安装连接方便可靠的管材，可选用不锈钢管、塑料和金属复合管、塑料管等。

9.2.13　屠宰与分割车间给水系统应配备计量装置，并应有可靠的节水措施。

9.2.14　待宰罩棚冲洗地面、车辆清洗等用水可采用城市杂用水或中水作为水源，其水质应符合现行国家标准《城市杂用水水质》GB/T 18920 的规定，城市杂用水或中水管道应有标记。

9.3　排水

9.3.1　屠宰与分割车间应采用有效的排水措施，车间地面不应积水，车间内排水流向应从清洁区流向非清洁区。屠宰与分割车间生活区排水系统应与生产废水排水系统分开设置。

9.3.2　当屠宰车间排水采用明沟排水时，除工艺要求外宜采用浅明沟型式；当分割车间地面采用地漏排水时，宜采用专用除污地漏。

9.3.3　屠宰与分割车间室内排水沟排水与室外排水管道连接处，应设水封装置或室外设置水封井，水封高度不应小于 50 mm。

9.3.4　专用除污地漏应具有拦截污物功能，水封高度不应小于 50 mm。每个地漏汇水面积不得大于 36 m²。

9.3.5　脱毛机间排水应采用明沟，排至羽毛收集池。冲羽毛用水可循环使用。

9.3.6　副产品加工间嗦囊加工等处排水应采用明沟，排水出口宜设置固液分离设施。

9.3.7　屠宰与分割车间内各加工设备、水箱、水池等用水设备的泄水、溢流管不得与车间排水管道直接连接，应采用间接排水方式。

9.3.8　屠宰与分割车间生产用排水管道设计宜比管径水力计算的结果大 2 号～3 号。

9.3.9　屠宰加工间生产用排水出户管最小管径、设计坡度与最小设计坡度应符合表 9.3.9 的规定。

表 9.3.9　屠宰加工间生产用排水出户管最小管径、设计坡度与最小设计坡度

序号	车间类别	最小管径（mm）	设计坡度（%）	最小设计坡度（%）
1	大型	250	1.0	0.5
2	中型/小型	200	1.0	0.7

注：1　排水出户管包括车间排水主干管。
　　2　专门用来输送肠胃粪便污水的排水管管径不宜小于 300 mm，最小设计坡度不得小于 0.5%。

9.3.10　屠宰车间及分割车间室内生产用排水管材宜采用柔性接口机制的排水铸铁管及相应管件。

9.3.11　无害化处理间排出的粪便污水在排入厂区污水管网前，应排入消毒池进行消毒处理。

9.3.12　屠宰与分割车间室外厂区污水管网应采用管道排放形式，当局部采用明沟排放时应加设盖板。

9.3.13　屠宰与分割车间的生产废水应集中排至厂区污水处理站统一处理，处理后的污水应符合国家污水排放标准的要求。

9.4　消防给水及灭火设备

9.4.1　屠宰与分割车间的消防给水及灭火设备的设置，应符合现行国家标准《建筑设计防火规范》GB 50016 和《消防给水及消火栓系统技术规范》GB 50974 的规定。

9.4.2　屠宰与分割车间内冷藏、冻结间穿堂及楼梯间消火栓布置，应符合现行国家标准《冷库设计规范》GB 50072 的规定。速冻装置间出入口处应设置室内消火栓。

9.4.3　屠宰与分割车间内设置自动喷水灭火系统时，应符合现行国家标准《建筑设计防火规范》GB 50016 和《自动喷水灭火系统设计规范》GB 50084 的相关规定，设计基本参数应按民用建筑和工业厂房的系统设计参数中的中危险等级执行。

10　供暖通风与空气调节

10.1　一般规定

10.1.1 供暖与空气调节系统的冷源与热源应根据能源条件、能源价格和节能、环保等要求，经技术经济分析确定，并应符合下列规定：

　　a) 在满足工艺要求的条件下，宜采用市政或区域热网提供的热源。

　　b) 自建锅炉房的锅炉台数不宜少于2台。

　　c) 低温空调系统冷源，宜根据气象条件、制冷工艺系统的特点及食品工艺的要求进行综合分析确定。

10.1.2 分割车间、包装间及其他低温空调场所，当冷源采用乙二醇水溶液为载冷剂时，夏季供液温度宜取 −3 ℃～0 ℃，冬季供液温度不宜高于 40 ℃。

10.1.3 分割车间、包装间及其他低温或高湿空调场所，室内明装的空调末端设备应选用不锈钢外壳的产品。

10.1.4 车间生产时常开的门，当其两侧温差超过15 ℃时，宜设置空气幕或透明软帘。

10.1.5 室内温度低于0 ℃的房间，应采取地面防冻措施。

10.2 供暖

10.2.1 在严寒和寒冷地区，挂禽区、宰杀间、包装材料间冬季室内计算温度宜取14 ℃～16 ℃，附属办公间宜取18 ℃～20 ℃。

10.2.2 值班供暖的房间室内计算温度宜取5 ℃。

10.3 通风与空调

10.3.1 空气调节系统，严禁采用氨制冷剂直接蒸发式空气降温方式。

10.3.2 分割车间、包装间和副产品加工间内的温度，应满足产品加工工艺的要求，其冬季、夏季室内空调计算温度不应高于12 ℃，夏季室内空调计算相对湿度不宜高于70%，冬季室内空调计算相对湿度不宜低于40%。空调房间操作区风速不宜大于0.3 m/s。

10.3.3 分割车间、包装间等人员密集场所，工作人员最小新风量不应小于40 m³/h。新风应根据车间内空气参数的需求进行处理，并宜采用粗效和中效两级过滤。

10.3.4 分割车间和包装间的空调和通风系统，宜保持本车间相对于相邻的房间及室外处于正压状态。

10.3.5 速冻装置间、室内制冷工艺调节站应设置事故排风系统，事故排风换气次数不应小于12次/h。当制冷系统采用氨制冷剂时，事故风机应选用防爆型风机。

10.3.6 封闭式挂禽区、烫毛间、掏膛间应设置机械送排风系统，排风换气次数不宜小于30次/h，送风量宜按排风量的70%计算。

10.3.7 空气调节和通风系统的送风道宜设置清扫口。当采用纤维织物风道时，应满足防霉的要求。

10.3.8 屠宰间、分割间、包装间宜采取防止风口产生或滴落冷凝水的措施。

10.3.9 车间内通风系统的送风口和排风口宜设置耐腐蚀材料制作的过滤网。

10.3.10 通风设施应避免空气从非清洁作业区域流向清洁作业区域。

10.4 消防与排烟

10.4.1 室温不高于0 ℃的房间不应设置排烟设施。

10.4.2 其他场所或部位的防烟和排烟设施应按现行国家标准《建筑设计防火规范》GB 50016 的规定执行。

10.5 蒸汽、压缩空气、空调和供暖管道

10.5.1 蒸汽管道、空调和供暖热水管道应计算热膨胀。当自然补偿不能满足要求时，应设置补偿器。

10.5.2 蒸汽管道、压缩空气管道、空调和供暖管道必须穿过防火墙时，在管道穿过处应采取防火封堵措施，并应在管道穿墙处一侧设置固定支架，使管道可向墙的两侧伸缩。

10.5.3 蒸汽管道和供暖热水管道，应对固定支架所承受的推力进行计算，防止固定支架产生位移或对建（构）筑物产生破坏。

11 电气

11.1 一般规定

11.1.1 电气设备的选择，应与屠宰与分割车间内各不同建筑环境分类和食品卫生要求相适应。

11.1.2 电气线路穿越保温材料敷设时，应采取防止产生冷桥的措施。

11.1.3 屠宰与分割车间应设应急广播。

11.1.4 当速冻装置间内设有氨直接蒸发的冻结装置时，应在室内明显部位和室外出口处的上方安装声光警

报装置，在冻结装置的进、出料口处上方均应安装氨气浓度传感器。当氨气浓度达到 100 ppm～150 ppm 时，氨气浓度报警控制器发出的报警信号，作为联动触发信号应能自动启动事故排风机、紧急停止冻结装置运行，并应启动声光警报装置。氨气浓度报警控制器发出的报警信息应传送至相关制冷机房控制室显示、报警。氨气浓度报警装置应有备用电源。速冻装置间内事故排风机电源应按其所在屠宰与分割车间最高负荷等级要求供电，事故排风机的过载保护应作用于信号报警而不直接停风机。

11.1.5　屠宰与分割车间的非消防用电负荷宜设置电气火灾监控系统。

11.2　配电

11.2.1　屠宰与分割车间的供电负荷级别和供电方式，应根据工艺要求、生产规模、产品质量和卫生、安全等因素确定，并应符合现行国家标准《供配电系统设计规范》GB 50052 的有关规定。

11.2.2　屠宰与分割车间的配电装置宜集中布置在专用的电气室中。当不设专用电气室时，配电装置宜布置在干燥场所。

11.2.3　手持电动工具和移动电器回路应设剩余电流动作保护电器。

11.2.4　屠宰与分割车间多水潮湿场所，应采用局部等电位联结或辅助等电位联结。

11.2.5　屠宰与分割车间的闷顶（技术夹层）内宜设有检修用电源。

11.3　照明

11.3.1　屠宰与分割车间照明方式宜采用分区一般照明与局部照明相结合的照明方式。屠宰与分割车间照明标准值不宜低于表 11.3.1 的规定，功率密度限值应符合表 11.3.1 的规定。

表 11.3.1　屠宰与分割车间照明标准值和功率密度限值

照明场所	照明种类及位置	照度（lx）	显色指数（Ra）	照明功率密度（W/m²）	
				现行值	目标值
屠宰车间	加工线操作部位照明	200	80	≤9	≤7
	检验操作部位照明	500	80	≤19	≤17
分割车间、副产品加工间	操作台面照明	300	80	≤13	≤11
包装间	包装工作台面照明	200	80	≤9	≤7
冷却间、冻结间、暂存间	一般照明	50	80	≤3	≤2.5

11.3.2　屠宰与分割车间宜设置备用照明。备用照明应满足所需场所或部位活动的最低照度值，但不应低于该场所一般照明照度值的 10％。

11.3.3　屠宰与分割车间应设置疏散照明。

11.3.4　屠宰与分割车间的闷顶（技术夹层）内宜设置巡视用照明。

本规范用词说明

1　为便于在执行本规范条文时区别对待，对要求严格程度不同的用词说明如下：

　　1）表示很严格，非这样做不可的：

　　　　正面词采用"必须"，反面词采用"严禁"；

　　2）表示严格，在正常情况下均应这样做的：

　　　　正面词采用"应"，反面词采用"不应"或"不得"；

　　3）表示允许稍有选择，在条件许可时首先应这样做的：

　　　　正面词采用"宜"，反面词采用"不宜"；

　　4）表示有选择，在一定条件下可以这样做的，采用"可"。

2　条文中指明应按其他有关标准执行的写法为："应符合……的规定"或"应按……执行"。

引用标准名录

《建筑结构荷载规范》GB 50009

《建筑设计防火规范》GB 50016

《工业建筑防腐蚀设计规范》GB 50046

《供配电系统设计规范》GB 50052

《冷库设计规范》GB 50072

《自动喷水灭火系统设计规范》GB 50084

《城镇给水排水技术规范》GB 50788

《消防给水及消火栓系统技术规范》GB 50974

《碳素结构钢》GB/T 700

《低合金高强度结构钢》GB/T 1591

《生活饮用水卫生标准》GB 5749

《涂覆涂料前钢材表面处理　表面清洁度的目视评定　第1部分：未涂覆过的钢材表面和全面清除原有涂层后的钢材表面的锈蚀等级和处理等级》GB/T 8923.1

《食品生产通用卫生规范》GB 14881

《农副食品加工业卫生防护距离　第1部分：屠宰及肉类加工业》GB 18078.1

《城市杂用水水质》GB/T 18920

《屠宰和肉类加工企业卫生管理规范》GB/T 20094

中华人民共和国国家标准
禽类屠宰与分割车间设计规范

GB 51219—2017

条文说明

编制说明

　　《禽类屠宰与分割车间设计规范》GB 51219—2017，经住房城乡建设部 2017 年 1 月 21 日以第 1436 号公告批准发布。

　　本规范制订过程中，编制组进行了广泛的调查研究，总结了我国工程建设的实践经验，同时参考了国外先进技术法规、技术标准，通过试验取得了重要技术参数。

　　为便于广大施工、监理、设计、科研、学校等单位有关人员在使用本规范时能正确理解和执行条文规定，《禽类屠宰与分割车间设计规范》编制组按章、节、条顺序编制了本规范的条文说明，对条文规定的目的、依据以及执行中需注意的有关事项进行了说明，并着重对强制性条文的强制性理由作了解释。但是，本条文说明不具备与标准正文同等的法律效力，仅供使用者作为理解和把握标准规定的参考。

1　总则

1.0.2　本条文规定的适用范围未含火鸡和鸟类，具体设计中可参考执行。

1.0.4　本条根据目前对国内外禽类屠宰加工行业的调研情况，并参照中华人民共和国建设部《工程设计资质标准》（建市〔2007〕86号）中对行业建设项目设计规模的划分，确定按小时屠宰量对禽类屠宰规模重新进行了划分。近些年国内鸡屠宰加工发展较快，屠宰产能明显增加，而鸭、鹅的屠宰发展较慢，屠宰产能增加不显著。

（1）目前国内行业禽类屠宰建设规模越来越大，根据国内近五年内屠宰工程项目的统计资料，每小时鸡屠宰10 000只以上生产线项目越来越多，鸡屠宰已形成大规模生产的趋势。

（2）根据对欧洲等国的考察结果，欧洲的主流的鸡屠宰线为12 000只/h和13 500只/h。

（3）对鸡每小时屠宰量在3 000只以下，鸭、鹅等每小时屠宰量在2 000只以下的屠宰与分割车间，本条不一定适用，但规范中有关环境卫生、肉品质量控制、兽医卫生检验等条文应完全适用。

1.0.5　肉类食品加工对食品安全及卫生的要求非常高，涉及的规范及标准各专业也比较多，本条规定了本规范与其他有关规范的关系。屠宰与分割车间工程设计中对卫生的要求，除执行《中华人民共和国食品安全法》、《中华人民共和国动物防疫法》、《中华人民共和国环境保护法》和本规范外，还需同时执行相关的国家及行业标准、规范。

1.0.6　根据国家对编制全国通用设计标准规范的规定，为了精简规范的内容，避免重复，凡引用或参见其他全国通用设计标准、规范和其他有关规定的内容，除必要的以外，本规范不再另立条文，故在本条中统一作了交代。

3　厂址选择和总平面布置

3.1　厂址选择

3.1.1　本条所述是厂址选择的市政公用条件。厂址选择应符合当地政府部门的要求。

3.1.2　厂址应选择在不会对所加工食品产生污染的地方，其卫生防护距离应符合国家相关标准。其他污染源包括被疫病、工业企业污染的土壤或放射性污染等。

3.1.3　防护距离的确定要综合考虑地形及风向频率的影响，尽量减少非洁净区对气味敏感区和大气环境的污染。

3.1.4　厂址选择应确保生产污水排放不污染当地自然水源。

3.2　总平面布置

3.2.1　总平面分区应明确。生产区的非清洁区包括：屠宰车间的非清洁区与半清洁区部分、宰前建筑设施、污水处理站、锅炉房、羽毛粉加工间、无害化处理设施与废弃物收集场所等。生产区的清洁区内包括：屠宰车间的清洁区、分割车间、冷却间、冻结间、成品暂存间、发货间、冷库及其他辅助设施等。

在严寒、寒冷和夏热冬冷地区，夏季气温较高，气味污染比冬季严重，因此主要考虑夏季主导风向的影响；在夏热冬暖和温和地区，冬季温度也偏高，因此要综合考虑全年主导风向的影响。有时受用地形状限制或冬季、夏季风向正好相反，则非清洁区与清洁区的排列方向可与夏季或全年主导风向垂直。

3.2.2　本条为强制性条文，必须严格执行。清洁区的人流、物流不应与非清洁区的交叉，出入口也不应共用，以免加工成品受到污染。若废弃物采用密封车辆运输时，其运送通道与出口可与活禽通道与入口共用。

3.3　环境卫生

3.3.1　污水明沟中污水的气味会污染清洁区的产品，且易滋生蚊蝇，因此严禁在厂区内使用，必须收集到污水管排至污水处理站集中处理，达到相关排放标准后排放到附近的城市污水排放管网或允许排入的最终受纳水体。

3.3.4　禽尸必须进行生物安全处理。废弃的羽毛及废弃的内脏宜采用密闭管道或小车及时输送至相应的处理间进行处理。

3.3.5　厂区地面雨水应能及时排放，不应积水，滋生蚊蝇，妨害食品卫生。在有条件的情况下，宜设雨水回用设施，以符合绿色建筑要求。

3.3.6　消毒池底部长度应保证不小于最大车轮周长，以使车轮经过时其周圈均经过浸泡消毒。车进出消毒池坡道坡度不宜大于12%。

3.3.7 厂区内建（构）筑物周围、道路两侧的空地均应绿化，但不应种植能散发风媒花粉、飞絮或恶臭的植物。空地宜种植草坪、灌木或低矮乔木。

4 建筑

4.1 一般规定

4.1.2 本条为强制性条文，必须严格执行。在车间内部的人流、物流也不应交叉，以免对产品造成交叉污染，危害食品安全。

4.1.3 采用钢结构与金属夹芯板符合绿色建筑的要求，且方便生产工艺的随时调整。大跨度钢结构屋盖是指结构柱距不小于12.0 m的屋盖。

4.1.4 开启外窗应设纱扇，车间入口应设缓冲间或黑暗通道。建筑周边设防鼠带或捕鼠装置。

4.2 宰前建筑设施

4.2.6 挂禽区设置暗室可以有效减少活禽应激反应。

4.3 屠宰车间

4.3.1 本规范表4.3.1中屠宰车间最小建筑面积按"平均每班每100只最小建筑面积"系根据原行业标准的统计数据，结合近年对新建屠宰车间的调研数据统计与分析确定的。

4.3.3 国外屠宰车间多为单层建筑。在处理加工过程中产生非食用肉、内脏、废弃物时，应将清洁的胴体、半成品与能引起污染的物料分开，以保证加工产品质量。因此，采用单层设计时，应注意安排好非清洁物料的流向。

车间层高应能满足通风、采光、设备安装、维修和生产的要求。

4.3.4 由于部分禽类在宰杀放血后会苏醒挣扎，造成血液飞溅至墙壁高处。所以，此段墙体表面应便于冲洗墙面血污，保持车间卫生。

4.4 分割车间

4.4.2 分割车间最小建筑面积系根据原行业标准的统计数据，结合近年来对新建屠宰车间的调研数据统计与分析确定的。

4.4.3 分割车间及包装间设计温度是根据理论与实践两方面因素并参考国外标准，为保证达到肉质要求而确定的。

4.4.5 随着冷凡分割工艺的采用，车间温度降低到5 ℃～15 ℃之间，因此应对围护结构作隔热处理，屋顶隔热可采用吊顶方法解决，同时还具有清洁美观的效果。随着吊顶材料的更新，防霉的问题也会得到解决，只要加强管理，使用吊顶利大于弊，所以车间宜设吊顶。吊顶高度不宜过低，以减少员工的压抑感和顶棚的结露。

4.5 冷却间、冻结间、暂存间与发货间

4.5.4 本条规定提高冻结间地面面层混凝土标号，有助于减少冻融对地面造成的破坏。

4.5.5 本条为强制性条文，必须严格执行。近年来，在人员密集的低温加工间内发生数起因氨制冷速冻装置内氨泄露，导致人员中毒死伤事件，均因氨速冻装置直接放在人员密集的加工间内，而没有与加工间隔开。若把氨制冷速冻装置设在单独的房间内，并设置漏氨检测与事故排风，则可把这种危害降到最低。采用氨制冷速冻装置时，同样存在制冷剂泄漏、令人窒息的风险，所以也应把氟制冷速冻装置设在单独的房间内。

4.6 人员卫生与生活用房

4.6.1 本条文中的标准是指国家现行标准《工业企业设计卫生标准》GBZ 1、《食品工业洁净用房建筑技术规范》GB 50687等。

4.6.2 本条为强制性条文，必须严格执行。既然屠宰车间非清洁区与清洁区已明确划分开，因此各分区生产人员的卫生与生活也应完全分开，不得共用，以防止对产品的交叉污染。

4.6.7 厕所本身的卫生条件和设施，直接关系到其所在生产企业的卫生状况，对于食品加工企业来说更是如此，因此，对厕所作出有关规定是很有必要的。

4.6.9 一般单通道风淋间进深约1.0 m/人，员工风淋所需时间为9 s～16 s。

4.6.10 设置封闭连廊是保证人员更衣后防蚊蝇进入车间。

4.6.11 由于车间内湿度大，局部工段温度较高，因此参观通道窗玻璃易结露，宜设空调或电加热等设施防

止其结露,影响参观效果。

4.7 防火与疏散

4.7.3 本条为强制性条文,必须严格执行。氨压缩机房与车间贴邻是为了节省设备管线与节能,但因其火灾危险性较大,若贴邻,故采用防火墙与加工车间分隔,以保证车间人员安全。

4.7.4 车间人员较密集的场所应设置专门的疏散通道,疏散走道应直通室外,不应穿过其他房间,逃生路线不应迂回曲折。

4.8 室内装修

4.8.1 地表面材料应易于保持卫生清洁,并应按工艺要求设置不同的排水坡度,使车间地面污水、污物得以迅速排放。

4.8.2 如果车间内墙面和顶棚采用预制板拼装,所有板缝间及边缘连接处应密封。

4.8.3 本条主要是为了保证食品卫生安全提出的。

5 结构

5.1 一般规定

5.1.7 冻结间为 0 ℃以下低温冷藏间,常因使用及管理不当引起冷库地坪产生冻胀,造成冷库上部结构严重损坏,为减少低温冷藏间结构基础下地基产生冻胀,特提出本条要求。

5.1.9 本条仅规定了屠宰与分割车间的混凝土结构的环境类别。

5.2 荷载

5.2.1 悬挂荷载应包括建筑、屠宰与分割、制冷、给水排水、采暖通风与空调、电气等系统悬于楼面及屋面结构下的吊顶、轨道、管道和设备等荷载。

5.2.6 门式刚架轻型房屋钢结构的屋面一般采用玉型钢板,自重很轻,故活荷载标准值取 0.5 kN/m^2,以确保结构安全。对于受荷水平投影面积较大的钢架构件,则活荷载标准值可降低至 0.3 kN/m^2。

5.3 材料

5.3.1 本条为强制性条文,必须严格执行。硅酸盐水泥和普通硅酸盐水泥(普通水泥)强度高,快硬、早强,抗冻性和耐磨性较好,适用于冻结间、冷却间的混凝土配制;矿渣硅酸盐水泥(矿渣水泥)、火山灰质硅酸盐水泥(火山灰水泥)和粉煤灰硅酸盐水泥(粉煤灰水泥)共同的特性为:早期强度低,后期强度增进率大,抗冻性差,均不适用于冻融循环的工程。如果两种水泥混合使用,因收缩时间不同,将会产生裂缝。故规定两种水泥不得混用,也不允许同一构件中使用两种以上品种的水泥。

5.3.2 冻结间等个别部位发生冻融循环要多些,冻坏的可能性大些,但要求大部分结构都满足个别部位的要求是不合理的。除了可以采取措施加强管理,防止个别部位冻坏外,还可以用局部维修手段补救,以保证整个结构的安全使用。

近年来各种混凝土外加剂发展较快,在不增加太多成本的前提下,掺适量外加剂可以大大提高混凝土抗冻融性能。

5.3.3 根据国家规定将黏土砖改为烧结普通砖,即符合现行国家标准《烧结普通砖》GB 5101 的各种烧结实心砖。考虑冷库 0 ℃及 0 ℃以下冻融循环对结构的影响,冷却间内选用的砖应按现行国家标准《砌墙砖试验方法》GB/T 2542 进行冻融实验。

5.3.4 根据钢筋产品标准的修改及"四节一环保"的要求,提倡应用高强、高性能钢筋。本条内容与现行国家标准《混凝土结构设计规范》GB 50010 的规定基本一致。对按一、二、三级抗震等级设计的框架和斜撑构件(含梯段)中的纵向受力钢筋应采用 HRB335E、HRB400E、HRB500E、HRBF335E、HRBF400E 或 HRBF500E 钢筋。

5.3.7 本条为强制性条文,必须严格执行。本条规定是满足钢结构安全使用的必要条件。

5.4 涂装及防护

5.4.2 以食品加工为目的的建筑,其钢结构采用环保无毒的防锈、防腐蚀材料极为重要。

5.4.3 钢结构柱脚在地面以下的部分加强混凝土包裹或将柱脚高出地面一定距离,是用以克服该部位四周易积水、尘土等杂物,致使钢柱脚锈蚀的问题。

6 屠宰工艺与分割工艺

6.1 一般规定

6.1.1 屠宰工艺流程中有关宰前检疫和宰后检验的要求见第 7 章。

6.1.2 为减少加工时间，降低劳动强度，保证产品质量，特制定本条文。

6.1.3 活禽宰杀后体内热量不容易散发，加速了脏器特别是肠胃的腐败过程。为保证产品质量，应尽早取出内脏，尽快结束胴体的加工过程，本条规定时间不应超过 35 min。考虑到鸭、鹅脱毛后需要摘小毛，故对鸭、鹅不限定具体时间。

6.1.4~6.1.6 为保障食品安全，这几条对设备器具的材料、清洗消毒设施等提出要求。

6.1.7 按照宗教习俗屠宰时，应考虑牛羊的朝向和放血方式。

6.1.8 目前在待宰、屠宰加工、冷却、分割、包装、储存、运输过程中还存在食品安全风险，所以在整个屠宰加工、分割包装、储运全过程中，建立产品可追溯和召回制度，确保禽类产品卫生安全。在厂房设计时要考虑配套的房间及相适应的监控和信息采集的设备。

6.2 待宰挂禽

6.2.1 气温高会导致待宰禽类的死亡率上升，为降低死亡率，需设置通风降温装置。

6.2.2 该流程中的检疫为查验原料家禽的动物检疫合格证明和运载工具的消毒证明，并对活禽进行群体检疫和个体检疫，检疫方法按照农业部制定的《家禽屠宰检疫规程》进行。

6.2.3 本条文根据人体工程学制定，在不同的地区，根据挂禽人员的身高可适当调整此高度。

6.3 致昏与宰杀

6.3.1 本条是关于致昏的规定。

    a) 本款规定把挂禽区和宰杀区遮暗，减少活禽的应激反应；活禽被倒挂时间过长会导致血液汇集在翅膀和头部，翅膀内的静脉充血，影响肉品质量。

    b) 目前国内多采用水浴式电致昏的操作方式，而国际上出于动物福利的要求，多采用二氧化碳致昏。二氧化碳致昏为发展趋势。

    c) 本款指致昏应使活禽能完全失去知觉而放松，但是不能致死；表中时间可进行适当调整。

6.3.2 本条是关于宰杀的规定。

    a) 根据人体工程学制定本条文，在不同的地区，根据当地实际情况确定宰杀工位处的链钩下端距地面的高度。

    b) 禽类的放血时间是根据现行国家标准《肉鸡屠宰操作规程》GB 19478 和多家调研结果制定的。

    c) 按照放血时间 1.5 min～2.5 min 制作集血槽可以满足集血要求。

    d) 集血槽内血液的流动为重力自流，集血槽的坡度应能保证血液的流动。

    e) 从卫生角度考虑，血储藏设施不适宜采用土建集血池；血输送设施宜采用泵送，有条件的可以采用重力式输送。

    f) 为防止血液滴溅到墙上，特提出距离要求。

6.4 浸烫与脱毛加工

6.4.1 结合国内多家企业的调研结果，并综合家禽品种、脱毛率、肉品质量和季节因素，大部分的鸡、鸭、鹅适合的浸烫水温在 58 ℃～62 ℃之间，故制定本条文。国际上目前常用的鸡浸烫水温为 51 ℃～52 ℃，可以获得比较长的产品货架期。根据不同的家禽品种和季节，浸烫温度和浸烫时间可根据实际情况进行调整。

6.4.3 本条为强制性条文，必须严格执行。从食品安全的角度考虑，防止为增加脱毛率而使用有毒有害介质。

6.4.4 根据产量、季节和生产工艺的不同，可以适当调节浸蜡、脱蜡次数。

6.4.6 鸡毛收集可采用手工方式、捞毛机方式和羽毛泵方式。采用羽毛泵泵送的方式在生产效率和卫生条件上均优于手工方式和捞毛机方式，故推荐使用羽毛泵泵送方式。

6.5 胴体加工、内脏摘除与冷却

6.5.1 本条文指禽类胴体的一般加工工艺，由于工艺要求及加工设备的不同，工艺项目和顺序有所差异，特别是鸭、鹅。

6.5.3　小型车间产量低，生产线速度低，内脏不与胴体分离也能实现同步检验的目的。大型和中型车间内脏必须与胴体分离检验。

6.5.4　鸡屠宰产量在 6 000 只/h 以上时，人工掏膛速度很难匹配屠宰生产线的速度，宜采用全自动掏膛设备。

6.5.5　本条提出水压的要求是为了保证胴体体腔、体表可以被冲洗干净。

6.5.6　本条是关于禽类胴体冷却的规定。对温度确定说明如下：

（1）国际上关于禽类胴体冷却后达到温度的要求如下：

1）美国《禽类产品检验法》§381.66（b）（1）规定"在官方注册企业宰杀和去除内脏的所有家禽应在加工后按本节（b）（2）段落的规定立即冷却，以使内部温度减低至 400 F 或 400 F 以下。"

胴体重量	时间（小时）
低于 4 磅	4
4 至 8 磅	6
超过 8 磅	8

故根据美国《禽类产品检验法》，体重大于 4 磅（1.86 千克）的鸡在 6 h 之内使其冷却至 400 F（4.4 ℃）。

2）欧盟"92/116/EEC：关于鲜禽肉贸易卫生问题的 71/118/EEC 号指令的修订和更新"中规定如下：

43. 鲜肉水冷却必须遵循以下要求：

（a）禽胴体需连续浸入一个或多个水箱或冰水箱，禽胴体需用设备连续输送，其流向与水流方向相反；

（b）禽胴体进入水箱时，水温不得高于 16 ℃，出水箱时，水温不低于 4 ℃；

60. 除热分割肉外，只有达到 4 ℃ 以下的肉才可用于分割。

3）日本《肉鸡加工的卫生操作》6 条①款规定："已清洗干净的肉鸡屠体、肉鸡净膛屠体及鸡肉应迅速冷却到摄氏 10 ℃ 以下。"

4）CAC/RCP14 的一般冷却要求中规定"去脏后应及时地将胴体的中心温度冷却至 4 ℃ 或者更低"。

（2）经过调研，国内生产现状如下：仅少数企业采用水冷的方式将鸡胴体温度冷却至 4 ℃，一部分企业采用水冷的方式将鸡胴体温度冷却至 7 ℃ 左右，另外企业采用水冷的方式将鸡体温度冷却至 10 ℃ 左右。冷却时间大多在 60 min～120 min，均超过原规范规定的 45 min。鸡胴体温度冷却到 4 ℃ 进行后续加工，对后续的人工分割操作有影响。鸡胴体温度冷却到 10 ℃ 进行后续加工，大部分企业反映微生物较难控制。出于以上两种原因及经济性的考虑，被调研的大部分企业将鸡胴体温度冷却至 7 ℃ 左右即进行后续加工。

（3）根据吉林省艾斯克机电股份有限公司进行的《禽胴体螺旋预冷机测试分析》的报告，鸡胴体冷却 70 min 后可达到 6 ℃，90 min 后可达到 4 ℃，这说明在目前主流的水冷却设备中，通过延长冷却时间来实现温度降低是可行的。

（4）结论。除日本外，国际上要求禽类的冷却后温度或分割开始时的温度均为 4 ℃ 左右；现行国家标准《肉鸡屠宰操作规程》GB 19478—2004 规定，禽类胴体冷却后的温度为 5 ℃；对于需要进行出口注册的，执行现行《肉类屠宰加工企业卫生注册规范》，冷却后的温度为 4 ℃。随着行业的发展，国内采用的自动分割线越来越多，4 ℃ 低温对分割操作的影响也会越来越小；另外，考虑到近年来高发的食品安全事件，本规范将禽类胴体冷却后的温度定为 4 ℃。

6.5.7　出于卫生的考虑，国际上普遍采用风冷式冷却，常用的冷却温度和时间为 0 ℃～4 ℃ 和 180 min。

6.6　副产品加工

6.6.2　副产品的腐败速度较快，为保证副产品的品质，提出副产品加工间的温度要求。

6.7　分割加工与包装

6.7.1　考虑人工操作，鸡吊挂预分割线线速度不宜大于 11 m/min。

6.7.3　根据人体工程学制定本条文，在不同的地区，根据当地实际情况调整此高度。

6.8　病害禽类胴体和病害禽类产品生物安全处理

6.8.1　为保证肉品质量，宰前检疫和宰后检验检出的死亡禽类、病害禽类及其产品均需要进行安全处理。

7 兽医卫生检验

7.0.1 为保证肉品的卫生安全，屠宰前应进行检疫，经检疫合格后的禽体才能进行屠宰。屠宰过程中需要对禽体及内脏等进行检验，经检验合格后才能作为成品出厂。兽医卫生检验规程按照农业部制定的《家禽屠宰检疫规程》进行。

7.0.3 为满足兽医检验的要求而制定本条文。

7.0.6 为保证检验过程中不产生交叉污染而制定本条文。

7.0.8 本条为强制性条文，必须严格执行。根据我国《食品安全法》和《食品卫生标准》的有关规定，食品经营企业应对其企业的生产用水，生产加工的原料、半成品和是否合格作出细菌理化的法定检验及病源的实验室诊断等，为履行其职责和任务，化验室的建筑面积必须按其工作场所的需要而定。

7.0.9~7.0.13 为保证肉品的卫生安全，对工器具的材料、使用、清洗和消毒作出相应规定。

8 制冷工艺

8.1 一般规定

8.1.1 阀门检修或更换时，在阀门、管道中会有一些氨气闪发在环境中，最好将制冷系统分调节站安装在室外。如果必须将制冷系统调节站安装在车间内，应单独设调节站间，设漏氨报警装置，并与事故排风联动。

8.1.2 本条为强制性条文，必须严格执行。避免氨制冷系统管道发生意外泄漏时给房间内人员带来危险，人员办公及休息的房间包括人员卫生与生活用房。

8.1.3 本条规定是为避免热气融霜时，由于操作不当导致发生液击事故给生命财产带来的危害。

8.2 胴体的冷却

8.2.1 螺旋预冷机内可采取加碎冰的方式保证水温要求。冷却胴体应采用流动冷水，以防止交叉污染。

8.2.2 采用风冷式冷却禽胴体，可以避免交叉污染，但应注意减少冷却时胴体的干耗。

8.2.3 禽副产品冷却间设计温度取 0 ℃，冷却后副产品的中心温度不应高于 4 ℃，可起到抑制细菌繁殖的效果。

8.3 产品的冻结

8.3.1 禽分割肉的冻结要在 12 h 之内完成，在 −30 ℃ 冻结间内禽肉品必须采用盘装，在冻结间内把肉品冻好后，再进入包装间把盘装换成纸箱包装入库，目的是提高肉品质量。禽分割肉（小包装）冻结可采用平板冻结器或连续冻结装置，冻结时间根据冻结产品的种类及包装形式确定。

8.3.2 冻结时间包括进出货时间。

9 给水排水

9.1 一般规定

9.1.1 车间给水系统对满足屠宰加工用水要求、保证食品卫生安全是非常重要的环节，本规定要求给水系统应具有保障连续不间断供水能力，并满足各生产加工用水对水质、水量和水压的要求。

9.1.2 食品加工用水点多，水量较大，防止用水设施及设备与用水点产生交叉污染是保证食品安全措施之一，本条提出了相关要求。

9.1.3 本条是根据屠宰加工特点及车间卫生要求提出的。

9.1.4 屠宰与分割车间给水排水、消防干管一般都敷设在车间闷顶内，本条提出了在闷顶管道敷设的技术要求。

9.2 给水及热水供应

9.2.2 本条是根据《中华人民共和国食品安全法》对食品加工用水水质的要求制定的。

9.2.3 现行国家标准《城镇给水排水技术规范》GB 50788 对城镇给水中的取水、输水、配水和建筑给水等系统提出了相关的技术要求和规定，采用自备水源供水时应符合其相关规定。

9.2.4 本规范编写组对全国禽类屠宰加工行业用水做了一次全面调研，根据行业发展状况，一方面大部分企业按照国家的节能减排政策，加强节水意识及管理，不合理用水得到控制；但另一方面，由于食品卫生安全的要求，企业加强了加工过程中的清洗消毒环节，用水量也相应增加。

9.2.5　本条中规定对刀具进行消毒热水温度不应低于 82 ℃是根据现行行业标准《肉类屠宰加工企业注册卫生规范》SN/T 1346 第 7.3.4 条对刀具消毒要求确定的。

9.2.6　屠宰加工对车间清洗、消毒是保证产品质量的重要环节。目前各企业一般采用屠宰、分割完后进行1 h清洗、消毒，同时在中间工序各阶段随时进行清洗。清洗、消毒环节有采用冷热水方式的，有采用加药方式的，也有一部分企业中配备高压泡沫冲洗消毒系统的。本条对清洗、消毒给排水系统配置作了规定。

9.2.7　本条是根据产品质量要求确定的。

9.2.8　本条是根据工艺及卫生防疫要求设定的。

9.2.9　根据工艺要求，目前车间消毒用热水（82 ℃）点越来越多，设计上宜采用集中供给加热方式，由于水温较高，应考虑相应的安全及防结垢措施。

9.2.10　为了防止手碰水嘴而沾染细菌，在车间内应采用自动或非手动式开关的水嘴。目前采用有光电及红外线控制的开关，还有肘式、脚踏式、膝式开关龙头等。

9.2.12　为保证食品加工卫生质量，屠宰与分割车间室内生产用给水管材宜优先选用不诱钢管等管材。

9.2.13　屠宰加工工序较多，为节约用水和便于车间核算，有的企业分车间、分工序进行计量。

9.2.14　本条主要是从节能减排方面考虑设置的。冲洗待宰罩棚地面等用水采用城市杂用水或中水作为水源，这样规定能满足卫生要求。杂用水和中水管道采用明显标记，主要是为了避免误饮、误用。

9.3　排水

9.3.1　屠宰加工过程中污水排放比较集中，污水中含有大量的血、油脂、羽毛、粪便等杂物。为了满足车间卫生要求，避免交叉污染，本条对车间排水流向作出了规定，并要求车间内管道布置时，生产废水与生活区排水系统严格分开。

9.3.2　根据目前各厂实际运行情况，屠宰车间特别是车间非清洁区设明沟排水（或浅明沟）较好，一方面污物能及时排放，另一方面清洗卫生方便。

9.3.3　本条为强制性条文，必须严格执行。本条是根据现行国家标准《建筑给水排水设计规范》GB 50015 相关条文要求规定的。车间内排水沟排水未设水封装置时，在与室外排水管道连接时应设水封装置；车间内其他排水管如设有水封时，与室外排水管道连接时可不设水封装置。

9.3.4　屠宰与分割车间等清洁区部位排水宜采用明沟（浅明沟）或专用除污地漏排水，专用除污地漏应带有网筐，首先将污物拦截于筐内，水从筐内流入下水管道，否则污物易堵塞下水管道。每个地漏排水的汇水面积最大值参照国外有关标准确定为 36 m²。

9.3.6　原行业标准规定屠宰加工中嗉囊及肠内容物等都流入室外截粪池，每日截粪池都应出清运送，卫生条件较差。所以本条规定宜采用固液分离机处理粪便及有关固体物质，处理效率高且有利于卫生环境。

9.3.7　本条为强制性条文，必须严格执行。本条是根据现行国家标准《建筑给水排水设计规范》GB 50015 相关条文要求规定的。

9.3.8　本条是根据屠宰行业污水排放比较集中，污物较多，管道易堵塞等情况将管径适当放大的。从调查结果看，实际运行生产厂家车间内管道及室外排水管道堵塞情况普遍，管内结垢（油垢）严重，按计算选择管径实际使用偏小，也不便于管道内清洗。

9.3.10　根据屠宰加工特点，车间室内生产废水排水管管材宜优先选用柔性接口机制的排水铸铁管。

9.3.11　无害化处理间排出的污水和粪便须先收集、沉淀和消毒处理后，才准许排入厂区内污水管网。

9.3.12　本条为保护厂区环境要求而制订。

9.3.13　本条是根据国家环境保护要求设定的，如当地环保部门对污水排放有特殊要求，可按当地环保部门的意见执行。

9.4　消防给水及灭火设备

9.4.1　屠宰与分割车间火灾危险性分类为丙类，车间的消防给水及灭火设备设计应严格按现行国家标准《建筑设计防火规范》GB 50016 和《消防给水及消火栓系统技术规范》GB 50974 有关防火设计要求进行。

9.4.2　屠宰与分割车间内冷藏、冻结间、速冻装置间其制冷系统的制冷剂一般为氨，当发生火灾或其他事故时有很大的危险性，从安全防护的角度出发，在出入口处设置室内消火栓很有必要。

9.4.3　按现行国家标准《建筑设计防火规范》GB 50016 的规定，屠宰与分割车间内可不设置自动喷水灭火系统。但本次规范制定过程中，对国内、国外屠宰加工厂进行了广泛的调研，参观考察的国外大型屠宰加工厂生产车间有些设置了自动喷水灭火系统，也有不设置的；国内有外资企业和合资企业根据保险的有关条款要求设置自动喷水灭火系统的，也有特殊要求设置的。自动喷水灭火系统是最有效的灭火方式，在有条件的情况下，在屠宰加工间设置自动喷水灭火系统对提高车间的安全等级是很有必要的。本条根据项目的特定条件，如在车间内设置自动喷水灭火系统时，规定了相应设计基本参数及做法。

10　供暖通风与空气调节

10.1　一般规定

10.1.1　本条规定了选择冷源与热源的基本要求。

10.1.2　本条规定了分割车间、包装间等低温空调场所选择冷源与热源参数的一般要求。

10.1.3　分割车间、包装间等低温空调场所湿度很大，尤其是车间清洗时，室内空气湿度可达到饱和状态。空调末端设备选用不锈钢材质制造以防生锈，避免对食品产生污染。

10.1.4　对两侧温差较大且常开的门采取相应的措施，以减少因空气对流产生的冷、热量损失。

10.1.5　正常生产时，此类车间内的温度低于0℃，如果不采取地面防冻措施，地面下土壤将被逐渐冻结，并产生膨胀，形成地面冻鼓现象，影响车间使用。冻鼓严重的话还会对车间维护结构的基础产生破坏。

10.2　供暖

10.2.1　本条规定了禽类屠宰各加工间室内供暖计算温度。

10.2.2　冬季若不供暖有可能导致设备和设施损坏的房间，应设置值班供暖。

10.3　通风与空调

10.3.1　本条为强制性条文，必须严格执行。设置空调系统的场所经常有人在工作，氨制冷剂蒸汽的容积含量达到0.5%～0.6%时就会对人体产生危害，在爆炸极限范围内遇到明火会引发爆炸事故。氨制冷剂泄漏时，直接蒸发式空气处理设备将氨送至空调场所，会危害人体或造成爆炸事故。因此，严禁空气调节系统采用氨制冷剂直接蒸发式空气降温方式。

10.3.2　本条根据产品加工工艺要求、管理的需要及空调负荷的特点，对禽类分割车间、包装车间等低温空调场所的空调室内计算参数进行了规定。

10.3.3　分割车间、包装间等房间，人员比较密集，工作强度大，工作时间长，工作环境温度低、湿度大，应合理提高新风量标准，改善室内空气品质。对新风进行粗效和中效两级过滤有利于提高食品卫生条件。

10.3.4　分割车间和包装间属于生产过程中的清洁区，保持正压状态可防止非清洁区和室外的气流进入清洁区，避免产品受到污染。

10.3.5　对有可能泄露有害或易燃、易爆气体的相关场所提出事故通风的要求，以防发生泄漏事故时对人员产生伤害或引发爆炸灾害。事故风机应定期检查和维护，确保正常运行。

10.3.6　对异味重和余热大或高湿的车间限定最小通风量，以保障车间内空气品质，改善工作环境。此类异味、高温、高湿场所宜保持负压状态，排风量应大于送风量。我国南、北方气候差异很大，北方地区冬季送风宜采取加热措施。为了降低送风加热的能耗，北方地区可采用变风量送、排风系统，冬季运行时适当降低送、排风量。南方地区夏季宜根据各车间的实际需求，确定是否采取空调降温措施。

10.3.7　空调和通风系统运行一段时间，送风道内表面会产生污垢，新风受到污染，设置清扫口可为清洗风道提供方便。纤维织物风道明设在车间内，车间冲洗时湿度很大，此类环境容易产生霉菌，应考虑防霉的要求，纤维织物风道应定期清洗。

10.3.8　风口滴落冷凝水，有可能污染食品或影响工人正常操作，因此宜采取相应措施。

10.3.9、10.3.10　这两条是从禽类加工厂卫生角度考虑作出的规定。

10.4　消防与排烟

10.4.1　冻结间等场所，室内温度均不高于0℃，相对湿度大，发生火灾的可能性极小。如果设置排烟设施，除了存在"冷桥"问题外，排烟口、排烟阀会被冻结而失去使用功能，起不到消防排烟的作用。

10.5　蒸汽、压缩空气、空调和供暖管道

10.5.1　管道由于热媒温度变化会引起热膨胀，应采取相应的补偿措施，防止管道系统的稳定性受到破坏。

10.5.2　管道穿防火墙处孔洞的缝隙未封堵，会导致火焰或烟气扩散。管道产生位移会导致封堵措施失效。为了保证防火墙的功能，规定了管道穿过防火墙的要求。

10.5.3 管道的推力是选择或设计固定支架的依据，同时应考虑管道推力通过固定支架传递到建（构）筑物时产生的不利影响。

11 电气

11.1 一般规定

11.1.1 屠宰车间、分割车间和副产品加工间等处属于多水潮湿、多油脂环境，且由于卫生的要求，会使用一些具有一定腐蚀性的物质（主要为碱性，酸性较少采用）对设备进行卫生冲洗（含高压水龙喷射）；冷却间、冻结间等处属于低温潮湿环境场所。不同环境场所内采用的电气装置，均应与其环境相适应，并应易于满足相关卫生要求。在多水潮湿场所安装的电气设备，其外壳防护等级应不低于 IP55。安装在肉品上方的照明灯具，应采用符合食品卫生安全要求的灯具或采取防止灯具破碎污染肉品的保护措施。

11.1.2 本条为强制性条文，必须严格执行。为避免电气线路穿越冷却间、冻结间、暂存间等冷间和分割间、副产品加工间和包装间等低温空调房间保温材料时造成冷量损失和产生结露滴水，应采取必要的处理措施。

11.1.3 屠宰与分割车间为人员密集场所，为了便于发生事故时统一指挥人员疏散，制定本条。

11.1.4 为防止氨直接蒸发的冻结装置意外发生氨气泄漏作此规定。设置声光警报装置，是为当发生氨泄漏时对人员发出警示，警示现场相关人员及时疏散。

11.1.5 鉴于电气火灾隐患形成和存留时间长，且不易发现，一旦火蔓延到设备及电缆表面时，已形成较大火势，且不易被控制。为了能在发生电气故障、产生一定电气火灾隐患的条件下发出报警，实现电气火灾的早期预警，规定了屠宰与分割车间有条件时需要设置电气火灾监控系统。

11.2 配电

11.2.1 屠宰与分割车间停电的直接后果是对已开始进入屠宰、分割、冻结和冷却等加工环节的产品，无法使用电动（及其相关）设备或工具继续进行生产加工，中断制冷和中断空调等。因此，在本条中规定屠宰与分割车间的供电负荷级别，应按停电对生产可能造成的损失，根据市政电网的供电条件，相应决定其供电方式。

11.2.2 鉴于屠宰与分割车间多水潮湿的环境特点制定本条。

11.2.3 本条为提高安全用电水平的一般规定。

11.2.4 为有效减少电气事故，对屠宰与分割车间内的多水潮湿场所提出的安全措施。

11.2.5 为方便在闷顶和技术夹层内进行检修维护制定本条。

11.3 照明

11.3.1 按现行国家标准《食品生产通用卫生规范》GB 14881 的有关规定，对屠宰与分割车间的照明标准值作出规定。按现行国家标准《建筑照明设计标准》GB 50034 的相关要求确定照明功率密度限值。考虑到设计时灯具布置的需要和光源功率及光通量变化的不连续性，设计照度值与照度标准值可有 -10%～+10% 的偏差。

11.3.2 当正常照明因故熄灭后，为便于工作人员进行必要的生产操作制定本条。

11.3.3 屠宰与分割车间属人员密集的生产场所，为保证当正常照明因故熄灭后的人员安全疏散制定本条。

11.3.4 本条是为方便管理人员在闷顶和技术夹层内进行巡视的一般规定。

中华人民共和国国内贸易行业标准

SB/T 10918—2012

屠宰企业实验室建设规范

Construction criterion for slaughterhouse laboratories

2013-01-23 发布/2013-09-01 实施

中华人民共和国商务部 发布

前　言

本标准按照 GB/T 1.1—2009 给出的规则起草。

本标准由中华人民共和国商务部提出并归口。

本标准起草单位：商务部流通产业促进中心、江苏雨润肉类产业集团有限公司。

本标准主要起草人：赵箭、张瑞、郑志明、张新玲、刘华琳、靳红果、谢耀宗、闵成军、黄强力。

屠宰企业实验室建设规范

1 范围

本标准规定了屠宰企业实验室的基本要求、检测能力、设施设备、人员、管理和安全要求。

本标准适用于屠宰企业实验室的建设和管理。

2 规范性引用文件

下列文件对于本文件的应用是必不可少的。凡是注日期的引用文件，仅所注日期的版本适用于本文件，凡是不注日期的引用文件，其最新版本（包括所有的修改单）适用于本文件。

GB 2707 鲜（冻）畜肉卫生标准

GB 16869 鲜、冻禽产品

GB 18406.3—2001 农产品安全质量 无公害畜禽肉安全要求

GB 19489 实验室 生物安全通用要求

GB/T 27025 检测和校准实验室能力的通用要求

3 术语和定义

下列术语和定义适用于本文件。

3.1

屠宰企业实验室 slaughterhouse laboratory

屠宰企业内负责原料、辅料及产品相关指标检测的部门。

3.2

防护区 containment area

实验室内生物安全风险相对较大，需对实验室的平面设计、密闭性、气流及人员进出等进行控制的区域。

4 实验室等级划分

屠宰企业实验室等级划分为 A 级、AA 级、AAA 级、AAAA 级和 AAAAA 级，并实行标志管理。

5 基本要求

5.1 应具有独立固定的检测区域与办公地点。

5.2 应具备完善的水、电设施。

5.3 应具有专职的检测技术人员。

5.4 应制定实验室安全防护（防火、防盗、人员防护、危险品管理等）相关制度。

5.5 实验室应根据可能出现的事故，制定相应的应急处理预案。

5.6 样品应实行标志性管理。

5.7 各级别实验室应配备满足相应检测能力要求的相关仪器设备，参考配置见附录 A。

6 A 级实验室

6.1 检测能力要求

应具备净含量、感官、水分检测的能力；畜肉中克伦特罗、莱克多巴胺、沙丁胺醇等 β-受体激动剂及禽肉中氯霉素和硝基呋喃及其代谢物等国家明令禁用药物的快速检测能力。

6.2 设施设备要求

6.2.1 应具备安全开展检测工作的足够空间，保持适当的温湿度和采光，办公区域应与检测区域隔离。

6.2.2 工作环境不得危害工作人员健康，应具有相应的通风系统等安全防护设施设备。

6.2.3 应在检测区域外设置存衣或挂衣装置，工作服和个人服装应分开放置。

6.2.4 应有 6.1 检测能力要求的相关设施设备。

6.3 人员要求

6.3.1 应按检测需求配备足够的人员，以满足检测工作的需求。

6.3.2 人员应具有有效的健康证明。

6.3.3 主要检测人员应具有高中或同等以上学历，经相关部门培训合格后持证上岗。

6.4 管理要求

6.4.1 应制定相关的操作规范及记录文档，检测报告及原始记录应存档两年以上。

6.4.2 应制定明确的检测区域准入制度，并有相应的提示。

6.4.3 更换工作服后方可进入检测区域。

6.4.4 检测区域应保持整洁，严禁摆放与实验无关的用品。

6.4.5 废弃物应分类收集、存放，集中处理，废液和污物处理应符合 GB 19489 的相关要求。

6.4.6 应确保检测工作的独立性，检测结果真实可靠。

7 AA 级实验室

除符合 A 级屠宰企业实验室的各项条件外，还应达到以下要求。

7.1 检测能力要求

实验室应具备开展肉品中水分、挥发性盐基氮等常规理化检测的能力。

7.2 设施设备要求

7.2.1 实验室应划分检测、药品存放、工作服更换等区域。

7.2.2 实验室应有足够的空间用于摆放检测设备和物品。

7.2.3 实验台面应坚固、防水、耐腐蚀、耐热并便于清洁。

7.2.4 实验室应配备满足检测需求的仪器设备，仪器设备应摆放合理有序，避免交叉干扰。

7.3 人员要求

7.3.1 实验室主要工作人员应具有相关专业大专或同等以上学历，有相关工作经历或经过专业培训。

7.3.2 特殊检测人员应具备相关从业资格证书。

7.4 管理要求

7.4.1 应明确实验室的组织结构，规定所有人员的职责、权利，分工明确。

7.4.2 实验室应对仪器设备定期检定校准，维护保养，并建立使用记录

7.4.3 实验室应在规定期限内出具相应的检测结果，并保证检测结果的溯源性。

7.4.4 化学药品应分类存放并建立药品管理规范（包含使用记录）。

8 AAA 级实验室

除符合 AA 级屠宰企业实验室的各项条件外，还应达到以下要求。

8.1 检测能力要求

实验室应具备开展菌落总数、大肠菌群检测的能力。

8.2 设施设备要求

8.2.1 实验室应划分理化检验区、微生物检验区、药品存放区等，留样应按要求单独存放。

8.2.2 微生物检测区与其他区域应有明显的界限，应符合 GB 19489 的相关要求。

8.2.3 微生物检测区应配备紫外线消毒灯或其他消毒灭菌装置。

8.2.4 放置干燥箱、灭菌锅等热源设备的房间应具备良好的换气和通风条件。

8.2.5 应建立仪器设备操作规程，使用人员严格按照仪器操作规程要求使用。

8.3 人员要求

8.3.1 实验室人员应相对固定，保证检测工作的稳定、规范。

8.3.2 实验室应设置管理机构，由具备管理和专业技术的人员组成。

8.3.3 实验室应对技术人员进行培训与考核。

8.4 管理要求

8.4.1 实验室应建立基本管理制度和操作规范。

8.4.2 实验室各区域应有明显的标志。

8.4.3 实验室应建立完善的检验工作记录程序。

9 AAAA 级实验室

除符合 AAA 级屠宰企业实验室的各项条件外，还应达到以下要求。

9.1 检测能力要求

实验室应具备开展 GB 2707 和 GB 16869 中要求的理化指标的检验能力。

9.2 设施设备要求

9.2.1 应配备独立的送排风系统，确保气流由低风险区向高风险区流动。

9.2.2 应明确标示出存在危险的设施设备。

9.3 人员要求

9.3.1 应配备专门操作特定设施设备的人员，并对其技能进行资格确认。

9.3.2 应制定实验室人员的教育、培训和技能目标，开展有效的培训以满足工作需要。

9.3.3 应对从事关键技术岗位的人员进行有效的监督。

9.4 管理要求

9.4.1 实验室应建立管理手册、程序文件及记录。

9.4.2 不得混用不同风险区域的设施和设备。

9.4.3 应制定日常清洁及消毒灭菌计划，包括实验设备、工作表面及环境。

10 AAAAA 级实验室

除符合 AAAA 级屠宰企业实验室的各项条件外，还应达到以下要求。

10.1 检测能力要求

实验室应具备开展 GB 18406.3—2001 中 4.2 和 4.3 要求的检验能力。

10.2 设施设备要求

10.2.1 实验室应设置单独的危险品贮存处。

10.2.2 供气（液）罐等应放在易更换及维护的位置，确保稳固安全。

10.2.3 应具备对实验室防护区进行整体消毒灭菌的条件。

10.2.4 实验室关键区域应配备便携的局部消毒灭菌装置（消毒喷雾器等），并确保有效使用。

10.2.5 实验室应设置危险品泄漏紧急报警系统。

10.3 人员要求

10.3.1 应定期组织人员培训并评价所有人员胜任其工作的能力。

10.3.2 应建立并保存所有检测人员的人员技术档案（包括培训、考核记录）。

10.3.3 应具备良好的人才培养和梯队建设机制，鼓励技术人员进行技术开发。

10.4 管理要求

10.4.1 实验室应建立、实施和维持与其活动范围相适应的管理体系，应符合 GB/T 27025 的要求。

10.4.2 应定期开展质量体系内审及管理评审。

10.4.3 应定期组织应急预案演习。

10.4.4 实验室任何人员不得隐瞒相关食品安全隐患，应按相关要求上报。

10.4.5 应做好实验室内部质量控制，并积极参加能力验证、比对实验等活动，提高实验室技术水平。

10.4.6 应制定实验室中长期发展规划。

附录 A
（资料性附录）
各等级实验室仪器设备推荐配置列表

屠宰企业规模及产品类别差异较大，为方便各等级屠宰企业实验室的建设，表 A.1 提供所需的基本仪器设备推荐配置。各实验室可根据实际情况选择或增加配置相应的仪器设备。

表 A.1　各等级实验室仪器设备推荐配置列表

序号	设备名称	用途及规格	适用的实验室等级
1	电子分析天平	称样、试剂称量（感量 0.01 g、0.000 1 g）	A 级实验室
2	食品中心温度计	适用于测量食品中心的温度，测温范围：－50 ℃～100 ℃；分辨率：0.1 ℃	
3	酸度计	适用于检测液体的 pH；技术要求；测量范围：0.00 pH～14.00 pH；分辨率：0.01 pH	
4	酶标仪	酶联免疫反应	
5	离心机	技术要求：3 000 r/min	
6	恒温箱	技术要求：室温＋10 ℃～150 ℃	
7	粉碎机	样品前处理	
8	冰箱	试剂、标准物质及样品保存	
9	蒸馏装置	用于水分、挥发性盐基氮的测定	AA 级实验室
10	电热干燥箱	样品进行干燥处理	
11	电加热板/炉	样品前处理	
12	便携式恒温箱	运送样品	
13	蒸馏水发生装置/纯水系统	制备实验用水	
14	高压灭菌器	微生物灭菌设备	AAA 级实验室
15	超净工作台	无菌操作	
16	超声波清洗器	适用于样品的提取处理	
17	生物培养箱	微生物培养设备	
18	紫外-可见分光光度计	技术要求：波长范围 190 nm～900 nm	
19	液相色谱仪	药残检测	AAAA 级实验室
20	原子吸收/原子荧光光度计	重金属检测	
21	液相色谱-质谱联用仪	兽药残留确证	AAAAA 级实验室
22	气相色谱-质谱联用仪	农、兽药残留确证	
23	P2 微生物实验室设施	致病菌检测	

中华人民共和国国家标准

GB 13457—1992

代替 GB 8978—1992

肉类加工工业水污染物排放标准

Discharge standard of water pollutants for meat packing industry

1992-05-18发布/1992-07-01实施

国家环境保护局　国家技术监督局　发布

附加说明

本标准由国家环境保护局科技标准司提出。

本标准由商业部《肉类加工工业水污染物排放标准》编制组、中国环境科学研究院环境标准研究所负责起草。

本标准主要起草人牛景金、王嘉儒、周晓明、孟宪亭、邹首民、王守伟、许俊森等。

本标准由国家环境保护局负责解释。

肉类加工工业水污染物排放标准

为贯彻《中华人民共和国环境保护法》、《中华人民共和国水污染防治法》和《中华人民共和国海洋环境保护法》，促进生产工艺和污染治理技术的进步，防治水污染，制定本标准。

1 主题内容与适用范围

1.1 主题内容

本标准按废水排放去向，分年限规定了肉类加工企业水污染物最高允许排放浓度和排水量等指标。

1.2 适用范围

本标准适用于肉类加工工业的企业排放管理，以及建设项目的环境影响评价、设计、竣工验收及其建成后的排放管理。

2 引用标准

GB 3097　海水水质标准

GB 3838　地面水环境质量标准

GB 5749　生活饮用水卫生标准

GB 5750　生活饮用水标准检验法

GB 6920　水质　pH 值的测定　玻璃电极法

GB 7478　水质　铵的测定　蒸馏和滴定法

GB 7479　水质　铵的测定　纳氏试剂比色法

GB 7481　水质　铵的测定　水杨酸分光光度法

GB 7488　水质　五日生化需氧量（BOD_5）的测定　稀释与接种法

GB 8978　污水综合排放标准

GB 11901　水质　悬浮物的测定　重量法

GB 11914　水质　化学需氧量的测定　重铬酸盐法

3 术语

3.1 活屠重

指被屠宰畜、禽的活重。

3.2 原料肉

指作为加工肉制品原料的冻肉或鲜肉。

4 技术内容

4.1 加工类别

按肉类加工企业的加工类别分为：

a) 畜类屠宰加工；

b) 肉制品加工；

c) 禽类屠宰加工。

4.2 标准分级

按排入水域的类别划分标准级别。

4.2.1 排入 GB 3838 中Ⅲ类水域（水体保护区除外），GB 3097 中二类海域的废水，执行一级标准。

4.2.2 排入 GB 3838 中Ⅳ、Ⅴ类水域，GB 3097 中三类海域的废水，执行二级标准。

4.2.3 排入设置二级污水处理厂的城镇下水道的废水，执行三级标准。

4.2.4 排入未设置二级污水处理厂的城镇下水道的废水，必须根据下水道出水受纳水域的功能要求，分别执行 4.2.1 和 4.2.2 的规定。

4.2.5 GB 3838 中Ⅰ、Ⅱ类水域和Ⅲ类水域中的水体保护区，GB 3097 中一类海域，禁止新建排污口，扩建、改建项目不得增加排污量。

4.3 标准值

本标准按照不同年限分别规定了肉类加工企业的排水量和水污染物最高允许排放浓度等指标，标准值分别规定为：

4.3.1 1989 年 1 月 1 日之前立项的建设项目及其建成后投产的企业按表 1 执行。

表 1

污染物 级别 标准值	悬浮物			生化需氧量（BOD₅）			化学需氧量（CODcr）			动植物油			氨氮			pH	大肠菌群数 个/L			排水量 m³/t（活屠重） m³/t（原料肉）		
	一级	二级	三级	一级	二级	三级	一级	二级	三级	一级	二级	三级	一级	二级	三级		一级	二级	三级	一级	二级	三级
排放浓度 mg/L	100	250	400	60	80	300	120	160	500	30	40	100	25	40	—	6~9	5 000	—	—			7.2

4.3.2 1989 年 1 月 1 日至 1992 年 6 月 30 日之间立项的建设项目及其建成后投产的企业按表 2 执行。

表 2

污染物 级别 标准值	悬浮物			生化需氧量（BOD₅）			化学需氧量（CODcr）			动植物油			氨氮			pH	大肠菌群数 个/L			排水量 m³/t（活屠重） m³/t（原料肉）		
	一级	二级	三级	一级	二级	三级	一级	二级	三级	一级	二级	三级	一级	二级	三级		一级	二级	三级	一级	二级	三级
排放浓度 mg/L	70	200	400	30	60	300	100	120	500	20	20	100	15	25	—	6~9	5 000	—	—			6.5

4.3.3 1992 年 7 月 1 日起立项的建设项目及其建成后投产的企业按表 3 执行。

表3

污染物类别 标准值与浓度总量 加工类别		悬浮物 一级	悬浮物 二级	悬浮物 三级	生化需氧量(BOD₅) 一级	生化需氧量(BOD₅) 二级	生化需氧量(BOD₅) 三级	生化需氧量(COD$_{Cr}$) 一级	生化需氧量(COD$_{Cr}$) 二级	生化需氧量(COD$_{Cr}$) 三级	动植物油 一级	动植物油 二级	动植物油 三级	氨氮 一级	氨氮 二级	氨氮 三级	pH 一级	pH 二级	pH 三级	大肠菌群数 个/L 一级	大肠菌群数 个/L 二级	大肠菌群数 个/L 三级	排水量 m³/t 一级	排水量 m³/t 二级	排水量 m³/t 三级	油脂回收率%	血液回收率%	肠胃内容物回收率%	毛羽回收率%	废水回收率%
畜类屠宰加工	排放浓度 mg/L	60	120	400	30	60	300	80	120	500	15	20	60	15	25	—	6.0~8.5			5 000	10 000	—	6.5（活屠重）			>75	>80	>60	>90	>15
	排放总量 kg/t（活屠重）	0.4	0.8	2.6	0.2	0.4	2.0	0.5	0.8	3.3	0.1	0.13	0.4	0.1	0.16	—														
肉制品加工	排放浓度 mg/L	60	100	350	25	50	300	80	120	500	15	20	60	15	20	—	6.0~8.5			5 000	10 000	—	5.8（原料肉）			>75	—	—	—	>15
	排放总量 kg/t（原料肉）	0.35	0.6	2.0	0.15	0.3	1.7	0.45	0.7	2.9	0.09	0.12	0.35	0.09	0.12	—														
禽类屠宰加工	排放浓度 mg/L	60	100	300	25	40	250	70	100	500	15	20	50	15	20	—	6.0~8.5			5 000	10 000	—	18.0（活屠量）			>75	>80	>50	>90	>15
	排放总量 kg/t（活屠量）	1.1	1.8	5.4	0.45	0.72	4.5	1.20	1.8	9.0	0.27	0.36	0.9	0.27	0.36	—														

4.4　其他规定

4.4.1　表1、表2和表3中所列污染物最高允许排放浓度，按日均值计算。

4.4.2　污泥与固体废物应合理处置。

4.4.3　工艺参考指标为行业内部考核评价企业排放状况的主要参数。

4.4.4　有分割肉、化制等工序的企业，每加工1 t原料肉，可增加排水量2 m³。

4.4.5　加工蛋品的企业，每加工1 t蛋品，可增加排水量5 m³。

4.4.6　回用水应符合回用水水质标准。

4.4.7　在执行三级标准时，若二级污水处理厂运行条件允许，生化需氧量（BOD_5）可放宽至600 mg/L，化学需氧量（COD_{Cr}）可放宽至1 000 mg/L，但需经当地环境保护行政主管部门认定。

4.4.8　非单一加工类别的企业，其污染物最高允许排放浓度、排水量和污染物排放量限值，以一定时间内的各种原料加工量为权数，加权平均计算。计算方法见附录A。

4.4.9　表1、表2中禽类屠宰加工的排水量参照表3执行。

5　监测

5.1　采样点

采样点应在肉类加工企业的废水排放口，排放口应设置废水水量计量装置和设立永久性标志。

5.2　采样频率

按生产周期确定监测频率。生产周期在8 h以内的，每2 h采样一次；生产周期大于8 h的，每4 h采样一次。

5.3　排水量

排水量只计直接生产排水，不包括间接冷却水、厂区生活排水及厂内锅炉、电站排水，若不符合以上条件时，应改建排放口；排水量按月均值计算。

5.4　统计

企业原材料使用量、产品产量等，以法定月报表和年报表为准。

5.5　测定方法

本标准采用的测定方法按表4执行。

表4

序号	项目	方法	方法来源
1	pH	玻璃电极	GB 6920
2	悬浮物	重量法	GB 11901
3	五日生化需氧量（BOD_5）	稀释与接种法	GB 7488
4	化学需氧量（COD_{Cr}）	重铬酸钾法	GB 11914
5	动植物油	重量法	1)
6	氨氮	蒸馏中滴定法	GB 7478
		纳氏试剂比色法	GB 7479
		水杨酸分光光度法	GB 7481
7	大肠菌群数	发酵法	GB 5750

注：1）暂时采用《环境监测分析方法》（城乡建设环境保护部环境保护局，1983）。待国家颁布相应的方法标准后，执行国家标准。

6　标准实施监督

本标准由各级人民政府环境保护行政主管部门负责监督实施。

附 录 A
非单一加工企业污染物限值计算方法
（补充件）

A. 1 污染物最高允许排放浓度按式（A1）计算：

$$C = \frac{\sum Q_i W_i C_i}{\sum Q_i W_i} \tag{A1}$$

A. 2 排水量按式（A2）计算：

$$Q = \frac{\sum Q_i W_i}{\sum W_i} \tag{A2}$$

A. 3 污染物排放量按式（A3）计算：

$$T = \frac{\sum T_i W_i}{\sum W_i} \tag{A3}$$

式中：C——污染物最高允许排放浓度，mg/L；

Q——排水量，m³/t（活屠重）或 m³/t（原料肉）；

T——污染物排放量，kg/t（活屠重）或 kg/t（原料肉）；

Q_i——某一加工类别加工单位重量原料允许排水量，m³/t（活屠重）或 m³/t（原料肉）；

W_i——某一加工类别一定时间内原料加工量，t（活屠重）或 t（原料肉）；

C_i——某一加工类别的某一污染物的最高允许排放浓度，mg/L；

T_i——某一加工类别加工单位重量原料允许污染物排放量，kg/t（活屠重）或 kg/t（原料肉）。

中华人民共和国国家标准

GB 18078.1—2012①
代替 GB 18078—2000

农副食品加工业卫生防护距离
第1部分：屠宰及肉类加工业

Health protection zone for agricultural and sideline food processing industry—
Part 1：Slaughter，meat-processing industry

2012-06-29发布/2012-08-01实施
中华人民共和国卫生部　中国国家标准化管理委员会　发布

前　　言

本部分4.2，4 3、4.4为推荐性的，其余为强制性的。

GB 18078《农副食品加工业卫生防护距离》分为2个部分：

——第1部分：屠宰及肉类加工业；

——第2部分：谷物磨制与饲料工加加工业。

本部分为 GB 18078 的第1部分。

本部分按照 GB/T 1.1—2009 给出的规则起草。

本部分代替 GB 18078—2000《肉类联合加工厂卫生防护距离标准》。

本部分与 GB 18078—2000 相比主要变化如下：

——调整了标准名称，并依据 GB/T 1.1—2009《标准化工作导则　第1部分：标准的结构和编写》调整了标准结构；

——修订了卫生防护距离的定义，增加了敏感区、复杂地形2项术语和定义；

——修订了卫生防护距离标准限值，调整了风速分档和生产规模分档；

——增加了有关绿化的要求。

本部分由中华人民共和国卫生部提出并归口。

本部分负责起草单位：中国疾病预防控制中心环境与健康相关产品安全所、武汉市疾病预防控制中心。

本部分参加起草单位：武汉市江夏区卫生监督所。

本部分主要起草人：金银龙、陈文革、洪艳峰、王怀记、张伟、刘正丹、刘俊玲、何振宇、曹美龄、胡迅、魏泽义、王杰、吴林、刘高、卢冰。

本部分所代替标准的历次版本发布情况为：

——GB 18078—2000。

---

① 该标准于2017年3月23日起不再强制执行，标准代号由 GB 改为 GB/T。

农副食品加工业卫生防护距离
第1部分：屠宰及肉类加工业

1 范围

GB 18078 的本部分规定了屠宰及肉类加工生产企业与敏感区之间所需卫生防护距离。

本部分适用于地处平原地区的屠宰及肉类加工生产企业的新建、改建、扩建工程。现有屠宰及肉类加工生产企业可参照执行。

2 规范性引用文件

下列文件对于本文件的应用是必不可少的。凡是注日期的引用该文件，仅注日期的版本适用于本文件。凡是不注明日期的引用文件，其最新版本（包括所有的修改单）适用与本文件。

GB/T 3840—1991 制定地方大气污染物排放标准的技术方法

3 术语和定义

下列术语和定义适用于本文件。

3.1

卫生防护距离 heath protection zone

产生有害因素的部门（生产车间或作业场所）的边界至敏感区边界的最小距离。

3.2

敏感区 sensitive area

对大气污染比较敏感的区域，包括居民区、学校和医院。

3.3

复杂地形 complicated landform

山区、 丘陵、 沿海等。

4 指标要求

4.1 屠宰及肉类加工生产企业卫生防护距离限值见表1和表2。

表1 屠宰及肉类（畜类）加工生产企业卫生防护距离限值

生产规模 万头/年	所在地区近五年平均风速 m/s	卫生防护距离 m
≤50	<2	400
	2～4	300
	>4	200
>50，≤100	<2	600
	2～4	400
	>4	300
>100	<2	700
	2～4	500
	>4	400

表2 屠宰及肉类（禽类）加工生产企业卫生防护距离限值

生产规模 百万只/年	所在地区近五年平均风速 m/s	卫生防护距离 m
≤2	<2	500
	≥2	300
>2，≤4	<2	600
	≥2	400
>4	<2	700
	≥2	500

4.2　地处复杂地形条件下的屠宰及肉类加工生产企业卫生防护距离的确定方法，参照 GB/T 3840—1991 中的 7.6 规定执行。

4.3　屠宰及肉类加工生产企业与敏感区的位置，应考虑风向频率及地形等因素影响，尽量减少其对敏感区大气环境的污染。

4.4　在卫生防护距离范围内，种植浓密的乔木类植物绿化隔离带（宽度不少于 10 m）的企业，可按卫生防护距离标准限值的 90％执行，注意选择对特征污染具有抗性或吸附特性的树种。

中华人民共和国国家环境保护标准

HJ 2004—2010

屠宰与肉类加工废水治理工程技术规范

Technical specification for slaughterhouse and meat processing wastewater treatment projects

2010-12-17 发布/2011-03-01 实施

环境保护部　发布

前　言

为贯彻《中华人民共和国环境保护法》和《中华人民共和国水污染防治法》，规范屠宰与肉类加工废水治理工程的建设与运行管理，防治环境污染，保护环境与人体健康，制定本标准。

本标准规定了屠宰与肉类加工废水治理工程设计、施工、验收和运行管理等方面的相关技术要求。

本标准为首次发布。

本标准由环境保护部科技标准司组织制订。

本标准起草单位：环境保护部华南环境科学研究所。

本标准由环境保护部 2010 年 12 月 17 日批准。

本标准自 2011 年 3 月 1 日起实施。

本标准由环境保护部解释。

屠宰与肉类加工废水治理工程技术规范

1　适用范围

本规范规定了屠宰与肉类加工废水治理工程设计、施工、验收和运行管理的技术要求。

本规定适用于配套新建、改建、扩建屠宰场与肉类加工厂的废水治理工程，可作为此列项目环境影响评价、可行性研究、工程设计、施工管理、竣工验收、环境保护验收及运行管理等工作的技术依据。

2　规范性引用文件

本规范内容引用了下列文件中的条款。凡是不注明日期的引用文件，其有效版本适用于本标准。

GB 8978　污水综合排放标准

GB 12694　肉类加工厂卫生规范

GB 13457　肉类加工工业水污染排放标准

GB 18078　肉类联合加工厂卫生防护距离标准

GB 50014　室外排水设计规范

GB 50015　建筑给水排水设计规范

GB 18596　畜禽养殖业污染物排放标准

GB 4284　农用污泥中污染物排放标准

GB 5084　农田灌溉水质标准

GB 14554　恶臭污染物排放标准

GB 50009　建筑结构荷载规范

GB 50016　建筑设计防火规范

GB 50052　供配电系统设计规范

GB 50054　低压配电设计规范

GB 50069　给水排水工程构筑物结构设计规范

GB 50187　工业企业总平面设计规范

GB 50194　建筑工程施工现场供用电安全规范

GB 50303　建筑电气工程施工质量验收规范

GB 50317　猪屠宰与分割车间设计规范

GBJ 22　厂矿道路设计规范

GB 3096　声环境质量标准

GB 12348　工业企业厂界环境噪声排放标准

GBJ 87　工业企业噪声控制设计规范

GB/T 18883　室内空气质量标准

GB/T 18920　城市污水再生利用城市杂用水质

GB/T 4754　国民经济行业分类

CJ 3082　污水排入城市下水道水质标准

CECS97　鼓风曝气系统设计规程

HJ/T 15　环境保护产品技术要求　超声波明渠污水流量计

HJ/T 96　pH水质自动分析仪技术要求

HJ/T 101　氨氮水质自动分析仪技术要求

HJ/T 103　总磷水质自动分析仪技术要求

HJ/T 212　污染源在线自动监控（监测）系统数据传输标准

HJ/T 242　环境保护产品技术要求　带式压榨过滤机

HJ/T 245　环境保护产品技术要求　悬挂式填料

HJ/T 246　环境保护产品技术要求　悬浮填料

HJ/T 250　环境保护产品技术要求　旋转式细格栅

HJ/T 251　环境保护产品技术要求　罗茨鼓风机

HJ/T 252　环境保护产品技术要求　中、微孔曝气器

HJ/T 262　环境保护产品技术要求　格栅除污剂

HJ/T 263　环境保护产品技术要求　射流曝气器

HJ/T 281　环境保护产品技术要求　散流式曝气器

HJ/T 283　环境保护产品技术要求　厢式压滤机和板框压滤机

HJ/T 335　环境保护产品技术要求　污泥浓缩带式脱水一体机

HJ/T 336　环境保护产品技术要求　潜水排污泵

HJ/T 337　环境保护产品技术要求　生物接触氧化成套装置

HJ/T 353　水污染源在线监测系统安装技术规范（试行）

HJ/T 354　水污染源在线监测系统验收技术规范

HJ/T 355　水污染源在线检测系统运行与考核技术规范

HJ/T 369　环境保护产品技术要求　水处理用加药装置

《建设项目（工程）竣工验收办法》（计建设〔1990〕1215 号）

《建设项目环境保护竣工验收管理办法》（国家环境保护令第 13 号，2001 年）

《污染源自动监控管理办法》（国家环境保护令第 28 号，2005 年）

3　术语和定义

下列术语和定义适用于本标准。

3.1

屠宰场　Slaughterhouse

指宰杀禽畜及进行初级加工的场所。

3.2

肉类加工厂　Meat processing factory

指用于动物肉类食品生产、加工的场所。

3.3

屠宰过程　Slaughtering process

指屠宰时进行的围栏冲洗、宰前淋洗、宰后烫毛或剥皮、开腔、劈半、解体、内脏洗涤及车间冲洗等过程。

3.4

屠宰废水　Slaughterhouse wastewater

指屠宰过程中产生的废水，主要含有血污、油脂、碎肉、畜毛、未消化的食物及粪便、尿液等。

3.5

肉类加工过程　Meat processing

指肉类加工时进行的洗肉、加工、冷冻等过程。

3.6

肉类加工废水　Meat processing wastewater

指肉类加工过程中产生的废水，主要含有碎肉、脂肪、血液、蛋白质、油脂等。

3.7

废水再用　Wastewater reuse

指废水经过深度处理后实现废水资源化利用。

3.8

恶臭污染物　Odor pollutants

指一切刺激嗅觉器官引起人们不愉快及损害生活环境的气体物质。［GB 14554—1993］

4　污染物与污染负荷

4.1　污染物

屠宰与肉类加工废水中含有的主要污染物包括 COD_{Cr}、BOD_5、SS、氨氮及动植物油等。

4.2　废水量

4.2.1　屠宰废水量

屠宰废水量可根据如下公式进行计算：

$$Q = q \times S \quad \cdots\cdots\cdots\cdots\cdots\cdots\cdots\cdots\cdots\cdots\cdots\cdots\cdots\cdots\cdots \quad (1)$$

式中：

Q——每日产生的屠宰废水量，m^3/d；

q——每日屠宰动物废水产生量，$m^3/$头或 $m^3/$百只；

S——每日屠宰动物总数量，头$/d$ 或百只$/d$。

单位屠宰动物废水产生量可根据表 1 数据进行取值。

表 1　单位屠宰动物废水产生量（畜类）　　　　　单位：$m^3/$头

屠宰动物类型	牛	猪	羊
屠宰单位动物废水产生量	1.0～1.5	0.5～0.7	0.2～0.5

表 2　单位屠宰动物废水产生量（禽类）　　　　　单位：$m^3/$百只

屠宰动物类型	鸡	鸭	鹅
屠宰单位动物废水产生量	1.0～1.5	2.0～3.0	2.0～3.0

4.2.2

肉类加工的废水量与加工规模、种类及工艺有关。单独的肉类加工厂废水量应根据实际情况具体确定，一般不应超过 5.8 m^3/t（原料肉），有分割肉、化制等工序的企业每加工 1 t 原料肉可增加排水量 2 m^3；肉类加工厂与屠宰场合建时，其废水量可按同规模的屠宰场及肉类加工厂分别取值计算。

4.2.3

按全厂用水量估算总废水排放量时，废水量宜取全厂用水量的 80%～90%。

4.3　废水水质

废水水质的确定应以实际检测数据为准。

无检测数据时，屠宰废水水质取值可参照表 3，肉类加工废水水质取值可参照表 4。

表 3　屠宰废水水质设计取值　　　　　单位：mg/L（pH 除外）

污染物指标	COD_{Cr}	BOD_5	SS	氨氮	动植物油	pH（－）
废水浓度范围	1 500～2 000	750～1 000	750～1 000	50～150	50～200	6.5～7.5

表 4　肉类加工废水水质设计取值　　　　　单位：mg/L（pH 除外）

污染物指标	COD_{Cr}	BOD_5	SS	氨氮	动植物油	pH（－）
废水浓度范围	800～2 000	500～1 000	500～1 000	25～70	30～100	6.5～7.5

5　总体要求

5.1　一般规定

5.1.1　屠宰与肉类加工废水治理工程的建设应符合当地有关规划，合理确定近期与远期、处理与利用的关系。

5.1.2　屠宰与肉类加工行业应积极采用节能减排及清洁生产技术，不断改进生产工艺，降低污染物产生量和排放量，防止环境污染。

5.1.3　出水直接向周边水域排放时，应按国家和地方有关规定设置规范化排污口。排放水质应满足国家、行业、地方有关排放标准规定及项目环境影响评价审批文件有关要求。

5.1.4　应根据屠宰场和肉类加工厂的类型、建设规模、当地自然地理环境条件、排水去向及排放标准等因素确定废水处理工艺路线及处理目标，力求经济合理、技术先进可靠、运行稳定。

5.1.5　主要废水处理设施应按不少于两格或两组并联设计，主要设备应考虑备用。

5.1.6　废水处理构筑物应设检修排空设施，排空废水应经处理达标后外排。

5.1.7　屠宰与肉类加工废水处理工艺应包含消毒及除臭单元。

5.1.8　建议有条件的地方可进行屠宰与肉类加工废水深度处理，实现废水资源化利用。

5.1.9　废水处理厂（站）应按照《污染源自动监控管理办法》和地方环保部门有关规定安装废水在线监测设备。

5.2　设计规模

5.2.1　设计规模应根据生产工艺类型、产量及最大生产能力条件下的排水量综合考虑后确定。

5.2.2　废水水量、水质应以实测数据为准，缺少实测数据时可参考表1、表2、表3和表4。

5.3　项目构成

5.3.1　本废水治理工程主要包括处理构筑物、工艺设备、配套设施以及运行管理设施。

5.3.2　处理工艺主要包括预处理、生化处理、深度处理、恶臭污染处理及污泥处理等。

5.3.3　工艺设备包括机械格栅、污水泵、三相分离器、曝气风机，曝气器、污泥脱水机等。

5.3.4　配套设施包括供配电、给排水、消防、通迅、暖通、检测与控制、绿化等。

5.3.5　运行管理设施包括办公用房、分析化验室、库房、维修车间等。

5.4　总平面布置

5.4.1　总平面布置应满足 GB 50187 的相关规定。

5.4.2　应根据处理工艺流程和各构筑物的功能要求，综合考虑地形、地质条件、周围环境、建构筑物及各设施相互间平面空间关系等因素，在满足国家现行相关技术规范基础上，确定废水治理工程总体布置。按远期总处理规模预留场地并注意近远期之间的衔接。

5.4.3　废水治理工程应独立布置在厂区主导风向的下风向，各处理单元平面布置尽量紧凑（中小规模的废水处理构筑物可采用一体式构建），力求土建施工方便，设备安装、各类管线连接简捷且便于维护管理。

5.4.4　工艺流程、处理单元的竖向设计应充分利用场地地形，以符合排水通畅、降低能耗、平衡土方等方面要求。

5.4.5　应设置管理及辅助建筑物，其面积应结合处理工程规模及处理工艺等实际情况确定。

5.4.6　应根据需要设置存放材料、药剂、污泥、废渣等场所，不得露天堆放。

6　工艺设计

6.1　工艺选择原则

6.1.1　工艺选择应以连续稳定达标排放为前提，选择成熟、可靠的废水处理工艺。

6.1.2　应根据废水的水量、水质特征、排放标准、地域特点及管理水平等因素确定工艺流程及处理目标。

6.1.3　在达标排放的前提下，优先选择低运行成本、技术先进的处理工艺。处理工艺过程应尽可能做到自动控制。

6.1.4　屠宰与肉类加工废水处理应采用生化处理为主、物化处理为辅的组合处理工艺，并按照国家相关政策要求，因地制宜考虑废水深度处理及再用。

6.2　屠宰与肉类加工废水处理工艺

屠宰与肉类加工废水治理工程典型工艺流程如图1所示。

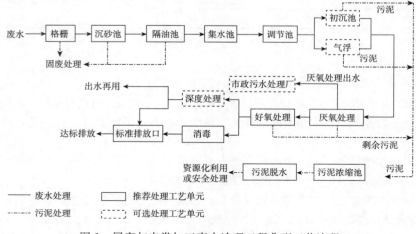

图1　屠宰与肉类加工废水治理工程典型工艺流程

6.3　废水处理主体单元

6.3.1　预处理

屠宰与肉类加工废水工程的预处理部分主要包括：粗（细）格栅、沉砂池、隔油池、集水池、调节池和初沉池等。

6.3.1.1　格栅

a) 调节池前应设置粗格栅和细格栅，并按最大时废水量设计。

b) 处理废水量较大、漂浮杂物较多时，宜采用具有自动清洗功能的机械格栅。

c) 应特别注意禽类与畜类屠宰加工废水处理的细格栅设备选型差异，废水中含有较多羽毛等漂浮物时必须设置专用的细格栅、水力筛或筛网等。

6.3.1.2　沉砂池

a) 沉砂地设在格栅之后，隔油池之前，可与隔油池合建。

b) 采用平流式沉砂池时，最大流速应为 0.3 m/s，最小流速为 0.15 m/s，水力停留时间宜为 30 s～60 s。

c) 采用旋流式沉砂池时，旋流速度应为 0.6 m/s～0.9 m/s，表面负荷约为 200 m³/（m²·h），水力停留时间宜为 20 s～30 s。

6.3.1.3　隔油池

a) 隔油池设置在调节池之前，沉砂池之后，对于大中型规模的废水治理工程，隔油池应设有撇油刮渣设施。

b) 平流式隔油池停留时间一般为 1.5 h～2.0 h，斜板隔油池停留时间一般不大于 0.5 h。

c) 含油脂较低的肉类加工废水可根据实际情况不单独设置隔油池。

6.3.1.4　集水池

a) 当车间排水口管道埋深较大时，为减少调节池的埋深，便于施工，应设置集水池。

b) 集水池有效容积应不小于该池最大工作水泵 5 min 的出水量，废水提升水泵宜按最大时水量选型（无水量变化曲线资料时可按 3 倍～4 倍平均流量），每小时启动次数不超过 6 次。

c) 集水池的其他技术要求按 GB 50014 的有关规定执行。

6.3.1.5　调节池

a) 调节池有效容积宜按照生产排水规律确定，没有相关资料时有效容积宜按水力停留时间 10 h～24 h 设计，并适当考虑事故应急需要。

b) 调节池内应设置搅拌装置，一般可采用液下（潜水）搅拌或空气搅拌。采用液下搅拌时，具体搅拌功率应结合池体大小进行确定，一般可按 5 W/m³～10 W/m³；采用空气搅拌时，所需空气量为 0.6 Nm³/（h·m³）～0.9 Nm³/（h·m³）。

c) 为减少臭气影响，调节池宜加盖，并设置通风、排风及除臭设施；调节池应设有安全栏杆和检修扶梯。

d) 调节池应设置排空集水坑，池底应设计流向集水坑的坡度，坡度设计应不小于 2%。

6.3.1.6　初沉池

a) 调节池后宜设置初沉池，可采用竖流式沉淀池。对于规模大于 3 000 t/d 的项目可采用辐流式沉淀池。

b) 采用竖流式沉淀池时宽（直径）深比一般不大于 3，池体直径（或正方形一边）不宜大于 8 m。不设置反射板时的中心流速不应大于 30 mm/s，设置反射板时的中心流速可取 100 mm/s。

c) 沉淀池的水力停留时间应大于 1 h，但不宜大于 3 h；其他设计参见 GB 50014 的有关规定。

6.3.1.7　气浮

a) 气浮可作为调节池后用于去除残留于废水中粒径较小的分散油、乳化油、绒毛、细小悬浮颗粒等杂物的一种备选技术。对于含有较多油脂和绒毛肉类加工厂废水，宜采用气浮工艺，以保证后续厌氧等处理单元的稳定运行及处理效果。

b) 气浮的设计可参见相关废水气浮处理技术规范进行。

6.3.2　生化处理

生化处理是屠宰与肉类加工废水治理工程的核心，主要去除废水中可降解有机污染物及氨氮等营养型污染物，生化处理部分主要包括厌氧处理和好氧处理。

6.3.2.1 厌氧处理

屠宰与肉类加工废水一般宜采用的厌氧工艺为：升流式厌氧污泥床（UASB）或水解酸化技术。

（1）UASB

a）　UASB 尤其适用于中高有机负荷、水量水质较稳定、悬浮物浓度较低时的废水处理。

b）　UASB 应按容积负荷设计，并按水力停留时间校核，水力停留时间宜取 16 h～24 h。宜采用常温或中温厌氧；当水温较低时，宜设置加热装置和隔热保温层。不同温度下的容积负荷率可参考表 5。

表 5　不同温度条件下的 UASB 容积负荷率

单位：kg COD_Cr/（m³·d）

指标	常温（15 ℃～30 ℃）	中温（30 ℃～35 ℃）
容积负荷率	2～5	5～10

UASB 有效容积的计算可参考以下公式：

$$V_R = \frac{QS_0}{N_v} \quad\cdots\cdots\cdots\cdots\cdots\cdots\cdots\cdots\cdots\cdots\cdots\cdots\cdots\cdots\cdots\cdots\cdots\cdots\cdots\cdots（2）$$

或

$$V_R = Q \times HRT \quad\cdots\cdots\cdots\cdots\cdots\cdots\cdots\cdots\cdots\cdots\cdots\cdots\cdots\cdots\cdots\cdots\cdots（3）$$

式中：

V_R——厌氧反应器的有效容积，m³；

Q——设计流量，m³/d；

S_0——进水有机物浓度，kg COD_Cr/m³；

N_v——容积负荷，kg COD_Cr/（m³·d）；

HRT——水力停留时间，d。

c）　UASB 的设计应符合下列规定：

1）　UASB 的高度不宜超过 8 m，推荐反应器污泥床有效高度为 3.0 m～3.5 m。

2）　当废水处理量较大时，宜采用多个 UASB 反应器并联运行。

3）　应保证 UASB 内 pH 维持在 6.8～7.6 之间；必要时应加入 Ca(OH)_2、NaHCO_3、Na_2CO_3 等调节控制碱度，使 pH 保持在 6.8 以上。

4）　三项分离器中沉淀区的斜壁角度应不小于 45°，沉淀区表面负荷应在 0.75 m³（m²·h）以下（无斜管时），或 1.0 m³/（m²·h）～1.5 m³/（m²·h）（有斜管时），三相分离器缝隙流速不大于 2 m/h。

5）　UASB 宜设置污泥界面测定点、采样点、温度监测点等。

6）　UASB 应考虑配套沼气能源回收利用或安全燃烧高空排放处理装置。

7）　UASB、沼气能源回收利用或安全处理装置应符合 GB 50016 中的有关消防安全设计规定。

（2）水解酸化技术

a）　水解酸化技术适用于较高容积负荷、水质水量波动变化较大时的废水处理。

b）　宜采用常温水解酸化。通常按水力停留时间设计，有机容积负荷校核，水力停留时间一般为 4 h～10 h，容积负荷为 4.8 kg COD_Cr/（m³·d）～12.0 kg COD_Cr/（m³·d）。

c）　水解酸化池一般采用上向流式，最大上升流速应小于 2.0 m/h。

d）　设计水解酸化池温度应控制在 15 ℃以上，为 20 ℃～30 ℃为宜。

e）　水解酸化池可根据实际需要悬挂一定生物填料，填料高度一般应为水解酸化池的有效池深的 1/2～2/3 为宜。

6.3.2.2　好氧处理

好氧处理宜采用具有脱氧除磷功能的序批式活性污泥技术（SBR）或生物接触氧化技术，有条件时亦可采用膜生物反应器（MBR）工艺。

（1）SBR 工艺

a）　SBR 工艺尤其适合废水间歇排放、流量变化大的废水处理。

b) 本规范中所指的 SBR 工艺包括传统 SBR、改良型 SBR（改良式序列间歇反应器 MSBR、循环式活性污泥系统 CASS 及循环式活性污泥技术 CAST）等工艺。

c) SBR 反应池应设置两个或两个以上并联交替运行。

d) 采用 SBR 工艺处理屠宰场与肉类加工厂废水时，污泥负荷宜取 0.1 kg BOD_5/（kg MLVSS·d）～0.4 kg BOD_5/（kg MLVSS·d）；总运行周期为：6 h～12 h，其中五个过程的水力停留时间可分别设计为：进水期 1 h～2 h，反应期 4 h～8 h，沉淀期 1 h～2 h，排水器 0.5 h～1.5 h，闲置期 1 h～2 h。各工序具体取值按实际工程废水水质条件确定。

e) 屠宰场与肉类加工厂废水的氨氮和水温是设计计算中考虑的重点因素。通常需按最低废水水温（结合氨氮出水标准）计算硝化反映速率，校核反应器容积。

f) SBR 工艺其他设计细节可参照 GB 50014 及有关设计手册等有关规定进行。

（2）接触氧化工艺

a) 接触氧化工艺广泛适用于不同规模的屠宰场与肉类加工厂废水治理工程，尤其适用于场地面积小、水量小、有机负荷波动大的情况。

b) 接触氧化工艺所使用的填料应采用轻质、高强度、防腐蚀、化学和生物稳定性好的材料，并应保证其易于挂膜、水力阻力小、比表面积大或孔隙率高。

c) 生物接触氧化工艺的水力停留时间一般取 8 h～12 h，填料容积负荷率应为 1.0 kg BOD_5/（m^3·d）～1.5 kg BOD_5/（m^3·d）。

d) 屠宰场和肉类加工厂废水处理工程常采用竖流式沉淀池作为二沉池，可根据有关的设计手册及实际工程经验选取表面负荷、沉淀时间等设计参数。竖流式沉淀池表面负荷一般取值为：0.6 m^3/（m^2·h）～0.8 m^3/（m^2·h），斜管沉淀池表面负荷一般取值为：1.0 m^3/（m^2·h）～1.5 m^3/（m^2·h），沉淀池的水力停留时间应大于 1 h，但不宜大于 3 h。

e) 对于规模大于 3 000 t/d 的项目，可采用辐流式沉淀池。有关设计参考初沉池，按照 GB 50014 的有关规定执行。

f) 其他设计细节可参照 HJ/T 337、GB 50014 有关规定进行。

（3）MBR 工艺

a) MBR 工艺适用于占地面积小且出水水质要求高的废水处理。

b) 膜生物反应器分为内置式和外置式两种，宜选用内置式中空纤维膜组件（HF）或平板膜（PF）MBR 工艺。

c) 膜通量等参数以实验数据或膜组件供应商数据为准。中空纤维组件的膜通量一般可设计为 8 L/（m^2·h）～15 L/（m^2·h），平板膜的通量一般可设计为 14 L/（m^2·h）～20 L/（m^2·h）。

d) MBR 反应器主要工艺参数：水力停留时间一般为 8 h～16 h，MBR 其他主要设计运行参数见表 6。

e) 应考虑膜污染的控制、膜清洗技术及维修措施。

表 6 膜生物反应器（MBR）的工艺参数

项目	内置式 MBR	外置式 MBR
污泥浓度/（mg/L）	8 000～12 000	10 000～15 000
污泥负荷 [kg COD_{Cr}/（kg MLVSS·d）]	0.10～0.30	0.30～0.60
剩余污泥产泥系数（kg MLVSS/kg COD_{Cr}）	0.10～0.30	0.10～0.30

6.3.2.3 消毒

（1）屠宰场与肉类加工厂废水必须进行消毒处理。

（2）一般采用二氧化氯和次氯酸钠进行消毒，消毒接触时间不应小于 30 min，有效浓度不应小于 50 mg/L。

（3）可兼顾考虑废水脱色处理与消毒。

6.4 深度处理

6.4.1 地方环保部门对废水处理及排放有严格要求时应进行深度处理。

6.4.2 达标排放废水的深度处理宜采用生物处理和物化处理相结合的工艺，如曝气生物滤池（BAF）、生物活性炭、混凝沉淀、过滤等。具体选用何种组合方式及相关工艺参数应通过实验确定。再用水应以项目场内为主，厂外区域为辅。

6.4.3　其他设计细节可参照 GB 50335 相应规定执行。

6.4.4　再用水用作厂区冲洗地面、冲厕、冲洗车辆、绿化、建筑施工等用途时，其水质应符合 GB/T 18920。

6.5　恶臭污染物控制

6.5.1　屠宰场与肉类加工厂的恶臭治理对象主要包括屠宰临时圈养区、屠宰场区及废水处理厂（站）的臭气源。

6.5.2　有恶臭源的废水处理单元（调节池、进水泵站、厌氧、污泥储存、污泥脱水等）宜设计为密闭式，并配备恶臭集中处理设施，将各工艺过程中产生的臭气集中收集处理，减少恶臭对周围环境的污染。

6.5.3　常规恶臭控制工艺包括物理脱臭、化学脱臭及生物脱臭等，本类废水治理工程宜选用生物填料塔型过滤技术、生物洗涤技术、活性炭吸附等脱臭工艺。

6.5.4　屠宰场与肉类加工厂恶臭污染物的排放浓度应符合 GB 14554 的规定。

6.6　污泥处理单元

6.6.1　污泥包括物化沉淀污泥和生化剩余污泥，其中以生化剩余污泥为主。

6.6.2　生化剩余污泥量根据有机物浓度、污泥产率系数进行计算；物化污泥量根据悬浮物浓度、加药量等进行计算。不同处理工艺产生的剩余污泥量不同，一般可按 0.3 kg DS/kg $BOD_5 \sim 0.5$ kg DS/kg BOD_5 设计，污泥含水率 $99.3\% \sim 99.4\%$。

6.6.3　宜设置污泥浓缩贮存池。一般可采用重力式污泥浓缩池，污泥浓缩时间宜按 16 h～24 h 设计，浓缩后污泥含水率应不大于 98%。

6.6.4　污泥脱水前应进行污泥加药调理。药剂种类应根据污泥性质和干污泥的处理方式选用，投加量通过试验或参照同类型污泥脱水的数据确定。

6.6.5　污泥脱水机类型应根据污泥性质、污泥产量、脱水要求等进行选择，脱水污泥含水率应小于 80%。

6.6.6　屠宰与肉类加工废水处理中产生的剩余污泥可作农用或与城市污水处理厂污泥一并处理，做农用时应符合 GB 4284 的规定。当采用卫生填埋处置或单独处置时，污泥含水率应小于 60%。

6.6.7　脱水污泥严禁露天堆放，并应及时外运处理。污泥堆场的大小按污泥产量、运输条件等确定。污泥堆场地面应有防渗、防漏、防雨水等措施。

7　主要工艺设备和材料

7.1　曝气设备

7.1.1　应选用氧利用效率高、混合效果好、质量可靠、阻力损失小、容易安装维修及不易产生堵塞的产品。适宜于本类废水的主要曝气方式有鼓风曝气、射流曝气等。

7.1.2　应选用符合国家或行业标准规定的产品，具体要求如下：

　　（1）中、微孔曝气器应符合 HJ/T 252 的规定。

　　（2）射流曝气器应符合 HJ/T 263 的规定。

　　（3）散流式曝气器应符合 HJ/T 281 的规定。

　　（4）其他新型曝气器宜以实验数据或产品认证材料为准。

7.2　风机

7.2.1　风机应选用高效、节能、使用方便、运行安全、噪声低、易维护管理的机型。由于屠宰与肉类加工废水治理工程属于中小规模，宜选用罗茨鼓风机，并设置降噪措施。

7.2.2　风机选型具体计算应考虑如下因素确定：

　　（1）按废水水质影响系数 α 取 $0.8 \sim 0.85$，β 系数取 $0.9 \sim 0.97$ 修正供氧量；

　　（2）当废水水温较高或较低时应进行温度系数修正；

　　（3）空气密度和含氧量应根据当地大气压进行修正；

　　（4）采用罗茨风机时，出口风量应根据进口风量及风量影响系数进行修正；

　　（5）风压应根据风机特性、空气管网损失、曝气器的阻力、曝气器安装水深等计算确定；

　　（6）风机的设置台数，应根据总供风量、所需风压、选用风机单机性能曲线、气温污水负荷变化情况等综合确定。

7.2.3　选用风机时，应符合国家或行业标准规定的产品，罗茨鼓风机应符合 HJ/T 251 的规定。

7.2.4　应至少设置 1 台备用风机。

7.2.5　其他设计细节可参照 CECS97 相应规定执行。

7.3　格栅

7.3.1　旋转式细格栅应符合 HJ/T 250 的规定。

7.3.2　格栅除污机应符合 HJ/T 262 的规定。

7.4　脱水机

7.4.1　污泥脱水用厢式压滤机和板框压滤机应符合 HJ/T 283 的规定。

7.4.2　带式压榨过滤机应符合 HJ/T 242 的规定。

7.4.3　污泥浓缩带式脱水一体机应符合 HJ/T 335 的规定。

7.5　加药设备

加药设备应符合 HJ/T 363 的规定。

7.6　泵

潜水排污泵应符合 HJ/T 336 的规定。其他类型的泵应符合国家节能等方面的要求。

7.7　填料

悬挂式填料应符合 HJ/T 245 的规定，悬浮填料应符合 HJ/T 246 的规定。

7.8　监测系统

监测系统及安装应符合 HJ/T 353 的规定，采用符合 HJ/T 15、HJ/T 96、HJ/T 101、HJ/T 103、HJ/T 377 等规定的监测仪器。

7.9　其他设备、材料

其他机械、设备、材料应符合国家或行业标准的规定。

8　检测与过程控制

8.1　为保证废水处理设施运行的连续性和可靠性，提高自动化控制水平，废水处理厂（站）宜采用 PLC 集散型控制。

8.2　废水处理厂（站）宜根据工艺控制要求设置 pH 计、流量计、液位控制器、溶氧仪等装置。

8.3　废水处理厂（站）宜按国家和地方环保部门有关规定安装废水在线监测系统，并与相关环境管理监控中心联网。

8.4　废水在线监测系统的数据传输应符合 HJ/T 212 的规定。

9　主要辅助工程

9.1　电气

9.1.1　独立处理厂（站）供电宜按二级负荷设计，厂内处理厂（站）供电等级，应与生产车间相等。

9.1.2　低压配电设计应符合 GB 50054 设计规范的规定。

9.1.3　供配电应符合 GB 50052 设计规范的规定。

9.1.4　工艺装置的中央控制室的仪表电源应配备在线式不间断供电电源设备（UPS）。

9.1.5　建设工程施工现场供用电安全应符合 GB 50194 规范的规定。

9.2　空调与暖通

9.2.1　地下构筑物应有通风设施。

9.2.2　在北方寒冷地区，处理构筑物应有防冻措施。当采暖时，处理构筑物室内温度可按 5 ℃设计；加药间、检验室和值班室等的室内温度按不低于 15 ℃设计。

9.3　给排水与消防

9.3.1　废水治理工程的给排水与消防应同生产企业车间等一并规划、设计、配置设施，废水治理工程区内应实行雨污分流。

9.3.2　处理厂（站）排水一般宜采用重力流排放；当遇到潮汐、暴雨，排水口标高低于地表水水位时，应设闸门和排水泵站。

9.3.3 处理厂（站）消防设计应符合 GB 50016 的有关规定，易燃易爆的车间或场所应按消防部门要求设置消防器材。

9.4 道路与绿化

9.4.1 处理厂（站）内道路应符合 GBJ 22 的有关规定。

9.4.2 屠宰与肉类加工废水治理工程的绿化应与总厂统一设计布置，绿化布置方案要满足有关技术规范等对绿化率的要求。

9.4.3 屠宰与肉类加工废水治理工程内应尽可能种植能吸收臭气、有净化空气作用的植物作为绿化隔离带，以减少臭气和噪声对环境的影响；但厂区内不宜种植高大的树种，以防止树叶落入水池引起设备堵塞。

10 劳动安全与职业卫生

10.1 废水治理工程在设计、施工运行过程中，必须高度重视安全卫生问题，严格执行国家及地方的有关规定，采取有效的应对措施和预防手段。

10.2 废水处理厂（站）应建立明确的岗位责任制，各工种、岗位应按工艺特征和要求制定相应的安全操作规程、注意事项等。

10.3 废水处理厂（站）内应有必要的安全、报警等装置，应制定意外事件的应急预案；生产作业区应配备消防器材；厂区各明显位置应配有禁烟、防火、限速和用电警告等标志。

10.4 废水处理厂（站）应具备设备日常维护、保养与检修、突发性故障时的应急处理能力。

10.5 应为职工配备必要的劳动安全卫生设施和劳动防护用品，各种设施及防护用品应有专人维护保养，保证其完好、有效；各岗位操作人员上岗时必须穿戴相应的劳保用品。

10.6 各种机械设备裸露的传动部分或运动部分应设置防护罩或防护栏杆，周围应保持一定的操作活动空间，以免发生机械伤害事故。

10.7 各构筑物应设有便于行走的操作平台、走道板、安全护栏和扶手，栏杆高度和强度应符合国家有关安全生产规定。

10.8 设备安装和检修时应有相应的警示、保护措施、必须多人同时作业。

10.9 具有有害气体、易燃气体、异味、粉尘和环境潮湿的场所，应有良好的通风设施。

10.10 高架处理构筑物应设置适用的栏杆、防滑梯和避雷针等安全设施，构筑物的避雷、防爆装置的维修应符合气象和消防部门的规定。

10.11 所有正常不带电的电气设备其金属外壳均应采取接地或接零保护，钢结构、排气管、排风管和铁杆等金属物应采用等电位联接后宜作保护接地。

10.12 明装金属构件应采取良好防腐蚀措施，且应固定牢靠。

11 施工与验收

11.1 工程施工

11.1.1 屠宰与肉类加工废水治理工程的设计、施工单位应具备国家相应工程设计资质、施工资质。

11.1.2 废水治理工程的设计、施工应符合国家建设项目管理要求。

11.1.3 废水处理厂（站）建设、运行过程中产生的噪声及其他污染物排放应严格执行国家环境保护法规和标准的有关规定。

11.1.4 废水治理工程施工中所使用的设备、材料、器材等应符合相关的国家标准，并具备产品质量合格证。

11.1.5 按照环境管理要求需要安装在线监测系统的，应执行 HJ/T 353、HJ/T 354、HJ/T 355。

11.1.6 废水治理工程施工单位除应遵守相关的技术规范外，还应遵守国家有关部门颁布的劳动安全及卫生、消防等国家强制性标准。

11.2 工程调试及竣工验收

11.2.1 废水治理工程验收应按《建设项目（工程）竣工验收办法》、相应专业验收规范和本标准的有关规定进行组织。工程竣工验收前，不得投入生产性使用。

11.2.2 建筑电气工程施工质量验收应符合 GB 50303 规范的规定。

11.2.3　各设备、构筑物、建筑物单体按国家或行业的有关标准（规范）验收后，废水处理设施应进行清水联通启动、整体调试和验收。

11.2.4　应在通过整体调试、各环节运转正常、技术指标达到设计和合同要求后进入生产试运行。

11.2.5　试运行期间应进行水质检测，检测指标应至少包括：

    a)　各处理单元 pH、温度、水量；

    b)　各单元进、出水主要污染物浓度，如：悬浮物、化学需氧量、生化需氧量、氨氧、总氧、总磷、动植物油及色度。

11.3　环境保护验收

11.3.1　废水治理工程环境保护验收除应满足《建设项目竣工环境保护验收管理办法》规定的条件外，在生产试运行期还应对废水治理工程进行调试和性能试验，实验报告应作为环境保护验收的重要内容。

11.3.2　废水治理工程环境保护验收应严格按照工程环境影响评价报告的批复执行。经环境保护竣工验收合格后，废水治理工程方可正式投入使用。

11.3.3　屠宰与肉类加工废水治理工程环境保护验收的主要技术文件应包括：

    ——项目环境影响报告审批文件；

    ——批准的设计文件和设计变更文件；

    ——废水处理工程调试报告；

    ——具有资质的环境监测部门出具的废水处理验收监测报告；

    ——试运行期连续监测报告（一般不少于 1 个月）；

    ——完整的启动试运行、生产试运行记录等；

    ——废水处理设施运行管理制度、岗位操作规程等。

12　运行与维护

12.1　一般规定

12.1.1　废水治理工程应由各类具有执业资质，持上岗证书的技术人员、管理人员进行操作和管理。

12.1.2　未经当地环境保护行政主管部门批准，废水处理设施不得停止运行。由于紧急事故造成设施停止运行时，应立即报告当地环境保护行政主管部门。

12.1.3　废水处理由第三方运营时，运营方必须具有相应等级环境污染治理设施运营资质。

12.1.4　废水治理工程应健全规章制度、岗位操作规程和质量管理等文件。

12.2　人员与运行管理

12.2.1　实施质量控制，保证废水治理工程的正常运行及运行质量。

12.2.2　运行人员应定期进行岗位培训，持证上岗。运行管理人员上岗前均应进行相关法律法规和专业技术、安全防护、紧急处理等理论知识和操作技能的培训。

12.2.3　各岗位人员应严格按照操作规程作业，如实填写运行记录，并妥善保存。

12.2.4　严禁非本岗位人员擅自启、闭岗位设备，管理人员不得违章指挥。

12.2.5　废水处理厂（站）的运行应达到以下技术指标：运行率 100%（以实际的天数计），达标率大于 95%（以运行天数和主要水质指标计），设备的综合完好率大于 90%。

12.2.6　废水处理厂（站）设备的日常维护、保养应纳入正常的设备维护管理工作，根据工艺要求，定期对构筑物、设备、电气及自控仪表进行检查维护，确保处理设施稳定运行。

12.2.7　宜每日监测厌氧反应器内液体的 pH、温度及内部沼气压力、产气量等指标，并根据监测数据及时调整厌氧反应器运行工况或采取相应措施。各项目的检测方法应符合国家有关规定。

12.2.8　臭气收集、除臭装置应保持良好的工作状态，室内臭气浓度应符合 GB/T 18883 的规定，适合操作人员长期在岗工作。

12.2.9　格栅、沉砂池等其他设施的运行管理可参照 CJJ 60 及 CJJ/T 30 的有关规定执行。

12.2.10　发现异常情况时，应采取相应解决措施并及时上报有关主管部门。

12.3　环境管理

12.3.1　废水处理厂（站）的噪声应符合 GB 3096 和 GB 12348 的规定，建筑物内部设施噪声源控制应符合

GBJ 87 中的有关规定。

12.3.2 废水处理厂（站）区内各类地点的噪声控制宜采取以隔音为主，辅以消声、隔振、吸音等综合治理措施。宜采用低噪声设备及作减振方式安装。

12.3.3 应保持废水处理厂（站）内环境整洁，并采取灭蝇灭蚊灭鼠措施。

12.4 水质管理

12.4.1 废水处理厂（站）运行过程应定期采样分析，常规指标包括：化学需氧量、生化需氧量、悬浮物、污泥浓度（MLSS）、SVI 指数、氨氧、总氧、总磷、pH、色度等。

12.4.2 已安装在线监测设备的，也应定期进行取样，进行人工监测，比对在线监测数据。

12.4.3 生产周期内每隔 4 h 采样一次，每日采样次数不少于三次，可分别分析或混合分析，其中化学需氧量、悬浮物、pH、镜检、色度等每天至少分析一次，生化需氧量至少每周分析一次。

12.4.4 水质取样应在废水处理排放口或根据处理工艺控制点取样。

12.5 应急措施

12.5.1 企业应编制事故应急预案（包括环保应急预案）。应急预案包括：应急预警、应急响应、应急指挥、应急处理等方面的内容，制定相应的应急处理措施，并配套相应的人力、设备、通迅等应急处理的必备条件。

12.5.2 废水治理设施发生异常情况或重大事故时，应及时分析解决，并按应急预案中的规定向有关主管部门汇报。

中华人民共和国国家环境保护标准

HJ 860.3—2018

排污许可证申请与核发技术规范
农副食品加工工业—屠宰及肉类加工
工业

Technical specification for application and issuance of pollutant permit
farm and sideline food processing industry—
slaughter and meat processing industry

2018-06-30 发布/2018-06-30 实施

生态环境部　发布

前　言

为贯彻落实《中华人民共和国环境保护法》《中华人民共和国大气污染防治法》《中华人民共和国水污染防治法》等法律法规和《国务院办公厅关于印发控制污染物排放许可制实施方案的通知》（国办发〔2016〕81号）、《排污许可管理办法（试行）》（环境保护部令第 48 号），完善排污许可技术支撑体系，指导和规范屠宰及肉类加工工业排污许可证申请与核发工作，制定本标准。

本标准规定了屠宰及肉类加工工业排污许可证申请与核发的基本情况填报要求、许可排放限值确定、实际排放量核算和合规判定的方法，以及自行监测、环境管理台账与排污许可证执行报告等环境管理要求，提出了屠宰及肉类加工工业污染防治可行技术要求。

本标准附录 A、附录 B 和附录 C 为资料性附录。

本标准为首次发布。

本标准由生态环境部组织制订。

本标准主要起草单位：中国环境科学研究院、轻工业环境保护研究所、环境保护部环境工程评估中心、河南省科悦环境技术研究院、中国肉类协会。

本标准生态环境部 2018 年 06 月 30 日批准。

本标准自 2018 年 06 月 30 日起实施。

本标准由生态环境部解释。

排污许可证申请与核发技术规范
农副食品加工工业—屠宰及肉类加工工业

1 适用范围

本标准规定了屠宰及肉类加工工业排污许可证申请与核发的基本情况填报要求、许可排放限值确定、实际排放量核算和合规判定的方法，以及自行监测、环境管理台账与排污许可证执行报告等环境管理要求，提出了屠宰及肉类加工工业污染防治可行技术要求。

本标准适用于指导屠宰及肉类加工工业排污单位填报《排污许可证申请表》及在全国排污许可证管理信息平台填报相关申请信息，同时适用于指导核发机关审核确定屠宰及肉类加工工业排污单位排污许可证许可要求。

本标准适用于屠宰及肉类加工工业排污单位排放的大气污染物和水污染物的排污许可管理。屠宰及肉类加工工业排污单位含有的肉类分割、羽绒清洗、清洁蛋、无害化处理（焚烧、化制）等也适用于本标准。

屠宰及肉类加工工业排污单位中，执行《火电厂大气污染物排放标准》（GB 13223）的生产设施或排放口，适用《火电行业排污许可证申请与核发技术规范》；执行《锅炉大气污染物排放标准》（GB 13271）的生产设施或排放口，参照本标准执行，待锅炉排污许可证申请与核发技术规范发布后从其规定。

本标准未作规定但排放工业废水、废气或者国家规定的有毒有害污染物的屠宰及肉类加工工业排污单位其他产污设施和排放口，参照《排污许可证申请与核发技术规范 总则》（HJ 942）执行。

2 规范性引用文件

本标准内容引用了下列文件或者其中的条款。凡是不注日期的引用文件，其有效版本适用于本标准。

GB 8978　污水综合排放标准
GB 9078　工业炉窑大气污染物排放标准
GB 13223　火电厂大气污染物排放标准
GB 13271　锅炉大气污染物排放标准
GB 13457　肉类加工工业水污染物排放标准
GB 14554　恶臭污染物排放标准
GB/T 16157　固定污染源排气中颗粒物测定与气态污染物采样方法
GB 16297　大气污染物综合排放标准
GB 18483　饮食业油烟排放标准（试行）
GB 21901　羽绒工业水污染物排放标准
HJ/T 55　大气污染物无组织排放监测技术导则
HJ 75　固定污染源烟气（SO_2、NO_x、颗粒物）排放连续监测技术规范
HJ 76　固定污染源烟气（SO_2、NO_x、颗粒物）排放连续监测系统技术要求及检测方法
HJ/T 91　地表水和污水监测技术规范
HJ/T 353　水污染源在线监测系统安装技术规范（试行）
HJ/T 354　水污染源在线监测系统验收技术规范（试行）
HJ/T 355　水污染源在线监测系统运行与考核技术规范（试行）
HJ/T 356　水污染源在线监测系统数据有效性判别技术规范（试行）
HJ/T 373　固定污染源监测质量保证与质量控制技术规范（试行）
HJ/T 397　固定源废气监测技术规范
HJ 494　水质采样技术指导
HJ 495　水质采样方案设计技术规定
HJ 608　排污单位编码规则
HJ 819　排污单位自行监测技术指南　总则
HJ 820　排污单位自行监测技术指南　火力发电及锅炉

HJ 942 排污许可证申请与核发技术规范 总则

HJ 944 排污单位环境管理台账及排污许可证执行报告技术规范 总则（试行）

HJ 986 排污单位自行监测技术指南 农副食品加工业

《固定污染源排污许可分类管理名录》

《排污口规范化整治技术要求（试行）》（国家环境保护局环监〔1996〕470 号）

《污染源自动监控设施运行管理办法》（环发〔2008〕6 号）

《关于执行大气污染物特别排放限值的公告》（环境保护部公告 2013 年第 14 号）

《关于执行大气污染物特别排放限值有关问题的复函》（环办大气函〔2016〕1087 号）

《关于加强京津冀高架源污染物自动监控有关问题的通知》（环办环监函〔2016〕1488 号）

《"十三五"生态环境保护规划》（国发〔2016〕65 号）

《排污许可管理办法（试行）》（环境保护部令第 48 号）

《关于发布计算污染物排放量的排污系数和物料衡算方法的公告》（环境保护部公告 2017 年第 81 号）

《关于京津冀大气污染传输通道城市执行大气污染物特别排放限值的公告》（环境保护部公告 2018 年第 9 号）

《关于加强固定污染源氮磷污染防治的通知》（环水体〔2018〕16 号）

3 术语和定义

下列术语和定义适用于本标准。

3.1

屠宰及肉类加工工业排污单位 pollutant emission unit of slaughter and meat processing industry

指具有畜禽宰杀、畜禽肉制品加工和副产品加工（天然肠衣加工、畜禽油脂加工等）生产行为的排污单位以及专门处理屠宰及肉类加工废水的集中式污水处理厂。

3.2

专门处理屠宰及肉类加工废水的集中式污水处理厂 centralized sewage treatment plant specially treated with slaughter and meat processing wastewater

指位于屠宰及肉类加工集中区内并拥有专门处理屠宰及肉类加工废水集中处理设施的单位。

3.3

许可排放限值 permitted emission limits

指排污许可证中规定的允许排污单位排放的污染物最大排放浓度和排放量。

3.4

特殊时段 special periods

指根据地方人民政府依法制定的环境质量限期达标规划或其他相关环境管理文件，对排污单位的污染物排放有特殊要求的时段，包括重污染天气应对期间和冬防期间等。

3.5

生产期 production period

指屠宰及肉类加工工业排污单位每个生产季自启动生产开始至结束的时间段，按日计。

4 排污单位基本情况申报要求

4.1 基本原则

屠宰及肉类加工工业排污单位应当按照实际情况进行填报，对提交申请材料的真实性、合法性和完整性负法律责任。

屠宰及肉类加工工业排污单位应按照本标准要求，在全国排污许可证管理信息平台申报系统填报《排污许可证申请表》中的相应信息表。

设区的市级以上地方环境保护主管部门可以根据环境保护地方性法规，增加需要在排污许可证中载明的内容，并填入全国排污许可证管理信息平台系统中"有核发权的地方环境保护主管部门增加的管理内容"一栏。

4.2 排污单位基本信息

屠宰及肉类加工工业排污单位基本信息应填报单位名称、是否需整改、排污许可证管理类别、邮政编码、行业类别（填报时选择"农副食品加工业—屠宰及肉类加工工业"）、是否投产、投产日期、生产经营场所中心经纬度、所在地是否属于环境敏感区（如大气重点控制区域、总磷总氮控制区等）、所属工业园区名称、建设项目环境影响评价文件批复文号（备案编号）、地方政府对违规项目的认定或备案文件文号、主要污染物总量分配计划文件文号、颗粒物总量指标（t/a）、二氧化硫总量指标（t/a）、氮氧化物总量指标（t/a）、化学需氧量总量指标（t/a）、氨氮总量指标（t/a）、涉及的其他污染物总量指标等。

4.3 主要产品及产能

4.3.1 一般原则

应填报主要生产单元名称、主要工艺名称、生产设施名称、生产设施编号、设施参数、产品名称、生产能力、计量单位、设计年生产时间及其他。以下"4.3.2—4.3.6"为必填项，"4.3.7"为选填项。

4.3.2 主要生产单元、主要工艺及生产设施名称

屠宰及肉类加工工业排污单位主要生产单元、主要工艺及生产设施名称填报内容见表1。屠宰及肉类加工工业其他生产可参照表1填报。排污单位需要填报表1以外的生产单元、生产工艺及生产设施，可在申报系统选择"其他"项进行填报。

表1 屠宰及肉类加工工业排污单位主要生产单元、 主要工艺及生产设施名称一览表

主要生产单元		主要工艺	生产设施	设施参数及单位
屠宰	宰前准备	静养、待宰	待宰圈*	待宰圈面积（m²）、待宰时间（h）
			淋浴设备	流量（m³/d）
	刺杀放血	刺颈法、切颈法、心脏法	真空放血系统*	处理能力［头（只）/h］
			集血槽*	容积（m³）
	煺毛或剥皮	机械法煺毛或脱羽、机械（手工）法剥皮	蒸汽烫毛设备	处理能力（kg/min）
			浸烫池*	池体积（m³）、水温（℃）、停留时间（min）
			打毛设备	处理能力（头/h）
			燎毛设备	处理能力（kg/min）
			风送系统	风量（m³/h）
			剥皮设备*	处理能力（头/h）
			喷淋设备*	流量（m³/d）
			脱毛设备	处理能力（只/h）
	开膛解体	半自动（全自动）劈半	劈半设备*	电机功率（W）、电压（V）、刀片规格（m）
		净膛	清洗设备*	流量（m³/d）
	胴体整修	手工法	清洗设备*	流量（m³/d）
	内脏处理	手工法	清洗设备*	流量（m³/d）
	分割	手工法、机械手工法	清洗设备*	流量（m³/d）
	羽绒清洗	分毛	分毛设备*	处理能力（t/d）
		除尘	除尘设备*	处理能力（t/d）
		洗涤	清洗设备*	流量（m³/d）
		脱水	离心设备	处理能力（转/min）
			洗脱设备	处理能力（t/d）
肉制品加工	原料处理	解冻	蒸汽解冻设备	处理能力（t/h）
			清洗设备	流量（m³/d）
			解冻间	解冻间面积（m²）
		分割	清洗设备	流量（m³/d）
	腌制	湿腌法、干腌法、注射法、混合腌制法	清洗设备	流量（m³/d）
	搅拌	绞（斩）切、搅拌混合	清洗设备	流量（m³/d）
	填充	直灌、打卡、模具、吊挂、摆盘	清洗设备	流量（m³/d）
	热加工	加热成熟：卤制（煮制）、烟熏、蒸煮、煎炸、熏烤 非加热成熟：恒温恒湿发酵	蒸煮设施［夹层燃气（蒸汽）煮锅*、高压灭菌釜（压力锅）*］、水槽	处理能力（kg/h）
			烟熏炉（电加热、煤气加热、燃气加热）*	处理能力（kg/h）
			中式土烤炉（箱）（电、煤、气）*	处理能力（kg/h）
			油炸锅（箱）*、煎盘*	处理能力（kg/h）、基准灶头数（个）、灶头总功率（kW）、排气罩总投影面积（m²）

（续）

主要生产单元		主要工艺	生产设施	设施参数及单位
副产品加工	天然肠衣加工	原料储存	原料库*	原料库面积（m²）
		半成品加工	刮制设备*	处理能力（千根/h）
			盐渍设备*	处理能力（千根/h）
		成品加工	清洗设备*	流量（m³/d）
			分路设备	处理能力（千根/h）
			量码设备	处理能力（千根/h）
			盐腌设备	处理能力（千根/h）
			套雪压缩或缠把设备	处理能力（千根/h）
		包装	包装设备	处理能力（千根/h）
	畜禽油脂加工	原料储存	原料库*	原料库面积（m²）
		前处理	清洗设备*	流量（m³/d）
			前处理车间	车间面积（m²）
		加热提炼	炼油锅*	处理能力（t/h）
			加热炉*	发热量（万卡/h）
		油渣压滤	压榨设备（榨油设备）	处理能力（m³/h）
		净化	油料杂质过滤器	处理能力（t/h）
		产品储存	贮油池	容量（m³）
		灌装	灌装线	处理能力（m³/d）
清洁蛋		蛋品清洗	清洗设备*	流量（m³/d）
公用单元		供热	燃煤锅炉*、燃油锅炉*、燃气锅炉*、生物质燃料锅炉*	蒸汽量（t/h）
		制冷	制冷压缩机	制冷量（kW）、冷媒种类
			管线	长度（m）
			液氨等冷媒储罐*	容积（m³）
		无害化处理	焚烧炉*	二燃室温度（℃）、停留时间（s）、处理能力（t/h）
			化制设备*	处理能力（t/h）
		其他	清洗设备	流量（m³/d）
			煤场	面积（m²）
			厂内实验室	检测项目（列出介质与污染物名称）
			厂内综合污水处理站*	处理能力（m³/d）

注：实行简化管理的排污单位，可仅填报标有"＊"且企业具有的设施。

4.3.3　生产设施编号

屠宰及肉类加工工业排污单位填报内部生产设施编号，若排污单位无内部生产设施编号，则根据 HJ 608 进行编号并填报。

4.3.4　产品名称

包括猪胴体、牛四分体、羊胴体、禽肉（成品鸡、成品鸭、成品鹅）、分割肉、中式肉制品（腊肉、咸肉、中国火腿、肉松、肉干、肉脯、酱卤肉制品、糟肉剞品、熏烤肉制品、腊肠、风干肠、生鲜香肠、生熏香肠、半干香肠、调制肉制品、肉糕、腌制肉）、西式肉制品（熏煮火腿、熏煮香肠、香肠制品、血肠、发酵香肠、培根、火腿、肉灌肠）、天然肠衣、畜禽油脂、炼油渣饼、羽绒、清洁蛋、其他。

4.3.5　生产能力及计量单位

生产能力为主要原料加工能力，不包括国家或地方政府予以淘汰或取缔的产能。生产能力计量单位为 t/a 或千根小肠/a。屠宰的生产能力计量单位为头（只）/a 的，排污单位根据情况依次按以下方法中的一种换算为 t/a，按环评批复文件中的相应数据（如有）计算，或者按近三年来排污单位屠宰的实际平均重量计算，或者参考以下数据换算，即牛的活屠重为 500 kg/头，羊的活屠重为 50 kg/只，猪的活屠重为 110 kg/头，鸡的活屠重为 1.75 kg/只，鸭的活屠重为 2.5 kg/只。

4.3.6　设计年生产时间

环境影响评价文件及其批复、地方政府对违规项目的认定或备案文件所确定的年生产天数。

4.3.7　其他

屠宰及肉类加工工业排污单位如有需要说明的内容，可填写。

4.4 主要原辅材料及燃料

4.4.1 一般原则

主要原辅材料及燃料应填报原辅材料及燃料种类、设计年使用量及计量单位；原辅材料中有毒有害成分及占比；燃料成分，包括灰分、硫分、挥发分、热值；其他。以下"4.4.2—4.4.5"为必填项，"4.4.6"为选填项。

4.4.2 原辅材料及燃料种类

原料种类包括生猪、活牛羊、活禽、猪胴体、牛四分体、羊胴体、禽肉（成品鸡、成品鸭、成品鹅）、分割肉、鲜蛋、小肠、肠油、下腹肥膘、边角肉、其他。

辅料种类包括肠衣、淀粉、食用植物油、食品添加剂、污水处理投加药剂、其他。

燃料种类包括煤、重油、柴油、天然气、液化石油气、生物质燃料、其他。

4.4.3 设计年使用量及计量单位

设计年使用量为与生产能力相匹配的原辅材料及燃料年使用量。

设计年使用量的计量单位均为 t/a 或 Nm^3/a。

4.4.4 原辅材料中有毒有害成分及占比

应填报原辅材料中有毒有害成分或元素成分及占比，可参照设计值或上一年的实际使用情况填报。

4.4.5 燃料灰分、硫分、挥发分及热值

按设计值或上一年生产实际值填写固体燃料灰分、硫分、挥发分及热值（低位发热量），生物质燃料还需填写水分、不填写挥发分。燃油和燃气填写硫分（液体燃料按硫分计；气体燃料按总硫计，总硫包含有机硫和无机硫）及热值（低位发热量）。固体燃料和液体燃料填报值以收到基为基准。实行简化管理的排污单位，可不填写此项。

4.4.6 其他

屠宰及肉类加工工业排污单位需要说明的其他内容，可填写。

4.5 产排污节点、污染物及污染治理设施

4.5.1 废水

4.5.1.1 一般原则

应填报废水类别、污染控制项目、排放去向、排放规律、污染治理设施、是否为可行技术、排放口编号、排放口设置是否符合要求、排放口类型。以下"4.5.1.2—4.5.1.6"为必填项。

4.5.1.2 废水类别、污染控制项目及污染治理设施

屠宰及肉类加工工业排污单位排放废水类别、污染控制项目、排放去向及污染治理设施填报内容参见表2。屠宰及肉类加工工业排污单位水污染控制项目依据 GB 13457、GB 21901 和 GB 8978 确定。地方有更严格排放标准要求的，按照地方排放标准从严确定。

4.5.1.3 排放去向及排放规律

屠宰及肉类加工工业排污单位应明确废水排放去向及排放规律。

排放去向分为不外排；直接进入江河、湖、库等水环境；直接进入海域；进入城市下水道（再入江河、湖、库）；进入城市下水道（再入沿海海域）；进入城镇污水集中处理设施；进入其他单位；进入专门处理屠宰及肉类加工废水的集中式污水处理厂；进入其他工业废水集中处理设施；其他（如土地利用）。

当废水直接或间接进入环境水体时填写排放规律，不外排时不用填写。排放规律分为连续排放，流量稳定；连续排放，流量不稳定，但有周期性规律；连续排放，流量不稳定，但有规律，且不属于周期性规律；连续排放，流量不稳定，属于冲击型排放；连续排放，流量不稳定且无规律，但不属于冲击型排放；间断排放，排放期间流量稳定；间断排放，排放期间流量不稳定，但有周期性规律；间断排放，排放期间流量不稳定，但有规律，且不属于非周期性规律；间断排放，排放期间流量不稳定，属于冲击型排放；间断排放，排放期间流量不稳定且无规律，但不属于冲击型排放。

4.5.1.4 污染治理设施、排放口编号

污染治理设施编号可填写屠宰及肉类加工工业排污单位内部编号，若排污单位无内部编号，则根据 HJ 608 进行编号并填报。

污水排放口编号填写地方环境保护主管部门现有编号或由排污单位根据 HJ 608 进行编号并填写。

雨水排放口编号可填写屠宰及肉类加工工业排污单位内部编号，若无内部编号，则采用"YS＋三位流水号数字"（如 YS001）进行编号并填报。

4.5.1.5 排放口设置要求

根据《排污口规范化整治技术要求（试行）》、地方相关管理要求，以及屠宰及肉类加工工业排污单位执行的排放标准中有关排放口规范化设置的规定，填报废水排放口设置是否符合规范化要求。

4.5.1.6 排放口类型

屠宰及肉类加工工业排污单位废水排放口分为废水总排放口（综合污水处理站排放口）、生活污水直接排放口、单独排向城镇污水集中处理设施的生活污水排放口。其中废水总排放口为主要排放口，其他排放口均为一般排放口。

4.5.2 废气

4.5.2.1 一般原则

应填报对应产污环节名称、污染控制项目、排放形式（有组织、无组织）、污染治理设施、是否为可行技术、有组织排放口编号、排放口设置是否符合要求、排放口类型，其余项为系统自动生成。以下"4.5.2.2—4.5.2.5"为必填项。

4.5.2.2 废气产污环节名称、污染控制项目、排放形式及污染治理设施

屠宰及肉类加工工业排污单位废气产污环节、污染控制项目、排放形式及污染治理设施填报内容见表3。屠宰及肉类加工工业排污单位废气污染控制项目依据 GB 9078、GB 13271、GB 14554、GB 16297 和 GB 18483 确定。待行业污染物排放标准发布后，污染控制项目从其规定。地方有更严格排放标准要求的，按照地方排放标准从严确定。

4.5.2.3 污染治理设施、有组织排放口编号

污染治理设施编号可填写屠宰及肉类加工工业排污单位内部编号，若排污单位无内部编号，则根据 HJ 608 进行编号并填报。

有组织排放口编号填写地方环境保护主管部门现有编号或由屠宰及肉类加工工业排污单位根据 HJ 608 进行编号并填报。

4.5.2.4 排放口设置要求

根据《排污口规范化整治技术要求（试行）》、地方相关管理要求，以及屠宰及肉类加工工业排污单位执行的排放标准中有关排放口规范化设置的规定，填报废气排放口设置是否符合规范化要求。

4.5.2.5 排放口类型

废气排放口分为主要排放口和一般排放口。主要排放口为锅炉烟囱，其他废气排放口均为一般排放口。

4.6 图件要求

屠宰及肉类加工工业排污单位基本情况还应包括生产工艺流程图（包括全厂及各工序）、厂区总平面布置图、雨水和污水管网平面布置图。

生产工艺流程图应至少包括主要生产设施（设备）、主要原辅燃料的流向、生产工艺流程等内容。

厂区总平面布置图应包括主体设施、公辅设施、污水处理设施等内容，同时注明厂区运输路线等。

雨水和污水管网平面布置图应包括厂区雨水和污水集输管线走向、排放口位置及排放去向等内容。

4.7 其他要求

未依法取得建设项目环境影响评价文件审批意见，或者未取得地方人民政府按照有关国家规定依法处理、整顿规范所出具的相关证明材料的排污单位，采用的污染治理设施或措施不能达到许可排放浓度要求的排污单位，以及存在其他依规需要改正行为的排污单位，在首次申报排污许可证填报申请信息时，应在全国排污许可证管理信息平台申报系统中"改正规定"一栏，提出改正方案。

5 产排污环节对应排放口及许可排放限值确定方法

5.1 排放口及执行标准

5.1.1 废水排放口及执行标准

废水直接排放口应填报排放口地理坐标、间歇排放时段、对应入河排污口名称和编码、受纳自然水体信息、汇入受纳自然水体处的地理坐标及执行的国家或地方污染物排放标准；废水间接排放口应填报排放口地理

坐标、间歇排放时段、受纳污水处理厂信息及执行的国家或地方污染物排放标准，单独排入城镇污水集中处理设施的生活污水仅说明去向。废水间歇式排放的，应当载明排放污染物的时段。

5.1.2 废气排放口及执行标准

废气排放口应填报排放口地理坐标、排气筒高度、排气筒出口内径、国家或地方污染物排放标准、环境影响评价文件批复要求及承诺更加严格的排放限值。

5.2 许可排放限值

5.2.1 一般原则

许可排放限值包括污染物许可排放浓度和许可排放量。许可排放量包括年许可排放量和特殊时段许可排放量。年许可排放量是指允许屠宰及肉类加工工业排污单位连续 12 个月排放的污染物最大排放量。年许可排放量同时适用于考核自然年的实际排放量。有核发权的地方环境保护主管部门根据环境管理要求（如采暖季、枯水期等），可将年许可排放量按季、月进行细化。

对于水污染物，实行重点管理的屠宰及肉类加工工业排污单位废水主要排放口许可排放浓度和排放量；一般排放口仅许可排放浓度，不许可排放量。实行简化管理的排污单位废水污染物仅许可排放浓度，不许可排放量。单独排入城镇污水集中处理设施的生活污水排放口不许可排放浓度和排放量。专门处理屠宰及肉类加工废水的集中式污水处理厂废水主要排放口许可排放浓度和排放量。

对于大气污染物，以排放口为单位确定主要排放口和一般排放口许可排放浓度，以厂界确定无组织许可排放浓度。主要排放口逐一计算许可排放量，一般排放口和无组织不许可排放量。

根据国家或地方污染物排放标准，按照从严原则确定许可排放浓度。依据本标准 5.2.3 规定的允许排放量核算方法和依法分解落实到排污单位的重点污染物排放总量控制指标，从严确定许可排放量，落实环境质量改善要求。2015 年 1 月 1 日及以后取得环境影响评价审批意见的排污单位，许可排放量还应同时满足环境影响评价文件和审批意见确定的排放量的要求。

总量控制指标包括地方政府或环境保护主管部门发文确定的排污单位总量控制指标、环境影响评价文件批复中确定的总量控制指标、现有排污许可证中载明的总量控制指标、通过排污权有偿使用和交易确定的总量控制指标等地方政府或环境保护主管部门与排污许可证申领排污单位以一定形式确认的总量控制指标。

屠宰及肉类加工工业排污单位填报申请的排污许可排放限值时，应在《排污许可证申请表》中写明申请的许可排放限值计算过程。

屠宰及肉类加工工业排污单位承诺的排放浓度严于本标准要求的，应在排污许可证中规定。

5.2.2 许可排放浓度

5.2.2.1 废水

对于屠宰及肉类加工工业排污单位废水直接排向环境水体的情况，应依据 GB 8978、GB 13457、GB 21901 中的直接排放浓度限值确定排污单位废水总排放口的水污染物许可排放浓度。地方有更严格排放标准要求的，按照地方排放标准从严确定。

对于屠宰及肉类加工工业排污单位废水间接排向环境水体的情况，当废水排入城镇污水集中处理设施时，依据 GB 13457、GB 8978、GB 21901 中的间接排放限值确定排污单位废水总排放口的水污染物许可排放浓度；当废水排入工业废水集中处理设施时，按照排污单位与污水集中处理设施责任单位的协商值确定。地方有更严格排放标准要求的，按照地方排放标准从严确定。

排污单位在同一个废水排放口排放两种或两种以上工业废水，且每种废水同一种污染物执行的排放标准不同时，若有废水适用行业水污染物排放标准的，则执行相应水污染物排放标准中关于混合废水排放的规定；行业水污染物排放标准未作规定，或各种废水均适用 GB 8978 的，则按 GB 8978 附录 A 的规定确定许可排放浓度；若无法按 GB 8978 附录 A 规定执行的，则按从严原则确定许可排放浓度。

屠宰及肉类加工工业排污单位废水回用时应达到相应的再生利用水水质标准。

屠宰及肉类加工废水进行土地利用时，应符合国家和地方有关法律法规、标准及技术规范文件要求。

5.2.2.2 废气

依据 GB 9078、GB 13271、GB 14554、GB 16297 和 GB 18483 确定屠宰及肉类加工工业排污单位废气许可排放浓度限值。地方有更严格排放标准要求的，按照地方排放标准从严确定。

大气污染防治重点控制区按照《关于执行大气污染物特别排放限值的公告》《关于执行大气污染物特别排

放限值有关问题的复函》和《关于京津冀大气污染传输通道城市执行大气污染物特别排放限值的公告》的要求执行。其他执行大气污染物特别排放限值的地域范围、时间，由国务院环境保护行政主管部门或省级人民政府规定。

若执行不同许可排放浓度的多台生产设施或排放口采用混合方式排放废气，且选择的监控位置只能监测混合废气中的大气污染物浓度，则应执行各许可排放限值要求中最严格限值。

5.2.3　许可排放量

5.2.3.1　废水

实行重点管理的屠宰及肉类加工工业排污单位应明确化学需氧量、氨氮的年许可排放量，可以明确受纳水体环境质量年均值超标且列入 GB 8978、GB 13457、GB 21901 中的其他相关排放因子的年许可排放量。位于《"十三五"生态环境保护规划》及生态环境部正式发布的文件中规定的总磷、总氮总量控制区域内的重点管理屠宰及肉类加工工业排污单位，还应分别申请总磷及总氮年许可排放量。地方环境保护主管部门有更严格规定的，从其规定。

表2　屠宰及肉类加工工业排污单位废水类别、污染控制项目及污染治理设施一览表

废水类别	污染控制项目	排放去向	排放口类型a	执行排放标准a	污染治理设施名称及工艺	是否为可行技术
生活污水	pH、化学需氧量、五日生化需氧量、氨氮、悬浮物、动植物油、磷酸盐	不外排b	/	/f	经处理后厂内回用；其他	/
		直接排放c	一般排放口	GB 8978	1）预处理：粗（细）格栅；沉淀；过滤；其他 2）二级处理：活性污泥法及改进的活性污泥法；其他 3）除磷处理：化学除磷（注明混凝剂）；生物除磷；其他	如采用不属于"6污染防治可行技术要求"中的技术，应提供相关证明材料 □是 □否
		间接排放d（进入城镇污水集中处理设施）	一般排放口	/	/	/
厂内综合污水处理站的综合污水，专门处理屠宰及肉类加工废水的集中式污水处理厂综合污水（天然肠衣加工生产废水、畜禽油脂加工废水生产废水、生活污水、初期雨水等）	pH、化学需氧量、五日生化需氧量、氨氮、悬浮物、总氮、动植物油、磷酸盐	其他e	/	/g	经处理后土地利用；其他	/
		不外排b	/	/f	经处理后厂内回用；其他	/
		直接排放c	主要排放口	GB 8978	1）预处理：粗（细）格栅；平流或旋流式沉砂，竖流或辐流式沉淀，斜板或平流式隔油池，气浮；其他 2）生化法处理：升流式厌氧污泥床（UASB；IC反应器或水解酸化技术；生物接触氧化法、序批式活性污泥法（SBR；缺氧-好氧活性污泥法（A/O法；厌氧-缺氧-好氧活性污泥法（A²/O法；膜生物反应器（MBR）法；其他 3）除磷处理：化学除磷（注明混凝剂）；生物除磷；生物与化学组合除磷；其他	如采用不属于"6污染防治可行技术要求"中的技术，应提供相关证明材料 □是 □否
		间接排放d	主要排放口	/	/	/
厂内综合污水处理站的综合污水（屠宰及肉制品加工生产废水、生活污水、初期雨水等）含羽绒清洗	pH、化学需氧量、五日生化需氧量、氨氮、悬浮物、总磷、动植物油、总氮、大肠菌群数、阴离子表面活性剂	直接排放c	主要排放口	GB 13457和GB 21901取严执行	1）预处理：粗（细）格栅；平流或旋流式沉砂，竖流或辐流式沉淀，混凝沉淀，斜板或平流式隔油池；气浮；其他 2）生化法处理：升流式厌氧污泥床（UASB）、氧化沟法及其各类改型工艺；生物接触氧化技术；活性污泥法；序批式活性污泥法（SBR）；氧（好氧活性污泥法（A/O法）；缺氧-好氧其他；厌氧-缺氧-好氧活性污泥法（A²/O法）；膜生物反应器（MBR）法；其他 3）除磷处理：化学除磷；生物除磷；生物与化学组合除磷；其他 4）消毒处理：加氯（二氧化氯或次氯酸钠）消毒；臭氧消毒；紫外消毒；其他 5）深度处理：V型滤池；电渗析；反渗透等；人工湿地；其他	如采用不属于"6污染防治可行技术要求"中的技术，应提供相关证明材料 □是 □否
		间接排放d	主要排放口	/	/	/
		其他e	/	/g	经处理后土地利用；其他	/

（续）

废水类别	污染控制项目	排放去向	排放口类型[a]	执行排放标准[a]	污染治理设施名称及工艺	是否为可行技术
处理站的综合污水、专门处理屠宰及肉类加工废水的集中式污水处理厂 综合污水（屠宰及肉制品加工生产废水、生活废水、初期雨水等）	不含羽绒清洗 pH、化学需氧量、五日生化需氧量、悬浮物、氨氮、动植物油、大肠菌群数	不外排[b]	/	/[f]	经处理后厂内回用；其他	/
		直接排放[c]	/	GB 13457	1）预处理：粗（细）格栅；平流或旋流式沉砂、竖流式沉淀、辐流或平流式隔油池；气浮；其他 2）生化法处理：升流式厌氧污泥床（UASB）；IC反应器或水解酸化技术；活性污泥法、氧化沟法及其各类改型工艺；生物接触氧化法；序批式活性污泥法（SBR）；缺氧/好氧活性污泥法（A/O法）；厌氧—缺氧—好氧活性污泥法（A²/O法）；膜生物反应器（MBR）法；其他 3）除磷处理：化学除磷（注明混凝剂）；生物除磷；生物与化学组合除磷；其他 4）消毒处理：加氯（二氧化氯或次氯酸钠）消毒；臭氧消毒；紫外消毒；其他 5）深度处理：臭氧氧化；V型滤池；电渗析；膜分离技术（超滤、反渗透等）；人工湿地；其他	□是 □否 如采用不属于"6污染防治可行技术要求"中的技术，应提供相关证明材料
		间接排放[d]	主要排放口			
		其他[e]	/	/[g]	经处理后土地利用；其他	/

注：
a 地方有更严格排放标准要求的，从其规定。
b 不外排指废水经处理后回用，以及其他不通过排污单位污水排放口排出的排放方式。
c 直接排放指直接进入江河、湖、库等水环境，直接进入海域，进入城市下水道（再入江河、湖、库），进入城镇污水集中处理设施，以及其他直接进入环境水体的排放方式；
d 间接排放指进入城市下水道（再入城市污水处理厂），进入城镇污水集中处理设施，进入专门处理屠宰及肉类加工废水的集中式污水处理厂，进入其他工业废水集中处理设施，以及其他间接进入环境水体的排放方式。
e 其他指废水用于土地利用等非排入环境水体的去向。
f 污水回用同时应达到相应的再生利用水质标准。
g 污水进行土地利用等用途时，应符合国家和地方有关法律法规、标准及技术规范文件要求。

表3　屠宰及肉类加工工业排污单位废气产污环节、污染控制项目、排放形式及污染治理设施一览表

生产单元	生产设施	废气产污环节	污染控制项目	排放形式	排放口类型[a]	执行排放标准[a]	污染治理设施名称及工艺	是否为可行技术
屠宰	宰前准备 待宰圈	恶臭气体	氨、硫化氢、臭气浓度	无组织	/	GB 14554	清洗；及时清运粪便；集中收集恶臭气体、经处理（喷淋、生物除臭、活性炭吸附、UV高效解离除臭等）后经排气筒排放；其他	/
	刺杀放血 真空放血系统、集血槽	恶臭气体	氨、硫化氢、臭气浓度	无组织	/	GB 14554	清洗；增加通风次数；集中收集恶臭气体后经处理（喷淋喷除臭、活性炭吸附等）后经排气筒排放；其他	/

（续）

生产单元	生产设施	废气产污环节	污染控制项目	排放形式	排放口类型	执行排放标准[a]	污染治理设施名称及工艺	是否为可行技术
屠宰	烫毛或剥皮：蒸汽烫毛设备或浸烫池、剥皮设备、脱毛设备	恶臭气体	氨、硫化氢、臭气浓度	无组织	/	GB 14554	清洗；经加处理（喷淋塔除臭、活性炭吸附等），后经排气筒排放；其他	/
	燎毛设备	燃烧废气	颗粒物、二氧化硫、氮氧化物	无组织	/	GB 16297	清洗；增加通风次数、活性炭除臭，集中收集气体经后经排气筒排放；其他	/
	开膛解体：劈半设备	恶臭气体	氨、硫化氢、臭气浓度	无组织	/	GB 14554	清洗；增加通风次数、活性炭除臭，集中收集恶臭气体，后经排气筒排放；其他	/
	羽绒清洗：分毛设备	粉尘	颗粒物	有组织	一般排放口	GB 16297	旋风除尘器；袋式除尘器（注明滤料种类）；湿式除尘；电袋复合除尘器；其他	□是 □否 如采用不属于"6污染防治可行技术要求"中的技术，应提供相关证明材料
	除尘设备	粉尘	颗粒物	有组织	一般排放口	GB 16297	旋风除尘器；袋式除尘器（注明滤料种类）；湿式除尘；电袋复合除尘器；其他	
肉制品加工	烟熏炉	烟熏废气	颗粒物	有组织	一般排放口	GB 9078	静电除尘器；湿式除尘；其他	同上
	热加工：中式土烤炉、油炸锅、煎盘	油炸废气	油烟	有组织	一般排放口	GB 18483	静电油烟处理器；湿法油烟处理器（油烟滤清器、水浴式油烟处理器、旋流塔油烟处理器、文氏管油烟处理器、其他	同上
	天然肠衣加工：原料库、加工车间、包装设施	恶臭气体	氨、硫化氢、臭气浓度	无组织	/	GB 14554	原料与产品不长时间储存，加强原料仓库通风并及时清理，产品及时分装进入带盖收集桶，运输过程采用密闭设备；使用天然气；集中取物除臭气体经收集处理后经排气筒排放；其他	同上
副产品加工	畜禽油脂加工：原料库、加工车间、包装设施	恶臭气体	氨、硫化氢、臭气浓度	无组织	/	GB 14554	原料与产品不长时间储存，加强原料仓库通风并及时清理，产品及时分装进入带盖收集桶，运输过程采用密闭设备；使用天然气；集中取物除臭气体经收集处理后经排气筒排放；其他	/

（续）

生产单元	生产设施	废气产污环节	污染控制项目	排放形式	排放口类型	执行排放标准a	污染治理设施名称及工艺	是否为可行技术
副产品加工	畜禽油脂加工（炼油设备）	炼油废气	油烟	有组织	一般排放口	GB 18483	静电油烟处理器；湿法油烟处理器（油烟净化器、水浴式油烟处理器、旋流板喷淋塔油烟处理器、文氏管油烟处理器）；其他	□是 □否　如采用不属于"6污染防治可行技术要求"中的技术，应提供相关证明材料
	加热炉	燃烧废气	颗粒物、二氧化硫	有组织	一般排放口	GB 9078	集中收集处理后经气筒排放；其他	同上
	供热：燃气锅炉、燃煤锅炉、燃油锅炉、生物质燃料锅炉、其他	燃烧废气	颗粒物	有组织		GB 13271	静电除尘器（注明电场数）；袋式除尘器；电袋复合除尘器；旋风除尘器；多管除尘器；滤筒除尘器；湿式电除尘；水浴除尘器；其他	□是 □否　如采用不属于"6污染防治可行技术要求"中的技术，应提供相关证明材料
		燃烧废气	一氧化碳、氮氧化物、汞及其化合物、烟气黑度（林格曼黑度；级）	有组织	主要排放口	GB 13271	脱硫系统（石灰石/石灰-石膏法、氨法、氧化镁法、双碱法、循环流化床法、旋转喷雾法、密相干塔法、新型脱硫除尘一体化技术、MEROS法脱硫技术）；脱硝系统（SCR、SNCR、低氮燃烧、协同处置装置（活性炭（焦）法）；炉内添加固硫剂；烟道喷入活性炭（焦）；其他	同上
公用单元	制冷：冷冻库、制冷压缩机、管线	制冷废气	氨	无组织	/	GB 14554	定期加强制冷系统密封检查和检测；及时更换老化阀门和管道；其他	/
	焚烧炉	燃烧废气	颗粒物、二氧化硫、氮氧化物	有组织	一般排放口	GB 16297	集中收集烟气到净化装置后经气筒排放；其他	□是 □否　如采用不属于"6污染防治可行技术要求"中的技术，应提供相关证明材料
	无害化处理：化制设备或车间	化制废气	非甲烷总烃	有组织	一般排放口	GB 16297	干化工艺：集中收集恶臭气体到气筒处理后经气筒排放；其他。湿化工艺：车间安装自动喷淋消毒系统、排风系统和高效微粒空气过滤器（HEPA过滤器）等处理装置；其他	/
	其他：煤场	煤场煤尘	颗粒物	无组织	/	GB 16297	煤场周围设置防风抑尘网、厂内设置挡尘棚、采取洒水等降尘措施；其他	/
	厂内综合污水处理站	污水处理废气	氨、硫化氢、臭气浓度	无组织	/	GB 14554	产生恶臭区域加盖或加罩（喷淋塔除臭、投放除臭剂、活性炭吸附、生物除臭等）后经气筒排放；集中收集恶臭气体处理后经气筒排放；其他	/

注：a 地方有更严格排放标准要求的，从其规定。

a) 屠宰及肉类加工工业排污单位（专门处理屠宰及肉类加工废水的集中式污水处理厂除外）

1) 单独排放

屠宰及肉类加工工业排污单位水污染物年许可排放量是指排污单位废水总排放口水污染物年排放量的最高允许值，分别按照以下两种方式进行计算，从严确定；当仅能通过一种方式计算时，以该计算方式确定。

方法一：依据水污染物许可排放浓度限值、单位产品基准排水量和生产能力核定，计算公式如式（1）所示。

$$D_j = \sum_{i=1}^{n}(S_i \times Q_i \times C_{ij}) \times 10^{-6} \quad\cdots\cdots\cdots\cdots\cdots\cdots\cdots (1)$$

式中：

D_j——排污单位废水第 j 项水污染物的年许可排放量，t/a；

S_i——排污单位第 i 个加工类别（畜类屠宰加工或禽类屠宰加工或肉类加工或肉类分割或化制或清洁蛋或天然肠衣加工或畜禽油脂加工）年生产能力，t（活屠重或原料肉或蛋品或畜禽油脂加工原料）/a 或千根小肠/a；

Q_i——排污单位第 i 个加工类别加工单位原料的基准排水量，畜类屠宰、禽类屠宰、肉类分割、肉制品加工、无害化处理、清洁蛋按 GB 13457 取值，m³/t（活屠重或原料肉或蛋品）；天然肠衣加工、畜禽油脂加工按近三年平均值取值，单位为 m³/千根或 t 原料，或采用本标准推荐数值（天然肠衣加工中刮制和盐渍环节按 10 m³/千根小肠，分路和量码环节按 5 m³/千根小肠，畜禽油脂加工按 1 m³/t 原料）；地方有更严格排放标准要求的，按照地方排放标准确定；

C_{ij}——排污单位废水第 i 个加工类别第 j 项水污染物许可排放浓度限值，mg/L，氨氮、总氮、总磷的间接排放浓度可采用排污单位与污水集中处理设施责任单位的协商值进行计算；地方有更严格排放标准要求的，按照地方排放标准确定；

n——排污单位加工类别数量，无量纲。

方法二：直接排放时，总氮、总磷依据加工单位原料的水污染物排放量限值和生产能力核定，计算公式如式（2）所示。

$$D_j = \sum_{i=1}^{n}(S_i \times P_{ij}) \times 10^{-3} \quad\cdots\cdots\cdots\cdots\cdots\cdots\cdots (2)$$

式中：

D_j——排污单位废水第 j 项水污染物的年许可排放量，t/a；

S_i——排污单位第 i 个加工类别（畜类屠宰加工或禽类屠宰加工或肉制品加工或肉类分割或化制或清洁蛋或天然肠衣加工或畜禽油脂加工）年生产能力，t（活屠重或原料肉或蛋品或畜禽油脂加工原料）/a 或千根小肠/a；

P_{ij}——排污单位第 i 个加工类别加工单位原料的水污染物排放量限值，kg/t（活屠重或原料肉或蛋品或畜禽油脂加工原料）或千根小肠，按照本标准规定的表 4 核算。

n——排污单位加工类别数量，无量纲。

表 4 屠宰及肉类加工工业排污单位加工单位原料的水污染物排放量限值（P）

分类		总氮	总磷
畜类屠宰 [kg/t（活屠重）]		0.17	0.007
禽类屠宰 [kg/t（活屠重）]		0.45	0.018
肉类分割 [kg/t（原料肉）]		0.05	0.002
肉制品加工 [kg/t（原料肉）]		0.15	0.006
无害化处理（化制）[kg/t（原料肉）]		0.05	0.002
清洁蛋 [kg/t（蛋品）]		0.13	0.005
天然肠衣加工（kg/千根小肠）	刮制、盐渍	0.25	0.02
	分路、量码	0.125	0.01
畜禽油脂加工（kg/t 原料）		0.025	0.002

屠宰的生产能力计量单位为头（只）/a 的应统一换算为，排污单位根据情况依次按以下方法中的一种换

算为 t/a，按环评批复文件中的相应数据（如有）计算，或者按近三年来排污单位屠宰的实际平均重量计算，或者按照 4.3.5 中的参考数据进行换算。

　　2）　混合排放

在排污单位的生产设施同时排放适用不同排放控制要求或不同污染物排放标准的污水，且污水混合处理排放的情况下，排污单位水污染物年许可排放量的计算公式如式（3）所示。

$$D_j = C_j \times \sum_{i=1}^{n} (S_i \times Q_i \times 10^{-6}) \quad \cdots\cdots\cdots\cdots\cdots\cdots\cdots\cdots\cdots\cdots\cdots \quad (3)$$

式中：

D_j——排污单位废水中第 j 项水污染物的年许可排放量，t/a；

C_j——排污单位废水中第 j 项水污染物的许可排放浓度限值，mg/L；

S_i——排污单位第 i 个加工类别（畜类屠宰加工或禽类屠宰加工或肉制品加工或肉类分割或化制或清洁蛋或天然肠衣加工或畜禽油脂加工）年生产能力，t（活屠重或原料肉或蛋品或畜禽油脂加工原料）/a 或千根小肠/a；

Q_i——第 i 个产品基准排水量，畜类屠宰、禽类屠宰、肉类分割、肉制品加工、无害化处理、清洁蛋按 GB 13457 取值，m^3/t（活屠重或原料肉或蛋品）；天然肠衣加工、畜禽油脂加工按近三年平均值取值，单位为 m^3/千根或 t 原料，或采用本标准推荐数值（天然肠衣加工中刮制和盐渍环节按 10 m^3/千根小肠，分路和量码环节按 5 m^3/千根小肠，畜禽油脂加工按 1 m^3/t 原料）；地方有更严格排放标准要求的，按照地方排放标准确定；

n——排污单位加工类别数量，无量纲。

　　其中，对于屠宰及肉类加工工业废水，如核算时缺少 Q_i 值，或者（$C_j \times Q_i$）值大于表 4 中 P_{ij} 值，则以 P_{ij} 值代替（$C_j \times Q_i$）进行核算。

b）　专门处理屠宰及肉类加工废水的集中式污水处理厂

专门处理屠宰及肉类加工废水的集中式污水处理厂的水污染物年许可排放量按式（4）计算：

$$D_j = C_j \times Q_j \times 10^{-6} \quad \cdots\cdots\cdots\cdots\cdots\cdots\cdots\cdots\cdots\cdots\cdots\cdots \quad (4)$$

式中：

D_j——专门处理屠宰及肉类加工废水的集中式污水处理厂第 j 项水污染物的年许可排放量，t/a；

C_j——专门处理屠宰及肉类加工废水的集中式污水处理厂第 j 项水污染物的许可排放浓度限值，mg/L；

Q_j——专门处理屠宰及肉类加工废水的集中式污水处理厂的设计水量，m^3/a。

5.2.3.2 废气

屠宰及肉类加工工业排污单位应明确颗粒物、二氧化硫、氮氧化物的许可排放量。

a）　年许可排放量

　　1）　排污单位年许可排放量

屠宰及肉类加工工业排污单位的大气污染物年许可排放量等于主要排放口年许可排放量，如式（5）所示。

$$E_{j,年许可} = E_{j,主要排放口年许可} \quad \cdots\cdots\cdots\cdots\cdots\cdots\cdots\cdots\cdots\cdots\cdots\cdots \quad (5)$$

式中：

$E_{j,年许可}$——排污单位第 j 项大气污染物的年许可排放量，t/a；

$E_{j,主要排放口年许可}$——主要排放口第 j 项大气污染物年许可排放量，t/a。

　　2）　主要排放口年许可排放量

屠宰及肉类加工工业排污单位废气的主要排放口是锅炉烟囱。每个锅炉烟囱的年许可排放量依据废气污染物许可排放浓度限值、基准排气量和设计燃料用量相乘核定。

燃煤或燃油锅炉废气污染物年许可排放量计算公式如式（6）所示：

$$D_{ij} = R_i \times Q_i \times C_{ij} \times 10^{-6} \quad \cdots\cdots\cdots\cdots\cdots\cdots\cdots\cdots\cdots \quad (6)$$

燃气锅炉废气污染物年许可排放量计算公式如式（7）所示：

$$D_{ij} = R_i \times Q_i \times C_{ij} \times 10^{-9} \quad \cdots\cdots\cdots\cdots\cdots\cdots\cdots\cdots\cdots \quad (7)$$

式中：

D_{ij}——第 i 个锅炉排放口废气第 j 项大气污染物年许可排放量，t/a；

R_i——第 i 个锅炉排放口设计燃料用量，燃煤或燃油时单位为 t/a，燃气时单位为 Nm^3/a；

Q_i——第 i 个锅炉排放口基准排气量，燃煤时单位为 Nm^3/kg 燃煤，燃油时单位为 Nm^3/kg 燃油，燃气时单位为 Nm^3/Nm^3 天然气，具体取值见表 5；地方有更严格排放标准要求的，按照地方排放标准从严确定；

C_{ij}——第 i 个锅炉排放口废气第 j 项大气污染物许可排放浓度限值，mg/Nm^3。

表 5　屠宰及肉类加工工业排污单位锅炉废气基准排气量参考表

燃料分类	热值（MJ/kg）	基准排气量
燃煤[a]	12.5	6.2 Nm^3/kg 燃煤
	21	9.9 Nm^3/kg 燃煤
	25	11.6 Nm^3/kg 燃煤
燃油[a]	38	12.2 Nm^3/kg 燃油
	40	12.8 Nm^3/kg 燃油
	43	13.8 Nm^3/kg 燃油
燃气[b]	燃用天然气	12.3 Nm^3/Nm^3 天然气

注：a　燃用其他热值燃料的，可按照《动力工程师手册》进行计算。

b　以混合煤气为燃料的燃气锅炉，其基准排气量为各类煤气的体积百分比与相应基准排气量乘积的加和。

生物质燃料的锅炉废气污染物年许可排放量参考燃煤锅炉计算，基准排气量可参考燃煤锅炉确定，或采用近三年企业实测的锅炉排气量或近一年连续在线监测的锅炉排气量除以相应的燃料实际使用量确定。

所有主要排放口的年许可排放量等于各主要排放口年许可排放量的加和，如式（8）所示。

$$E_{j,\text{主要排放口年许可}} = \sum_{i=1}^{n} E_{ij} \qu{}\cdots\cdots\cdots\cdots\cdots (8)$$

式中：

$E_{j,\text{主要排放口年许可}}$——主要排放口第 j 项大气污染物年许可排放量，t/a。

E_{ij}——第 i 个主要排放口废气第 j 项污染物年许可排放量，t/a；

n——主要排放口数量。

b）特殊时段许可排放量

屠宰及肉类加工工业排污单位特殊时段大气污染物日许可排放量按公式（9）计算。地方制定的相关法规中对特殊时段许可排放量有明确规定的，从其规定。国家和地方环境保护主管部门依法规定的其他特殊时段短期许可排放量应当在排污许可证中规定。

$$E_{\text{日许可}} = E_{\text{日均排放量}} \times (1-\alpha) \qu{}\cdots\cdots\cdots\cdots\cdots (9)$$

式中：

$E_{\text{日许可}}$——屠宰及肉类加工工业排污单位重污染天气应对期间或冬防阶段日许可排放量，t/d；

$E_{\text{日均排放量}}$——屠宰及肉类加工工业排污单位日均排放量基数，t/d；对于现有排污单位，优先采用前一年环境统计实际排放量和相应设施运行天数计算，若无前一年环境统计数据，采用实际排放量和相应设施运行天数计算；对于新建排污单位，采用许可排放量和相应设施运行天数计算。

α——重污染天气应对期间或冬防阶段排放量削减比例。

5.2.4　无组织排放控制要求

对于屠宰及肉类加工工业排污单位无组织排放源，应根据所处区域的不同，分生产工序分别明确无组织排放控制要求，具体见表 6。

表 6　屠宰及肉类加工工业排污单位无组织排放控制要求表

序号	废气产污环节	无组织排放控制要求[a, b]
1	宰前准备的待宰圈	及时清洗、清运粪便；集中收集恶臭气体到除臭装置处理后经排气筒排放
2	屠宰车间的刺杀放血、烫毛或剥皮、开膛解体等	增加通风次数、及时清洗清运；集中收集气体经处理后经排气筒排放

（续）

序号	废气产污环节	无组织排放控制要求[a, b]
3	天然肠衣加工、畜禽油脂加工的原料库、加工车间、包装设施	原料与产品不长时间储存、加强原料仓库通风并及时清理、产品及时分装进入带盖收集桶、运输过程采用密闭设备；使用天然提取物除臭剂喷洒加工车间和原料仓库；集中收集恶臭气体经处理后经排气筒排放
4	制冷系统	定期加强制冷系统密封检查和检测、及时更换老化阀门和管道
5	煤场煤尘	露天煤场周围设置防风抑尘网、厂内设置挡尘棚、采取洒水等降尘措施
6	厂内综合污水处理站	产生恶臭区域加罩或加盖；投放除臭剂；集中收集恶臭气体经处理（喷淋塔除臭、活性炭吸附、生物除臭等）处理后经排气筒排放

注：a 屠宰及肉类加工工业排污单位针对含有的废气产污环节，至少应采取表中所列的措施之一。
　　b 屠宰及肉类加工工业排污单位执行严于国家标准的地方标准时，可参照执行重点地区无组织排放控制要求。

5.2.5 其他

新、改、扩建项目的环境影响评价文件或地方相关规定中有原辅材料、燃料等其他污染防治强制要求的，还应根据环境影响评价文件或地方相关规定，明确其他需要落实的污染防治要求。

6 污染防治可行技术要求

6.1 一般原则

本标准所列污染防治可行技术及运行管理要求可作为环境保护主管部门对排污许可证申请材料审核的参考。对于屠宰及肉类加工工业排污单位采用本标准所列污染防治可行技术的，原则上认为具备符合规定的防治污染设施或污染物处理能力。

对于未采用本标准所列污染防治推荐可行技术的，排污单位应当在申请时提供相关证明材料（如已有监测数据；对于国内外首次采用的污染治理技术，还应当提供中试数据等说明材料），证明可达到与污染防治可行技术相当的处理能力。

对不属于污染防治可行技术的污染治理技术，排污单位应当加强自行监测、台账记录，评估达标可行性。待屠宰及肉类加工工业等相关行业污染防治可行技术指南发布后，从其规定。

6.2 废水

6.2.1 可行技术

屠宰及肉类加工工业排污单位废水污染防治可行技术参照表7。

6.2.2 运行管理要求

屠宰及肉类加工工业排污单位应当按照相关法律法规、标准和技术规范等要求运行水污染防治设施并进行维护和管理，保证设施运行正常，处理、排放水污染物符合相关国家或地方污染物排放标准的规定。

1. 应进行雨污分流，清污分流，污污分流，冷热分流，分类收集，分质处理，循环利用，污染物稳定达到排放标准要求。

2. 应分别建立冷凝器冷凝水闭合循环系统、锅炉冲灰水循环系统及其他废水循环系统，提高废水循环利用率。

3. 加热设施、蒸煮设施的清洗用水应回收利用。

4. 屠宰企业应采用风送系统减少进入冲洗水中的污染物质。

5. 屠宰企业应根据企业自身生产状况选择现代化屠宰成套设备，包括同步接续式真空采血装置系统、自动控温（生猪）蒸汽烫毛隧道、履带式U型打毛机、自动定位精确劈半斧等，节约水资源消耗，减少废水排放量。

6. 肉类加工企业应根据企业自身生产状况采用节水型冻肉解冻机，节约水资源消耗，减少废水排放量。

7. 屠宰生产废水土地利用时应进行前处理，消除异味，按国家和地方有关法律法规、标准及技术规范文件要求实施。

6.3 废气

6.3.1 可行技术

屠宰及肉类加工工业排污单位产生的废气主要来源于羽绒清洗单元、肉类热加工单元和焚烧炉、化制设备、锅炉等公用工程。

屠宰及肉类加工工业废气治理可行技术参照表 8。

6.3.2 运行管理要求

屠宰及肉类加工工业排污单位应当按照相关法律法规、标准和技术规范等要求运行大气污染防治设施并进行维护和管理，保证设施运行正常，处理、排放大气污染物符合相关国家或地方污染物排放标准的规定。

6.3.2.1 有组织排放控制要求

1. 环保设施应与其对应的生产工艺设备同步运转，保证在生产工艺设备运行波动情况下仍能正常运转，实现达标排放。

2. 加强除尘设备巡检，消除设备隐患，保证正常运行。布袋除尘器应安装差压计，及时更换布袋除尘器滤袋，保证滤袋完整无破损。电除尘器应定期检修维护极板、极丝、振打清灰装置。

3. 加强除臭设备巡检，消除设备隐患，保证正常运行。活性炭吸附装置定期更换活性炭，提高活性炭吸附率。采用生物法除臭的定期添加药剂、控制 pH 和温度等。

4. 不应设置烟气旁路通道，已设置的大气污染源烟气旁路通道应予以拆除或实行旁路挡板铅封。

6.3.2.2 无组织排放控制要求

1. 应增加待宰圈清洗次数，增加废物的清理频次，保证通风；或者集中收集恶臭气体到除臭装置处理后经排气筒排放。

表7　屠宰及肉类加工工业排污单位废水治理可行技术参照表

废水类别	污染控制指标	排放方式	排放监控位置	执行排放标准	可行技术[a]
生活污水	pH、化学需氧量、五日生化需氧量、悬浮物、氨氮、动植物油、磷酸盐	直接排放[b]	生活污水排放口	GB 8978	1) 预处理：粗（细）格栅；沉淀或过滤 2) 生化处理：各种形式的活性污泥法；膜生物反应器（MBR）法 3) 除磷处理：化学除磷（注明混凝剂）
厂内综合污水处理站的综合污水，专门处理屠宰及肉类加工废水的集中式污水处理厂综合污水（天然衣肠衣加工生产废水、畜禽油脂加工废水、生活污水、初期雨水等）	pH、化学需氧量、五日生化需氧量、悬浮物、氨氮、动植物油、磷酸盐	直接排放[b]	废水总排放口	GB 8978	1) 预处理：粗（细）格栅；平流或旋流式沉砂；气浮 2) 生化处理：升流式厌氧污泥法（UASB）；IC反应器或水解酸化技术；活性污泥法、氧化沟法及其各类改型工艺；生物接触氧化法；序批式活性污泥法（SBR）；缺氧/好氧活性污泥法（A/O法）；厌氧-缺氧-好氧活性污泥法（A²/O法）；膜生物反应器（MBR）法 3) 除磷处理：化学除磷（注明混凝剂）；生物除磷；生物与化学组合除磷
		间接排放[c]		GB 8978	1) 预处理：粗（细）格栅；平流或竖流式旋流式沉淀，混凝沉淀；斜板或竖流式辐流式沉淀，混凝沉淀；气浮 2) 生化处理：活性污泥法、氧化沟法及其各类改型工艺 3) 除磷处理：化学除磷（注明混凝剂）；生物除磷；生物与化学组合除磷
厂内综合污水处理站的综合污水，专门处理屠宰及肉类加工废水的集中式污水处理厂综合污水（屠宰及肉类制品加工生产废水、生活污水、初期雨水等）含羽绒清洗废水	pH、化学需氧量、五日生化需氧量、悬浮物、总氮、总磷、氨氮、动植物油、大肠菌群数、阴离子表面活性剂	直接排放[b]	废水总排放口	GB 13457与GB 21901表2从严执行	1) 预处理：粗（细）格栅（禽类屠宰需设置专用的细格栅，水力筛或筛网）；平流或旋流式沉淀，混凝沉淀；斜板或竖流式辐流式沉淀，混凝沉淀；气浮 2) 生化处理：升流式厌氧污泥床（UASB）；IC反应器或水解酸化法；生物接触氧化法；序批式活性污泥法（SBR）；厌氧-缺氧-好氧活性污泥法（A²/O法）；膜生物反应器（MBR）法 3) 除磷处理：化学除磷；生物除磷；生物与化学组合除磷 4) 消毒处理：加氯（二氧化氯或次氯酸钠）消毒；臭氧消毒；紫外消毒
				GB 13457与GB 21901表3从严执行	除以上1)～4)外，还应采取以下技术措施： 5) 深度处理：曝气生物滤池（BAF）、V型滤池；臭氧氧化；膜分离技术（超滤、反渗透等）；电渗折；人工湿地
		间接排放[c]		排入城镇污水集中处理设施：阴离子表面活性剂[d]相关指标按GB 21901执行；其他污染控制指标执行GB 13457的三级限值	排向城镇污水处理厂： 1) 预处理：粗（细）格栅（禽类屠宰需设置专用的细格栅，水力筛或筛网）；平流或竖流式沉淀，混凝沉淀；斜板或竖流式辐流式沉淀，混凝沉淀；气浮 2) 生化处理：升流式厌氧污泥床（UASB）；IC反应器或水解酸化及其各类改型工艺
				排入工业废水集中处理设施：执行排放单位与工业废水集中处理设施责任单位协商的限值	

693

（续）

废水类别	污染控制指标	排放方式	排放监控位置	执行排放标准	可行技术a
厂内综合污水处理站的综合污水、专门处理屠宰及肉类加工废水的集中式污水处理厂（屠宰及肉制品加工生产废水、生活污水、初期雨水等）	不含清洗羽绒废水	直接排放b	废水总排放口	GB 13457 表 1 二级	1）预处理：粗（细）格栅（禽类屠宰需设置专用的细格栅、水力筛或隔油池）；平流或旋流式沉砂、竖板或平流式隔油池、混凝沉淀、斜板或斜管沉淀、升流式厌氧污泥床（UASB）；IC反应器或水解酸化技术；活性污泥法；气浮 2）生化法及其各类改型工艺；氧化沟及其各类改型工艺 3）消毒处理：加氯（二氧化氯或次氯酸钠）消毒；臭氧消毒；紫外消毒
	pH、化学需氧量、五日生化需氧量、悬浮物、动植物油、氨氮、大肠菌群数			GB 13457 表 1 一级和表 2 二级	1）预处理：粗（细）格栅（禽类屠宰需设置专用的细格栅、水力筛或隔油池）；平流或旋流式沉砂、竖板或平流式隔油池、混凝沉淀、斜板或斜管沉淀、升流式厌氧污泥床（UASB）；IC反应器或水解酸化技术；活性污泥法；气浮 2）生化法及其各类改型工艺；氧化沟及其各类接触氧化法 3）消毒处理：加氯（二氧化氯或次氯酸钠）消毒；臭氧消毒；紫外消毒
				GB 13457 表 2 二级	1）预处理：粗（细）格栅（禽类屠宰需设置专用的细格栅、水力筛或隔油池）；平流或旋流式沉砂、竖板或平流式隔油池、混凝沉淀、斜板或斜管沉淀、升流式厌氧污泥床（UASB）；IC反应器或水解酸化技术；活性污泥法；缺氧/好氧活性污泥法（SBR）；气浮 2）生化法及其各类改型工艺；氧化沟及其各类改型工艺；生物接触氧化法（A/O法） 3）消毒处理：加氯（二氧化氯或次氯酸钠）消毒；臭氧消毒；紫外消毒
				GB 13457 表 3 一级和表 3 二级	1）预处理：粗（细）格栅（禽类屠宰需设置专用的细格栅、水力筛或隔油池）；平流或旋流式沉砂、竖板或平流式隔油池、混凝沉淀、斜板或斜管沉淀、升流式厌氧污泥床（UASB）；IC反应器或水解酸化技术；活性污泥法；缺氧/好氧活性污泥法（SBR）；气浮 2）生化法及其各类改型工艺；氧化沟及其各类改型工艺；生物接触氧化法（A/O法） 3）消毒处理：加氯（二氧化氯或次氯酸钠）消毒；臭氧消毒；紫外消毒 4）深度处理：曝气生物滤池（BAF）、V型滤池
				GB 13457 表 3 一级	
		间接排放c		排入城镇污水集中处理设施：执行 GB 13457 的三级限值	1）预处理：粗（细）格栅（禽类屠宰需设置专用的细格栅、水力筛或隔油池）；平流或旋流式沉砂、竖板或平流式隔油池、混凝沉淀、斜板或斜管沉淀、升流式厌氧污泥床（UASB）；IC反应器或水解酸化技术；活性污泥法；气浮 2）生化法及其各类改型工艺；氧化沟及其各类改型工艺
				排入工业废水集中处理设施：执行排污单位与工业废水集中处理设施责任单位的协商值	

注：
a 排污单位针对排放的废水类别，至少应采取表中所列的措施之一。
b 直接排放指直接进入江河、湖、库等水环境，直接进入海域，进入城市下水道（再入江河、湖、库）、进入城市下水道（再入沿海海域），以及其他直接进入环境水体的排放方式。
c 间接排放指进入城镇污水集中处理设施，进入专门处理屠宰及肉类加工废水的集中式污水处理厂，进入其他工业废水集中处理设施，以及其他间接进入环境水体的排放方式。
d 排污单位废水排入城镇污水集中处理设施时，由企业与城镇污水处理设施责任单位根据其污水处理能力商定或执行相关标准。

表8　屠宰及肉类加工工业排污单位废气治理可行技术

产排污环节	污染控制项目	可行技术[a]
羽绒清洗单元分毛设备废气	颗粒物	旋风除尘技术；袋式除尘技术；湿式除尘技术；电袋复合除尘技术
羽绒清洗单元除尘设备废气	颗粒物	旋风除尘技术；袋式除尘技术；湿式除尘技术；电袋复合除尘技术
肉类热加工单元烟熏设备废气	颗粒物	电除尘技术；湿式除尘技术
肉类热加工单元油炸设备废气	油烟	静电油烟处理技术；湿法油烟处理技术
畜禽油脂加工中炼油设备废气	油烟	静电油烟处理技术；湿法油烟处理技术
加热炉废气	颗粒物	湿式除尘；旋风除尘+袋式除尘技术
	二氧化硫	天然气等清洁燃料替代；石灰石/石灰－石膏等湿法脱硫技术；干法半干法脱硫技术
焚烧炉废气	颗粒物	电除尘技术；袋式除尘技术；湿式除尘技术
	二氧化硫	天然气等清洁燃料替代；石灰石/石灰-石膏等湿法脱硫技术；喷雾干燥法脱硫技术；循环流化床法脱硫技术
	氮氧化物	低氮燃烧；选择性非催化还原脱硝（SNCR）技术
化制设备或车间废气	非甲烷总烃	干化工艺：集中收集恶臭气体到除臭装置处理后经排气筒排放
		湿化工艺：车间安装自动喷淋消毒系统、排风系统和高效微粒空气过滤器（HEPA过滤器）等处理装置
执行《锅炉大气污染物排放标准》（GB 13271）中表1的锅炉废气	颗粒物	电除尘技术；袋式除尘技术；湿式除尘技术
	二氧化硫	石灰石/石灰-石膏等湿法脱硫技术；喷雾干燥法脱硫技术；循环流化床法脱硫技术
	氮氧化物	/
	汞及其化合物	高效除尘脱硫脱氮脱汞一体化技术
执行《锅炉大气污染物排放标准》（GB 13271）中表2的锅炉废气	颗粒物	电除尘技术；袋式除尘技术；陶瓷旋风除尘技术
	二氧化硫	石灰石/石灰－石膏等湿法脱硫技术；喷雾干燥法脱硫技术；循环流化床法脱硫技术
	氮氧化物	低氮燃烧；选择性非催化还原脱硝（SNCR）技术
	汞及其化合物	高效除尘脱硫脱氮脱汞一体化技术
执行《锅炉大气污染物排放标准》（GB 13271）中表3的锅炉废气	颗粒物	四电场以上电除尘技术；袋式除尘技术
	二氧化硫	石灰石/石灰－石膏等湿法脱硫技术；喷雾干燥法脱硫技术；循环流化床法脱硫技术
	氮氧化物	低氮燃烧；选择性催化还原脱硝（SCR）技术
	汞及其化合物	高效除尘脱硫脱氮脱汞一体化技术

注：a　排污单位针对含有的废气产排污环节，至少应采取表中所列的措施之一。

2. 应适当增加屠宰环节的通风次数，及时清洗、清运；或者集中收集恶臭气体到除臭装置处理后经排气筒排放。

3. 天然肠衣加工、畜禽油脂加工的原料与产品不长时间储存、加强原料仓库通风并及时清理、产品及时分装进入带盖收集桶、运输过程采用密闭设备；或者使用天然提取物除臭剂喷洒加工车间和原料仓库；或者集中收集恶臭气体到除臭装置处理后经排气筒排放。

4. 定期加强制冷系统密封检查和检测、及时更换老化阀门和管道。

5. 露天储煤场应配备防风抑尘网、厂内设置挡尘棚、采取喷淋、洒水、苫盖等抑尘措施，且防风抑尘网不得有明显破损。煤粉等粉状物料须采用筒仓等封闭式料库存储。其他易起尘物料应苫盖。

6. 应对厂内综合污水处理站产生恶臭的区域加罩或加盖；或者投放除臭剂；或者集中收集恶臭气体到除臭装置处理后经排气筒排放。

6.4　固体废物管理要求

1. 羽、毛、皮、内脏、油渣、炉渣和待养圈产生的动物粪便等应尽可能综合利用。

2. 病死动物尸体、废弃卫生检疫用品、厂内实验室固体废物以及生活垃圾等其他固体废物，应及时进行安全处理处置或外运。

3. 应收集综合污水处理站产生的全部沉淀池沉渣和污泥，并对其进行安全处理或处置，保持污泥处理或处置设施连续稳定运行，并达到相应的污染物排放或控制标准要求。

4. 加强污泥处理或处置各个环节（收集、储存、调节、脱水及外运等）的运行管理，污泥间地面应采取防腐、防渗漏措施，脱水污泥在厂内采用密闭车辆运输，防止二次污染，对产生的清液、滤液和冲洗水等也要进行处理至达标后排放。

5. 应记录固体废物产生量和去向（处理、处置、综合利用或外运）及相应量。

6. 危险废物应按规定严格执行危险废物转移联单制度。

7 自行监测管理要求

7.1 一般原则

屠宰及肉类加工工业排污单位在申请排污许可证时，应当按照本标准确定的产排污节点、排放口、污染控制项目及许可限值等要求，制定自行监测方案，并在《排污许可证申请表》中明确。农副食品加工业排污单位自行监测技术指南发布后，自行监测方案的制定从其要求。屠宰及肉类加工工业排污单位中的锅炉自行监测方案按照 HJ 820 制定。

有核发权的地方环境保护主管部门可根据环境质量改善需求，增加屠宰及肉类加工工业排污单位自行监测管理要求。对于 2015 年 1 月 1 日（含）后取得环境影响评价文件批复的屠宰及肉类加工工业排污单位，其环境影响评价文件批复中有其他自行监测管理要求的，应当同步完善屠宰及肉类加工工业排污单位自行监测管理要求。

7.2 自行监测方案

自行监测方案中应明确屠宰及肉类加工工业排污单位的基本情况、监测点位、监测指标、执行排放标准及其限值、监测频次、监测方法和仪器、采样方法、监测质量控制、监测点位示意图、监测结果公开时限等。对于采用自动监测的排污单位，应当如实填报采用自动监测的污染物指标、自动监测系统联网情况、自动监测系统的运行维护情况等；对于无自动监测的大气污染物和水污染物指标，排污单位应当填报开展手工监测的污染物排放口、监测点位、监测方法、监测频次等。

7.3 自行监测要求

屠宰及肉类加工工业排污单位可自行或委托第三方监测机构开展监测工作，并安排专人专职对监测数据进行记录、整理、统计和分析。对监测结果的真实性、准确性、完整性负责。手工监测时，生产负荷应不低于本次监测与上一次监测周期内的平均生产负荷。

7.3.1 监测内容

自行监测污染源和污染物应包括排放标准中涉及的各项废气、废水污染源和污染物。屠宰及肉类加工工业排污单位应当开展自行监测的污染源包括产生有组织废气、无组织废气、生产废水、生活污水等的全部污染源；废水污染物包括 GB 13457 和 GB 21901（如含羽绒清洗）中规定的全部因子，生活污水污染物包括 GB 8978 中规定的相应因子。废气污染物包括颗粒物、二氧化硫、氮氧化物、臭气浓度、硫化氢、氨等。同时对雨水中化学需氧量、悬浮物开展监测。

7.3.2 监测点位

屠宰及肉类加工工业排污单位自行监测点位包括外排口、无组织排放监测点、内部监测点、周边环境影响监测点等。

7.3.2.1 废水排放口

按照排放标准规定的监控位置设置废水排放口监测点位，废水排放口应符合《排污口规范化整治技术要求（试行）》、HJ/T 91 和地方相关标准等的要求，水量（不包括间接冷却水等清下水）大于 100 t/d 的，应安装自动测流设施并开展流量自动监测。

排放标准规定的监控位置为废水总排放口，在废水总排放口采样。排放标准中规定的监控位置为排污单位废水总排放口的污染物，废水直接排放的，在排污单位的排放口采样；废水间接排放的，在排污单位的污水处理设施排放口后、进入公共污水处理系统前的用地红线边界位置采样。单独排向城镇污水集中处理设施的生活污水不需监测。

选取全厂雨水排放口开展监测。对于有多个雨水排放口的排污单位，对全部雨水排放口开展监测。雨水监测点位设在厂内雨水排放口后、排污单位用地红线边界位置。在雨水排放口有流量的前提下进行采样。

7.3.2.2 废气排放口

各类废气污染源通过烟囱或排气筒等方式排放至外环境的废气，应在烟囱或排气筒上设置废气排放口监测点位。点位设置应满足 GB/T 16157、HJ 75 等技术规范的要求。净烟气与原烟气混合排放的，应在排气筒或烟气汇合后的混合烟道上设置监测点位；净烟气直接排放的，应在净烟气烟道上设置监测点位。

废气监测平台、监测断面和监测孔的设置应符合 HJ 76、HJ/T 397 等的要求，同时监测平台应便于开展监测活动，应能保证监测人员的安全。

7.3.2.3　无组织排放

屠宰及肉类加工工业排污单位应设置废气无组织排放监测点位，无组织排放监控位置为厂界。

7.3.2.4　内部监测点位

当排放标准中有污染物去除效率要求时，应在相应污染物处理设施单元的进出口设置监测点位。

当环境管理有要求，或排污单位认为有必要的，可以在排污单位内部设置监测点，监测与污染物浓度密切相关的关键工艺参数等。

7.3.2.5　周边环境影响监测点

对于 2015 年 1 月 1 日（含）后取得环境影响评价批复的排污单位，周边环境影响监测点位按照环境影响评价文件的要求设置。

7.4　监测技术手段

自行监测的技术手段包括手工监测、自动监测两种类型，屠宰及肉类加工工业排污单位可根据监测成本、监测指标以及监测频次等内容，合理选择适当的技术手段。

根据《关于加强京津冀高架源污染物自动监控有关问题的通知》中的相关内容，京津冀地区及传输通道城市屠宰及肉类加工工业排污单位各排放烟囱超过 45 m 的高架源应安装污染源自动监控设备。鼓励其他排放口及污染物采用自动监测设备监测，无法开展自动监测的，应采用手工监测。

7.5　监测频次

采用自动监测的，全天连续监测。屠宰及肉类加工工业排污单位应按照 HJ 75 开展自动监测数据的校验比对。按照《污染源自动监控设施运行管理办法》的要求，自动监测设施不能正常运行期间，应按要求将手工监测数据向环境保护主管部门报送，每天不少于 4 次，间隔不得超过 6 h。

采用手工监测的，监测频次不能低于国家或地方发布的标准、规范性文件、环境影响评价文件及其批复等明确规定的监测频次；污水排向敏感水体或接近集中式饮用水水源、废气排向特定的环境空气质量功能区的应适当增加监测频次；排放状况波动大的，应适当增加监测频次；历史稳定达标状况较差的应增加监测频次。

排污单位应参照表 9、表 10、表 11 确定自行监测频次，地方根据规定可相应加密监测频次。

表 9　废水排放口及污染物最低监测频次

监测点位		污染物指标	监测频次ᵃ	
			直接排放	间接排放
重点管理排污单位排放口ᵇ	废水总排放口	流量、pH、化学需氧量、氨氮	自动监测	自动监测
		总氮	日/自动监测ᶜ	日/自动监测ᶜ
		总磷	自动监测	自动监测
		悬浮物、五日生化需氧量、动植物油、大肠菌群数ᵈ、阴离子表面活性剂ᵉ、色度ᶠ、溶解性总固体ᶠ	月	季度
	生活污水排放口	流量、pH、化学需氧量、氨氮、悬浮物、五日生化需氧量、动植物油、磷酸盐	月	/
	雨水排放口	化学需氧量、悬浮物	日ʰ	/
简化管理排污单位排放口ᵇ	废水总排放口	流量、pH、化学需氧量、氨氮、总氮ʰ、总磷ⁱ、悬浮物、五日生化需氧量、动植物油、大肠菌群数ᵈ、阴离子表面活性剂ᵉ	季度	半年
		色度ᶠ、溶解性总固体ᶠ	半年	/
	生活污水排放口	流量、pH、化学需氧量、氨氮、悬浮物、五日生化需氧量、动植物油、磷酸盐	季度	/

注：a　设区的市级及以上环境保护主管部门明确要求安装自动监测设备的污染物指标，须采取自动监测。季节性生产的企业，应在生产期和非生产期但有污水排放的时间段内监测。

　　b　重点管理与简化管理的排污单位依据《固定污染源排污许可分类管理名录》确定；废水总排放口监测指标和监测频次根据所执行的排放标准或当地环境管理要求参照本表确定。

　　c　总氮目前最低监测频次按日执行，待总氮自动监测技术规范发布后，须采取自动监测。

　　d　适用于含有畜类屠宰、禽类屠宰、肉制品加工、肉类分割、无害化处理（化制）、清洁蛋工序的排污单位。

　　e　仅适用于含有羽绒清洗的屠宰及肉类加工工业排污单位。

　　f　排污单位选测项目。

　　g　排放口有流动水排放时开展监测，排放期间按日监测。如监测一年无异常情况，每季度第一次有流动水排放开展按日监测。

　　h　适用于应许可总氮排放浓度限值或许可总氮排放量的排污单位。

　　i　适用于应许可总磷排放浓度限值或许可总磷排放量的排污单位。

表 10　有组织废气排放口及污染物最低监测频次

污染源	监测点位	监测指标[a]	监测频次[b]
羽绒清洗	分毛设备排气筒	颗粒物	半年
	除尘设备排气筒	颗粒物	半年
肉类热加工	烟熏设备排气筒	颗粒物	半年
	油炸设备排气筒	油烟	半年
畜禽油脂提炼	炼油设备排气筒	油烟	半年
加热	加热炉排气筒	颗粒物、二氧化硫	半年
焚烧	焚烧炉排气筒	颗粒物、二氧化硫、氮氧化物	半年
化制	化制设备或车间排气筒	非甲烷总烃	半年

注：a　有组织废气监测须同步监测烟气参数。
　　b　季节性生产的企业，应在生产期和非生产期但有废气排放的时间段内监测。

表 11　无组织废气污染物最低监测频次

排污单位	监测点位	监测指标[a]	监测频次[b, c]
设有生化污水处理设施的排污单位	厂界	臭气浓度[d]、硫化氢、氨	半年
设有天然肠衣加工设施、畜禽油脂加工设施的排污单位	厂界	臭气浓度[d]、硫化氢、氨	半年
设有以氨为制冷剂的制冷系统的排污单位	厂界	氨	半年
所有排污单位	厂界	臭气浓度[d]	半年

注：a　无组织废气监测须同步监测气象因子。
　　b　若周边有环境敏感点，或监测结果超标的，应适当增加监测频次。
　　c　季节性生产的企业，应在生产期和非生产期但有废气排放的时间段内监测。
　　d　根据环境影响评价文件及其批复文件以及生产原料、工艺等，排污单位可选测其他臭气污染物。

7.6　采样和测定方法

7.6.1　自动监测

废水自动监测参照 HJ/T 353、HJ/T 354、HJ/T 355 执行。

废气自动监测参照 HJ 75、HJ 76 执行。

7.6.2　手工监测

废水手工采样方法的选择参照 HJ 494、HJ 495 和 HJ/T 91 执行。

废气手工采样方法的选择参照 GB/T 16157、HJ/T 397 执行。

无组织排放采样方法参照 HJ/T 55 执行。

7.6.3　测定方法

废气、废水污染物的测定按照相应排放标准中规定的测定方法标准执行，国家或地方法律法规等另有规定的，从其规定。

7.7　数据记录要求

监测期间手工监测的记录和自动监测运维记录按照 HJ 819 执行。应同步记录监测期间的生产工况。

7.8　监测质量保证与质量控制

按照 HJ 819、HJ/T 373 要求，屠宰及肉类加工工业排污单位应当根据自行监测方案及开展状况，梳理全过程监测质控要求，建立自行监测质量保证与质量控制体系。

8　环境管理台账记录与排污许可证执行报告编制要求

8.1　环境管理台账记录要求

8.1.1　一般原则

屠宰及肉类加工工业排污单位在申请排污许可证时，应按本标准规定，在《排污许可证申请表》中明确环境管理台账记录要求。有核发权的地方环境保护主管部门可以依据法律法规、标准规范增加和加严记录要求。排污单位也可自行增加和加严记录要求。

屠宰及肉类加工工业排污单位应建立环境管理台账记录制度，落实环境管理台账记录的责任部门和责任人，明确工作职责，包括台账的记录、整理、维护和管理等，并对环境管理台账的真实性、完整性和规范性负责。一般按日或按批次进行记录，异常情况应按次记录。

实施简化管理的排污单位，其环境管理台账内容可适当缩减，至少记录污染防治设施运行管理信息和监测记录信息，记录频次可适当降低。

环境管理台账应当按照电子台账和纸质台账两种记录形式同步管理。

8.1.2　记录内容

屠宰及肉类加工工业排污单位环境管理台账应真实记录基本信息、生产设施运行管理信息和污染防治设施运行管理信息、监测记录信息及其他环境管理信息等，参照附录 A。生产设施、污染防治设施、排放口编码应与排污许可证副本中载明的编码一致。

8.1.2.1　基本信息

包括排污单位生产设施基本信息、污染防治设施基本信息。

a)　生产设施基本信息

设施名称（待宰圈、浸烫池、劈半机、分毛机等）、编码、主要技术参数及设计值等。

b)　污染防治设施基本信息

设施名称（除尘设施、脱硫设施、脱硝设施、污水处理设施等）、编码、设施规格型号（标牌型号）、相关技术参数及设计值。对于防渗漏、防泄漏等污染防治措施，还应记录落实情况及问题整改情况等。

8.1.2.2　生产设施运行管理信息

包括原料系统、主体生产、公用单元等的生产设施运行管理信息，至少记录以下内容：

a)　正常工况

　　1)　运行状态：是否正常运行，主要参数名称及数值。

　　2)　生产负荷：主要产品产量与设计生产能力之比。

　　3)　主要产品产量：名称、产量。

　　4)　原辅料：名称、用量、硫元素占比、有毒有害物质及成分占比（如有）。

　　5)　燃料：名称、用量、硫元素占比、热值等。

　　6)　其他：用电量等。

b)　非正常工况

起止时间、产品产量、原辅料及燃料消耗量、事件原因、应对措施、是否报告等。

对于无实际产品、燃料消耗、非正常工况的辅助工程及储运工程的相关生产设施，仅记录正常工况下的运行状态和生产负荷信息。

8.1.2.3　污染治理设施运行情况

包括废气、废水污染治理设施的运行管理信息，至少记录以下内容：

a)　正常情况

运行情况、主要药剂添加情况等。

　　1)　运行情况：是否正常运行；治理效率、副产物产生量；主要药剂（吸附剂）添加情况：添加（更换）时间、添加量等。

　　有组织废气治理设施应记录以下内容：

　　袋式除尘器：除尘器进出口压差、过滤风速、风机电流、实际风量。

　　旋风除尘器：风机电流，实际风量。

　　静电除尘器：二次电压、二次电流、风机电流、实际风量。

　　碱液喷淋吸收处理：碱用量，实际风量。

　　双氧水喷淋处理：双氧水用量，实际风量。

　　水幕除尘：循环水量，水泵电机电流，干物含量，实际风量。

　　喷淋洗涤：循环水量，水泵电机电流，干物含量，实际风量。

　　电袋复合除尘器：除尘器进出口压差、过滤风速、风机电流、二次电压、二次电流、风机电流、实际风量。

　　脱硫系统：标态烟气量、原烟气二氧化硫浓度（标态）、净烟气二氧化硫浓度（标态）、脱硫剂用量、脱硫副产物产量。

　　脱硝系统：标态烟气量、原烟气氮氧化物浓度（标态）、净烟氮氧化物浓度（标态）、脱硝剂用量。

无组织废气治理设施应记录以下内容：厂区降尘洒水次数、抑尘剂种类、车轮清洗（扫）方式、原料或产品场地封闭、遮盖情况、是否出现破损。

废水治理设施应记录以下内容：废水处理能力（t/d）、运行参数（包括运行工况等）、废水排放量、废水回用量、污泥产生量及运行费用（元/t）、滤泥量及去向、出水水质（各因子浓度和水量等）、排水去向及受纳水体、排入的污水处理厂名称等。

2） 涉及 DCS 系统的，要求每周记录彩色 DCS 曲线图（除尘、脱硫、脱硝各一张），注明生产线编号，量程合理，每个参数按照统一的颜色画出曲线。曲线应至少包括以下内容：

脱硫 DCS 曲线：负荷、烟气量、氧含量、原烟气二氧化硫浓度、净烟气二氧化硫浓度、烟气出口温度等。

脱硝 DCS 曲线：负荷、烟气量、氧含量、总排口氮氧化物浓度、脱硝设施入口氨流量、脱硝设施入口烟气温度。

除尘 DCS 曲线：负荷、烟气量、氧含量、原烟气颗粒物浓度、净烟气颗粒物浓度、烟气出口温度。

b） 异常情况

起止时间、污染物排放浓度、异常原因、应对措施、是否报告等。

8.1.2.4 监测记录信息

a） 按照本标准 7.7 执行，待农副食品加工业排污单位自行监测技术指南发布后，从其规定。

b） 监测质量控制按照 HJ/T 373 和 HJ 819 等规定执行。

8.1.2.5 其他环境管理信息

a） 无组织废气污染防治措施管理维护信息

管理维护时间及主要内容等。

b） 特殊时段环境管理信息

具体管理要求及其执行情况。

c） 其他信息

法律法规、标准规范确定的其他信息，企业自主记录的环境管理信息。

8.1.2.6 简化管理要求

实行简化管理的屠宰及肉类加工工业排污单位，环境管理台账主要记录基本信息和生产及治理设施运行管理信息。

基本信息台账主要包括企业名称、法人代表、社会统一信用代码、地址、生产规模、许可证编号、生产及治理设施名称、规格型号、设计生产及污染物处理能力等。

生产及治理设施运行管理信息台账主要包括运行状态、产品产量、原辅料及燃料使用情况、污染物排放情况等。

无组织排放源应记录治理措施运行、维护情况。

原则上台账记录内容可反映屠宰及肉类加工工业排污单位生产运营及污染治理状况。

8.1.3 记录频次

本标准规定了基本信息、生产设施运行管理信息、污染防治设施运行管理信息、监测记录信息、其他环境管理信息的记录频次。

8.1.3.1 基本信息

对于未发生变化的基本信息，按年记录，1 次/年；对于发生变化的基本信息，在发生变化时记录 1 次。

8.1.3.2 生产设施运行管理信息

a） 正常工况

1） 运行状态：一般按日或批次记录，1 次/日或批次。

2） 生产负荷：一般按日或批次记录，1 次/日或批次。

3） 产品产量：连续生产的，按日记录，1 次/日。非连续生产的，按照生产周期记录，1 次/周期；周期小于 1 天的，按日记录，1 次/日。

4） 原辅料：按照采购批次记录，1 次/批。

  5) 燃料：按照采购批次记录，1 次/批。

 b) 非正常工况

  按照工况期记录，1 次/工况期。

8.1.3.3 污染防治设施运行管理信息

 a) 正常情况

  1) 运行情况：按日记录，1 次/日。

  2) 主要药剂添加情况：按日或批次记录，1 次/日或批次。

  3) DCS 曲线图：按月记录，1 次/月。

 b) 异常情况

  按照异常情况期记录，1 次/异常情况期。

8.1.3.4 监测记录信息

  按照本标准 7.7 执行，待农副食品加工业排污单位自行监测技术指南发布后，从其规定。

8.1.3.5 其他环境管理信息

 a) 废气无组织污染防治措施管理信息

  按日记录，1 次/日。

 b) 特殊时段环境管理信息

  按照 8.1.3.1－8.1.3.4 规定频次记录；对于停产或错峰生产的，原则上仅对停产或错峰生产的起止日期各记录 1 次。

 c) 其他信息

  依据法律法规、标准规范或实际生产运行规律等确定记录频次。

8.1.3.6 简化管理要求

  实行简化管理的排污单位可按季度记录废气无组织污染防治措施管理信息，对于 8.1.3.1～8.1.3.5 中要求每日记录 1 次的内容，实施简化管理的排污单位可每周记录 1 次。

8.1.4 记录存储及保存

8.1.4.1 纸质存储

  应将纸质台账存放于保护袋、卷夹或保护盒等保存介质中；由专人签字、定点保存；应采取防光、防热、防潮、防细菌及防污染等措施；如有破损应及时修补，并留存备查；保存时间原则上不低于 3 年。

8.1.4.2 电子化存储

  应存放于电子存储介质中，并进行数据备份；可在排污许可管理信息平台填报并保存；由专人定期维护管理；保存时间原则上不低于 3 年。

8.2 排污许可证执行报告编制要求

8.2.1 报告周期

  按报告周期分为年度执行报告、季度执行报告和月度执行报告。排污单位按照排污许可证规定的时间提交执行报告，实行重点管理的排污单位应提交年度执行报告和季度执行报告，实行简化管理的排污单位应提交年度执行报告。地方环境主管部门按照环境管理要求，可要求排污单位在其生产期内上报季度/月度执行报告，并在排污许可证中明确。排污单位按照排污许可证规定的时间提交执行报告。

8.2.1.1 年度执行报告

  对于持证时间超过三个月的年度，报告周期为当年全年（自然年）；对于持证时间不足三个月的年度，当年可不提交年度执行报告，排污许可证执行情况纳入下一年度执行报告。

8.2.1.2 季度执行报告

  对于持证时间超过一个月的季度，报告周期为当季全季（自然季度）；对于持证时间不足一个月的季度，该报告周期内可不提交季度执行报告，排污许可证执行情况纳入下一季度执行报告。

8.2.2 编制流程

  包括资料收集与分析、编制、质量控制、提交四个阶段，具体要求按照 HJ 944 执行。

8.2.3 编制内容

  排污单位应对提交的排污许可证执行报告中各项内容和数据的真实性、有效性负责，并自愿承担相应法律责任；应自觉接受环境保护主管部门监管和社会公众监督，如提交的内容和数据与实际情况不符，应积极配合调查，并依法接受处罚。

排污单位应对上述要求作出承诺，并将承诺书纳入执行报告中。执行报告封面格式参见 HJ 944 附录 C，编写提纲参见 HJ 944 附录 D。

8.2.3.1 年度执行报告

年度执行报告内容应包括：

1. 排污单位基本情况；

2. 污染防治设施运行情况；

3. 自行监测执行情况；

4. 环境管理台账记录执行情况；

5. 实际排放情况及合规判定分析；

6. 信息公开情况；

7. 排污单位内部环境管理体系建设与运行情况；

8. 其他排污许可证规定的内容执行情况；

9. 其他需要说明的问题；

10. 结论；

11. 附图附件要求。

具体内容要求参见 HJ 944 的 5.3.1，但实际排放量核算按照本标准规定方法进行。表格形式参见本标准附录 B。

8.2.3.2 季度执行报告

季度执行报告应包括污染物实际排放浓度和排放量、合规判定分析、超标排放或污染防治设施异常情况说明等内容，以及各月度生产小时数、主要产品及其产量、主要原料及其消耗量、新水用量及废水排放量、主要污染物排放量等信息。

8.2.3.3 简化管理要求

实行简化管理的排污单位，年度执行报告内容应至少包括排污单位基本情况、污染防治设施运行情况、自行监测执行情况、环境管理台账执行情况、实际排放情况及合规判定分析、结论等。

具体内容要求参见 HJ 944 的 5.3.3，实际排放量核算按照本标准规定方法进行。表格形式参见本标准附录 B。

9 实际排放量核算方法

9.1 一般原则

屠宰及肉类加工工业排污单位的废水、废气污染物在核算时段内的实际排放量等于正常情况与非正常情况实际排放量之和。核算时段根据管理需求，可以是季度、年或特殊时段等。屠宰及肉类加工工业排污单位的废水污染物在核算时段内的实际排放量等于主要排放口即排污单位废水总排放口的实际排放量。屠宰及肉类加工工业排污单位的废气污染物在核算时段内的实际排放量等于主要排放口的实际排放量，即各主要排放口实际排放量之和，不核算一般排放口和无组织排放的实际排放量。

屠宰及肉类加工工业排污单位的废水、废气污染物在核算时段内正常情况下的实际排放量首先采用实测法核算，分为自动监测实测法和手工监测实测法。对于排污许可证中载明的要求采用自动监测的污染物项目，应采用符合监测规范的有效自动监测数据核算污染物实际排放量。对于未要求采用自动监测的污染物项目，可采用自动监测数据或手工监测数据核算污染物实际排放量。采用自动监测的污染物项目，应同时根据手工监测数据进行校核，若同一时段的手工监测数据与自动监测数据不一致，手工监测数据符合法定的监测标准和监测方法的，以手工监测数据为准。要求采用自动监测的排放口或污染物项目而未采用的排放口或污染物，采用物料衡算法核算二氧化硫排放量、产污系数法核算其他污染物排放量，且均按直接排放进行核算。未按照相关规范文件等要求进行手工监测（无有效监测数据）的排放口或污染物，有有效治理设施的按排污系数法核算，无有效治理设施的按产污系数法核算。

屠宰及肉类加工工业排污单位的废气污染物在核算时段内非正常情况下的实际排放量首先采用实测法核

算，无法采用实测法核算的，采用物料衡算法核算二氧化硫排放量、产污系数法核算其他污染物排放量，且均按直接排放进行核算。屠宰及肉类加工工业排污单位的废水污染物在核算时段内非正常情况下的实际排放量采用产污系数法核算污染物排放量，且均按直接排放进行核算。

屠宰及肉类加工工业排污单位如含有适用其他行业排污许可技术规范的生产设施，废气污染物的实际排放量为涉及的各行业生产设施实际排放量之和。执行 GB 13271 的生产设施或排放口，暂按《关于发布计算污染物排放量的排污系数和物料衡算方法的公告》附件 1《纳入排污许可管理的火电等 17 个行业污染物排放量计算方法（含排污系数、物料衡算方法）（试行）》中《污染物实际排放量核算方法　制革及毛皮加工工业—制革工业》"3 废气污染物实际排放量核算方法"中锅炉大气污染物实际排放量核算方法核算，待锅炉工业排污许可证申请与核发技术规范发布后从其规定。屠宰及肉类加工工业排污单位如含有适用其他行业排污许可技术规范的生产设施，废水污染物的实际排放量采用实测法核算时，按本核算方法核算。采用产、排污系数法核算时，实际排放量为涉及的各行业生产设施实际排放量之和。

9.2　废水污染物实际排放量核算方法

9.2.1　正常情况

9.2.1.1　实测法

屠宰及肉类加工工业排污单位废水总排放口装有某项水污染物自动监测设备的，原则上应采取自动监测实测法核算全厂该污染物的实际排放量。废水自动监测实测法是指根据符合监测规范的有效自动监测数据污染物的日平均排放浓度、平均流量、运行时间核算污染物年排放量，核算方法见式（10）。

$$E = \sum_{i=1}^{n} (c_i \times q_i \times 10^{-6}) \quad \cdots\cdots\cdots (10)$$

式中：

E ——核算时段内主要排放口某项水污染物的实际排放量，t；

c_i ——核算时段内主要排放口某项水污染物在第 i 日的自动实测平均排放浓度，mg/L；

q_i ——核算时段内主要排放口第 i 日的流量，m³/d；

n ——核算时段内主要排放口的水污染物排放时间，d。

手工监测实测法是指根据每次手工监测时段内每日污染物的平均排放浓度、平均排水量、运行时间核算污染物年排放量，核算方法见式（11）和式（12）。手工监测数据包括核算时间内的所有执法监测数据和排污单位自行或委托的有效手工监测数据。排污单位自行或委托的手工监测频次、监测期间生产工况、数据有效性等须符合相关规范文件等要求。排污单位应将手工监测时段内生产负荷与核算时段内的平均生产负荷进行对比，并给出对比结果。

$$E = c \times q \times h \times 10^{-6} \quad \cdots\cdots\cdots (11)$$

$$c = \frac{\sum_{i=1}^{n}(c_i \times q_i)}{\sum_{i=1}^{n} q_i}, \quad q = \frac{\sum_{i=1}^{n} q_i}{n} \quad \cdots\cdots\cdots (12)$$

式中：

E ——核算时段内主要排放口水污染物的实际排放量，t；

c ——核算时段内主要排放口水污染物的实测日加权平均排放浓度，mg/L；

q ——核算时段内主要排放口的日平均排水量，m³/d；

c_i ——核算时段内第 i 次监测的日监测浓度，mg/L；

q_i ——核算时段内第 i 次监测的日排水量，m³/d；

n ——核算时段内取样监测次数，无量纲；

h ——核算时段内主要排放口的水污染物排放时间，d。

对要求采用自动监测的排放口或污染因子，在自动监测数据由于某种原因出现中断或其他情况下，应按照 HJ/T 356 补遗。无有效自动监测数据时，采用手工监测数据进行核算。手工监测数据包括核算时间内的所有执法监测数据和排污单位自行或委托的有效手工监测数据。排污单位自行或委托的手工监测频次、监测期间生产工况、数据有效性等须符合相关规范文件等要求。

9.2.1.2 产污系数法

采用产污系数法核算实际排放量的污染物，按照式（13）核算。

$$E = S \times G \times 10^{-6} \quad\cdots\cdots\quad (13)$$

式中：

E ——核算时段内主要排放口某项水污染物的实际排放量，t；

S ——核算时段内实际生产能力，t；

G ——主要排放口某项水污染物的产污系数，g/t 加工原料，取值参见附录 C。

9.2.2 非正常情况

废水处理设施非正常情况下的排水，如无法满足排放标准要求时，不应直接排入外环境，待废水处理设施恢复正常运行后方可排放。如因特殊原因造成污染治理设施未正常运行超标排放污染物的或偷排偷放污染物的，按产污系数法核算非正常情况期间的实际排放量，计算公式见式（13），式中核算时段为未正常运行时段（或偷排偷放时段）。

9.3 废气污染物实际排放量核算方法

屠宰及肉类加工工业排污单位应按式（14）核算有组织排放颗粒物（烟尘）、二氧化硫、氮氧化物的实际排放量：

$$E_{j,\text{排污单位}} = E_{j,\text{有组织排放}} = E_{j,\text{主要排放口}} = \sum_{i=1}^{n} E_{ij} \quad\cdots\cdots\quad (14)$$

式中：

$E_{j,\text{排污单位}}$——核算时段内排污单位第 j 项大气污染物的实际排放量，t；

$E_{j,\text{有组织排放}}$——核算时段内排污单位有组织排放口第 j 项大气污染物的实际排放量，t；

$E_{j,\text{主要排放口}}$——核算时段内排污单位全部主要排放口第 j 项大气污染物的实际排放量，t；

E_{ij}——核算时段内排污单位第 i 个主要排放口第 j 项大气污染物的实际排放量，t。

其他大气污染物如需核算实际排放量，可以参照式（14）进行核算。

9.3.1 正常情况

9.3.1.1 实测法

自动监测实测法是指根据符合监测规范的有效自动监测数据污染物的小时平均排放浓度、平均烟气量、运行时间核算污染物年排放量，某主要排放口某项大气污染物实际排放量的核算方法见式（15）。

$$E = \sum_{i=1}^{n} (c_i \times q_i \times 10^{-9}) \quad\cdots\cdots\quad (15)$$

式中：

E ——核算时段内某主要排放口某项大气污染物的实际排放量，t；

c_i ——核算时段内某主要排放口某项大气污染物第 i 小时的自动实测平均排放浓度（标态），mg/Nm³；

q_i ——核算时段内某主要排放口第 i 小时的干排气量（标态），Nm³/h；

n ——核算时段内某主要排放口的大气污染物排放时间，h。

手工监测实测法是指根据每次手工监测时段内每小时污染物的平均排放浓度、平均烟气量、运行时间核算污染物年排放量，核算方法见式（16）和式（17）。手工监测数据包括核算时间内的所有执法监测数据和排污单位自行或委托的有效手工监测数据。排污单位自行或委托的手工监测频次、监测期间生产工况、数据有效性等须符合相关规范文件要求。排污单位应将手工监测时段内生产负荷与核算时段内的平均生产负荷进行对比，并给出对比结果。

$$E = c \times q \times h \times 10^{-9} \quad\cdots\cdots\quad (16)$$

$$c = \frac{\sum_{i=1}^{n}(c_i \times q_i)}{\sum_{i=1}^{n} q_i}, \quad q = \frac{\sum_{i=1}^{n} q_i}{n} \quad\cdots\cdots\quad (17)$$

式中：

E ——核算时段内某主要排放口某项大气污染物的实际排放量，t；

c ——核算时段内某主要排放口某项大气污染物的实测小时加权平均排放浓度（标态），mg/Nm³；

q ——核算时段内某主要排放口的标准状态下小时平均干排气量，Nm^3/h；

c_i ——核算时段内第 i 次监测的小时监测浓度（标态），mg/Nm^3；

q_i ——核算时段内第 i 次监测的标准状态下小时干排气量（标态），Nm^3/h；

n ——核算时段内取样监测次数，无量纲；

h ——核算时段内某主要排放口的大气污染物排放时间，h。

对于因自动监控设施发生故障以及其他情况导致数据缺失的按照 HJ/T 75 进行补遗。在线监测数据季度有效捕集率不到 75% 的，自动监测数据不能作为核算实际排放量的依据，实际排放量按照"要求采用自动监测的排放口或污染物项目而未采用"的相关规定进行核算。排污单位提供充分证据证明自动监测数据缺失、数据异常等不是排污单位责任的，可按照排污单位提供的手工监测数据等核算实际排放量，或者按照上一个半年申报期间稳定运行的自动监测数据小时浓度均值和半年平均烟气量，核算数据缺失时段的排放量。其他污染物自动监测数据缺失情形可参照核算，生态环境部另有规定的从其规定。

9.3.1.2 物料衡算法

采用物料衡算法核算锅炉二氧化硫实际排放量的，根据锅炉的燃料消耗量、含硫率，按照《关于发布计算污染物排放量的排污系数和物料衡算方法的公告》附件 1《纳入排污许可管理的火电等 17 个行业污染物排放量计算方法（含排污系数、物料衡算方法）（试行）》中《污染物实际排放量核算方法 制革及毛皮加工工业—制革工业》"3.1.2 物料衡算法"中方法核算。

9.3.1.3 产污系数法

采用产污系数法核算锅炉颗粒物、二氧化硫、氮氧化物实际排放量的，按照《关于发布计算污染物排放量的排污系数和物料衡算方法的公告》附件 1《纳入排污许可管理的火电等 17 个行业污染物排放量计算方法（含排污系数、物料衡算方法）（试行）》中《污染物实际排放量核算方法 制革及毛皮加工工业—制革工业》"3.1.3 产污系数法"中方法核算。

9.3.1.4 排污系数法

采用排污系数法核算锅炉颗粒物、二氧化硫、氮氧化物实际排放量的，按照《关于发布计算污染物排放量的排污系数和物料衡算方法的公告》附件 1《纳入排污许可管理的火电等 17 个行业污染物排放量计算方法（含排污系数、物料衡算方法）（试行）》中《污染物实际排放量核算方法 制革及毛皮加工工业—制革工业》"3.1.4 排污系数法"中方法核算。

9.3.2 非正常情况

屠宰及肉类加工工业锅炉启停机等非正常排放期间污染物排放量可采用实测法核定。无法采用实测法核算的，采用物料衡算法核算二氧化硫排放量、产污系数法核算颗粒物、氮氧化物排放量，且均按直接排放进行核算。

10 合规判定方法

10.1 一般原则

合规是指屠宰及肉类加工工业排污单位许可事项和环境管理要求符合排污许可证规定。许可事项合规是指排污单位排污口位置和数量、排放方式、排放去向、排放污染物种类、排放限值符合排污许可证规定。其中，排放限值合规是指屠宰及肉类加工工业排污单位污染物实际排放浓度和排放量满足许可排放限值要求。环境管理要求合规是指屠宰及肉类加工工业排污单位按排污许可证规定落实自行监测、台账记录、执行报告、信息公开等环境管理要求。

屠宰及肉类加工工业排污单位可通过台账记录、按时上报执行报告和开展自行监测、信息公开，自证其依证排污，满足排污许可证要求。环境保护主管部门可依据排污单位环境管理台账、执行报告、自行监测记录中的内容，判断其污染物排放浓度和排放量是否满足许可排放限值要求，也可通过执法监测判断其污染物排放浓度是否满足许可排放限值要求。

10.2 产排污环节、污染治理设施及排放口符合许可证规定

屠宰及肉类加工工业排污单位实际的生产地点、主要生产单元、生产工艺、生产设施、污染治理设施的位置、编号与排污许可证相符，实际情况与排污许可证载明的规模、参数等信息基本相符。所有有组织排放口和各类废水排放口的个数、类别、排放方式和去向等与排污许可证载明信息一致。

10.3 废水

屠宰及肉类加工工业排污单位各废水排放口污染物的排放浓度达标是指任一有效日均值（除 pH 外）均满足许可排放浓度要求。各项废水污染物有效日均值采用自动监测、执法监测、排污单位自行开展的手工监测三种方法分类进行确定。

10.3.1 排放浓度合规判定

10.3.1.1 执法监测

按照监测规范要求获取的执法监测数据超过许可排放浓度限值的，即视为超标。根据 HJ/T 91 确定监测要求。

10.3.1.2 排污单位自行监测

a) 自动监测

按照监测规范要求获取的自动监测数据计算得到有效日均浓度值（除 pH 外）与许可排放浓度限值进行对比，超过许可排放浓度限值的，即视为超标。对于应当采用自动监测而未采用的排放口或污染物，即认为不合规。

对于自动监测，有效日均浓度是对应于以每日为一个监测周期内获得的某个污染物的多个有效监测数据的平均值。在同时监测污水排放流量的情况下，有效日均值是以流量为权的某个污染物的有效监测数据的加权平均值；在未监测污水排放流量的情况下，有效日均值是某个污染物的有效监测数据的算术平均值。

自动监测的有效日均浓度应根据 HJ/T 355、HJ/T 356 等相关文件要求确定。

b) 手工监测

对于未要求采用自动监测的排放口或污染物，应进行手工监测。按照自行监测方案、监测规范进行手工监测，当日各次监测数据平均值或当日混合样监测数据（除 pH 外）超过许可排放浓度限值的，即视为超标。

c) 若同一时段的执法监测数据与排污单位自行监测数据不一致，以执法监测数据作为优先证据使用。

10.3.2 排放量合规判定

废水排放口污染物排放量合规指屠宰及肉类加工工业排污单位所有废水排放口污染物年实际排放量之和不超过相应污染物的年许可排放量。

10.4 废气

10.4.1 排放浓度合规判定

10.4.1.1 正常情况

屠宰及肉类加工工业排污单位有组织排放口的臭气浓度最大值达标是指"任一次测定均值满足许可限值要求"。除此之外，其余废气有组织排放口污染物或厂界无组织污染物排放浓度达标均是指"任一小时浓度均值均满足许可排放浓度要求"。废气污染物小时浓度均值根据排污单位自行监测（包括自动监测和手工监测）、执法监测进行确定。

a) 执法监测

按照监测规范要求获取的执法监测数据超过许可排放浓度限值的，即视为超标。根据 GB/T 16157、HJ/T 397、HJ/T 55 确定监测要求。

b) 排污单位自行监测

1) 自动监测

按照监测规范要求获取的有效自动监测数据计算得到的有效小时浓度均值与许可排放浓度限值进行对比，超过许可排放浓度限值的，即视为超标。对于应当采用自动监测而未采用的排放口或污染物，即视为不合规。自动监测小时均值是指"整点 1 小时内不少于 45 分钟的有效数据的算术平均值"。

2) 手工监测

对于未要求采用自动监测的排放口或污染物，应进行手工监测，按照自行监测方案、监测规范要求获取的监测数据计算得到的有效小时浓度均值超过许可排放浓度限值的，即视为超标。

根据 GB/T 16157 和 HJ/T 397，小时浓度均值指"连续 1 小时的采样获取平均值或 1 小时内等时间间隔采样 3～4 个样品监测结果的算数平均值"。

c) 若同一时段的执法监测数据与排污单位自行监测数据不一致，以执法监测数据作为优先证据使用。

10.4.1.2　非正常情况

非正常情况包括锅炉启停时段。

锅炉如采用干（半干）法脱硫、脱硝措施，冷启动 1 小时、热启动 0.5 小时内监测数据不作为氮氧化物达标判定的时段。

若多台设施采用混合方式排放烟气，且其中一台处于启停时段，企业可自行提供烟气混合前各台设施有效监测数据的，按照企业提供数据进行达标判定。

待锅炉排污许可证申请与核发技术规范发布后从其规定。

10.4.2　排放量合规判定

屠宰及肉类加工工业排污单位各主要废气污染物许可排放量合规是指：

a)　主要排放口实际排放量满足主要排放口年许可排放量；

b)　排污单位实际排放量满足排污单位年许可排放量；

c)　对于特殊时段有许可排放量要求的，特殊时段实际排放量满足特殊时段许可排放量。

屠宰及肉类加工工业排污单位开始生产、停止生产等非正常排放造成短时污染物排放量较大时，应通过加强正常运营时污染物排放管理、减少污染物排放量的方式，确保全厂污染物年排放量（正常排放与非正常排放之和）满足许可排放量要求。

10.4.3　无组织排放控制要求合规判定

屠宰及肉类加工工业排污单位排污许可证无组织排放源合规性以现场检查本标准 5.2.4 无组织控制要求落实情况为主，必要时，辅以现场监测方式判定屠宰及肉类加工工业排污单位无组织排放合规性。

10.5　管理要求合规判定

环境保护主管部门依据排污许可证中的管理要求，以及屠宰及肉类加工行业相关技术规范，审核环境管理台账记录和许可证执行报告；检查排污单位是否按照自行监测方案开展自行监测；是否按照排污许可证中环境管理台账记录要求记录相关内容，记录频次、形式等是否满足许可证要求；是否按照排污许可证中执行报告要求定期上报，上报内容是否符合要求等；是否按照排污许可证要求定期开展信息公开；是否满足特殊时段污染防治要求。

附 录 A
（资料性附录）
环境管理台账记录参考表

资料性附录 A 由表 A.1～表 A.10 共 10 个表组成，仅供参考。

表 A.1 排污单位基本信息表

表 A.2 生产设施正常工况信息表

表 A.3 燃料信息表

表 A.4 废气污染治理设施基本信息与运行管理信息表

表 A.5 废水污染治理设施基本信息与运行管理信息表

表 A.6 非正常工况及污染治理设施异常情况记录信息表

表 A.7 有组织废气（手工/在线监测）污染物监测原始结果表

表 A.8 无组织废气污染物监测原始结果表

表 A.9 废水监测仪器信息表

表 A.10 废水污染物监测结果表

表A.1 排污单位基本信息表

单位名称	生产经营场所地址	行业类别	法定代表人	统一社会信用代码	产品名称	生产工艺	生产规模	环保投资	环评批复文号ᵃ	排污权交易文件	排污许可证编号

注: a 列出环评批复文件文号，备案编号，或者地方政府出具的认定或备案文件文号。

表A.2 生产设施正常工况信息表

生产单元	生产设施名称	编码	型号	规格参数ᵃ				设计生产能力		运行状态		生产负荷	产品产量			原辅料						
				参数名称	设计值	实际值	单位	生产能力	单位	开始时间ᵇ	结束时间ᵇ		中间产品ᶜ	最终产品	单位	名称	种类	用量	单位	有毒有害元素		来源地
																				成分	占比	
屠宰	待宰圈																					
	真空放血系统																					
	浸烫池																					
	分毛机																					
	……																					
肉类加工	蒸汽解冻机																					
	清洗设备																					
	蒸煮设施																					
	……																					
副产品加工	原料储存																					
	半成品加工																					
	除渣过滤机																					
	成品加工																					
	……																					
清洁蛋	清洗设备																					
	……																					
公用单元	锅炉																					
	制冷系统																					
	焚烧炉																					
	化制设备																					
	厂内综合污水处理站																					
	……																					

注:
a 指设施的设计规格参数，包括参数名称、设计值、实际值、计量单位；参数名称包括排污许可证载明的参数及其他参数。对于设计值与实际值相同的参数，可仅填报设计值。
b 开始时间、结束时间为记录频次内的起止时刻。
c 中间产品和单位可选填。

记录人： 记录时间：

审核人：

709

表 A.3　燃料信息表[a]

燃料名称	用量	低位热值	单位	品质[b]								
				燃煤				燃油		燃气		其他燃料
				含硫量（%）	灰分（%）	挥发分（%）	其他[c]	含硫量（%）	其他[c]	硫化氢含量（%）	其他[c]	相关物质含量
燃煤												
燃油												
燃气												
生物质												
……												

注：a　此表仅填写排污单位生产用所用燃料情况，不包含移动源如车辆等设施燃料使用情况。

b　根据燃料类型对应填写，可以收到基品质为准。

c　指燃料燃烧后污染物产生有关的成分。

记录时间：　　　　　　记录人：　　　　　　审核人：

表 A.4　废气污染防治设施基本信息与运行管理信息表[a]

污染防治设施名称	编码	型号	规格参数			运行状态			烟气量（m³/h）	污染物排放情况			排气筒高度（m）	排口温度（℃）	压力（kPa）	排放时间（h）	耗电量（kWh/d）	副产物		药剂情况		
			参数名称	设计值	单位	开始时间	结束时间	是否正常		污染因子	治理效率（%）	数据来源						名称	产生量（t/d）	名称	添加时间	添加量（t）
										颗粒物												
										二氧化硫												
										氮氧化物												
										……												

注：a　应按污染防治设施分别记录，每一台污染防治设施填写一张信息表；具体设施信息参考表3。

记录时间：　　　　　　记录人：　　　　　　审核人：

表 A.5 废水污染防治设施基本信息与运行管理信息表[a]

污染防治设施名称	规格参数					运行状态			污染物排放情况[c]								药剂添加情况		
编码 型号	废水类别[b]	参数名称	单位	设计值		开始时间	结束时间	是否正常	出口流量(m³/d)	污染因子	治理效率(%)	数据来源	排放去向	处理方式	耗电量(kWh/d)	污泥产生量(t/d)	名称	添加时间	添加量(t)
										pH									
										化学需氧量									
										氨氮									
										……									

注：a 应按污染防治设施分别记录，每一台污染防治设施填写一张信息表。
b 分为生活污水、厂内综合污水处理站综合污水。
c 生活污水处理设施、厂内综合污水处理站填写。

记录人：　　　　记录时间：　　　　审核人：

表 A.6 非正常工况及污染防治设施异常情况信息表

生产设施名称	生产设施编码	非正常工况起始时刻	非正常工况终止时刻	产品产量		原辅料消耗量		燃料消耗量		污染物排放情况	事件原因	是否报告	应对措施
				名称	产量	名称	消耗量	名称	消耗量				
污染防治设施名称	污染防治设施编码	异常情况起始时刻	异常情况终止时刻							污染因子 排放浓度 排放去向 排放量	事件原因	是否报告	应对措施

记录人：　　　　记录时间：　　　　审核人：

表 A.7 有组织废气（手工/在线监测）污染物监测原始结果表

序号	排放口编号	监测日期	监测时间	出口									进口[a]								
				氧含量(%)	标态干烟气量(Nm³/h)	颗粒物(mg/m³)		二氧化硫(mg/m³)		氮氧化物(mg/m³)		……	氧含量(%)	标态干烟气量(Nm³/h)	颗粒物(mg/m³)		二氧化硫(mg/m³)		氮氧化物(mg/m³)		……
						监测结果	折标值	监测结果	折标值	监测结果	折标值				监测结果	折标值	监测结果	折标值	监测结果	折标值	

注：a 进口监测数据按照监测方法、设备条件，企业需求选择性填报。

记录人：　　　　记录时间：　　　　审核人：

711

表 A.8 无组织废气污染物监测原始结果表

序号	生产设施编码/无组织排放编码[a]	监测日期	监测时间	污染因子	监测值(mg/m³)
				颗粒物 二氧化硫 氮氧化物 ……	

记录人： 记录时间： 审核人：

注：a 应按污染控制措施分别记录，每一控制措施填写一张监测原始结果表。

表 A.9 废水监测仪器信息表

排放口编码	污染物种类	监测采样方法及个数	监测次数	测定方法	监测仪器型号	备注

记录人： 记录时间： 审核人：

表 A.10 废水污染物监测结果表

序号	排放口编码	监测日期	监测时间	出口						进口[a]					
				悬浮物(mg/m³)	化学需氧量(mg/m³)	氨氮(mg/m³)	总氮(mg/m³)	总磷(mg/m³)	……	悬浮物(mg/m³)	化学需氧量(mg/m³)	氨氮(mg/m³)	总氮(mg/m³)	总磷(mg/m³)	……

记录人： 记录时间： 审核人：

注：a 进口监测数据按照监测方法、设备条件，企业需选择性填报。

附 录 B
(资料性附录)
排污许可证执行报告表格形式

资料性附录 B 由表 B. 1～表 B. 20 共 20 个表组成,仅供参考。

表 B. 1 排污许可证执行情况汇总表

表 B. 2 排污单位基本信息表

表 B. 3 污染防治设施正常情况汇总表

表 B. 4 污染防治设施异常情况汇总表

表 B. 5 有组织废气污染物排放浓度监测数据统计表

表 B. 6 有组织废气污染物排放速率监测数据统计表

表 B. 7 无组织废气污染物浓度监测数据统计表

表 B. 8 废水污染物排放浓度监测数据统计表

表 B. 9 非正常工况有组织废气污染物排放浓度监测数据统计表

表 B. 10 非正常工况无组织废气污染物浓度监测数据统计表

表 B. 11 特殊时段有组织废气污染物排放浓度监测数据统计表

表 B. 12 台账管理情况表

表 B. 13 废气污染物实际排放量报表(季度报告)

表 B. 14 废水污染物实际排放量报表(季度报告)

表 B. 15 废气污染物实际排放量报表(年度报告)

表 B. 16 废水污染物实际排放量报表(年度报告)

表 B. 17 废气污染物实际排放量报表(特殊时段)

表 B. 18 废气污染物超标时段小时均值报表

表 B. 19 废水污染物超标时段日均值报表

表 B. 20 信息公开情况报表

简化管理的排污单位无需填写表 B. 20,在填报表 B. 3、表 B. 13～B. 17 时仅需填写表中标有" * "的内容,除此之外,填报其他表格均与重点管理的排污单位相同。

表 B. 1 排污许可证执行情况汇总表

项目	内容		报告周期内执行情况[a]	备注
1 排污单位基本情况	(一)排污单位基本信息	单位名称	□变化 □未变化	
		注册地址	□变化 □未变化	
		邮政编码	□变化 □未变化	
		生产经营场所地址	□变化 □未变化	
		行业类别	□变化 □未变化	
		生产经营场所中心经度	□变化 □未变化	
		生产经营场所中心纬度	□变化 □未变化	
		统一社会信用代码	□变化 □未变化	
		技术负责人	□变化 □未变化	
		联系电话	□变化 □未变化	
		所在地是否属于重点区域	□变化 □未变化	
		主要污染物类别及种类	□变化 □未变化	
		大气污染物排放方式	□变化 □未变化	
		废水污染物排放规律	□变化 □未变化	
		大气污染物排放执行标准名称	□变化 □未变化	
		水污染物排放执行标准名称	□变化 □未变化	
		设计生产能力	□变化 □未变化	

（续）

项目	内容				报告周期内执行情况^a	备注
1 排污单位基本情况	(二)主要原辅材料及燃料	原料	原料①(自动生成)	年最大使用量	☐变化 ☐未变化	
				硫元素占比	☐变化 ☐未变化	
				有毒有害成分及占比	☐变化 ☐未变化	
			……	……	☐变化 ☐未变化	
		辅料	辅料①(自动生成)	年最大使用量	☐变化 ☐未变化	
				硫元素占比	☐变化 ☐未变化	
				有毒有害成分及占比	☐变化 ☐未变化	
			……	……	☐变化 ☐未变化	
		燃料	燃料①(自动生成)	灰分	☐变化 ☐未变化	
				硫分	☐变化 ☐未变化	
				挥发分	☐变化 ☐未变化	
				热值	☐变化 ☐未变化	
				年最大使用量	☐变化 ☐未变化	
			……	……	☐变化 ☐未变化	
	(三)产排污节点、污染物及污染防治设施	废气	污染防治设施①(自动生成)	防治污染物种类	☐变化 ☐未变化	
				污染防治设施工艺	☐变化 ☐未变化	
				排放形式	☐变化 ☐未变化	
				排放口位置	☐变化 ☐未变化	
			……	……	☐变化 ☐未变化	
		废水	污染防治设施①(自动生成)	防治污染物种类	☐变化 ☐未变化	
				污染防治设施工艺	☐变化 ☐未变化	
				排放去向	☐变化 ☐未变化	
				排放规律	☐变化 ☐未变化	
				排放口位置	☐变化 ☐未变化	
			……	……	☐变化 ☐未变化	
2 环境管理要求	自行监测要求	排放口①(自动生成)		污染物种类	☐变化 ☐未变化	
				监测设施	☐变化 ☐未变化	
				自动监测是否联网	☐变化 ☐未变化	
				自动监测仪器名称	☐变化 ☐未变化	
				自动监测设施安装位置	☐变化 ☐未变化	
				自动监测设施是否符合安装、运行、维护等管理要求	☐变化 ☐未变化	
				手工监测采样方法及个数	☐变化 ☐未变化	
				手工监测频次	☐变化 ☐未变化	
				手工测定方法	☐变化 ☐未变化	
				……	☐变化 ☐未变化	

注： a 对于选择"变化"的，应在"备注"中说明原因。

表 B.2 排污单位基本信息表

序号	记录内容^a	名称		数量或内容	计量单位	备注^b
1	主要原料用量	原料①(自动生成)				
		……				
2	主要辅料用量	辅料①(自动生成)				
		……				
3	能源消耗^c	燃料①(自动生成)	用量			
			硫分		%	
			灰分		%	
			挥发分		%	
			热值			
		……	……			
		蒸汽消耗量			MJ	
		用电量			kWh	
		……				
4	生产规模	生产单元①(自动生成)				
		……				

（续）

序号	记录内容ª	名称		数量或内容	计量单位	备注ᵇ
5	运行时间	生产单元① （自动生成）	正常运行时间		h	
			非正常运行时间		h	
			停产时间		h	
		……	……			
6	主要产品产量	产品①（自动生成）				
		……				
7	取排水ᵈ	取水量				
		废水排放量				
8	全年生产负荷ᵉ				%	
9	污染防治设施 计划投资情况 （执行报告周期 如涉及）ᶠ	治理设施类型ᵍ			/	
		开工时间			万元	
		建成投产时间				
		计划总投资				
		报告周期内累计完成投资			万元	
		……				
10	其他内容	……				

注：a 排污单位可根据自身特征补充细化列表中相关内容。列表中未能涵盖的信息，排污单位可以文字形式另行说明。

　　b 如与排污许可证载明事项不符的，在"备注"中说明变化情况及原因。

　　c 能源类型中的用量、硫分、灰分、挥发分、热值原则上指报告时段内全厂各批次收到基燃料的加权平均值，以入厂数据来衡量；排污单位也可使用入炉数据并在备注中说明。对于液体或气体燃料，可只填报用量、硫分、热值；热值指燃料低位发热量。

　　d 取水量指排污单位生产用水和生活用水的合计总量。废水排放量指排污单位生产废水、生活污水的合计总量。

　　e 全年生产负荷指全年最终产品产量除以设计产能。

　　f 如报告周期有污染治理投资的，填写有关内容。

　　g 治理设施类型指颗粒物废气治理设施、二氧化硫废气治理设施、氮氧化物废气治理设施、其他废气治理设施、废水治理设施等。

表 B.3　污染防治设施正常情况汇总表

类别	污染防治设施ª					备注
	名称	编码	运行参数	数量	单位	
废水	污染防治设施① （自动生成）		运行时间*		h	
			废水处理量*		t	
			废水回用量		t	
			废水排放量		t	
			耗电量		kWh	
			××药剂使用量		kg	
			××水污染物处理效率ᶜ		%	
			运行费用ᵈ*		万元	
			污泥产生量		t	
			污泥平均含水率		%	
			……	……	……	
	……	……	……	……	……	
废气	除尘设施① （自动生成）		运行时间*		h	
			平均除尘效率ᶜ		%	
			除尘灰产生量		t	
			布袋除尘器清灰周期及换袋情况			
			运行费用ᵉ*		万元	
			……	……	……	
	……	……	……	……	……	
	脱硫设施① （自动生成）		运行时间*		h	
			脱硫剂用量*		t	
			平均脱硫效率ᶜ		%	
			脱硫固废产生量		t	
			运行费用ᵉ*		万元	
			……	……	……	
	……	……	……	……	……	

（续）

类别	污染防治设施[a]					备注
	名称	编码	运行参数	数量	单位	
废气	脱硝设施① （自动生成）		运行时间[e]		h	
			脱硝剂用量[e]		t	
			平均脱硝效率[c]		%	
			脱硝固废产生量		t	
			运行费用[e]		万元	
			……	……	……	
	……	……	……	……	……	
	除臭设施① （自动生成）		运行时间[e]		h	
			除臭剂用量[e]		t	
			平均除臭效率[c]		%	
			除臭固废产生量		t	
			运行费用[e]		万元	
			……	……	……	
	……	……	……	……	……	
	其他设施[b]① （自动生成）		……	……	……	
	……	……	……	……	……	

注：a 排污单位根据自身特征细化列表中内容，如有相关内容则填写，无相关内容则不填写。列表中未涵盖的信息，排污单位可以文字形式另行说明。

b 其他防治设施中包括无组织排放大气污染物等防治设施。

c 水污染物处理效率/平均除尘效率/平均脱硫效率/平均脱硝效率/平均除臭效率为报告期内算数平均值。

d 废水污染防治设施运行费用主要为药剂、电等的消耗费用，不包括人工、绿化、设备折旧和财务费用等。

e 废气污染防治设施运行费用主要为脱硫/脱硝剂等的消耗费用，不包括人工、绿化、设备折旧和财务费用等。

表 B.4 污染防治设施异常情况汇总表

故障设施	设施编码	时段		故障原因	各排放因子浓度(mg/m³)		采取的应对措施
		开始时间	结束时间		（自行填写）	……	
废气污染防治设施[a]							
废水污染防治设施[b]							

注：a 如废气污染防治设施异常，排放因子填写二氧化硫、氮氧化物、颗粒物等。

b 如废水污染防治设施异常，排放因子填写化学需氧量、氨氮等。

表 B.5 有组织废气污染物排放浓度监测数据统计表

排放口编码	污染物种类	污染防治设施编码	监测设施	有效监测数据（小时（值）数量）a	许可排放浓度限值（mg/m³）	监测结果（折标，小时浓度，mg/m³）			超标数据数量	超标率b（%）	备注c
						最小值	最大值	平均值			
自动生成 ……	自动生成 …… ……	自动生成 …… ……	自动生成		自动生成 …… ……						

注：a 若采用自动监测，有效监测数据数量为报告周期内剔除异常值后的数量；若采用手工监测，有效监测数据数量为报告周期内的监测次数；若采用自动和手工联合监测，有效监测数据数量为两者有效数据数量的总和。
　　b 超标率是指超标的监测数据数量占总有效监测数据数量的比例。
　　c 监测要求与排污许可证不一致的原因以及污染物浓度超标原因等在"备注"中进行说明。

表 B.6 有组织废气污染物排放速率监测数据统计表a

排放口编码	污染物种类	污染防治设施编码	监测设施	有效监测数据数量b	许可排放速率（kg/h）	实际排放速率（kg/h）			超标数据数量	超标率c（%）	备注d
						最小值	最大值	平均值			
自动生成 ……	自动生成 …… ……	自动生成 …… ……	自动生成		自动生成 …… ……						

注：a 如排污许可证未许可排放速率，可不填此表。
　　b 若采用自动监测，有效监测数据数量为报告周期内剔除异常值后的数量；若采用手工监测，有效监测数据数量为报告周期内的监测次数；若采用自动和手工联合监测，有效监测数据数量为两者有效监测数据数量的总和。
　　c 超标率是指超标的监测数据数量占总有效监测数据数量的比例。
　　d 监测要求与排污许可证不一致的原因以及污染物排放速率超标原因等在"备注"中进行说明。

表 B.7 无组织废气污染物浓度监测数据统计表a

监测点位设施	生产设施/无组织排放编码	污染物种类	监测时间	许可排放浓度限值（mg/m³）	监测结果（折标，小时浓度，mg/m³）	是否超标及超标原因	备注b
自动生成 ……	自动生成 ……	自动生成 ……		自动生成 …… ……			

注：a 如排污许可证无无组织排放气监测要求，可不填此表。
　　b 监测要求与排污许可证不一致的原因等在"备注"中进行说明。

表 B.8 废水污染物排放浓度监测数据统计表

排放口编码[a]	污染物种类	监测设施	有效监测数据（日均值数量）[a]	许可排放浓度限值（mg/L）	浓度监测结果（日均浓度，mg/L）			超标数据数量	超标率[b]（%）	备注[c]
					最小值	最大值	平均值			
自动生成	自动生成	自动生成		自动生成						
……	……	……		……						

注：a 若采用自动监测，有效监测数据数量为报告周期内剔除异常值后的数量；若采用手工监测，有效监测数据数量为报告周期内的监测次数；若采用自动和手动联合监测，有效监测数据数量为两者有效数据数量的总和。
b 超标率是指超标的监测数据数量占总有效监测数据数量的比例。
c 监测要求与排污许可证不一致的原因以及污染物浓度超标原因等在"备注"中进行说明。

表 B.9 非正常工况有组织废气污染物排放浓度监测数据统计表

时段		排放口编码[a]	污染物种类	有效监测数据（小时值数量）[a]	许可排放浓度限值（mg/m³）	浓度监测结果（折标、小时浓度，mg/m³）			超标数据数量	超标率[b]（%）	备注[c]
开始时间	结束时间					最小值	最大值	平均值			
		自动生成	自动生成		自动生成						
		……	……		……						

注：a 若采用自动监测，有效监测数据数量为报告周期内剔除异常值后的数量；若采用手工监测，有效监测数据数量为报告周期内的监测次数；若采用自动和手动联合监测，有效监测数据数量为两者有效监测数据数量的总和。
b 超标率是指超标的监测数据数量占总有效监测数据数量的比例。
c 监测要求与排污许可证不一致的原因以及废气污染物浓度超标原因等在"备注"中进行说明。

表 B.10 非正常工况无组织废气污染物浓度监测数据统计表[a]

时段		生产设施/无组织排放编码	污染物种类	监测次数	许可排放浓度限值（mg/m³）	浓度监测结果（折标、小时浓度，mg/m³）	是否超标及超标原因 备注[b]
开始时间	结束时间						
		自动生成	自动生成		自动生成		
			……		……		

注：a 如排污许可证无无组织排放废气监测要求，可不填此表。
b 监测要求与排污许可证不一致的原因等在"备注"中进行说明。

718

表 B.11　特殊时段有组织废气污染物排放浓度监测数据统计表

记录日期	排放口编码	污染物种类	污染防治设施编码	监测设施	有效监测数据数量a（小时值数量）	许可排放浓度限值（mg/m³）	监测结果（折标，小时浓度，mg/m³）			超标数据数量	超标率b（%）	备注c
							最小值	最大值	平均值			
	自动生成	自动生成	自动生成	自动生成		自动生成						
	……	……	……	……		……						

注：a　若采用自动监测，有效监测数据数量为报告周期内剔除异常值后的数量；若采用手工监测，有效监测数据数量为报告周期内的监测次数；若采用自动和手工联合监测，有效监测数据数量为两者有效数据数量的总和。

b　超标率是指超标的监测数据数量占总有效监测数据数量的比例。

c　监测要求与排污许可证不一致的原因以及污染物浓度超标原因等在"备注"中进行说明。

表 B.12　台账管理情况表

序号	记录内容	是否完整	说明
自动生成	自动生成	□是□否	
……	……	□是□否	
		□是□否	

表 B.13　废气污染物实际排放量报表(季度报告)

排放口类型	排放口/生产设施/无组织排放编码	污染物种类	月份	实际排放量b(t)	许可排放量b(t)	是否合规及不合规原因b	备注
主要排放口	自动生成	自动生成	自动生成				
		……	自动生成				
		自动生成	……				
		自动生成	自动生成				
		……	季度合计				
	……	自动生成	自动生成				
		……	自动生成				
		自动生成	……				
		自动生成	自动生成				
其他合计a		……	季度合计				

（续）

排放口类型	排放口/生产设施/无组织排放编码	月份	污染物种类	实际排放量(t)	许可排放量b(t)	是否合规及不合规原因b	备注
			自动生成				
			……				
			自动生成				
			……				
			自动生成				
			……				
	全厂合计ª	季度合计	自动生成				
			……				

注：a 其他合计指除主要排放口以外的污染物实际排放量合计，如一般排放口、无组织排放以及其他排放情形等。如排污许可证未规定此类许可排放量要求，可不填写。

b 如排污许可证未规定季度/月度许可排放量要求，可不填写。

表 B.14 废水污染物实际排放量报表(季度报告)

排放口类型	排放口编码	月份	污染物种类	实际排放量(t)	许可排放量b(t)	是否合规及不合规原因b	备注
主要排放口	自动生成		自动生成				
			……				
			自动生成				
			……				
		季度合计	自动生成				
			……				
	……		自动生成				
			……				
一般排放口合计ª			自动生成				
			……				
			自动生成				
			……				
		季度合计	自动生成				
			……				
全厂合计ª			自动生成				
			……				
			自动生成				
			……				
		季度合计	自动生成				
			……				

注：a 如排污许可证未规定一般排放口许可排放量要求，可不填写。

b 如排污许可证未规定季度/月度许可排放量要求，可不填写。

表 B.15 废气污染物实际排放量报表(年度报告)

排放口类型	排放口/生产设施/无组织排放编码	季度	污染物种类	实际排放量(t)	许可排放量^b(t)	是否合规及不合规原因^b	备注
主要排放口	自动生成	第一季度	自动生成 ……				
		第二季度	自动生成 ……				
		第三季度	自动生成 ……				
		第四季度	自动生成 ……				
		年度合计	自动生成 ……				
	……	……	自动生成 ……				
其他合计^a		第一季度	自动生成 ……				
		第二季度	自动生成 ……				
		第三季度	自动生成 ……				
		第四季度	自动生成 ……				
		年度合计	自动生成 ……				
全厂合计^a		第一季度	自动生成 ……				
		第二季度	自动生成 ……				
		第三季度	自动生成 ……				
		第四季度	自动生成 ……				
		年度合计	自动生成 ……				

注:a 其他合计指除主要排放口以外的污染物实际排放量合计,如一般排放口、无组织排放以及其他排放情形等。如排污许可证未规定此类许可排放量要求,可不填写。
b 如排污许可证未规定季度许可排放量要求,可不填写。

表 B.16 废气污染物实际排放量报表(年度报告)

排放口类型	排放口/生产设施(无组织排放)编码	季度	污染物种类	实际排放量(t)	许可排放量b(t)	是否合规及不合规原因b	备注
主要排放口	自动生成	第一季度	自动生成				
		第二季度	自动生成 ……				
		第三季度	自动生成 ……				
		第四季度	自动生成 ……				
		年度合计	自动生成 ……				
	……	……	自动生成 ……				
	一般排放口合计a	第一季度	自动生成				
		第二季度	自动生成 ……				
		第三季度	自动生成 ……				
		第四季度	自动生成 ……				
		年度合计	自动生成 ……				
	全厂合计a	第一季度	自动生成				
		第二季度	自动生成 ……				
		第三季度	自动生成 ……				
		第四季度	自动生成 ……				
		年度合计	自动生成 ……				

注：a 如排污许可证未规定一般排放口许可排放量要求，可不填写。
b 如排污许可证未规定季度许可排放量要求，可不填写。

表 B.17　废气污染物实际排放量报表(特殊时段)[a]

日期	废气类型	排放口编号/生产设施或 无组织排放编号		污染物 种类	日实际排放量 (t)	日许可排放量 (t)	是否合规及 不合规原因	备注
	有组织废气	主要 排放口	自动生成	自动生成				
				……				
			……	……				
		一般排放口[b]	自动生成	自动生成				
				……				
			……	……				
	无组织废气[c]	自动生成		自动生成				
				……				
		……		……				
	全厂合计[a]			自动生成				
				……				
……				……				

注:a　如排污许可证未规定特殊时段日许可排放量要求,可不填写此表。
　　b　如排污许可证未规定特殊时段一般排放口废气污染物日许可排放量要求,可不填写。
　　c　如排污许可证未规定特殊时段无组织排放废气的日许可排放量要求,可不填写。

表 B.18　废气污染物超标时段小时均值报表

日期	时间	生产设施编码	有组织排放口编码/ 无组织排放编码	超标污染物种类	实际排放浓度 (折标，mg/m³)	超标原因说明

表 B.19　废水污染物超标时段日均值报表

日期	时间	排放口编号	超标污染物种类	实际排放浓度(mg/L)	超标原因说明

表 B.20　信息公开情况报表

序号	分类	执行情况	是否符合相关规定要求	备注[a]
1	公开方式		□是 □否	
2	时间节点		□是 □否	
3	公开内容		□是 □否	
……	……	……	……	

注:a　信息公开情况不符合排污许可证要求的,在"备注"中说明原因。

附　录　C

（资料性附录）

屠宰及肉类加工工业的废水产污系数

C.1　屠宰工业废水的产污系数

C.1.1　根据企业实际情况,主要屠宰工业废水的产污系数按表C.1取值。

表C.1　主要屠宰工业的废水产污系数

产品名称	原料名称	工艺名称	规模等级	污染物指标	单位	产污系数
鲜猪肉	猪	屠宰、分割	≥1 500 头/天屠宰	工业废水量	吨/吨-活屠重	6 446
				化学需氧量	克/吨-活屠重	13 268
				氨氮	克/吨-活屠重	526
				总磷	克/吨-活屠重	36
				总氮	克/吨-活屠重	1 022
鲜猪肉	猪	屠宰、分割	<1 500 头/天屠宰	工业废水量	吨/吨-活屠重	7.291
				化学需氧量	克/吨-活屠重	14 210
				氨氮	克/吨-活屠重	619
				总磷	克/吨-活屠重	52
				总氮	克/吨-活屠重	1 267
冻羊肉	羊	屠宰、分割	≥1 500 头/天屠宰	工业废水量	吨/吨-活屠重	6.514
				化学需氧量	克/吨-活屠重	12 366
				氨氮	克/吨-活屠重	464
				总磷	克/吨-活屠重	17
				总氮	克/吨-活屠重	981
冻羊肉	羊	屠宰、分割	<1 500 头/天屠宰	工业废水量	吨/吨-活屠重	7.166
				化学需氧量	克/吨-活屠重	13 427
				氨氮	克/吨-活屠重	548
				总磷	克/吨-活屠重	37
				总氮	克/吨-活屠重	1 169
冻鸡肉	鸡	屠宰、分割	所有规模	工业废水量	吨/吨-活屠重	7.981
				化学需氧量	克/吨-活屠重	12 450
				氨氮	克/吨-活屠重	669
				总磷	克/吨-活屠重	58
				总氮	克/吨-活屠重	1 286

C.1.2　除表C.1和表C.2中涉及的主要屠宰工业废水外,其他屠宰工业废水的产污系数根据式(C.1)确定。

$$产排污系数＝对应的表C.1中产污系数×k_1 \quad\quad\quad (C.1)$$

式中:

k_1——产品调整系数,根据产品名称和对应的产污系数表C.1中产品类别取值,见表C.2。

表C.2　其他屠宰工业的废水产污系数调整表

产品名称	对应的产污系数表为表C.2	
	产排污系数选择	产品调整系数 k_1
冻猪肉类产品	鲜猪肉产品	1
鲜羊肉类产品	冻羊肉产品	1
鲜鸡肉类产品	冻鸡肉产品	1
鲜、冻牛肉类产品	鲜猪肉产品	0.7
鲜、冻鸭肉类产品	冻鸡肉产品	1.4
鲜、冻鹅肉类产品	冻鸡肉产品	1.4

C.2 肉类加工工业废水的产污系数

C.2.1 主要肉类加工工业废水的产污系数按表 C.3 取值。

表 C.3 主要肉类加工工业的废水产污系数表

产品名称	原料名称	工艺名称	规模等级	污染物指标	单位	产污系数
酱卤制品	冻肉	切块,卤制	≥5 000 吨/年	工业废水量	吨/吨-产品	22 668
				化学需氧量	克/吨-产品	20 184
				氨氮	克/吨-产品	1 077
				总氮	克/吨-产品	1 930
酱卤制品	冻肉	切块,卤制	<5 000 吨/年	工业废水量	吨/吨-产品	24 759
				化学需氧量	克/吨-产品	22 328
				氨氮	克/吨-产品	1 218
				总氮	克/吨-产品	2 384
蒸煮香肠制品	冻肉	西式肠制作工艺	所有规模	工业废水量	吨/吨-产品	14 055
				化学需氧量	克/吨-产品	9 615
				氨氮	克/吨-产品	495
				总氮	克/吨-产品	1 126

C.2.2 除表 C.3 中涉及的主要肉类加工工业废水外,其他肉类加工工业废水的产污系数根据式(C.2)确定。

$$产排污系数 = 对应的表 C.3 中产排污系数 \times k_1 \times k_2 \quad\quad\quad\quad (C.2)$$

式中:

k_1——产品调整系数,根据产品名称和对应的产污系数表 C.3 中产品类别取值,见表 C.4;

k_2——工艺调整系数,冻肉原料采用自然解冻方式时,对于工业废水量,k_2 取值 0.6;采用复合薄膜包装杀菌工艺生产产品时,对于工业废水量,k_2 取值 1.2;其他情况无需调整,k_2 取值 1。

表 C.4 其他肉类加工工业的废水产污系数调整表

产品名称	对应产污系数表 C.3 中的产品类别	产品调整系数 k_1
干炸肉制品	酱卤制品	1
其他熟肉制品	酱卤制品	1
烧烤类产品	酱卤制品	1.2
腌腊肉制品	酱卤制品	1.2
熏肉制品	酱卤制品	1.2
西式火腿	蒸煮香肠制品	0.7

图书在版编目（CIP）数据

畜禽屠宰法规标准选编：2021版/中国动物疫病预防控制中心（农业农村部屠宰技术中心），全国屠宰加工标准化技术委员会秘书处编 .—北京：中国农业出版社，2021.11

ISBN 978-7-109-27361-0

Ⅰ.①畜⋯　Ⅱ.①中⋯　②全⋯　Ⅲ.①畜禽－屠宰加工－法规－汇编－中国　Ⅳ.①D922.409

中国版本图书馆 CIP 数据核字（2020）第 182358 号

中国农业出版社出版

地址：北京市朝阳区麦子店街 18 号楼

邮编：100125

责任编辑：刘　伟　冀　刚　　文字编辑：胡烨芳

版式设计：杜　然　　责任校对：吴丽婷

印刷：北京通州皇家印刷厂

版次：2021 年 11 月第 1 版

印次：2021 年 11 月北京第 1 次印刷

发行：新华书店北京发行所

开本：889mm×1194mm　1/16

印张：46

字数：1600 千字

定价：248.00 元